핵담

7개년 과년도

전기기사 필기

전수기, 임한규, 정종연 지음

KB189634

BM (주)도서출판 성안당

■ 도서 A/S 안내

더 이상의 **전기기사** 책은 없다!

전기는 모든 산업의 기초가 되며 이와 관련한 전기분야 기술자의 수요 또한 꾸준히 증가해왔다. 이에 따라 기사·산업기사 국가기술자격증 취득을 위하여 공부하는 학생은 물론 현장 실무자들도 대단한 열의를 보이고 있다.

이에 본서는 20여 년간의 강단 강의 경험을 토대로 어려운 수식을 가능한 배제하고 최소의 수식을 도입하여 필요한 개념을 보다 쉽게 파악할 수 있도록 하였다.

기사·산업기사 국가기술자격시험은 문제은행 방식으로서, 과년도에 출제된 문제들이 대부분 출제되거나 유사문제가 출제되므로 보다 효율적으로 학습할 수 있도록 최근 7개년 과년도 출제문제를 수록하였다. 특히 중요하고 자주 출제되는 문제와 관련하여 시험 직전 한눈에 보는 핵심이론을 통해 출제문제와 연관된 핵심이론과 공식 등을 정리하여 구성하였다.

이 책의 특징은 다음과 같다.

01 시험 직전 한눈에 보는 핵심이론을 통한 필수이론 학습

02 간결하고 알기 쉬운 설명

03 상세하고 쉬운 해설

04 최근 과년도 출제문제로 마무리 점검

저자는 20여 년간의 강단 강의 경험을 토대로 수험생의 입장에서 쉽고 꼭 필요한 내용을 수록하려고 노력하였다. 여러 가지 미비한 점이 많을 것으로 사료되지만 수험생 여러분의 도움으로 보완 수정해 나아갈 것으로 믿는다.

앞으로 본서가 전기분야 국가기술자격시험, 각종 공무원시험 및 진급시험 등에 지침서로 많은 도움이 되기를 바란다.

끝으로 이 한 권의 책이 만들어지기까지 애써 주신 성안당 출판사 회장님과 직원 여러분께 진심으로 감사드리며, 아무쪼록 많은 수험생들이 이 책을 통하여 합격의 영광을 누리게 되기를 바란다.

저자 씀

합격시켜 주는 「핵담」의 강점

1 시험 직전 한눈에 보는 핵심이론

☑ 과목별로 구분한 핵심이론을 통해 시험 직전에 한번만 읽어봐도 합격에 한걸음 더 다가설 수 있도록 구성했다.

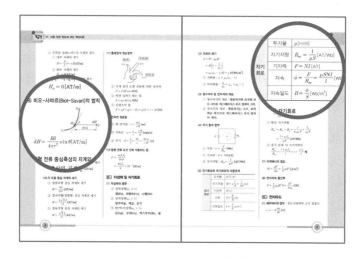

2 최근 7년간 기출문제를 실전시험처럼 풀어볼 수 있게 구성

☑ 최종으로 학습상태를 점검해볼 수 있도록 최근 7년간 기출문제를 실제시험처럼 풀어볼 수 있게 구성했다.

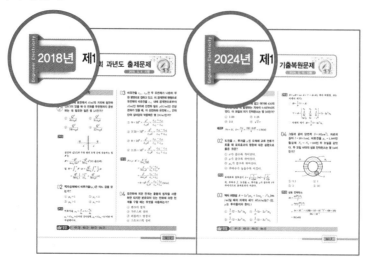

전기기사 **시험안내**

01 시행처

한국산업인력공단

02 시험과목

구분	전기기사	전기산업기사	전기공사기사	전기공사산업기사
필기	1. 전기자기학 2. 전력공학 3. 전기기기 4. 회로이론 및 　　제어공학 5. 전기설비기술기준	1. 전기자기학 2. 전력공학 3. 전기기기 4. 회로이론 5. 전기설비기술기준	1. 전기응용 및 　　공사재료 2. 전력공학 3. 전기기기 4. 회로이론 및 　　제어공학 5. 전기설비기술기준	1. 전기응용 2. 전력공학 3. 전기기기 4. 회로이론 5. 전기설비기술기준
실기	전기설비 설계 및 관리	전기설비 설계 및 관리	전기설비 견적 및 시공	전기설비 견적 및 시공

03 검정방법

[기사]
- **필기** : 객관식 4지 택일형, 과목당 20문항(과목당 30분)
- **실기** : 필답형(2시간 30분)

[산업기사]
- **필기** : 객관식 4지 택일형, 과목당 20문항(과목당 30분)
- **실기** : 필답형(2시간)

04 합격기준

- **필기** : 100점을 만점으로 하여 과목당 40점 이상, 전과목 평균 60점 이상
- **실기** : 100점을 만점으로 하여 60점 이상

05 출제기준

필기과목명	문제수	주요항목	세부항목
전기자기학	20	1. 진공 중의 정전계	① 정전기 및 정전유도 ② 전계 ③ 전기력선 ④ 전하 ⑤ 전위 ⑥ 가우스의 정리 ⑦ 전기쌍극자
		2. 진공 중의 도체계	① 도체계의 전하 및 전위분포 ② 전위계수, 용량계수 및 유도계수 ③ 도체계의 정전에너지 ④ 정전용량 ⑤ 도체 간에 작용하는 정전력 ⑥ 정전차폐
		3. 유전체	① 분극도와 전계 ② 전속밀도 ③ 유전체 내의 전계 ④ 경계조건 ⑤ 정전용량 ⑥ 전계의 에너지 ⑦ 유전체 사이의 힘 ⑧ 유전체의 특수현상
		4. 전계의 특수해법 및 전류	① 전기영상법 ② 정전계의 2차원 문제 ③ 전류에 관련된 제현상 ④ 저항률 및 도전율
		5. 자계	① 자석 및 자기유도 ② 자계 및 자위 ③ 자기쌍극자 ④ 자계와 전류 사이의 힘 ⑤ 분포전류에 의한 자계
		6. 자성체와 자기회로	① 자화의 세기 ② 자속밀도 및 자속 ③ 투자율과 자화율 ④ 경계면의 조건 ⑤ 감자력과 자기차폐 ⑥ 자계의 에너지 ⑦ 강자성체의 자화 ⑧ 자기회로 ⑨ 영구자석
		7. 전자유도 및 인덕턴스	① 전자유도 현상 ② 자기 및 상호유도작용 ③ 자계에너지와 전자유도 ④ 도체의 운동에 의한 기전력

필기과목명	문제수	주요항목	세부항목
전기자기학	20	7. 전자유도 및 인덕턴스	⑤ 전류에 작용하는 힘 ⑥ 전자유도에 의한 전계 ⑦ 도체 내의 전류 분포 ⑧ 전류에 의한 자계에너지 ⑨ 인덕턴스
		8. 전자계	① 변위전류 ② 맥스웰의 방정식 ③ 전자파 및 평면파 ④ 경계조건 ⑤ 전자계에서의 전압 ⑥ 전자와 하전입자의 운동 ⑦ 방전현상
전력공학	20	1. 발·변전 일반	① 수력발전 ② 화력발전 ③ 원자력발전 ④ 신재생에너지발전 ⑤ 변전방식 및 변전설비 ⑥ 소내전원설비 및 보호계전방식
		2. 송·배전선로의 전기적 특성	① 선로정수 ② 전력원선도 ③ 코로나 현상 ④ 단거리 송전선로의 특성 ⑤ 중거리 송전선로의 특성 ⑥ 장거리 송전선로의 특성 ⑦ 분포정전용량의 영향 ⑧ 가공전선로 및 지중전선로
		3. 송·배전방식과 그 설비 및 운용	① 송전방식 ② 배전방식 ③ 중성점접지방식 ④ 전력계통의 구성 및 운용 ⑤ 고장계산과 대책
		4. 계통보호방식 및 설비	① 이상전압과 그 방호 ② 전력계통의 운용과 보호 ③ 전력계통의 안정도 ④ 차단보호방식
		5. 옥내배선	① 저압 옥내배선 ② 고압 옥내배선 ③ 수전설비 ④ 동력설비
		6. 배전반 및 제어기기의 종류와 특성	① 배전반의 종류와 배전반 운용 ② 전력제어와 그 특성 ③ 보호계전기 및 보호계전방식 ④ 조상설비 ⑤ 전압조정 ⑥ 원격조작 및 원격제어

필기과목명	문제수	주요항목	세부항목
전력공학	20	7. 개폐기류의 종류와 특성	① 개폐기 ② 차단기 ③ 퓨즈 ④ 기타 개폐장치
전기기기	20	1. 직류기	① 직류발전기의 구조 및 원리 ② 전기자 권선법 ③ 정류 ④ 직류발전기의 종류와 그 특성 및 운전 ⑤ 직류발전기의 병렬운전 ⑥ 직류전동기의 구조 및 원리 ⑦ 직류전동기의 종류와 특성 ⑧ 직류전동기의 기동, 제동 및 속도제어 ⑨ 직류기의 손실, 효율, 온도상승 및 정격 ⑩ 직류기의 시험
		2. 동기기	① 동기발전기의 구조 및 원리 ② 전기자 권선법 ③ 동기발전기의 특성 ④ 단락현상 ⑤ 여자장치와 전압조정 ⑥ 동기발전기의 병렬운전 ⑦ 동기전동기 특성 및 용도 ⑧ 동기조상기 ⑨ 동기기의 손실, 효율, 온도상승 및 정격 ⑩ 특수 동기기
		3. 전력변환기	① 정류용 반도체 소자 ② 정류회로의 특성 ③ 제어정류기
		4. 변압기	① 변압기의 구조 및 원리 ② 변압기의 등가회로 ③ 전압강하 및 전압변동률 ④ 변압기의 3상 결선 ⑤ 상수의 변환 ⑥ 변압기의 병렬운전 ⑦ 변압기의 종류 및 그 특성 ⑧ 변압기의 손실, 효율, 온도상승 및 정격 ⑨ 변압기의 시험 및 보수 ⑩ 계기용변성기 ⑪ 특수변압기
		5. 유도전동기	① 유도전동기의 구조 및 원리 ② 유도전동기의 등가회로 및 특성 ③ 유도전동기의 기동 및 제동 ④ 유도전동기제어 ⑤ 특수 농형유도전동기 ⑥ 특수유도기 ⑦ 단상유도전동기 ⑧ 유도전동기의 시험 ⑨ 원선도

필기과목명	문제수	주요항목	세부항목
전기기기	20	6. 교류정류자기	① 교류정류자기의 종류, 구조 및 원리 ② 단상직권 정류자 전동기 ③ 단상반발 전동기 ④ 단상분권 전동기 ⑤ 3상 직권 정류자 전동기 ⑥ 3상 분권 정류자 전동기 ⑦ 정류자형 주파수 변환기
		7. 제어용 기기 및 보호기기	① 제어기기의 종류 ② 제어기기의 구조 및 원리 ③ 제어기기의 특성 및 시험 ④ 보호기기의 종류 ⑤ 보호기기의 구조 및 원리 ⑥ 보호기기의 특성 및 시험 ⑦ 제어장치 및 보호장치
회로이론 및 제어공학	20	1. 회로이론	① 전기회로의 기초 ② 직류회로 ③ 교류회로 ④ 비정현파교류 ⑤ 다상교류 ⑥ 대칭좌표법 ⑦ 4단자 및 2단자 ⑧ 분포정수회로 ⑨ 라플라스변환 ⑩ 회로의 전달함수 ⑪ 과도현상
		2. 제어공학	① 자동제어계의 요소 및 구성 ② 블록선도와 신호흐름선도 ③ 상태공간해석 ④ 정상오차와 주파수응답 ⑤ 안정도판별법 ⑥ 근궤적과 자동제어의 보상 ⑦ 샘플값제어 ⑧ 시퀀스제어
전기설비 기술기준 – 전기설비 기술기준 및 한국전기설비 규정	20	1. 총칙	① 기술기준 총칙 및 KEC 총칙에 관한 사항 ② 일반사항 ③ 전선 ④ 전로의 절연 ⑤ 접지시스템 ⑥ 피뢰시스템
		2. 저압전기설비	① 통칙 ② 안전을 위한 보호 ③ 전선로 ④ 배선 및 조명설비 ⑤ 특수설비

필기과목명	문제수	주요항목	세부항목
전기설비 기술기준 – 전기설비 기술기준 및 한국전기설비 규정	20	3. 고압, 특고압 전기설비	① 통칙 ② 안전을 위한 보호 ③ 접지설비 ④ 전선로 ⑤ 기계, 기구 시설 및 옥내배선 ⑥ 발전소, 변전소, 개폐소 등의 전기설비 ⑦ 전력보안통신설비
		4. 전기철도설비	① 통칙 ② 전기철도의 전기방식 ③ 전기철도의 변전방식 ④ 전기철도의 전차선로 ⑤ 전기철도의 전기철도차량설비 ⑥ 전기철도의 설비를 위한 보호 ⑦ 전기철도의 안전을 위한 보호
		5. 분산형 전원설비	① 통칙 ② 전기저장장치 ③ 태양광발전설비 ④ 풍력발전설비 ⑤ 연료전지설비

「핵담」 7개년 전기기사 완성!

PART 01 ─ 시험 직전 한눈에 보는 핵심이론

PART 02 ─ 최근 과년도 출제문제

시험 직전 한눈에 보는
핵심이론

1 전기자기학

1 벡 터

(1) 벡터의 곱

① 내적, 스칼라적

$$\boldsymbol{A} \cdot \boldsymbol{B} = |\boldsymbol{A}||\boldsymbol{B}| \cos\theta$$

② 외적, 벡터적

㉠ $\boldsymbol{A} \times \boldsymbol{B} = |\boldsymbol{A}||\boldsymbol{B}| \sin\theta \, \vec{n}$

㉡ 외적의 크기($|\boldsymbol{A} \times \boldsymbol{B}|$) : 평행사변형의 면적

(2) 미분 연산자

① nabla 또는 del : ∇

$$\nabla = \frac{\partial}{\partial x}i + \frac{\partial}{\partial y}j + \frac{\partial}{\partial z}k$$

② 라플라시안(Laplacian)

$$\nabla^2 = \frac{\partial^2}{\partial x^2} + \frac{\partial^2}{\partial y^2} + \frac{\partial^2}{\partial z^2}$$

(3) 벡터의 미분

① 스칼라의 기울기(구배)

$$\text{grad}\,\phi = \nabla\phi = \left(i\frac{\partial}{\partial x} + j\frac{\partial}{\partial y} + k\frac{\partial}{\partial z}\right)\phi$$

$$= i\frac{\partial\phi}{\partial x} + j\frac{\partial\phi}{\partial y} + k\frac{\partial\phi}{\partial z}$$

② 벡터의 발산

$$\text{div}\,\boldsymbol{A} = \nabla \cdot \boldsymbol{A}$$

$$= \left(i\frac{\partial}{\partial x} + j\frac{\partial}{\partial y} + k\frac{\partial}{\partial z}\right)$$

$$\cdot \left(iA_x + jA_y + kA_z\right)$$

$$= \frac{\partial}{\partial x}A_x + \frac{\partial}{\partial y}A_y + \frac{\partial}{\partial z}A_z$$

③ 벡터의 회전

$$\text{rot}\,\boldsymbol{A} = \text{curl}\,\boldsymbol{A} = \nabla \times \boldsymbol{A}$$

(4) 스토크스(Stokes)의 정리와 발산의 정리

① 스토크스의 정리

$$\oint \boldsymbol{A} \cdot dl = \int_s \text{rot}\,\boldsymbol{A} \cdot ds$$

② 발산의 정리

$$\int_s \boldsymbol{A} \cdot ds = \int_v \text{div}\,\boldsymbol{A} \cdot dv$$

2 진공 중의 정전계

(1) 쿨롱의 법칙

두 전하 사이에 작용하는 힘

$$F = K\frac{Q_1 Q_2}{r^2} = \frac{Q_1 Q_2}{4\pi\varepsilon_0 r^2} = 9 \times 10^9 \frac{Q_1 Q_2}{r^2}\,[\text{N}]$$

진공의 유전율 $\varepsilon_0 = 8.855 \times 10^{-12}\,[\text{F/m}]$

(2) 전계의 세기

$$E = \frac{F}{q} = \frac{1}{4\pi\varepsilon_0} \times \frac{Q}{r^2} = 9 \times 10^9 \times \frac{Q}{r^2}\,[\text{N/C}]$$

(3) 가우스(Gauss)의 법칙

전기력선의 총수 $N = \int_s E \cdot ds = \frac{Q}{\varepsilon_0}$

(4) 가우스 정리에 의한 전계의 세기

① 점전하에 의한 전계의 세기

$$\boldsymbol{E} = \frac{Q}{4\pi\varepsilon_0 r^2} = 9 \times 10^9 \frac{Q}{r^2}\,[\text{V/m}]$$

② 무한 직선 전하에 의한 전계의 세기

$$\boldsymbol{E} = \frac{\lambda}{2\pi\varepsilon_0 r} = 18 \times 10^9 \frac{\lambda}{r}\,[\text{V/m}]$$

③ 무한 평면 전하에 의한 전계의 세기

$$E = \frac{\rho_s}{2\varepsilon_0} \ [\text{V/m}]$$

④ 무한 평행판에서의 전계의 세기
  ㉠ 평행판 외부 전계의 세기 : $E_o = 0$
  ㉡ 평행판 사이의 전계의 세기

$$E_i = \frac{\rho_s}{\varepsilon_0} \ [\text{V/m}]$$

⑤ 도체 표면에서의 전계의 세기

$$E = \frac{\rho_s}{\varepsilon_0} \ [\text{V/m}]$$

⑥ 중공 구도체의 전계의 세기
  ㉠ 내부 전계의 세기$(r < a) : E_i = 0$
  ㉡ 표면 전계의 세기$(r = b)$

$$E = \frac{Q}{4\pi\varepsilon_0 b^2} \ [\text{V/m}]$$

  ㉢ 외부 전계의 세기$(r > b)$

$$E_o = \frac{Q}{4\pi\varepsilon_0 r^2} \ [\text{V/m}]$$

⑦ 전하가 균일하게 분포된 구도체
  ㉠ 외부에서의 전계의 세기$(r > a)$

$$E_o = \frac{Q}{4\pi\varepsilon_0 r^2} \ [\text{V/m}]$$

  ㉡ 표면에서의 전계의 세기$(r = a)$

$$E = \frac{Q}{4\pi\varepsilon_0 a^2} \ [\text{V/m}]$$

  ㉢ 내부에서의 전계의 세기$(r < a)$

$$E_i = \frac{rQ}{4\pi\varepsilon_0 a^3} \ [\text{V/m}]$$

⑧ 전하가 균일하게 분포된 원주(원통) 도체
  ㉠ 외부에서의 전계의 세기$(r > a)$

$$E_o = \frac{\rho_l}{2\pi\varepsilon_0 r} \ [\text{V/m}]$$

  ㉡ 표면에서의 전계의 세기$(r = a)$

$$E = \frac{\rho_l}{2\pi\varepsilon_0 a} \ [\text{V/m}]$$

  ㉢ 내부에서의 전계의 세기$(r < a)$

$$E_i = \frac{r\rho_l}{2\pi\varepsilon_0 a^2} \ [\text{V/m}]$$

(5) 전위

$$V_p = \frac{W}{Q} = -\int_\infty^r E \cdot dr$$

$$= \int_r^\infty E \cdot dr \, [\text{J/C}] = [\text{V}]$$

(6) 전위 경도

$$E = -\operatorname{grad} V = -\nabla V$$

(7) 푸아송 및 라플라스 방정식

① 푸아송(Poisson) 방정식

$$\nabla^2 V = -\frac{\rho_v}{\varepsilon_0}$$

② 라플라스(Laplace) 방정식
  $\rho_v = 0$일 때 $\nabla^2 V = 0$

(8) 전기 쌍극자

① 전위

$$V = \frac{Q\delta}{4\pi\varepsilon_0 r^2} \cos\theta$$

$$= \frac{M}{4\pi\varepsilon_0 r^2} \cos\theta \ [\text{V}]$$

② 전계의 세기
  ㉠ r성분의 전계의 세기

$$E_r = \frac{2M}{4\pi\varepsilon_0 r^3} \cos\theta \, [\text{V/m}]$$

  ㉡ θ성분의 전계의 세기

$$E_\theta = \frac{M}{4\pi\varepsilon_0 r^3} \sin\theta \, [\text{V/m}]$$

  ㉢ 전전계의 세기

$$E = \sqrt{E_r^2 + E_\theta^2}$$

$$= \frac{M}{4\pi\varepsilon_0 r^3} \sqrt{1 + 3\cos^2\theta} \ [\text{V/m}]$$

3 도체계와 정전용량

(1) 도체 모양에 따른 정전용량

① 구도체의 정전용량

$$C = \frac{Q}{V} = 4\pi\varepsilon_0 a = \frac{1}{9} \times 10^{-9} \times a \,[\text{F}]$$

② 동심구의 정전용량

$$C = \frac{4\pi\varepsilon_0}{\dfrac{1}{a} - \dfrac{1}{b}} = \frac{4\pi\varepsilon_0 ab}{b - a} \,[\text{F}]$$

③ 동심원통 도체(동축케이블)의 정전용량

$$C = \frac{2\pi\varepsilon_0 l}{\ln\dfrac{b}{a}} \,[\text{F}]$$

④ 평행판 콘덴서의 정전용량

$$C = \frac{\varepsilon_0 S}{d} \,[\text{F}]$$

⑤ 평행 왕복도선 간의 정전용량 : 단위길이당 정전용량($d \gg a$인 경우)

$$C = \frac{\pi\varepsilon_0}{\ln\dfrac{d}{a}} \,[\text{F/m}]$$

(2) 콘덴서 연결

① 콘덴서 병렬 연결(V = 일정)
  합성 정전용량 : $C_0 = C_1 + C_2\,[\text{F}]$

② 콘덴서 직렬 연결(Q = 일정)
  합성 정전용량

$$\frac{1}{C_0} = \frac{1}{C_1} + \frac{1}{C_2}, \quad C_0 = \frac{C_1 C_2}{C_1 + C_2} \,[\text{F}]$$

(3) 정전에너지

$$W = \frac{Q^2}{2C} = \frac{1}{2}CV^2 = \frac{1}{2}QV\,[\text{J}]$$

(4) 정전 흡인력

$$f = \frac{1}{2}\varepsilon_0 E^2 = \frac{D^2}{2\varepsilon_0} = \frac{1}{2}ED\,[\text{N/m}^2]$$

4 유전체

(1) 복합 유전체의 정전용량

① 서로 다른 유전체를 극판과 수직으로 채우는 경우

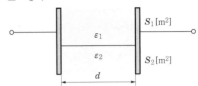

$$C = \frac{\varepsilon_1 S_1 + \varepsilon_2 S_2}{d} \,[\text{F}]$$

② 서로 다른 유전체를 극판과 평행하게 채우는 경우

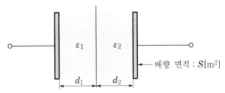

$$C = \frac{\varepsilon_1 \varepsilon_2 S}{\varepsilon_2 d_1 + \varepsilon_1 d_2} \,[\text{F}]$$

③ 공기 콘덴서에 유전체를 판 간격 절반만 평행하게 채운 경우

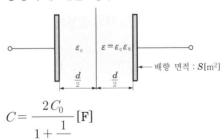

$$C = \frac{2C_0}{1 + \dfrac{1}{\varepsilon_s}} \,[\text{F}]$$

(2) 전속밀도 $D[\text{C/m}^2]$

전속밀도는 **단위면적당 전속의 수**
* 전속밀도와 전계의 세기와의 관계
  $$D = \varepsilon E \,[\text{C/m}^2]$$

(3) 분극의 세기

$$P = D - \varepsilon_0 E$$
$$= D\left(1 - \frac{1}{\varepsilon_s}\right)$$
$$= \varepsilon_0 \varepsilon_s E - \varepsilon_0 E = \varepsilon_0 (\varepsilon_s - 1) E$$
$$= \chi E \, [\text{C/m}^2]$$

① 분극률 : $\chi = \varepsilon_0 (\varepsilon_s - 1)$

② 비분극률 : $\dfrac{\chi}{\varepsilon_0} = \chi_e = \varepsilon_s - 1$

(4) 유전체 경계면에 작용하는 힘

① 전계가 경계면에 수직으로 입사 시 ($\varepsilon_1 > \varepsilon_2$)

$$f = \frac{1}{2}\left(\frac{1}{\varepsilon_2} - \frac{1}{\varepsilon_1}\right)D^2 \, [\text{N/m}^2]$$

② 전계가 경계면에 수평으로 입사 시 ($\varepsilon_1 > \varepsilon_2$)

$$f = \frac{1}{2}(\varepsilon_1 - \varepsilon_2)E^2 \, [\text{N/m}^2]$$

5 전기영상법

(1) 접지 무한 평면도체와 점전하

① 영상전하(Q')

$$Q' = -Q \, [\text{C}]$$

② 무한 평면과 점전하 사이에 작용하는 힘

$$F = -\frac{Q^2}{16\pi\varepsilon_0 d^2} \, [\text{N}]$$

(2) 무한 평면도체와 선전하

① 영상 선전하 밀도

$$\lambda' = -\lambda \, [\text{C/m}]$$

② 무한 평면과 선전하 사이에 작용하는 단위길이당 작용하는 힘

$$F = -\lambda E = -\frac{\lambda^2}{4\pi\varepsilon_0 h} \, [\text{N/m}]$$

(3) 접지 구도체와 점전하

① 영상전하의 위치 : 구 중심에서 $\dfrac{a^2}{d}$ 인 점

② 영상전하의 크기 : $Q' = -\dfrac{a}{d} Q \, [\text{C}]$

③ 구도체와 점전하 사이에 작용하는 힘

$$F = \frac{Q Q'}{4\pi\varepsilon_0 \left(d - \dfrac{a^2}{d}\right)^2}$$
$$= \frac{-adQ^2}{4\pi\varepsilon_0 (d^2 - a^2)^2} \, [\text{N}]$$

6 전류

(1) 전류밀도

$$J = \frac{I}{S}$$
$$= Qv = nev = ne\mu E = kE = \frac{E}{\rho} \, [\text{A/m}^2]$$

(2) 전기저항과 정전용량의 관계

$$RC = \rho\varepsilon \, , \quad \frac{C}{G} = \frac{\varepsilon}{k}$$

(3) 전기의 여러 가지 현상

① 제벡효과 : 서로 다른 금속을 접속하고 접속점을 서로 다른 온도를 유지하면 기전력이 생겨 일정한 방향으로 전류가 흐른다. 이러한 현상을 제벡효과(Seebeck effect)라 한다.

② 펠티에 효과 : 서로 다른 두 금속에서 다른 쪽 금속으로 전류를 흘리면 열의 발생 또는 흡수가 일어나는데 이 현상을 펠티에 효과라 한다.

③ 톰슨효과 : 동종의 금속에서도 각 부에서 온도가 다르면 그 부분에서 열의 발생 또는 흡수가 일어나는 효과를 톰슨효과라 한다.

7 진공 중의 정자계

(1) 자계의 쿨롱의 법칙

① 두 자하(자극) 사이에 미치는 힘

$$F = K\frac{m_1 m_2}{r^2} = \frac{1}{4\pi\mu_0}\frac{m_1 m_2}{r^2}$$

$$= 6.33 \times 10^4 \frac{m_1 m_2}{r^2}\,[\text{N}]$$

② 진공의 투자율

$$\mu_0 = 4\pi \times 10^{-7} = 12.56 \times 10^{-7}\,[\text{H/m}]$$

(2) 자계의 세기

① 자계의 세기

$$H = \frac{1}{4\pi\mu}\frac{m}{r^2}$$

$$= 6.33 \times 10^4 \frac{m}{r^2}\,[\text{AT/m}] = [\text{N/Wb}]$$

② 쿨롱의 힘과 자계의 세기와의 관계

$$F = mH\,[\text{N}]$$

$$H = \frac{F}{m}\,[\text{A/m}]$$

$$m = \frac{F}{H}\,[\text{Wb}]$$

(3) 자기 쌍극자

① 자위

$$U = \frac{ml}{4\pi\mu_0 r^2}\cos\theta = \frac{M}{4\pi\mu_0 r^2}\cos\theta$$

$$= 6.33 \times 10^4 \frac{M\cos\theta}{r^2}\,[\text{A}]$$

② 자계의 세기

$$H = \frac{M}{4\pi\mu_0 r^3}\sqrt{1 + 3\cos^2\theta}\ \,[\text{AT/m}]$$

(4) 막대자석의 회전력

$$T = MH\sin\theta = mlH\sin\theta\,[\text{N}\cdot\text{m}]$$

(5) 앙페르의 오른나사법칙

전류에 의한 자계의 방향을 결정하는 법칙

(6) 앙페르의 주회적분법칙

자계 경로를 따라 선적분한 값은 폐회로 내의 전류 총합과 같다.

$$\oint H \cdot dl = \sum I$$

(7) 앙페르의 주회적분법칙 계산 예

① 무한장 직선 전류에 의한 자계의 세기

$$H = \frac{I}{2\pi r}\,[\text{A/m}]$$

② 반무한장 직선 전류에 의한 자계의 세기

$$H = \frac{I}{2\pi r} \times \frac{1}{2} = \frac{I}{4\pi r}\,[\text{A/m}]$$

③ 무한장 원통 전류에 의한 자계의 세기

㉠ 전류가 균일하게 흐르는 경우

• 외부 자계의 세기$(r > a)$

$$H_o = \frac{I}{2\pi r}\,[\text{AT/m}]$$

• 내부 자계의 세기$(r < a)$

$$H_i = \frac{\dfrac{r^2}{a^2}I}{2\pi r} = \frac{rI}{2\pi a^2}\,[\text{AT/m}]$$

㉡ 전류가 표면에만 흐르는 경우

• 외부 자계의 세기$(r > a)$

$$H_o = \frac{I}{2\pi r}\,[\text{AT/m}]$$

• 내부 자계의 세기$(r < a)$

$$H_i = 0$$

④ 무한장 솔레노이드의 자계의 세기

　㉠ 내부 자계의 세기

$$H = \frac{N}{l}I = nI[\text{AT/m}]$$

　㉡ 외부 자계의 세기

$$H_o = 0[\text{AT/m}]$$

⑤ 환상 솔레노이드의 자계의 세기

　㉠ 내부 자계의 세기

$$H = \frac{NI}{2\pi a}[\text{AT/m}]$$

　㉡ 외부 자계의 세기

$$H_o = 0[\text{AT/m}]$$

(8) 비오-사바르(Biot-Savart)의 법칙

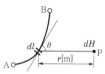

$$dH = \frac{Idl}{4\pi r^2}\sin\theta[\text{AT/m}]$$

(9) 원형 전류 중심축상의 자계의 세기

① 중심축상의 자계의 세기

$$H = \frac{a^2 I}{2(a^2 + x^2)^{\frac{3}{2}}}[\text{AT/m}]$$

② 원형 전류(코일) 중심점의 자계의 세기

$$H = \frac{I}{2a}[\text{A/m}], \quad H = \frac{NI}{2a}[\text{AT/m}]$$

(10) 각 도형 중심 자계의 세기

① 정삼각형 중심 자계의 세기

$$H = \frac{9I}{2\pi l}[\text{AT/m}]$$

② 정사각형(정방형) 중심 자계의 세기

$$H = \frac{2\sqrt{2}\,I}{\pi l}[\text{AT/m}]$$

③ 정육각형 중심 자계의 세기

$$H = \frac{\sqrt{3}\,I}{\pi l}[\text{AT/m}]$$

(11) 플레밍의 왼손법칙

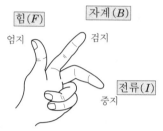

① 자계 중의 도체 전류에 의한 전자력

$$F = IlB\sin\theta[\text{N}]$$

② 하전 입자가 받는 힘

$$F = qvB\sin\theta[\text{N}]$$

③ 로렌츠의 힘

$$F = qE + q(v \times B) = q(E + v \times B)[\text{N}]$$

(12) 전자의 원운동

① 원 반지름 : $r = \dfrac{mv}{eB}[\text{m}]$

② 각속도 : $\omega = \dfrac{v}{r} = \dfrac{eB}{m}[\text{rad/s}]$

③ 주기 : $T = \dfrac{1}{f} = \dfrac{2\pi}{\omega} = \dfrac{2\pi m}{eB}[\text{s}]$

(13) 평행 전류 도선 간에 작용하는 힘

$$F = \frac{\mu_0 I_1 I_2}{2\pi d}$$

$$= \frac{2 I_1 I_2}{d} \times 10^{-7}[\text{N/m}]$$

8 자성체 및 자기회로

(1) 자성체의 종류

① 강자성체($\mu_s \gg 1$)

　철(Fe), 코발트(Co), 니켈(Ni)

② 상자성체($\mu_s > 1$)

　알루미늄, 백금, 공기

③ 반(역)자성체($\mu_s < 1$)

　은(Ag), 구리(Cu), 비스무트(Bi), 물

(2) 자화의 세기

$$J = B - \mu_0 H$$

$$= B\left(1 - \frac{1}{\mu_s}\right)$$

$$= \mu_0(\mu_s - 1)H = \chi H [\text{Wb/m}^2]$$

① 자화율 : $\chi = \mu_0(\mu_s - 1)$

② 비자화율 : $\dfrac{\chi}{\mu_0} = \chi_m = \mu_s - 1$

(3) 영구자석 및 전자석의 재료

① 영구자석의 재료 : 잔류자기와 보자력 모 두 크므로 히스테리시스 루프 면적이 크다.

② 전자석의 재료 : 잔류자기는 크고, 보자 력은 작으므로 히스테리시스 루프 면적 이 적다.

(4) 자기 옴의 법칙

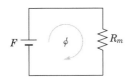

① 자속 : $\phi = \dfrac{F}{R_m} [\text{Wb}]$

② 기자력 : $F = NI [\text{AT}]$

③ 자기저항 : $R_m = \dfrac{l}{\mu S} [\text{AT/Wb}]$

(5) 전기회로와 자기회로의 대응관계

	도전율	$k[\mho/\text{m}]$
전기 회로	전기저항	$R = \rho\dfrac{l}{S} = \dfrac{l}{kS}[\Omega]$
	기전력	$E[\text{V}]$
	전류	$I = \dfrac{E}{R}[\text{A}]$
	전류밀도	$i = \dfrac{I}{S}[\text{A/m}^2]$

	투자율	$\mu[\text{H/m}]$
자기 회로	자기저항	$R_m = \dfrac{l}{\mu S}[\text{AT/Wb}]$
	기자력	$F = NI[\text{AT}]$
	자속	$\phi = \dfrac{F}{R_m} = \dfrac{\mu SNI}{l}[\text{Wb}]$
	자속밀도	$B = \dfrac{\phi}{S}[\text{Wb/m}^2]$

(6) 공극을 가진 자기회로

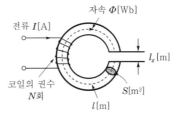

① 합성 자기저항

$$R_m' = R_m + R_{l_g} = \frac{l}{\mu_0\mu_s S} + \frac{l_g}{\mu_0 S}$$

$$= \frac{l + \mu_s l_g}{\mu S} [\text{AT/Wb}]$$

② 공극 존재 시 자기저항비

$$\frac{R_m'}{R_m} = \frac{l + \mu_s l_g}{l} = 1 + \frac{\mu_s l_g}{l} \text{ 배}$$

(7) 자계에너지 밀도

$$W = \frac{B^2}{2\mu} = \frac{1}{2}\mu H^2 [\text{J/m}^3]$$

(8) 전자석의 흡인력

$$F = \frac{1}{2}\mu_0 H^2 S = \frac{B^2}{2\mu_0} S [\text{N}]$$

9 전자유도

(1) 패러데이의 법칙 : 유도기전력의 크기 결정식

$$e = -N\frac{d\phi}{dt} [\text{V}]$$

(2) **렌츠의 법칙** : 유도기전력의 방향 결정식

전자유도에 의해 발생하는 기전력은 **자속의 증감을 방해하는 방향**으로 발생된다.

(3) **플레밍의 오른손법칙**

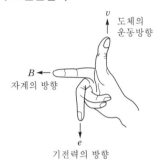

- 엄지 : 도체의 운동방향(v)
- 검지 : 자계의 방향(B)
- 중지 : 기전력의 방향(e)

(4) **자계 내를 운동하는 도체에 발생하는 기전력**

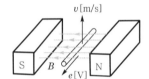

$$e = vBl\sin\theta [\mathrm{V}]$$

10 인덕턴스

(1) **자기 인덕턴스**

$$L = \frac{N\phi}{I} = \frac{NBS}{I}[\mathrm{H}]$$

(2) **각 도체의 자기 인덕턴스**

① 환상 솔레노이드의 자기 인덕턴스

$$L = \frac{N\phi}{I} = \frac{\mu S N^2}{2\pi a} = \frac{\mu S N^2}{l}[\mathrm{H}]$$

② 무한장 솔레노이드의 자기 인덕턴스

$$L = \frac{n\phi}{I} = \mu S n^2 = \mu\pi a^2 n^2 [\mathrm{H/m}]$$

③ 원통(원주) 도체의 자기 인덕턴스

$$L = \frac{\mu l}{8\pi}[\mathrm{H}]$$

④ 동심 원통(동축 케이블) 사이의 자기 인덕턴스

$$L = \frac{\phi}{I} = \frac{\mu_0}{2\pi}\ln\frac{b}{a}[\mathrm{H/m}]$$

⑤ 평행 왕복도선 간의 자기 인덕턴스

$$L = \frac{\phi}{I} = \frac{\mu_0}{\pi}\ln\frac{d}{a}[\mathrm{H/m}]$$

(3) **상호 인덕턴스**

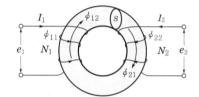

상호 인덕턴스

$$M = M_{12} = M_{21} = \frac{N_1 N_2}{R_m} = \frac{\mu S N_1 N_2}{l}[\mathrm{H}]$$

11 전자장

(1) **변위전류 밀도**

$$i_d = \frac{I_d}{S} = \frac{\partial D}{\partial t} = \varepsilon\frac{\partial E}{\partial t}[\mathrm{A/m^2}]$$

(2) **맥스웰의 전자방정식**

① 맥스웰의 제1기본 방정식

$$\mathrm{rot}\,H = \mathrm{curl}\,H = \nabla \times H$$
$$= i + \frac{\partial D}{\partial t} = i + \varepsilon\frac{\partial E}{\partial t}$$

② 맥스웰의 제2기본 방정식

$$\mathrm{rot}\,E = \mathrm{curl}\,E = \nabla \times E$$
$$= -\frac{\partial B}{\partial t} = -\mu\frac{\partial H}{\partial t}$$

③ 정전계의 가우스 미분형

$$\mathrm{div}\,D = \nabla \cdot D = \rho$$

④ 정자계의 가우스 미분형

$$\operatorname{div} B = \nabla \cdot B = 0$$

(3) 전자파

① 전자파의 전파속도

$$v = \frac{1}{\sqrt{\varepsilon\mu}} = \frac{1}{\sqrt{\varepsilon_0\mu_0}} \frac{1}{\sqrt{\varepsilon_s\mu_s}}$$

$$= \frac{3 \times 10^8}{\sqrt{\varepsilon_s\mu_s}} = \frac{C_0}{\sqrt{\varepsilon_s\mu_s}} \, [\mathrm{m/s}]$$

② 고유 임피던스(=파동 임피던스)

$$\eta = \frac{E}{H} = \sqrt{\frac{\mu}{\varepsilon}} = \sqrt{\frac{\mu_0}{\varepsilon_0}} \sqrt{\frac{\mu_s}{\varepsilon_s}}$$

$$= 120\pi \sqrt{\frac{\mu_s}{\varepsilon_s}} = 377 \sqrt{\frac{\mu_s}{\varepsilon_s}} \, [\Omega]$$

2 전력공학

1 전선로

[1] 전선

(1) 연선

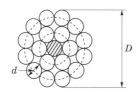

① 소선의 총수 : $N = 1 + 3n(n+1)$

② 연선의 바깥지름 : $D = (1+2n)d\,[\text{mm}]$

③ 연선의 단면적 : $A = \dfrac{\pi d^2}{4}N\,[\text{mm}^2]$

(2) 전선의 굵기 선정 시 고려사항

① 허용전류

② 기계적 강도

③ 전압강하

(3) 전선의 이도(처짐 정도) 및 전선의 실제 길이

① 이도(dip, 처짐 정도) : $D = \dfrac{WS^2}{8T}\,[\text{m}]$

② 실제 길이 : $L = S + \dfrac{8D^2}{3S}\,[\text{m}]$

(4) 전선의 부하계수

$$\frac{\text{합성하중}}{\text{전선자중(자체중량)}} = \frac{\sqrt{(W_c + W_i)^2 + W_w^{\,2}}}{W_c}$$

(5) 전선 진동방지대책

① 댐퍼(damper) 설치

  ㉠ 토셔널 댐퍼(torsional damper) : 상하진동 방지

  ㉡ 스토크 브리지 댐퍼(stock bridge damper) : 좌우진동 방지

② 아머로드(armour rod) 설치

[2] 애자의 구비조건

① 충분한 **기계적 강도**를 가질 것

② 충분한 **절연내력 및 절연저항**을 가질 것

③ **누설전류**가 적을 것

④ 온도 및 습도 변화에 잘 견디고 **수분을** 흡수하지 말 것

⑤ **내구성**이 있고 가격이 저렴할 것

(1) 전압별 애자의 개수

전압	22.9[kV]	66[kV]	154[kV]	345[kV]	765[kV]
개수	2~3개	4~6개	9~11개	19~23개	38~43개

(2) 애자련의 전압 부담

① 전압 부담이 최소인 애자

  ㉠ 철탑에서 3번째 애자

  ㉡ 전선로에서 8번째 애자

② 전압 부담이 최대인 애자 : **전선로에 가장 가까운 애자**

(3) 애자련 보호대책

① 아킹 혼(arcing horn) : 소(초)호각

② 아킹 링(arcing ring) : 소(초)호환

(4) 애자의 연효율(연능률)

연능률 $\eta = \dfrac{V_n}{n\,V_1} \times 100\,[\%]$

[3] 지중전선로(케이블) – 케이블의 전력 손실

① 저항손 : $P = I^2 R$

② 유전체손

$$P_c = 3\omega CE^2 \tan\delta = 3\omega C\left(\frac{V}{\sqrt{3}}\right)^2 \tan\delta$$

$$= \omega CV^2 \tan\delta [\text{W/m}]$$

③ 연피손 : **전자유도작용**으로 연피에 전압이 유기되어 생기는 손실

2 선로정수 및 코로나

[1] 선로정수

(1) **저항**(R) : $R = \rho \dfrac{l}{S} = \dfrac{1}{58} \times \dfrac{100}{C} \times \dfrac{l}{S} [\Omega]$

* 표피효과 : 전선 중심부로 갈수록 쇄교자속이 커서 인덕턴스가 증가되어 **전선 중심에 전류밀도가 적어지는 현상**

(2) **인덕턴스**(L)

① 단도체의 작용인덕턴스

$$L = 0.05 + 0.4605 \log_{10} \frac{D_e}{r} [\text{mH/km}]$$

▌등가선간거리(기하평균거리)▐

수평 배열	그림	
	등가선간 거리	$D_e = \sqrt[3]{2}\, D[\text{m}]$
삼각 배열	그림	
	등가선간 거리	$D_e = \sqrt[3]{D_1 \cdot D_2 \cdot D_3}[\text{m}]$
정사각 배열	그림	
	등가선간 거리	$D_e = \sqrt[6]{2}\, D[\text{m}]$

② 복도체(다도체)의 작용인덕턴스

$$L = \frac{0.05}{n} + 0.4605 \log_{10} \frac{D}{r_e} [\text{mH/km}]$$

* 등가 반지름 : $r_e = \sqrt[n]{r \cdot s^{n-1}}$

(3) **정전용량**(C)

① 단도체의 작용정전용량

$$C = \frac{0.02413}{\log_{10} \dfrac{D_e}{r}} [\mu\text{F/km}]$$

② 복도체(다도체)의 작용정전용량

$$C = \frac{0.02413}{\log_{10} \dfrac{D}{r_e}} [\mu\text{F/km}]$$

(4) **충전전류와 충전용량**

① 충전전류

$$I_c = \omega CE$$

$$= 2\pi f C \frac{V}{\sqrt{3}} [\text{A}]$$

$$= 2\pi f (C_s + 3C_m) \frac{V}{\sqrt{3}} [\text{A}]$$

② 충전용량

$$Q_c = 3EI_c = 3\omega CE^2$$

$$= 6\pi f C\left(\frac{V}{\sqrt{3}}\right)^2 \times 10^{-3} [\text{kVA}]$$

(5) **연가(전선 위치 바꿈)**

① 주목적 : **선로정수 평형**

② 연가(전선 위치 바꿈)의 효과

  ㉠ **선로정수의 평형**

  ㉡ **통신선의 유도장해 경감**

  ㉢ **직렬 공진에 의한 이상전압 방지**

[2] 코로나

(1) **코로나 임계전압**

$$E_0 = 24.3\, m_0 m_1 \delta\, d \log_{10} \frac{D}{r} [\text{kV}]$$

(2) 코로나 방지대책

① 복도체 및 다도체 방식을 채택한다.

② 굵은 전선(ACSR)을 사용하여 코로나 임계전압을 높인다.

③ 가선금구류를 개량한다.

④ 가선 시 전선 표면에 손상이 발생하지 않도록 주의한다.

[3] 복도체(다도체)

(1) 주목적

코로나 임계전압을 높여 코로나 발생 방지

(2) 복도체의 장단점

① 장점

㉠ 단도체에 비해 **정전용량이 증가하고 인덕턴스가 감소**하여 송전용량이 증가된다.

㉡ 같은 단면적의 단도체에 비해 **전류용량**이 증대된다.

② 단점

㉠ 소도체 사이 흡인력으로 인해 그리고 도체 간 **충돌로 인해 전선 표면을 손상**시킨다.

㉡ 정전용량이 커지기 때문에 페란티 효과에 의한 수전단의 전압이 상승한다.

3 송전선로 특성

[1] 단거리 송전선로 해석

(1) 전압강하(e)

① 단상인 경우

$$e = E_s - E_r = I(R\cos\theta + X\sin\theta)$$

② 3상인 경우

$$e = \sqrt{3}\, I(R\cos\theta + X\sin\theta)$$

$$= \frac{P}{V}(R + X\tan\theta)$$

(2) 전압강하율(ε)

① 단상

$$\varepsilon = \frac{E_s - E_r}{E_r} \times 100[\%]$$

$$= \frac{I(R\cos\theta + X\sin\theta)}{E_r} \times 100[\%]$$

② 3상

$$\varepsilon = \frac{V_s - V_r}{V_r} \times 100[\%]$$

$$= \frac{\sqrt{3}\, I(R\cos\theta + X\sin\theta)}{V_r} \times 100[\%]$$

(3) 전압변동률(δ)

$$\delta = \frac{V_{ro} - V_r}{V_r} \times 100[\%]$$

(4) 단거리 송전선로 전압과의 관계

전압강하(e)	$\dfrac{1}{V}$
송전전력(P)	V^2
전압강하율(ε)	$\dfrac{1}{V^2}$
전력 손실(P_l)	$\dfrac{1}{V^2}$
전선 단면적(A)	$\dfrac{1}{V^2}$

[2] 중거리 송전선로

(1) 중거리 송전선로 해석

① T형 회로

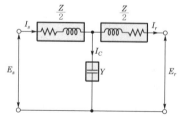

- 송전단 전압

$$E_s = \left(1 + \frac{ZY}{2}\right)E_r + Z\left(1 + \frac{ZY}{4}\right)I_r$$

- 송전단 전류

$$I_s = YE_r + \left(1 + \frac{ZY}{2}\right)I_r$$

② π형 회로

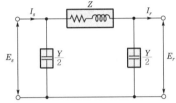

- 송전단 전압

$$E_s = \left(1 + \frac{ZY}{2}\right)E_r + Z I_r$$

- 송전단 전류

$$I_s = Y\left(1 + \frac{ZY}{4}\right)E_r + \left(1 + \frac{ZY}{2}\right)I_r$$

(2) 평행 2회선 송전선로의 4단자 정수

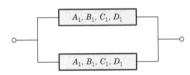

$$\begin{bmatrix} A & B \\ C & D \end{bmatrix} = \begin{bmatrix} A_1 & \dfrac{B_1}{2} \\ 2C_1 & D_1 \end{bmatrix}$$

(3) 송전선로 시험

① 단락시험 : 수전단 전압 $E_r = 0$

단락전류 : $I_{ss} = \dfrac{D}{B}E_s$

② 개방시험(=무부하 시험) : 수전단 전류 $I_r = 0$

충전전류(=무부하 전류) : $I_{so} = \dfrac{C}{A}E_s$

(4) 페란티 현상(효과)

① 발생원인 및 의미 : 무부하 또는 경부하 시 선로의 작용정전용량에 의해 충전전류가 흘러 **수전단의 전압이 송전단 전압보다 높아지는 현상**

② 방지대책 : 분로(병렬)리액터 설치

[3] 장거리 송전선로 해석

① 특성 임피던스

$$Z_0 = \sqrt{\frac{L}{C}} \fallingdotseq 138 \log_{10}\frac{D}{r} \,[\Omega]$$

② 송전선의 전파방정식

- $E_s = \cosh\gamma l E_r + Z_0 \sinh\gamma l I_r$
- $I_s = \dfrac{1}{Z_0}\sinh\gamma l E_r + \cosh\gamma l I_r$

③ 전파방정식에서의 특성 임피던스

$$Z_0 = \sqrt{Z_{ss} \cdot Z_{so}}$$

[4] 송전전압 계산식

경제적인 송전전압[kV]

$$= 5.5\sqrt{0.6\,l + \frac{P}{100}}\,[\text{kV}]$$

[5] 송전용량 계산

① 고유부하법 : $P_s = \dfrac{V_r^{\,2}}{Z_0} = \dfrac{V_r^{\,2}}{\sqrt{\dfrac{L}{C}}}\,[\text{MW}]$

② 송전용량계수법 : $P_s = K\dfrac{V_r^{\,2}}{l}\,[\text{kW}]$

③ 리액턴스법 : $P_s = \dfrac{V_s \cdot V_r}{X}\sin\delta\,[\text{MW}]$

[6] 전력원선도

(1) 전력원선도 작성

① 가로축은 유효전력을, 세로축은 무효전력을 나타낸다.

② 전력원선도 작성에 필요한 것

ㄱ 송·수전단의 전압

ㄴ 선로의 일반 회로정수(A, B, C, D)

(2) 전력원선도 반지름

$$\rho = \frac{E_s E_r}{B}$$

(3) 전력원선도에서 구할 수 있는 것
   ① 송·수전 할 수 있는 최대 전력(정태안정 극한전력)
   ② 송·수전단 전압 간의 상차각
   ③ 수전단의 역률(조상설비용량)
   ④ 선로손실 및 송전효율

[7] 조상설비의 비교

항 목	동기조상기	전력용 콘덴서
무효전력	진상 및 지상용	진상용
조정방법	연속적 조정	계단적 조정
전력손실	크다	적다
시송전	가능	불가능
증설	불가능	가능

[8] 전력용 콘덴서 설비

(1) 직렬 리액터(SR)
   ① 사용목적 : 제5고조파 제거
   ② 직렬 리액터 용량 : $\omega L = \dfrac{1}{25}\dfrac{1}{\omega C}$
      ㉠ 이론상 : 콘덴서 용량의 4[%]
      ㉡ 실제 : 콘덴서 용량의 5~6[%]

(2) 방전코일(DC)
   ① 잔류전하를 방전시켜 감전사고를 방지
   ② 재투입 시 콘덴서에 걸리는 과전압을 방지

[9] 안정도 향상 대책
   ① 계통의 직렬 리액턴스를 작게 한다.
   ② 전압 변동을 적게 한다.
   ③ 고장전류를 줄이고, 고장구간을 신속하게 차단한다.
   ④ 고장 시 전력 변동을 적게 한다.

4 중성점 접지와 유도장해

[1] 중성점 접지방식의 특징

(1) 비접지방식
   ① 변압기 점검 수리 시 V결선으로 계속 송전 가능하다.
   ② 선로에 제3고조파가 발생하지 않는다.
   ③ 1선 지락 시 지락전류가 적다.
   ④ 1선 지락 시 건전상의 전위 상승이 $\sqrt{3}$ 배까지 상승한다.
   ⑤ 1선 지락 시 대지정전용량을 통해 전류가 흐르므로 90° 빠른 진상전류가 된다.

(2) 직접접지방식
   ① 1선 지락 시 건전상의 전위 상승이 거의 없다.(최소)
      ㉠ 선로의 절연 수준 및 기기의 절연 레벨을 낮출 수 있다.
      ㉡ 변압기의 단절연이 가능하다.
   ② 1선 지락 시 지락전류가 매우 크다.(최대)
      ㉠ 보호계전기의 동작이 용이하여 회로 차단이 신속하다.
      ㉡ 큰 고장전류를 차단해야 하므로 대용량의 차단기가 필요하다.
      ㉢ 통신선의 유도장해가 크다.
      ㉣ 과도 안정도가 나쁘다.

(3) 중성점 소호 리액터 접지방식
   ① 특징
      ㉠ 1선 지락 시 지락전류가 거의 0이다.(최소)
        • 보호계전기의 동작이 불확실하다.
        • 통신선의 유도장해가 적다.
        • 고장이 스스로 복구될 수 있다.
      ㉡ 1선 지락 시 건전상의 전위 상승은 $\sqrt{3}$ 배 이상이다.(최대)

ⓒ 단선 고장 시 LC 직렬 공진 상태가 되어 이상전압을 발생시킬 수 있으므로 소호 리액터 탭을 설치 공진에서 약간 벗어난 과보상 상태로 한다.
② 소호 리액턴스 및 인덕턴스의 크기
ⓐ 소호 리액터의 리액턴스

$$X_L = \frac{1}{3\omega C_s} - \frac{x_t}{3} [\Omega]$$

ⓑ 소호 리액터의 인덕턴스

$$L = \frac{1}{3\omega^2 C_s} - \frac{x_t}{3\omega} [\text{H}]$$

[2] 유도장해

(1) 3상 정전유도전압

$$E_0 = \frac{\sqrt{C_a(C_a - C_b) + C_b(C_b - C_c) + C_c(C_c - C_a)}}{C_a + C_b + C_c + C_0}$$
$$\times \frac{V}{\sqrt{3}}$$

(2) 전자유도전압

$$E_m = j\omega Ml(I_a + I_b + I_c)$$
$$= j\omega Ml(3I_0)$$

여기서, $3I_0$: $3 \times$ 영상전류(= 지락전류 = 기유도전류)

(3) 유도장해 경감대책 = 전력선측 방지대책

① 전력선과 통신선의 **이격거리**를 크게 한다.
② **소호 리액터** 접지방식을 채용한다.
③ **고속차단방식**을 채용한다.
④ **연가**(전선 위치 바꿈)를 충분히 한다.
⑤ 전력선에 **케이블**을 사용한다.
⑥ **고조파** 발생을 억제한다.
⑦ **차폐선**을 시설한다(30~50[%] 유도전압을 줄일 수 있다).

5 고장 계산

(1) 퍼센트[%]법

① %임피던스(%Z)

$$\%Z = \frac{Z \cdot I_n}{E} \times 100[\%] = \frac{PZ}{10V^2}$$

② 단락전류 : $I_s = \frac{100}{\%Z} I_n [\text{A}]$

③ 단락용량 : $P_s = \frac{100}{\%Z} P_n [\text{kVA}]$

(2) 대칭좌표법

① 대칭분 전압

$$V_0 = \frac{1}{3}(V_a + V_b + V_c)$$
$$V_1 = \frac{1}{3}(V_a + aV_b + a^2V_c)$$
$$V_2 = \frac{1}{3}(V_a + a^2V_b + aV_c)$$

② 각 상의 전압

$$V_a = V_0 + V_1 + V_2$$
$$V_b = V_0 + a^2V_1 + aV_2$$
$$V_c = V_0 + aV_1 + a^2V_2$$

(3) 고장해석을 위한 임피던스

사 고	정상 임피던스	역상 임피던스	영상 임피던스
1선 지락	○	○	○
선간 단락	○	○	×
3상 단락	○	×	×

6 이상전압 방호대책

(1) 가공지선

① 직격 차폐효과
② 정전 차폐효과
③ 전자 차폐효과

(2) 매설지선

철탑의 접지저항값(＝탑각 접지저항)을 작게 하여 역섬락(역방향 불꽃방전) 방지

(3) 피뢰기

① 설치 목적 : **이상전압을 대지로 방전시키고 속류를 차단**

② 구조
- ㉠ 직렬갭
- ㉡ 특성요소
- ㉢ 실드 링
- ㉣ 아크가이드

③ 피뢰기 정격전압 : **속류를 끊을 수 있는 최고의 교류전압**으로 중성점 접지방식과 계통전압에 따라 변화한다.
- ㉠ 직접접지계 : 선로 공칭전압의 0.8~1.0배
- ㉡ 저항 소호 리액터 접지계 : 선로 공칭전압의 1.4~1.6배

④ 피뢰기 제한전압 : 피뢰기 동작 중 단자전압의 파고값

7 전력 개폐장치

[1] 계전기

(1) 계전기 동작시간에 의한 분류

① 순한시 계전기 : 즉시 동작하는 계전기

② 정한시 계전기 : **정해진 일정한 시간에 동작**하는 계전기

③ 반한시 계전기 : 전류값이 **클수록 빨리 동작**하고 반대로 전류값이 **적을수록 느리게 동작**하는 계전기

④ 반한시성 정한시 계전기 : 어느 전류값까지는 반한시성으로 되고 그 이상이 되면 정한시로 동작하는 계전기

(2) 기기보호계전기

① 차동계전기(DFR)

② 비율차동계전기(RDFR)

③ 부흐홀츠 계전기

[2] 차단기

(1) 정격 차단용량

차단용량[MVA]
$= \sqrt{3} \times$ 정격전압[kV] $\times$ 정격 차단전류[kA]

(2) 정격 차단시간

트립코일 여자부터 아크 소호까지의 시간

(3) 차단기 종류

약 호	명 칭	소호 매질
ABB	공기차단기	압축공기
GCB	가스차단기	SF_6(육불화유황)
OCB	유입차단기	절연유
MBB	자기차단기	전자력
VCB	진공차단기	고진공
ACB	기중차단기	대기(저압용)

＊ SF_6 가스의 특징
- 무색, 무취, 무독성이다.
- 소호능력이 공기의 100~200배이다.
- 절연내력이 공기의 2~3배가 된다.

[3] 단로기

전류가 흐르지 않는 상태에서 회로를 개폐할 수 있는 장치로 무부하 충전전류 및 변압기 여자전류는 개폐가 가능하다.

(1) 단로기(DS)와 차단기(CB) 조작

① 급전 시 : DS → CB 순

② 정전 시 : CB → DS 순

(2) 인터록(interlock)

차단기가 열려 있어야만 단로기 조작이 가능하다.

[4] 개폐기

① 고장전류 차단능력은 없고 **부하전류 개폐**는 가능하다.

② 가스절연 개폐장치(GIS) : 한 함 안에 모선, 변성기, 피뢰기, 개폐장치를 내장시키고 절연성능과 소호능력이 우수한 SF_6 가스로 충전시킨 종합개폐장치로 변전소에 주로 사용

[5] **전력퓨즈(PF)**

(1) **주목적**

고전압 회로 및 기기의 **단락 보호용**으로 사용

(2) **전력퓨즈의 장점**

① 소형·경량으로 차단용량이 크다.

② 변성기가 필요없고, 유지보수가 간단하다.

③ 정전용량이 적고, 가격이 저렴하다.

[6] **직류 송전방식의 장단점**

(1) **장점**

① **절연계급**을 낮출 수 있다.

② **송전효율**이 좋다.

③ 선로의 리액턴스가 없으므로 **안정도**가 높다.

④ 도체의 **표피효과**가 없다.

⑤ **유전체손, 충전전류**를 고려하지 않아도 된다.

⑥ **비동기 연계**가 가능하다(주파수가 다른 선로의 연계가 가능하다).

(2) **단점**

① 변환, 역변환 장치가 필요하다.

② 고전압, 대전류의 경우 직류 차단기가 개발되어 있지 않다.

③ 전압의 승압, 강압이 어렵다.

④ 회전자계를 얻기 어렵다.

8 배 전

[1] 배전방식

(1) 저압 뱅킹 배전방식

2대 이상의 변압기의 저압측을 병렬로 접속하는 방식

* 캐스케이딩 현상 : **변압기 1대 고장으로 건전한 변압기의 일부 또는 전부가 연쇄적으로 차단되는 현상**

(2) 망상(네트워크) 배전방식

부하와 부하를 접속점을 사용, 모두 연결하여 망을 구성. 변전소의 급전선(feeder)을 접속점에 연결하여 전력을 공급하는 방식

[2] 각 전기방식별 비교

전기 방식	1선당 공급전력	전류비	저항비	중량비
$1\phi2W$	1	1	1	1
$1\phi3W$	1.33	$\frac{1}{2}$	4	$\frac{3}{8}$
$3\phi3W$	1.15	$\frac{1}{\sqrt{3}}$	2	$\frac{3}{4}$
$3\phi4W$	1.5(최대)	$\frac{1}{3}$	6	$\frac{1}{3}$(최소)

[3] 수요와 부하

① 수용률 $= \dfrac{\text{최대수용전력}}{\text{설비용량}} \times 100[\%]$

② 부등률 $= \dfrac{\text{각 수용가의 최대수용전력의 합}}{\text{합성 최대전력}}$

③ 부하율 $= \dfrac{\text{평균부하전력}}{\text{최대부하전력}} \times 100[\%]$

④ 손실계수$(H) = \dfrac{\text{평균전력손실}}{\text{최대전력손실}} \times 100[\%]$

• 손실계수와 부하율의 관계

$$0 \leq F^2 \leq H \leq F \leq 1$$

• 수용률, 부하율, 부등률의 관계

$$부하율 = \frac{평균전력}{최대전력}$$

$$= \frac{평균전력}{설비용량} \times \frac{부등률}{수용률}$$

[4] 역률 개선

(1) 역률 개선의 효과

① 전력 손실 감소

② 전압강하 경감

③ 설비용량의 여유분 증가

④ 전기요금 절감

(2) 역률 개선용 콘덴서의 용량 계산

$$Q_c = P\left(\frac{\sqrt{1 - \cos^2\theta_1}}{\cos\theta_1} - \frac{\sqrt{1 - \cos^2\theta_2}}{\cos\theta_2} \right)[\text{kVA}]$$

[5] 배전선로 보호 협조

① 리클로저(recloser)

② 섹셔널라이저(sectionalizer) : 자동선로 구분개폐기

③ 라인퓨즈(line fuse)

❸ 전기기기

1 직류기

[1] 직류 발전기의 원리와 구조

(1) **직류 발전기의 원리** : 플레밍(Fleming)의 오른손 법칙

유기 기전력 $e = vBl\sin\theta$[V]

(2) **직류 발전기의 구조**
  ① 전기자(armature)
  ② 계자(field magnet)
  ③ 정류자(commutator)

[2] 전기자 권선법

(1) **직류기의 전기자 권선법**

$$\left[\begin{array}{l}\text{환상권}\\\text{고상권}\end{array}\right.\left[\begin{array}{l}\text{개로권}\\\text{폐로권}\end{array}\right.\left[\begin{array}{l}\text{단층권}\\\text{2층권}\end{array}\right.\left[\begin{array}{l}\text{중권}\\\text{파권}\end{array}\right.$$

(2) **전기자 권선법의 중권과 파권을 비교**

구 분	중권	파권
전압·전류	저전압, 대전류	고전압, 소전류
병렬 회로수	$a = p$	$a = 2$
브러시수	$b = p$	$b = 2$ 또는 p
균압환	필요	불필요

[3] 유기 기전력

$$E = \frac{Z}{a}p\phi\frac{N}{60}\text{[V]}$$

[4] 전기자 반작용

(1) **전기자 반작용의 영향**
  ① 전기적 중성축이 이동한다.
  ② 계자 자속이 감소한다.
  ③ 정류자 편간 전압이 국부적으로 높아져 불꽃이 발생한다.

(2) **전기자 반작용의 방지책**
  ① 보극을 설치한다.
  ② 보상 권선을 설치한다.

[5] 정류

  ① 교류를 직류로 변환하는 것
  ② 정류 개선책은 다음과 같다.

  평균 리액턴스 전압 $e = L\dfrac{2I_c}{T_c}$[V]

  ㉠ 평균 리액턴스 전압을 작게 한다.
  ㉡ 보극을 설치한다.
  ㉢ 브러시의 접촉 저항을 크게 한다.

[6] 직류 발전기의 종류와 특성

(1) **타여자 발전기**
  단자 전압 : $V = E - I_a R_a$[V]

(2) **분권 발전기**
  단자 전압 : $V = E - I_a R_a = I_f r_f$[V]

(3) **직권 발전기**

(4) **복권 발전기**

(5) 직류 발전기의 특성 곡선

   ① 무부하 포화 특성 곡선 : 계자 전류(I_f)와 유기 기전력(E)의 관계 곡선

   ② 부하 특성 곡선 : 계자 전류(I_f)와 단자 전압[V]의 관계 곡선

   ③ 외부 특성 곡선 : 부하 전류(I)와 단자 전압(V)의 관계 곡선

[7] 전압 변동률 : ε[%]

$$\varepsilon = \frac{V_0 - V_n}{V_n} \times 100 [\%]$$

[8] 직류 발전기의 병렬 운전

(1) 병렬 운전의 조건

   ① 극성이 일치할 것

   ② 단자 전압이 같을 것

   ③ 외부 특성 곡선은 일치하고 약간 수하 특성일 것

(2) 균압선

   직권 계자 권선이 있는 발전기에서 안정된 병렬 운전을 하기 위하여 설치한다.

[9] 직류 전동기의 원리와 구조

(1) 직류 전동기의 원리 : 플레밍의 왼손 법칙

   힘 $F = IBl\sin\theta$[N]

(2) 직류 전동기의 구조

   직류 발전기와 동일하다.

[10] 회전 속도와 토크

(1) 회전 속도

$$N = K\frac{V - I_a R_a}{\phi} \ [\text{rpm}]$$

(2) 토크(Torque 회전력)

$$T = \frac{P}{2\pi \dfrac{N}{60}} \ [\text{N} \cdot \text{m}]$$

[11] 직류 전동기의 종류와 특성

(1) 분권 전동기

   ① 속도 변동률이 작다.

   ② 경부하 운전 중 계자 권선이 단선되면 위험 속도에 도달한다.

(2) 직권 전동기

   ① 속도 변동률이 크다.

   ② 토크가 전기자 전류의 제곱에 비례한다($T_직 \propto I_a^2$).

   ③ 운전 중 무부하 상태가 되면 무구속 속도(위험 속도)에 도달한다.

[12] 직류 전동기의 운전법

(1) 기동법

   전기자에 직렬로 저항을 넣고 기동하는 저항 기동법

(2) 속도 제어

   ① **계자 제어** : 정출력 제어

   ② 저항 제어 : 손실이 크고, 효율이 낮다.

   ③ **전압 제어** : 효율이 좋고, 광범위로 원활한 제어를 할 수 있다.

      ㉠ 워드 레오나드(Ward leonard) 방식

      ㉡ 일그너(Ilgner) 방식

(3) 제동법

   ① 발전 제동

   ② 회생(回生) 제동

   ③ 역상 제동(plugging) : 전기자 권선의 결선을 반대로 바꾸어 급제동하는 방법

[13] 손실 및 효율

(1) 손실

① 무부하손(고정손)

  ㉠ 철손

  • 히스테리시스손

  $$P_h = \sigma_h f B_m^{1.6} \, [\text{W/m}^3]$$

  • 와류손 : $P_e = \sigma_e k (t f B_m)^2 \, [\text{W/m}^3]$

  ㉡ 기계손 : 풍손 + 마찰손

② 부하손(가변손)

  ㉠ 동손 : $P_c = I^2 R \, [\text{W}]$

  ㉡ 표유 부하손(stray load loss)

(2) 효율

$$효율 \; \eta = \frac{출력}{출력 + 손실} \times 100 \, [\%]$$

$$= \frac{입력 - 손실}{입력} \times 100 \, [\%]$$

(직류 전동기의 규약 효율)

* 최대 효율의 조건

무부하손(고정손) = 부하손(가변손)

❷ 동기기

[1] 동기 발전기의 원리와 구조

(1) 동기 발전기의 원리

동기 속도 $N_s = \dfrac{120f}{P} \, [\text{rpm}]$

(2) 동기 발전기의 구조

① 고정자(stator) : 전기자

② 회전자(rator) : 계자

③ 여자기(excitor) : 계자 권선에 직류 전원을 공급하는 장치

[2] 동기 발전기의 분류

(1) 회전자에 따른 분류

① 회전 계자형 : 일반 동기기

② 회전 전기자형 : 극히 소형인 경우

③ 회전 유도자형 : 수백~20,000[Hz] 고주파 발전기

(2) 회전자 형태에 따른 분류

① 철극기 : 6극 이상, 저속기, 수차 발전기

② 비(非)철극기(원통극) : 2~4극, 고속기, 터빈 발전기

[3] 전기자 권선법과 결선

(1) 집중권과 분포권

① 분포권의 장점

  ㉠ 기전력의 파형을 개선한다.

  ㉡ 누설 리액턴스는 감소한다.

② 분포권의 단점 : 집중권에 비하여 기전력이 감소한다.

$$* \text{분포 계수} : K_d = \frac{\sin \dfrac{\pi}{2m}}{q \sin \dfrac{\pi}{2mq}} \text{(기본파)}$$

(2) 전절권과 단절권

① 단절권의 장점

  ㉠ 고조파를 제거하여 기전력의 파형을 개선한다.

  ㉡ 동선량이 감소하고, 기계적 치수도 경감된다.

② 단절권의 단점 : 기전력이 감소한다.

③ 단절 계수

$$K_p = \sin \frac{\beta \pi}{2} \text{(기본파)}$$

(3) 전기자 권선의 결선

① △ 결선(×)

② Y결선(○)

[4] 동기 발전기의 유기 기전력

$$E = 4.44 f N \phi K_w \, [\text{V}]$$

[5] 전기자 반작용

(1) 횡축 반작용

전기자 전류(I)와 유기 기전력(E)이 동상일 때

(2) 직축 반작용

① 감자 작용 : I_a가 E보다 위상이 90° 뒤질 때

② 증자 작용 : I_a가 E보다 위상이 90° 앞설 때

[6] 동기 임피던스

(1) 동기 임피던스

$$\dot{Z}_s = r + jx_s \fallingdotseq x_s [\Omega]\ (r \ll x_s)$$

(2) 부하각(power angle) : δ

유기 기전력 E와 단자 전압 V의 위상차

[7] 동기 발전기의 출력

(1) 비철극기의 출력

① 1상의 출력 : $P_1 = \dfrac{EV}{x_s}\sin\delta [\text{W}]$

② 최대 출력(P_m)은 부하각 $\delta = 90°$에서 발생한다.

(2) 철극기(원통극)의 출력 : P[W]

철극기의 최대 출력은 부하각 $\delta = 60°$

[8] 퍼센트 동기 임피던스 : $\%Z_s$[%]

① $\%Z_s = \dfrac{I \cdot Z_s}{E} \times 100 = \dfrac{I_n}{I_s} \times 100$

$$= \dfrac{P_n[\text{kVA}] \cdot Z_s}{10 \cdot V^2[\text{kV}]}[\%]$$

② 단락 전류 : $I_s = \dfrac{E}{Z_s}$[A]

[9] 단락비 : K_s(short circuit ratio)

(1) 단락비

$$K_s = \dfrac{I_{fo}}{I_{fs}}$$

$$= \dfrac{\text{무부하 정격 전압을 유기하는 데 필요한 계자 전류}}{\text{3상 단락 정격 전류를 흘리는 데 필요한 계자 전류}}$$

$$= \dfrac{I_s}{I_n} \propto \dfrac{1}{Z_s}$$

(2) 단락비 산출

① 무부하 포화 시험

② 3상 단락 시험

(3) 단락비(K_s)가 큰 기계의 특성

① 동기 임피던스가 작다.

② 전압 변동률이 작다.

③ 전기자 반작용이 작다.

④ 출력이 증가한다.

⑤ 과부하 내량이 크고, 안정도가 높다.

⑥ 송전 선로의 충전 용량이 크고, 자기 여자 현상이 작다.

⑦ 기계 치수가 커 고가이다.

⑧ 철손의 증가로 효율이 감소한다.

[10] 동기 발전기의 병렬 운전

(1) 발전기의 병렬 운전 조건

- 기전력의 크기가 같을 것
- 기전력의 위상이 같을 것
- 기전력의 주파수가 같을 것
- 기전력의 파형이 같을 것

① 기전력의 크기가 같지 않을 경우 : 무효 순환 전류(I_c)가 흐른다.

무효 순환 전류 $I_c = \dfrac{E_A - E_B}{2Z_s}$[A]

② 기전력의 위상이 다른 경우 : 동기화 전류(유효 횡류 I_s)가 흐른다.

    ㉠ 동기화 전류 : $I_s = \dfrac{2E_A}{2Z_s} \sin \dfrac{\delta_s}{2}$ [A]

    ㉡ 수수 전력 : $P = \dfrac{E_A{}^2}{2Z_s} \sin \delta_s$ [W]

[11] 동기 발전기의 난조와 안정도

(1) 난조(hunting)

운전 중에 부하가 갑자기 변화하면 부하각(δ)과 동기 속도(N_s)가 진동하는 것

① 난조의 원인

    ㉠ 원동기의 조속기 감도가 너무 예민한 경우

    ㉡ 원동기의 토크에 고조파 토크가 포함되어 있는 경우

    ㉢ 전기자 회로의 저항이 매우 큰 경우

② 난조의 방지책 : 제동 권선(damper widing)을 설치한다.

(2) 안정도

부하 변동 시 탈조하지 않고 정상 운전을 지속할 수 있는 능력을 안정도라 하며, 안정도 향상책으로는 다음과 같은 방법이 있다.

① 단락비가 클 것

② 동기 임피던스가 작을 것(정상 리액턴스는 작고, 역상·영상 리액턴스는 클 것)

③ 조속기 동작을 신속하게 할 것

④ 관성 모멘트가 클 것(fly wheel 설치)

⑤ 속응 여자 방식을 채택한다.

[12] 동기 전동기

(1) 회전 속도

$$N_s = \frac{120 \cdot f}{P} \text{ [rpm]}$$

(2) 토크(Torque)

$$T = \frac{P}{\omega} = \frac{1}{\omega} \frac{VE}{x_s} \sin \delta \text{ [N·m]}$$

$$(\text{출력 } P = \frac{VE}{x_s} \sin \delta \text{ [W]})$$

(3) 동기 전동기의 장단점(유도 전동기와 비교)

① 장점 : 역률을 조정할 수 있다.

② 단점 : 기동 토크가 작다.

[13] 위상 특성 곡선(V곡선)

계자 전류(I_f)와 전기자 전류(I)의 크기 및 위상(역률) 관계 곡선

(1) 부족 여자 : 리액터 작용

(2) 과여자 : 콘덴서 작용

3 변압기

[1] 변압기의 원리와 구조

(1) 변압기의 원리 : 전자 유도 작용

유기 기전력 $e = -N \dfrac{d\phi}{dt}$ [V]

(2) 변압기의 구조

① 환상 철심

② 1차, 2차 권선

③ 변압기의 권수비

$$a = \frac{e_1}{e_2} = \frac{N_1}{N_2} = \frac{v_1}{v_2} = \frac{i_2}{i_1}$$

[2] 1·2차 유기 기전력과 여자 전류

(1) 유기 기전력

① 1차 유기 기전력

    $E_1 = 4.44 f N_1 \Phi_m$ [V]

② 2차 유기 기전력

    $E_2 = 4.44 f N_2 \Phi_m$ [V]

(2) 변압기의 여자 전류

① 여자 전류

$$\dot{I}_0 = \dot{Y}_0 \dot{V}_1 = \dot{I}_i + \dot{I}_\phi = \sqrt{\dot{I}_i{}^2 + \dot{I}_\phi{}^2}\,[\text{A}]$$

② 여자 어드미턴스 : $Y_0 = g_0 - jb_0\,[\text{℧}]$

③ 철손 : $P_i = V_1 I_i = g_0 V_1{}^2\,[\text{W}]$

[3] 변압기의 등가 회로

(1) 등가 회로 작성 시 필요한 시험

① 무부하 시험 : $I_0,\ Y_0,\ P_i$

② 단락 시험 : $I_s,\ V_s,\ P_c(W_s)$

③ 권선 저항 측정 : $r_1,\ r_2[\Omega]$

(2) 2차를 1차로 환산한 임피던스

$$r_2{}' = a^2 r_2$$

$$x_2{}' = a^2 x_2$$

[4] 변압기의 특성

(1) 전압 변동률 : $\varepsilon[\%]$

$$\varepsilon = \frac{V_{20} - V_{2n}}{V_{2n}} \times 100\,[\%]$$

① 퍼센트 전압 강하

㉠ 퍼센트 저항 강하

$$p = \frac{I \cdot r}{V} \times 100 = \frac{P_c}{P_n} \times 100\,[\%]$$

㉡ 퍼센트 리액턴스 강하

$$q = \frac{I \cdot x}{V} \times 100\,[\%]$$

㉢ 퍼센트 임피던스 강하

$$\%Z = \frac{I \cdot Z}{V} \times 100$$

$$= \frac{I_n}{I_s} \times 100 = \sqrt{p^2 + q^2}\,[\%]$$

② 임피던스 전압과 임피던스 와트

㉠ 임피던스 전압 : $V_s[\text{V}]$

정격 전류에 의한 변압기 내의 전압 강하

㉡ 임피던스 와트 : $W_s[\text{W}]$

변압기에 임피던스 전압을 공급할 때의 입력

③ 퍼센트 강하의 전압 변동률(ε)

$$\varepsilon = p\cos\theta \pm q\sin\theta$$

$$= \sqrt{p^2 + q^2}\cos(\alpha - \theta)$$

(2) $\dfrac{1}{m}$인 부하 시 효율 : $\eta_{\frac{1}{m}}$

$$\eta_{\frac{1}{m}} = \frac{\dfrac{1}{m} \cdot VI \cdot \cos\theta}{\dfrac{1}{m} \cdot VI \cdot \cos\theta + P_i + \left(\dfrac{1}{m}\right)^2 \cdot P_c}$$

$$\times 100\,[\%]$$

＊ 최대 효율 조건 : $P_i = \left(\dfrac{1}{m}\right)^2 \cdot P_c$

(3) 변압기유(oil)

① 구비 조건

㉠ 절연 내력이 클 것

㉡ 점도가 낮을 것

㉢ 인화점은 높고, 응고점은 낮을 것

㉣ 화학 작용과 침전물이 없을 것

② 열화 방지책 : 콘서베이터(conservator)를 설치한다.

[5] 변압기의 결선법

(1) △-△ 결선

① 선간 전압=상전압 : $V_l = E_p$

② 선전류= $\sqrt{3}$ 상전류

$$I_l = \sqrt{3}\,I_p\,\underline{/-30°}$$

③ 3상 출력 : $P_3 = \sqrt{3}\,V_l I_l \cdot \cos\theta\,[\text{W}]$

④ △-△ 결선의 특성

㉠ 운전 중 1대 고장 시 V-V 결선으로 운전을 계속할 수 있다.

㉡ 중성점을 접지할 수 없으므로 지락 사고 시 이상 전압이 발생한다.

(2) Y–Y 결선

① 선간 전압= $\sqrt{3}$ 상전압

$V_l = \sqrt{3}\,E_p\,\underline{/30°}$

② 선전류=상전류 : $I_l = I_p$

③ Y–Y 결선의 특성 : 고조파 순환 전류가 흘러 통신 유도 장해를 발생시킨다.

(3) △–Y, Y–△ 결선

① △–Y 결선은 승압용 변압기 결선에 유효하다.

② Y–△ 결선은 강압용 변압기 결선에 유효하다.

(4) V–V 결선

① V결선 출력 $P_V = \sqrt{3}\,P_1$

② 이용률 : $\dfrac{\sqrt{3}\,P_1}{2P_1} = 0.866 \rightarrow 86.6[\%]$

③ 출력비 : $\dfrac{\sqrt{3}\,P_1}{3P_1} = 0.577 \rightarrow 57.7[\%]$

[6] 변압기의 병렬 운전

(1) 병렬 운전 조건

① 극성이 같을 것
② 1차, 2차 정격 전압과 권수비가 같을 것
③ 퍼센트 임피던스 강하가 같을 것
④ 변압기의 저항과 리액턴스의 비가 같을 것
⑤ 상회전 방향 및 각 변위가 같을 것(3상 변압기의 경우)

(2) 부하 분담비

$\dfrac{I_a}{I_b} = \dfrac{\%Z_b}{\%Z_a} \cdot \dfrac{P_A}{P_B}$

[7] 상(相, phase)수 변환

(1) 3상 → 2상 변환

① 스코트(Scott) 결선(T결선)

② 메이어(Meyer) 결선
③ 우드 브리지(Wood bridge) 결선

(2) 3상 → 6상 변환

① 2중 Y결선(성형 결선, Star)
② 2중 △ 결선
③ 환상 결선
④ 대각 결선
⑤ 포크(fork) 결선

[8] 단권 변압기

$\dfrac{\text{자기 용량}(P)}{\text{부하 용량}(W)} = \dfrac{(V_2 - V_1)I_2}{V_2 I_2} = \dfrac{V_h - V_l}{V_h}$

4 유도기

[1] 유도 전동기의 원리와 구조

(1) 유도 전동기의 원리 : 전자 유도 작용과 플레밍의 왼손 법칙

(2) 유도 전동기의 구조

① 고정자(1차) : 교류 전원을 공급받아 회전 자계를 발생하는 부분
② 회전자(2차) : 회전 자계와 같은 방향으로 회전하는 부분
　㉠ 권선형 유도 전동기 : 기동 특성이 양호하다(비례 추이).
　㉡ 농형 유도 전동기 : 구조가 간결하고 튼튼하다.

[2] 유도 전동기의 특성

(1) 동기 속도 : $N_s = \dfrac{120 \cdot f}{P}$ [rpm]

(2) 슬립(slip)

$s = \dfrac{N_s - N}{N_s} = \dfrac{N_s - N}{N_s} \times 100[\%]$

＊ 유도 전동기의 슬립 : $1 > s > 0$

(3) 1 · 2차 유기 기전력 및 권수비

① 1차 유기 기전력

$$E_1 = 4.44 f_1 N_1 \phi_m K_{w_1} [\text{V}]$$

② 2차 유기 기전력

$$E_2 = 4.44 f_2 N_2 \phi_m K_{w_2} [\text{V}]$$

(정지 시 : $f_1 = f_2$)

③ 권수비 : $a = \dfrac{E_1}{E_2} = \dfrac{N_1 K_{w_1}}{N_2 K_{w_2}} = \dfrac{I_2}{I_1}$

(4) 전동기가 슬립 s로 회전 시

① 2차 주파수 : $f_{2s} = s f_1 [\text{Hz}]$

② 2차 유기 기전력 : $E_{2s} = s E_2 [\text{V}]$

③ 2차 리액턴스 : $x_{2s} = s x_2 [\Omega]$

(5) 2차 전류 $I_2 [\text{A}]$

① $I_2 = \dfrac{s E_2}{r_2 + j s x_2}$

② 출력정수

$$R = \dfrac{r_2}{s} - r_2 = \left(\dfrac{1}{s} - 1\right) r_2 = \dfrac{1-s}{s} r_2$$

(6) 2차 입력, 기계적 출력 및 2차 동손의 관계

$$P_2 : P_0 : P_{2c} = 1 : 1 - s : s$$

(7) 유도 전동기의 회전 속도와 토크

① 회전 속도

$$N = N_s (1-s) = \dfrac{120f}{P}(1-s) [\text{rpm}]$$

② 토크(torque 회전력)

$$T = \dfrac{P_0}{2\pi \dfrac{N}{60}} = \dfrac{P_2}{2\pi \dfrac{N_s}{60}} [\text{N} \cdot \text{m}]$$

③ 동기 와트로 표시한 토크 : T_s

$$T_s = P_2$$

(2차 입력 P_2를 동기 와트라 한다)

[3] 토크 특성 곡선과 비례 추이

(1) 슬립 대 토크 특성 곡선

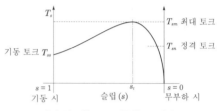

‖ 슬립 대 토크 특성 곡선 ‖

(2) 비례 추이

① 3상 권선형 전동기의 2차 합성 저항을 조정하면 토크, 전류 및 역률 등이 비례하여 변화하는 것

② 비례 추이를 하는 목적

　ㄱ 기동 토크 증대

　ㄴ 기동 전류 제한

　ㄷ 속도 제어(최대 토크는 불변이다)

[4] 유도 전동기의 효율(2차 효율)

$$\eta_2 = \dfrac{P}{P_2} \times 100 = (1-s) \times 100$$

$$= \dfrac{N}{N_s} \times 100 [\%]$$

[5] 하일랜드(Heyland) 원선도

(1) 원선도 작성 시 필요한 시험

① 무부하 시험

② 구속 시험

③ 권선 저항 측정

(2) 원선도 반원의 직경 : $D \propto \dfrac{E}{x}$

[6] 유도 전동기의 운전법

(1) 기동법(시동법)

① 권선형 유도 전동기

　ㄱ 2차 저항 기동법

　ㄴ 게르게스 기동법

② 농형 유도 전동기
　　㉠ 전전압 기동(직입 기동)
　　㉡ Y-△ 기동법
　　㉢ 리액터 기동법
　　㉣ 기동 보상기 기동법

(2) 속도 제어
　　① 주파수 제어　　② 극수 변환 제어
　　③ 1차 전압 제어　　④ 2차 저항 제어
　　⑤ 종속 접속 제어　　⑥ 2차 여자 제어

(3) 제동법(전기적 제동)
　　* 역상 제동 : 3선 중 2선의 결선을 바꾸어 제동하는 방법

(4) 2중 농형 유도 전동기의 종류
　　기동 토크가 크고, 기동 전류가 작으므로 기동 특성이 우수하다.

(5) 단상 유도 전동기의 종류
　　① 반발 기동형
　　② 콘덴서 기동형
　　③ 분상 기동형
　　④ 셰이딩(shading) 코일형

5 정류기

[1] 회전 변류기

(1) 전압비 : $\dfrac{E}{E_d} = \dfrac{1}{\sqrt{2}} \sin \dfrac{\pi}{m}$

(2) 전류비 : $\dfrac{I}{I_d} = \dfrac{2\sqrt{2}}{m \cdot \cos\theta \cdot \eta}$

[2] 수은 정류기

(1) 전압비 : $\dfrac{E_d}{E} = \dfrac{\sqrt{2} \cdot \sin\dfrac{\pi}{m}}{\dfrac{\pi}{m}}$

(2) 전류비 : $\dfrac{I_d}{I} = \sqrt{m}$

[3] 반도체 정류기

(1) 단상 반파 정류 회로
　　직류 전압 : $E_d = \dfrac{\sqrt{2}}{\pi} E = 0.45 E$[V]

(2) 단상 전파(브리지) 정류 회로
　　직류 전압(평균값) : $E_d = \dfrac{2\sqrt{2}}{\pi} E = 0.9 E$[V]

(3) 3상 반파 정류 회로
　　직류 전압(평균값)
　　$E_d = \dfrac{3\sqrt{3}}{\sqrt{2}\,\pi} E = 1.17 E$[V]

(4) 3상 전파 정류 회로(6상 반파 정류 회로)
　　직류 전압(평균값)
　　$E_d = \dfrac{3\sqrt{2}}{\sqrt{2}\,\pi} \times \dfrac{2}{\sqrt{3}} = 1.35 E$[V]

[4] 맥동률과 정류 효율

(1) 맥동률
　　$\nu = \dfrac{\text{출력 전압(전류)에 포함된 교류 성분(실효값)}}{\text{출력 전압(전류)의 직류 성분}}$
　　$\times 100$[%]

(2) 정류 효율
　　$\eta = \dfrac{P_{dc}(\text{직류 출력})}{P_{ac}(\text{교류 입력})} \times 100$[%]

(3) 맥동률, 정류 효율 및 맥동 주파수

정류 종류	단상 반파	단상 전파	3상 반파	3상 전파
맥동률[%]	121	48	17	4
정류 효율[%]	40.6	81.2	96.7	99.8
맥동 주파수	f	$2f$	$3f$	$6f$

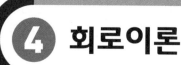

4 회로이론

1 직류회로

(1) 전류

$$i = \frac{dQ}{dt}[\text{A}]=[\text{C/s}]$$

* 전하량 : $Q = \int_0^t i\,dt\,[\text{C}]=[\text{A}\cdot\text{s}]$

(2) 전압

$$V = \frac{W}{Q}[\text{V}]=[\text{J/C}]$$

(3) 전력

$$P = \frac{W}{t}=\frac{VQ}{t}= VI[\text{W}]=[\text{J/s}]$$

(4) 전기저항

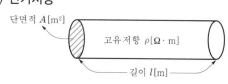

단면적 $A[\text{m}^2]$

고유저항 $\rho[\Omega\cdot\text{m}]$

길이 $l[\text{m}]$

$$R = \rho\frac{l}{A}=\frac{l}{kA}[\Omega]$$

(5) 옴의 법칙

$$I = \frac{V}{R}[\text{A}],\ \ V = IR[\text{V}],\ \ R = \frac{V}{I}[\Omega]$$

(6) 분압법칙

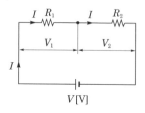

$V[\text{V}]$

$$V_1 = R_1 I = \frac{R_1}{R_1 + R_2}\,V[\text{V}]$$

$$V_2 = R_2 I = \frac{R_2}{R_1 + R_2}\,V[\text{V}]$$

(7) 분류법칙

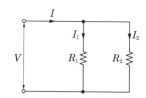

$$I_1 = \frac{V}{R_1}=\frac{R_2}{R_1 + R_2}\,I\,[\text{A}]$$

$$I_2 = \frac{V}{R_2}=\frac{R_1}{R_1 + R_2}\,I\,[\text{A}]$$

(8) 배율기

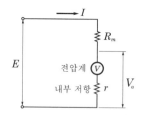

E 전압계   내부 저항 r R_m V_a

배율 $m = 1 + \dfrac{R_m}{r}$

(9) 분류기

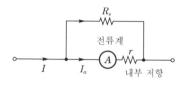

R_s 전류계 r 내부 저항 I I_a

배율 $m = 1 + \dfrac{r}{R_s}$

2 정현파 교류

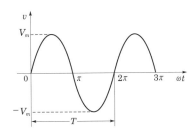

(1) 주기와 주파수와의 관계

$$f = \frac{1}{T}\,[\text{Hz}], \quad T = \frac{1}{f}\,[\text{s}]$$

(2) 각주파수(ω)

$$\omega = \frac{\theta}{t} = \frac{2\pi}{T} = 2\pi f\,[\text{rad/s}]$$

(3) 평균값(가동 코일형 계기로 측정)

$$V_{av} = \frac{1}{T}\int_0^T v\,dt\,[\text{V}]$$

(4) 실효값(열선형 계기로 측정)

$$V = \sqrt{\frac{1}{T}\int_0^T v^2 dt}\,[\text{V}]$$

(5) 여러 가지 파형의 평균값과 실효값

파형 \ 구분	평균값	실효값
정현파 또는 전파	$V_{av} = \dfrac{2}{\pi} V_m$	$V = \dfrac{1}{\sqrt{2}} V_m$
반파 (정현 반파)	$V_{av} = \dfrac{1}{\pi} V_m$	$V = \dfrac{1}{2} V_m$
맥류파 (반구형파)	$V_{av} = \dfrac{1}{2} V_m$	$V = \dfrac{1}{\sqrt{2}} V_m$
삼각파 또는 톱니파	$V_{av} = \dfrac{1}{2} V_m$	$V = \dfrac{1}{\sqrt{3}} V_m$
제형파	$V_{av} = \dfrac{2}{3} V_m$	$V = \dfrac{\sqrt{5}}{3} V_m$
구형파	$V_{av} = V_m$	$V = V_m$

(6) 파고율과 파형률

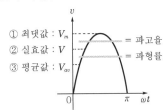

① 최댓값 : V_m
② 실효값 : V
③ 평균값 : V_{av}

= 파고율
= 파형률

$$① \ 파고율 = \frac{최댓값}{실효값}$$

$$② \ 파형률 = \frac{실효값}{평균값}$$

(7) 복소수

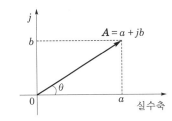

① 표시법
  ㉠ 직각좌표형
    $$\boldsymbol{A} = a + jb$$
  ㉡ 극좌표형
    $$\boldsymbol{A} = |A|\angle\theta$$
  ㉢ 지수함수형
    $$\boldsymbol{A} = |A|e^{j\theta}$$
  ㉣ 삼각함수형
    $$\boldsymbol{A} = |A|(\cos\theta + j\sin\theta)$$

② 복소수 연산
  ㉠ 합과 차 : 직각좌표형인 경우 실수부
    는 실수부끼리, 허수부는 허수부끼리
    더하고 뺀다.
  ㉡ 곱과 나눗셈 : 극좌표형으로 바꾸어 **곱
    셈의 경우는 크기는 곱하고 각도는 더
    하며, 나눗셈의 경우는 크기는 나누
    고 각도는 뺀다.**

3 기본 교류회로

(1) 인덕턴스(L)만의 회로

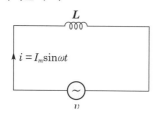

① 위상차 : 전류는 전압보다 위상이 90° 뒤진다.

② 기호법

$$V = jX_L I\,[V], \quad I = \frac{V}{jX_L} = -j\frac{V}{X_L}\,[A]$$

③ 코일에 축적(저장)되는 에너지

$$W = \frac{1}{2}LI^2\,[J]$$

(2) 커패시턴스(C)만의 회로

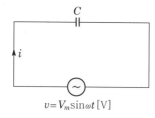

① 위상차 : 전류는 전압보다 위상이 90° 앞선다.

② 기호법

$$V = -jX_C I = -j\frac{1}{\omega C}I\,[V]$$

$$I = \frac{V}{-jX_C}\,[A]$$

③ 콘덴서에 축적(저장)되는 에너지

$$W = \frac{1}{2}CV^2 = \frac{Q^2}{2C}\,[J]$$

(3) $R-L$ 직렬회로

① 임피던스

$$Z = R + jX_L = R + j\omega L\,[\Omega]$$

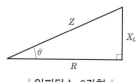

▎임피던스 3각형▎

② 위상차 $\theta = \tan^{-1}\dfrac{V_L}{V_R} = \tan^{-1}\dfrac{X_L}{R}$

③ 역률 : $\cos\theta = \dfrac{R}{Z} = \dfrac{R}{\sqrt{R^2 + X_L^2}}$

(4) $R-C$ 직렬회로

① 임피던스

$$Z = R - jX_C = R - j\frac{1}{\omega C}\,[\Omega]$$

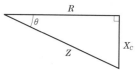

▎임피던스 3각형▎

② 위상차 $\theta = \tan^{-1}\dfrac{V_C}{V_R} = \tan^{-1}\dfrac{X_C}{R}$

③ 역률 : $\cos\theta = \dfrac{R}{Z} = \dfrac{R}{\sqrt{R^2 + X_C^2}}$

(5) $R-L-C$ 직렬회로

① 임피던스 : $Z = R + j(X_L - X_C)\,[\Omega]$

② 전압, 전류의 위상차

㉠ $X_L > X_C$, $\omega L > \dfrac{1}{\omega C}$인 경우 : **유도성 회로**

전류는 전압보다 위상이 θ만큼 뒤진다.

㉡ $X_L < X_C$, $\omega L < \dfrac{1}{\omega C}$인 경우 : **용량성 회로**

전류는 전압보다 위상이 θ만큼 앞선다.

③ 역률

$$\cos\theta = \frac{R}{Z} = \frac{R}{\sqrt{R^2 + (X_L - X_C)^2}}$$

(6) $R - L$ 병렬회로

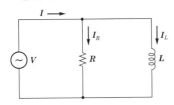

① 전전류(전압 일정)

$$I = I_R + I_L = \frac{V}{R} - j\frac{V}{X_L}$$

② 어드미턴스

$$Y = \frac{I}{V} = \frac{1}{R} - j\frac{1}{X_L}\,[\mho]$$

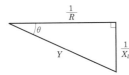

┃ 어드미턴스 3각형 ┃

③ 위상차 $\theta = \tan^{-1}\frac{I_L}{I_R} = \tan^{-1}\frac{R}{X_L}$

④ 역률 : $\cos\theta = \frac{I_R}{I} = \frac{X_L}{\sqrt{R^2 + X_L^2}}$

(7) $R - C$ 병렬회로

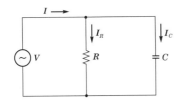

① 전전류(전압 일정)

$$I = I_R + I_C = \frac{V}{R} + j\frac{V}{X_C}$$

② 어드미턴스

$$Y = \frac{I}{V} = \frac{1}{R} + j\frac{1}{X_C}\,[\mho]$$

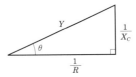

┃ 어드미턴스 3각형 ┃

③ 위상차 $\theta = \tan^{-1}\frac{I_C}{I_R} = \tan^{-1}\frac{R}{X_C}$

④ 역률 : $\cos\theta = \frac{I_R}{I} = \frac{X_C}{\sqrt{R^2 + X_C^2}}$

(8) $R - L - C$ 병렬회로

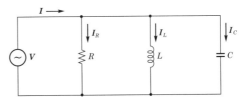

① 전전류(전압 일정)

$$I = I_R + I_L + I_C = \frac{V}{R} - j\frac{V}{X_L} + j\frac{V}{X_C}$$

② 어드미턴스

$$Y = \frac{I}{V} = \frac{1}{R} + j\left(\frac{1}{X_C} - \frac{1}{X_L}\right)[\mho]$$

③ 전압, 전류의 위상차

   ㉠ $I_L > I_C$, $X_L < X_C$ 인 경우 : **유도성 회로**

   ㉡ $I_L < I_C$, $X_L > X_C$ 인 경우 : **용량성 회로**

   ㉢ $I_L = I_C$, $X_L = X_C$ 인 경우 : **무유도성 회로**

(9) **직렬 공진회로**

① 의미

   ㉠ 임피턴스의 허수부의 값이 0인 상태의 회로

   ㉡ 전류 최대인 상태의 회로

② 공진 주파수 : $f_0 = \dfrac{1}{2\pi\sqrt{LC}}\,[\text{Hz}]$

③ 전압 확대율(Q)= 첨예도(S)= 선택도(S)

$$Q = S$$
$$= \frac{V_L}{V} = \frac{V_C}{V} = \frac{\omega_0 L}{R} = \frac{1}{\omega_0 CR}$$
$$= \frac{1}{R}\sqrt{\frac{L}{C}}$$

(10) 이상적인 병렬 공진회로

① 의미
- ㉠ 어드미턴스의 허수부의 값이 0인 상태의 회로
- ㉡ 임피던스 최대인 상태로 **전류 최소인 상태의 회로**

② 공진 주파수
$$f_0 = \frac{1}{2\pi\sqrt{LC}} \, [\mathrm{Hz}]$$

③ 전류 확대율(Q)= 첨예도(S)= 선택도(S)
$$Q = S = \frac{I_L}{I} = \frac{I_C}{I} = \frac{R}{\omega_0 L} = \omega_0 CR$$
$$= R\sqrt{\frac{C}{L}}$$

(11) 일반적인 병렬 공진회로

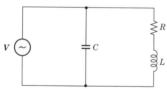

① 공진 조건
$$\omega C = \frac{\omega L}{R^2 + \omega^2 L^2}$$

② 공진 시 공진 어드미턴스
$$Y_0 = \frac{R}{R^2 + \omega^2 L^2} = \frac{CR}{L} \, [\mho]$$

③ 공진 주파수
$$f_0 = \frac{1}{2\pi\sqrt{LC}}\sqrt{1 - \frac{R^2 C}{L}} \, [\mathrm{Hz}]$$

4 교류 전력

(1) 유효전력, 무효전력, 피상전력

① 유효전력
$$P = VI\cos\theta = I^2 \cdot R = \frac{V^2}{R} \, [\mathrm{W}]$$

② 무효전력
$$P_r = VI\sin\theta = I^2 \cdot X = \frac{V^2}{X} \, [\mathrm{Var}]$$

③ 피상전력
$$P_a = V \cdot I = I^2 \cdot Z = \frac{V^2}{Z} \, [\mathrm{VA}]$$

④ 유효전력(P), 무효전력(P_r), 피상전력(P_a)의 관계
$$P = \sqrt{P_a^{\,2} - P_r^{\,2}}$$
$$P_r = \sqrt{P_a^{\,2} - P^2}$$
$$P_a = \sqrt{P^2 + P_r^{\,2}}$$

⑤ 역률 : $\dfrac{P}{P_a} = \dfrac{P}{\sqrt{P^2 + P_r^{\,2}}}$

(2) 복소전력

전압과 전류가 직각좌표계로 주어지는 경우의 전력 계산법
$$P_a = \overline{V} \cdot I = P \pm j P_r$$
(+ : 용량성 부하, − : 유도성 부하)

(3) 3전류계법, 3전압계법

① 3전류계법

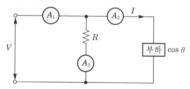

- ㉠ 역률 : $\cos\theta = \dfrac{A_1^{\,2} - A_2^{\,2} - A_3^{\,2}}{2A_2 A_3}$

- ㉡ 전력 : $P = \dfrac{R}{2}(A_1^{\,2} - A_2^{\,2} - A_3^{\,2}) \, [\mathrm{W}]$

② 3전압계법

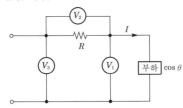

㉠ 역률 : $\cos\theta = \dfrac{V_3^2 - V_1^2 - V_2^2}{2V_1V_2}$

㉡ 전력 : $P = \dfrac{1}{2R}(V_3^2 - V_1^2 - V_2^2)[\mathrm{W}]$

(4) 최대 전력 전달

① 저항(R_L)만의 부하인 경우

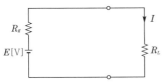

㉠ 최대 전력 전달조건 : $R_L = R_g$

㉡ 최대 전력 : $P_{\max} = \dfrac{E^2}{4R_g}[\mathrm{W}]$

② 임피던스(Z_L) 부하인 경우

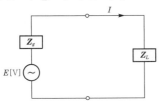

㉠ 최대 전력 전달조건

$$Z_L = \overline{Z}_g = R_g - jX_g$$

㉡ 최대 공급 전력 : $P_{\max} = \dfrac{E^2}{4R_g}[\mathrm{W}]$

5 유도 결합회로

(1) 인덕턴스 직렬접속

① 가동결합

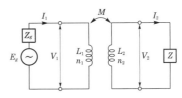

합성 인덕턴스 : $L_0 = L_1 + L_2 + 2M[\mathrm{H}]$

---

② 차동결합

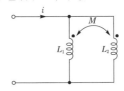

합성 인덕턴스 : $L_0 = L_1 + L_2 - 2M[\mathrm{H}]$

(2) 인덕턴스 병렬접속

① 가동결합(=가극성)

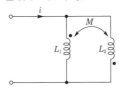

합성 인덕턴스 : $L_0 = \dfrac{L_1 L_2 - M^2}{L_1 + L_2 - 2M}[\mathrm{H}]$

② 차동결합(=감극성)

합성 인덕턴스 : $L_0 = \dfrac{L_1 L_2 - M^2}{L_1 + L_2 + 2M}[\mathrm{H}]$

(3) 결합계수

두 코일 간의 유도결합의 정도를 나타내는 계수로 $0 \leq k \leq 1$의 값

$$k = \sqrt{k_{12} \cdot k_{21}} = \sqrt{\dfrac{\phi_{12}}{\phi_1} \cdot \dfrac{\phi_{21}}{\phi_2}} = \dfrac{M}{\sqrt{L_1 L_2}}$$

(4) 이상 변압기

① 전압비 : $\dfrac{V_1}{V_2} = \dfrac{n_1}{n_2} = a$

② 전류비 : $\dfrac{I_1}{I_2} = \dfrac{n_2}{n_1} = \dfrac{1}{a}$

③ 입력측 임피던스

$$a = \frac{n_1}{n_2} = \sqrt{\frac{Z_g}{Z_L}}$$

$$Z_g = a^2 Z_L = \left(\frac{n_1}{n_2}\right)^2 Z_L$$

6 일반 선형 회로망

(1) 전압원·전류원 등가 변환

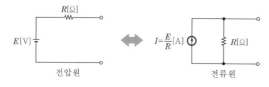

(2) 중첩의 정리

회로망 내에 다수의 전압원과 전류원이 동시에 존재하는 회로망에 있어서 회로 전류는 각 전압원이나 전류원이 각각 단독으로 가해졌을 때 흐르는 전류를 합한 것과 같다.

(3) 테브난의 정리

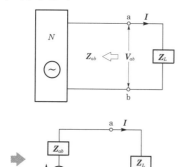

|| 테브난의 등가회로 ||

임의의 능동 회로망의 a, b단자에 부하 임피던스(Z_L)를 연결할 때 부하 임피던스(Z_L)에 흐르는 전류 $I = \dfrac{V_{ab}}{Z_{ab} + Z_L}$[A]가 된다.

(4) 밀만의 정리

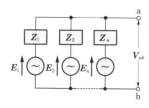

$$V_{ab} = \frac{\sum\limits_{k=1}^{n} I_k}{\sum\limits_{k=1}^{n} Y_k}$$

$$= \frac{\dfrac{E_1}{Z_1} + \dfrac{E_2}{Z_2} + \cdots + \dfrac{E_n}{Z_n}}{\dfrac{1}{Z_1} + \dfrac{1}{Z_2} + \cdots + \dfrac{1}{Z_n}} \text{[V]}$$

7 다상 교류

(1) 대칭 3상의 복소수 표시

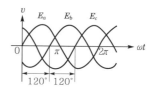

- $E_a = E\underline{/0°} = E$
- $E_b = E\underline{/-\dfrac{2}{3}\pi} = E\left(-\dfrac{1}{2} - j\dfrac{\sqrt{3}}{2}\right) = a^2 E$
- $E_c = E\underline{/-\dfrac{4}{3}\pi} = E\left(-\dfrac{1}{2} + j\dfrac{\sqrt{3}}{2}\right) = a E$

* 연산자 a의 의미

- a는 위상을 $\dfrac{2}{3}\pi$ 앞서게 하고, 크기는 $-\dfrac{1}{2} + j\dfrac{\sqrt{3}}{2}$의 크기를 갖는다.
- a^2은 위상을 $\dfrac{2}{3}\pi$ 뒤지게 하고, 크기는 $-\dfrac{1}{2} - j\dfrac{\sqrt{3}}{2}$의 크기를 갖는다.

(2) 성형 결선(Y결선)

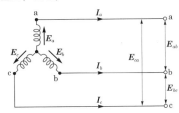

$$V_l = \sqrt{3}\, V_p \left/\frac{\pi}{6}\right. [\mathrm{V}], \quad I_l = I_p [\mathrm{A}]$$

선간전압 : V_l, 선전류 : I_l,
상전압 : V_p, 상전류 : I_p

(3) 환상 결선(△결선)

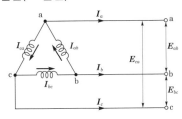

$$I_l = \sqrt{3}\, I_p \left/-\frac{\pi}{6}\right. [\mathrm{A}], \quad V_l = V_p [\mathrm{V}]$$

선간전압 : V_l, 선전류 : I_l,
상전압 : V_p, 상전류 : I_p

(4) △ → Y 등가 변환

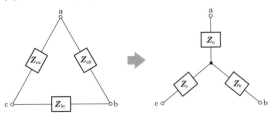

$$Z_a = \frac{Z_{ca} \cdot Z_{ab}}{Z_{ab} + Z_{bc} + Z_{ca}}$$

$$Z_b = \frac{Z_{ab} \cdot Z_{bc}}{Z_{ab} + Z_{bc} + Z_{ca}}$$

$$Z_c = \frac{Z_{bc} \cdot Z_{ca}}{Z_{ab} + Z_{bc} + Z_{ca}}$$

- $Z_{ab} = Z_{bc} = Z_{ca}$ 인 경우 : $Z_Y = \dfrac{1}{3} Z_\triangle$

(5) 대칭 3상 전력

① 유효전력
$$P = 3 V_p I_p \cos\theta = \sqrt{3}\, V_l I_l \cos\theta$$
$$= 3 I_p{}^2 R [\mathrm{W}]$$

② 무효전력
$$P_r = 3 V_p I_p \sin\theta = \sqrt{3}\, V_l I_l \sin\theta$$
$$= 3 I_p{}^2 X [\mathrm{Var}]$$

③ 피상전력
$$P_a = 3 V_p I_p = \sqrt{3}\, V_l I_l = 3 I_p{}^2 Z$$
$$= \sqrt{P^2 + P_r{}^2} [\mathrm{VA}]$$

(6) Y결선과 △결선의 비교

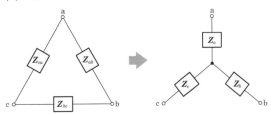

① 임피던스의 비 : $\dfrac{Z_Y}{Z_\triangle} = \dfrac{1}{3}$ 배

② 선전류의 비 : $\dfrac{I_Y}{I_\triangle} = \dfrac{1}{3}$ 배

③ 소비전력의 비 : $\dfrac{P_Y}{P_\triangle} = \dfrac{1}{3}$ 배

(7) 2전력계법

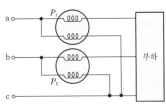

① 유효전력 : $P = P_1 + P_2$
② 무효전력 : $P_r = \sqrt{3}\,(P_1 - P_2)$
③ 피상전력
$$P_a = 2\sqrt{P_1{}^2 + P_2{}^2 - P_1 P_2} [\mathrm{VA}]$$

④ 역률

$$\cos\theta = \frac{P}{P_a} = \frac{P_1 + P_2}{2\sqrt{P_1{}^2 + P_2{}^2 - P_1 P_2}}$$

(8) V결선

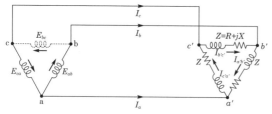

① V결선의 출력 : $P = \sqrt{3}\,EI\cos\theta$ [W]
여기서, E : 선간전압, I : 선전류

② V결선의 변압기 이용률

$$U = \frac{\sqrt{3}\,EI\cos\theta}{2EI\cos\theta} = \frac{\sqrt{3}}{2} = 0.866$$

③ 출력비

$$\frac{P_V}{P_\triangle} = \frac{\sqrt{3}\,EI\cos\theta}{3EI\cos\theta} = \frac{1}{\sqrt{3}} = 0.577$$

(9) 다상 교류회로(n : 상수)

① 성형 결선

$$V_l = 2\sin\frac{\pi}{n}\,V_p \Big/ \frac{\pi}{2}\Big(1-\frac{2}{n}\Big)\,[\mathrm{V}]$$

② 환상 결선

$$I_l = 2\sin\frac{\pi}{n}I_p \Big/ -\frac{\pi}{2}\Big(1-\frac{2}{n}\Big)\,[\mathrm{A}]$$

③ 다상 교류의 전력

$$P = n V_p I_p \cos\theta = \frac{n}{2\sin\dfrac{\pi}{n}}\,V_l I_l \cos\theta\,[\mathrm{W}]$$

(10) 교류의 회전자계

① 단상 교류가 만드는 회전자계 : **교번자계**
② 대칭 3상 교류가 만드는 회전자계 : **원형 회전자계**
③ 비대칭 3상 교류가 만드는 회전자계 : **타원형 회전자계**

(11) 중성점의 전위

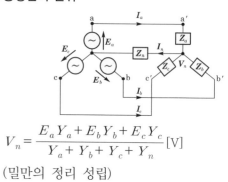

$$V_n = \frac{E_a Y_a + E_b Y_b + E_c Y_c}{Y_a + Y_b + Y_c + Y_n}\,[\mathrm{V}]$$

(밀만의 정리 성립)

8 대칭 좌표법

(1) 비대칭 3상 전압의 대칭분

① 영상분 전압

$$V_0 = \frac{1}{3}(V_a + V_b + V_c)$$

② 정상분 전압

$$V_1 = \frac{1}{3}(V_a + aV_b + a^2 V_c)$$

③ 역상분 전압

$$V_2 = \frac{1}{3}(V_a + a^2 V_b + aV_c)$$

(2) 각 상의 비대칭 전압

비대칭 전압 V_a, V_b, V_c를 대칭분 전압 V_0, V_1, V_2로 표시하면
- $V_a = V_0 + V_1 + V_2$
- $V_b = V_0 + a^2 V_1 + aV_2$
- $V_c = V_0 + aV_1 + a^2 V_2$

(3) 대칭 3상 전압을 a상 기준으로 한 대칭분

① 영상 전압

$$V_0 = \frac{1}{3}(V_a + V_b + V_c) = 0$$

② 정상 전압

$$V_1 = \frac{1}{3}(V_a + aV_b + a^2 V_c) = V_a$$

③ 역상 전압

$$V_2 = \frac{1}{3}(V_a + a^2 V_b + a V_c) = 0$$

대칭 3상 전압의 대칭분은 **영상분, 역상분**의 전압은 0이고, 정상분만 V_a로 존재한다.

(4) 3상 교류 발전기의 기본식

① 영상분 : $V_0 = -Z_0 I_0$

② 정상분 : $V_1 = E_a - Z_1 I_1$

③ 역상분 : $V_2 = -Z_2 I_2$

(5) 1선 지락 고장

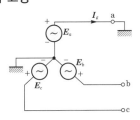

① 대칭분 전류

$$I_0 = I_1 = I_2 = \frac{E_a}{Z_0 + Z_1 + Z_2}$$

② 지락전류

$$I_g = 3I_0 = \frac{3E_a}{Z_0 + Z_1 + Z_2}$$

9 비정현파 교류

(1) 비정현파의 푸리에 급수에 의한 전계

$$y(t) = a_0 + \sum_{n=1}^{\infty} a_n \cos n\omega t + \sum_{n=1}^{\infty} b_n \sin n\omega t$$

(2) 대칭성

대칭\항목	함수식	특징
반파 대칭	$y(x) = -y(\pi + x)$	홀수항의 sin, cos항 존재

대칭\항목	함수식	특징
정현 대칭	$y(x) = -y(2\pi - x)$ $y(x) = -y(-x)$	sin항만 존재
여현 대칭	$y(x) = y(2\pi - x)$ $y(x) = y(-x)$	직류 성분과 cos항이 존재

(3) 비정현파의 실효값

$$V = \sqrt{V_0^2 + V_1^2 + V_2^2 + V_3^2 + \cdots}$$

직류 성분 및 기본파와 각 고조파의 실효값의 제곱의 합의 제곱근

(4) 왜형률

$$왜형률 = \frac{전\ 고조파의\ 실효값}{기본파의\ 실효값}$$

(5) 비정현파의 전력

① 유효전력

$$P = V_0 I_0 + \sum_{n=1}^{\infty} V_n I_n \cos\theta_n$$
$$= I_0^2 R + I_1^2 R + I_2^2 R + \cdots [\text{W}]$$

② 무효전력 : $P_r = \sum_{n=1}^{\infty} V_n I_n \sin\theta_n [\text{Var}]$

③ 피상전력 : $P_a = VI$

(6) 비정현파의 직렬회로 해석

① $R-L$ 직렬회로
n고조파의 임피던스
$$Z_n = R + jn\omega L = \sqrt{R^2 + (n\omega L)^2}$$

② $R-C$ 직렬회로

n고조파의 임피던스

$$Z_n = R - j\frac{1}{n\omega C} = \sqrt{R^2 + \left(\frac{1}{n\omega C}\right)^2}$$

③ $R-L-C$ 직렬회로

㉠ n고조파의 공진 조건

$$n\omega L = \frac{1}{n\omega C}$$

㉡ n고조파의 공진 주파수

$$f_0 = \frac{1}{2\pi n\sqrt{LC}}\,[\text{Hz}]$$

10 2단자망

(1) 구동점 임피던스 $Z(s)$

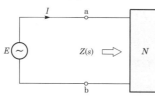

$$R = R,\ X_L = j\omega L = sL,$$

$$X_C = \frac{1}{j\omega C} = \frac{1}{sC}$$

(2) 영점과 극점

① 영점

㉠ $Z(s)$의 분자가 0이 되는 s의 근

㉡ 단락상태

② 극점

㉠ $Z(s)$의 분모가 0이 되는 s의 근

㉡ 개방상태

(3) 정저항 회로

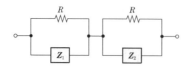

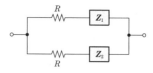

정저항 조건 : $Z_1 Z_2 = R^2$

11 4단자망

(1) 임피던스 파라미터(parameter)

$$\begin{bmatrix} V_1 \\ V_2 \end{bmatrix} = \begin{bmatrix} Z_{11} & Z_{12} \\ Z_{21} & Z_{22} \end{bmatrix}\begin{bmatrix} I_1 \\ I_2 \end{bmatrix}$$

$V_1 = Z_{11}I_1 + Z_{12}I_2$

$V_2 = Z_{21}I_1 + Z_{22}I_2$

＊임피던스 parameter를 구하는 방법

$$Z_{11} = \left.\frac{V_1}{I_1}\right|_{I_2=0} \quad : \text{개방 구동점 임피던스}$$

$$Z_{22} = \left.\frac{V_2}{I_2}\right|_{I_1=0} \quad : \text{개방 구동점 임피던스}$$

$$Z_{12} = \left.\frac{V_1}{I_2}\right|_{I_1=0} \quad : \text{개방 전달 임피던스}$$

$$Z_{21} = \left.\frac{V_2}{I_1}\right|_{I_2=0} \quad : \text{개방 전달 임피던스}$$

(2) 어드미턴스 파라미터(parameter)

$$\begin{bmatrix} I_1 \\ I_2 \end{bmatrix} = \begin{bmatrix} Y_{11} & Y_{12} \\ Y_{21} & Y_{22} \end{bmatrix}\begin{bmatrix} V_1 \\ V_2 \end{bmatrix}$$

$I_1 = Y_{11}V_1 + Y_{12}V_2$

$I_2 = Y_{21}V_1 + Y_{22}V_2$

＊어드미턴스 parameter를 구하는 방법

$$Y_{11} = \left.\frac{I_1}{V_1}\right|_{V_2=0} \quad : \text{단락 구동점 어드미턴스}$$

$$Y_{22} = \left.\frac{I_2}{V_2}\right|_{V_1=0} \quad : \text{단락 구동점 어드미턴스}$$

$$Y_{12} = \left.\frac{I_1}{V_2}\right|_{V_1=0} \quad : \text{단락 전달 어드미턴스}$$

$$Y_{21} = \left.\frac{I_2}{V_1}\right|_{V_2 = 0}$$: 단락 전달 어드미턴스

(3) 4단자 정수($ABCD$ parameter)

① 4단자 기초방정식

$$\begin{bmatrix} V_1 \\ I_1 \end{bmatrix} = \begin{bmatrix} A & B \\ C & D \end{bmatrix} \begin{bmatrix} V_2 \\ I_2 \end{bmatrix}$$

$$V_1 = AV_2 + BI_2$$
$$I_1 = CV_2 + DI_2$$

② 물리적 의미

A : **전압 이득**

B : **전달 임피던스**

C : **전달 어드미턴스**

D : **전류 이득**

③ 4단자 정수의 성질

$$\begin{vmatrix} A & B \\ C & D \end{vmatrix} = AD - BC = 1$$

④ 직렬 Z만의 회로

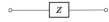

$$\begin{bmatrix} A & B \\ C & D \end{bmatrix} = \begin{bmatrix} 1 & Z \\ 0 & 1 \end{bmatrix}$$

⑤ 병렬 Z만의 회로

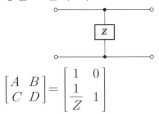

$$\begin{bmatrix} A & B \\ C & D \end{bmatrix} = \begin{bmatrix} 1 & 0 \\ \dfrac{1}{Z} & 1 \end{bmatrix}$$

⑥ T형 회로의 4단자 정수

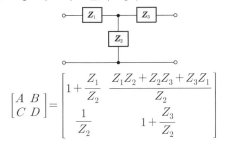

$$\begin{bmatrix} A & B \\ C & D \end{bmatrix} = \begin{bmatrix} 1+\dfrac{Z_1}{Z_2} & \dfrac{Z_1Z_2+Z_2Z_3+Z_3Z_1}{Z_2} \\ \dfrac{1}{Z_2} & 1+\dfrac{Z_3}{Z_2} \end{bmatrix}$$

⑦ π형 회로의 4단자 정수

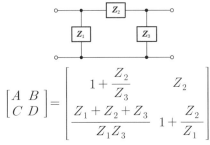

$$\begin{bmatrix} A & B \\ C & D \end{bmatrix} = \begin{bmatrix} 1+\dfrac{Z_2}{Z_3} & Z_2 \\ \dfrac{Z_1+Z_2+Z_3}{Z_1Z_3} & 1+\dfrac{Z_2}{Z_1} \end{bmatrix}$$

⑧ 이상 변압기의 4단자 정수

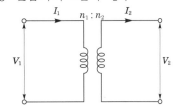

권수비 $a = \dfrac{n_1}{n_2}$

$$\begin{bmatrix} A & B \\ C & D \end{bmatrix} = \begin{bmatrix} a & 0 \\ 0 & \dfrac{1}{a} \end{bmatrix}$$

(4) 영상 파라미터

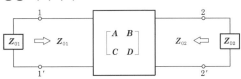

① 영상 임피던스

$$Z_{01}Z_{02} = \frac{B}{C} , \quad \frac{Z_{01}}{Z_{02}} = \frac{A}{D}$$

$$Z_{01} = \sqrt{\frac{AB}{CD}} , \quad Z_{02} = \sqrt{\frac{BD}{AC}}$$

대칭회로이면 $A = D$의 관계가 되므로

$$Z_{01} = Z_{02} = \sqrt{\frac{B}{C}}$$

② 영상 전달정수 θ

$$\theta = \log_e \left(\sqrt{AD} + \sqrt{BC} \right)$$
$$= \cosh^{-1}\sqrt{AD}$$
$$= \sinh^{-1}\sqrt{BC}$$

③ 영상 파라미터와 4단자 정수와의 관계

- $A = \sqrt{\dfrac{Z_{01}}{Z_{02}}} \cos h\theta$

- $B = \sqrt{Z_{01}Z_{02}} \sinh\theta$

- $C = \dfrac{1}{\sqrt{Z_{01}Z_{02}}} \sinh\theta$

- $D = \sqrt{\dfrac{Z_{02}}{Z_{01}}} \cos h\theta$

12 분포정수회로

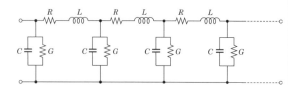

(1) 무손실 선로

① 조건 : $R = 0$, $G = 0$

② 특성 임피던스

$$Z_0 = \sqrt{\frac{Z}{Y}} = \sqrt{\frac{R + j\omega L}{G + j\omega C}} = \sqrt{\frac{L}{C}}$$

③ 전파정수

$$\gamma = \sqrt{ZY}$$
$$= \sqrt{(R + j\omega L)(G + j\omega C)}$$
$$= j\omega \sqrt{LC} = \alpha + j\beta$$

여기서, 감쇠정수 $\alpha = 0$

위상정수 $\beta = \omega \sqrt{LC}$

④ 파장 : $\lambda = \dfrac{2\pi}{\beta} = \dfrac{1}{f \sqrt{LC}}$ [m]

⑤ 전파속도

$$v = \lambda f = \frac{\omega}{\beta} = \frac{1}{\sqrt{LC}} \text{ [m/s]}$$

(2) 무왜형 선로

① 조건

$$\frac{R}{L} = \frac{G}{C} \text{ 또는 } LG = RC$$

② 특성 임피던스

$$Z_0 = \sqrt{\frac{Z}{Y}} = \sqrt{\frac{R + j\omega L}{G + j\omega C}} = \sqrt{\frac{L}{C}} \text{ [}\Omega\text{]}$$

③ 전파정수

$$\gamma = \sqrt{ZY} = \sqrt{RG} + j\omega \sqrt{LC}$$
$$= \alpha + j\beta$$

여기서, 감쇠정수 $\alpha = \sqrt{RG}$

위상정수 $\beta = \omega \sqrt{LC}$

④ 전파속도

$$v = \lambda f = \frac{\omega}{\beta} = \frac{1}{\sqrt{LC}} \text{ [m/s]}$$

13 라플라스 변환

(1) 기본 함수의 라플라스 변환표

구분	함수명	$f(t)$	$F(s)$
1	단위 임펄스 함수	$\delta(t)$	1
2	단위 계단 함수	$u(t) = 1$	$\dfrac{1}{s}$
3	지수 감쇠 함수	e^{-at}	$\dfrac{1}{s+a}$
4	단위 램프 함수	t	$\dfrac{1}{s^2}$
5	포물선 함수	t^2	$\dfrac{2}{s^3}$
6	n차 램프 함수	t^n	$\dfrac{n!}{s^{n+1}}$
7	정현파 함수	$\sin\omega t$	$\dfrac{\omega}{s^2 + \omega^2}$
8	여현파 함수	$\cos\omega t$	$\dfrac{s}{s^2 + \omega^2}$
9	쌍곡 정현파 함수	$\sinh at$	$\dfrac{a}{s^2 - a^2}$
10	쌍곡 여현파 함수	$\cos h at$	$\dfrac{s}{s^2 - a^2}$

(2) 라플라스 변환 기본 정리

① 선형 정리

$$\mathcal{L}\left[af_1(t)\pm bf_2(t)\right]=aF_1(s)\pm bF_2(s)$$

② 복소추이 정리

$$\mathcal{L}\left[e^{\pm at}f(t)\right]=F(s\mp a)$$

③ 복소 미분 정리

$$\mathcal{L}\left[tf(t)\right]=-\frac{d}{ds}F(s)$$

④ 시간추이 정리

$$\mathcal{L}\left[f(t-a)\right]=e^{-as}F(s)$$

⑤ 실미분 정리

$$\mathcal{L}\left[\frac{d}{dt}f(t)\right]=sF(s)-f(0)$$

⑥ 실적분 정리

$$\mathcal{L}\left[\int f(t)dt\right]=\frac{1}{s}F(s)+\frac{1}{s}f^{(-1)}(0)$$

⑦ 초기값 정리

$$f(0)=\lim_{t\to 0}f(t)=\lim_{s\to\infty}sF(s)$$

⑧ 최종값 정리(정상값 정리)

$$f(\infty)=\lim_{t\to\infty}f(t)=\lim_{s\to 0}sF(s)$$

(3) 복소추이 적용 함수의 라플라스 변환표

구분	함수명	$f(t)$	$F(s)$
1	지수 감쇠 램프 함수	te^{-at}	$\dfrac{1}{(s+a)^2}$
2	지수 감쇠 포물선 함수	t^2e^{-at}	$\dfrac{2}{(s+a)^3}$
3	지수 감쇠 n차 램프 함수	t^ne^{-at}	$\dfrac{n!}{(s+a)^{n+1}}$
4	지수 감쇠 정현파 함수	$e^{-at}\sin\omega t$	$\dfrac{\omega}{(s+a)^2+\omega^2}$
5	지수 감쇠 여현파 함수	$e^{-at}\cos\omega t$	$\dfrac{s+a}{(s+a)^2+\omega^2}$
6	지수 감쇠 쌍곡 정현파 함수	$e^{-at}\sinh\omega t$	$\dfrac{\omega}{(s+a)^2-\omega^2}$
7	지수 감쇠 쌍곡 여현파 함수	$e^{-at}\cosh\omega t$	$\dfrac{s+a}{(s+a)^2-\omega^2}$

14 전달함수

(1) 전달함수의 정의

모든 초기값을 0으로 했을 때 입력신호의 라플라스 변환과 출력신호의 라플라스 변환의 비

전달함수 $G(s)=\dfrac{\mathcal{L}\left[c(t)\right]}{\mathcal{L}\left[r(t)\right]}=\dfrac{C(s)}{R(s)}$

(2) 전기 회로의 전달함수

① 전압비 전달함수인 경우

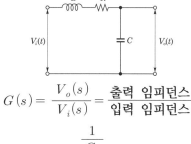

$$G(s)=\frac{V_o(s)}{V_i(s)}=\frac{\text{출력 임피던스}}{\text{입력 임피던스}}$$

$$=\frac{\dfrac{1}{Cs}}{Ls+R+\dfrac{1}{Cs}}$$

② 전류에 대한 전압비 전달함수인 경우

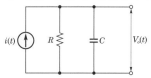

$$G(s)=\frac{V(s)}{I(s)}=\text{합성 임피던스}$$

$$=\frac{1}{Y(s)}=\frac{1}{\dfrac{1}{R}+Cs}$$

③ 전압에 대한 전류비 전달함수인 경우

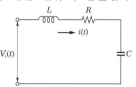

$$G(s)=\frac{I(s)}{V_i(s)}=\text{합성 어드미턴스}$$

$$=\frac{1}{Z(s)}=\frac{1}{Ls+R+\dfrac{1}{Cs}}$$

(3) 제어요소의 전달함수

① 비례요소	$G(s) = K$
② 미분요소	$G(s) = Ks$
③ 적분요소	$G(s) = \dfrac{K}{s}$
④ 1차 지연요소	$G(s) = \dfrac{K}{Ts+1}$
⑤ 2차 지연요소	$G(s) = \dfrac{K\omega_n^2}{s^2 + 2\delta\omega_n s + \omega_n^2}$
⑥ 부동작 시간요소	$G(s) = Ke^{-Ls}$

(4) 자동제어계의 시간 응답

① 임펄스 응답 : 단위 임펄스 입력의 입력 신호에 대한 응답

② 인디셜 응답 : 단위 계단 입력의 입력신호에 대한 응답

③ 경사 응답 : 단위 램프 입력의 입력신호에 대한 응답

15 과도 현상

(1) $R - L$ 직렬의 직류 회로

① 직류 전압을 인가하는 경우

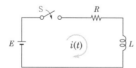

㉠ 전류 : $i(t) = \dfrac{E}{R}\left(1 - e^{-\frac{R}{L}t}\right)$[A]

㉡ 시정수 : $\tau = \dfrac{L}{R}$[s]

㉢ 특성근 $= -\dfrac{1}{시정수} = -\dfrac{R}{L}$

㉣ 시정수에서의 전류값

$i(\tau) = 0.632\dfrac{E}{R}$[A]

② 직류 전압을 제거하는 경우

㉠ 전류 : $i(t) = \dfrac{E}{R}e^{-\frac{R}{L}t}$[A]

㉡ 시정수 : $\tau = \dfrac{L}{R}$[s]

㉢ 시정수에서의 전류값

$i(\tau) = 0.368\dfrac{E}{R}$[A]

(2) $R - C$ 직렬의 직류 회로

① 직류 전압을 인가하는 경우

㉠ 전류 : $i(t) = -\dfrac{E}{R}e^{-\frac{1}{RC}t}$[A]

㉡ 시정수 : $\tau = RC$[s]

㉢ 전하 : $q(t) = CE\left(1 - e^{-\frac{1}{RC}t}\right)$[C]

② 직류 전압을 제거하는 경우

㉠ 전류 : $i(t) = -\dfrac{E}{R}e^{-\frac{1}{RC}t}$[A]

㉡ 시정수 : $\tau = RC$[s]

㉢ 전하 : $q(t) = CEe^{-\frac{1}{RC}t}$[C]

(3) $L - C$ 직렬회로 직류 전압 인가시

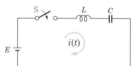

① 전류 : $i(t) = E\sqrt{\dfrac{C}{L}}\sin\dfrac{1}{\sqrt{LC}}t$[A]

② 전하 : $q(t) = CE\left(1 - \cos\dfrac{1}{\sqrt{LC}}t\right)$[C]

③ C의 단자 전압

$V_C = \dfrac{q}{C} = E\left(1 - \cos\dfrac{1}{\sqrt{LC}}t\right)$[V]

C의 양단의 전압 V_C의 **최대 전압은 인가 전압의 2배**까지 되어 고전압 발생 회로로로 이용된다.

(4) $R - L - C$ 직렬회로 직류 전압 인가시

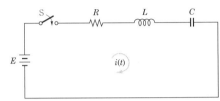

* 진동 여부 판별식

- $R^2 - 4\dfrac{L}{C} = \left(\dfrac{R}{2L}\right)^2 - \dfrac{1}{LC} = 0$: 임계진동

- $R^2 - 4\dfrac{L}{C} = \left(\dfrac{R}{2L}\right)^2 - \dfrac{1}{LC} > 0$: 비진동

- $R^2 - 4\dfrac{L}{C} = \left(\dfrac{R}{2L}\right)^2 - \dfrac{1}{LC} < 0$: 진동

(5) R, L, C 소자의 시간에 대한 특성

소 자	$t = 0$	$t = \infty$
R	R	R
L	개방상태	단락상태
C	단락상태	개방상태

5 제어공학

1 전달함수

(1) 전달함수의 정의

모든 초기값을 0으로 했을 때 입력신호의 라플라스 변환과 출력신호의 라플라스 변환의 비

전달함수 $G(s) = \dfrac{\mathcal{L}\,[c(t)]}{\mathcal{L}\,[r(t)]} = \dfrac{C(s)}{R(s)}$

(2) 전기계와 물리계의 유추해석

전기계	병진운동계	회전운동계
전하 : Q	변위 : y	각변위 : θ
전류 : I	속도 : v	각속도 : ω
전압 : E	힘 : F	토크 : T
저항 : R	마찰저항 : B	회전마찰 : B
인덕턴스 : L	질량 : M	관성모멘트 : J
정전용량 : C	스프링상수 : K	비틀림강도 : K

2 블록선도와 신호흐름선도

(1) 블록선도의 기본기호

명 칭	심벌 및 내용
① 전달요소	$G(s)$ 입력신호를 받아서 적당히 변환된 출력신호를 만드는 부분으로 네모 속에는 전달함수를 기입한다.
② 화살표	$A(s) \rightarrow \boxed{G(s)} \rightarrow B(s)$ 신호의 흐르는 방향을 표시하며 $A(s)$는 입력, $B(s)$는 출력이므로 $B(s) = G(s) \cdot A(s)$로 나타낼 수 있다.
③ 가합점	$A(s) \rightarrow \oplus \rightarrow B(s)$, $\pm$, $C(s)$ 두 가지 이상의 신호가 있을 때 이들 신호의 합과 차를 만드는 부분으로 $B(s) = A(s) \pm C(s)$가 된다.
④ 인출점 (분기점)	$A(s) \rightarrow \bullet \rightarrow B(s)$, $C(s)$ 한 개의 신호를 두 계통으로 분기하기 위한 점으로 $A(s) = B(s) = C(s)$가 된다.

(2) 블록선도의 기본접속

① 직렬접속

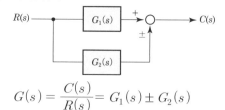

$$G(s) = \frac{C(s)}{R(s)} = G_1(s) \cdot G_2(s)$$

② 병렬접속

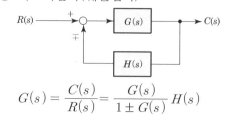

$$G(s) = \frac{C(s)}{R(s)} = G_1(s) \pm G_2(s)$$

③ 피드백접속(궤환접속)

$R(s) \rightarrow \oplus \rightarrow \boxed{G(s)} \rightarrow \bullet \rightarrow C(s)$, $\mp$, $\boxed{H(s)}$

$$G(s) = \frac{C(s)}{R(s)} = \frac{G(s)}{1 \pm G(s)\,H(s)}$$

(3) 블록선도의 용어

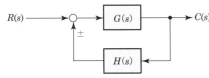

전달함수 $\dfrac{C(s)}{R(s)} = \dfrac{G(s)}{1 \mp G(s)H(s)}$

① $H(s)$: 피드백 전달함수
② $G(s)H(s)$: 개루프 전달함수
③ $H(s) = 1$인 경우 : 단위 궤환제어계
④ 특성방정식 : 전달함수의 분모가 0이 되는 방정식
   $1 \mp G(s)H(s) = 0$
⑤ 영점(○) : 전달함수의 분자가 0이 되는 s의 근
⑥ 극점(×) : 전달함수의 분모가 0이 되는 s의 근

(4) 신호흐름선도의 이득공식

메이슨(Mason)의 정리

$$M(s) = \dfrac{C}{R} = \dfrac{\displaystyle\sum_{k=1}^{n} G_k \Delta_k}{\Delta}$$

• G_k : k번째의 전향경로(forword path)이득
• Δ_k : k번째의 전향경로와 접하지 않은 부분에 대한 Δ의 값
   $\Delta = 1 - \sum L_{n1} + \sum L_{n2} - \sum L_{n3} + \cdots$
• $\sum L_{n1}$: 개개의 폐루프의 이득의 합
• $\sum L_{n2}$: 2개 이상 접촉하지 않는 loop 이득의 곱의 합
• $\sum L_{n3}$: 3개 이상 접촉하지 않는 loop 이득의 곱의 합

(5) 증폭기

① 이상적인 연산증폭기의 특성
   ㉠ 입력임피던스 : $Z_i = \infty$
   ㉡ 출력임피던스 : $Z_o = 0$
   ㉢ 전압이득 : $A = \infty$

② 연산증폭기의 종류
   ㉠ 가산기

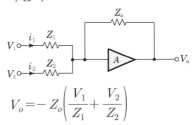

$$V_o = -Z_o \left(\dfrac{V_1}{Z_1} + \dfrac{V_2}{Z_2} \right)$$

   ㉡ 미분기

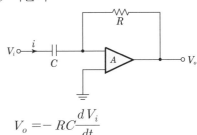

$$V_o = -RC\dfrac{dV_i}{dt}$$

   ㉢ 적분기

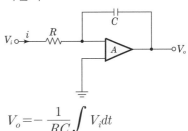

$$V_o = -\dfrac{1}{RC}\int V_i dt$$

3 제어계의 과도응답 및 정상편차

(1) 과도응답

① 임펄스응답
   $y(t) = \mathcal{L}^{-1}[Y(s)] = \mathcal{L}^{-1}[G(s) \cdot 1]$
② 계단(인디셜)응답
   $y(t) = \mathcal{L}^{-1}[Y(s)] = \mathcal{L}^{-1}\left[G(s) \cdot \dfrac{1}{s}\right]$
③ 경사(램프)응답
   $y(t) = \mathcal{L}^{-1}[Y(s)]$
   $= \mathcal{L}^{-1}\left[G(s) \cdot \dfrac{1}{s^2}\right]$

(2) 시간응답특성

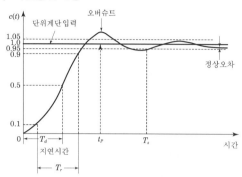

‖ 대표적인 계단응답의 과도응답특성 ‖

① 오버슈트(overshoot) : 입력과 출력 사이의 최대 편차량

② 지연시간(delay time) : 응답이 최초로 목표값의 50[%]가 되는 데 요하는 시간

③ 감쇠비(decay ratio) : 과도응답의 소멸되는 속도를 나타내는 양

$$감쇠비 = \frac{제2오버슈트}{최대\ 오버슈트}$$

④ 상승시간(rise time) : 응답이 목표값의 **10[%]부터 90[%]**까지 도달하는 데 요하는 시간

⑤ 정정시간(settling time) : 응답이 목표값의 **±5[%] 이내**에 도달하는 데 요하는 시간

(3) 특성방정식의 근의 위치와 응답곡선

s 평면상의 근 위치	응답곡선
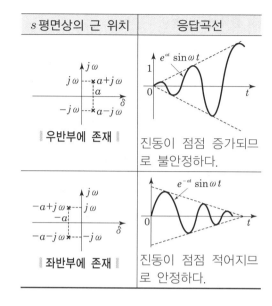 실수축상에 존재	$e^{\delta_3 t}$ $e^{-\delta_1 t}$ $e^{-\delta_2 t}$
허수축상에 존재	$\sin \omega t$

s 평면상의 근 위치	응답곡선
우반부에 존재	$e^{at}\sin\omega t$ 진동이 점점 증가되므로 불안정하다.
좌반부에 존재	$e^{-at}\sin\omega t$ 진동이 점점 적어지므로 안정하다.

(4) 2차계의 과도응답

$$G(s) = \frac{C(s)}{R(s)} = \frac{\omega_n^2}{s^2 + 2\delta\omega_n s + \omega_n^2}$$

① 특성방정식

$$s^2 + 2\delta\omega_n s + \omega_n^2 = 0$$

② 특성방정식의 근

$$s_1,\ s_2 = -\delta\omega_n \pm j\omega_n\sqrt{1-\delta^2}$$
$$= -\sigma \pm j\omega$$

㉠ δ : 제동비 또는 감쇠계수

㉡ ω_n : 자연주파수 또는 고유주파수

㉢ $\sigma = \delta\omega_n$: 제동계수

㉣ $\tau = \dfrac{1}{\sigma} = \dfrac{1}{\delta\omega_n}$: 시정수

㉤ $\omega = \omega_n\sqrt{1-\delta^2}$: 실제 주파수 또는 감쇠 진동주파수

③ 제동비(δ)에 따른 응답

㉠ $\delta < 1$인 경우 : **부족제동**

㉡ $\delta = 1$인 경우 : **임계제동**

㉢ $\delta > 1$인 경우 : **과제동**

㉣ $\delta = 0$인 경우 : **무제동**

(5) 정상편차

$$e_{ss} = \lim_{s \to 0} s \left[\frac{R(s)}{1 + G(s)} \right]$$

① 정상위치편차(e_{ssp}) : $e_{ssp} = \dfrac{1}{1 + K_p}$

• 위치편차상수 : $K_p = \lim_{s \to 0} G(s)$

② 정상속도편차(e_{ssv}) : $e_{ssv} = \dfrac{1}{K_v}$

• 속도편차상수 : $K_v = \lim_{s \to 0} s\, G(s)$

③ 정상가속도편차(e_{ssa}) : $e_{ssa} = \dfrac{1}{K_a}$

• 가속도편차상수 : $K_a = \lim_{s \to 0} s^2\, G(s)$

(6) 제어계의 형 분류

개루프(loop) 전달함수 $G(s)H(s)$의 원점에서의 극점의 수

$$G(s)H(s) = \frac{K}{s^n}$$

① $n = 0$일 때 0형 제어계 : $G(s)H(s) = K$

② $n = 1$일 때 1형 제어계 : $G(s)H(s) = \dfrac{K}{s}$

③ $n = 2$일 때 2형 제어계 : $G(s)H(s) = \dfrac{K}{s^2}$

(7) 제어계의 형에 따른 정상편차와 편차상수

제어 계형	편차상수			정상편차		
	K_p	K_v	K_a	위치 편차	속도 편차	가속도 편차
0	K	0	0	$\dfrac{R}{1+K}$	∞	∞
1	∞	K	0	0	$\dfrac{R}{K}$	∞
2	∞	∞	K	0	0	$\dfrac{R}{K}$
3	∞	∞	∞	0	0	0

[비고] • 계단입력 : $\dfrac{R}{s}$

• 속도입력 : $\dfrac{R}{s^2}$

• 가속도입력 : $\dfrac{R}{s^3}$

(8) 감도

폐루프 전달함수 T의 미분감도

$$S_K^T = \frac{K}{T} \frac{dT}{dK}$$

4 주파수응답

(1) 제어요소의 벡터궤적

① 미분요소 : $G(s) = s$

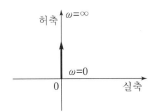

② 적분요소 : $G(s) = \dfrac{1}{s}$

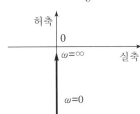

③ 1차 지연요소 : $G(s) = \dfrac{1}{1 + Ts}$

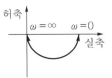

④ 부동작 시간요소 : $G(s) = e^{-Ls}$

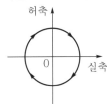

(2) 1형 제어계의 벡터궤적

① $G(s) = \dfrac{K}{s(1+Ts)}$ 의 벡터궤적

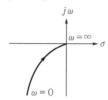

② $G(s) = \dfrac{K}{s(1+T_1 s)(1+T_2 s)}$ 의 벡터궤적

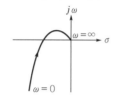

(3) 보드선도

① 미분요소 : $G(s) = s$

이득 : $g = 20\log_{10}|G(j\omega)| = 20\log_{10}\omega$

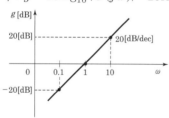

② 적분요소 : $G(s) = \dfrac{1}{s}$

이득 : $g = 20\log_{10}|G(j\omega)| = -20\log_{10}\omega$

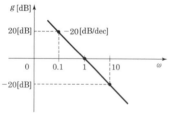

③ 1차 앞선요소 : $G(s) = 1 + Ts$

이득 : $g = 20\log|G(j\omega)|$
$= 20\log|1 + j\omega T|$
$= 20\log\sqrt{1 + \omega^2 T^2}$ [dB]

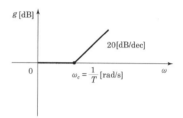

④ 1차 지연요소 : $G(s) = \dfrac{1}{1+Ts}$

이득 : $g = 20\log|G(j\omega)|$
$= 20\log_{10}\left|\dfrac{1}{1+j\omega T}\right|$
$= 20\log_{10}\dfrac{1}{\sqrt{1+(\omega T)^2}}$ [dB]

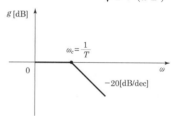

5 안정도

(1) 안정도 판별

① 특성방정식의 근의 위치에 따른 안정도 : 특성방정식의 근, 즉 극점의 위치가 복소 평면의 좌반부에 존재 시에는 제어계는 안정하고 우반부에 극점의 위치가 존재하면 불안정하게 된다.

② 안정 필요조건
  ㉠ 특성방정식의 **모든 차수가 존재**하여야 한다.
  ㉡ 특성방정식의 **모든 차수의 계수부호가 같아야 한다.** 즉, 부호 변화가 없어야 한다.

(2) 라우스의 안정도 판별법

라우스의 표에서 제1열의 원소부호를 조사
① 제1열의 부호 변화가 없다 : 안정

특성방정식의 근이 s 평면상의 좌반부에 존재한다.

② 제1열의 부호 변화가 있다 : 불안정
제1열의 부호 변화의 횟수만큼 특성방정식의 근이 s 평면상의 우반부에 존재하는 근의 수가 된다.

(3) 나이퀴스트의 안정도 판별법

개loop 전달함수 $G(s)H(s)$ 의 나이퀴스트 선도를 그리고 이것을 ω 증가하는 방향으로 따라갈 때 $(-1, +j0)$점이 왼쪽(좌측)에 있으면 제어계는 안정하고 $(-1, +j0)$점이 오른쪽(우측)에 있으면 제어계는 불안정하다.

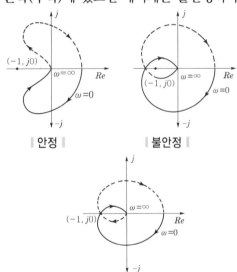

‖ 안정 ‖ ‖ 불안정 ‖

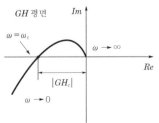

‖ 임계안정 ‖

(4) 이득여유와 위상여유

① 이득여유$(GM) = 20\log \dfrac{1}{|GH_c|}\Big|_{\omega = \omega_c}$ [dB]

② 위상여유(PM) : 단위원과 나이퀴스트 선도와의 교차점을 이득교차점이라 하며, 이득교차점을 표시하는 벡터가 부$(-)$의 실축과 만드는 각

③ 안정계에 요구되는 여유
　㉠ 이득여유$(GM) = 4 \sim 12$[dB]
　㉡ 위상여유$(PM) = 30 \sim 60°$

6 근궤적 작도법

(1) 근궤적의 출발점

근궤적은 $G(s)H(s)$ 의 극점으로부터 출발한다.

(2) 근궤적의 종착점

근궤적은 $G(s)H(s)$ 의 영점에서 끝난다.

(3) 근궤적의 개수

근궤적의 개수는 z 와 p 중 큰 것과 일치한다.

(4) 근궤적의 대칭성

근궤적은 실수축에 대하여 대칭이다.

(5) 근궤적의 점근선

점근선의 각도 : $a_k = \dfrac{(2K+1)\pi}{p-z}$

여기서, $K = 0, 1, 2, \cdots (K = p - z$까지$)$

(6) 점근선의 교차점

$\sigma = \dfrac{\sum G(s)H(s)\text{의 극점} - \sum G(s)H(s)\text{의 영점}}{p-z}$

(7) 실수축상의 근궤적

$G(s)H(s)$ 의 실극과 실영점으로 실축이 분할될 때 어느 구간에서 오른쪽으로 실축상의 극점과 영점을 헤아려 갈 때 만일 총수가 홀수이면 그 구간에 근궤적이 존재하고, 짝수이면 존재하지 않는다.

(8) 근궤적과 허수축 간의 교차점

라우스 –후르비츠의 판별법으로부터 구할 수 있다.

(9) 실수축상에서의 분지점(이탈점)

분지점은 $\dfrac{dK}{ds} = 0$인 조건을 만족하는 s의 근을 의미한다.

7 상태공간 해석 및 샘플값제어

(1) 상태방정식

계통방정식이 n차 미분방정식일 때 이것을 n개의 1차 미분방정식으로 바꾸어서 행렬을 이용하여 표현한 것

상태방정식 : $\dot{x}(t) = A x(t) + B r(t)$

여기서, A : 시스템행렬, B : 제어행렬

(2) 상태천이행렬

$$\Phi(t) = \mathcal{L}^{-1}[(sI - A)^{-1}]$$

(3) 특성방정식

$$|sI - A| = 0$$

특성방정식의 근을 고유값이라 한다.

(4) 기본함수의 z 변환표

시간함수	s변환	z변환
단위임펄스 함수 $\delta(t)$	1	1
단위계단 함수 $u(t)$	$\dfrac{1}{s}$	$\dfrac{z}{z-1}$
단위램프 함수 t	$\dfrac{1}{s^2}$	$\dfrac{Tz}{(z-1)^2}$
지수감쇠 함수 e^{-at}	$\dfrac{1}{s+a}$	$\dfrac{z}{z-e^{-aT}}$

시간함수	s변환	z변환
지수감쇠 램프함수 te^{-at}	$\dfrac{1}{(s+a)^2}$	$\dfrac{Tze^{-aT}}{(z-e^{-aT})^2}$
정현파함수 $\sin\omega t$	$\dfrac{\omega}{s^2+\omega^2}$	$\dfrac{z\sin\omega T}{z^2-2z\cos\omega T+1}$
여현파함수 $\cos\omega t$	$\dfrac{s}{s^2+\omega^2}$	$\dfrac{z(z-\cos\omega T)}{z^2-2z\cos\omega T+1}$
$1-e^{-at}$	$\dfrac{a}{s(s+a)}$	$\dfrac{(1-e^{-aT})z}{(z-1)(z-e^{-aT})}$

(5) z 변환의 정리

① 초기값 정리

$$\lim_{k \to 0} r(kT) = \lim_{z \to \infty} R(z)$$

② 최종값 정리

$$\lim_{k \to \infty} r(kT) = \lim_{z \to 1}(1 - z^{-1}) R(z)$$
$$= \lim_{z \to 1}\left(1 - \dfrac{1}{z}\right) R(z)$$

(6) 복소(s)평면과 z 평면과의 관계

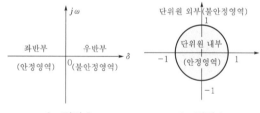

| s평면 | | z평면 |

제어계가 안정되기 위해서는 제어계의 z변환 특성방정식 $1 + GH(z) = 0$의 근이 $|z| = 1$인 단위원 내에만 존재하여야 하고, 이들 특성근이 하나라도 $|z| = 1$의 단위원 밖에 위치하면 불안정한 계를 이룬다. 또한 단위원주상에 위치할 때는 임계안정을 나타낸다.

8 시퀀스제어

(1) 시퀀스 기본회로

회 로	논리식	논리회로
AND회로	$X = A \cdot B$	A o—[&]—o X B o
OR회로	$X = A + B$	A o—[≥1]—o X B o
NOT회로	$X = \overline{A}$	A o—[▷○]—o X
NAND회로	$X = \overline{A \cdot B}$	A o—[&○]—o X B o
NOR회로	$X = \overline{A + B}$	A o—[≥1○]—o X B o

(2) Exclusive OR회로

① 유접점회로

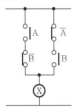

② 논리식

$$X = \overline{A} \cdot B + A \cdot \overline{B} = \overline{AB}(A + B)$$
$$= A \oplus B$$

③ 논리회로

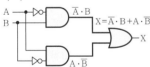

(3) 불대수의 정리

① $A + A = A$ ② $\overline{A} \cdot \overline{A} = \overline{A}$
③ $\overline{A} + \overline{A} = \overline{A}$ ④ $A \cdot A = A$
⑤ $\overline{A} + A = 1$ ⑥ $A \cdot \overline{A} = 0$
⑦ $A + 0 = A$ ⑧ $A \cdot 0 = 0$
⑨ $A \cdot 1 = A$

(4) 드모르간의 정리

① $\overline{A + B} = \overline{A} \cdot \overline{B}$
② $\overline{A \cdot B} = \overline{A} + \overline{B}$

(5) 부정의 법칙

① $\overline{\overline{A}} = A$ ② $\overline{\overline{A \cdot B}} = A \cdot B$
③ $\overline{\overline{A + B}} = A + B$

9 조절기기 제어동작

x_i : 동작신호, x_o : 조작량

(1) 비례동작(P동작)

$x_o = K_P x_i$ (K_P : 비례감도)
① 잔류편차(offset)가 발생한다.
② 속응성(응답속도)이 나쁘다.

(2) 적분동작(I동작)

$$x_o = \frac{1}{T_i} \int x_i dt \quad (T_i : 적분시간)$$
잔류편차(offset)를 없앨 수 있다.

(3) 미분동작(D동작)

$$x_o = T_D \frac{dx_i}{dt} \quad (T_D : 미분시간)$$
오차가 커지는 것을 미연에 방지한다.

(4) 비례적분동작(PI동작)

$$x_o = K_P \left(x_i + \frac{1}{T_i} \int x_i dt \right)$$
정상특성을 개선하여 잔류편차(offset)를 제거한다.

(5) 비례미분동작(PD동작)

$$x_o = K_P \left(x_i + T_D \frac{dx_i}{dt} \right)$$
속응성(응답속도) 개선에 사용된다.

(6) 비례적분미분 동작(PID동작)

$$x_o = K_P \left(x_i + \frac{1}{T_i} \int x_i dt + T_D \frac{dx_i}{dt} \right)$$
전달함수 : $G(s) = K_P \left(1 + \frac{1}{T_i s} + T_D s \right)$

잔류편차(offset)를 제거하고 속응성(응답속도)도 개선되므로 안정한 최적 제어이다.

6 전기설비기술기준

1 공통사항

[1] 전압의 구분

① 저압 : **교류 1[kV] 이하, 직류 1.5[kV] 이하**
② 고압 : 교류 1[kV], 직류 1.5[kV] 초과하고 7[kV] 이하
③ 특고압 : **7[kV] 초과**

[2] 전선

(1) 전선의 식별

상(문자)	색 상
L$_1$	갈색
L$_2$	검은색
L$_3$	회색
N	파란색
보호도체	녹색 – 노란색

(2) 전선의 접속

① **전기저항을 증가시키지 아니하도록 접속**
② **세기를 20[%] 이상** 감소시키지 아니할 것
③ **절연효력이 있는 것으로 충분히 피복**
④ 코드 접속기·접속함, 기타의 기구 사용
⑤ 전기적 부식이 생기지 않도록 할 것
⑥ 두 개 이상의 전선을 병렬로 사용
　㉠ **동선(구리선) 50[mm^2] 이상**, 알루미늄 **70[mm^2] 이상**
　㉡ 동일한 터미널러그에 완전히 접속
　㉢ 2개 이상의 나사 접속

[3] 전로의 절연

(1) 전로의 절연 원칙

① 전로는 **대지로부터 절연**
② 절연하지 않아도 되는 경우 : **접지점, 시험용 변압기, 전기로**

(2) 전로의 절연저항 및 절연내력

① 누설전류 : **1[mA] 이하**

$$I_g \leq \text{최대공급전류}(I_m)\text{의 } \frac{1}{2,000}[A]$$

② 저압 전로의 절연성능

전로의 사용전압 [V]	DC시험전압 [V]	절연저항 [MΩ]
SELV 및 PELV	250	0.5
FELV, 500[V] 이하	500	1.0
500[V] 초과	1,000	1.0

[주] 특별저압으로 SELV(비접지회로) 및 PELV(접지회로)는 1차와 2차가 전기적으로 절연된 회로
FELV는 1차와 2차가 전기적으로 절연되지 않은 회로

③ 절연내력
　㉠ 정한 시험전압을 **전로와 대지** 사이에 **10분간**
　㉡ 정한 시험전압의 **2배의 직류전압**을 전로와 대지 사이에 **10분간**

전로의 종류 (최대사용전압)	시험전압
7[kV] 이하	1.5배 (최저 500[V])
중성선 다중 접지하는 것	0.92배

전로의 종류 (최대사용전압)		시험전압
7[kV] 초과 60[kV] 이하		1.25배 (최저 10,500[V])
60[kV] 초과	중성점 비접지식	1.25배
	중성점 접지식	1.1배 (최저 75[kV])
	중성점 직접 접지식	0.72배
170[kV] 초과 중성점 직접 접지		0.64배

(3) 변압기 전로의 절연내력

① 접지하는 곳
  ㉠ 시험되는 권선의 중성점 단자
  ㉡ 다른 권선의 임의의 1단자
  ㉢ 철심 및 외함
② 시험하는 곳 : 시험되는 권선의 중성점 단자 이외의 임의의 1단자와 대지 간

2 접지시스템

[1] 접지시스템의 **구분 및 종류**

① 접지시스템 : **계통**접지, **보호**접지, **피뢰 시스템** 접지
② 접지시스템의 시설 종류 : **단독**접지, **공통접지, 통합접지**

[2] 접지시스템의 **시설**

(1) 접지시스템

① **접지극, 접지도체, 보호도체** 및 기타 설비
② 접지극 : 접지도체를 사용하여 주접지단자에 연결한다.

(2) 접지극의 시설 및 접지저항

① 접지극의 재료 및 최소 굵기 등은 저압전기설비에 따른다.
  피뢰시스템의 접지는 접지시스템을 우선 적용

② 접지극 : 콘크리트에 매입, 토양에 매설
③ 접지극의 매설
  ㉠ 토양을 오염시키지 않아야 하며, 가능한 다습한 부분에 설치
  ㉡ **지하 0.75[m] 이상** 매설
  ㉢ 철주의 밑면으로부터 0.3[m] 이상 또는 금속체로부터 1[m] 이상
④ 수도관 접지극 사용
  ㉠ 내경 75[mm] 이상에서 내경 75[mm] 미만인 수도관 분기
  • 5[m] 이하 : 3[Ω]
  • 5[m] 초과 : 2[Ω]
  ㉡ **비접지식 고압전로** 외함 접지공사 전기저항값 2[Ω] 이하

(3) 접지도체

① 보호도체 이상
② **구리 : 6[mm²] 이상, 철제 : 50[mm²] 이상**
③ **지하 0.75[m]**부터 **지표상 2[m]**까지 **합성수지관**(두께 2[mm] 미만 제외) 또는 몰드로 덮어야 한다.
④ 절연전선 또는 케이블 사용
⑤ 접지도체의 굵기
  ㉠ **특고압·고압** 전기설비용 접지도체 : 단면적 6[mm²] 이상
  ㉡ **중성점 접지용** 접지도체 : 단면적 16[mm²] 이상
    다만, 다음의 경우에는 공칭단면적 6[mm²] 이상
    • **7[kV] 이하** 전로
    • 22.9[kV] 중성선 **다중 접지** 전로
  ㉢ **이동**하여 사용하는 전기기계기구의 금속제 외함
    • 특고압·고압
      – 캡타이어 케이블(3종 및 4종)
      – 단면적 10[mm²] 이상

- **저압**
  - 다심 1개 도체의 단면적이 0.75[mm²] 이상
  - **연동연선**은 1개 도체의 단면적이 1.5[mm²] 이상

(4) 보호도체

① 보호도체의 최소 단면적

선도체의 단면적 S ([mm²], 구리)	보호도체의 최소 단면적 ([mm²], 구리)
$S \leq 16$	S
$16 < S \leq 35$	16
$S > 35$	$S/2$

보호도체의 단면적(차단시간 5초 이하)

$$S = \frac{\sqrt{I^2 t}}{k} \, [\text{mm}^2]$$

② 보호도체의 종류
  - ㉠ 다심케이블의 도체
  - ㉡ 절연도체 또는 나도체
  - ㉢ 금속케이블 외장, 케이블 차폐, 전선 묶음, 동심도체, 금속관

③ 보호도체의 단면적 보강 : 구리 10[mm²], 알루미늄 16[mm²] 이상

④ 보호도체와 계통도체 겸용
  - ㉠ **겸용도체**는 고정된 전기설비에서만 사용
  - ㉡ 단면적 : **구리 10[mm²]** 또는 알루미늄 **16[mm²]** 이상

(5) 수용가 접지

① 저압수용가 : 인입구 접지
  - ㉠ 중성선 또는 **접지측 전선에 추가 접지** 지중에 매설, 건물의 철골 3[Ω] 이하
  - ㉡ **접지도체**는 공칭단면적 6[mm²] 이상

② 주택 등 저압수용장소 접지
  - ㉠ TN-C-S 방식인 경우 보호도체

- 보호도체의 최소 단면적 이상
- **PEN**는 고정 전기설비에 사용하고, **구리 10[mm²], 알루미늄 16[mm²]** 이상
  - ㉡ 감전보호용 등전위 본딩

(6) 변압기 중성점 접지

① 중성점 접지저항값
  - ㉠ **1선 지락전류로 150을 나눈 값**과 같은 저항값
  - ㉡ 저압 전로의 대지전압이 150[V]를 초과하는 경우
    - **1초 초과 2초 이내** 차단하는 장치를 설치할 때 **300**
    - **1초 이내** 차단하는 장치를 설치할 때 **600**

② 공통접지 및 통합접지
  - ㉠ 저압설비 허용상용주파 과전압

지락고장시간 [초]	과전압 [V]	비 고
> 5	$U_0 + 250$	U_0 : 선간 전압
≤ 5	$U_0 + 1,200$	

  - ㉡ 서지보호장치 설치

[3] 감전보호용 등전위 본딩

(1) 등전위 본딩의 적용

① 건축물·구조물에서 접지도체, 주접지단 자와 도전성 부분

② 주접지단자에 보호등전위 본딩도체, 접지도체, 보호도체, 기능성 접지도체를 접속

(2) 등전위 본딩도체

① 가장 큰 보호접지도체 단면적의 0.5배 이상
  - ㉠ **구리 도체 6[mm²]**
  - ㉡ **알루미늄 도체 16[mm²]**
  - ㉢ **강철 도체 50[mm²]**

② 보조 보호등전위 본딩도체 : 보호도체의 0.5배 이상

3 피뢰시스템

[1] 피뢰시스템의 적용범위 및 구성

① **지상으로부터 높이가 20[m] 이상**
② 저압 전기전자설비
③ 고압 및 특고압 전기설비

[2] 외부 피뢰시스템

(1) 수뢰부

① **돌침, 수평도체, 메시(그물망)도체**의 요소 중에 한 가지 또는 이를 조합
② 수뢰부시스템의 배치
③ 높이 60[m]를 초과하는 건축물·구조물의 측격뢰 보호용

(2) 인하도선

① 수뢰부시스템과 접지시스템을 연결 : 복수의 인하도선을 병렬로 구성
② 배치방법
  ㉠ 건축물·구조물과 **분리된** 경우
   • 뇌전류의 경로가 보호대상물에 접촉하지 않도록 한다.
   • **1조 이상**의 인하도선을 시설
  ㉡ 건축물·구조물과 **분리되지 않은** 경우
   • 벽이 불연성 재료 : 벽의 표면 또는 내부에 시설
   • 벽이 가연성 재료 : 0.1[m], 불가능하면 100[mm²]
   • 인하도선의 수는 2가닥 이상
   • **병렬 인하도선의 최대 간격** : Ⅰ·Ⅱ 등급 10[m], Ⅲ 등급 15[m], Ⅳ 등급 20[m]

(3) 접지극시스템

① 접지극 : **수평 또는 수직 접지극(A형)** 또는 **환상도체 접지극 또는 기초 접지극(B형)** 중 하나 또는 조합
② 접지극시스템 배치
  ㉠ 2개 이상을 동일 간격으로 배치
  ㉡ 접지저항 10[Ω] 이하
③ 접지극 시설 : 지표면에서 0.75[m] 이상 깊이로 매설

[3] 내부 피뢰시스템

① 낙뢰에 대한 보호
② 전기적 절연
③ 전기전자설비의 접지·본딩으로 보호
④ 서지보호장치 시설

4 저압 전기설비

[1] 계통접지의 방식

(1) 계통접지 구성

① 보호도체 및 중성선의 접속방식에 따른 접지계통
② TN 계통, TT 계통, IT 계통

(2) TN 계통

전원측의 한 점을 대지로 직접접지, 노출도전부는 PE도체로 전원측에 접속
① TN-S 계통 : 별도의 중성선 또는 PE도체를 사용
② TN-C 계통 : 중성선과 보호도체의 기능을 동일 도체로 겸용한 PEN도체 사용
③ TN-C-S 계통 : 계통의 일부분에서 PEN도체 사용, 중성선과 별도의 PE도체 사용

(3) TT 계통

전원측의 한 점을 대지로 직접접지, 노출도전부는 독립적인 접지극에 접속

(4) IT 계통

전원측의 한 점을 대지로부터 절연 또는 임피던스를 통해 대지에 접속. 노출도전부는 독립적인 접지극에 접속

[2] 감전에 대한 보호

(1) 보호대책 일반 요구사항

① 안전을 위한 전압 규정
  ㉠ **교류 전압** : 실효값
  ㉡ **직류 전압** : 리플프리
② 보호대책 : 기본보호와 고장보호를 독립적으로 적절하게 조합
③ 외부 영향의 조건을 고려하여 적용

(2) 누전차단기 시설

50[V] 초과하는 기계기구로 사람이 쉽게 접촉할 우려가 있는 곳

(3) 기능적 특별저압(FELV)

① 기본보호
  ㉠ 공칭전압에 대응하는 기본절연
  ㉡ 격벽 또는 외함
② 고장보호

(4) 특별저압에 의한 보호

특별저압 계통의 전압한계는 건축전기설비의 전압밴드에 의한 **전압밴드 Ⅰ의 상한값**인 **교류 50[V]** 이하, **직류 120[V]** 이하

[3] 과전류에 대한 보호

(1) 중성선을 차단 및 재연결하는 회로의 경우

에 설치하는 개폐기 및 차단기는 차단 시에는 **중성선이 선도체보다 늦게 차단**되어야 하며, 재연결 시에는 선도체와 동시 또는 그 이전에 재연결되는 것을 설치

(2) 단락보호장치의 특성

정격차단용량은 단락전류 보호장치 설치점에서 예상되는 최대 크기의 단락전류보다 커야 한다.

[4] 전로 중의 개폐기 및 과전류차단장치의 시설

(1) 개폐기의 시설

① 각 극에 설치
② 사용전압이 다른 개폐기는 상호 식별이 용이하도록 시설

(2) 옥내전로 인입구에서의 개폐기의 시설

16[A] 이하 과전류 차단기 또는 20[A] 이하 배선차단기에 접속하는 길이 15[m] 이하는 인입구의 개폐기 시설을 아니할 수 있다.

(3) 보호장치의 특성

① 과전류 차단기로 저압 전로에 사용하는 범용의 퓨즈

정격전류	시간	정격전류의 배수	
		불용단 전류	용단 전류
4[A] 이하	60분	1.5배	2.1배
4[A] 초과 16[A] 미만	60분	1.5배	1.9배
16[A] 이상 63[A] 이하	60분	1.25배	1.6배
이하 생략			

② 배선차단기

│ 과전류 트립 동작시간 및 특성 │

정격전류	시간	산업용		주택용	
		부동작 전류	동작 전류	부동작 전류	동작 전류
63[A] 이하	60분	1.05배	1.3배	1.13배	1.45배
63[A] 초과	120분				

(4) 고압 및 특고압 전로의 과전류 차단기 시설

① 포장 퓨즈 : 1.3배 견디고, 2배에 120분 안에 용단

② 비포장 퓨즈 : 1.25배 견디고, 2배에 2분 안에 용단

(5) 과전류 차단기의 시설 제한

① 접지공사의 접지도체

② 다선식 전로의 중성선

③ 전로의 일부에 접지공사를 한 저압 가공 전선로의 접지측 전선

(6) 저압 전동기 보호용 과전류 보호장치의 시설

① 0.2[kW] 초과 : 자동적으로 이를 저지, 경보장치

② 시설하지 않는 경우

ㄱ 운전 중 상시 취급자가 감시

ㄴ 전동기가 손상될 수 있는 과전류가 생길 우려가 없는 경우

ㄷ 단상 전동기로 과전류 차단기의 정격전류가 16[A](배선차단기는 20[A]) 이하인 경우

5 전기사용 장소의 시설

[1] 저압 옥내배선의 사용전선 및 중성선의 굵기

① 2.5[mm²] 이상 연동선

② 전광표시장치 **제어회로** 등 배선 1.5[mm²] 이상 연동선

③ 단면적 0.75[mm²] 이상 코드 또는 캡타이어 케이블

④ 중성선의 단면적

ㄱ 구리선 16[mm²]

ㄴ 알루미늄선 25[mm²]

[2] 나전선 사용 제한(사용 가능한 경우)

① 애자공사

ㄱ 전기로용 전선

ㄴ 전선의 피복 절연물이 부식하는 장소

ㄷ 취급자 이외의 자가 출입할 수 없도록 설비한 장소

② 버스덕트공사 및 라이팅덕트공사

③ 접촉전선

[3] 배선설비공사의 종류

(1) 애자공사

① 절연전선(옥외용, 인입용 제외)

② 전선 상호 간격 6[cm] 이상

③ 전선과 조영재 2.5[cm] 이상 : 400[V] 이상 4.5[cm](건조한 장소 2.5[cm]) 이상

④ 애자는 **절연성, 난연성 및 내수성**

⑤ 전선 지지점 간 거리

ㄱ 조영재 윗면 또는 옆면에 **따라 붙일 경우 2[m]** 이하

ㄴ **따라 붙이지 않을 경우 6[m]** 이하

(2) 합성수지 몰드공사

① 절연전선(옥외용 제외)

② 전선 접속점이 없도록 한다.

③ 홈의 폭 및 깊이 3.5[cm] 이하(단, 사람이 쉽게 접촉할 위험이 없으면 5[cm] 이하)

(3) 합성수지관공사

① 전선은 연선(옥외용 제외) 사용 : **연동선 10[mm²], 알루미늄선 16[mm²]** 이하 단선 사용

② 전선관 내 전선 접속점이 없도록 한다.

③ 관을 삽입하는 길이 : 관 외경(바깥지름) **1.2배(접착제 사용 0.8배)**

④ 관 지지점 간 거리 : 1.5[m] 이하

(4) 금속관공사

① 전선은 연선(옥외용 제외) 사용 : **연동선 10[mm²], 알루미늄선 16[mm²]** 이하 단선 사용

② 금속관 내 전선 접속점이 없도록 한다.

③ 관의 두께 : **콘크리트에 매설 1.2[mm]**

(5) 금속몰드공사

폭은 5[cm] 이하, 두께는 0.5[mm] 이상

(6) 가요전선관공사

① 전선은 연선(옥외용 제외) 사용

② 전선관 내 접속점이 없도록 하고, 2종 금속제 가요전선관일 것

③ 1종 금속제 가요전선관은 **두께 0.8[mm] 이상**

(7) 금속덕트공사

① 전선 단면적의 총합은 덕트의 내부 단면적의 20[%](제어회로 배선 50[%]) **이하**

② 폭 4[cm] 이상, 두께 1.2[mm] 이상

③ 지지점 간 거리 3[m](수직 6[m]) 이하

(8) 버스덕트공사

① 단면적 20[mm^2] 이상의 띠

② 지름 5[mm] **이상의 관**

③ 단면적 30[mm^2] **이상의 띠** 모양의 알루미늄

(9) 라이팅덕트공사

지지점 간 거리는 2[m] 이하

(10) 케이블공사

① 지지점 간 거리 2[m](수직 6[m]), **캡타이어 케이블 1[m]** 이하

② 수직 케이블의 시설

ㄱ 동(구리) 25[mm^2] 이상, 알루미늄 35[mm^2] 이상

ㄴ 안전율 4 이상

ㄷ 진동방지장치 시설

(11) 케이블 트레이공사

① 종류 : 사다리형, 펀칭형, 메시형(그물망형), 바닥 밀폐형

② 케이블 트레이의 안전율은 1.5 이상

[4] 옥내 저압 접촉전선 배선

① 애자공사 또는 버스덕트공사 또는 절연 트롤리공사

② 전선의 바닥에서의 높이는 3.5[m] 이상

③ 전선과 건조물 이격거리(간격)는 위쪽 2.3[m] 이상, 1.2[m] 이상

④ 전선

ㄱ 400[V] 이상 : 인장강도 11.2[kN], 6[mm] 이상 경동선, 28[mm^2] 이상

ㄴ 400[V] 미만 : 인장강도 3.44[kN], 3.2[mm] 이상 경동선, 8[mm^2] 이상

⑤ 전선의 지지점 간의 거리는 6[m] 이하

6 조명설비

[1] 등기구의 시설 설치 시 고려사항

① 기동 전류

② 고조파 전류

③ 보상

④ 누설전류

⑤ 최초 점화 전류

⑥ 전압강하

[2] 코드의 사용

① 조명용 전원코드 및 이동전선으로 사용

② 건조한 상태 내부에 배선할 경우는 고정 배선

③ 사용전압 400[V] 이하의 전로에 사용

[3] 코드 및 이동전선

단면적 0.75[mm^2] 이상

[4] 코드 또는 캡타이어 케이블의 접속

(1) 옥내배선과의 접속

① 점검할 수 없는 은폐장소에는 시설하지 말 것
② 꽂음 접속기 사용
③ 중량이 걸리지 않도록 할 것

(2) 코드 상호 또는 캡타이어 케이블 상호의 접속

① 코드 접속기, 접속함 및 기타 기구를 사용
② 단면적 10[mm²] 이상 전선접속법을 따른다.

(3) 전기사용 기계기구와의 접속

① 2중 너트, 스프링와셔 및 나사풀림 방지
② 기구단자가 누름나사형, 클램프형, 단면적 10[mm²] 초과하는 단선 또는 단면적 6[mm²] 초과하는 연선에 터미널러그 부착

[5] 콘센트의 시설

① 배선용 꽂음 접속기에 적합한 제품을 사용
   ㉠ 노출형 : 조영재에 견고하게 부착
   ㉡ 매입형 : 난연성 절연물로 된 박스 속에 시설
   ㉢ 바닥에 시설하는 경우 : 방수구조의 플로어박스 설치
   ㉣ 인체가 물에 젖어있는 상태에서 전기를 사용하는 장소 : **인체감전보호용 누전차단기(15[mA] 이하, 0.03초 이하 전류동작형) 또는 절연변압기(정격용량 3[kVA] 이하)**
② 주택의 옥내 전로에는 접지극이 있는 콘센트 사용

[6] 점멸기의 시설

① 전로의 비접지측에 시설, 배선차단기는 점멸기로 대용
② 조영재에 매입할 경우 난연성 절연물의 박스에 넣어 시설
③ 욕실 내는 점멸기를 시설하지 말 것
④ **가정용 전등** : 등기구마다 시설
⑤ **공장·사무실·학교·상점** : 전등군마다 시설
⑥ **객실수가 30실 이상** : 자동, 반자동 점멸장치
⑦ 타임스위치 시설(센서등)
   ㉠ **숙박업에 이용되는 객실의 입구등** : 1분 이내 소등
   ㉡ **일반주택 및 아파트 각 호실의 현관등** : 3분 이내 소등

[7] 진열장 내부 배선

① 건조한 장소, 사용전압이 400[V] 이하
② 단면적 0.75[mm²] 이상의 코드 캡타이어 케이블

[8] 옥외등

① 대지전압 300[V] 이하
② 분기회로는 20[A] 과전류 차단기(배선차단기 포함)

[9] 1[kV] 이하 방전등

(1) 적용범위

① 대지전압은 300[V] 이하
② 방전등용 안정기는 조명기구에 내장

(2) 방전등용 안정기

① 조명기구의 외부에 시설
   ㉠ 안정기를 견고한 내화성의 외함 속

ⓛ 노출장소에 시설할 경우는 외함을 가 연성의 조영재에서 1[cm] 이상 이격 하여 견고하게 부착

② 방전등용 안정기를 물기 등이 유입될 수 있는 곳에 방수형

(3) 방전등용 변압기(절연변압기)

사용전압 400[V] 초과인 경우는 방전등용 변압기를 사용

(4) 관등회로의 배선

① 공칭단면적 2.5[mm²] 이상의 연동선

② 합성수지관공사·금속관공사·가요전선 관공사·케이블공사

[10] 수중조명등

① 수중에 방호장치

② 1차 전압 400[V] 이하, 2차 전압 150[V] 이하 절연변압기

③ 절연변압기 2차측 : 개폐기 및 과전류 차 단기, 금속관공사

④ 2차 전압 30[V] 이하 : 접지공사 한 혼촉 방지판 사용

2차 전압 30[V] 초과 : 지락 시 자동차단

⑤ 전선은 단면적 2.5[mm²](수중 이외 0.75 [mm²]) 이상

[11] 교통신호등

① 사용전압 300[V] 이하

② 공칭단면적 2.5[mm²] 연동선을 인장강 도 3.7[kN]의 금속선 또는 지름 4[mm] 이상의 철선을 2가닥 이상을 꼰 금속선 에 매달 것

③ 인하선 지표상 2.5[m] 이상

7 특수설비

[1] 전기울타리

① 전기울타리는 사람이 쉽게 출입하지 아 니하는 곳

② 사용전압 250[V] 이하

③ 전선 : 인장강도 1.38[kN] 이상, 지름 2[mm] 이상 경동선

④ 기둥과의 이격거리(간격) 2.5[cm] 이상, 수목과의 간격 30[cm]

[2] 전기욕기

① 사용전압 : 1차 대지전압 300[V] 이하, 2차 사용전압 10[V] 이하

② 전극에는 2.5[mm²] 이상 연동선, 케이블 단면적 1.5[mm²] 이상

③ 욕탕 안의 전극 간 거리는 1[m] 이상

[3] 은이온 살균장치

① 금속제 외함 및 전선을 넣는 금속관에는 접지공사

② 단면적 1.5[mm²] 이상 캡타이어 코드

[4] 전극식 온천승온기

① 사용전압 400[V] 미만 절연변압기 사용

② 차폐장치에서 수관에 따라 1.5[m]까지 는 절연성 및 내수성

③ 철심 및 외함과 차폐장치의 전극에는 접 지공사

[5] 전기온상 등

① 대지전압 : 300[V] 이하

② 전선 : 전기온상선

③ 발열선 온도 : 80[℃] 이하

[6] 엑스선 발생장치의 전선 간격

① 100[kV] 이하 : 45[cm] 이상

② 100[kV] 초과 : 45[cm]에 10[kV] 단수마다 3[cm] 더한 값

[7] 전격 살충기

① 지표상 또는 마루 위 3.5[m] 이상

② 다른 시설물 또는 **식물 사이의 이격거리(간격)는 30[cm] 이상**

[8] 유희용(놀이용) 전차시설

① 사용전압 **직류 60[V] 이하, 교류 40[V] 이하**

② 접촉전선은 제3레일 방식

[9] 아크 용접기

① 1차측 **대지전압 300[V], 개폐기가 있는 절연변압기**

② 용접변압기에서 용접 케이블 사용

[10] 소세력 회로

① 1차 : 대지전압 300[V] 이하 절연변압기

② 2차 : 사용전압 60[V] 이하

[11] 전기부식방지 시설

① 사용전압은 **직류 60[V] 이하**

② 지중에 매설하는 **양극의 매설깊이 75[cm] 이상**

③ **전선 : 2.0[mm] 절연 경동선**
   지중 : 4.0[mm^2]의 연동선(양극 2.5[mm^2])

④ 수중에는 **양극**과 주위 1[m] 이내 임의점과의 사이의 전위차는 10[V] 이하

⑤ 1[m] 간격의 임의의 2점간의 전위차가 5[V] 이하

[12] 전기자동차 전원설비

① 전용 개폐기 및 과전류 차단기를 각 극에 시설, 지락 차단

② 옥내에 시설하는 저압용 배선기구의 시설

③ 충전장치 : 부착된 충전 케이블을 거치할 수 있는 거치대 또는 충분한 수납공간(옥내 0.45[m] 이상, 옥외 0.6[m] 이상)

④ 충전 케이블 인출부
   ㉠ **옥내용** : 지면에서 0.45[m] **이상** 1.2[m] 이내
   ㉡ **옥외용** : 지면에서 0.6[m] **이상**

[13] 위험장소

(1) 폭연성 분진

① **금속관** 또는 **케이블**공사

② 금속관은 박강 전선관 이상, 5턱 이상 나사조임 접속

(2) 가연성 분진

합성수지관(두께 2[mm] 미만 제외)·**금속관** 또는 **케이블**공사

(3) 가연성 가스

금속관 또는 **케이블**공사(캡타이어 케이블 제외)

(4) 화약류 저장소

① 전로에 대지전압은 300[V] 이하

② 전기기계기구는 전폐형

③ 인입구에서 케이블이 손상될 우려가 없도록 시설

[14] 전시회, 쇼 및 공연장의 전기설비

① 사용전압 400[V] 이하

② 배선용 케이블은 구리도체로 최소 단면적 1.5[mm^2]

[15] 터널, 갱도, 기타 이와 유사한 장소

① 단면적 2.5[mm^2] 연동선, 노면상 2.5[m] 이상

② 전구선 또는 이동전선 등의 시설 : **단면적 0.75[mm^2] 이상**

8 고압·특고압 전기설비

[1] 고압·특고압 접지계통 – 스트레스 전압

① 고장지속시간 5초 이하 1,200[V] 이하
② 고장지속시간 5초 초과 250[V] 이하

[2] 혼촉에 의한 위험방지시설

(1) 고압 또는 특고압과 저압의 혼촉

① 특고압 전로와 저압 전로를 결합 : 접지
저항값이 10[Ω] 이하
② 가공 공동지선
㉠ 인장강도 5.26[kN], 직경 4[mm] 이
상 경동선의 가공 접지선을 저압 가공
전선에 준하여 시설
㉡ 변압기 시설 장소에서 200[m]
㉢ 변압기를 중심으로 지름 400[m]
㉣ 합성 전기저항치는 1[km]마다 규정
의 접지저항값 이하
㉤ 각 접지선의 접지저항치
$$R = \frac{150}{I} \times n \leq 300[\Omega]$$
㉥ 저압 가공전선의 1선을 겸용

(2) 혼촉방지판이 있는 변압기에 접속하는 저압 옥외전선의 시설 등

① 저압전선은 1구내 시설
② 전선은 케이블
③ 병가(병행 설치)하지 말 것[케이블 병가
(병행 설치) 가능]

(3) 특고압과 고압의 혼촉 등에 의한 위험방지시설

① 고압측 단자 가까운 1극에 사용전압의 3
배 이하에 방전
② 피뢰기를 고압 전로의 모선에 시설하면
정전방전장치 생략

[3] 전로의 중성점 접지

(1) 목적

① 보호장치의 확실한 동작 확보
② 이상전압 억제 및 대지전압 저하

(2) 접지도체는 공칭단면적 16[mm²] 이상 연동선

(저압 전로의 중성점 6[mm²] 이상)

9 전선로

[1] 전선로 일반

(1) 유도장해의 방지

① 고저압 가공전선의 유도장해 방지
㉠ 약전류 전선과 2[m] 이상 이격
㉡ 가공 약전류 전선에 장해를 줄 우려가
있는 경우
• 이격거리(간격) 증가
• 교류식 가공전선 연가
• 인장강도 5.26[kN] 이상 또는 직경
4[mm]의 경동선 2가닥 이상 시설하
고 접지공사
② 특고압 가공전선로의 유도장해 방지
㉠ 사용전압 60[kV] 이하 : 전화선로 길이
12[km]마다 유도전류가 2[μA] 이하
㉡ 사용전압 60[kV] 초과 : 전화선로 길이
40[km]마다 유도전류가 3[μA] 이하

(2) 지지물의 철탑오름 및 전주오름 방지

발판 볼트 등을 지표상 1.8[m] 이상

(3) 풍압하중의 종별과 적용

① 풍압하중의 종별
㉠ 갑종풍압하중

구 분		풍압하중
지지물	원형 지지물	588[Pa]
	철주(강관)	1,117[Pa]
	철탑(강관)	1,255[Pa]
전선	다도체	666[Pa]
	기타(단도체)	745[Pa]
애자장치		1,039[Pa]
완금류		1,196[Pa]

ⓛ 을종 풍압하중 : **두께 6[mm], 비중 0.9의 빙설이 부착한 경우 갑종 풍압의 50[%] 적용**

ⓒ 병종 풍압하중
- **갑종 풍압의 50[%]**
- 인가가 많이 연접(이웃 연결)되어 있는 장소

② 풍압하중 적용

구 분	고온계	저온계
빙설이 많은 지방	갑종	을종
빙설이 적은 지방	갑종	병종

(4) 가공전선로 지지물의 기초

① **기초 안전율 2 이상**(이상 시 상정하중에 대 한 **철탑의 기초에 대하여서는 1.33 이상**)

② 기초 안전율 2 이상을 고려하지 않는 경우 : **A종(16[m] 이하, 설계하중 6.8[kN]인 철근콘크리트주)**

ⓛ 길이 15[m] 이하 : 길이의 $\frac{1}{6}$ 이상

ⓒ 길이 15[m] 초과 : 2.5[m] 이상

ⓒ 근가(전주 버팀대)시설

③ **설계하중 6.8[kN] 초과 9.8[kN] 이하** : 기준보다 **30[cm]를 더한 값**

④ **설계하중 9.8[kN] 초과** : 기준보다 **50[cm]를 더한 값**

(5) 지지물의 구성 등

① 철주 또는 철탑의 구성 등 : 강판·형강·평강·봉강·강관 또는 리벳트재

② 목주의 안전율
ⓛ **저압** : **풍압하중의 1.2배** 하중
ⓒ **고압** : **1.3 이상**
ⓒ **특고압** : **1.5 이상**

(6) 지선(지지선)의 시설

① 지선(지지선)의 사용 : 철탑은 지선(지지선)을 이용하여 강도를 분담시켜서는 안 된다.

② 지선(지지선)의 시설
ⓛ **지선(지지선)의 안전율 : 2.5 이상**
ⓒ **허용인장하중 : 4.31[kN]**
ⓒ **소선 3가닥 이상 연선**
ⓒ 소선은 **지름 2.6[mm] 이상 금속선**
ⓜ 지중 부분 및 지표상 30[cm]까지 부분에는 아연도금 철봉
ⓗ **도로 횡단 지선(지지선) 높이** : **지표상 5[m] 이상**

(7) 구내 인입선

① 저압 가공 인입선 시설
ⓛ 인장강도 2.30[kN] 이상, 지름 2.6[mm] 경동선(단, 지지점 간 거리 15[m] 이하, 지름 2[mm] 경동선)
ⓒ 절연전선, 다심형 전선, 케이블
ⓒ 전선 높이
- **도로 횡단** : 노면상 5[m]
- **철도 횡단** : 레일면상 6.5[m]
- **횡단보도교 위** : 노면상 3[m]
- 기타 : 지표상 4[m]

② 저압 연접(이웃 연결) 인입선 시설
ⓛ 인입선에서 분기하는 점으로부터 100[m] 이하
ⓒ **폭 5[m]를 초과하는 도로를 횡단하지 아니할 것**
ⓒ **옥내를 통과하지 아니할 것**

(8) 고압 인입선 등 시설

① 인장강도 8.01[kN] 이상 고압 절연전선, 특고압 절연전선 또는 **지름 5[mm]의 경동선 또는 케이블**

② **지표상 5[m] 이상**

③ 케이블, **위험표시를 하면 지표상 3.5[m] 까지로 감할 수 있다.**

④ 연접(이웃 연결) 인입선은 시설하여서는 아니 된다.

(9) 특고압 인입선 등의 시설

100[kV] 이하, 케이블 사용

[2] 가공전선 시설

(1) 가공 케이블의 시설

① 조가용선(조가선)

 ㉠ 인장강도 5.93[kN] 이상, **단면적 22[mm²]**(특고압 13.93[kN], **단면적 25[mm²]**) 이상인 아연도강연선

 ㉡ 접지공사

② **행거 간격 0.5[m], 금속테이프 0.2[m] 이하**

(2) 전선의 세기 · 굵기 및 종류

① 전선의 종류

 ㉠ 저압 가공전선 : 절연전선, 다심형 전선, 케이블, 나전선(중성선에 한함)

 ㉡ 고압 가공전선 : 고압 절연전선, 특고압 절연전선 또는 케이블

② 전선의 굵기 및 종류

 ㉠ **400[V] 이하 : 인장강도 3.43[kN], 지름 3.2[mm]** (절연전선 인장강도 2.3[kN], 지름 2.6[mm] 이상)

 ㉡ **400[V] 초과인 저압 또는 고압 가공전선**

  • 시가지 인장강도 8.01[kN] 또는 **지름 5[mm] 이상**

  • **시가지 외 인장강도 5.26[kN] 또는 지름 4[mm] 이상**

 ㉢ 특고압 가공전선 : 인장강도 8.71[kN] 이상 또는 단면적 22[mm²] 이상의 경동연선

③ 가공전선의 안전율 : **경동선 또는 내열 동(구리)합금선은 2.2 이상, 그 밖의 전선은 2.5 이상**

(3) 가공전선의 높이

① 고 · 저압

 ㉠ **지표상 5[m] 이상**(교통에 지장이 없는 경우 4[m] 이상)

 ㉡ **도로 횡단 : 지표상 6[m] 이상**

 ㉢ 철도 또는 궤도를 횡단 : **레일면상 6.5[m] 이상**

 ㉣ 횡단보도교 노면상 3.5[m](저압 절연전선 3[m])

② 특고압 : 지표상 6[m](철도 6.5[m], 산지 5[m])에 160[kV]를 초과하는 10[kV] 또는 그 단수마다 0.12[m]를 더한 값

(4) 가공지선

① **고압** 가공전선로 : 인장강도 5.26[kN] 이상 나선 또는 **지름 4[mm] 나경동선**

② **특고압** 가공전선로 : 인장강도 8.01[kN] 이상 나선 또는 **지름 5[mm] 이상 나경동선**, 22[mm²] 이상 나경동연선, 아연도강연선 22[mm²] 또는 OPGW 전선

(5) 가공전선의 병행 설치

① 고압 가공전선 병가(병행 설치)

 ㉠ 저압을 고압 아래로 하고 **별개의 완금을 시설**

 ㉡ 이격거리(간격)는 50[cm] 이상

 ㉢ 고압 **케이블 30[cm] 이상**

② 특고압 가공전선 병가(병행 설치)

 ㉠ 특고압선과 고 · 저압선의 이격거리(간격)는 1.2[m] 이상. 단, 특고압전선이 케이블이면 50[cm]까지 감할 수 있다.

ⓛ 사용전압이 35[kV]를 넘고 100[kV] 미만인 경우
- 제2종 특고압 보안공사
- 이격거리(간격)는 2[m](케이블인 경우 1[m]) 이상
- 특고압 가공전선의 굵기 : 인장강도 21.67[kN] 이상 연선 또는 50[mm²] 이상 경동선

(6) 가공전선과 가공 약전류 전선과의 공용 설치(공가)

① 저·고압 공가
  ㉠ 목주의 안전율 1.5 이상
  ㉡ 가공전선을 위로 하고 별개의 완금류에 시설
  ㉢ 상호 이격거리(간격)
    - **저압 75[cm] 이상**
    - **고압 1.5[m] 이상**

② 특고압 공가 : 35[kV] 이하
  ㉠ 제2종 특고압 보안공사
  ㉡ 케이블을 제외하고 인장강도 21.67[kN], 50[mm²] 이상 경동 연선
  ㉢ **이격거리(간격) 2[m]**(케이블 50[cm])
  ㉣ 별개의 완금류 시설
  ㉤ 전기적 차폐층이 있는 통신용 케이블일 것

(7) 경간(지지물 간 거리) 제한

① 지지물 종류에 따른 경간(지지물 간 거리)

지지물 종류	경간(지지물 간 거리)
목주·A종	150[m] 이하
B종	250[m] 이하
철탑	600[m] 이하

② 경간(지지물 간 거리)을 늘릴 수 있는 경우
  ㉠ **고압 8.71[kN] 또는 단면적 22[mm²]**

ⓛ **특고압** 21.67[kN] 또는 단면적 55[mm²]
ⓒ 목주·A종은 300[m] 이하, B종은 500[m] 이하

(8) 보안공사

① 저·고압 보안공사 : 전선은 8.01[kN] 또는 **지름 5[mm]**(400[V] 미만 5.26[kN] 이상 또는 4[mm])의 경동선

지지물 종류	경간(지지물 간 거리)
목주·A종	100[m] 이하
B종	150[m] 이하
철탑	400[m] 이하

② 특고압 보안공사
  ㉠ **제1종 특고압 보안공사**
    - **전선의 단면적**

사용전압	전 선
100[kV] 미만	인장강도 21.67[kN], 단면적 55[mm²] 이상
100[kV] 이상 300[kV] 미만	인장강도 58.84[kN], 단면적 150[mm²] 이상
300[kV] 이상	인장강도 77.47[kN], 단면적 200[mm²] 이상

    - 경간(지지물 간 거리) 제한

지지물 종류	경간(지지물 간 거리)
B종	150[m]
철탑	400[m]

    - **지락 또는 단락**이 생긴 경우에는 100[kV] 미만은 3초, 100[kV] 이상은 2초 차단
  ㉡ **제2종 및 제3종** 특고압 보안공사 경간(지지물 간 거리)

지지물 종류	경간(지지물 간 거리)
목주·A종	100[m]
B종	200[m]
철탑	400[m]

(9) 가공전선과 건조물의 접근

① 저·고압 가공전선과 건조물의 조영재 사이의 이격거리(간격)

구 분	접근형태	이격거리(간격)
상부 조영재	위쪽	2[m](절연전선, 케이블 1[m])
	옆쪽 또는 아래쪽	1.2[m]

② 특고압 가공전선과 건조물 등과 접근 교차 이격거리(간격)

접근·교차	구분	가공전선		절연전선 (케이블)
		35[kV] 이하	35[kV] 초과	35[kV] 이하
건 조 물	위	3[m] 이상	3 + 0.15N	2.5[m] 이상 (1.2[m])
	옆, 아래			1.5[m] 이상 (0.5[m])
도로				수평 이격 거리(간격) 1.2[m]

여기서, N : 35[kV] 초과하는 것으로 10[kV] 단수

(10) 특고압 가공전선과 도로 등의 접근·교차

① 제1차 접근상태 : 제3종 특고압 보안공사

② 제2차 접근상태 : 제2종 특고압 보안공사

(11) 가공전선과 식물의 이격거리(간격)

① 저압 또는 고압 가공전선은 식물에 접촉하지 않도록 시설

② 특고압 가공전선과 식물 사이 이격거리(간격)

사용전압	이격거리(간격)
60[kV] 이하	2[m] 이상
60[kV] 초과	2 + 0.12N[m]

여기서, N : 60[kV] 초과하는 10[kV] 단수

[3] 특고압 가공전선로

(1) 시가지 등에서 특고압 가공전선로의 시설(170[kV] 이하)

① 애자장치 : 50[%]의 충격섬락(불꽃방전)전압의 값이 타부분의 110[%](130[kV] 초과 105[%])

② 지지물의 경간(지지물 간 거리)

지지물 종류	경간(지지물 간 거리)
A종	75[m]
B종	150[m]
철탑	400[m](전선 수평 간격 4[m] 미만 : 250[m])

③ 전선의 굵기

사용전압 구분	전선 단면적
100[kV] 미만	21.67[kN], 단면적 55[mm²] 이상의 경동연선
100[kV] 이상	58.84[kN], 단면적 150[mm²] 이상의 경동연선

④ 전선의 지표상 높이

사용전압 구분	지표상 높이
35[kV] 이하	10[m] (특고압 절연전선 8[m])
35[kV] 초과	10[m]에 35[kV]를 초과하는 10[kV] 또는 그 단수마다 0.12[m]를 더한 값

⑤ 지기나 단락이 생긴 경우 : 100[kV] 초과하는 것은 1초 안에 자동차단장치

(2) 특고압 가공전선로의 철주·철근콘크리트주 또는 철탑의 종류

① 직선형 : 3도 이하

② 각도형 : 3도 초과

③ 인류(잡아당김)형 : 잡아당기는 곳

④ 내장형 : 경간(지지물 간 거리) 차 큰 곳

(3) 특고압 가공전선과 저·고압 가공전선 등의 접근 또는 교차

① 제1차 접근상태 : 제3종 특고압 보안공사

사용전압 구분	이격거리(간격)
60[kV] 이하	2[m]
60[kV] 초과	2[m]에 사용전압이 60[kV]를 초과하는 10[kV] 또는 그 단수마다 0.12[m]를 더한 값

② 제2차 접근상태 : 제2종 특고압 보안공사

(4) 특고압 가공전선 상호 간의 접근 교차

제3종 특고압 보안공사

(5) 25[kV] 이하인 특고압 가공전선로 시설

① 지락이나 단락 시 : 2초 이내 전로 차단
② 중성선 다중 접지 및 중성선 시설
  ㉠ 접지선은 **단면적 6[mm^2]의 연동선**
  ㉡ 접지한 곳 상호 간 거리 300[m] 이하
  ㉢ 1[km]마다의 중성선과 대지 사이 전기저항값

구 분	각 접지점 저항	합성 저항
15[kV] 이하	300[Ω]	30[Ω]
25[kV] 이하	300[Ω]	15[Ω]

  ㉣ 중성선은 저압 가공전선 시설에 준한다.
  ㉤ 저압 접지측 전선이나 중성선과 공용
③ 식물 사이의 이격거리(간격) : 1.5[m] 이상

(6) 지중전선로

① 지중전선로 시설
  ㉠ 케이블 사용
  ㉡ 관로식, 암거식, 직접 매설식
  ㉢ **매설깊이**
    • 관로식, 직접 매설식 : 1[m] 이상
    • 중량물의 압력을 받을 우려가 없는 곳 : 0.6[m] 이상

② 지중함 시설
  ㉠ 견고하고, 차량 기타 중량물의 압력에 견디는 구조
  ㉡ 지중함은 고인 물 제거
  ㉢ 지중함 크기 1[m^3] 이상
  ㉣ 지중함의 뚜껑은 시설자 이외의 자가 쉽게 열 수 없도록 시설
③ **누설전류** 또는 **유도작용**에 의하여 통신상의 장해를 주지 아니하도록 기설 약전류 전선로로부터 충분히 이격
④ 지중전선과 지중 약전류 전선 등 또는 관과의 접근 또는 교차
  ㉠ 상호 간의 이격거리(간격)
    • **저압 또는 고압**의 지중전선은 30[m] 이상
    • **특고압** 지중전선은 60[cm] 이상
  ㉡ 가연성이나 **유독성의 유체**를 내포하는 관과 접근하거나 교차하는 경우 1[m] 이상

[4] 기계·기구 시설

(1) 기계 및 기구

① 특고압 배전용 변압기 시설
  ㉠ 사용전선 : 특고압 절연전선 또는 케이블
  ㉡ 1차 35[kV] 이하, 2차는 저압 또는 고압
  ㉢ 특고압측에 개폐기 및 과전류 차단기를 시설
② 특고압을 직접 저압으로 변성하는 변압기 시설
  ㉠ **전기로용** 변압기
  ㉡ **소내용** 변압기
  ㉢ **배전용** 변압기
  ㉣ **10[Ω]** 이하 금속제 혼촉방지판이 있는 것

ⓜ 교류식 **전기철도용 신호** 변압기

③ **고압용** 기계·기구의 시설
  ㉠ 울타리의 높이와 거리 합계 5[m] 이상
  ㉡ 지표상 높이 4.5[m](시가지 외 4[m]) 이상

④ **특고압용** 기계·기구의 시설

사용전압	울타리 높이와 거리의 합계, 지표상 높이
35[kV] 이하	5[m]
160[kV] 이하	6[m]
160[kV] 초과	6[m]에 160[kV]를 초과하는 10[kV] 단수마다 12[cm]를 더한 값

⑤ 기계·기구의 철대 및 외함의 접지
  ㉠ 외함에는 접지공사를 한다.
  ㉡ **접지공사를 하지 아니해도 되는 경우**
    • 사용전압이 직류 300[V], 교류 대지전압 150[V] 이하
    • 목재 마루, 절연성의 물질, 절연대, 고무 합성수지 등의 절연물, 2중 절연
    • 절연변압기(2차 전압 300[V] 이하, 정격용량 3[kVA] 이하)
    • 인체 감전 보호용 누전차단기 설치
      – 정격감도전류 30[mA] 이하(위험한 장소, 습기 15[mA])
      – 동작시간 0.03초 이하
      – 전류 동작형

(2) 아크를 발생하는 기구의 시설
  ① 고압용 : 1[m] 이상
  ② 특고압용 : 2[m] 이상

(3) 개폐기의 시설
  ① **각 극에** 시설
  ② **개폐상태를** 표시
  ③ **자물쇠 장치**

④ 개로 방지하기 위한 조치
  ㉠ 부하전류의 유무를 표시한 장치
  ㉡ 전화기 기타의 지령장치
  ㉢ 터블렛

(4) 피뢰기 시설
  ① 시설 장소
    ㉠ 발전소·변전소의 가공전선 인입구 및 인출구
    ㉡ 특고압 가공전선로 배전용 변압기의 고압측 및 특고압측
    ㉢ 고압 및 특고압 가공전선로로부터 공급을 받는 수용장소
    ㉣ 가공전선로와 지중전선로가 접속되는 곳
  ② 접지저항값 10[Ω] 이하

(5) 고압·특고압 옥내 설비
  ① **애자공사**(건조하고 전개된 장소에 한함), **케이블, 트레이**
  ② 애자공사
    ㉠ 전선은 6[mm²] 이상 연동선
    ㉡ 전선 지지점 간 거리 6[m] 이하. 조영재의 **면을 따라 붙이는** 경우 2[m] 이하
    ㉢ 전선 상호 간격 8[cm], 전선과 조영재 5[cm]
    ㉣ 애자는 **절연성·난연성** 및 **내수성**
    ㉤ 저압 옥내배선과 쉽게 식별

(6) 발전소 등의 울타리·담 등의 시설
  ① 기계·기구, 모선 등을 옥외에 시설하는 발전소·변전소·개폐소
    ㉠ 울타리·담 등을 시설
    ㉡ 출입구에는 출입금지 표시
    ㉢ 출입구에는 자물쇠 장치, 기타 적당한 장치

② 울타리·담 등
  ㉠ 울타리·담 등의 **높이는 2[m]** 이상 : 지표면과 울타리·담 등의 **하단 사이의 간격 15[cm]** 이하
  ㉡ 발전소 등의 울타리·담 등의 시설 시 **이격거리(간격)**

사용전압	울타리 높이와 거리의 합계
35[kV] 이하	5[m]
160[kV] 이하	6[m]
160[kV] 초과	6[m]에 160[kV]를 초과하는 10[kV] 또는 그 단수마다 0.12[m]를 더한 값

(7) **특고압 전로의 상 및 접속 상태 표시**
  ① 보기 쉬운 곳에 **상별 표시**
  ② **회선수가 2 이하** 단일모선인 경우에는 그러하지 아니하다.

(8) **발전기 등의 보호장치(차단하는 장치 시설)**
  ① **과전류나 과전압**이 생긴 경우
  ② **용량 500[kVA] 이상** : 수차의 압유장치
  ③ **용량 100[kVA] 이상** : 풍차의 압유장치
  ④ **용량 2,000[kVA] 이상** : 수차 발전기 베어링 온도 상승
  ⑤ **용량 10,000[kVA] 이상** : 내부에 고장이 생긴 경우
  ⑥ **정격출력이 10,000[kVA] 초과** : 증기터빈 베어링 온도 상승

(9) **특고압용 변압기의 보호장치**

뱅크 용량	동작조건	장치의 종류
5,000[kVA] 이상 10,000[kVA] 미만	내부 고장	자동차단 또는 경보장치
10,000[kVA] 이상	내부 고장	자동차단장치
타냉식 변압기	온도 상승	경보장치

(10) **조상설비의 보호장치**

설비 종별	뱅크 용량	자동차단
전력용 커패시터 분로리액터	500[kVA] 초과 15,000[kVA] 미만	내부 고장, 과전류
	15,000[kVA] 이상	내부 고장, 과전류, 과전압
조상기 (무효전력 보상장치)	15,000[kVA] 이상	내부 고장

(11) **계측장치**
  ① **전압 및 전류 또는 전력**
  ② 발전기의 베어링 및 **고정자의 온도**
  ③ **정격출력이 10,000[kW]를 초과**하는 증기터빈에 접속하는 발전기의 진동의 진폭

10 전력보안 통신설비

[1] 시설 장소

(1) 송전선로, 배전선로

(2) 발전소, 변전소 및 변환소
  ① 원격감시제어가 되지 않은 곳
  ② 2개 이상의 급전소 상호 간
  ③ 필요한 곳
  ④ 긴급연락
  ⑤ 발전소·변전소 및 개폐소와 기술원 주재소 간

(3) 중앙 급전 사령실, 정보통신실

[2] 전력보안통신선의 시설높이와 이격거리(간격)

  ① 도로 위에 시설 : 지표상 5[m]
  ② 도로 횡단 : 지표상 6[m]
  ③ 철도 횡단 : 레일면상 6.5[m]
  ④ 횡단보도교 : 노면상 3[m]
  ⑤ 기타 : 지표상 3.5[m]

[3] 가공전선과 첨가통신선과의 이격거리(간격)

① 고압 및 저압 가공전선 : 0.6[m](케이블 0.3[m])

② 특고압 가공전선 : 1.2[m](특고압 케이블 이고, 통신선이 절연전선인 경우 0.3[m])

③ 25[kV] 이하 중성선 다중접지 선로 : 0.75[m](중성선 0.6[m])

[4] 보안장치의 표준

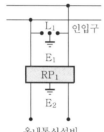

- RP_1 : 자동복구성 릴레이 보안기
- L_1 : 교류 1[kV] 피뢰기
- E_1 및 E_2 : 접지

[5] 목주 · 철주 · 철근콘크리트주 · 철탑

1.5 이상

최근 과년도 출제문제

제1과목 | 전기자기학

01 평면 도체 표면에서 d[m]의 거리에 점전하 Q[C]이 있을 때 이 전하를 무한원까지 운반하는 데 필요한 일은 몇 [J]인가?

① $\dfrac{Q^2}{4\pi\varepsilon_0 d}$

② $\dfrac{Q^2}{8\pi\varepsilon_0 d}$

③ $\dfrac{Q^2}{16\pi\varepsilon_0 d}$

④ $\dfrac{Q^2}{32\pi\varepsilon_0 d}$

해설

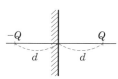

점전하 Q[C]과 무한 평면 도체 간에 작용하는 힘 F는

$$F = \frac{-Q^2}{4\pi\varepsilon_0 (2d)^2} = \frac{-Q^2}{16\pi\varepsilon_0}d^2 \,[\text{N}] \ (\text{흡인력})$$

일 $W = \displaystyle\int_d^\infty F \cdot dr = \frac{Q^2}{16\pi\varepsilon_0} \int_d^\infty \frac{1}{d^2}dr$

$\quad = \dfrac{Q^2}{16\pi\varepsilon_0}\left[-\dfrac{1}{d}\right]_d^\infty = \dfrac{Q^2}{16\pi\varepsilon_0 d}\,[\text{J}]$

02 역자성체에서 비투자율(μ_s)은 어느 값을 갖는가?

① $\mu_s = 1$

② $\mu_s < 1$

③ $\mu_s > 1$

④ $\mu_s = 0$

해설

비투자율 $\mu_s = \dfrac{\mu}{\mu_0} = 1 + \dfrac{x_m}{\mu_0}$

$\mu_s > 1(x_m > 0)$이면 상자성체, $\mu_s < 1(x_m < 0)$이면 역자성체이다.

03 비유전율 ε_{r1}, ε_{r2}인 두 유전체가 나란히 무한 평면으로 접하고 있고, 이 경계면에 평행으로 유전체의 비유전율 ε_{r1} 내에 경계면으로부터 d[m]인 위치에 선전하 밀도 ρ[C/m]인 선상전하가 있을 때, 이 선전하와 유전체 ε_{r2} 간의 단위 길이당의 작용력은 몇 [N/m]인가?

① $9 \times 10^9 \times \dfrac{\rho^2}{\varepsilon_{r2}d} \times \dfrac{\varepsilon_{r1}+\varepsilon_{r2}}{\varepsilon_{r1}-\varepsilon_{r2}}$

② $2.25 \times 10^9 \times \dfrac{\rho^2}{\varepsilon_{r2}d} \times \dfrac{\varepsilon_{r1}-\varepsilon_{r2}}{\varepsilon_{r1}+\varepsilon_{r2}}$

③ $9 \times 10^9 \times \dfrac{\rho^2}{\varepsilon_{r1}d} \times \dfrac{\varepsilon_{r1}-\varepsilon_{r2}}{\varepsilon_{r1}+\varepsilon_{r2}}$

④ $2.25 \times 10^9 \times \dfrac{\rho^2}{\varepsilon_{r1}d} \times \dfrac{\varepsilon_{r1}-\varepsilon_{r2}}{\varepsilon_{r1}+\varepsilon_{r2}}$

해설 $F = \rho \cdot E' = \dfrac{\rho \cdot \rho'}{2\pi\varepsilon_n (2d)}$

$\quad = \dfrac{\rho}{4\pi\varepsilon_{r1}d} \times \dfrac{\varepsilon_{r1}-\varepsilon_{r2}}{\varepsilon_{r1}+\varepsilon_{r2}}\rho$

$\quad = \dfrac{\rho^2}{4\pi\varepsilon_{r1}d} \times \dfrac{\varepsilon_{r1}-\varepsilon_{r2}}{\varepsilon_{r1}+\varepsilon_{r2}}$

$\quad = 9 \times 10^9 \dfrac{\rho^2}{\varepsilon_{r1}d} \times \dfrac{\varepsilon_{r1}-\varepsilon_{r2}}{\varepsilon_{r1}+\varepsilon_{r2}}\,[\text{N/m}]$

04 점전하에 의한 전계는 쿨롱의 법칙을 사용하면 되지만 분포되어 있는 전하에 의한 전계를 구할 때는 무엇을 이용하는가?

① 렌츠의 법칙

② 가우스의 정리

③ 라플라스 방정식

④ 스토크스의 정리

해설 전하가 임의의 분포, 즉 선, 면적, 체적 분포로 하고 있을 때 폐곡면 내의 전하에 대한 폐곡면을 통과하는 전기력선의 수 또는 전속과의 관계를 수학적으로 표현한 식을 가우스 정리라 한다.

05 패러데이관(Faraday tube)의 성질에 대한 설명으로 틀린 것은?

① 패러데이관 중에 있는 전속수는 그 관 속에 진전하가 없으면 일정하며 연속적이다.

② 패러데이관의 양단에는 양 또는 음의 단위 진전하가 존재하고 있다.

③ 패러데이관 한 개의 단위 전위차당 보유 에너지는 $\frac{1}{2}$[J]이다.

④ 패러데이관의 밀도는 전속 밀도와 같지 않다.

해설 패러데이관의 성질
- 패러데이관 내의 전속선의 수는 일정하다.
- 패러데이관 양단에는 정·부의 단위 전하가 있다.
- 패러데이관의 밀도는 전속 밀도와 같다.
- 단위 전위차당 패러데이관의 보유 에너지는 $\frac{1}{2}$ [J] 이다.

06 공기 중에 있는 지름 6[cm]인 단일 도체구의 정전 용량은 약 몇 [pF]인가?

① 0.34 ② 0.67
③ 3.34 ④ 6.71

해설 독립 구도체의 정전 용량
$$C = 4\pi\varepsilon_0 a = \frac{1}{9}\times 10^{-9}\times a$$
$$= \frac{1}{9}\times 10^{-9}\times (3\times 10^{-2})$$
$$= 3.34\times 10^{-12}[\text{F}]$$
$$= 3.34[\text{pF}]$$

07 유전율이 ε_1, ε_2[F/m]인 유전체 경계면에 단위 면적당 작용하는 힘은 몇 [N/m²]인가? (단, 전계가 경계면에 수직인 경우이며, 두 유전체의 전속 밀도 $D_1 = D_2 = D$이다.)

① $2\left(\dfrac{1}{\varepsilon_1} - \dfrac{1}{\varepsilon_2}\right)D^2$ ② $2\left(\dfrac{1}{\varepsilon_1} + \dfrac{1}{\varepsilon_2}\right)D^2$

③ $\dfrac{1}{2}\left(\dfrac{1}{\varepsilon_1} + \dfrac{1}{\varepsilon_2}\right)D^2$ ④ $\dfrac{1}{2}\left(\dfrac{1}{\varepsilon_2} - \dfrac{1}{\varepsilon_1}\right)D^2$

해설 전계가 경계면에 수직으로 입사($\varepsilon_1 > \varepsilon_2$)

전계가 수직으로 입사 시 $\theta = 0°$이므로 경계면 양측에서 전속 밀도가 같으므로 $D_1 = D_2 = D[\text{C/m}^2]$로 표시할 수 있다. 이때, 경계면에 작용하는 단위 면적당 작용하는 힘은

$f = \dfrac{D^2}{2\varepsilon}[\text{N/m}^2]$이므로 ε_1에서의 힘은

$f_1 = \dfrac{D^2}{2\varepsilon_1} [\text{N/m}^2]$ ε_2에서의 힘은

$f_2 = \dfrac{D^2}{2\varepsilon_2} [\text{N/m}^2]$이 된다.

이때, 전체적인 힘 f는 $f_2 > f_1$이므로 $f = f_2 - f_1$만큼 작용한다.

따라서, $f = \dfrac{D^2}{2\varepsilon_2} - \dfrac{D^2}{2\varepsilon_1} = \dfrac{1}{2}\left(\dfrac{1}{\varepsilon_2} - \dfrac{1}{\varepsilon_1}\right)D^2[\text{N/m}^2]$

08 진공 중에 균일하게 대전된 반지름 a[m]인 선전하 밀도 λ_l[C/m]의 원환이 있을 때, 그 중심으로부터 중심축상 x[m]의 거리에 있는 점의 전계의 세기는 몇 [V/m]인가?

① $\dfrac{a\lambda_l x}{2\varepsilon_0 (a^2 + x^2)^{\frac{3}{2}}}$

② $\dfrac{a\lambda_l x}{\varepsilon_0 (a^2 + x^2)^{\frac{3}{2}}}$

③ $\dfrac{\lambda_l x}{2\varepsilon_0 (a^2 + x^2)}$

④ $\dfrac{\lambda_l x}{\varepsilon_0 (a^2 + x^2)}$

해설

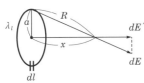

전계의 세기

$$E = \int_0^{2\pi a} dE' = \int_0^{2\pi a} dE\cos\theta = \frac{Q \cdot \cos\theta}{4\pi\varepsilon_0 R^2}$$

$$= \frac{2\pi a\lambda}{4\pi\varepsilon_0 (a^2+x^2)} \cdot \frac{a}{\sqrt{a^2+x^2}} = \frac{a\lambda_l x}{2\varepsilon_0 (a^2+x^2)^{\frac{3}{2}}}$$

09 내압 1,000[V], 정전 용량 1[μF], 내압 750[V], 정전 용량 2[μF], 내압 500[V], 정전 용량 5[μF]인 콘덴서 3개를 직렬로 접속하고 인가 전압을 서서히 높이면 최초로 파괴되는 콘덴서는?

① 1[μF]　　② 2[μF]
③ 5[μF]　　④ 동시에 파괴된다.

해설 각 콘덴서의 전하량은
$$Q_{1max} = C_1 V_{1max} = 1\times10^{-6}\times1,000 = 1\times10^{-3}[C]$$
$$Q_{2max} = C_2 V_{2max} = 2\times10^{-6}\times750 = 1.5\times10^{-3}[C]$$
$$Q_{3max} = C_3 V_{3max} = 5\times10^{-6}\times500 = 2.5\times10^{-3}[C]$$
따라서, Q_{1max}이 제일 작으므로 C_1, 즉 1[μF]이 최초로 파괴된다.

10 내부 장치 또는 공간을 물질로 포위시켜 외부 자계의 영향을 차폐시키는 방식을 자기 차폐라 한다. 다음 중 자기 차폐에 가장 좋은 것은?

① 비투자율이 1보다 작은 역자성체
② 강자성체 중에서 비투자율이 큰 물질
③ 강자성체 중에서 비투자율이 작은 물질
④ 비투자율에 관계없이 물질의 두께에만 관계되므로 되도록 두꺼운 물질

해설 자기 차폐에 가장 좋은 것은 철구를 몇 겹이고 겹치든지 특히 비투자율(μ_r)이 큰 재질을 사용하는 방법을 취한다.

11 40[V/m]인 전계 내의 50[V]가 되는 점에서 1[C]의 전하가 전계 방향으로 80[cm] 이동하였을 때, 그 점의 전위는 몇 [V]인가?

① 18　　② 22
③ 35　　④ 65

해설 전위 $V' = V - Ed = 50 - 40\times0.8 = 18[V]$

12 그림과 같이 반지름 a[m]의 한 번 감긴 원형 코일이 균일한 자속 밀도 B[Wb/m²]인 자계에 놓여 있다. 지금 코일면을 자계와 나란하게 전류 I[A]를 흘리면 원형 코일이 자계로부터 받는 회전 모멘트는 몇 [N·m/rad]인가?

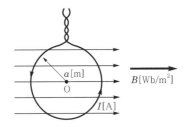

① πaBI　　② $2\pi aBI$
③ $\pi a^2 BI$　　④ $2\pi a^2 BI$

해설 $T = NBIS\cos\theta$
문제 조건에서 $\theta = 0°$이므로
$$\therefore T = 1\times BI\times\pi a^2\times\cos0° = \pi a^2 BI[N\cdot m/rad]$$

13 다음 조건들 중 초전도체에 부합되는 것은? (단, μ_r은 비투자율, χ_m은 비자화율, B는 자속 밀도이며 작동 온도는 임계 온도 이하라 한다.)

① $\chi_m = -1,\ \mu_r = 0,\ B = 0$
② $\chi_m = 0,\ \mu_r = 0,\ B = 0$
③ $\chi_m = 1,\ \mu_r = 0,\ B = 0$
④ $\chi_m = -1,\ \mu_r = 1,\ B = 0$

해설 초전도체는 저항이 없는 반자성체 물질로 비자화율 $\chi_m = \mu_r - 1$로 표시된다.
초전도체의 비투자율 $\mu_r = 0$, 자속 밀도 $B = 0$이므로 비자화율 $\chi_m = 0 - 1 = -1$이 된다.

14 $x = 0$인 무한 평면을 경계면으로 하여 $x < 0$인 영역에는 비유전율 $\varepsilon_{r1} = 2$, $x > 0$인 영역에는 $\varepsilon_{r2} = 4$인 유전체가 있다. ε_{r1}인 유전체 내에서 전계 $E_1 = 20a_x - 10a_y + 5a_z$ [V/m]일 때 $x > 0$인 영역에 있는 ε_{r2}인 유전체 내에서 전속 밀도 $D_2[\text{C/m}^2]$는? (단, 경계면상에는 자유 전하가 없다고 한다.)

① $D_2 = \varepsilon_0 (20a_x - 40a_y + 5a_z)$
② $D_2 = \varepsilon_0 (40a_x - 40a_y + 20a_z)$
③ $D_2 = \varepsilon_0 (80a_x - 20a_y + 10a_z)$
④ $D_2 = \varepsilon_0 (40a_x - 20a_y + 20a_z)$

해설 전계는 경계면에서 수평 성분(=접선 부분)이 서로 같다.
$E_1 t = E_2 t$
전속 밀도는 경계면에서 수직 성분(법선 성분)이 서로 같다.
$D_{1n} = D_{2n}$
즉, $D_{1x} = D_{2x} \varepsilon_0 \varepsilon_{r1} E_{1x} = \varepsilon_0 \varepsilon_{r2} E_{2x}$
유전체 ε_2영역의 전계 E_2의 각 축성분 $E_{2x} \cdot E_{2y} \cdot E_{2z}$는

$E_{2x} = \dfrac{\varepsilon_0 \varepsilon_{r1}}{\varepsilon_0 \varepsilon_{r2}} E_{1x}$, $E_{2y} = E_{1y}$, $E_{2z} = E_{1z}$

$\therefore E_2 = \dfrac{\varepsilon_0 \varepsilon_{r1}}{\varepsilon_0 \varepsilon_{r2}} E_{1x} + E_{1y} + E_{1z}$

$= \dfrac{2}{4} \times 20a_x - 10a_{ay} + 5a_z$

$= 10a_x - 10a_y + 5a_z$

$\therefore D_2 = \varepsilon_2 E_2 = \varepsilon_0 \varepsilon_{r2} E_2$

$= 4\varepsilon_0 (10a_x - 10a_y + 5a_z)$

$= \varepsilon_0 (40a_x - 40a_y + 20a_z) [\text{C/m}^2]$

15 평면파 전파가 $E = 30\cos(10^9 t + 20z)j$ [V/m]로 주어졌다면 이 전자파의 위상 속도는 몇 [m/s]인가?

① 5×10^7
② $\dfrac{1}{3} \times 10^8$
③ 10^9
④ $\dfrac{2}{3}$

해설 $v = f \cdot \lambda = f \times \dfrac{2\pi}{\beta} = \dfrac{\omega}{\beta} = \dfrac{10^9}{20} = 5 \times 10^7 [\text{m/s}]$

16 자속 밀도 10[Wb/m²] 자계 중에 10[cm] 도체를 자계와 $30°$의 각도로 30[m/s]로 움직일 때, 도체에 유기되는 기전력은 몇 [V]인가?

① 15
② $15\sqrt{3}$
③ 1,500
④ $1,500\sqrt{3}$

해설 $e = vBl\sin\theta = 30 \times 10 \times 0.1\sin 30° = 15[\text{V}]$

17 그림과 같이 단면적 $S = 10[\text{cm}^2]$, 자로의 길이 $l = 20\pi[\text{cm}]$, 비유전율 $\mu_s = 1,000$인 철심에 $N_1 = N_2 = 100$인 두 코일을 감았다. 두 코일 사이의 상호 인덕턴스는 몇 [mH]인가?

① 0.1
② 1
③ 2
④ 20

해설 상호 인덕턴스

$M = \dfrac{\mu S N_1 N_2}{l} = \dfrac{\mu_0 \mu_s N_1 N_2}{l}$

$= \dfrac{4\pi \times 10^{-7} \times 1,000 \times (10 \times 10^{-2})^2 \times 100 \times 100}{20\pi \times 10^{-2}}$

$= 20[\text{mH}]$

18 1[μA]의 전류가 흐르고 있을 때, 1초 동안 통과하는 전자수는 약 몇 개인가? (단, 전자 1개의 전하는 1.602×10^{-19}[C]이다.)

① 6.24×10^{10}
② 6.24×10^{11}
③ 6.24×10^{12}
④ 6.24×10^{13}

정답 14.② 15.① 16.① 17.④ 18.③

해설 통과 전자수 $N = \dfrac{Q}{e} = \dfrac{It}{e}$

$$= \dfrac{1 \times 10^{-6} \times 1}{1.602 \times 10^{-19}}$$

$$= 6.24 \times 10^{12} \text{ 개}$$

19 균일하게 원형 단면을 흐르는 전류 $I[A]$에 의한 반지름 $a[m]$, 길이 $l[m]$, 비투자율 μ_s인 원통 도체의 내부 인덕턴스는 몇 [H]인가?

① $10^{-7} \mu_s l$ ② $3 \times 10^{-7} \mu_s l$

③ $\dfrac{1}{4a} \times 10^{-7} \mu_s l$ ④ $\dfrac{1}{2} \times 10^{-7} \mu_s l$

해설 원통 내부 인덕턴스

$L = \dfrac{\mu}{8\pi} \cdot l$

$= \dfrac{\mu_0}{8\pi} \mu_s l$

$= \dfrac{4\pi \times 10^{-7}}{8\pi} \mu_s l$

$= \dfrac{1}{2} \times 10^{-7} \mu_s l [H]$

20 한 변의 길이가 10[cm]인 정사각형 회로에 직류 전류 10[A]가 흐를 때, 정사각형의 중심에서의 자계의 세기는 몇 [A/m]인가?

① $\dfrac{100\sqrt{2}}{\pi}$ ② $\dfrac{200\sqrt{2}}{\pi}$

③ $\dfrac{300\sqrt{2}}{\pi}$ ④ $\dfrac{400\sqrt{2}}{\pi}$

해설 정사각형 중심 자계의 세기

$$H_0 = \dfrac{2\sqrt{2}\,I}{\pi l} = \dfrac{2\sqrt{2} \times 10}{\pi \times 10 \times 10^{-2}} = \dfrac{200\sqrt{2}}{\pi} \,[\text{A/m}]$$

제2과목 전력공학

21 송전선에서 재폐로 방식을 사용하는 목적은 무엇인가?

① 역률 개선

② 안정도 증진

③ 유도 장해의 경감

④ 코로나 발생 방지

해설 고속도 재폐로 방식은 재폐로 차단기를 이용하여 사고 시 고장 구간을 신속하게 분리하고, 건전한 구간은 자동으로 재투입을 시도하는 장치로 전력 계통의 안정도 향상을 목적으로 한다.

22 설비 용량이 360[kW], 수용률이 0.8, 부등률이 1.2일 때 최대 수용 전력은 몇 [kW]인가?

① 120 ② 240

③ 360 ④ 480

해설 최대 수용 전력

$$P_m = \dfrac{360 \times 0.8}{1.2} = 240[\text{kW}]$$

23 배전 계통에서 사용하는 고압용 차단기의 종류가 아닌 것은?

① 기중 차단기(ACB)

② 공기 차단기(ABB)

③ 진공 차단기(VCB)

④ 유입 차단기(OCB)

해설 기중 차단기(ACB)는 대기압에서 소호하고, 교류 저압 차단기이다.

24 SF_6 가스 차단기에 대한 설명으로 틀린 것은?

① SF_6 가스 자체는 불활성 기체이다.

② SF_6 가스는 공기에 비하여 소호 능력이 약 100배 정도이다.

③ 절연 거리를 적게 할 수 있어 차단기 전체를 소형, 경량화할 수 있다.

④ SF_6 가스를 이용한 것으로서 독성이 있으므로 취급에 유의하여야 한다.

해설 육불화황(SF_6) 가스는 분해되어도 유독 가스를 발생하지 않는다.

25 송전 선로의 일반 회로 정수가 $A = 0.7$, $B = j190$, $D = 0.9$일 때 C의 값은?

① $-j1.95 \times 10^{-3}$

② $j1.95 \times 10^{-3}$

③ $-j1.95 \times 10^{-4}$

④ $j1.95 \times 10^{-4}$

해설 4단자 정수의 관계 $AD - BC = 1$에서

$$C = \frac{AD-1}{B} = \frac{0.7 \times 0.9 - 1}{j190} \fallingdotseq j1.95 \times 10^{-3}$$

26 부하 역률이 0.8인 선로의 저항 손실은 0.9인 선로의 저항 손실에 비해서 약 몇 배 정도 되는가?

① 0.97

② 1.1

③ 1.27

④ 1.5

해설 저항 손실 $P_c \propto \dfrac{1}{\cos^2 \theta}$ 이므로

$$\frac{\frac{1}{0.8^2}}{\frac{1}{0.9^2}} = \left(\frac{0.9}{0.8}\right)^2 \fallingdotseq 1.27$$

27 단상 변압기 3대에 의한 △ 결선에서 1대를 제거하고 동일 전력을 V결선으로 보낸다면 동손은 약 몇 배가 되는가?

① 0.67

② 2.0

③ 2.7

④ 3.0

해설 전력이 동일하므로 $P = \sqrt{3} VI_V = 3VI_\triangle$ 에서 1상의 전류는 $I_V = \sqrt{3} I_\triangle$ 이다.

동손은 전류의 제곱과 변압기 수량에 비례하므로

$$\frac{I_V^2 \times 2}{I_\triangle^2 \times 3} = \frac{(\sqrt{3} I_\triangle)^2 \times 2}{(I_\triangle)^2 \times 3} = 2 \text{배로 된다.}$$

28 피뢰기의 충격 방전 개시 전압은 무엇으로 표시하는가?

① 직류 전압의 크기 ② 충격파의 평균치

③ 충격파의 최대치 ④ 충격파의 실효치

해설 피뢰기의 충격 방전 개시 전압은 피뢰기의 단자 간에 충격 전압을 인가하였을 경우 방전을 개시하는 전압으로 파고치(최대값)로 표시한다.

29 단상 2선식 배전 선로의 선로 임피던스가 $2 + j5[\Omega]$이고 무유도성 부하 전류가 10[A]일 때 송전단의 역률은? (단, 수전단 전압의 크기는 100[V]이고, 위상각은 $0°$이다.)

① $\dfrac{5}{12}$

② $\dfrac{5}{13}$

③ $\dfrac{11}{12}$

④ $\dfrac{12}{13}$

해설 무유도성 부하 전류이므로 부하 저항은 $\dfrac{100}{10} = 10[\Omega]$ 이다.

그러므로 역률 $\cos\theta = \dfrac{R}{Z} = \dfrac{10+2}{\sqrt{12^2 + 5^2}} = \dfrac{12}{13}$

30 그림과 같이 전력선과 통신선 사이에 차폐선을 설치하였다. 이 경우에 통신선의 차폐 계수(K)를 구하는 관계식은? (단, 차폐선을 통신선에 근접하여 설치한다.)

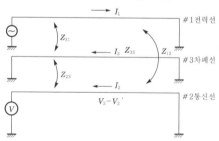

① $K = 1 + \dfrac{Z_{31}}{Z_{12}}$

② $K = 1 - \dfrac{Z_{31}}{Z_{33}}$

③ $K = 1 - \dfrac{Z_{23}}{Z_{33}}$

④ $K = 1 + \dfrac{Z_{23}}{Z_{33}}$

정답 25.② 26.③ 27.② 28.③ 29.④ 30.③

해설 유도 전압 $V_2 = -I_1 Z_{12} + I_3 Z_{23}$ 이고, $I_3 = \dfrac{I_1 Z_{13}}{Z_{33}}$ 이므로

$$V_2 = -I_1 Z_{12} + \frac{I_1 Z_{13}}{Z_{33}} \times Z_{23}$$

$$= -I_1 Z_{12} + \frac{I_1 Z_{13} Z_{23}}{Z_{33}} \times \frac{Z_{12}}{Z_{12}}$$

$$= -I_1 Z_{12} \times \left(1 - \frac{Z_{13} Z_{23}}{Z_{33} Z_{12}}\right)$$

여기서, $-I_1 Z_{12}$가 차폐선이 없는 경우 유도 전압이므로 $\left(1 - \dfrac{Z_{13} Z_{23}}{Z_{33} Z_{12}}\right)$가 차폐선의 차폐 계수로 되고, 차폐선이 통신선에 근접하여 Z_{13}과 Z_{12}가 거의 동일하므로 차폐 계수는 $1 - \dfrac{Z_{23}}{Z_{33}}$로 된다.

31 모선 보호에 사용되는 계전 방식이 아닌 것은?

① 위상 비교 방식
② 선택 접지 계전 방식
③ 방향 거리 계전 방식
④ 전류 차동 보호 방식

해설 모선 보호 계전 방식에는 전류 차동 방식, 전압 차동 방식, 위상 비교 방식, 방향 비교 방식, 거리 방향 방식 등이 있다. 선택 접지 계전 방식은 송전 선로 지락 보호 계전 방식이다.

32 %임피던스와 관련된 설명으로 틀린 것은?

① 정격 전류가 증가하면 %임피던스는 감소한다.
② 직렬 리액터가 감소하면 %임피던스도 감소한다.
③ 전기 기계의 %임피던스가 크면 차단기의 용량은 작아진다.
④ 송전 계통에서는 임피던스의 크기를 Ω값 대신에 %값으로 나타내는 경우가 많다.

해설 %임피던스는 정격 전류 및 정격 용량에는 비례하고, 차단 전류 및 차단 용량에는 반비례하므로 정격 전류가 증가하면 %임피던스는 증가한다.

33 A, B 및 C상 전류를 각각 I_a, I_b 및 I_c라 할 때 $I_x = \dfrac{1}{3}(I_a + a^2 I_b + a I_c)$, $a = -\dfrac{1}{2} + j\dfrac{\sqrt{3}}{2}$으로 표시되는 I_x는 어떤 전류인가?

① 정상 전류
② 역상 전류
③ 영상 전류
④ 역상 전류와 영상 전류의 합

해설 대칭분 전류

영상 전류 $I_0 = \dfrac{1}{3}(I_a + I_b + I_c)$

정상 전류 $I_1 = \dfrac{1}{3}(I_a + a I_b + a^2 I_c)$

역상 전류 $I_2 = \dfrac{1}{3}(I_a + a^2 I_b + a I_c)$

34 그림과 같이 "수류가 고체에 둘러싸여 있고 A로부터 유입되는 수량과 B로부터 유출되는 수량이 같다."고 하는 이론은?

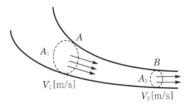

① 수두 이론
② 연속의 원리
③ 베르누이의 정리
④ 토리첼리의 정리

해설 동일 수관 또는 수로에서 유량 $Q = AV[\text{m}^3/\text{s}]$이고, 이 값은 어느 지점에서나 항상 동일하다. 이것을 물의 연속성 또는 연속의 정리라 한다.

정답 31.② 32.① 33.② 34.②

35
4단자 정수가 A, B, C, D인 선로에 임피던스가 $\frac{1}{Z_T}$인 변압기가 수전단에 접속된 경우 계통의 4단자 정수 중 D_0는?

① $D_0 = \dfrac{C + DZ_T}{Z_T}$

② $D_0 = \dfrac{C + AZ_T}{Z_T}$

③ $D_0 = \dfrac{D + CZ_T}{Z_T}$

④ $D_0 = \dfrac{B + AZ_T}{Z_T}$

해설

$$\begin{bmatrix} A_0 & B_0 \\ C_0 & D_0 \end{bmatrix} = \begin{bmatrix} A & B \\ C & D \end{bmatrix} \begin{bmatrix} 1 & \frac{1}{Z_T} \\ 0 & 1 \end{bmatrix} = \begin{bmatrix} A & \frac{A}{Z_T} + B \\ C & \frac{C}{Z_T} + D \end{bmatrix}$$

$$\therefore D_0 = D + \frac{C}{Z_T} = \frac{C + DZ_T}{Z_T}$$

36
대용량 고전압의 안정 권선(△ 권선)이 있다. 이 권선의 설치 목적과 관계가 먼 것은?

① 고장 전류 저감
② 제3고조파 제거
③ 조상 설비 설치
④ 소내용 전원 공급

해설 대용량 변압기는 3권선 변압기로 Y-Y-△로 사용되고 있고, △결선의 안정 권선은 제3고조파를 제거하고, 소내용 전력을 공급하며, 또한 조상 설비를 설치한다.

37
한류 리액터를 사용하는 가장 큰 목적은?

① 충전 전류의 제한
② 접지 전류의 제한
③ 누설 전류의 제한
④ 단락 전류의 제한

해설 한류 리액터를 사용하는 이유는 단락 사고로 인한 단락 전류를 제한하여 기기 및 계통을 보호하기 위함이다.

38
변압기 등 전력 설비 내부 고장 시 변류기에 유입하는 전류와 유출하는 전류의 차로 동작하는 보호 계전기는?

① 차동 계전기   ② 지락 계전기
③ 과전류 계전기   ④ 역상 전류 계전기

해설 유입하는 전류와 유출하는 전류의 차로 동작하는 것은 차동 계전기이다.

39
3상 결선 변압기의 단상 운전에 의한 소손 방지 목적으로 설치하는 계전기는?

① 차동 계전기   ② 역상 계전기
③ 단락 계전기   ④ 과전류 계전기

해설 3상 운전 변압기의 단상 운전을 방지하기 위한 계전기는 역상(결상) 계전기를 사용한다.

40
송전 선로의 정전 용량은 등가 선간 거리 D가 증가하면 어떻게 되는가?

$$D = (D_1, D_2, D_3)$$

① 증가한다.
② 감소한다.
③ 변하지 않는다.
④ D^2에 반비례하여 감소한다.

해설 정전 용량은 $C = \dfrac{0.02413}{\log_{10}\frac{D}{r}}\,[\mu\text{F/km}]$이므로 등가 선간 거리 D가 증가하면 감소한다.

제3과목 | 전기기기

41 단상 직권 정류자 전동기의 전기자 권선과 계자 권선에 대한 설명으로 틀린 것은?

① 계자 권선의 권수를 적게 한다.

② 전기자 권선의 권수를 크게 한다.

③ 변압기 기전력을 적게 하여 역률 저하를 방지한다.

④ 브러시로 단락되는 코일 중의 단락 전류를 많게 한다.

해설 단상 직권 정류자 전동기는 역률 및 정류 개선을 위해 계자 권선의 권수를 적게 하고, 전기자 권선의 권수를 크게 하며 단락 전류를 제한하기 위하여 변압기 기전력을 작게 하고, 고저항 도선을 사용한다.

42 단상 직권 전동기의 종류가 아닌 것은?

① 직권형   ② 아트킨손형

③ 보상 직권형   ④ 유도 보상 직권형

해설 단상 직권 정류자 전동기의 종류

직권형	(그림: F, A)
직권 보상형	(그림: F, A, C)
유도 보상 직권형	(그림: F, A, C)

43 동기 조상기의 여자 전류를 줄이면?

① 콘덴서로 작용   ② 리액터로 작용

③ 진상 전류로 됨   ④ 저항손의 보상

해설 동기 조상기가 역률 1인 상태에서 여자 전류를 감소하면 전압보다 뒤진 전류가 흘러 리액터 작용을 하고, 여자 전류를 증가하면 앞선 전류가 흘러 콘덴서 작용을 한다.

44 권선형 유도 전동기에서 비례 추이에 대한 설명으로 틀린 것은? (단, s_m는 최대 토크시 슬립이다.)

① r_2를 크게 하면 s_m는 커진다.

② r_2를 삽입하면 최대 토크가 변한다.

③ r_2를 크게 하면 기동 토크도 커진다.

④ r_2를 크게 하면 기동 전류는 감소한다.

해설 권선형 유도 전동기의 2차측에 슬립링을 통하여 저항을 연결하고 2차 합성 저항을 크게 하면
• 기동 토크 증가
• 기동 전류 감소
• 최대 토크 발생 슬립은 커지고 최대 토크는 불변
• 회전 속도 감소

45 전기자 저항 $r_a = 0.2[\Omega]$, 동기 리액턴스 $X_s = 20[\Omega]$인 Y결선의 3상 동기 발전기가 있다. 3상 중 1상의 단자 전압 $V = 4,400[V]$, 유도 기전력 $E = 6,600[V]$이다. 부하각 $\delta = 30°$라고 하면 발전기의 출력은 약 몇 [kW]인가?

① 2,178   ② 3,251

③ 4,253   ④ 5,532

해설 3상 동기 발전기의 출력

$$P = 3\frac{EV}{X_s}\sin\delta$$
$$= 3 \times \frac{6,600 \times 4,400}{20} \times \frac{1}{2} \times 10^{-3}$$
$$= 2,178[kW]$$

정답 41.④ 42.② 43.② 44.② 45.①

46 반도체 정류기에 적용된 소자 중 첨두 역방향 내전압이 가장 큰 것은?

① 셀렌 정류기
② 실리콘 정류기
③ 게르마늄 정류기
④ 아산화동 정류기

해설 반도체 정류기의 첨두역 내전압
• 실리콘 : 25~1,200[V]
• 게르마늄 : 12~400[V]
• 셀렌 : 40[V]

47 동기 전동기에서 전기자 반작용을 설명한 것 중 옳은 것은?

① 공급 전압보다 앞선 전류는 감자 작용을 한다.
② 공급 전압보다 뒤진 전류는 감자 작용을 한다.
③ 공급 전압보다 앞선 전류는 교차 자화 작용을 한다.
④ 공급 전압보다 뒤진 전류는 교차 자화 작용을 한다.

해설 동기 전동기의 전기자 반작용
• 횡축 반작용 : 전기자 전류와 전압이 동위상 일 때
• 직축 반작용 : 직축 반작용은 동기 발전기와 반대 현상
  − 증자 작용 : 전류가 전압보다 뒤질 때
  − 감자 작용 : 전류가 전압보다 앞설 때

48 변압기 결선 방식 중 3상에서 6상으로 변환할 수 없는 것은?

① 2중 성형
② 환상 결선
③ 대각 결선
④ 2중 6각 결선

해설 변압기의 상(phase)수 변환에서 3상을 6상으로 변환하는 결선 방법
• 2중 Y결선
• 2중 △결선
• 환상 결선
• 대각 결선
• 포크(fork) 결선

49 실리콘 제어 정류기(SCR)의 설명 중 틀린 것은?

① P−N−P−N 구조로 되어 있다.
② 인버터 회로에 이용될 수 있다.
③ 고속도의 스위치 작용을 할 수 있다.
④ 게이트에 (+)와 (−)의 특성을 갖는 펄스를 인가하여 제어한다.

해설 SCR(Silicon Controlled Rectifier)은 P−N−P−N 4층 구조의 단일 방향 3단자 사이리스터이며 게이트에 +의 펄스 파형을 인가하면 턴온(turn on)되는 고속 스위칭 소자로 인버터 회로에도 이용된다.

50 직류 발전기가 90[%] 부하에서 최대 효율이 된다면 이 발전기의 전부하에 있어서 고정손과 부하손의 비는?

① 1.1   ② 1.0
③ 0.9   ④ 0.81

해설 직류 발전기의 $\frac{1}{m}$ 부하 시 최대 효율 조건

$$P_i = \left(\frac{1}{m}\right)^2 P_c \text{이므로} \quad \frac{P_i}{P_c} = \left(\frac{1}{m}\right)^2 = 0.9^2 = 0.81$$

51 150[kVA]의 변압기의 철손이 1[kW], 전부하 동손이 2.5[kW]이다. 역률 80[%]에 있어서의 최대 효율은 약 몇 [%]인가?

① 95   ② 96
③ 97.4   ④ 98.5

해설 변압기의 최대 효율 조건에서

$$\frac{1}{m} = \sqrt{\frac{P_i}{P_c}} = \frac{1}{\sqrt{2.5}} = 0.632$$

최대 효율 $\eta_m = \dfrac{\dfrac{1}{m}P \cdot \cos\theta}{\dfrac{1}{m}P \cdot \cos\theta + P_i + \left(\dfrac{1}{m}\right)^2 P_c} \times 100$

$= \dfrac{0.632 \times 150 \times 0.8}{0.632 \times 150 \times 0.8 + 1 + 1} \times 100$

$= 97.4[\%]$

52 정격 부하에서 역률 0.8(뒤짐)로 운전될 때, 전압 변동률이 12[%]인 변압기가 있다. 이 변압기에 역률 100[%]의 정격 부하를 걸고 운전할 때의 전압 변동률은 약 몇 [%]인가? $\left(\text{단, \%저항 강하는 \%리액턴스 강하의 } \dfrac{1}{12}\text{ 이라고 한다.}\right)$

① 0.909   ② 1.5

③ 6.85   ④ 16.18

해설 퍼센트 저항 강하 $p = \dfrac{1}{12}q$

전압 변동률 $\varepsilon = p\cos\theta + q\sin\theta$
$12 = p \times 0.8 + 12p \times 0.6 = 8p$

퍼센트 저항 $p = \dfrac{12}{8} = 1.5[\%]$

퍼센트 리액턴스 강하 $q = 12 \times 1.5 = 18[\%]$
역률 $\cos\theta = 1$일 때 전압 변동률
$\varepsilon = 1.5 \times 1 + 18 \times 0 = 1.5[\%]$

53 권선형 유도 전동기 저항 제어법의 단점 중 틀린 것은?

① 운전 효율이 낮다.

② 부하에 대한 속도 변동이 작다.

③ 제어용 저항기는 가격이 비싸다.

④ 부하가 적을 때는 광범위한 속도 조정이 곤란하다.

해설 권선형 유도 전동기의 2차 저항 제어는 구조가 간결하여 조작이 용이하며 기동기로 사용할 수 있는 장점이 있으나, 전류 용량이 큰 저항기로 가격이 비싸고 운전 효율이 낮으며 저속에서 광범위한 속도 조정이 곤란하다.

54 부하 급변 시 부하각과 부하 속도가 진동하는 난조 현상을 일으키는 원인이 아닌 것은?

① 전기자 회로의 저항이 너무 큰 경우

② 원동기의 토크에 고조파가 포함된 경우

③ 원동기의 조속기 감도가 너무 예민한 경우

④ 자속의 분포가 기울어져 자속의 크기가 감소한 경우

해설 동기 발전기의 부하 급변 시 난조의 원인
• 전기자 회로의 저항이 너무 큰 경우
• 원동기 토크에 고조파가 포함된 경우
• 원동기의 조속기 감도가 너무 예민한 경우

55 단상 변압기 3대를 이용하여 3상 △−Y 결선을 했을 때 1차와 2차 전압의 각 변위(위상차)는?

① 0°   ② 60°

③ 150°   ④ 180°

해설 변압기에서 각 변위는 1차, 2차 유기 전압 벡터의 각각의 중성점과 동일 부호(U, u)를 연결한 두 직선 사이의 각도이며 △−Y 결선의 경우 330°와 150° 두 경우가 있다.

‖ 330°(−30°) ‖

‖ 150° ‖

정답   52.②   53.②   54.④   55.③

56 권선형 유도 전동기의 전부하 운전 시 슬립이 4[%]이고 2차 정격 전압이 150[V]이면 2차 유도 기전력은 몇 [V]인가?

① 9　　　　　　② 8
③ 7　　　　　　④ 6

해설 유도 전동기의 슬립 s로 운전 시 2차 유도 기전력
$E_{2s} = sE_2 = 0.04 \times 150 = 6[V]$

57 3상 유도 전동기의 슬립이 s일 때 2차 효율 [%]은?

① $(1-s) \times 100$

② $(2-s) \times 100$

③ $(3-s) \times 100$

④ $(4-s) \times 100$

해설 유도 전동기의 2차 입력이 P_2일 때 기계적 출력
$P_o = P_2(1-s)$이므로

2차 효율 $\eta_2 = \dfrac{P_o}{P_2} \times 100$

$\qquad = \dfrac{P_2(1-s)}{P_2} \times 100$

$\qquad = (1-s) \times 100[\%]$

58 직류 전동기의 회전수를 $\dfrac{1}{2}$로 하자면 계자 자속을 어떻게 해야 하는가?

① $\dfrac{1}{4}$로 감소시킨다.

② $\dfrac{1}{2}$로 감소시킨다.

③ 2배로 증가시킨다.

④ 4배로 증가시킨다.

해설 직류 전동기의 회전 속도
$\nu = K\dfrac{V - I_a R_a}{\phi}$이므로 계자 자속($\phi$)을 2배로 증가

시키면 속도는 $\dfrac{1}{2}$로 감소한다.

59 사이리스터 2개를 사용한 단상 전파 정류 회로에서 직류 전압 100[V]를 얻으려면 PIV가 약 몇 [V]인 다이오드를 사용하면 되는가?

① 111　　　　　② 141
③ 222　　　　　④ 314

해설 사이리스터 2개를 사용하여 단상 전파 정류 시

직류 전압 $E_d = \dfrac{2\sqrt{2}}{\pi}E$

교류 전압 $E = \dfrac{\pi}{2\sqrt{2}}E_d$

첨두 역전압(peak inverse voltage)

$V_{in} = \sqrt{2}E \times 2 = \sqrt{2} \times \dfrac{\pi}{2\sqrt{2}} \times 100 \times 2 = 314[V]$

60 교류 발전기의 고조파 발생을 방지하는 방법으로 틀린 것은?

① 전기자 반작용을 크게 한다.
② 전기자 권선을 단절권으로 감는다.
③ 전기자 슬롯을 스큐 슬롯으로 한다.
④ 전기자 권선의 결선을 성형으로 한다.

해설 교류 발전기의 고조파 발생을 방지하여 기전력을 정현파로 하려면 전기자 권선을 분포권, 단절권, Y결선 및 경사 슬롯(skew slot)을 채택하고 전기자 반작용을 작게 하여야 한다.

제4과목 | **회로이론 및 제어공학**

61 개루프 전달 함수 $G(s)$가 다음과 같이 주어지는 단위 부궤환계가 있다. 단위 계단 입력이 주어졌을 때, 정상 상태 편차가 0.05가 되기 위해서는 K의 값은 얼마인가?

$$G(s) = \frac{6K(s+1)}{(s+2)(s+3)}$$

① 19　　　　　　② 20
③ 0.95　　　　　④ 0.05

정답 56.④　57.①　58.③　59.④　60.①　61.①

해설 • 정상 위치 편차

$$e_{ssp} = \frac{1}{1+K_p}$$

• 정상 위치 편차 상수

$$K_p = \lim_{s \to 0} G(s)$$

$$\therefore \ 0.05 = \frac{1}{1+K_p}$$

$$K_p = \lim_{s \to 0} \frac{6K(s+1)}{(s+2)(s+3)} = K$$

$$\therefore \ 0.05 = \frac{1}{1+K}$$

$$K = 19$$

62 제어량의 종류에 따른 분류가 아닌 것은?

① 자동 조정   ② 서보 기구
③ 적응 제어   ④ 프로세스 제어

해설 • 자동 제어의 제어량 성질에 의한 분류
　　 － 프로세스 제어
　　 － 서보 기구
　　 － 자동 조정
• 자동 제어의 목표값 성질에 의한 분류
　　 － 정치 제어
　　 － 추종 제어
　　 － 프로그램 제어

63 다음 중 개루프 전달 함수 $G(s)H(s) = \dfrac{K(s-5)}{s(s-1)^2(s+2)^2}$ 일 때 주어지는 계에서 점근선의 교차점은?

① $-\dfrac{3}{2}$ ② $-\dfrac{7}{4}$

③ $\dfrac{5}{3}$ ④ $-\dfrac{1}{5}$

해설

$$\sigma = \frac{\Sigma G(s)H(s)의 극점 - \Sigma G(s)H(s)의 영점}{p-z}$$

$$= \frac{\{0+1+1+(-2)+(-2)\}-5}{5-1}$$

$$= -\frac{7}{4}$$

64 단위 계단 함수의 라플라스 변환과 z변환 함수는?

① $\dfrac{1}{s}$, $\dfrac{z}{z-1}$ ② s, $\dfrac{z}{z-1}$

③ $\dfrac{1}{s}$, $\dfrac{z-1}{z}$ ④ s, $\dfrac{z-1}{z}$

해설

$$\mathcal{L}\,[u(t)] = \frac{1}{s}$$

$$z\,[u(t)] = \frac{z}{z-1}$$

65 다음 방정식으로 표시되는 제어계가 있다. 이 계를 상태 방정식 $\dot{x}(t) = Ax(t) + Bu(t)$로 나타내면 계수 행렬 A는?

$$\frac{d^3c(t)}{dt^3} + 5\frac{d^2c(t)}{dt^2} + \frac{dc(t)}{dt} + 2c(t) = r(t)$$

① $\begin{bmatrix} 0 & 1 & 0 \\ 0 & 0 & 1 \\ -2 & -1 & -5 \end{bmatrix}$　② $\begin{bmatrix} 0 & 1 & 0 \\ 1 & 0 & 0 \\ 5 & 1 & 2 \end{bmatrix}$

③ $\begin{bmatrix} 0 & 0 & 1 \\ 1 & 0 & 0 \\ 0 & 5 & 2 \end{bmatrix}$　④ $\begin{bmatrix} 0 & 1 & 0 \\ 0 & 0 & 1 \\ -2 & -1 & 0 \end{bmatrix}$

해설 상태 변수 $x_1(t) = c(t)$

$$x_2(t) = \frac{dc(t)}{dt} = \frac{dx_1(t)}{dt} = \dot{x}_1(t)$$

$$x_3(t) = \frac{d^2c(t)}{dt^2} = \frac{dx_2(t)}{dt^2} = \dot{x}_2(t)$$

상태 방정식 $\dot{x}_3(t) = -2x_1(t) - x_2(t) - 5x_3(t) + r$

$$\therefore \begin{bmatrix} \dot{x}_1(t) \\ \dot{x}_2(t) \\ \dot{x}_3(t) \end{bmatrix} = \begin{bmatrix} 0 & 1 & 0 \\ 0 & 0 & 1 \\ -2 & -1 & -5 \end{bmatrix} \begin{bmatrix} x_1(t) \\ x_2(t) \\ x_3(t) \end{bmatrix} + \begin{bmatrix} 0 \\ 0 \\ 1 \end{bmatrix} r(t)$$

66 안정한 제어계에 임펄스 응답을 가했을 때 제어계의 정상 상태 출력은?

① 0   ② $+\infty$ 또는 $-\infty$
③ $+$의 일정한 값　④ $-$의 일정한 값

정답　62.③　63.②　64.①　65.①　66.①

해설 임펄스 응답은 0이므로 임펄스 응답을 가했을 때의 정상 상태의 출력은 0이 된다.

67 그림과 같은 블록 선도에서 $\dfrac{C(s)}{R(s)}$ 의 값은?

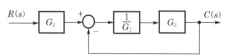

① $\dfrac{G_1}{G_1 - G_2}$ 　　② $\dfrac{G_2}{G_1 - G_2}$

③ $\dfrac{G_2}{G_1 + G_2}$ 　　④ $\dfrac{G_1 G_2}{G_1 + G_2}$

해설 $\{R(s)G_1 - C(s)\}\dfrac{1}{G_1} \cdot G_2 = C(s)$

$R(s)G_2 - C(s)\dfrac{G_2}{G_1} = C(s)$

$R(s)G_2 = \left(1 + \dfrac{G_2}{G_1}\right)C(s)$

$\dfrac{C(s)}{R(s)} = \dfrac{G_1 G_2}{G_1 + G_2}$

68 신호 흐름 선도에서 전달 함수 $\dfrac{C}{R}$ 를 구하면?

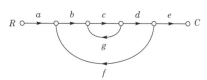

① $\dfrac{abcdg}{1 - abcde}$ 　　② $\dfrac{abcde}{1 - cg - bcdf}$

③ $\dfrac{abcde}{1 - cg - cgf}$ 　　④ $\dfrac{abcde}{c + cg + cgf}$

해설 $G_1 = abcde$, $\Delta_1 = 1$, $L_{11} = cg$, $L_{21} = bcdf$
$\Delta = 1 - (L_{11} + L_{21}) = 1 - cg - bcdf$

∴ 전달 함수 $G = \dfrac{C}{R} = \dfrac{G_1 \Delta_1}{\Delta} = \dfrac{abcde}{1 - cg - bcdf}$

69 특성 방정식이 $s^3 + 2s^2 + Ks + 5 = 0$가 안정하기 위한 K의 값은?

① $K > 0$ 　　② $K < 0$

③ $K > \dfrac{5}{2}$ 　　④ $K < \dfrac{5}{2}$

해설 라우스의 표

$$
\begin{array}{c|cc}
s^3 & 1 & K \\
s^2 & 2 & 5 \\
s^1 & \dfrac{2K-5}{2} & 0 \\
s^0 & 5 &
\end{array}
$$

제1열의 부호 변화가 없으려면 $\dfrac{2K-5}{2} > 0$

∴ $K > \dfrac{5}{2}$

70 다음과 같은 진리표를 갖는 회로의 종류는?

입 력		출 력
A	B	
0	0	0
0	1	1
1	0	1
1	1	0

① AND 　　② NOR
③ NAND 　　④ EX-OR

해설 출력식 $= \overline{A}B + A\overline{B} = A \oplus B$
입력 $A \cdot B$가 서로 다른 조건식에서 출력이 1이 되는 Exclusive-OR 회로이다.

71 대칭 좌표법에서 대칭분을 각 상전압으로 표시한 것 중 틀린 것은?

① $E_0 = \dfrac{1}{3}(E_a + E_b + E_c)$

② $E_1 = \dfrac{1}{3}(E_a + aE_b + a^2 E_c)$

③ $E_2 = \dfrac{1}{3}(E_a + a^2 E_b + aE_c)$

④ $E_3 = \dfrac{1}{3}(E_a{}^2 + E_b{}^2 + E_c{}^2)$

해설 • 영상분 : 3상 공통인 성분
$E_0 = \dfrac{1}{3}(E_a + E_b + E_c)$

• 정상분 : 상순이 $a-b-c$인 성분

$$E_1 = \frac{1}{3}(E_a + aE_b + a^2E_c)$$

• 역상분 : 상순이 $a-c-b$인 성분

$$E_2 = \frac{1}{3}(E_a + a^2E_b + aE_c)$$

72 $R-L$ 직렬 회로에서 스위치 S가 1번 위치에 오랫동안 있다가 $t=0^+$에서 위치 2번으로 옮겨진 후, $\frac{L}{R}$[s] 후에 L에 흐르는 전류 [A]는?

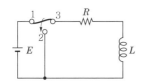

① $\dfrac{E}{R}$ ② $0.5\dfrac{E}{R}$

③ $0.368\dfrac{E}{R}$ ④ $0.632\dfrac{E}{R}$

해설 $i(t) = \dfrac{E}{R}e^{-\frac{R}{L}t} = \dfrac{E}{R}e^{-\frac{1}{\tau}t}$ 에서

$t=\tau$에서의 전류를 구하면

$i(t) = \dfrac{E}{R}e^{-1} = 0.368\dfrac{E}{R}$ [A]

73 분포 정수 회로에서 선로 정수가 R, L, C, G이고 무왜형 조건이 $RC=GL$과 같은 관계가 성립될 때 선로의 특성 임피던스 Z_0는? (단, 선로의 단위 길이당 저항을 R, 인덕턴스를 L, 정전 용량을 C, 누설 컨덕턴스를 G라 한다.)

① $Z_0 = \dfrac{1}{\sqrt{CL}}$

② $Z_0 = \sqrt{\dfrac{L}{C}}$

③ $Z_0 = \sqrt{CL}$

④ $Z_0 = \sqrt{RG}$

해설 $Z_0 = \sqrt{\dfrac{Z}{Y}} = \sqrt{\dfrac{R+j\omega L}{G+j\omega C}} = \sqrt{\dfrac{L}{C}}$ [Ω]

74 그림과 같은 4단자 회로망에서 하이브리드 파라미터 H_{11}은?

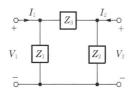

① $\dfrac{Z_1}{Z_1+Z_3}$ ② $\dfrac{Z_1}{Z_1+Z_2}$

③ $\dfrac{Z_1 Z_3}{Z_1+Z_3}$ ④ $\dfrac{Z_1 Z_2}{Z_1+Z_2}$

해설 하이브리드 H파라미터

$$\begin{bmatrix} V_1 \\ I_2 \end{bmatrix} = \begin{bmatrix} H_{11} & H_{12} \\ H_{21} & H_{22} \end{bmatrix} \begin{bmatrix} I_1 \\ V_2 \end{bmatrix}$$

$V_1 = H_{11}I_1 + H_{12}V_2$

$I_1 = H_{21}I_1 + H_{22}V_2$

$H_{11} = \dfrac{V_1}{I_1}\bigg|_{V_2=0}$

출력 단자를 단락하고 입력측에서 본 단락 구동점 임피던스가 되므로

$\therefore H_{11} = \dfrac{Z_1 Z_3}{Z_1+Z_3}$

75 내부 저항 0.1[Ω]인 건전지 10개를 직렬로 접속하고 이것을 한 조로 하여 5조 병렬로 접속하면 합성 내부 저항은 몇 [Ω]인가?

① 5   ② 1

③ 0.5   ④ 0.2

해설 합성 저항 $\dfrac{1}{R_0} = \dfrac{1}{R_1} + \dfrac{1}{R_2} + \dfrac{1}{R_3} + \dfrac{1}{R_4} + \dfrac{1}{R_5}$

$\therefore \dfrac{1}{R_0} = \dfrac{1}{1} + \dfrac{1}{1} + \dfrac{1}{1} + \dfrac{1}{1} + \dfrac{1}{1}$ [℧]

$\therefore R_0 = \dfrac{1}{5} = 0.2$ [Ω]

정답   72.③   73.②   74.③   75.④

76 함수 $f(t)$의 라플라스 변환은 어떤 식으로 정의되는가?

① $\int_0^\infty f(t)e^{st}dt$

② $\int_0^\infty f(t)e^{-st}dt$

③ $\int_0^\infty f(-t)e^{st}dt$

④ $\int_{-\infty}^\infty f(-t)e^{-st}dt$

해설 어떤 시간 함수 $f(t)$가 있을 때 이 함수에 $e^{-st}dt$를 곱하고 그것을 다시 0에서부터 ∞까지 시간에 대하여 적분한 것을 함수 $f(t)$의 라플라스 변환식이라고 말하며 $F(s) = \mathcal{L}[f(t)]$로 표시한다.

정의식 $\mathcal{L}[f(t)] = F(s) = \int_0^\infty f(t)e^{-st}dt$

77 대칭 좌표법에서 불평형률을 나타내는 것은?

① $\dfrac{\text{영상분}}{\text{정상분}} \times 100$ ② $\dfrac{\text{정상분}}{\text{역상분}} \times 100$

③ $\dfrac{\text{정상분}}{\text{영상분}} \times 100$ ④ $\dfrac{\text{역상분}}{\text{정상분}} \times 100$

해설 대칭분 중 정상분에 대한 역상분의 비로 비대칭을 나타내는 척도가 된다.

불평형률 $= \dfrac{\text{역상분}}{\text{정상분}} \times 100[\%]$

$= \dfrac{V_2}{V_1} \times 100[\%] = \dfrac{I_2}{I_1} \times 100[\%]$

78 그림의 왜형파를 푸리에의 급수로 전개할 때, 옳은 것은?

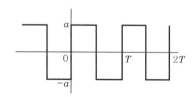

① 우수파만 포함한다.

② 기수파만 포함한다.

③ 우수파·기수파 모두 포함한다.

④ 푸리에의 급수로 전개할 수 없다.

해설 반파 및 정현 대칭이므로 홀수항의 정현 성분만 존재한다.

79 최대값이 E_m인 반파 정류 정현파의 실효값은 몇 [V]인가?

① $\dfrac{2E_m}{\pi}$ ② $\sqrt{2}\,E_m$

③ $\dfrac{E_m}{\sqrt{2}}$ ④ $\dfrac{E_m}{2}$

해설 실효값

$$E = \sqrt{\frac{1}{2\pi}\int_0^\pi E_m^2 \sin^2\omega t\, d\omega t}$$

$$= \sqrt{\frac{E_m^2}{2\pi}\int_0^\pi \frac{1-\cos 2\omega t}{2} d\omega t}$$

$$= \sqrt{\frac{E_m^2}{4\pi}\left[\omega t - \frac{1}{2}\sin 2\omega t\right]_0^\pi}$$

$$= \frac{E_m}{2}[\text{V}]$$

80 그림과 같이 $R[\Omega]$의 저항을 Y결선으로 하여 단자의 a, b 및 c에 비대칭 3상 전압을 가할 때, a단자의 중성점 N에 대한 전압은 약 몇 [V]인가? (단, $V_{ab} = 210[\text{V}]$, $V_{bc} = -90 - j180[\text{V}]$, $V_{ca} = -120 + j180[\text{V}]$)

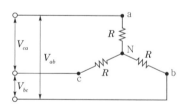

① 100 ② 116

③ 121 ④ 125

해설

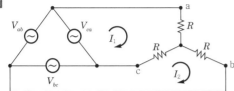

$$2RI_1 - RI_2 = V_{ca}$$
$$-RI_1 + 2RI_2 = V_{bc}$$
$$I_1 = \frac{2V_{ca} + V_{bc}}{3R}$$
$$\therefore V_{aN} = RI_1 = \frac{2V_{ca} + V_{bc}}{3} = -110 + j60$$
$$\therefore \sqrt{(-110)^2 + 60^2} = 125[V]$$

제5과목 전기설비기술기준

81 태양 전지 모듈의 시설에 대한 설명으로 옳은 것은?

① 충전 부분은 노출하여 시설할 것
② 출력 배선은 극성별로 확인 가능하도록 표시할 것
③ 전선은 공칭 단면적 1.5[mm²] 이상의 연동선을 사용할 것
④ 전선을 옥내에 시설할 경우에는 애자 공사에 준하여 시설할 것

해설 전기 저장 장치(한국전기설비규정 512.1.1)
전선은 공칭 단면적 2.5[mm²] 이상의 연동선으로 하고, 배선은 합성 수지관 공사, 금속관 공사, 가요 전선관 공사 또는 케이블 공사로 시설할 것

82 저압 옥상 전선로를 전개된 장소에 시설하는 내용으로 틀린 것은?

① 전선은 절연 전선일 것
② 전선은 지름 2.5[mm²] 이상의 경동선의 것

③ 전선과 그 저압 옥상 전선로를 시설하는 조영재와의 이격 거리(간격)는 2[m] 이상일 것
④ 전선은 조영재에 내수성이 있는 애자를 사용하여 지지하고 그 지지점 간의 거리는 15[m] 이하일 것

해설 저압 옥상 전선로의 시설(한국전기설비규정 221.3)
• 전선은 인장 강도 2.30[kN] 이상의 것 또는 지름 2.6[mm] 이상의 경동선의 것
• 전선은 절연 전선일 것
• 전선은 애자를 사용하여 지지하고 또한 그 지지점 간의 거리는 15[m] 이하일 것
• 전선과 그 저압 옥상 전선로를 시설하는 조영재와의 이격 거리(간격)는 2[m] 이상일 것

83 무대, 무대 마루 밑, 오케스트라 박스, 영사실, 기타 사람이나 무대 도구가 접촉할 우려가 있는 곳에 시설하는 저압 옥내 배선·전구선 또는 이동 전선은 사용 전압이 몇 [V] 이하이어야 하는가?

① 60
② 110
③ 220
④ 400

해설 전시회, 쇼 및 공연장의 전기 설비(한국전기설비규정 242.6)
무대·무대 마루 밑·오케스트라 박스·영사실 기타 사람이나 무대 도구가 접촉할 우려가 있는 곳에 시설하는 저압 옥내 배선·전구선 또는 이동 전선은 사용 전압이 400[V] 이하일 것

84 과전류 차단기로 시설하는 퓨즈 중 고압 전로에 사용하는 포장 퓨즈는 정격 전류의 몇 배의 전류에 견디어야 하는가?

① 1.1   ② 1.25
③ 1.3   ④ 1.6

정답 ◀ 81.② 82.② 83.④ 84.③

해설 고압 및 특고압 전로 중의 과전류 차단기의 시설
(한국전기설비규정 341.11)
- 포장 퓨즈는 정격 전류의 1.3배의 전류에 견디고 또한 2배의 전류로 120분 안에 용단되는 것
- 비포장 퓨즈는 정격 전류의 1.25배의 전류에 견디고 또한 2배의 전류로 2분 안에 용단되는 것

85 터널 안 전선로의 시설 방법으로 옳은 것은?

① 저압 전선은 지름 2.6[mm]의 경동선의 절연 전선을 사용하였다.
② 고압 전선은 절연 전선을 사용하여 합성 수지관 공사로 하였다.
③ 저압 전선을 애자 공사에 의하여 시설하고 이를 레일면상 또는 노면상 2.2[m]의 높이로 시설하였다.
④ 고압 전선을 금속관 공사에 의하여 시설하고 이를 레일면상 또는 노면상 2.4[m]의 높이로 시설하였다.

해설 터널 안 전선로의 시설(한국전기설비규정 335.1)

구 분	전선의 굵기	노면상 높이	이격 거리 (간격)
저압	2.30[kN], 2.6[mm] 이상 경동선의 절연 전선	2.5[m]	10[cm]
고압	5.26[kN], 4[mm] 이상 경동선의 절연 전선	3[m]	15[cm]

86 저압 옥측 전선로에서 목조의 조영물에 시설할 수 있는 공사 방법은?

① 금속관 공사
② 버스 덕트 공사
③ 합성 수지관 공사
④ 연피 또는 알루미늄 케이블 공사

해설 저압 옥측 전선로의 시설(한국전기설비규정 221.2)
- 애자 공사(전개된 장소에 한한다)
- 합성 수지관 공사
- 금속관 공사(목조 이외의 조영물에 시설하는 경우)
- 버스 덕트 공사(목조 이외의 조영물에 시설하는 경우)
- 케이블 공사(목조 이외의 조영물에 시설하는 경우)

87 특고압을 직접 저압으로 변성하는 변압기를 시설하여서는 아니 되는 변압기는?

① 광산에서 물을 양수하기 위한 양수기용 변압기
② 전기로 등 전류가 큰 전기를 소비하기 위한 변압기
③ 교류식 전기 철도용 신호 회로에 전기를 공급하기 위한 변압기
④ 발전소·변전소·개폐소 또는 이에 준하는 곳의 소내용 변압기

해설 특고압을 직접 저압으로 변성하는 변압기의 시설
(한국전기설비규정 341.3)
- 전기로용 변압기
- 발전소·변전소·개폐소 소내용 변압기
- 25[kV] 이하로서 중성선 다중 접지한 특고압 가공 전선로에 접속하는 변압기
- 사용 전압이 35[kV] 이하인 변압기로서 그 특고압 측 권선과 저압측 권선이 혼촉한 경우에 자동적으로 변압기를 전로로부터 차단하기 위한 장치를 설치할 것
- 사용 전압이 100[kV] 이하인 변압기로서 혼촉 방지판의 접지 저항치가 10[Ω] 이하인 것
- 교류식 전기 철도용 신호 회로용 변압기

88 케이블 트레이 공사에 사용하는 케이블 트레이의 시설 기준으로 틀린 것은?

① 케이블 트레이 안전율은 1.3 이상이어야 한다.
② 비금속제 케이블 트레이는 난연성 재료의 것이어야 한다.
③ 전선의 피복 등을 손상시킬 돌기 등이 없이 매끈해야 한다.
④ 저압 옥내 배선의 사용 전압이 400[V] 이하인 경우에는 금속제 트레이에 접지 공사를 하여야 한다.

정답 85.① 86.③ 87.① 88.①

해설 케이블 트레이 공사(한국전기설비규정 232.41)
- 케이블 트레이의 안전율은 1.5 이상이어야 한다.
- 케이블 하중을 충분히 견딜 수 있는 강도를 가져야 한다.
- 전선의 피복 등을 손상시킬 돌기 등이 없이 매끈하여야 한다.
- 금속재의 것은 적절한 방식 처리를 한 것이거나 내식성 재료의 것이어야 한다.
- 비금속제 케이블 트레이는 난연성 재료의 것이어야 한다.

89 전로에 대한 설명 중 옳은 것은?

① 통상의 사용 상태에서 전기를 절연한 곳
② 통상의 사용 상태에서 전기를 접지한 곳
③ 통상의 사용 상태에서 전기가 통하고 있는 곳
④ 통상의 사용 상태에서 전기가 통하고 있지 않은 곳

해설 정의(기술기준 제3조)
- 전선 : 강전류 전기의 전송에 사용하는 전기 도체, 절연물로 피복한 전기 도체 또는 절연물로 피복한 전기 도체를 다시 보호 피복한 전기 도체
- 전로 : 통상의 사용 상태에서 전기가 통하고 있는 곳
- 전선로 : 발전소·변전소·개폐소, 이에 준하는 곳, 전기 사용 장소 상호간의 전선(전차선을 제외) 및 이를 지지하거나 수용하는 시설물

90 최대 사용 전압 23[kV]의 권선으로 중성점 접지식 전로(중성선을 가지는 것으로 그 중성선에 다중 접지를 하는 전로)에 접속되는 변압기는 몇 [V]의 절연 내력 시험 전압에 견디어야 하는가?

① 21,160
② 25,300
③ 38,750
④ 34,500

해설 변압기 전로의 절연 내력(한국전기설비규정 135)
중성선에 다중 접지를 하는 것은 최대 사용 전압의 0.92배의 전압이므로 23,000×0.92=21,160[V]이다.

91 고압 가공 전선으로 경동선 또는 내열 동합금선을 사용할 때 그 안전율은 최소 얼마 이상이 되는 이도(처짐 정도)로 시설하여야 하는가?

① 2.0
② 2.2
③ 2.5
④ 3.3

해설 고압 가공 전선의 안전율(한국전기설비규정 332.4)
- 경동선 또는 내열 동합금선 → 2.2 이상
- 기타 전선(ACSR, 알루미늄 전선 등) → 2.5 이상

92 제3종 접지 공사에 사용되는 접지선의 굵기는 공칭 단면적 몇 [mm²] 이상의 연동선을 사용하여야 하는가?

① 0.75
② 2.5
③ 6
④ 16

해설 각종 접지 공사의 세목(판단기준 제19조)

접지 공사의 종류	접지선의 굵기
제1종 접지 공사	공칭 단면적 6[mm²] 이상의 연동선
제2종 접지 공사	공칭 단면적 16[mm²] 이상의 연동선
제3종 접지 공사 및 특별 제3종 접지 공사	공칭 단면적 2.5[mm²] 이상의 연동선

※ 이 문제는 출제 당시 규정에는 적합했으나 새로 제정된 한국전기설비규정에는 일부 부적합하므로 문제 유형만 참고하시기 바랍니다.

93 고압 보안 공사에서 지지물이 A종 철주인 경우 경간(지지물 간 거리)은 몇 [m] 이하인가?

① 100
② 150
③ 250
④ 400

해설 고압 보안 공사(한국전기설비규정 332.10)

지지물의 종류	경간(지지물 간 거리)
목주 또는 A종	100[m]
B종	150[m]
철탑	400[m]

정답 89.③ 90.① 91.② 92.② 93.①

94 가공 직류 전차선의 레일면상의 높이는 4.8[m] 이상이어야 하나 광산, 기타의 갱도 안의 윗면에 시설하는 경우는 몇 [m] 이상이어야 하는가?

① 1.8   ② 2
③ 2.2   ④ 2.4

해설 가공 직류 전차선의 레일면상의 높이(판단기준 제256조)
- 가공 직류 전차선의 레일면상의 높이는 4.8[m] 이상, 전용의 부지 위에 시설될 때에는 4.4[m] 이상이어야 한다.
- 터널 안의 윗면, 교량의 아랫면 기타 이와 유사한 곳 3.5[m] 이상
- 광산 기타의 갱도 안의 윗면에 시설하는 경우 1.8[m] 이상

※ 이 문제는 출제 당시 규정에는 적합했으나 새로 제정된 한국전기설비규정에는 일부 부적합하므로 문제 유형만 참고하시기 바랍니다.

95 가공 전선로 지지물의 승탑 및 승주 방지를 위한 발판 볼트는 지표상 몇 [m] 미만에 시설하여서는 아니 되는가?

① 1.2   ② 1.5
③ 1.8   ④ 2.0

해설 가공 전선로 지지물의 철탑 오름 및 전주 오름 방지(한국전기설비규정 331.4)
가공 전선로의 지지물에 취급자가 오르고 내리는 데 사용하는 발판못 등을 지표상 1.8[m] 미만에 시설하여서는 아니 된다.

96 저압 옥내 간선에서 분기하여 전기 사용 기계 기구에 이르는 저압 옥내 전로는 분기점에서 전선의 길이가 몇 [m] 이하인 곳에 개폐기 및 과전류 차단기를 시설하여야 하는가?

① 2   ② 3
③ 4   ④ 5

해설 분기 회로의 시설(판단기준 제176조)
저압 옥내 간선과의 분기점에서 전선의 길이가 3[m] 이하인 곳에 개폐기 및 과전류 차단기를 시설할 것

※ 이 문제는 출제 당시 규정에는 적합했으나 새로 제정된 한국전기설비규정에는 일부 부적합하므로 문제 유형만 참고하시기 바랍니다.

97 사용 전압이 60[kV] 이하인 경우 전화 선로의 길이 12[km]마다 유도 전류는 몇 [μA]를 넘지 않도록 하여야 하는가?

① 1   ② 2
③ 3   ④ 5

해설 유도 장해의 방지(한국전기설비규정 333.2)
- 사용 전압이 60[kV] 이하인 경우에는 전화 선로의 길이 12[km]마다 유도 전류가 2[μA]를 넘지 아니하도록 할 것
- 사용 전압이 60[kV]를 초과하는 경우에는 전화 선로의 길이 40[km]마다 유도 전류가 3[μA]를 넘지 아니하도록 할 것

98 발전소·변전소·개폐소 또는 이에 준하는 곳에서 개폐기 또는 차단기에 사용하는 압축 공기 장치의 공기 압축기는 최고 사용 압력의 1.5배의 수압을 연속하여 몇 분간 가하여 시험을 하였을 때에 이에 견디고 또한 새지 아니하여야 하는가?

① 5
② 10
③ 15
④ 20

해설 압력 공기 계통(한국전기설비규정 341.16)
공기 압축기는 최고 사용 압력의 1.5배의 수압(1.25배의 기압)을 연속하여 10분간 가하여 시험을 하였을 때에 이에 견디고 또한 새지 아니할 것

정답 94.①   95.③   96.②   97.②   98.②

99 금속 덕트 공사에 의한 저압 옥내 배선 공사 시설에 대한 설명으로 틀린 것은?

① 저압 옥내 배선의 사용 전압이 400[V] 이하인 경우에는 덕트에 접지 공사를 한다.

② 금속 덕트는 두께 1.0[mm] 이상인 철판으로 제작하고 덕트 상호간에 완전하게 접속한다.

③ 덕트를 조영재에 붙이는 경우 덕트 지지점 간의 거리를 3[m] 이하로 견고하게 붙인다.

④ 금속 덕트에 넣은 전선의 단면적의 합계가 덕트의 내부 단면적의 20[%] 이하가 되도록 한다.

해설 금속 덕트 공사(한국전기설비규정 232.31)
• 금속 덕트 공사에 의한 저압 옥내 배선
  – 전선은 절연 전선(옥외용 전선 제외)일 것
  – 금속 덕트에 넣은 전선의 단면적(절연 피복 포함)의 합계는 덕트의 내부 단면적의 20[%](제어 회로 등의 배선만을 넣는 경우에는 50[%]) 이하일 것
  – 금속 덕트 안에는 전선에 접속점이 없도록 할 것
• 금속 덕트 공사에 사용하는 금속 덕트의 폭이 5[cm]를 초과하고 또한 두께가 1.2[mm] 이상인 철판 사용

100 그림은 전력선 반송 통신용 결합 장치의 보안 장치를 나타낸 것이다. S의 명칭으로 옳은 것은?

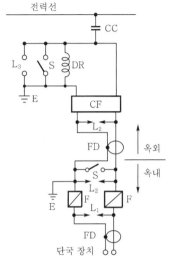

① 동축 케이블
② 결합 콘덴서
③ 접지용 개폐기
④ 구상용 방전갭

해설 전력선 반송 통신용 결합 장치의 보안 장치(한국전기설비규정 362.10)
• CC : 결합 커패시터(결합 콘덴서)
• CF : 결합 필터
• DR : 전류 용량 2[A] 이상의 배류 선륜
• F : 정격 전류 10[A] 이하의 포장 퓨즈
• FD : 동축 케이블
• L_1 : 교류 300[V] 이하에서 동작하는 피뢰기
• L_2, L_3 : 방전갭
• S : 접지용 개폐기

제1과목 **전기자기학**

01 매질 1의 $\mu_{s1}=500$, 매질 2의 $\mu_{s2}=1,000$ 이다. 매질 2에서 경계면에 대하여 $45°$의 각도로 자계가 입사한 경우 매질 1에서 경계면과 자계의 각도에 가장 가까운 것은?

① $20°$ ② $30°$

③ $60°$ ④ $80°$

g해설
$$\frac{\tan\theta_1}{\tan\theta_2}=\frac{\mu_{s1}}{\mu_{s2}}$$

$$\theta_2 = \tan^{-1}\left(\frac{\mu_{s2}}{\mu_{s1}}\tan\theta_1\right)=\tan^{-1}\left(\frac{1,000}{500}\tan45°\right)=60°$$

02 대지의 고유 저항이 $\rho[\Omega\cdot m]$일 때 반지름 $a[m]$인 그림과 같은 반구 접지극의 접지 저항$[\Omega]$은?

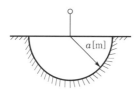

① $\dfrac{\rho}{4\pi a}$ ② $\dfrac{\rho}{2\pi a}$

③ $\dfrac{2\pi\rho}{a}$ ④ $2\pi\rho a$

g해설 반지름 $a[m]$인 구의 정전 용량은 $4\pi\varepsilon a[F]$이므로 반구의 정전 용량 C는 $C=2\pi\varepsilon a[F]$이다.

$RC=\rho\varepsilon$

$$R=\frac{\rho\varepsilon}{C}=\frac{\rho\varepsilon}{2\pi\varepsilon a}=\frac{\rho}{2\pi a}[\Omega]$$

03 히스테리시스 곡선에서 히스테리시스 손실에 해당하는 것은?

① 보자력의 크기

② 잔류 자기의 크기

③ 보자력과 잔류 자기의 곱

④ 히스테리시스 곡선의 면적

g해설 히스테리시스 루프를 일주할 때마다 그 면적에 상당하는 에너지가 열 에너지로 손실되는데, 교류의 경우 단위 체적당 에너지 손실이 되고 이를 히스테리시스 손실이라고 한다.

04 다음 (㉠), (㉡)에 대한 법칙으로 알맞은 것은?

전자 유도에 의하여 회로에 발생되는 기전력은 쇄교 자속수의 시간에 대한 감소 비율에 비례한다는 (㉠)에 따르고 특히, 유도된 기전력의 방향은 (㉡)에 따른다.

① ㉠ 패러데이의 법칙
  ㉡ 렌츠의 법칙

② ㉠ 렌츠의 법칙
  ㉡ 패러데이의 법칙

③ ㉠ 플레밍의 왼손 법칙
  ㉡ 패러데이의 법칙

④ ㉠ 패러데이의 법칙
  ㉡ 플레밍의 왼손 법칙

g해설 전자 유도에서 회로에 발생하는 기전력 e는 자속 쇄교수의 시간에 대한 감쇠율에 비례한다.

$$e=-\frac{d\phi}{dt}[V]$$

이것을 패러데이의 유도 법칙이라 하며, −부호는 자속의 변화를 방해하는 방향으로 기전력이 유도되는 것을 나타내는 렌츠의 법칙이다.

05 N회 감긴 환상 코일의 단면적이 $S\,[\text{m}^2]$이고 평균 길이가 $l\,[\text{m}]$이다. 이 코일의 권수를 2배로 늘이고 인덕턴스를 일정하게 하려고 할 때, 다음 중 옳은 것은?

① 길이를 2배로 한다.

② 단면적을 $\frac{1}{4}$로 한다.

③ 비투자율을 $\frac{1}{2}$배로 한다.

④ 전류의 세기를 4배로 한다.

해설 환상 코일의 자기 인덕턴스 $L = \dfrac{\mu S N^2}{l}\,[\text{H}]$에서 권수를 2배하면 L은 4배가 되므로 인덕턴스를 일정하게 하려면 길이 l을 4배로, 단면적 투자율을 $\dfrac{1}{4}$배로 하면 된다.

06 무한장 솔레노이드에 전류가 흐를 때 발생되는 자장에 관한 설명으로 옳은 것은?

① 내부 자장은 평등 자장이다.

② 외부 자장은 평등 자장이다.

③ 내부 자장의 세기는 0이다.

④ 외부와 내부의 자장의 세기는 같다.

해설 무한장 솔레노이드의 자계의 세기

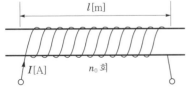

앙페르의 주회 적분 법칙에 의해

$\int H dl = n_0 I$

자로의 길이가 $l\,[\text{m}]$이므로

$H = n_0 I\,[\text{AT/m}]$

여기서, $n_0\,[\text{T/m}]$는 단위 길이당의 권수를 의미한다.

내부의 자계의 세기는 평등 자장이며 균등 자장이다. 또한, 외부의 자계의 세기는 0이다.

07 자기 회로에서 키르히호프의 법칙으로 알맞은 것은? (단, R : 자기 저항, ϕ : 자속, N : 코일 권수, I : 전류이다.)

① $\displaystyle\sum_{i=1}^{n} \phi_i = \infty$

② $\displaystyle\sum_{i=1}^{n} N_i \phi_i = 0$

③ $\displaystyle\sum_{i=1}^{n} R_i \phi_i = \sum_{i=1}^{n} N_i I_i$

④ $\displaystyle\sum_{i=1}^{n} R_i \phi_i = \sum_{i=1}^{n} N_i L_i$

해설 임의의 폐자기 회로망에서 기자력의 총화는 자기 저항과 자속의 곱의 총화와 같다.

$$\sum_{i=1}^{n} N_i I_i = \sum_{i=1}^{n} R_i \phi_i$$

08 전하 밀도 $\rho_s\,[\text{C/m}^2]$인 무한판상 전하 분포에 의한 임의 점의 전장에 대하여 틀린 것은?

① 전장의 세기는 매질에 따라 변한다.
② 전장의 세기는 거리 r에 반비례한다.
③ 전장은 판에 수직 방향으로만 존재한다.
④ 전장의 세기는 전하 밀도 ρ_s에 비례한다.

해설 $E = \dfrac{\rho_s}{2\varepsilon_0}\,[\text{V/m}]$

전장의 세기는 거리에 관계없이 일정하다.

09 한 변의 길이가 $l\,[\text{m}]$인 정사각형 도체 회로에 전류 $I\,[\text{A}]$를 흘릴 때 회로의 중심점에서 자계의 세기는 몇 $[\text{AT/m}]$인가?

① $\dfrac{2I}{\pi l}$

② $\dfrac{I}{\sqrt{2}\,\pi l}$

③ $\dfrac{\sqrt{2}\,I}{\pi l}$

④ $\dfrac{2\sqrt{2}\,I}{\pi l}$

정답 05.② 06.① 07.③ 08.② 09.④

해설 정사각형의 중심 자계의 세기

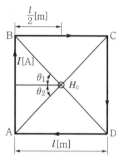

AB에 대한 중심점의 자계 H_{AB}는

$$H_{AB} = \frac{I}{4\pi a}(\sin\theta_1 + \sin\theta_2)$$

여기서, $a = \frac{l}{2}$ $\sin\theta_1 = \sin\theta_2 = \sin45° = \frac{1}{\sqrt{2}}$ 이므로

$$H_{AB} = \frac{I}{4\pi\left(\frac{l}{\sqrt{2}}\right)}(\sin45° + \sin45°)$$

$$= \frac{I}{\sqrt{2}\,\pi l}\,[\text{AT/m}]$$

따라서, 정사각형에 의한 중심 자계의 세기 H_0는

$$H_0 = 4 \times H_{AB} = \frac{2\sqrt{2}\,I}{\pi l}\,[\text{AT/m}]$$

10 반지름 a[m]의 원형 단면을 가진 도선에 전도 전류 $i_c = I_c\sin2\pi ft$[A]가 흐를 때 변위 전류 밀도의 최대값 J_d는 몇 [A/m²]가 되는가? (단, 도전율은 σ[S/m]이고, 비유전율은 ε_r이다.)

① $\dfrac{f\varepsilon_r I_c}{4\pi\times10^9\sigma a^2}$ ② $\dfrac{\varepsilon_r I_c}{4\pi f\times10^9\sigma a^2}$

③ $\dfrac{f\varepsilon_r I_c}{9\pi\times10^9\sigma a^2}$ ④ $\dfrac{f\varepsilon_r I_c}{18\pi\times10^9\sigma a^2}$

해설

전도 전류 밀도 $J = \dfrac{I}{S} = \dfrac{I_c}{\sqrt{2}\,S}\,[\text{A/m}^2]$에서

$J = QV = nev = \sigma E\,[\text{A/m}^2]$

즉, $J = \sigma E$에서 $E = \dfrac{J}{\sigma} = \dfrac{I_c}{\sqrt{2}\,S\sigma} = \dfrac{I_c}{\sqrt{2}\,(\pi a^2)\sigma}$ 이다.

변위 전류 밀도 $J_d = \dfrac{\partial D}{\partial t} = \dfrac{\partial(\varepsilon E)}{\partial t} = j\omega\varepsilon E$

변위 전류 밀도의 최대값

$$J_{dm} = \sqrt{2}\,J_d$$
$$= \sqrt{2}\,\omega\varepsilon E$$
$$= \sqrt{2}\,2\pi f\varepsilon_0\varepsilon_r\,\frac{I_c}{\sqrt{2}\,(\pi a^2)\sigma}$$
$$= 2\varepsilon_0\frac{f\varepsilon_r I_c}{a^2\sigma} = 2\times\frac{1}{4\pi\times9\times10^9}\times\frac{f\varepsilon_r I_c}{a^2\sigma}$$
$$= \frac{f\varepsilon_r I_c}{18\pi\times10^9\sigma a^2}\,[\text{A/m}^2]$$

11 대전 도체 표면 전하 밀도는 도체 표면의 모양에 따라 어떻게 분포하는가?

① 표면 전하 밀도는 뾰족할수록 커진다.
② 표면 전하 밀도는 평면일 때 가장 크다.
③ 표면 전하 밀도는 곡률이 크면 작아진다.
④ 표면 전하 밀도는 표면의 모양과 무관하다.

해설 도체 표면의 전하는 뾰족한 부분에 모이는 성질이 있는데, 뾰족한 부분일수록 곡률 반지름이 작으므로 전하 밀도는 곡률이 커질수록 커진다.

12 일정 전압의 직류 전원에 저항을 접속하여 전류를 흘릴 때, 저항값을 20[%] 감소시키면 흐르는 전류는 처음 저항에 흐르는 전류의 몇 배가 되는가?

① 1.0배   ② 1.1배
③ 1.25배   ④ 1.5배

해설 전류 $I = \dfrac{V}{R}$에서 저항값을 20[%] 감소시키면 전류 I'는 $I' = \dfrac{V}{R} = \dfrac{V}{0.8R} = 1.25\dfrac{V}{R} = 1.25I\,[\text{A}]$

∴ 1.25배 증가한다.

13 유전율이 ε인 유전체 내에 있는 점전하 Q에서 발산되는 전기력선의 수는 총 몇 개인가?

① Q ② $\dfrac{Q}{\varepsilon_0\varepsilon_s}$

③ $\dfrac{Q}{\varepsilon_s}$ ④ $\dfrac{Q}{\varepsilon_0}$

정답   10.④   11.①   12.③   13.②

해설 진공 상태에서 단위 정전하(+1[C])는 $\dfrac{1}{\varepsilon_0}$ 개의 전기력선이 출입한다.

유전율이 ε인 유전체 내에 있는 점전하 Q[C]에서는 $\dfrac{Q}{\varepsilon}\left(=\dfrac{Q}{\varepsilon_0 \varepsilon_s}\right)$개의 전기력선이 출입한다.

14 내부 도체의 반지름이 a[m]이고, 외부 도체의 내반지름이 b[m], 외반지름이 c[m]인 동축 케이블의 단위 길이당 자기 인덕턴스는 몇 [H/m]인가?

① $\dfrac{\mu_0}{2\pi}\ln\dfrac{b}{a}$ ② $\dfrac{\mu_0}{\pi}\ln\dfrac{b}{a}$

③ $\dfrac{2\pi}{\mu_0}\ln\dfrac{b}{a}$ ④ $\dfrac{\pi}{\mu_0}\ln\dfrac{b}{a}$

해설 동심원통 사이의 인덕턴스

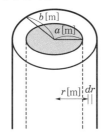

원통 내의 반지름이 r이고 폭이 dr인 얇은 원통에서 r 위치의 자계의 세기는

$$H = \frac{I}{2\pi r}$$

dr의 미소 원통을 지나는 미소 자속 $d\phi$는

$$d\phi = BdS = Bldr = \mu_0 Hldr = \mu_0\frac{Il}{2\pi r}dr$$

전체 자속 ϕ 는

$$\phi = \int_a^b d\phi = \frac{\mu_0 Il}{2\pi}\int_a^b \frac{1}{r}\,dr = \frac{\mu_0 Il}{2\pi}\ln\frac{b}{a}\,[\text{Wb}]$$

그러므로 인덕턴스 L은

$$L = \frac{\phi}{I} = \frac{\mu_0\,l}{2\pi}\ln\frac{b}{a}\,[\text{H}]$$

단위 길이당 인덕턴스는

$$L = \frac{\mu_0}{2\pi}\ln\frac{b}{a}\,[\text{H/m}]$$

15 공기 중에서 1[m] 간격을 가진 두 개의 평행 도체 전류의 단위 길이에 작용하는 힘은 몇 [N/m]인가? (단, 전류는 1[A]라고 한다.)

① 2×10^{-7}

② 4×10^{-7}

③ $2\pi \times 10^{-7}$

④ $4\pi \times 10^{-7}$

해설 평행 전류 도선 간 단위 길이당 작용하는 힘

$$F = \frac{\mu_0 I_1 I_2}{2\pi d} = \frac{2I_1 I_2}{d}\times 10^{-7}\,[\text{N/m}]$$

$I_1 = I_2 = 1$[A]이고 $d = 1$[m]이므로

$$\therefore \ F = 2\times 10^{-7}\,[\text{N/m}]$$

16 공기 중에서 코로나 방전이 3.5[kV/mm] 전계에서 발생한다고 하면, 이때 도체의 표면에 작용하는 힘은 약 몇 [N/m²]인가?

① 27 ② 54

③ 81 ④ 108

해설
$$f = \frac{\sigma^2}{2\varepsilon_0}$$
$$= \frac{1}{2}\varepsilon_0 E^2$$
$$= \frac{1}{2}\times 8.855\times 10^{-12}\times(3.5\times 10^6)^2 = 54\,[\text{N/m}^2]$$

17 무한장 직선 전류에 의한 자계의 세기[AT/m]는?

① 거리 r에 비례한다.

② 거리 r^2에 비례한다.

③ 거리 r에 반비례한다.

④ 거리 r^2에 반비례한다.

해설 무한장 직선 전류에 의한 자계의 세기 $H = \dfrac{I}{2\pi r}$ [A/m]

즉, 무한장 직선 전류에 의한 자계의 크기는 직선 전류에서의 거리(r)에 반비례한다.

정답 14.① 15.① 16.② 17.③

18 전계 $E = \sqrt{2}\, E_e \sin\omega\left(t - \dfrac{x}{c}\right)$ [V/m]의 평면 전자파가 있다. 진공 중에서 자계의 실효값은 몇 [A/m]인가?

① $0.707 \times 10^{-3} E_e$ ② $1.44 \times 10^{-3} E_e$

③ $2.65 \times 10^{-3} E_e$ ④ $5.37 \times 10^{-3} E_e$

해설 $H_e = \sqrt{\dfrac{\varepsilon_0}{\mu_0}}\, E_e = \dfrac{1}{120\pi} E_e = 2.7 \times 10^{-3}\, E_e \,[\text{A/m}]$

19 Biot-Savart의 법칙에 의하면, 전류소에 의해서 임의의 한 점(P)에 생기는 자계의 세기를 구할 수 있다. 다음 중 설명으로 틀린 것은?

① 자계의 세기는 전류의 크기에 비례한다.

② MKS 단위계를 사용할 경우 비례 상수는 $\dfrac{1}{4\pi}$이다.

③ 자계의 세기는 전류소와 점 P와의 거리에 반비례한다.

④ 자계의 방향은 전류소 및 이 전류소와 점 P를 연결하는 직선을 포함하는 면에 법선 방향이다.

해설 비오-사바르(Biot-Savart)의 법칙

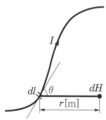

전류 I가 흐르는 도선에 미소 길이 dl [m]와 접선 사이의 각도를 θ라 할 때 이 점에서 거리 r [m]만큼 떨어진 점의 미소 자계의 세기 $d\boldsymbol{H}$는 비오-사바르 법칙에 의해 다음과 같다.

$$d\boldsymbol{H} = \dfrac{Idl}{4\pi r^2}\sin\theta\,[\text{AT/m}]$$

따라서, 자계의 세기는 전류소와 점 P와의 거리 제곱에 반비례한다.

20 $x > 0$인 영역에 $\varepsilon_1 = 3$인 유전체, $x < 0$인 영역에 $\varepsilon_2 = 5$인 유전체가 있다. 유전율 ε_2인 영역에서 전계가 $E_2 = 20a_x + 30a_y - 40a_z$ [V/m]일 때, 유전율 ε_1인 영역에서의 전계 E_1 [V/m]은?

① $\dfrac{100}{3}a_x + 30a_y - 40a_z$

② $20a_x + 90a_y - 40a_z$

③ $100a_x + 10a_y - 40a_z$

④ $60a_x + 30a_y - 40a_z$

해설 $\boldsymbol{D}_2 = \varepsilon_0 \varepsilon_{R2} \boldsymbol{E}_2 = \varepsilon_0 \times 5(20a_x + 30a_y - 40a_z)$
$\qquad = \varepsilon_0 (100a_x + 150a_y - 200a_z)\,[\text{C/m}^2]$

전계의 접선 성분은
$\boldsymbol{E}_{2t} = \boldsymbol{E}_{1t} = 30a_y - 40a_z$ [V/m]가 되며
법선 성분의 특성에서
$\boldsymbol{E}_{1n} = \dfrac{\varepsilon_2}{\varepsilon_1}\boldsymbol{E}_{2n} = \dfrac{5}{3} \times 20a_x = \dfrac{100}{3}a_x$ [V/m]

$\therefore\ \boldsymbol{E}_1 = \boldsymbol{E}_{1t} + \boldsymbol{E}_{1n} = \dfrac{100}{3}a_x + 30a_y - 40a_z$ [V/m]

제2과목 | 전력공학

21 1[kWh]를 열량으로 환산하면 약 몇 [kcal]인가?

① 80 ② 256

③ 539 ④ 860

해설 전력량 $1[\text{kWh}] = 3.6 \times 10^{-6}\,[\text{J}] = 860[\text{kcal}]$

22 22.9[kV], Y결선된 자가용 수전 설비의 계기용 변압기의 2차측 정격 전압은 몇 [V]인가?

① 110 ② 220

③ $110\sqrt{3}$ ④ $220\sqrt{3}$

해설 계기용 변압기(PT)의 2차 정격 전압은 110[V]이다.

23 순저항 부하의 부하 전력 P[kW], 전압 E[V], 선로의 길이 l[m], 고유 저항 ρ[$\Omega \cdot mm^2/m$]인 단상 2선식 선로에서 선로 손실을 q[W]라 하면, 전선의 단면적[mm^2]은 어떻게 표현되는가?

① $\dfrac{\rho l P^2}{qE^2} \times 10^6$ ② $\dfrac{2\rho l P^2}{qE^2} \times 10^6$

③ $\dfrac{\rho l P^2}{2qE^2} \times 10^6$ ④ $\dfrac{2\rho l P^2}{q^2 E} \times 10^6$

해설 선로 손실 $P_l = 2I^2 R = 2 \times \left(\dfrac{P}{V\cos\theta}\right)^2 \times \rho \dfrac{l}{A}$ 에서

전선 단면적 $A = \dfrac{2\rho l P^2}{V^2 \cos^2\theta P_l}$ 이므로

$A = \dfrac{2\rho l (P \times 10^3)^2}{E^2 q} = \dfrac{2\rho l P^2}{qE^2} \times 10^6 \, [mm^2]$

24 동작 전류의 크기가 커질수록 동작 시간이 짧게 되는 특성을 가진 계전기는?

① 순한시 계전기
② 정한시 계전기
③ 반한시 계전기
④ 반한시성 정한시 계전기

해설 계전기 동작 시간에 의한 분류
• 순한시 계전기 : 정정된 최소 동작 전류 이상의 전류가 흐르면 즉시 동작하는 계전기
• 정한시 계전기 : 정정된 값 이상의 전류가 흐르면 정해진 일정 시간 후에 동작하는 계전기
• 반한시 계전기 : 정정된 값 이상의 전류가 흐를 때 동작 시간은 전류값이 크면 동작 시간이 짧아지고, 전류값이 적으면 동작 시간이 길어진다.

25 소호 리액터를 송전 계통에 사용하면 리액터의 인덕턴스와 선로의 정전 용량이 어떤 상태로 되어 지락 전류를 소멸시키는가?

① 병렬 공진
② 직렬 공진
③ 고임피던스
④ 저임피던스

해설 소호 리액터 접지 방식은 L, C 병렬 공진을 이용하여 지락 전류를 소멸시킨다.

26 동기 조상기에 대한 설명으로 틀린 것은?

① 시충전이 불가능하다.
② 전압 조정이 연속적이다.
③ 중부하 시에는 과여자로 운전하여 앞선 전류를 취한다.
④ 경부하 시에는 부족 여자로 운전하여 뒤진 전류를 취한다.

해설 동기 조상기는 경부하시 부족 여자로 지상을, 중부하 시 과여자로 진상을 취하는 것으로, 연속적 조정 및 시충전이 가능하지만, 손실이 크고, 시설비가 고가이므로 송전 계통에서 전압 조정용으로 이용된다.

27 화력 발전소에서 가장 큰 손실은?

① 소내용 동력
② 송풍기 손실
③ 복수기에서의 손실
④ 연도 배출 가스 손실

해설 화력 발전소의 가장 큰 손실은 복수기의 냉각 손실로 전열량의 약 50[%] 정도가 소비된다.

28 정전 용량 0.01[$\mu F/km$], 길이 173.2[km], 선간 전압 60[kV], 주파수 60[Hz]인 3상 송전 선로의 충전 전류는 약 몇 [A]인가?

① 6.3 ② 12.5
③ 22.6 ④ 37.2

해설 충전 전류 $I_c = \omega C \dfrac{V}{\sqrt{3}}$

$= 2\pi \times 60 \times 0.01 \times 10^{-6} \times 173.2 \times \dfrac{60 \times 10^3}{\sqrt{3}}$

$= 22.6[A]$

정답 23.② 24.③ 25.① 26.① 27.③ 28.③

29 발전 용량 9,800[kW]의 수력 발전소 최대 사용 수량이 10[m³/s]일 때, 유효 낙차는 몇 [m]인가?

① 100
② 125
③ 150
④ 175

해설 발전소 이론 출력 $P = 9.8HQ$[kW]에서

유효 낙차 $H = \dfrac{P}{9.8Q} = \dfrac{8,900}{9.8 \times 10} = 100$[m]

30 차단기의 정격 차단 시간은?

① 고장 발생부터 소호까지의 시간
② 트립 코일 여자부터 소호까지의 시간
③ 가동 접촉자의 개극부터 소호까지의 시간
④ 가동 접촉자의 동작 시간부터 소호까지의 시간

해설 차단기의 정격 차단 시간은 트립 코일이 여자하는 순간부터 아크가 소멸하는 시간으로 약 3~8[Hz] 정도이다.

31 부하 전류의 차단 능력이 없는 것은?

① DS
② NFB
③ OCB
④ VCB

해설 단로기(DS)는 소호 장치가 없으므로 통전 중인 전로를 개폐하여서는 안 된다.

32 전선의 굵기가 균일하고 부하가 송전단에서 말단까지 균일하게 분포되어 있을 때 배전선 말단에서 전압 강하는? (단, 배전선 전체 저항 R, 송전단의 부하 전류는 I이다.)

① $\dfrac{1}{2}RI$
② $\dfrac{1}{\sqrt{2}}RI$
③ $\dfrac{1}{\sqrt{3}}RI$
④ $\dfrac{1}{3}RI$

해설

구 분	말단에 집중 부하	균등 부하 분포
전압 강하	IR	$\dfrac{1}{2}IR$
전력 손실	I^2R	$\dfrac{1}{3}I^2R$

33 역률 개선용 콘덴서를 부하와 병렬로 연결하고자 한다. △결선 방식과 Y결선 방식을 비교하면 콘덴서의 정전 용량[μF]의 크기는 어떠한가?

① △결선 방식과 Y결선 방식은 동일하다.
② Y결선 방식이 △결선 방식의 $\dfrac{1}{2}$이다.
③ △결선 방식이 Y결선 방식의 $\dfrac{1}{3}$이다.
④ Y결선 방식이 △결선 방식의 $\dfrac{1}{\sqrt{3}}$이다.

해설 동일한 조건에서 정전 용량은 $C_\triangle = C_Y \times \dfrac{1}{3}$이다.

34 송전 선로에서 고조파 제거 방법이 아닌 것은?

① 변압기를 △결선한다.
② 능동형 필터를 설치한다.
③ 유도 전압 조정 장치를 설치한다.
④ 무효 전력 보상 장치를 설치한다.

해설 제3고조파는 △결선으로 제거할 수 있고, 제5고조파는 직렬 리액터를 설치하여 제거한다. 그리고 무효 전력을 보상하고, 고성능 필터를 사용할 수 있다. 유도 전압 조정 장치는 고조파 제거와는 관계가 없는 설비이다.

35 송전 선로에 댐퍼(damper)를 설치하는 주된 이유는?

① 전선의 진동 방지
② 전선의 이탈 방지
③ 코로나 현상의 방지
④ 현수 애자의 경사 방지

해설 가공 전선로의 댐퍼(damper)는 진동 루프 길이의 $\frac{1}{2} \sim \frac{1}{3}$인 곳에 설치하며 진동 에너지를 흡수하여 전선 진동을 방지한다.

36 400[kVA] 단상 변압기 3대를 △-△ 결선으로 사용하다가 1대의 고장으로 V-V 결선을 하여 사용하면 약 몇 [kVA] 부하까지 걸 수 있겠는가?

① 400　　　　② 566
③ 693　　　　④ 800

해설 $P_V = \sqrt{3}\,P_1 = \sqrt{3} \times 400 = 692.8 [kVA]$

37 직격뢰에 대한 방호 설비로 가장 적당한 것은?

① 복도체　　　② 가공 지선
③ 서지 흡수기　④ 정전 방전기

해설 가공 지선은 직격뢰로부터 전선로를 보호한다.

38 선로 정수를 평형되게 하고, 근접 통신선에 대한 유도 장해를 줄일 수 있는 방법은?

① 연가를 시행한다.
② 전선으로 복도체를 사용한다.
③ 전선로의 이도를 충분하게 한다.
④ 소호 리액터 접지를 하여 중성점 전위를 줄여준다.

해설 연가의 효과는 선로 정수를 평형시켜 통신선에 대한 유도 장해 방지 및 전선로의 직렬 공진을 방지한다.

39 직류 송전 방식에 대한 설명으로 틀린 것은?

① 선로의 절연이 교류 방식보다 용이하다.
② 리액턴스 또는 위상각에 대해서 고려할 필요가 없다.

③ 케이블 송전일 경우 유전손이 없기 때문에 교류 방식보다 유리하다.
④ 비동기 연계가 불가능하므로 주파수가 다른 계통 간의 연계가 불가능하다.

해설 직류 송전 방식의 이점
• 무효분이 없어 손실이 없고 역률이 항상 1이며 송전 효율이 좋다.
• 파고치가 없으므로 절연 계급을 낮출 수 있다.
• 전압 강하와 전력 손실이 적고, 안정도가 높아진다.

40 저압 배전 계통을 구성하는 방식 중, 캐스케이딩(cascading)을 일으킬 우려가 있는 방식은?

① 방사상 방식
② 저압 뱅킹 방식
③ 저압 네트워크 방식
④ 스포트 네트워크 방식

해설 캐스케이딩(cascading) 현상은 저압 뱅킹 방식에서 변압기 또는 선로의 사고에 의해서 뱅킹 내의 건전한 변압기의 일부 또는 전부가 연쇄적으로 차단되는 현상으로 방지책은 변압기의 1차측에 퓨즈, 저압선의 중간에 구분 퓨즈를 설치한다.

제3과목　전기기기

41 동기 발전기의 전기자 권선을 분포권으로 하면 어떻게 되는가?

① 난조를 방지한다.
② 기전력의 파형이 좋아진다.
③ 권선의 리액턴스가 커진다.
④ 집중권에 비하여 합성 유기 기전력이 증가한다.

정답 36.③　37.②　38.①　39.④　40.②　41.②

해설 동기 발전기의 전기자 권선에서 1극 1상의 홈수가 1개인 경우에는 집중권 2개 이상인 것을 분포권이라 하며 분포권으로 하면 기전력의 파형이 좋아지고 누설 리액턴스가 감소하며 열을 분산시켜 과열 방지에 도움을 주는데 기전력은 집중권보다 감소한다.

42 부하 전류가 2배로 증가하면 변압기의 2차측 동손은 어떻게 되는가?

① $\dfrac{1}{4}$로 감소한다.

② $\dfrac{1}{2}$로 감소한다.

③ 2배로 증가한다.

④ 4배로 증가한다.

해설 변압기의 동손($P_c = I^2 r\,[\mathrm{W}]$)은 전류의 제곱에 비례하므로 부하 전류가 2배로 증가하면 동손은 4배로 증가한다.

43 동기 전동기에서 출력이 100[%]일 때 역률이 1이 되도록 계자 전류를 조정한 다음에 공급 전압 V 및 계자 전류 I_f를 일정하게 하고, 전부하 이하에서 운전하면 동기 전동기의 역률은?

① 뒤진 역률이 되고, 부하가 감소할수록 역률은 낮아진다.

② 뒤진 역률이 되고, 부하가 감소할수록 역률은 좋아진다.

③ 앞선 역률이 되고, 부하가 감소할수록 역률은 낮아진다.

④ 앞선 역률이 되고, 부하가 감소할수록 역률은 좋아진다.

해설 동기 전동기의 공급 전압과 여자 전류가 일정하고 역률이 1인 상태에서 전부하 이하로 운전하면 과여자로 앞선 역률이 되며 부하가 낮을수록 역률이 낮아지고, 전부하 이상으로 운전하면 부족 여자로 늦은 역률이 되며 부하가 커짐에 따라 역률은 낮아진다.

44 유도 기전력의 크기가 서로 같은 A, B 2대의 동기 발전기를 병렬 운전할 때, A 발전기의 유기 기전력 위상이 B보다 앞설 때 발생하는 현상이 아닌 것은?

① 동기화력이 발생한다.

② 고조파 무효 순환 전류가 발생된다.

③ 유효 전류인 동기화 전류가 발생된다.

④ 전기자 동손을 증가시키며 과열의 원인이 된다.

해설 동기 발전기의 병렬 운전 시 유기 기전력의 위상차가 생기면 동기화 전류(유효 순환 전류)가 흘러 동손이 증가하여 과열의 원인이 되고, 수수 전력과 동기화력이 발생하여 기전력의 위상이 일치하게 된다.

45 직류기의 철손에 관한 설명으로 틀린 것은?

① 성층 철심을 사용하면 와전류손이 감소한다.

② 철손에는 풍손과 와전류손 및 저항손이 있다.

③ 철에 규소를 넣게 되면 히스테리시스손이 감소한다.

④ 전기자 철심에는 철손을 작게 하기 위해 규소 강판을 사용한다.

해설 직류기의 철손은 히스테리시스손과 와전류손의 합이며 히스테리시스손을 감소시키기 위해 철에 규소를 함유하고 와전류손을 적게 하기 위하여 얇은 강판을 성층 철심하여 사용한다.

46 직류 분권 발전기의 극수 4, 전기자 총 도체수 600으로 매분 600회전할 때 유기 기전력이 220[V]라 한다. 전기자 권선이 파권일 때 매극당 자속은 약 몇 [Wb]인가?

① 0.0154　　② 0.0183

③ 0.0192　　④ 0.0199

정답 42.④ 43.③ 44.② 45.② 46.②

해설 직류 발전기의 유기 기전력 $E = \dfrac{Z}{a}p\phi\dfrac{N}{60}$ [V]에서

자속 $\phi = \dfrac{60Ea}{pZN} = \dfrac{60 \times 220 \times 2}{600 \times 4 \times 600} = 0.0183$ [Wb]

47 어떤 정류 회로의 부하 전압이 50[V]이고 맥동률 3[%]이면 직류 출력 전압에 포함된 교류분은 몇 [V]인가?

① 1.2　　　　　② 1.5
③ 1.8　　　　　④ 2.1

해설 정류 회로에서 맥동률

ν(뉴, nu) = $\dfrac{출력\ 전압(전류)에\ 포함된\ 교류\ 성분}{출력\ 전압(전류)의\ 직류\ 성분}$

교류 성분 전압 $V = V \cdot E_d = 0.03 \times 50 = 1.5$ [V]

48 3상 수은 정류기의 직류 평균 부하 전류가 50[A]가 되는 1상 양극 전류 실효값은 약 몇 [A]인가?

① 9.6　　　　　② 17
③ 29　　　　　④ 87

해설 수은 정류기의 전류비

$\dfrac{I_d}{I} = \sqrt{m}$

여기서, m : 상(phase)수

$I = \dfrac{I_d}{\sqrt{m}} = \dfrac{50}{\sqrt{3}} = 28.86$ [A]

49 그림은 동기 발전기의 구동 개념도이다. 그림에서 ㉡를 발전기라 할 때 ㉢의 명칭으로 적합한 것은?

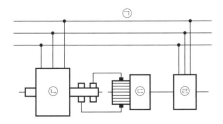

① 전동기　　　　② 여자기
③ 원동기　　　　④ 제동기

해설 동기 발전기의 구동 개념도
- ㉠ : 모선
- ㉡ : 동기 발전기
- ㉢ : 여자기
- ㉣ : 교류 전동기

50 유도 전동기의 2차 회로에 2차 주파수와 같은 주파수로 적당한 크기와 적당한 위상의 전압을 외부에서 가해주는 속도 제어법은?

① 1차 전압 제어　　② 2차 저항 제어
③ 2차 여자 제어　　④ 극수 변환 제어

해설 권선형 유도 전동기의 2차(회전자) 회로에 2차 주파수(슬립 주파수)와 같은 주파수의 전압을 외부에서 가해주면 회전 속도와 역률을 조정할 수 있는데 이것을 2차 여자 제어법이라 한다.

51 변압기의 1차측을 Y결선, 2차측을 △결선으로 한 경우 1차와 2차 간의 전압의 위상차는?

① 0°　　　　　② 30°
③ 45°　　　　　④ 60°

해설 변압기의 Y-△ 결선에서 1차와 2차 간의 전압의 위상차는 1차측 전압(Y결선)이 2차측 전압(△결선)보다 위상이 30° 앞선다.

52 이상적인 변압기의 무부하에서 위상 관계로 옳은 것은?

① 자속과 여자 전류는 동위상이다.
② 자속은 인가 전압보다 90° 앞선다.
③ 인가 전압은 1차 유기 기전력보다 90° 앞선다.
④ 1차 유기 기전력과 2차 유기 기전력의 위상은 반대이다.

해설 이상적인 변압기는 철손, 동손 및 누설 자속이 없는 변압기로서, 자화 전류와 여자 전류가 같아져 자속과 여자 전류는 동위상이다.

53
정격 출력 50[kW], 4극 220[V], 60[Hz]인 3상 유도 전동기가 전부하 슬립 0.04, 효율 90[%]로 운전되고 있을 때 다음 중 틀린 것은?

① 2차 효율=96[%]

② 1차 입력=55.56[kW]

③ 회전자 입력=47.9[kW]

④ 회전자 동손=2.08[kW]

해설
2차 효율 $\eta_2 = \dfrac{P_o}{P_2} \times 100$

$= \dfrac{P_2(1-s)}{P_2} \times 100$

$= (1-s) \times 100$

$= (1-0.04) \times 100$

$= 96[\%]$

1차 입력 $P_1 = \dfrac{P}{\eta} = \dfrac{50}{0.9} = 55.56[\text{kW}]$

회전자 입력 $P_2 = \dfrac{P}{1-s} = \dfrac{50}{1-0.04} = 52.08[\text{kW}]$

회전자 동손 $P_{2c} = sP_2 = 0.04 \times 52.08 = 2.08[\text{kW}]$

54
저항 부하를 갖는 정류 회로에서 직류분 전압이 200[V]일 때 다이오드에 가해지는 첨두 역전압(PIV)의 크기는 약 몇 [V]인가?

① 346

② 628

③ 692

④ 1,038

해설 단상 반파 정류에서

직류 전압 $E_d = \dfrac{\sqrt{2}}{\pi} E$에서 교류 전압 $E = E_d \dfrac{\pi}{\sqrt{2}}$

첨두 역전압(PIV)

$V_{in} = \sqrt{2}E = \sqrt{2} E_d \dfrac{\pi}{\sqrt{2}}$

$= \sqrt{2} \times 200 \times \dfrac{\pi}{\sqrt{2}}$

$= 628[\text{V}]$

55
3상 변압기를 1차 Y, 2차 △로 결선하고 1차에 선간 전압 3,300[V]를 가했을 때의 무부하 2차 선간 전압은 몇 [V]인가? (단, 전압비는 30 : 1이다.)

① 63.5

② 110

③ 173

④ 190.5

해설
1차 상전압 $E_1 = \dfrac{V_l}{\sqrt{3}} = \dfrac{3,300}{\sqrt{3}} = 1905.25[\text{V}]$

권수비 $a = \dfrac{E_1}{E_2}$에서 $E_2 = \dfrac{E_1}{a} = \dfrac{1905.25}{30} = 63.5[\text{V}]$

2차 선간 전압 $V_2 = E_2 = 63.5[\text{V}]$

56
직류 발전기를 유기 기전력과 반비례하는 것은?

① 자속

② 회전수

③ 전체 도체수

④ 병렬 회로수

해설 직류 발전기의 유기 기전력

$E = \dfrac{Z}{a} p\phi \dfrac{N}{60} [\text{V}] \propto \dfrac{1}{a}$

여기서, Z : 총 도체수

a : 병렬 회로수(중권 $a = p$, 파권 $a = 2$)

p : 극수

ϕ : 극당 자속

N : 분당 회전수

57
일반적인 3상 유도 전동기에 대한 설명 중 틀린 것은?

① 불평형 전압으로 운전하는 경우 전류는 증가하나 토크는 감소한다.

② 원선도 작성을 위해서는 무부하 시험, 구속 시험, 1차 권선 저항 측정을 하여야 한다.

③ 농형은 권선형에 비해 구조가 견고하며 권선형에 비해 대형 전동기로 널리 사용된다.

④ 권선형 회전자의 3선 중 1선이 단선되면 동기 속도의 50[%]에서 더 이상 가속되지 못하는 현상을 게르게스 현상이라 한다.

정답 53.③ 54.② 55.① 56.④ 57.③

해설 3상 유도 전동기에서 농형은 권선형과 비교하여 구조가 간결하고, 견고하지만 기동 전류가 크고, 기동 토크가 작으므로 소형 전동기로 널리 사용한다.

58 변압기 보호 장치의 주된 목적이 아닌 것은?

① 전압 불평형 개선

② 절연 내력 저하 방지

③ 변압기 자체 사고의 최소화

④ 다른 부분으로의 사고 확산 방지

해설 변압기의 보호 장치(퓨즈 계전기 콘서베이터 등)의 주된 목적은 변압기 자체 사고의 최소화, 사고 확대 방지 절연 내력 저하의 억제 등이다.

59 직류기에서 기계각의 극수가 P인 경우 전기각과의 관계는 어떻게 되는가?

① 전기각 $\times 2P$

② 전기각 $\times 3P$

③ 전기각 $\times \dfrac{2}{P}$

④ 전기각 $\times \dfrac{3}{P}$

해설 직류기에서 전기각 $\alpha = \dfrac{P}{2} \times$기계각

예 4극의 경우 360°(기계각), 회전 시 전기각은 720°이다.

기계각 $\theta =$전기각$\times \dfrac{2}{P}$

60 3상 권선형 유도 전동기의 전부하 슬립 5[%], 2차 1상의 저항 0.5[Ω]이다. 이 전동기의 기동 토크를 전부하 토크와 같도록 하려면 외부에서 2차에 삽입할 저항[Ω]은?

① 8.5

② 9

③ 9.5

④ 10

해설 유도 전동기의 동기 와트로 표시한 토크

$$T_s = \dfrac{V_1^{\,2}\dfrac{r_2{}'}{s}}{\left(r_1 + \dfrac{r_2{}'}{s}\right)^2 + (x_1 + x_2{}')^2}$$ 에서 동일 토크 조건

은 $\dfrac{r_2}{s} = \dfrac{r_2 + R}{s'}$ 이다.

$$\dfrac{0.5}{0.05} = \dfrac{0.5 + R}{1}$$

$$\therefore R = 10 - 0.5 = 9.5[\Omega]$$

제4과목 **회로이론 및 제어공학**

61 $G(s) = \dfrac{1}{0.005\,s\,(0.1\,s + 1)^2}$ 에서 $\omega = 10$ [rad/s]일 때의 이득 및 위상각은?

① 20[dB], $-90°$ ② 20[dB], $-180°$

③ 40[dB], $-90°$ ④ 40[dB], $-180°$

해설 $G(j\omega) = \dfrac{1}{0.005j\omega(0.1j\omega + 1)^2}$

이득 $g = 20\log|G(j\omega)|$

$= 20\log\left|\dfrac{1}{0.005\omega\left(\sqrt{(0.1\omega)^2 + 1^2}\,\right)^2}\right|_{\omega = 10}$

$= 20\log 10 = 20[dB]$

위상각 $\theta = \underline{/G(j\omega)} = -180°$

62 그림과 같은 논리 회로는?

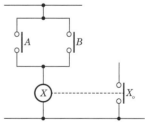

① OR 회로 ② AND 회로

③ NOT 회로 ④ NOR 회로

해설 $X_o = A + B$이므로 OR 회로이다.

63 그림은 제어계와 그 제어계의 근궤적을 작도한 것이다. 이것으로부터 결정된 이득 여유값은?

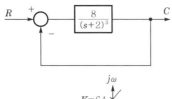

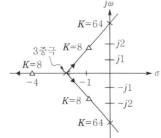

① 2   ② 4

③ 8   ④ 64

해설 이득 여유$(GM) = \dfrac{\text{허수축과의 교차점에서의 } K\text{의 값}}{K\text{의 설계값}}$

근궤적으로부터 허수축과의 교차점 K값은 64이므로 이득 여유$(GM) = \dfrac{64}{8} = 8$이다.

64 그림과 같은 스프링 시스템을 전기적 시스템으로 변환했을 때 이에 대응하는 회로는?

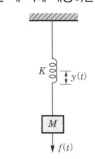

①   ②

③

해설 직선 운동계를 전기계로 유추

힘 → 전압, 속도 → 전류, 점성 마찰 → 전기 저항,
기계적 강도 → 정전 용량, 질량 → 인덕턴스

힘 $f(t)$와 변위 $y(t)$와의 관계식은

$$f(t) = M\frac{d^2 y(t)}{dt^2} + Ky(t)$$

전기 회로로 표시하면

65 $\dfrac{d^2}{dt^2}c(t) + 5\dfrac{d}{dt}c(t) + 4c(t) = r(t)$와 같은 함수를 상태 함수로 변환하였다. 벡터 A, B의 값으로 적당한 것은?

$$\frac{d}{dt}X(t) = AX(t) + Br(t)$$

① $A = \begin{bmatrix} 0 & 1 \\ -5 & -4 \end{bmatrix}$, $B = \begin{bmatrix} 0 \\ 1 \end{bmatrix}$

② $A = \begin{bmatrix} 0 & 1 \\ 5 & 4 \end{bmatrix}$, $B = \begin{bmatrix} 0 \\ 1 \end{bmatrix}$

③ $A = \begin{bmatrix} 0 & 1 \\ -4 & -5 \end{bmatrix}$, $B = \begin{bmatrix} 0 \\ 1 \end{bmatrix}$

④ $A = \begin{bmatrix} 0 & 1 \\ 4 & 5 \end{bmatrix}$, $B = \begin{bmatrix} 0 \\ 1 \end{bmatrix}$

해설 • 상태 변수 : $x_1(t) = c(t)$

$\qquad\qquad\qquad x_2(t) = \dfrac{dc(t)}{dt}$

• 상태 방정식 : $\dot{x}_1(t) = x_2(t)$

$\qquad\qquad\qquad \dot{x}_2(t) = -4x_1(t) - 5x_2(t) + r(t)$

$\begin{bmatrix} \dot{x}_1(t) \\ \dot{x}_2(t) \end{bmatrix} = \begin{bmatrix} 0 & 1 \\ -4 & -5 \end{bmatrix}\begin{bmatrix} x_1(t) \\ x_2(t) \end{bmatrix} + \begin{bmatrix} 0 \\ 1 \end{bmatrix}r(t)$

$\therefore A = \begin{bmatrix} 0 & 1 \\ -4 & -5 \end{bmatrix}$, $B = \begin{bmatrix} 0 \\ 1 \end{bmatrix}$

정답   63.③   64.③   65.③

66 전달 함수 $G(s) = \dfrac{1}{s+a}$ 일 때, 이 계의 임 펄스 응답 $c(t)$를 나타내는 것은? (단, a는 상수이다.)

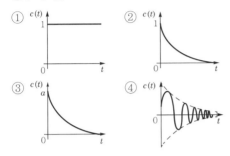

① $c(t)$
② $c(t)$
③ $c(t)$
④ $c(t)$

해설 입력 $r(t) = \delta(t)$, $R(s) = 1$

$\therefore$ 전달 함수 $G(s) = \dfrac{C(s)}{R(s)} = C(s)$

$\therefore c(t) = \pounds^{-1}[G(s)]e^{-at}$

임펄스 응답 $c(t)$는 지수 감쇠 함수이다.

67 궤환(feedback) 제어계의 특징이 아닌 것은?

① 정확성이 증가한다.
② 대역폭이 증가한다.
③ 구조가 간단하고 설치비가 저렴하다.
④ 계(系)의 특성 변화에 대한 입력 대 출력비의 감도가 감소한다.

해설 피드백 제어계의 특징
• 정확성이 증가한다.
• 계의 특성 변화에 대한 입력 대 출력비의 감도가 감소한다.
• 대역폭이 증가한다.
• 발진을 일으키고 불안정한 상태로 되어가는 경향성이 있다.

68 이산 시스템(discrete data system)에서의 안정도 해석에 대한 설명 중 옳은 것은?

① 특성 방정식의 모든 근이 z평면의 음의 반평면에 있으면 안정하다.
② 특성 방정식의 모든 근이 z평면의 양의 반평면에 있으면 안정하다.

③ 특성 방정식의 모든 근이 z평면의 단위원 내부에 있으면 안정하다.
④ 특성 방정식의 모든 근이 z평면의 단위원 외부에 있으면 안정하다.

해설 z변환법을 사용한 샘플값 제어계 해석
• s평면의 좌반 평면(안정) : 특성근이 z평면의 원점에 중심을 둔 단위원 내부
• s평면의 우반 평면(불안정) : 특성근이 z평면의 원점에 중심을 둔 단위원 외부
• s평면의 허수축상(임계 안정) : 특성근이 z평면의 원점에 중심을 둔 단위원 원주상

69 노내 온도를 제어하는 프로세스 제어계에서 검출부에 해당하는 것은?

① 노
② 밸브
③ 증폭기
④ 열전대

해설 열전대의 지시값으로 노내 온도를 조절하므로 열전대는 검출부에 해당한다.

70 단위 부궤환 제어 시스템의 루프 전달 함수 $G(s)H(s)$가 다음과 같이 주어져 있다. 이득 여유가 20[dB]이면 이때의 K의 값은?

$$G(s)H(s) = \dfrac{K}{(s+1)(s+3)}$$

① $\dfrac{3}{10}$
② $\dfrac{3}{20}$
③ $\dfrac{1}{20}$
④ $\dfrac{1}{40}$

해설 이득 여유 $G \cdot M = 20\log\dfrac{1}{|G(j\omega)H(j\omega)|} = 20\log\dfrac{3}{K}$

$\therefore 20\log\dfrac{3}{K} = 20$

$20\log\dfrac{3}{K} = 20\log 10^{10}$

$\dfrac{3}{K} = 10$

$\therefore K = \dfrac{3}{10}$

71 $R = 100[\Omega]$, $X_c = 100[\Omega]$이고 L만을 가변할 수 있는 RLC 직렬 회로가 있다. 이때, $f = 500[\text{Hz}]$, $E = 100[\text{V}]$를 인가하여 L을 변화시킬 때 L의 단자 전압 E_L의 최대값은 몇 [V]인가? (단, 공진 회로이다.)

① 50   ② 100

③ 150   ④ 200

해설 $E_L = E_C = X_L I = X_C I = X_C \cdot \dfrac{E}{R}[\text{V}]$

$\therefore E_L = 100 \cdot \dfrac{100}{100} = 100[\text{V}]$

72 어떤 회로에 전압을 115[V] 인가하였더니 유효 전력이 230[W], 무효 전력이 345[Var]를 지시한다면 회로에 흐르는 전류는 약 몇 [A]인가?

① 2.5   ② 5.6

③ 3.6   ④ 4.5

해설 피상 전력

$P_a = \sqrt{P^2 + P_r^{\,2}} = \sqrt{(230)^2 + (345)^2} = 414.6[\text{VA}]$

$I = \dfrac{P_a}{V} = \dfrac{414.6}{115} = 3.6[\text{A}]$

73 시정수의 의미를 설명한 것 중 틀린 것은?

① 시정수가 작으면 과도 현상이 짧다.

② 시정수가 크면 정상 상태에 늦게 도달한다.

③ 시정수는 τ로 표기하며 단위는 초[s]이다.

④ 시정수는 과도 기간 중 변화해야 할 양의 0.632[%]가 변화하는 데 소요된 시간이다.

해설 시정수 τ값이 커질수록 $e^{-\frac{1}{\tau}t}$의 값이 증가하므로 과도 상태는 길어진다. 즉, 시정수와 과도분은 비례 관계에 있게 된다.

74 무손실 선로에 있어서 감쇠 정수 α, 위상 정수를 β라 하면 α와 β의 값은? (단, R, G, L, C는 선로 단위 길이당의 저항, 컨덕턴스, 인덕턴스, 커패시턴스이다.)

① $\alpha = \sqrt{RG}$, $\beta = 0$

② $\alpha = 0$, $\beta = \dfrac{1}{\sqrt{LC}}$

③ $\alpha = 0$, $\beta = \omega\sqrt{LC}$

④ $\alpha = \sqrt{RG}$, $\beta = \omega\sqrt{LC}$

해설 $\gamma = \sqrt{(R + j\omega L)(G + j\omega C)} = j\omega\sqrt{LC}$

$\therefore$ 감쇠 정수 $\alpha = 0$, 위상 정수 $\beta = \omega\sqrt{LC}$

75 어떤 소자에 걸리는 전압과 전류가 아래와 같을 때 이 소자에서 소비되는 전력[W]은 얼마인가?

$$v(t) = 100\sqrt{2}\cos\left(314t - \frac{\pi}{6}\right)[\text{V}]$$

$$i(t) = 3\sqrt{2}\cos\left(314t + \frac{\pi}{6}\right)[\text{A}]$$

① 100   ② 150

③ 250   ④ 300

해설 $P = VI\cos\theta = 100 \times 3 \times \cos 60° = 150[\text{W}]$

76 그림 (a)와 그림 (b)가 역회로 관계에 있으려면 L의 값은 몇 [mH]인가?

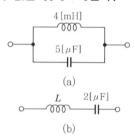

(a)

(b)

① 1   ② 2

③ 5   ④ 10

정답   71.②   72.③   73.④   74.③   75.②   76.④

해설 역회로 조건 $Z_1 Z_2 = K^2$

$$L = K^2 C = \frac{L_1}{C_1} C = \frac{4 \times 10^{-3}}{2 \times 10^{-6}} \times 5 \times 10^{-6} = 10 [\text{mH}]$$

77 2개의 전력계로 평형 3상 부하의 전력을 측정하였더니 한쪽의 지시가 다른 쪽 전력계 지시의 3배였다면 부하의 역률은 약 얼마인가?

① 0.46 ② 0.55

③ 0.65 ④ 0.76

해설 역률 $\cos\theta = \dfrac{P}{P_a}$

$$= \frac{P}{\sqrt{P^2 + P_r^2}}$$

$$= \frac{P_1 + P_2}{2\sqrt{P_1^2 + P_2^2 - P_1 P_2}}$$

$P_2 = 3P_1$의 관계이므로

$$\cos\theta = \frac{P_1 + (3P_1)}{2\sqrt{P_1^2 + (3P_1)^2 - P_1(3P_1)}} = 0.75$$

78 $F(s) = \dfrac{1}{s(s+a)}$ 의 라플라스 역변환은?

① e^{-at} ② $1 - e^{-at}$

③ $a(1 - e^{-at})$ ④ $\dfrac{1}{a}(1 - e^{-at})$

해설 $F(s) = \dfrac{1}{s(s+a)} = \dfrac{1}{as} - \dfrac{1}{a(s+a)}$

$$\therefore f(t) = \frac{1}{a}(1 - e^{-at})$$

79 선간 전압이 220[V]인 대칭 3상 전원에 평형 3상 부하가 접속되어 있다. 부하 1상의 저항은 10[Ω], 유도 리액턴스 15[Ω], 용량 리액턴스 5[Ω]가 직렬로 접속된 것이다. 부하가 △결선일 경우, 선로 전류[A]와 3상 전력[W]은 약 얼마인가?

① $I_l = 10\sqrt{6}$, $P_3 = 6,000$

② $I_l = 10\sqrt{6}$, $P_3 = 8,000$

③ $I_l = 10\sqrt{3}$, $P_3 = 6,000$

④ $I_l = 10\sqrt{3}$, $P_3 = 8,000$

해설 한 상의 임피던스 $Z = 10 + j15 - j5 = 10 + j10$

• 선전류 $I_l = \sqrt{3}\, I_p = \sqrt{3}\, \dfrac{200}{\sqrt{10^2 + 10^2}} = \sqrt{3}\, \dfrac{20}{\sqrt{2}}$

$$= 10\sqrt{6}\,[\text{A}]$$

• 3상 전력

$$P = 3 \cdot I_p^2 \cdot R = 3\left(\frac{200}{\sqrt{10^2 + 10^2}}\right)^2 \times 10 ≒ 6,000[\text{W}]$$

80 공간적으로 서로 $\dfrac{2\pi}{n}$ [rad]의 각도를 두고 배치한 n개의 코일에 대칭 n상 교류를 흘리면 그 중심에 생기는 회전 자계의 모양은?

① 원형 회전 자계

② 타원형 회전 자계

③ 원통형 회전 자계

④ 원추형 회전 자계

해설 • 원형 회전 자계 : 대칭 3상(n상)이 만드는 회전 자계
• 타원형 회전 자계 : 비대칭 3상(n상)이 만드는 회전 자계

제5과목 전기설비기술기준

81 애자 공사에 의한 저압 옥내 배선 시설 중 틀린 것은?

① 전선은 인입용 비닐 절연 전선일 것

② 전선 상호간의 간격은 6[cm] 이상일 것

③ 전선의 지지점 간의 거리는 전선을 조영재의 윗면에 따라 붙일 경우에는 2[m] 이하일 것

④ 전선과 조영재 사이의 이격 거리(간격)는 사용전압이 400[V] 이하인 경우에는 2.5[cm] 이상일 것

정답 77.④ 78.④ 79.① 80.① 81.①

해설 애자 공사(한국전기설비규정 232.56)
- 전선은 절연 전선(옥외용 및 인입용 제외)
- 전선 상호간의 간격은 6[cm] 이상
- 전선과 조영재 사이의 이격 거리(간격) : 2.5[cm] 이상
- 전선 지지점 간의 거리 : 조영재의 윗면 또는 옆면에 따라 붙일 경우에는 2[m] 이하

82 저압 및 고압 가공 전선의 높이는 도로를 횡단하는 경우와 철도를 횡단하는 경우에 각각 몇 [m] 이상이어야 하는가?

① 도로 : 지표상 5, 철도 : 레일면상 6
② 도로 : 지표상 5, 철도 : 레일면상 6.5
③ 도로 : 지표상 6, 철도 : 레일면상 6
④ 도로 : 지표상 6, 철도 : 레일면상 6.5

해설 고압 가공 전선의 높이(한국전기설비규정 332.5)
- 도로를 횡단하는 경우에는 지표상 6[m] 이상
- 철도 또는 궤도를 횡단하는 경우에는 레일면상 6.5[m] 이상

83 사용 전압이 몇 [V] 이상의 중성점 직접 접지식 전로에 접속하는 변압기를 설치하는 곳에는 절연유의 구외 유출 및 지하 침투를 방지하기 위하여 절연유 유출 방지 설비를 하여야 하는가?

① 25,000
② 50,000
③ 75,000
④ 100,000

해설 절연유(기술기준 제20조)
사용 전압이 100[kV] 이상의 변압기를 설치하는 곳에는 절연유의 구외 유출 및 지하 침투를 방지하기 위하여 절연유 유출 방지 설비를 하여야 한다.

84 접지 공사의 접지극을 시설할 때 동결 깊이를 감안하여 지하 몇 [cm] 이상의 깊이로 매설하여야 하는가?

① 60　　　　② 75
③ 90　　　　④ 100

해설 접지 도체(한국전기설비규정 142.3.1)
- 접지극은 지하 75[cm] 이상으로 하되 동결 깊이를 감안하여 매설할 것
- 접지극을 철주의 밑면으로부터 30[cm] 이상의 깊이에 매설하는 경우 이외에는 접지극을 지중에서 금속체로부터 1[m] 이상 떼어 매설할 것
- 접지 도체에는 절연 전선(옥외용 제외), 케이블(통신용 제외)을 사용할 것
- 지하 75[cm]로부터 지표상 2[m]까지의 부분은 합성 수지관(두께 2[mm] 이상), 몰드로 덮을 것
- 지지물에는 피뢰침용 지선을 시설하여서는 아니된다.

85 특고압 가공 전선이 도로 등과 교차하여 도로 상부측에 시설할 경우에 보호망도 같이 시설하려고 한다. 보호망은 제 몇 종 접지 공사로 하여야 하는가?

① 제1종 접지 공사
② 제2종 접지 공사
③ 제3종 접지 공사
④ 특별 제3종 접지 공사

해설 특고압 가공 전선과 도로 등의 접근 또는 교차(판단기준 제127조)
- 보호망은 제1종 접지 공사를 한 금속제의 망상 장치로 하고 견고하게 지지할 것
- 특고압 가공 전선의 직하에 시설하는 금속선에는 인장 강도 8.01[kN] 이상의 것 또는 지름 5[mm] 이상의 경동선을 사용하고 그 밖의 부분에 시설하는 금속선에는 인장 강도 5.26[kN] 이상의 것 또는 지름 4[mm] 이상의 경동선을 사용할 것
- 보호망을 구성하는 금속선 상호의 간격은 가로, 세로 각 1.5[m] 이하일 것

※ 이 문제는 출제 당시 규정에는 적합했으나 새로 제정된 한국전기설비규정에는 일부 부적합하므로 문제 유형만 참고하시기 바랍니다.

정답 82.④　83.④　84.②　85.①

86 발전용 수력 설비에서 필댐의 축제 재료로 필댐의 본체에 사용하는 토질 재료로 적합하지 않은 것은?

① 묽은 진흙으로 되지 않을 것
② 댐의 안정에 필요한 강도 및 수밀성이 있을 것
③ 유기물을 포함하고 있으며 광물 성분은 불용성일 것
④ 댐의 안정에 지장을 줄 수 있는 팽창성 또는 수축성이 없을 것

[로]해설 차수벽에 사용하는 재료(한국전기설비규정 705.19)
골재는 깨끗하고 단단하며 적당한 입도와 내구성을 가지고 가열에 의해 품질 변화를 일으키지 않는 것으로 점토, 실트, 유기물 등의 유해량을 포함하지 않을 것

87 전기 울타리용 전원 장치에 전기를 공급하는 전로의 사용 전압은 몇 [V] 이하이어야 하는가?

① 150   ② 200
③ 250   ④ 300

[로]해설 전기 울타리의 시설(한국전기설비규정 241.1)
사용 전압은 250[V] 이하이며, 전선은 인장 강도 1.38[kN] 이상의 것 또는 지름 2[mm] 이상 경동선을 사용하고, 지지하는 기둥과의 이격 거리(간격)는 2.5[cm] 이상, 수목과의 거리는 30[cm] 이상

88 사용 전압이 22.9[kV]인 특고압 가공 전선로(중성선 다중 접지식의 것으로서 전로에 지락이 생겼을 때에 2초 이내에 자동적으로 이를 전로로부터 차단하는 장치가 되어 있는 것에 한한다.)가 상호간 접근 또는 교차하는 경우 사용 전선이 양쪽 모두 케이블인 경우 이격 거리(간격)는 몇 [m] 이상인가?

① 0.25   ② 0.5
③ 0.75   ④ 1.0

[로]해설 25[kV] 이하인 특고압 가공 전선로의 시설(한국전기설비규정 333.32)
특고압 가공 전선로가 상호간 접근 또는 교차하는 경우

사용 전선의 종류	이격 거리(간격)
어느 한쪽 또는 양쪽이 나전선인 경우	1.5[m]
양쪽이 특고압 절연 전선인 경우	1.0[m]
한쪽이 케이블이고 다른 한쪽이 케이블이거나 특고압 절연 전선인 경우	0.5[m]

89 전력 계통의 일부가 전력 계통의 전원과 전기적으로 분리된 상태에서 분산형 전원에 의해서만 가압되는 상태를 무엇이라 하는가?

① 계통 연계
② 접속 설비
③ 단독 운전
④ 단순 병렬 운전

[로]해설 용어 정의(한국전기설비규정 112)
"단독 운전"이란 전력 계통의 일부가 전력 계통의 전원과 전기적으로 분리된 상태에서 분산형 전원에 의해서만 가압되는 상태를 말한다.

90 고압 가공 인입선이 케이블 이외의 것으로서 그 전선의 아래쪽에 위험 표시를 하였다면 전선의 지표상 높이는 몇 [m]까지로 감할 수 있는가?

① 2.5   ② 3.5
③ 4.5   ④ 5.5

[로]해설 고압 인입선의 시설(한국전기설비규정 331.12.1)
• 전선에는 인장 강도 8.01[kN] 이상의 또는 지름 5[mm]의 경동선 또는 케이블로 시설하여야 한다.
• 고압 가공 인입선의 높이는 지표상 5[m] 이상으로 하여야 한다.
• 고압 가공 인입선이 케이블일 때와 전선의 아래쪽에 위험 표시를 하면 지표상 3.5[m]까지로 감할 수 있다.
• 고압 연접(이웃 연결) 인입선은 시설하여서는 아니 된다.

정답 86.③ 87.③ 88.② 89.③ 90.②

91 특고압의 기계 기구·모선 등을 옥외에 시설하는 변전소의 구내에 취급자 이외의 자가 들어가지 못하도록 시설하는 울타리·담 등의 높이는 몇 [m] 이상으로 하여야 하는가?

① 2
② 2.2
③ 2.5
④ 3

해설 발전소 등의 울타리·담 등의 시설(한국전기설비규정 351.1)
울타리·담 등의 높이는 2[m] 이상으로 하고 지표면과 울타리·담 등의 하단 사이의 간격은 15[cm] 이하로 할 것

92 가반형의 용접 전극을 사용하는 아크 용접 장치의 용접 변압기의 1차측 전로의 대지 전압은 몇 [V] 이하이어야 하는가?

① 60
② 150
③ 300
④ 400

해설 아크 용접기(한국전기설비규정 241.10)
가반형(可搬型)의 용접 전극을 사용하는 아크 용접 장치 시설
• 용접 변압기는 절연 변압기일 것
• 용접 변압기의 1차측 전로의 대지 전압은 300[V] 이하일 것

93 지중 전선로를 직접 매설식에 의하여 시설하는 경우에 차량 기타 중량물의 압력을 받을 우려가 없는 장소의 매설 깊이는 몇 [cm] 이상이어야 하는가?

① 60
② 100
③ 120
④ 150

해설 지중 전선로의 시설(한국전기설비규정 334.1)
• 직접 매설식에 의하여 시설하는 경우에는 매설 깊이를 1.0[m] 이상(차량 기타 중량물의 압력을 받을 우려가 없는 장소 60[cm] 이상)
• 관로식에 의하여 시설하는 경우에는 매설 깊이를 1.0[m] 이상

94 특고압을 옥내에 시설하는 경우 그 사용 전압의 최대 한도는 몇 [kV] 이하인가? (단, 케이블 트레이 공사는 제외)

① 25
② 80
③ 100
④ 160

해설 특고압 옥내 전기 설비의 시설(한국전기설비규정 342.4)
• 사용 전압은 100[kV] 이하일 것(케이블 트레이 공사 35[kV] 이하)
• 전선은 케이블일 것
• 금속체에는 접지 공사를 할 것
• 특고압 옥내 배선이 저압 옥내 전선·관등 회로의 배선·고압 옥내 전선과의 상호간 이격 거리(간격)는 60[cm] 이상일 것

95 샤워 시설이 있는 욕실 등 인체가 물에 젖어 있는 상태에서 전기를 사용하는 장소에 콘센트를 시설할 경우 인체 감전 보호용 누전 차단기의 정격 감도 전류는 몇 [mA] 이하인가?

① 5
② 10
③ 15
④ 30

해설 콘센트의 시설(한국전기설비규정 234.5)
욕조나 샤워 시설이 있는 욕실 또는 화장실 등 인체가 물에 젖어 있는 상태에서 전기를 사용하는 장소에 콘센트를 시설
• 인체 감전 보호용 누전 차단기(정격 감도 전류 15[mA] 이하, 동작 시간 0.03초 이하의 전류 동작형) 또는 절연 변압기(정격 용량 3[kVA] 이하)로 보호된 전로에 접속하거나, 인체 감전 보호용 누전 차단기가 부착된 콘센트를 시설하여야 한다.
• 콘센트는 접지극이 있는 방적형 콘센트를 사용하여 접지하여야 한다.

96 버스 덕트 공사에서 저압 옥내 배선의 사용 전압이 400[V] 미만인 경우에는 덕트에 제 몇 종 접지 공사를 하여야 하는가?

① 제1종 접지 공사
② 제2종 접지 공사
③ 제3종 접지 공사
④ 특별 제3종 접지 공사

정답 91.① 92.③ 93.② 94.③ 95.③ 96.③

해설 버스 덕트 공사(판단기준 제188조)
- 덕트의 지지점 간의 거리를 3[m](수직 6[m]) 이하
- 사용 전압이 400[V] 미만인 경우에는 제3종 접지 공사, 400[V] 이상인 경우에는 특별 제3종 접지 공사

※ 이 문제는 출제 당시 규정에는 적합했으나 새로 제정된 한국전기설비규정에는 일부 부적합하므로 문제 유형만 참고하시기 바랍니다.

97 전로의 사용 전압이 400[V] 이하이고, 대지 전압이 220[V]인 옥내 전로에서 분기 회로의 절연 저항값은 몇 [MΩ] 이상이어야 하는가?

① 0.1　　　　② 1.0
③ 2.0　　　　④ 3.0

해설 저압 전로의 절연 성능(기술기준 제52조)

전로의 사용 전압[V]	DC 시험 전압[V]	절연 저항 [MΩ]
SELV 및 PELV	250	0.5
FELV, 500[V] 이하	500	1.0
500[V] 초과	1,000	1.0

(주) 특별 저압(extra low voltage : 2차 전압이 AC 50[V], DC 120[V] 이하)으로 SELV(비접지 회로 구성) 및 PELV(접지 회로 구성)은 1차와 2차가 전기적으로 절연된 회로, FELV는 1차와 2차가 전기적으로 절연되지 않은 회로

98 (　　) 안에 들어갈 내용으로 옳은 것은?

유희용(놀이용) 전차에 전기를 공급하는 전로의 사용 전압은 직류의 경우는 (㉠)[V] 이하, 교류의 경우는 (㉡)[V] 이하이어야 한다.

① ㉠ 60, ㉡ 40　　② ㉠ 40, ㉡ 60
③ ㉠ 30, ㉡ 60　　④ ㉠ 60, ㉡ 30

해설 유희용(놀이용) 전차(한국전기설비규정 241.8)
- 사용 전압은 직류의 경우는 60[V] 이하, 교류의 경우는 40[V] 이하일 것
- 접촉 전선은 제3레일 방식에 의하여 시설할 것
- 레일 및 접촉 전선은 사람이 쉽게 출입할 수 없도록 설비한 곳에 시설할 것

99 철탑의 강도 계산을 할 때 이상 시 상정 하중이 가하여지는 경우 철탑의 기초에 대한 안전율은 얼마 이상이어야 하는가?

① 1.33　　　　② 1.83
③ 2.25　　　　④ 2.75

해설 가공 전선로 지지물의 기초의 안전율(한국전기설비규정 331.7)
지지물의 하중에 대한 기초의 안전율은 2 이상(이상 시 상정 하중에 대한 철탑의 기초에 대하여서는 1.33 이상)

100 발전기를 자동적으로 전로로부터 차단하는 장치를 반드시 시설하지 않아도 되는 경우는?

① 발전기에 과전류나 과전압이 생긴 경우
② 용량 5,000[kVA] 이상인 발전기의 내부에 고장이 생긴 경우
③ 용량 500[kVA] 이상의 발전기를 구동하는 수차의 압유 장치의 유압이 현저히 저하한 경우
④ 용량 2,000[kVA] 이상인 수차 발전기의 스러스트 베어링의 온도가 현저히 상승하는 경우

해설 발전기 등의 보호 장치(한국전기설비규정 351.3)
발전기 보호 : 자동 차단 장치 시설
- 과전류, 과전압이 생긴 경우
- 500[kVA] 이상 : 수차 압유 장치 유압
- 100[kVA] 이상 : 풍차 압유 장치 유압
- 2,000[kVA] 이상 : 수차 발전기 베어링 온도
- 10,000[kVA] 이상 : 발전기 내부 고장
- 10,000[kW] 초과 : 증기 터빈의 베어링 마모, 온도 상승

정답 97.② 98.① 99.① 100.②

제1과목 | **전기자기학**

01 전계 E의 x, y, z 성분을 E_x, E_y, E_z라 할 때 $\mathrm{div}\,E$는?

① $\dfrac{\partial E_x}{\partial x} + \dfrac{\partial E_y}{\partial y} + \dfrac{\partial E_z}{\partial z}$

② $i\dfrac{\partial E_x}{\partial x} + j\dfrac{\partial E_y}{\partial y} + k\dfrac{\partial E_z}{\partial z}$

③ $\dfrac{\partial^2 E_x}{\partial x^2} + \dfrac{\partial^2 E_y}{\partial y^2} + \dfrac{\partial^2 E_z}{\partial z^2}$

④ $i\dfrac{\partial^2 E_x}{\partial x^2} + j\dfrac{\partial^2 E_y}{\partial y^2} + k\dfrac{\partial^2 E_z}{\partial z^2}$

해설 $\mathrm{div}\,E = \nabla \cdot E$
$$= \left(i\dfrac{\partial}{\partial x} + j\dfrac{\partial}{\partial y} + k\dfrac{\partial}{\partial z}\right) \cdot \left(iE_x + jE_y + kE_z\right)$$
$$= \dfrac{\partial E_x}{\partial x} + \dfrac{\partial E_y}{\partial y} + \dfrac{\partial E_z}{\partial z}$$

02 동심구형 콘덴서의 내외 반지름을 각각 5배로 증가시키면 정전 용량은 몇 배로 증가하는가?

① 5　　　　② 10
③ 15　　　　④ 20

해설 동심구형 콘덴서의 정전 용량 C는
$$C = \dfrac{4\pi\varepsilon_0 ab}{b-a}\,[\mathrm{F}]$$
내외구의 반지름을 5배로 증가한 후의 정전 용량을 C'라 하면
$$C' = \dfrac{4\pi\varepsilon_0(5a \times 5b)}{5b - 5a} = \dfrac{25 \times 4\pi\varepsilon_0 ab}{5(b-a)} = 5C\,[\mathrm{F}]$$

03 자성체 경계면에 전류가 없을 때의 경계 조건으로 틀린 것은?

① 자계 H의 접선 성분 $H_{1T} = H_{2T}$
② 자속 밀도 B의 법선 성분 $B_{1N} = B_{2N}$
③ 경계면에서의 자력선의 굴절
$$\dfrac{\tan\theta_1}{\tan\theta_2} = \dfrac{\mu_1}{\mu_2}$$
④ 전속 밀도 D의 법선 성분 $D_{1N} = D_{2N}$
$$= \dfrac{\mu_2}{\mu_1}$$

해설 전속 밀도는 경계면에서 수직 성분(=법선 성분)이 서로 같다.

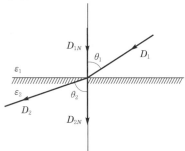

$$D_1 \cos\theta_1 = D_2 \cos\theta_2$$
$$D_{1N} = D_{2N}$$

04 도체나 반도체에 전류를 흘리고 이것과 직각 방향으로 자계를 가하면 이 두 방향과 직각 방향으로 기전력이 생기는 현상을 무엇이라 하는가?

① 홀 효과
② 핀치 효과
③ 볼타 효과
④ 압전 효과

해설 • 핀치(pinch) 효과 : DC 전압을 가하면 전류는 도선 중심쪽으로 흐르려는 현상이다.
• 압전기 현상 : 어떤 특수한 결정을 가진 물질은 기계적 왜곡력을 주면 그 물질 속에 전기 분극이 생기는 현상으로, 왜곡력과 분극이 동일 방향에 생기는 경우를 종 효과라고 하고 왜곡력과 분극이 수직으로 되어 있는 경우를 횡 효과라고 한다.

05 판자석의 세기가 0.01[Wb/m], 반지름이 5[cm]인 원형 자석판이 있다. 자석의 중심에서 축상 10[cm]인 점에서의 자위의 세기는 몇 [AT]인가?

① 100　　　　② 175

③ 370　　　　④ 420

해설 자위의 세기

$$U = \frac{m\omega}{4\pi\mu_0} = \frac{m \times 2\pi(1-\cos\theta)}{4\pi\mu_0}$$

$$= \frac{m(1-\cos\theta)}{2\mu_0}$$

$$= \frac{m\left(1 - \frac{d}{\sqrt{a^2+d^2}}\right)}{2\mu_0}$$

$$= \frac{0.01\left(1 - \frac{10}{\sqrt{5^2+10^2}}\right)}{2 \times 4\pi \times 10^{-7}}$$

$$= 420[AT]$$

06 평면 도체 표면에서 $d[m]$ 거리에 점전하 $Q[C]$이 있을 때 이 전하를 무한 원점까지 운반하는 데 필요한 일[J]은?

① $\dfrac{Q^2}{4\pi\varepsilon_0 d}$　　　　② $\dfrac{Q^2}{8\pi\varepsilon_0 d}$

③ $\dfrac{Q^2}{16\pi\varepsilon_0 d}$　　　　④ $\dfrac{Q^2}{32\pi\varepsilon_0 d}$

해설

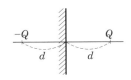

점전하 $Q[C]$과 무한 평면 도체 간에 작용하는 힘 F는

$$F = \frac{-Q^2}{4\pi\varepsilon_0(2d)^2} = \frac{-Q^2}{16\pi\varepsilon_0 d^2}[N] \ (흡인력)$$

일 $W = \int_d^\infty F \cdot dr = \frac{Q^2}{16\pi\varepsilon_0}\int_d^\infty \frac{1}{d^2}dr$

$$= \frac{Q^2}{16\pi\varepsilon_0}\left[-\frac{1}{d}\right]_d^\infty = \frac{Q^2}{16\pi\varepsilon_0 d}[J]$$

07 유전율 ε, 전계의 세기 E인 유전체의 단위 체적에 축적되는 에너지[J/m³]는?

① $\dfrac{E}{2\varepsilon}$　　　　② $\dfrac{\varepsilon E}{2}$

③ $\dfrac{\varepsilon E^2}{2}$　　　　④ $\dfrac{\varepsilon^2 E^2}{2}$

해설 단위 체적당 에너지 밀도
단위 전위차를 가진 부분을 Δl, 단면적을 ΔS라 하면

$$W = \frac{1}{2}\frac{1}{\Delta l \Delta S}$$

$$= \frac{1}{2}E \cdot D (D = \varepsilon E)$$

$$= \frac{1}{2}\frac{D^2}{\varepsilon} = \frac{1}{2}\varepsilon E^2 \ [J/m^3]$$

여기서, $\dfrac{1}{\Delta l}$: 전위 경도

$\dfrac{1}{\Delta S}$: 패러데이관의 밀도, 즉 전속 밀도

08 길이 $l[m]$, 지름 $d[m]$인 원통이 길이 방향으로 균일하게 자화되어 자화의 세기가 J [Wb/m²]인 경우 원통 양단에서의 전자극의 세기[Wb]는?

① $\pi d^2 J$　　　　② $\pi d J$

③ $\dfrac{4J}{\pi d^2}$　　　　④ $\dfrac{\pi d^2 J}{4}$

해설 자화의 세기(자화도)는 그 체적의 단면에 나타나는 자극의 밀도로 표시된다. 따라서, 원통 양단에 있어서 전자극의 세기 m'는

$$m' = \pi\left(\frac{d}{2}\right)^2 \sigma_j = \frac{1}{4}\pi d^2 J [Wb]$$

정답 05.④ 06.③ 07.③ 08.④

09 자기 인덕턴스 L_1, L_2와 상호 인덕턴스 M 사이의 결합 계수는? (단, 단위는 [H]이다.)

① $\dfrac{M}{L_1 L_2}$ 　　② $\dfrac{L_1 L_2}{M}$

③ $\dfrac{M}{\sqrt{L_1 L_2}}$ 　　④ $\dfrac{\sqrt{L_1 L_2}}{M}$

해설 결합 계수는 자기적으로 얼마나 양호한 결합을 했는가를 결정하는 양으로,

$$K = \frac{M}{\sqrt{L_1 L_2}}$$

으로 된다. 여기서, K의 크기는 $0 \le K \le 1$로, $K=1$은 완전 변압기 조건, 즉 누설 자속이 없는 경우를 의미한다.

10 진공 중에서 선전하 밀도 $\rho_l = 6 \times 10^{-8}$[C/m]인 무한히 긴 직선상 선전하가 x축과 나란하고 $z=2$[m] 점을 지나고 있다. 이 선전하에 의하여 반지름 5[m]인 원점에 중심을 둔 구표면 S_0를 통과하는 전기력선수는 약 몇 [V/m]인가?

① 3.1×10^4 　　② 4.8×10^4

③ 5.5×10^4 　　④ 6.2×10^4

해설 전기력선수 $N = \dfrac{Q}{\varepsilon_0}$ 개이다.

총 전하량 $Q = \rho_l \cdot l$에서 구 내부의 길이 l은

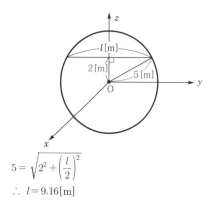

$$5 = \sqrt{2^2 + \left(\frac{l}{2}\right)^2}$$

$$\therefore \ l = 9.16 \text{[m]}$$

$$\therefore \ N = \frac{Q}{\varepsilon_0} = \frac{\rho_l \cdot l}{\varepsilon_0} = \frac{6 \times 10^{-8} \times 9.16}{8.855 \times 10^{-12}}$$

$$= 62{,}066 \fallingdotseq 6.2 \times 10^4 \text{[lines, V/m]}$$

11 대지면에 높이 h[m]로 평행하게 가설된 매우 긴 선전하가 지면으로부터 받는 힘은?

① h에 비례 　　② h에 반비례

③ h^2에 비례 　　④ h^2에 반비례

해설 $$f = -\rho E = -\rho \cdot \frac{\rho}{2\pi\varepsilon(2h)} = -\frac{\rho^2}{4\pi\varepsilon h} \text{[N/m]}$$

대지면의 높이 h[m]에 반비례한다.

12 정전 에너지, 전속 밀도 및 유전 상수 ε_r의 관계에 대한 설명 중 틀린 것은?

① 굴절각이 큰 유전체는 ε_r이 크다.

② 동일 전속 밀도에서는 ε_r이 클수록 정전 에너지는 작아진다.

③ 동일 정전 에너지에서는 ε_r이 클수록 전속 밀도가 커진다.

④ 전속은 매질에 축적되는 에너지가 최대가 되도록 분포된다.

해설 Thomson 정리 정전계는 에너지가 최소한 상태로 분포된다.

13 $\sigma = 1$[℧/m], $\varepsilon_s = 6$, $\mu = \mu_0$인 유전체에 교류 전압을 가할 때 변위 전류와 전도 전류의 크기가 같아지는 주파수는 약 몇 [Hz]인가?

① 3.0×10^9 　　② 4.2×10^9

③ 4.7×10^9 　　④ 5.1×10^9

해설 변위 전류와 전도 전류의 크기가 같아지는 주파수

$$f = \frac{\sigma}{2\pi\varepsilon} = \frac{\sigma}{2\pi\varepsilon_0\varepsilon_s} = \frac{1}{2\pi \times 8.855 \times 10^{-12} \times 6}$$

$$\fallingdotseq 3.0 \times 10^9 \text{[Hz]}$$

정답 　09.③　10.④　11.②　12.④　13.①

14

그 양이 증가함에 따라 무한장 솔레노이드의 자기 인덕턴스 값이 증가하지 않는 것은 무엇인가?

① 철심의 반경 ② 철심의 길이
③ 코일의 권수 ④ 철심의 투자율

해설 무한장 솔레노이드의 인덕턴스

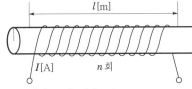

$n\phi = LI$ (단위[m]당 권수 n)

$L = \dfrac{n\phi}{I}$

자속 $\phi = BS = \mu HS = \mu n I \pi a^2$

$\therefore L = \dfrac{n}{I}\mu n I \pi a^2$

$\quad = \mu \pi a^2 n^2$

$\quad = 4\pi \mu_s \pi a^2 n^2 \times 10^{-7}$ [H/m]

$\therefore$ 철심의 투자율에 비례하고 철심의 반경(a) 코일의 권수(n)의 제곱에 비례한다.

15

단면적 S[m²], 단위 길이당 권수가 n_0 [회/m]인 무한히 긴 솔레노이드의 자기 인덕턴스 [H/m]는?

① $\mu S n_0$ ② $\mu S n_0^2$
③ $\mu S^2 n_0$ ④ $\mu S^2 n_0^2$

해설 무한장 솔레노이드의 자기 인덕턴스

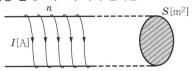

여기서, n : 단위 길이에 대한 권수

$L = \dfrac{n_0 \phi}{I} = \dfrac{n_0}{I}\mu \cdot n_0 I \pi a^2 = \mu \pi a^2 n_0^2$

$\quad = \mu S \cdot n_0^2$ [H/m]

16

비투자율 1,000인 철심이 든 환상 솔레노이드의 권수가 600회, 평균 지름 20[cm], 철심의 단면적 10[cm²]이다. 이 솔레노이드에 2[A]의 전류가 흐를 때 철심 내의 자속은 약 몇 [Wb]인가?

① 1.2×10^{-3} ② 1.2×10^{-4}
③ 2.4×10^{-3} ④ 2.4×10^{-4}

해설 자속 $\phi = BS$

$\quad = \mu HS$

$\quad = \mu_0 \mu_s \dfrac{NI}{l}S$

$\quad = \mu_0 \mu_s \dfrac{NI}{\pi D}S$

$\quad = \dfrac{\mu_0 \mu_s NIS}{\pi D}$

$\quad = \dfrac{4\pi \times 10^{-7} \times 1,000 \times 600 \times 2 \times 10 \times 10^{-4}}{20\pi \times 10^{-2}}$

$\quad = 2.4 \times 10^{-3}$ [Wb]

17

3개의 점전하 $Q_1 = 3$[C], $Q_2 = 1$[C], $Q_3 = -3$[C]을 점 $P_1(1, 0, 0)$, $P_2(2, 0, 0)$, $P_3(3, 0, 0)$에 어떻게 놓으면 원점에서의 전계의 크기가 최대가 되는가?

① P_1에 Q_1, P_2에 Q_2, P_3에 Q_3
② P_1에 Q_2, P_2에 Q_3, P_3에 Q_1
③ P_1에 Q_3, P_2에 Q_1, P_3에 Q_2
④ P_1에 Q_3, P_2에 Q_2, P_3에 Q_1

해설

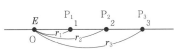

원점에서의 전계의 세기 $E = \dfrac{Q}{4\pi\varepsilon_0 r}$에서 전계의 세기는 전하($Q$)에 비례하고 거리($r$)에 반비례하므로 최대의 전계의 크기가 되려면 전하의 크기가 $P_1 > P_2 > P_3$의 크기를 만족해야 하므로 P_1에 Q_1, P_2에 Q_2, P_3에 Q_3를 놓아야 한다.

정답 14.② 15.② 16.③ 17.①

18 맥스웰의 전자 방정식에 대한 의미를 설명한 것으로 틀린 것은?

① 자계의 회전은 전류 밀도와 같다.

② 자계는 발산하며, 자극은 단독으로 존재한다.

③ 전계의 회전은 자속 밀도의 시간적 감소율과 같다.

④ 단위 체적당 발산 전속수는 단위 체적당 공간 전하 밀도와 같다.

해설 $\operatorname{div} B = \nabla \cdot B = 0$
즉, 고립된 자극이 존재하지 않으므로 자계의 발산은 없다.

19 전기력선의 설명 중 틀린 것은?

① 전기력선은 부전하에서 시작하여 정전하에서 끝난다.

② 단위 전하에서는 $\dfrac{1}{\varepsilon_0}$ 개의 전기력선이 출입한다.

③ 전기력선은 전위가 높은 점에서 낮은 점으로 향한다.

④ 전기력선의 방향은 그 점의 전계의 방향과 일치하며, 밀도는 그 점에서의 전계의 크기와 같다.

해설 전기력선의 성질
• 전기력선의 방향은 그 점의 전계의 방향과 같으며 전기력선의 밀도는 그 점에서의 전계의 크기와 같다 $\left(\dfrac{개}{m^2} = \dfrac{N}{C}\right)$.
• 전기력선은 정전하(+)에서 시작하여 부전하(−)에서 끝난다.
• 전하가 없는 곳에서는 전기력선의 발생, 소멸이 없다. 즉, 연속적이다.
• 단위 전하(±1[C])에서는 $\dfrac{1}{\varepsilon_0}$ 개의 전기력선이 출입한다.
• 전기력선은 그 자신만으로 폐곡선(루프)을 만들지 않는다.

• 전기력선은 전위가 높은 점에서 낮은 점으로 향한다.
• 전계가 0이 아닌 곳에서 2개의 전기력선은 교차하는 일이 없다.
• 전기력선은 등전위면과 직교한다. 단, 전계가 0인 곳에서는 이 조건은 성립되지 않는다.
• 전기력선은 도체 표면(등전위면)에 수직으로 출입한다. 단, 전계가 0인 곳에서는 이 조건은 성립하지 않는다.
• 도체 내부에서는 전기력선이 존재하지 않는다.

20 유전율이 $\varepsilon = 4\varepsilon_0$이고, 투자율이 μ_0인 비도전성 유전체에서 전자파의 전계의 세기가 $E(z, t) = a_y 377\cos(10^9 t - \beta Z)$[V/m]일 때의 자계의 세기[H]는 몇 [A/m]인가?

① $-a_z 2\cos(10^9 t - \beta Z)$

② $-a_x 2\cos(10^9 t - \beta Z)$

③ $-a_z 7.1 \times 10^4 \cos(10^9 t - \beta Z)$

④ $-a_x 7.1 \times 10^4 \cos(10^9 t - \beta Z)$

해설
$$H = \sqrt{\frac{4\varepsilon_0}{\mu_0}} E$$
$$= \sqrt{\frac{4 \times 8.855 \times 10^{-12}}{4\pi \times 10^{-7}}} \cdot 377\cos(10^9 t - \beta Z)$$
$$= 2\cos(10^9 t - \beta Z)$$
전계와 자계의 세기 E, H의 관계는 직각 관계에 있으며 E에서 H방향으로 오른쪽 나사를 돌렸을 때의 나사가 진행하는 방향으로 전파한다.
∴ 자계의 세기 $H = -a_x 2\cos(10^9 t - \beta Z)$

제2과목 **전력공학**

21 다음 중 변류기 수리 시 2차측을 단락시키는 이유는?

① 1차측 과전류 방지
② 2차측 과전류 방지
③ 1차측 과전압 방지
④ 2차측 과전압 방지

정답 18.② 19.① 20.② 21.④

해설 운전 중 변류기 2차측이 개방되면 부하 전류가 모두 여자 전류가 되어 2차 권선에 대단히 높은 전압이 인가하여 2차측 절연이 파괴된다. 그러므로 2차측에 전류계 등 기구가 연결되지 않을 때에는 단락을 하여야 한다.

22 1년 365일 중 185일은 이 양 이하로 내려가지 않는 유량은?

① 평수량　　　② 풍수량
③ 고수량　　　④ 저수량

해설 유량의 종류
- 갈수량 : 1년 365일 중 355일은 이것보다 내려가지 않는 유량
- 저수량 : 1년 365일 중 275일은 이것보다 내려가지 않는 유량
- 평수량 : 1년 365일 중 185일은 이것보다 내려가지 않는 유량
- 풍수량 : 1년 365일 중 95일은 이것보다 내려가지 않는 유량

23 배전선의 전압 조정 장치가 아닌 것은?

① 승압기
② 리클로저
③ 유도 전압 조정기
④ 주상 변압기 탭 절환 장치

해설 리클로저(recloser)는 선로에 고장이 발생하였을 때 고장 전류를 검출하여 지정된 시간 내에 고속 차단하고 자동 재폐로 동작을 수행하여 고장 구간을 분리하거나 재송전하는 장치이므로 전압 조정 장치가 아니다.

24 발전기 또는 주변압기의 내부 고장 보호용으로 가장 널리 쓰이는 것은?

① 거리 계전기
② 과전류 계전기
③ 비율 차동 계전기
④ 방향 단락 계전기

해설 비율 차동 계전는 발전기나 변압기의 내부 고장 보호에 적용한다.

25 그림과 같은 선로의 등가 선간 거리는 몇 [m]인가?

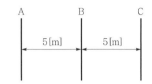

① 5　　　　　② $5\sqrt{2}$
③ $5\sqrt[3]{2}$　　　④ $10\sqrt[3]{2}$

해설 등가 선간 거리 $D_0 = \sqrt[3]{D \cdot D \cdot 2D}$
$$= \sqrt[3]{5 \times 5 \times 2 \times 5}$$
$$= 5\sqrt[3]{2}$$

26 서지파(진행파)가 서지 임피던스 Z_1의 선로측에서 서지 임피던스 Z_2의 선로측으로 입사할 때 투과 계수(투과파 전압÷입사파 전압) b를 나타내는 식은?

① $b = \dfrac{Z_2 - Z_1}{Z_1 + Z_2}$　　② $b = \dfrac{2Z_2}{Z_1 + Z_2}$

③ $b = \dfrac{Z_1 - Z_2}{Z_1 + Z_2}$　　④ $b = \dfrac{2Z_1}{Z_1 + Z_2}$

해설 전압 투과 계수 $\alpha = \dfrac{2Z_2}{Z_1 + Z_2}$, 반사 계수 $\beta = \dfrac{Z_2 - Z_1}{Z_1 + Z_2}$

27 3상 송전 선로에서 선간 단락이 발생하였을 때 다음 중 옳은 것은?

① 역상 전류만 흐른다.
② 정상 전류와 역상 전류가 흐른다.
③ 역상 전류와 영상 전류가 흐른다.
④ 정상 전류와 영상 전류가 흐른다.

 정답 22.①　23.②　24.③　25.③　26.②　27.②

해설 각 사고별 대칭 좌표법 해석

1선 지락	정상분	역상분	영상분
선간 단락	정상분	역상분	×
3상 단락	정상분	×	×

그러므로 선간 단락 고장 해석은 정상 전류와 역상 전류가 흐른다.

28 송전 계통의 안정도 향상 대책이 아닌 것은?

① 전압 변동을 적게 한다.
② 고속도 재폐로 방식을 채용한다.
③ 고장 시간, 고장 전류를 적게 한다.
④ 계통의 직렬 리액턴스를 증가시킨다.

해설 안정도 향상 대책
• 직렬 리액턴스 감소
• 전압 변동 억제(속응 여자 방식, 계통 연계, 중간 조상 방식)
• 계통 충격 경감(소호 리액터 접지, 고속 차단, 재폐로 방식)
• 전력 변동 억제(조속기 신속 동작, 제동 저항기)
그러므로 중성점 직접 접지 방식은 계통에 주는 충격이 크게 되므로 안정도 향상 대책이 되지 않는다.

29 배전 선로에서 사고 범위의 확대를 방지하기 위한 대책으로 적당하지 않은 것은?

① 선택 접지 계전 방식 채택
② 자동 고장 검출 장치 설치
③ 진상 콘덴서를 설치하여 전압 보상
④ 특고압의 경우 자동 구분 개폐기 설치

해설 진상 콘덴서 설치는 배전 계통의 지상 무효 전력을 진상시켜 전력 손실을 줄이고, 전압 강하를 보상하는 설비로 사고 범위의 확대를 방지하는 목적은 아니다.

30 화력 발전소에서 재열기의 사용 목적은?

① 증기를 가열한다.
② 공기를 가열한다.
③ 급수를 가열한다.
④ 석탄을 건조한다.

해설 재열기는 고압 터빈 출구에서 증기를 모두 추출하여 다시 가열하는 장치로서 가열된 증기를 저압 터빈으로 공급하여 열 효율을 향상시킨다.

31 송전 전력, 송전 거리, 전선의 비중 및 전력 손실률이 일정하다고 하면 전선의 단면적 $A\,[\text{mm}^2]$와 송전 전압 $V[\text{kV}]$와의 관계로 옳은 것은?

① $A \propto V$　　② $A \propto V^2$
③ $A \propto \dfrac{1}{\sqrt{V}}$　　④ $A \propto \dfrac{1}{V^2}$

해설 전선의 단면적 $A = \dfrac{\rho l P_r^{\,2}}{V^2 \cos^2\theta P_l}$

그러므로 $A \propto \dfrac{1}{V^2}$ 이다.

32 선로에 따라 균일하게 부하가 분포된 선로의 전력 손실은 이들 부하가 선로의 말단에 집중적으로 접속되어 있을 때보다 어떻게 되는가?

① $\dfrac{1}{2}$로 된다.　　② $\dfrac{1}{3}$로 된다.
③ 2배로 된다.　　④ 3배로 된다.

해설

구 분	말단에 집중 부하	균등 부하 분포
전압 강하	IR	$\dfrac{1}{2}IR$
전력 손실	$I^2 R$	$\dfrac{1}{3}I^2 R$

정답 28.④　29.③　30.①　31.④　32.②

33 반지름 r[m]이고 소도체 간격 S인 4복도체 송전 선로에서 전선 A, B, C가 수평으로 배열되어 있다. 등가 선간 거리가 D[m]로 배치되고 완전 연가된 경우 송전 선로의 인덕턴스는 몇 [mH/km]인가?

① $0.4605\log_{10}\dfrac{D}{\sqrt{rS^2}}+0.0125$

② $0.4605\log_{10}\dfrac{D}{\sqrt[2]{rS}}+0.025$

③ $0.4605\log_{10}\dfrac{D}{\sqrt[3]{rS^2}}+0.0167$

④ $0.4605\log_{10}\dfrac{D}{\sqrt[4]{rS^3}}+0.0125$

해설 4도체의 등가 반지름 $r'=\sqrt[n]{rS^{n-1}}$
$$=\sqrt[4]{rS^{4-1}}$$
$$=\sqrt[4]{rS^3}$$

인덕턴스 $L=\dfrac{0.05}{n}+0.4605\log_{10}\dfrac{D}{r'}$

$$=\dfrac{0.05}{4}+0.4605\log_{10}\dfrac{D}{\sqrt[4]{rS^3}}$$

$$=0.0125+0.4605\log_{10}\dfrac{D}{\sqrt[4]{rS^3}}\text{ [mH/km]}$$

34 최소 동작 전류 이상의 전류가 흐르면 한도를 넘는 양(量)과는 상관없이 즉시 동작하는 계전기는?

① 순한시 계전기
② 반한시 계전기
③ 정한시 계전기
④ 반한시성 정한시 계전기

해설 동작 시한에 의한 분류
• 순한시 계전기 : 정정치 이상의 전류는 크기에 관계없이 바로 동작하는 고속도 계전기
• 정한시 계전기 : 정정치 한도를 넘으면, 넘는 양의 크기에 상관없이 일정 시한으로 동작하는 계전기
• 반한시 계전기 : 동작 전류와 동작 시한이 반비례하는 계전기

35 최근에 우리나라에서 많이 채용되고 있는 가스 절연 개폐 설비(GIS)의 특징으로 틀린 것은?

① 대기 절연을 이용한 것에 비해 현저하게 소형화할 수 있으나 비교적 고가이다.
② 소음이 적고 충전부가 완전한 밀폐형으로 되어 있기 때문에 안정성이 높다.
③ 가스 압력에 대한 엄중 감시가 필요하며 내부 점검 및 부품 교환이 번거롭다.
④ 한랭지, 산악 지방에서도 액화 방지 및 산화 방지 대책이 필요 없다.

해설 가스 절연 개폐 장치(GIS)의 장단점
• 장점 : 소형화, 고성능, 고신뢰성, 설치 공사 기간 단축, 유지 보수 간편, 무인 운전 등
• 단점 : 육안 검사 불가능, 대형 사고 주의, 고가, 고장 시 임시 복구 불가, 액화 및 산화 방지 대책이 필요

36 다음 중 송전 선로에 복도체를 사용하는 주된 목적은?

① 인덕턴스를 증가시키기 위하여
② 정전 용량을 감소시키기 위하여
③ 코로나 발생을 감소시키기 위하여
④ 전선 표면의 전위 경도를 증가시키기 위하여

해설 다도체(복도체)의 특징
• 같은 도체 단면적의 단도체보다 인덕턴스와 리액턴스가 감소하고 정전 용량이 증가하여 송전 용량을 크게 할 수 있다.
• 전선 표면의 전위 경도를 저감시켜 코로나 임계 전압을 높게 하므로 코로나손을 줄일 수 있다.
• 전력 계통의 안정도를 증대시킨다.

37 송배전 선로의 전선 굵기를 결정하는 주요 요소가 아닌 것은?

① 전압 강하
② 허용 전류
③ 기계적 강도
④ 부하의 종류

정답 33.④ 34.① 35.④ 36.③ 37.④

해설 전선 굵기 결정 시 고려 사항은 허용 전류, 전압 강하, 기계적 강도이다.

38 기준 선간 전압 23[kV], 기준 3상 용량 5,000[kVA], 1선의 유도 리액턴스가 15[Ω]일 때 %리액턴스는?

① 28.36[%]   ② 14.18[%]

③ 7.09[%]   ④ 3.55[%]

해설 $\%Z = \dfrac{PZ}{10\,V_n^{\,2}} = \dfrac{5,000 \times 15}{10 \times 23^2} = 14.18[\%]$

39 망상(network) 배전 방식에 대한 설명으로 옳은 것은?

① 전압 변동이 대체로 크다.

② 부하 증가에 대한 융통성이 적다.

③ 방사상 방식보다 무정전 공급의 신뢰도가 더 높다.

④ 인축에 대한 감전 사고가 적어서 농촌에 적합하다.

해설 망상식(network system) 배전 방식은 무정전 공급이 가능하며 전압 변동이 적고 손실이 감소되며, 부하 증가에 대한 적응성이 좋으나, 건설비가 비싸고, 인축에 대한 사고가 증가하고, 보호 장치인 네트워크 변압기와 네트워크 변압기의 2차측에 설치하는 계전기와 기중 차단기로 구성되는 역류 개폐 장치(network protector)가 필요하다.

40 3상용 차단기의 정격 전압은 170[kV]이고 정격 차단 전류가 50[kA]일 때 차단기의 정격 차단 용량은 약 몇 [MVA]인가?

① 5,000   ② 10,000

③ 15,000   ④ 20,000

해설 정격 차단 용량 $P_s[\text{MVA}] = \sqrt{3} \times 170 \times 50$
$= 14,722 \fallingdotseq 15,000[\text{MVA}]$

제3과목   전기기기

41 3상 직권 정류자 전동기에 중간 변압기를 사용하는 이유로 적당하지 않은 것은?

① 중간 변압기를 이용하여 속도 상승을 억제할 수 있다.

② 회전자 전압을 정류 작용에 맞는 값으로 선정할 수 있다.

③ 중간 변압기를 사용하여 누설 리액턴스를 감소할 수 있다.

④ 중간 변압기의 권수비를 바꾸어 전동기 특성을 조정할 수 있다.

해설 3상 직권 정류자 전동기의 중간 변압기를 사용하는 목적은 다음과 같다.
• 전원 전압을 정류 작용에 맞는 값으로 선정할 수 있다.
• 중간 변압기의 권수비를 바꾸어 전동기의 특성을 조정할 수 있다.
• 중간 변압기를 사용하여 철심을 포화하여 두면 속도 상승을 억제할 수 있다.

42 변압기의 권수를 N이라고 할 때 누설 리액턴스는?

① N에 비례한다.

② N^2에 비례한다.

③ N에 반비례한다.

④ N^2에 반비례한다.

해설 변압기의 누설 인덕턴스 $L = \dfrac{\mu N^2 S}{l}$ [H]

누설 리액턴스 $x = \omega L = 2\pi f \dfrac{\mu N^2 S}{l} \propto N^2$

43 직류기의 온도 상승 시험 방법 중 반환 부하법의 종류가 아닌 것은?

① 카프법   ② 홉킨슨법

③ 스코트법   ④ 블론델법

정답   38.②   39.③   40.③   41.③   42.②   43.③

해설 온도 상승 시험에서 반환 부하법의 종류는 다음과 같다.
- 카프(Kapp)법
- 홉킨슨(Hopkinson)법
- 블론델(Blondel)법
- 스코트 결선은 3상에서 2상 전원 변환 결선 방법 이다.

44 단상 직권 정류자 전동기에서 보상 권선과 저항 도선의 작용을 설명한 것으로 틀린 것은?

① 역률을 좋게 한다.
② 변압기 기전력을 크게 한다.
③ 전기자 반작용을 감소시킨다.
④ 저항 도선은 변압기 기전력에 의한 단락 전류를 적게 한다.

해설 단상 직권 정류자 전동기의 보상 권선은 전기자 반작용을 감소시키고 역률을 좋게 하며 저항 도선은 변압기 기전력에 의한 단락 전류를 적게 한다.

45 일반적인 변압기의 손실 중에서 온도 상승에 관계가 가장 적은 요소는?

① 철손
② 동손
③ 와류손
④ 유전체손

해설 변압기 권선의 절연물에 의한 손실을 유전체손이라 하는데 그 크기가 매우 작으므로 온도 상승에 미치는 영향이 현저하게 작다.

46 직류 발전기의 병렬 운전에서 부하 분담의 방법은?

① 계자 전류와 무관하다.
② 계자 전류를 증가하면 부하 분담은 감소한다.
③ 계자 전류를 증가하면 부하 분담은 증가한다.
④ 계자 전류를 감소하면 부하 분담은 증가한다.

해설 직류 발전기의 병렬 운전시 부하 분담은 계자 전류를 증가시키면 유기 기전력이 커지고 일정 전원을 유지하기 위해 부하 분담 전류가 증가하므로 부하 분담이 증가한다.
$$V = E_A - I_A R_A = E_B - I_B R_B [\text{V}]$$
$$I = I_A + I_B [\text{A}]$$

47 1차 전압 6,600[V], 2차 전압 220[V], 주파수 60[Hz], 1차 권수 1,000회의 변압기가 있다. 최대 자속은 약 몇 [Wb]인가?

① 0.020
② 0.025
③ 0.030
④ 0.032

해설 1차 전압 $E_1 = 4.44 f N_1 \phi_m$

최대 자속 $\phi_m = \dfrac{E_1}{4.44 f N_1}$

$= \dfrac{6,600}{4.44 \times 60 \times 1,000}$

$= 0.0247[\text{Wb}]$

48 역률 100[%]일 때의 전압 변동률 ε은 어떻게 표시되는가?

① %저항 강하
② %리액턴스 강하
③ %서셉턴스 강하
④ %임피던스 강하

해설 전압 변동률 $\varepsilon = p\cos\theta + q\sin\theta$
$\cos\theta = 1$, $\sin\theta = 0$이므로
$\varepsilon = p$: %저항 강하

49 3상 농형 유도 전동기의 기동 방법으로 틀린 것은?

① Y−△ 기동
② 전전압 기동
③ 리액터 기동
④ 2차 저항에 의한 기동

정답 44.② 45.④ 46.③ 47.② 48.① 49.④

해설 3상 유도 전동기의 기동법
- 농형
  - 전전압 기동 $P=5$[HP] 이하
  - Y−△ 기동 $P=5\sim15$[kW]
  - 리액터 기동
  - 기동 보상기 기동법 $P=20$[kW] 이상
- 권선형
  - 2차 저항 기동
  - 게르게스(Gorges) 기동

50 직류 복권 발전기의 병렬 운전에 있어 균압선을 붙이는 목적은 무엇인가?

① 손실을 경감한다.
② 운전을 안정하게 한다.
③ 고조파의 발생을 방지한다.
④ 직권 계자 간의 전류 증가를 방지한다.

해설 직류 발전기의 병렬 운전 시 직권 계자 권선이 있는 발전기(직권 발전기, 복권 발전기)의 안정된(한쪽 발전기로 부하가 집중되는 현상을 방지) 병렬 운전을 하기 위해 균압선을 설치한다.

51 2방향성 3단자 사이리스터는 어느 것인가?

① SCR   ② SSS
③ SCS   ④ TRIAC

해설 트라이액(TRIAC)은 교류 제어용 쌍방향 3단자 사이리스터(thyristor)이다.

52 15[kVA], 3,000/200[V] 변압기의 1차측 환산 등가 임피던스가 $5.4+j6$[Ω]일 때, %저항 강하 p와 %리액턴스 강하 q는 각각 약 몇 [%]인가?

① $p=0.9$, $q=1$ ② $p=0.7$, $q=1.2$
③ $p=1.2$, $q=1$ ④ $p=1.3$, $q=0.9$

해설 1차 전류 $I_1 = \dfrac{p}{V_1} = \dfrac{15\times10^3}{3,000} = 5$[A]

퍼센트 저항 강하 $p = \dfrac{Ir}{V}\times100$

$= \dfrac{5\times5.4}{3,000}\times100 = 0.9$[%]

퍼센트 리액턴스 강하 $q = \dfrac{Ix}{V}\times100$

$= \dfrac{5\times6}{3,000}\times100 = 1$[%]

53 유도 전동기의 2차 여자 제어법에 대한 설명으로 틀린 것은?

① 역률을 개선할 수 있다.
② 권선형 전동기에 한하여 이용된다.
③ 동기 속도 이하로 광범위하게 제어할 수 있다.
④ 2차 저항손이 매우 커지며 효율이 저하된다.

해설 유도 전동기의 2차 여자 제어법은 2차(회전자)에 슬립 주파수 전압을 외부에서 공급하여 속도를 제어하는 방법으로 권선형에서만 사용이 가능하며 역률을 개선할 수 있고, 광범위로 원활하게 제어할 수 있으며 효율도 양호하다.

54 직류 발전기를 3상 유도 전동기에서 구동하고 있다. 이 발전기에 55[kW]의 부하를 걸 때 전동기의 전류는 약 몇 [A]인가? (단, 발전기의 효율은 88[%], 전동기의 단자 전압은 400[V], 전동기의 효율은 88[%], 전동기의 역률은 82[%]로 한다.)

① 125   ② 225
③ 325   ④ 425

해설 전동기 출력 P_M는 직류 발전기의 입력과 같으므로

$P_M = \dfrac{P_G}{\eta_G} = \sqrt{3}\,VI\cos\theta\cdot\eta_M$

전류 $I = \dfrac{\dfrac{P_G}{\eta_G}}{\sqrt{3}\,V\cos\theta\,\eta_M}$

$= \dfrac{\dfrac{55\times10^3}{0.88}}{\sqrt{3}\times400\times0.82\times0.88} = 125$[A]

정답 50.② 51.④ 52.① 53.④ 54.①

55 동기기의 기전력의 파형 개선책이 아닌 것은?

① 단절권   ② 집중권
③ 공극 조정   ④ 자극 모양

해설 동기 발전기 유기 기전력의 파형 개선책으로는 분포권, 단절권을 사용하고 Y결선을 하며 자극의 모양과 공극을 적당히 조정하며 전기자 반작용을 작게 하여야 한다.

56 유도자형 동기 발전기의 설명으로 옳은 것은?

① 전기자만 고정되어 있다.
② 계자극만 고정되어 있다.
③ 회전자가 없는 특수 발전기이다.
④ 계자극과 전기자가 고정되어 있다.

해설 회전 유도자형 동기 발전기는 계자극과 전기자를 고정하고 유도자(철심)를 회전하는 고주파 교류 특수 발전기이다.

57 200[V], 10[kW]의 직류 분권 전동기가 있다. 전기자 저항은 0.2[Ω], 계자 저항은 40[Ω]이고 정격 전압에서 전류가 15[A]인 경우 5[kg·m]의 토크를 발생한다. 부하가 증가하여 전류가 25[A]로 되는 경우 발생 토크[kg·m]는?

① 2.5   ② 5
③ 7.5   ④ 10

해설 계자 전류 $I_f = \dfrac{V}{r_f} = \dfrac{200}{40} = 5[A]$

전기자 전류 $I_a = I - I_f = 15 - 5[A]$
부하 전류 25[A]일 때
전기자 전류 $I_a = 25 - 5 = 20[A]$
분권 전동기의 토크 $T = \dfrac{P}{\omega} = \dfrac{ZP\phi}{2\pi a} I_a \propto I_a$

$\therefore \tau' = 5 \times \dfrac{20}{10} = 10[\text{kg·m}]$

58 50[Ω]의 계자 저항을 갖는 직류 분권 발전기가 있다. 이 발전기의 출력이 5.4[kW]일 때 단자 전압은 100[V], 유기 기전력은 115[V]이다. 이 발전기의 출력이 2[kW]일 때 단자 전압이 125[V]라면 유기 기전력은 약 몇 [V]인가?

① 130   ② 145
③ 152   ④ 159

해설 $P = VI$

$I = \dfrac{P}{V} = \dfrac{5,400}{100} = 54[A]$

$I_f = \dfrac{V}{r_f} = \dfrac{100}{50} = 2[A]$

$I_a = I + I_f = 54 + 2 = 56[A]$

$R_a = \dfrac{E - V}{I} = \dfrac{115 - 100}{56} = 0.267[\Omega]$

$I' = \dfrac{P}{V} = \dfrac{2,000}{125} = 16[A]$

$I_f' = \dfrac{125}{50} = 2.5[A]$

$I_a' = I' + I_f' = 16 + 2.5 = 18.5[A]$

$E' = V' + I_a' R_a$
$\quad = 125 + 18.5 \times 0.267$
$\quad = 129.9 \coloneqq 130[A]$

59 돌극형 동기 발전기에서 직축 동기 리액턴스를 X_d, 횡축 동기리액턴스를 X_q라 할 때의 관계는?

① $X_d < X_q$
② $X_d > X_q$
③ $X_d = X_q$
④ $X_d \ll X_q$

해설 돌극형(철극기) 동기 발전기에서 직축 동기 리액턴스(X_d)는 횡축 동기 리액턴스(X_q)보다 큰 값을 갖는다. 이 철극기에서는 $X_d = X_q = X_s$이다.

60 10극 50[Hz] 3상 유도 전동기가 있다. 회전자도 3상이고 회전자가 정지할 때 2차 1상 간의 전압이 150[V]이다. 이것을 회전자계와 같은 방향으로 400[rpm]으로 회전시킬 때 2차 전압은 몇 [V]인가?

① 50   ② 75
③ 100   ④ 150

해설 동기 속도 $N_s = \dfrac{120f}{P} = \dfrac{120 \times 50}{10} = 600[\text{rpm}]$

$s = \dfrac{N_s - N}{N_s} = \dfrac{600 - 400}{600} = \dfrac{1}{3}$

2차 유도 전압 $E_{2s} = sE_2 = \dfrac{1}{3} \times 150 = 50[\text{V}]$

제4과목   **회로이론 및 제어공학**

61 다음의 회로를 블록 선도로 그린 것 중 옳은 것은?

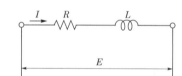

①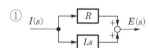

②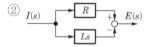

③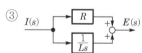

④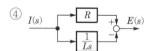

해설 출력 $E = RI + L\dfrac{dI}{dt}$

라플라스 변환하면 $E(s) = RI(s) + LSI(s)$
블록 선도로 나타내면

62 특성 방정식 $s^2 + 2\zeta\omega_n s + \omega_n^2 = 0$에서 감쇠 진동을 하는 제동비 ζ의 값은?

① $\zeta > 1$ ② $\zeta = 1$
③ $\zeta = 0$ ④ $0 < \zeta < 1$

해설 **2차계의 과도 응답**

$G(s) = \dfrac{C(s)}{R(s)} = \dfrac{\omega_n^2}{s^2 + 2\zeta\omega_n s + \omega_n^2}$

특성 방정식 $s^2 + s\zeta\omega_n s + \omega_n^2 = 0$
근 $s = -\zeta\omega_n \pm j\omega_n\sqrt{1 - \zeta^2}$

- $\zeta = 0$이면 근 $s = \pm j\omega_n$으로 순허근이므로 무한히 진동 무제동이 된다.
- $\zeta = 1$이면 근 $s = -\omega_n$으로 중근이므로 진동에서 비진동으로 옮겨가는 임계 진동이 된다.
- $\zeta > 1$이면 근 $s = -\zeta\omega_n \pm j\omega_n\sqrt{\zeta^2 - 1}$으로 서로 다른 2개의 실근을 가지므로 비진동 과제동이 된다.
- $\zeta < 1$이면 근 $s = -\zeta\omega_n \pm j\omega_n\sqrt{1 - \zeta^2}$으로 공액 복소수근을 가지므로 감쇠 진동 부족 제동한다.

63 다음 그림의 전달 함수 $\dfrac{Y(z)}{R(z)}$는 다음 중 어느 것인가?

① $G(z)z$ ② $G(z)z^{-1}$
③ $G(z)Tz^{-1}$ ④ $G(z)Tz$

해설 $\dfrac{Y(z)}{R(z)} = G(z)z^{-1}$

64 일정 입력에 대해 잔류 편차가 있는 제어계는 무엇인가?

① 비례 제어계
② 적분 제어계
③ 비례 적분 제어계
④ 비례 적분 미분 제어계

해설 잔류 편차(offset)는 정상 상태에서의 오차를 뜻하며 비례 제어(P동작)의 경우에 발생한다.

65 일반적인 제어 시스템에서 안정의 조건은?

① 입력이 있는 경우 초기값에 관계없이 출력이 0으로 간다.
② 입력이 없는 경우 초기값에 관계없이 출력이 무한대로 간다.
③ 시스템이 유한한 입력에 대해서 무한한 출력을 얻는 경우
④ 시스템이 유한한 입력에 대해서 유한한 출력을 얻는 경우

해설 일반적인 제어 시스템의 안정도는 입력에 대한 시스템의 응답에 의해 정해지므로 유한한 입력에 대해서 유한한 출력이 얻어지는 경우는 시스템이 안정하다고 한다.

66 개루프 전달 함수 $G(s)H(s)$가 다음과 같이 주어지는 부궤환계에서 근궤적 점근선의 실수축과의 교차점은?

$$G(s)H(s) = \frac{K}{s(s+4)(s+5)}$$

① 0
② -1
③ -2
④ -3

해설 실수축상에서의 점근선의 교차점

$$\sigma = \frac{\Sigma G(s)H(s)\text{의 극점} - \Sigma G(s)H(s)\text{의 영점}}{P-Z}$$

$$= \frac{0-4-5}{3-0}$$

$$= -3$$

67 $s^3 + 11s^2 + 2s + 40 = 0$에는 양의 실수부를 갖는 근은 몇 개 있는가?

① 1
② 2
③ 3
④ 없다.

해설 라우스의 표

s^3	1	2
s^2	11	40
s^1	$\dfrac{22-40}{11}$	0
s^0	40	

제1열의 부호 변화가 2번 있으므로 양의 실수부를 갖는 불안정근이 2개 있다.

68 논리식 $L = \overline{x} \cdot \overline{y} + \overline{x} \cdot y + x \cdot y$를 간략화한 것은?

① $x + y$
② $\overline{x} + y$
③ $x + \overline{y}$
④ $\overline{x} + \overline{y}$

해설 $L = \overline{x}\,\overline{y} + \overline{x}y + xy$

$= \overline{x}(\overline{y}+y) + xy$

$= \overline{x} + x \cdot y = \overline{x}(1+y) + xy$

$= (\overline{x}+x) \cdot (\overline{x}+y)$

$= \overline{x} + y$

69 다음 그림과 같은 블록 선도에서 전달 함수 $\dfrac{C(s)}{R(s)}$ 를 구하면?

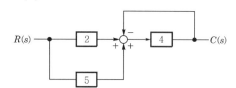

① $\dfrac{1}{8}$　　　　② $\dfrac{5}{28}$

③ $\dfrac{28}{5}$　　　　④ 8

해설 $\{R(s)2 + R(s)5 - C(s)\}4 = C(s)$

$R(s)(8 + 20) = 5C(s)$

$\therefore \dfrac{C(s)}{R(s)} = \dfrac{28}{5}$

70 $G(j\omega) = \dfrac{K}{j\omega(j\omega + 1)}$ 에 있어서 진폭 A 및 위상각 θ는?

$$\lim_{\omega \to \infty} G(j\omega) = A\underline{/\theta}$$

① $A = 0,\ \theta = -90°$

② $A = 0,\ \theta = -180°$

③ $A = \infty,\ \theta = -90°$

④ $A = \infty,\ \theta = -180°$

해설 진폭 A는 $G(j\omega)$의 크기이므로

$A = |G(j\omega)| = \dfrac{K}{\omega\sqrt{\omega^2 + 1}}$

$\therefore \omega = \infty$인 경우

$A = |G(j\omega)| = \dfrac{K}{\omega\sqrt{\omega^2 + 1}}\bigg|_{\omega = \infty} = 0$

$\underline{/\theta} = -(90° + \tan^{-1}\omega)|_{\omega = \infty} = -180°$

71 $R = 100[\Omega]$, $C = 30[\mu F]$의 직렬 회로에 $f = 60[Hz]$, $V = 100[V]$의 교류 전압을 인가할 때 전류는 약 몇 [A]인가?

① 0.42

② 0.64

③ 0.75

④ 0.87

해설 $I = \dfrac{V}{\sqrt{R^2 + \left(\dfrac{1}{\omega C}\right)^2}}$

$= \dfrac{100}{\sqrt{100^2 + \left(\dfrac{1}{377 \times 30 \times 10^{-6}}\right)^2}}$

$= 0.75[A]$

72 무손실 선로의 정상 상태에 대한 설명으로 틀린 것은?

① 전파 정수 γ는 $j\omega\sqrt{LC}$이다.

② 특성 임피던스 $Z_0 = \sqrt{\dfrac{C}{L}}$ 이다.

③ 진행파의 전파 속도 $v = \dfrac{1}{\sqrt{LC}}$ 이다.

④ 감쇠 정수 $\alpha = 0$, 위상 정수 $\beta = \omega\sqrt{LC}$ 이다.

해설 무손실 선로

• $Z_0 = \sqrt{\dfrac{Z}{Y}} = \sqrt{\dfrac{L}{C}}\,[\Omega]$

• $\gamma = \sqrt{Z \cdot Y}$

　　$= \sqrt{(R + j\omega L)(G + j\omega C)}$

　　$= j\omega\sqrt{LC}$

　　$\alpha = 0,\ \beta = \omega\sqrt{LC}$

• $v = \dfrac{1}{\sqrt{LC}}\,[m/s]$

정답 69.③　70.②　71.③　72.②

73 그림과 같은 파형의 Laplace 변환은?

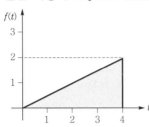

① $\dfrac{1}{2s^2}(1-e^{-4s}-se^{-4s})$

② $\dfrac{1}{2s^2}(1-e^{-4s}-4e^{-4s})$

③ $\dfrac{1}{2s^2}(1-se^{-4s}-4e^{-4s})$

④ $\dfrac{1}{2s^2}(1-e^{-4s}-4se^{-4s})$

해설 $f(t)=\dfrac{2}{4}t\,u(t)-2u(t-4)-\dfrac{2}{4}(t-4)u(t-4)$

시간 추이 정리를 이용하면

$F(s)=\dfrac{1}{2}\dfrac{1}{s^2}-2\dfrac{e^{-4s}}{s}-\dfrac{1}{2}\dfrac{e^{-4s}}{s^2}$

$=\dfrac{1}{2s^2}(1-e^{-4s}-4se^{-4s})$

74 2전력계법으로 평형 3상 전력을 측정하였더니 한쪽의 지시가 700[W], 다른 쪽의 지시가 1,400[W]이었다. 피상 전력은 약 몇 [VA]인가?

① 2,425 ② 2,771

③ 2,873 ④ 2,974

해설 피상 전력 $P_a=\sqrt{P^2+P_r^{\,2}}$

$=2\sqrt{P_1^{\,2}+P_2^{\,2}-P_1P_2}$

$=2\sqrt{700^2+1,400^2-700\times1,400}$

$=2,425[\text{VA}]$

75 최대값이 I_m인 정현파 교류의 반파 정류파형의 실효값은?

① $\dfrac{I_m}{2}$ ② $\dfrac{I_m}{\sqrt{2}}$

③ $\dfrac{2I_m}{\pi}$ ④ $\dfrac{\pi I_m}{2}$

해설 실효값 $I=\sqrt{\dfrac{1}{2\pi}\displaystyle\int_0^{\pi}I_m^{\,2}\sin^2\omega t\;d\omega t}$

$=\sqrt{\dfrac{I_m^{\,2}}{2\pi}\displaystyle\int_0^{\pi}\dfrac{1-\cos2\omega t}{2}d\omega t}$

$=\sqrt{\dfrac{I_m^{\,2}}{4\pi}\Big[\omega t-\dfrac{1}{2}\sin2\omega t\Big]_0^{\pi}}$

$=\dfrac{I_m}{2}$

76 그림과 같은 파형의 파고율은?

① 1

② $\dfrac{1}{\sqrt{2}}$

③ $\sqrt{2}$

④ $\sqrt{3}$

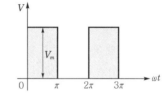

해설 파고율 $=\dfrac{\text{최대값}}{\text{실효값}}=\dfrac{V_m}{\dfrac{V_m}{\sqrt{2}}}=\sqrt{2}$

77 다음 그림과 같이 10[Ω]의 저항에 권수비가 10 : 1의 결합 회로를 연결했을 때 4단자 정수 A, B, C, D는?

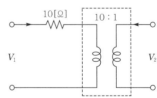

① $A=1$, $B=10$, $C=0$, $D=10$

② $A=10$, $B=1$, $C=0$, $D=10$

③ $A=10$, $B=0$, $C=1$, $D=\dfrac{1}{10}$

④ $A=10$, $B=1$, $C=0$, $D=\dfrac{1}{10}$

해설
$$\begin{bmatrix} A & B \\ C & D \end{bmatrix} = \begin{bmatrix} 1 & 10 \\ 0 & 1 \end{bmatrix} \begin{bmatrix} 10 & 0 \\ 0 & \frac{1}{10} \end{bmatrix} = \begin{bmatrix} 10 & 1 \\ 0 & \frac{1}{10} \end{bmatrix}$$

78 그림과 같은 RC 회로에서 스위치를 넣는 순간 전류는? (단, 초기 조건은 0이다.)

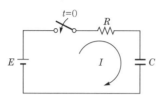

① 불변 전류이다.
② 진동 전류이다.
③ 증가 함수로 나타난다.
④ 감쇠 함수로 나타난다.

해설 전압 방정식
$$Ri(t) + \frac{1}{C}\int i(t)dt = E$$
라플라스 변환을 이용하여 풀면
전류 $i(t) = \frac{E}{R}e^{-\frac{1}{RC}t}$[A]

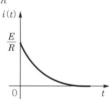

∴ 지수 감쇠 함수가 된다.

79 회로에서 저항 R에 흐르는 전류 I[A]는?

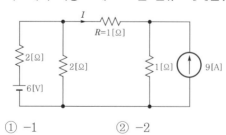

① -1 ② -2
③ 2 ④ 4

해설 • 6[V] 전압원 존재 시 : 전류원 개방
전전류 $I = \dfrac{6}{2+\dfrac{2\times2}{2+2}} = 2$[A]
∴ 1[Ω]에 흐르는 전류 $I_1 = 1$[A]
• 9[A] 전류원 존재 시 : 전압원 단락
∴ 분류 법칙에 의해 1[Ω]에 흐르는 전류
$I_2 = \dfrac{1}{2+1}\times9 = 3$[A]
∵ 1[Ω]에 흐르는 전전류 I는 I_1과 I_2의 합이므로
$I = I_1 - I_2 = 1 - 3 = -2$[A]
여기서, I_1이 정방향이고 I_2와 반대 방향이므로 $-$는 방향을 나타낸다.

80 전류의 대칭분을 I_0, I_1, I_2, 유기 기전력을 E_a, E_b, E_c, 단자 전압의 대칭분을 V_0, V_1, V_2라 할 때 3상 교류 발전기의 기본식 중 정상분 V_1값은? (단, Z_0, Z_1, Z_2는 영상, 정상, 역상 임피던스이다.)

① $-Z_0I_0$ ② $-Z_2I_2$
③ $E_a - Z_1I_1$ ④ $E_b - Z_2I_2$

해설 $V_0 = -I_0Z_0$
$V_1 = E_a - I_1Z_1$
$V_2 = -I_2Z_2$
여기서, E_a : a상의 유기 기전력
Z_0 : 영상 임피던스
Z_1 : 정상 임피던스
Z_2 : 역상 임피던스

제5과목 **전기설비기술기준**

81 최대 사용 전압이 220[V]인 전동기의 절연 내력 시험을 하고자 할 때 시험 전압은 몇 [V]인가?

① 300 ② 330
③ 450 ④ 500

정답 78.④ 79.② 80.③ 81.④

해설 회전기 및 정류기의 절연 내력(한국전기설비규정 133)

$220 \times 1.5 = 330[V]$

500[V] 미만으로 되는 경우에는 최저 시험 전압 500[V]로 한다.

82 66[kV] 가공 전선과 6[kV] 가공 전선을 동일 지지물에 병가(병행 설치)하는 경우에 특고압 가공 전선은 케이블인 경우를 제외하고는 단면적이 몇 [mm²] 이상인 경동 연선을 사용하여야 하는가?

① 22 ② 38
③ 50 ④ 100

해설 특고압 가공 전선과 저고압 가공 전선의 병행 설치(한국전기설비규정 333.17)
- 사용 전압이 35[kV]을 초과하고 100[kV] 미만
- 이격 거리(간격)는 2[m] 이상
- 인장 강도 21.67[kN] 이상의 연선 또는 단면적이 50[mm²] 이상인 경동 연선

83 발전소의 개폐기 또는 차단기에 사용하는 압축 공기 장치의 주공기 탱크에 시설하는 압력계의 최고 눈금의 범위로 옳은 것은?

① 사용 압력의 1배 이상 2배 이하
② 사용 압력의 1.15배 이상 2배 이하
③ 사용 압력의 1.5배 이상 3배 이하
④ 사용 압력의 2배 이상 3배 이하

해설 압축 공기 계통(한국전기설비규정 341.16)
주공기 탱크 또는 이에 근접한 곳에는 사용 압력의 1.5배 이상 3배 이하의 최고 눈금이 있는 압력계를 시설

84 고압 가공 전선로의 지지물로서 사용하는 목주의 풍압 하중에 대한 안전율은 얼마 이상이어야 하는가?

① 1.2 ② 1.3
③ 2.2 ④ 2.5

해설 저·고압 가공 전선로의 지지물의 강도 등(한국전기설비규정 332.7)
- 저압 가공 전선로의 지지물은 목주인 경우에는 풍압 하중의 1.2배의 하중, 기타의 경우에는 풍압 하중에 견디는 강도를 가지는 것이어야 한다.
- 고압 가공 전선로의 지지물로서 사용하는 목주는 풍압 하중에 대한 안전율은 1.3 이상인 것이어야 한다.

85 다음 그림에서 L₁은 어떤 크기로 동작하는 기기의 명칭인가?

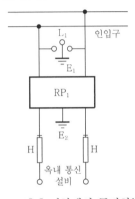

① 교류 1,000[V] 이하에서 동작하는 단로기
② 교류 1,000[V] 이하에서 동작하는 피뢰기
③ 교류 1,500[V] 이하에서 동작하는 단로기
④ 교류 1,500[V] 이하에서 동작하는 피뢰기

해설 특고압 가공 전선로 첨가 통신선의 시가지 인입 제한(한국전기설비규정 362.5)
- RP₁ : 교류 300[V] 이하에서 동작하고, 최소 감도 전류가 3[A] 이하로서 최소 감도 전류 때의 응동 시간이 1사이클 이하이고 또한 전류 용량이 50[A], 20초 이상인 자복성(自復性)이 있는 릴레이 보안기
- L₁ : 교류 1[kV] 이하에서 동작하는 피뢰기

86 지중 전선로에 있어서 폭발성 가스가 침입할 우려가 있는 장소에 시설하는 지중함은 크기가 몇 [m³] 이상일 때 가스를 방산시키기 위한 장치를 시설하여야 하는가?

① 0.25 ② 0.5
③ 0.75 ④ 1.0

 82.③ 83.③ 84.② 85.② 86.④

해설 지중함의 시설(한국전기설비규정 334.2)

폭발성 또는 연소성의 가스가 침입할 우려가 있는 것에 시설하는 지중함으로서 그 크기가 1[m³] 이상 인 것에는 통풍 장치, 기타 가스를 방산시키기 위한 적당한 장치를 시설할 것

87 최대 사용 전압 22.9[kV]인 3상 4선식 다중 접지 방식의 지중 전선로의 절연 내력 시험 을 직류로 할 경우 시험 전압은 몇 [V]인가?

① 16,448　　② 21,068

③ 32,796　　④ 42,136

해설 전로의 절연 저항 및 절연 내력(한국전기설비규정 132)

중성점 다중 접지 방식이고, 직류로 시험하므로 $22,900 \times 0.92 \times 2 = 42,136$[V]이다.

88 특고압용 타냉식 변압기의 냉각 장치에 고 장이 생긴 경우를 대비하여 어떤 보호 장치 를 하여야 하는가?

① 경보 장치

② 속도 조정 장치

③ 온도 시험 장치

④ 냉매 흐름 장치

해설 특고압용 변압기의 보호 장치(한국전기설비규정 351.4)

타냉식 변압기의 냉각 장치에 고장이 생겨 온도가 현저히 상승할 경우 경보 장치를 하여야 한다.

89 금속 덕트 공사에 적당하지 않은 것은?

① 전선은 절연 전선을 사용한다.

② 덕트의 끝부분은 항시 개방시킨다.

③ 덕트 안에는 전선에 접속점이 없도록 한다.

④ 덕트의 안쪽면 밑 바깥면에는 산화 방 지를 위하여 아연 도금을 한다.

해설 금속 덕트 공사(한국전기설비규정 232.31)

• 덕트 상호간은 견고하고 또한 전기적으로 완전하 게 접속할 것

• 덕트의 지지점 간의 거리는 3[m] 이하

• 덕트의 뚜껑은 쉽게 열리지 아니하도록 시설할 것

• 덕트의 끝부분은 막을 것

• 덕트 안에 먼지가 침입하지 아니하도록 할 것

• 덕트는 물이 고이는 낮은 부분을 만들지 않도록 시설할 것

90 3.3[kV]용 계기용 변성기의 2차측 전로의 접지 공사는?

① 제1종 접지 공사

② 제2종 접지 공사

③ 제3종 접지 공사

④ 특별 제3종 접지 공사

해설 계기용 변성기의 2차측 전로의 접지(판단기준 제 26조)

• 고압 계기용 변성기에는 제3종 접지 공사

• 특고압 계기용 변성기에는 제1종 접지 공사

※ 이 문제는 출제 당시 규정에는 적합했으나 새로 제정된 한국전기설비규정에는 일부 부적합하므로 문제 유형만 참고하시기 바랍니다.

91 특고압 옥외 배전용 변압기가 1대일 경우 특 고압측에 일반적으로 시설하여야 하는 것은?

① 방전기

② 계기용 변류기

③ 계기용 변압기

④ 개폐기 및 과전류 차단기

해설 특고압 배전용 변압기의 시설(한국전기설비규정 341.2)

• 변압기의 1차 전압은 35[kV] 이하, 2차 전압은 저 압 또는 고압일 것

• 변압기의 특고압측에 개폐기 및 과전류 차단기를 시설할 것

92 가공 전선로에 사용하는 지지물의 강도 계산에 적용하는 갑종 풍압 하중을 계산할 때 구성재의 수직 투영 면적 1[m²]에 대한 풍압의 기준으로 틀린 것은?

① 목주 : 588[Pa]

② 원형 철주 : 588[Pa]

③ 원형 철근 콘크리트주 : 882[Pa]

④ 강관으로 구성(단주는 제외)된 철탑 : 1,255[Pa]

ᕃ해설 풍압 하중의 종별과 적용(한국전기설비규정 331.6)

풍압을 받는 구분			풍압 하중
지지물	목주		588[Pa]
	철주	원형의 것	588[Pa]
	철근 콘크리트주	원형의 것	588[Pa]
	철탑	강관으로 구성되는 것	1,255[Pa]

93 3상 4선식 22.9[kV], 중성선 다중 접지 방식의 특고압 가공 전선 아래에 통신선을 첨가하고자 한다. 특고압 가공 전선과 통신선과의 이격 거리(간격)는 몇 [cm] 이상인가?

① 60

② 75

③ 100

④ 120

ᕃ해설 전력 보안 통신선의 시설 높이와 이격 거리(간격) (한국전기설비규정 362.2)

• 통신선은 가공 전선의 아래에 시설할 것

• 통신선과 저·고압 가공 전선 또는 특고압 중성선 사이의 이격 거리(간격)는 60[cm] 이상일 것. 다만, 절연 전선 또는 케이블인 경우 30[cm] 이상일 것

• 통신선과 특고압 가공 전선 사이의 이격 거리(간격)는 1.2[m] 이상일 것. 다만, 절연 전선 또는 케이블인 경우 30[cm] 이상일 것

94 특고압 가공 전선이 도로 등과 교차하는 경우에 특고압 가공 전선이 도로 등의 위에 시설되는 때에 설치하는 보호망에 대한 설명으로 옳은 것은?

① 보호망은 접지 공사를 하지 않아도 된다.

② 보호망을 구성하는 금속선의 인장 강도는 6[kN] 이상으로 한다.

③ 보호망을 구성하는 금속선은 지름 1.0[mm] 이상의 경동선을 사용한다.

④ 보호망을 구성하는 금속선 상호의 간격은 가로, 세로 각 1.5[m] 이하로 한다.

ᕃ해설 특고압 가공 전선과 도로 등의 접근 또는 교차(한국전기설비규정 333.24)

• 특고압 가공 전선로는 제2종 특고압 보안 공사에 의할 것

• 보호망은 접지 공사를 한 금속제의 망상(그물형) 장치로 하고 견고하게 지지할 것

• 보호망은 특고압 가공 전선의 직하에 시설하는 금속선에는 인장 강도 8.01[kN] 이상의 것 또는 지름 5[mm] 이상의 경동선을 사용하고 그 밖의 부분에 시설하는 금속선에는 인장 강도 5.26[kN] 이상의 것 또는 지름 4[mm] 이상의 경동선을 사용할 것

• 보호망을 구성하는 금속선 상호의 간격은 가로, 세로 각 1.5[m] 이하일 것

95 옥내에 시설하는 고압용 이동 전선으로 옳은 것은?

① 6[mm] 연동선

② 비닐 외장 케이블

③ 옥외용 비닐 절연 전선

④ 고압용의 캡타이어 케이블

ᕃ해설 옥내 고압용 이동 전선의 시설(한국전기설비규정 342.2)

• 전선은 고압용의 캡타이어 케이블일 것

• 이동 전선과 전기 사용 기계 기구와는 볼트 조임 방법에 의하여 견고하게 접속할 것

96 교통이 번잡한 도로를 횡단하여 저압 가공 전선을 시설하는 경우 지표상 높이는 몇 [m] 이상으로 하여야 하는가?

① 4.0 　　　　② 5.0
③ 6.0 　　　　④ 6.5

해설 저압 가공 전선의 높이(한국전기설비규정 222.7)
• 도로를 횡단하는 경우에는 지표상 6[m] 이상
• 철도 또는 궤도를 횡단하는 경우에는 레일면상 6.5[m] 이상

97 방전등용 안정기를 저압의 옥내 배선과 직접 접속하여 시설할 경우 옥내 전로의 대지 전압은 최대 몇 [V]인가?

① 100 　　　　② 150
③ 300 　　　　④ 450

해설 옥내 전로의 대지 전압의 제한(한국전기설비규정 231.6)
백열 전등 또는 방전등에 전기를 공급하는 옥내의 전로의 대지 전압은 300[V] 이하
• 백열 전등 또는 방전등 및 이에 부속하는 전선은 사람이 접촉할 우려가 없도록 시설할 것
• 백열 전등 또는 방전등용 안정기는 저압의 옥내 배선과 직접 접속하여 시설할 것
• 백열 전등의 전구 소켓은 키나 그 밖의 점멸 기구가 없는 것일 것

98 사용 전압이 22.9[kV]인 특고압 가공 전선이 도로를 횡단하는 경우, 지표상 높이는 최소 몇 [m] 이상인가?

① 4.5 　　　　② 5
③ 5.5 　　　　④ 6

해설 25[kV] 이하인 특고압 가공 전선로의 시설(한국전기설비규정 333.32)
도로를 횡단하는 경우에는 노면상 6[m] 이상으로 한다.

99 관광 숙박업 또는 숙박업을 하는 객실의 입구등에 조명용 전등을 설치할 때는 몇 분 이내에 소등되는 타임 스위치를 시설하여야 하는가?

① 1 　　　　② 3
③ 5 　　　　④ 10

해설 점멸기의 시설(한국전기설비규정 234.6)
• 관광 숙박업 또는 숙박업에 이용되는 객실 입구 등은 1분 이내에 소등되는 것
• 일반 주택 및 아파트 각 호실의 현관등은 3분 이내에 소등되는 것

100 철근 콘크리트주를 사용하는 25[kV] 교류 전차선로를 도로 등과 제1차 접근 상태에 시설하는 경우 경간(지지물 간 거리)의 최대 한도는 몇 [m]인가?

① 40 　　　　② 50
③ 60 　　　　④ 70

해설 전차선 등과 건조물 기타의 시설물과의 접근 또는 교차(판단기준 제270조)
교류 전차선의 지지물에는 철주 또는 철근 콘크리트주를 사용하고 또한 그 경간(지지물 간 거리)을 60[m] 이하로 시설하여야 한다.

※ 이 문제는 출제 당시 규정에는 적합했으나 새로 제정된 한국전기설비규정에는 일부 부적합하므로 문제 유형만 참고하시기 바랍니다.

제1과목 전기자기학

01 평행판 콘덴서에 어떤 유전체를 넣었을 때 전속 밀도가 2.4×10^{-7}[C/m²]이고, 단위체적 중의 에너지가 5.3×10^{-3}[J/m³]이었다. 이 유전체의 유전율은 약 몇 [F/m]인가?

① 2.17×10^{-11}
② 5.43×10^{-11}
③ 5.17×10^{-12}
④ 5.43×10^{-12}

3해설 전계 중의 단위 체적당 축적 에너지 W_E[J/m³]

$$W_E = \frac{D^2}{2\varepsilon} \text{ [J/m}^3\text{]}$$

유전율 $\varepsilon = \dfrac{D^2}{2W_E} = \dfrac{(2.4 \times 10^{-7})^2}{2 \times 5.3 \times 10^{-3}}$
$$= 5.43 \times 10^{-12} \text{ [F/m]}$$

02 서로 다른 두 유전체 사이의 경계면에 전하 분포가 없다면 경계면 양쪽에서의 전계 및 전속 밀도는?

① 전계 및 전속 밀도의 접선 성분은 서로 같다.
② 전계 및 전속 밀도의 법선 성분은 서로 같다.
③ 전계의 법선 성분이 서로 같고, 전속 밀도의 접선 성분이 서로 같다.
④ 전계의 접선 성분이 서로 같고, 전속 밀도의 법선 성분이 서로 같다.

3해설 유전체의 경계면 조건
전계 세기의 접선 성분이 서로 같고, 전속 밀도의 법선 성분이 서로 같다.

03 와류손에 대한 설명으로 틀린 것은? (단, f : 주파수, B_m : 최대 자속 밀도, t : 두께, ρ : 저항률이다.)

① t^2에 비례한다.
② f^2에 비례한다.
③ ρ^2에 비례한다.
④ $B_m{}^2$에 비례한다.

3해설 와류손 $P_e = \sigma_e (tfB_m)^2$[W/m³]
저항률 ρ와 무관하다.

04 $x > 0$인 영역에 비유전율 $\varepsilon_{r1} = 3$인 유전체, $x < 0$인 영역에 비유전율 $\varepsilon_{r2} = 5$인 유전체가 있다. $x < 0$인 영역에서 전계 $E_2 = 20a_x + 30a_y - 40a_z$[V/m]일 때 $x > 0$인 영역에서의 전속 밀도는 몇 [C/m²]인가?

① $10(10a_x + 9a_y - 12a_z)\varepsilon_0$
② $20(5a_x - 10a_y + 6a_z)\varepsilon_0$
③ $50(2a_x + 3a_y - 4a_z)\varepsilon_0$
④ $50(2a_x - 3a_y + 4a_z)\varepsilon_0$

3해설 전속 밀도 법선 성분이 같고, 전계 세기의 접선 성분이 같으므로
$$D_{1x} = D_{2x}, \ \varepsilon_0 \varepsilon_{r_1} E_{1x} = \varepsilon_0 \varepsilon_{r_2} E_{2x}$$

$$E_{1x} = \frac{\varepsilon_{r_2}}{\varepsilon_{r_1}} E_2 = \frac{5}{3} \times 20 = \frac{100}{3}$$

$x > 0$인 영역에서 전계
$$E_1 = \frac{100}{30} a_x + 30a_y - 40a_z$$

정답 01.④ 02.④ 03.③ 04.①

전속 밀도 $D_1 = \varepsilon_0 \varepsilon_{r_1} E_1$

$$= 3 \times \left(\frac{100}{3} a_x + 30 a_y - 40 a_z \right) \varepsilon_0$$

$$= 10(10 a_x + 9 a_y - 12 a_z) \varepsilon_0 \, [\text{C/m}^2]$$

05 $q[\text{C}]$의 전하가 진공 중에서 $v[\text{m/s}]$의 속도로 운동하고 있을 때, 이 운동 방향과 θ의 각으로 $r[\text{m}]$ 떨어진 점의 자계의 세기$[\text{AT/m}]$는?

① $\dfrac{q \sin\theta}{4\pi r^2 v}$ ② $\dfrac{v \sin\theta}{4\pi r^2 q}$

③ $\dfrac{qv \sin\theta}{4\pi r^2}$ ④ $\dfrac{v \sin\theta}{4\pi r^2 q^2}$

해설 비오-사바르의 법칙(Biot-Savart's law)

자계의 세기 $H = \dfrac{Il}{4\pi r^2} \sin\theta$

전류 $I = \dfrac{q}{t}$, 속도 $v = \dfrac{l}{t}$, $l = v \cdot t$ 이므로

$$Il = \frac{q}{t} \cdot vt = qv$$

따라서, 자계의 세기 $H = \dfrac{qv}{4\pi r^2} \sin\theta \, [\text{AT/m}]$

06 원형 선전류 $I[\text{A}]$의 중심축상 점 P의 자위 $[\text{A}]$를 나타내는 식은? (단, θ는 점 P에서 원형 전류를 바라보는 평면각이다.)

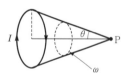

① $\dfrac{I}{2}(1 - \cos\theta)$ ② $\dfrac{I}{4}(1 - \cos\theta)$

③ $\dfrac{I}{2}(1 - \sin\theta)$ ④ $\dfrac{I}{4}(1 - \sin\theta)$

해설 판자석의 자위 $U = \dfrac{M}{4\pi\mu_0} \omega [\text{A}]$

이중층의 세기 $M = \sigma\delta [\text{Wb/m}]$

입체각 $\omega = 2\pi(1 - \cos\theta) [\text{sterad}]$

전류에 의한 자위 $U = \dfrac{M}{4\pi\mu_0} \omega = \dfrac{I}{4\pi} \omega \left(I = \dfrac{M}{\mu_0} \right)$

$$= \frac{I}{4\pi} \cdot 2\pi(1 - \cos\theta)$$

$$= \frac{I}{2}(1 - \cos\theta) [\text{A}]$$

07 진공 중에서 무한장 직선 도체에 선전하 밀도 $\rho_L = 2\pi \times 10^{-3} [\text{C/m}]$가 균일하게 분포된 경우 직선 도체에서 2$[\text{m}]$와 4$[\text{m}]$ 떨어진 두 점 사이의 전위차는 몇 $[\text{V}]$인가?

① $\dfrac{10^{-3}}{\pi\varepsilon_0} \ln 2$ ② $\dfrac{10^{-3}}{\varepsilon_0} \ln 2$

③ $\dfrac{1}{\pi\varepsilon_0} \ln 2$ ④ $\dfrac{1}{\varepsilon_0} \ln 2$

해설 전위차 $V = -\displaystyle\int_b^a E dl = \dfrac{\rho l}{2\pi\varepsilon_0} \ln \dfrac{b}{a} [\text{V}]$

$$= \frac{2\pi \times 10^{-3}}{2\pi\varepsilon_0} \ln \frac{4}{2} = \frac{10^{-3}}{\varepsilon_0} \ln 2 [\text{V}]$$

08 균일한 자장 내에 놓여 있는 직선 도선에 전류 및 길이를 각각 2배로 하면 이 도선에 작용하는 힘은 몇 배가 되는가?

① 1   ② 2

③ 4   ④ 8

해설 플레밍의 왼손 법칙

힘 $F = IBl \sin\theta [\text{N}]$

$\therefore F' = 2IB 2l \sin\theta = 4IBl \sin\theta = 4F$

09 환상 철심에 권수 3,000회 A 코일과 권수 200회 B 코일이 감겨져 있다. A 코일의 자기 인덕턴스가 360$[\text{mH}]$일 때 A, B 두 코일의 상호 인덕턴스는 몇 $[\text{mH}]$인가? (단, 결합 계수는 1이다.)

① 16   ② 24

③ 36   ④ 72

해설 A 코일의 자기 인덕턴스 $L_A = \dfrac{\mu N_A^2 S}{l}$

상호 인덕턴스 $M = \dfrac{\mu N_A \cdot N_B \cdot S}{l}$

$= \dfrac{\mu N_A^2 S}{l} \cdot \dfrac{N_B}{N_A}$

$= L_A \cdot \dfrac{N_B}{N_A}$

$= 360 \times \dfrac{200}{3,000}$

$= 24[\text{mH}]$

10 맥스웰 방정식 중 틀린 것은?

① $\oint_s B \cdot dS = \rho_s$

② $\oint_s D \cdot dS = \int_v \rho dv$

③ $\oint_c E \cdot dl = -\int_s \dfrac{\partial B}{\partial t} \cdot dS$

④ $\oint_c H \cdot dl = I + \int_s \dfrac{\partial D}{\partial t} \cdot dS$

해설 자속 $\phi = \int_s B \cdot dS = 0$

N, S극은 공존하고, 자속은 연속이다.

11 자기 회로의 자기 저항에 대한 설명으로 옳은 것은?

① 투자율에 반비례한다.
② 자기 회로의 단면적에 비례한다.
③ 자기 회로의 길이에 반비례한다.
④ 단면적에 반비례하고, 길이의 제곱에 비례한다.

해설 자기 저항 $R_m = \dfrac{l}{\mu \cdot S}$

여기서, l : 자기 회로 길이
μ : 투자율
S : 철심의 단면적

12 접지된 구도체와 점전하 간에 작용하는 힘은?

① 항상 흡인력이다.
② 항상 반발력이다.
③ 조건적 흡인력이다.
④ 조건적 반발력이다.

해설 점전하가 $Q[\text{C}]$일 때

접지 구도체의 영상 전하 $Q' = -\dfrac{a}{b}Q[\text{C}]$이므로 항상 흡인력이 작용한다.

13 그림과 같이 전류가 흐르는 반원형 도선이 평면 $Z=0$상에 놓여 있다. 이 도선이 자속밀도 $B = 0.6a_x - 0.5a_y + a_z[\text{Wb/m}^2]$인 균일 자계 내에 놓여 있을 때 도선의 직선 부분에 작용하는 힘[N]은?

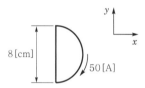

① $4a_x + 2.4a_z$ ② $4a_x - 2.4a_z$
③ $5a_x - 3.5a_z$ ④ $-5a_x + 3.5a_z$

해설 플레밍의 왼손 법칙
힘 $F = IBl\sin\theta$
$F = (I \times B)l$
$= \begin{vmatrix} a_x & a_y & a_z \\ 0 & 50 & 0 \\ 0.6 & -0.5 & 1 \end{vmatrix} \times 0.08$
$= (50a_x - 30a_z) \times 0.08$
$= 4a_x - 2.4a_z[\text{N}]$

14 평행한 두 도선 간의 전자력은? (단, 두 도선 간의 거리는 $r[\text{m}]$라 한다.)

① r에 비례 ② r^2에 비례
③ r에 반비례 ④ r^2에 반비례

해설 자속 밀도 $B = \mu_0 H = \dfrac{\mu_0 I_1}{2\pi r}$

힘 $F = IBl\sin\theta = I_2 \dfrac{\mu_0 I_1}{2\pi r} l \sin 90° = \dfrac{\mu_0 I_1 I_2 l}{2\pi r} \propto \dfrac{1}{r}$

15 다음의 관계식 중 성립할 수 없는 것은? (단, μ는 투자율, χ는 자화율, μ_0는 진공의 투자율, J는 자화의 세기이다.)

① $J = \chi B$ ② $B = \mu H$

③ $\mu = \mu_0 + \chi$ ④ $\mu_s = 1 + \dfrac{\chi}{\mu_0}$

해설 자화의 세기 $J = \mu_0(\mu_s - 1)H = \chi H$
자속 밀도 $B = \mu_0 H + J = (\mu_0 + \chi)H = \mu_0 \mu_s H = \mu H$
비투자율 $\mu_s = 1 + \dfrac{\chi}{\mu_0}$

16 평행판 콘덴서의 극판 사이에 유전율 ε, 저항률 ρ인 유전체를 삽입하였을 때, 두 전극 간의 저항 R과 정전 용량 C의 관계는?

① $R = \rho\varepsilon C$ ② $RC = \dfrac{\varepsilon}{\rho}$

③ $RC = \rho\varepsilon$ ④ $RC\rho\varepsilon = 1$

해설 저항 $R = \rho\dfrac{l}{S}[\Omega]$, 정전 용량 $C = \dfrac{\varepsilon \cdot S}{l}[\text{F}]$

$\therefore RC = \rho\dfrac{l}{S} \cdot \dfrac{\varepsilon S}{l} = \rho\varepsilon$

17 비투자율 $\mu_s = 1$, 비유전율 $\varepsilon_s = 90$인 매질 내의 고유 임피던스는 약 몇 [Ω]인가?

① 32.5 ② 39.7

③ 42.3 ④ 45.6

해설 고유 임피던스 $\eta = \dfrac{E}{H} = \sqrt{\dfrac{\mu}{\varepsilon}} = \sqrt{\dfrac{\mu_0}{\varepsilon_0}}\sqrt{\dfrac{\mu_s}{\varepsilon_s}}$

$= 120\pi \times \dfrac{1}{\sqrt{90}} = 39.7[\Omega]$

18 사이클로트론에서 양자가 매초 3×10^{15}개의 비율로 가속되어 나오고 있다. 양자가 15[MeV]의 에너지를 가지고 있다고 할 때, 이 사이클로트론은 가속용 고주파 전계를 만들기 위해서 150[kW]의 전력을 필요로 한다면 에너지 효율[%]은?

① 2.8 ② 3.8

③ 4.8 ④ 5.8

해설 사이클로트론의 단위 시간당 에너지 P_c
$P_c = neV = 3\times10^{15}\times15\times10^6\times1.602\times10^{-19}$
$= 7.2\times10^3[\text{W}]$

에너지 효율 $\eta = \dfrac{P_c}{P(\text{소요 전력})}\times100$

$= \dfrac{7.2\times10^3}{150\times10^3}\times100 = 4.8[\%]$

19 단면적 4[cm^2]의 철심에 6×10^{-4}[Wb]의 자속을 통하게 하려면 2,800[AT/m]의 자계가 필요하다. 이 철심의 비투자율은 약 얼마인가?

① 346 ② 375

③ 407 ④ 426

해설 자속 $\phi = \displaystyle\int_s \vec{B}\cdot\vec{n}\,dS = B\cdot S = \mu_0\mu_s H \cdot S$

비투자율 $\mu_s = \dfrac{\phi}{\mu_0 H \cdot S}$

$= \dfrac{6\times10^{-4}}{4\pi\times10^{-7}\times2,800\times4\times10^{-4}}$
$= 426.5$

20 대전된 도체의 특징으로 틀린 것은?

① 가우스 정리에 의해 내부에는 전하가 존재한다.
② 전계는 도체 표면에 수직인 방향으로 진행된다.
③ 도체에 인가된 전하는 도체 표면에만 분포한다.
④ 도체 표면에서의 전하 밀도는 곡률이 클수록 높다.

정답 15.① 16.③ 17.② 18.③ 19.④ 20.①

해설 대전 도체의 내부에는 전하가 존재하지 않고 표면에 만 분포하여 등전위를 이룬다.
따라서, 전계는 도체 표면과 직교하며 곡률이 클수록 전하 밀도는 높아진다.

제2과목 전력공학

21 송 · 배전 선로에서 도체의 굵기는 같게 하고 도체 간의 간격을 크게 하면 도체의 인덕턴스는?

① 커진다.
② 작아진다.
③ 변함이 없다.
④ 도체의 굵기 및 도체 간의 간격과는 무관하다.

해설 인덕턴스 $L = 0.05 + 0.4605 \log_{10} \dfrac{D}{r}$ [mH/km]이므로 도체 간격(여기서, D : 등가 선간 거리)을 크게 하면 인덕턴스는 증가한다.

22 동일 전력을 동일 선간 전압, 동일 역률로 동일 거리에 보낼 때 사용하는 전선의 총 중량이 같으면 3상 3선식인 때와 단상 2선식일 때는 전력 손실비는?

① 1   ② $\dfrac{3}{4}$

③ $\dfrac{2}{3}$ ④ $\dfrac{1}{\sqrt{3}}$

해설
• 동일 전력이므로 $VI_1 = \sqrt{3}\, VI_3$에서 전류비 $\dfrac{I_{33}}{I_{12}} = \dfrac{1}{\sqrt{3}}$ 이다.
• 총 중량이 동일하므로 $2A_{12}\,l = 3A_{33}\,l$이고, 저항은 전선 단면적에 반비례하므로 저항비는 $\dfrac{R_{33}}{R_{12}} = \dfrac{A_{12}}{A_{33}}$ $= \dfrac{3}{2}$이다.

$\therefore$ 손실비$= \dfrac{3I_{33}^{\ 2}R_{33}}{2I_{12}^{\ 2}R_{12}} = \dfrac{3}{2} \times \left(\dfrac{I_{33}}{I_{12}}\right)^2 \times \dfrac{R_{33}}{R_{12}}$

$= \dfrac{3}{2} \times \left(\dfrac{1}{\sqrt{3}}\right)^2 \times \dfrac{3}{2} = \dfrac{3}{4}$

23 배전반에 접속되어 운전 중인 계기용 변압기(PT) 및 변류기(CT)의 2차측 회로를 점검할 때 조치 사항으로 옳은 것은?

① CT만 단락시킨다.
② PT만 단락시킨다.
③ CT와 PT 모두를 단락시킨다.
④ CT와 PT 모두를 개방시킨다.

해설 변류기(CT)의 2차측은 운전 중 개방되면 고전압에 의해 변류기가 2차측 절연 파괴로 인하여 소손되므로 점검할 경우, 변류기 2차측 단자를 단락시켜야 한다.

24 배전 선로의 역률 개선에 따른 효과로 적합하지 않은 것은?

① 선로의 전력 손실 경감
② 선로의 전압 강하의 감소
③ 전원측 설비의 이용률 향상
④ 선로 절연의 비용 절감

해설 역률 개선 효과
• 전력 손실 감소
• 전압 강하 감소
• 변압기 등 전기 설비 여유 증가, 설비 이용률 향상
• 수용가의 전기 요금 절약

25 총 낙차 300[m], 사용 수량 20[m³/s]인 수력 발전소의 발전기 출력은 약 몇 [kW]인가? (단, 수차 및 발전기 효율은 각각 90[%], 98[%]라 하고, 손실 낙차는 총 낙차의 6[%]라고 한다.)

① 48,750   ② 51,860
③ 54,170   ④ 54,970

정답   21.①   22.②   23.①   24.④   25.①

해설 발전기 출력 $P = 9.8HQ\eta$[kW]
$$P = 9.8 \times 300 \times (1-0.06) \times 20 \times 0.9 \times 0.98$$
$$= 48,750\text{[kW]}$$

26 수전단을 단락한 경우 송전단에서 본 임피던스가 330[Ω]이고, 수전단을 개방한 경우 송전단에서 본 어드미턴스가 1.875×10^{-3}[℧]일 때 송전단의 특성 임피던스는 약 몇 [Ω]인가?

① 120 ② 220
③ 320 ④ 420

해설 특성 임피던스 $Z_0 = \sqrt{\dfrac{Z}{Y}}$
$$= \sqrt{\dfrac{330}{1.875 \times 10^{-3}}} = 420[\Omega]$$

27 다중 접지 계통에 사용되는 재폐로 기능을 갖는 일종의 차단기로서 과부하 또는 고장 전류가 흐르면 순시 동작하고, 일정 시간 후에는 자동적으로 재폐로하는 보호 기기는?

① 라인 퓨즈
② 리클로저
③ 섹셔널라이저
④ 고장 구간 자동 개폐기

해설
• 리클로저(recloser) : 선로에 고장이 발생하였을 때 고장 전류를 검출하여 지정된 시간 내에 고속 차단하고 자동 재폐로 동작을 수행하여 고장 구간을 분리하거나 재송전하는 장치이다.
• 고장 구간 자동 개폐기(ASS ; Automatic Section Switch) : 수용가 구내에 사고를 자동 분리하고 그 사고의 파급 확대를 방지하기 위하여 수용가 구내 설비의 피해를 최소한으로 억제하기 위하여 개발된 개폐기로 변전소 차단기 또는 배선 선로의 리클로저와 협조하여 사고 발생 시 고장 구간을 자동 분리한다.
• 섹셔널라이저(자동 선로 구분 개폐기, sectionalizer) : 22.9[kV-Y] 배전 선로에서 부하 분기점에 설치되어 고장 발생 시 선로의 타보호 기기(리클로저, 차단기)와 협조하여 고장 구간을 신속·정확히 개방하는 자동 구간 개폐기에 대해 적용한다.

28 송전선 중간에 전원이 없을 경우에 송전단의 전압 $E_s = AE_r + BI_r$이 된다. 수전단의 전압 E_r의 식으로 옳은 것은? (단, I_s, I_r은 송전단 및 수전단의 전류이다.)

① $E_r = AE_s + CI_s$
② $E_r = BE_s + AI_s$
③ $E_r = DE_s - BI_s$
④ $E_r = CE_s - DI_s$

해설 $\begin{bmatrix} E_s \\ I_s \end{bmatrix} = \begin{bmatrix} A & B \\ C & D \end{bmatrix} \begin{bmatrix} E_r \\ I_r \end{bmatrix}$에서

$\begin{bmatrix} E_r \\ I_r \end{bmatrix} = \begin{bmatrix} A & B \\ C & D \end{bmatrix} \begin{bmatrix} E_s \\ I_s \end{bmatrix} = \dfrac{1}{AD-BC} \begin{bmatrix} D & -B \\ -C & A \end{bmatrix} \begin{bmatrix} E_s \\ I_s \end{bmatrix}$

$AD-BC = 1$이므로 $\begin{bmatrix} E_r \\ I_r \end{bmatrix} = \begin{bmatrix} D & -B \\ -C & A \end{bmatrix} \begin{bmatrix} E_s \\ I_s \end{bmatrix}$이다.

그러므로 수전단 전압 $E_r = DE_s - BI_s$, 수전단 전류 $I_r = -CE_s + AI_s$로 된다.

29 비접지식 3상 송·배전 계통에서 1선 지락 고장 시 고장 전류를 계산하는 데 사용되는 정전 용량은?

① 작용 정전 용량 ② 대지 정전 용량
③ 합성 정전 용량 ④ 선간 정전 용량

해설 ① 작용 정전 용량 : 정상 운전 중 충전 전류 계산
② 대지 정전 용량 : 1선 지락 전류 계산
④ 선간 정전 용량 : 정전 유도 전압 계산

30 비접지 계통의 지락 사고 시 계전기에 영상 전류를 공급하기 위하여 설치하는 기기는?

① PT ② CT
③ ZCT ④ GPT

해설
• ZCT : 지락 사고가 발생하면 영상 전류를 검출하여 계전기에 공급한다.
• GPT : 지락 사고가 발생하면 영상 전압을 검출하여 계전기에 공급한다.

정답 26.④ 27.② 28.③ 29.② 30.③

31 이상 전압의 파고값을 저감시켜 전력 사용 설비를 보호하기 위하여 설치하는 것은?

① 초호환   ② 피뢰기
③ 계전기   ④ 접지봉

해설 이상 전압 내습 시 피뢰기의 단자 전압이 어느 일정 값 이상으로 올라가면 즉시 방전하여 전압 상승을 억제하여 전력 사용 설비(변압기 등)를 보호하고, 이상 전압이 없어져서 단자 전압이 일정 값 이하가 되면 즉시 방전을 정지해서 원래의 송전 상태로 되 돌아가게 된다.

32 임피던스 Z_1, Z_2 및 Z_3을 그림과 같이 접 속한 선로의 A쪽에서 전압파 E가 진행해 왔을 때 접속점 B에서 무반사로 되기 위한 조건은?

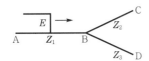

① $Z_1 = Z_2 + Z_3$

② $\dfrac{1}{Z_3} = \dfrac{1}{Z_1} + \dfrac{1}{Z_2}$

③ $\dfrac{1}{Z_1} = \dfrac{1}{Z_2} + \dfrac{1}{Z_3}$

④ $\dfrac{1}{Z_2} = \dfrac{1}{Z_1} + \dfrac{1}{Z_3}$

해설 접속점 B에서 무반사 조건은 입사 선로의 특성 임피 던스와 투과 선로의 특성 임피던스가 동일하여야 하므로 $Z_1 = \dfrac{1}{\dfrac{1}{Z_2} + \dfrac{1}{Z_3}}$ 이다. 즉, $\dfrac{1}{Z_1} = \dfrac{1}{Z_2} + \dfrac{1}{Z_3}$ 이 된다.

33 저압 뱅킹 방식에서 저전압의 고장에 의하 여 건전한 변압기의 일부 또는 전부가 차단 되는 현상은?

① 아킹(arcing)
② 플리커(flicker)
③ 밸런스(balance)
④ 캐스케이딩(cascading)

해설 **캐스케이딩(cascading) 현상**
저압 뱅킹 방식에서 변압기 또는 선로의 사고에 의해 서 뱅킹 내의 건전한 변압기의 일부 또는 전부가 연 쇄적으로 차단되는 현상으로 방지책은 변압기의 1차 측에 퓨즈, 저압선의 중간에 구분 퓨즈를 설치한다.

34 변전소의 가스 차단기에 대한 설명으로 틀 린 것은?

① 근거리 차단에 유리하지 못하다.
② 불연성이므로 화재의 위험성이 적다.
③ 특고압 계통의 차단기로 많이 사용된다.
④ 이상 전압의 발생이 적고, 절연 회복이 우수하다.

해설 가스 차단기(GCB)는 공기 차단기(ABB)에 비교하 면 밀폐된 구조로 소음이 없고, 공기보다 절연 내력 (2~3배) 및 소호 능력(100~200배)이 우수하고, 근 거리(전류가 흐르는 거리, 즉 임피던스[Ω]가 작아 고장 전류가 크다는 의미) 전류에도 안정적으로 차 단되고, 과전압 발생이 적고, 아크 소멸 후 절연 회복 이 신속한 특성이 있다.

35 켈빈(Kelvin)의 법칙이 적용되는 경우는?

① 전압 강하를 감소시키고자 하는 경우
② 부하 배분의 균형을 얻고자 하는 경우
③ 전력 손실량을 축소시키고자 하는 경우
④ 경제적인 전선의 굵기를 선정하고자 하 는 경우

해설 **켈빈의 법칙**
전선의 단위 길이 내에서 연간 손실되는 전력량에 대한 전기 요금과 단위 길이의 전선값에 대한 금리, 감가 상각비 등의 연간 경비의 합계가 같게 되는 전선 단면적이 가장 경제적인 전선의 단면적이다.

정답   31.②   32.③   33.④   34.①   35.④

36 보호 계전기의 반한시 · 정한시 특성은?

① 동작 전류가 커질수록 동작 시간이 짧게 되는 특성

② 최소 동작 전류 이상의 전류가 흐르면 즉시 동작하는 특성

③ 동작 전류의 크기에 관계없이 일정한 시간에 동작하는 특성

④ 동작 전류가 커질수록 동작 시간이 짧아지며, 어떤 전류 이상이 되면 동작 전류의 크기에 관계없이 일정한 시간에서 동작하는 특성

해설 계전기 동작 시간에 의한 분류
• 순한시 계전기 : 정정된 최소 동작 전류 이상의 전류가 흐르면 즉시 동작하는 계전기
• 정한시 계전기 : 정정된 값 이상의 전류가 흐르면 정해진 일정 시간 후에 동작하는 계전기
• 반한시 계전기 : 정정된 값 이상의 전류가 흐를 때 전류값이 크면 동작 시간은 짧아지고, 전류값이 작으면 동작 시간이 길어진다.
• 반한시 정한시 계전기 : 어느 전류값까지는 반한시 특성이고, 그 이상이면 정한시 특성을 갖는 계전기

37 단도체 방식과 비교할 때 복도체 방식의 특징이 아닌 것은?

① 안정도가 증가된다.

② 인덕턴스가 감소된다.

③ 송전 용량이 증가된다.

④ 코로나 임계 전압이 감소된다.

해설 복도체 및 다도체의 특징
• 같은 도체 단면적의 단도체보다 인덕턴스와 리액턴스가 감소하고 정전 용량이 증가하여 송전 용량을 크게 할 수 있다.
• 전선 표면의 전위 경도를 저감시켜 코로나 임계 전압을 높게 하므로 코로나 발생을 방지한다.
• 전력 계통의 안정도를 증대시킨다.

38 1선 지락 시에 지락 전류가 가장 작은 송전 계통은?

① 비접지식

② 직접 접지식

③ 저항 접지식

④ 소호 리액터 접지식

해설 소호 리액터 접지식은 $L-C$ 병렬 공진을 이용하므로 지락 전류가 최소로 되어 유도 장해가 적고, 고장 중에도 계속적인 송전이 가능하고, 고장이 스스로 복구될 수 있어 과도 안정도가 좋지만 보호 장치의 동작이 불확실하다.

39 수차의 캐비테이션 방지책으로 틀린 것은?

① 흡출 수두를 증대시킨다.

② 과부하 운전을 가능한 한 피한다.

③ 수차의 비속도를 너무 크게 잡지 않는다.

④ 침식에 강한 금속 재료로 러너를 제작한다.

해설 흡출 수두는 반동 수차에서 낙차를 증대시킬 목적으로 이용되므로 흡출 수두가 커지면 수차의 난조가 발생하고, 캐비테이션(공동 현상)이 커진다.

40 선간 전압이 154[kV]이고, 1상당의 임피던스가 $j8[\Omega]$인 기기가 있을 때, 기준 용량을 100[MVA]로 하면 %임피던스는 약 몇 [%]인가?

① 2.75

② 3.15

③ 3.37

④ 4.25

해설 $\%Z = \dfrac{P\,Z}{10\,V_n^{\,2}} = \dfrac{100 \times 10^3 \times 8}{10 \times 154^2} = 3.37[\%]$

제3과목 **전기기기**

41 3상 비돌극형 동기 발전기가 있다. 정격 출력 5,000[kVA], 정격 전압 6,000[V], 정격 역률 0.8이다. 여자를 정격 상태로 유지할 때 이 발전기의 최대 출력은 약 몇 [kW]인가? (단, 1상의 동기 리액턴스는 0.8[p.u]이며 저항은 무시한다.)

① 7,500 ② 10,000
③ 11,500 ④ 12,500

해설 단위법 전압 $v = 1$, 전류 $i = 1$
단위법 유기 기전력 e
$$e = \sqrt{(v\cos\theta)^2 + (v\sin\theta + ix_s')^2}$$
$$= \sqrt{0.8^2 + (0.6 + 0.8)^2}$$
$$= 1.612$$
최대 출력 P_{max}
$$P_m = \frac{ev}{x_s}\sin 90° \cdot P_n$$
$$= \frac{1.612 \times 1}{0.8} \times 1 \times 5,000$$
$$= 10,075[kW]$$

42 직류기의 손실 중에서 기계손으로 옳은 것은?

① 풍손
② 와류손
③ 표유 부하손
④ 브러시의 전기손

해설 직류기에서 기계손은 풍손과 마찰손의 합을 말한다.

43 다음 ( )에 알맞은 것은?

> 직류 발전기에서 계자 권선이 전기자에 병렬로 연결된 직류기는 (㉠) 발전기라 하며, 전기자 권선과 계자 권선이 직렬로 접속된 직류기는 (㉡) 발전기라 한다.

① ㉠ 분권, ㉡ 직권

② ㉠ 직권, ㉡ 분권
③ ㉠ 복권, ㉡ 분권
④ ㉠ 자여자, ㉡ 타여자

해설 직류 발전기에서 계자 권선이 전기자에 병렬로 연결하면 분권 발전기, 직렬로 접속하면 직권 발전기라 한다.

44 1차 전압 6,600[V], 2차 전압 220[V], 주파수 60[Hz], 1차 권수 1,200회인 경우 변압기의 최대 자속[Wb]은?

① 0.36 ② 0.63
③ 0.012 ④ 0.021

해설 1차 전압 $V_1 = 4.44 f N_1 \phi_m$
최대 자속 $\phi_m = \dfrac{V_1}{4.44 f N_1}$
$$= \frac{6,600}{4.44 \times 60 \times 1,200}$$
$$= 0.0206[Wb]$$

45 직류 발전기의 정류 초기에 전류 변화가 크며 이때 발생되는 불꽃 정류로 옳은 것은?

① 과정류
② 직선 정류
③ 부족 정류
④ 정현파 정류

해설 직류 발전기의 정류 곡선에서 정류 초기에 전류 변화가 큰 곡선을 과정류라 하며 초기에 불꽃이 발생한다.

46 3상 유도 전동기의 속도 제어법으로 틀린 것은?

① 1차 저항법
② 극수 제어법
③ 전압 제어법
④ 주파수 제어법

해설 3상 유도 전동기의 속도 제어법

속도 $N = N_s(1-s) = \dfrac{120f}{P}(1-s)$

- 주파수 제어
- 극수 변환 제어
- 1차 전압 제어
- 2차 저항 제어
- 2차 여자 제어
- 종속법

47 60[Hz]의 변압기에 50[Hz]의 동일 전압을 가했을 때의 자속 밀도는 60[Hz]일 때와 비교하였을 경우 어떻게 되는가?

① $\dfrac{5}{6}$로 감소

② $\dfrac{6}{5}$으로 증가

③ $\left(\dfrac{5}{6}\right)^{1.6}$으로 감소

④ $\left(\dfrac{6}{5}\right)^{2}$으로 증가

해설 1차 전압 $V_1 = 4.44fNB_m S$

자속 밀도 $B_m = \dfrac{V_1}{4.44fNS} \propto \dfrac{1}{f}$ 이므로 $\dfrac{6}{5}$ 배로 증가한다.

48 2대의 변압기로 V결선하여 3상 변압하는 경우 변압기 이용률은 약 몇 [%]인가?

① 57.8
② 66.6
③ 86.6
④ 100

해설 V결선 출력 $P_V = \sqrt{3}\,P_1$

이용률 $= \dfrac{\sqrt{3}\,P_1}{2P_1} = 0.866 = 86.6[\%]$

49 3상 유도 전동기의 기동법 중 전전압 기동에 대한 설명으로 틀린 것은?

① 기동 시에 역률이 좋지 않다.
② 소용량으로 기동 시간이 길다.
③ 소용량 농형 전동기의 기동법이다.
④ 전동기 단자에 직접 정격 전압을 가한다.

해설 3상 유도 전동기의 기동법은 전전압 기동과 감전압 기동이 있으며, 전전압 기동법은 소용량 전동기의 기동법으로 기동 시간이 짧다.

50 동기 발전기의 전기자 권선법 중 집중권인 경우 매극 매상의 홈(slot)수는?

① 1개
② 2개
③ 3개
④ 4개

해설 전기자 권선법의 집중권은 매극 매상의 홈수가 1인 경우이고, 분포권은 2 이상인 경우이며, 기전력의 파형을 개선하기 위해 분포권을 사용한다.

51 유도 전동기의 속도 제어를 인버터 방식으로 사용하는 경우 1차 주파수에 비례하여 1차 전압을 공급하는 이유는?

① 역률을 제어하기 위해
② 슬립을 증가시키기 위해
③ 자속을 일정하게 하기 위해
④ 발생 토크를 증가시키기 위해

해설 1차 전압 $V_1 = 4.44fN\phi_m k_w$

유도 전동기의 토크는 자속에 비례하고 속도 제어 시 일정한 토크를 얻기 위해서는 자속이 일정하여야 한다.

그러므로 주파수 제어를 할 경우 자속을 일정하게 하기 위해서 1차 공급 전압을 주파수에 비례하여 변화한다.

52 3상 유도 전압 조정기의 원리를 응용한 것은?

① 3상 변압기
② 3상 유도 전동기
③ 3상 동기 발전기
④ 3상 교류자 전동기

해설 3상 유도 전압 조정기의 원리와 구조는 3상 유도 전동기와 같이 회전 자계를 이용하며, 1차 권선과 2차 권선으로 되어 있다.

53 정류 회로에서 상의 수를 크게 했을 경우 옳은 것은?

① 맥동 주파수와 맥동률이 증가한다.
② 맥동률과 맥동 주파수가 감소한다.
③ 맥동 주파수는 증가하고 맥동률은 감소한다.
④ 맥동률과 주파수는 감소하나 출력이 증가한다.

해설 정류 회로에서 상(phase)수를 크게 하면 맥동 주파수는 증가하고 맥동률은 감소한다.

54 동기 전동기의 위상 특성 곡선(V곡선)에 대한 설명으로 옳은 것은?

① 출력을 일정하게 유지할 때 부하 전류와 전기자 전류의 관계를 나타낸 곡선
② 역률을 일정하게 유지할 때 계자 전류와 전기자 전류의 관계를 나타낸 곡선
③ 계자 전류를 일정하게 유지할 때 전기자 전류와 출력 사이의 관계를 나타낸 곡선
④ 공급 전압 V와 부하가 일정할 때 계자 전류의 변화에 대한 전기자 전류의 변화를 나타낸 곡선

해설 동기 전동기의 위상 특성 곡선(V곡선)은 공급 전압과 부하가 일정한 상태에서 계자 전류(여자 전류)의 변화에 대한 전기자 전류의 크기와 위상 관계를 나타낸 곡선이다.

55 유도 전동기의 기동 시 공급하는 전압을 단권 변압기에 의해서 일시 강하시켜서 기동 전류를 제한하는 기동 방법은?

① Y-△ 기동
② 저항 기동
③ 직접 기동
④ 기동 보상기에 의한 기동

해설 농형 유도 전동기의 기동에서 소형은 전전압 기동, 중형은 Y-△ 기동, 대용량은 강압용 단권 변압기를 이용한 기동 보상기법을 사용한다.

56 그림과 같은 회로에서 V(전원 전압의 실효치)$=100$[V], 점호각 $\alpha=30°$인 때의 부하 시의 직류 전압 $E_{d\alpha}$[V]는 약 얼마인가? (단, 전류가 연속하는 경우이다.)

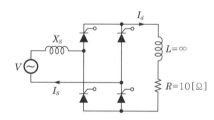

① 90
② 86
③ 77.9
④ 100

해설 유도성 부하($L=\infty$), 점호각 $\alpha=30°$일 때

직류 전압 $E_{d\alpha} = \dfrac{2\sqrt{2}}{\pi} V\cos\alpha$

$= \dfrac{2\sqrt{2}}{\pi} \times 100 \times \dfrac{\sqrt{3}}{2}$

$= 77.9$[V]

57 직류 분권 전동기가 전기자 전류 100[A]일 때 50[kg·m]의 토크를 발생하고 있다. 부하가 증가하여 전기자 전류가 120[A]로 되었다면 발생 토크[kg·m]는 얼마인가?

① 60   ② 67
③ 88   ④ 160

해설 토크 $\tau = \dfrac{1}{9.8} \cdot \dfrac{P}{2\pi\dfrac{N}{60}} = 0.975\dfrac{EI_a}{N} \propto I_a$

$\tau' = \tau \cdot \dfrac{I_a{}'}{I_a} = 50 \times \dfrac{120}{100} = 60[\text{kg·m}]$

58 비례 추이와 관계있는 전동기로 옳은 것은?

① 동기 전동기
② 농형 유도 전동기
③ 단상 정류자 전동기
④ 권선형 유도 전동기

해설 3상 권선형 유도 전동기의 2차측에 외부에서 저항을 연결하고, 2차 합성 저항을 변화하면 토크, 전류, 역률 등이 2차 저항에 비례하여 이동하는 것을 비례 추이라고 한다.

59 동기 발전기의 단락비가 작을 때의 설명으로 옳은 것은?

① 동기 임피던스가 크고 전기자 반작용이 작다.
② 동기 임피던스가 크고 전기자 반작용이 크다.
③ 동기 임피던스가 작고 전기자 반작용이 작다.
④ 동기 임피던스가 작고 전기자 반작용이 크다.

해설 동기 발전기의 단락비가 적을 경우 동기 임피던스, 전기자 반작용, 전압 변동률이 커진다.

60 $\dfrac{3}{4}$ 부하에서 효율이 최대인 주상 변압기의 전부하 시 철손과 동손의 비는?

① 8 : 4   ② 4 : 8
③ 9 : 16   ④ 16 : 9

해설 최대 효율의 조건

$P_i = \left(\dfrac{1}{m}\right)^2 P_c$ 이므로

손실이 $\dfrac{P_i}{P_c} = \left(\dfrac{1}{m}\right)^2 = \left(\dfrac{3}{4}\right)^2 = \dfrac{9}{16}$

$\therefore P_i : P_c = 9 : 16$

제4과목 **회로이론 및 제어공학**

61 다음의 신호 흐름 선도를 메이슨의 공식을 이용하여 전달 함수를 구하고자 한다. 이 신호 흐름 선도에서 루프(loop)는 몇 개인가?

① 0
② 1
③ 2
④ 3

해설 루프(loop)는 다음과 같다.

$\therefore$ 루프(loop) 2개

62 특성 방정식 중에서 안정된 시스템인 것은?

① $2s^3 + 3s^2 + 4s + 5 = 0$
② $s^4 + 3s^3 - s^2 + s + 10 = 0$
③ $s^5 + s^3 + 2s^2 + 4s + 3 = 0$
④ $s^4 - 2s^3 - 3s^2 + 4s + 5 = 0$

해설 제어계가 안정될 때 필요 조건

특성 방정식이 모든 차수가 존재하고 각 계수의 부호가 같아야 한다.

63 타이머에서 입력 신호가 주어지면 바로 동작하고, 입력 신호가 차단된 후에는 일정 시간이 지난 후에 출력이 소멸되는 동작 형태는?

① 한시 동작 순시 복귀
② 순시 동작 순시 복귀
③ 한시 동작 한시 복귀
④ 순시 동작 한시 복귀

해설 순시는 입력 신호와 동시에 출력이 나오는 것이고, 한시는 입력 신호를 준 후 설정 시간이 경과한 후 출력이 나오는 것이므로 순시 동작 한시 복귀이다.

64 단위 궤환 제어 시스템의 전향 경로 전달 함수가 $G(s) = \dfrac{K}{s(s^2+5s+4)}$일 때, 이 시스템이 안정하기 위한 K의 범위는?

① $K < -20$
② $-20 < K < 0$
③ $0 < K < 20$
④ $20 < K$

해설 특성 방정식 $1+G(s)H(s)=0$

단위 궤환 제어이므로 $H(s)=1$

$\therefore 1 + \dfrac{K}{s(s^2+5s+4)} = 0$

$s(s^2+5s+4)+K=0$

$s^3+5s^2+4s+K=0$

라우스의 표

s^3	1	4
s^2	5	K
s^1	$\dfrac{20-K}{5}$	0
s^0	K	

제1열의 부호 변화가 없어야 안정하므로

$\dfrac{20-K}{5}>0, \ K>0$

$\therefore \ 0<K<20$

65 $R(z) = \dfrac{(1-e^{-aT})z}{(z-1)(z-e^{-aT})}$의 역변환은?

① te^{at}
② te^{-at}
③ $1-e^{-at}$
④ $1+e^{-at}$

해설

$R(z) = \dfrac{(1-e^{-aT})z}{(z-1)(z-e^{-aT})}$

$= \dfrac{z(z-e^{-aT})-z(z-1)}{(z-1)(z-e^{-aT})}$

$= \dfrac{z}{z-1} - \dfrac{z}{z-e^{-aT}}$

$\therefore \ r(t) = 1-e^{-at}$

66 시간 영역에서 자동 제어계를 해석할 때 기본 시험 입력에 보통 사용되지 않는 입력은?

① 정속도 입력
② 정현파 입력
③ 단위 계단 입력
④ 정가속도 입력

해설 과도 응답에 사용하는 기준 입력

• 계단 입력 : 시간에 따라 일정한 상태로 유지되는 입력
• 정속도 입력 : 시간에 따라 일정한 비율로 변하는 경우의 입력
• 정가속도 입력 : 시간에 따라 시간의 제곱에 비례하는 입력

67 $G(s)H(s) = \dfrac{K(s-1)}{s(s+1)(s-4)}$에서 점근선의 교차점을 구하면?

① -1
② 0
③ 1
④ 2

해설 실수축상에서의 점근선의 교차점

$\sigma = \dfrac{\sum G(s)H(s)의 \ 극점 - \sum G(s)H(s)의 \ 영점}{P-Z}$

$= \dfrac{(0-1+4)-(1)}{3-1}$

$= 1$

68

n차 선형 시불변 시스템의 상태 방정식을 $\dfrac{d}{dt}X(t) = AX(t) + Br(t)$로 표시할 때 상태 천이 행렬 $\phi(t)(n \times n$ 행렬$)$에 관하여 틀린 것은?

① $\phi(t) = e^{At}$

② $\dfrac{d\phi(t)}{dt} = A \cdot \phi(t)$

③ $\phi(t) = \mathcal{L}^{-1}[(sI-A)^{-1}]$

④ $\phi(t)$는 시스템의 정상 상태 응답을 나타낸다.

해설 $\phi(t) = \mathcal{L}^{-1}[(sI-A)^{-1}]$이며 상태 천이 행렬은 다음과 같은 성질을 가진다.
- $\phi(0) = I$(여기서, i : 단위 행렬)
- $\phi^{-1}(t) = \phi(-t) = e^{-At}$
- $\phi(t_2-t_1)\phi(t_1-t_0) = \phi(t_2-t_0)$(모든 값에 대하여)
- $[\phi(t)]^K = \phi(Kt)$, 여기서, K=정수이다.

69

다음의 신호 흐름 선도에서 $\dfrac{C}{R}$는?

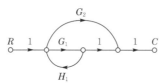

① $\dfrac{G_1 + G_2}{1 - G_1 H_1}$

② $\dfrac{G_1 G_2}{1 - G_1 H_1}$

③ $\dfrac{G_1 + G_2}{1 + G_1 H_1}$

④ $\dfrac{G_1 G_2}{1 + G_1 H_1}$

해설 $G_1 = G_1,\ \Delta_1 = 1$
$G_2 = G_2,\ \Delta_2 = 1$
$L_{11} = G_1 H_1$
$\Delta = 1 - L_{11} = 1 - G_1 H_1$
∴ 전달 함수 $G = \dfrac{C}{R} = \dfrac{G_1 \Delta_1 + G_2 \Delta_2}{\Delta}$
$= \dfrac{G_1 + G_2}{1 - G_1 H_1}$

70

PD 조절기와 전달 함수 $G(s) = 1.2 + 0.02s$ 의 영점은?

① -60 ② -50

③ 50 ④ 60

해설 영점은 전달 함수가 0이 되는 s의 근이다.
∴ $s = -\dfrac{1.2}{0.02} = -60$

71

$e = 100\sqrt{2}\sin\omega t + 75\sqrt{2}\sin 3\omega t + 20\sqrt{2}\sin 5\omega t$[V]인 전압을 RL 직렬 회로에 가할 때 제3고조파 전류의 실효값은 몇 [A]인가? (단, $R = 4[\Omega],\ \omega L = 1[\Omega]$이다.)

① 15

② $15\sqrt{2}$

③ 20

④ $20\sqrt{2}$

해설 제3고조파 전류 $I_3 = \dfrac{V_3}{Z_3} = \dfrac{V_3}{\sqrt{R^2 + (3\omega L)^2}}$
$= \dfrac{75}{\sqrt{4^2 + 3^2}}$
$= 15[A]$

72

전원과 부하가 △결선된 3상 평형 회로가 있다. 전원 전압이 200[V], 부하 1상의 임피던스가 $6 + j8[\Omega]$일 때 선전류[A]는?

① 20 ② $20\sqrt{3}$

③ $\dfrac{20}{\sqrt{3}}$ ④ $\dfrac{\sqrt{3}}{20}$

해설 선전류 $I_l = \sqrt{3}\,I_p = \sqrt{3}\,\dfrac{V_p}{Z}$
$= \dfrac{\sqrt{3} \cdot 200}{\sqrt{6^2 + 8^2}}$
$= 20\sqrt{3}\,[A]$

정답 68.④   69.①   70.①   71.①   72.②

73 분포 정수 선로에서 무왜형 조건이 성립하면 어떻게 되는가?

① 감쇠량이 최소로 된다.
② 전파 속도가 최대로 된다.
③ 감쇠량은 주파수에 비례한다.
④ 위상 정수가 주파수에 관계없이 일정하다.

해설 무왜형 선로 조건 $\dfrac{R}{L} = \dfrac{G}{C}$, $RC = LG$

전파 정수 $r = \sqrt{Z \cdot Y}$
$= \sqrt{(R + j\omega L)(G + j\omega C)}$
$= \sqrt{RG} + j\omega \sqrt{LC}$

감쇠량 $\alpha = \sqrt{RG}$ 로 최소가 된다.

74 회로에서 $E = 10[\mathrm{V}]$, $R = 10[\Omega]$, $L = 1[\mathrm{H}]$, $C = 10[\mu\mathrm{F}]$ 그리고 $V_C(0) = 0$ 일 때 스위치 K를 닫은 직후 전류의 변화율 $\dfrac{di}{dt}(0^+)$의 값[A/s]은?

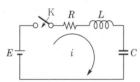

① 0
② 1
③ 5
④ 10

해설 진동 여부 판별식
$R^2 - 4\dfrac{L}{C} = 10^2 - 4\dfrac{1}{10 \times 10^{-6}} < 0$

따라서, 진동인 경우이므로

$i = \dfrac{E}{\beta L} e^{-at} \sin\beta t$

$\therefore \dfrac{di}{dt}\Big|_{t=0} = \dfrac{E}{\beta L}\left[-ae^{-at}\sin\beta t + \beta e^{-at}\cos\beta t\right]_{t=0}$

$\qquad = \dfrac{E}{\beta L} \cdot \beta = \dfrac{E}{L} = \dfrac{10}{1} = 10[\mathrm{A/s}]$

75 $F(s) = \dfrac{2s + 15}{s^3 + s^2 + 3s}$ 일 때 $f(t)$의 최종 값은?

① 2
② 3
③ 5
④ 15

해설 최종값 정리에 의해

$\lim\limits_{s \to 0} s \cdot F(s) = \lim\limits_{s \to 0} s \cdot \dfrac{2s + 15}{s(s^2 + s + 3)} = 5$

76 대칭 5상 교류 성형 결선에서 선간 전압과 상전압 간의 위상차는 몇 도인가?

① 27°
② 36°
③ 54°
④ 72°

해설 위상차 $\theta = \dfrac{\pi}{2}\left(1 - \dfrac{2}{n}\right) = \dfrac{\pi}{2}\left(1 - \dfrac{2}{5}\right) = 54°$

77 정현파 교류 $V = V_m \sin\omega t$의 전압을 반파 정류하였을 때의 실효값은 몇 [V]인가?

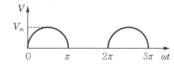

① $\dfrac{V_m}{\sqrt{2}}$
② $\dfrac{V_m}{2}$
③ $\dfrac{V_m}{2\sqrt{2}}$
④ $\sqrt{2}\, V_m$

해설 실효값 $V = \sqrt{\dfrac{1}{2\pi} \int_0^{\pi} V_m^2 \sin^2\omega t\, d\omega t}$

$= \sqrt{\dfrac{V_m^2}{2\pi} \int_0^{\pi} \dfrac{1 - \cos2\omega t}{2} d\omega t}$

$= \sqrt{\dfrac{V_m^2}{4\pi}\left[\omega t - \dfrac{1}{2}\sin2\omega t\right]_0^{\pi}}$

$= \dfrac{V_m}{2}[\mathrm{V}]$

정답 73.① 74.④ 75.③ 76.③ 77.②

〈별해〉 반파 정류파의 실효값 및 평균값

$$V = \frac{1}{2} V_m, \quad V_{av} = \frac{1}{\pi} V_m \text{에서}$$

실효값 $V = \frac{1}{2} V_m$

78 회로망 출력 단자 a–b에서 바라본 등가 임피던스는? (단, $V_1 = 6[\text{V}]$, $V_2 = 3[\text{V}]$, $I_1 = 10[\text{A}]$, $R_1 = 15[\Omega]$, $R_2 = 10[\Omega]$, $L = 2[\text{H}]$, $j\omega = s$ 이다.)

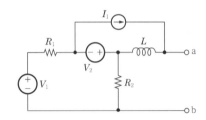

① $s + 15$

② $2s + 6$

③ $\dfrac{3}{s+2}$

④ $\dfrac{1}{s+3}$

해설

$$\boldsymbol{Z}_{ab} = j\omega L + \frac{R_1 R_2}{R_1 + R_2} = 2s + \frac{15 \times 10}{15 + 10} = 2s + 6\,[\Omega]$$

79 대칭 3상 전압이 a상 V_a, b상 $V_b = a^2 V_a$, c상 $V_c = a V_a$일 때 a상을 기준으로 한 대칭분 전압 중 정상분 $V_1[\text{V}]$은 어떻게 표시되는가?

① $\dfrac{1}{3} V_a$

② V_a

③ $a V_a$

④ $a^2 V_a$

해설 대칭 3상의 대칭분 전압

$$V_1 = \frac{1}{3}(\boldsymbol{V}_a + a\boldsymbol{V}_b + a^2\boldsymbol{V}_c)$$

$$= \frac{1}{3}(\boldsymbol{V}_a + a \cdot a^2 \boldsymbol{V}_a + a^2 \cdot a\boldsymbol{V}_a)$$

$$= \frac{1}{3}(\boldsymbol{V}_a + a^3 \boldsymbol{V}_a + a^3 \boldsymbol{V}_a)$$

$a^3 = 1$이므로

$$= \boldsymbol{V}_a$$

80 다음과 같은 비정현파 기전력 및 전류에 의한 평균 전력을 구하면 몇 [W]인가?

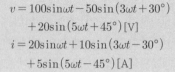

$$v = 100\sin\omega t - 50\sin(3\omega t + 30°)$$
$$+ 20\sin(5\omega t + 45°)\,[\text{V}]$$
$$i = 20\sin\omega t + 10\sin(3\omega t - 30°)$$
$$+ 5\sin(5\omega t - 45°)\,[\text{A}]$$

① 825

② 875

③ 925

④ 1,175

해설 평균 전력

$$P = V_1 I_1 \cos\theta_1 + V_3 I_3 \cos\theta_3 + V_5 I_5 \cos\theta_5$$

$$= \frac{100}{\sqrt{2}} \cdot \frac{20}{\sqrt{2}} \cos 0° - \frac{50}{\sqrt{2}} \cdot \frac{10}{\sqrt{2}} \cos 60°$$

$$+ \frac{20}{\sqrt{2}} \cdot \frac{5}{\sqrt{2}} \cos 90°$$

$$= 875\,[\text{W}]$$

제5과목 **전기설비기술기준**

81 지중 전선로의 매설 방법이 아닌 것은?

① 관로식

② 인입식

③ 암거식

④ 직접 매설식

해설 지중 전선로의 시설(한국전기설비규정 334.1)

• 지중 전선로는 전선에 케이블을 사용

• 관로식·암거식·직접 매설식에 의하여 시설

82 특고압용 변압기로서 그 내부에 고장이 생긴 경우에 반드시 자동 차단되어야 하는 변압기의 뱅크 용량은 몇 [kVA] 이상인가?

① 5,000

② 10,000

③ 50,000

④ 100,000

해설 특고압용 변압기의 보호 장치(한국전기설비규정 351.4)

뱅크 용량의 구분	동작 조건	장치의 종류
5,000[kVA] 이상 10,000[kVA] 미만	변압기 내부 고장	자동 차단 장치 또는경보 장치
10,000[kVA] 이상	변압기 내부 고장	자동 차단 장치
타냉식 변압기	냉각 장치에 고 장이 생긴 경우 또는 변압기의 온도가 현저히 상승한 경우	경보 장치

83 옥내에 시설하는 관등 회로의 사용 전압이 12,000[V]인 방전등 공사 시의 네온 변압기 외함에는 몇 종 접지 공사를 해야 하는가?

① 제1종 접지 공사
② 제2종 접지 공사
③ 제3종 접지 공사
④ 특별 제3종 접지 공사

해설 옥내의 네온 방전등 공사(판단기준 제215조)
• 방전등용 변압기는 네온 변압기일 것
• 배선은 전개된 장소 또는 점검할 수 있는 은폐된 장소에 시설
• 관등 회로의 배선은 애자 공사에 의할 것
  − 전선은 네온 전선일 것
  − 전선은 조영재의 옆면 또는 아랫면에 붙일 것
  − 전선의 지지점 간의 거리는 1[m] 이하일 것
  − 전선 상호간의 간격은 6[cm] 이상일 것
• 네온 변압기의 외함에는 제3종 접지 공사를 할 것

※ 이 문제는 출제 당시 규정에는 적합했으나 새로 제정 된 한국전기설비규정에는 일부 부적합하므로 문제 유 형만 참고하시기 바랍니다.

84 전력 보안 가공 통신선(광섬유 케이블은 제외) 을 조가할 경우 조가용선(조가선)은?

① 금속으로 된 단선
② 강심 알루미늄 연선
③ 금속선으로 된 연선
④ 알루미늄으로 된 단선

해설 통신선의 시설(판단기준 제154조)
• 전력 보안 통신선에는 적당한 방호 장치를 한다.
• 통신선을 조가용선(조가선)으로 조가할 것. 다만, 통신선(케이블은 제외)을 인장 강도 2.30[kN]의 것 또는 2.6[mm]의 경동선은 그러하지 아니하다.
• 조가용선(조가선)은 금속선으로 된 연선일 것

※ 이 문제는 출제 당시 규정에는 적합했으나 새로 제정 된 한국전기설비규정에는 일부 부적합하므로 문제 유 형만 참고하시기 바랍니다.

85 특고압 전선로의 철탑의 가장 높은 곳에 220[V]용 항공 장애등을 설치하였다. 이 등 기구의 금속제 외함은 몇 종 접지 공사를 하 여야 하는가?

① 제1종 접지 공사
② 제2종 접지 공사
③ 제3종 접지 공사
④ 특별 제3종 접지 공사

해설 특고압 가공 전선로의 지지물에 시설하는 저압 기 계 기구 등의 시설(판단기준 제123조)
• 저압의 기계 기구에 접속하는 전로에는 다른 부하 를 접속하지 아니할 것
• 변압기에 의하여 결합하는 경우에는 절연 변압기 를 사용할 것
• 절연 변압기의 부하측의 1단자 또는 중성점 및 기 계 기구(항공 장애등)의 금속제 외함에는 제1종 접 지 공사를 한다.

※ 이 문제는 출제 당시 규정에는 적합했으나 새로 제정 된 한국전기설비규정에는 일부 부적합하므로 문제 유 형만 참고하시기 바랍니다.

정답 83.③ 84.③ 85.①

86 저·고압 가공 전선과 가공 약전류 전선 등을 동일 지지물에 시설하는 기준으로 틀린 것은?

① 가공 전선을 가공 약전류 전선 등의 위로하고 별개의 완금류에 시설할 것

② 전선로의 지지물로서 사용하는 목주의 풍압 하중에 대한 안전율은 1.5 이상일 것

③ 가공 전선과 가공 약전류 전선 등 사이의 이격 거리(간격)는 저압과 고압 모두 75[cm] 이상일 것

④ 가공 전선이 가공 약전류 전선에 대하여 유도 작용에 의한 통신상의 장해를 줄 우려가 있는 경우에는 가공 전선을 적당한 거리에서 연가할 것

해설 저·고압 가공 전선과 가공 약전류 전선 등의 공용설치(한국전기설비규정 222.21, 332.21)
• 목주의 풍압 하중에 대한 안전율은 1.5 이상
• 가공 전선을 가공 약전류 전선 등의 위로하고 별개의 완금류에 시설
• 가공 전선과 가공 약전류 전선 등 사이의 이격 거리(간격)는 저압은 75[cm] 이상, 고압은 1.5[m] 이상일 것

87 풀용 수중 조명등에 사용되는 절연 변압기의 2차측 전로의 사용 전압이 몇 [V]를 초과하는 경우에는 그 전로에 지락이 생겼을 때에 자동적으로 전로를 차단하는 장치를 하여야 하는가?

① 30   ② 60

③ 150   ④ 300

해설 풀용 수중 조명등의 시설(한국전기설비규정 234.14)
• 대지 전압 1차 전압 400[V] 미만, 2차 전압 150[V] 이하인 절연 변압기를 사용
• 절연 변압기의 2차측 전로는 접지하지 아니할 것
• 절연 변압기 2차 전압이 30[V] 이하는 혼촉 방지판을 사용하고, 30[V]를 초과하는 것은 지락이 발생하면 자동 차단하는 장치를 한다. 이 차단 장치는 금속제 외함에 넣고 접지 공사를 한다.

88 석유류를 저장하는 장소의 전등 배선에 사용하지 않는 공사 방법은?

① 케이블 공사

② 금속관 공사

③ 애자 공사

④ 합성 수지관 공사

해설 위험물 등이 존재하는 장소(한국전기설비규정 242.4)
• 저압 옥내 배선은 금속관 공사, 케이블 공사, 합성 수지관 공사에 의한다.
• 이동 전선은 접속점이 없는 0.6/1[kV] EP 고무 절연 클로로프렌 캡타이어 케이블 또는 0.6/1[kV] 비닐 절연 비닐 캡타이어 케이블을 사용한다.

89 사용 전압이 154[kV]인 가공 송전선의 시설에서 전선과 식물과의 이격 거리(간격)는 일반적인 경우에 몇 [m] 이상으로 하여야 하는가?

① 2.8   ② 3.2

③ 3.6   ④ 4.2

해설 특고압 가공 전선과 식물의 이격 거리(간격)(한국전기설비규정 333.30)
60[kV] 넘는 10[kV] 단수는 $(154-60) \div 10 = 9.4$이므로 10단수이다.
그러므로 $2 + 0.12 \times 10 = 3.2$[m]이다.

90 과전류 차단기로 저압 전로에 사용하는 퓨즈를 수평으로 붙인 경우 이 퓨즈는 정격 전류의 몇 배의 전류에 견딜 수 있어야 하는가?

① 1.1   ② 1.25

③ 1.6   ④ 2

해설 저압 전로 중의 과전류 차단기의 시설(판단기준 제38조)
과전류 차단기로 저압 전로에 사용하는 퓨즈는 수평으로 붙인 경우에 정격 전류의 1.1배의 전류에 견디고, 정격 전류의 1.6배 및 2배의 전류를 통한 경우에는 정한 시간 내에 용단될 것

※ 이 문제는 출제 당시 규정에는 적합했으나 새로 제정된 한국전기설비규정에는 일부 부적합하므로 문제 유형만 참고하시기 바랍니다.

정답   86.③   87.①   88.③   89.②   90.①

91 농사용 저압 가공 전선로의 시설 기준으로 틀린 것은?

① 사용 전압이 저압일 것
② 전선로의 경간(지지물 간 거리)은 40[m] 이하일 것
③ 저압 가공 전선의 인장 강도는 1.38[kN] 이상일 것
④ 저압 가공 전선의 지표상 높이는 3.5[m] 이상일 것

해설 농사용 저압 가공 전선로의 시설(한국전기설비규정 222.22)
- 사용 전압은 저압일 것
- 저압 가공 전선은 인장 강도 1.38[kN] 이상의 것 또는 지름 2[mm] 이상의 경동선일 것
- 저압 가공 전선의 지표상의 높이는 3.5[m] 이상일 것
- 목주의 굵기는 말구 지름이 9[cm] 이상일 것
- 전선로의 경간(지지물 간 거리)은 30[m] 이하일 것

92 고압 가공 전선로에 시설하는 피뢰기의 접지 공사의 접지 도체가 접지 공사 전용의 것인 경우에 접지 저항값은 몇 [Ω]까지 허용되는가?

① 20 ② 30
③ 50 ④ 75

해설 피뢰기의 접지(한국전기설비규정 341.15)
고압 가공 전선로에 시설하는 피뢰기를 접지 공사를 한 변압기에 근접하여 시설하는 경우 또는 고압 가공 전선로에 시설하는 피뢰기의 접지 공사의 접지 도체가 접지 공사 전용의 것인 경우에 접지 저항값을 30[Ω] 이하로 할 수 있다.

93 고압 옥측 전선로에 사용할 수 있는 전선은?

① 케이블
② 나경동선
③ 절연 전선
④ 다심형 전선

해설 고압 옥측 전선로의 시설(한국전기설비규정 331.13.1)
고압 옥측 전선로의 전선은 케이블일 것

94 발전기를 전로로부터 자동적으로 차단하는 장치를 시설하여야 하는 경우에 해당되지 않는 것은?

① 발전기에 과전류가 생긴 경우
② 용량이 5,000[kVA] 이상인 발전기의 내부에 고장이 생긴 경우
③ 용량이 500[kVA] 이상의 발전기를 구동하는 수차의 압유 장치의 유압이 현저히 저하한 경우
④ 용량이 100[kVA] 이상의 발전기를 구동하는 풍차의 압유 장치의 유압, 압축 공기 장치의 공기압이 현저히 저하한 경우

해설 발전기 등의 보호 장치(한국전기설비규정 351.3)
발전기 보호 : 자동 차단 장치를 한다.
- 과전류, 과전압이 생긴 경우
- 500[kVA] 이상 : 수차 압유 장치 유압 저하
- 100[kVA] 이상 : 풍차 압유 장치 유압 저하
- 2,000[kVA] 이상 : 수차 발전기 베어링 온도 상승
- 10,000[kVA] 이상 : 발전기 내부 고장
- 10,000[kW] 초과 : 증기 터빈의 베어링 마모, 온도 상승

95 고압 옥내 배선이 수관과 접근하여 시설되는 경우에는 몇 [cm] 이상 이격시켜야 하는가?

① 15 ② 30
③ 45 ④ 60

해설 고압 옥내 배선 등의 시설(한국전기설비규정 342.1)
고압 옥내 배선이 다른 고압 옥내 배선·저압 옥내 전선·관등 회로의 배선·약전류 전선 등 또는 수관·가스관이나 이와 유사한 것과 접근하거나 교차하는 경우에 이격 거리(간격)는 15[cm] 이상이어야 한다.

96 최대 사용 전압이 $22,900[V]$인 3상 4선식 중성선 다중 접지식 전로와 대지 사이의 절연 내력 시험 전압은 몇 $[V]$인가?

① 32,510

② 28,752

③ 25,229

④ 21,068

해설 전로의 절연 저항 및 절연 내력(한국전기설비규정 132)

중성점 다중 접지 방식이므로 $22,900 \times 0.92 = 21,068[V]$ 이다.

97 라이팅 덕트 공사에 의한 저압 옥내 배선 공사 시설 기준으로 틀린 것은?

① 덕트의 끝부분은 막을 것

② 덕트는 조영재에 견고하게 붙일 것

③ 덕트는 조영재를 관통하여 시설할 것

④ 덕트의 지지점 간의 거리는 $2[m]$ 이하로 할 것

해설 라이팅 덕트 공사(한국전기설비규정 232.71)

• 덕트 상호간 및 전선 상호간은 견고하게 또한 전기적으로 완전히 접속할 것

• 덕트는 조영재에 견고하게 붙일 것

• 덕트의 지지점 간의 거리는 $2[m]$ 이하로 할 것

• 덕트의 끝부분은 막을 것

• 덕트의 개구부(開口部)는 아래로 향하여 시설할 것

• 덕트는 조영재를 관통하여 시설하지 아니할 것

98 금속 덕트 공사에 의한 저압 옥내 배선에서 금속 덕트에 넣은 전선의 단면적의 합계는 일반적으로 덕트 내부 단면적의 몇 $[\%]$ 이하이어야 하는가? (단, 전광 표시 장치, 기타 이와 유사한 장치 또는 제어 회로 등의 배선만을 넣는 경우에는 $50[\%]$이다.)

① 20

② 30

③ 40

④ 50

해설 금속 덕트 공사(한국전기설비규정 232.9)

금속 덕트에 넣은 전선은 단면적(절연 피복 포함)의 총합은 덕트의 내부 단면적의 $20[\%]$(전광 표시 장치 또는 제어 회로 등의 배선만을 넣은 경우 $50[\%]$) 이하

99 지중 전선로에 사용하는 지중함의 시설 기준으로 틀린 것은?

① 조명 및 세척이 가능한 적당한 장치를 시설할 것

② 견고하고 차량, 기타 중량물의 압력에 견디는 구조일 것

③ 그 안의 고인 물을 제거할 수 있는 구조로 되어 있을 것

④ 뚜껑은 시설자 이외의 자가 쉽게 열 수 없도록 시설할 것

해설 지중함의 시설(한국전기설비규정 334.2)

• 지중함은 견고하고 차량 기타 중량물의 압력에 견디는 구조일 것

• 지중함은 그 안의 고인 물을 제거할 수 있는 구조로 되어 있을 것

• 폭발성 또는 연소성의 가스가 침입할 우려가 있는 것에 시설하는 지중함으로서 그 크기가 $1[m^3]$ 이상인 것에는 통풍 장치 기타 가스를 방산시키기 위한 장치를 시설할 것

• 지중함의 뚜껑은 시설자 이외의 자가 쉽게 열 수 없도록 시설할 것

100 철탑의 강도 계산에 사용하는 이상 시 상정 하중을 계산하는 데 사용되는 것은?

① 미진에 의한 요동과 철구조물의 인장 하중

② 뇌가 철탑에 가하여졌을 경우의 충격 하중

③ 이상 전압이 전선로에 내습하였을 때 생기는 충격 하중

④ 풍압이 전선로에 직각 방향으로 가하여지는 경우의 하중

해설 이상 시 상정 하중(한국전기설비규정 333.14)

풍압이 전선로에 직각 방향으로 가하여지는 경우의 하중은 각 부재에 대하여 그 부재가 부담하는 수직 하중, 수평 횡하중, 수평 종하중으로 한다.

01 진공 중에서 한 변이 a[m]인 정사각형 단일 코일이 있다. 코일에 I[A]의 전류를 흘릴 때 정사각형 중심에서 자계의 세기는 몇 [AT/m]인가?

① $\dfrac{2\sqrt{2}\,I}{\pi a}$ 　　② $\dfrac{I}{\sqrt{2}\,a}$

③ $\dfrac{I}{2a}$ 　　④ $\dfrac{4I}{a}$

해설 자계의 세기 H

$$H = \frac{1}{4\pi r}(\sin\theta_1 + \sin\theta_2) \times 4$$

$$= \frac{I}{4\pi \frac{a}{2}}\left(\frac{\sqrt{2}}{2} + \frac{\sqrt{2}}{2}\right) \times 4$$

$$= \frac{2\sqrt{2}\,I}{\pi a}$$

여기서, $r = \dfrac{a}{2}$

$\theta_1 = \theta_2 = 45°$

$\theta_1 = 45°$　$\theta_2 = 45°$　a[m]

02 단면적 S, 길이 l, 투자율 μ인 자성체의 자기 회로에 권선을 N회 감아서 I의 전류를 흐르게 할 때 자속은?

① $\dfrac{\mu SI}{Nl}$ 　　② $\dfrac{\mu NI}{Sl}$

③ $\dfrac{NIl}{\mu S}$ 　　④ $\dfrac{\mu SNI}{l}$

해설 기자력 $F = NI$[AT]

자기 저항 $R_m = \dfrac{l}{\mu S}$

자속 $\phi = \dfrac{F}{R_m} = \dfrac{NI}{\dfrac{l}{\mu S}} = \dfrac{\mu SNI}{l}$[Wb]

03 자속 밀도가 0.3[Wb/m²]인 평등 자계 내에 5[A]의 전류가 흐르는 길이 2[m]인 직선 도체가 있다. 이 도체를 자계 방향에 대하여 60°의 각도로 놓았을 때 이 도체가 받는 힘은 약 몇 [N]인가?

① 1.3 　　② 2.6

③ 4.7 　　④ 5.2

해설 플레밍의 왼손 법칙

힘 $F = IBl\sin\theta = 5 \times 0.3 \times 2 \times \sin 60° = 2.59$[N]

04 어떤 대전체가 진공 중에서 전속이 Q[C]이었다. 이 대전체를 비유전율 10인 유전체 속으로 가져갈 경우에 전속[C]은?

① Q 　　② $10Q$

③ $\dfrac{Q}{10}$ 　　④ $10\varepsilon_0 Q$

해설 전속은 주위의 매질과 관계없이 일정하므로 유전체 중에서의 전속은 공기 중의 Q[C]과 같다.

05 30[V/m]의 전계 내의 80[V] 되는 점에서 1[C]의 전하를 전계 방향으로 80[cm] 이동한 경우, 그 점의 전위[V]는?

① 9 　　② 24

③ 30 　　④ 56

해설 전위차 $V_{AB} = -\int_b^a E dl = E \cdot l = 30 \times 0.8 = 24[V]$

B점의 전위 $V_B = V_A - V_{AB} = 80 - 24 = 56[V]$

06 다음 중 스토크스(Stokes)의 정리는?

① $\oint H \cdot dS = \iint_s (\nabla \cdot H) \cdot dS$

② $\int B \cdot dS = \int_s (\nabla \times H) \cdot dS$

③ $\oint_c H \cdot dS = \int_s (\nabla \cdot H) \cdot dl$

④ $\oint_c H \cdot dl = \int_s (\nabla \times H) \cdot dS$

해설 스토크스(Stokes)의 정리

$\oint_c H \cdot dl = \int_s \text{rot} H ndS = \int_s (\nabla \times H) n dS$

07 그림과 같이 평행한 무한장 직선 도선에 $I[A]$, $4I[A]$인 전류가 흐른다. 두 선 사이의 점 P 에서 자계의 세기가 0이라고 하면 $\frac{a}{b}$ 는?

① 2

② 4

③ $\frac{1}{2}$

④ $\frac{1}{4}$

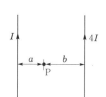

해설 $H_1 = \frac{I}{2\pi a}$, $H_2 = \frac{4I}{2\pi b}$

자계의 세기가 0일 때 $H_1 = H_2$

$\frac{I}{2\pi a} = \frac{4I}{2\pi b}$

$\frac{1}{a} = \frac{4}{b}$

$\therefore \frac{a}{b} = \frac{1}{4}$

08 정상 전류계에서 옴의 법칙에 대한 미분형 은? (단, i는 전류 밀도, k는 도전율, ρ는 고유 저항, E는 전계의 세기이다.)

① $i = kE$

② $i = \frac{E}{k}$

③ $i = \rho E$

④ $i = -kE$

해설 전류 $I = \frac{V}{R} = \frac{E \cdot l}{\frac{l}{kS}} = kES[A]$

전류 밀도 $i = \frac{I}{S} = kE[A/m^2]$

09 진공 내의 점 $(3, 0, 0)[m]$에 $4 \times 10^{-9}[C]$의 전하가 있다. 이때, 점 $(6, 4, 0)[m]$의 전계 의 크기는 약 몇 $[V/m]$이며, 전계의 방향을 표시하는 단위 벡터는 어떻게 표시되는가?

① 전계의 크기 : $\frac{36}{25}$

단위 벡터 : $\frac{1}{5}(3a_x + 4a_y)$

② 전계의 크기 : $\frac{36}{125}$

단위 벡터 : $3a_x + 4a_y$

③ 전계의 크기 : $\frac{36}{25}$

단위 벡터 : $a_x + a_y$

④ 전계의 크기 : $\frac{36}{125}$

단위 벡터 : $\frac{1}{5}(a_x + a_y)$

해설 거리 벡터 $\vec{r} = Q$점 $- P$점

$= (6-3)a_x + (4-0)a_y$

$= 3a_x + 4a_y$

$|r| = \sqrt{3^2 + 4^2} = 5[m]$

단위 벡터 $r_0 = \frac{r}{|r|} = \frac{1}{5}(3a_x + 4a_y)$

전계의 크기 $E = \frac{1}{4\pi\varepsilon_0}\frac{Q}{r^2}$

$= 9 \times 10^9 \times \frac{4 \times 10^{-9}}{5^2}$

$= \frac{36}{25}[V/m]$

10 전속 밀도 $D = X^2 i + Y^2 j + Z^2 k [\text{C/m}^2]$를 발생시키는 점 (1, 2, 3)에서의 체적 전하 밀도는 몇 $[\text{C/m}^3]$인가?

① 12 ② 13
③ 14 ④ 15

해설 전속 $\psi = \int_s D n\, dS = \int_v \text{div} D\, dv = Q[\text{C}]$

$\psi = Q = \int_v \rho\, dv$

∴ 체적 전하 밀도 $\rho = \text{div} D = V \cdot D$

$= \left(i\dfrac{\partial}{\partial x} + j\dfrac{\partial}{\partial y} + k\dfrac{\partial}{\partial z} \right)$
$\quad \cdot (i D_x + j D_y + k D_z)$

$= \dfrac{\partial D_x}{\partial x} + \dfrac{\partial D_y}{\partial y} + \dfrac{\partial D_z}{\partial z}$

$= 2x + 2y + 2z$

$= 2 + 4 + 6 = 12 [\text{C/m}^3]$

11 다음 식 중에서 틀린 것은?

① $E = -\text{grad}\, V$
② $\displaystyle\int_s E \cdot n\, dS = \dfrac{Q}{\varepsilon_0}$
③ $\text{grad}\, V = i\dfrac{\partial^2 V}{\partial x^2} + j\dfrac{\partial^2 V}{\partial y^2} + k\dfrac{\partial^2 V}{\partial z^2}$
④ $V = \displaystyle\int_p^\infty E \cdot dl$

해설 전위 기울기(gradient)

$\text{grad}\, V = \nabla V = i\dfrac{\partial V}{\partial x} + j\dfrac{\partial V}{\partial y} + k\dfrac{\partial V}{\partial z}$

12 도전율 σ인 도체에서 전장 E에 의해 전류 밀도 J가 흘렀을 때 이 도체에서 소비되는 전력을 표시한 식은?

① $\displaystyle\int_v E \cdot J\, dv$
② $\displaystyle\int_v E \times J\, dv$
③ $\dfrac{1}{\sigma}\displaystyle\int_v E \cdot J\, dv$
④ $\dfrac{1}{\sigma}\displaystyle\int_v E \times J\, dv$

해설 전위 $V = \int_l E\, dl$, 전류 $I = \int_s J n\, dS$

전력 $P = VI = \int_l E\, dl \cdot \int_s J n\, dS = \int_v E \cdot J\, dv [\text{W}]$

13 자극의 세기가 $8 \times 10^{-6}[\text{Wb}]$, 길이가 3[cm] 인 막대 자석을 120[AT/m]의 평등 자계 내에 자력선과 30°의 각도로 놓으면 이 막대 자석이 받는 회전력은 몇 $[\text{N} \cdot \text{m}]$인가?

① 1.44×10^{-4} ② 1.44×10^{-5}
③ 3.02×10^{-4} ④ 3.02×10^{-5}

해설 회전력 $T = mHl\sin\theta$
$\quad = 8 \times 10^{-6} \times 120 \times 3 \times 10^{-2} \sin 30°$
$\quad = 1.44 \times 10^{-5} [\text{N} \cdot \text{m}]$

14 자기 회로와 전기 회로의 대응으로 틀린 것은?

① 자속 ↔ 전류
② 기자력 ↔ 기전력
③ 투자율 ↔ 유전율
④ 자계의 세기 ↔ 전계의 세기

해설

자기 회로	전기 회로
기자력 $F = NI$	기전력 E
자기 저항 $R_m = \dfrac{l}{\mu S}$	저항 $R = \dfrac{l}{kS}$
자속 $\phi = \dfrac{F}{R_m}$	전류 $I = \dfrac{E}{R}$
투자율 μ	도전율 k
자계의 세기 H	전계의 세기 E

15 자기 인덕턴스의 성질을 옳게 표현한 것은?

① 항상 0이다.
② 항상 정(正)이다.
③ 항상 부(負)이다.
④ 유도되는 기전력에 따라 정(正)도 되고 부(負)도 된다.

해설 자기 인덕턴스 L은 항상 정(正)이다.

정답 10.① 11.③ 12.① 13.② 14.③ 15.②

16 진공 중에서 빛의 속도와 일치하는 전자파의 전파 속도를 얻기 위한 조건으로 옳은 것은?

① $\varepsilon_r = 0$, $\mu_r = 0$

② $\varepsilon_r = 1$, $\mu_r = 1$

③ $\varepsilon_r = 0$, $\mu_r = 1$

④ $\varepsilon_r = 1$, $\mu_r = 0$

해설 빛의 속도 $c = \dfrac{1}{\sqrt{\varepsilon_0 \mu_0}}$ [m/s]

전파 속도 $v = \dfrac{1}{\sqrt{\varepsilon \mu}} = \dfrac{1}{\sqrt{\varepsilon_0 \mu_0}} \cdot \dfrac{1}{\sqrt{\varepsilon_r \mu_r}}$

$c = v$의 조건 $\varepsilon_r = 1$, $\mu_r = 1$

17 4[A] 전류가 흐르는 코일과 쇄교하는 자속수가 4[Wb]이다. 이 전류 회로에 축적되어 있는 자기 에너지[J]는?

① 4

② 2

③ 8

④ 16

해설 인덕턴스의 축적 에너지

$W_L = \dfrac{1}{2} \phi I = \dfrac{1}{2} \times 4 \times 4 = 8$ [J]

18 유전율이 ε, 도전율이 σ, 반경이 r_1, r_2 ($r_1 < r_2$), 길이가 l인 동축 케이블에서 저항 R은 얼마인가?

① $\dfrac{2\pi r l}{\ln \dfrac{r_2}{r_1}}$

② $\dfrac{2\pi \varepsilon l}{\dfrac{1}{r_1} - \dfrac{1}{r_2}}$

③ $\dfrac{1}{2\pi \sigma l} \ln \dfrac{r_2}{r_1}$

④ $\dfrac{1}{2\pi r l} \ln \dfrac{r_2}{r_1}$

해설 동축 케이블의 정전 용량 $C = \dfrac{2\pi \varepsilon l}{\ln \dfrac{r_2}{r_1}}$

$RC = \rho \varepsilon$ 관계에서

저항 $R = \dfrac{\rho \varepsilon}{C} = \dfrac{\rho \varepsilon}{\dfrac{2\pi \varepsilon l}{\ln \dfrac{r_2}{r_1}}}$

$= \dfrac{\rho}{2\pi l} \ln \dfrac{r_2}{r_1} = \dfrac{1}{2\pi \sigma l} \ln \dfrac{r_2}{r_1}$ [Ω]

19 어떤 환상 솔레노이드의 단면적이 S이고, 자로의 길이가 l, 투자율이 μ라고 한다. 이 철심에 균등하게 코일을 N회 감고 전류를 흘렸을 때 자기 인덕턴스에 대한 설명으로 옳은 것은?

① 투자율 μ에 반비례한다.

② 권선수 N^2에 비례한다.

③ 자로의 길이 l에 비례한다.

④ 단면적 S에 반비례한다.

해설 자속 $\phi = \dfrac{F}{R_m} = \dfrac{NI}{\dfrac{l}{\mu S}} = \dfrac{\mu SNI}{l}$

자기 인덕턴스 $L = \dfrac{N}{I} \phi = \dfrac{N}{I} \cdot \dfrac{\mu SNI}{l} = \dfrac{\mu N^2 S}{l}$

20 상이한 매질의 경계면에서 전자파가 만족해야 할 조건이 아닌 것은? (단, 경계면은 두 개의 무손실 매질 사이이다.)

① 경계면의 양측에서 전계의 접선 성분은 서로 같다.

② 경계면의 양측에서 자계의 접선 성분은 서로 같다.

③ 경계면의 양측에서 자속 밀도의 접선 성분은 서로 같다.

④ 경계면의 양측에서 전속 밀도의 법선 성분은 서로 같다.

해설 경계면의 조건

전자파의 전계와 자계는 접선 성분이 서로 같고, 전속 밀도와 자속 밀도는 법선 성분이 서로 같다.

정답 16.② 17.③ 18.③ 19.② 20.③

제2과목 전력공학

21 단도체 방식과 비교하여 복도체 방식의 송전 선로를 설명한 것으로 틀린 것은?

① 선로의 송전 용량이 증가된다.
② 계통의 안정도를 증진시킨다.
③ 전선의 인덕턴스가 감소하고, 정전 용량이 증가된다.
④ 전선 표면의 전위 경도가 저감되어 코로나 임계 전압을 낮출 수 있다.

해설 복도체 및 다도체의 특징
• 복도체는 같은 도체 단면적의 단도체보다 인덕턴스와 리액턴스가 감소하고 정전 용량이 증가하여 송전 용량을 크게 할 수 있다.
• 전선 표면의 전위 경도를 저감시켜 코로나 임계 전압을 높게 하므로 코로나 발생을 방지한다.
• 전력 계통의 안정도를 증대시킨다.

22 유효 낙차 100[m], 최대 사용 수량 20[m³/s], 수차 효율 70[%]인 수력 발전소의 연간 발전 전력량은 약 몇 [kWh]인가? (단, 발전기의 효율은 85[%]라고 한다.)

① 2.5×10^7
② 5×10^7
③ 10×10^7
④ 20×10^7

해설 연간 발전 전력량 $W = P \cdot T$[kWh]
$W = P \cdot T$
$= 9.8 HQ\eta \cdot T$
$= 9.8 \times 100 \times 20 \times 0.7 \times 0.85 \times 365 \times 24$
$= 10.2 \times 10^7$[kWh]

23 부하 역률이 $\cos\theta$인 경우 배전 선로의 전력 손실은 같은 크기의 부하 전력으로 역률이 1인 경우의 전력 손실에 비하여 어떻게 되는가?

① $\dfrac{1}{\cos\theta}$
② $\dfrac{1}{\cos^2\theta}$
③ $\cos\theta$
④ $\cos^2\theta$

해설 전력 손실은 역률의 제곱에 반비례하므로 $\dfrac{1}{\cos^2\theta}$ 배가 된다.

24 선택 지락 계전기의 용도를 옳게 설명한 것은?

① 단일 회선에서 지락 고장 회선의 선택 차단
② 단일 회선에서 지락 전류의 방향 선택 차단
③ 병행 2회선에서 지락 고장 회선의 선택 차단
④ 병행 2회선에서 지락 고장의 지속 시간 선택 차단

해설 병행 2회선 송전 선로의 지락 사고 차단에 사용하는 계전기는 고장난 회선을 선택하는 선택 접지 계전기를 사용한다.

25 직류 송전 방식에 관한 설명으로 틀린 것은?

① 교류 송전 방식보다 안정도가 낮다.
② 직류 계통과 연계 운전 시 교류 계통의 차단 용량은 작아진다.
③ 교류 송전 방식에 비해 절연 계급을 낮출 수 있다.
④ 비동기 연계가 가능하다.

해설 직류 송전 방식
• 무효분이 없어 손실이 없고 역률이 항상 1이며 송전 효율이 좋다.
• 파고치가 없으므로 절연 계급을 낮출 수 있다.
• 전압 강하와 전력 손실이 적고, 안정도가 높아진다.
• 비동기 연계가 가능하다.

26 터빈(turbine)의 임계 속도란?

① 비상 조속기를 동작시키는 회전수
② 회전자의 고유 진동수와 일치하는 위험 회전수
③ 부하를 급히 차단하였을 때의 순간 최대 회전수
④ 부하 차단 후 자동적으로 정정된 회전수

정답 21.④ 22.③ 23.② 24.③ 25.① 26.②

해설 터빈 임계 속도란 회전 날개를 포함한 모터 전체의 고유 진동수와 회전 속도에 따른 진동수가 일치하여 공진이 발생되는 지점의 회전 속도를 임계 속도라 한다. 터빈 속도가 변화될 때 임계 속도에 도달하면 공진의 발생으로 진동이 급격히 증가한다.

27 변전소, 발전소 등에 설치하는 피뢰기에 대한 설명 중 틀린 것은?

① 방전 전류는 뇌충격 전류의 파고값으로 표시한다.

② 피뢰기의 직렬 갭은 속류를 차단 및 소호하는 역할을 한다.

③ 정격 전압은 상용 주파수 정현파 전압의 최고 한도를 규정한 순시값이다.

④ 속류란 방전 현상이 실질적으로 끝난 후에도 전력 계통에서 피뢰기에 공급되어 흐르는 전류를 말한다.

해설 피뢰기의 충격 방전 개시 전압은 피뢰기의 단자 간에 충격 전압을 인가하였을 경우 방전을 개시하는 전압으로 파고값(최대값)으로 표시하고, 정격 전압은 속류를 차단하는 최고의 전압으로 실효값으로 나타낸다.

28 아킹혼(arcing horn)의 설치 목적은?

① 이상 전압 소멸

② 전선의 진동 방지

③ 코로나 손실 방지

④ 섬락(불꽃 방전) 사고에 대한 애자 보호

해설 아킹혼, 소호각(환)의 역할
- 이상 전압으로부터 애자련의 보호
- 애자 전압 분담의 균등화
- 애자의 열적 파괴[섬락(불꽃 방전) 포함] 방지

29 일반 회로 정수가 A, B, C, D이고 송전단 전압이 E_s인 경우 무부하 시 수전단 전압은?

① $\dfrac{E_s}{A}$

② $\dfrac{E_s}{B}$

③ $\dfrac{A}{C}E_s$

④ $\dfrac{C}{A}E_s$

해설 무부하 시 수전단 전류 $I_r = 0$이므로 송전단 전압 $E_s = AE_r$로 되어 수전단 전압 $E_r = \dfrac{E_s}{A}$가 된다.

30 10,000[kVA] 기준으로 등가 임피던스가 0.4[%]인 발전소에 설치될 차단기의 차단 용량은 몇 [MVA]인가?

① 1,000

② 1,500

③ 2,000

④ 2,500

해설 차단 용량 $P_s = \dfrac{100}{\%Z}P_n$

$$= \dfrac{100}{0.4} \times 10,000 \times 10^{-3}$$

$$= 2,500[\text{MVA}]$$

31 변전소에서 접지를 하는 목적으로 적절하지 않은 것은?

① 기기의 보호

② 근무자의 안전

③ 차단 시 아크의 소호

④ 송전 시스템의 중성점 접지

해설 변전소 접지 목적에서는 차단 시 아크의 소호와는 관계가 없다.

32 중거리 송전 선로의 T형 회로에서 송전단 전류 I_s는? (단, Z, Y는 선로의 직렬 임피던스와 병렬 어드미턴스이고, E_r은 수전단 전압, I_r은 수전단 전류이다.)

① $E_r\left(1+\dfrac{ZY}{2}\right)+ZI_r$

② $I_r\left(1+\dfrac{ZY}{2}\right)+E_r\,Y$

③ $E_r\left(1+\dfrac{ZY}{2}\right)+ZI_r\left(1+\dfrac{ZY}{4}\right)$

④ $I_r\left(1+\dfrac{ZY}{2}\right)+E_r\,Y\left(1+\dfrac{ZY}{4}\right)$

해설 T형 회로의 4단자 정수

$$\begin{bmatrix} A & B \\ C & D \end{bmatrix} = \begin{bmatrix} 1+\dfrac{ZY}{2} & Z\left(1+\dfrac{ZY}{4}\right) \\ Y & 1+\dfrac{ZY}{2} \end{bmatrix}$$ 이므로

송전단 전류 $I_s = CE_r + DI_r = E_r\,Y + I_r\left(1+\dfrac{ZY}{2}\right)$ 이다.

33 한 대의 주상 변압기에 역률(뒤짐) $\cos\theta_1$, 유효 전력 P_1[kW]의 부하와 역률(뒤짐) $\cos\theta_2$, 유효 전력 P_2[kW]의 부하가 병렬로 접속되어 있을 때 주상 변압기 2차측에서 본 부하의 종합 역률은 어떻게 되는가?

① $\dfrac{P_1+P_2}{\dfrac{P_1}{\cos\theta_1}+\dfrac{P_2}{\cos\theta_2}}$

② $\dfrac{P_1+P_2}{\dfrac{P_1}{\sin\theta_1}+\dfrac{P_2}{\sin\theta_2}}$

③ $\dfrac{P_1+P_2}{\sqrt{(P_1+P_2)^2+(P_1\tan\theta_1+P_2\tan\theta_2)^2}}$

④ $\dfrac{P_1+P_2}{\sqrt{(P_1+P_2)^2+(P_1\sin\theta_1+P_2\sin\theta_2)^2}}$

해설
• 합성 유효 전력 : P_1+P_2
• 합성 무효 전력 : $P_1\tan\theta_1+P_2\tan\theta_2$
• 합성 피상 전력 :
$$\sqrt{(P_1+P_2)^2+(P_1\tan\theta_1+P_2\tan\theta_2)^2}$$
• 합성(종합) 역률 :
$$\dfrac{P_1+P_2}{\sqrt{(P_1+P_2)^2+(P_1\tan\theta_1+P_2\tan\theta_2)^2}}$$

34 33[kV] 이하의 단거리 송·배전 선로에 적용되는 비접지 방식에서 지락 전류는 다음 중 어느 것을 말하는가?

① 누설 전류   ② 충전 전류
③ 뒤진 전류   ④ 단락 전류

해설 비접지 방식의 지락 전류 $I_g = j\omega 3C_s E$ [A]이므로 진상(충전) 전류이다.

35 옥내 배선의 전선 굵기를 결정할 때 고려해야 할 사항으로 틀린 것은?

① 허용 전류   ② 전압 강하
③ 배선 방식   ④ 기계적 강도

해설 전선 굵기 결정 시 고려 사항은 허용 전류, 전압 강하, 기계적 강도이다.

36 고압 배전 선로 구성 방식 중 고장 시 자동적으로 고장 개소의 분리 및 건전 선로에 폐로하여 전력을 공급하는 개폐기를 가지며, 수요 분포에 따라 임의의 분기선으로부터 전력을 공급하는 방식은?

① 환상식   ② 망상식
③ 뱅킹식   ④ 가지식(수지식)

해설 환상식(loop system)
배전 간선을 환상(loop)선으로 구성하고, 분기선을 연결하는 방식으로 한쪽의 공급선에 이상이 생기더라도, 다른 한쪽에 의해 공급이 가능하고 손실과 전압 강하가 적고, 수요 분포에 따라 임의의 분기선을 내어 전력을 공급하는 방식으로 부하가 밀집된 도시에서 적합하다.

정답 32.②   33.③   34.②   35.③   36.①

37 그림과 같은 2기 계통에 있어서 발전기에서 전동기로 전달되는 전력 P는? (단, $X = X_G + X_L + X_M$이고 E_G, E_M은 각각 발전기 및 전동기의 유기 기전력, δ는 E_G와 E_M 간의 상차각이다.)

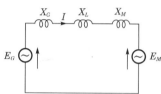

① $P = \dfrac{E_G}{X E_M} \sin\delta$

② $P = \dfrac{E_G E_M}{X} \sin\delta$

③ $P = \dfrac{E_G E_M}{X} \cos\delta$

④ $P = X E_G E_M \cos\delta$

해설 선로의 전송 전력 $P = \dfrac{E_s E_r}{X} \times \sin\delta$

$\qquad\qquad = \dfrac{E_G E_M}{X} \times \sin\delta \,[\mathrm{MW}]$

38 전력 계통 연계 시의 특징으로 틀린 것은?

① 단락 전류가 감소한다.
② 경제 급전이 용이하다.
③ 공급 신뢰도가 향상된다.
④ 사고 시 다른 계통으로의 영향이 파급될 수 있다.

해설 계통 연계 시 계통 임피던스가 감소하므로 단락 사고 발생 시 단락 전류 증대로 차단 용량이 증가한다.

39 공통 중성선 다중 접지 방식의 배전 선로에서 Recloser(R), Sectionalizer(S), Line Fuse(F)의 보호 협조가 가장 적합한 배열은? (단, 보호 협조는 변전소를 기준으로 한다.)

① S – F – R
② S – R – F
③ F – S – R
④ R – S – F

해설 리클로저(recloser)는 선로에 고장이 발생하였을 때 고장 전류를 검출하여 지정된 시간 내에 고속 차단하고 자동 재폐로 동작을 수행하여 고장 구간을 분리하거나 재송전하는 장치이다.
섹셔널라이저(sectionalizer)는 부하 전류는 개폐할 수 있지만 고장 전류를 차단할 수 없으므로 리클로저와 직렬로 설치하여야 한다.
그러므로 변전소 차단기 → 리클로저 → 섹셔널라이저 → 라인 퓨즈로 구성한다.

40 송전선의 특성 임피던스와 전파 정수는 어떤 시험으로 구할 수 있는가?

① 뇌파 시험
② 정격 부하 시험
③ 절연 강도 측정 시험
④ 무부하 시험과 단락 시험

해설 특성 임피던스 $Z_0 = \sqrt{\dfrac{Z}{Y}}\,[\Omega]$

전파 정수 $r = \sqrt{ZY}\,[\mathrm{rad}]$
그러므로 단락 임피던스와 개방 어드미턴스가 필요하므로 단락 시험과 무부하 시험을 한다.

제3과목 | 전기기기

41 단상 변압기의 병렬 운전 시 요구 사항으로 틀린 것은?

① 극성이 같을 것
② 정격 출력이 같을 것
③ 정격 전압과 권수비가 같을 것
④ 저항과 리액턴스의 비가 같을 것

해설 단상 변압기 병렬 운전의 조건은 다음과 같다.
- 극성이 같을 것
- 1·2차 정격 전압과 권수비가 같을 것
- 퍼센트 임피던스가 같을 것
- 저항과 리액턴스의 비가 같을 것

42 유도 전동기로 동기 전동기를 기동하는 경우, 유도 전동기의 극수는 동기 전동기의 극수보다 2극 적은 것을 사용하는 이유로 옳은 것은? (단, s는 슬립이며 N_s는 동기 속도이다.)

① 같은 극수의 유도 전동기는 동기 속도보다 sN_s만큼 늦으므로

② 같은 극수의 유도 전동기는 동기 속도보다 sN_s만큼 빠르므로

③ 같은 극수의 유도 전동기는 동기 속도보다 $(1-s)N_s$만큼 늦으므로

④ 같은 극수의 유도 전동기는 동기 속도보다 $(1-s)N_s$만큼 빠르므로

해설 동기 전동기의 회전 속도 $N_s = \dfrac{120f}{P}$[rpm]

유도 전동기의 회전 속도 $N = N_s(1-s) = N_s - s \cdot N_s$ 이므로 같은 극수의 유도 전동기는 동기 전동기의 속도보다 sN_s만큼 늦다.

43 동기 발전기에 회전 계자형을 사용하는 경우에 대한 이유로 틀린 것은?

① 기전력의 파형을 개선한다.

② 전기자가 고정자이므로 고압 대전류용에 좋고, 절연하기 쉽다.

③ 계자가 회전자이지만 저압 소용량의 직류이므로 구조가 간단하다.

④ 전기자보다 계자극을 회전자로 하는 것이 기계적으로 튼튼하다.

해설 동기 발전기의 회전자에 따른 분류에서 회전 계자형은 유도 기전력에 고조파가 포함되어 왜형파가 되므로 전기자 권선을 분포권과 단절권으로 하여 기전력의 파형을 개선한다.

44 3상 동기 발전기의 매극 매상의 슬롯수를 3이라 할 때, 분포권 계수는?

① $6\sin\dfrac{\pi}{18}$ ② $3\sin\dfrac{\pi}{36}$

③ $\dfrac{1}{6\sin\dfrac{\pi}{18}}$ ④ $\dfrac{1}{12\sin\dfrac{\pi}{36}}$

해설

분포 계수 $K_d = \dfrac{\sin\dfrac{\pi}{2m}}{g\sin\dfrac{\pi}{2mq}} = \dfrac{\sin\dfrac{180°}{2\times3}}{3\sin\dfrac{\pi}{2\times3\times3}}$

$= \dfrac{1}{6\sin\dfrac{\pi}{18}}$

45 변압기의 누설 리액턴스를 나타낸 것은? (단, N은 권수이다.)

① N에 비례   ② N^2에 반비례

③ N^2에 비례   ④ N에 반비례

해설 변압기의 인덕턴스 $L = \dfrac{\mu N^2 S}{l}$[H]

누설 리액턴스 $x = \omega L = 2\pi f \dfrac{\mu N^2 S}{l} \propto N^2$

46 가정용 재봉틀, 소형 공구, 영사기, 치과 의료용, 엔진 등에 사용하고 있으며 교류, 직류 양쪽 모두에 사용되는 만능 전동기는?

① 전기 동력계

② 3상 유도 전동기

③ 차동 복권 전동기

④ 단상 직권 정류자 전동기

정답 42.①   43.①   44.③   45.③   46.④

해설 단상 직권 정류자 전동기는 교류, 직류 양쪽에 사용되는 만능 전동기이다.

47 정격 전압 220[V], 무부하 단자 전압 230[V], 정격 출력이 40[kW]인 직류 분권 발전기의 계자 저항이 22[Ω], 전기자 반작용에 의한 전압 강하가 5[V]라면 전기자 회로의 저항[Ω]은 약 얼마인가?

① 0.026
② 0.028
③ 0.035
④ 0.042

해설 부하 전류 $I = \dfrac{P}{V} = \dfrac{40 \times 10^3}{220} = 181.18[A]$

계자 전류 $I_f = \dfrac{V}{r_f} = \dfrac{220}{22} = 10[A]$

전기자 전류 $I_a = I + I_f = 181.18 + 10 = 191.18[V]$

단자 전압 $V = E - I_a R_a - e_a$

$I_a R_a = E - V - e_a$

전기자 저항 $R_a = \dfrac{E - V - e_a}{I_a}$

$= \dfrac{230 - 220 - 5}{191.18}$

$= 0.026[\Omega]$

48 전력용 변압기에서 1차에 정현파 전압을 인가하였을 때, 2차에 정현파 전압이 유기되기 위해서는 1차에 흘러들어가는 여자 전류는 기본파 전류 외에 주로 몇 고조파 전류가 포함되는가?

① 제2고조파
② 제3고조파
③ 제4고조파
④ 제5고조파

해설 변압기의 철심에는 자속이 변화하는 경우 히스테리시스 현상이 있으므로 정현파 전압을 유도하려면 여자 전류에는 기본파 전류 외에 제3고조파 전류가 포함된 첨두파가 되어야 한다.

49 스텝각이 2°, 스테핑 주파수(pulse rate)가 1,800[pps]인 스테핑 모터의 축속도[rps]는?

① 8
② 10
③ 12
④ 14

해설 스테핑 모터의 축속도 $n = \dfrac{\beta \times f_p}{360}$

$= \dfrac{2 \times 1,800}{360°}$

$= 10[rps]$

50 변압기에서 사용되는 변압기유의 구비 조건으로 틀린 것은?

① 점도가 높을 것
② 응고점이 낮을 것
③ 인화점이 높을 것
④ 절연 내력이 클 것

해설 변압기의 구비 조건은 절연 내력의 증대와 냉각 효과를 높이기 위해서는 다음과 같이 한다.
• 절연 내력이 클 것
• 인화점이 높고 응고점이 낮을 것
• 점도가 낮고 냉각 효과가 좋을 것
• 화학 작용이 없을 것

51 동기 발전기의 병렬 운전 중 위상차가 생기면 어떤 현상이 발생하는가?

① 무효 횡류가 흐른다.
② 무효 전력이 생긴다.
③ 유효 횡류가 흐른다.
④ 출력이 요동하고 권선이 가열된다.

해설 동기 발전기의 병렬 운전 시 유기 기전력에 위상차가 생기면 유효 횡류(동기화 전류)가 흐른다.

52 단상 유도 전동기의 토크에 대한 2차 저항을 어느 정도 이상으로 증가시킬 때 나타나는 현상으로 옳은 것은?

① 역회전 가능
② 최대 토크 일정
③ 기동 토크 증가
④ 토크는 항상 (+)

정답 47.① 48.② 49.② 50.① 51.③ 52.①

해설 단상 유도 전동기의 2차 저항을 증가하면 최대 토크가 감소하고 어느 정도 이상이 되면 역토크가 발생하여 역회전이 가능하다.

53 직류기에 관련된 사항으로 잘못 짝지어진 것은?

① 보극 – 리액턴스 전압 감소
② 보상 권선 – 전기자 반작용 감소
③ 전기자 반작용 – 직류 전동기 속도 감소
④ 정류 기간 – 전기자 코일이 단락되는 기간

해설 전기자 반작용으로 주자속이 감소하면 직류 발전기는 유기 기전력이 감소하고, 직류 전동기는 회전 속도가 상승한다.

54 그림은 전원 전압 및 주파수가 일정할 때의 다상 유도 전동기의 특성을 표시하는 곡선이다. 1차 전류를 나타내는 곡선은 몇 번 곡선인가?

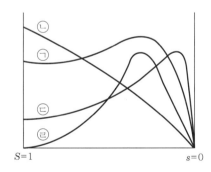

① ㉠
② ㉡
③ ㉢
④ ㉣

해설 유도 전동기의 기동 시에는 큰 전류가 흐르며 점차 감소하여 정상 운전 시에는 정격 전류가 흐른다.

55 직류 발전기의 외부 특성 곡선에서 나타내는 관계로 옳은 것은?

① 계자 전류와 단자 전압
② 계자 전류와 부하 전류
③ 부하 전류와 단자 전압
④ 부하 전류와 유기 기전력

해설 직류 발전기의 외부 특성 곡선은 정격 상태에서 부하 전류(I)와 단자 전압(V)의 관계를 나타낸 곡선이다.

56 동기 전동기가 무부하 운전 중에 부하가 걸리면 동기 전동기의 속도는?

① 정지한다.
② 동기 속도와 같다.
③ 동기 속도보다 빨라진다.
④ 동기 속도 이하로 떨어진다.

해설 동기 전동기는 정속도 전동기로 부하의 크기와 관계없이 항상 동기 속도로 회전한다.

57 100[V], 10[A], 1,500[rpm]인 직류 분권 발전기의 정격 시 계자 전류는 2[A]이다. 이때, 계자 회로에는 10[Ω]의 외부 저항이 삽입되어 있다. 계자 권선의 저항[Ω]은?

① 20
② 40
③ 80
④ 100

해설
계자 전류 $I_f = \dfrac{V}{r_f + R_F}$

계자 권선 저항 $r_f = \dfrac{V}{I_f} - R_F$

$$= \dfrac{100}{2} - 10$$
$$= 40[\Omega]$$

58 50[Hz]로 설계된 3상 유도 전동기를 60[Hz]에 사용하는 경우 단자 전압을 110[%]로 높일 때 일어나는 현상으로 틀린 것은?

① 철손 불변
② 여자 전류 감소
③ 온도 상승 증가
④ 출력이 일정하면 유효 전류 감소

해설

- 철손 $P_i \propto \dfrac{V_1^2}{f}$: 불변

- 여자 전류 $I_0 \propto \dfrac{V_1}{x} \propto \dfrac{V_1}{f}$: 감소

- 유효 전류 $I = \dfrac{P}{\sqrt{3}\,V\cos\theta} \propto \dfrac{1}{V}$: 감소

온도는 전류가 감소하면 동손이 감소하여 떨어진다.

59 직류기 발전기에서 양호한 정류(整流)를 얻는 조건으로 틀린 것은?

① 정류 주기를 크게 할 것
② 리액턴스 전압을 크게 할 것
③ 브러시의 접촉 저항을 크게 할 것
④ 전기자 코일의 인덕턴스를 작게 할 것

해설 직류 발전기의 정류 개선책

- 평균 리액턴스 전압이 작을 것 $\left(e = L\dfrac{2I_c}{T_c}\,[\mathrm{V}]\right)$

- 정류 주기(T_c)가 클 것

- 인덕턴스(L)가 작을 것

- 브러시의 접촉 저항이 클 것

60 상전압 200[V]의 3상 반파 정류 회로의 각 상에 SCR을 사용하여 정류 제어할 때 위상각을 $\dfrac{\pi}{6}$로 하면 순저항 부하에서 얻을 수 있는 직류 전압[V]은?

① 90
② 180
③ 203
④ 234

해설 3상 반파 정류에서 위상각 $\alpha = 0°$일 때

직류 전압 $E_{d0} = \dfrac{3\sqrt{3}}{\sqrt{2}\,\pi}E = 1.17E$

위상각 $\alpha = \dfrac{\pi}{6}$일 때

직류 전압 $E_{d\alpha} = E_{d0} \cdot \dfrac{1+\cos\alpha}{2}$

$$= 1.17 \times 200 \times \dfrac{1 + \cos\dfrac{\pi}{6}}{2}$$

$$= 218.3\,[\mathrm{V}]$$

제4과목 **회로이론 및 제어공학**

61 폐루프 전달 함수 $\dfrac{G(s)}{1 + G(s)H(s)}$의 극의 위치를 개루프 전달 함수 $G(s)H(s)$의 이득 상수 K의 함수로 나타내는 기법은?

① 근궤적법
② 보드 선도법
③ 이득 선도법
④ Nyquist 판정법

해설 근궤적법은 개루프 전달 함수의 이득 정수 K를 0에서 ∞까지 변화시킬 때 특성 방정식의 근, 즉 개루프 전달 함수의 극 이동 궤적을 말한다.

62 블록 선도 변환이 틀린 것은?

해설 각 블록 선도의 출력을 구하면

① $(X_1 + X_2)G = X_3$

② $X_1 G = X_2$

③ $X_1 G = X_2$

④ $X_1 G + X_2 = X_3$

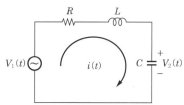

‖ ④의 등가 변환 ‖

63 다음 회로망에서 입력 전압을 $V_1(t)$, 출력 전압을 $V_2(t)$라 할 때, $\dfrac{V_2(s)}{V_1(s)}$에 대한 고유 주파수 ω_n과 제동비 ζ의 값은? (단, $R=100[\Omega]$, $L=2[H]$, $C=200[\mu F]$이고, 모든 초기 전하는 0이다.)

① $\omega_n = 50$, $\zeta = 0.5$

② $\omega_n = 50$, $\zeta = 0.7$

③ $\omega_n = 250$, $\zeta = 0.5$

④ $\omega_n = 250$, $\zeta = 0.7$

해설

$$\frac{V_2(s)}{V_1(s)} = \frac{\dfrac{1}{Cs}}{R + Ls + \dfrac{1}{Cs}}$$

$$= \frac{\left(\dfrac{1}{\sqrt{LC}}\right)^2}{s^2 + \dfrac{R}{L}s + \left(\dfrac{1}{\sqrt{LC}}\right)^2}$$

$$= \frac{\left(\dfrac{1}{\sqrt{2 \times 200 \times 10^{-6}}}\right)}{s^2 + \dfrac{100}{2}s + \left(\dfrac{1}{\sqrt{2 \times 200 \times 10^{-6}}}\right)^2}$$

$$= \frac{50^2}{s^2 + 50s + 50^2}$$

따라서, $\omega_n = 50$이고 $2\zeta\omega_n = 50$이므로

$\zeta = \dfrac{50}{2 \times 50} = 0.5$이다.

64 다음 신호 흐름 선도의 일반식은?

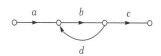

① $G = \dfrac{1 - bd}{abc}$

② $G = \dfrac{1 + bd}{abc}$

③ $G = \dfrac{abc}{1 + bd}$

④ $G = \dfrac{abc}{1 - bd}$

해설 $G_1 = abc$, $\triangle_1 = 1$

$\triangle = 1 - bd$

전달 함수 $G(s) = \dfrac{G_1 \triangle_1}{\triangle} = \dfrac{abc}{1 - bd}$

65 다음 중 이진값 신호가 아닌 것은?

① 디지털 신호

② 아날로그 신호

③ 스위치의 ON-OFF 신호

④ 반도체 소자의 동작·부동작 상태

해설 이진 신호는 신호를 보내는 매체가 0과 1 또는 ON과 OFF와 같이 두 가지 상태만 표현되는 신호를 말한다.

66 보드 선도에서 이득 여유에 대한 정보를 얻을 수 있는 것은?

① 위상 곡선 0°에서의 이득과 0[dB]과의 차이

② 위상 곡선 180°에서의 이득과 0[dB]과의 차이

③ 위상 곡선 -90°에서의 이득과 0[dB]과의 차이

④ 위상 곡선 -180°에서의 이득과 0[dB]과의 차이

해설 위상 여유(θ_m)와 이득 여유(g_m)는 보드 선도에 있어서는 이득 선도 g의 0[dB] 선과 위상 선도 θ의 $-180°$ 선을 일치시켜 양선도를 그렸을 때 이득 선도가 0[dB] 선을 끊는 점의 위상을 $-180°$로부터 측정한 θ_m이 위상 여유이며 위상 선도가 $-180°$ 선을 끊는 점의 이득의 부호를 바꾼 g_m이 이득 여유이다.

67 단위 궤환 제어계의 개루프 전달 함수가 $G(s) = \dfrac{K}{s(s+2)}$ 일 때, K가 $-\infty$ 로부터 $+\infty$ 까지 변하는 경우 특성 방정식의 근에 대한 설명으로 틀린 것은?

① $-\infty < K < 0$에 대하여 근은 모두 실근이다.

② $0 < K < 1$에 대하여 2개의 근은 모두 음의 실근이다.

③ $K = 0$에 대하여 $s_1 = 0$, $s_2 = -2$의 근은 $G(s)$의 극점과 일치한다.

④ $1 < K < \infty$에 대하여 2개의 근은 음의 실수부 중근이다.

해설 특성 방정식
$1 + G(s)H(s) = 0$
$1 + \dfrac{K}{s(s+2)} = 0$
$s^2 + 2s + K = 0$
라우스의 표

$$\begin{array}{c|cc} s^2 & 1 & K \\ s^1 & 2 & 0 \\ s^0 & K & \end{array}$$

$K > 0$이면 특성 방정식의 근이 s평면의 좌반부에 존재하며 제어계는 안정하다.
$K < 0$이면 특성 방정식의 근이 s평면의 우반부에 존재하고 제어계는 불안정하다.

68 2차계 과도 응답에 대한 특성 방정식의 근은 s_1, $s_2 = -\zeta\omega_n \pm j\omega_n\sqrt{1-\zeta^2}$ 이다. 감쇠비 ζ가 $0 < \zeta < 1$ 사이에 존재할 때 나타나는 현상은?

① 과제동
② 무제동
③ 부족 제동
④ 임계 제동

해설 감쇠비 ζ가 $0 < \zeta < 1$이면
$s_1 \cdot s_2 = -\zeta\omega_n \pm j\omega_n\sqrt{1-\zeta^2}$
공액 복소수근을 가지므로 감쇠 진동, 부족 제동한다.

69 그림의 시퀀스 회로에서 전자 접촉기 X에 의한 A접점(normal open contact)의 사용 목적은?

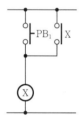

① 자기 유지 회로
② 지연 회로
③ 우선 선택 회로
④ 인터록(interlock) 회로

해설 누름 단추 스위치(PB_1)를 온(on)했을 때 스위치가 닫혀 계전기가 여자되고 그것의 A접점이 닫히기 때문에 누름 단추 스위치(PB_1)를 오프(off)해도 계전기는 계속 여자 상태를 유지한다. 이것을 자기 유지 회로라고 한다.

70 다음의 블록 선도에서 특성 방정식의 근은?

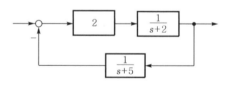

① -2, -5
② 2, 5
③ -3, -4
④ 3, 4

해설 특성 방정식 $1 + G(s)H(s) = 0$

$$\therefore 1 + \frac{2}{s+2} \cdot \frac{1}{s+5} = 0$$

$$s^2 + 7s + 12 = 0$$

$$(s+3)(s+4) = 0$$

$$\therefore s = -3, \; -4$$

71 평형 3상 3선식 회로에서 부하는 Y결선이고, 선간 전압이 $173.2\underline{/0°}$[V]일 때 선전류는 $20\underline{/-120°}$[A]이었다면, Y결선된 부하 한 상의 임피던스는 약 몇 [Ω]인가?

① $5\underline{/60°}$

② $5\underline{/90°}$

③ $5\sqrt{3}\underline{/60°}$

④ $5\sqrt{3}\underline{/90°}$

해설 Y결선 시에는 $V_l = \sqrt{3}\, V_p\underline{/30°}$, $I_l = I_p$이므로

임피던스 $Z = \dfrac{V_p}{I_p} = \dfrac{\dfrac{173.2}{\sqrt{3}}\underline{/0° - 30°}}{20\underline{/-120°}} = 5\underline{/90°}$

72 그림과 같은 RC 저역 통과 필터 회로에 단위 임펄스를 입력으로 가했을 때 응답 $h(t)$는?

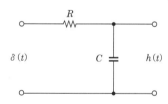

① $h(t) = RCe^{-\frac{t}{RC}}$

② $h(t) = \dfrac{1}{RC}e^{-\frac{t}{RC}}$

③ $h(t) = \dfrac{R}{1 + j\omega RC}$

④ $h(t) = \dfrac{1}{RC}e^{-\frac{C}{R}t}$

해설 전달 함수 $G(s) = \dfrac{H(s)}{\delta(s)}$

$$= \dfrac{\dfrac{1}{Cs}}{R + \dfrac{1}{Cs}}$$

$$= \dfrac{1}{RCs + 1}$$

$$= \dfrac{\dfrac{1}{RC}}{s + \dfrac{1}{RC}}$$

임펄스 입력이므로 $\delta(s) = 1$

$$\therefore H(s) = \dfrac{\dfrac{1}{RC}}{s + \dfrac{1}{RC}}$$

$$\therefore h(t) = \dfrac{1}{RC}e^{-\frac{1}{RC}t}$$

73 2전력계법으로 평형 3상 전력을 측정하였더니 한쪽의 지시가 500[W], 다른 한쪽의 지시가 1,500[W]이었다. 피상 전력은 약 몇 [VA]인가?

① 2,000

② 2,310

③ 2,646

④ 2,771

해설 2전력계법에서 전력계의 지시값을 P_1, P_2라 하면

• 유효 전력 : $P = P_1 + P_2$[W]

• 무효 전력 : $P_r = \sqrt{3}(P_1 - P_2)$[Var]

• 피상 전력 : $P_a = \sqrt{P^2 + P_r}$

$\qquad\qquad\qquad = 2\sqrt{P_1^2 + P_2^2 - P_1 P_2}$ [VA]

$$\therefore P_a = 2\sqrt{500^2 + 1,500^2 - 500 \times 1,500}$$

$$= 2,646[\text{VA}]$$

74 회로에서 4단자 정수 A, B, C, D의 값은?

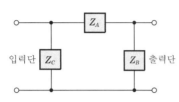

입력단 Z_C Z_B 출력단

① $A = 1 + \dfrac{Z_A}{Z_B}$, $B = Z_A$,

     $C = \dfrac{1}{Z_A}$, $D = 1 + \dfrac{Z_B}{Z_A}$

② $A = 1 + \dfrac{Z_A}{Z_B}$, $B = Z_A$,

     $C = \dfrac{1}{Z_B}$, $D = 1 + \dfrac{Z_A}{Z_B}$

③ $A = 1 + \dfrac{Z_A}{Z_B}$, $B = Z_A$,

     $C = \dfrac{Z_A + Z_B + Z_C}{Z_B Z_C}$, $D = \dfrac{1}{Z_B Z_C}$

④ $A = 1 + \dfrac{Z_A}{Z_B}$, $B = Z_A$,

     $C = \dfrac{Z_A + Z_B + Z_C}{Z_B Z_C}$, $D = 1 + \dfrac{Z_A}{Z_C}$

해설
$$\begin{bmatrix} A & B \\ C & D \end{bmatrix} = \begin{bmatrix} 1 & 0 \\ \dfrac{1}{Z_C} & 1 \end{bmatrix} \begin{bmatrix} 1 & Z_A \\ 0 & 1 \end{bmatrix} \begin{bmatrix} 1 & 0 \\ \dfrac{1}{Z_B} & 1 \end{bmatrix}$$

$$= \begin{bmatrix} 1 + \dfrac{Z_A}{Z_B} & Z_A \\ \dfrac{Z_A + Z_B + Z_C}{Z_B Z_C} & 1 + \dfrac{Z_A}{Z_C} \end{bmatrix}$$

75 길이에 따라 비례하는 저항값을 가진 어떤 전열선에 E_0[V]의 전압을 인가하면 P_0[W]의 전력이 소비된다. 이 전열선을 잘라 원래 길이의 $\dfrac{2}{3}$로 만들고 E[V]의 전압을 가한다면 소비 전력 P[W]는?

① $P = \dfrac{P_0}{2}\left(\dfrac{E}{E_0}\right)^2$

② $P = \dfrac{3P_0}{2}\left(\dfrac{E}{E_0}\right)^2$

③ $P = \dfrac{2P_0}{3}\left(\dfrac{E}{E_0}\right)^2$

④ $P = \dfrac{\sqrt{3}\,P_0}{2}\left(\dfrac{E}{E_0}\right)^2$

해설 전기 저항 $R = \rho\dfrac{l}{s}$로 전선의 길이에 비례하므로

$$\dfrac{P}{P_0} = \dfrac{\dfrac{E^2}{\dfrac{2}{3}R}}{\dfrac{E_0^2}{R}}$$

$$\therefore\ P = \dfrac{3P_0}{2}\left(\dfrac{E}{E_0}\right)^2$$

76 $f(t) = e^{j\omega t}$의 라플라스 변환은?

① $\dfrac{1}{s - j\omega}$ ② $\dfrac{1}{s + j\omega}$

③ $\dfrac{1}{s^2 + \omega^2}$ ④ $\dfrac{\omega}{s^2 + \omega^2}$

해설
$$F(s) = \mathcal{L}\,[f(t)] = \int_0^\infty e^{-(s - j\omega)t}\,dt$$

$$= \left[-\dfrac{1}{s - j\omega} e^{-(s - j\omega)t} \right]_0^\infty$$

$$= \dfrac{1}{s - j\omega}$$

77 1[km]당 인덕턴스 25[mH], 정전 용량 $0.005[\mu F]$의 선로가 있다. 무손실 선로라고 가정한 경우 진행파의 위상(전파) 속도는 약 몇 [km/s]인가?

① 8.95×10^4 ② 9.95×10^4

③ 89.5×10^4 ④ 99.5×10^4

정답   74.④   75.②   76.①   77.①

해설 위상 속도 $v = \dfrac{\omega}{\beta} = \dfrac{1}{\sqrt{LC}}$

$$= \dfrac{1}{\sqrt{25 \times 10^{-3} \times 0.005 \times 10^{-6}}}$$

$$= 8.95 \times 10^4 \, [\text{km/s}]$$

78 그림과 같은 순저항 회로에서 대칭 3상 전압을 가할 때 각 선에 흐르는 전류가 같으려면 R의 값은 몇 [Ω]인가?

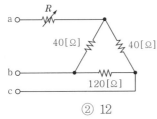

① 8 ② 12
③ 16 ④ 20

해설 △결선을 Y결선으로 등가 변환하면

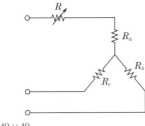

$R_a = \dfrac{40 \times 40}{200} = 8 \, [\Omega]$

$R_b = \dfrac{40 \times 120}{200} = 24 \, [\Omega]$

$R_c = \dfrac{40 \times 120}{200} = 24 \, [\Omega]$

각 선에 흐르는 전류가 같으려면 각 상의 저항이 같아야 하므로 16[Ω]이다.

79 전류 $I = 30\sin\omega t + 40\sin(3\omega t + 45°) \, [\text{A}]$ 의 실효값[A]은?

① 25 ② $25\sqrt{2}$
③ 50 ④ $50\sqrt{2}$

해설 비정현파 실효값 $I = \sqrt{I_1{}^2 + I_3{}^2}$

$$= \sqrt{\left(\dfrac{I_{m1}}{\sqrt{2}}\right)^2 + \left(\dfrac{I_{m3}}{\sqrt{2}}\right)^2}$$

$$= \sqrt{\left(\dfrac{30}{\sqrt{2}}\right)^2 + \left(\dfrac{40}{\sqrt{2}}\right)^2}$$

$$= 25\sqrt{2} \, [\text{A}]$$

80 어떤 콘덴서를 300[V]로 충전하는 데 9[J] 의 에너지가 필요하였다. 이 콘덴서의 정전 용량은 몇 [μF]인가?

① 100 ② 200
③ 300 ④ 400

해설 정전 에너지 $W = \dfrac{1}{2}CV^2$

$\therefore C = \dfrac{2W}{V^2} = \dfrac{2 \times 9}{300^2} \times 10^6 = 200 \, [\mu\text{F}]$

제5과목 전기설비기술기준

81 전기 집진 장치에 특고압을 공급하기 위한 전기 설비로서 변압기로부터 정류기에 이르는 케이블을 넣는 방호 장치의 금속제 부분에 사람이 접촉할 우려가 없도록 시설하는 경우 제 몇 종 접지 공사로 할 수 있는가?

① 제1종 접지 공사
② 제2종 접지 공사
③ 제3종 접지 공사
④ 특별 제3종 접지 공사

해설 전기 집진 장치 등의 시설(판단기준 제246조)
케이블을 넣는 방호 장치의 금속제 부분 및 방식 케이블 이외의 케이블의 피복에 사용하는 금속체에는 제1종 접지 공사를 할 것. 다만, 사람이 접촉할 우려가 없도록 시설하는 경우에는 제3종 접지 공사에 의할 수 있다.

※ 이 문제는 출제 당시 규정에는 적합했으나 새로 제정된 한국전기설비규정에는 일부 부적합하므로 문제 유형만 참고하시기 바랍니다.

정답 78.③ 79.② 80.② 81.③

82 고압용 기계 기구를 시설하여서는 안 되는 경우는?

① 시가지 외로서 지표상 3[m]인 경우
② 발전소, 변전소, 개폐소 또는 이에 준하는 곳에 시설하는 경우
③ 옥내에 설치한 기계 기구를 취급자 이외의 사람이 출입할 수 없도록 설치한 곳에 시설하는 경우
④ 공장 등의 구내에서 기계 기구의 주위에 사람이 쉽게 접촉할 우려가 없도록 적당한 울타리를 설치하는 경우

해설 고압용 기계 기구의 시설(한국전기설비규정 341.9)
기계 기구를 지표상 4.5[m](시가지 외에는 4[m]) 이상의 높이에 시설하고 또한 사람이 쉽게 접촉할 우려가 없도록 시설하는 경우

83 440[V]용 전동기의 외함을 접지할 때 접지 저항값은 몇 [Ω] 이하로 유지하여야 하는가?

① 10   ② 20
③ 30   ④ 100

해설 기계 기구의 철대 및 외함의 접지(판단기준 제33조)
400[V] 이상의 저압용의 것은 특별 제3종 접지 공사를 하여야 하므로 접지 저항은 10[Ω] 이하로 유지하여야 한다.

※ 이 문제는 출제 당시 규정에는 적합했으나 새로 제정된 한국전기설비규정에는 일부 부적합하므로 문제 유형만 참고하시기 바랍니다.

84 어떤 공장에서 케이블을 사용하는 사용 전압이 22[kV]인 가공 전선을 건물 옆쪽에서 1차 접근 상태로 시설하는 경우, 케이블과 건물의 조영재 이격 거리(간격)는 몇 [cm] 이상이어야 하는가?

① 50   ② 80
③ 100   ④ 120

해설 특고압 가공 전선과 건조물과 접근 교차(한국전기설비규정 333.23)
사용 전압이 35[kV] 이하인 특고압 가공 전선과 건조물의 조영재 이격 거리(간격)

건조물과 조영재의 구분	전선 종류	접근 형태	이격 거리 (간격)
상부 조영재	특고압 절연 전선	위쪽	2.5[m]
		옆쪽 또는 아래쪽	1.5[m]
	케이블	위쪽	1.2[m]
		옆쪽 또는 아래쪽	0.5[m]

85 옥내에 시설하는 전동기가 소손되는 것을 방지하기 위한 과부하 보호 장치를 하지 않아도 되는 것은?

① 정격 출력이 7.5[kW] 이상인 경우
② 정격 출력이 0.2[kW] 이하인 경우
③ 정격 출력이 2.5[kW]이며, 과전류 차단기가 없는 경우
④ 전동기 출력이 4[kW]이며, 취급자가 감시할 수 없는 경우

해설 저압 전로 중의 전동기 보호용 과전류 보호 장치의 시설(한국전기설비규정 212.6.4)
• 정격 출력 0.2[kW] 초과하는 전동기에 과부하 보호 장치를 시설한다.
• 과부하 보호 장치 시설을 생략하는 경우
  – 운전 중 상시 취급자가 감시
  – 구조상, 부하 성질상 전동기를 소손할 위험이 없는 경우
  – 전동기가 단상인 것에 있어서 그 전원측 전로에 시설하는 과전류 차단기의 정격 전류가 16[A] (배선 차단기는 20[A]) 이하인 경우

86 사용 전압 66[kV]의 가공 전선로를 시가지에 시설할 경우 전선의 지표상 최소 높이는 몇 [m]인가?

① 6.48   ② 8.36
③ 10.48   ④ 12.36

정답 82.① 83.① 84.① 85.② 86.③

해설 시가지 등에서 특고압 가공 전선로의 시설(한국전기설비규정 333.1)

사용 전압의 구분	전선 지표상의 높이
35[kV] 이하	10[m](전선이 특고압 절연 전선인 경우에는 8[m])
35[kV] 초과	10[m]에 35[kV]를 초과하는 10[kV] 또는 그 단수마다 12[cm]를 더한 값

35[kV] 넘는 10[kV] 단수는 $(66-35) \div 10 = 3.1$이므로 4단수이다.
그러므로 $10 + 0.12 \times 4 = 10.48$[m]이다.

87 차량, 기타 중량물의 압력을 받을 우려가 있는 장소에 지중 전선로를 직접 매설식으로 시설하는 경우 매설 깊이는 몇 [m] 이상이어야 하는가?

① 0.8 ② 1.0
③ 1.2 ④ 1.5

해설 지중 전선로의 시설(한국전기설비규정 334.1)
• 직접 매설식에 의하여 시설하는 경우에는 매설 깊이를 1.0[m] 이상(차량 기타 중량물의 압력을 받을 우려가 없는 장소 60[cm] 이상)
• 관로식에 의하여 시설하는 경우에는 매설 깊이를 1.0[m] 이상

88 가공 직류 전차선의 레일면상의 높이는 일반적인 경우 몇 [m] 이상이어야 하는가?

① 4.3 ② 4.8
③ 5.2 ④ 5.8

해설 가공 직류 전차선의 레일면상의 높이(판단기준 제256조)
• 가공 직류 전차선의 레일면상의 높이는 4.8[m] 이상, 전용의 부지 위에 시설될 때에는 4.4[m] 이상이어야 한다.
• 터널 안의 윗면, 교량(다리)의 아랫면 기타 이와 유사한 곳 3.5[m] 이상
• 광산 기타의 갱도 안의 윗면에 시설하는 경우 1.8[m] 이상

※ 이 문제는 출제 당시 규정에는 적합했으나 새로 제정된 한국전기설비규정에는 일부 부적합하므로 문제 유형만 참고하시기 바랍니다.

89 전로에 시설하는 고압용 기계 기구의 철대 및 금속제 외함에는 제 몇 종 접지 공사를 하여야 하는가?

① 제1종 접지 공사
② 제2종 접지 공사
③ 제3종 접지 공사
④ 특별 제3종 접지 공사

해설 기계 기구의 철대 및 외함의 접지(판단기준 제33조)

기계 기구의 구분	접지 공사의 종류
고압 또는 특고압용의 것	제1종 접지 공사
400[V] 미만인 저압용의 것	제3종 접지 공사
400[V] 이상의 저압용의 것	특별 제3종 접지 공사

※ 이 문제는 출제 당시 규정에는 적합했으나 새로 제정된 한국전기설비규정에는 일부 부적합하므로 문제 유형만 참고하시기 바랍니다.

90 저압 옥상 전선로의 시설에 대한 설명으로 틀린 것은?

① 전선은 절연 전선을 사용한다.
② 전선은 지름 2.6[mm] 이상의 경동선을 사용한다.
③ 전선은 상시 부는 바람 등에 의하여 식물에 접촉하지 않도록 시설한다.
④ 전선과 옥상 전선로를 시설하는 조영재와의 이격 거리(간격)를 0.5[m]로 한다.

해설 저압 옥상 전선로의 시설(한국전기설비규정 221.3)
• 전선은 인장 강도 2.30[kN] 이상의 것 또는 지름 2.6[mm] 이상의 경동선의 것
• 전선은 절연 전선일 것
• 전선은 애자를 사용하여 지지하고 또한 그 지지점 간의 거리는 15[m] 이하일 것
• 전선과 그 저압 옥상 전선로를 시설하는 조영재와의 이격 거리(간격)는 2[m] 이상일 것
• 저압 옥상 전선로의 전선은 상시 부는 바람 등에 의하여 식물에 접촉하지 아니하도록 시설하여야 한다.

91 가공 전선로의 지지물에 취급자가 오르고 내리는 데 사용하는 발판 볼트 등은 지표상 몇 [m] 미만에 시설하여서는 아니 되는가?

① 1.2
② 1.8
③ 2.2
④ 2.5

⑤해설 가공 전선로 지지물의 철탑 오름 및 전주 오름 방지 (한국전기설비규정 331.4)
가공 전선로의 지지물에 취급자가 오르고 내리는 데 사용하는 발판못 등을 지표상 1.8[m] 미만에 시설하여서는 아니 된다.

92 저압 옥내 배선의 사용 전압이 400[V] 미만인 경우 버스 덕트 공사는 몇 종 접지 공사를 하여야 하는가?

① 제1종 접지 공사
② 제2종 접지 공사
③ 제3종 접지 공사
④ 특별 제3종 접지 공사

⑤해설 버스 덕트 공사(판단기준 제188조)
• 덕트의 지지점 간의 거리는 3[m](수직 6[m]) 이하
• 사용 전압이 400[V] 미만인 경우에는 제3종 접지 공사. 400[V] 이상인 경우에는 특별 제3종 접지 공사

> ※ 이 문제는 출제 당시 규정에는 적합했으나 새로 제정된 한국전기설비규정에는 일부 부적합하므로 문제 유형만 참고하시기 바랍니다.

93 저압 전로에서 그 전로에 지락이 생겼을 경우에 0.5초 이내에 자동적으로 전로를 차단하는 장치를 시설 시 자동 차단기의 정격 감도 전류가 100[mA]이면 제3종 접지 공사의 접지 저항값은 몇 [Ω] 이하로 하여야 하는가? (단, 전기적 위험도가 높은 장소인 경우이다.)

① 50
② 100
③ 150
④ 200

⑤해설 접지 공사의 종류(판단기준 제18조)

정격 감도 전류	접지 저항치	
	물기 있는 장소, 전기적 위험도가 높은 장소	그 외 다른 장소
30[mA]	500[Ω]	500[Ω]
50[mA]	300[Ω]	500[Ω]
100[mA]	150[Ω]	500[Ω]
200[mA]	75[Ω]	250[Ω]
300[mA]	50[Ω]	166[Ω]
500[mA]	30[Ω]	100[Ω]

> ※ 이 문제는 출제 당시 규정에는 적합했으나 새로 제정된 한국전기설비규정에는 일부 부적합하므로 문제 유형만 참고하시기 바랍니다.

94 고압 가공 전선로에 사용하는 가공 지선으로 나경동선을 사용할 때의 최소 굵기[mm]는?

① 3.2
② 3.5
③ 4.0
④ 5.0

⑤해설 고압 가공 전선로의 가공 지선(한국전기설비규정 332.6)
고압 가공 전선로에 사용하는 가공 지선은 인장 강도 5.26[kN] 이상의 것 또는 지름 4[mm] 이상의 나경동선을 사용한다.

95 특고압용 변압기의 보호 장치인 냉각 장치에 고장이 생긴 경우 변압기의 온도가 현저하게 상승한 경우에 이를 경보하는 장치를 반드시 하지 않아도 되는 경우는?

① 유입풍냉식
② 유입자냉식
③ 송유풍냉식
④ 송유수냉식

⑤해설 특고압용 변압기의 보호 장치(한국전기설비규정 351.4)
타냉식 변압기의 냉각 장치에 고장이 생겨 온도가 현저히 상승할 경우 경보 장치를 하여야 한다.

정답 91.② 92.③ 93.③ 94.③ 95.②

96 빙설의 정도에 따라 풍압 하중을 적용하도록 규정하고 있는 내용 중 옳은 것은? (단, 빙설이 많은 지방 중 해안 지방, 기타 저온 계절에 최대 풍압이 생기는 지방은 제외한다.)

① 빙설이 많은 지방에서는 고온 계절에는 갑종 풍압 하중, 저온 계절에는 을종 풍압 하중을 적용한다.

② 빙설이 많은 지방에서는 고온 계절에는 을종 풍압 하중, 저온 계절에는 갑종 풍압 하중을 적용한다.

③ 빙설이 적은 지방에서는 고온 계절에는 갑종 풍압 하중, 저온 계절에는 을종 풍압 하중을 적용한다.

④ 빙설이 적은 지방에서는 고온 계절에는 을종 풍압 하중, 저온 계절에는 갑종 풍압 하중을 적용한다.

해설 풍압 하중의 종별과 적용(한국전기설비규정 331.6)
• 빙설이 많은 지방 이외의 지방 : 고온 계절에는 갑종 풍압 하중, 저온 계절에는 병종 풍압 하중
• 빙설이 많은 지방 : 고온 계절에는 갑종 풍압 하중, 저온 계절에는 을종 풍압 하중

97 가공 전선로의 지지물에 시설하는 지선(지지선)의 시설 기준으로 옳은 것은?

① 지선(지지선)의 안전율은 2.2 이상이어야 한다.

② 연선을 사용할 경우에는 소선(素線) 3가닥 이상이어야 한다.

③ 도로를 횡단하여 시설하는 지선(지지선)의 높이는 지표상 4[m] 이상으로 하여야 한다.

④ 지중 부분 및 지표상 20[cm]까지의 부분에는 내식성이 있는 것 또는 아연 도금을 한다.

해설 지선(지지선)의 시설(한국전기설비규정 331.11)
• 지선(지지선)의 안전율은 2.5 이상. 이 경우에 허용 인장 하중의 최저는 4.31[kN]
• 지선(지지선)에 연선을 사용할 경우
 – 소선(素線) 3가닥 이상의 연선일 것
 – 소선의 지름이 2.6[mm] 이상의 금속선을 사용한 것일 것
• 지중 부분 및 지표상 30[cm]까지의 부분에는 내식성이 있는 것 또는 아연 도금을 한 철봉을 사용하고 쉽게 부식되지 아니하는 근가(전주 버팀대)에 견고하게 붙일 것
• 철탑은 지선(지지선)을 사용하여 그 강도를 분담시켜서는 아니 된다.

98 무선용 안테나 등을 지지하는 철탑의 기초 안전율은 얼마 이상이어야 하는가?

① 1.0 ② 1.5 ③ 2.0 ④ 2.5

해설 무선용 안테나 등을 지지하는 철탑 등의 시설(한국전기설비규정 364.1)
• 목주는 풍압 하중에 대한 안전율은 1.5 이상
• 철주·철근 콘크리트주 또는 철탑 기초의 안전율은 1.5 이상

99 조상 설비의 조상기(무효전력 보상장치) 내부에 고장이 생긴 경우에 자동적으로 전로로부터 차단하는 장치를 시설해야 하는 뱅크 용량[kVA]으로 옳은 것은?

① 1,000
② 1,500
③ 10,000
④ 15,000

해설 조상 설비의 보호 장치(한국전기설비규정 351.5)

설비 종별	뱅크 용량	자동 차단 장치
조상기 (무효전력 보상장치)	15,000[kVA] 이상	내부에 고장이 생긴 경우

정답 96.① 97.② 98.② 99.④

100 특고압 가공 전선로의 지지물로 사용하는 B 종 철주에서 각도형은 전선로 중 몇 도를 넘는 수평 각도를 이루는 곳에 사용되는가?

① 1   ② 2

③ 3   ④ 5

해설 특고압 가공 전선로의 철주·철근 콘크리트주 또는 철탑의 종류(한국전기설비규정 333.11)

• 직선형 : 3도 이하인 수평 각도
• 각도형 : 3도를 초과하는 수평 각도를 이루는 곳
• 인류(잡아당김)형 : 전가섭선을 잡아당기는 곳에 사용하는 것
• 내장형 : 전선로의 지지물 양쪽의 경간(지지물 간 거리)의 차가 큰 곳

제1과목 전기자기학

01

도전도 $k = 6 \times 10^{17} [\mho/\text{m}]$, 투자율 $\mu = \frac{6}{\pi} \times 10^{-7} [\text{H/m}]$인 평면 도체 표면에 10[kHz]의 전류가 흐를 때, 침투 깊이 $\delta[\text{m}]$는?

① $\frac{1}{6} \times 10^{-7}$

② $\frac{1}{8.5} \times 10^{-7}$

③ $\frac{36}{\pi} \times 10^{-6}$

④ $\frac{36}{\pi} \times 10^{-10}$

해설 침투 깊이 $\delta = \frac{1}{\sqrt{\pi f k \mu}}$

$$= \frac{1}{\sqrt{\pi \times 10 \times 10^3 \times 6 \times 10^7 \times \frac{6}{\pi} \times 10^{-7}}}$$

$$= \frac{1}{6} \times 10^{-7} [\text{m}]$$

02

강자성체의 세 가지 특성에 포함되지 않는 것은?

① 자기 포화 특성

② 와전류 특성

③ 고투자율 특성

④ 히스테리시스 특성

해설 강자성체의 세 가지 특성

• 고투자율 특성
• 자기 포화 특성
• 히스테리시스 특성

03

송전선의 전류가 0.01초 사이에 10[kA] 변화될 때 이 송전선에 나란한 통신선에 유도되는 유도 전압은 몇 [V]인가? (단, 송전선과 통신선 간의 상호 유도 계수는 0.3[mH]이다.)

① 30

② 300

③ 3,000

④ 30,000

해설 유도 전압

$$V = M\frac{dI}{dt} = 0.3 \times 10^{-3} \times \frac{10 \times 10^3}{0.01} = 300[\text{V}]$$

$$e = -M\frac{di}{dt} = -0.3 \times 10^{-3} \times \frac{10 \times 10^3}{0.01} = -300[\text{V}]$$

여기서, $-$: 역방향

04

단면적 15[cm²]의 자석 근처에 같은 단면적을 가진 철편을 놓을 때 그곳을 통하는 자속이 3×10^{-4}[Wb]이면 철편에 작용하는 흡인력은 약 몇 [N]인가?

① 12.2

② 23.9

③ 36.6

④ 48.8

해설 단위 면적당 작용력 $f = \frac{F}{S} = \frac{B}{2\mu_0}$

자속 밀도 $B = \frac{\phi}{S} [\text{Wb/m}^2]$

자석 표면에서 작용력 F

$$F = fS = \frac{B^2}{2\mu_0} \cdot S = \frac{\left(\frac{\phi}{S}\right)^2}{2\mu_0} S = \frac{\phi^2}{2\mu_0 S}$$

$$= \frac{(3 \times 10^{-4})^2}{2 \times 4\pi \times 10^{-7} \times 15 \times 10^{-4}}$$

$$= 23.87 \fallingdotseq 23.9[\text{N}]$$

정답 01.① 02.② 03.② 04.②

05 단면적이 $S[\text{m}^2]$, 단위 길이에 대한 권수가 $n[\text{회/m}]$인 무한히 긴 솔레노이드의 단위 길이당 자기 인덕턴스[H/m]는?

① $\mu \cdot S \cdot n$　　② $\mu \cdot S \cdot n^2$

③ $\mu \cdot S^2 \cdot n$　　④ $\mu \cdot S^2 \cdot n^2$

해설 단위 길이의 권수 $n = \dfrac{N}{l}$[T/m], 전체 권수 $N = nl$

• 인덕턴스 $L = \dfrac{\mu S N^2}{l} = \dfrac{\mu S n^2 l^2}{l} = \mu S n^2 l$[H]

• 단위 길이당 자기 인덕턴스 $L_1 = \mu S n^2$[H/m]

06 다음 금속 중 저항률이 가장 작은 것은?

① 은　　　　② 철

③ 백금　　　④ 알루미늄

해설 금속 도체의 고유 저항(저항률) $\rho(10^{-8}[\Omega \cdot \text{m}])$

• 은 : 1.62
• 동 : 1.69
• 알루미늄 : 2.83
• 철 : 10.0
• 백금 : 10.5

07 무한장 직선형 도선에 $I[\text{A}]$의 전류가 흐를 경우 도선으로부터 $R[\text{m}]$ 떨어진 점의 자속 밀도 $B[\text{Wb/m}^2]$는?

① $B = \dfrac{\mu I}{2\pi R}$　　② $B = \dfrac{I}{2\pi \mu R}$

③ $B = \dfrac{\mu I}{4\pi R}$　　④ $B = \dfrac{I}{4\pi \mu R}$

해설 자계의 세기 $H = \dfrac{I}{2\pi R}$[AT/m]

자속 밀도 $B = \mu H = \dfrac{\mu I}{2\pi R}$[Wb/m^2]

08 전하 $q[\text{C}]$이 진공 중의 자계 $H[\text{AT/m}]$에 수직 방향으로 $v[\text{m/s}]$의 속도로 움직일 때 받는 힘은 몇 [N]인가? (단, 진공 중의 투자율은 μ_0이다.)

① qvH　　　　② $\mu_0 qH$

③ πqvH　　　④ $\mu_0 qvH$

해설 로렌츠의 힘(Lorentz's force)

$F = qvB\sin\theta$　$(B = \mu_0 H)$
$= qv\mu_0 H\sin 90°$
$= \mu_0 qvH$[N]

09 원통 좌표계에서 일반적으로 벡터가 $A = 5r\sin\phi a_z$로 표현될 때 점 $\left(2, \dfrac{\pi}{2}, 0\right)$에서 $\text{curl}A$를 구하면?

① $5a_r$　　　　② $5\pi a_\phi$

③ $-5a_\phi$　　④ $-5\pi a_\phi$

해설 원통 좌표계에서

$$\text{curl}\,\vec{A} = \begin{vmatrix} \dfrac{\vec{a_r}}{r} & \vec{a_\phi} & \dfrac{\vec{a_z}}{r} \\ \dfrac{\partial}{\partial_r} & \dfrac{\partial}{\partial_\phi} & \dfrac{\partial}{\partial_z} \\ A_r & rA_\phi & A_z \end{vmatrix} = \begin{vmatrix} \dfrac{\vec{a_r}}{r} & \vec{a_\phi} & \dfrac{\vec{a_z}}{r} \\ \dfrac{\partial}{\partial_r} & \dfrac{\partial}{\partial_\phi} & \dfrac{\partial}{\partial_z} \\ 0 & 0 & 5r\sin\phi \end{vmatrix}$$

$= \vec{a_r}\dfrac{1}{r}\dfrac{\partial}{\partial_\phi}5r\sin\phi - a_\phi\dfrac{\partial}{\partial_r}5r\sin\phi$

$= \vec{a_r}5\cos\phi - a_\phi \cdot 5\sin\phi$

$= -5a_\phi$

10 전기 저항에 대한 설명으로 틀린 것은?

① 저항의 단위는 옴[Ω]을 사용한다.
② 저항률(ρ)의 역수를 도전율이라고 한다.
③ 금속선의 저항 R은 길이 l에 반비례한다.
④ 전류가 흐르고 있는 금속선에 있어서 임의의 두 점 간의 전위차는 전류에 비례한다.

해설 • 전위차 $V = IR$[V=A·Ω]

• 저항 $R = \rho\dfrac{l}{A} = \dfrac{l}{kA}$[Ω]

여기서, ρ : 저항률, k : 도전율

정답 05.② 06.① 07.① 08.④ 09.③ 10.③

11

자계의 벡터 퍼텐셜을 A라 할 때 자계의 시간적 변화에 의하여 생기는 전계의 세기 E는?

① $E = \text{rot} A$
② $\text{rot} E = A$
③ $E = -\dfrac{\partial A}{\partial t}$
④ $\text{rot} E = -\dfrac{\partial A}{\partial t}$

해설 자속 밀도 $B = \text{rot} A$

패러데이 법칙 미분형 $\text{rot} E = -\dfrac{\partial B}{\partial t} = -\dfrac{\partial}{\partial t} \text{rot} A$

$\therefore$ 전계의 세기 $E = -\dfrac{\partial A}{\partial t}$

12

환상 철심의 평균 자계의 세기가 3,000[AT/m]이고, 비투자율이 600인 철심 중의 자화의 세기는 약 몇 [Wb/m^2]인가?

① 0.75
② 2.26
③ 4.52
④ 9.04

해설 자화의 세기 J[Wb/m^2]

$J = \mu_0 (\mu_s - 1) H$
$= 4\pi \times 10^{-7} \times (600 - 1) \times 3,000$
$= 2.26$[Wb/m^2]

13

평행판 콘덴서의 극간 전압이 일정한 상태에서 극간에 공기가 있을 때의 흡인력을 F_1, 극판 사이에 극판 간격의 $\dfrac{2}{3}$ 두께의 유리판($\varepsilon_r = 10$)을 삽입할 때의 흡인력을 F_2라 하면 $\dfrac{F_2}{F_1}$는?

① 0.6
② 0.8
③ 1.5
④ 2.5

해설 흡인력 $F = \dfrac{\partial W}{\partial x} (dW = F dx$에서$) \propto W$

콘덴서의 축적 에너지 $W = \dfrac{1}{2} C V^2$

전압이 일정하면 에너지 $W \propto C$(정전 용량)

따라서, 흡인력은 정전 용량에 비례한다.

- 공기 중의 정전 용량 $C_0 = \dfrac{\varepsilon_0 S}{d}$
- 유전체의 정전 용량 C

$C_1 = \dfrac{\varepsilon_0 S}{\dfrac{d}{3}} = 3\dfrac{\varepsilon_0 S}{d} = 3C_0$

$C_2 = \dfrac{\varepsilon_0 \varepsilon_s S}{\dfrac{2d}{3}} = \dfrac{3\varepsilon_0 \cdot 10 S}{2d} = 15C_0$

$C = \dfrac{C_1 C_2}{C_1 + C_2} = \dfrac{3C_0 \cdot 15C_0}{3C_0 + 15C_0} = \dfrac{45}{18} C_0 = \dfrac{5}{2} C_0$

$\therefore \dfrac{F_2}{F_1} = \dfrac{C}{C_0} = \dfrac{5}{2} = 2.5$

14

전자파의 특성에 대한 설명으로 틀린 것은?

① 전자파의 속도는 주파수와 무관하다.
② 전파 E_x를 고유 임피던스로 나누면 자파 H_y가 된다.
③ 전파 E_x와 자파 H_y의 진동 방향은 진행 방향에 수평인 종파이다.
④ 매질이 도전성을 갖지 않으면 전파 E_x와 자파 H_y는 동위상이 된다.

해설 매질 중에서 전자파의 전계와 자계는 동위상이고 진행 방향에 대하여 직각 방향으로 진동하는 횡파(TEM파)이다.

15

진공 중에서 점 P (1, 2, 3) 및 점 Q (2, 0, 5)에 각각 300[μC], -100[μC]인 점전하가 놓여 있을 때 점전하 -100[μC]에 작용하는 힘은 몇 [N]인가?

① $10i - 20j + 20k$
② $10i + 20j - 20k$
③ $-10i + 20j + 20k$
④ $-10i + 20j - 20k$

해설 거리 $r = Q - P = (2-1)i + (0-2)j + (5-3)k$
$= i - 2j + 2k$
$|r| = \sqrt{1^2 + 2^2 + 2^2} = 3$

단위 벡터 $r_0 = \dfrac{r}{|r|} = \dfrac{i-2j+2k}{3}$

힘 $F = r_0 \dfrac{1}{4\pi\varepsilon_0} \dfrac{Q_1 \cdot Q_2}{r^2}$

$\quad = \dfrac{i-2j+2k}{3} \times 9 \times 10^9 \times \dfrac{300 \times 10^{-6} \times (-100) \times 10^{-6}}{3^2}$

$\quad = -10i + 20j - 20k [\mathrm{N}]$

16 반지름 $a[\mathrm{m}]$의 구도체에 전하 $Q[\mathrm{C}]$이 주어질 때 구도체 표면에 작용하는 정전 응력은 몇 $[\mathrm{N/m^2}]$인가?

① $\dfrac{9Q^2}{16\pi^2\varepsilon_0 a^6}$ ② $\dfrac{9Q^2}{32\pi^2\varepsilon_0 a^6}$

③ $\dfrac{Q^2}{16\pi^2\varepsilon_0 a^4}$ ④ $\dfrac{Q^2}{32\pi^2\varepsilon_0 a^4}$

해설

정전 응력 $f = \dfrac{\sigma^2}{2\varepsilon_0} = \dfrac{\left(\dfrac{Q}{S}\right)^2}{2\varepsilon_0} = \dfrac{Q^2}{2\varepsilon_0 S^2}$

$\quad\quad = \dfrac{Q^2}{2\varepsilon_0 (4\pi a^2)^2} = \dfrac{Q^2}{32\pi^2\varepsilon_0 a^4} [\mathrm{N/m^2}]$

17 정전 용량이 각각 C_1, C_2, 그 사이의 상호 유도 계수가 M인 절연된 두 도체가 있다. 두 도체를 가는 선으로 연결할 경우, 정전 용량은 어떻게 표현되는가?

① $C_1 + C_2 - M$ ② $C_1 + C_2 + M$

③ $C_1 + C_2 + 2M$ ④ $2C_1 + 2C_2 + M$

해설 • 전하 $Q_1 = q_{11} V_1 + q_{12} V_2 = C_1 V + MV$
$\quad\quad\quad Q_2 = q_{21} V_1 + q_{22} V_2 = C_2 V + MV$

• 전체 전하 $Q = Q_1 + Q_2 = (C_1 + C_2 + 2M) V$

• 정전 용량 $C = \dfrac{Q}{V} = C_1 + C_2 + 2M [\mathrm{F}]$

18 길이 $l[\mathrm{m}]$인 동축 원통 도체의 내·외 원통에 각각 $+\lambda$, $-\lambda[\mathrm{C/m}]$의 전하가 분포되어 있다. 내·외 원통 사이에 유전율 ε인 유전체가 채워져 있을 때, 전계의 세기$[\mathrm{V/m}]$

는? (단, V는 내·외 원통 간의 전위차, D는 전속 밀도이고, a, b는 내·외 원통의 반지름이며, 원통 중심에서의 거리 r은 $a < r < b$인 경우이다.)

① $\dfrac{V}{r \cdot \ln\dfrac{b}{a}}$ ② $\dfrac{V}{\varepsilon \cdot \ln\dfrac{b}{a}}$

③ $\dfrac{D}{r \cdot \ln\dfrac{b}{a}}$ ④ $\dfrac{D}{\varepsilon \cdot \ln\dfrac{b}{a}}$

해설 전위차 $V = -\int_b^a E dr = \dfrac{\lambda}{2\pi\varepsilon_0} \ln\dfrac{b}{a}$

선전하 $\lambda = \dfrac{2\pi\varepsilon_0 V}{\ln\dfrac{b}{a}}$

∴ 전계의 세기 $E = \dfrac{\lambda}{2\pi\varepsilon_0 r}$

$\quad\quad = \dfrac{1}{2\pi\varepsilon_0 r} \cdot \dfrac{2\pi\varepsilon_0 V}{\ln\dfrac{b}{a}}$

$\quad\quad = \dfrac{V}{r \cdot \ln\dfrac{b}{a}} [\mathrm{V/m}]$

19 정전 용량이 $1[\mu\mathrm{F}]$이고 판의 간격이 d인 공기 콘덴서가 있다. 두께 $\dfrac{1}{2}d$, 비유전율 $\varepsilon_r = 2$ 유전체를 그 콘덴서의 한 전극면에 접촉하여 넣었을 때 전체의 정전 용량$[\mu\mathrm{F}]$은?

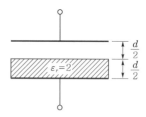

① 2 ② $\dfrac{1}{2}$

③ $\dfrac{4}{3}$ ④ $\dfrac{5}{3}$

해설 공기 중의 정전 용량 $C_0 = \dfrac{\varepsilon_0 S}{d} = 1[\mu F]$

유전체의 정전 용량

$C_1 = \dfrac{\varepsilon_0 S}{\dfrac{d}{2}} = 2\dfrac{\varepsilon_0 S}{d} = 2$

$C_2 = \dfrac{\varepsilon_0 \varepsilon_s S}{\dfrac{d}{2}} = \dfrac{2 \times 2\varepsilon_0 S}{d} = 4$

$C = \dfrac{C_1 C_2}{C_1 + C_2} = \dfrac{2 \times 4}{2 + 4} = \dfrac{8}{6} = \dfrac{4}{3}[\mu F]$

20 변위 전류와 가장 관계가 깊은 것은?

① 도체   ② 반도체

③ 유전체   ④ 자성체

해설 변위 전류는 유전체 중의 속박 전자의 위치 변화에 의한 전류, 즉 전속 밀도의 시간적 변화이다.

변위 전류 $I = \dfrac{\partial Q}{\partial t} = \dfrac{\partial \psi}{\partial t} = \dfrac{\partial D}{\partial t} S[\text{A}]$

| 제2과목 | 전력공학 |

21 역률 80[%], 500[kVA]의 부하 설비에 100[kVA]의 진상용 콘덴서를 설치하여 역률을 개선하면 수전점에서의 부하는 약 몇 [kVA]가 되는가?

① 400   ② 425

③ 450   ④ 475

해설 역률 개선 후 수전점의 부하(개선 후 피상 전력)

$P_a' = \sqrt{\text{유효 전력}^2 + (\text{무효 전력} - \text{진상 용량})^2}$

$= \sqrt{(500 \times 0.8)^2 + (500 \times 0.6 - 100)^2}$

$= 447.2 \fallingdotseq 450[\text{kVA}]$

22 가공 지선에 대한 설명 중 틀린 것은?

① 유도뢰 서지에 대하여도 그 가설 구간 전체에 사고 방지의 효과가 있다.

② 직격뢰에 대하여 특히 유효하며 탑 상부에 시설하므로 뇌는 주로 가공 지선에 내습한다.

③ 송전선의 1선 지락 시 지락 전류의 일부가 가공 지선에 흘러 차폐 작용을 하므로 전자 유도 장해를 적게 할 수 있다.

④ 가공 지선 때문에 송전 선로의 대지 정전 용량이 감소하므로 대지 사이에 방전할 때 유도 전압이 특히 커서 차폐 효과가 좋다.

해설 가공 지선의 설치로 송전 선로의 대지 정전 용량이 증가하므로 유도 전압이 적게 되어 차폐 효과가 있다.

23 부하 전류의 차단에 사용되지 않는 것은?

① DS   ② ACB

③ OCB   ④ VCB

해설 단로기(DS)는 소호 능력이 없으므로 통전 중의 전로를 개폐할 수 없다. 그러므로 무부하 선로의 개폐에 이용하여야 한다.

24 플리커 경감을 위한 전력 공급측의 방안이 아닌 것은?

① 공급 전압을 낮춘다.

② 전용 변압기로 공급한다.

③ 단독 공급 계통을 구성한다.

④ 단락 용량이 큰 계통에서 공급한다.

해설 플리커 경감 대책

• 공급측 대책
  – 전용 계통으로 공급
  – 전용 변압기로 공급
  – 단락 용량이 큰 계통에서 공급
  – 공급 전압을 승압

• 수용가측 대책
  – 전원 계통에 리액터분 보상(직렬 콘덴서, 3권선 보상 변압기 등)
  – 전압 강하 보상(승압기, 상호 보상 리액터)
  – 부하의 무효 전력 변동분 흡수(조상 설비 설치)

25 3상 무부하 발전기의 1선 지락 고장 시에 흐르는 지락 전류는? (단, E는 접지된 상의 무부하 기전력이고 Z_0, Z_1, Z_2는 발전기의 영상, 정상, 역상 임피던스이다.)

① $\dfrac{E}{Z_0 + Z_1 + Z_2}$ ② $\dfrac{\sqrt{3}\,E}{Z_0 + Z_1 + Z_2}$

③ $\dfrac{3E}{Z_0 + Z_1 + Z_2}$ ④ $\dfrac{E^2}{Z_0 + Z_1 + Z_2}$

해설 1선 지락 시에는 $I_0 = I_1 = I_2$이므로

지락 고장 전류 $I_g = I_0 + I_1 + I_2 = \dfrac{3E}{Z_0 + Z_1 + Z_2}$

26 수력 발전소의 분류 중 낙차를 얻는 방법에 의한 분류 방법이 아닌 것은?

① 댐식 발전소
② 수로식 발전소
③ 양수식 발전소
④ 유역 변경식 발전소

해설 수력 발전소 분류에서 낙차를 얻는 방식(취수 방법)은 댐식, 수로식, 댐수로식, 유역 변경식 등이 있고, 유량 사용 방법은 유입식, 저수지식, 조정지식, 양수식(역조정지식) 등이 있다.

27 변성기의 정격 부담을 표시하는 단위는?

① [W]   ② [S]
③ [dyne]   ④ [VA]

해설 변성기의 부담이란 변성기 2차 계기 및 계전기의 임피던스에 의한 전기 용량을 말하는 것으로 단위는 [VA]이다.

28 원자로에서 중성자가 원자로 외부로 유출되어 인체에 위험을 주는 것을 방지하고 방열의 효과를 주기 위한 것은?

① 제어재   ② 차폐재
③ 반사체   ④ 구조재

해설 원자로 구성재
- 감속재 : 고속 중성자를 열 중성자까지 감속시키기 위한 것으로 중성자 흡수가 적고 탄성 산란에 의해 감속이 큰 것으로 중수, 경수, 베릴륨, 흑연 등이 사용된다.
- 냉각재 : 원자로에서 발생한 열 에너지를 외부로 꺼내기 위한 매개체로 물, 탄산 가스, 헬륨 가스, 액체 금속(나트륨 합금)이 사용된다.
- 제어재 : 원자로 내에서 중성자를 흡수하여 연쇄 반응을 제어하는 재료로 붕소(B), 카드뮴(Cd), 하프늄(Hf)이 사용된다.
- 반사체 : 중성자를 반사하여 이용률을 크게 하는 것으로 감속재와 동일한 것을 사용한다.
- 차폐재 : 원자로 내의 열이나 방사능이 외부로 투과되어 나오는 것을 방지하는 재료로, 스테인리스, 카드뮴(열차폐), 납, 콘크리트(생체차폐)가 사용된다.

29 연가(전선 위치 바꿈)에 의한 효과가 아닌 것은?

① 직렬 공진의 방지
② 대지 정전 용량의 감소
③ 통신선의 유도 장해 감소
④ 선로 정수의 평형

해설 연가(전선 위치 바꿈)의 효과는 선로 정수를 평형시켜 통신선에 대한 유도 장해 방지 및 전선로의 직렬 공진을 방지한다.

30 각 전력 계통을 연계선으로 상호 연결하였을 때 장점으로 틀린 것은?

① 건설비 및 운전 경비를 절감하므로 경제 급전이 용이하다.
② 주파수의 변화가 작아진다.
③ 각 전력 계통의 신뢰도가 증가된다.
④ 선로 임피던스가 증가되어 단락 전류가 감소된다.

해설 계통 연계 시 계통 임피던스가 감소하므로 단락 사고 발생 시 단락 전류가 증가한다.

정답 25.③ 26.③ 27.④ 28.② 29.② 30.④

31 전압 요소가 필요한 계전기가 아닌 것은?

① 주파수 계전기
② 동기 탈조 계전기
③ 지락 과전류 계전기
④ 방향성 지락 과전류 계전기

해설 전압 요소가 필요한 계전기는 전력 계전기, 지락 계전기, 선택 계전기, 탈조 계전기 등이다.

32 수력 발전 설비에서 흡출관을 사용하는 목적으로 옳은 것은?

① 압력을 줄이기 위하여
② 유효 낙차를 늘리기 위하여
③ 속도 변동률을 적게 하기 위하여
④ 물의 유선을 일정하게 하기 위하여

해설 흡출관은 중낙차 또는 저낙차용으로 적용되는 반동 수차에서 낙차를 증대시킬 목적으로 사용된다.

33 인터록(interlock)의 기능에 대한 설명으로 옳은 것은?

① 조작자의 의중에 따라 개폐되어야 한다.
② 차단기가 열려 있어야 단로기를 닫을 수 있다.
③ 차단기가 닫혀 있어야 단로기를 닫을 수 있다.
④ 차단기와 단로기를 별도로 닫고, 열 수 있어야 한다.

해설 단로기는 소호 능력이 없으므로 조작할 때에는 다음과 같이 하여야 한다.
• 회로를 개방시킬 때 : 차단기를 먼저 열고, 단로기를 열어야 한다.
• 회로를 투입시킬 때 : 단로기를 먼저 투입하고, 차단기를 투입하여야 한다.

34 같은 선로와 같은 부하에서 교류 단상 3선식은 단상 2선식에 비하여 전압 강하와 배전 효율이 어떻게 되는가?

① 전압 강하는 적고, 배전 효율은 높다.
② 전압 강하는 크고, 배전 효율은 낮다.
③ 전압 강하는 적고, 배전 효율은 낮다.
④ 전압 강하는 크고, 배전 효율은 높다.

해설 단상 3선식의 특징
• 단상 2선식보다 전력은 2배 증가, 전압 강하율과 전력 손실이 $\frac{1}{4}$로 감소하고, 소요 전선량은 $\frac{3}{8}$으로 적어 배전 효율이 높다.
• 110[V] 부하와 220[V] 부하의 사용이 가능하다.
• 상시의 부하에 불평형이 있으면 부하 전압은 불평형으로 된다.
• 전압 불평형을 줄이기 위한 대책 : 저압선의 말단에 밸런서(balancer)를 설치한다.

35 전력 원선도에서는 알 수 없는 것은?

① 송·수전할 수 있는 최대 전력
② 선로 손실
③ 수전단 역률
④ 코로나손

해설 전력 원선도로부터 알 수 있는 사항
• 송·수전단 위상각
• 유효 전력, 무효 전력, 피상 전력 및 최대 전력
• 전력 손실과 송전 효율
• 수전단의 역률 및 조상 설비의 용량

36 가공선 계통은 지중선 계통보다 인덕턴스 및 정전 용량이 어떠한가?

① 인덕턴스, 정전 용량이 모두 작다.
② 인덕턴스, 정전 용량이 모두 크다.
③ 인덕턴스는 크고, 정전 용량은 작다.
④ 인덕턴스는 작고, 정전 용량은 크다.

해설 가공선 계통은 지중선 계통보다 인덕턴스는 6배 정도로 크고, 정전 용량은 $\dfrac{1}{100}$배 정도로 적다.

37 송전선의 특성 임피던스는 저항과 누설 컨덕턴스를 무시하면 어떻게 표현되는가? (단, L은 선로의 인덕턴스, C는 선로의 정전 용량이다.)

① $\sqrt{\dfrac{L}{C}}$

② $\sqrt{\dfrac{C}{L}}$

③ $\dfrac{L}{C}$

④ $\dfrac{C}{L}$

해설 선로의 특성 임피던스 $Z_0 = \sqrt{\dfrac{Z}{Y}} ≒ \sqrt{\dfrac{L}{C}}\,[\Omega]$

38 다음 중 송전 선로의 코로나 임계 전압이 높아지는 경우가 아닌 것은?

① 날씨가 맑다.
② 기압이 높다.
③ 상대 공기 밀도가 낮다.
④ 전선의 반지름과 선간 거리가 크다.

해설 코로나 임계 전압 $E_0 = 24.3\,m_0\,m_1\delta d \log_{10}\dfrac{D}{r}\,[\mathrm{kV}]$
이므로 상대 공기 밀도(δ)가 높아야 한다.
코로나를 방지하려면 임계 전압을 높여야 하므로 전선 굵기를 크게 하고, 전선 간 거리를 증가시켜야 한다.

39 어느 수용가의 부하 설비는 전등 설비가 500[W], 전열 설비가 600[W], 전동기 설비가 400[W], 기타 설비가 100[W]이다. 이 수용가의 최대 수용 전력이 1,200[W]이면 수용률은 몇 [%]인가?

① 55
② 65
③ 75
④ 85

해설 수용률 $= \dfrac{\text{최대 수용 전력[kW]}}{\text{부하 설비 용량[kW]}} \times 100[\%]$
$= \dfrac{1,200}{500+600+400+100} \times 100 = 75[\%]$

40 케이블의 전력 손실과 관계가 없는 것은?

① 철손
② 유전체손
③ 시스손
④ 도체의 저항손

해설 전력 케이블의 손실은 저항손, 유전체손, 연피손(시스손)이 있다.

제3과목 | 전기기기

41 동기 발전기의 돌발 단락 시 발생되는 현상으로 틀린 것은?

① 큰 과도 전류가 흘러 권선 소손
② 단락 전류는 전기자 저항으로 제한
③ 코일 상호간 큰 전자력에 의한 코일 파손
④ 큰 단락 전류 후 점차 감소하여 지속 단락 전류 유지

해설
• 돌발 단락 전류 $I_S = \dfrac{E}{r_a + jx_l} ≒ \dfrac{E}{jx_l}$
• 영구 단락 전류 $I_S = \dfrac{E}{r_a + j(x_a + x_l)} = \dfrac{E}{jx_s}\,(r_a \ll x_s = x_a + x_l)$
• 돌발 단락 시 초기에는 단락 전류를 제한하는 것이 누설 리액턴스(x_l)뿐이므로 큰 단락 전류가 흐르다가 수초 후 반작용 리액턴스(x_a)가 발생되어 작은 영구(지속) 단락 전류가 흐른다.

42 SCR의 특징으로 틀린 것은?

① 과전압에 약하다.
② 열용량이 적어 고온에 약하다.
③ 전류가 흐르고 있을 때의 양극 전압 강하가 크다.
④ 게이트에 신호를 인가할 때부터 도통할 때까지의 시간이 짧다.

해설 SCR에 순방향 전류가 흐를 때 전압 강하는 보통 1.5[V] 이하로 작다.

정답 37.① 38.③ 39.③ 40.① 41.② 42.③

43 터빈 발전기의 냉각을 수소 냉각 방식으로 하는 이유로 틀린 것은?

① 풍손이 공기 냉각 시의 약 $\frac{1}{10}$ 로 줄어든다.

② 열전도율이 좋고 가스 냉각기의 크기가 작아진다.

③ 절연물의 산화 작용이 없으므로 절연 열화가 작아서 수명이 길다.

④ 반폐형으로 하기 때문에 이물질의 침입이 없고 소음이 감소한다.

해설 수소 냉각 방식은 전폐형으로 하기 때문에 이물질 침입이 없고, 소음이 현저하게 감소한다.

44 단상 유도 전동기의 특징을 설명한 것으로 옳은 것은?

① 기동 토크가 없으므로 기동 장치가 필요하다.

② 기계손이 있어도 무부하 속도는 동기 속도보다 크다.

③ 권선형은 비례 추이가 불가능하며, 최대 토크는 불변이다.

④ 슬립은 $0 > s > -1$이고 2보다 작으며 0이 되기 전에 토크가 0이 된다.

해설 단상 유도 전동기는 기동 장치를 설치하지 않으면 기동 토크가 없다. 따라서, 기동 장치가 필요하며 기동 장치의 종류에 따라 단상 유도 전동기가 분류된다.

45 몰드 변압기의 특징으로 틀린 것은?

① 자기 소화성이 우수하다.

② 소형 경량화가 가능하다.

③ 건식 변압기에 비해 소음이 적다.

④ 유입 변압기에 비해 절연 레벨이 낮다.

해설 몰드 변압기는 철심에 감겨진 권선에 절연 특성이 좋은 에폭시 수지를 고진공에서 몰딩하여 만든 변압기로서 건식 변압기의 단점을 보완하고, 유입 변압기의 장점을 갖고 있으며 유입 변압기에 비해 절연 레벨이 높다.

46 유도 전동기의 회전 속도를 N[rpm], 동기 속도를 N_s[rpm]이라 하고 순방향 회전 자계의 슬립은 s라고 하면, 역방향 회전 자계에 대한 회전자 슬립은?

① $s - 1$

② $1 - s$

③ $s - 2$

④ $2 - s$

해설 역회전 시 슬립 $s' = \dfrac{N_s - (-N)}{N_s} = \dfrac{N_s + N}{N_s}$

$= \dfrac{N_s + N_s}{N_s} - \dfrac{N_s - N}{N_s} = 2 - s$

47 직류 발전기에 직결한 3상 유도 전동기가 있다. 발전기의 부하 100[kW], 효율 90[%]이며 전동기 단자 전압 3,300[V], 효율 90[%], 역률 90[%]이다. 전동기에 흘러들어가는 전류는 약 몇 [A]인가?

① 2.4 ② 4.8

③ 19 ④ 24

해설 3상 유도 전동기의 출력

$P = $ 발전기의 입력 $= \dfrac{P_L}{\eta_G} = \sqrt{3}\, VI\cos\theta\eta_M$

전동기의 전류 $I = \dfrac{\dfrac{P_L}{\eta_G}}{\sqrt{3}\,V\cdot\cos\theta\cdot\eta_M}$

$= \dfrac{\dfrac{100 \times 10^3}{0.9}}{\sqrt{3} \times 3,300 \times 0.9 \times 0.9}$

$= 24[A]$

48 유도 발전기의 동작 특성에 관한 설명 중 틀린 것은?

① 병렬로 접속된 동기 발전기에서 여자를 취해야 한다.

② 효율과 역률이 낮으며 소출력의 자동 수력 발전기와 같은 용도에 사용된다.

③ 유도 발전기의 주파수를 증가하려면 회전 속도를 동기 속도 이상으로 회전시켜야 한다.

④ 선로에 단락이 생긴 경우에는 여자가 상실되므로 단락 전류는 동기 발전기에 비해 적고 지속 시간도 짧다.

해설 유도 발전기의 주파수는 전원의 주파수로 정하고 회전 속도와는 관계가 없다.

49 단상 변압기를 병렬 운전하는 경우 각 변압기의 부하 분담이 변압기의 용량에 비례하려면 각각의 변압기의 %임피던스는 어느 것에 해당되는가?

① 어떠한 값이라도 좋다.

② 변압기 용량에 비례하여야 한다.

③ 변압기 용량에 반비례하여야 한다.

④ 변압기 용량에 관계없이 같아야 한다.

해설 단상 변압기 병렬 운전 시 부하 분담 $\dfrac{P_a}{P_b} = \dfrac{\%Z_a}{\%Z_b} \cdot \dfrac{[\text{kVA}]_a}{[\text{kVA}]_b}$ 에서 부하 분담이 변압기의 용량 [kVA]에 비례하려면 변압기 용량에 관계없이 %임피던스는 같아야 한다.

50 그림은 여러 직류 전동기의 속도 특성 곡선을 나타낸 것이다. ㉠부터 ㉣까지 차례로 옳은 것은?

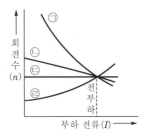

① 차동 복권, 분권, 가동 복권, 직권

② 직권, 가동 복권, 분권, 차동 복권

③ 가동 복권, 차동 복권, 직권, 분권

④ 분권, 직권, 가동 복권, 차동 복권

해설 속도 특성 곡선은 ㉠ 직권, ㉡ 가동 복권, ㉢ 분권, ㉣ 차동 복권 순이다.

51 전력 변환 기기로 틀린 것은?

① 컨버터 ② 정류기

③ 인버터 ④ 유도 전동기

해설 유도 전동기는 전기 에너지를 기계적 에너지로 전달하는 기계이다.

52 농형 유도 전동기에 주로 사용되는 속도 제어법은?

① 극수 변환법 ② 종속 접속법

③ 2차 저항 제어법 ④ 2차 여자 제어법

해설 농형 유도 전동기의 속도 제어는 주파수 제어법과 극수 변환법을 주로 사용한다.

53 정격 전압 100[V], 정격 전류 50[A]인 분권 발전기의 유기 기전력은 몇 [V]인가? (단, 전기자 저항 0.2[Ω], 계자 전류 및 전기자 반작용은 무시한다.)

① 110 ② 120

③ 125 ④ 127.5

정답 48.③ 49.④ 50.② 51.④ 52.① 53.①

해설 유기 기전력 $E = V + I_a R_a$
$$= 100 + 50 \times 0.2$$
$$= 110[\text{V}]$$

54 그림과 같은 변압기 회로에서 부하 R_2에 공급되는 전력이 최대로 되는 변압기의 권수비 a는?

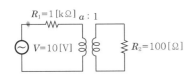

① $\sqrt{5}$ ② $\sqrt{10}$
③ 5   ④ 10

해설 최대 전력 발생 조건은 내부 저항(R_1)과 1차로 환산한 부하 저항($a^2 R_2$)이 같을 때이다.
즉, $R_1 = a^2 R_2$
권수비 $a = \sqrt{\dfrac{R_1}{R_2}} = \sqrt{\dfrac{10^3}{100}} = \sqrt{10}$

55 변압기의 백분율 저항 강하가 3[%], 백분율 리액턴스 강하가 4[%]일 때 뒤진 역률 80[%]인 경우의 전압 변동률[%]은?

① 2.5   ② 3.4
③ 4.8   ④ −3.6

해설 전압 변동률 $\varepsilon = p\cos\theta + q\sin\theta$
$$= 3 \times 0.8 + 4 \times 0.6$$
$$= 4.8[\%]$$

56 정류자형 주파수 변환기의 회전자에 주파수 f_1의 교류를 가할 때 시계 방향으로 회전 자계가 발생하였다. 정류자 위의 브러시 사이에 나타나는 주파수 f_c를 설명한 것 중 틀린 것은? (단, n : 회전자의 속도, n_s : 회전 자계의 속도, s : 슬립이다.)

① 회전자를 정지시키면 $f_c = f_1$인 주파수가 된다.
② 회전자를 반시계 방향으로 $n = n_s$의 속도로 회전시키면, $f_c = 0[\text{Hz}]$가 된다.
③ 회전자를 반시계 방향으로 $n < n_s$의 속도로 회전시키면, $f_c = sf_1[\text{Hz}]$가 된다.
④ 회전자를 시계 방향으로 $n < n_s$의 속도로 회전시키면, $f_c < f_1$인 주파수가 된다.

해설 회전자를 시계 방향으로 $n < n_s$의 속도로 회전시키면 $f_c = (n_s + n)\dfrac{p}{2} = \dfrac{p}{2}n_s + \dfrac{p}{s}n = f_1 + f[\text{Hz}]$이다.
즉, 전원 주파수 f_1을 임의의 주파수 $f_1 + f$로 변환할 수 있다.

57 동기 발전기의 3상 단락 곡선에서 단락 전류가 계자 전류에 비례하여 거의 직선이 되는 이유로 가장 옳은 것은?

① 무부하 상태이므로
② 전기자 반작용이므로
③ 자기 포화가 있으므로
④ 누설 리액턴스가 크므로

해설 단락하였을 때 전기자 권선의 전류는 리액턴스 ($x_s \gg r_a$)만의 회로가 되어 기전력보다 90° 뒤진 전류가 흐른다.
따라서, 감자 작용에 의해 자속은 대단히 적고 불포화 상태가 되어 단락 곡선은 거의 직선이 된다.

58 1차 전압 V_1, 2차 전압 V_2인 단권 변압기를 Y결선했을 때, 등가 용량과 부하 용량의 비는? (단, $V_1 > V_2$이다.)

① $\dfrac{V_1 - V_2}{\sqrt{3}\,V_1}$ ② $\dfrac{V_1 - V_2}{V_1}$
③ $\dfrac{V_1^2 - V_2^2}{\sqrt{3}\,V_1 V_2}$ ④ $\dfrac{\sqrt{3}\,(V_1 - V_2)}{2 V_1}$

정답 54.②   55.③   56.④   57.②   58.②

해설 단권 변압기를 Y결선했을 때 부하 용량(W)에 대한 등가 용량(P)의 비는 다음과 같다.

$$\frac{P(등가\ 용량)}{W(부하\ 용량)} = \frac{V_h - V_l}{V_h} = \frac{V_1 - V_2}{V_1}$$

59 변압기의 보호에 사용되지 않는 것은?

① 온도 계전기 　　② 과전류 계전기
③ 임피던스 계전기 ④ 비율 차동 계전기

해설 임피던스 계전기는 전압과 전류$\left(\dfrac{V}{I}\right)$비가 일정 값 이하가 되었을 때 동작하는 거리 계전의 한 분야로 송전 선로 보호용으로 사용한다.

60 E를 전압, r을 1차로 환산한 저항, x를 1차로 환산한 리액턴스라고 할 때 유도 전동기의 원선도에서 원의 지름을 나타내는 것은?

① $E \cdot r$ 　　　　② $E \cdot x$
③ $\dfrac{E}{x}$ 　　　　④ $\dfrac{E}{r}$

해설 유도 전동기의 원선도에서 원의 지름 D는 저항 $R=0$일 때의 전류$\left(I = \dfrac{E}{R+jx}\right)$이므로 $D \propto \dfrac{E}{x}$로 나타낸다.

제4과목 　**회로이론 및 제어공학**

61 그림의 벡터 궤적을 갖는 계의 주파수 전달 함수는?

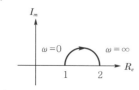

① $\dfrac{1}{j\omega + 1}$ 　　② $\dfrac{1}{j2\omega + 1}$
③ $\dfrac{j\omega + 1}{j2\omega + 1}$ 　　④ $\dfrac{j2\omega + 1}{j\omega + 1}$

해설 $G(j\omega) = \dfrac{1 + j\omega T_2}{1 + j\omega T_1}$ 에서

$\omega = 0$인 경우 $|G(j\omega)| = 1$, $\omega = \infty$인 경우

$|G(j\omega)| = \dfrac{T_2}{T_1} = 2$이므로

$T_1 < T_2$이고, 위상각은 (+)값으로 되어

$G(j\omega) = \dfrac{j2\omega + 1}{j\omega + 1}$ 이다.

62 근궤적에 관한 설명으로 틀린 것은?

① 근궤적은 실수축에 대하여 상하 대칭으로 나타난다.
② 근궤적의 출발점은 극점이고 근궤적의 도착점은 영점이다.
③ 근궤적의 가지수는 극점의 수와 영점의 수 중에서 큰 수와 같다.
④ 근궤적이 s평면의 우반면에 위치하는 K의 범위는 시스템이 안정하기 위한 조건이다.

해설 근궤적이 K의 변화에 따라 허축을 지나 s평면의 우반 평면으로 들어가는 순간은 계의 안정성이 파괴되는 임계점에 해당한다.

63 제어 시스템에서 출력이 얼마나 목표값을 잘 추종하는지를 알아볼 때, 시험용으로 많이 사용되는 신호로 다음 식의 조건을 만족하는 것은?

$$u(t-a) = \begin{cases} 0, t < a \\ 1, t \geq a \end{cases}$$

① 사인 함수 　　② 임펄스 함수
③ 램프 함수 　　④ 단위 계단 함수

해설 단위 계단 함수는 $f(t) = u(t) = 1$로 표현하며 $t > 0$에서 1을 계속 유지하는 함수이다.
$u(t-a)$의 함수는 $u(t)$가 $t=a$만큼 평행 이동된 함수를 말한다.

▶**정답**◀ 　59.③ 　60.③ 　61.④ 　62.④ 　63.④

64 특성 방정식 $s^2 + Ks + 2K - 1 = 0$인 계가 안정하기 위한 K의 범위는?

① $K > 0$

② $K > \dfrac{1}{2}$

③ $K < \dfrac{1}{2}$

④ $0 < K < \dfrac{1}{2}$

해설 라우스의 표

$$\begin{array}{c|cc} s^2 & 1 & 2K-1 \\ s^1 & K & 0 \\ s^0 & 2K-1 & \end{array}$$

제1열의 부호 변화가 없어야 계가 안정하므로

$K > 0$, $2K - 1 > 0$ $\therefore$ $K > \dfrac{1}{2}$

65 상태 공간 표현식 $\begin{cases} \dot{x} = Ax + Bu \\ y = Cx \end{cases}$로 표현되는 선형 시스템에서 $A = \begin{bmatrix} 0 & 1 & 0 \\ 0 & 0 & 1 \\ -2 & -9 & -8 \end{bmatrix}$,

$B = \begin{bmatrix} 0 \\ 0 \\ 5 \end{bmatrix}$, $C = [1\ 0\ 0]$, $D = 0$, $x = \begin{bmatrix} x_1 \\ x_2 \\ x_3 \end{bmatrix}$

이면 시스템 전달 함수 $\dfrac{Y(s)}{U(s)}$는?

① $\dfrac{1}{s^3 + 8s^2 + 9s + 2}$

② $\dfrac{1}{s^3 + 2s^2 + 9s + 8}$

③ $\dfrac{5}{s^3 + 8s^2 + 9s + 2}$

④ $\dfrac{5}{s^3 + 2s^2 + 9s + 8}$

해설 $\begin{bmatrix} x_1(t) \\ x_2(t) \\ x_3(t) \end{bmatrix} = \begin{bmatrix} 0 & 1 & 0 \\ 0 & 0 & 1 \\ -2 & -9 & -8 \end{bmatrix} \begin{bmatrix} x_1(t) \\ x_2(t) \\ x_3(t) \end{bmatrix} + \begin{bmatrix} 0 \\ 0 \\ 5 \end{bmatrix} u(t)$

$\dfrac{d^3 x(t)}{dt^3} + 8 \dfrac{d^2 x(t)}{dt^2} + 9 \dfrac{dx(t)}{dt} + 2x(t) = 5u(t)$

$(s^3 + 8s^2 + 9s + 2)X(s) = 5U(s)$

$\therefore$ 전달 함수 $\dfrac{Y(s)}{U(s)} = \dfrac{X(s)}{U(s)} = \dfrac{5}{s^3 + 8s^2 + 9s + 2}$

66 Routh–Hurwitz 표에서 제1열의 부호가 변하는 횟수로부터 알 수 있는 것은?

① s평면의 좌반면에 존재하는 근의 수

② s평면의 우반면에 존재하는 근의 수

③ s평면의 허수축에 존재하는 근의 수

④ s평면의 원점에 존재하는 근의 수

해설 제1열의 요소 중에 부호의 변화가 있으면 부호의 변화만큼 s평면의 우반부에 불안정 근이 존재한다.

67 그림의 블록 선도에 대한 전달 함수 $\dfrac{C}{R}$는?

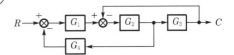

① $\dfrac{G_1 G_2 G_3}{1 + G_1 G_2 + G_1 G_2 G_4}$

② $\dfrac{G_1 G_2 G_4}{1 + G_1 G_2 + G_1 G_2 G_3}$

③ $\dfrac{G_1 G_2 G_3}{1 + G_2 G_3 + G_1 G_2 G_4}$

④ $\dfrac{G_1 G_2 G_4}{1 + G_2 G_3 + G_1 G_2 G_3}$

해설 G_3 앞의 인출점을 G_3 뒤로 이동하면

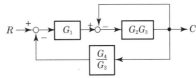

$\left\{ \left(R - C\dfrac{G_4}{G_3} \right) G_1 - C \right\} G_2 G_3 = C$

$RG_1 G_2 G_3 - CG_1 G_2 G_4 - C(G_2 G_3) = C$

$RG_1 G_2 G_3 = C(1 + G_2 G_3 + G_1 G_2 G_4)$

$\therefore$ $G(s) = \dfrac{C}{R} = \dfrac{G_1 G_2 G_3}{1 + G_2 G_3 + G_1 G_2 G_4}$

68

신호 흐름 선도의 전달 함수 $T(s) = \dfrac{C(s)}{R(s)}$ 로 옳은 것은?

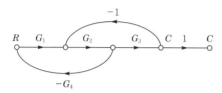

① $\dfrac{G_1 G_2 G_3}{1 - G_2 G_3 + G_1 G_2 G_4}$

② $\dfrac{G_1 G_2 G_3}{1 + G_1 G_2 G_4 + G_2 G_3}$

③ $\dfrac{G_1 G_2 G_3}{1 + G_1 G_3 - G_1 G_2 G_4}$

④ $\dfrac{G_1 G_2 G_3}{1 - G_1 G_3 - G_1 G_2 G_4}$

해설 $G_1 = G_1 G_2 G_3$, $\Delta_1 = 1$

$\Delta = 1 - (-G_1 G_2 G_4 - G_2 G_3) = 1 + G_1 G_2 G_4 + G_2 G_3$

$\therefore$ 전달 함수 $T(s) = \dfrac{C(s)}{R(s)} = \dfrac{G_1 \Delta_1}{\Delta}$

$\qquad = \dfrac{G_1 G_2 G_3}{1 + G_1 G_2 G_4 + G_2 G_3}$

69

불대수식 중 틀린 것은?

① $A \cdot \overline{A} = 1$

② $A + 1 = 1$

③ $A + A = A$

④ $A \cdot A = A$

해설 $A \cdot \overline{A} = 0$

70

함수 e^{-at} 의 z변환으로 옳은 것은?

① $\dfrac{z}{z - e^{-aT}}$

② $\dfrac{z}{z - a}$

③ $\dfrac{1}{z - e^{-aT}}$

④ $\dfrac{1}{z - a}$

해설 e^{-at}의 Laplace 변환

$\mathcal{L}[e^{-at}] = \dfrac{1}{s + a}$

e^{-at}의 z변환

$z[e^{-at}] = \dfrac{z}{z - e^{-aT}}$

71

4단자 회로망에서 4단자 정수가 A, B, C, D일 때, 영상 임피던스 $\dfrac{Z_{01}}{Z_{02}}$은?

① $\dfrac{D}{A}$

② $\dfrac{B}{C}$

③ $\dfrac{C}{B}$

④ $\dfrac{A}{D}$

해설 영상 임피던스

$Z_{01} = \sqrt{\dfrac{AB}{CD}}$, $Z_{02} = \sqrt{\dfrac{BD}{AC}}$

$Z_{01} \cdot Z_{02} = \dfrac{B}{C}$, $\dfrac{Z_{01}}{Z_{02}} = \dfrac{A}{D}$

72

RL 직렬 회로에서 $R = 20[\Omega]$, $L = 40[\text{mH}]$ 일 때, 이 회로의 시정수[s]는?

① 2×10^3

② 2×10^{-3}

③ $\dfrac{1}{2} \times 10^3$

④ $\dfrac{1}{2} \times 10^{-3}$

해설 시정수 $\tau = \dfrac{L}{R}[\text{s}]$

$\therefore \tau = \dfrac{40 \times 10^{-3}}{20} = 2 \times 10^{-3}[\text{s}]$

73

비정현파 전류가 $i(t) = 56\sin\omega t + 20\sin 2\omega t + 30\sin(3\omega t + 30°) + 40\sin(4\omega t + 60°)$로 표현될 때, 왜형률은 약 얼마인가?

① 1.0

② 0.96

③ 0.55

④ 0.11

정답 68.② 69.① 70.① 71.④ 72.② 73.②

해설 왜형률= $\dfrac{\text{전 고조파의 실효값}}{\text{기본파의 실효값}}$

$$\therefore D = \dfrac{\sqrt{\left(\dfrac{20}{\sqrt{2}}\right)^2 + \left(\dfrac{30}{\sqrt{2}}\right)^2 + \left(\dfrac{40}{\sqrt{2}}\right)^2}}{\dfrac{56}{\sqrt{2}}} = 0.96$$

74 대칭 6상 성형(star)결선에서 선간 전압 크기와 상전압 크기의 관계로 옳은 것은? (단, V_l : 선간 전압 크기, V_p : 상전압 크기)

① $V_l = V_p$ ② $V_l = \sqrt{3}\,V_p$

③ $V_l = \dfrac{1}{\sqrt{3}}\,V_p$ ④ $V_l = \dfrac{2}{\sqrt{3}}\,V_p$

해설 다상 성형 결선 시 n을 상수라 하면

$$V_l = 2\sin\dfrac{\pi}{n}\,V_p$$

대칭 6상이므로 $n = 6$

$$\therefore V_l = 2\sin\dfrac{\pi}{6}\,V_p = V_p$$

75 3상 불평형 전압 V_a, V_b, V_c가 주어진다면, 정상분 전압은? (단, $a = e^{\frac{j2\pi}{3}} = 1\underline{/120°}$ 이다.)

① $V_a + a^2 V_b + a V_c$

② $V_a + a V_b + a^2 V_c$

③ $\dfrac{1}{3}\left(V_a + a^2 V_b + a V_c\right)$

④ $\dfrac{1}{3}\left(V_a + a V_b + a^2 V_c\right)$

해설 대칭분 전압

• 영상 전압 : $V_0 = \dfrac{1}{3}\left(V_a + V_b + V_c\right)$

• 정상 전압 : $V_1 = \dfrac{1}{3}\left(V_a + a V_b + a^2 V_c\right)$

• 역상 전압 : $V_2 = \dfrac{1}{3}\left(V_a + a^2 V_b + a V_c\right)$

76 송전 선로가 무손실 선로일 때, $L = 96[\text{mH}]$이고, $C = 0.6[\mu\text{F}]$이면 특성 임피던스[Ω]는?

① 100

② 200

③ 400

④ 600

해설 무손실 선로 $R = 0$, $G = 0$

$$\therefore Z_0 = \sqrt{\dfrac{Z}{Y}} = \sqrt{\dfrac{R + j\omega L}{G + j\omega C}}$$

$$= \sqrt{\dfrac{L}{C}} = \sqrt{\dfrac{96 \times 10^{-3}}{0.6 \times 10^{-6}}}$$

$$= 400[\Omega]$$

77 커패시터와 인덕터에서 물리적으로 급격히 변화할 수 없는 것은?

① 커패시터와 인덕터에서 모두 전압

② 커패시터와 인덕터에서 모두 전류

③ 커패시터에서 전류, 인덕터에서 전압

④ 커패시터에서 전압, 인덕터에서 전류

해설 $V_L = L\dfrac{di}{dt}$ 이므로 L에서 전류가 급격히 변하면 전압이 ∞가 되어야 하므로 모순이 생긴다.

따라서, L에서는 전류가 급격히 변할 수 없다.

78 2전력계법을 이용한 평형 3상 회로의 전력이 각각 500[W] 및 300[W]로 측정되었을 때, 부하의 역률은 약 몇 [%]인가?

① 70.7   ② 87.7

③ 89.2   ④ 91.8

해설 역률 $\cos\theta = \dfrac{P}{P_a} = \dfrac{P_1 + P_2}{2\sqrt{P_1^2 + P_2^2 - P_1 P_2}}$

$$= \dfrac{500 + 300}{2\sqrt{500^2 + 300^2 - 500 \times 300}} \times 100$$

$$= 91.8[\%]$$

정답 74.① 75.④ 76.③ 77.④ 78.④

79 인덕턴스가 0.1[H]인 코일에 실효값 100[V], 60[Hz], 위상 30도인 전압을 가했을 때 흐르는 전류의 실효값 크기는 약 몇 [A]인가?

① 43.7　　　　② 37.7

③ 5.46　　　　④ 2.65

해설 전류의 실효값 $I = \dfrac{V}{\omega L}$

$$= \dfrac{100}{2 \times 3.14 \times 60 \times 0.1}$$

$$= 2.653[A]$$

80 $f(t) = \delta(t - T)$의 라플라스 변환 $F(s)$는?

① e^{Ts}　　　　② e^{-Ts}

③ $\dfrac{1}{s}e^{Ts}$　　　　④ $\dfrac{1}{s}e^{-Ts}$

해설 시간 추이 정리 $\mathcal{L}[f(t-a)] = e^{-as} \cdot F(s)$

$\therefore \ \mathcal{L}[\delta(t - T)] = e^{-Ts}1 = e^{-Ts}$

제5과목 　전기설비기술기준

81 고압 가공 전선로의 지지물로 철탑을 사용한 경우 최대 경간(지지물 간 거리)은 몇 [m] 이하이어야 하는가?

① 300　　　　② 400

③ 500　　　　④ 600

해설 고압 가공 전선로 경간(지지물 간 거리)의 제한(한국전기설비규정 332.9)

지지물의 종류	경간(지지물 간 거리)
목주·A종	150[m]
B종	250[m]
철탑	600[m]

82 폭발성 또는 연소성의 가스가 침입할 우려가 있는 것에 시설하는 지중함으로서 그 크기가 몇 [m³] 이상의 것은 통풍 장치 기타 가스를 방산시키기 위한 적당한 장치를 시설하여야 하는가?

① 0.9　　　　② 1.0

③ 1.5　　　　④ 2.0

해설 지중함의 시설(한국전기설비규정 334.2)
- 지중함은 견고하고 차량 기타 중량물의 압력에 견디는 구조일 것
- 지중함은 그 안의 고인 물을 제거할 수 있는 구조로 되어 있을 것
- 폭발성 또는 연소성의 가스가 침입할 우려가 있는 것에 시설하는 지중함으로서 그 크기가 1[m³] 이상인 것에는 통풍 장치 기타 가스를 방산시키기 위한 적당한 장치를 시설할 것
- 지중함의 뚜껑은 시설자 이외의 자가 쉽게 열 수 없도록 시설할 것

83 사용 전압 35,000[V]인 기계 기구를 옥외에 시설하는 개폐소의 구내에 취급자 이외의 자가 들어가지 않도록 울타리를 설치할 때 울타리와 특고압의 충전 부분이 접근하는 경우에는 울타리의 높이와 울타리로부터 충전 부분까지의 거리의 합은 최소 몇 [m] 이상이어야 하는가?

① 4　　　　② 5

③ 6　　　　④ 7

해설 특고압용 기계 기구 시설(한국전기설비규정 341.4)

사용 전압의 구분	울타리 높이와 울타리로부터 충전 부분까지의 거리의 합계 또는 지표상의 높이
35[kV] 이하	5[m]
35[kV]를 넘고, 160[kV] 이하	6[m]

정답 79.④　80.②　81.④　82.②　83.②

84 다음의 ㉠, ㉡에 들어갈 내용으로 옳은 것은?

> 과전류 차단기로 시설하는 퓨즈 중 고압 전로에 사용하는 비포장 퓨즈는 정격 전류의 (㉠)배의 전류에 견디고 또한 2배의 전류로 (㉡)분 안에 용단되는 것이어야 한다.

① ㉠ 1.1, ㉡ 1 ② ㉠ 1.2, ㉡ 1
③ ㉠ 1.25, ㉡ 2 ④ ㉠ 1.3, ㉡ 2

해설 고압 및 특고압 전로 중의 과전류 차단기의 시설 (한국전기설비규정 341.11)
• 포장 퓨즈는 정격 전류의 1.3배의 전류에 견디고 또한 2배의 전류로 120분 안에 용단되는 것
• 비포장 퓨즈는 정격 전류의 1.25배의 전류에 견디고 또한 2배의 전류로 2분 안에 용단되는 것

85 지중 전선로를 직접 매설식에 의하여 시설하는 경우에는 매설 깊이를 차량, 기타 중량물의 압력을 받을 우려가 있는 장소에서는 몇 [cm] 이상으로 하면 되는가?

① 40 ② 60
③ 80 ④ 100

해설 지중 전선로의 시설(한국전기설비규정 334.1)
• 직접 매설식에 의하여 시설하는 경우에는 매설 깊이를 1.0[m] 이상(차량 기타 중량물의 압력을 받을 우려가 없는 장소 60[cm] 이상)
• 관로식에 의하여 시설하는 경우에는 매설 깊이를 1.0[m] 이상

86 저압 가공 전선이 건조물의 상부 조영재 옆쪽으로 접근하는 경우 저압 가공 전선과 건조물의 조영재 사이의 이격 거리(간격)는 몇 [m] 이상이어야 하는가? (단, 전선에 사람이 쉽게 접촉할 우려가 없도록 시설한 경우와 전선이 고압 절연 전선, 특고압 절연 전선 또는 케이블인 경우는 제외한다.)

① 0.6 ② 0.8
③ 1.2 ④ 2.0

해설 저압 가공 전선과 건조물의 접근(한국전기설비규정 222.11)

조영재의 구분	접근 형태	이격 거리(간격)
상부 조영재	위쪽	2[m](케이블 1[m])
	옆쪽 또는 아래쪽	1.2[m](사람이 쉽게 접촉할 우려가 없는 경우 80[cm], 케이블 40[cm])

87 변압기의 고압측 전로와의 혼촉에 의하여 저압측 전로의 대지 전압이 150[V]를 넘는 경우에 2초 이내에 고압 전로를 자동 차단하는 장치가 되어 있는 6,600/220[V] 배전 선로에 있어서 1선 지락 전류가 2[A]이면 제2종 접지 저항값의 최대는 몇 [Ω]인가?

① 50 ② 75
③ 150 ④ 300

해설 혼촉에 의한 위험 방지 시설(한국전기설비규정 322)
지락 전류가 2[A]이고, 150[V]를 넘고, 2초 이내에 차단하는 장치가 있으므로
접지 저항 $R = \dfrac{300}{I} = \dfrac{300}{2} = 150[\Omega]$이다.

88 저압 옥내 간선은 특별한 경우를 제외하고 다음 중 어느 것에 의하여 그 굵기가 결정되는가?

① 전기 방식
② 허용 전류
③ 수전 방식
④ 계약 전력

해설 저압 옥내 간선의 시설(한국전기설비규정 232.18.6)
전선은 저압 옥내 간선의 각 부분마다 그 부분을 통하여 공급되는 전기 사용 기계 기구의 정격 전류의 합계 이상인 허용 전류가 있는 것일 것

89 휴대용 또는 이동용의 전력 보안 통신용 전화 설비를 시설하는 곳은 특고압 가공 전선로 및 선로 길이가 몇 [km] 이상의 고압 가공 전선로인가?

① 2　　　　　　② 5
③ 10　　　　　　④ 15

[해설] 전력 보안 통신용 전화 설비의 시설(판단기준 제153조)
특고압 가공 전선로 및 선로 길이 5[km] 이상의 고압 가공 전선로에는 보안상 특히 필요한 경우에 가공 전선로의 적당한 곳에서 통화할 수 있도록 휴대용 또는 이동용의 전력 보안 통신용 전화 설비를 시설하여야 한다.

※ 이 문제는 출제 당시 규정에는 적합했으나 새로 제정된 한국전기설비규정에는 일부 부적합하므로 문제 유형만 참고하시기 바랍니다.

90 폭연성 분진(먼지) 또는 화약류의 분말이 존재하는 곳의 저압 옥내 배선은 어느 공사에 의하는가?

① 금속관 공사
② 애자 공사
③ 합성 수지관 공사
④ 캡타이어 케이블 공사

[해설] 폭연성 분진(먼지) 위험 장소(한국전기설비규정 242.2.1)
폭연성 분진(먼지) 또는 화약류의 분말이 전기 설비가 발화원이 되어 폭발할 우려가 있는 곳에 시설하는 저압 옥내 전기 설비는 금속관 공사 또는 케이블 공사(캡타이어 케이블 제외)에 의할 것

91 강체 방식에 의하여 시설하는 직류식 전기 철도용 전차 선로는 전차선의 높이가 지표상 몇 [m] 이상인가?

① 3　　　　　　② 4
③ 5　　　　　　④ 7

[해설] 직류 전차 선로의 시설 제한(판단기준 제252조)
강체 방식에 의하여 시설하는 직류식 전기 철도용 전차 선로는 전차선의 높이가 지표상 5[m](도로 이

외의 곳에 시설하는 경우로서 아랫면에 방호판을 시설할 때에는 3.5[m]) 이상

※ 이 문제는 출제 당시 규정에는 적합했으나 새로 제정된 한국전기설비규정에는 일부 부적합하므로 문제 유형만 참고하시기 바랍니다.

92 저압 옥내 전로의 인입구에 가까운 곳으로서 쉽게 개폐할 수 있는 곳에 개폐기를 시설하여야 한다. 그러나 사용 전압이 400[V] 이하인 옥내 전로로서 다른 옥내 전로에 접속하는 길이가 몇 [m] 이하인 경우는 개폐기를 생략할 수 있는가? (단, 정격 전류가 16[A] 이하인 과전류 차단기 또는 정격 전류가 16[A]를 초과하고 20[A] 이하인 배선 차단기로 보호되고 있는 것에 한한다.)

① 15　　　　　　② 20
③ 25　　　　　　④ 30

[해설] 저압 옥내 전로 인입구에서의 개폐기의 시설(한국전기설비규정 212.6.2)
• 저압 옥내 전로에는 인입구에 가까운 곳으로서 쉽게 개폐할 수 있는 곳에 개폐기를 시설하여야 한다.
• 사용 전압이 400[V] 이하인 옥내 전로로서 다른 옥내 전로(정격 전류가 16[A] 이하인 과전류 차단기 또는 정격 전류가 16[A]를 초과하고 20[A] 이하인 배선 차단기로 보호되고 있는 것에 한한다)에 접속하는 길이 15[m] 이하의 전로에서 전기의 공급을 받는 것은 개폐기를 생략할 수 있다.

93 지중 전선로는 기설 지중 약전류 전선로에 대하여 다음의 어느 것에 의하여 통신상의 장해를 주지 아니하도록 기설 약전류 전선로로부터 충분히 이격시키는가?

① 충전 전류 또는 표피 작용
② 충전 전류 또는 유도 작용
③ 누설 전류 또는 표피 작용
④ 누설 전류 또는 유도 작용

정답 ⮜ 89.② 90.① 91.③ 92.① 93.④

해설 지중 약전류 전선에의 유도 장해의 방지(한국전기설비규정 332.1)

지중 전선로는 기설 지중 약전류 전선로에 대하여 누설 전류 또는 유도 작용에 의하여 통신상의 장해를 주지 아니하도록 기설 약전류 전선로로부터 충분히 이격시켜야 한다.

94 특고압 전로에 사용하는 수밀형(수분침투방지형) 케이블에 대한 설명으로 틀린 것은?

① 사용 전압이 25[kV] 이하일 것

② 도체는 경알루미늄선을 소선으로 구성한 원형 압축 연선일 것

③ 내부 반도전층은 절연층과 완전 밀착되는 압출 반도전층으로 두께의 최소값은 0.5[mm] 이상일 것

④ 외부 반도전층은 절연층과 밀착되어야 하고, 또한 절연층과 쉽게 분리되어야 하며, 두께의 최소값은 1[mm] 이상일 것

해설 고압 케이블 및 특고압 케이블(판단기준 제9조)

특고압 전로에 사용하는 수밀형(수분침투방지형) 케이블 시설

• 사용 전압은 25[kV] 이하일 것

• 도체는 경알루미늄선을 소선으로 구성한 원형 압축 연선으로 할 것

• 내부 반도전층은 절연층과 완전 밀착되는 압출 반도전층으로 두께의 최소값은 0.5[mm] 이상일 것

• 절연층은 가교 폴리에틸렌을 동심원상으로 피복하며, 절연층 두께의 최소값은 규정치의 90[%] 이상일 것

• 외부 반도전층은 절연층과 밀착되어야 하고, 또한 절연층과 쉽게 분리되어야 하며, 두께의 최소값은 0.5[mm] 이상일 것

• 시스는 절연층 위에 흑색 반도전성 고밀도 폴리에틸렌을 동심 원상으로 압출 피복하여야 하며, 시스 두께의 최소값은 규정치의 90[%] 이상일 것

※ 이 문제는 출제 당시 규정에는 적합했으나 새로 제정된 한국전기설비규정에는 일부 부적합하므로 문제 유형만 참고하시기 바랍니다.

95 일반 주택 및 아파트 각 호실의 현관등은 몇 분 이내에 소등되는 타임 스위치를 시설하여야 하는가?

① 1분 ② 3분

③ 5분 ④ 10분

해설 점멸기의 시설(한국전기설비규정 234.6)

• 관광 숙박업 또는 숙박업에 이용되는 객실 입구 등은 1분 이내에 소등되는 것

• 일반 주택 및 아파트 각 호실의 현관등은 3분 이내에 소등되는 것

96 발전소에서 장치를 시설하여 계측하지 않아도 되는 것은?

① 발전기의 회전자 온도

② 특고압용 변압기의 온도

③ 발전기의 전압 및 전류 또는 전력

④ 주요 변압기의 전압 및 전류 또는 전력

해설 계측 장치(한국전기설비규정 351.6)

• 발전기, 연료 전지 또는 태양 전지 모듈의 전압, 전류, 전력

• 발전기 베어링 및 고정자의 온도

• 정격 출력 10,000[kW]를 초과하는 증기 터빈에 접속하는 발전기의 진동 진폭

• 주요 변압기의 전압, 전류, 전력

• 특고압용 변압기의 유온

• 동기 발전기 : 동기 검정 장치

97 백열 전등 또는 방전등에 전기를 공급하는 옥내 전로의 대지 전압은 몇 [V] 이하이어야 하는가?

① 440 ② 380

③ 300 ④ 100

해설 옥내 전로의 대지 전압의 제한(한국전기설비규정 231.6)

백열 전등 또는 방전등에 전기를 공급하는 옥내 전로의 대지 전압은 300[V] 이하이어야 한다.

98 66,000[V] 가공 전선과 6,000[V] 가공 전선을 동일 지지물에 병가(병행 설치)하는 경우, 특고압 가공 전선으로 사용하는 경동 연선의 굵기는 몇 [mm²] 이상이어야 하는가?

① 22   ② 38
③ 50   ④ 100

해설 특고압 가공 전선과 저·고압 가공 전선의 병행 설치(한국전기설비규정 333.17)
- 사용 전압이 35[kV]을 초과하고 100[kV] 미만
- 이격 거리(간격)는 2[m] 이상
- 인장 강도 21.67[kN] 이상의 연선 또는 단면적이 50[mm²] 이상인 경동 연선

99 저압 또는 고압의 가공 전선로와 기설 가공 약전류 전선로가 병행할 때 유도 작용에 의한 통신상의 장해가 생기지 않도록 전선과 기설 약전류 전선 간의 이격 거리(간격)는 몇 [m] 이상이어야 하는가? (단, 전기 철도용 급전 선로는 제외한다.)

① 2   ② 3
③ 4   ④ 6

해설 가공 약전류 전선로의 유도 장해 방지(한국전기설비규정 332.1)
저압 가공 전선로 또는 고압 가공 전선로와 기설 가공 약전류 전선로가 병행하는 경우에는 유도 작용에 의하여 통신상의 장해가 생기지 아니하도록 전선과 기설 약전류 전선 간의 이격 거리(간격)는 2[m] 이상이어야 한다.

100 가공 전선로의 지지물에 하중이 가하여지는 경우에 그 하중을 받는 지지물의 기초 안전율은 특별한 경우를 제외하고 최소 얼마 이상인가?

① 1.5   ② 2
③ 2.5   ④ 3

해설 가공 전선로 지지물의 기초의 안전율(한국전기설비규정 331.7)
지지물의 하중에 대한 기초의 안전율은 2 이상 (이상 시 상정 하중에 대한 철탑의 기초에 대하여서는 1.33 이상)

정답 98.③ 99.① 100.②

제1과목 전기자기학

01 면적이 매우 넓은 두 개의 도체판을 d [m] 간격으로 수평하게 평행 배치하고, 이 평행 도체판 사이에 놓인 전자가 정지하고 있기 위해서 그 도체판 사이에 가하여야 할 전위차[V]는? (단, g 는 중력 가속도이고, m 은 전자의 질량이고, e 는 전자의 전하량이다.)

① $mged$ ② $\dfrac{ed}{mg}$

③ $\dfrac{mgd}{e}$ ④ $\dfrac{mge}{d}$

해설 힘 $F = mg$[H](중력)

$$= q \cdot E = eE = e\dfrac{v}{d}\,[\text{H}]$$

$$mg = e\dfrac{V}{d}$$

전위차 $V = \dfrac{mgd}{e}$ [V]

02 자기 회로에서 자기 저항의 크기에 대한 설명으로 옳은 것은?

① 자기 회로의 길이에 비례
② 자기 회로의 단면적에 비례
③ 자성체의 비투자율에 비례
④ 자성체의 비투자율의 제곱에 비례

해설 자기 저항 $R_m = \dfrac{l}{\mu s}$

$$= \dfrac{l}{\mu_0 \mu_s s}\,[\text{AT/Wb}]$$

03 전위 함수 $V = x^2 + y^2$ [V]일 때 점 (3, 4)[m]에서 등전위선의 반지름은 몇 [m]이며 전기력선 방정식은 어떻게 되는가?

① 등전위선의 반지름 : 3

전기력선 방정식 : $y = \dfrac{3}{4}x$

② 등전위선의 반지름 : 4

전기력선 방정식 : $y = \dfrac{4}{3}x$

③ 등전위선의 반지름 : 5

전기력선 방정식 : $x = \dfrac{4}{3}y$

④ 등전위선의 반지름 : 5

전기력선 방정식 : $x = \dfrac{3}{4}y$

해설 • 등전위선의 반지름

$$r = \sqrt{x^2 + y^2} = \sqrt{3^2 + 4^2} = 5\,[\text{m}]$$

• 전기력선 방정식

$$E = -\text{g rad}\,V = -2xi - 2yj\,[\text{V/m}]$$

$$\dfrac{dx}{Ex} = \dfrac{dy}{Ey}\,\text{에서}\quad \dfrac{1}{-2x}dx = \dfrac{1}{-2y}dy$$

$$\ln x = \ln y + \ln c$$

$$x = cy, \quad c = \dfrac{x}{y} = \dfrac{3}{4}$$

$$\therefore \ x = \dfrac{3}{4}y$$

04 자기 인덕턴스와 상호 인덕턴스와의 관계에서 결합 계수 k의 범위는?

① $0 \le k \le \dfrac{1}{2}$ ② $0 \le k \le 1$

③ $0 \le k \le 2$ ④ $0 \le k \le 10$

정답 01.③ 02.① 03.④ 04.②

해설 결합 계수 k

$$0 \leq k = \frac{M}{\sqrt{L_1 L_2}} \leq 1$$

05 10[mm]의 지름을 가진 동선에 50[A]의 전류가 흐르고 있을 때 단위시간 동안 동선의 단면을 통과하는 전자의 수는 약 몇 개인가?

① 7.85×10^{16}
② 20.45×10^{15}
③ 31.21×10^{19}
④ 50×10^{19}

해설 전류 $I = \frac{Q}{t} = \frac{n \cdot e}{1}$

전자 개수 $n = \frac{I}{e} = \frac{50}{1.602 \times 10^{-19}} = 31.21 \times 10^{19}$ 개

06 면적이 S[m²]이고, 극간의 거리가 d[m]인 평행판 콘덴서에 비유전율이 ε_r인 유전체를 채울 때 정전 용량[F]은? (단, ε_0는 진공의 유전율이다.)

① $\dfrac{2\varepsilon_0 \varepsilon_r S}{d}$
② $\dfrac{\varepsilon_0 \varepsilon_r S}{\pi d}$
③ $\dfrac{\varepsilon_0 \varepsilon_r S}{d}$
④ $\dfrac{2\pi \varepsilon_0 \varepsilon_r S}{d}$

해설 전위차 $V = Ed = \dfrac{\sigma d}{\varepsilon}$ [V]

정전 용량 $C = \dfrac{Q}{V} = \dfrac{\sigma \cdot S}{\dfrac{\sigma d}{\varepsilon}} = \dfrac{\varepsilon S}{d} = \dfrac{\varepsilon_0 \varepsilon_r S}{d}$ [F]

07 반자성체의 비투자율(μ_r)값의 범위는?

① $\mu_r = 1$
② $\mu_r < 1$
③ $\mu_r > 1$
④ $\mu_r = 0$

해설 자성체의 비투자율 μ_r
• 상자성체 : $\mu_r > 1$
• 강자성체 : $\mu_r \gg 1$
• 반자성체 : $\mu_r < 1$

08 반지름 r[m]인 무한장 원통형 도체에 전류가 균일하게 흐를 때 도체 내부에서 자계의 세기[AT/m]는?

① 원통 중심축으로부터 거리에 비례한다.
② 원통 중심축으로부터 거리에 반비례한다.
③ 원통 중심축으로부터 거리의 제곱에 비례한다.
④ 원통 중심축으로부터 거리의 제곱에 반비례한다.

해설 원통 도체 내부의 자계의 세기 H'

$$H' = \frac{I \cdot r}{2\pi a^2} \propto r$$

09 비유전율 ε_r이 4인 유전체의 분극률은 진공의 유전율 ε_0의 몇 배인가?

① 1
② 3
③ 9
④ 12

해설 분극률 $\chi = \varepsilon_0(\varepsilon_s - 1)$
$= \varepsilon_0(4-1)$
$= 3\varepsilon_0$ [F/m]

10 그림에서 $N = 1,000$회, $l = 100$[cm], $S = 10$[cm²]인 환상 철심의 자기 회로에 전류 $I = 10$[A]를 흘렸을 때 축적되는 자계 에너지는 몇 [J]인가? (단, 비투자율 $\mu_r = 100$)

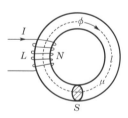

① $2\pi \times 10^{-3}$
② $2\pi \times 10^{-2}$
③ $2\pi \times 10^{-1}$
④ 2π

해설 인덕턴스 $L = \dfrac{\mu_0 \mu_s N^2 s}{l}$

$$= \dfrac{4\pi \times 10^{-7} \times 100 \times 1,000^2 \times 10 \times 10^{-4}}{1}$$

$$= 4\pi \times 10^{-2} [\text{H}]$$

축적 에너지 $W_H = \dfrac{1}{2} L I^2$

$$= \dfrac{1}{2} \times 4\pi \times 10^{-2} \times 10^2$$

$$= 2\pi [\text{J}]$$

11 정전계 해석에 관한 설명으로 틀린 것은?

① 푸아송 방정식은 가우스 정리의 미분 형으로 구할 수 있다.

② 도체 표면에서 전계의 세기는 표면에 대해 법선 방향을 갖는다.

③ 라플라스 방정식은 전극이나 도체의 형태에 관계없이 체적 전하 밀도가 0인 모든 점에서 $\nabla^2 V = 0$을 만족한다.

④ 라플라스 방정식은 비선형 방정식이다.

해설 라플라스(Laplace) 방정식은 체적 전하 밀도 $\rho = 0$인 모든 점에서 $\nabla^2 V = 0$이며 선형 방정식이다.

12 자기 유도 계수 L의 계산 방법이 아닌 것은?
(단, N : 권수, ϕ : 자속[Wb], I : 전류[A], A : 벡터 퍼텐셜[Wb/m], i : 전류 밀도[A/m²], B : 자속 밀도[Wb/m²], H : 자계의 세기 [AT/m])

① $L = \dfrac{N\phi}{I}$

② $L = \dfrac{\int_v A \cdot i \, dv}{I^2}$

③ $L = \dfrac{\int_v B \cdot H \, dv}{I^2}$

④ $L = \dfrac{\int_v A \cdot i \, dv}{I}$

해설 쇄교 자속 $N\phi = LI$

인덕턴스 $L = \dfrac{N\phi}{I}$

자속 $\phi = \int_s \vec{B} \vec{n} \, ds = \int_s \text{rot} \vec{A} \, \vec{n} \, ds = \oint_c A \, dl$

전류 $I = \oint_c \vec{H} \cdot dl = \int_s \vec{i} \, n \, ds$

$L = \dfrac{N\phi}{I} = \dfrac{\phi I}{I^2} = \dfrac{\oint_c A \, dl \cdot \int_s \vec{i} \, n \, ds}{I^2} = \dfrac{\int_v A \cdot i \, dV}{I^2}$

13 20[℃]에서 저항의 온도 계수가 0.002인 니크롬선의 저항이 100[Ω]이다. 온도가 60[℃]로 상승되면 저항은 몇 [Ω]이 되겠는가?

① 108
② 112
③ 115
④ 120

해설 온도에 따른 저항 R_T

$R_T = R_t \{ 1 + \alpha_t (T - t) \}$

$$= 100 \times \{ 1 + 0.002 \times (60 - 20) \}$$

$$= 108 [\Omega]$$

14 공기 중에 있는 무한히 긴 직선 도선에 10[A]의 전류가 흐르고 있을 때 도선으로부터 2[m] 떨어진 점에서의 자속 밀도는 몇 [Wb/m²]인가?

① 10^{-5}
② 0.5×10^{-6}
③ 10^{-6}
④ 2×10^{-6}

해설 자계의 세기 $H = \dfrac{I}{2\pi r}$ [AT/m]

자속 밀도 $B = \mu_0 H = \dfrac{\mu_0 I}{2\pi r}$

$$= \dfrac{4\pi \times 10^{-7} \times 10}{2\pi \times 2}$$

$$= 10^{-6} [\text{Wb/m}^2]$$

정답 11.④ 12.④ 13.① 14.③

15 전계 및 자계의 세기가 각각 $E\,[\text{V/m}]$, H $[\text{AT/m}]$일 때 포인팅 벡터 $P\,[\text{W/m}^2]$의 표현으로 옳은 것은?

① $P = \dfrac{1}{2}E \times H$

② $P = E\,\text{rot}\,H$

③ $P = E \times H$

④ $P = H\,\text{rot}\,E$

해설 포인팅 벡터(poynting vector)는 평면 전자파의 E 와 H가 단위 시간에 대한 단위 면적을 통과하는 에너지 흐름을 벡터로 표현한 것으로 아래와 같이 표시한다.
$$P = E \times H\,[\text{W/m}^2]$$

16 평등 자계 내에 전자가 수직으로 입사하였을 때 전자의 운동에 대한 설명으로 옳은 것은?

① 원심력은 전자 속도에 반비례한다.

② 구심력은 자계의 세기에 반비례한다.

③ 원운동을 하고, 반지름은 자계의 세기에 비례한다.

④ 원운동을 하고, 반지름은 전자의 회전 속도에 비례한다.

해설 원심력 $F = \dfrac{mv^2}{r}\,[\text{H}]$

구심력 $F = evB = \mu_0 evH$

$F_원 = F_구$ 상태에서 원운동을 하므로

$\dfrac{mv^2}{r} = evB$에서 반지름 $r = \dfrac{mv}{eB} \propto v$

17 진공 중 3[m] 간격으로 2개의 평행한 무한 평판 도체에 각각 $+4\,[\text{C/m}^2]$, $-4\,[\text{C/m}^2]$의 전하를 주었을 때 두 도체 간의 전위차는 약 몇 [V]인가?

① 1.5×10^{11}

② 1.5×10^{12}

③ 1.36×10^{11}

④ 1.36×10^{12}

해설 전계의 세기 $E = \dfrac{\sigma}{\varepsilon_0}\,[\text{V/m}]$

전위차 $V = Ed = \dfrac{\sigma d}{\varepsilon_0}$

$\qquad = \dfrac{4 \times 3}{8.855 \times 10^{-12}}$

$\qquad = 1.355 \times 10^{12} ≒ 1.36 \times 10^{12}\,[\text{V}]$

18 자속 밀도 $B\,[\text{Wb/m}^2]$의 평등 자계 내에서 길이 $l\,[\text{m}]$인 도체 ab가 속도 $v\,[\text{m/s}]$로 그림과 같이 도선을 따라서 자계와 수직으로 이동할 때 도체 ab에 의해 유기된 기전력의 크기 $e\,[\text{V}]$와 폐회로 abcd 내 저항 R에 흐르는 전류의 방향은? (단, 폐회로 abcd 내 도선 및 도체의 저항은 무시한다.)

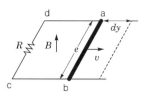

① $e = Blv$, 전류 방향 : c → d

② $e = Blv$, 전류 방향 : d → c

③ $e = Blv^2$, 전류 방향 : c → d

④ $e = Blv^2$, 전류 방향 : d → c

해설 플레밍의 오른손 법칙
유기 기전력 $e = vBl\sin\theta = Blv\,[\text{V}]$
방향 a → b → c → d

19 유전율이 ε_1, $\varepsilon_2\,[\text{F/m}]$인 유전체 경계면에 단위 면적당 작용하는 힘의 크기는 몇 $[\text{N/m}^2]$인가? (단, 전계가 경계면에 수직인 경우이며, 두 유전체에서의 전속 밀도는 $D_1 = D_2 = D$ $[\text{C/m}^2]$ 이다.)

① $2\left(\dfrac{1}{\varepsilon_1} - \dfrac{1}{\varepsilon_2}\right)D^2$

② $2\left(\dfrac{1}{\varepsilon_1} + \dfrac{1}{\varepsilon_2}\right)D^2$

③ $\dfrac{1}{2}\left(\dfrac{1}{\varepsilon_1} + \dfrac{1}{\varepsilon_2}\right)D^2$

④ $\dfrac{1}{2}\left(\dfrac{1}{\varepsilon_2} - \dfrac{1}{\varepsilon_1}\right)D^2$

해설

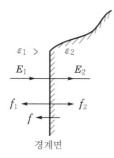

경계면에 전계가 수직으로 입사하는 경우 $D_1 = D_2 = D$, 인장 응력이 작용한다.

$$f_1 = \frac{1}{2}\frac{D_1^{\,2}}{\varepsilon_1}, \quad f_2 = \frac{1D_2^{\,2}}{2\varepsilon_2}$$

$\varepsilon_1 > \varepsilon_2$일 때

$$f = f_2 - f_1 = \frac{1}{2}\left(\frac{1}{\varepsilon_2} - \frac{1}{\varepsilon_1}\right)D^2 \,[\text{N/m}^2]$$

단위 면적당 작용하는 힘은 유전율이 큰 쪽에서 작은 쪽으로 작용한다.

20 그림과 같이 내부 도체구 A에 $+Q\,[\text{C}]$, 외부 도체구 B에 $-Q\,[\text{C}]$를 부여한 동심 도체구 사이의 정전 용량 $C\,[\text{F}]$는?

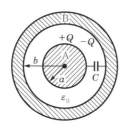

① $4\pi\varepsilon_0(b-a)$　　② $\dfrac{4\pi\varepsilon_0 ab}{b-a}$

③ $\dfrac{ab}{4\pi\varepsilon_0(b-a)}$　　④ $4\pi\varepsilon_0\left(\dfrac{1}{a}-\dfrac{1}{b}\right)$

해설 전위차 $V = \dfrac{Q}{4\pi\varepsilon_0}\left(\dfrac{1}{a}-\dfrac{1}{b}\right)[\text{V}]$

정전 용량 $C = \dfrac{Q}{V} = \dfrac{4\pi\varepsilon_0}{\dfrac{1}{a}-\dfrac{1}{b}} = 4\pi\varepsilon_0\dfrac{ab}{b-a}\,[\text{F}]$

제2과목　전력공학

21 중성점 직접 접지 방식의 발전기가 있다. 1선 지락 사고 시 지락 전류는? (단, Z_1, Z_2, Z_0는 각각 정상, 역상, 영상 임피던스이며, E_a는 지락된 상의 무부하 기전력이다.)

① $\dfrac{E_a}{Z_0 + Z_1 + Z_2}$　　② $\dfrac{Z_1 E_a}{Z_0 + Z_1 + Z_2}$

③ $\dfrac{3E_a}{Z_0 + Z_1 + Z_2}$　　④ $\dfrac{Z_0 E_a}{Z_0 + Z_1 + Z_2}$

해설 1선 지락 시 대칭분의 전류

$$I_0 = I_1 = I_2 = \frac{E_a}{Z_0 + Z_1 + Z_2}$$

1선 지락 시 지락 전류 $I_g = 3I_0 = \dfrac{3E_a}{Z_0 + Z_1 + Z_2}$

22 다음 중 송전 계통의 절연 협조에 있어서 절연 레벨이 가장 낮은 기기는?

① 피뢰기
② 단로기
③ 변압기
④ 차단기

해설 절연 협조 순서
선로 애자 > 기타 설비 > 변압기 > 피뢰기

23 화력 발전소에서 절탄기의 용도는?

① 보일러에 공급되는 급수를 예열한다.
② 포화 증기를 과열한다.
③ 연소용 공기를 예열한다.
④ 석탄을 건조한다.

해설 절탄기
연도 중간에 설치하여 연도로 빠져나가는 여열로 급수를 예열하여 연료 소비를 절감시키는 설비이다.

24 3상 배전 선로의 말단에 역률 60[%](늦음), 60[kW]의 평형 3상 부하가 있다. 부하점에 부하와 병렬로 전력용 콘덴서를 접속하여 선로 손실을 최소로 하고자 할 때 콘덴서 용량 [kVA]은? (단, 부하의 전압은 일정하다.)

① 40 ② 60
③ 80 ④ 100

해설 선로 손실을 최소로 하려면 역률을 100[%]로 개선하여야 하므로 전력용 콘덴서 용량은 개선 전의 지상 무효 전력과 같아야 한다.

$$\therefore Q = P\tan\theta = 60 \times \frac{0.8}{0.6} = 80[\text{kVA}]$$

25 송·배전 선로에서 선택 지락 계전기(SGR)의 용도는?

① 다회선에서 접지 고장 회선의 선택
② 단일 회선에서 접지 전류의 대·소 선택
③ 단일 회선에서 접지 전류의 방향 선택
④ 단일 회선에서 접지 사고의 지속 시간 선택

해설 다회선 송전 선로의 지락 사고 차단에 사용하는 계전기는 고장난 회선을 선택하는 선택 접지 계전기를 사용한다.

26 정격 전압 7.2[kV], 정격 차단 용량 100[MVA]인 3상 차단기의 정격 차단 전류는 약 몇 [kA]인가?

① 4 ② 6
③ 7 ④ 8

해설 정격 차단 전류

$$I_s = \frac{P_s}{\sqrt{3}\, V_n} = \frac{100 \times 10^3}{\sqrt{3} \times 7.2} = 8018.52[\text{A}] \fallingdotseq 8[\text{kA}]$$

27 고장 즉시 동작하는 특성을 갖는 계전기는?

① 순시 계전기
② 정한시 계전기
③ 반한시 계전기
④ 반한시성 정한시 계전기

해설 계전기 동작 시간에 의한 분류
• 순한시 계전기 : 정정된 최소 동작 전류 이상의 전류가 흐르면 즉시 동작하는 계전기
• 정한시 계전기 : 정정된 값 이상의 전류가 흐르면 정해진 일정 시간 후에 동작하는 계전기
• 반한시 계전기 : 정정된 값 이상의 전류가 흐를 때 동작 시간이 전류값이 크면 동작 시간은 짧아지고, 전류값이 작으면 동작 시간이 길어진다.

28 30,000[kW]의 전력을 51[km] 떨어진 지점에 송전하는 데 필요한 전압은 약 몇 [kV]인가? (단, Still의 식에 의하여 산정한다.)

① 22 ② 33
③ 66 ④ 100

해설 Still의 식

송전 전압 $V_s = 5.5\sqrt{0.6l + \dfrac{P}{100}}\ [\text{kV}]$

$$= 5.5\sqrt{0.6 \times 51 + \frac{30,000}{100}}$$

$$= 100[\text{kV}]$$

29 댐의 부속 설비가 아닌 것은?

① 수로 ② 수조
③ 취수구 ④ 흡출관

해설 흡출관은 중낙차 또는 저낙차용으로 적용되는 반동 수차에서 낙차를 증대시킬 목적으로 사용되는 수차의 부속 설비이다.

30 3상 3선식에서 전선 한 가닥에 흐르는 전류는 단상 2선식의 경우의 몇 배가 되는가? (단, 송전 전력, 부하 역률, 송전 거리, 전력 손실 및 선간 전압이 같다.)

① $\dfrac{1}{\sqrt{3}}$ ② $\dfrac{2}{3}$
③ $\dfrac{3}{4}$ ④ $\dfrac{4}{9}$

정답 24.③ 25.① 26.④ 27.① 28.④ 29.④ 30.①

해설 동일 전력이므로 $VI_1 = \sqrt{3}\, VI_3$에서

전류비 $\dfrac{I_3}{I_1} = \dfrac{1}{\sqrt{3}}$

31

사고, 정전 등의 중대한 영향을 받는 지역에서 정전과 동시에 자동적으로 예비 전원용 배전 선로로 전환하는 장치는?

① 차단기
② 리클로저(recloser)
③ 섹셔널라이저(sectionalizer)
④ 자동 부하 전환 개폐기(auto load transfer switch)

해설 자동 부하 전환 개폐기(ALTS : Automatic Load Transfer Switch)

22.9[kV-Y] 접지 계통의 지중 배전 선로에 사용되는 개폐기로, 정전 시에 큰 피해가 예상되는 수용가에 이중 전원을 확보하여 주전원의 정전 시나 정격 전압 이하로 떨어지는 경우 예비 전원으로 자동 전환되어 무정전 전원 공급을 수행하는 개폐기이다.

32

전선의 표피 효과에 대한 설명으로 알맞은 것은?

① 전선이 굵을수록, 주파수가 높을수록 커진다.
② 전선이 굵을수록, 주파수가 낮을수록 커진다.
③ 전선이 가늘수록, 주파수가 높을수록 커진다.
④ 전선이 가늘수록, 주파수가 낮을수록 커진다.

해설 표피 효과

전류의 밀도가 도선 중심으로 들어갈수록 줄어드는 현상으로, 전선이 굵을수록, 주파수가 높을수록 커진다.

33

일반 회로 정수가 같은 평행 2회선에서 A, B, C, D는 각각 1회선의 경우의 몇 배로 되는가?

① A : 2배, B : 2배, C : $\dfrac{1}{2}$배, D : 1배

② A : 1배, B : 2배, C : $\dfrac{1}{2}$배, D : 1배

③ A : 1배, B : $\dfrac{1}{2}$배, C : 2배, D : 1배

④ A : 1배, B : $\dfrac{1}{2}$배, C : 2배, D : 2배

해설 평행 2회선 4단자 정수

$$\begin{bmatrix} A_0 & B_0 \\ C_0 & D_0 \end{bmatrix} = \begin{bmatrix} A_1 & \dfrac{1}{2}B_1 \\ 2C_1 & D_1 \end{bmatrix}$$

34

변전소에서 비접지 선로의 접지 보호용으로 사용되는 계전기에 영상 전류를 공급하는 것은?

① CT
② GPT
③ ZCT
④ PT

해설
• ZCT : 지락 사고가 발생하면 영상 전류를 검출하여 계전기에 공급한다.
• GPT : 지락 사고가 발생하면 영상 전압을 검출하여 계전기에 공급한다.

35

단로기에 대한 설명으로 틀린 것은?

① 소호 장치가 있어 아크를 소멸시킨다.
② 무부하 및 여자 전류 개폐에 사용된다.
③ 사용 회로수에 의해 분류하면 단투형과 쌍투형이 있다.
④ 회로의 분리 또는 계통의 접속 변경 시 사용한다.

해설 단로기는 소호 능력이 없으므로 통전 중의 전로를 개폐할 수 없다. 그러므로 무부하 선로의 개폐에 이용하여야 한다.

정답 31.④ 32.① 33.③ 34.③ 35.①

36

4단자 정수 $A = 0.9918 + j0.0042$, $B = 34.17 + j50.38$, $C = (-0.006 + j3,247) \times 10^{-4}$인 송전 선로의 송전단에 66[kV]를 인가하고 수전단을 개방하였을 때 수전단 선간 전압은 약 몇 [kV]인가?

① $\dfrac{66.55}{\sqrt{3}}$　　② 62.5

③ $\dfrac{62.5}{\sqrt{3}}$　　④ 66.55

해설 수전단을 개방하였으므로 수전단 전류 $I_r = 0$으로 된다.

$\begin{cases} E_s = AE_r + BI_r \\ I_s = CE_r + DI_r \end{cases}$ 에서

수전단 전압 $E_r = \dfrac{E_s}{A}$

$\qquad = \dfrac{66}{0.9918 + j0.0042}$

$\qquad = \dfrac{66}{\sqrt{0.9918^2 + 0.0042^2}}$

$\qquad \fallingdotseq 66.55[\text{kV}]$

37

증기 터빈 출력을 P[kW], 증기량을 W[t/h], 초압 및 배기의 증기 엔탈피를 각각 i_0, i_1[kcal/kg]이라 하면 터빈의 효율 η_t[%]는?

① $\dfrac{860P \times 10^3}{W(i_0 - i_1)} \times 100$

② $\dfrac{860P \times 10^3}{W(i_1 - i_0)} \times 100$

③ $\dfrac{860P}{W(i_0 - i_1) \times 10^3} \times 100$

④ $\dfrac{860P}{W(i_1 - i_0) \times 10^3} \times 100$

해설 터빈의 효율 = $\dfrac{\text{출력}}{\text{입력}} \times 100$[%]이므로

$\eta_t = \dfrac{860P}{W(i_0 - i_1) \times 10^3} \times 100$[%]이다.

38

송전 선로에서 가공 지선을 설치하는 목적이 아닌 것은?

① 뇌(雷)의 직격을 받을 경우 송전선 보호
② 유도뢰에 의한 송전선의 고전위 방지
③ 통신선에 대한 전자 유도 장해 경감
④ 철탑의 접지 저항 경감

해설 가공지선은 뇌격(직격뢰, 유도뢰)으로부터 전선로를 보호하고, 통신선에 대한 전자 유도 장해를 경감시킨다. 철탑의 접지 저항 경감은 매설 지선으로 한다.

39

수전단의 전력원 방정식이 $P_r^2 + (Q_r + 400)^2 = 250,000$으로 표현되는 전력 계통에서 조상 설비 없이 전압을 일정하게 유지하면서 공급할 수 있는 부하 전력[kW]은? (단, 부하는 무유도성이다.)

① 200　　② 250
③ 300　　④ 350

해설 조상 설비가 없어 $Q_r = 0$이므로 $P_r^2 + (Q_r + 400)^2 = 250,000$에서 피상 전력 500[kVA], 유효 전력 300[kW], 무효 전력 400[kVar]이고, 부하는 무유도성이므로 최대 부하 전력은 300[kW]로 한다.

40

전력 설비의 수용률[%]을 나타낸 것은?

① 수용률 = $\dfrac{\text{평균 전력[kW]}}{\text{부하 설비 용량[kW]}} \times 100$

② 수용률 = $\dfrac{\text{부하 설비 용량[kW]}}{\text{평균 전력[kW]}} \times 100$

③ 수용률 = $\dfrac{\text{최대 수용 전력[kW]}}{\text{부하 설비 용량[kW]}} \times 100$

④ 수용률 = $\dfrac{\text{부하 설비 용량[kW]}}{\text{최대 수용 전력[kW]}} \times 100$

해설
• 수용률 = $\dfrac{\text{최대 수용 전력[kW]}}{\text{부하 설비 용량[kW]}} \times 100$[%]

• 부하율 = $\dfrac{\text{평균 부하 전력[kW]}}{\text{최대 수용 전력[kW]}} \times 100$[%]

• 부등률 = $\dfrac{\text{개개의 최대 수용 전력의 합[kW]}}{\text{합성 최대 수용 전력[kW]}}$

제3과목 전기기기

41 전원 전압이 100[V]인 단상 전파 정류 제어에서 점호각이 30°일 때 직류 평균 전압은 약 몇 [V]인가?

① 54   ② 64
③ 84   ④ 94

해설 직류 전압(평균값) $E_{d\alpha}$

$$E_{d\alpha} = E_{do} \cdot \frac{1+\cos\alpha}{2}$$
$$= \frac{2\sqrt{2}E}{\pi}\left(\frac{1+\cos 30°}{2}\right)$$
$$= \frac{2\sqrt{2}\times 100}{\pi}\left(\frac{1+\frac{\sqrt{3}}{2}}{2}\right)$$
$$= 83.97[V]$$

42 단상 유도 전동기의 기동 시 브러시를 필요로 하는 것은?

① 분상 기동형
② 반발 기동형
③ 콘덴서 분상 기동형
④ 세이딩 코일 기동형

해설 반발 기동형 단상 유도 전동기는 직류 전동기 전기자와 같은 모양의 권선과 정류자를 갖고 있으며 기동 시 브러시를 통하여 외부에서 단락하여 반발 전동기 특유의 큰 기동 토크에 의해 기동한다.

43 3선 중 2선의 전원 단자를 서로 바꾸어서 결선하면 회전 방향이 바뀌는 기기가 아닌 것은?

① 회전 변류기
② 유도 전동기
③ 동기 전동기
④ 정류자형 주파수 변환기

해설 정류자형 주파수 변환기는 유도 전동기의 2차 여자를 하기 위한 교류 여자기로서, 외부에서 원동기에 의해 회전하는 기기이다.

44 단상 유도 전동기의 분상 기동형에 대한 설명으로 틀린 것은?

① 보조 권선은 높은 저항과 낮은 리액턴스를 갖는다.
② 주권선은 비교적 낮은 저항과 높은 리액턴스를 갖는다.
③ 높은 토크를 발생시키려면 보조 권선에 병렬로 저항을 삽입한다.
④ 전동기가 가동하여 속도가 어느 정도 상승하면 보조 권선을 전원에서 분리해야 한다.

해설 분상 기동형 단상 유도 전동기는 낮은 저항의 주권선과 높은 저항의 보조 권선(기동 권선)을 병렬로 전원에 접속하고, 높은 토크를 발생시키려면 보조 권선에 직렬로 저항을 삽입한다.

45 변압기의 %Z가 커지면 단락 전류는 어떻게 변화하는가?

① 커진다.   ② 변동없다.
③ 작아진다.   ④ 무한대로 커진다.

해설 퍼센트 임피던스 강하 %Z

$$\%Z = \frac{IZ}{V}\times 100 = \frac{I}{\frac{V}{Z}}\times 100 = \frac{I_n}{I_s}\times 100[\%]$$

단락 전류 $I_s = \frac{100}{\%Z}I_n[A]$

46 계자 권선이 전기자에 병렬로만 연결된 직류기는?

① 분권기   ② 직권기
③ 복권기   ④ 타여자기

해설 계자 권선이 전기자에 병렬로만 연결된 직류기를 분권기라고 한다.

47 정격 전압 6,600[V]인 3상 동기 발전기가 정격 출력(역률=1)으로 운전할 때 전압 변동률이 12[%]이었다. 여자 전류와 회전수를 조정하지 않은 상태로 무부하 운전하는 경우 단자 전압[V]은?

① 6,433 ② 6,943
③ 7,392 ④ 7,842

해설 전압 변동률 $\varepsilon = \dfrac{V_0 - V_n}{V_n} \times 100 [\%]$

무부하 전압 $V_0 = V_n(1 + \varepsilon')$
$= 6,600 \times (1 + 0.12)$
$= 7,392 [\mathrm{V}]$

48 3상 20,000[kVA]인 동기 발전기가 있다. 이 발전기는 60[Hz]일 때는 200[rpm], 50[Hz] 일 때는 약 167[rpm]으로 회전한다. 이 동기 발전기의 극수는?

① 18극 ② 36극
③ 54극 ④ 72극

해설 동기 속도 $N_s = \dfrac{120f}{P} [\mathrm{rpm}]$

극수 $P = \dfrac{120f}{N_s} = \dfrac{120 \times 60}{200} = 36$극

49 1차 전압 6,600[V], 권수비 30인 단상 변압기로 전등 부하에 30[A]를 공급할 때의 입력[kW]은? (단, 변압기의 손실은 무시한다.)

① 4.4 ② 5.5
③ 6.6 ④ 7.7

해설 권수비 $a = \dfrac{N_1}{N_2} = \dfrac{I_2}{I_1}$, $I_1 = \dfrac{I_2}{a}$
전등 부하 역률 $\cos\theta = 1$

입력 $P = V_1 I_1 \cos\theta \times 10^{-3}$
$= 6,600 \times \dfrac{30}{30} \times 1 \times 10^{-3} = 6.6 [\mathrm{kW}]$

50 스텝 모터에 대한 설명으로 틀린 것은?

① 가속과 감속이 용이하다.
② 정·역 및 변속이 용이하다.
③ 위치 제어 시 각도 오차가 작다.
④ 브러시 등 부품수가 많아 유지 보수 필요성이 크다.

해설 스텝 모터(step motor)는 펄스 구동 방식의 전동기로 피드백(feed back)이 없이 아주 정밀한 위치 제어와 정·역 및 변속이 용이한 전동기이다.

51 출력 20[kW]인 직류 발전기의 효율이 80[%] 이면 전 손실은 약 몇 [kW]인가?

① 0.8 ② 1.25
③ 5 ④ 45

해설 효율 $\eta = \dfrac{출력}{출력 + 손실} \times 100 [\%]$

$\dfrac{\eta}{100} = \eta' = \dfrac{P}{P + P_l}$

손실 $P_l = \dfrac{P - \eta'P}{\eta'} = \dfrac{20 - 0.8 \times 20}{0.8} = 5 [\mathrm{kW}]$

52 동기 전동기의 공급 전압과 부하를 일정하게 유지하면서 역률을 1로 운전하고 있는 상태에서 여자 전류를 증가시키면 전기자 전류는?

① 앞선 무효 전류가 증가
② 앞선 무효 전류가 감소
③ 뒤진 무효 전류가 증가
④ 뒤진 무효 전류가 감소

해설 동기 전동기를 역률 1인 상태에서 여자 전류를 감소(부족 여자)하면 전기자 전류는 뒤진 무효 전류가 증가하고, 여자 전류를 증가(과여자)하면 앞선 무효 전류가 증가한다.

정답 47.③ 48.② 49.③ 50.④ 51.③ 52.①

53 전압 변동률이 작은 동기 발전기의 특성으로 옳은 것은?

① 단락비가 크다.

② 속도 변동률이 크다.

③ 동기 리액턴스가 크다.

④ 전기자 반작용이 크다.

로해설 단락비가 큰 기계의 특성$\left(\text{단락비 } K_s = \dfrac{I_{f0}}{I_{fs}} \propto \dfrac{1}{Z_s}\right)$

- 동기 임피던스(동기 리액턴스)가 작다.
- 전압 변동률 및 속도 변동률이 작다.
- 전기자 반작용이 작다.
- 출력이 크다.
- 과부하 내량이 크고 안정도가 높다.

54 직류 발전기에 $P[\text{N}\cdot\text{m/s}]$의 기계적 동력을 주면 전력은 몇 [W]로 변환되는가? (단, 손실은 없으며, i_a는 전기자 도체의 전류, e는 전기자 도체의 유도 기전력, Z는 총 도체수이다.)

① $P = i_a e Z$

② $P = \dfrac{i_a e}{Z}$

③ $P = \dfrac{i_a Z}{e}$

④ $P = \dfrac{eZ}{i_a}$

로해설 유기 기전력 $E = e\dfrac{Z}{a}$ [V]

여기서, a : 병렬 회로수

전기자 전류 $I_a = i_a \cdot a$ [A]

전력 $P = E \cdot I_a = e\dfrac{Z}{a} \cdot i_a \cdot a = e Z i_a$ [W]

55 도통(on) 상태에 있는 SCR을 차단(off) 상태로 만들기 위해서는 어떻게 하여야 하는가?

① 게이트 펄스 전압을 가한다.

② 게이트 전류를 증가시킨다.

③ 게이트 전압이 부(-)가 되도록 한다.

④ 전원 전압의 극성이 반대가 되도록 한다.

로해설 SCR을 차단(off) 상태에서 도통(on) 상태로 하려면 게이트에 펄스 전압을 인가하고, 도통(on) 상태에서 차단(off) 상태로 만들려면 전원 전압을 0 또는 부(-)로 해준다.

56 직류 전동기의 워드레오나드 속도 제어 방식으로 옳은 것은?

① 전압 제어

② 저항 제어

③ 계자 제어

④ 직·병렬 제어

로해설 직류 전동기의 속도 제어 방식

- 계자 제어
- 저항 제어
- 직·병렬 제어
- 전압 제어
  - 워드레오나드(Ward leonard) 방식
  - 일그너(Illgner) 방식

57 단권 변압기의 설명으로 틀린 것은?

① 분로 권선과 직렬 권선으로 구분된다.

② 1차 권선과 2차 권선의 일부가 공통으로 사용된다.

③ 3상에는 사용할 수 없고 단상으로만 사용한다.

④ 분로 권선에서 누설 자속이 없기 때문에 전압 변동률이 작다.

로해설 단권 변압기는 1차 권선과 2차 권선의 일부가 공동으로 사용되는 분포 권선과 직렬 권선으로 구분되며 단상과 3상 모두 사용된다.

58 유도 전동기를 정격 상태로 사용 중 전압이 10[%] 상승할 때 특성 변화로 틀린 것은? (단, 부하는 일정 토크라고 가정한다.)

① 슬립이 작아진다.

② 역률이 떨어진다.

③ 속도가 감소한다.

④ 히스테리시스손과 와류손이 증가한다.

정답 53.① 54.① 55.④ 56.① 57.③ 58.③

해설
- 슬립 $s \propto \dfrac{1}{V_1^2}$: 슬립이 감소한다.
- 회전 속도 $N = N_s(1-s)$: 회전 속도가 상승한다.
- 최대 자속 $\phi_m = \dfrac{V_1}{4.44fN_1}$: 최대 자속이 증가하여 역률이 저하, 철손이 증가한다.

59 단자 전압 110[V], 전기자 전류 15[A], 전기자 회로의 저항 2[Ω], 정격 속도 1,800[rpm]으로 전부하에서 운전하고 있는 직류 분권 전동기의 토크는 약 몇 [N·m]인가?

① 6.0
② 6.4
③ 10.08
④ 11.14

해설 역기전력 $E = V - I_a R_a$
$$= 110 - 15 \times 2 = 80[V]$$

토크 $T = \dfrac{P}{2\pi\dfrac{N}{60}} = \dfrac{EI_a}{2\pi\dfrac{N}{60}}$

$$= \dfrac{80 \times 15}{2\pi\dfrac{1,800}{60}}$$

$$= 6.369 \fallingdotseq 6.4[N \cdot m]$$

60 용량 1[kVA], 3,000/200[V]의 단상 변압기를 단권 변압기로 결선해서 3,000/3,200[V]의 승압기로 사용할 때 그 부하 용량[kVA]은?

① $\dfrac{1}{16}$
② 1
③ 15
④ 16

해설 $\dfrac{\text{자기 용량} \ P}{\text{부하 용량} \ W} = \dfrac{V_h - V_l}{V_h}$

부하 용량 $W = P\dfrac{V_h}{V_h - V_l}$

$$= 1 \times \dfrac{3,200}{3,200 - 3,000}$$

$$= 16[kVA]$$

제4과목	회로이론 및 제어공학

61 특성 방정식이 $s^3 + 2s^2 + Ks + 10 = 0$으로 주어지는 제어 시스템이 안정하기 위한 K의 범위는?

① $K > 0$
② $K > 5$
③ $K < 0$
④ $0 < K < 5$

해설 라우스표

s^3	1	K
s^2	2	10
s^1	$\dfrac{2K-10}{2}$	0
s^0	10	

제어 시스템이 안정하기 위해서는 라우스표의 제1열의 부호 변화가 없어야 한다.
$$\dfrac{2K-10}{2} > 0$$
$$\therefore \ K > 5$$

62 제어 시스템의 개루프 전달 함수가 다음과 같을 때, 다음 중 $K > 0$인 경우 근궤적의 점근선이 실수축과 이루는 각[°]은?

$$G(s)H(s) = \dfrac{K(s+30)}{s^4 + s^3 + 2s^2 + s + 7}$$

① 20°
② 60°
③ 90°
④ 120°

해설 점근선의 각도 $\alpha_k = \dfrac{(2K+1)\pi}{P-Z}$ ($K = 0, 1, 2, \cdots\cdots$)

점근선의 수 $K = P - Z = 4 - 1 = 3$이므로 $K = 0, 1, 2$이다.

$K = 0 : \dfrac{(2 \times 0 + 1)\pi}{4-1} = 60°$

$K = 1 : \dfrac{(2 \times 1 + 1)\pi}{4-1} = 180°$

$K = 2 : \dfrac{(2 \times 2 + 1)\pi}{4-1} = 300°$

$\therefore \ 60°$

정답 59.② 60.④ 61.② 62.②

63 z 변환된 함수 $F(z) = \dfrac{3z}{z - e^{-3t}}$ 에 대응되는 라플라스 변환 함수는?

① $\dfrac{1}{s + 3}$ ② $\dfrac{3}{s - 3}$

③ $\dfrac{1}{s - 3}$ ④ $\dfrac{3}{s + 3}$

해설 $f(t) = e^{-at}$ 의 z 변환 $F(z) = \dfrac{z}{z - e^{-at}}$ 이므로

$F(z) = \dfrac{3z}{z - e^{-3t}}$ 의 역 z 변환 $f(t) = 3e^{-3t}$

$3e^{-3t}$ 의 라플라스 변환 $f(t) = \dfrac{3}{s + 3}$

64 다음 그림과 같은 제어 시스템의 전달 함수 $\dfrac{C(s)}{R(s)}$ 는?

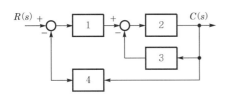

① $\dfrac{1}{15}$ ② $\dfrac{2}{15}$

③ $\dfrac{3}{15}$ ④ $\dfrac{4}{15}$

해설 전달 함수 $\dfrac{C(s)}{R(s)} = \dfrac{\text{전향 경로 이득}}{1 - \sum \text{루프 이득}}$

$= \dfrac{1 \times 2}{1 - \{-(2 \times 3) - (1 \times 2 \times 4)\}}$

$= \dfrac{2}{15}$

65 전달 함수가 $G_C(s) = \dfrac{2s + 5}{7s}$ 인 제어기가 있다. 이 제어기는 어떤 제어기인가?

① 비례 미분 제어기

② 적분 제어기

③ 비례 적분 제어기

④ 비례 적분 미분 제어기

해설 $G_c(s) = \dfrac{2s + 5}{7s} = \dfrac{2}{7} + \dfrac{5}{7s} = \dfrac{2}{7}\left(1 + \dfrac{1}{\dfrac{2}{5}s}\right)$

비례 감도 $K_p = \dfrac{2}{7}$

적분 시간 $T_i = \dfrac{2}{5}s$ 인 비례 적분 제어기이다.

66 단위 피드백 제어계에서 개루프 전달 함수 $G(s)$ 가 다음과 같이 주어졌을 때 단위 계단 입력에 대한 정상 상태 편차는?

$$G(s) = \dfrac{5}{s(s+1)(s+2)}$$

① 0   ② 1

③ 2   ④ 3

해설 단위 계단 입력이므로 정상 위치 편차이다.

• 정상 위치 편차 상수

$K_p = \lim_{s \to 0} \dfrac{5}{s(s+1)(s+2)} = \infty$

• 정상 상태 편차

$e_{ssp} = \dfrac{1}{1 + K_p} = \dfrac{1}{1 + \infty} = 0$

67 그림과 같은 논리 회로의 출력 Y는?

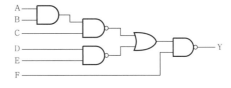

① $\mathrm{ABCDE} + \overline{\mathrm{F}}$

② $\overline{\mathrm{A}\,\mathrm{B}\,\mathrm{C}\,\mathrm{D}\,\mathrm{E}} + \mathrm{F}$

③ $\overline{\mathrm{A}} + \overline{\mathrm{B}} + \overline{\mathrm{C}} + \overline{\mathrm{D}} + \overline{\mathrm{E}} + \mathrm{F}$

④ $\mathrm{A} + \mathrm{B} + \mathrm{C} + \mathrm{D} + \mathrm{E} + \overline{\mathrm{F}}$

해설 $Y = \overline{(\overline{ABC} + \overline{DE})F}$
$= \overline{(\overline{ABC} + \overline{DE})} + \overline{F}$
$= ABC \cdot DE + \overline{F}$

68 그림의 신호 흐름 선도에서 전달 함수 $\dfrac{C(s)}{R(s)}$ 는 어느 것인가?

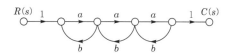

① $\dfrac{a^3}{(1-ab)^3}$ ② $\dfrac{a^3}{1-3ab+a^2b^2}$

③ $\dfrac{a^3}{1-3ab}$ ④ $\dfrac{a^3}{1-3ab+2a^2b^2}$

해설 메이슨 공식

$$\frac{C(s)}{R(s)} = \frac{\sum_{k=1}^{n} G_k \Delta k}{\Delta}$$

• 전향 경로 $k=1$
• 전향 경로 이득 $G_1 = a \times a \times a = a^3$
• $\Delta_1 = 1$
• $\Delta = 1 - \sum L_{n1} + \sum L_{n2}$
• $\sum L_{n1} = ab + ab + ab = 3ab$
   $\sum L_{n2} = ab \times ab = a^2b^2$

$\therefore \dfrac{C(s)}{R(s)} = \dfrac{a^3}{1-3ab+a^2b^2}$

69 다음과 같은 미분 방정식으로 표현되는 제어 시스템의 시스템 행렬 A는?

$$\frac{d^2c(t)}{dt^2} + 5\frac{dc(t)}{dt} + 3c(t) = r(t)$$

① $\begin{bmatrix} -5 & -3 \\ 0 & 1 \end{bmatrix}$ ② $\begin{bmatrix} -3 & -5 \\ 0 & 1 \end{bmatrix}$

③ $\begin{bmatrix} 0 & 1 \\ -3 & -5 \end{bmatrix}$ ④ $\begin{bmatrix} 0 & 1 \\ -5 & -3 \end{bmatrix}$

해설 상태 변수 $x_1(t) = c(t)$, $x_2(t) = \dfrac{dc(t)}{dt}$

상태 방정식
$\dot{x}_1(t) = x_2(t)$
$\dot{x}_2(t) = -3x_1(t) - 5x_2(t) + r(t)$

$\begin{bmatrix} \dot{x}_1(t) \\ \dot{x}_2(t) \end{bmatrix} = \begin{bmatrix} 0 & 1 \\ -3 & -5 \end{bmatrix} \begin{bmatrix} x_1(t) \\ x_2(t) \end{bmatrix} + \begin{bmatrix} 0 \\ 1 \end{bmatrix} r(t)$

시스템 행렬 $A = \begin{bmatrix} 0 & 1 \\ -3 & -5 \end{bmatrix}$

[별해] 시스템 행렬 A
• 미분 방정식의 차수가 2차 미분 방정식이므로 2×2 행렬이다.
• $\begin{bmatrix} 0 & 1 \end{bmatrix}$ 1행은 고정값이다.
• 최고차항을 남기고 이항하여 계수를 역순으로 배치한다.
   $\begin{bmatrix} 0 & 1 \\ -3 & -5 \end{bmatrix}$

70 안정한 제어 시스템의 보드 선도에서 이득 여유는?

① $-20 \sim 20$[dB] 사이에 있는 크기[dB] 값이다.
② $0 \sim 20$[dB] 사이에 있는 크기 선도의 길이이다.
③ 위상이 0°가 되는 주파수에서 이득의 크기[dB]이다.
④ 위상이 $-180°$가 되는 주파수에서 이득의 크기[dB]이다.

해설 보드 선도에서의 이득 여유는 위상 곡선 $-180°$에서의 이득과 0[dB]과의 차이이다.

71 3상 전류가 $I_a = 10 + j3$[A], $I_b = -5 - j2$[A], $I_c = -3 + j4$[A]일 때 정상분 전류의 크기는 약 몇 [A]인가?

① 5   ② 6.4

③ 10.5   ④ 13.34

해설 정상 전류

$$I_1 = \frac{1}{3}(I_a + a I_b + a^2 I_c)$$

$$= \frac{1}{3}\left\{(10+j3) + \left(-\frac{1}{2} + j\frac{\sqrt{3}}{2}\right)(-5-j2)\right.$$

$$\left. + \left(-\frac{1}{2} - j\frac{\sqrt{3}}{2}\right)(-3+j4)\right\}$$

$$\fallingdotseq 6.39 + j0.09$$

$$\therefore \ I_1 = \sqrt{(6.39)^2 + (0.09)^2} \fallingdotseq 6.4[\text{A}]$$

72 그림의 회로에서 영상 임피던스 Z_{01}이 6[Ω]일 때 저항 R의 값은 몇 [Ω]인가?

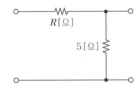

① 2   ② 4

③ 6   ④ 9

해설 영상 임피던스 $Z_{01} = 6[\Omega] = \sqrt{\dfrac{AB}{CD}}$ [Ω]

$$\begin{bmatrix} A & B \\ C & D \end{bmatrix} = \begin{bmatrix} 1 & R \\ 0 & 1 \end{bmatrix} \begin{bmatrix} 1 & 0 \\ \frac{1}{5} & 1 \end{bmatrix} = \begin{bmatrix} 1 + \frac{R}{5} & R \\ \frac{1}{5} & 1 \end{bmatrix}$$

$$6 = \sqrt{\frac{\frac{5+R}{5} \times R}{\frac{1}{5} \times 1}}$$

$$36 = (5+R)R$$

$$R^2 + 5R - 36 = 0$$

$$(R-4)(R+9) = 0$$

$$\therefore \ R = 4, \ R = -9$$

저항값이므로 $R = 4[\Omega]$

73 Y결선의 평형 3상 회로에서 선간 전압 V_{ab}와 상전압 V_{an}의 관계로 옳은 것은? (단, $V_{bn} = V_{an} e^{-j(2\pi/3)}$, $V_{cn} = V_{bn} e^{-j(2\pi/3)}$)

① $V_{ab} = \dfrac{1}{\sqrt{3}} e^{j(\pi/6)} V_{an}$

② $V_{ab} = \sqrt{3}\, e^{j(\pi/6)} V_{an}$

③ $V_{ab} = \dfrac{1}{\sqrt{3}} e^{-j(\pi/6)} V_{an}$

④ $V_{ab} = \sqrt{3}\, e^{-j(\pi/6)} V_{an}$

해설 성결 결선(Y결선)

선간 전압(V_l)과 상전압(V_p)의 관계

$$V_l = \sqrt{3}\, V_p \underline{/\frac{\pi}{6}}$$

$$\therefore \ V_{ab} = \sqrt{3}\, e^{j\frac{\pi}{6}} V_{an}$$

지수 함수 표시식

74 $f(t) = t^2 e^{-at}$를 라플라스 변환하면?

① $\dfrac{2}{(s+a)^2}$ ② $\dfrac{3}{(s+a)^2}$

③ $\dfrac{2}{(s+a)^3}$ ④ $\dfrac{3}{(s+a)^3}$

해설

$$\mathcal{L}\left[t^n e^{-at}\right] = \frac{n!}{(s+a)^{n+1}}$$

$$\mathcal{L}\left[t^2 e^{-at}\right] = \frac{2!}{(s+a)^{2+1}} = \frac{2}{(s+a)^3}$$

75 선로의 단위 길이당 인덕턴스, 저항, 정전 용량, 누설 컨덕턴스를 각각 L, R, C, G 라 하면 전파 정수는?

① $\dfrac{\sqrt{R+j\omega L}}{G+j\omega C}$

② $\sqrt{(R+j\omega L)(G+j\omega C)}$

③ $\sqrt{\dfrac{R+j\omega L}{G+j\omega C}}$

④ $\sqrt{\dfrac{G+j\omega C}{R+j\omega L}}$

해설 직렬 임피던스 $Z = R + j\omega L\,[\Omega/\text{m}]$

병렬 어드미턴스 $Y = G + j\omega C\,[\mho/\text{m}]$

전파 정수 $r = \sqrt{ZY} = \sqrt{(R+j\omega L)(G+j\omega C)}$

정답 72.② 73.② 74.③ 75.②

76

다음 회로에서 0.5[Ω] 양단 전압은 약 몇 [V]인가?

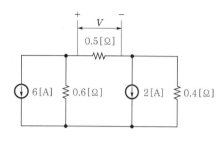

① 0.6 ② 0.93
③ 1.47 ④ 1.5

해설 전류원을 전압원으로 등가 변환하면 다음과 같다.

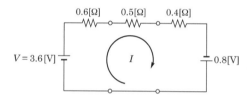

전류 $I = \dfrac{3.6+0.8}{0.6+0.5+0.4} = 2.93[A]$

∴ $V = 0.5 \times 2.93 = 1.47[V]$

77

RLC 직렬 회로의 파라미터가 $R^2 = \dfrac{4L}{C}$ 의 관계를 가진다면, 이 회로에 직류 전압을 인가하는 경우 과도 응답 특성은?

① 무제동
② 과제동
③ 부족 제동
④ 임계 제동

해설 진동 여부 판별식

- $R^2 - 4\dfrac{L}{C} = 0$: 임계 진동(임계 제동)

- $R^2 - 4\dfrac{L}{C} > 0$: 비진동(과제동)

- $R^2 - 4\dfrac{L}{C} < 0$: 진동(감쇠 진동, 부족 제동)

78

$v(t) = 3 + 5\sqrt{2}\sin \omega t + 10\sqrt{2}\sin\left(3\omega t - \dfrac{\pi}{3}\right)$[V]의 실효값 크기는 약 몇 [V]인가?

① 9.6 ② 10.6
③ 11.6 ④ 12.6

해설 실효값

각 고조파의 실효값의 제곱 합의 제곱근

$V = \sqrt{V_0^2 + V_1^2 + V_3^2} = \sqrt{3^2 + 5^2 + 10^2} = 11.6[V]$

79

$8 + j6$ [Ω]인 임피던스에 $13 + j20$[V]의 전압을 인가할 때 복소 전력은 약 몇 [VA]인가?

① $12.7 + j34.1$ ② $12.7 + j55.5$
③ $45.5 + j34.1$ ④ $45.5 + j55.5$

해설 복소 전력 $P_a = \overline{V}I = P \pm jP_r$

전류 $I = \dfrac{V}{Z} = \dfrac{13+j20}{8+j6} = \dfrac{(13+j20)(8-j6)}{(8+j6)(8-j6)}$

$= 2.24 + j0.82$

$P_a = \overline{V}I = (13-j20)(2.24+j0.82)$

$\fallingdotseq 45.5 + j34.1[VA]$

80

그림과 같이 결선된 회로의 단자(a, b, c)에 선간 전압이 V[V]인 평형 3상 전압을 인가할 때 상전류 I[A]의 크기는?

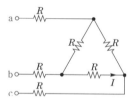

① $\dfrac{V}{4R}$ ② $\dfrac{3V}{4R}$
③ $\dfrac{\sqrt{3}V}{4R}$ ④ $\dfrac{V}{4\sqrt{3}R}$

해설 △결선의 선전류와 상전류와의 관계

선전류$(I_l) = \sqrt{3}$ 상전류$(I_p)\underline{/-30°}$

△결선을 Y결선으로 등가 변환하면

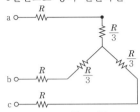

한 상의 저항 $R_0 = R + \dfrac{R}{3} = \dfrac{4R}{3}[\Omega]$

Y결선에서

$$I_p = I_l = \dfrac{\dfrac{V}{\sqrt{3}}}{\dfrac{4R}{3}} = \dfrac{3V}{4\sqrt{3}R} = \dfrac{\sqrt{3}\,V}{4R}[A]$$

$\therefore$ △결선의 상전류 $I_p = \dfrac{I_l}{\sqrt{3}} = \dfrac{V}{4R}[A]$

제5과목 전기설비기술기준

81 지중 전선로를 직접 매설식에 의하여 시설할 때 중량물의 압력을 받을 우려가 있는 장소에 저압 또는 고압의 지중 전선을 견고한 트로프, 기타 방호물에 넣지 않고도 부설할 수 있는 케이블은?

① PVC 외장 케이블
② 콤바인덕트 케이블
③ 염화비닐 절연 케이블
④ 폴리에틸렌 외장 케이블

해설 지중 전선로(한국전기설비규정 334.1)
지중 전선을 견고한 트로프, 기타 방호물에 넣어 시설하여야 한다. 단, 다음의 어느 하나에 해당하는 경우에는 지중 전선을 견고한 트로프, 기타 방호물에 넣지 아니하여도 된다.
• 저압 또는 고압의 지중 전선을 차량, 기타 중량물의 압력을 받을 우려가 없는 경우에 그 위를 견고한 판 또는 몰드로 덮어 시설하는 경우
• 저압 또는 고압의 지중 전선에 콤바인덕트 케이블 또는 개장(鎧裝)한 케이블을 사용해 시설하는 경우
• 파이프형 압력 케이블, 연피 케이블, 알루미늄피 케이블

82 수소 냉각식 발전기 등의 시설 기준으로 틀린 것은?

① 발전기 안 또는 조상기(무효전력 보상장치) 안의 수소의 온도를 계측하는 장치를 시설할 것
② 발전기 축의 밀봉부로부터 수소가 누설될 때 누설된 수소를 외부로 방출하지 않을 것
③ 발전기 안 또는 조상기(무효전력 보상장치) 안의 수소의 순도가 85[%] 이하로 저하한 경우에 이를 경보하는 장치를 시설할 것
④ 발전기 또는 조상기(무효전력 보상장치)는 수소가 대기압에서 폭발하는 경우에 생기는 압력에 견디는 강도를 가지는 것일 것

해설 수소 냉각식 발전기 등의 시설
발전기 축의 밀봉부에는 질소 가스를 봉입할 수 있는 장치 또는 발전기 축의 밀봉부로부터 누설된 수소 가스를 안전하게 외부에 방출할 수 있는 장치를 설치한다.

※ 이 문제는 출제 당시 규정에는 적합했으나 새로 제정된 한국전기설비규정에는 일부 부적합하므로 문제 유형만 참고하시기 바랍니다.

83 저압 전로에서 그 전로에 지락이 생긴 경우 0.5초 이내에 자동적으로 전로를 차단하는 장치를 시설하는 경우에는 특별 제3종 접지 공사의 접지 저항값은 자동 차단기의 정격 감도 전류가 30[mA] 이하일 때 몇 [Ω] 이하로 하여야 하는가?

① 75
② 150
③ 300
④ 500

해설 접지 공사의 종류

정격 감도 전류	접지 저항값	
	물기 있는 장소, 전기적 위험도가 높은 장소	그 외 다른 장소
30[mA]	500[Ω]	500[Ω]
50[mA]	300[Ω]	500[Ω]
100[mA]	150[Ω]	500[Ω]
이하 생략	이하 생략	이하 생략

정답 81.② 82.② 83.④

※ 이 문제는 출제 당시 규정에는 적합했으나 새로 제정된 한국전기설비규정에는 일부 부적합하므로 문제 유형만 참고하시기 바랍니다.

84 어느 유원지의 어린이 놀이기구인 유희용 (놀이용) 전차에 전기를 공급하는 전로의 사용 전압은 교류인 경우 몇 [V] 이하이어야 하는가?

① 20   ② 40
③ 60   ④ 100

해설 유희용(놀이용) 전차(한국전기설비규정 241.8)
• 전원 장치 2차측 단자 전압은 직류 60[V] 이하, 교류 40[V] 이하
• 접촉 전선은 제3레일 방식에 의하여 시설할 것
• 전원 장치의 변압기는 절연 변압기일 것

85 연료 전지 및 태양 전지 모듈의 절연 내력 시험을 하는 경우 충전 부분과 대지 사이에 인가하는 시험 전압은 얼마인가? (단, 연속하여 10분간 가하여 견디는 것이어야 한다.)

① 최대 사용 전압의 1.25배의 직류 전압 또는 1배의 교류 전압(500[V] 미만으로 되는 경우에는 500[V])
② 최대 사용 전압의 1.25배의 직류 전압 또는 1.25배의 교류 전압(500[V] 미만으로 되는 경우에는 500[V])
③ 최대 사용 전압의 1.5배의 직류 전압 또는 1배의 교류 전압(500[V] 미만으로 되는 경우에는 500[V])
④ 최대 사용 전압의 1.5배의 직류 전압 또는 1.25배의 교류 전압(500[V] 미만으로 되는 경우에는 500[V])

해설 연료 전지 및 태양 전지 모듈의 절연 내력(한국전기설비규정 134)
연료 전지 및 태양 전지 모듈은 최대 사용 전압의 1.5배 직류 전압 또는 1배 교류 전압(최저 0.5[kV])을 충전 부분과 대지 사이에 연속하여 10분간 인가한다.

86 전개된 장소에서 저압 옥상 전선로의 시설 기준으로 적합하지 않은 것은?

① 전선은 절연 전선을 사용하였다.
② 전선 지지점 간의 거리를 20[m]로 하였다.
③ 전선은 지름 2.6[mm]의 경동선을 사용하였다.
④ 저압 절연 전선과 그 저압 옥상 전선로를 시설하는 조영재와의 이격 거리(간격)를 2[m]로 하였다.

해설 저압 옥상 전선로의 시설(한국전기설비규정 221.3)
• 인장 강도 2.30[kN] 이상 또는 2.6[mm]의 경동선
• 전선은 절연 전선일 것
• 절연성·난연성 및 내수성이 있는 애자 사용
• 지지점 간의 거리 : 15[m] 이하
• 전선과 저압 옥상 전선로를 시설하는 조영재와의 이격 거리(간격) 2[m]
• 저압 옥상 전선로의 전선은 바람 등에 의하여 식물에 접촉하지 않도록 할 것

87 교류 전차선 등과 삭도 또는 그 지주 사이의 이격 거리(간격)를 몇 [m] 이상 이격하여야 하는가?

① 1   ② 2
③ 3   ④ 4

해설 전차선 등과 건조물, 기타의 시설물과의 접근 또는 교차(판단기준 제270조)
• 교류 전차선 등과 건조물과의 이격 거리(간격)는 3[m] 이상일 것
• 교류 전차선 등과 삭도 또는 그 지주 사이의 이격 거리(간격)는 2[m] 이상일 것

※ 이 문제는 출제 당시 규정에는 적합했으나 새로 제정된 한국전기설비규정에는 일부 부적합하므로 문제 유형만 참고하시기 바랍니다.

88 고압 가공 전선을 시가지 외에 시설할 때 사용되는 경동선의 굵기는 지름 몇 [mm] 이상인가?

① 2.6   ② 3.2
③ 4.0   ④ 5.0

정답   84.② 85.③ 86.② 87.② 88.③

해설 저압 가공 전선의 굵기 및 종류(한국전기설비규정 222.5)

사용 전압이 400[V] 초과인 저압 가공 전선
- 시가지 : 인장 강도 8.01[kN] 이상의 것 또는 지름 5[mm] 이상의 경동선
- 시가지 외 : 인장 강도 5.26[kN] 이상의 것 또는 지름 4[mm] 이상의 경동선

89 저압 수상 전선로에 사용되는 전선은?

① 옥외 비닐 케이블
② 600[V] 비닐 절연 전선
③ 600[V] 고무 절연 전선
④ 클로로프렌 캡타이어 케이블

해설 수상 전선로의 시설(한국전기설비규정 224.3)
- 사용 전압 : 저압 또는 고압
- 사용하는 전선
  - 저압 : 클로로프렌 캡타이어 케이블
  - 고압 : 캡타이어 케이블
- 전선 접속점 높이
  - 육상 : 5[m] 이상(도로상 이외 저압 4[m])
  - 수면상 : 고압 5[m], 저압 4[m] 이상
- 전용 개폐기 및 과전류 차단기를 각 극에 시설

90 440[V] 옥내 배선에 연결된 전동기 회로의 절연 저항 최소값은 몇 [MΩ]인가?

① 0.1　　　　　② 0.5
③ 1.0　　　　　④ 2.0

해설 저압 전로의 절연 성능(기술기준 제52조)

전로의 사용 전압[V]	DC 시험 전압[V]	절연 저항 [MΩ]
SELV 및 PELV	250	0.5
FELV, 500[V] 이하	500	1.0
500[V] 초과	1,000	1.0

(주) 특별 저압(extra low voltage : 2차 전압이 AC 50[V], DC 120[V] 이하)으로 SELV(비접지 회로 구성) 및 PELV(접지 회로 구성)은 1차와 2차가 전기적으로 절연된 회로, FELV는 1차와 2차가 전기적으로 절연되지 않은 회로

91 케이블 트레이 공사에 사용하는 케이블 트레이에 적합하지 않은 것은?

① 비금속제 케이블 트레이는 난연성 재료가 아니어도 된다.
② 금속재의 것은 적절한 방식 처리를 한 것이거나 내식성 재료의 것이어야 한다.
③ 금속제 케이블 트레이 계통은 기계적 및 전기적으로 완전하게 접속해야 한다.
④ 케이블 트레이가 방화 구획의 벽 등을 관통하는 경우에 관통부는 불연성의 물질로 충전하여야 한다.

해설 케이블 트레이 공사(한국전기설비규정 232.41)
- 케이블 트레이의 안전율 : 1.5 이상
- 케이블 트레이 종류 : 사다리형, 펀칭형, 메시(그물망)형, 바닥 밀폐형
- 전선의 피복 등을 손상시킬 돌기 등이 없이 매끈하여야 한다.
- 금속재의 것은 적절한 방식 처리를 한 것이거나 내식성 재료의 것이어야 한다.
- 비금속제 케이블 트레이는 난연성 재료의 것이어야 한다.
- 케이블 트레이가 방화 구획의 벽, 마루, 천장 등을 관통하는 경우 관통부는 불연성의 물질로 충전(充塡)하여야 한다.

92 전개된 건조한 장소에서 400[V] 초과의 저압 옥내 배선을 할 때 특별히 정해진 경우를 제외하고는 시공할 수 없는 공사는?

① 애자 공사
② 금속 덕트 공사
③ 버스 덕트 공사
④ 합성 수지 몰드 공사

해설 저압 옥내 배선의 시설 장소별 공사의 종류
금속 몰드, 합성 수지 몰드, 플로어 덕트, 셀룰라 덕트, 라이팅 덕트는 사용 전압 400[V] 초과에서는 시설할 수 없다.

93 가공 전선로의 지지물의 강도 계산에 적용하는 풍압 하중은 빙설이 많은 지방 이외의 지방에서 저온 계절에는 어떤 풍압 하중을 적용하는가? [단, 인가가 연접(이웃 연결)되어 있지 않다고 한다.]

① 갑종 풍압 하중

② 을종 풍압 하중

③ 병종 풍압 하중

④ 을종과 병종 풍압 하중을 혼용

해설 풍압 하중의 종별과 적용(한국전기설비규정 331.6)
- 빙설이 많은 지방
  - 고온 계절 : 갑종 풍압 하중
  - 저온 계절 : 을종 풍압 하중
- 빙설이 적은 지방
  - 고온 계절 : 갑종 풍압 하중
  - 저온 계절 : 병종 풍압 하중

94 백열전등 또는 방전등에 전기를 공급하는 옥내 전로의 대지 전압은 몇 [V] 이하이어야 하는가? (단, 백열전등 또는 방전등 및 이에 부속하는 전선은 사람이 접촉할 우려가 없도록 시설한 경우이다.)

① 60　　　　② 110

③ 220　　　　④ 300

해설 옥내 전로의 대지 전압의 제한(한국전기설비규정 231.6)
백열전등 또는 방전등에 전기를 공급하는 옥내의 전로의 대지 전압은 300[V] 이하이어야 한다.

95 특고압 가공 전선로의 지지물에 첨가하는 통신선 보안 장치에 사용되는 피뢰기의 동작 전압은 교류 몇 [V] 이하인가?

① 300

② 600

③ 1,000

④ 1,500

해설 특고압 가공 전선로 첨가 설치 통신선의 시가지 인입 제한(한국전기설비규정 362.5)
통신선 보안 장치에는 교류 1[kV] 이하에서 동작하는 피뢰기를 설치한다.

96 태양 전지 발전소에 시설하는 태양 전지 모듈, 전선 및 개폐기, 기타 기구의 시설 기준에 대한 내용으로 틀린 것은?

① 충전 부분은 노출되지 아니하도록 시설할 것

② 옥내에 시설하는 경우에는 전선을 케이블 공사로 시설할 수 있다.

③ 태양 전지 모듈의 프레임은 지지물과 전기적으로 완전하게 접속하여야 한다.

④ 태양 전지 모듈을 병렬로 접속하는 전로에는 과전류 차단기를 시설하지 않아도 된다.

해설 태양 전지 모듈 등의 시설(한국전기설비규정 – 과전류 및 지락 보호장치 522.3.2)
태양 전지 모듈을 병렬로 접속하는 전로에는 그 전로에 단락이 생긴 경우에 전로를 보호하는 과전류 차단기를 시설할 것

97 저압 가공 전선로 또는 고압 가공 전선로와 기설 가공 약전류 전선로가 병행하는 경우에는 유도 작용에 의한 통신상의 장해가 생기지 아니하도록 전선과 기설 약전류 전선 간의 이격 거리(간격)는 몇 [m] 이상이어야 하는가? (단, 전기 철도용 급전선로는 제외한다.)

① 2　　　　② 4

③ 6　　　　④ 8

해설 고·저압 가공 전선의 유도 장해 방지(한국전기설비규정 332.1)
고·저압 가공 전선로와 병행하는 경우 전선과 약전류 전선과의 간격은 2[m] 이상이어야 한다.

정답 93.③　94.④　95.③　96.④　97.①

98 가공 전선로의 지지물에 시설하는 지선(지지선)으로 연선을 사용할 경우 소선은 최소 몇 가닥 이상이어야 하는가?

① 3 　　　　② 5
③ 7 　　　　④ 9

해설 지선(지지선)의 시설(한국전기설비규정 331.11)
- 지선(지지선)의 안전율은 2.5 이상. 이 경우에 허용 인장하중의 최저는 4.31[kN]
- 지선(지지선)에 연선을 사용할 경우
  - 소선(素線) 3가닥 이상의 연선일 것
  - 소선의 지름이 2.6[mm] 이상의 금속선을 사용한 것일 것

99 소세력 회로에 전기를 공급하기 위한 변압기는 1차측 전로의 대지 전압이 300[V] 이하, 2차측 전로의 사용 전압은 몇 [V] 이하인 절연 변압기이어야 하는가?

① 60 　　　　② 80
③ 100 　　　　④ 150

해설 소세력 회로(한국전기설비규정 241.14)
소세력 회로에 전기를 공급하기 위한 변압기는 1차측 전로의 대지 전압이 300[V] 이하, 2차측 전로의 사용 전압이 60[V] 이하인 절연 변압기일 것

100 중성점 직접 접지식 전로에 접속되는 최대 사용 전압 161[kV]인 3상 변압기 권선(성형 결선)의 절연 내력 시험을 할 때 접지시켜서는 안 되는 것은?

① 철심 및 외함
② 시험되는 변압기의 부싱
③ 시험되는 권선의 중성점 단자
④ 시험되지 않는 각 권선(다른 권선이 2개 이상 있는 경우에는 각 권선)의 임의의 1단자

해설 변압기 전로의 절연 내력(한국전기설비규정 135)
접지하는 곳은 다음과 같다.
- 시험되는 권선의 중성점 단자
- 다른 권선의 임의의 1단자
- 철심 및 외함

정답 ◄ 98.① 99.① 100.②

제1과목 | 전기자기학

01 정전 용량이 $0.03[\mu F]$인 평행판 공기 콘덴서의 두 극판 사이에 절반 두께의 비유전율 10인 유리판을 극판과 평행하게 넣었다면 이 콘덴서의 정전 용량은 약 몇 $[\mu F]$이 되는가?

① 1.83   ② 18.3

③ 0.055   ④ 0.55

해설 공기 콘덴서의 정전 용량 $C_0 = \dfrac{\varepsilon_0 s}{d} = 0.03[\mu F]$

$C_1 = \dfrac{\varepsilon_0 s}{\dfrac{d}{2}} = 2C_0, \quad C_2 = \dfrac{\varepsilon_0 \varepsilon_s s}{\dfrac{d}{2}} = 2\varepsilon_s c_0 = 20C_0$

$C = \dfrac{C_1 C_2}{C_1 + C_2} = \dfrac{2C_0 \times 20C_0}{2C_0 + 20C_0} = \dfrac{40}{22}C_0$

$\quad = \dfrac{40}{22} \times 0.03 = 0.0545 ≒ 0.055[\mu F]$

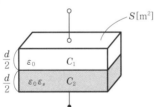

02 평행 도선에 같은 크기의 왕복 전류가 흐를 때 두 도선 사이에 작용하는 힘에 대한 설명으로 옳은 것은?

① 흡인력이다.

② 전류의 제곱에 비례한다.

③ 주위 매질의 투자율에 반비례한다.

④ 두 도선 사이 간격의 제곱에 반비례한다.

해설 평행 도체에 왕복 전류가 흐를 때 작용하는 힘(F)

$F = \dfrac{\mu_0 I^2 l}{2\pi d}[N]$

반발력이 작용한다.

03 내부 장치 또는 공간을 물질로 포위시켜 외부 자계의 영향을 차폐시키는 방식을 자기 차폐라 한다. 다음 중 자기 차폐에 가장 적합한 것은?

① 비투자율이 1보다 작은 역자성체

② 강자성체 중에서 비투자율이 큰 물질

③ 강자성체 중에서 비투자율이 작은 물질

④ 비투자율에 관계없이 물질의 두께에만 관계되므로 되도록 두꺼운 물질

해설 완전한 자기 차폐는 불가능하지만 비투자율이 큰 강자성체인 중공 철구를 겹겹으로 감싸놓으면 외부 자계의 영향을 효과적으로 줄일 수 있다.

04 공기 중에서 $2[V/m]$의 전계의 세기에 의한 변위 전류 밀도 크기를 $2[A/m^2]$로 흐르게 하려면 전계의 주파수는 약 몇 $[MHz]$가 되어야 하는가?

① 9,000   ② 18,000

③ 36,000   ④ 72,000

해설 변위 전류 밀도 $J_d = \dfrac{\partial D}{\partial t} = \varepsilon_0 \dfrac{\partial E}{\partial t}$

$\quad\quad\quad\quad\quad\quad = \omega \varepsilon_0 E = 2\pi f \varepsilon_0 E$

전계의 주파수 $f = \dfrac{J_d}{2\pi \varepsilon_0 E} = \dfrac{2}{2\pi \times \dfrac{10^{-9}}{36\pi} \times 2}$

$\quad\quad\quad\quad = 18 \times 10^9 = 18,000[MHz]$

정답   01.③   02.②   03.②   04.②

05 압전기 현상에서 전기 분극이 기계적 응력에 수직한 방향으로 발생하는 현상은?

① 종효과   ② 횡효과
③ 역효과   ④ 직접 효과

해설 전기석이나 티탄산바륨($BaTiO_3$)의 결정에 응력을 가하면 전기 분극이 일어나고 그 단면에 분극 전하가 나타나는 현상을 압전 효과라 하며 응력과 동일 방향으로 분극이 일어나는 압전 효과를 종효과, 분극이 응력에 수직 방향일 때 횡효과라 한다.

06 정전계에서 도체에 정(+)의 전하를 주었을 때의 설명으로 틀린 것은?

① 도체 표면의 곡률 반지름이 작은 곳에 전하가 많이 분포한다.
② 도체 외측의 표면에만 전하가 분포한다.
③ 도체 표면에서 수직으로 전기력선이 출입한다.
④ 도체 내에 있는 공동면에도 전하가 골고루 분포한다.

해설 정전계에서 도체에 정전하를 주면 전하는 도체 외측 표면에만 분포하고 곡률 반지름이 작은 곳에 전하 밀도가 높으며 전기력선은 도체 표면(등전위면)과 수직으로 유출한다.

07 비유전율 3, 비투자율 3인 매질에서 전자기파의 진행 속도 v[m/s]와 진공에서의 속도 v_0[m/s]의 관계는?

① $v = \dfrac{1}{9}v_0$ ② $v = \dfrac{1}{3}v_0$
③ $v = 3v_0$ ④ $v = 9v_0$

해설 진공에서 전파 속도 $v_0 = \dfrac{1}{\sqrt{\varepsilon_0 \mu_0}}$[m/s]

매질에서 전파 속도 $v = \dfrac{1}{\sqrt{\varepsilon \mu}} = \dfrac{1}{\sqrt{\varepsilon_0 \mu_0}} \cdot \dfrac{1}{\sqrt{\varepsilon_s \mu_s}}$

$= v_0 \dfrac{1}{\sqrt{3 \times 3}} = \dfrac{1}{3}v_0$[m/s]

08 주파수가 100[MHz]일 때 구리의 표피 두께(skin depth)는 약 몇 [mm]인가? (단, 구리의 도전율은 5.9×10^7[℧/m]이고, 비투자율은 0.99이다.)

① 3.3×10^{-2} ② 6.6×10^{-2}
③ 3.3×10^{-3} ④ 6.6×10^{-3}

해설 표피 두께

$\delta = \dfrac{L}{\sqrt{\pi f \sigma \mu}}$[m]

$= \dfrac{1}{\sqrt{\pi \times 100 \times 10^6 \times 5.9 \times 10^7 \times 4\pi \times 10^{-7} \times 0.99}} \times 10^3$

$= 6.58 \times 10^{-3} \fallingdotseq 6.6 \times 10^{-3}$[mm]

09 전위 경도 V와 전계 E의 관계식은?

① $E = \operatorname{grad} V$
② $E = \operatorname{div} V$
③ $E = -\operatorname{grad} V$
④ $E = -\operatorname{div} V$

해설 전계의 세기 $E = -\operatorname{grad} V = -\nabla V$[V/m]
전위 경도는 전계의 세기와 크기는 같고, 방향은 반대이다.

10 구리의 고유 저항은 20[℃]에서 1.69×10^{-8}[$\Omega \cdot$m]이고 온도 계수는 0.00393이다. 단면적이 2[mm²]이고 100[m]인 구리선의 저항값은 40[℃]에서 약 몇 [Ω]인가?

① 0.91×10^{-3} ② 1.89×10^{-3}
③ 0.91   ④ 1.89

해설 20[℃] 저항 $R_t = \rho \dfrac{l}{s}$

$= 1.69 \times 10^{-8} \times \dfrac{100}{2 \times 10^{-6}}$

$= 0.845$[Ω]

40[℃] 저항 $R_T = R_t\{1 + \alpha_t(T - t)\}$
$= 0.845 \times \{1 + 0.00393 \times (40 - 20)\}$
$= 0.91$[Ω]

정답   05.②   06.④   07.②   08.④   09.③   10.③

11 대지의 고유 저항이 $\rho\,[\Omega \cdot m]$일 때 반지름이 $a\,[m]$인 그림과 같은 반구 접지극의 접지 저항$[\Omega]$은?

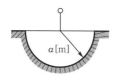

① $\dfrac{\rho}{4\pi a}$ 　② $\dfrac{\rho}{2\pi a}$

③ $\dfrac{2\pi\rho}{a}$ 　④ $2\pi\rho a$

해설 저항과 정전 용량 $RC = \rho\varepsilon$
반구도체의 정전 용량 $C = 2\pi\varepsilon a\,[F]$
접지 저항 $R = \dfrac{\rho\varepsilon}{C} = \dfrac{\rho\varepsilon}{2\pi\varepsilon a} = \dfrac{\rho}{2\pi a}\,[\Omega]$

12 정전 용량이 각각 $C_1 = 1[\mu F]$, $C_2 = 2[\mu F]$인 도체에 전하 $Q_1 = -5[\mu C]$, $Q_2 = 2[\mu C]$을 각각 주고 각 도체를 가는 철사로 연결하였을 때 C_1에서 C_2로 이동하는 전하는 몇 $[\mu C]$인가?

① -4 　② -3.5

③ -3 　④ -1.5

해설 합성 전하 $Q_0 = Q_1 + Q_2 = -5 + 2 = -3[\mu C]$
연결하였을 때 C_2가 분배받는 전하 $Q_2{}'$
$Q_2{}' = Q_0\dfrac{C_2}{C_1 + C_2} = -3 \times \dfrac{2}{1+2} = -2[\mu C]$
이동한 전하 $Q = Q_2{}' - Q_2 = -2 - 2 = -4[\mu C]$

13 임의의 방향으로 배열되었던 강자성체의 자구가 외부 자기장의 힘이 일정치 이상이 되는 순간에 급격히 회전하여 자기장의 방향으로 배열되고 자속 밀도가 증가하는 현상을 무엇이라 하는가?

① 자기 여효(magnetic after effect)

② 바크하우젠 효과(Barkhausen effect)

③ 자기 왜현상(magneto-striction effect)

④ 핀치 효과(pinch effect)

해설 강자성체의 히스테리시스 곡선을 자세히 관찰하면 자계가 증가할 때 자속 밀도가 매끈한 곡선이 아니고 계단상의 불연속적으로 변화하고 있는 것을 알 수 있다. 이것은 자구가 어떤 순간에 급격하게 회전하기 때문인데 이러한 현상을 바크하우젠 효과라고 한다.

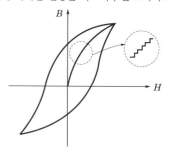

14 다음 그림과 같은 직사각형의 평면 코일이 $B = \dfrac{0.05}{\sqrt{2}}(a_x + a_y)\,[Wb/m^2]$인 자계에 위치하고 있다. 이 코일에 흐르는 전류가 5[A]일 때 z축에 있는 코일에서의 토크는 약 몇 $[N \cdot m]$인가?

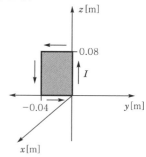

① $2.66 \times 10^{-4}a_x$ 　② $5.66 \times 10^{-4}a_x$

③ $2.66 \times 10^{-4}a_z$ 　④ $5.66 \times 10^{-4}a_z$

해설 자속 밀도 $B = \dfrac{0.05}{\sqrt{2}}(a_x + a_y)$
$= 0.035a_x + 0.035a_y\,[Wb/m^2]$
면 벡터 $S = 0.04 \times 0.08 a_x = 0.0032a_x\,[m^2]$

정답 11.② 12.① 13.② 14.④

토크 $T = (S \times B)I$

$$= 5 \times \begin{vmatrix} a_x & a_y & a_z \\ 0.0032 & 0 & 0 \\ 0.035 & 0.035 & 0 \end{vmatrix}$$

$$= 5 \times (0.035 \times 0.0032) a_z$$

$$= 5.66 \times 10^{-4} a_z \, [\text{N} \cdot \text{m}]$$

15 자성체 내 자계의 세기가 $H\,[\text{AT/m}]$이고 자속 밀도가 $B\,[\text{Wb/m}^2]$일 때 자계 에너지 밀도$[\text{J/m}^3]$는?

① HB ② $\dfrac{1}{2\mu}H^2$

③ $\dfrac{\mu}{2}B^2$ ④ $\dfrac{1}{2\mu}B^2$

해설 자계 에너지 밀도 $w_H = \dfrac{W_H}{V}\,[\text{J/m}^3]$

$$= \dfrac{1}{2}BH = \dfrac{1}{2}\mu H^2$$

$$= \dfrac{B^2}{2\mu}\,[\text{J/m}^3]$$

16 분극의 세기 P, 전계 E, 전속 밀도 D의 관계를 나타낸 것으로 옳은 것은? (단, ε_0는 진공의 유전율이고, ε_r은 유전체의 비유전율이고, ε은 유전체의 유전율이다.)

① $P = \varepsilon_0(\varepsilon + 1)E$ ② $E = \dfrac{D+P}{\varepsilon_0}$

③ $P = D - \varepsilon_0 E$ ④ $\varepsilon_0 = D - E$

해설 전속 밀도 $D = \varepsilon_0 E + P = \varepsilon_0 \varepsilon_s E = \varepsilon E\,[\text{C/m}^2]$

분극의 세기 $P = D - \varepsilon_0 E = \varepsilon_0(\varepsilon_s - 1)E\,[\text{C/m}^2]$

17 반지름이 30[cm]인 원판 전극의 평행판 콘덴서가 있다. 전극이 간격이 0.1[cm]이며 전극 사이 유전체의 비유전율이 4.0이라 한다. 이 콘덴서의 정전 용량은 약 몇 $[\mu F]$인가?

① 0.01 ② 0.02

③ 0.03 ④ 0.04

해설 정전 용량 $C = \dfrac{\varepsilon_0 \varepsilon_s s}{d}\,[\text{F}]$

$$= \dfrac{8.855 \times 10^{-12} \times 4 \times 0.3^2 \pi}{0.1 \times 10^{-2}} \times 10^6$$

$$= 0.01\,[\mu F]$$

18 반지름이 5[mm], 길이가 15[mm], 비투자율이 50인 자성체 막대에 코일을 감고 전류를 흘려서 자성체 내의 자속 밀도를 50[Wb/m²]으로 하였을 때 자성체 내에서 자계의 세기는 몇 [A/m]인가?

① $\dfrac{10^7}{\pi}$ ② $\dfrac{10^7}{2\pi}$

③ $\dfrac{10^7}{4\pi}$ ④ $\dfrac{10^7}{8\pi}$

해설 자속 밀도 $B = \mu_0 \mu_s H\,[\text{Wb/m}^2]$

자계의 세기 $H = \dfrac{B}{\mu_0 \mu_s}$

$$= \dfrac{50}{4\pi \times 10^{-7} \times 50} = \dfrac{10^7}{4\pi}\,[\text{A/m}]$$

19 한 변의 길이가 l[m]인 정사각형 도체 회로에 전류 I[A]를 흘릴 때 회로의 중심점에서 자계의 세기는 몇 [AT/m]인가?

① $\dfrac{2I}{\pi l}$ ② $\dfrac{I}{\sqrt{2}\,\pi l}$

③ $\dfrac{\sqrt{2}\,I}{\pi l}$ ④ $\dfrac{2\sqrt{2}\,I}{\pi l}$

해설 $H = \dfrac{I}{4\pi r}(\sin\theta_1 + \sin\theta_2) \times 4$

$$= \dfrac{I}{4\pi \dfrac{l}{2}}\left(\dfrac{\sqrt{2}}{2} + \dfrac{\sqrt{2}}{2}\right) \times 4 = \dfrac{2\sqrt{2}\,I}{\pi l}\,[\text{AT/m}]$$

정답 15.④ 16.③ 17.① 18.③ 19.④

20 2장의 무한 평판 도체를 4[cm]의 간격으로 놓은 후 평판 도체 간에 일정한 전계를 인가하였더니 평판 도체 표면에 $2[\mu C/m^2]$의 전하 밀도가 생겼다. 이때 평행 도체 표면에 작용하는 정전 응력은 약 몇 [N/m²]인가?

① 0.057 ② 0.226
③ 0.57   ④ 2.26

해설 정전 응력 $f = \dfrac{1}{2}\varepsilon_0 E^2 = \dfrac{\sigma^2}{2\varepsilon_0}$

$$= \frac{(2\times10^{-6})^2}{2\times\dfrac{10^{-9}}{36\pi}} = 0.226[\text{N/m}^2]$$

제2과목 전력공학

21 3상 전원에 접속된 △ 결선의 커패시터를 Y결선으로 바꾸면 진상 용량 Q_Y [kVA]는? (단, $Q_\triangle$는 △ 결선된 커패시터의 진상 용량이고, Q_Y는 Y결선된 커패시터의 진상 용량이다.)

① $Q_Y = \sqrt{3}\,Q_\triangle$ ② $Q_Y = \dfrac{1}{3}Q_\triangle$
③ $Q_Y = 3Q_\triangle$ ④ $Q_Y = \dfrac{1}{\sqrt{3}}Q_\triangle$

해설 충전 용량 $Q_\triangle = 3\omega CE^2 = 3\omega CV^2 \times 10^{-3}$[kVA]

충전 용량 $Q_Y = 3\omega CE^2 = 3\omega C\left(\dfrac{V}{\sqrt{3}}\right)^2$

$$= \omega CV^2 \times 10^{-3}[\text{kVA}]$$

$\therefore Q_Y = \dfrac{Q_\triangle}{3}$

22 교류 배전 선로에서 전압 강하 계산식은 $V_d = k(R\cos\theta + X\sin\theta)I$로 표현된다. 3상 3선식 배전 선로인 경우에 k는?

① $\sqrt{3}$ ② $\sqrt{2}$
③ 3   ④ 2

해설 전압 강하 $e = \sqrt{3}\,I(R\cos\theta + X\sin\theta)$
$\therefore k = \sqrt{3}$

23 송전선에서 뇌격에 대한 차폐 등을 위해 가선하는 가공 지선에 대한 설명으로 옳은 것은?

① 차폐각은 보통 15～30° 정도로 하고 있다.
② 차폐각이 클수록 벼락에 대한 차폐 효과가 크다.
③ 가공 지선을 2선으로 하면 차폐각이 작아진다.
④ 가공 지선으로는 연동선을 주로 사용한다.

해설 가공 지선의 차폐각은 단독일 경우 35～40° 정도이고, 2선이면 10° 이하이므로, 가공 지선을 2선으로 하면 차폐각이 작아져 차폐 효과가 크다.

24 배전선의 전력 손실 경감 대책이 아닌 것은?

① 다중 접지 방식을 채용한다.
② 역률을 개선한다.
③ 배전 전압을 높인다.
④ 부하의 불평형을 방지한다.

해설 배전 선로의 손실 경감 대책
• 전류 밀도의 감소와 평형(켈빈의 법칙)
• 전력용 커패시터 설치
• 급선전의 변경, 증설, 선로의 분할은 물론 변전소의 증설에 의한 급전선의 단축화
• 변압기의 배치와 용량을 적절하게 정하고 저압 배전선의 길이를 합리적으로 정비
• 배전 전압을 높임

25 그림과 같은 이상 변압기에서 2차측에 5[Ω]의 저항 부하를 연결하였을 때 1차측에 흐르는 전류(I)는 약 몇 [A]인가?

① 0.6
② 1.8
③ 20
④ 660

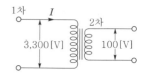

해설 $I_1 = \dfrac{V_2}{V_1} I_2 = \dfrac{100}{3,300} \times \dfrac{100}{5} \fallingdotseq 0.6[\text{A}]$

26 전압과 유효 전력이 일정할 경우 부하 역률이 70[%]인 선로에서 저항 손실($P_{70[\%]}$)은 역률이 90[%]인 선로에서의 저항 손실($P_{90[\%]}$)과 비교하면 약 얼마인가?

① $P_{70[\%]} = 0.6 P_{90[\%]}$
② $P_{70[\%]} = 1.7 P_{90[\%]}$
③ $P_{70[\%]} = 0.3 P_{90[\%]}$
④ $P_{70[\%]} = 2.7 P_{90[\%]}$

해설 전력 손실은 역률의 제곱에 반비례하므로
$\dfrac{P_{70[\%]}}{P_{90[\%]}} = \left(\dfrac{0.9}{0.7}\right)^2 \fallingdotseq 1.7$
$\therefore P_{70[\%]} \fallingdotseq 1.7 P_{90[\%]}$

27 3상 3선식 송전선에서 L을 작용 인덕턴스라 하고, L_e 및 L_m은 대지를 귀로로 하는 1선의 자기 인덕턴스 및 상호 인덕턴스라고 할 때 이들 사이의 관계식은?

① $L = L_m - L_e$
② $L = L_e - L_m$
③ $L = L_m + L_e$
④ $L = \dfrac{L_m}{L_e}$

해설 작용 인덕턴스 L, 대지를 귀로로 하는 1선의 자기 인덕턴스 L_e, 상호 인덕턴스 L_m의 관계는 $L = L_e - L_m$으로 되고, 실측 평균값은 대략 L_e는 2.4[mH/km], L_m은 1.1[mH/km] 정도로 된다.

28 표피 효과에 대한 설명으로 옳은 것은?

① 표피 효과는 주파수에 비례한다.
② 표피 효과는 전선의 단면적에 반비례한다.
③ 표피 효과는 전선의 비투자율에 반비례한다.
④ 표피 효과는 전선의 도전율에 반비례한다.

해설 표피 효과란 전류의 밀도가 도선 중심으로 들어갈수록 줄어드는 현상으로, 전선 단면적, 주파수, 투자율 및 도전율에 비례한다.

29 배전 선로의 전압을 3[kV]에서 6[kV]로 승압하면 전압 강하율(δ)은 어떻게 되는가? (단, $\delta_{3[\text{kV}]}$는 전압이 3[kV]일 때 전압 강하율이고, $\delta_{6[\text{kV}]}$는 전압이 6[kV]일 때 전압 강하율이며, 부하는 일정하다고 한다.)

① $\delta_{6[\text{kV}]} = \dfrac{1}{2}\delta_{3[\text{kV}]}$
② $\delta_{6[\text{kV}]} = \dfrac{1}{4}\delta_{3[\text{kV}]}$
③ $\delta_{6[\text{kV}]} = 2\delta_{3[\text{kV}]}$
④ $\delta_{6[\text{kV}]} = 4\delta_{3[\text{kV}]}$

해설 전압 강하율은 전압의 제곱에 반비례하므로 전압이 2배로 되면 전압 강하율은 $\dfrac{1}{4}$배로 된다.

30 계통의 안정도 증진 대책이 아닌 것은?

① 발전기나 변압기의 리액턴스를 작게 한다.
② 선로의 회선수를 감소시킨다.
③ 중간 조상 방식을 채용한다.
④ 고속도 재폐로 방식을 채용한다.

해설 안정도 향상 대책
• 직렬 리액턴스 감소
• 전압 변동 억제(속응 여자 방식, 계통 연계, 중간 조상 방식)
• 계통 충격 경감(소호 리액터 접지, 고속 차단, 재폐로 방식)
• 전력 변동 억제(조속기 신속 동작, 제동 저항기)

31 1상의 대지 정전 용량이 0.5[μF], 주파수가 60[Hz]인 3상 송전선이 있다. 이 선로에 소호 리액터를 설치한다면, 소호 리액터의 공진 리액턴스는 약 몇 [Ω]이면 되는가?

① 970
② 1,370
③ 1,770
④ 3,570

해설 공진 리액턴스 $\omega L = \dfrac{1}{3\omega C}$

$$= \dfrac{1}{3 \times 2\pi \times 60 \times 0.5 \times 10^{-6}}$$
$$\fallingdotseq 1,770[\Omega]$$

32 배전 선로의 고장 또는 보수 점검 시 정전 구간을 축소하기 위하여 사용되는 것은?

① 단로기
② 컷아웃 스위치
③ 계자 저항기
④ 구분 개폐기

해설 배전 선로의 고장, 보수 점검 시 정전 구간을 축소하기 위해 구분 개폐기를 설치한다.

33 수전단 전력 원선도의 전력 방정식이 $P_r^2 + (Q_r + 400)^2 = 250,000$으로 표현되는 전력 계통에서 가능한 최대로 공급할 수 있는 부하 전력(P_r)과 이때 전압을 일정하게 유지하는 데 필요한 무효 전력(Q_r)은 각각 얼마인가?

① $P_r = 500$, $Q_r = -400$
② $P_r = 400$, $Q_r = 500$
③ $P_r = 300$, $Q_r = 100$
④ $P_r = 200$, $Q_r = -300$

해설 $P_r^2 + (Q_r + 400)^2 = 250,000$에서 무효 전력을 없애면 최대 공급 전력이 500[kW]이므로 무효 전력 $Q_r + 400 = 0$이어야 한다. 그러므로 $Q_r = -400$이다.

34 수전용 변전 설비의 1차측 차단기의 차단 용량은 주로 어느 것에 의하여 정해지는가?

① 수전 계약 용량
② 부하 설비의 단락 용량
③ 공급측 전원의 단락 용량
④ 수전 전력의 역률과 부하율

해설 차단기의 차단 용량은 공급측 전원의 단락 용량을 기준으로 정해진다.

35 프란시스 수차의 특유 속도[m · kW]의 한계를 나타내는 식은? (단, H[m]는 유효 낙차이다.)

① $\dfrac{13,000}{H + 50} + 10$

② $\dfrac{13,000}{H + 50} + 30$

③ $\dfrac{20,000}{H + 20} + 10$

④ $\dfrac{20,000}{H + 20} + 30$

해설 프란시스 수차의 특유 속도 범위는 $\dfrac{13,000}{H + 20} + 50$ 또는 $\dfrac{20,000}{H + 20} + 30$[m · kW]으로 한다.

36 정격 전압 6,600[V], Y결선, 3상 발전기의 중성점을 1선 지락 시 지락 전류를 100[A]로 제한하는 저항기로 접지하려고 한다. 저항기의 저항값은 약 몇 [Ω]인가?

① 44
② 41
③ 38
④ 35

해설 $R = \dfrac{6,600}{\sqrt{3}} \times \dfrac{1}{100} = 38.1 \fallingdotseq 38[\Omega]$

37 주변압기 등에서 발생하는 제5고조파를 줄이는 방법으로 옳은 것은?

① 전력용 콘덴서에 직렬 리액터를 연결한다.
② 변압기 2차측에 분로 리액터를 연결한다.
③ 모선에 방전 코일을 연결한다.
④ 모선에 공심 리액터를 연결한다.

해설 제3고조파는 △결선으로 제거하고, 제5고조파는 직렬 리액터로 전력용 콘덴서와 직렬 공진을 이용하여 제거한다.

정답 32.④ 33.① 34.③ 35.④ 36.③ 37.①

38 송전 철탑에서 역섬락을 방지하기 위한 대책은?

① 가공 지선의 설치
② 탑각 접지 저항의 감소
③ 전력선의 연가
④ 아크혼의 설치

해설 역섬락을 방지하기 위해서는 매설 지선을 사용하여 철탑의 탑각 저항을 줄여야 한다.

39 조속기의 폐쇄 시간이 짧을수록 나타나는 현상으로 옳은 것은?

① 수격 작용은 작아진다.
② 발전기의 전압 상승률은 커진다.
③ 수차의 속도 변동률은 작아진다.
④ 수압관 내의 수압 상승률은 작아진다.

해설 조속기의 폐쇄 시간이 짧을수록 속도 변동률은 작아지고, 폐쇄 시간을 길게 하면 속도 상승률이 증가하여 수추(수격) 작용이 감소한다.

40 복도체에서 2본의 전선이 서로 충돌하는 것을 방지하기 위하여 2본의 전선 사이에 적당한 간격을 두어 설치하는 것은?

① 아머로드
② 댐퍼
③ 아킹혼
④ 스페이서

해설 다(복)도체 방식에서 소도체의 충돌을 방지하기 위해 스페이서를 적당한 간격으로 설치하여야 한다.

제3과목 전기기기

41 정격 전압 120[V], 60[Hz]인 변압기의 무부하 입력 80[W], 무부하 전류 1.4[A]이다. 이 변압기의 여자 리액턴스는 약 몇 [Ω]인가?

① 97.6
② 103.7
③ 124.7
④ 180

해설 철손 전류 $I_i = \dfrac{P_i}{V_1} = \dfrac{80}{120} = 0.66[A]$

자화 전류 $I_\phi = \sqrt{{I_0}^2 - {I_i}^2} = \sqrt{1.4^2 - 0.66^2} = 1.23[A]$

여자 리액턴스 $x_0 = \dfrac{V_1}{I_\phi} = \dfrac{120}{1.23} = 97.6[\Omega]$

42 서보 모터의 특징에 대한 설명으로 틀린 것은?

① 발생 토크는 입력 신호에 비례하고, 그 비가 클 것
② 직류 서보 모터에 비하여 교류 서보 모터의 시동 토크가 매우 클 것
③ 시동 토크는 크나 회전부의 관성 모멘트가 작고, 전기적 시정수가 짧을 것
④ 빈번한 시동, 정지, 역전 등의 가혹한 상태에 견디도록 견고하고, 큰 돌입 전류에 견딜 것

해설
• 제어용 서보 모터(servo motor)는 시동 토크가 크고 관성 모멘트가 작으며 속응성이 좋고 시정수가 짧아야 한다.
• 시동 토크는 교류 서보 모터보다 직류 서보 모터가 크다.

43 3상 변압기 2차측의 E_W상만을 반대로 하고 Y-Y 결선을 한 경우 2차 상전압이 $E_U = 70[V]$, $E_V = 70[V]$, $E_W = 70[V]$라면 2차 선간 전압은 약 몇 [V]인가?

① $V_{U-V} = 121.2[V]$, $V_{V-W} = 70[V]$
$V_{W-U} = 70[V]$

② $V_{U-V} = 121.2[V]$, $V_{V-W} = 210[V]$
$V_{W-U} = 70[V]$

③ $V_{U-V} = 121.2[V]$, $V_{V-W} = 121.2[V]$
$V_{W-U} = 70[V]$

④ $V_{U-V} = 121.2[V]$, $V_{V-W} = 121.2[V]$
$V_{W-U} = 121.2[V]$

정답 38.② 39.③ 40.④ 41.① 42.② 43.①

해설

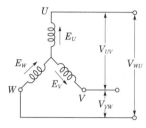

• $V_{U-V} = \dot{E}_U + (-\dot{E}_V)$
$$= \sqrt{3}\,E_U = \sqrt{3} \times 70 = 121.2[\text{V}]$$
• $V_{V-W} = E_V + E_W = E_V = 70[\text{V}]$
• $V_{W-U} = E_W + E_U = E_W = 70[\text{V}]$

44 극수 8, 중권 직류기의 전기자 총 도체수 960, 매극 자속 0.04[Wb], 회전수 400[rpm]이라 면 유기 기전력은 몇 [V]인가?

① 256　　　　　② 327

③ 425　　　　　④ 625

해설 유기 기전력
$$E = \frac{z}{a}P\phi\frac{N}{60} = \frac{960}{8} \times 8 \times 0.04 \times \frac{400}{60} = 256[\text{V}]$$

45 3상 유도 전동기에서 2차측 저항을 2배로 하면 그 최대 토크는 어떻게 변하는가?

① 2배로 커진다.　② 3배로 커진다.

③ 변하지 않는다.　④ $\sqrt{2}$ 배로 커진다.

해설 최대 토크 $T_m = \dfrac{V_1^{\,2}}{2\{r_1 + \sqrt{r_1^{\,2} + (x_1 + x_2')^2}\}} \neq r_2$

3상 유도 전동기의 최대 토크는 2차측 저항과 무관 하므로 변하지 않는다.

46 동기 전동기에 일정한 부하를 걸고 계자 전류 를 0[A]에서부터 계속 증가시킬 때 관련 설명 으로 옳은 것은? (단, I_a는 전기자 전류이다.)

① I_a는 증가하다가 감소한다.

② I_a가 최소일 때 역률이 1이다.

③ I_a가 감소 상태일 때 앞선 역률이다.

④ I_a가 증가 상태일 때 뒤진 역률이다.

해설 동기 전동기의 공급 전압과 부하가 일정 상태에서 계자 전류를 변화하면 전기자 전류와 역률이 변화한 다. 역률 $\cos\theta = 1$일 때 전기자 전류는 최소이고, 역률 1을 기준으로 하여 계자 전류를 감소하면 뒤진 역률, 증가하면 앞선 역률이 되며 전기자 전류는 증가한다.

47 3[kVA], 3,000/200[V]의 변압기의 단락 시 험에서 임피던스 전압 120[V], 동손 150[W] 라 하면 %저항 강하는 몇 [%]인가?

① 1　　　　　② 3

③ 5　　　　　④ 7

해설 퍼센트 저항 강하
$$P = \frac{I \cdot r}{V} \times 100 = \frac{I^2 r}{VI} \times 100 = \frac{150}{3 \times 10^3} \times 100 = 5[\%]$$

48 정격 출력 50[kW], 4극 220[V], 60[Hz]인 3상 유도 전동기가 전부하 슬립 0.04, 효율 90[%] 로 운전되고 있을 때 다음 중 틀린 것은?

① 2차 효율 $= 92[\%]$

② 1차 입력 $= 55.56[\text{kW}]$

③ 회전자 동손 $= 2.08[\text{kW}]$

④ 회전자 입력 $= 52.08[\text{kW}]$

해설 2차 입력 : 기계적 출력 : 2차 동손
$P_2 : P_o(P) : P_{2c} = 1 : 1-s : s$
(기계손 무시하면 기계적 출력 P_o=정격 출력 P)

① 2차 효율 $\eta_2 = \dfrac{P_o}{P_2} \times 100 = \dfrac{P_2(1-s)}{P_2} \times 100$
$= (1-s) \times 100$
$= (1-0.04) \times 100 = 96[\%]$

② 1차 입력 $P_1 = \dfrac{P}{\eta} = \dfrac{50}{0.9} = 55.555 \fallingdotseq 55.56[\text{kW}]$

③ 회전자 동손 $P_{2c} = \dfrac{s}{1-s}P = \dfrac{0.04}{1-0.04} \times 50$
$= 2.083 \fallingdotseq 2.08[\text{kW}]$

④ 회전자 입력 $P_2 = \dfrac{P}{1-s} = \dfrac{50}{1-0.04} = 52.08[\text{kW}]$

정답 44.① 45.③ 46.② 47.③ 48.①

49 단상 유도 전동기를 2전동기설로 설명하는 경우 정방향 회전 자계의 슬립이 0.2라면, 역방향 회전 자계의 슬립은 얼마인가?

① 0.2
② 0.8
③ 1.8
④ 2.0

해설 슬립 $s = \dfrac{N_s - N}{N_s} = 0.2$

역회전 시 슬립 $s' = \dfrac{N_s - (-N)}{N_s}$

$\qquad\qquad = \dfrac{N_s + N}{N_s} = \dfrac{2N_s - (N_s - N)}{N_s}$

$\qquad\qquad = 2 - \dfrac{N_s - N}{N_s} = 2 - s$

$\qquad\qquad = 2 - 0.2 = 1.8$

50 직류 가동 복권 발전기를 전동기로 사용하면 어느 전동기가 되는가?

① 직류 직권 전동기
② 직류 분권 전동기
③ 직류 가동 복권 전동기
④ 직류 차동 복권 전동기

해설 직류 가동 복권 발전기를 전동기로 사용하면 전기자 전류의 방향이 반대로 바뀌어 차동 복권 전동기가 된다.

51 동기 발전기를 병렬 운전하는 데 필요하지 않은 조건은?

① 기전력의 용량이 같을 것
② 기전력의 파형이 같을 것
③ 기전력의 크기가 같을 것
④ 기전력의 주파수 같을 것

해설 동기 발전기의 병렬 운전 조건
• 기전력의 크기가 같을 것
• 기전력의 위상이 같을 것
• 기전력의 주파수가 같을 것
• 기전력의 파형이 같을 것

52 IGBT(Insulated Gate Bipolar Transistor)에 대한 설명으로 틀린 것은?

① MOSFET와 같이 전압 제어 소자이다.
② GTO 사이리스터와 같이 역방향 전압 저지 특성을 갖는다.
③ 게이트와 이미터 사이의 입력 임피던스가 매우 낮아 BJT보다 구동하기 쉽다.
④ BJT처럼 On-drop이 전류에 관계없이 낮고 거의 일정하며, MOSFET보다 훨씬 큰 전류를 흘릴 수 있다.

해설 IGBT는 MOSFET의 고속 스위칭과 BJT의 고전압, 대전류 처리 능력을 겸비한 역전압 제어용 소자로서, 게이트와 이미터 사이의 임피던스가 크다.

53 유도 전동기에서 공급 전압의 크기가 일정하고 전원 주파수만 낮아질 때 일어나는 현상으로 옳은 것은?

① 철손이 감소한다.
② 온도 상승이 커진다.
③ 여자 전류가 감소한다.
④ 회전 속도가 증가한다.

해설 유도 전동기의 공급 전압 일정 상태에서의 현상
• 철손 $P_i \propto \dfrac{1}{f}$
• 여자 전류 $I_0 \propto \dfrac{1}{f}$
• 회전 속도 $N = N_s(1-s) = \dfrac{120f}{P}(1-s) \propto f$
• 손실이 증가하면 온도는 상승한다.

54 용접용으로 사용되는 직류 발전기의 특성 중에서 가장 중요한 것은?

① 과부하에 견딜 것
② 전압 변동률이 작을 것
③ 경부하일 때 효율이 좋을 것
④ 전류에 대한 전압 특성이 수하 특성일 것

정답 49.③ 50.④ 51.① 52.③ 53.② 54.④

해설 직류 전기 용접용 발전기는 부하의 증가에 따라 전압이 현저하게 떨어지는 수하 특성의 차동 복권 발전기가 유효하다.

55 동기 발전기에 설치된 제동 권선의 효과로 틀린 것은?

① 난조 방지

② 과부하 내량의 증대

③ 송전선의 불평형 단락 시 이상 전압 방지

④ 불평형 부하 시 전류·전압 파형의 개선

해설 제동 권선의 효능
- 난조 방지
- 단락 사고 시 이상 전압 발생 억제
- 불평형 부하 시 전압 파형 개선
- 기동 토크 발생

56 3,300/220[V] 변압기 A, B의 정격 용량이 각각 400[kVA], 300[kVA]이고, %임피던스 강하가 각각 2.4[%]와 3.6[%]일 때 그 2대의 변압기에 걸 수 있는 합성 부하 용량은 몇 [kVA]인가?

① 550   ② 600

③ 650   ④ 700

해설 부하 분담비 $\dfrac{P_a}{P_b} = \dfrac{\%Z_b}{\%Z_a} \cdot \dfrac{P_A}{P_B} = \dfrac{3.6}{2.4} \times \dfrac{400}{300} = 2$

B변압기 부하 분담 용량 $P_b = \dfrac{P_A}{2} = \dfrac{400}{2} = 200[kVA]$

합성 부하 분담 용량 $P = P_a + P_b$
$$= 400 + 200 = 600[kVA]$$

57 동작 모드가 그림과 같이 나타나는 혼합 브리지는?

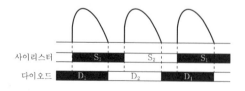

①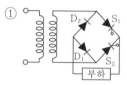

②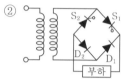

③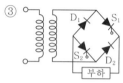

④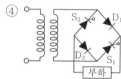

해설 보기 ①번의 혼합 브리지는 $S_1 D_1$이 도통 상태일 때 교류 전압의 극성이 바뀌면 $D_2 S_1$이 직렬로 환류 다이오드 역할을 한다. 따라서, 전류는 연속하고 e_d는 동작 모드가 문제의 그림과 같은 파형이 된다.

58 단상 유도 전동기에 대한 설명으로 틀린 것은?

① 반발 기동형 : 직류 전동기와 같이 정류자와 브러시를 이용하여 기동한다.

② 분상 기동형 : 별도의 보조 권선을 사용하여 회전 자계를 발생시켜 기동한다.

③ 커패시터 기동형 : 기동 전류에 비해 기동 토크가 크지만, 커패시터를 설치해야 한다.

④ 반발 유도형 : 기동 시 농형 권선과 반발 전동기의 회전자 권선을 함께 이용하나 운전 중에는 농형 권선만을 이용한다.

해설 반발 유도형 전동기의 회전자는 정류자가 접속되어 있는 전기자 권선과 농형 권선 2개의 권선이 있으며 전기자 권선은 반발 기동 시에 동작하고 농형 권선은 운전 시에 사용된다.

정답   55.②   56.②   57.①   58.④

59 동기기의 전기자 저항을 r, 전기자 반작용 리액턴스를 X_a, 누설 리액턴스를 X_l이라고 하면 동기 임피던스를 표시하는 식은?

① $\sqrt{r^2 + \left(\dfrac{X_a}{X_l}\right)^2}$

② $\sqrt{r^2 + X_l{}^2}$

③ $\sqrt{r^2 + X_a{}^2}$

④ $\sqrt{r^2 + (X_a + X_l)^2}$

해설 동기 임피던스 $Z_s = r + j(x_a + x_l)$

$|\dot{Z}_s| = \sqrt{r^2 + (x_a + x_l)^2}\,[\Omega]$

60 직류 전동기의 속도 제어법이 아닌 것은?

① 계자 제어법   ② 전력 제어법

③ 전압 제어법   ④ 저항 제어법

해설 회전 속도 $N = K\dfrac{V - I_a R_a}{\phi}$

직류 전동기의 속도 제어법은 계자 제어, 저항 제어, 전압 제어 및 직·병렬 제어가 있다.

제4과목 회로이론 및 제어공학

61 그림과 같은 피드백 제어 시스템에서 입력이 단위 계단 함수일 때 정상 상태 오차 상수인 위치 상수(K_p)는?

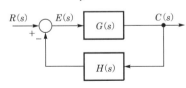

① $K_p = \lim_{s \to 0} G(s)H(s)$

② $K_p = \lim_{s \to 0} \dfrac{G(s)}{H(s)}$

③ $K_p = \lim_{s \to \infty} G(s)H(s)$

④ $K_p = \lim_{s \to \infty} \dfrac{G(s)}{H(s)}$

해설 편차 $E(s) = R(s) - H(s)C(s) = \dfrac{R(s)}{1 + G(s)H(s)}$

정상 편차 $e_{ss} = \lim_{s \to 0} s \dfrac{R(s)}{1 + G(s)H(s)}$

정상 위치 편차 $e_{ssp} = \lim_{s \to 0} \dfrac{s\dfrac{1}{s}}{1 + G(s)H(s)}$

$= \dfrac{1}{1 + \lim\limits_{s \to 0} G(s)H(s)} = \dfrac{1}{1 + K_p}$

위치 편차 상수 $K_p = \lim\limits_{s \to 0} G(s)H(s)$

62 적분 시간이 4[s], 비례 감도가 4인 비례 적분 동작을 하는 제어 요소에 동작 신호 $z(t) = 2t$를 주었을 때 이 제어 요소의 조작량은? (단, 조작량의 초기값은 0이다.)

① $t^2 + 8t$ ② $t^2 + 2t$

③ $t^2 - 8t$ ④ $t^2 - 2t$

해설 비례 적분 동작(PI 동작)

조작량 $z_o = K_p\left(z(t) + \dfrac{1}{T_i} \int z(t)dt\right)$

$= 4\left(2t + \dfrac{1}{4} \int 2t\,dt\right) = 8t + t^2$

63 시간 함수 $f(t) = \sin \omega t$의 z 변환은? (단, T는 샘플링 주기이다.)

① $\dfrac{z \sin \omega T}{z^2 + 2z \cos \omega T + 1}$

② $\dfrac{z \sin \omega T}{z^2 - 2z \cos \omega T + 1}$

③ $\dfrac{z \cos \omega T}{z^2 - 2z \sin \omega T + 1}$

④ $\dfrac{z \cos \omega T}{z^2 + 2z \sin \omega T + 1}$

정답 59.④ 60.② 61.① 62.① 63.②

해설 z변환

$f(t) = \sin \omega t$

$F(z) = \dfrac{z \sin \omega T}{z^2 - 2z \cos \omega T + 1}$

$f(t) = \cos \omega t$

$F(z) = \dfrac{z(z - \cos \omega T)}{z^2 - 2z \cos \omega T + 1}$

64 다음과 같은 신호 흐름 선도에서 $\dfrac{C(s)}{R(s)}$ 의 값은?

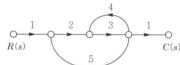

① $-\dfrac{1}{41}$

② $-\dfrac{3}{41}$

③ $-\dfrac{6}{41}$

④ $-\dfrac{8}{41}$

해설 $G_1 = 1 \times 2 \times 3 \times 1 = 6$

$\Delta_1 = 1$

$L_{11} = 3 \times 4 = 12$

$L_{21} = 2 \times 3 \times 5 = 30$

$\Delta = 1 - (L_{11} + L_{21}) = 1 - (12 + 30) = -41$

$\therefore G = \dfrac{C}{R} = \dfrac{G_1 \Delta_1}{\Delta} = \dfrac{6 \times 1}{-41} = -\dfrac{6}{41}$

65 제어 시스템의 상태 방정식이 $\dfrac{dx(t)}{dt} = Ax(t)$ $+ Bu(t)$, $A = \begin{bmatrix} 0 & 1 \\ -3 & 4 \end{bmatrix}$, $B = \begin{bmatrix} 1 \\ 1 \end{bmatrix}$ 일 때 특성 방정식을 구하면?

① $s^2 - 4s - 3 = 0$ ② $s^2 - 4s + 3 = 0$

③ $s^2 + 4s + 3 = 0$ ④ $s^2 + 4s - 3 = 0$

해설 특성 방정식 $|SI - A| = 0$

$\left| s \begin{bmatrix} 1 & 0 \\ 0 & 1 \end{bmatrix} - \begin{bmatrix} 0 & 1 \\ -3 & 4 \end{bmatrix} \right| = 0$

$\left| \begin{matrix} s & -1 \\ 3 & s-4 \end{matrix} \right| = 0$

$s(s-4) + 3 = s^2 - 4s + 3 = 0$

66 Routh-Hurwitz 방법으로 특성 방정식이 $s^4 + 2s^3 + s^2 + 4s + 2 = 0$ 인 시스템의 안정도를 판별하면?

① 안정   ② 불안정

③ 임계 안정   ④ 조건부 안정

해설 라우스의 표

s^4	1	1	2
s^3	2	4	
s^2	-1	2	
s^1	8	0	
s^0	2		

제1열의 부호 변화가 2번 있으므로 양의 실수부를 갖는 불안정근이 2개 있다.

67 특성 방정식의 모든 근이 s평면(복소 평면)의 $j\omega$축(허수축)에 있을 때 이 제어 시스템의 안정도는?

① 알 수 없다.   ② 안정하다.

③ 불안정하다.   ④ 임계 안정이다.

해설 특성 방정식의 근이 s평면의 좌반부에 존재하면 제어계가 안정하고 특성 방정식의 근이 s평면의 우반부에 존재하면 제어계는 불안정하다. 또한, 특성 방정식의 근이 s평면의 허수축에 존재하면 제어계는 임계 안정 상태가 된다.

68 다음 논리식을 간단히 하면?

$$[(AB + A\overline{B}) + AB] + \overline{A}B$$

① $A + B$

② $\overline{A} + B$

③ $A + \overline{B}$

④ $A + A \cdot B$

해설 논리식

$AB + A\overline{B} + AB + \overline{A}B = AB + A\overline{B} + \overline{A}B$

$= A(B + \overline{B}) + \overline{A}B$

$= A + \overline{A}B = A(1 + B) + \overline{A}B$

$= A + AB + \overline{A}B$

$= A + B(A + \overline{A}) = A + B$

69 다음 회로에서 입력 전압 $v_1(t)$에 대한 출력 전압 $v_2(t)$의 전달 함수 $G(s)$는?

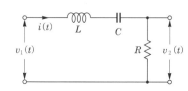

① $\dfrac{RCs}{LCs^2 + RCs + 1}$

② $\dfrac{RCs}{LCs^2 - RCs - 1}$

③ $\dfrac{Cs}{LCs^2 + RCs + 1}$

④ $\dfrac{Cs}{LCs^2 - RCs - 1}$

해설 전달 함수 $G(s) = \dfrac{V_2(s)}{V_1(s)}$

$$= \dfrac{R}{Ls + \dfrac{1}{Cs} + R}$$

$$= \dfrac{RCs}{LCs^2 + RCs + 1}$$

70 어떤 제어 시스템의 개루프 이득이 다음과 같을 때 이 시스템이 가지는 근궤적의 가지 (branch)수는?

$$G(s)H(s) = \dfrac{K(s+2)}{s(s+1)(s+3)(s+4)}$$

① 1   ② 3

③ 4   ④ 5

해설 근궤적의 개수는 Z와 P 중 큰 것과 일치한다.
영점의 개수 $Z = 1$
극점의 개수 $P = 4$
∴ 근궤적의 개수(가지수)는 4개이다.

71 RC 직렬 회로에 직류 전압 $V[\mathrm{V}]$가 인가되었을 때 전류 $i(t)$에 대한 전압 방정식 (KVL)이 $V = Ri(t) + \dfrac{1}{C}\displaystyle\int i(t)\,dt\,[\mathrm{V}]$이다. 전류 $i(t)$의 라플라스 변환인 $I(s)$는? (단, C에는 초기 전하가 없다.)

① $I(s) = \dfrac{V}{R}\dfrac{1}{s - \dfrac{1}{RC}}$

② $I(s) = \dfrac{C}{R}\dfrac{1}{s + \dfrac{1}{RC}}$

③ $I(s) = \dfrac{V}{R}\dfrac{1}{s + \dfrac{1}{RC}}$

④ $I(s) = \dfrac{R}{C}\dfrac{1}{s - \dfrac{1}{RC}}$

해설 전압 방정식을 라플라스 변환하면 아래와 같다.

$$\dfrac{V}{s} = RI(s) + \dfrac{1}{Cs}I(s)$$

$$I(s) = \dfrac{V}{s\left(R + \dfrac{1}{Cs}\right)} = \dfrac{V}{Rs + \dfrac{1}{C}} = \dfrac{V}{R\left(s + \dfrac{1}{RC}\right)}$$

$$= \dfrac{V}{R}\dfrac{1}{s + \dfrac{1}{RC}}$$

72 어떤 회로의 유효 전력이 300[W], 무효 전력이 400[Var]이다. 이 회로의 복소 전력의 크기[VA]는?

① 350   ② 500

③ 600   ④ 700

해설 복소 전력 $P_a = \overline{V} \cdot I = P \pm jP_r[\mathrm{VA}]$
$P = 300[\mathrm{W}]$, $P_r = 400[\mathrm{Var}]$
$P_a = 300 \pm j400$
$P_a = \sqrt{300^2 + 400^2} = 500[\mathrm{VA}]$

정답   **69.**①   **70.**③   **71.**③   **72.**②

73 회로에서 20[Ω]의 저항이 소비하는 전력은 몇 [W]인가?

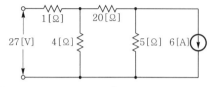

① 14 ② 27
③ 40 ④ 80

해설 • 27[V]에 의한 전류

$$I_1 = \frac{27}{1 + \dfrac{4 \times (20+5)}{4 + (20+5)}} \times \frac{4}{4 + (20+5)} = \frac{108}{129}[A]$$

• 6[A]에 의한 전류

$$I_2 = \frac{5}{5 + \left(20 + \dfrac{4 \times 1}{4+1}\right)} \times 6 = \frac{150}{129}[A]$$

• 20[Ω]에 흐르는 전전류

$$I = I_1 + I_2 = \frac{108}{129} + \frac{150}{129} = 2[A]$$

$$\therefore P = I^2 R = 2^2 \times 20 = 80[W]$$

74 선간 전압이 V_{ab}[V]인 3상 평형 전원에 대칭 부하 R[Ω]이 그림과 같이 접속되어 있을 때 a, b 두 상 간에 접속된 전력계의 지시값이 W[W]라면 c상 전류의 크기[A]는?

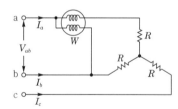

① $\dfrac{W}{3 V_{ab}}$ ② $\dfrac{2 W}{3 V_{ab}}$

③ $\dfrac{2 W}{\sqrt{3}\, V_{ab}}$ ④ $\dfrac{\sqrt{3}\, W}{V_{ab}}$

해설 3상 전력 $P = 2W$[W]
평형 3상 전원이므로 $I_a = I_b = I_c$, $V_{ab} = V_{bc} = V_{ca}$ 이다.

$2W = \sqrt{3}\, V_{ab} I_a \cos\theta$ 에서 R만의 부하이므로
역률 $\cos\theta = 1$

$$\therefore I_c = \frac{2W}{\sqrt{3}\, V_{ab}} = I_a[A]$$

75 불평형 3상 전류가 다음과 같을 때 역상분 전류 I_2[A]는?

$$I_a = 15 + j2\,[A]$$
$$I_b = -20 - j14[A]$$
$$I_c = -3 + j10[A]$$

① $1.91 + j6.24$
② $15.74 - j3.57$
③ $-2.67 - j0.67$
④ $-8 - j2$

해설 역상 전류

$$I_2 = \frac{1}{3}(I_a + a^2 I_b + a I_c)$$
$$= \frac{1}{3}\left\{(15 + j2) + \left(-\frac{1}{2} - j\frac{\sqrt{3}}{2}\right)(-20 - j14)\right.$$
$$\left. + \left(-\frac{1}{2} + j\frac{\sqrt{3}}{2}\right)(-3 + j10)\right\}$$
$$\fallingdotseq 1.91 + j6.24[A]$$

76 $R = 4$[Ω], $\omega L = 3$[Ω]의 직렬 회로에 $e = 100\sqrt{2}\sin\omega t + 50\sqrt{2}\sin3\omega t$를 인가할 때 이 회로의 소비 전력은 약 몇 [W]인가?

① 1,000 ② 1,414
③ 1,560 ④ 1,703

해설
$$I_1 = \frac{V_1}{Z_1} = \frac{V_1}{\sqrt{R^2 + (\omega L)^2}} = \frac{100}{\sqrt{4^2 + 3^2}} = 20[A]$$
$$I_3 = \frac{V_3}{Z_3} = \frac{V_3}{\sqrt{R^2 + (3\omega L)^2}} = \frac{50}{\sqrt{4^2 + 9^2}} = 5.07[A]$$
$$\therefore P = I_1^2 R + I_3^2 R$$
$$= 20^2 \times 4 + 5.07^2 \times 4$$
$$= 1703.06 \fallingdotseq 1,703[W]$$

정답 **73.**④ **74.**③ **75.**① **76.**④

77 그림과 같은 T형 4단자 회로망에서 4단자 정수 A와 C는? $\left($ 단, $Z_1 = \dfrac{1}{Y_1}$, $Z_2 = \dfrac{1}{Y_2}$, $Z_3 = \dfrac{1}{Y_3}\right)$

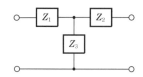

① $A = 1 + \dfrac{Y_3}{Y_1}$, $C = Y_2$

② $A = 1 + \dfrac{Y_3}{Y_1}$, $C = \dfrac{1}{Y_3}$

③ $A = 1 + \dfrac{Y_3}{Y_1}$, $C = Y_3$

④ $A = 1 + \dfrac{Y_1}{Y_3}$, $C = \left(1 + \dfrac{Y_1}{Y_3}\right)\dfrac{1}{Y_3} + \dfrac{1}{Y_2}$

해설 $A = 1 + \dfrac{Z_1}{Z_3} = 1 + \dfrac{Y_3}{Y_1}$, $C = \dfrac{1}{Z_3} = Y_3$

78 $t = 0$ 에서 스위치(S)를 닫았을 때 $t = 0^+$ 에서의 $i(t)$는 몇 [A]인가? (단, 커패시터에 초기 전하는 없다.)

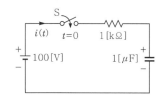

① 0.1   ② 0.2

③ 0.4   ④ 1.0

해설 $i(t) = \dfrac{E}{R}e^{-\frac{1}{RC}t}$

$= \dfrac{100}{10^3}e^{-\frac{1}{10^3 \times 10^{-6}} \cdot 0} = 0.1[\text{A}]$

79 선간 전압이 100[V]이고, 역률이 0.6인 평형 3상 부하에서 무효 전력이 $Q = 10[\text{kVar}]$ 일 때 선전류의 크기는 약 몇 [A]인가?

① 57.7   ② 72.2

③ 96.2   ④ 125

해설 무효 전력 $Q = \sqrt{3}\,VI\sin\theta$

선전류 $I = \dfrac{Q}{\sqrt{3}\,V\sin\theta}$

$= \dfrac{10 \times 10^3}{\sqrt{3} \times 100 \times 0.8} ≒ 72.2[\text{A}]$

80 단위 길이당 인덕턴스가 L [H/m]이고, 단위 길이당 정전 용량이 C[F/m]인 무손실 선로에서의 진행파 속도[m/s]는?

① $\sqrt{LC}$ ② $\dfrac{1}{\sqrt{LC}}$

③ $\sqrt{\dfrac{C}{L}}$ ④ $\sqrt{\dfrac{L}{C}}$

해설 위상 속도(전파 속도)

$v = f \cdot \lambda = \dfrac{\omega}{\beta} = \dfrac{\omega}{\omega\sqrt{LC}} = \dfrac{1}{\sqrt{LC}}[\text{m/s}]$

제5과목 **전기설비기술기준**

81 345[kV] 송전선을 사람이 쉽게 들어가지 않는 산지에 시설할 때 전선의 지표상 높이는 몇 [m] 이상으로 하여야 하는가?

① 7.28   ② 7.56

③ 8.28   ④ 8.56

해설 특고압 가공 전선의 높이(한국전기설비규정 333.7)
$(345 - 165) \div 10 = 18.5$이므로 10[kV] 단수는 19이다. 산지(山地) 등에서 사람이 쉽게 들어갈 수 없는 장소에 시설하는 경우이므로 전선의 지표상 높이는 $5 + 0.12 \times 19 = 7.28[\text{m}]$이다.

82 변전소에서 오접속을 방지하기 위하여 특고압 전로의 보기 쉬운 곳에 반드시 표시해야 하는 것은?

① 상별 표시   ② 위험 표시
③ 최대 전류   ④ 정격 전압

g해설 특고압 전로의 상 및 접속 상태의 표시(한국전기설비규정 351.2)
발전소·변전소 또는 이에 준하는 곳의 특고압 전로에 대하여는 그 접속 상태를 모의 모선의 사용, 기타의 방법에 의하여 표시하여야 한다.

83 전력 보안 가공 통신선의 시설 높이에 대한 기준으로 옳은 것은?

① 철도의 궤도를 횡단하는 경우에는 레일면상 5[m] 이상
② 횡단보도교 위에 시설하는 경우에는 그 노면상 3[m] 이상
③ 도로(차도와 도로의 구별이 있는 도로는 차도) 위에 시설하는 경우에는 지표상 2[m] 이상
④ 교통에 지장을 줄 우려가 없도록 도로(차도와 도로의 구별이 있는 도로는 차도) 위에 시설하는 경우에는 지표상 2[m]까지로 감할 수 있다.

g해설 전력 보안 통신선의 시설 높이와 이격 거리(간격)(한국전기설비규정 362.2)
• 도로 위에 시설하는 경우에는 지표상 5[m] 이상
• 철도의 궤도를 횡단하는 경우에는 레일면상 6.5[m] 이상
• 횡단보도교 위에 시설하는 경우에는 그 노면상 3[m] 이상

84 사용 전압이 154[kV]인 가공 전선로를 제1종 특고압 보안 공사로 시설할 때 사용되는 경동 연선의 단면적은 몇 [mm^2] 이상이어야 하는가?

① 55   ② 100
③ 150   ④ 200

g해설 특고압 보안공사(한국전기설비규정 333.22)
제1종 특고압 보안 공사의 전선의 굵기는 다음과 같다.

사용 전압	전 선
100[kV] 미만	인장 강도 21.67[kN] 이상, 55[mm^2] 이상 경동 연선
100[kV] 이상 300[kV] 미만	인장 강도 58.84[kN] 이상, 150[mm^2] 이상 경동 연선
300[kV] 이상	인장 강도 77.47[kN] 이상, 200[mm^2] 이상 경동 연선

85 가반형의 용접 전극을 사용하는 아크 용접 장치의 용접 변압기의 1차측 전로의 대지 전압은 몇 [V] 이하이어야 하는가?

① 60   ② 150
③ 300   ④ 400

g해설 아크 용접기(한국전기설비규정 241.10)
• 용접 변압기는 절연 변압기일 것
• 용접 변압기의 1차측 전로의 대지 전압은 300[V] 이하일 것

86 전기 온상용 발열선은 그 온도가 몇 [℃]를 넘지 않도록 시설하여야 하는가?

① 50   ② 60
③ 80   ④ 100

g해설 전기 온상 등(한국전기설비규정 241.5)
• 전기 온상 등에 전기를 공급하는 전로의 대지 전압은 300[V] 이하일 것
• 발열선의 지지점 간의 거리는 1[m] 이하일 것
• 발열선과 조영재 사이의 이격 거리(간격)는 2.5[cm] 이상일 것
• 발열선은 그 온도가 80[℃]를 넘지 아니하도록 시설할 것

87 고압용 기계 기구를 시가지에 시설할 때 지표상 몇 [m] 이상의 높이에 시설하고, 또한 사람이 쉽게 접촉할 우려가 없도록 하여야 하는가?

① 4.0 ② 4.5
③ 5.0 ④ 5.5

해설 고압용 기계 기구의 시설(한국전기설비규정 341.8)
기계 기구를 지표상 4.5[m](시가지 외에는 4[m]) 이상의 높이에 시설하고 또한 사람이 쉽게 접촉할 우려가 없도록 시설하는 경우

88 발전기, 전동기, 조상기(무효전력 보상장치), 기타 회전기(회전변류기 제외)의 절연 내력 시험 전압은 어느 곳에 가하는가?

① 권선과 대지 사이
② 외함과 권선 사이
③ 외함과 대지 사이
④ 회전자와 고정자 사이

해설 회전기 및 정류기의 절연 내력(한국전기설비규정 133)

종 류		시험 전압	시험 방법
발전기, 전동기, 조상기 (무효전력 보상장치)	7[kV] 이하	1.5배 (최저 500[V])	권선과 대지 사이 10분간
	7[kV] 초과	1.25배 (최저 10,500[V])	

89 특고압 지중 전선이 지중 약전류 전선 등과 접근하거나 교차하는 경우에 상호 간의 이격거리(간격)가 몇 [cm] 이하인 때에는 두 전선이 직접 접촉하지 아니하도록 하여야 하는가?

① 15 ② 20
③ 30 ④ 60

해설 지중 전선과 지중 약전류 전선 등 또는 관과의 접근 또는 교차(한국전기설비규정 223.6)
저압 또는 고압의 지중 전선은 30[cm] 이하, 특고압 지중 전선은 60[cm] 이하이어야 한다.

90 고압 옥내 배선의 공사 방법으로 틀린 것은?

① 케이블 공사
② 합성 수지관 공사
③ 케이블 트레이 공사
④ 애자 공사(건조한 장소로서 전개된 장소에 한함)

해설 고압 옥내 배선 등의 시설(한국전기설비규정 342.1)
• 애자 공사(건조한 장소로서 전개된 장소에 한함)
• 케이블 공사
• 케이블 트레이 공사

91 무효전력 보상장치에 내부 고장, 과전류 또는 과전압이 생긴 경우 자동적으로 차단되는 장치를 해야 하는 전력용 커패시터의 최소 뱅크 용량은 몇 [kVA]인가?

① 10,000 ② 12,000
③ 13,000 ④ 15,000

해설 조상 설비의 보호 장치(한국전기설비규정 351.5)

설비 종별	뱅크 용량의 구분	자동적으로 전로로부터 차단하는 장치
전력용 커패시터 및 분로 리액터	500[kVA] 초과 15,000[kVA] 미만	• 내부에 고장이 생긴 경우에 동작하는 장치 • 과전류가 생긴 경우에 동작하는 장치
	15,000[kVA] 이상	• 내부에 고장이 생긴 경우에 동작하는 장치 • 과전류가 생긴 경우에 동작하는 장치 • 과전압이 생긴 경우에 동작하는 장치

92 가공 직류 절연 귀선은 특별한 경우를 제외하고 어느 전선에 준하여 시설하여야 하는가?

① 저압 가공 전선
② 고압 가공 전선
③ 특고압 가공 전선
④ 가공 약전류 전선

해설 가공 직류 절연 귀선의 시설(판단기준 제260조)
가공 직류 절연 귀선은 저압 가공 전선에 준한다.

※ 이 문제는 출제 당시 규정에는 적합했으나 새로 제정된 한국전기설비규정에는 일부 부적합하므로 문제 유형만 참고하시기 바랍니다.

93 사용 전압이 440[V]인 이동 기중기용 접촉 전선을 애자 공사에 의하여 옥내의 전개된 장소에 시설하는 경우 사용하는 전선으로 옳은 것은?

① 인장 강도가 3.44[kN] 이상인 것 또는 지름 2.6[mm]의 경동선으로 단면적이 8[mm²] 이상인 것

② 인장 강도가 3.44[kN] 이상인 것 또는 지름 3.2[mm]의 경동선으로 단면적이 18[mm²] 이상인 것

③ 인장 강도가 11.2[kN] 이상인 것 또는 지름 6[mm]의 경동선으로 단면적이 28[mm²] 이상인 것

④ 인장 강도가 11.2[kN] 이상인 것 또는 지름 8[mm]의 경동선으로 단면적이 18[mm²] 이상인 것

해설 옥내에 시설하는 저압 접촉 전선 배선(한국전기설비규정 232.81)
전선은 인장 강도 11.2[kN] 이상의 것 또는 지름 6[mm]의 경동선으로 단면적이 28[mm²] 이상인 것이어야 한다. 단, 사용 전압이 400[V] 이하인 경우에는 인장 강도 3.44[kN] 이상의 것 또는 지름 3.2[mm] 이상의 경동선으로 단면적이 8[mm²] 이상인 것을 사용할 수 있다.

94 옥내에 시설하는 사용 전압이 400[V] 초과 1,000[V] 이하인 전개된 장소로서, 건조한 장소가 아닌 기타의 장소의 관등 회로 배선 공사로서 적합한 것은?

① 애자 공사
② 금속 몰드 공사
③ 금속 덕트 공사
④ 합성 수지 몰드 공사

해설 옥내 방전등 배선(한국전기설비규정 234.11.4)

시설 장소의 구분		공사 방법
전개된 장소	건조한 장소	애자 공사·합성 수지 몰드 공사 또는 금속 몰드 공사
	기타의 장소	애자 공사
점검할 수 있는 은폐된 장소	건조한 장소	애자 공사

95 저압 가공 전선으로 사용할 수 없는 것은?

① 케이블
② 절연 전선
③ 다심형 전선
④ 나동복 강선

해설 저압 가공 전선의 굵기 및 종류(한국전기설비규정 222.5)
저압 가공 전선은 나전선(중성선에 한함), 절연 전선, 다심형 전선 또는 케이블을 사용해야 한다.

96 가공 전선로의 지지물에 시설하는 지선(지지선)의 시설 기준으로 틀린 것은?

① 지선(지지선)의 안전율을 2.5 이상으로 할 것

② 소선은 최소 5가닥 이상의 강심 알루미늄 연선을 사용할 것

③ 도로를 횡단하여 시설하는 지선(지지선)의 높이는 지표상 5[m] 이상으로 할 것

④ 지중 부분 및 지표상 30[cm]까지의 부분에는 내식성이 있는 것을 사용할 것

해설 지선(지지선)의 시설(한국전기설비규정 331.11)
• 지선(지지선)의 안전율은 2.5 이상일 것. 이 경우에 허용 인장 하중의 최저는 4.31[kN]
• 지선(지지선)에 연선을 사용할 경우
 - 소선 3가닥 이상의 연선일 것
 - 소선의 지름이 2.6[mm] 이상의 금속선을 사용한 것일 것

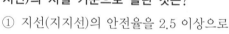

정답 93.③ 94.① 95.④ 96.②

- 지중 부분 및 지표상 30[cm]까지의 부분에는 내식성이 있는 것 또는 아연 도금을 한 철봉을 사용하고 쉽게 부식되지 아니하는 근가(전주 버팀대)에 견고하게 붙일 것
- 철탑은 지선(지지선)을 사용하여 그 강도를 분담시켜서는 안 됨
- 도로를 횡단하여 시설하는 지선(지지선)의 높이는 지표상 5[m] 이상

97 특고압 가공 전선로 중 지지물로서 직선형의 철탑을 연속하여 10기 이상 사용하는 부분에는 몇 기 이하마다 내장(장력이 견디는) 애자 장치가 되어 있는 철탑 또는 이와 동등 이상의 강도를 가지는 철탑 1기를 시설하여야 하는가?

① 3 ② 5
③ 7 ④ 10

해설 특고압 가공 전선로의 내장형 등의 지지물 시설(한국전기설비규정 333.16)
특고압 가공 전선로 중 지지물로서 직선형의 철탑을 연속하여 10기 이상 사용하는 부분에는 10기 이하마다 내장(장력이 견디는) 애자 장치가 되어 있는 철탑 또는 이와 동등 이상의 강도를 가지는 철탑 1기를 시설한다.

98 접지 공사에 사용하는 접지 도체를 사람이 접촉할 우려가 있는 곳에 시설하는 경우 「전기용품 및 생활용품 안전관리법」을 적용받는 합성 수지관(두께 2[mm] 미만의 합성 수지제 전선관 및 난연성이 없는 콤바인덕트관을 제외한다)으로 덮어야 하는 범위로 옳은 것은?

① 접지 도체의 지하 30[cm]로부터 지표상 1[m]까지의 부분
② 접지 도체의 지하 50[cm]로부터 지표상 1.2[m]까지의 부분
③ 접지 도체의 지하 60[cm]로부터 지표상 1.8[m]까지의 부분
④ 접지 도체의 지하 75[cm]로부터 지표상 2[m]까지의 부분

해설 접지 도체(한국전기설비규정 142.3.1)
접지 도체는 지하 75[cm]부터 지표상 2[m]까지의 부분은 합성 수지관(두께 2[mm] 미만 제외) 또는 이것과 동등 이상의 절연 효력 및 강도를 가지는 몰드로 덮을 것

99 사용 전압이 400[V] 이하인 저압 가공 전선은 케이블인 경우를 제외하고는 지름이 몇 [mm] 이상이어야 하는가? (단, 절연 전선은 제외한다.)

① 3.2 ② 3.6
③ 4.0 ④ 5.0

해설 저압 가공 전선의 굵기 및 종류(한국전기설비규정 222.5)
사용 전압이 400[V] 이하인 인장 강도 3.43[kN] 이상의 것 또는 지름 3.2[mm](절연 전선은 인장 강도 2.3[kN] 이상의 것 또는 지름 2.6[mm] 이상의 경동선) 이상

100 수용 장소의 인입구 부근에 대지 사이의 전기 저항값이 3[Ω] 이하인 값을 유지하는 건물의 철골을 접지극으로 사용하여 접지 공사를 한 저압 전로의 접지측 전선에 추가 접지 시 사용하는 접지 도체를 사람이 접촉할 우려가 있는 곳에 시설할 때는 어떤 공사방법으로 시설하는가?

① 금속관 공사
② 케이블 공사
③ 금속 몰드 공사
④ 합성 수지관 공사

해설 저압 수용 장소의 인입구의 접지(한국전기설비규정 142.4.1)
접지 도체를 사람이 접촉할 우려가 있는 곳에 시설할 때에는 접지 도체는 케이블 공사에 준하여 시설하여야 한다.

정답 97.④ 98.④ 99.① 100.②

제1과목 전기자기학

01 환상 솔레노이드 철심 내부에서 자계의 세기[AT/m]는? (단, N은 코일 권선수, r은 환상 철심의 평균 반지름, I는 코일에 흐르는 전류이다.)

① NI

② $\dfrac{NI}{2\pi r}$

③ $\dfrac{NI}{2r}$

④ $\dfrac{NI}{4\pi r}$

해설 • 앙페르의 주회 적분 법칙 $NI = \displaystyle\oint_c H dl = Hl$

• 자계의 세기 $H = \dfrac{NI}{l} = \dfrac{NI}{2\pi r}$ [AT/m]

02 전류 I가 흐르는 무한 직선 도체가 있다. 이 도체로부터 수직으로 0.1[m] 떨어진 점에서 자계의 세기가 180[AT/m]이다. 도체로부터 수직으로 0.3[m] 떨어진 점에서 자계의 세기[AT/m]는?

① 20

② 60

③ 180

④ 540

해설 자계의 세기 $H = \dfrac{I}{2\pi r}$ [AT/m]

$H_1 = \dfrac{I}{2\pi \times 0.1} = 180 \text{[AT/m]}$

$H_2 = \dfrac{I}{2\pi \times 0.3} = \dfrac{I}{2\pi \times 0.1 \times 3}$

$= 180 \times \dfrac{1}{3} = 60 \text{[AT/m]}$

03 길이가 l[m], 단면적의 반지름이 a[m]인 원통이 길이 방향으로 균일하게 자화되어 자화의 세기가 J[Wb/m²]인 경우 원통 양단에서의 자극의 세기 m[Wb]은?

① alJ

② $2\pi alJ$

③ $\pi a^2 J$

④ $\dfrac{J}{\pi a^2}$

해설 자화의 세기 $J = \dfrac{m}{s}$ [Wb/m²]

자성체 양단 자극의 세기 $m = sJ = \pi a^2 J$ [Wb]

04 임의 형상의 도선에 전류 I[A]가 흐를 때 거리 r[m]만큼 떨어진 점에서 자계의 세기 H[AT/m]를 구하는 비오-사바르의 법칙에서 자계의 세기 H[AT/m]와 거리 r[m]의 관계로 옳은 것은?

① r에 반비례

② r에 비례

③ r^2에 반비례

④ r^2에 비례

해설 비오-사바르(Biot-Savart) 법칙

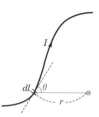

$dH = \dfrac{Idl}{4\pi r^2}\sin\theta \text{[AT/m]}$

자계의 세기 $H = \dfrac{I}{4\pi}\displaystyle\int \dfrac{dl}{r^2}\sin\theta \propto \dfrac{1}{r^2}$

05 진공 중에서 전자파의 전파 속도[m/s]는?

① $C_0 = \dfrac{1}{\sqrt{\varepsilon_0 \mu_0}}$

② $C_0 = \sqrt{\varepsilon_0 \mu_0}$

③ $C_0 = \dfrac{1}{\sqrt{\varepsilon_0}}$

④ $C_0 = \dfrac{1}{\sqrt{\mu_0}}$

해설 전파 속도 $v = \dfrac{1}{\sqrt{\varepsilon\mu}} = \dfrac{1}{\sqrt{\varepsilon_0\mu_0}} \dfrac{1}{\sqrt{\varepsilon_s\mu_s}}$ [m/s]

진공 중에서 $v_0 = \dfrac{1}{\sqrt{\varepsilon_0\mu_0}} = C_0$ (광속도)

06 다음 중 영구 자석 재료로 사용하기에 적합한 특성은?

① 잔류 자기와 보자력이 모두 큰 것이 적합하다.

② 잔류 자기는 크고 보자력은 작은 것이 적합하다.

③ 잔류 자기는 작고 보자력은 큰 것이 적합하다.

④ 잔류 자기와 보자력이 모두 작은 것이 적합하다.

해설 영구 자석의 재료로는 잔류 자기(B_r)와 보자력(H_c)이 모두 큰 것이 적합하고, 전자석의 재료는 잔류 자기와 보자력 모두 작은 것이 적합하다.

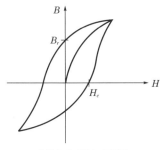

‖ 히스테리시스 곡선 ‖

07 변위 전류와 관계가 가장 깊은 것은?

① 도체 ② 반도체
③ 자성체 ④ 유전체

해설 변위 전류는 유전체 내의 속박 전자의 위치 변화에 따른 전류로, 전속 밀도의 시간적 변화이다.

변위 전류 $I_d = \dfrac{\partial Q}{\partial t} = \dfrac{\partial \psi}{\partial t} = \dfrac{\partial D}{\partial t} S$ [A]

여기서, 전속 $\psi = Q = D \cdot S$ [C]

08 자속 밀도가 10[Wb/m²]인 자계 내에 길이 4[cm]의 도체를 자계와 직각으로 놓고 이 도체를 0.4초 동안 1[m]씩 균일하게 이동하였을 때 발생하는 기전력은 몇 [V]인가?

① 1 ② 2
③ 3 ④ 4

해설 기전력 $e = v\beta l \sin\theta = \dfrac{x}{t}\beta l \sin\theta$

$= \dfrac{1}{0.4} \times 10 \times 0.04 \times 1 = 1$ [V]

09 내부 원통의 반지름이 a, 외부 원통의 반지름이 b인 동축 원통 콘덴서의 내외 원통 사이에 공기를 넣었을 때 정전 용량이 C_1이었다. 내외 반지름을 모두 3배로 증가시키고 공기 대신 비유전율이 3인 유전체를 넣었을 경우의 정전 용량 C_2는?

① $C_2 = \dfrac{C_1}{9}$ ② $C_2 = \dfrac{C_1}{3}$

③ $C_2 = 3C_1$ ④ $C_2 = 9C_1$

해설 동축 원통 도체(calle)의 정전 용량 C

$C_1 = \dfrac{2\pi\varepsilon_0}{\ln\dfrac{b}{a}}$ [F/m]

$C_2 = \dfrac{2\pi\varepsilon_0\varepsilon_s}{\ln\dfrac{3b}{3a}} = 3\dfrac{2\pi\varepsilon_0}{\ln\dfrac{b}{a}} = 3C_1$ [F/m]

정답 05.① 06.① 07.④ 08.① 09.③

10 다음 정전계에 관한 식 중에서 틀린 것은? (단, D는 전속 밀도, V는 전위, ρ는 공간 (체적) 전하 밀도, ε은 유전율이다.)

① 가우스의 정리 : $\operatorname{div}D = \rho$

② 푸아송의 방정식 : $\nabla^2 V = \dfrac{\rho}{\varepsilon}$

③ 라플라스의 방정식 : $\nabla^2 V = 0$

④ 발산의 정리 : $\oint_s D \cdot ds = \int_v \operatorname{div}D dv$

해설 · 전위 기울기 $E = -\operatorname{grad} V = -\nabla V$

· 가우스 정리 미분형 $\operatorname{div}E = \nabla \cdot E = \dfrac{\rho}{\varepsilon}$
$$= \nabla \cdot D = \rho \,(D = \varepsilon E)$$

· 푸아송의 방정식 $\nabla \cdot (-\nabla V) = \dfrac{\rho}{\varepsilon}$
$$\nabla^2 V = -\dfrac{\rho}{\varepsilon}$$

11 유전율이 ε_1, ε_2인 유전체 경계면에 수직으로 전계가 작용할 때 단위 면적당 수직으로 작용하는 힘[N/m²]은? (단, E는 전계[V/m]이고, D는 전속 밀도[C/m²]이다.)

① $2\left(\dfrac{1}{\varepsilon_2} - \dfrac{1}{\varepsilon_1}\right)E^2$ ② $2\left(\dfrac{1}{\varepsilon_2} - \dfrac{1}{\varepsilon_1}\right)D^2$

③ $\dfrac{1}{2}\left(\dfrac{1}{\varepsilon_2} - \dfrac{1}{\varepsilon_1}\right)E^2$ ④ $\dfrac{1}{2}\left(\dfrac{1}{\varepsilon_2} - \dfrac{1}{\varepsilon_1}\right)D^2$

해설 유전체 경계면에 전계가 수직으로 입사하면 전속 밀도 $D_1 = D_2$이고, 인장 응력이 작용한다.

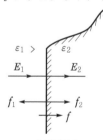

‖ 경계면 ‖

$$f_1 = \dfrac{D_1^2}{2\varepsilon_1}, \ f_2 = \dfrac{D_2^2}{2\varepsilon_2}\,[\mathrm{N/m^2}]$$

$\varepsilon_1 > \varepsilon_2$일 때
$$f = f_2 - f_1 = \dfrac{1}{2}\left(\dfrac{1}{\varepsilon_2} - \dfrac{1}{\varepsilon_1}\right)D^2\,[\mathrm{N/m^2}]$$
힘은 유전율이 큰 쪽에서 작은 쪽으로 작용한다.

12 질량(m)이 10^{-10}[kg]이고, 전하량(Q)이 10^{-8}[C]인 전하가 전기장에 의해 가속되어 운동하고 있다. 가속도가 $a = 10^2 i + 10^2 j\,[\mathrm{m/s^2}]$일 때 전기장의 세기 E[V/m]는?

① $E = 10^4 i + 10^5 j$

② $E = i + 10 j$

③ $E = i + j$

④ $E = 10^{-6} i + 10^{-4} j$

해설 전기장에 의해 전하량 Q에 작용하는 힘과 가속에 의한 질량 m의 작용하는 힘이 동일하므로
$$F = QE = ma$$
전기장의 세기 $E = \dfrac{m}{Q}a = \dfrac{10^{-10}}{10^{-8}} \times (10^2 i + 10^2 j)$
$$= i + j\,[\mathrm{V/m}]$$

13 진공 중에서 2[m] 떨어진 두 개의 무한 평행 도선에 단위 길이당 10^{-7}[N]의 반발력이 작용할 때 각 도선에 흐르는 전류의 크기와 방향은? (단, 각 도선에 흐르는 전류의 크기는 같다.)

① 각 도선에 2[A]가 반대 방향으로 흐른다.
② 각 도선에 2[A]가 같은 방향으로 흐른다.
③ 각 도선에 1[A]가 반대 방향으로 흐른다.
④ 각 도선에 1[A]가 같은 방향으로 흐른다.

해설 평행 도선 사이에 단위 길이당 작용하는 힘 f는 다음과 같다.
$$f = \dfrac{2 I_1 I_2}{d} \times 10^{-7}\,[\mathrm{N/m}]$$
전류의 방향이 같은 방향이면 흡인력, 반대 방향이면 반발력이 작용한다.
$$10^{-7} = \dfrac{2 I^2}{2} \times 10^{-7}$$
전류 $I = 1$[A]가 반대 방향으로 흐른다.

정답 10.② 11.④ 12.③ 13.③

14 자기 인덕턴스(self inductance) L[H]을 나타낸 식은? (단, N은 권선수, I는 전류[A], ϕ는 자속[Wb], B는 자속 밀도[Wb/m²], H는 자계의 세기[AT/m], A는 벡터 퍼텐셜[Wb/m], J는 전류 밀도[A/m²]이다.)

① $L = \dfrac{N\phi}{I^2}$

② $L = \dfrac{1}{2I^2}\displaystyle\int B \cdot H dv$

③ $L = \dfrac{1}{I^2}\displaystyle\int A \cdot J dv$

④ $L = \dfrac{1}{I}\displaystyle\int B \cdot H dv$

해설 쇄교 자속 $N\phi = LI$

자기 인덕턴스 $L = \dfrac{N\phi}{I}$

자속 $N\phi = \displaystyle\int_s \vec{B}\vec{n}ds = \int_s \text{rot}\vec{A}\vec{n}ds = \oint_c A\,dl$ [Wb]

전류 $I = \displaystyle\int_s \vec{J}\vec{n}ds$ [A]

인덕턴스 $L = \dfrac{N\phi I}{I^2} = \dfrac{1}{I^2}\oint A\,dl \int_s \vec{J}\vec{n}ds$

$\qquad = \dfrac{1}{I^2}\displaystyle\int_v A \cdot J dv$ [H]

15 반지름이 a[m], b[m]인 두 개의 구 형상 도체 전극이 도전율 k인 매질 속에 거리 r[m]만큼 떨어져 있다. 양 전극 간의 저항[Ω]은? (단, $r \gg a$, $r \gg b$이다.)

① $4\pi k\left(\dfrac{1}{a} + \dfrac{1}{b}\right)$

② $4\pi k\left(\dfrac{1}{a} - \dfrac{1}{b}\right)$

③ $\dfrac{1}{4\pi k}\left(\dfrac{1}{a} + \dfrac{1}{b}\right)$

④ $\dfrac{1}{4\pi k}\left(\dfrac{1}{a} - \dfrac{1}{b}\right)$

해설

$$Q_1 = Q \qquad\qquad Q_2 = -Q$$

(그림: 반지름 a인 구 V_1와 반지름 b인 구 V_2가 거리 r[m] 떨어져 있음)

전위 $V_1 = P_{11}Q_1 + P_{12}Q_2 = \dfrac{1}{4\pi\varepsilon a}Q - \dfrac{1}{4\pi\varepsilon r}Q$

전위 $V_2 = P_{21}Q_1 + P_{22}Q_2 = \dfrac{1}{4\pi\varepsilon r}Q - \dfrac{1}{4\pi\varepsilon b}Q$

전위차 $V_{12} = V_1 - V_2 = \dfrac{Q}{4\pi\varepsilon}\left(\dfrac{1}{a} + \dfrac{1}{b} - \dfrac{2}{r}\right)$

$\qquad\qquad\quad \fallingdotseq \dfrac{Q}{4\pi\varepsilon}\left(\dfrac{1}{a} + \dfrac{1}{b}\right)$ $(r \gg a, b)$

정전 용량 $C = \dfrac{Q}{V_{12}} = \dfrac{4\pi\varepsilon}{\dfrac{1}{a} + \dfrac{1}{b}}$ [F]

저항과 정전 용량 $RC = \rho\varepsilon = \dfrac{\varepsilon}{k}$

양 전극 간의 저항 $R = \dfrac{\varepsilon}{kC} = \dfrac{\varepsilon}{k}\dfrac{1}{4\pi\varepsilon}\left(\dfrac{1}{a} + \dfrac{1}{b}\right)$

$\qquad\qquad\qquad = \dfrac{1}{4\pi k}\left(\dfrac{1}{a} + \dfrac{1}{b}\right)$ [Ω]

16 정전계 내 도체 표면에서 전계의 세기가 $E = \dfrac{a_x - 2a_y + 2a_z}{\varepsilon_0}$ [V/m]일 때 도체 표면상의 전하 밀도 ρ_s[C/m²]를 구하면? (단, 자유 공간이다.)

① 1
② 2
③ 3
④ 5

해설 전계의 세기 $E = \dfrac{\rho_s}{\varepsilon_0}$ [V/m]

면 전하 밀도 $\rho_s = \varepsilon_0 E$

$\qquad = a_x - 2a_y + 2a_z$

$\qquad = \sqrt{1^1 + 2^2 + 2^2} = 3$ [C/m²]

17 반지름이 3[cm]인 원형 단면을 가지고 있는 환상 연철심에 코일을 감고 여기에 전류를 흘려서 철심 중의 자계 세기가 400[AT/m]가 되도록 여자할 때 철심 중의 자속 밀도는 약 몇 [Wb/m²]인가? (단, 철심의 비투자율은 400이라고 한다.)

① 0.2
② 0.8
③ 1.6
④ 2.0

해설 자속 밀도 $B = \mu H = \mu_0 \mu_s H$

$\qquad\qquad = 4\pi \times 10^{-7} \times 400 \times 400$

$\qquad\qquad = 0.2$ [Wb/m²]

정답 14.③ 15.③ 16.③ 17.①

18 저항의 크기가 1[Ω]인 전선이 있다. 전선의 체적을 동일하게 유지하면서 길이를 2배로 늘였을 때 전선의 저항[Ω]은?

① 0.5　　　　　② 1
③ 2　　　　　　④ 4

해설 저항 $R = \rho\dfrac{l}{A} = 1[\Omega]$

$$R' = \rho\dfrac{2l}{\dfrac{A}{2}} = 4 \cdot \rho\dfrac{l}{A} = 4[\Omega]$$

19 자기 회로와 전기 회로에 대한 설명으로 틀린 것은?

① 자기 저항의 역수를 컨덕턴스라 한다.
② 자기 회로의 투자율은 전기 회로의 도전율에 대응된다.
③ 전기 회로의 전류는 자기 회로의 자속에 대응된다.
④ 자기 저항의 단위는 [AT/Wb]이다.

해설 자기 저항 $R_m = \dfrac{l}{\mu S} = \dfrac{NI}{\phi}$ [AT/Wb]

전기 저항의 역수는 컨덕턴스이고, 자기 저항의 역수는 퍼미언스(permeance)라 한다.

20 서로 같은 2개의 구 도체에 동일 양의 전하로 대전시킨 후 20[cm] 떨어뜨린 결과 구 도체에 서로 8.6×10^{-4}[N]의 반발력이 작용하였다. 구 도체에 주어진 전하는 약 몇 [C]인가?

① 5.2×10^{-8}　　② 6.2×10^{-8}
③ 7.2×10^{-8}　　④ 8.2×10^{-8}

해설 힘 $F = \dfrac{1}{4\pi\varepsilon_0}\dfrac{Q_1 Q_2}{r^2}$ [N]

$$8.6 \times 10^{-4} = 9 \times 10^9 \dfrac{Q^2}{0.2^2}$$

전하 $Q = \sqrt{\dfrac{8.6 \times 10^{-4}}{9 \times 10^9} \times 0.2^2} = 6.18 \times 10^{-8}$ [C]

제2과목　전력공학

21 전력 원선도에서 구할 수 없는 것은?

① 송·수전할 수 있는 최대 전력
② 필요한 전력을 보내기 위한 송·수전단 전압 간의 상차각
③ 선로 손실과 송전 효율
④ 과도 극한 전력

해설 전력 원선도로부터 알 수 있는 사항
• 송·수전단 위상각
• 유효 전력, 무효 전력, 피상 전력 및 최대 전력
• 전력 손실과 송전 효율
• 수전단의 역률 및 조상 설비의 용량
• 정태 안정 극한 전력

22 다음 중 그 값이 항상 1 이상인 것은?

① 부등률　　　　② 부하율
③ 수용률　　　　④ 전압 강하율

해설 부등률 $= \dfrac{\text{각 부하의 최대 수용 전력의 합[kW]}}{\text{합성 최대 전력[kW]}}$ 으로

이 값은 항상 1 이상이다.

23 송전 전력, 송전 거리, 전선로의 전력 손실이 일정하고, 같은 재료의 전선을 사용한 경우 단상 2선식에 대한 3상 4선식의 1선당 전력비는 약 얼마인가? (단, 중성선은 외선과 같은 굵기이다.)

① 0.7　　　　　② 0.87
③ 0.94　　　　　④ 1.15

해설 1선당 전력의 비(3상/단상)는 다음과 같다.

$$\dfrac{\dfrac{\sqrt{3}\,VI}{4}}{\dfrac{VI}{2}} = \dfrac{\sqrt{3}}{2} = 0.866$$

▶**정답** ◀　18.④　19.①　20.②　21.④　22.①　23.②

24 3상용 차단기의 정격 차단 용량은?

① $\sqrt{3}$ ×정격 전압×정격 차단 전류
② $\sqrt{3}$ ×정격 전압×정격 전류
③ 3×정격 전압×정격 차단 전류
④ 3×정격 전압×정격 전류

해설 차단기의 정격 차단 용량
P_s[MVA]= $\sqrt{3}$ ×정격 전압[kV]×정격 차단 전류[kA]

25 개폐 서지의 이상 전압을 감쇄할 목적으로 설치하는 것은?

① 단로기 ② 차단기
③ 리액터 ④ 개폐 저항기

해설 차단기의 개폐 서지에 의한 이상 전압을 억제하기 위한 방법으로 개폐 저항기를 사용한다.

26 부하의 역률을 개선할 경우 배전 선로에 대한 설명으로 틀린 것은? (단, 다른 조건은 동일하다.)

① 설비 용량의 여유 증가
② 전압 강하의 감소
③ 선로 전류의 증가
④ 전력 손실의 감소

해설 역률 개선의 효과
• 선로 전류가 감소하므로 전력 손실 감소, 전압 강하 감소
• 설비의 여유 증가
• 전력 사업자 공급 설비의 합리적 운용

27 수력 발전소의 형식을 취수 방법, 운용 방법에 따라 분류할 수 있다. 다음 중 취수 방법에 따른 분류가 아닌 것은?

① 댐식 ② 수로식
③ 조정지식 ④ 유역 변경식

해설 수력 발전소 분류에서 낙차를 얻는 방식(취수 방법)은 댐식, 수로식, 댐·수로식, 유역 변경식 등이 있고, 유량 사용 방법은 유입식, 저수지식, 조정지식, 양수식(역조정지식) 등이 있다.

28 한류 리액터를 사용하는 가장 큰 목적은?

① 충전 전류의 제한
② 접지 전류의 제한
③ 누설 전류의 제한
④ 단락 전류의 제한

해설 한류 리액터는 단락 사고 시 발전기가 전기자 반작용이 일어나기 전 커다란 돌발 단락 전류가 흐르므로 이를 제한하기 위해 선로에 직렬로 설치한 리액터이다.

29 66/22[kV], 2,000[kVA] 단상 변압기 3대를 1뱅크로 운전하는 변전소로부터 전력을 공급받는 어떤 수전점에서의 3상 단락 전류는 약 몇 [A]인가? (단, 변압기의 %리액턴스는 7이고 선로의 임피던스는 0이다.)

① 750 ② 1,570
③ 1,900 ④ 2,250

해설 단락 전류 $I_s = \dfrac{100}{\%Z} \cdot I_n$

$= \dfrac{100}{7} \times \dfrac{2,000 \times 3}{\sqrt{3} \times 22} = 2,250[A]$

30 반지름 0.6[cm]인 경동선을 사용하는 3상 1회선 송전선에서 선간 거리를 2[m]로 정삼각형 배치할 경우 각 선의 인덕턴스[mH/km]는 약 얼마인가?

① 0.81 ② 1.21
③ 1.51 ④ 1.81

해설 $L = 0.05 + 0.4605\log_{10}\dfrac{D}{r}$[mH/km]

$= 0.05 + 0.4605\log_{10}\dfrac{2}{0.6 \times 10^{-2}} = 1.21$[mH/km]

정답 24.① 25.④ 26.③ 27.③ 28.④ 29.④ 30.②

31
파동 임피던스 $Z_1 = 500[\Omega]$인 선로에 파동 임피던스 $Z_2 = 1,500[\Omega]$인 변압기가 접속되어 있다. 선로로부터 600[kV]의 전압파가 들어왔을 때 접속점에서 투과파 전압[kV]은?

① 300   ② 600

③ 900   ④ 1,200

해설 투과파 전압 $e_t = \dfrac{2Z_2}{Z_1 + Z_2} \cdot e_i$

$$= \dfrac{2 \times 1,500}{500 + 1,500} \times 600$$
$$= 900[kV]$$

32
원자력 발전소에서 비등수형 원자로에 대한 설명으로 틀린 것은?

① 연료로 농축 우라늄을 사용한다.

② 냉각재로 경수를 사용한다.

③ 물을 원자로 내에서 직접 비등시킨다.

④ 가압수형 원자로에 비해 노심의 출력 밀도가 높다.

해설 비등수형 원자로의 특징
- 원자로의 내부 증기를 직접 터빈에서 이용하기 때문에 증기 발생기(열 교환기)가 필요 없다.
- 증기가 직접 터빈으로 들어가기 때문에 증기 누출을 철저히 방지해야 한다.
- 순환 펌프로 급수 펌프만 있으면 되므로 소내용 동력이 작다.
- 노심의 출력 밀도가 낮기 때문에 같은 노출력의 원자로에서는 노심 및 압력 용기가 커진다.
- 원자력 용기 내에 기수 분리기와 증기 건조기가 설치되므로 용기의 높이가 커진다.
- 연료는 저농축 우라늄(2 ~ 3[%])을 사용한다.

33
송 · 배전 선로의 고장 전류 계산에서 영상 임피던스가 필요한 경우는?

① 3상 단락 계산   ② 선간 단락 계산

③ 1선 지락 계산   ④ 3선 단선 계산

해설 각 사고별 대칭 좌표법 해석

1선 지락	정상분	역상분	영상분
선간 단락	정상분	역상분	×
3상 단락	정상분	×	×

표에서 보면 영상 임피던스가 필요한 경우는 1선 지락 사고이다.

34
증기 사이클에 대한 설명 중 틀린 것은?

① 랭킨 사이클의 열효율은 초기 온도 및 초기 압력이 높을수록 효율이 크다.

② 재열 사이클은 저압 터빈에서 증기가 포화 상태에 가까워졌을 때 증기를 다시 가열하여 고압 터빈으로 보낸다.

③ 재생 사이클은 증기 원동기 내에서 증기의 팽창 도중에서 증기를 추출하여 급수를 예열한다.

④ 재열 재생 사이클은 재생 사이클과 재열 사이클을 조합해 병용하는 방식이다.

해설 재열 사이클이란 고압 터빈 내에서 습증기가 되기 전에 증기를 모두 추출해 재열기를 이용하여 재가열시켜 저압 터빈을 돌려 열효율을 향상시키는 열 사이클이다.

35
다음 중 송전 선로의 역섬락을 방지하기 위한 대책으로 가장 알맞은 방법은?

① 가공 지선 설치

② 피뢰기 설치

③ 매설 지선 설치

④ 소호각 설치

해설 철탑의 대지 전기 저항이 크게 되면 뇌전류가 흐를 때 철탑의 전위가 상승하여 역섬락이 생길 수 있으므로 매설 지선을 사용하여 철탑의 탑각 저항을 저감시켜야 한다.

36 전원이 양단에 있는 환상 선로의 단락 보호에 사용되는 계전기는?

① 방향 거리 계전기
② 부족 전압 계전기
③ 선택 접지 계전기
④ 부족 전류 계전기

해설 송전 선로 단락 보호
• 방사상 선로 : 과전류 계전기 사용
• 환상 선로 : 방향 단락 계전 방식, 방향 거리 계전 방식, 과전류 계전기와 방향 거리 계전기와 조합하는 방식

37 전력 계통을 연계시켜서 얻는 이득이 아닌 것은?

① 배후 전력이 커져서 단락 용량이 작아진다.
② 부하 증가 시 종합 첨두 부하가 저감된다.
③ 공급 예비력이 절감된다.
④ 공급 신뢰도가 향상된다.

해설 배후 전력이 커지면 단락 용량이 증가하므로 고장 용량이 크게 된다.

38 배전 선로에 3상 3선식 비접지 방식을 채용할 경우 나타나는 현상은?

① 1선 지락 고장 시 고장 전류가 크다.
② 1선 지락 고장 시 인접 통신선의 유도 장해가 크다.
③ 고·저압 혼촉 고장 시 저압선의 전위 상승이 크다.
④ 1선 지락 고장 시 건전상의 대지 전위 상승이 크다.

해설 중성점 비접지 방식
1선 지락 전류가 작아 계통에 주는 영향도 작고 과도 안정도가 좋으며 유도 장해도 작지만, 지락 시 충전 전류가 흐르기 때문에 건전상의 전위를 상승시키고, 보호 계전기의 동작이 확실하지 않다.

39 선간 전압이 $V[\text{kV}]$이고 3상 정격 용량이 $P[\text{kVA}]$인 전력 계통에서 리액턴스가 $X[\Omega]$라고 할 때 이 리액턴스를 %리액턴스로 나타내면?

① $\dfrac{XP}{10\,V}$　　② $\dfrac{XP}{10\,V^2}$

③ $\dfrac{XP}{V^2}$　　④ $\dfrac{10\,V^2}{XP}$

해설 % 임피던스 $\%Z = \dfrac{PZ}{10\,V^2}[\%]$에서 리액턴스가 주어졌으므로 % 리액턴스 $\%X = \dfrac{PX}{10\,V^2}[\%]$로 나타낸다.

40 전력용 콘덴서를 변전소에 설치할 때 직렬 리액터를 설치하고자 한다. 직렬 리액터의 용량을 결정하는 계산식은? (단, f_0는 전원의 기본 주파수, C는 역률 개선용 콘덴서의 용량, L은 직렬 리액터의 용량이다.)

① $L = \dfrac{1}{(2\pi f_0)^2 C}$　② $L = \dfrac{1}{(5\pi f_0)^2 C}$

③ $L = \dfrac{1}{(6\pi f_0)^2 C}$　④ $L = \dfrac{1}{(10\pi f_0)^2 C}$

해설 직렬 리액터를 이용하여 제5고조파를 제거하므로
$$5\omega L = \dfrac{1}{5\omega C}$$
$$\therefore\ L = \dfrac{1}{(5\omega)^2 C} = \dfrac{1}{(10\pi f_0)^2 C}$$

제3과목 **전기기기**

41 동기 발전기 단절권의 특징이 아닌 것은?

① 코일 간격이 극 간격보다 작다.
② 전절권에 비해 합성 유기 기전력이 증가한다.
③ 전절권에 비해 코일 단이 짧게 되므로 재료가 절약된다.
④ 고조파를 제거해서 전절권에 비해 기전력의 파형이 좋아진다.

해설 동기 발전기의 전기자 권선법
• 전절권(×) : 코일 간격과 극 간격이 같은 경우
• 단절권(○) : 코일 간격이 극 간격보다 짧은 경우
– 고조파를 제거하여 기전력의 파형을 개선한다.
– 동선량 및 기계 치수가 경감된다.
– 합성 기전력이 감소한다.

42 3상 변압기의 병렬 운전 조건으로 틀린 것은?

① 각 군의 임피던스가 용량에 비례할 것
② 각 변압기의 백분율 임피던스 강하가 같을 것
③ 각 변압기의 권수비가 같고 1차와 2차의 정격 전압이 같을 것
④ 각 변압기의 상회전 방향 및 1차와 2차 선간 전압의 위상 변위가 같을 것

해설 3상 변압기의 병렬 운전 조건
• 1차, 2차의 정격 전압과 권수비가 같을 것
• 퍼센트 임피던스 강하가 같을 것
• 변압기의 저항과 리액턴스 비가 같을 것
• 상회전 방향과 위상 변위가 같을 것

43 직류기의 권선을 단중 파권으로 감으면 어떻게 되는가?
① 저압 대전류용 권선이다.
② 균압환을 연결해야 한다.

③ 내부 병렬 회로수가 극수만큼 생긴다.
④ 전기자 병렬 회로수가 극수에 관계없이 언제나 2이다.

해설 직류기의 전기자 권선법을 단중 파권으로 하면 전기자의 병렬 회로는 언제나 2이고, 고전압 소전류에 유효하며 균압환은 불필요하다.

44 210/105[V]의 변압기를 그림과 같이 결선하고 고압측에 200[V]의 전압을 가하면 전압계의 지시는 몇 [V]인가? (단, 변압기는 가극성이다.)

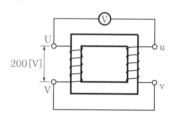

① 100   ② 200
③ 300   ④ 400

해설
권수비 $a = \dfrac{E_1}{E_2} = \dfrac{V_1}{V_2} = \dfrac{210}{105} = 2$

$E_1 = V_1 = 200[\text{V}]$, $E_2 = \dfrac{E_1}{a} = \dfrac{200}{2} = 100[\text{V}]$
• 감극성 : $V = E_1 - E_2 = 200 - 100 = 100[\text{V}]$
• 가극성 : $V = E_1 + E_2 = 200 + 100 = 300[\text{V}]$

45 2상 교류 서보 모터를 구동하는 데 필요한 2상 전압을 얻는 방법으로 널리 쓰이는 방법은?
① 2상 전원을 직접 이용하는 방법
② 환상 결선 변압기를 이용하는 방법
③ 여자 권선에 리액터를 삽입하는 방법
④ 증폭기 내에서 위상을 조정하는 방법

해설 제어용 서보 모터(servo motor)는 2상 교류 서보 모터 또는 직류 서보 모터가 있으며 2상 교류 서보 모터의 주권선에는 상용 주파의 교류 전압 E_r, 제어 권선에는 증폭기 내에서 위상을 조정하는 입력 신호 E_c가 공급된다.

정답 41.② 42.① 43.④ 44.③ 45.④

46 4극, 중권, 총 도체수 500, 극당 자속이 0.01[Wb]인 직류 발전기가 100[V]의 기전력을 발생시키는 데 필요한 회전수는 몇 [rpm]인가?

① 800 　　　　 ② 1,000
③ 1,200 　　　 ④ 1,600

해설 기전력 $E = \dfrac{Z}{a}P\phi\dfrac{N}{60}$ [V]

회전수 $N = E \cdot \dfrac{60a}{PZ\phi}$

$$= 100 \times \frac{60 \times 4}{4 \times 500 \times 0.01} = 1,200 [\text{rpm}]$$

47 3상 분권 정류자 전동기에 속하는 것은?

① 톰슨 전동기
② 데리 전동기
③ 시라게 전동기
④ 애트킨슨 전동기

해설 시라게 전동기(schrage motor)는 권선형 유도 전동기의 회전자에 정류자를 부착시킨 구조로, 3상 분권 정류자 전동기 중에서 특성이 가장 우수한 전동기이다.

48 동기기의 안정도를 증진시키는 방법이 아닌 것은?

① 단락비를 크게 할 것
② 속응 여자 방식을 채용할 것
③ 정상 리액턴스를 크게 할 것
④ 영상 및 역상 임피던스를 크게 할 것

해설 동기기의 안정도 향상책
• 단락비가 클 것
• 동기 임피던스(리액턴스)가 작을 것
• 속응 여자 방식을 채택할 것
• 관성 모멘트가 클 것
• 조속기 동작이 신속할 것
• 영상 및 역상 임피던스가 클 것

49 3상 유도 전동기의 기계적 출력 P[kW], 회전수 N[rpm]인 전동기의 토크[N · m]는?

① $0.46\dfrac{P}{N}$ 　　　 ② $0.855\dfrac{P}{N}$

③ $975\dfrac{P}{N}$ 　　　 ④ $9549.3\dfrac{P}{N}$

해설 전동기의 토크 $T = \dfrac{P}{\omega} = \dfrac{P}{2\pi\dfrac{N}{60}}$

$$= \frac{60 \times 10^3}{2\pi}\frac{P}{N}$$

$$= 9549.3\frac{P}{N} [\text{N · m}]$$

50 취급이 간단하고 기동 시간이 짧아서 섬과 같이 전력 계통에서 고립된 지역, 선박 등에 사용되는 소용량 전원용 발전기는?

① 터빈 발전기
② 엔진 발전기
③ 수차 발전기
④ 초전도 발전기

해설 엔진 발전기는 제한된 지역에서 쉽고 편리하게 사용할 수 있는 소용량 전원 공급용 발전기이다.

51 평형 6상 반파 정류 회로에서 297[V]의 직류 전압을 얻기 위한 입력측 각 상전압은 약 몇 [V]인가? (단, 부하는 순수 저항 부하이다.)

① 110 　　　　 ② 220
③ 380 　　　　 ④ 440

해설 6상 반파 정류 회로=3상 전파 정류 회로

직류 전압 $E_d = \dfrac{6\sqrt{2}}{2\pi}E = 1.35E$

교류 전압 $E = \dfrac{E_d}{1.35}$

$$= \frac{297}{1.35} = 220[\text{V}]$$

정답 46.③ 47.③ 48.③ 49.④ 50.② 51.②

52 단면적 $10[\text{cm}^2]$인 철심에 200회의 권선을 감고, 이 권선에 $60[\text{Hz}]$, $60[\text{V}]$의 교류 전압을 인가하였을 때 철심의 최대 자속 밀도는 약 몇 $[\text{Wb/m}^2]$인가?

① 1.126×10^{-3} ② 1.126

③ 2.252×10^{-3} ④ 2.252

해설 전압 $V = 4.44 f N \phi_m = 4.44 f N B_m \cdot S [\text{V}]$

최대 자속 밀도 $B_m = \dfrac{V}{4.44 f N S}$

$$= \frac{60}{4.44 \times 60 \times 200 \times 10 \times 10^{-4}}$$

$$= 1.126[\text{Wb/m}^2]$$

53 전력의 일부를 전원측에 반환할 수 있는 유도 전동기의 속도 제어법은?

① 극수 변환법

② 크레머 방식

③ 2차 저항 가감법

④ 세르비우스 방식

해설 권선형 유도 전동기의 속도 제어에서 2차 여자 제어법은 세르비어스 방식과 크레머 방식이 있으며 세르비어스 방식은 전동기의 2차 기전력 SE_2를 인버터에 의해 상용 주파 교류 전압으로 변환하고 전원측에 반환하여 속도를 제어하는 방식이다.

54 직류 발전기를 병렬 운전할 때 균압 모선이 필요한 직류기는?

① 직권 발전기, 분권 발전기

② 복권 발전기, 직권 발전기

③ 복권 발전기, 분권 발전기

④ 분권 발전기, 단극 발전기

해설 직류 발전기의 안정된 병렬 운전을 위하여 균압 모선(균압선)을 필요로 하는 직류기는 직권 계자 권선이 있는 복권 발전기와 직권 발전기이다.

55 전부하로 운전하고 있는 $50[\text{Hz}]$, 4극의 권선형 유도 전동기가 있다. 전부하에서 속도를 $1,440[\text{rpm}]$에서 $1,000[\text{rpm}]$으로 변화시키자면 2차에 약 몇 $[\Omega]$의 저항을 넣어야 하는가? (단, 2차 저항은 $0.02[\Omega]$이다.)

① 0.147 ② 0.18

③ 0.02 ④ 0.024

해설 동기 속도 $N_s = \dfrac{120 f}{P} = \dfrac{120 \times 50}{4} = 1,500[\text{rpm}]$

슬립 $s = \dfrac{N_s - N}{N_s} = \dfrac{1,500 - 1,440}{1,500} = 0.04$

$s' = \dfrac{N_s - N'}{N_s} = \dfrac{1,500 - 1,000}{1,500} = \dfrac{1}{3}$

동일 토크 조건 : $\dfrac{r_2}{s} = \dfrac{r_2 + R}{s'}$

$\dfrac{0.02}{0.04} = \dfrac{0.02 + R}{\dfrac{1}{3}}$에서

$R = 0.167 - 0.02 = 0.147[\Omega]$

56 권선형 유도 전동기 2대를 직렬 종속으로 운전하는 경우 그 동기 속도는 어떤 전동기의 속도와 같은가?

① 두 전동기 중 적은 극수를 갖는 전동기

② 두 전동기 중 많은 극수를 갖는 전동기

③ 두 전동기의 극수의 합과 같은 극수를 갖는 전동기

④ 두 전동기의 극수의 합의 평균과 같은 극수를 갖는 전동기

해설 종속 접속의 속도 제어법

• 직렬 종속 : $N = \dfrac{120 f}{P_1 + P_2}[\text{rpm}]$

• 차동 종속 : $N = \dfrac{120 f}{P_1 - P_2}[\text{rpm}]$

• 병렬 종속 : $N = \dfrac{120 f}{\dfrac{P_1 + P_2}{2}}[\text{rpm}]$

정답 52.② 53.④ 54.② 55.① 56.③

57 다음 중 GTO 사이리스터의 특징으로 틀린 것은?

① 각 단자의 명칭은 SCR 사이리스터와 같다.

② 온(on) 상태에서는 양 방향 전류 특성을 보인다.

③ 온(on) 드롭(drop)은 약 $2 \sim 4$[V]가 되어 SCR 사이리스터보다 약간 크다.

④ 오프(off) 상태에서는 SCR 사이리스터처럼 양 방향 전압 저지 능력을 갖고 있다.

해설 GTO(Gate Turn Off) 사이리스터는 단일 방향(역저지) 3단자 소자이며 (-) 신호를 게이트에 가하면 온 상태에서 오프 상태로 턴오프시키는 기능을 가지고 있다.

‖ GTO 심벌 ‖

58 포화되지 않은 직류 발전기의 회전수가 4배로 증가되었을 때 기전력을 전과 같은 값으로 하려면 자속을 속도 변화 전에 비해 얼마로 하여야 하는가?

① $\dfrac{1}{2}$　　② $\dfrac{1}{3}$

③ $\dfrac{1}{4}$　　④ $\dfrac{1}{8}$

해설 기전력 $E = \dfrac{Z}{a} P\phi \dfrac{N}{60}$

$\qquad = K\phi N$

회전수 N을 4배로 하고 기전력을 같은 값으로 하려면 자속 ϕ는 $\dfrac{1}{4}$배로 하여야 한다.

59 동기 발전기의 단자 부근에서 단락 시 단락 전류는?

① 서서히 증가하여 큰 전류가 흐른다.

② 처음부터 일정한 큰 전류가 흐른다.

③ 무시할 정도의 작은 전류가 흐른다.

④ 단락된 순간은 크나 점차 감소한다.

해설 단락 전류 $I_s = \dfrac{E}{j(x_l + x_a)}$ [A]

단락 초기에는 누설 리액턴스 x_l만에 의해 단락 전류가 제한되어 큰 전류가 흐르다가 수초 후 반작용 리액턴스 x_a가 발생하여 점차 감소한다.

60 단권 변압기에서 1차 전압 100[V], 2차 전압 110[V]인 단권 변압기의 자기 용량과 부하 용량의 비는?

① $\dfrac{1}{10}$　　② $\dfrac{1}{11}$

③ 10　　④ 11

해설 단권 변압기의 $\dfrac{\text{자기 용량}}{\text{부하 용량}} \dfrac{P}{W} = \dfrac{V_h - V_l}{V_h}$

$\dfrac{P}{W} = \dfrac{V_2 - V_1}{V_2} = \dfrac{110 - 100}{110} = \dfrac{1}{11}$

제4과목　회로이론 및 제어공학

61 그림과 같은 블록 선도의 제어 시스템에서 속도 편차 상수 K_v는 얼마인가?

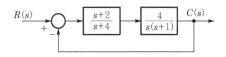

① 0　　② 0.5

③ 2　　④ ∞

해설

정상 속도 편차 $e_{ssv} = \lim_{s \to 0} \dfrac{s \dfrac{1}{s^2}}{1+G(s)}$

$= \lim_{s \to 0} \dfrac{1}{s + sG(s)}$

$= \dfrac{1}{\lim_{s \to 0} sG(s)} = \dfrac{1}{K_v}$

속도 편차 상수 $K_v = \lim_{s \to 0} sG(s)$

$\therefore \ K_v = \lim_{s \to 0} s \dfrac{4(s+2)}{s(s+1)(s+4)} = 2$

62 근궤적의 성질 중 틀린 것은?

① 근궤적은 실수축을 기준으로 대칭이다.
② 점근선은 허수축 상에서 교차한다.
③ 근궤적의 가지수는 특성 방정식의 차수와 같다.
④ 근궤적은 개루프 전달 함수의 극점으로부터 출발한다.

해설 점근선은 실수축 상에서만 교차하고 그 수는 $n = P - z$ 이다.

63 Routh-Hurwitz 안정도 판별법을 이용하여 특성 방정식이 $s^3 + 3s^2 + 3s + 1 + K = 0$ 으로 주어진 제어 시스템이 안정하기 위한 K의 범위를 구하면?

① $-1 \leq K < 8$
② $-1 < K \leq 8$
③ $-1 < K < 8$
④ $K < -1$ 또는 $K > 8$

해설 라우스의 표

s^3	1	3
s^2	3	$1+K$
s^1	$\dfrac{8-K}{3}$	0
s^0	$1+K$	

제1열의 부호 변화가 없으려면 $\dfrac{8-K}{3} > 0$,

$1 + K > 0$

$\therefore \ -1 < K < 8$

64 $e(t)$의 z변환을 $E(z)$라고 했을 때 $e(t)$의 초기값 $e(0)$는?

① $\lim_{z \to 1} E(z)$

② $\lim_{z \to \infty} E(z)$

③ $\lim_{z \to 1} (1 - z^{-1}) E(z)$

④ $\lim_{z \to \infty} (1 - z^{-1}) E(z)$

해설 • 초기값 정리
$$\lim_{k \to 0} e(KT) = \lim_{z \to \infty} E(z)$$
• 최종값 정리
$$\lim_{k \to 0} e(KT) = \lim_{z \to 1} (1 - z^{-1}) E(z)$$

65 그림의 신호 흐름 선도에서 $\dfrac{C(s)}{R(s)}$는?

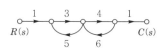

① $-\dfrac{2}{5}$ ② $-\dfrac{6}{19}$

③ $-\dfrac{12}{29}$ ④ $-\dfrac{12}{37}$

해설 전향 경로 $n = 1$
$G_1 = 1 \times 3 \times 4 \times 1 = 12$, $\triangle_1 = 1$
$\sum L_{n1} = L_{11} + L_{21} = (3 \times 5) + (4 \times 6) = 39$
$\triangle = 1 - \sum L_{n1} = 1 - 39 = -38$

전달 함수 $\dfrac{C(s)}{R(s)} = \dfrac{G_1 \triangle_1}{\triangle}$

$= \dfrac{12}{-38} = -\dfrac{6}{19}$

66 전달 함수가 $G(s) = \dfrac{10}{s^2 + 3s + 2}$ 으로 표현되는 제어 시스템에서 직류 이득은 얼마인가?

① 1   ② 2

③ 3   ④ 5

중해설 직류는 주파수 $f = 0$이므로 $\omega = 2\pi f = 0$이다.

∴ 직류 이득은 $\omega = 0$일 때 전달 함수의 크기를 의미하므로

$$G_{(j\omega)} = \dfrac{10}{(j\omega)^2 + j3\omega + 2}\bigg|_{\omega=0} = \dfrac{10}{2} = 5$$

67 전달 함수가 $\dfrac{C(s)}{R(s)} = \dfrac{25}{s^2 + 6s + 25}$ 인 2차 제어 시스템의 감쇠 진동 주파수(ω_d)는 몇 [rad/s]인가?

① 3   ② 4

③ 5   ④ 6

중해설 2차 제어 시스템의 감쇠 진동 주파수

$\omega_d = \omega_n \sqrt{1 - \delta^2}$ [rad/s]이므로

특성 방정식 $s^2 + 6s + 25 = s^2 + 2 \times 3s + 5^2 = 0$

고유 주파수 : $\omega_n = 5$, $\delta\omega_n = 3$, $\delta = \dfrac{3}{5}$

$$\therefore \omega_d = 5\sqrt{1 - \left(\dfrac{3}{5}\right)^2} = 4\,[\text{rad/s}]$$

68 다음 논리식을 간단히 한 것은?

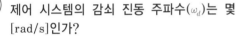
$$Y = \overline{A}BC\overline{D} + \overline{A}BCD + \overline{A}\,\overline{B}C\overline{D} + \overline{A}\,\overline{B}CD$$

① $Y = \overline{A}C$ ② $Y = A\overline{C}$

③ $Y = AB$ ④ $Y = BC$

중해설
$$Y = \overline{A}BC\overline{D} + \overline{A}BCD + \overline{A}\,\overline{B}C\overline{D} + \overline{A}\,\overline{B}CD$$
$$= \overline{A}BC(\overline{D} + D) + \overline{A}\,\overline{B}C(\overline{D} + D)$$
$$= \overline{A}BC + \overline{A}\,\overline{B}C$$
$$= \overline{A}C(B + \overline{B})$$
$$= \overline{A}C$$

69 폐루프 시스템에서 응답의 잔류 편차 또는 정상 상태 오차를 제거하기 위한 제어 기법은?

① 비례 제어

② 적분 제어

③ 미분 제어

④ On-Off 제어

중해설 적분 제어 동작은 잔류 편차(off-set)를 제거할 수 있다.

70 시스템 행렬 A가 다음과 같을 때 상태 천이 행렬을 구하면?

$$A = \begin{bmatrix} 0 & 1 \\ -2 & -3 \end{bmatrix}$$

① $\begin{bmatrix} 2e^t - e^{2t} & -e^t + e^{2t} \\ 2e^t - 2e^{2t} & -e^t - 2e^{2t} \end{bmatrix}$

② $\begin{bmatrix} 2e^{-t} - e^{-2t} & e^t - e^{-2t} \\ -2e^{-t} + 2e^{-2t} & -e^{-t} - 2e^{2t} \end{bmatrix}$

③ $\begin{bmatrix} 2e^{-t} - e^{-2t} & -e^{-t} + e^{2t} \\ 2e^{-t} - 2e^{-2t} & -e^{-t} - 2e^{-2t} \end{bmatrix}$

④ $\begin{bmatrix} 2e^{-t} - e^{-2t} & e^{-t} - e^{-2t} \\ -2e^{-t} + 2e^{-2t} & -e^{-t} + 2e^{-2t} \end{bmatrix}$

중해설 $\phi(t) = \mathcal{L}^{-1}[sI - A]^{-1}$

$[sI - A] = \begin{bmatrix} s & 0 \\ 0 & s \end{bmatrix} - \begin{bmatrix} 0 & 1 \\ -2 & -3 \end{bmatrix} = \begin{bmatrix} s & -1 \\ 2 & s+3 \end{bmatrix}$

$[sI - A]^{-1} = \dfrac{1}{\begin{vmatrix} s & -1 \\ 2 & s+3 \end{vmatrix}} \begin{bmatrix} s+3 & 1 \\ -2 & s \end{bmatrix}$

$\qquad = \dfrac{1}{s^2 + 3s + 2} \begin{bmatrix} s+3 & 1 \\ -2 & s \end{bmatrix}$

$\qquad = \begin{bmatrix} \dfrac{s+3}{(s+1)(s+2)} & \dfrac{1}{(s+1)(s+2)} \\ \dfrac{-2}{(s+1)(s+2)} & \dfrac{s}{(s+1)(s+2)} \end{bmatrix}$

$\therefore \phi(t) = \mathcal{L}^{-1}\{[sI - A]^{-1}\}$

$\qquad = \begin{bmatrix} 2e^{-t} - e^{-2t} & e^{-t} - e^{-2t} \\ -2e^{-t} + 2e^{-2t} & -e^{-t} + 2e^{-2t} \end{bmatrix}$

정답   66.④   67.②   68.①   69.②   70.④

71

대칭 3상 전압이 공급되는 3상 유도 전동기에서 각 계기의 지시는 다음과 같다. 유도 전동기의 역률은 약 얼마인가?

> ㉠ 전력계(W_1) : 2.84[kW]
> ㉡ 전력계(W_2) : 6.00[kW]
> ㉢ 전압계(V) : 200[V]
> ㉣ 전류계(A) : 30[A]

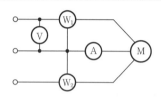

① 0.70
② 0.75
③ 0.80
④ 0.85

해설 유효 전력 $P = W_1 + W_2 = 2,840 + 6,000 = 8,840$[W]
파상 전력 $P_a = \sqrt{3}\, VI = \sqrt{3} \times 200 \times 30 = 10,392$[VA]
∴ 역률 $\cos\theta = \dfrac{P}{P_a} = \dfrac{8,840}{10,392} \doteqdot 0.85$

72

불평형 3상 전류 $I_a = 25 + j4$[A], $I_b = -18 - j16$[A], $I_c = 7 + j15$[A]일 때 영상 전류 I_0[A]는?

① $2.67 + j$
② $2.67 + j2$
③ $4.67 + j$
④ $4.67 + j2$

해설 영상 전류 $I_0 = \dfrac{1}{3}(I_a + I_b + I_c)$
$= \dfrac{1}{3}\{(25 + j4) + (-18 - j16) + (7 + j15)\}$
$= 4.67 + j$

73

4단자 정수 A, B, C, D 중에서 전압 이득의 차원을 가진 정수는?

① A
② B
③ C
④ D

74

△결선으로 운전 중인 3상 변압기에서 하나의 변압기 고장에 의해 V결선으로 운전하는 경우 V결선으로 공급할 수 있는 전력은 고장 전 △결선으로 공급할 수 있는 전력에 비해 약 몇 [%]인가?

① 86.6
② 75.0
③ 66.7
④ 57.7

해설 △결선 시 전력 : $P_\triangle = 3VI\cos\theta$
V결선 시 전력 : $P_V = \sqrt{3}\, VI\cos\theta$

$\dfrac{P_V}{P_\triangle} = \dfrac{\sqrt{3}\, VI\cos\theta}{3VI\cos\theta}$
$= \dfrac{\sqrt{3}}{3} = \dfrac{1}{\sqrt{3}} = 0.577$

∴ 57.7[%]

75

분포 정수 회로에서 직렬 임피던스를 Z, 병렬 어드미턴스를 Y라 할 때 선로의 특성 임피던스 Z_0는?

① ZY
② $\sqrt{ZY}$
③ $\sqrt{\dfrac{Y}{Z}}$
④ $\sqrt{\dfrac{Z}{Y}}$

해설 특성(파동) 임피던스 $Z_0 = \sqrt{\dfrac{Z}{Y}}$
$= \sqrt{\dfrac{R + j\omega L}{G + j\omega C}}$ [Ω]

해설 4단자 정수의 물리적 의미

• $A = \dfrac{V_1}{V_2}\bigg|_{I_2 = 0}$: 전압 이득

• $B = \dfrac{V_1}{I_2}\bigg|_{V_2 = 0}$: 전달 임피던스

• $C = \dfrac{I_1}{V_2}\bigg|_{I_2 = 0}$: 전달 어드미턴스

• $D = \dfrac{I_1}{I_2}\bigg|_{V_2 = 0}$: 전류 이득

정답 71.④ 72.③ 73.① 74.④ 75.④

76 그림과 같은 회로의 구동점 임피던스[Ω]는?

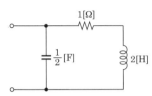

① $\dfrac{2(2s+1)}{2s^2+s+2}$ 　　② $\dfrac{2s^2+s-2}{-2(2s+1)}$

③ $\dfrac{-2(2s+1)}{2s^2+s-2}$ 　　④ $\dfrac{2s^2+s+2}{2(2s+1)}$

해설

$$Z(s)=\dfrac{\dfrac{2}{s}(1+2s)}{\dfrac{2}{s}+(1+2s)}=\dfrac{2(2s+1)}{2s^2+s+2}\,[\Omega]$$

77 회로의 단자 a와 b 사이에 나타나는 전압 V_{ab}는 몇 [V]인가?

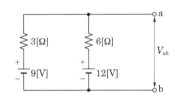

① 3 　　　　　② 9

③ 10 　　　　　④ 12

해설 밀만의 정리에 의해서

$$V_{ab}=\dfrac{\dfrac{9}{3}+\dfrac{12}{6}}{\dfrac{1}{3}+\dfrac{1}{6}}=10\,[\text{V}]$$

78 RL 직렬 회로에 순시치 전압 $v(t)=20+100\sin\omega t+40\sin(3\omega t+60°)+40\sin5\omega t$[V]를 가할 때 제5고조파 전류의 실효값 크기는 약 몇 [A]인가? (단, $R=4[\Omega]$, $\omega L=1[\Omega]$)

① 4.4 　　　　　② 5.66

③ 6.25 　　　　　④ 8.0

해설 제5고조파 전류 $I_5=\dfrac{V_5}{Z_5}=\dfrac{V_5}{\sqrt{R^2+(5\omega L)^2}}$

$$=\dfrac{\dfrac{40}{\sqrt{2}}}{\sqrt{4^2+5^2}}\fallingdotseq 4.4\,[\text{A}]$$

79 아래 그림의 교류 브리지 회로가 평형이 되는 조건은?

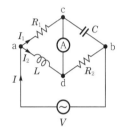

① $L=\dfrac{R_1R_2}{C}$ 　　② $L=\dfrac{C}{R_1R_2}$

③ $L=R_1R_2C$ 　　④ $L=\dfrac{R_2}{R_1}C$

해설 브리지 평형 조건

$$R_1R_2=j\omega L\dfrac{1}{j\omega C}$$

$$R_1R_2=\dfrac{L}{C}$$

$$\therefore\ L=R_1R_2C$$

80 $f(t)=t^n$의 라플라스 변환식은?

① $\dfrac{n}{s^n}$ 　　　　② $\dfrac{n+1}{s^{n+1}}$

③ $\dfrac{n!}{s^{n+1}}$ 　　　　④ $\dfrac{n+1}{s^{n!}}$

해설 $F(s)=\mathcal{L}[t^n]=\dfrac{n!}{s^{n+1}}$

정답 76.① 77.③ 78.① 79.③ 80.③

제5과목   전기설비기술기준

81 과전류 차단기로 시설하는 퓨즈 중 고압 전로에 사용하는 비포장 퓨즈는 정격 전류 2배 전류 시 몇 분 안에 용단되어야 하는가?

① 1분
② 2분
③ 5분
④ 10분

해설 고압 및 특고압 전로 중의 과전류 차단기의 시설(한국전기설비규정 341.10)
- 포장 퓨즈는 정격 전류의 1.3배의 전류에 견디고, 2배의 전류로 120분 안에 용단
- 비포장 퓨즈는 정격 전류의 1.25배의 전류에 견디고, 2배의 전류로 2분 안에 용단

82 옥내에 시설하는 저압 전선에 나전선을 사용할 수 있는 경우는?

① 버스 덕트 공사에 의해 시설하는 경우
② 금속 덕트 공사에 의해 시설하는 경우
③ 합성 수지관 공사에 의해 시설하는 경우
④ 후강 전선관 공사에 의해 시설하는 경우

해설 나전선의 사용 제한(한국전기설비규정 231.4)
옥내에 시설하는 저압 전선에 나전선을 사용하는 경우
- 애자 공사에 의하여 전개된 곳에 시설하는 경우
  - 전기로용 전선
  - 전선의 피복 절연물이 부식하는 장소에 시설하는 전선
  - 취급자 이외의 자가 출입할 수 없도록 설비한 장소에 시설하는 전선
- 버스 덕트 공사에 의하여 시설하는 경우
- 라이팅 덕트 공사에 의하여 시설하는 경우
- 저압 접촉 전선을 시설하는 경우

83 고압 가공 전선로에 사용하는 가공 지선은 지름 몇 [mm] 이상의 나경동선을 사용하여야 하는가?

① 2.6
② 3.0
③ 4.0
④ 5.0

해설 고압 가공 전선로의 가공 지선(한국전기설비규정 332.6)
고압 가공 전선로에 사용하는 가공 지선은 인장 강도 5.26[kN] 이상의 것 또는 지름 4[mm] 이상의 나경동선을 사용한다.

84 사용 전압이 35,000[V] 이하인 특고압 가공 전선과 가공 약전류 전선을 동일 지지물에 시설하는 경우 특고압 가공 전선로의 보안 공사로 적합한 것은?

① 고압 보안 공사
② 제1종 특고압 보안 공사
③ 제2종 특고압 보안 공사
④ 제3종 특고압 보안 공사

해설 특고압 가공 전선과 가공 약전류 전선 등의 공용 설치(한국전기설비규정 333.19)
- 특고압 가공 전선로는 제2종 특고압 보안 공사에 의할 것
- 특고압 가공 전선은 가공 약전류 전선 등의 위로하고 별개의 완금류에 시설할 것
- 특고압 가공 전선은 케이블인 경우 이외에는 인장 강도 21.67[kN] 이상의 연선 또는 단면적이 50[mm²] 이상인 경동 연선일 것
- 특고압 가공 전선과 가공 약전류 전선 등 사이의 이격 거리(간격)는 2[m] 이상으로 할 것

85 제2종 특고압 보안 공사 시 지지물로 사용하는 철탑의 경간(지지물 간 거리)을 400[m] 초과로 하려면 몇 [mm²] 이상의 경동 연선을 사용해야 하는가?

① 38
② 55
③ 82
④ 95

해설 특고압 보안 공사(한국전기설비규정 333.22)

제2종 특고압 보안 공사 경간(지지물 간 거리)은 표에서 정한 값 이하일 것. 단, 전선에 안장 강도 38.05[kN] 이상의 연선 또는 단면적이 95[mm²] 이상인 경동 연선을 사용하고 지지물에 B종 철주·B종 철근 콘크리트주 또는 철탑을 사용하는 경우에는 그러하지 아니하다.

지지물의 종류	경간(지지물 간 거리)
목주·A종	100[m]
B종	200[m]
철탑	400[m]

86 그림은 전력선 반송 통신용 결합 장치의 보안 장치이다. 여기에서 CC는 어떤 커패시터인가?

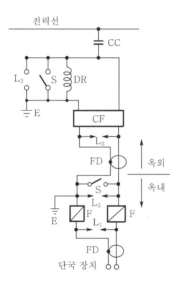

① 결합 커패시터
② 전력용 커패시터
③ 정류용 커패시터
④ 축전용 커패시터

해설 전력선 반송 통신용 결합 장치의 보안 장치(한국전기설비규정 362.11)

• FD : 동축 케이블
• F : 정격 전류 10[A] 이하의 포장 퓨즈
• DR : 전류 용량 2[A] 이상의 배류 선륜

• L₁ : 교류 300[V] 이하에서 동작하는 피뢰기
• L₂, L₃ : 방전 갭
• S : 접지용 개폐기
• CF : 결합 필터
• CC : 결합 커패시터(결합 안테나 포함)

87 수소 냉각식 발전기 및 이에 부속하는 수소 냉각 장치 시설에 대한 설명으로 틀린 것은?

① 발전기 안의 수소의 밀도를 계측하는 장치를 시설할 것
② 발전기 안의 수소의 순도가 85[%] 이하로 저하한 경우에 이를 경보하는 장치를 시설할 것
③ 발전기 안의 수소의 압력을 계측하는 장치 및 그 압력이 현저히 변동한 경우에 이를 경보하는 장치를 시설할 것
④ 발전기는 기밀 구조의 것이고 또한 수소가 대기압에서 폭발하는 경우에 생기는 압력에 견디는 강도를 가지는 것일 것

해설 수소 냉각식 발전기 등의 시설(판단기준 제51조)

• 기밀 구조(氣密構造)의 것
• 수소의 순도가 85[%] 이하로 저하한 경우에 이를 경보하는 장치를 시설할 것
• 발전기 내부 또는 조상기(무효전력 보상장치) 내부의 수소의 압력을 계측하는 장치 및 그 압력이 현저히 변동한 경우에 이를 경보하는 장치를 시설할 것
• 발전기 내부 또는 조상기(무효전력 보상장치) 내부의 수소의 온도를 계측하는 장치를 시설할 것

※ 이 문제는 출제 당시 규정에는 적합했으나 새로 제정된 한국전기설비규정에는 일부 부적합하므로 문제 유형만 참고하시기 바랍니다.

88 목장에서 가축의 탈출을 방지하기 위하여 전기 울타리를 시설하는 경우 전선은 인장 강도가 몇 [kN] 이상의 것이어야 하는가?

① 1.38
② 2.78
③ 4.43
④ 5.93

정답 ◀ 86.① 87.① 88.①

해설 전기 울타리의 시설(한국전기설비규정 241.1)
사용 전압은 250[V] 이하이며, 전선은 인장 강도 1.38[kN] 이상의 것 또는 지름 2[mm] 이상 경동선을 사용하고, 지지하는 기둥과의 이격 거리(간격)는 2.5[cm] 이상, 수목과의 간격은 30[cm] 이상으로 한다.

89 다음 ( )에 들어갈 내용으로 옳은 것은?

> 가공전선로는 무선 설비의 기능에 계속적이고 또한 중대한 장해를 주는 ( )가 생길 우려가 있는 경우에는 이를 방지하도록 시설하여야 한다.

① 전파   ② 혼촉
③ 단락   ④ 정전기

해설 전파 장해의 방지(한국전기설비규정 331.1)
가공전선로는 무선 설비의 기능에 계속적이고 또한 중대한 장해를 주는 전파가 생길 우려가 있는 경우는 이를 방지하도록 시설하여야 한다.

90 최대 사용 전압이 7[kV]를 초과하는 회전기의 절연 내력 시험은 최대 사용 전압의 몇 배의 전압(10,500[V] 미만으로 되는 경우에는 10,500[V])에서 10분간 견디어야 하는가?

① 0.92
② 1
③ 1.1
④ 1.25

해설 회전기 및 정류기의 절연 내력(한국전기설비규정 133)

종류		시험 전압	시험 방법
발전기 전동기	7[kV] 이하	1.5배 (최저 500[V])	권선과 대지 사이 10분간
조상기 (무효전력 보상장치)	7[kV] 초과	1.25배 (최저 10,500[V])	

91 버스 덕트 공사에 의한 저압 옥내 배선 시설 공사에 대한 설명으로 틀린 것은?

① 덕트(환기형의 것을 제외)의 끝부분은 막지 말 것
② 사용 전압이 400[V] 이하인 경우에는 덕트에 제3종 접지 공사를 할 것
③ 덕트(환기형의 것을 제외)의 내부에 먼지가 침입하지 아니하도록 할 것
④ 사람이 접촉할 우려가 있고, 사용 전압이 400[V] 초과인 경우에는 덕트에 특별 제3종 접지 공사를 할 것

해설 버스 덕트 공사(한국전기설비규정 232.61)
• 덕트 상호간 및 전선 상호간은 견고하고 또한 전기적으로 완전하게 접속할 것
• 덕트를 조영재에 붙이는 경우에는 덕트의 지지점 간의 거리를 3[m] 이하로 하고 또한 견고하게 붙일 것
• 덕트(환기형 제외)의 끝부분은 막을 것
• 덕트(환기형 제외)의 내부에 먼지가 침입하지 아니하도록 할 것
(⇨ 접지 공사 종별은 개정되어 삭제되었음)

※ 이 문제는 출제 당시 규정에는 적합했으나 새로 제정된 한국전기설비규정에는 일부 부적합하므로 문제 유형만 참고하시기 바랍니다.

92 교량(다리)의 윗면에 시설하는 고압 전선로는 전선의 높이를 교량(다리)의 노면상 몇 [m] 이상으로 하여야 하는가?

① 3   ② 4
③ 5   ④ 6

해설 교량(다리)에 시설하는 전선로(한국전기설비규정 335.6)
교량(다리)에 시설하는 고압 전선로
• 교량(다리)의 윗면에 전선의 높이를 교량(다리)의 노면상 5[m] 이상으로 할 것
• 케이블일 것. 단, 철도 또는 궤도 전용의 교량(다리)에는 인장 강도 5.26[kN] 이상의 것 또는 지름 4[mm] 이상의 경동선을 사용
• 전선과 조영재 사이의 이격 거리(간격)는 30[cm] 이상일 것

정답 89.①   90.④   91.①   92.③

93 저압의 전선로 중 절연 부분의 전선과 대지 간의 절연 저항은 사용 전압에 대한 누설 전류가 최대 공급 전류의 얼마를 넘지 않도록 유지하여야 하는가?

① $\dfrac{1}{1,000}$

② $\dfrac{1}{2,000}$

③ $\dfrac{1}{3,000}$

④ $\dfrac{1}{4,000}$

⬛해설 전선로의 전선 및 절연 성능(기술기준 제27조)
저압 전선로 중 절연 부분의 전선과 대지 간 및 전선의 심선 상호 간의 절연 저항은 사용 전압에 대한 누설 전류가 최대 공급 전류의 $\dfrac{1}{2,000}$을 넘지 않도록 하여야 한다.

94 사용 전압이 특고압인 전기 집진 장치에 전원을 공급하기 위해 케이블을 사람이 접촉할 우려가 없도록 시설하는 경우 방식 케이블 이외의 케이블의 피복에 사용하는 금속체에는 몇 종 접지 공사로 할 수 있는가?

① 제1종 접지 공사
② 제2종 접지 공사
③ 제3종 접지 공사
④ 특별 제3종 접지 공사

⬛해설 전기 집진 장치 등의 시설(한국전기설비규정 241.9)
전기 집진 응용 장치의 금속제 외함 또한 케이블을 넣은 방호 장치의 금속제 부분 및 방식 케이블 이외의 케이블의 피복에 사용하는 금속체에는 접지 시스템의 규정에 준하여 접지 공사를 하여야 한다.
(⇨ 접지 공사 종별은 개정되어 삭제되었음)

※ 이 문제는 출제 당시 규정에는 적합했으나 새로 제정된 한국전기설비규정에는 일부 부적합하므로 문제 유형만 참고하시기 바랍니다.

95 지중 전선로에 사용하는 지중함의 시설 기준으로 틀린 것은?

① 지중함은 견고하고 차량, 기타 중량물의 압력에 견디는 구조일 것
② 지중함은 그 안의 고인 물을 제거할 수 있는 구조로 되어 있을 것
③ 지중함의 뚜껑은 시설자 이외의 자가 쉽게 열 수 없도록 시설할 것
④ 폭발성의 가스가 침입할 우려가 있는 것에 시설하는 지중함으로서, 그 크기가 $0.5[m^3]$ 이상인 것에는 통풍 장치, 기타 가스를 방산시키기 위한 적당한 장치를 시설할 것

⬛해설 지중함의 시설(한국전기설비규정 334.2)
• 지중함은 견고하고 차량, 기타 중량물의 압력에 견디는 구조일 것
• 지중함은 그 안의 고인 물을 제거할 수 있는 구조로 되어 있을 것
• 폭발성 또는 연소성의 가스가 침입할 우려가 있는 것에 시설하는 지중함으로서, 그 크기가 $1[m^3]$ 이상인 것에는 통풍 장치, 기타 가스를 방산시키기 위한 장치를 시설할 것
• 지중함의 뚜껑은 시설자 이외의 자가 쉽게 열 수 없도록 시설할 것

96 사람이 상시 통행하는 터널 안의 배선(전기 기계 기구 안의 배선, 관등 회로의 배선, 소세력 회로의 전선은 제외)의 시설 기준에 적합하지 않은 것은? (단, 사용 전압이 저압의 것에 한한다.)

① 합성 수지관 공사로 시설하였다.
② 공칭 단면적 $2.5[mm^2]$의 연동선을 사용하였다.
③ 애자 공사 시 전선의 높이는 노면상 $2[m]$로 시설하였다.
④ 전로에는 터널의 입구 가까운 곳에 전용 개폐기를 시설하였다.

해설 사람이 상시 통행하는 터널 안의 배선 시설(한국전기설비규정 242.7.1)
- 전선은 공칭 단면적 2.5[mm²]의 연동선과 동등 이상의 세기 및 굵기의 절연 전선(옥외용 제외)을 사용하여 애자 공사에 의하여 시설하고 또한 이를 노면상 2.5[m] 이상의 높이로 할 것
- 전로에는 터널의 입구에 가까운 곳에 전용 개폐기를 시설할 것

97 가공 전선로의 지지물에 하중이 가하여지는 경우에 그 하중을 받는 지지물의 기초 안전율은 얼마 이상이어야 하는가? (단, 이상 시 상정 하중은 무관)

① 1.5   ② 2.0
③ 2.5   ④ 3.0

해설 가공 전선로 지지물의 기초 안전율(한국전기설비규정 331.7)
지지물의 하중에 대한 기초 안전율은 2 이상(이상 시 상정 하중에 대한 철탑의 기초에 대해서는 1.33 이상)

98 발전소에서 계측하는 장치를 시설하여야 하는 사항에 해당하지 않는 것은?

① 특고압용 변압기의 온도
② 발전기의 회전수 및 주파수
③ 발전기의 전압 및 전류 또는 전력
④ 발전기의 베어링(수중 메탈을 제외한다) 및 고정자의 온도

해설 발전소 계측 장치(한국전기설비규정 351.6)
- 발전기, 연료 전지 또는 태양 전지 모듈의 전압, 전류, 전력
- 발전기 베어링 및 고정자의 온도
- 정격 출력 10,000[kW]를 초과하는 증기 터빈에 접속하는 발전기의 진동 진폭
- 주요 변압기의 전압, 전류, 전력
- 특고압용 변압기의 온도
- 동기 발전기 : 동기 검정 장치

99 금속제 외함을 가진 저압의 기계 기구로서, 사람이 쉽게 접촉될 우려가 있는 곳에 시설하는 경우 전기를 공급받는 전로에 지락이 생겼을 때 자동적으로 전로를 차단하는 장치를 설치하여야 하는 기계 기구의 사용 전압이 몇 [V]를 초과하는 경우인가?

① 30   ② 50
③ 100   ④ 150

해설 누전 차단기의 시설(한국전기설비규정 211.2.4)
금속제 외함을 가지는 사용 전압이 50[V]를 초과하는 저압의 기계 기구로서, 사람이 쉽게 접촉할 우려가 있는 곳에 시설하는 것에 전기를 공급하는 전로에는 전로에 지락이 생겼을 때에 자동적으로 전로를 차단하는 장치를 하여야 한다.

100 케이블 트레이 공사에 사용하는 케이블 트레이에 대한 기준으로 틀린 것은?

① 안전율은 1.5 이상으로 하여야 한다.
② 비금속제 케이블 트레이는 수밀성 재료의 것이어야 한다.
③ 금속제 케이블 트레이 계통은 기계적 및 전기적으로 완전하게 접속하여야 한다.
④ 저압 옥내 배선의 사용 전압이 400[V] 초과인 경우에는 금속제 트레이에 접지 공사를 하여야 한다.

해설 케이블 트레이 공사(한국전기설비규정 232.41)
- 케이블 트레이의 안전율은 1.5 이상
- 케이블 트레이 종류 : 사다리형, 펀칭형, 메시(그물망)형, 바닥 밀폐형
- 전선의 피복 등을 손상시킬 돌기 등이 없이 매끈하여야 한다.
- 금속재의 것은 방식 처리를 한 것이거나 내식성 재료의 것이어야 한다.
- 비금속제 케이블 트레이는 난연성 재료의 것이어야 한다.
- 케이블 트레이가 방화 구획의 벽, 마루, 천장 등을 관통하는 경우에 관통부는 불연성의 물질로 충전(充塡)하여야 한다.

제1과목 | 전기자기학

01 비투자율 $\mu_r = 800$, 원형 단면적이 $S = 10[\text{cm}^2]$, 평균 자로 길이 $l = 16\pi \times 10^{-2}[\text{m}]$의 환상 철심에 600회의 코일을 감고 이 코일에 1[A]의 전류를 흘리면 환상 철심 내부의 자속은 몇 [Wb]인가?

① 1.2×10^{-3}　　② 1.2×10^{-5}

③ 2.4×10^{-3}　　④ 2.4×10^{-5}

해설 자속 $\phi = \dfrac{F}{R_m} = \dfrac{NI}{\dfrac{l}{\mu S}} = \dfrac{\mu_0 \mu_r NIS}{l}$

$= \dfrac{4\pi \times 10^{-7} \times 800 \times 600 \times 1 \times 10 \times 10^{-4}}{16\pi \times 10^{-2}}$

$= 1.2 \times 10^{-3}[\text{Wb}]$

02 정상 전류계에서 $\nabla \cdot i = 0$에 대한 설명으로 틀린 것은?

① 도체 내에 흐르는 전류는 연속이다.
② 도체 내에 흐르는 전류는 일정하다.
③ 단위 시간당 전하의 변화가 없다.
④ 도체 내에 전류가 흐르지 않는다.

해설 전류 $I = \displaystyle\int_s i \, n \, ds = \int_v \text{div} \, i \, dv = 0$

$\text{div} \, i = \nabla \cdot i = 0$

전류는 발생과 소멸이 없고 연속, 일정하다는 의미이다.

03 동일한 금속 도선의 두 점 사이에 온도차를 주고 전류를 흘렸을 때 열의 발생 또는 흡수가 일어나는 현상은?

① 펠티에(Peltier) 효과
② 볼타(Volta) 효과
③ 제백(Seebeck) 효과
④ 톰슨(Thomson) 효과

해설 톰슨(Thomson) 효과는 동일 금속선의 두 점 사이에 온도차를 주고 전류를 흘리면 열의 발생과 흡수가 일어나는 현상을 말한다.

04 비유전율이 2이고, 비투자율이 2인 매질 내에서의 전자파의 전파 속도 $v[\text{m/s}]$와 진공 중의 빛의 속도 $v_0[\text{m/s}]$ 사이 관계는?

① $v = \dfrac{1}{2} v_0$　　② $v = \dfrac{1}{4} v_0$

③ $v = \dfrac{1}{6} v_0$　　④ $v = \dfrac{1}{8} v_0$

해설 빛의 속도 $v_0 = \dfrac{1}{\sqrt{\varepsilon_0 \mu_0}}[\text{m/s}]$

전파 속도 $v = \dfrac{1}{\sqrt{\varepsilon \mu}} = \dfrac{1}{\sqrt{\varepsilon_0 \mu_0}} \cdot \dfrac{1}{\sqrt{\varepsilon_r \mu_r}}$

$= \dfrac{1}{\sqrt{\varepsilon_0 \mu_0}} \cdot \dfrac{1}{\sqrt{2 \times 2}}$

$= \dfrac{1}{2} v_0 [\text{m/s}]$

05 진공 내의 점 (2, 2, 2)에 $10^{-9}[\text{C}]$의 전하가 놓여 있다. 점 (2, 5, 6)에서의 전계 E는 약 몇 [V/m]인가? (단, a_y, a_z는 단위 벡터이다.)

① $0.278 a_y + 2.888 a_z$
② $0.216 a_y + 0.288 a_z$
③ $0.288 a_y + 0.216 a_z$
④ $0.291 a_y + 0.288 a_z$

정답 01.①　02.④　03.④　04.①　05.②

해설 거리 벡터 $r = Q - P$

$$= \mathring{a}_x(2-2) + \mathring{a}_y(5-2) + \mathring{a}_z(6-2)$$
$$= 3a_y + 4a_z\,[\text{m}]$$
$$|r| = \sqrt{3^2 + 4^2} = 5\,[\text{m}]$$

단위 벡터 $r_0 = \dfrac{r}{|r|} = \dfrac{3a_y + 4a_z}{5} = 0.6a_y + 0.8a_z$

전계의 세기 $E = r_0 \dfrac{Q}{4\pi\varepsilon_0 r^2}$

$$= (0.6a_y + 0.8a_z) \times 9 \times 10^9 \times \frac{10^{-9}}{5^2}$$
$$= 0.216a_y + 0.288a_z\,[\text{V/m}]$$

06 한 변의 길이가 $l\,[\text{m}]$인 정사각형 도체에 전류 $I[\text{A}]$가 흐르고 있을 때 중심점 P에서의 자계의 세기는 몇 $[\text{A/m}]$인가?

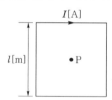

① $16\pi l I$ 　② $4\pi l I$

③ $\dfrac{\sqrt{3}\,\pi}{2l} I$ 　④ $\dfrac{2\sqrt{2}}{\pi l} I$

해설 자계의 세기 $H = \dfrac{I}{4\pi r}(\sin\theta_1 + \sin\theta_2) \times 4$

$$= \frac{I}{4\pi \dfrac{l}{2}} \times (\sin 45° + \sin 45°) \times 4$$
$$= \frac{2\sqrt{2}}{\pi l} I\,[\text{AT/m}](=[\text{A/m}])$$

07 간격이 $3[\text{cm}]$이고 면적이 $30[\text{cm}^2]$인 평판의 공기 콘덴서에 $220[\text{V}]$의 전압을 가하면 두 판 사이에 작용하는 힘은 약 몇 $[\text{N}]$인가?

① 6.3×10^{-6} 　② 7.14×10^{-7}

③ 8×10^{-5} 　④ 5.75×10^{-4}

해설 정전 응력 $f = \dfrac{1}{2}\varepsilon_0 E^2 = \dfrac{1}{2}\varepsilon_0\left(\dfrac{v}{d}\right)^2 [\text{N/m}]$

힘 $F = fs$

$$= \frac{1}{2} \times 8.855 \times 10^{-12} \times \left(\frac{220}{3 \times 10^{-2}}\right)^2 \times 30 \times 10^{-4}$$
$$= 7.14 \times 10^{-7}\,[\text{N}]$$

08 전계 $E[\text{V/m}]$, 전속 밀도 $D[\text{C/m}^2]$, 유전율 $\varepsilon = \varepsilon_0\varepsilon_r\,[\text{F/m}]$, 분극의 세기 $P[\text{C/m}^2]$ 사이의 관계를 나타낸 것으로 옳은 것은?

① $P = D + \varepsilon_0 E$

② $P = D - \varepsilon_0 E$

③ $P = \dfrac{D + E}{\varepsilon_0}$

④ $P = \dfrac{D - E}{\varepsilon_0}$

해설 유전체 중의 전속 밀도 $D = \varepsilon_0 E + P\,[\text{C/m}^2]$
분극의 세기 $P = D - \varepsilon_0 E\,[\text{C/m}^2]$

09 커패시터를 제조하는데 4가지(A, B, C, D)의 유전 재료가 있다. 커패시터 내의 전계를 일정하게 하였을 때, 단위 체적당 가장 큰 에너지 밀도를 나타내는 재료부터 순서대로 나열한 것은? (단, 유전 재료 A, B, C, D의 비유전율은 각각 $\varepsilon_{rA} = 8$, $\varepsilon_{rB} = 10$, $\varepsilon_{rC} = 2$, $\varepsilon_{rD} = 4$ 이다.)

① $C > D > A > B$

② $B > A > D > C$

③ $D > A > C > B$

④ $A > B > D > C$

해설 에너지 밀도 $w_E = \dfrac{1}{2}\varepsilon_0\varepsilon_r E^2\,[\text{J/m}^3]$

에너지 밀도는 비유전율 ε_r에 비례하므로
$B > A > D > C$

정답 　06.④ 　07.② 　08.② 　09.②

10 내구의 반지름이 2[cm], 외구의 반지름이 3[cm]인 동심 구도체 간에 고유 저항이 1.884×10^2 [Ω·m]인 저항 물질로 채워져 있을 때, 내외구 간의 합성 저항은 약 몇 [Ω]인가?

① 2.5
② 5.0
③ 250
④ 500

 해설 정전 용량 $C = \dfrac{4\pi\varepsilon}{\dfrac{1}{a} - \dfrac{1}{b}}$ [F]

저항 $R = \dfrac{e\varepsilon}{C} = \dfrac{e}{4\pi}\left(\dfrac{1}{a} - \dfrac{1}{b}\right)$

$= \dfrac{1.884 \times 10^2}{4\pi}\left(\dfrac{1}{2} - \dfrac{1}{3}\right) \times 10^2$

$= 249.9 \fallingdotseq 250[\Omega]$

11 영구 자석의 재료로 적합한 것은?

① 잔류 자속 밀도(B_r)는 크고, 보자력(H_c)은 작아야 한다.
② 잔류 자속 밀도(B_r)는 작고, 보자력(H_c)은 커야 한다.
③ 잔류 자속 밀도(B_r)와 보자력(H_c) 모두 작아야 한다.
④ 잔류 자속 밀도(B_r)와 보자력(H_c) 모두 커야 한다.

해설 영구 자석의 재료로 적합한 것은 히스테리시스 곡선(hysteresis loop)에서 잔류 자속 밀도(B_r)와 보자력(H_c) 모두 커야 한다.

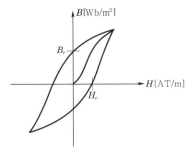

히스테리시스 곡선

12 평등 전계 중에 유전체구에 의한 전속 분포가 그림과 같이 되었을 때 ε_1과 ε_2의 크기 관계는?

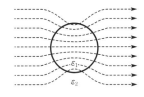

① $\varepsilon_1 > \varepsilon_2$
② $\varepsilon_1 < \varepsilon_2$
③ $\varepsilon_1 = \varepsilon_2$
④ $\varepsilon_1 \leq \varepsilon_2$

해설 유전체의 경계면 조건에서 전속은 유전율이 큰 쪽으로 모이려는 성질이 있으므로 $\varepsilon_1 > \varepsilon_2$의 관계가 있다.

13 환상 솔레노이드의 단면적이 S, 평균 반지름이 r, 권선수가 N이고 누설 자속이 없는 경우 자기 인덕턴스의 크기는?

① 권선수 및 단면적에 비례한다.
② 권선수의 제곱 및 단면적에 비례한다.
③ 권선수의 제곱 및 평균 반지름에 비례한다.
④ 권선수의 제곱에 비례하고 단면적에 반비례한다.

해설 자속 $\phi = \dfrac{\mu NIS}{l}$ [Wb]

자기 인덕턴스 $L = \dfrac{N\phi}{I} = \dfrac{\mu N^2 S}{l}$ [H]

14 전하 e[C], 질량 m[kg]인 전자가 전계 E[V/m] 내에 놓여 있을 때 최초에 정지하고 있었다면 t초 후에 전자의 속도[m/s]는?

① $\dfrac{meE}{t}$
② $\dfrac{me}{E}t$
③ $\dfrac{mE}{e}t$
④ $\dfrac{Ee}{m}t$

해설 힘 $F = eE = ma = m\dfrac{dv}{dt}$ [N]

속도 $v = \displaystyle\int \dfrac{eE}{m} dt = \dfrac{eE}{m} t$ [m/s]

15 다음 중 비투자율(μ_r)이 가장 큰 것은?

① 금   ② 은

③ 구리   ④ 니켈

해설
- 강자성체 : 철, 니켈, 코발트
  ($\mu_r \gg 1$)
- 상자성체 : 공기, 알루미늄, 백금
  ($\mu_r > 1$)
- 반자성체 : 금, 은, 동
  ($\mu_r < 1$)

16 그림과 같은 환상 솔레노이드 내의 철심 중심에서의 자계의 세기 H [AT/m]는? (단, 환상 철심의 평균 반지름은 r [m], 코일의 권수는 N 회, 코일에 흐르는 전류는 I [A]이다.)

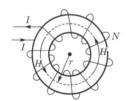

① $\dfrac{NI}{\pi r}$ ② $\dfrac{NI}{2\pi r}$

③ $\dfrac{NI}{4\pi r}$ ④ $\dfrac{NI}{2r}$

해설 앙페르의 주회 적분 법칙

$NI = \displaystyle\oint_c H \cdot dl$ 에서

$NI = H \cdot l = H \cdot 2\pi r$ [AT]

자계의 세기 $H = \dfrac{NI}{2\pi r}$ [AT/m]

17 강자성체가 아닌 것은?

① 코발트   ② 니켈

③ 철   ④ 구리

해설 구리(동)는 반자성체이다.

18 반지름이 a [m]인 원형 도선 2개의 루프가 z 축상에 그림과 같이 놓인 경우 I [A]의 전류가 흐를 때 원형 전류 중심축상의 자계 H [A/m]는? (단, a_z, a_ϕ는 단위 벡터이다.)

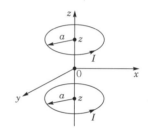

① $H = \dfrac{a^2 I}{(a^2 + z^2)^{\frac{3}{2}}} a_\phi$

② $H = \dfrac{a^2 I}{(a^2 + z^2)^{\frac{3}{2}}} a_z$

③ $H = \dfrac{a^2 I}{2(a^2 + z^2)^{\frac{3}{2}}} a_\phi$

④ $H = \dfrac{a^2 I}{2(a^2 + z^2)^{\frac{3}{2}}} a_z$

해설 원형 도선 중심축상의 자계의 세기

$H = \dfrac{a^2 I}{2(a^2 + z^2)^{\frac{3}{2}}} a_z$ [AT/m]

원형 도선이 2개이므로

자계의 세기 $H = \dfrac{a^2 I}{2(a^2 + z^2)^{\frac{3}{2}}} \times 2 \cdot a_z$

$= \dfrac{a^2 I}{(a^2 + z^2)^{\frac{3}{2}}} a_z$ [AT/m](=[A/m])

정답   15.④   16.②   17.④   18.②

19 방송국 안테나 출력이 W[W]이고 이로부터 진공 중에 r[m] 떨어진 점에서 자계의 세기의 실효치는 약 몇 [A/m]인가?

① $\dfrac{1}{r}\sqrt{\dfrac{W}{377\pi}}$　　② $\dfrac{1}{2r}\sqrt{\dfrac{W}{377\pi}}$

③ $\dfrac{1}{2r}\sqrt{\dfrac{W}{188\pi}}$　　④ $\dfrac{1}{r}\sqrt{\dfrac{2W}{377\pi}}$

해설 단위 면적당 전력 $P = EH$ [W/m²]

고유 임피던스 $\eta = \dfrac{E}{H} = \dfrac{\sqrt{\mu_0}}{\sqrt{\varepsilon_0}} = 120\pi = 377[\Omega]$

출력 $W = P \cdot S = EHS = 377H^2 \cdot 4\pi r^2$ [W]

자계의 세기 $H = \sqrt{\dfrac{W}{377 \times 4\pi r^2}} = \dfrac{1}{2r}\sqrt{\dfrac{W}{377\pi}}$ [A/m]

20 직교하는 무한 평판 도체와 점전하에 의한 영상 전하는 몇 개 존재하는가?

① 2　　　　　② 3

③ 4　　　　　④ 5

해설 영상 전하의 개수 $n = \dfrac{360°}{\theta} - 1 = \dfrac{360°}{90°} - 1 = 3$개

여기서, θ : 무한 평면 도체 사이의 각

제2과목 **전력공학**

21 그림과 같은 유황 곡선을 가진 수력 지점에서 최대 사용 수량 OC으로 1년간 계속 발전하는 데 필요한 저수지의 용량은?

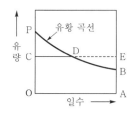

① 면적 OCPBA　　② 면적 OCDBA

③ 면적 DEB　　　④ 면적 PCD

해설 그림에서 유황 곡선이 PDB이고 1년간 OC의 유량으로 발전하면, D점 이후의 일수는 유량이 DEB에 해당하는 만큼 부족하므로 저수지를 이용하여 필요한 유량을 확보하여야 한다.

22 통신선과 평행인 주파수 60[Hz]의 3상 1회선 송전선이 있다. 1선 지락 때문에 영상 전류가 100[A] 흐르고 있다면 통신선에 유도되는 전자 유도 전압[V]은 약 얼마인가? (단, 영상 전류는 전 전선에 걸쳐서 같으며, 송전선과 통신선과의 상호 인덕턴스는 0.06[mH/km], 그 평행 길이는 40[km]이다.)

① 156.6　　　　② 162.8

③ 230.2　　　　④ 271.4

해설 전자 유도 전압 $E_m = -j\omega M l \times 3I_0$

$\qquad = 2\pi \times 60 \times 0.06 \times 40 \times 10^{-3}$

$\qquad\quad \times 3 \times 100$

$\qquad = 271.44$ [V]

23 고장 전류의 크기가 커질수록 동작 시간이 짧게 되는 특성을 가진 계전기는?

① 순한시 계전기

② 정한시 계전기

③ 반한시 계전기

④ 반한시 · 정한시 계전기

해설 계전기 동작 시간에 의한 분류

· 순한시 계전기 : 정정된 최소 동작 전류 이상의 전류가 흐르면 즉시 동작하는 계전기

· 정한시 계전기 : 정정된 값 이상의 전류가 흐르면 정해진 일정 시간 후에 동작하는 계전기

· 반한시 계전기 : 정정된 값 이상의 전류가 흐를 때 전류값이 크면 동작 시간은 짧아지고, 전류값이 작으면 동작 시간이 길어진다.

24 3상 3선식 송전선에서 한 선의 저항이 10[Ω], 리액턴스가 20[Ω]이며, 수전단의 선간 전압이 60[kV], 부하 역률이 0.8인 경우에 전압 강하율이 10[%]라 하면 이 송전 선로로는 약 몇 [kW]까지 수전할 수 있는가?

① 10,000   ② 12,000

③ 14,400   ④ 18,000

해설 전압 강하율 $\%e = \dfrac{P}{V^2}(R + X\tan\theta) \times 100[\%]$ 에서

전력 $P = \dfrac{\%e \cdot V^2}{R + X\tan\theta}$

$= \dfrac{0.1 \times (60 \times 10^6)^2}{10 + 20 \times \dfrac{0.6}{0.8}} \times 10^{-3}$

$= 14,400[\text{kW}]$

25 기준 선간 전압 23[kV], 기준 3상 용량 5,000[kVA], 1선의 유도 리액턴스가 15[Ω]일 때 %리액턴스는?

① 28.36[%]

② 14.18[%]

③ 7.09[%]

④ 3.55[%]

해설 $\%X = \dfrac{P \cdot X}{10V^2} = \dfrac{5,000 \times 15}{10 \times 23^2} = 14.18[\%]$

26 전력 원선도의 가로축과 세로축을 나타내는 것은?

① 전압과 전류

② 전압과 전력

③ 전류와 전력

④ 유효 전력과 무효 전력

해설 전력 원선도는 복소 전력과 4단자 정수를 이용한 송·수전단의 전력을 원선도로 나타낸 것이므로 가로축에는 유효 전력을, 세로축에는 무효 전력을 표시한다.

27 화력 발전소에서 증기 및 급수가 흐르는 순서는?

① 절탄기 → 보일러 → 과열기 → 터빈 → 복수기

② 보일러 → 절탄기 → 과열기 → 터빈 → 복수기

③ 보일러 → 과열기 → 절탄기 → 터빈 → 복수기

④ 절탄기 → 과열기 → 보일러 → 터빈 → 복수기

해설 급수와 증기 흐름의 기본 순서는 다음과 같다.
급수 펌프 → 절탄기 → 보일러 → 과열기 → 터빈 → 복수기

28 연료의 발열량이 430[kcal/kg]일 때, 화력 발전소의 열효율[%]은? (단, 발전기 출력은 P_G [kW], 시간당 연료의 소비량은 B [kg/h]이다.)

① $\dfrac{P_G}{B} \times 100$ ② $\sqrt{2} \times \dfrac{P_G}{B} \times 100$

③ $\sqrt{3} \times \dfrac{P_G}{B} \times 100$ ④ $2 \times \dfrac{P_G}{B} \times 100$

해설 화력 발전소 열효율 $\eta = \dfrac{860W}{mH} \times 100$

$= \dfrac{860P_G}{B \times 430} \times 100$

$= 2 \times \dfrac{P_G}{B} \times 100[\%]$

29 송전 선로에서 1선 지락 시에 건전상의 전압 상승이 가장 적은 접지 방식은?

① 비접지 방식

② 직접 접지 방식

③ 저항 접지 방식

④ 소호 리액터 접지 방식

정답   24.③   25.②   26.④   27.①   28.④   29.②

해설 중성점 직접 접지 방식은 중성점의 전위를 대지 전압으로 하므로 1선 지락 발생 시 건전상 전위 상승이 거의 없다.

30 접지봉으로 탑각의 접지 저항값을 희망하는 접지 저항값까지 줄일 수 없을 때 사용하는 것은?

① 가공 지선 ② 매설 지선
③ 크로스 본드선 ④ 차폐선

해설 철탑의 대지 전기 저항이 크게 되면 뇌전류가 흐를 때 철탑의 전위가 상승하여 역섬락이 생길 수 있으므로 매설 지선을 사용하여 철탑의 탑각 저항을 저감시켜야 한다.

31 전력 퓨즈(power fuse)는 고압, 특고압 기기의 주로 어떤 전류의 차단을 목적으로 설치하는가?

① 충전 전류 ② 부하 전류
③ 단락 전류 ④ 영상 전류

해설 전력 퓨즈(PF)는 단락 전류의 차단을 목적으로 한다.

32 정전 용량이 C_1이고, V_1의 전압에서 Q_r의 무효 전력을 발생하는 콘덴서가 있다. 정전 용량을 변화시켜 2배로 승압된 전압($2V_1$)에서도 동일한 무효 전력 Q_r을 발생시키고자 할 때, 필요한 콘덴서의 정전 용량 C_2는?

① $C_2 = 4C_1$ ② $C_2 = 2C_1$
③ $C_2 = \dfrac{1}{2}C_1$ ④ $C_2 = \dfrac{1}{4}C_1$

해설 동일한 무효 전력(충전 용량)이므로
$\omega C_1 V_1^2 = \omega C_2 (2V_1)^2$에서
$C_1 = 4C_2$으로 $C_2 = \dfrac{1}{4}C_1$이다.

33 송전 선로에서의 고장 또는 발전기 탈락과 같은 큰 외란에 대하여 계통에 연결된 각 동기기가 동기를 유지하면서 계속 안정적으로 운전할 수 있는지를 판별하는 안정도는?

① 동태 안정도(dynamic stability)
② 정태 안정도(steady-state stability)
③ 전압 안정도(voltage stability)
④ 과도 안정도(transient stability)

해설 과도 안정도(transient stability)
부하가 갑자기 크게 변동하거나, 또는 계통에 사고가 발생하여 큰 충격을 주었을 경우에도 계통에 연결된 각 동기기가 동기를 유지해서 계속 운전할 수 있을 것인가의 능력을 말하며, 이때의 극한 전력을 과도 안정 극한 전력(transient stability power limit)이라고 한다.

34 송전 선로의 고장 전류 계산에 영상 임피던스가 필요한 경우는?

① 1선 지락 ② 3상 단락
③ 3선 단선 ④ 선간 단락

해설 각 사고별 대칭 좌표법 해석

	정상분	역상분	영상분
1선 지락	정상분	역상분	영상분
선간 단락	정상분	역상분	×
3상 단락	정상분	×	×

그러므로 영상 임피던스가 필요한 경우는 1선 지락 사고이다.

35 배전 선로의 주상 변압기에서 고압측-저압측에 주로 사용되는 보호 장치의 조합으로 적합한 것은?

① 고압측 : 컷아웃 스위치, 저압측 : 캐치 홀더
② 고압측 : 캐치 홀더, 저압측 : 컷아웃 스위치
③ 고압측 : 리클로저, 저압측 : 라인 퓨즈
④ 고압측 : 라인 퓨즈, 저압측 : 리클로저

정답 30.② 31.③ 32.④ 33.④ 34.① 35.①

해설 주상 변압기 보호 장치
- 1차(고압)측 : 피뢰기, 컷아웃 스위치
- 2차(저압)측 : 캐치 홀더, 중성점 접지

36 용량 20[kVA]인 단상 주상 변압기에 걸리는 하루 동안의 부하가 처음 14시간 동안은 20[kW], 다음 10시간 동안은 10[kW]일 때, 이 변압기에 의한 하루 동안의 손실량[Wh] 은? (단, 부하의 역률은 1로 가정하고, 변압기의 전부하 동손은 300[W], 철손은 100[W] 이다.)

① 6,850
② 7,200
③ 7,350
④ 7,800

해설
- 동손 : $\left(\dfrac{20}{20}\right)^2 \times 14 \times 300 + \left(\dfrac{10}{20}\right)^2 \times 10 \times 300$
  $= 4,950[\text{Wh}]$
- 철손 : $100 \times 24 = 2,400[\text{Wh}]$
- ∴ 손실 합계 $4,950 + 2,400 = 7,350[\text{Wh}]$

37 케이블 단선 사고에 의한 고장점까지의 거리를 정전 용량 측정법으로 구하는 경우, 건전상의 정전 용량이 C, 고장점까지의 정전 용량이 C_x, 케이블의 길이가 l일 때 고장점까지의 거리를 나타내는 식으로 알맞은 것은?

① $\dfrac{C}{C_x}l$
② $\dfrac{2C_x}{C}l$
③ $\dfrac{C_x}{C}l$
④ $\dfrac{C_x}{2C}l$

해설
- 정전 용량법 : 건전상의 정전 용량과 사고상의 정전 용량을 비교하여 사고점을 산출한다.
- 고장점까지 거리 $L = $ 선로 길이 $\times \dfrac{C_x}{C}$
- ∴ $L = \dfrac{C_x}{C}l$

38 수용가의 수용률을 나타낸 식은?

① $\dfrac{\text{합성 최대 수용 전력[kW]}}{\text{평균 전력[kW]}} \times 100[\%]$

② $\dfrac{\text{평균 전력[kW]}}{\text{합성 최대 수용 전력[kW]}} \times 100[\%]$

③ $\dfrac{\text{부하 설비 합계[kW]}}{\text{최대 수용 전력[kW]}} \times 100[\%]$

④ $\dfrac{\text{최대 수용 전력[kW]}}{\text{부하 설비 합계[kW]}} \times 100[\%]$

해설
- 수용률 $= \dfrac{\text{최대 수용 전력[kW]}}{\text{부하 설비 합계[kW]}} \times 100[\%]$
- 부하율 $= \dfrac{\text{평균 부하 전력[kW]}}{\text{최대 부하 전력[kW]}} \times 100[\%]$
- 부등률 $= \dfrac{\text{개개의 최대 수용 전력의 합[kW]}}{\text{합성 최대 수용 전력[kW]}}$

39 %임피던스에 대한 설명으로 틀린 것은?

① 단위를 갖지 않는다.
② 절대량이 아닌 기준량에 대한 비를 나타낸 것이다.
③ 기기 용량의 크기와 관계없이 일정한 범위의 값을 갖는다.
④ 변압기나 동기기의 내부 임피던스에만 사용할 수 있다.

해설 %임피던스는 발전기, 변압기 및 선로 등의 임피던스에 적용된다.

40 역률 0.8, 출력 320[kW]인 부하에 전력을 공급하는 변전소에 역률 개선을 위해 전력용 콘덴서 140[kVA]를 설치했을 때 합성 역률은?

① 0.93
② 0.95
③ 0.97
④ 0.99

정답 36.③ 37.③ 38.④ 39.④ 40.②

해설 개선 후 합성 역률

$$\cos\theta_2 = \frac{P}{\sqrt{P^2 + (P\tan\theta_1 - Q_c)^2}}$$

$$= \frac{320}{\sqrt{320^2 + (320\tan\cos^{-1}0.8 - 140)^2}} = 0.95$$

제3과목 전기기기

41 전류계를 교체하기 위해 우선 변류기 2차측을 단락시켜야 하는 이유는?

① 측정 오차 방지
② 2차측 절연 보호
③ 2차측 과전류 보호
④ 1차측 과전류 방지

해설 변류기 2차측을 개방하면 1차측의 부하 전류가 모두 여자 전류가 되어 큰 자속의 변화로 고전압이 유도되며 2차측 절연 파괴의 위험이 있다.

42 BJT에 대한 설명으로 틀린 것은?

① Bipolar Junction Thyristor의 약자이다.
② 베이스 전류로 컬렉터 전류를 제어하는 전류 제어 스위치이다.
③ MOSFET, IGBT 등의 전압 제어 스위치보다 훨씬 큰 구동 전력이 필요하다.
④ 회로 기호 B, E, C는 각각 베이스(Base), 이미터(Emitter), 컬렉터(Collector)이다.

해설 BJT는 Bipolar Junction Transistor의 약자이며, 베이스 전류로 컬렉터 전류를 제어하는 스위칭 소자이다.

43 단상 변압기 2대를 병렬 운전할 경우, 각 변압기의 부하 전류를 I_a, I_b, 1차측으로 환산한 임피던스를 Z_a, Z_b, 백분율 임피던스 강하를

z_a, z_b, 정격 용량을 P_{an}, P_{bn}이라 한다. 이때 부하 분담에 대한 관계로 옳은 것은?

① $\dfrac{I_a}{I_b} = \dfrac{Z_a}{Z_b}$

② $\dfrac{I_a}{I_b} = \dfrac{P_{bn}}{P_{an}}$

③ $\dfrac{I_a}{I_b} = \dfrac{z_b}{z_a} \times \dfrac{P_{an}}{P_{bn}}$

④ $\dfrac{I_a}{I_b} = \dfrac{Z_a}{Z_b} \times \dfrac{P_{an}}{P_{bn}}$

해설 부하 분담비 $\dfrac{I_a}{I_b}$

$$\frac{I_a}{I_b} = \frac{Z_b}{Z_a} = \frac{\dfrac{I_B Z_b}{V} \times 100}{\dfrac{I_A Z_a}{V} \times 100} \times \frac{VI_A}{VI_B}$$

$$= \frac{\%Z_b}{\%Z_a} \cdot \frac{P_{an}}{P_{bn}} = \frac{z_b}{z_a} \times \frac{P_{an}}{P_{bn}}$$

44 사이클로 컨버터(cyclo converter)에 대한 설명으로 틀린 것은?

① DC − DC buck 컨버터와 동일한 구조이다.
② 출력 주파수가 낮은 영역에서 많은 장점이 있다.
③ 시멘트 공장의 분쇄기 등과 같이 대용량 저속 교류 전동기 구동에 주로 사용된다.
④ 교류를 교류로 직접 변환하면서 전압과 주파수를 동시에 가변하는 전력 변환기이다.

해설 사이클로 컨버터는 교류를 직접 다른 주파수의 교류로 전압과 주파수를 동시에 가변하는 전력 변환기이고, DC − DC buck 컨버터는 직류를 직류로 변환하는 직류 변압기이다.

45 극수 4이며 전기자 권선은 파권, 전기자 도체 수가 250인 직류 발전기가 있다. 이 발전기가 1,200[rpm]으로 회전할 때 600[V]의 기전력을 유기하려면 1극당 자속은 몇 [Wb]인가?

① 0.04

② 0.05

③ 0.06

④ 0.07

해설 유기 기전력 $E = \dfrac{Z}{a}p\phi\dfrac{N}{60}$ [V]

자속 $\phi = E \cdot \dfrac{60a}{pZN}$

$= 600 \times \dfrac{60 \times 2}{4 \times 250 \times 1,200}$

$= 0.06$ [Wb]

46 직류 발전기의 전기자 반작용에 대한 설명으로 틀린 것은?

① 전기자 반작용으로 인하여 전기적 중성축을 이동시킨다.

② 정류자편 간 전압이 불균일하게 되어 섬락의 원인이 된다.

③ 전기자 반작용이 생기면 주자속이 왜곡되고 증가하게 된다.

④ 전기자 반작용이란, 전기자 전류에 의하여 생긴 자속이 계자에 의해 발생되는 주자속에 영향을 주는 현상을 말한다.

해설 전기자 반작용은 전기자 전류에 의한 자속이 계자 자속의 분포에 영향을 주는 것으로 다음과 같은 영향이 있다.

• 전기적 중성축의 이동
 −발전기 : 회전 방향으로 이동
 −전동기 : 회전 반대 방향으로 이동
• 주자속이 감소한다.
• 정류자편 간 전압이 국부적으로 높아져 섬락을 일으킨다.

47 기전력(1상)이 E_0이고 동기 임피던스(1상)가 Z_s인 2대의 3상 동기 발전기를 무부하로 병렬 운전시킬 때 각 발전기의 기전력 사이에 δ_s의 위상차가 있으면 한쪽 발전기에서 다른 쪽 발전기로 공급되는 1상당의 전력 [W]은?

① $\dfrac{E_0}{Z_s}\sin\delta_s$

② $\dfrac{E_0}{Z_s}\cos\delta_s$

③ $\dfrac{{E_0}^2}{2Z_s}\sin\delta_s$

④ $\dfrac{{E_0}^2}{2Z_s}\cos\delta_s$

해설 동기화 전류 $I_s = \dfrac{2E_0}{2Z_s}\sin\dfrac{\delta_s}{2}$ [A]

수수 전력 $P = E_0 I_s \cos\dfrac{\delta_s}{2} = \dfrac{2{E_0}^2}{2Z_s}\sin\dfrac{\delta_s}{2}\cdot\cos\dfrac{\delta_s}{2}$

$= \dfrac{{E_0}^2}{2Z_s}\sin\delta_s$ [W]

가법 정리 $\sin\left(\dfrac{\delta_s}{2} + \dfrac{\delta_s}{2}\right) = 2\sin\dfrac{\delta_s}{2}\cdot\cos\dfrac{\delta_s}{2}$

48 60[Hz], 6극의 3상 권선형 유도 전동기가 있다. 이 전동기의 정격 부하 시 회전수는 1,140[rpm]이다. 이 전동기를 같은 공급 전압에서 전부하 토크로 기동하기 위한 외부 저항은 몇 [Ω]인가? (단, 회전자 권선은 Y결선이며 슬립링 간의 저항은 0.1[Ω]이다.)

① 0.5

② 0.85

③ 0.95

④ 1

해설 동기 속도 $N_s = \dfrac{120f}{P} = \dfrac{120 \times 60}{6} = 1,200$[rpm]

슬립 $s = \dfrac{N_s - N}{N_s} = \dfrac{1,200 - 1,140}{1,200} = 0.05$

2차 1상 저항 $r_2 = \dfrac{\text{슬립링 간의 저항}}{2} = \dfrac{0.1}{2} = 0.05$[Ω]

동일 토크의 조건

$\dfrac{r_2}{s} = \dfrac{r_2 + R}{s'}$ 에서 $\dfrac{0.05}{0.05} = \dfrac{0.05 + R}{1}$

$\therefore R = 0.95$[Ω]

정답 45.③ 46.③ 47.③ 48.③

49 발전기 회전자에 유도자를 주로 사용하는 발전기는?

① 수차 발전기
② 엔진 발전기
③ 터빈 발전기
④ 고주파 발전기

해설 회전 유도자형은 전기자와 계자극을 모두 고정시키고 유도자(inductor)라고 하는 권선이 없는 철심을 회전자로하여 수백~20,000[Hz] 정도의 높은 주파수를 발생시키는 고주파 발전기이다.

50 3상 권선형 유도 전동기 기동 시 2차측에 외부 가변 저항을 넣는 이유는?

① 회전수 감소
② 기동 전류 증가
③ 기동 토크 감소
④ 기동 전류 감소와 기동 토크 증가

해설 3상 권선형 유도 전동기의 기동 시 2차측의 외부에서 가변 저항을 연결하는 목적은 비례 추이 원리를 이용하여 기동 전류를 감소하고 기동 토크를 증가시키기 위해서이다.

51 1차 전압은 3,300[V]이고 1차측 무부하 전류는 0.15[A], 철손은 330[W]인 단상 변압기의 자화 전류는 약 몇 [A]인가?

① 0.112
② 0.145
③ 0.181
④ 0.231

해설 무부하 전류 $I_0 = \dot{I_i} + \dot{I_\phi} = \sqrt{I_i^2 + I_\phi^2}$ [A]

철손 전류 $I_i = \dfrac{P_i}{V_1} = \dfrac{330}{3,300} = 0.1$[A]

∴ 자화 전류 $I_\phi = \sqrt{I_0^2 - I_i^2} = \sqrt{0.15^2 - 0.1^2}$
$= 0.112$[A]

52 유도 전동기의 안정 운전의 조건은? (단, T_m : 전동기 토크, T_L : 부하 토크, n : 회전수)

① $\dfrac{dT_m}{dn} < \dfrac{dT_L}{dn}$ ② $\dfrac{dT_m}{dn} = \dfrac{dT_L^2}{dn}$

③ $\dfrac{dT_m}{dn} > \dfrac{dT_L}{dn}$ ④ $\dfrac{dT_m}{dn} \neq \dfrac{dT_L^2}{dn}$

해설

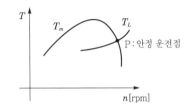

여기서, T_m : 전동기 토크
T_L : 부하의 반항 토크

안정된 운전을 위해서는 $\dfrac{dT_m}{dn} < \dfrac{dT_L}{dn}$ 이어야 한다. 즉, 부하의 반항 토크 기울기가 전동기 토크 기울기보다 큰 점에서 안정 운전을 한다.

53 전압이 일정한 모선에 접속되어 역률 1로 운전하고 있는 동기 전동기를 동기 조상기로 사용하는 경우 여자 전류를 증가시키면 이 전동기는 어떻게 되는가?

① 역률은 앞서고, 전기자 전류는 증가한다.
② 역률은 앞서고, 전기자 전류는 감소한다.
③ 역률은 뒤지고, 전기자 전류는 증가한다.
④ 역률은 뒤지고, 전기자 전류는 감소한다.

해설 동기 전동기를 동기 조상기로 사용하여 역률 1로 운전 중 여자 전류를 증가시키면 전기자 전류는 전압보다 앞선 전류가 흘러 콘덴서 작용을 하며 증가한다.

54 직류기에서 계자 자속을 만들기 위하여 전자석의 권선에 전류를 흘리는 것을 무엇이라 하는가?

① 보극
② 여자
③ 보상 권선
④ 자화 작용

해설 직류기에서 계자 자속을 만들기 위하여 전자석의 권선에 전류를 흘려서 자화하는 것을 여자(excited)라고 한다.

55 동기 리액턴스 $X_s = 10[\Omega]$, 전기자 권선 저항 $r_a = 0.1[\Omega]$, 3상 중 1상의 유도 기전력 $E = 6,400[V]$, 단자 전압 $V = 4,000[V]$, 부하각 $\delta = 30°$이다. 비철극기인 3상 동기 발전기의 출력은 약 몇 [kW]인가?

① 1,280 ② 3,840
③ 5,560 ④ 6,650

해설 1상 출력 $P_1 = \dfrac{EV}{Z_s}\sin\delta[W]$

3상 출력 $P_3 = 3P_1 = 3 \times \dfrac{6,400 \times 4,000}{10} \times \dfrac{1}{2} \times 10^{-3}$
$= 3,840[kW]$

56 히스테리시스 전동기에 대한 설명으로 틀린 것은?

① 유도 전동기와 거의 같은 고정자이다.
② 회전자극은 고정자극에 비하여 항상 각도 δ_h만큼 앞선다.
③ 회전자가 부드러운 외면을 가지므로 소음이 적으며, 순조롭게 회전시킬 수 있다.
④ 구속 시부터 동기 속도만을 제외한 모든 속도 범위에서 일정한 히스테리시스 토크를 발생한다.

해설 히스테리시스 전동기는 동기 속도를 제외한 모든 속도 범위에서 일정한 히스테리시스 토크를 발생하며 회전자극은 고정자극에 비하여 항상 각도 δ_h만큼 뒤진다.

57 단자 전압 220[V], 부하 전류 50[A]인 분권 발전기의 유도 기전력은 몇 [V]인가? (단, 여기서 전기자 저항은 0.2[Ω]이며, 계자 전류 및 전기자 반작용은 무시한다.)

① 200 ② 210
③ 220 ④ 230

해설 유기 기전력 $E = V + I_a R_a$
$= 220 + 50 \times 0.2 = 230[V]$

58 단상 유도 전압 조정기에서 단락 권선의 역할은?

① 철손 경감 ② 절연 보호
③ 전압 강하 경감 ④ 전압 조정 용이

해설 단상 유도 전압 조정기의 단락 권선은 누설 리액턴스를 감소하여 전압 강하를 적게 한다.

59 3상 유도 전동기에서 회전자가 슬립 s로 회전하고 있을 때 2차 유기 전압 E_{2s} 및 2차 주파수 f_{2s}와 s와의 관계는? (단, E_2는 회전자가 정지하고 있을 때 2차 유기 기전력이며 f_1은 1차 주파수이다.)

① $E_{2s} = sE_2$, $f_{2s} = sf_1$

② $E_{2s} = sE_2$, $f_{2s} = \dfrac{f_1}{s}$

③ $E_{2s} = \dfrac{E_2}{s}$, $f_{2s} = \dfrac{f_1}{s}$

④ $E_{2s} = (1-s)E_2$, $f_{2s} = (1-s)f_1$

해설 3상 유도 전동기가 슬립 s로 회전 시
2차 유기 전압 $E_{2s} = sE_2[V]$
2차 주파수 $f_{2s} = sf_1[Hz]$

60 3,300/220[V]의 단상 변압기 3대를 △ - Y 결선하고 2차측 선간에 15[kW]의 단상 전열기를 접속하여 사용하고 있다. 결선을 △ -△로 변경하는 경우 이 전열기의 소비 전력은 몇 [kW]로 되는가?

① 5 ② 12
③ 15 ④ 21

해설 변압기를 △−Y결선에서 △−△결선으로 변경하면 부하의 공급 전압이 $\frac{1}{\sqrt{3}}$로 감소하고 소비 전력은 전압의 제곱에 비례하므로 다음과 같다.

$$P' = P \times \left(\frac{1}{\sqrt{3}}\right)^2 = 15 \times \left(\frac{1}{\sqrt{3}}\right)^2 = 5[\text{kW}]$$

제4과목 회로이론 및 제어공학

61 블록 선도와 같은 단위 피드백 제어 시스템의 상태 방정식은? (단, 상태 변수는 $x_1(t) = c(t)$, $x_2(t) = \frac{d}{dt}c(t)$로 한다.)

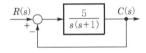

① $\dot{x}_1(t) = x_2(t)$
   $\dot{x}_2(t) = -5x_1(t) - x_2(t) + 5r(t)$

② $\dot{x}_1(t) = x_2(t)$
   $\dot{x}_2(t) = -5x_1(t) - x_2(t) - 5r(t)$

③ $\dot{x}_1(t) = -x_2(t)$
   $\dot{x}_2(t) = 5x_1(t) + x_2(t) - 5r(t)$

④ $\dot{x}_1(t) = -x_2(t)$
   $\dot{x}_2(t) = -5x_1(t) - x_2(t) + 5r(t)$

해설

전달 함수 $\dfrac{C(s)}{R(s)} = \dfrac{\frac{5}{s(s+1)}}{1 + \frac{5}{s(s+1)}} = \dfrac{5}{s^2 + s + 5}$

$s^2 C(s) + s C(s) + 5C(s) = 5R(s)$

미분 방정식 $\dfrac{d^2 c(t)}{dt^2} + \dfrac{dc(t)}{dt} + 5c(t) = 5r(t)$

상태 변수 $x_1(t) = c(t)$
$x_2(t) = \dfrac{dc(t)}{dt}$

상태 방정식 $\dot{x}_1(t) = \dfrac{dc(t)}{dt} = x_2(t)$

$\dot{x}_2(t) = \dfrac{d^2 c(t)}{dt^2} = -5x_1(t) - x_2(t) + 5r(t)$

62 적분 시간 3[s], 비례 감도가 3인 비례 적분 동작을 하는 제어 요소가 있다. 이 제어 요소에 동작 신호 $x(t) = 2t$를 주었을 때 조작량은 얼마인가? (단, 초기 조작량 $y(t)$는 0으로 한다.)

① $t^2 + 2t$
② $t^2 + 4t$
③ $t^2 + 6t$
④ $t^2 + 8t$

해설 동작 신호를 $x(t)$, 조작량을 $y(t)$라 하면 비례 적분 동작(PI 동작)은

$y(t) = K_p \left[x(t) + \dfrac{1}{T_i} \int x(t) dt \right]$

비례 감도 $K_p = 3$, 적분 시간 $T_i = 3[\text{s}]$
동작 신호 $x(t) = 2t$이므로

$y(t) = 3 \left(2t + \dfrac{1}{3} \int 2t\, dt \right) = 6t + t^2$

∴ 조작량 $y(t) = t^2 + 6t$

63 블록 선도의 제어 시스템은 단위 램프 입력에 대한 정상 상태 오차(정상 편차)가 0.01이다. 이 제어 시스템의 제어 요소인 $G_{C1}(s)$의 k는?

$$G_{C1}(s) = k, \quad G_{C2}(s) = \frac{1 + 0.1s}{1 + 0.2s}$$

$$G_P(s) = \frac{200}{s(s+1)(s+2)}$$

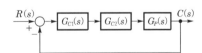

① 0.1
② 1
③ 10
④ 100

해설 정상 속도 편차 $e_{ssv} = \dfrac{1}{K_v}$

속도 편차 상수 $K_v = \lim\limits_{s \to 0} s \cdot G(s)$

$K_v = \lim\limits_{s \to 0} s \dfrac{k \cdot (1+0.1s) \cdot 200}{(1+0.2s)s(s+1)(s+2)} = \dfrac{200k}{2} = 100k$

$\therefore \ 0.01 = \dfrac{1}{100k}$

$\therefore \ k = 1$

64 개루프 전달 함수 $G(s)H(s)$로부터 근궤적을 작성할 때 실수축에서의 점근선의 교차점은?

$$G(s)H(s) = \dfrac{K(s-2)(s-3)}{s(s+1)(s+2)(s+4)}$$

① 2

② 5

③ -4

④ -6

해설 $\delta = \dfrac{\sum G(s)H(s) \text{의 극점} - \sum G(s)H(s) \text{의 영점}}{P-Z}$

$= \dfrac{(0-1-2-4)-(2+3)}{4-2}$

$= -6$

65 2차 제어 시스템의 감쇠율(damping ratio, ζ)이 $\zeta < 0$인 경우 제어 시스템의 과도 응답 특성은?

① 발산

② 무제동

③ 임계 제동

④ 과제동

해설 2차 제어 시스템의 감쇠비(율) ζ에 따른 과도 응답 특성
① $\zeta = 0$: 순허근으로 무제동
② $\zeta = 1$: 중근으로 임계 제동
③ $\zeta > 1$: 서로 다른 두 실근으로 과제동
④ $0 < \zeta < 1$: 좌반부의 공액 복소수근으로 부족 제동
⑤ $-1 < \zeta < 0$: 우반부의 공액 복소수근으로 발산

66 특성 방정식이 $2s^4 + 10s^3 + 11s^2 + 5s + K = 0$으로 주어진 제어 시스템이 안정하기 위한 조건은?

① $0 < K < 2$

② $0 < K < 5$

③ $0 < K < 6$

④ $0 < K < 10$

해설 라우스의 표

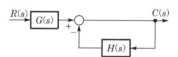

s^4	2	11	K
s^3	10	5	
s^2	10	K	
s^1	$\dfrac{50-10K}{10}$		
s^0	K		

제어 시스템이 안정하기 위해서는 제1열의 부호 변화가 없어야 하므로 $\dfrac{50-10K}{10} > 0$, $K > 0$

$\therefore \ 0 < K < 5$

67 블록 선도의 전달 함수 $\left(\dfrac{C(s)}{R(s)}\right)$는?

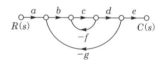

① $\dfrac{G(s)}{1+H(s)}$

② $\dfrac{G(s)}{1+G(s)H(s)}$

③ $\dfrac{1}{1+H(s)}$

④ $\dfrac{1}{1+G(s)H(s)}$

해설 $\{R(s)G(s) - C(s)H(s)\} = C(s)$

$R(s)G(s) = C(s)\{1+H(s)\}$

$\therefore$ 전달 함수 $\dfrac{C(s)}{R(s)} = \dfrac{G(s)}{1+H(s)}$

68 신호 흐름 선도에서 전달 함수 $\left(\dfrac{C(s)}{R(s)}\right)$는?

① $\dfrac{abcde}{1-cg-bcdg}$

② $\dfrac{abcde}{1-cf+bcdg}$

③ $\dfrac{abcde}{1+cf-bcdg}$

④ $\dfrac{abcde}{1+cf+bcdg}$

해설 전향 경로 $n=1$
$G_1 = abcde$, $\Delta_1 = 1$
$L_{11} = -cf$, $L_{21} = -bcdg$
$\Delta = 1 - (L_{11} + L_{21}) = 1 + cf + bcdg$
∴ 전달 함수 $M(s) = \dfrac{C(s)}{R(s)} = \dfrac{abcde}{1 + cf + bcdg}$

69 $e(t)$의 z변환율 $E(z)$라고 했을 때 $e(t)$의 최종값 $e(\infty)$은?

① $\lim\limits_{z \to 1} E(z)$

② $\lim\limits_{z \to \infty} E(z)$

③ $\lim\limits_{z \to 1}(1 - z^{-1})E(z)$

④ $\lim\limits_{z \to \infty}(1 - z^{-1})E(z)$

해설 • 초기값 정리 : $e(0) = \lim\limits_{t \to 0} e(t) = \lim\limits_{z \to \infty} E(z)$
• 최종값 정리 : $e(\infty) = \lim\limits_{t \to \infty} e(t) = \lim\limits_{z \to 1}(1 - z^{-1})E(z)$

70 $\overline{A} + \overline{B} \cdot \overline{C}$와 등가인 논리식은?

① $\overline{A \cdot (B + C)}$ ② $\overline{A + B \cdot C}$

③ $\overline{A \cdot B + C}$ ④ $\overline{A} \cdot B + C$

해설 드모르간의 정리
$\overline{A + B} = \overline{A} \cdot \overline{B}$
$\overline{A \cdot B} = \overline{A} + \overline{B}$
∴ $\overline{A} + \overline{B} \cdot \overline{C} = \overline{A} + \overline{(B + C)} = \overline{A \cdot (B + C)}$

71 $F(s) = \dfrac{2s^2 + s - 3}{s(s^2 + 4s + 3)}$의 라플라스 역변환은?

① $1 - e^{-t} + 2e^{-3t}$

② $1 - e^{-t} - 2e^{-3t}$

③ $-1 - e^{-t} - 2e^{-3t}$

④ $-1 + e^{-t} + 2e^{-3t}$

해설 $F(s) = \dfrac{2s^2 + s - 3}{s(s^2 + 4s + 3)} = \dfrac{2s^2 + s - 3}{s(s+1)(s+3)}$

$= \dfrac{K_1}{s} + \dfrac{K_2}{s+1} + \dfrac{K_3}{s+3}$

• $K_1 = \dfrac{2s^2 + s - 3}{(s+1)(s+3)}\bigg|_{s=0} = -1$

• $K_2 = \dfrac{2s^2 + s - 3}{s(s+3)}\bigg|_{s=-1} = 1$

• $K_3 = \dfrac{2s^2 + s - 3}{s(s+1)}\bigg|_{s=-3} = 2$

$= \dfrac{-1}{s} + \dfrac{1}{s+1} + \dfrac{2}{s+3}$

∴ $f(t) = -1 + e^{-t} + 2e^{-3t}$

72 전압 및 전류가 다음과 같을 때 유효 전력[W] 및 역률[%]은 각각 약 얼마인가?

$$v(t) = 100\sin\omega t - 50\sin(3\omega t + 30°)$$
$$+ 20\sin(5\omega t + 45°) [\mathrm{V}]$$
$$i(t) = 20\sin(\omega t + 30°) + 10\sin(3\omega t - 30°)$$
$$+ 5\cos 5\omega t [\mathrm{A}]$$

① $825[\mathrm{W}]$, $48.6[\%]$

② $776.4[\mathrm{W}]$, $59.7[\%]$

③ $1,120[\mathrm{W}]$, $77.4[\%]$

④ $1,850[\mathrm{W}]$, $89.6[\%]$

해설 • 유효 전력 $P = \dfrac{100}{\sqrt{2}} \dfrac{20}{\sqrt{2}} \cos 30° - \dfrac{50}{\sqrt{2}} \dfrac{10}{\sqrt{2}} \cos 60°$

$+ \dfrac{20}{\sqrt{2}} \dfrac{5}{\sqrt{2}} \cos 45° = 776.4[\mathrm{W}]$

• 피상 전력 $P_a = VI = \sqrt{\dfrac{100^2 + (-50)^2 + 20^2}{2}}$

$\times \sqrt{\dfrac{20^2 + 10^2 + 5^2}{2}}$

$= 1,300.86[\mathrm{VA}]$

• 역률 $\cos\theta = \dfrac{P}{P_a} = \dfrac{776.4}{1,300.86} \times 100 = 59.7[\%]$

73 회로에서 $t=0$초일 때 닫혀 있는 스위치 S를 열었다. 이때 $\dfrac{dv(0^+)}{dt}$ 의 값은? (단, C의 초기 전압은 0[V]이다.)

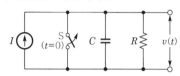

① $\dfrac{1}{RI}$ 　　② $\dfrac{C}{I}$

③ RI 　　④ $\dfrac{I}{C}$

해설 C에서의 전류 $i_c = C\dfrac{dv(t)}{dt}$ 에서

$$\therefore I = C\frac{dv(0^+)}{dt}$$

$$\therefore \frac{dv(0^+)}{dt} = \frac{I}{C}$$

74 △ 결선된 대칭 3상 부하가 0.5[Ω]인 저항만의 선로를 통해 평형 3상 전압원에 연결되어 있다. 이 부하의 소비 전력이 1,800[W]이고 역률이 0.8(지상)일 때, 선로에서 발생하는 손실이 50[W]이면 부하의 단자 전압[V]의 크기는?

① 627 　　② 525

③ 326 　　④ 225

해설 • 선로 손실 $P_l = 3I^2R$

$$I = \sqrt{\frac{P_l}{3R}} = \sqrt{\frac{50}{3 \times 0.5}} = \sqrt{\frac{100}{3}}\,[A]$$

• 소비 전력 $P = \sqrt{3}\,VI\cos\theta$

$$\therefore V = \frac{P}{\sqrt{3}\,I\cos\theta} = \frac{1,800}{\sqrt{3} \times \sqrt{\frac{100}{3}} \times 0.8} = 225[V]$$

75 그림과 같이 △ 회로를 Y회로로 등가 변환하였을 때 임피던스 Z_a[Ω]는?

① 12 　　② $-3+j6$

③ $4-j8$ 　　④ $6+j8$

해설 $Z_a = \dfrac{j6(4+j2)}{j6+(-j8)+(4+j2)} = \dfrac{-12+j24}{4}$

$$= -3+j6\,[\Omega]$$

76 그림과 같은 H형의 4단자 회로망에서 4단자 정수(전송 파라미터) A는? $\left(\text{단, } V_1\text{은 입력 전압이고, } V_2\text{는 출력 전압이고, } A\text{는 출력 개방 시 회로망의 전압 이득}\left(\dfrac{V_1}{V_2}\right)\text{이다.}\right)$

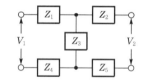

① $\dfrac{Z_1+Z_2+Z_3}{Z_3}$ 　　② $\dfrac{Z_1+Z_3+Z_4}{Z_3}$

③ $\dfrac{Z_2+Z_3+Z_5}{Z_3}$ 　　④ $\dfrac{Z_3+Z_4+Z_5}{Z_3}$

해설 H형 회로를 T형 회로로 등가 변환

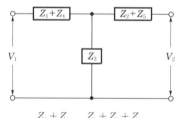

$$\therefore A = 1 + \frac{Z_1+Z_4}{Z_3} = \frac{Z_1+Z_3+Z_4}{Z_3}$$

정답 　73.④ 　74.④ 　75.② 　76.②

77 특성 임피던스가 400[Ω]인 회로 말단에 1,200[Ω]의 부하가 연결되어 있다. 전원측에 20[kV]의 전압을 인가할 때 반사파의 크기[kV]는? (단, 선로에서의 전압 감쇠는 없는 것으로 간주한다.)

① 3.3 ② 5
③ 10 ④ 33

해설 반사 계수 $\beta = \dfrac{Z_L - Z_0}{Z_L + Z_0} = \dfrac{1,200 - 400}{1,200 + 400} = 0.5$

∴ 반사파 전압＝반사 계수(β)×입사 전압
　　＝$0.5 \times 20 = 10[\text{kV}]$

78 회로에서 전압 $V_{ab}[\text{V}]$는?

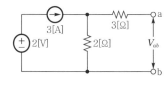

① 2 ② 3
③ 6 ④ 9

해설 V_{ab}는 2[Ω]의 단자 전압이므로 중첩의 정리에 의해 2[Ω]에 흐르는 전류를 구한다.
- 3[A]의 전류원 존재 시 : 전압원 2[V] 단락
　　　　　　　　　　$I_1 = 3[\text{A}]$
- 2[V]의 전압원 존재 시 : 전류원 3[A] 개방
　　　　　　　　　　$I_2 = 0[\text{A}]$

∴ $V_{ab} = 2 \times 3 = 6[\text{V}]$

79 △결선된 평형 3상 부하로 흐르는 선전류가 I_a, I_b, I_c일 때, 이 부하로 흐르는 영상분 전류 $I_0[\text{A}]$는?

① $3I_a$ ② I_a
③ $\dfrac{1}{3}I_a$ ④ 0

해설 영상 전류
$$I_0 = \frac{1}{3}(I_a + I_b + I_c)$$
평형(대칭) 3상 전류의 합
$I_a + I_b + I_c = 0$이므로
∴ 영상 전류 $I_0 = 0[\text{A}]$

80 저항 $R = 15[\Omega]$과 인덕턴스 $L = 3[\text{mH}]$를 병렬로 접속한 회로의 서셉턴스의 크기는 약 몇 [℧]인가? (단, $\omega = 2\pi \times 10^5$)

① 3.2×10^{-2}
② 8.6×10^{-3}
③ 5.3×10^{-4}
④ 4.9×10^{-5}

해설 임피던스 $Z = \sqrt{R^2 + (\omega L)^2}\ [\Omega]$
$= \sqrt{15^2 + (2\pi \times 10^5 \times 3 \times 10^{-3})^2}$
$\fallingdotseq 1,885[\Omega]$

∴ 서셉턴스 $B = \dfrac{1}{Z} = \dfrac{1}{1,885} \fallingdotseq 5.3 \times 10^{-4}[\text{℧}]$

제5과목　전기설비기술기준

81 전기 철도 차량에 전력을 공급하는 전차선의 가선(전선 설치) 방식에 포함되지 않는 것은?

① 가공 방식
② 강체 방식
③ 제3레일 방식
④ 지중 조가선 방식

해설 전차선 가선(전선 설치) 방식(한국전기설비규정 431.1)
전차선의 가선(전선 설치) 방식은 열차의 속도 및 노반의 형태, 부하 전류 특성에 따라 적합한 방식을 채택하여야 하며, 가공 방식, 강체 방식, 제3레일 방식을 표준으로 한다.

82

수소 냉각식 발전기 및 이에 부속하는 수소 냉각 장치에 대한 시설 기준으로 틀린 것은?

① 발전기 내부의 수소의 온도를 계측하는 장치를 시설할 것
② 발전기 내부의 수소의 순도가 70[%] 이하로 저하한 경우에 경보를 하는 장치를 시설할 것
③ 발전기는 기밀 구조의 것이고 또한 수소가 대기압에서 폭발하는 경우에 생기는 압력에 견디는 강도를 가지는 것일 것
④ 발전기 내부의 수소의 압력을 계측하는 장치 및 그 압력이 현저히 변동한 경우에 이를 경보하는 장치를 시설할 것

해설 수소 냉각식 발전기 등의 시설(한국전기설비규정 351.10)

• 기밀 구조(氣密構造)의 것이고 또한 수소가 대기압에서 폭발하는 경우에 생기는 압력에 견디는 강도를 가지는 것일 것
• 발전기축의 밀봉부에는 질소 가스를 봉입할 수 있는 장치 또는 발전기축의 밀봉부로부터 누설된 수소 가스를 안전하게 외부에 방출할 수 있는 장치를 시설할 것
• 수소의 순도가 85[%] 이하로 저하한 경우에 이를 경보하는 장치를 시설할 것
• 수소의 압력을 계측하는 장치 및 그 압력이 현저히 변동한 경우에 이를 경보하는 장치를 시설할 것
• 수소의 온도를 계측하는 장치를 시설할 것

83

저압 전로의 보호 도체 및 중성선의 접속 방식에 따른 접지 계통의 분류가 아닌 것은?

① IT 계통
② TN 계통
③ TT 계통
④ TC 계통

해설 계통 접지 구성(한국전기설비규정 203.1)

저압 전로의 보호 도체 및 중성선의 접속 방식에 따라 접지 계통은 다음과 같이 분류한다.

• TN 계통
• TT 계통
• IT 계통

84

교통 신호등 회로의 사용 전압이 몇 [V]를 넘는 경우는 전로에 지락이 생겼을 경우 자동적으로 전로를 차단하는 누전 차단기를 시설하는가?

① 60
② 150
③ 300
④ 450

해설 누전 차단기(한국전기설비규정 234.15.6)

교통 신호등 회로의 사용 전압이 150[V]를 넘는 경우는 전로에 지락이 생겼을 경우 자동적으로 전로를 차단하는 누전 차단기를 시설할 것

85

터널 안의 전선로의 저압 전선이 그 터널 안의 다른 저압 전선(관등 회로의 배선은 제외한다.) 약전류 전선 등 또는 수관·가스관이나 이와 유사한 것과 접근하거나 교차하는 경우, 저압 전선을 애자 공사에 의하여 시설하는 때에는 이격 거리(간격)가 몇 [cm] 이상이어야 하는가? (단, 전선이 나전선이 아닌 경우이다.)

① 10
② 15
③ 20
④ 25

해설 • 터널 안 전선로의 전선과 약전류 전선 등 또는 관 사이의 이격 거리(간격)(한국전기설비규정 335.2)
터널 안의 전선로의 저압 전선이 그 터널 안의 다른 저압 전선·약전류 전선 등 또는 수관·가스관이나 이와 유사한 것과 접근하거나 교차하는 경우에는 232.3.7의 규정에 준하여 시설하여야 한다.
• 배선 설비와 다른 공급 설비와의 접근(한국전기설비규정 232.3.7)
저압 옥내 배선이 다른 저압 옥내 배선 또는 관등 회로의 배선과 접근하거나 교차하는 경우에 애자 공사에 의하여 시설하는 저압 옥내 배선과 다른 저압 옥내 배선 또는 관등 회로의 배선 사이의 이격 거리(간격)는 0.1[m](나전선인 경우에는 0.3[m]) 이상이어야 한다.

정답 ◄ 82.② 83.④ 84.② 85.①

86 저압 절연 전선으로 「전기용품 및 생활용품 안전관리법」의 적용을 받는 것 이외에 KS에 적합한 것으로서 사용할 수 없는 것은?

① 450/750[V] 고무 절연 전선
② 450/750[V] 비닐 절연 전선
③ 450/750[V] 알루미늄 절연 전선
④ 450/750[V] 저독성 난연 폴리올레핀 절연 전선

해설 절연 전선(한국전기설비규정 122.1)
저압 절연 전선은 「전기용품 및 생활용품 안전관리법」의 적용을 받는 것 이외에는 KS에 적합한 것으로서 450/750[V] 비닐 절연 전선·450/750[V] 저독성 난연 폴리올레핀 절연 전선·450/750[V] 저독성 난연 가교폴리올레핀 절연 전선·450/750[V] 고무 절연 전선을 사용하여야 한다.

87 사용 전압이 154[kV]인 모선에 접속되는 전력용 커패시터에 울타리를 시설하는 경우 울타리의 높이와 울타리로부터 충전 부분까지 거리의 합계는 몇 [m] 이상되어야 하는가?

① 2
② 3
③ 5
④ 6

해설 특고압용 기계 기구의 시설(한국전기설비규정 341.4)
▎특고압용 기계 기구 충전 부분의 지표상 높이 ▎

사용 전압의 구분	울타리의 높이와 울타리로부터 충전 부분까지의 거리의 합계 또는 지표상의 높이
35[kV] 이하	5[m]
35[kV] 초과 160[kV] 이하	6[m]
160[kV] 초과	6[m]에 160[kV]를 초과하는 10[kV] 또는 그 단수마다 0.12[m]를 더한 값

88 태양광 설비에 시설하여야 하는 계측기의 계측 대상에 해당하는 것은?

① 전압과 전류
② 전력과 역률
③ 전류와 역률
④ 역률과 주파수

해설 태양광 설비의 계측 장치(한국전기설비규정 522.3.6)
태양광 설비에는 전압과 전류 또는 전압과 전력을 계측하는 장치를 시설하여야 한다.

89 전선의 단면적이 38[mm²]인 경동 연선을 사용하고 지지물로는 B종 철주 또는 B종 철근 콘크리트주를 사용하는 특고압 가공 전선로를 제3종 특고압 보안 공사에 의하여 시설하는 경우 경간(지지물 간 거리)은 몇 [m] 이하이어야 하는가?

① 100
② 150
③ 200
④ 250

해설 특고압 보안 공사(한국전기설비규정 333.22)
▎제3종 특고압 보안 공사 시 경간(지지물 간 거리) 제한 ▎

지지물 종류	경간(지지물 간 거리)
목주·A종	100[m] (인장 강도 14.51[kN] 이상의 연선 또는 단면적이 38[mm²] 이상인 경동 연선을 사용하는 경우에는 150[m])
B종	200[m] (인장 강도 21.67[kN] 이상의 연선 또는 단면적이 55[mm²] 이상인 경동 연선을 사용하는 경우에는 250[m])
철탑	400[m] (인장 강도 21.67[kN] 이상의 연선 또는 단면적이 55[mm²] 이상인 경동 연선을 사용하는 경우에는 600[m])

90 저압 전로에서 정전이 어려운 경우 등 절연 저항 측정이 곤란한 경우 저항 성분의 누설 전류가 몇 [mA] 이하이면 그 전로의 절연 성능은 적합한 것으로 보는가?

① 1
② 2
③ 3
④ 4

해설 전로의 절연 저항 및 절연 내력(한국전기설비규정 132)
사용 전압이 저압인 전로의 절연 성능은 「전기설비기술기준」 제52조를 충족하여야 한다. 다만, 저압 전로에서 정전이 어려운 경우 등 절연 저항 측정이 곤란한 경우 저항 성분의 누설 전류가 1[mA] 이하이면 그 전로의 절연 성능은 적합한 것으로 본다.

91 금속제 가요 전선관 공사에 의한 저압 옥내 배선의 시설기준으로 틀린 것은?

① 가요 전선관 안에는 전선에 접속점이 없도록 한다.

② 옥외용 비닐 절연 전선을 제외한 절연 전선을 사용한다.

③ 점검할 수 없는 은폐된 장소에는 1종 가요 전선관을 사용할 수 있다.

④ 2종 금속제 가요 전선관을 사용하는 경우에 습기 많은 장소에 시설하는 때에는 비닐 피복 2종 가요 전선관으로 한다.

3해설 금속제 가요 전선관 공사(한국전기설비규정 232.13)

• 전선은 절연 전선(옥외용 비닐 절연 전선을 제외한다)일 것

• 전선은 연선일 것. 다만, 단면적 10mm²(알루미늄선은 단면적 16mm²) 이하인 것은 그러하지 아니하다.

• 가요 전선관 안에는 전선에 접속점이 없도록 할 것

• 가요 전선관은 2종 금속제 가요 전선관일 것. 다만, 전개된 장소 또는 점검할 수 있는 은폐된 장소에는 1종 가요 전선관(습기가 많은 장소 또는 물기가 있는 장소에는 비닐 피복 1종 가요 전선관에 한한다)을 사용할 수 있다.

92 "리플 프리(ripple-free) 직류"란 교류를 직류로 변환할 때 리플 성분의 실효값이 몇 [%] 이하로 포함된 직류를 말하는가?

① 3 ② 5

③ 10 ④ 15

3해설 용어 정의(한국전기설비규정 112)

"리플 프리(ripple-free) 직류"란 교류를 직류로 변환할 때 리플 성분의 실효값이 10[%] 이하로 포함된 직류를 말한다.

93 사용 전압이 22.9[kV]인 가공 전선로를 시가지에 시설하는 경우 전선의 지표상 높이는 몇 [m] 이상인가? (단, 전선은 특고압 절연 전선을 사용한다.)

① 6 ② 7

③ 8 ④ 10

3해설 시가지 등에서 특고압 가공 전선로의 시설(한국전기설비규정 333.1)

사용 전압의 구분	지표상의 높이
35[kV] 이하	10[m] (전선이 특고압 절연 전선인 경우에는 8[m])
35[kV] 초과	10[m]에 35[kV]를 초과하는 10[kV] 또는 그 단수마다 0.12[m]를 더한 값

94 가공 전선로의 지지물에 시설하는 지선(지지선)으로 연선을 사용할 경우, 소선(素線)은 몇 가닥 이상이어야 하는가?

① 2 ② 3

③ 5 ④ 9

3해설 지선(지지선)의 시설(한국전기설비규정 331.11)

• 지선(지지선)의 안전율은 2.5 이상일 것. 이 경우에 허용 인장 하중의 최저는 4.31[kN]으로 한다.

• 소선 3가닥 이상의 연선일 것

• 소선의 지름이 2.6[mm] 이상의 금속선을 사용한 것일 것

95 다음 (   )에 들어갈 내용으로 옳은 것은?

> 지중 전선로는 기설 지중 약전류 전선로에 대하여 (㉠) 또는 (㉡)에 의하여 통신상의 장해를 주지 않도록 기설 약전류 전선로로부터 이격시키거나 기타 보호장치를 시설하여야 한다.

① ㉠ 누설 전류, ㉡ 유도 작용

② ㉠ 단락 전류, ㉡ 유도 작용

③ ㉠ 단락 전류, ㉡ 정전 작용

④ ㉠ 누설 전류, ㉡ 정전 작용

해설 지중 약전류 전선의 유도 장해 방지(한국전기설비규정 334.5)

지중 전선로는 기설 지중 약전류 전선로에 대하여 누설 전류 또는 유도 작용에 의하여 통신상의 장해를 주지 않도록 기설 약전류 전선로로부터 이격시키거나 기타 보호장치를 시설하여야 한다.

96 사용 전압이 22.9[kV]인 가공 전선로의 다중 접지한 중성선과 첨가 통신선 사이의 이격 거리(간격)는 몇 [cm] 이상이어야 하는가? (단, 특고압 가공 전선로는 중성선 다중 접지식의 것으로 전로에 지락이 생긴 경우 2초 이내에 자동적으로 이를 전로로부터 차단하는 장치가 되어 있는 것으로 한다.)

① 60　　　　　② 75

③ 100　　　　④ 120

해설 전력 보안 통신선의 시설 높이와 이격 거리(간격)(한국전기설비 362.2)

통신선과 저압 가공 전선 또는 25[kV] 이하 특고압 가공 전선로의 다중 접지를 한 중성선 사이의 이격 거리(간격)는 0.6[m] 이상일 것. 다만, 저압 가공 전선이 절연 전선 또는 케이블인 경우에 통신선이 절연 전선과 동등 이상의 절연 성능이 있는 것인 경우에는 0.3[m](저압 가공 전선이 인입선이고 또한 통신선이 첨가 통신용 제2종 케이블 또는 광섬유 케이블일 경우에는 0.15[m]) 이상으로 할 수 있다.

97 사용 전압이 22.9[kV]인 가공 전선이 삭도와 제1차 접근 상태로 시설되는 경우, 가공 전선과 삭도 또는 삭도용 지주 사이의 이격 거리(간격)는 몇 [m] 이상으로 하여야 하는가? (단, 전선으로는 특고압 절연 전선을 사용한다.)

① 0.5　　　　② 1

③ 2　　　　　④ 2.12

해설 25[kV] 이하인 특고압 가공 전선로의 시설(한국전기설비규정 333.32)

특고압 가공 전선이 삭도와 접근 상태로 시설되는 경우에 삭도 또는 그 지주(지지기둥) 사이의 이격 거리(간격)

전선의 종류	이격 거리(간격)
나전선	2.0 [m]
특고압 절연 전선	1.0 [m]
케이블	0.5 [m]

98 저압 옥내 배선에 사용하는 연동선의 최소 굵기는 몇 [mm²]인가?

① 1.5　　　　② 2.5

③ 4.0　　　　④ 6.0

해설 저압 옥내 배선의 사용 전선(한국전기설비규정 231.3.1)

- 저압 옥내 배선의 전선은 단면적 2.5[mm²] 이상의 연동선
- 옥내 배선의 사용 전압이 400[V] 이하인 경우
  - 전광 표시 장치 또는 제어 회로 등에 사용하는 배선에 단면적 1.5[mm²] 이상의 연동선을 사용하고 이를 합성 수지관 공사·금속관 공사·금속 몰드 공사·금속 덕트 공사·플로어 덕트 공사 또는 셀룰러 덕트 공사에 의하여 시설
  - 전광 표시 장치 또는 제어 회로 등의 배선에 단면적 0.75[mm²] 이상인 다심 케이블 또는 다심 캡타이어 케이블을 사용하고 또한 과전류가 생겼을 때에 자동적으로 전로에서 차단하는 장치를 시설

99 전격 살충기의 전격 격자는 지표 또는 바닥에서 몇 [m] 이상의 높은 곳에 시설하여야 하는가?

① 1.5

② 2

③ 2.8

④ 3.5

해설 전격 살충기의 시설(한국전기설비규정 241.7.1)

- 전격 격자는 지표 또는 바닥에서 3.5[m] 이상의 높은 곳에 시설할 것. 다만, 2차측 개방 전압이 7[kV] 이하의 절연 변압기를 사용하고 또한 보호 격자의 내부에 사람의 손이 들어갔을 경우 또는 보호 격자에 사람이 접촉될 경우 절연 변압기의 1차측 전로를 자동적으로 차단하는 보호 장치를 시설한 것은 지표 또는 바닥에서 1.8[m]까지 감할 수 있다.
- 전격 격자와 다른 시설물(가공 전선 제외) 또는 식물과의 이격 거리(간격)는 0.3[m] 이상

정답 96.① 97.② 98.② 99.④

100 전기 철도의 설비를 보호하기 위해 시설하는 피뢰기의 시설 기준으로 틀린 것은?

① 피뢰기는 변전소 인입측 및 급전선 인출측에 설치하여야 한다.

② 피뢰기는 가능한 한 보호하는 기기와 가깝게 시설하되 누설 전류 측정이 용이하도록 지지대와 절연하여 설치한다.

③ 피뢰기는 개방형을 사용하고 유효 보호 거리를 증가시키기 위하여 방전 개시 전압 및 제한 전압이 낮은 것을 사용한다.

④ 피뢰기는 가공 전선과 직접 접속하는 지중 케이블에서 낙뢰에 의해 절연 파괴의 우려가 있는 케이블 단말에 설치하여야 한다.

해설 • 피뢰기 설치 장소(한국전기설비규정 451.3)
  - 변전소 인입측 및 급전선 인출측
  - 가공 전선과 직접 접속하는 지중 케이블에서 낙뢰에 의해 절연 파괴의 우려가 있는 케이블 단말
  - 피뢰기는 가능한 한 보호하는 기기와 가깝게 시설하되 누설 전류 측정이 용이하도록 지지대와 절연하여 설치
• 피뢰기의 선정(한국전기설비규정 451.4)
  피뢰기는 밀봉형을 사용하고 유효 보호 거리를 증가시키기 위하여 방전 개시 전압 및 제한 전압이 낮은 것을 사용한다.

정답 100.③

제1과목 전기자기학

01 두 종류의 유전율(ε_1, ε_2)을 가진 유전체가 서로 접하고 있는 경계면에 진전하가 존재하지 않을 때 성립하는 경계 조건으로 옳은 것은? (단, E_1, E_2는 각 유전체에서의 전계이고, D_1, D_2는 각 유전체에서의 전속 밀도이고, θ_1, θ_2는 각각 경계면의 법선 벡터와 E_1, E_2가 이루는 각이다.)

① $E_1 \cos\theta_1 = E_2 \cos\theta_2$,

$D_1 \sin\theta_1 = D_2 \sin\theta_2$, $\dfrac{\tan\theta_1}{\tan\theta_2} = \dfrac{\varepsilon_2}{\varepsilon_1}$

② $E_1 \cos\theta_1 = E_2 \cos\theta_2$,

$D_1 \sin\theta_1 = D_2 \sin\theta_2$, $\dfrac{\tan\theta_1}{\tan\theta_2} = \dfrac{\varepsilon_1}{\varepsilon_2}$

③ $E_1 \sin\theta_1 = E_2 \sin\theta_2$,

$D_1 \cos\theta_1 = D_2 \cos\theta_2$, $\dfrac{\tan\theta_1}{\tan\theta_2} = \dfrac{\varepsilon_2}{\varepsilon_1}$

④ $E_1 \sin\theta_1 = E_2 \sin\theta_2$,

$D_1 \cos\theta_1 = D_2 \cos\theta_2$, $\dfrac{\tan\theta_1}{\tan\theta_2} = \dfrac{\varepsilon_1}{\varepsilon_2}$

해설 유전체의 경계면에서 경계 조건
- 전계 E의 접선 성분은 경계면의 양측에서 같다.
  $E_1 \sin\theta_1 = E_2 \sin\theta_2$
- 전속 밀도 D의 법선 성분은 경계면 양측에서 같다.
  $D_1 \cos\theta_1 = D_2 \cos\theta_2$
- 굴절각은 유전율에 비례한다.
  $\dfrac{\tan\theta_1}{\tan\theta_2} = \dfrac{\varepsilon_1}{\varepsilon_2} \propto \dfrac{\theta_1}{\theta_2}$

02 공기 중에서 반지름 0.03[m]의 구도체에 줄 수 있는 최대 전하는 약 몇 [C]인가? (단, 이 구도체의 주위 공기에 대한 절연 내력은 5×10^6[V/m]이다.)

① 5×10^{-7} ② 2×10^{-6}

③ 5×10^{-5} ④ 2×10^{-4}

해설 구도체의 절연 내력은 구도체 표면의 전계의 세기와 같다.

$E = \dfrac{Q}{4\pi\varepsilon_0 r^2}$ [V/m]

전하 $Q = E \times 4\pi\varepsilon_0 r^2 = 5 \times 10^6 \times \dfrac{1}{9 \times 10^9} \times 0.03^2$

$= 5 \times 10^{-7}$[C]

03 진공 중의 평등 자계 H_0 중에 반지름이 a[m]이고, 투자율이 μ인 구자성체가 있다. 이 구자성체의 감자율은? (단, 구자성체 내부의 자계는 $H = \dfrac{3\mu_0}{2\mu_0 + \mu} H_0$이다.)

① 1 ② $\dfrac{1}{2}$

③ $\dfrac{1}{3}$ ④ $\dfrac{1}{4}$

해설 자화의 세기 $J = \dfrac{\mu_0(\mu_s - 1)}{1 + N(\mu_s - 1)} H_0$

감자력 $H' = H_0 - H = \dfrac{N}{\mu_0} J$

$H_0 - H = H_0 - \dfrac{3\mu_0}{2\mu_0 + \mu} H_0 = \left(1 - \dfrac{3}{2 + \mu_s}\right) H_0$

$= \dfrac{\mu_s - 1}{2 + \mu_s} H_0$

정답 01.④ 02.① 03.③

$$\frac{N}{\mu_0}J = \frac{N}{\mu_0}\frac{\mu_0(\mu_s-1)}{1+N(\mu_s-1)}H_0 = \frac{N(\mu_s-1)}{1+N(\mu_s-1)}H_0$$

$$\frac{\mu_s-1}{2+\mu_s}H_0 = \frac{N(\mu_s-1)}{1+N(\mu_s-1)}H_0$$

$$\frac{1}{2+\mu_s} = \frac{N}{1+N(\mu_s-1)}$$

따라서, 구자성체의 감자율 $N = \frac{1}{3}$

04 유전율 ε, 전계의 세기 E인 유전체의 단위 체적당 축적되는 정전 에너지는?

① $\dfrac{E}{2\varepsilon}$ ② $\dfrac{\varepsilon E}{2}$

③ $\dfrac{\varepsilon E^2}{2}$ ④ $\dfrac{\varepsilon^2 E^2}{2}$

해설 정전 에너지 $w_E = \dfrac{W_E}{V}\,[\text{J/m}^3]$

(전계 중의 단위 체적당 축적 에너지)

$$w_E = \frac{1}{2}DE = \frac{1}{2}\varepsilon E^2 = \frac{D^2}{2\varepsilon}\,[\text{J/m}^3]$$

05 단면적이 균일한 환상 철심에 권수 N_A인 A 코일과 권수 N_B인 B 코일이 있을 때, B 코일의 자기 인덕턴스가 $L_A\,[\text{H}]$라면 두 코일의 상호 인덕턴스[H]는? (단, 누설 자속은 0이다.)

① $\dfrac{L_A N_A}{N_B}$ ② $\dfrac{L_A N_B}{N_A}$

③ $\dfrac{N_A}{L_A N_B}$ ④ $\dfrac{N_B}{L_A N_A}$

해설 B 코일의 자기 인덕턴스 $L_A = \dfrac{\mu N_B^2 \cdot S}{l}\,[\text{H}]$

상호 인덕턴스 $M = \dfrac{\mu N_A N_B S}{l} = \dfrac{\mu N_A N_B S}{l} \cdot \dfrac{N_B}{N_B}$

$$= \frac{\mu N_B^2 S}{l} \cdot \frac{N_A}{N_B} = \frac{L_A N_A}{N_B}\,[\text{H}]$$

06 비투자율이 350인 환상 철심 내부의 평균 자계의 세기가 342[AT/m]일 때 자화의 세기는 약 몇 $[\text{Wb/m}^2]$인가?

① 0.12
② 0.15
③ 0.18
④ 0.21

해설 자화의 세기 $J = \mu_0(\mu_s-1)H$

$= 4\pi \times 10^{-7} \times (350-1) \times 342$

$= 0.15\,[\text{Wb/m}^2]$

07 진공 중에 놓인 $Q[\text{C}]$의 전하에서 발산되는 전기력선의 수는?

① Q ② ε_0

③ $\dfrac{Q}{\varepsilon_0}$ ④ $\dfrac{\varepsilon_0}{Q}$

해설 진공 중에 놓인 $Q[\text{C}]$의 전하에서 발산하는 전기력선의 수 $N = \dfrac{Q}{\varepsilon_0}\,[\text{lines}]$이다.

08 비투자율이 50인 환상 철심을 이용하여 100[cm] 길이의 자기 회로를 구성할 때 자기 저항을 $2.0 \times 10^7\,[\text{AT/Wb}]$ 이하로 하기 위해서는 철심의 단면적을 약 몇 $[\text{m}^2]$ 이상으로 하여야 하는가?

① 3.6×10^{-4}
② 6.4×10^{-4}
③ 8.0×10^{-4}
④ 9.2×10^{-4}

해설 자기 저항 $R_m = \dfrac{l}{\mu_0 \mu_s \cdot S}$

철심의 단면적 $S = \dfrac{l}{\mu_0 \mu_s R_m}$

$$= \frac{1}{4\pi \times 10^{-7} \times 50 \times 2.0 \times 10^7}$$

$= 7.957 \times 10^{-4}$

$\fallingdotseq 8 \times 10^{-4}\,[\text{m}^2]$

09 자속 밀도가 $10[\text{Wb/m}^2]$인 자계 중에 $10[\text{cm}]$ 도체를 자계와 $60°$의 각도로 $30[\text{m/s}]$로 움직일 때, 이 도체에 유기되는 기전력은 몇 $[\text{V}]$인가?

① 15
② $15\sqrt{3}$
③ 1,500
④ $1,500\sqrt{3}$

해설 플레밍의 오른손 법칙에서

기전력 $e = v\beta l \sin\theta = 30 \times 10 \times 0.1 \times \dfrac{\sqrt{3}}{2} = 15\sqrt{3}\,[\text{V}]$

10 다음 중 전기력선의 성질에 대한 설명으로 옳은 것은?

① 전기력선은 등전위면과 평행하다.
② 전기력선은 도체 표면과 직교한다.
③ 전기력선은 도체 내부에 존재할 수 있다.
④ 전기력선은 전위가 낮은 점에서 높은 점으로 향한다.

해설 전기력선의 성질
• 전기력선은 등전위면과 직교한다.
• 전기력선은 도체 내부에는 존재하지 않으며, 도체 표면과 직교한다.
• 전기력선은 전위가 높은 점에서 낮은 점으로 향한다.

11 평등 자계와 직각 방향으로 일정한 속도로 발사된 전자의 원운동에 관한 설명으로 옳은 것은?

① 플레밍의 오른손 법칙에 의한 로렌츠의 힘과 원심력의 평형 원운동이다.
② 원의 반지름은 전자의 발사 속도와 전계의 세기의 곱에 반비례한다.
③ 전자의 원운동 주기는 전자의 발사 속도와 무관하다.
④ 전자의 원운동 주파수는 전자의 질량에 비례한다.

해설 전자의 원운동은 힘의 평형에서

로렌츠의 힘=원심력 $eBv = \dfrac{mv^2}{r}$ 일 때

• 반경 $r = \dfrac{mv}{eB}\,[\text{m}]$

• 각속도 $\omega = \dfrac{eB}{m}\,[\text{rad/s}] = 2\pi f(2\pi n)$

• 주기 $T = \dfrac{1}{f} = \dfrac{2\pi m}{eB}\,[\text{s}]$

따라서, 원운동의 주기는 발사 속도와 무관하고 로렌츠의 힘은 플레밍의 왼손 법칙에 의한다.

12 전계 $E[\text{V/m}]$가 두 유전체의 경계면에 평행으로 작용하는 경우 경계면에 단위 면적당 작용하는 힘의 크기는 몇 $[\text{N/m}^2]$인가? (단, ε_1, ε_2는 각 유전체의 유전율이다.)

① $f = E^2(\varepsilon_1 - \varepsilon_2)$

② $f = \dfrac{1}{E^2}(\varepsilon_1 - \varepsilon_2)$

③ $f = \dfrac{1}{2}E^2(\varepsilon_1 - \varepsilon_2)$

④ $f = \dfrac{1}{2E^2}(\varepsilon_1 - \varepsilon_2)$

해설 전계가 경계면에 평행으로 입사하면 $E_1 = E_2 = E$이고, 전계의 수직 방향으로 압축 응력이 작용한다.
힘 $f = f_1 - f_2$

$= \dfrac{1}{2}\varepsilon_1 E_1^2 - \dfrac{1}{2}\varepsilon_2 E_2^2$

$= \dfrac{1}{2}E^2(\varepsilon_1 - \varepsilon_2)\,[\text{N/m}^2]$

힘은 유전율이 큰 쪽에서 작은 쪽으로 작용한다.

13 공기 중에 있는 반지름 $a[\text{m}]$의 독립 금속구의 정전 용량은 몇 $[\text{F}]$인가?

① $2\pi\varepsilon_0 a$
② $4\pi\varepsilon_0 a$
③ $\dfrac{1}{2\pi\varepsilon_0 a}$
④ $\dfrac{1}{4\pi\varepsilon_0 a}$

정답 09.② 10.② 11.③ 12.③ 13.②

해설 금속구의 전위 $V = \dfrac{1}{4\pi\varepsilon_0}\dfrac{Q}{a}$ [V]

구도체의 정전 용량 $C = \dfrac{Q}{V} = \dfrac{Q}{\dfrac{Q}{4\pi\varepsilon_0 a}} = 4\pi\varepsilon_0 a$ [F]

14 와전류가 이용되고 있는 것은?

① 수중 음파 탐지기
② 레이더
③ 자기 브레이크(magnetic brake)
④ 사이클로트론(cyclotron)

해설 자기장과 와전류의 상호 작용으로 힘이 발생하는데 이것을 이용한 제동 장치를 자기 브레이크라 한다.

15 전계 $E = \dfrac{2}{x}\hat{x} + \dfrac{2}{y}\hat{y}$ [V/m]에서 점 $(3, 5)$[m]를 통과하는 전기력선의 방정식은? (단, $\hat{x}$, $\hat{y}$는 단위 벡터이다.)

① $x^2 + y^2 = 12$
② $y^2 - x^2 = 12$
③ $x^2 + y^2 = 16$
④ $y^2 - x^2 = 16$

해설 전기력선의 방정식 $\dfrac{dx}{E_x} = \dfrac{dy}{E_y} = \dfrac{dz}{E_z}$ 에서

$\dfrac{1}{\dfrac{2}{x}}dx = \dfrac{1}{\dfrac{2}{y}}dy$ 양변을 적분하면

$\dfrac{1}{4}x^2 + c_1 = \dfrac{1}{4}y^2 + c_2$ (여기서, c_1, c_2 : 적분 상수)

$y^2 - x^2 = 4(c_1 - c_2) = k$ (여기서, k : 임의의 상수)

점 $(3, 5)$를 통과하는 전기력선의 방정식은

$5^2 - 3^2 = 16$

$\therefore\ y^2 - x^2 = 16$

16 전계 $E = \sqrt{2}\,E_e \sin\omega\left(t - \dfrac{x}{c}\right)$ [V/m]의 평면 전자파가 있다. 진공 중에서 자계의 실효값은 몇 [A/m]인가?

① $\dfrac{1}{4\pi}E_e$
② $\dfrac{1}{36\pi}E_e$
③ $\dfrac{1}{120\pi}E_e$
④ $\dfrac{1}{360\pi}E_e$

해설 진공 중에서 고유 임피던스 η_0

$\eta_0 = \dfrac{E_e}{H_e} = \dfrac{\sqrt{\mu_0}}{\sqrt{\varepsilon_0}} = 120\pi$ [Ω]

자계의 실효값 $H_e = \dfrac{1}{120\pi}E_e$ [A/m]

17 진공 중에 서로 떨어져 있는 두 도체 A, B가 있다. 도체 A에만 1[C]의 전하를 줄 때, 도체 A, B의 전위가 각각 3[V], 2[V]이었다. 지금 도체 A, B에 각각 1[C]과 2[C]의 전하를 주면 도체 A의 전위는 몇 [V]인가?

① 6
② 7
③ 8
④ 9

해설 각 도체의 전위

$V_1 = P_{11}Q_1 + P_{12}Q_2$, $V_2 = P_{21}Q_1 + P_{22}Q_2$ 에서

A 도체에만 1[C]의 전하를 주면

$V_1 = P_{11} \times 1 + P_{12} \times 0 = 3$

$\therefore\ P_{11} = 3$

$V_2 = P_{21} \times 1 + P_{22} \times 0 = 2$

$\therefore\ P_{21}(= P_{12}) = 2$

A, B에 각각 1[C], 2[C]을 주면 A 도체의 전위는

$V_1 = 3 \times 1 + 2 \times 2 = 7$ [V]

18 한 변의 길이가 4[m]인 정사각형의 루프에 1[A]의 전류가 흐를 때, 중심점에서의 자속 밀도 B는 약 몇 [Wb/m²]인가?

① 2.83×10^{-7}
② 5.65×10^{-7}
③ 11.31×10^{-7}
④ 14.14×10^{-7}

해설 정사각형 중심점의 자계의 세기 H

$H = \dfrac{2\sqrt{2}\,I}{\pi l}$ [AT/m]

자속 밀도 $B = \mu_0 H = 4\pi \times 10^{-7} \times \dfrac{2\sqrt{2} \times 1}{4\pi}$

$= 2.828 \times 10^{-7}$

$\fallingdotseq 2.83 \times 10^{-7}$ [Wb/m²]

정답 14.③ 15.④ 16.③ 17.② 18.①

19 원점에 1[μC]의 점전하가 있을 때 점 P(2, −2, 4)[m]에서의 전계의 세기에 대한 단위 벡터는 약 얼마인가?

① $0.41a_x - 0.41a_y + 0.82a_z$

② $-0.33a_x + 0.33a_y - 0.66a_z$

③ $-0.41a_x + 0.41a_y - 0.82a_z$

④ $0.33a_x - 0.33a_y + 0.66a_z$

해설 거리의 벡터 $r = 2a_x - 2a_y + 4a_z$ [m]

거리 $|r| = \sqrt{2^2 + 2^2 + 4^2} = \sqrt{24}$ [m]

단위 벡터 $r_0 = \dfrac{r}{|r|} = \dfrac{2a_x - 2a_y + 4a_z}{\sqrt{24}}$

$= 0.41a_x - 0.41a_y + 0.82a_z$

20 공기 중에서 전자기파의 파장이 3[m]라면 그 주파수는 몇 [MHz]인가?

① 100 ② 300

③ 1,000 ④ 3,000

해설 공기 중의 전자기파의 속도 v_0

$v_0 = \dfrac{1}{\sqrt{\varepsilon_0 \mu_0}} = \lambda \cdot f = 3 \times 10^8$ [m/s]

주파수 $f = \dfrac{v_0}{\lambda} = \dfrac{3 \times 10^8}{3} = 10^8 = 100$[MHz]

제2과목 **전력공학**

21 비등수형 원자로의 특징에 대한 설명으로 틀린 것은?

① 증기 발생기가 필요하다.

② 저농축 우라늄을 연료로 사용한다.

③ 노심에서 비등을 일으킨 증기가 직접 터빈에 공급되는 방식이다.

④ 가압수형 원자로에 비해 출력 밀도가 낮다.

해설 비등수형 원자로의 특징

• 원자로의 내부 증기를 직접 터빈에서 이용하기 때문에 증기 발생기(열교환기)가 필요 없다.

• 증기가 직접 터빈으로 들어가기 때문에 증기 누출을 철저히 방지해야 한다.

• 순환 펌프로서는 급수 펌프만 있으면 되므로 소내용 동력이 적다.

• 노심의 출력 밀도가 낮기 때문에 같은 노출력의 원자로에서는 노심 및 압력 용기가 커진다.

• 원자력 용기 내에 기수 분리기와 증기 건조기가 설치되므로 용기의 높이가 커진다.

• 연료는 저농축 우라늄(2~3[%])을 사용한다.

22 전력 계통에서 내부 이상 전압의 크기가 가장 큰 경우는?

① 유도성 소전류 차단 시

② 수차 발전기의 부하 차단 시

③ 무부하 선로 충전 전류 차단 시

④ 송전 선로의 부하 차단기 투입 시

해설 전력 계통에서 가장 큰 내부 이상 전압은 개폐 서지로, 무부하일 때 선로의 충전 전류를 차단할 때이다.

23 송전단 전압을 V_s, 수전단 전압을 V_r, 선로의 리액턴스를 X라 할 때, 정상 시의 최대 송전 전력의 개략적인 값은?

① $\dfrac{V_s - V_r}{X}$

② $\dfrac{V_s^2 - V_r^2}{X}$

③ $\dfrac{V_s(V_s - V_r)}{X}$

④ $\dfrac{V_s V_r}{X}$

해설 송전 용량 $P_s = \dfrac{V_s V_r}{X} \sin\delta$[MW]이므로 최대 송전 전력은 $P_s = \dfrac{V_s V_r}{X}$ [MW]이다.

24 다음 중 망상(network) 배전 방식의 장점이 아닌 것은?

① 전압 변동이 적다.
② 인축의 접지 사고가 적어진다.
③ 부하의 증가에 대한 융통성이 크다.
④ 무정전 공급이 가능하다.

해설 망상식(nerwork system) 배전 방식
• 무정전 공급이 가능하다.
• 전압 변동이 적고, 손실이 감소된다.
• 부하 증가에 대한 융통성이 크다.
• 건설비가 비싸다.
• 인축에 대한 사고가 증가한다.
• 역류 개폐 장치(network protector)가 필요하다.

25 500[kVA]의 단상 변압기 상용 3대(결선 △−△), 예비 1대를 갖는 변전소가 있다. 부하의 증가로 인하여 예비 변압기까지 동원해서 사용한다면 응할 수 있는 최대 부하[kVA]는 약 얼마인가?

① 2,000
② 1,730
③ 1,500
④ 830

해설 예비 1대를 포함하여 V결선으로 2뱅크 운전하여야 하므로 다음과 같다.
$P_m = \sqrt{3}\,P_1 \times 2 = \sqrt{3} \times 500 \times 2 = 1,730[\text{kVA}]$

26 배전용 변전소의 주변압기로 주로 사용되는 것은?

① 강압 변압기
② 체승 변압기
③ 단권 변압기
④ 3권선 변압기

해설 발전소에 있는 주변압기는 체승용으로 되어 있고, 변전소의 주변압기는 강압용으로 되어 있다.

27 3상용 차단기의 정격 차단 용량은?

① $\sqrt{3} \times$정격 전압×정격 차단 전류
② $3\sqrt{3} \times$정격 전압×정격 전류
③ $3 \times$정격 전압×정격 차단 전류
④ $\sqrt{3} \times$정격 전압×정격 전류

해설 3상용 차단기 용량 P_s[MVA]
$P_s = \sqrt{3} \times$정격 전압[kV]×정격 차단 전류[kA]

28 3상 3선식 송전 선로에서 각 선의 대지 정전 용량이 0.5096[μF]이고, 선간 정전 용량이 0.1295[μF]일 때, 1선의 작용 정전 용량은 약 몇 [μF]인가?

① 0.6
② 0.9
③ 1.2
④ 1.8

해설 작용 정전 용량 C[μF]
$C = C_s + 3C_m = 0.5096 + 3 \times 0.1295 = 0.9[\mu\text{F}]$

29 그림과 같은 송전 계통에서 S점에 3상 단락 사고가 발생했을 때 단락 전류[A]는 약 얼마인가? (단, 선로의 길이와 리액턴스는 각각 50[km], 0.6[Ω/km]이다.)

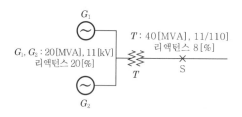

G_1
T : 40[MVA], 11/110
리액턴스 8[%]
G_1, G_2 : 20[MVA], 11[kV]
리액턴스 20[%]
T S
G_2

① 224
② 324
③ 454
④ 554

해설 기준 용량 40[MVA] %임피던스를 환산하면
발전기 $\%Z_g = \dfrac{40}{20} \times 20 = 40[\%]$
변압기 $\%Z_t = 8[\%]$

송전선 $\%Z_l = \dfrac{P \cdot Z}{10{V_n}^2} = \dfrac{40 \times 10^3 \times 0.6 \times 50}{10 \times 110^2} = 9.91[\%]$

합성 %임피던스는 발전기는 병렬이고, 변압기와 선로는 직렬이므로 $\%Z = \dfrac{40}{2} + 8 + 9.91 = 37.91[\%]$이다.

∴ 단락 전류 $I_s = \dfrac{100}{\%Z}I_n = \dfrac{100}{37.91} \times \dfrac{40 \times 10^6}{\sqrt{3} \times 110 \times 10^3}$

$\qquad\qquad\qquad \doteqdot 554[A]$

30 전력 계통의 전압을 조정하는 가장 보편적인 방법은?

① 발전기의 유효 전력 조정
② 부하의 유효 전력 조정
③ 계통의 주파수 조정
④ 계통의 무효 전력 조정

해설 전력 계통의 가장 보편적인 전압 조정은 계통의 조상 설비를 이용하여 무효 전력을 조정한다.

31 역률 0.8(지상)의 2,800[kW] 부하에 전력용 콘덴서를 병렬로 접속하여 합성 역률을 0.9로 개선하고자 할 경우, 필요한 전력용 콘덴서의 용량[kVA]은 약 얼마인가?

① 372
② 558
③ 744
④ 1,116

해설 역률 개선용 콘덴서 용량 $Q[kVA]$

$Q = P(\tan\theta_1 - \tan\theta_2)$

$\quad = 2,800(\tan\cos^{-1}0.8 - \tan\cos^{-1}0.9)$

$\quad \doteqdot 744[kVA]$

32 컴퓨터에 의한 전력 조류 계산에서 슬랙(slack) 모선의 초기치로 지정하는 값은? (단, 슬랙 모선을 기준 모선으로 한다.)

① 유효 전력과 무효 전력
② 전압 크기와 유효 전력
③ 전압 크기와 위상각
④ 전압 크기와 무효 전력

해설 슬랙 모선에서 전압=1, 위상=0을 기본값[p.u]으로 하여 전력 조류량이 각 선로의 용량 제한에 걸리는지 여부를 검사하는 것으로 선로 용량과 실제 조류량을 비교할 때 사용한다.

33 다음 중 직격뢰에 대한 방호 설비로 가장 적당한 것은?

① 복도체
② 가공 지선
③ 서지 흡수기
④ 정전 방전기

해설 가공 지선은 뇌격(직격뢰, 유도뢰)으로부터 전선로를 보호하고, 통신선에 대한 전자 유도 장해를 경감시킨다.

34 저압 배전 선로에 대한 설명으로 틀린 것은?

① 저압 뱅킹 방식은 전압 변동을 경감할 수 있다.
② 밸런서(balancer)는 단상 2선식에 필요하다.
③ 부하율(F)과 손실 계수(H) 사이에는 $1 \geq F \geq H \geq F^2 \geq 0$의 관계가 있다.
④ 수용률이란 최대 수용 전력을 설비 용량으로 나눈 값을 퍼센트로 나타낸 것이다.

해설 밸런서는 단상 3선식에서 설비의 불평형을 방지하기 위하여 선로 말단에 시설한다.

35 증기 터빈 내에서 팽창 도중에 있는 증기를 일부 추기하여 그것이 갖는 열을 급수 가열에 이용하는 열사이클은?

① 랭킨 사이클
② 카르노 사이클
③ 재생 사이클
④ 재열 사이클

정답 30.④ 31.③ 32.③ 33.② 34.② 35.③

해설 열 사이클

- 카르노 사이클 : 가장 효율이 좋은 이상적인 열 사이클이다.
- 랭킨 사이클 : 가장 기본적인 열 사이클로 두 등압 변화와 두 단열 변화로 되어 있다.
- 재생 사이클 : 터빈 중간에서 증기의 팽창 도중 증기의 일부를 추기하여 급수 가열에 이용한다.
- 재열 사이클 : 고압 터빈 내에서 습증기가 되기 전에 증기를 모두 추출하여 재열기를 이용하여 재가열시켜 저압 터빈을 돌려 열효율을 향상시키는 열 사이클이다.

36 단상 2선식 배전 선로의 말단에 지상 역률 $\cos\theta$인 부하 P[kW]가 접속되어 있고 선로 말단의 전압은 V[V]이다. 선로 한 가닥의 저항을 R[Ω]이라 할 때 송전단의 공급전력 [kW]은?

① $P + \dfrac{P^2 R}{V\cos\theta} \times 10^3$

② $P + \dfrac{2P^2 R}{V\cos\theta} \times 10^3$

③ $P + \dfrac{P^2 R}{V^2\cos^2\theta} \times 10^3$

④ $P + \dfrac{2P^2 R}{V^2\cos^2\theta} \times 10^3$

해설

선로의 손실 $P_l = 2I^2 R = 2 \times \left(\dfrac{P}{V\cos\theta}\right)^2 R$[W]

송전단 전력은 수전단 전력과 선로의 손실 전력이고, 문제의 단위가 전력 P[kW], 전압 V[V]이므로

$P_s = P_r + P_l = P + 2 \times \dfrac{P^2 R}{V^2\cos^2\theta} \times 10^3$[kW]

37 선로, 기기 등의 절연 수준 저감 및 전력용 변압기의 단절연을 모두 행할 수 있는 중성점 접지 방식은?

① 직접 접지 방식

② 소호 리액터 접지 방식

③ 고저항 접지 방식

④ 비접지 방식

해설 중성점 직접 접지 방식은 1상 지락 사고일 경우 지락 전류가 대단히 크기 때문에 보호 계전기의 동작이 확실하고, 중성점의 전위는 대지 전위이므로 저감 절연 및 변압기 단절연이 가능하지만, 계통에 주는 충격이 크고 과도 안정도가 나쁘다.

38 최대 수용 전력이 3[kW]인 수용가가 3세대, 5[kW]인 수용가가 6세대라고 할 때, 이 수용가군에 전력을 공급할 수 있는 주상 변압기의 최소 용량[kVA]은? (단, 역률은 1, 수용가 간의 부등률은 1.3이다.)

① 25 　　　　② 30

③ 35 　　　　④ 40

해설 변압기의 용량 $P_t = \dfrac{3 \times 3 + 5 \times 6}{1.3 \times 1} = 30$[kVA]

39 부하 전류 차단이 불가능한 전력 개폐 장치는?

① 진공 차단기 　② 유입 차단기

③ 단로기 　　　④ 가스 차단기

해설 단로기는 소호 능력이 없으므로 통전 중의 전로를 개폐할 수 없다. 그러므로 무부하 선로의 개폐에 이용하여야 한다.

40 가공 송전 선로에서 총 단면적이 같은 경우 단도체와 비교하여 복도체의 장점이 아닌 것은?

① 안정도를 증대시킬 수 있다.

② 공사비가 저렴하고 시공이 간편하다.

③ 전선 표면의 전위 경도를 감소시켜 코로나 임계 전압이 높아진다.

④ 선로의 인덕턴스가 감소되고 정전 용량이 증가해서 송전 용량이 증대된다.

정답 36.④ 37.① 38.② 39.③ 40.②

해설 복도체 및 다도체의 특징
- 같은 도체 단면적인 경우 단도체보다 인덕턴스와 리액턴스가 감소하고 정전 용량이 증가하여 송전 용량을 크게 할 수 있다.
- 전선 표면의 전위 경도를 저감시켜 코로나 임계 전압을 높게 하므로 코로나 발생을 방지한다.
- 전력 계통의 안정도를 증대시킨다.

제3과목 전기기기

41 부하 전류가 크지 않을 때 직류 직권 전동기 발생 토크는? (단, 자기 회로가 불포화인 경우이다.)

① 전류에 비례한다.
② 전류에 반비례한다.
③ 전류의 제곱에 비례한다.
④ 전류의 제곱에 반비례한다.

해설 역기전력 $E = \dfrac{Z}{a}p\phi\dfrac{N}{60}$ [V]

부하 전류 $I = I_a = I_f$ [A]

출력 $P = EI_a$ [W]

자속 $\phi \propto I_f = I$

토크 $T = \dfrac{P}{\omega} = \dfrac{EI_a}{2\pi\dfrac{N}{60}} = \dfrac{pZ}{2\pi a}\phi I_a = KI^2$

42 동기 전동기에 대한 설명으로 틀린 것은?

① 동기 전동기는 주로 회전 계자형이다.
② 동기 전동기는 무효 전력을 공급할 수 있다.
③ 동기 전동기는 제동 권선을 이용한 기동법이 일반적으로 많이 사용된다.
④ 3상 동기 전동기의 회전 방향을 바꾸려면 계자 권선 전류의 방향을 반대로 한다.

해설 3상 동기 전동기의 회전 방향을 바꾸려면 전기자(고정자) 권선의 3선 중 2선의 결선을 반대로 한다.

43 동기 발전기에서 동기 속도와 극수와의 관계를 옳게 표시한 것은? (단, N : 동기 속도, P : 극수이다.)

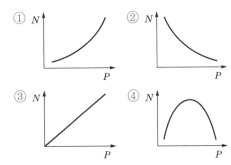

해설 동기 발전기의 동기 속도 $N = \dfrac{120}{P}f$ [rpm]

동기 속도 N은 극수 P와 반비례 관계가 있으므로 그래프는 쌍곡선이 된다.

44 어떤 직류 전동기가 역기전력 200[V], 매분 1,200회전으로 토크 158.76[N·m]를 발생하고 있을 때의 전기자 전류는 약 몇 [A]인가? (단, 기계손 및 철손은 무시한다.)

① 90
② 95
③ 100
④ 105

해설 토크 $T = \dfrac{P}{\omega} = \dfrac{EI_a}{2\pi\dfrac{N}{60}}$ [N·m]

전기자 전류 $I_a = T \cdot \dfrac{2\pi\dfrac{N}{60}}{E} = 158.76 \times \dfrac{2\pi\dfrac{1,200}{60}}{200}$

$= 99.75 ≒ 100$[A]

45 일반적인 DC 서보 모터의 제어에 속하지 않는 것은?

① 역률 제어
② 토크 제어
③ 속도 제어
④ 위치 제어

정답 41.③ 42.④ 43.② 44.③ 45.①

해설 DC 서보 모터(servo motor)는 위치 제어, 속도 제어 및 토크 제어에 광범위하게 사용된다.

46 극수가 4극이고 전기자 권선이 단중 중권인 직류 발전기의 전기자 전류가 40[A]이면 전기자 권선의 각 병렬 회로에 흐르는 전류[A]는?

① 4   ② 6

③ 8   ④ 10

해설 단중 중권 직류 발전기의 병렬 회로수 $a = P$(극수)

전기자 전류 $I_a = aI$[A]

전기자 권선의 전류 $I = \dfrac{I_a}{a} = \dfrac{40}{4} = 10$[A]

47 부스트(boost) 컨버터의 입력 전압이 45[V]로 일정하고, 스위칭 주기가 20[kHz], 듀티비(duty ratio)가 0.6, 부하 저항이 10[Ω]일 때 출력 전압은 몇 [V]인가? (단, 인덕터에는 일정한 전류가 흐르고 커패시터 출력 전압의 리플 성분은 무시한다.)

① 27

② 67.5

③ 75

④ 112.5

해설 부스트(boost) 컨버터의 출력 전압 V_o

$V_o = \dfrac{1}{1-D} V_i = \dfrac{1}{1-0.6} \times 45 = 112.5$[V]

여기서, D : 듀티비(Duty ratio)

부스트 컨버터 : 직류 → 직류로 승압하는 변환기

48 8극, 900[rpm] 동기 발전기와 병렬 운전하는 6극 동기 발전기의 회전수는 몇 [rpm]인가?

① 900   ② 1,000

③ 1,200   ④ 1,400

해설 동기 속도 $N_s = \dfrac{120f}{P}$ 에서

주파수 $f = N_s \dfrac{P}{120} = 900 \times \dfrac{8}{120} = 60$[Hz]

동기 발전기의 병렬 운전 시 주파수가 같아야 하므로

$P = 6$극의 회전수 $N_s = \dfrac{120f}{P}$

$\quad = \dfrac{120 \times 60}{6} = 1,200$[rpm]

49 변압기 단락 시험에서 변압기의 임피던스 전압이란?

① 1차 전류가 여자 전류에 도달했을 때의 2차측 단자전압

② 1차 전류가 정격 전류에 도달했을 때의 2차측 단자전압

③ 1차 전류가 정격 전류에 도달했을 때의 변압기 내의 전압 강하

④ 1차 전류가 2차 단락 전류에 도달했을 때의 변압기 내의 전압 강하

해설 변압기의 임피던스 전압이란, 변압기 2차측을 단락하고 1차 공급 전압을 서서히 증가시켜 단락 전류가 1차 정격 전류에 도달했을 때의 변압기 내의 전압 강하이다.

50 단상 정류자 전동기의 일종인 단상 반발 전동기에 해당되는 것은?

① 시라게 전동기

② 반발 유도 전동기

③ 아트킨손형 전동기

④ 단상 직권 정류자 전동기

해설 직권 정류자 전동기에서 분화된 단상 반발 전동기의 종류는 아트킨손형(Atkinson type), 톰슨형(Thomson type) 및 데리형(Deri type)이 있다.

정답   46.④   47.④   48.③   49.③   50.③

51 와전류 손실을 패러데이 법칙으로 설명한 과정 중 틀린 것은?

① 와전류가 철심 내에 흘러 발열 발생

② 유도 기전력 발생으로 철심에 와전류가 흐름

③ 와전류 에너지 손실량은 전류 밀도에 반비례

④ 시변 자속으로 강자성체 철심에 유도 기전력 발생

해설 패러데이 법칙

기전력 $e = -\dfrac{d\phi}{dt}$ [V]

시변 자속에 의해 철심에서 기전력이 유도되고 와전류가 흘러 발열이 발생하며 와전류 에너지 손실량은 전류 밀도의 제곱에 비례한다.

52 10[kW], 3상, 380[V] 유도 전동기의 전부하 전류는 약 몇 [A]인가? (단, 전동기의 효율은 85[%], 역률은 85[%]이다.)

① 15　　　　② 21

③ 26　　　　④ 36

해설 출력 $P = \sqrt{3}\, VI\cos\theta \cdot \eta \times 10^{-3}$[kW]

전부하 전류 $I = \dfrac{P}{\sqrt{3}\, V\cos\theta \cdot \eta \times 10^{-3}}$

$= \dfrac{10 \times 10^3}{\sqrt{3} \times 380 \times 0.85 \times 0.85}$

$= 21$[A]

53 변압기의 주요 시험 항목 중 전압 변동률 계산에 필요한 수치를 얻기 위한 필수적인 시험은?

① 단락 시험　　② 내전압 시험

③ 변압비 시험　④ 온도 상승 시험

해설 변압기의 전압 변동률 계산에 필요한 수치인 임피던스 전압과 임피던스 와트를 얻기 위한 시험은 단락 시험이다.

54 2전동기설에 의하여 단상 유도 전동기의 가상적 2개의 회전자 중 정방향에 회전하는 회전자 슬립이 s이면 역방향에 회전하는 가상적 회전자의 슬립은 어떻게 표시되는가?

① $1 + s$　　　② $1 - s$

③ $2 - s$　　　④ $3 - s$

해설 2전동기설에 의해

정방향 회전자 슬립 $s = \dfrac{N_s - N}{N_s}$

역방향 회전자 슬립 $s' = \dfrac{N_s + N}{N_s}$

$= \dfrac{2N_s - (N_s - N)}{N_s}$

$= \dfrac{2N_s}{N_s} - \dfrac{N_s - N}{N_s} = 2 - s$

55 3상 농형 유도 전동기의 전전압 기동 토크는 전부하 토크의 1.8배이다. 이 전동기에 기동 보상기를 사용하여 기동 전압을 전전압의 $\dfrac{2}{3}$로 낮추어 기동하면, 기동 토크는 전부하 토크 T와 어떤 관계인가?

① $3.0\,T$　　　② $0.8\,T$

③ $0.6\,T$　　　④ $0.3\,T$

해설 3상 유도 전동기의 토크 $T \propto V_1^2$이므로 기동 전압을 전전압의 $\dfrac{2}{3}$로 낮추어 기동하면

기동 토크 $T_s' = 1.8\,T \times \left(\dfrac{2}{3}\right)^2 = 0.8\,T$

56 변압기에서 생기는 철손 중 와류손(eddy current loss)은 철심의 규소 강판 두께와 어떤 관계에 있는가?

① 두께에 비례

② 두께의 2승에 비례

③ 두께의 3승에 비례

④ 두께의 $\dfrac{1}{2}$승에 비례

정답 51.③　52.②　53.①　54.③　55.②　56.②

해설 와류손 $P_e = \sigma_e\, k (t f B_m)^2\,[\text{W/m}^3]$

여기서, σ_e : 와류 상수

k : 도전율

t : 강판의 두께

f : 주파수

B_m : 최대 자속 밀도

57 50[Hz], 12극의 3상 유도 전동기가 10[HP]의 정격 출력을 내고 있을 때, 회전수는 약 몇 [rpm]인가? (단, 회전자 동손은 350[W]이고, 회전자 입력은 회전자 동손과 정격 출력의 합이다.)

① 468 ② 478

③ 488 ④ 500

해설 2차 입력 $P_2 = P + P_{2c}$

$\qquad\qquad = 746 \times 10 + 350$

$\qquad\qquad = 7,810[\text{W}]$

슬립 $s = \dfrac{P_{2c}}{P_2} = \dfrac{350}{7,810} = 0.0448$

회전수 $N = N_s(1-s) = \dfrac{120f}{P}(1-s)$

$\qquad = \dfrac{120 \times 50}{12} \times (1 - 0.0448)$

$\qquad = 477.6 \fallingdotseq 478[\text{rpm}]$

58 변압기의 권수를 N 이라고 할 때, 누설 리액턴스는?

① N 에 비례한다.

② N^2 에 비례한다.

③ N 에 반비례한다.

④ N^2 에 반비례한다.

해설 누설 인덕턴스 $L = \dfrac{\mu N^2 S}{l}\,[\text{H}]$

누설 리액턴스 $x = \omega L = \omega \cdot \dfrac{\mu N^2 S}{l} \propto N^2$

59 동기 발전기의 병렬 운전 조건에서 같지 않아도 되는 것은?

① 기전력의 용량 ② 기전력의 위상

③ 기전력의 크기 ④ 기전력의 주파수

해설 동기 발전기의 병렬 운전 조건

• 기전력의 크기가 같을 것

• 기전력의 위상이 같을 것

• 기전력의 주파수가 같을 것

• 기전력의 파형이 같을 것

60 다이오드를 사용하는 정류 회로에서 과대한 부하 전류로 인하여 다이오드가 소손될 우려가 있을 때 가장 적절한 조치는 어느 것인가?

① 다이오드를 병렬로 추가한다.

② 다이오드를 직렬로 추가한다.

③ 다이오드 양단에 적당한 값의 저항을 추가한다.

④ 다이오드 양단에 적당한 값의 커패시터를 추가한다.

해설 과전류로부터 보호를 위해서는 다이오드를 병렬로 추가 접속하고, 과전압으로부터 보호를 위해서는 다이오드를 직렬로 추가 접속한다.

제4과목 회로이론 및 제어공학

61 전달 함수가 $G_C(s) = \dfrac{s^2 + 3s + 5}{2s}$ 인 제어기가 있다. 이 제어기는 어떤 제어기인가?

① 비례 미분 제어기

② 적분 제어기

③ 비례 적분 제어기

④ 비례 미분 적분 제어기

정답 57.② 58.② 59.① 60.① 61.④

해설
$$G_C(s) = \frac{s^2 + 3s + 5}{2s} = \frac{1}{2}s + \frac{3}{2} + \frac{5}{2s}$$

$$= \frac{3}{2}\left(1 + \frac{1}{3}s + \frac{1}{\frac{3}{5}s}\right)$$

비례 감도 $K_p = \frac{3}{2}$, 미분 시간 $T_D = \frac{1}{3}$, 적분 시간

$T_i = \frac{3}{5}$인 비례 미분 적분 제어기이다.

62 다음 논리 회로의 출력 Y는?

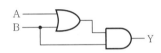

① A ② B
③ A+B ④ A · B

해설 $Y = (A + B)B = AB + BB$
$= AB + B = B(A + 1) = B$

63 그림과 같은 제어 시스템이 안정하기 위한 k 의 범위는?

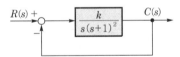

① $k > 0$ ② $k > 1$
③ $0 < k < 1$ ④ $0 < k < 2$

해설 특성 방정식은 $1 + G(s)H(s) = 0$
$$1 + \frac{k}{s(s+1)^2} = 0$$
$s^3 + 2s^2 + s + k = 0$
라우스의 표

s^3	1	1
s^2	2	k
s^1	$\frac{2-k}{2}$	0
s^0	k	

제1열의 부호 변화가 없어야 하므로
$$\frac{2-k}{2} > 0, \quad k > 0$$
$$\therefore \ 0 < k < 2$$

64 다음과 같은 상태 방정식으로 표현되는 제어 시스템의 특성 방정식의 근(s_1, s_2)은?

$$\begin{bmatrix} \dot{x_1} \\ \dot{x_2} \end{bmatrix} = \begin{bmatrix} 0 & 1 \\ -2 & -3 \end{bmatrix} \begin{bmatrix} x_1 \\ x_2 \end{bmatrix} + \begin{bmatrix} 1 \\ 0 \end{bmatrix} u$$

① 1, -3 ② -1, -2
③ -2, -3 ④ -1, -3

해설 특성 방정식은 $|sI - A| = 0$
$$\left| \begin{bmatrix} s & 0 \\ 0 & s \end{bmatrix} - \begin{bmatrix} 0 & 1 \\ -2 & -3 \end{bmatrix} \right| = 0$$
$$\begin{vmatrix} s & -1 \\ 2 & s+3 \end{vmatrix} = 0$$
$s(s+3) + 2 = 0$
$s^2 + 3s + 2 = 0$
$(s+1)(s+2) = 0$
특성 방정식의 근 $s = -1, -2$

65 그림의 블록 선도와 같이 표현되는 제어 시스템에서 $A = 1$, $B = 1$일 때, 블록 선도의 출력 C는 약 얼마인가?

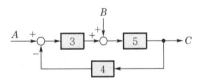

① 0.22 ② 0.33
③ 1.22 ④ 3.1

해설 $A = 1$, $B = 1$일 때의 출력을 구하면
$$\{(1 - 4C)3 + 1\}5 = C$$
$$15 - 60C + 5 = C$$
$$\therefore \ C = \frac{20}{61} ≒ 0.33$$

66 제어 요소가 제어 대상에 주는 양은?

① 동작 신호   ② 조작량

③ 제어량   ④ 궤환량

해설 조작량은 제어 장치가 제어 대상에 가하는 제어 신호이다.

67 전달 함수가 $\dfrac{C(s)}{R(s)} = \dfrac{1}{3s^2 + 4s + 1}$ 인 제어 시스템의 과도 응답 특성은?

① 무제동

② 부족 제동

③ 임계 제동

④ 과제동

해설

전달 함수 $\dfrac{C(s)}{R(s)} = \dfrac{1}{3s^2 + 4s + 1} = \dfrac{\frac{1}{3}}{s^2 + \frac{4}{3}s + \frac{1}{3}}$

고유 주파수 $\omega_n = \dfrac{1}{\sqrt{3}}$ 이므로, $2\delta\omega_n = \dfrac{4}{3}$

$\therefore$ 제동비 $\delta = \dfrac{\frac{4}{3}}{2 \times \frac{1}{\sqrt{3}}} = 1.155$

$\because \delta > 1$ 인 경우이므로 서로 다른 2개의 실근을 가지므로 과제동한다.

68 함수 $f(t) = e^{-at}$ 의 z 변환 함수 $F(z)$ 는?

① $\dfrac{2z}{z - e^{aT}}$

② $\dfrac{1}{z + e^{aT}}$

③ $\dfrac{z}{z + e^{-aT}}$

④ $\dfrac{z}{z - e^{-aT}}$

해설

$$F(z) = \sum_{k=0}^{\infty} f(kT)z^{-k}$$

$$= \sum_{k=0}^{\infty} e^{-akT}z^{-k} \ (\text{여기서, } k=0,\ 1,\ 2,\ 3,\ \cdots)$$

$$= 1 + e^{-aT}z^{-1} + e^{-2aT}z^{-2} + e^{-3aT}z^{-3} + \cdots$$

$$= \dfrac{1}{1 - e^{-aT}z^{-1}}$$

$$= \dfrac{z}{z - e^{-aT}}$$

69 제어 시스템의 주파수 전달 함수가 $G(j\omega) = j5\omega$ 이고, 주파수가 $\omega = 0.02[\text{rad/s}]$일 때 이 제어 시스템의 이득[dB]은?

① 20   ② 10

③ -10 ④ -20

해설 이득 $g = 20\log|G(j\omega)| = 20\log|5\omega|\big|_{\omega = 0.02}$

$= 20\log|5 \times 0.02|$

$= 20\log 0.1$

$= -20[\text{dB}]$

70 그림과 같은 제어 시스템의 폐루프 전달 함수 $T(s) = \dfrac{C(s)}{R(s)}$ 에 대한 감도 S_K^T는?

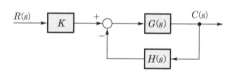

① 0.5   ② 1

③ $\dfrac{G}{1 + GH}$ ④ $\dfrac{-GH}{1 + GH}$

해설 전달 함수 $T = \dfrac{C(s)}{R(s)} = \dfrac{KG(s)}{1 + G(s)H(s)}$

감도 $S_K^T = \dfrac{K}{T}\dfrac{dT}{dK}$

$= \dfrac{K}{\dfrac{KG(s)}{1 + G(s)H(s)}} \dfrac{d}{dK}\dfrac{KG(s)}{1 + G(s)H(s)}$

$= \dfrac{1 + G(s)H(s)}{G(s)} \times \dfrac{G(s)}{1 + G(s)H(s)}$

$= 1$

71 그림 (a)와 같은 회로에 대한 구동점 임피던스의 극점과 영점이 각각 그림 (b)에 나타낸 것과 같고 $Z(0)=1$일 때, 이 회로에서 R [Ω], L[H], C[F]의 값은?

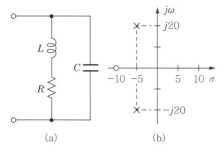

(a)   (b)

① $R=1.0[\Omega]$, $L=0.1[H]$, $C=0.0235[F]$
② $R=1.0[\Omega]$, $L=0.2[H]$, $C=1.0[F]$
③ $R=2.0[\Omega]$, $L=0.1[H]$, $C=0.0235[F]$
④ $R=2.0[\Omega]$, $L=0.2[H]$, $C=1.0[F]$

해설 • 구동점 임피던스

$$Z(s)=\frac{(Ls+R)\cdot\dfrac{1}{Cs}}{(Ls+R)+\dfrac{1}{Cs}}=\frac{Ls+R}{LCs^2+RCs+1}$$

$$=\frac{\dfrac{1}{C}s+\dfrac{R}{LC}}{s^2+\dfrac{R}{L}s+\dfrac{1}{LC}}\,[\Omega]$$

• 영점과 극점의 임피던스

$$Z(s)=\frac{s+10}{\{(s+5)-j20\}\{(s+5)+j20\}}$$

$$=\frac{s+10}{s^2+10s+425}$$

$Z(0)=1$일 때이므로 $R=1[\Omega]$이고 구동점 임피던스 $Z(s)$와 영점과 극점의 임피던스 $Z(s)$를 비교하면

$$\frac{R}{L}=10,\quad \frac{1}{LC}=425$$

$$\therefore L=0.1[H],\quad C=0.0235[F]$$

72 다음 중 회로에서 저항 1[Ω]에 흐르는 전류 I[A]는?

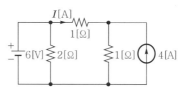

① 3   ② 2
③ 1   ④ −1

해설 중첩의 정리
• 6[V] 전압원에 의한 전류(전류원 개방)

$$전전류\ I=\frac{6}{\dfrac{2\times2}{2+2}}=6[A]$$

$\therefore R=1[\Omega]$에 흐르는 전류 $I_1=3[A]$

• 4[A] 전류원에 의한 전류(전압원 단락)

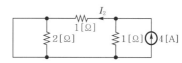

$\therefore R=1[\Omega]$에 흐르는 전류 $I_2=2[A]$
$\therefore I=I_1-I_2=3-2=1[A]$

73 파형이 톱니파인 경우 파형률은 약 얼마인가?

① 1.155   ② 1.732
③ 1.414   ④ 0.577

해설 파형률 $=\dfrac{\text{실효값}}{\text{평균값}}$

$$=\frac{\dfrac{1}{\sqrt{3}}V_m}{\dfrac{1}{2}V_m}=\frac{2}{\sqrt{3}}\fallingdotseq1.155$$

74 무한장 무손실 전송 선로의 임의의 위치에서 전압이 100[V]이었다. 이 선로의 인덕턴스가 $7.5[\mu H/m]$이고, 커패시턴스가 0.012 $[\mu F/m]$일 때 이 위치에서 전류[A]는?

① 2   ② 4
③ 6   ④ 8

해설 전류 $I = \dfrac{V}{Z_0} = \dfrac{V}{\sqrt{\dfrac{R+j\omega L}{G+j\omega C}}}$ [A]

무손실 전송 선로이므로 $R=0$, $G=0$이므로

$\therefore I = \dfrac{V}{\sqrt{\dfrac{L}{C}}} = \dfrac{100}{\sqrt{\dfrac{7.5 \times 10^{-6}}{0.012 \times 10^{-6}}}} = 4$[A]

75 전압 $v(t) = 14.14\sin\omega t + 7.07\sin\left(3\omega t + \dfrac{\pi}{6}\right)$[V]의 실효값은 약 몇 [V]인가?

① 3.87   ② 11.2

③ 15.8   ④ 21.2

해설 실효값 $V = \sqrt{V_1^2 + V_3^2} = \sqrt{\left(\dfrac{14.14}{\sqrt{2}}\right)^2 + \left(\dfrac{7.07}{\sqrt{2}}\right)^2}$
$= 11.2$[V]

76 그림과 같은 평형 3상 회로에서 전원 전압이 $V_{ab} = 200$[V]이고 부하 한 상의 임피던스가 $Z = 4 + j3$[Ω]인 경우 전원과 부하 사이 선전류 I_a는 약 몇 [A]인가?

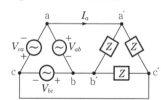

① $40\sqrt{3}\underline{/36.87°}$ ② $40\sqrt{3}\underline{/-36.87°}$
③ $40\sqrt{3}\underline{/66.87°}$ ④ $40\sqrt{3}\underline{/-66.87°}$

해설 선전류 $I_a = \sqrt{3}$ 상 전류$(I_{ab})\underline{/-30°}$
$= \sqrt{3}\dfrac{200}{4+j3}\underline{/-30°}$
$= \sqrt{3}\dfrac{200}{5}\underline{/-30° - \tan^{-1}\dfrac{3}{4}}$
$= 40\sqrt{3}\underline{/-66.87°}$

77 정상 상태에서 $t=0$초인 순간에 스위치 S를 열었다. 이때 흐르는 전류 $i(t)$는?

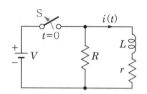

① $\dfrac{V}{R}e^{-\frac{R+r}{L}t}$ ② $\dfrac{V}{r}e^{-\frac{R+r}{L}t}$

③ $\dfrac{V}{R}e^{-\frac{L}{R+r}t}$ ④ $\dfrac{V}{r}e^{-\frac{L}{R+r}t}$

해설 전류 $i(t) = Ke^{-\frac{1}{\tau}t}$에서 시정수 $\tau = \dfrac{L}{R+r}$[s],

초기 전류 $i(0) = \dfrac{V}{r}$[A]이므로 $K = \dfrac{V}{r}$

$\therefore i(t) = \dfrac{V}{r}e^{-\frac{R+r}{L}t}$[A]

78 선간 전압이 150[V], 선전류가 $10\sqrt{3}$[A], 역률이 80[%]인 평형 3상 유도성 부하로 공급되는 무효 전력[Var]은?

① 3,600   ② 3,000

③ 2,700   ④ 1,800

해설 무효 전력 $P_r = \sqrt{3}\,VI\sin\theta$
$= \sqrt{3} \times 150 \times 10\sqrt{3} \times \sqrt{1-(0.8)^2}$
$= 2,700$[Var]

79 그림과 같은 함수의 라플라스 변환은?

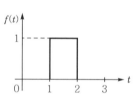

① $\dfrac{1}{s}(e^s - e^{2s})$ ② $\dfrac{1}{s}(e^{-s} - e^{-2s})$

③ $\dfrac{1}{s}(e^{-2s} - e^{-s})$ ④ $\dfrac{1}{s}(e^{-s} + e^{-2s})$

해설 $f(t) = u(t-1) - u(t-2)$

시간 추이 정리에 의해

$$F(s) = e^{-s} \frac{1}{s} - e^{-2s} \frac{1}{s} = \frac{1}{s}(e^{-s} - e^{-2s})$$

80
상의 순서가 a−b−c인 불평형 3상 전류가 $I_a = 15 + j2[A]$, $I_b = -20 - j14[A]$, $I_c = -3 + j10[A]$일 때 영상분 전류 I_0는 약 몇 [A]인가?

① $2.67 + j0.38$

② $2.02 + j6.98$

③ $15.5 - j3.56$

④ $-2.67 - j0.67$

해설 영상분 전류

$I_0 = \dfrac{1}{3}(I_a + I_b + I_c)$

$= \dfrac{1}{3}\{(15+j2) + (-20-j14) + (-3+j10)\}$

$= -2.67 - j0.67[A]$

제5과목 **전기설비기술기준**

81
지중 전선로를 직접 매설식에 의하여 차량 기타 중량물의 압력을 받을 우려가 있는 장소에 시설하는 경우 매설 깊이는 몇 [m] 이상으로 하여야 하는가?

① 0.6   ② 1

③ 1.5   ④ 2

해설 지중 전선로의 시설(한국전기설비규정 334.1)
- 케이블 사용
- 관로식, 암거식, 직접 매설식
- 매설 깊이
  - 관로식, 직매식 : 1[m] 이상
  - 중량물의 압력을 받을 우려가 없는 곳 : 0.6[m] 이상

82
돌침, 수평 도체, 메시(그물망) 도체의 요소 중에 한 가지 또는 이를 조합한 형식으로 시설하는 것은?

① 접지극 시스템   ② 수뢰부 시스템

③ 내부 피뢰 시스템   ④ 인하도선 시스템

해설 수뢰부 시스템(한국전기설비규정 152.1)

수뢰부 시스템의 선정은 돌침, 수평 도체, 메시(그물망) 도체의 요소 중에 한 가지 또는 이를 조합한 형식으로 시설하여야 한다.

83
지중 전선로에 사용하는 지중함의 시설 기준으로 틀린 것은?

① 조명 및 세척이 가능한 장치를 하도록 할 것

② 견고하고 차량 기타 중량물의 압력에 견디는 구조일 것

③ 그 안의 고인 물을 제거할 수 있는 구조로 되어 있을 것

④ 뚜껑은 시설자 이외의 자가 쉽게 열 수 없도록 시설할 것

해설 지중함 시설(한국전기설비규정 334.2)
- 견고하고, 차량 기타 중량물의 압력에 견디는 구조
- 지중함은 고인 물을 제거할 수 있는 구조
- 지중함 크기 1[m³] 이상
- 지중함의 뚜껑은 시설자 이외의 자가 쉽게 열 수 없도록 시설

84
전식(전기부식) 방지 대책에서 매설 금속체 측의 누설 전류에 의한 전식(전기부식)의 피해가 예상되는 곳에 고려하여야 하는 방법으로 틀린 것은?

① 절연 코팅

② 배류 장치 설치

③ 변전소 간 간격 축소

④ 저준위 금속체를 접속

정답 80.④ 81.② 82.② 83.① 84.③

해설 전식(전기부식) 방지(한국전기설비규정 461.4)
- 전기 철도측의 전기부식 방지를 위해서는 다음 방법을 고려한다.
  - 변전소 간 간격 축소
  - 레일 본드의 양호한 시공
  - 장대 레일 채택
  - 절연 도상 및 레일과 침목 사이에 절연층의 설치
- 매설 금속체측의 누설 전류에 의한 전식(전기부식)의 피해가 예상되는 곳은 다음 방법을 고려한다.
  - 배류 장치 설치
  - 절연 코팅
  - 매설 금속체 접속부 절연
  - 저준위 금속체를 접속
  - 궤도와의 이격 거리(간격) 증대
  - 금속판 등의 도체로 차폐

85 일반 주택의 저압 옥내 배선을 점검하였더니 다음과 같이 시설되어 있었을 경우 시설 기준에 적합하지 않은 것은?

① 합성 수지관의 지지점 간의 거리를 2[m]로 하였다.
② 합성 수지관 안에서 전선의 접속점이 없도록 하였다.
③ 금속관 공사에 옥외용 비닐 절연 전선을 제외한 절연 전선을 사용하였다.
④ 인입구에 가까운 곳으로서 쉽게 개폐할 수 있는 곳에 개폐기를 각 극에 시설하였다.

해설 합성 수지관 공사(한국전기설비규정 232.11)
- 전선은 연선(옥외용 제외) 사용. 연동선 10[mm²], 알루미늄선 16[mm²] 이하 단선 사용
- 전선관 내 전선 접속점이 없도록 함
- 관을 삽입하는 길이 : 관 외경(바깥지름) 1.2배(접착제 사용 0.8배)
- 관 지지점 간 거리 : 1.5[m] 이하

86 하나 또는 복합하여 시설하여야 하는 접지극의 방법으로 틀린 것은?

① 지중 금속 구조물
② 토양에 매설된 기초 접지극
③ 케이블의 금속 외장 및 그 밖에 금속 피복
④ 대지에 매설된 강화 콘크리트의 용접된 금속 보강재

해설 접지극의 시설 및 접지 저항(한국전기설비규정 142.2)
- 접지극은 다음의 방법 중 하나 또는 복합하여 시설
  - 콘크리트에 매입된 기초 접지극
  - 토양에 매설된 기초 접지극
  - 토양에 수직 또는 수평으로 직접 매설된 금속 전극
  - 케이블의 금속 외장 및 그 밖에 금속 피복
  - 지중 금속 구조물(배관 등)
  - 대지에 매설된 철근 콘크리트의 용접된 금속 보강재
- 접지극의 매설
  - 토양을 오염시키지 않아야 하며, 가능한 다습한 부분에 설치
  - 지하 0.75[m] 이상 매설
  - 철주의 밑면으로부터 0.3[m] 이상 또는 금속체로부터 1[m] 이상

87 사용 전압이 154[kV]인 전선로를 제1종 특고압 보안 공사로 시설할 때 경동 연선의 굵기는 몇 [mm²] 이상이어야 하는가?

① 55
② 100
③ 150
④ 200

해설 제1종 특고압 보안 공사 시 전선의 단면적(한국전기설비규정 333.22)
- 100[kV] 미만 : 55[mm²](인장 강도 21.67[kN]) 이상 경동 연선
- 100[kV] 이상 300[kV] 미만 : 150[mm²](인장 강도 58.84[kN]) 이상 경동 연선
- 300[kV] 이상 : 200[mm²](인장 강도 77.47[kN]) 이상 경동 연선

88 다음 ( )에 들어갈 내용으로 옳은 것은?

> 동일 지지물에 저압 가공전선(다중접지된 중성선은 제외한다)과 고압 가공전선을 시설하는 경우 고압 가공전선을 저압 가공전선의 (㉠)로 하고, 별개의 완금류에 시설해야 하며, 고압 가공전선과 저압 가공전선 사이의 이격거리(간격)는 (㉡)[m] 이상으로 한다.

① ㉠ 아래, ㉡ 0.5   ② ㉠ 아래, ㉡ 1

③ ㉠ 위, ㉡ 0.5   ④ ㉠ 위, ㉡ 1

해설 **고압 가공 전선 등의 병행 설치(한국전기설비규정 332.8)**
저압 가공 전선(다중 접지된 중성선은 제외한다)과 고압 가공 전선을 동일 지지물에 시설하는 경우에는 다음에 따라야 한다.
• 저압 가공 전선을 고압 가공 전선의 아래로 하고 별개의 완금류에 시설할 것
• 저압 가공 전선과 고압 가공전선 사이의 이격 거리(간격)는 0.5[m] 이상일 것

89 전기설비기술기준에서 정하는 안전 원칙에 대한 내용으로 틀린 것은?

① 전기 설비는 감전, 화재 그 밖에 사람에게 위해를 주거나 물건에 손상을 줄 우려가 없도록 시설하여야 한다.

② 전기 설비는 다른 전기 설비, 그 밖의 물건의 기능에 전기적 또는 자기적인 장해를 주지 않도록 시설하여야 한다.

③ 전기 설비는 경쟁과 새로운 기술 및 사업의 도입을 촉진함으로써 전기 사업의 건전한 발전을 도모하도록 시설하여야 한다.

④ 전기 설비는 사용 목적에 적절하고 안전하게 작동하여야 하며, 그 손상으로 인하여 전기 공급에 지장을 주지 않도록 시설하여야 한다.

해설 **안전 원칙(전기설비기술기준 제2조)**
• 전기 설비는 감전, 화재 그 밖에 사람에게 위해(危害)를 주거나 물건에 손상을 줄 우려가 없도록 시설하여야 한다.
• 전기 설비는 사용 목적에 적절하고 안전하게 작동하여야 하며, 그 손상으로 인하여 전기 공급에 지장을 주지 않도록 시설하여야 한다.
• 전기 설비는 다른 전기 설비, 그 밖의 물건의 기능에 전기적 또는 자기적인 장해를 주지 않도록 시설하여야 한다.

90 플로어 덕트 공사에 의한 저압 옥내 배선에서 연선을 사용하지 않아도 되는 전선(구리선)의 단면적은 최대 몇 [mm²]인가?

① 2   ② 4

③ 6   ④ 10

해설 **플로어 덕트 공사(한국전기설비규정 232.32)**
• 전선은 절연 전선(옥외용 비닐 절연 전선 제외)일 것
• 전선은 연선일 것. 다만, 단면적 10[mm²](알루미늄선 16[mm²]) 이하인 것은 그러하지 아니하다.
• 플로어 덕트 안에는 전선에 접속점이 없도록 할 것

91 풍력 터빈에 설비의 손상을 방지하기 위하여 시설하는 운전 상태를 계측하는 계측 장치로 틀린 것은?

① 조도계

② 압력계

③ 온도계

④ 풍속계

해설 **계측 장치의 시설(한국전기설비규정 532.3.7)**
풍력 터빈에는 설비의 손상을 방지하기 위하여 운전 상태를 계측하는 다음의 계측 장치를 시설하여야 한다.
• 회전 속도계
• 나셀(nacelle) 내의 진동을 감시하기 위한 진동계
• 풍속계
• 압력계
• 온도계

정답   88.③   89.③   90.④   91.①

92 전압의 종별에서 교류 600[V]는 무엇으로 분류하는가?

① 저압 ② 고압

③ 특고압 ④ 초고압

해설 적용범위(한국전기설비규정 111.1)

전압의 구분

• 저압 : 교류는 1[kV] 이하, 직류는 1.5[kV] 이하인 것

• 고압 : 교류는 1[kV]를, 직류는 1.5[kV]를 초과하고, 7[kV] 이하인 것

• 특고압 : 7[kV]를 초과하는 것

93 옥내 배선 공사 중 반드시 절연 전선을 사용하지 않아도 되는 공사 방법은? (단, 옥외용 비닐 절연 전선은 제외한다.)

① 금속관 공사

② 버스 덕트 공사

③ 합성 수지관 공사

④ 플로어 덕트 공사

해설 나전선의 사용 제한(한국전기설비규정 231.4)

㉠ 옥내에 시설하는 저압 전선에는 나전선을 사용하여서는 아니 된다.

㉡ 나전선의 사용이 가능한 경우

• 애자 공사

– 전기로용 전선

– 전선의 피복 절연물이 부식하는 장소

– 취급자 이외의 자가 출입할 수 없도록 설비한 장소

• 버스 덕트 공사 및 라이팅 덕트 공사

• 접촉 전선

94 시가지에 시설하는 사용 전압 170[kV] 이하인 특고압 가공 전선로의 지지물이 철탑이고 전선이 수평으로 2 이상 있는 경우에 전선 상호간의 간격이 4[m] 미만인 때에는 특고압 가공 전선로의 경간(지지물 간 거리)은 몇 [m] 이하이어야 하는가?

① 100 ② 150

③ 200 ④ 250

해설 시가지 등에서 특고압 가공 전선로의 시설(한국전기설비규정 333.1)

철탑의 경간(지지물 간 거리) 400[m] 이하(다만, 전선이 수평으로 2 이상 있는 경우에 전선 상호간의 간격이 4[m] 미만인 때에는 250[m] 이하)

95 사용 전압이 170[kV] 이하의 변압기를 시설하는 변전소로서 기술원이 상주하여 감시하지는 않으나 수시로 순회하는 경우, 기술원이 상주하는 장소에 경보 장치를 시설하지 않아도 되는 경우는?

① 옥내 변전소에 화재가 발생한 경우

② 제어 회로의 전압이 현저히 저하한 경우

③ 운전 조작에 필요한 차단기가 자동적으로 차단한 후 재폐로한 경우

④ 수소 냉각식 조상기(무효전력 보상장치)는 그 조상기(무효전력 보상장치) 안의 수소의 순도가 90[%] 이하로 저하한 경우

해설 상주 감시를 하지 아니하는 변전소의 시설(한국전기설비규정 351.9)

사용 전압이 170[kV] 이하의 변압기를 시설하는 변전소

• 경보 장치 시설

– 운전 조작에 필요한 차단기가 자동적으로 차단한 경우

– 주요 변압기의 전원측 전로가 무전압으로 된 경우

– 제어 회로의 전압이 현저히 저하한 경우

– 옥내 및 옥외 및 옥외 변전소에 화재가 발생한 경우

– 출력 3,000[kVA]를 초과하는 특고압용 변압기는 그 온도가 현저히 상승한 경우

– 특고압용 타냉식 변압기는 그 냉각 장치가 고장난 경우

– 조상기(무효전력 보상장치)는 내부에 고장이 생긴 경우

– 수소 냉각식 조상기(무효전력 보상장치)는 그 조상기(무효전력 보상장치) 안의 수소의 순도가 90[%] 이하로 저하한 경우, 수소의 압력이 현저히 변동한 경우 또는 수소의 온도가 현저히 상승한 경우

– 가스 절연 기기의 절연 가스의 압력이 현저히 저하한 경우

• 수소의 순도가 85[%] 이하로 저하한 경우에 그 조상기(무효전력 보상장치)를 전로로부터 자동적으로 차단하는 장치 시설

• 전기 철도용 변전소는 주요 변성 기기에 고장이 생긴 경우 또는 전원측 전로의 전압이 현저히 저하한 경우에 그 변성 기기를 자동적으로 전로로부터 차단하는 장치를 할 것

정답 92.① 93.② 94.④ 95.③

96 특고압용 타냉식 변압기의 냉각 장치에 고장이 생긴 경우를 대비하여 어떤 보호 장치를 하여야 하는가?

① 경보 장치

② 속도 조정 장치

③ 온도 시험 장치

④ 냉매 흐름 장치

해설 특고압용 변압기의 보호 장치(한국전기설비규정 351.4)

뱅크 용량	동작조건	장치의 종류
5,000[kVA] 이상 10,000[kVA] 미만	내부 고장	자동 차단 장치, 경보 장치
10,000[kVA] 이상	내부 고장	자동 차단 장치
타냉식 변압기	온도 상승	경보 장치

97 특고압 가공 전선로의 지지물로 사용하는 B종 철주, B종 철근 콘크리트주 또는 철탑의 종류에서 전선로의 지지물 양쪽의 경간(지지물 간 거리)의 차가 큰 곳에 사용하는 것은?

① 각도형   ② 인류(잡아당김)형

③ 내장형   ④ 보강형

해설 특고압 가공 전선로의 철주·철근 콘크리트주 또는 철탑의 종류(한국전기설비규정 333.11)

• 직선형 : 3도 이하

• 각도형 : 3도 초과

• 인류(잡아당김)형 : 전가섭선을 잡아당기는 곳

• 내장형 : 경간 차 큰 곳

98 아파트 세대 욕실에 "비데용 콘센트"를 시설하고자 한다. 다음의 시설 방법 중 적합하지 않은 것은?

① 콘센트는 접지극이 없는 것을 사용한다.

② 습기가 많은 장소에 시설하는 콘센트는 방습 장치를 하여야 한다.

③ 콘센트를 시설하는 경우에는 절연 변압기(정격 용량 3[kVA] 이하인 것에 한한다)로 보호된 전로에 접속하여야 한다.

④ 콘센트를 시설하는 경우에는 인체 감전 보호용 누전 차단기(정격 감도 전류 15[mA] 이하, 동작 시간 0.03초 이하의 전류 동작형의 것에 한한다)로 보호된 전로에 접속하여야 한다.

해설 콘센트의 시설(한국전기설비규정 234.5)

욕조나 샤워 시설이 있는 욕실 또는 화장실 등 인체가 물에 젖어 있는 상태에서 전기를 사용하는 장소에 콘센트를 시설

• 「전기용품 및 생활용품 안전관리법」의 적용을 받는 인체 감전 보호용 누전 차단기(정격 감도 전류 15[mA] 이하, 동작 시간 0.03초 이하의 전류 동작형) 또는 절연 변압기(정격 용량 3[kVA] 이하)로 보호된 전로에 접속하거나, 인체 감전 보호용 누전 차단기가 부착된 콘센트를 시설한다.

• 콘센트는 접지극이 있는 방적형 콘센트를 사용하고 규정에 준하여 접지한다.

• 습기가 많은 장소 또는 수분이 있는 장소에 시설하는 콘센트 및 기계 기구용 콘센트는 접지용 단자가 있는 것을 사용하여 접지하고, 방습 장치를 한다.

99 고압 가공 전선로의 가공 지선에 나경동선을 사용하려면 지름 몇 [mm] 이상의 것을 사용하여야 하는가?

① 2.0   ② 3.0

③ 4.0   ④ 5.0

해설 고압 가공 전선로의 가공 지선(한국전기설비규정 332.6)

인장 강도 5.26[kN] 이상의 것 또는 지름 4[mm] 이상의 나경동선을 사용

100 변전소의 주요 변압기에 계측 장치를 시설하여 측정하여야 하는 것이 아닌 것은?

① 역률   ② 전압

③ 전력   ④ 전류

해설 계측 장치(한국전기설비규정 351.6)

변전소에 계측 장치를 시설하여 측정하는 사항

• 주요 변압기의 전압 및 전류 또는 전력

• 특고압용 변압기의 온도

정답   **96.**①   **97.**③   **98.**①   **99.**③   **100.**①

제1과목 **전기자기학**

01 그림과 같이 단면적 $S[\mathrm{m}^2]$가 균일한 환상 철심에 권수 N_1인 A 코일과 권수 N_2인 B 코일이 있을 때, A 코일의 자기 인덕턴스가 $L_1[\mathrm{H}]$라면 두 코일의 상호 인덕턴스 $M[\mathrm{H}]$는? (단, 누설 자속은 0이다.)

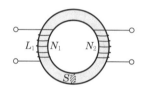

① $\dfrac{L_1 N_2}{N_1}$

② $\dfrac{N_2}{L_1 N_1}$

③ $\dfrac{L_1 N_1}{N_2}$

④ $\dfrac{N_1}{L_1 N_2}$

해설

A 코일의 자기 인덕턴스 $L_1 = \dfrac{\mu N_1^{\,2} S}{l}[\mathrm{H}]$

상호 인덕턴스 $M = \dfrac{\mu N_1 N_2 S}{l} = \dfrac{\mu N_1 N_2 S}{l} \cdot \dfrac{N_1}{N_1}$

$\qquad = L_1 \cdot \dfrac{N_2}{N_1}[\mathrm{H}]$

02 평행판 커패시터에 어떤 유전체를 넣었을 때 전속 밀도가 $4.8 \times 10^{-7}[\mathrm{C/m^2}]$이고 단위 체적당 정전 에너지가 $5.3 \times 10^{-3}[\mathrm{J/m^3}]$이었다. 이 유전체의 유전율은 약 몇 $[\mathrm{F/m}]$인가?

① 1.15×10^{-11}

② 2.17×10^{-11}

③ 3.19×10^{-11}

④ 4.21×10^{-11}

해설

정전 에너지 $w_E = \dfrac{D^2}{2\varepsilon}[\mathrm{J/m^3}]$

유전율 $\varepsilon = \dfrac{D^2}{2 w_E} = \dfrac{(4.8 \times 10^{-7})^2}{2 \times 5.3 \times 10^{-3}}$

$\qquad = 2.17 \times 10^{-11}[\mathrm{F/m}]$

03 진공 중에서 점$(0, 1)[\mathrm{m}]$의 위치에 $-2 \times 10^{-9}[\mathrm{C}]$의 점전하가 있을 때, 점$(2, 0)[\mathrm{m}]$에 있는 $1[\mathrm{C}]$의 점전하에 작용하는 힘은 몇 $[\mathrm{N}]$인가? (단, $\hat{x}$, $\hat{y}$는 단위 벡터이다.)

① $-\dfrac{18}{3\sqrt{5}}\hat{x} + \dfrac{36}{3\sqrt{5}}\hat{y}$

② $-\dfrac{36}{5\sqrt{5}}\hat{x} + \dfrac{18}{5\sqrt{5}}\hat{y}$

③ $-\dfrac{36}{3\sqrt{5}}\hat{x} + \dfrac{18}{3\sqrt{5}}\hat{y}$

④ $\dfrac{36}{5\sqrt{5}}\hat{x} + \dfrac{18}{5\sqrt{5}}\hat{y}$

해설

거리 벡터 $r = -2\hat{x} + \hat{y}[\mathrm{m}]$

거리 벡터의 절대값 $|r| = \sqrt{2^2 + 1^2} = \sqrt{5}[\mathrm{m}]$

단위 벡터 $r_0 = \dfrac{r}{|r|} = \dfrac{-2\hat{x} + \hat{y}}{\sqrt{5}}$

힘 $F = r_0 \dfrac{1}{4\pi\varepsilon_0} \cdot \dfrac{Q_1 Q_2}{r^2}$

$\quad = \dfrac{-2\hat{x} + \hat{y}}{\sqrt{5}} \times 9 \times 10^9 \times \dfrac{-2 \times 10^{-9} \times 1}{(\sqrt{5})^2}$

$\quad = \dfrac{-36}{5\sqrt{5}}\hat{x} + \dfrac{18}{5\sqrt{5}}\hat{y}[\mathrm{N}]$

04 다음 중 기자력(magnetomotive force)에 대한 설명으로 틀린 것은?

① SI 단위는 암페어[A]이다.

② 전기 회로의 기전력에 대응한다.

③ 자기 회로의 자기 저항과 자속의 곱과 동일하다.

④ 코일에 전류를 흘렸을 때 전류 밀도와 코일의 권수의 곱의 크기와 같다.

해설 기자력 $F = NI$[A]

기자력은 전기 회로의 기전력과 대응되며 자기 저항 R_m과 자속 ϕ의 곱의 크기와 같다.

자기 회로 옴의 법칙 $\phi = \dfrac{F}{R_m}$[Wb]

05 쌍극자 모멘트가 M[C·m]인 전기 쌍극자에 의한 임의의 점 P에서의 전계의 크기는 전기 쌍극자의 중심에서 축 방향과 점 P를 잇는 선분 사이의 각이 얼마일 때 최대가 되는가?

① 0

② $\dfrac{\pi}{2}$

③ $\dfrac{\pi}{3}$

④ $\dfrac{\pi}{4}$

해설 전기 쌍극자에 의한 전계의 세기

$$E = \sqrt{E_r^2 + E_\theta^2} = \frac{M}{4\pi\varepsilon_0 r^3}\sqrt{1 + 3\cos^2\theta}\ [\text{V/m}]$$

$\theta = 0$일 때 전계의 크기는 최대이다.

06 정상 전류계에서 J는 전류 밀도, σ는 도전율, ρ는 고유 저항, E는 전계의 세기일 때, 옴의 법칙의 미분형은?

① $J = \sigma E$

② $J = \dfrac{E}{\sigma}$

③ $J = \rho E$

④ $J = \rho\sigma E$

해설 전류 $I = \dfrac{V}{R} = \dfrac{El}{\rho\dfrac{l}{S}} = \dfrac{E}{\rho}S$[A]

전류 밀도 $J = \dfrac{I}{S} = \dfrac{E}{\rho} = \sigma E$[A/m²]

07 그림과 같이 극판의 면적이 S[m²]인 평행판 커패시터에 유전율이 각각 $\varepsilon_1 = 4$, $\varepsilon_2 = 2$인 유전체를 채우고, a, b 양단에 V[V]의 전압을 인가했을 때, ε_1, ε_2인 유전체 내부의 전계의 세기 E_1과 E_2의 관계식은? (단, σ[C/m²]는 면전하 밀도이다.)

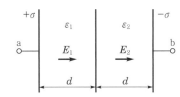

① $E_1 = 2E_2$

② $E_1 = 4E_2$

③ $2E_1 = E_2$

④ $E_1 = E_2$

해설 유전체의 경계면 조건에서 전속 밀도의 법선 성분은 서로 같으므로

$D_{1n} = D_{2n}$, $\varepsilon_1 E_1 = \varepsilon_2 E_2$, $4E_1 = 2E_2$

$\therefore 2E_1 = E_2$

08 반지름이 r[m]인 반원형 전류 I[A]에 의한 반원의 중심(O)에서 자계의 세기[AT/m]는?

① $\dfrac{2I}{r}$

② $\dfrac{I}{r}$

③ $\dfrac{I}{2r}$

④ $\dfrac{I}{4r}$

해설 원형 코일 중심점의 자계의 세기

$$H = \frac{NI}{2a} = \frac{\frac{1}{2}I}{2r} = \frac{I}{4r} \text{[AT/m]}$$

09 평균 반지름(r)이 20[cm], 단면적(S)이 6[cm^2]인 환상 철심에서 권선수(N)가 500회인 코일에 흐르는 전류(I)가 4[A]일 때 철심 내부에서의 자계의 세기(H)는 약 몇 [AT/m]인가?

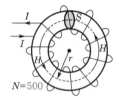

$N=500$

① 1,590   ② 1,700
③ 1,870   ④ 2,120

해설 솔레노이드 내부의 자계의 세기

$$H = \frac{NI}{l} = \frac{NI}{2\pi r} = \frac{500 \times 4}{2\pi \times 0.2} = 1591.5 \fallingdotseq 1,590 \text{[AT/m]}$$

10 속도 v의 전자가 평등 자계 내에 수직으로 들어갈 때, 이 전자에 대한 설명으로 옳은 것은?

① 구면 위에서 회전하고 구의 반지름은 자계의 세기에 비례한다.
② 원운동을 하고 원의 반지름은 자계의 세기에 비례한다.
③ 원운동을 하고 원의 반지름은 자계의 세기에 반비례한다.
④ 원운동을 하고 원의 반지름은 전자의 처음 속도의 제곱에 비례한다.

해설 전자가 자계 중에 수직으로 들어갈 때 구심력과 원심력이 같은 상태에서 원운동을 하므로 $evB = \dfrac{mv^2}{r}$

이며, 반경 $r = \dfrac{mv}{eB}$ [m] $\propto \dfrac{1}{B}$ 이다.

11 길이가 10[cm]이고 단면의 반지름이 1[cm]인 원통형 자성체가 길이 방향으로 균일하게 자화되어 있을 때 자화의 세기가 0.5[Wb/m^2]이라면 이 자성체의 자기 모멘트[Wb·m]는?

① 1.57×10^{-5}
② 1.57×10^{-4}
③ 1.57×10^{-3}
④ 1.57×10^{-2}

해설 자화의 세기 $J = \dfrac{m}{S} = \dfrac{ml}{Sl}$

$$= \frac{M(\text{자기 모멘트})}{V(\text{체적})} \text{[Wb/m}^2\text{]}$$

자기 모멘트 $M = vJ = \pi a^2 \cdot lJ$

$$= \pi \times (0.01)^2 \times 0.1 \times 0.5$$
$$= 1.57 \times 10^{-5} \text{[Wb·m]}$$

12 자기 인덕턴스가 각각 L_1, L_2인 두 코일의 상호 인덕턴스가 M일 때 결합 계수는?

① $\dfrac{M}{L_1 L_2}$ ② $\dfrac{L_1 L_2}{M}$

③ $\dfrac{M}{\sqrt{L_1 L_2}}$ ④ $\dfrac{\sqrt{L_1 L_2}}{M}$

해설 누설 자속에 있는 솔레노이드에서
$M^2 \le L_1 L_2$, $M \le \sqrt{L_1 L_2}$
$M = K\sqrt{L_1 L_2}$

결합 계수 $K = \dfrac{M}{\sqrt{L_1 L_2}}$

13 간격 d[m], 면적 S[m^2]의 평행판 전극 사이에 유전율이 ε인 유전체가 있다. 전극 간에 $v(t) = V_m \sin\omega t$의 전압을 가했을 때, 유전체 속의 변위 전류 밀도[A/m^2]는?

① $\dfrac{\varepsilon\omega V_m}{d}\cos\omega t$ ② $\dfrac{\varepsilon\omega V_m}{d}\sin\omega t$

③ $\dfrac{\varepsilon V_m}{\omega d}\cos\omega t$ ④ $\dfrac{\varepsilon V_m}{\omega d}\sin\omega t$

정답 09.① 10.③ 11.① 12.③ 13.①

해설 변위 전류 $I_d = \frac{\partial D}{\partial t} S$[A]

변위 전류 밀도
$$J_d = \frac{I_d}{S} = \frac{\partial D}{\partial t} = \varepsilon \frac{\partial E}{\partial t} = \frac{\varepsilon}{d} \frac{\partial v}{\partial t}$$
$$= \frac{\varepsilon}{d} \frac{\partial}{\partial t} V_m \sin\omega t$$
$$= \frac{\varepsilon}{d} \omega V_m \cos\omega t \,[\text{A/m}^2]$$

14 그림과 같이 공기 중 2개의 동심 구도체에서 내구(A)에만 전하 Q를 주고 외구(B)를 접지하였을 때 내구(A)의 전위는?

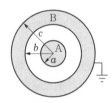

① $\dfrac{Q}{4\pi\varepsilon_0}\left(\dfrac{1}{a} - \dfrac{1}{b} + \dfrac{1}{c}\right)$

② $\dfrac{Q}{4\pi\varepsilon_0}\left(\dfrac{1}{a} - \dfrac{1}{b}\right)$

③ $\dfrac{Q}{4\pi\varepsilon_0} \cdot \dfrac{1}{c}$

④ 0

해설 외구를 접지하면 B 도체의 전위는 0[V]이므로 a, b 두 점 사이의 전위차가 내구(A)의 전위이다.

전위 $V_a = -\displaystyle\int_b^a E dl = \frac{Q}{4\pi\varepsilon_0}\left(\frac{1}{a} - \frac{1}{b}\right)$[V]

15 간격이 d[m]이고 면적이 S[m^2]인 평행판 커패시터의 전극 사이에 유전율이 ε인 유전체를 넣고 전극 간에 V[V]의 전압을 가했을 때, 이 커패시터의 전극판을 떼어내는 데 필요한 힘의 크기[N]는?

① $\dfrac{1}{2\varepsilon}\dfrac{V^2}{d^2 S}$

② $\dfrac{1}{2\varepsilon}\dfrac{d V^2}{S}$

③ $\dfrac{1}{2}\varepsilon\dfrac{V}{d}S$

④ $\dfrac{1}{2}\varepsilon\dfrac{V^2}{d^2}S$

해설 전극판을 떼어내는 데 필요한 힘은 정전 응력과 같으므로

힘 $F = fs = \dfrac{1}{2}\varepsilon E^2 S = \dfrac{1}{2}\varepsilon \dfrac{V^2}{d^2}S$[N]

16 패러데이관(Faraday tube)의 성질에 대한 설명으로 틀린 것은?

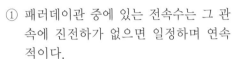

① 패러데이관 중에 있는 전속수는 그 관 속에 진전하가 없으면 일정하며 연속적이다.

② 패러데이관의 양단에는 양 또는 음의 단위 진전하가 존재하고 있다.

③ 패러데이관 한 개의 단위 전위차당 보유 에너지는 $\dfrac{1}{2}$[J]이다.

④ 패러데이관의 밀도는 전속 밀도와 같지 않다.

해설 패러데이관(Faraday tube)은 단위 정·부하 전하를 연결한 전기력 관으로 진전하가 없는 곳에서 연속이며, 보유 에너지는 $\dfrac{1}{2}$[J]이고 전속수와 같다.

17 유전율 ε, 투자율 μ인 매질 내에서 전자파의 전파 속도는?

① $\sqrt{\dfrac{\mu}{\varepsilon}}$

② $\sqrt{\mu\varepsilon}$

③ $\sqrt{\dfrac{\varepsilon}{\mu}}$

④ $\dfrac{1}{\sqrt{\mu\varepsilon}}$

해설 전자파의 전파 속도 $v = \dfrac{1}{\sqrt{\mu\varepsilon}}$[m/s]

18 히스테리시스 곡선에서 히스테리시스 손실에 해당하는 것은?

① 보자력의 크기
② 잔류 자기의 크기
③ 보자력과 잔류 자기의 곱
④ 히스테리시스 곡선의 면적

정답 14.② 15.④ 16.④ 17.④ 18.④

해설 히스테리시스 손실(Hysteresis loss)은 자장에 의한 자성체 내 전자의 자전 운동에 의한 손실로 히스테리시스 곡선의 면적과 같다.

19 공기 중 무한 평면 도체의 표면으로부터 2[m] 떨어진 곳에 4[C]의 점전하가 있다. 이 점전하가 받는 힘은 몇 [N]인가?

① $\dfrac{1}{\pi\varepsilon_0}$ ② $\dfrac{1}{4\pi\varepsilon_0}$

③ $\dfrac{1}{8\pi\varepsilon_0}$ ④ $\dfrac{1}{16\pi\varepsilon_0}$

해설 전기 영상법에 의한 힘

$$F = \frac{1}{4\pi\varepsilon_0}\frac{Q_1 Q_2}{(2r)^2} = \frac{Q^2}{16\pi\varepsilon_0 r^2}$$

$$= \frac{4^2}{16\pi\varepsilon_0 \cdot 2^2} = \frac{1}{4\pi\varepsilon_0}\,[\text{N}]$$

20 내압이 2.0[kV]이고 정전 용량이 각각 0.01 [μF], 0.02[μF], 0.04[μF]인 3개의 커패시터를 직렬로 연결했을 때 전체 내압은 몇 [V]인가?

① 1,750

② 2,000

③ 3,500

④ 4,000

해설 각 커패시터의 전압비는 정전 용량 C에 반비례하므로

$$V_1 : V_2 : V_3 = \frac{1}{0.01} : \frac{1}{0.02} : \frac{1}{0.04}$$

$$= 100 : 50 : 25$$

C_1 커패시터에 전압이 제일 많이 걸리므로 전체 내압 V와 $V_1(C_1$의 내압 2[kV])의 비는

$$V : V_1 = 175(V_1 + V_2 + V_3) : 100$$

$$\therefore \ V = \frac{175}{100}V_1$$

$$= \frac{175}{100} \times 2,000$$

$$= 3,500[\text{V}]$$

---

21 환상 선로의 단락 보호에 주로 사용하는 계전 방식은?

① 비율 차동 계전 방식

② 방향 거리 계전 방식

③ 과전류 계전 방식

④ 선택 접지 계전 방식

해설 송전 선로 단락 보호
• 방사상 선로 : 과전류 계전기 사용
• 환상 선로 : 방향 단락 계전 방식, 방향 거리 계전 방식, 과전류 계전기와 방향 거리 계전기를 조합하는 방식

22 변압기 보호용 비율 차동 계전기를 사용하여 △－Y 결선의 변압기를 보호하려고 한다. 이때 변압기 1, 2차측에 설치하는 변류기의 결선 방식은? (단, 위상 보정 기능이 없는 경우이다.)

① △－△ ② △－Y

③ Y－△ ④ Y－Y

해설 비율 차동 계전 방식
변압기의 내부 고장 보호에 적용하고, 변압기의 변압비와 고·저압 단자의 CT비가 정확하게 역비례하여야 하며, 변압기 결선이 △－Y이면 변류기(CT) 2차 결선은 Y－△로 하여 2차 전류를 동상으로 한다.

23 전력 계통의 전압 조정 설비에 대한 특징으로 틀린 것은?

① 병렬 콘덴서는 진상 능력만을 가지며 병렬 리액터는 진상능력이 없다.

② 동기 조상기는 조정의 단계가 불연속적이나 직렬 콘덴서 및 병렬 리액터는 연속적이다.

③ 동기 조상기는 무효 전력의 공급과 흡수가 모두 가능하여 진상 및 지상 용량을 갖는다.

④ 병렬 리액터는 경부하 시에 계통 전압이 상승하는 것을 억제하기 위하여 초고압 송전선 등에 설치된다.

정답 19.② 20.③ 21.② 22.③ 23.②

해설 동기 조상기는 무부하로 운전되는 동기 전동기로 전력 계통의 진상 및 지상의 무효 전력을 공급 및 흡수하여 연속적으로 조정하는 조상 설비이다.

24 전력 계통의 중성점 다중 접지 방식의 특징으로 옳은 것은?

① 통신선의 유도 장해가 적다.
② 합성 접지 저항이 매우 높다.
③ 건전상의 전위 상승이 매우 높다.
④ 지락 보호 계전기의 동작이 확실하다.

해설 중성선 다중 접지 방식의 특징

• 접지 저항이 매우 적어 지락 사고 시 건전상 전위 상승이 거의 없다.
• 보호 계전기의 신속한 동작 확보로 고장 선택 차단이 확실하다.
• 피뢰기의 동작 채무가 경감된다.
• 통신선에 대한 유도 장해가 크고, 과도 안정도가 나쁘다.
• 대용량 차단기가 필요하다.

25 경간이 200[m]인 가공 전선로가 있다. 사용 전선의 길이는 경간보다 약 몇 [m] 더 길어야 하는가? (단, 전선의 1[m]당 하중은 2[kg], 인장 하중은 4,000[kg]이고, 풍압 하중은 무시하며, 전선의 안전율은 2이다.)

① 0.33
② 0.61
③ 1.41
④ 1.73

해설 이도 $D = \dfrac{WS^2}{8T} = \dfrac{2 \times 200^2}{8 \times \left(\dfrac{4,000}{2}\right)} = 5[\text{m}]$

실제 전선 길이 $L = S + \dfrac{8D^2}{3S}$ 이므로

늘어난 길이 $\dfrac{8D^2}{3S} = \dfrac{8 \times 5^2}{3 \times 200} = 0.33[\text{m}]$

26 송전 선로에 단도체 대신 복도체를 사용하는 경우에 나타나는 현상으로 틀린 것은?

① 전선의 작용 인덕턴스를 감소시킨다.
② 선로의 작용 정전 용량을 증가시킨다.
③ 전선 표면의 전위 경도를 저감시킨다.
④ 전선의 코로나 임계 전압을 저감시킨다.

해설 복도체 및 다도체의 특징

• 같은 도체 단면적의 단도체보다 인덕턴스와 리액턴스가 감소하고 정전 용량이 증가하여 송전 용량을 크게 할 수 있다.
• 전선 표면의 전위 경도를 저감시켜 코로나 임계 전압을 높게 하므로 코로나 발생을 방지한다.
• 전력 계통의 안정도를 증대시킨다.

27 옥내 배선을 단상 2선식에서 단상 3선식으로 변경하였을 때, 전선 1선당 공급 전력은 약 몇 배 증가하는가? [단, 선간 전압(단상 3선식의 경우는 중성선과 타선 간의 전압), 선로 전류(중성선의 전류 제외) 및 역률은 같다.]

① 0.71
② 1.33
③ 1.41
④ 1.73

해설 1선당 전력의 비

$\dfrac{\text{단상 3선식}}{\text{단상 2선식}} = \dfrac{\dfrac{2EI}{3}}{\dfrac{EI}{2}} = \dfrac{4}{3} = 1.33$

∴ 약 1.33배 증가한다.

28 3상용 차단기의 정격 차단 용량은 그 차단기의 정격 전압과 정격 차단 전류와의 곱을 몇 배한 것인가?

① $\dfrac{1}{\sqrt{2}}$
② $\dfrac{1}{\sqrt{3}}$
③ $\sqrt{2}$
④ $\sqrt{3}$

해설 차단기의 정격 차단 용량 $P_s[\text{MVA}] = \sqrt{3} \times$정격 전압[kV]$\times$정격 차단 전류[kA]이므로 3상 계수 $\sqrt{3}$을 적용한다.

29 송전선에 직렬 콘덴서를 설치하였을 때의 특징으로 틀린 것은?

① 선로 중에서 일어나는 전압 강하를 감소시킨다.

② 송전 전력의 증가를 꾀할 수 있다.

③ 부하 역률이 좋을수록 설치 효과가 크다.

④ 단락 사고가 발생하는 경우 사고 전류에 의하여 과전압이 발생한다.

해설 **직렬 축전지(직렬 콘덴서)**

• 선로의 유도 리액턴스를 보상하여 전압 강하를 감소시키기 위하여 사용되며, 수전단의 전압 변동률을 줄이고 정태 안정도가 증가하여 최대 송전 전력이 커진다.

• 정지기로서 가격이 싸고 전력 손실이 적으며, 소음이 없고 보수가 용이하다.

• 부하의 역률이 나쁠수록 효과가 크게 된다.

30 송전선의 특성 임피던스의 특징으로 옳은 것은?

① 선로의 길이가 길어질수록 값이 커진다.

② 선로의 길이가 길어질수록 값이 작아진다.

③ 선로의 길이에 따라 값이 변하지 않는다.

④ 부하 용량에 따라 값이 변한다.

해설 특성 임피던스 $Z_0 = \sqrt{\dfrac{L}{C}} = 138\log_{10}\dfrac{D}{r}$ 으로 거리에 관계없이 일정하다.

31 어느 화력 발전소에서 40,000[kWh]를 발전하는 데 발열량 860[kcal/kg]의 석탄이 60톤 사용된다. 이 발전소의 열효율[%]은 약 얼마인가?

① 56.7

② 66.7

③ 76.7

④ 86.7

해설 열효율 $\eta = \dfrac{860\,W}{mH} \times 100$

$= \dfrac{860 \times 40,000}{60 \times 10^3 \times 860} \times 100 = 66.7[\%]$

32 유효 낙차 100[m], 최대 유량 20[m³/s]의 수차가 있다. 낙차가 81[m]로 감소하면 유량 [m³/s]은? (단, 수차에서 발생되는 손실 등은 무시하며 수차 효율은 일정하다.)

① 15

② 18

③ 24

④ 30

해설 **수차의 특성**

유량은 낙차의 $\dfrac{1}{2}$ 승에 비례하므로

$Q' = \left(\dfrac{H'}{H}\right)^{\frac{1}{2}} Q = \left(\dfrac{81}{100}\right)^{\frac{1}{2}} \times 20 = 18[\mathrm{m^3/s}]$

33 단락 용량 3,000[MVA]인 모선의 전압이 154[kV]라면 등가 모선 임피던스[Ω]는 약 얼마인가?

① 5.81

② 6.21

③ 7.91

④ 8.71

해설 용량 $P = \dfrac{V_r^{\,2}}{Z}$ [MVA]에서

$Z = \dfrac{V_r^{\,2}}{P} = \dfrac{154^2}{3,000} ≒ 7.91[\Omega]$

34 중성점 접지 방식 중 직접 접지 송전 방식에 대한 설명으로 틀린 것은?

① 1선 지락 사고 시 지락 전류는 타 접지 방식에 비하여 최대로 된다.

② 1선 지락 사고 시 지락 계전기의 동작이 확실하고 선택 차단이 가능하다.

③ 통신선에서의 유도 장해는 비접지 방식에 비하여 크다.

④ 기기의 절연 레벨을 상승시킬 수 있다.

정답 29.③ 30.③ 31.② 32.② 33.③ 34.④

해설 중성점 직접 접지 방식은 1상 지락 사고일 경우 지락 전류가 대단히 크기 때문에 보호 계전기의 동작이 확실하고, 중성점의 전위는 대지 전위이므로 저감 절연 및 변압기 단절연이 가능하지만, 계통에 주는 충격이 크고 과도 안정도가 나쁘다.

35 선로 고장 발생 시 고장 전류를 차단할 수 없어 리클로저와 같이 차단 기능이 있는 후비 보호 장치와 함께 설치되어야 하는 장치는?

① 배선용 차단기　② 유입 개폐기
③ 컷 아웃 스위치　④ 섹셔널라이저

해설 섹셔널라이저(sectionalizer)는 고장 발생 시 차단 기능이 없으므로 고장을 차단하는 후비 보호 장치(리클로저)와 직렬로 설치하여 고장 구간을 분리시키는 개폐기이다.

36 송전 선로의 보호 계전 방식이 아닌 것은?

① 전류 위상 비교 방식
② 전류 차동 보호 계전 방식
③ 방향 비교 방식
④ 전압 균형 방식

해설 송전 선로 보호 계전 방식의 종류
과전류 계전 방식, 방향 단락 계전 방식, 방향 거리 계전 방식, 과전류 계전기와 방향 거리 계전기와 조합하는 방식, 전류 차동 보호 방식, 표시선 계전 방식, 전력선 반송 계전 방식 등이 있다.

37 가공 송전선의 코로나 임계 전압에 영향을 미치는 여러 가지 인자에 대한 설명 중 틀린 것은?

① 전선 표면이 매끈할수록 임계 전압이 낮아진다.
② 날씨가 흐릴수록 임계 전압은 낮아진다.
③ 기압이 낮을수록, 온도가 높을수록 임계 전압은 낮아진다.
④ 전선의 반지름이 클수록 임계 전압은 높아진다.

해설 코로나 임계 전압

$$E_0 = 24.3\, m_0\, m_1\, \delta\, d \log_{10} \frac{D}{r}\, [\mathrm{kV}]$$

여기서, m_0 : 전선 표면 계수
　　　m_1 : 날씨 계수
　　　δ : 상대 공기 밀도
　　　d : 전선의 직경[cm]
　　　D : 선간 거리[cm]
그러므로 전선 표면이 매끈할수록, 날씨가 청명할수록, 기압이 높고 온도가 낮을수록, 전선의 반지름이 클수록 임계 전압은 높아진다.

38 동작 시간에 따른 보호 계전기의 분류와 이에 대한 설명으로 틀린 것은?

① 순한시 계전기는 설정된 최소 동작 전류 이상의 전류가 흐르면 즉시 동작한다.
② 반한시 계전기는 동작 시간이 전류값의 크기에 따라 변하는 것으로 전류값이 클수록 느리게 동작하고 반대로 전류값이 작아질수록 빠르게 동작하는 계전기이다.
③ 정한시 계전기는 설정된 값 이상의 전류가 흘렀을 때 동작 전류의 크기와는 관계없이 항상 일정한 시간 후에 동작하는 계전기이다.
④ 반한시 · 정한시 계전기는 어느 전류값까지는 반한시성이지만 그 이상이 되면 정한시로 동작하는 계전기이다.

해설 계전기 동작 시간에 의한 분류
· 순한시 계전기 : 정정된 최소 동작 전류 이상의 전류가 흐르면 즉시 동작하는 계전기
· 정한시 계전기 : 정정된 값 이상의 전류가 흐르면 정해진 일정 시간 후에 동작하는 계전기
· 반한시 계전기 : 정정된 값 이상의 전류가 흐를 때 동작 시간이 전류값이 크면 동작 시간은 짧아지고, 전류값이 적으면 동작 시간이 길어진다.

정답 35.④ 36.④ 37.① 38.②

39 송전 선로에서 현수 애자련의 연면 섬락과 가장 관계가 먼 것은?

① 댐퍼
② 철탑 접지 저항
③ 현수 애자련의 개수
④ 현수 애자련의 소손

해설 댐퍼(damper)는 진동 루프 길이의 $\frac{1}{2} \sim \frac{1}{3}$ 인 곳에 설치하며 진동 에너지를 흡수하여 전선 진동을 방지하는 것으로 연면 섬락과는 관련이 없다.

40 수압철관의 안지름이 4[m]인 곳에서의 유속이 4[m/s]이다. 안지름이 3.5[m]인 곳에서의 유속[m/s]은 약 얼마인가?

① 4.2 　　　　② 5.2
③ 6.2 　　　　④ 7.2

해설 수압관의 유량은 $A_1 V_1 = A_2 V_2$ 이므로

$$\frac{\pi}{4} \times D_1^2 \times V_1 = \frac{\pi}{4} \times D_2^2 \times V_2$$

$$\frac{\pi}{4} \times 4^2 \times 4 = \frac{\pi}{4} \times 3.5^2 \times V_2$$

$$\therefore V_2 = 5.2[\text{m/s}]$$

제3과목　전기기기

41 4극, 60[Hz]인 3상 유도 전동기가 있다. 1,725[rpm]으로 회전하고 있을 때, 2차 기전력의 주파수[Hz]는?

① 2.5 　　　　② 5
③ 7.5 　　　　④ 10

해설 동기 속도 $N_s = \frac{120f}{P} = \frac{120 \times 60}{4} = 1,800[\text{rpm}]$

슬립 $s = \frac{N_s - N}{N_s} = \frac{1,800 - 1,725}{1,800} = 0.0416[\%]$

2차 주파수 $f_{2s} = sf_1 = 0.0416 \times 60 = 2.5[\text{Hz}]$

42 변압기 내부 고장 검출을 위해 사용하는 계전기가 아닌 것은?

① 과전압 계전기
② 비율 차동 계전기
③ 부흐홀츠 계전기
④ 충격 압력 계전기

해설 변압기의 내부 고장 검출 계전기는 비율 차동 계전기, 부흐홀츠 계전기 및 충격 압력 계전기 등이 있다.

43 단상 반파 정류 회로에서 직류 전압의 평균값 210[V]를 얻는데 필요한 변압기 2차 전압의 실효값은 약 몇 [V]인가? (단, 부하는 순저항이고, 정류기의 전압 강하 평균값은 15[V]로 한다.)

① 400
② 433
③ 500
④ 566

해설 단상 반파 정류 회로에서

직류 전압 평균값 $E_d = \frac{\sqrt{2}E}{\pi} - e = 0.45E - e$

전압의 실효값 $E = \frac{(E_d + e)}{0.45}$

$$= \frac{210 + 15}{0.45} = 500[\text{V}]$$

44 동기 조상기의 구조상 특징으로 틀린 것은?

① 고정자는 수차 발전기와 같다.
② 안전 운전용 제동 권선이 설치된다.
③ 계자 코일이나 자극이 대단히 크다.
④ 전동기 축은 동력을 전달하는 관계로 비교적 굵다.

해설 동기 조상기는 전압 조정과 역률 개선을 위하여 송전 계통에 접속한 무부하 동기 전동기로 동력을 전달하기 위한 기계가 아니므로 축은 굵게 할 필요가 없다.

정답 39.① 40.② 41.① 42.① 43.③ 44.④

45 정격 출력 10,000[kVA], 정격 전압 6,600[V], 정격 역률 0.8인 3상 비돌극 동기 발전기가 있다. 여자를 정격 상태로 유지할 때 이 발전기의 최대 출력은 약 몇 [kW]인가? (단, 1상의 동기 리액턴스를 0.9[p.u]라 하고 저항은 무시한다.)

① 17,089 ② 18,889
③ 21,259 ④ 23,619

해설 동기 발전기의 단위법

유기 기전력 $e = \sqrt{0.8^2 + (0.6 + 0.9)^2} = 1.7$

최대 출력 $P_m = \dfrac{ev}{x'} P_n = \dfrac{1.7 \times 1}{0.9} \times 10,000$

$\qquad\qquad = 18,889[kW]$

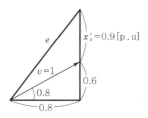

46 75[W] 이하의 소출력 단상 직권 정류자 전동기의 용도로 적합하지 않은 것은?

① 믹서 ② 소형 공구
③ 공작 기계 ④ 치과 의료용

해설 단상 직권 정류가 전동기는 직류·교류 양용 전동기(만능 전동기)로 75[W] 정도 이하의 소출력은 소형 공구, 믹서(mixer), 치과 의료용 및 가정용 재봉틀 등에 사용되고 있다.

47 권선형 유도 전동기의 2차 여자법 중 2차 단자에서 나오는 전력을 동력으로 바꿔서 직류 전동기에 가하는 방식은?

① 회생 방식
② 크레머 방식
③ 플러깅 방식
④ 세르비우스 방식

해설 권선형 유도 전동기의 속도 제어에서 2차 여자 제어법은 크레머 방식과 세르비우스 방식이 있으며, 크레머 방식은 2차 단자에서 나오는 전력을 동력으로 바꾸어 제어하는 방식이고, 세르비우스 방식은 2차 전력을 전원측에 반환하여 제어하는 방식이다.

48 직류 발전기의 특성 곡선에서 각 축에 해당하는 항목으로 틀린 것은?

① 외부 특성 곡선 : 부하 전류와 단자 전압
② 부하 특성 곡선 : 계자 전류와 단자 전압
③ 내부 특성 곡선 : 무부하 전류와 단자 전압
④ 무부하 특성 곡선 : 계자 전류와 유도 기전력

해설 직류 발전기는 여러 종류가 있으며 서로 다른 특성이 있다. 그 특성을 쉽게 이해하도록 나타낸 것을 특성 곡선이라 하고 다음과 같이 구분한다.
• 무부하 특성 곡선 : 계자 전류와 유도 기전력
• 부하 특성 곡선 : 계자 전류와 단자 전압
• 외부 특성 곡선 : 부하 전류와 단자 전압

49 변압기의 전압 변동률에 대한 설명으로 틀린 것은?

① 일반적으로 부하 변동에 대하여 2차 단자 전압의 변동이 작을수록 좋다.
② 전부하 시와 무부하 시의 2차 단자 전압이 서로 다른 정도를 표시하는 것이다.
③ 인가 전압이 일정한 상태에서 무부하 2차 단자 전압에 반비례한다.
④ 전압 변동률은 전등의 광도, 수명, 전동기의 출력 등에 영향을 미친다.

해설

전압 변동률 $\varepsilon = \dfrac{V_{20} - V_{2n}}{V_{2n}} \times 100[\%]$

전압 변동률은 작을수록 좋고, 전기 기계 기구의 출력과 수명 등에 영향을 주며, 2차 정격 전압(전부하 전압)에 반비례한다.

정답 45.② 46.③ 47.② 48.③ 49.③

50 3상 유도 전동기에서 고조파 회전 자계가 기본파 회전 방향과 역방향인 고조파는?

① 제3고조파

② 제5고조파

③ 제7고조파

④ 제13고조파

해설 3상 유도 전동기의 고조파에 의한 회전 자계의 방향과 속도는 다음과 같다.

- $h_1 = 2mn+1 = 7,\ 13,\ 19,\ \cdots$

  기본파와 같은 방향, $\dfrac{1}{h_1}$ 배로 회전

- $h_2 = 2mn-1 = 5,\ 11,\ 17,\ \cdots$

  기본파와 반대 방향, $\dfrac{1}{h_2}$ 배로 회전

- $h_0 = mn\pm0 = 3,\ 9,\ 15,\ \cdots$

  회전 자계가 발생하지 않는다.

51 직류 직권 전동기에서 분류 저항기를 직권 권선에 병렬로 접속해 여자 전류를 가감시켜 속도를 제어하는 방법은?

① 저항 제어

② 전압 제어

③ 계자 제어

④ 직·병렬 제어

해설 직류 직권 전동기에서 직권 계자 권선에 병렬로 분류 저항기를 접속하여 여자 전류의 가감으로 자속 ϕ를 변화시켜 속도를 제어하는 방법을 계자 제어라고 한다.

52 100[kVA], 2,300/115[V], 철손 1[kW], 전부하 동손 1.25[kW]의 변압기가 있다. 이 변압기는 매일 무부하로 10시간, $\dfrac{1}{2}$ 정격 부하 역률 1에서 8시간, 전부하 역률 0.8(지상)에서 6시간 운전하고 있다면 전일 효율은 약 몇 [%]인가?

① 93.3

② 94.3

③ 95.3

④ 96.3

해설 변압기의 전일 효율 η_d[%]

$$\eta_d = \frac{\dfrac{1}{m}P\cos\theta\cdot h}{\dfrac{1}{m}P\cos\theta\cdot h + 24P_i + \left(\dfrac{1}{m}\right)^2 P_c \cdot h} \times 100$$

$$= \frac{\dfrac{1}{2}\times100\times1\times8 + 100\times0.8\times6}{\dfrac{1}{2}\times100\times1\times8 + 100\times0.8\times6 + 24\times1 + \left(\dfrac{1}{2}\right)^2\times1.25\times8 + 1.25\times6}\times100$$

$$= \frac{880}{880+24+10}\times100 = 96.28 \fallingdotseq 96.3[\%]$$

53 유도 전동기의 슬립을 측정하려고 한다. 다음 중 슬립의 측정법이 아닌 것은?

① 수화기법

② 직류 밀리볼트계법

③ 스트로보스코프법

④ 프로니 브레이크법

해설 유도 전동기의 슬립 측정법

- 수화기법
- 직류 밀리볼트계법
- 스트로보스코프법

54 60[Hz], 600[rpm]의 동기 전동기에 직결된 기동용 유도 전동기의 극수는?

① 6

② 8

③ 10

④ 12

해설 동기 전동기의 극수 $P = \dfrac{120f}{N_s} = \dfrac{120\times60}{600} = 12$[극]

기동용 유도 전동기는 동기 속도보다 sN_s만큼 속도가 늦으므로 동기 전동기의 극수에서 2극 적은 10극을 사용해야 한다.

55 1상의 유도 기전력이 6,000[V]인 동기 발전기에서 1분간 회전수를 900[rpm]에서 1,800[rpm]으로 하면 유도 기전력은 약 몇 [V]인가?

① 6,000   ② 12,000

③ 24,000   ④ 36,000

해설 동기 발전기의 유도 기전력 $E = 4.44 f N \phi k_w [V]$

주파수 $f = \dfrac{P}{120} N_s [Hz]$

극수가 일정한 상태에서 속도를 2배 높이면 주파수가 2배 증가하고 기전력도 2배 상승한다.
유도 기전력 $E' = 2E = 2 \times 6,000 = 12,000 [V]$

56 3상 변압기를 병렬 운전하는 조건으로 틀린 것은?

① 각 변압기의 극성이 같을 것

② 각 변압기의 %임피던스 강하가 같을 것

③ 각 변압기의 1차 및 2차 정격 전압과 변압비가 같을 것

④ 각 변압기의 1차와 2차 선간 전압의 위상 변위가 다를 것

해설 3상 변압기의 병렬 운전 조건
• 각 변압기의 극성이 같을 것
• 1차, 2차 정격 전압과 변압비(권수비)가 같을 것
• %임피던스 강하가 같을 것
• 변압기의 저항과 리액턴스 비가 같을 것
• 상회전 방향과 위상 변위(각 변위)가 같을 것

57 직류 분권 전동기의 전압이 일정할 때 부하 토크가 2배로 증가하면 부하 전류는 약 몇 배가 되는가?

① 1   ② 2

③ 3   ④ 4

해설 직류 전동기의 토크 $T = \dfrac{PZ}{2\pi a} \phi I_a$ 에서 분권 전동기의 토크는 부하 전류에 비례하며 또한 부하 전류도 토크에 비례한다.

58 변압기유에 요구되는 특성으로 틀린 것은?

① 점도가 클 것

② 응고점이 낮을 것

③ 인화점이 높을 것

④ 절연 내력이 클 것

해설 변압기유(oil)의 구비 조건
• 절연 내력이 클 것
• 점도가 낮을 것
• 인화점이 높고, 응고점이 낮을 것
• 화학 작용과 침전물이 없을 것

59 다이오드를 사용한 정류 회로에서 다이오드를 여러 개 직렬로 연결하면 어떻게 되는가?

① 전력 공급의 증대

② 출력 전압의 맥동률을 감소

③ 다이오드를 과전류로부터 보호

④ 다이오드를 과전압으로부터 보호

해설 정류 회로에서 다이오드를 여러 개 직렬로 접속하면 다이오드를 과전압으로부터 보호하며, 여러 개 병렬로 접속하면 과전류로부터 보호한다.

60 직류 분권 전동기의 기동 시에 정격 전압을 공급하면 전기자 전류가 많이 흐르다가 회전 속도가 점점 증가함에 따라 전기자 전류가 감소하는 원인은?

① 전기자 반작용의 증가

② 전기자 권선의 저항 증가

③ 브러시의 접촉 저항 증가

④ 전동기의 역기전력 상승

해설 전기자 전류 $I_a = \dfrac{V - E}{R_a} [A]$

역기전력 $E = \dfrac{Z}{a} P \phi \dfrac{N}{60} [V]$ 이므로 기동 시에는 큰 전류가 흐르다가 속도가 증가함에 따라 역기전력 E 가 상승하여 전기자 전류는 감소한다.

정답 55.②   56.④   57.②   58.①   59.④   60.④

제4과목 **회로이론 및 제어공학**

61 블록 선도의 전달 함수 $\dfrac{C(s)}{R(s)}=10$과 같이 되기 위한 조건은?

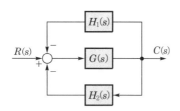

① $G(s)=\dfrac{1}{1-H_1(s)-H_2(s)}$

② $G(s)=\dfrac{10}{1-H_1(s)-H_2(s)}$

③ $G(s)=\dfrac{1}{1-10H_1(s)-10H_2(s)}$

④ $G(s)=\dfrac{10}{1-10H_1(s)-10H_2(s)}$

해설 $\dfrac{C(s)}{R(s)}=\dfrac{G(s)}{1+H_1(s)G(s)+H_2(s)G(s)}$

$\therefore\ 10=\dfrac{G(s)}{1+H_1(s)G(s)+H_2(s)G(s)}$

$10+10H_1(s)G(s)+10H_2(s)G(s)=G(s)$

$10=G(s)(1-10H_1(s)-10H_2(s))$

$\therefore\ G(s)=\dfrac{10}{1-10H_1(s)-10H_2(s)}$

62 그림의 제어 시스템이 안정하기 위한 K의 범위는?

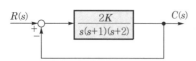

① $0<K<3$ ② $0<K<4$

③ $0<K<5$ ④ $0<K<6$

해설 특성 방정식 $1+G(s)H(s)=1+\dfrac{2K}{s(s+1)(s+2)}=0$

$s(s+1)(s+2)+2K=s^3+3s^2+2s+2K=0$

라우스의 표(행렬)

s^3	1	2
s^2	3	$2K$
s^1	$\dfrac{6-2K}{3}$	0
s^0	$2K$	

제1열의 부호 변화가 없어야 안정하므로

$\dfrac{6-2K}{3}>0,\ 2K>0$

$\therefore\ 0<K<3$

63 개루프 전달 함수가 다음과 같은 제어 시스템의 근궤적이 $j\omega$(허수)축과 교차할 때 K는 얼마인가?

$$G(s)H(s)=\dfrac{K}{s(s+3)(s+4)}$$

① 30

② 48

③ 84

④ 180

해설 특성 방정식 $1+G(s)H(s)=1+\dfrac{K}{s(s+3)(s+4)}=0$

$s(s+3)(s+4)+K=s^3+7s^2+12s+K=0$

라우스의 표

s^3	1	12
s^2	7	K
s^1	$\dfrac{84-K}{7}$	0
s^0	K	

K의 임계값은 s^1의 제1열 요소를 0으로 놓아 얻을 수 있다.

그러므로 $\dfrac{84-K}{7}=0$, $K=84$일 때 근궤적은 허수축과 만난다.

64 제어 요소의 표준 형식인 적분 요소에 대한 전달 함수는? (단, K는 상수이다.)

① Ks
② $\dfrac{K}{s}$

③ K
④ $\dfrac{K}{1+Ts}$

해설 $y(t) = K\displaystyle\int x(t)dt$

전달 함수 $G(s) = \dfrac{Y(s)}{X(s)} = \dfrac{K}{s}$

65 블록 선도의 제어 시스템은 단위 램프 입력에 대한 정상 상태 오차(정상 편차)가 0.01이다. 이 제어 시스템의 제어 요소인 $G_{C1}(s)$의 k는?

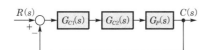

$$G_{C1}(s) = k, \quad G_{C2}(s) = \dfrac{1+0.1s}{1+0.2s}$$

$$G_P(s) = \dfrac{20}{s(s+1)(s+2)}$$

① 0.1
② 1
③ 10
④ 100

해설 정상 속도 편차 $e_{ssv} = \dfrac{1}{K_v}$

정상 속도 편차 상수
$K_v = \displaystyle\lim_{s \to 0} sG(s)H(s)$

$= \displaystyle\lim_{s \to 0} s\dfrac{20k(1+0.1s)}{s(1+0.2s)(s+1)(s+2)} = 10k$

∴ 정상 속도 편차 $e_{ssv} = \dfrac{1}{10k}$

∵ 정상 상태 오차가 0.01인 경우의 k의 값은

$0.01 = \dfrac{1}{10k}$

$k = 10$

66 그림과 같은 신호 흐름 선도에서 $\dfrac{C(s)}{R(s)}$는?

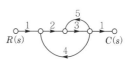

① $-\dfrac{6}{38}$
② $\dfrac{6}{38}$

③ $-\dfrac{6}{41}$
④ $\dfrac{6}{41}$

해설 전향 경로 $n = 1$

메이슨의 정리 $M(s) = \dfrac{G_1 \Delta_1}{\Delta}$

$G_1 = 1 \times 2 \times 3 \times 1 = 6$

$\Delta_1 = 1$

$\Delta = 1 - \sum L_{n1} = 1 - (L_{11} + L_{21})$

$\quad = 1 - (15 + 24) = -38$

∴ $M(s) = -\dfrac{6}{38}$

67 단위 계단 함수 $u(t)$를 z변환하면?

① $\dfrac{1}{z-1}$

② $\dfrac{z}{z-1}$

③ $\dfrac{1}{Tz-1}$

④ $\dfrac{Tz}{Tz-1}$

해설 $r(KT) = u(t) = 1$

$R(z) = \displaystyle\sum_{K=0}^{\infty} r(KT)z^{-K}$ (여기서, $K = 0, 1, 2, 3 \cdots$)

$= \displaystyle\sum_{K=0}^{\infty} 1z^{-K} = 1 + z^{-1} + z^{-2} + \cdots$

∴ $R(z) = \dfrac{1}{1-z^{-1}} = \dfrac{z}{z-1}$

68 그림의 논리 회로와 등가인 논리식은?

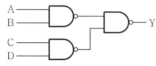

① $Y = A \cdot B \cdot C \cdot D$

② $Y = A \cdot B + C \cdot D$

③ $Y = \overline{A \cdot B} + \overline{C \cdot D}$

④ $Y = (\overline{A} + \overline{B}) \cdot (\overline{C} + \overline{D})$

해설 $Y = \overline{\overline{AB} \cdot \overline{CD}} = \overline{\overline{AB}} + \overline{\overline{CD}} = A \cdot B + C \cdot D$

69 다음과 같은 상태 방정식으로 표현되는 제어 시스템에 대한 특성 방정식의 근(s_1, s_2)은?

$$\begin{bmatrix} \dot{x_1} \\ \dot{x_2} \end{bmatrix} = \begin{bmatrix} 0 & -3 \\ 2 & -5 \end{bmatrix} \begin{bmatrix} x_1 \\ x_2 \end{bmatrix} + \begin{bmatrix} 1 \\ 0 \end{bmatrix} u$$

① 1, -3　　② -1, -2

③ -2, -3　　④ -1, -3

해설 특성 방정식 $|sI - A| = 0$

$\left| s\begin{bmatrix} 1 & 0 \\ 0 & 1 \end{bmatrix} - \begin{bmatrix} 0 & -3 \\ 2 & -5 \end{bmatrix} \right| = 0$

$\begin{vmatrix} s & 3 \\ -2 & s+5 \end{vmatrix} = 0$

$s(s+5) + 6 = 0$

$s^2 + 5s + 6 = 0$

$(s+2)(s+3) = 0$

$\therefore s = -2, -3$

70 주파수 전달 함수가 $G(j\omega) = \dfrac{1}{j100\omega}$인 제어 시스템에서 $\omega = 1.0$[rad/s]일 때의 이득 [dB]과 위상각[°]은 각각 얼마인가?

① 20[dB], 90°

② 40[dB], 90°

③ -20[dB], $-90°$

④ -40[dB], $-90°$

해설 $G(j\omega) = \dfrac{1}{j100\omega}$, $\omega = 1.0$[rad/s]일 때 $G(j\omega) = \dfrac{1}{j100}$

$|G(j\omega)| = \dfrac{1}{100} = 10^{-2}$

$\therefore$ 이득 $g = 20\log|G(j\omega)| = 20\log 10^{-2} = -40$[dB]

위상각 $\underline{/\theta} = \underline{/G(j\omega)} = \underline{\Big/ \dfrac{1}{j100}} = -90°$

71 그림과 같은 파형의 라플라스 변환은?

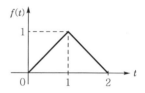

① $\dfrac{1}{s^2}(1 - 2e^s)$

② $\dfrac{1}{s^2}(1 - 2e^{-s})$

③ $\dfrac{1}{s^2}(1 - 2e^s + e^{2s})$

④ $\dfrac{1}{s^2}(1 - 2e^{-s} + e^{-2s})$

해설 구간 $0 \leq t \leq 1$에서 $f_1(t) = t$ 이고, 구간 $1 \leq t \leq 2$ 에서 $f_2(t) = 2 - t$ 이므로

$\mathcal{L}[f(t)] = \int_0^1 te^{-st}dt + \int_1^2 (2-t)e^{-st}dt$

$= \left[t \cdot \dfrac{e^{-st}}{-s} \right]_0^1 + \dfrac{1}{s}\int_0^1 e^{-st}dt$

$\quad + \left[(2-t)\dfrac{e^{-st}}{-s} \right]_1^2 - \dfrac{1}{s}\int_1^2 e^{-st}dt$

$= -\dfrac{e^{-s}}{s} - \dfrac{e^{-s}}{s^2} + \dfrac{1}{s^2} + \dfrac{e^{-s}}{s}$

$\quad + \dfrac{e^{-2s}}{s^2} - \dfrac{e^{-s}}{s^2}$

$= \dfrac{1}{s^2}(1 - 2e^{-s} + e^{-2s})$

정답 68.② 69.③ 70.④ 71.④

72 단위 길이당 인덕턴스 및 커패시턴스가 각각 L 및 C일 때 전송 선로의 특성 임피던스는? (단, 전송 선로는 무손실 선로이다.)

① $\sqrt{\dfrac{L}{C}}$ ② $\sqrt{\dfrac{C}{L}}$

③ $\dfrac{L}{C}$ ④ $\dfrac{C}{L}$

해설 특성 임피던스 $Z_0 = \sqrt{\dfrac{Z}{Y}} = \sqrt{\dfrac{R+j\omega L}{G+j\omega C}}\,[\Omega]$

무손실 선로 조건 $R=0,\ G=0$

$\therefore\ Z_0 = \sqrt{\dfrac{L}{C}}$

73 다음 전압 $v(t)$를 RL 직렬 회로에 인가했을 때 제3고조파 전류의 실효값[A]의 크기는? (단, $R=8[\Omega]$, $\omega L=2[\Omega]$, $v(t)=100\sqrt{2}\sin\omega t + 200\sqrt{2}\sin 3\omega t + 50\sqrt{2}\sin 5\omega t$ [V]이다.)

① 10 ② 14

③ 20 ④ 28

해설 제3고조파 전류의 실효값

$I_3 = \dfrac{V_3}{Z_3} = \dfrac{V_3}{\sqrt{R^2+(3\omega L)^2}}$

$= \dfrac{200}{\sqrt{8^2+(3\times 2)^2}} = 20[A]$

74 내부 임피던스가 $0.3+j2[\Omega]$인 발전기에 임피던스가 $1.1+j3[\Omega]$인 선로를 연결하여 어떤 부하에 전력을 공급하고 있다. 이 부하의 임피던스가 몇 [Ω]일 때 발전기로부터 부하로 전달되는 전력이 최대가 되는가?

① $1.4-j5$ ② $1.4+j5$

③ 1.4 ④ $j5$

해설 전원 내부 임피던스

$Z_s = Z_g + Z_L = (0.3+j2)+(1.1+j3) = 1.4+j5[\Omega]$

최대 전력 전달 조건

$Z_L = \overline{Z_s} = 1.4-j5[\Omega]$

75 회로에서 $t=0$초에 전압 $v_1(t)=e^{-4t}[V]$를 인가하였을 때 $v_2(t)$는 몇 [V]인가? (단, $R=2[\Omega]$, $L=1[H]$이다.)

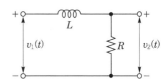

① $e^{-2t}-e^{-4t}$

② $2e^{-2t}-2e^{-4t}$

③ $-2e^{-2t}+2e^{-4t}$

④ $-2e^{-2t}-2e^{-4t}$

해설 전달 함수 $\dfrac{v_2(s)}{v_1(s)} = \dfrac{R}{R+Ls} = \dfrac{2}{s+2}$

$\therefore\ v_2(s) = \dfrac{2}{s+2}v_1(s) = \dfrac{2}{s+2}\cdot\dfrac{1}{s+4}$

$= \dfrac{2}{(s+2)(s+4)} = \dfrac{K_1}{s+2}+\dfrac{K_2}{s+4}$

유수 정리에 의해

$K_1 = \left.\dfrac{2}{s+4}\right|_{s=-2} = 1,\ K_2 = \left.\dfrac{2}{s+2}\right|_{s=-4} = -1$

$= \dfrac{1}{s+2}-\dfrac{1}{s+4}$

$\therefore\ v_2(t) = e^{-2t}-e^{-4t}$

76 동일한 저항 $R[\Omega]$ 6개를 그림과 같이 결선하고 대칭 3상 전압 $V[V]$를 가하였을 때 전류 $I[A]$의 크기는?

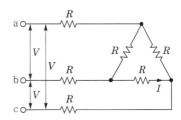

① $\dfrac{V}{R}$ ② $\dfrac{V}{2R}$

③ $\dfrac{V}{4R}$ ④ $\dfrac{V}{5R}$

해설 △ → Y로 등가 변환하면

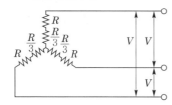

Y결선에서는 선전류(I_l)=상전류(I_p)

$$\therefore I_l = I_p = \frac{V_p}{Z} = \frac{\dfrac{V}{\sqrt{3}}}{R + \dfrac{R}{3}} = \frac{\sqrt{3}\,V}{4R}\,[\text{A}]$$

I는 △결선의 상전류이므로

$$\therefore I = \frac{I_l}{\sqrt{3}} = \frac{1}{\sqrt{3}}\frac{\sqrt{3}\,V}{4R} = \frac{V}{4R}\,[\text{A}]$$

77 각 상의 전류가 $i_a(t) = 90\sin\omega t\,[\text{A}]$, $i_b(t) = 90\sin(\omega t - 90°)\,[\text{A}]$, $i_c(t) = 90\sin(\omega t + 90°)\,[\text{A}]$일 때 영상분 전류[A]의 순시치는?

① $30\cos\omega t$

② $30\sin\omega t$

③ $90\sin\omega t$

④ $90\cos\omega t$

해설 영상 전류

$$I_0 = \frac{1}{3}(i_a + i_b + i_c)$$
$$= \frac{1}{3}\{90\sin\omega t + 90\sin(\omega t - 90°) + 90\sin(\omega t + 90°)\}$$
$$= \frac{1}{3}\{90\sin\omega t - 90\cos\omega t + 90\cos\omega t\}$$
$$= 30\sin\omega t$$

78 어떤 선형 회로망의 4단자 정수가 $A = 8$, $B = j2$, $D = 1.625 + j$일 때, 이 회로망의 4단자 정수 C는?

① $24 - j14$ ② $8 - j11.5$

③ $4 - j6$ ④ $3 - j4$

해설 4단자 정수의 성질 $AD - BC = 1$

$$C = \frac{AD - 1}{B}$$
$$= \frac{8(1.625 + j) - 1}{j2}$$
$$= 4 - j6$$

79 평형 3상 부하에 선간 전압의 크기가 200[V]인 평형 3상 전압을 인가했을 때 흐르는 선전류의 크기가 8.6[A]이고 무효 전력이 1,298[Var]이었다. 이때 이 부하의 역률은 약 얼마인가?

① 0.6   ② 0.7

③ 0.8   ④ 0.9

해설
• 피상 전력 : $P_a = \sqrt{3}\,VI = \sqrt{3}\times 200 \times 8.6$
  $\fallingdotseq 2,979\,[\text{VA}]$
• 무효 전력 : $P_r = 1,298\,[\text{Var}]$
• 유효 전력 : $P = \sqrt{P_a{}^2 - P_r{}^2}$
  $= \sqrt{(2,979)^2 - (1,298)^2}$
  $= 2681.3\,[\text{W}]$
$\therefore$ 역률 $\cos\theta = \dfrac{P}{P_a} = \dfrac{2681.3}{2,979} = 0.9$

80 어떤 회로에서 $t = 0$초에 스위치를 닫은 후 $i = 2t + 3t^2\,[\text{A}]$의 전류가 흘렀다. 30초까지 스위치를 통과한 총 전기량[Ah]은?

① 4.25   ② 6.75

③ 7.75   ④ 8.25

해설 총 전기량 $Q = \displaystyle\int_0^t i\,dt\,[\text{As} = \text{C}]$

$$= \int_0^{30}(2t + 3t^2)dt = \left[t^2 + t^3\right]_0^{30}$$
$$= 27,900\,[\text{As}]$$

1시간은 60분, 1분은 60초이므로
1[Ah] = 1×60×60 = 3,600[As]

$\therefore Q = \dfrac{27,900}{3,600} = 7.75\,[\text{Ah}]$

제5과목 전기설비기술기준

81 뱅크 용량이 몇 [kVA] 이상인 조상기(무효전력 보상장치)에는 그 내부에 고장이 생긴 경우에 자동적으로 이를 전로로부터 차단하는 보호 장치를 하여야 하는가?

① 10,000 　　　　② 15,000
③ 20,000 　　　　④ 25,000

해설 조상 설비의 보호 장치(한국전기설비규정 351.5)

설비 종별	뱅크 용량	자동차단
전력용 커패시터 및 분로 리액터	500[kVA] 초과 15,000[kVA] 미만	• 내부 고장 • 과전류
	15,000[kVA] 이상	• 내부 고장 • 과전류 • 과전압
조상기 (무효전력 보상장치)	15,000[kVA] 이상	• 내부 고장

82 시가지에 시설하는 154[kV] 가공 전선로를 도로와 제1차 접근 상태로 시설하는 경우, 전선과 도로와의 이격 거리(간격)는 몇 [m] 이상이어야 하는가?

① 4.4 　　　　② 4.8
③ 5.2 　　　　④ 5.6

해설 특고압 가공 전선과 도로 등의 접근 또는 교차(한국전기설비규정 333.24)

35[kV]를 초과하는 경우 3[m]에 10[kV] 단수마다 15[cm]를 가산하므로 10[kV] 단수는 $(154-35)\div10$ $=11.9=12$

∴ $3+(0.15\times12) = 4.8$[m]

83 가공 전선로의 지지물로 볼 수 없는 것은?

① 철주 　　　　② 지선(지지선)
③ 철탑 　　　　④ 철근 콘크리트주

해설 정의(전기설비기술기준 제3조)

"지지물"이란 목주·철주·철근 콘크리트주 및 철탑과 이와 유사한 시설물로서 전선·약전류 전선 또는 광섬유 케이블을 지지하는 것을 주된 목적으로 하는 것을 말한다.

84 전주외등의 시설 시 사용하는 공사 방법으로 틀린 것은?

① 애자 공사
② 케이블 공사
③ 금속관 공사
④ 합성 수지관 공사

해설 전주외등 배선(한국전기설비규정 234.10.3)

배선은 단면적 2.5[mm²] 이상의 절연 전선 시설
• 케이블 공사
• 합성 수지관 공사
• 금속관 공사

85 점멸기의 시설에서 센서등(타임 스위치 포함)을 시설하여야 하는 곳은?

① 공장 　　　　② 상점
③ 사무실 　　　　④ 아파트 현관

해설 점멸기의 시설(한국전기설비규정 234.6)

센서등(타임 스위치 포함) 시설
• 「관광진흥법」과 「공중위생관리법」에 의한 관광 숙박업 또는 숙박업(여인숙업은 제외)에 이용되는 객실의 입구등은 1분 이내에 소등되는 것
• 일반 주택 및 아파트 각 호실의 현관등은 3분 이내에 소등되는 것

86 최대 사용 전압이 1차 22,000[V], 2차 6,600[V]의 권선으로 중성점 비접지식 전로에 접속하는 변압기의 특고압측 절연 내력 시험 전압은?

① 24,000[V] 　　　　② 27,500[V]
③ 33,000[V] 　　　　④ 44,000[V]

해설 변압기 전로의 절연 내력(한국전기설비규정 135)

변압기 특고압측이므로 $22,000\times1.25=27,500$[V]

 정답 81.② 82.② 83.② 84.① 85.④ 86.②

87 순시 조건($t \leq 0.5$초)에서 교류 전기 철도 급전 시스템에서의 레일 전위의 최대 허용 접촉 전압(실효값)으로 옳은 것은?

① 60[V]
② 65[V]
③ 440[V]
④ 670[V]

➡해설 레일 전위의 위험에 대한 보호(한국전기설비규정 461.2)

▌교류 전기 철도 급전 시스템의 최대 허용 접촉 전압▐

시간 조건	최대 허용 접촉 전압(실효값)
순시 조건($t \leq 0.5$초)	670[V]
일시적 조건(0.5초$< t \leq 300$초)	65[V]
영구적 조건($t > 300$초)	60[V]

88 전기 저장 장치에 자동으로 전로로부터 차단하는 장치를 시설하여야 하는 경우로 틀린 것은?

① 과저항이 발생한 경우
② 과전압이 발생한 경우
③ 제어 장치에 이상이 발생한 경우
④ 이차 전지 모듈의 내부 온도가 상승할 경우

➡해설 제어 및 보호 장치(한국전기설비규정 511.2.7)
전기 저장 장치의 자동 차단 장치
• 과전압, 저전압, 과전류가 발생한 경우
• 제어 장치에 이상이 발생한 경우
• 이차 전지 모듈의 내부 온도가 상승할 경우

89 이동형의 용접 전극을 사용하는 아크 용접 장치의 시설 기준으로 틀린 것은?

① 용접 변압기는 절연 변압기일 것
② 용접 변압기의 1차측 전로의 대지 전압은 300[V] 이하일 것
③ 용접 변압기의 2차측 전로에는 용접 변압기에 가까운 곳에 쉽게 개폐할 수 있는 개폐기를 시설할 것

④ 용접 변압기의 2차측 전로 중 용접 변압기로부터 용접 전극에 이르는 부분의 전로는 용접 시 흐르는 전류를 안전하게 통할 수 있는 것일 것

➡해설 아크 용접기(한국전기설비규정 241.10)
• 용접 변압기는 절연 변압기일 것
• 용접 변압기 1차측 전로의 대지 전압 300[V] 이하
• 용접 변압기 1차측 전로에는 용접 변압기에 가까운 곳에 쉽게 개폐할 수 있는 개폐기를 시설
• 2차측 전로 중 용접 변압기로부터 용접 전극에 이르는 부분
  – 용접용 케이블 또는 캡타이어 케이블일 것
  – 전로는 용접 시 흐르는 전류를 안전하게 통할 수 있는 것
  – 전선에는 적당한 방호 장치를 할 것

90 귀선로에 대한 설명으로 틀린 것은?

① 나전선을 적용하여 가공식으로 가설을 원칙으로 한다.
② 사고 및 지락 시에도 충분한 허용 전류 용량을 갖도록 하여야 한다.
③ 비절연 보호 도체, 매설 접지 도체, 레일 등으로 구성하여 단권 변압기 중성점과 공통 접지에 접속한다.
④ 비절연 보호 도체의 위치는 통신 유도 장해 및 레일 전위의 상승의 경감을 고려하여 결정하여야 한다.

➡해설 귀선로(한국전기설비규정 431.5)
• 귀선로는 비절연 보호 도체, 매설 접지 도체, 레일 등으로 구성하여 단권 변압기 중성점과 공통 접지에 접속한다.
• 비절연 보호 도체의 위치는 통신 유도 장해 및 레일 전위의 상승의 경감을 고려하여 결정하여야 한다.
• 귀선로는 사고 및 지락 시에도 충분한 허용 전류 용량을 갖도록 하여야 한다.

➡정답 87.④ 88.① 89.③ 90.①

91 단면적 55[mm²]인 경동 연선을 사용하는 특고압 가공 전선로의 지지물로 장력에 견디는 형태의 B종 철근 콘크리트주를 사용하는 경우, 허용 최대 경간(지지물 간 거리)은 몇 [m]인가?

① 150 ② 250
③ 300 ④ 500

해설 특고압 가공 전선로의 경간(지지물 간 거리) 제한 (한국전기설비규정 333.21)

특고압 가공 전선로의 전선에 인장 강도 21.67[kN] 이상의 것 또는 단면적이 50[mm²] 이상인 경동 연선을 사용하는 경우로서 그 지지물을 다음에 따라 시설할 때에는 목주·A종은 300[m] 이하, B종은 500[m] 이하이어야 한다.

92 저압 옥상 전선로의 시설 기준으로 틀린 것은?

① 전개된 장소에 위험의 우려가 없도록 시설할 것
② 전선은 지름 2.6[mm] 이상의 경동선을 사용할 것
③ 전선은 절연 전선(옥외용 비닐 절연 전선은 제외)을 사용할 것
④ 전선은 상시 부는 바람 등에 의하여 식물에 접촉하지 아니하도록 시설하여야 한다.

해설 옥상 전선로(한국전기설비규정 221.3)
• 전선은 인장 강도 2.30[kN] 이상의 것 또는 지름 2.6[mm] 이상의 경동선을 사용할 것
• 전선은 절연 전선(옥외용 비닐 절연 전선 포함)을 사용할 것
• 전선은 조영재에 견고하게 붙인 지지기둥 또는 지지대에 절연성·난연성 및 내수성이 있는 애자를 사용하여 지지하고 또한 그 지지점 간의 거리는 15[m] 이하일 것
• 전선과 그 저압 옥상 전선로를 시설하는 조영재와의 이격 거리(간격)는 2[m](전선이 고압 절연 전선, 특고압 절연 전선 또는 케이블인 경우에는 1[m]) 이상일 것
• 저압 옥상 전선로의 전선은 상시 부는 바람 등에 의하여 식물에 접촉하지 아니하도록 시설하여야 한다.

93 저압 옥측 전선로에서 목조의 조영물에 시설할 수 있는 공사 방법은?

① 금속관 공사
② 버스 덕트 공사
③ 합성 수지관 공사
④ 케이블 공사(무기물 절연(MI) 케이블을 사용하는 경우)

해설 옥측 전선로(한국전기설비규정 221.2)
저압 옥측 전선로 공사 방법
• 애자 공사(전개된 장소에 한한다)
• 합성 수지관 공사
• 금속관 공사(목조 이외의 조영물에 시설하는 경우에 한한다)
• 버스 덕트 공사[목조 이외의 조영물(점검할 수 없는 은폐된 장소는 제외한다)에 시설하는 경우에 한한다]
• 케이블 공사(연피 케이블, 알루미늄피 케이블 또는 무기물 절연(MI) 케이블을 사용하는 경우에는 목조 이외의 조영물에 시설하는 경우에 한한다)

94 특고압 가공 전선로에서 발생하는 극저주파 전계는 지표상 1[m]에서 몇 [kV/m] 이하이어야 하는가?

① 2.0
② 2.5
③ 3.0
④ 3.5

해설 유도 장해 방지(전기설비기술기준 제17조)
교류 특고압 가공 전선로에서 발생하는 극저주파 전자계는 지표상 1[m]에서 전계가 3.5[kV/m] 이하, 자계가 83.3[μT] 이하가 되도록 시설하고, 직류 특고압 가공 전선로에서 발생하는 직류 전계는 지표면에서 25[kV/m] 이하, 직류 자계는 지표상 1[m]에서 400,000[μT] 이하가 되도록 시설하는 등 상시 정전 유도 및 전자 유도 작용에 의하여 사람에게 위험을 줄 우려가 없도록 시설하여야 한다.

정답 91.④ 92.③ 93.③ 94.④

95 케이블 트레이 공사에 사용할 수 없는 케이블은?

① 연피 케이블
② 난연성 케이블
③ 캡타이어 케이블
④ 알루미늄피 케이블

해설 케이블 트레이 공사(한국전기설비규정 232.41)
전선은 연피 케이블, 알루미늄피 케이블 등 난연성 케이블 또는 기타 케이블(적당한 간격으로 연소 방지 조치를 하여야 한다) 또는 금속관 혹은 합성 수지관 등에 넣은 절연 전선을 사용하여야 한다.

96 농사용 저압 가공 전선로의 지지점 간 거리는 몇 [m] 이하이어야 하는가?

① 30
② 50
③ 60
④ 100

해설 농사용 저압 가공 전선로의 시설(한국전기설비규정 222.22)
· 사용 전압이 저압일 것
· 전선은 인장 강도 1.38[kN] 이상, 지름 2[mm] 이상 경동선
· 지표상 3.5[m] 이상(사람이 쉽게 출입하지 않으면 3[m])
· 경간(지지점 간 거리)은 30[m] 이하

97 변전소에 울타리·담 등을 시설할 때, 사용 전압이 345[kV]이면 울타리·담 등의 높이와 울타리·담 등으로부터 충전 부분까지의 거리의 합계는 몇 [m] 이상으로 하여야 하는가?

① 8.16
② 8.28
③ 8.40
④ 9.72

해설 발전소 등의 울타리·담 등의 시설(한국전기설비규정 351.1)
160[kV]를 넘는 10[kV] 단수는 $(345-160)\div10$ $=18.5$이므로 19이다.
그러므로 울타리까지의 거리와 높이의 합계는 다음과 같다.
$6+0.12\times19=8.28$[m]

98 전력 보안 가공 통신선을 횡단 보도교 위에 시설하는 경우 그 노면상 높이는 몇 [m] 이상인가? (단, 가공 전선로의 지지물에 시설하는 통신선 또는 이에 직접 접속하는 가공 통신선은 제외한다.)

① 3
② 4
③ 5
④ 6

해설 전력 보안 통신선의 시설 높이와 이격 거리(간격)(한국전기설비규정 362.2)
전력 보안 가공 통신선의 높이
· 도로 위에 시설 : 지표상 5[m](교통에 지장이 없는 경우 4.5[m])
· 철도 횡단 : 레일면상 6.5[m]
· 횡단 보도교 : 노면상 3[m]

99 큰 고장 전류가 구리 소재의 접지 도체를 통하여 흐르지 않을 경우 접지 도체의 최소 단면적은 몇 [mm²] 이상이어야 하는가? (단, 접지 도체에 피뢰 시스템이 접속되지 않는 경우이다.)

① 0.75
② 2.5
③ 6
④ 16

해설 접지 도체(한국전기설비규정 142.3.1)
· 접지 도체의 단면적은 142.3.2(보호 도체)의 1에 의하며 큰 고장 전류가 접지 도체를 통하여 흐르지 않을 경우 접지 도체의 최소 단면적은 구리 6[mm²] 이상, 철제 50[mm²] 이상
· 접지 도체에 피뢰 시스템이 접속되는 경우 접지 도체의 단면적은 구리 16[mm²], 철 50[mm²] 이상

정답 95.③ 96.① 97.② 98.① 99.③

100 사용 전압이 15[kV] 초과 25[kV] 이하인 특고압 가공 전선로가 상호 간 접근 또는 교차하는 경우 사용 전선이 양쪽 모두 나전선이라면 이격 거리(간격)는 몇 [m] 이상이어야 하는가? (단, 중성선 다중 접지 방식의 것으로서 전로에 지락이 생겼을 때에 2초 이내에 자동적으로 이를 전로로부터 차단하는 장치가 되어 있다.)

① 1.0 ② 1.2
③ 1.5 ④ 1.75

해설 25[kV] 이하인 특고압 가공 전선로의 시설(한국전기설비규정 333.32)

‖ 15[kV] 초과 25[kV] 이하 특고압 가공 전선로 간격 ‖

사용 전선의 종류	이격 거리(간격)
어느 한쪽 또는 양쪽이 나전선인 경우	1.5[m]
양쪽이 특고압 절연 전선인 경우	1.0[m]
한쪽이 케이블이고 다른 한쪽이 케이블이거나 특고압 절연 전선인 경우	0.5[m]

정답 100.③

제1과목　전기자기학

01 면적이 0.02[m²], 간격이 0.03[m]이고, 공기로 채워진 평행 평판의 커패시터에 1.0×10^{-6}[C]의 전하를 충전시킬 때, 두 판 사이에 작용하는 힘의 크기는 약 몇 [N]인가?

① 1.13　　　　　② 1.41
③ 1.89　　　　　④ 2.83

해설

힘 $F = f \cdot s = \dfrac{\sigma^2}{2\varepsilon_0} \cdot s = \dfrac{\left(\dfrac{Q}{s}\right)^2}{2\varepsilon_0} \cdot s = \dfrac{Q^2}{2\varepsilon_0 s}$

$= \dfrac{(1 \times 10^{-6})^2}{2 \times 8.855 \times 10^{-12} \times 0.02} = 2.83[\text{N}]$

02 자극의 세기가 7.4×10^{-5}[Wb], 길이가 10[cm]인 막대 자석이 100[AT/m]의 평등 자계 내에 자계의 방향과 30°로 놓여 있을 때 이 자석에 작용하는 회전력[N·m]은?

① 2.5×10^{-3}　　　② 3.7×10^{-4}
③ 5.3×10^{-5}　　　④ 6.2×10^{-6}

해설 토크 $T = mHl\sin\theta$

$= 7.4 \times 10^{-5} \times 100 \times 0.1 \times \dfrac{1}{2}$

$= 3.7 \times 10^{-4}[\text{N·m}]$

03 유전율이 $\varepsilon = 2\varepsilon_0$이고 투자율이 μ_0인 비도전성 유전체에서 전자파의 전계의 세기가 $E(z, t) = 120\pi\cos(10^9 t - \beta z)\hat{y}$ [V/m]일 때, 자계의 세기 H[A/m]는? (단, $\hat{x}$, $\hat{y}$는 단위 벡터이다.)

① $-\sqrt{2}\cos(10^9 t - \beta z)\hat{x}$
② $\sqrt{2}\cos(10^9 t - \beta z)\hat{x}$
③ $-2\cos(10^9 t - \beta z)\hat{x}$
④ $2\cos(10^9 t - \beta z)\hat{x}$

해설 고유 임피던스

$\eta = \dfrac{E}{H} = \sqrt{\dfrac{\mu_0}{\varepsilon_0}}\sqrt{\dfrac{\mu_s}{\varepsilon_s}} = 120\pi \cdot \dfrac{1}{\sqrt{2}}[\Omega]$

전계는 y축이고 진행 방향은 z축이므로 자계의 방향은 $-x$축 방향이 된다.

$H_x = -\dfrac{\sqrt{2}}{120\pi}E_y\hat{x}$

$= -\sqrt{2} \cdot \cos(10^9 t - \beta z)\hat{x}$ [A/m]

04 자기 회로에서 전기 회로의 도전율 σ[℧/m]에 대응되는 것은?

① 자속　　　　　② 기자력
③ 투자율　　　　④ 자기 저항

해설 자기 저항 $R_m = \dfrac{l}{\mu S}$, 전기 저항 $R = \dfrac{l}{\sigma A}$이므로 전기 회로의 도전율 σ[℧/m]는 자기 회로의 투자율 μ[H/m]에 대응된다.

05 단면적이 균일한 환상 철심에 권수 1,000회인 A 코일과 권수 N_B회인 B 코일이 감겨져 있다. A 코일의 자기 인덕턴스가 100[mH]이고, 두 코일 사이의 상호 인덕턴스가 20[mH]이고, 결합 계수가 1일 때, B 코일의 권수 (N_B)는 몇 회인가?

① 100　　　　　② 200
③ 300　　　　　④ 400

해설 상호 인덕턴스 $M = \frac{\mu N_A N_B \cdot S}{l} = L_A \frac{N_B}{N_A}$ 에서

$$N_B = \frac{M}{L_A} N_A = \frac{20}{100} \times 1,000 = 200회$$

06 공기 중에서 1[V/m]의 전계의 세기에 의한 변위 전류 밀도의 크기를 2[A/m²]으로 흐르게 하려면 전계의 주파수는 몇 [MHz]가 되어야 하는가?

① 9,000   ② 18,000

③ 36,000   ④ 72,000

해설 변위 전류 밀도 $i_d = \frac{\partial D}{\partial t} = \varepsilon_0 \frac{\partial E}{\partial t}$

$$= \omega \varepsilon_0 E_0 \sin \omega t \,[\text{A/m}^2]$$

주파수 $f = \frac{i_d}{2\pi \varepsilon_0 E} = \frac{2}{2\pi \times 8.855 \times 10^{-12} \times 1}$

$$= 35.947 \times 10^6 \,[\text{Hz}]$$

$$\fallingdotseq 36,000 \,[\text{MHz}]$$

07 내부 원통 도체의 반지름이 a[m], 외부 원통 도체의 반지름이 b[m]인 동축 원통 도체에서 내외 도체 간 물질의 도전율이 σ[℧/m]일 때 내외 도체 간의 단위 길이당 컨덕턴스 [℧/m]는?

① $\dfrac{2\pi\sigma}{\ln\dfrac{b}{a}}$ ② $\dfrac{2\pi\sigma}{\ln\dfrac{a}{b}}$

③ $\dfrac{4\pi\sigma}{\ln\dfrac{b}{a}}$ ④ $\dfrac{4\pi\sigma}{\ln\dfrac{a}{b}}$

해설 동축 원통 도체의 단위 길이당 정전 용량

$$C = \frac{2\pi\varepsilon}{\ln\dfrac{b}{a}} \,[\text{F/m}]$$

저항 $R = \dfrac{\rho\varepsilon}{C} = \dfrac{\varepsilon}{\sigma C} \,[\Omega]$

컨덕턴스 $G = \dfrac{1}{R} = \dfrac{\sigma}{\varepsilon} C = \dfrac{\sigma}{\varepsilon} \cdot \dfrac{2\pi\varepsilon}{\ln\dfrac{b}{a}} = \dfrac{2\pi\sigma}{\ln\dfrac{b}{a}} \,[\text{℧/m}]$

08 z축 상에 놓인 길이가 긴 직선 도체에 10[A]의 전류가 $+z$ 방향으로 흐르고 있다. 이 도체 주위의 자속 밀도가 $3\hat{x} - 4\hat{y}$[Wb/m²]일 때 도체가 받는 단위 길이당 힘[N/m]은? (단, $\hat{x}$, $\hat{y}$는 단위 벡터이다.)

① $-40\hat{x} + 30\hat{y}$

② $-30\hat{x} + 40\hat{y}$

③ $30\hat{x} + 40\hat{y}$

④ $40\hat{x} + 30\hat{y}$

해설 힘 $\vec{F} = (\vec{I} \times \vec{B})l$ [N]

단위 길이당 힘

$$\vec{f} = \vec{I} \times \vec{B} = \begin{vmatrix} \hat{x} & \hat{y} & \hat{z} \\ 0 & 0 & 10 \\ 3 & -4 & 0 \end{vmatrix}$$

$$= \hat{x}(0+40) + \hat{y}(30-0) + \hat{z}(0-0)$$

$$= 40\hat{x} + 30\hat{y} \,[\text{N/m}]$$

09 진공 중 한 변의 길이가 0.1[m]인 정삼각형의 3정점 A, B, C에 각각 2.0×10^{-6}[C]의 점전하가 있을 때, 점 A의 전하에 작용하는 힘은 몇 [N]인가?

① $1.8\sqrt{2}$ ② $1.8\sqrt{3}$

③ $3.6\sqrt{2}$ ④ $3.6\sqrt{3}$

해설

$$F_{BA} = F_{CA} = \frac{1}{4\pi\varepsilon_0} \cdot \frac{Q_1 Q_2}{r^2}$$

$$= 9 \times 10^9 \cdot \frac{(2.0 \times 10^{-6})^2}{(0.1)^2} = 3.6 \,[\text{N}]$$

$$F = 2F_{BA} \cdot \cos 30° = 2 \times 3.6 \times \frac{\sqrt{3}}{2} = 3.6\sqrt{3} \,[\text{N}]$$

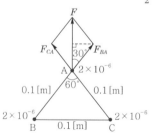

10 투자율이 μ[H/m], 자계의 세기가 H[AT/m], 자속 밀도가 B[Wb/m²]인 곳에서의 자계 에너지 밀도[J/m³]는?

① $\dfrac{B^2}{2\mu}$ ② $\dfrac{H^2}{2\mu}$

③ $\dfrac{1}{2}\mu H$ ④ BH

해설 자계 중의 축적 에너지 W_H[J]

$$W_H = W_L = \frac{1}{2}\phi I = \frac{1}{2}B \cdot SHl = \frac{1}{2}BHV[\text{J}]$$

자계 에너지 밀도 $w_H = \dfrac{W_H}{V} = \dfrac{1}{2}BH = \dfrac{B^2}{2\mu}$ [J/m³]

11 진공 내 전위 함수가 $V = x^2 + y^2$[V]로 주어졌을 때, $0 \le x \le 1$, $0 \le y \le 1$, $0 \le z \le 1$인 공간에 저장되는 정전 에너지[J]는?

① $\dfrac{4}{3}\varepsilon_0$ ② $\dfrac{2}{3}\varepsilon_0$

③ $4\varepsilon_0$ ④ $2\varepsilon_0$

해설 $W = \displaystyle\int_v \frac{1}{2}\varepsilon_0 E^2 dv$

전계의 세기
$$E = -\text{grad}\,V = -\nabla \cdot V$$
$$= -\left(i\frac{\partial}{\partial x} + j\frac{\partial}{\partial y} + k\frac{\partial}{\partial z}\right) \cdot (x^2 + y^2)$$
$$= -i2x - j2y$$

$\therefore W = \dfrac{1}{2}\varepsilon_0 \displaystyle\int_0^1\int_0^1\int_0^1 (-i2x - j2y)^2 dxdydz$

$\quad = \dfrac{1}{2}\varepsilon_0 \displaystyle\int_0^1\int_0^1\int_0^1 (4x^2 + 4y^2) dxdydz$

$\quad = \dfrac{1}{2}\varepsilon_0 \displaystyle\int_0^1\int_0^1 \left[\dfrac{4}{3}x^3 + 4y^2 x\right]_0^1 dydz$

$\quad = \dfrac{1}{2}\varepsilon_0 \displaystyle\int_0^1 \left[\dfrac{4}{3}y + \dfrac{4}{3}y^3\right]_0^1 dz$

$\quad = \dfrac{1}{2}\varepsilon_0 \displaystyle\int_0^1 \left[\dfrac{8}{3}z\right]_0^1 dz$

$\quad = \dfrac{1}{2}\varepsilon_0 \left[\dfrac{8}{3}z\right]_0^1$

$\quad = \dfrac{4}{3}\varepsilon_0$

12 전계가 유리에서 공기로 입사할 때 입사각 θ_1과 굴절각 θ_2의 관계와 유리에서의 전계 E_1과 공기에서의 전계 E_2의 관계는?

① $\theta_1 > \theta_2$, $E_1 > E_2$

② $\theta_1 < \theta_2$, $E_1 > E_2$

③ $\theta_1 > \theta_2$, $E_1 < E_2$

④ $\theta_1 < \theta_2$, $E_1 < E_2$

해설 유리의 유전율 $\varepsilon_1 = \varepsilon_0\varepsilon_s$ $(\varepsilon_s > 1)$
공기의 유전율
$\varepsilon_2 = \varepsilon_0$ (공기의 비유전율 $\varepsilon_s = 1.000586 ≒ 1$)
$\varepsilon_1 > \varepsilon_2$이므로 유전체의 경계면 조건에서
$\varepsilon_1 > \varepsilon_2$이면 $\theta_1 > \theta_2$이며, 전계는 경계면에서 수평 성분이 서로 같으므로 $E_1 \sin\theta_1 = E_2 \sin\theta_2$이다.
$\therefore \varepsilon_1 > \varepsilon_2$이면 $\theta_1 > \theta_2$이고, $E_1 < E_2$이다.

13 진공 중 4[m] 간격으로 평행한 두 개의 무한 평판 도체에 각각 +4[C/m²], -4[C/m²]의 전하를 주었을 때, 두 도체 간의 전위차는 약 몇 [V]인가?

① 1.36×10^{11} ② 1.36×10^{12}

③ 1.8×10^{11} ④ 1.8×10^{12}

해설 전위차 $V = Ed = \dfrac{\sigma}{\varepsilon_0}d$

$\qquad\qquad = \dfrac{4}{8.855 \times 10^{-12}} \times 4 = 1.8 \times 10^{12}$[V]

14 인덕턴스(H)의 단위를 나타낸 것으로 틀린 것은?

① $[\Omega \cdot s]$ ② $[\text{Wb/A}]$

③ $[\text{J/A}^2]$ ④ $[\text{N/(A} \cdot \text{m)}]$

해설 자속 $\phi = LI[\text{Wb} = \text{V} \cdot \text{s}]$

인덕턴스 $L = \dfrac{\phi}{I}$[H]

$[\text{H}] = \left[\dfrac{\text{Wb}}{\text{A}}\right] = \left[\dfrac{\text{V} \cdot \text{s}}{\text{A}}\right] = [\Omega \cdot \text{s}] = \left[\dfrac{\text{VAs}}{\text{A}^2}\right] = \left[\dfrac{\text{J}}{\text{A}^2}\right]$

15 진공 중 반지름이 a[m]인 무한 길이의 원통 도체 2개가 간격 d[m]로 평행하게 배치되어 있다. 두 도체 사이의 정전 용량(C)을 나타낸 것으로 옳은 것은?

① $\pi\varepsilon_0 \ln\dfrac{d-a}{a}$

② $\dfrac{\pi\varepsilon_0}{\ln\dfrac{d-a}{a}}$

③ $\pi\varepsilon_0 \ln\dfrac{a}{d-a}$

④ $\dfrac{\pi\varepsilon_0}{\ln\dfrac{a}{d-a}}$

해설 평행 도체 사이의 전위차 V[V]

$$V = -\int_{d-a}^{a} E dx = \frac{\lambda}{\pi\varepsilon_0}\ln\frac{d-a}{a}\text{[V]}$$

정전 용량 $C = \dfrac{Q}{V} = \dfrac{\lambda l}{\dfrac{\lambda}{\pi\varepsilon_0}\ln\dfrac{d-a}{a}} = \dfrac{\pi\varepsilon_0 l}{\ln\dfrac{d-a}{a}}$[F]

단위 길이에 대한 정전 용량 C[F/m]

$$C = \frac{\pi\varepsilon_0}{\ln\dfrac{d-a}{a}}\text{[F/m]}$$

16 진공 중에 4[m]의 간격으로 놓여진 평행 도선에 같은 크기의 왕복전류가 흐를 때 단위 길이당 2.0×10^{-7}[N]의 힘이 작용하였다. 이때 평행 도선에 흐르는 전류는 몇 [A]인가?

① 1   ② 2
③ 4   ④ 8

해설 평행 도체 사이에 단위 길이당 작용하는 힘

$$F = \frac{2I^2}{d}\times10^{-7}\text{[N/m]}$$

전류 $I = \sqrt{\dfrac{F\cdot d}{2\times10^{-7}}} = \sqrt{\dfrac{2\times10^{-7}\times4}{2\times10^{-7}}} = 2\text{[A]}$

17 평행 극판 사이 간격이 d[m]이고 정전 용량이 $0.3[\mu F]$인 공기 커패시터가 있다. 그림과 같이 두 극판 사이에 비유전율이 5인 유전체를 절반 두께 만큼 넣었을 때 이 커패시터의 정전 용량은 몇 [μF]이 되는가?

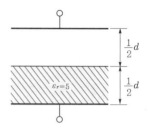

① 0.01   ② 0.05
③ 0.1   ④ 0.5

해설 유전체를 절반만 평행하게 채운 경우

정전 용량 : $C = \dfrac{2C_0}{1+\dfrac{1}{\varepsilon_r}} = \dfrac{2\times0.3}{1+\dfrac{1}{5}} = 0.5[\mu F]$

18 반지름이 a[m]인 접지된 구도체와 구도체의 중심에서 거리 d[m] 떨어진 곳에 점전하가 존재할 때, 점전하에 의한 접지된 구도체에서의 영상 전하에 대한 설명으로 틀린 것은?

① 영상 전하는 구도체 내부에 존재한다.

② 영상 전하는 점전하와 구도체 중심을 이은 직선상에 존재한다.

③ 영상 전하의 전하량과 점전하의 전하량은 크기는 같고 부호는 반대이다.

④ 영상 전하의 위치는 구도체의 중심과 점전하 사이 거리(d[m])와 구도체의 반지름(a[m])에 의해 결정된다.

정답 15.② 16.② 17.④ 18.③

해설 구도체의 영상 전하는 점전하와 구도체 중심을 이은 직선상의 구도체 내부에 존재하며

영상 전하 $Q' = -\dfrac{a}{d}Q[\mathrm{C}]$

위치는 구도체 중심에서 $x = \dfrac{a^2}{d}[\mathrm{m}]$에 존재한다.

19 평등 전계 중에 유전체 구에 의한 전계 분포가 그림과 같이 되었을 때 ε_1과 ε_2의 크기 관계는?

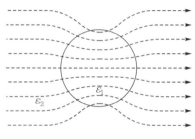

① $\varepsilon_1 > \varepsilon_2$ ② $\varepsilon_1 < \varepsilon_2$

③ $\varepsilon_1 = \varepsilon_2$ ④ 무관하다.

해설 임의의 점에서의 전계의 세기는 전기력선의 밀도와 같다. 즉 전기력선은 유전율이 작은 쪽으로 모이므로 $\varepsilon_1 < \varepsilon_2$ 이 된다.

20 어떤 도체에 교류 전류가 흐를 때 도체에서 나타나는 표피 효과에 대한 설명으로 틀린 것은?

① 도체 중심부보다 도체 표면부에 더 많은 전류가 흐르는 것을 표피 효과라 한다.

② 전류의 주파수가 높을수록 표피 효과는 작아진다.

③ 도체의 도전율이 클수록 표피 효과는 커진다.

④ 도체의 투자율이 클수록 표피 효과는 커진다.

해설 도체에 교류 전류가 흐를 때 도체 표면으로 갈수록 전류 밀도가 높아지는 현상을 표피 효과라 하며 침투 깊이(표피 두께) $\delta = \dfrac{1}{\sqrt{\pi f \sigma \mu}}[\mathrm{m}]$에서 전류의 주파수가 높을수록 침투 깊이가 작아져 표피 효과는 커진다.

제2과목 | **전력공학**

21 소호 리액터를 송전 계통에 사용하면 리액터의 인덕턴스와 선로의 정전 용량이 어떤 상태로 되어 지락 전류를 소멸시키는가?

① 병렬 공진

② 직렬 공진

③ 고임피던스

④ 저임피던스

해설 소호 리액터 접지식은 $L - C$ 병렬 공진을 이용하므로 지락 전류가 최소로 되어 유도 장해가 적고, 고장 중에도 계속적인 송전이 가능하며 고장이 스스로 복구될 수 있어 과도 안정도가 좋지만, 보호 장치의 동작이 불확실하다.

22 어느 발전소에서 40,000[kWh]를 발전하는 데 발열량 5,000[kcal/kg]의 석탄을 20톤 사용하였다. 이 화력 발전소의 열효율[%]은 약 얼마인가?

① 27.5

② 30.4

③ 34.4

④ 38.5

해설 열효율 $\eta = \dfrac{860\,W}{mH} \times 100[\%]$

$= \dfrac{860 \times 40,000}{20 \times 10^3 \times 5,000} \times 100[\%]$

$= 34.4[\%]$

정답   19.②   20.②   21.①   22.③

23 송전 전력, 선간 전압, 부하 역률, 전력 손실 및 송전 거리를 동일하게 하였을 경우 단상 2선식에 대한 3상 3선식의 총 전선량(중량)비는 얼마인가? (단, 전선은 동일한 전선이다.)

① 0.75　　② 0.94
③ 1.15　　④ 1.33

해설 동일 전력 $VI_{12} = \sqrt{3}\,VI_{33}$ 에서

전류비는 $\dfrac{I_{33}}{I_{12}} = \dfrac{1}{\sqrt{3}}$ 이다.

전력 손실 $2I_{12}^2 R_{12} = 3I_{33}^2 R_{33}$ 에서 저항의 비를 구하면 $\dfrac{R_{12}}{R_{33}} = \dfrac{3}{2}\cdot\left(\dfrac{I_{33}}{I_{12}}\right)^2 = \dfrac{1}{2}$

전선 단면적은 저항에 반비례하므로 전선 중량비

$\dfrac{W_{33}}{W_{12}} = \dfrac{3A_{33}l}{2A_{12}l} = \dfrac{3}{2}\times\dfrac{R_{12}}{R_{33}} = \dfrac{3}{2}\times\dfrac{1}{2} = \dfrac{3}{4}$

24 3상 송전선로가 선간 단락(2선 단락)이 되었을 때 나타나는 현상으로 옳은 것은?

① 역상 전류만 흐른다.
② 정상 전류와 역상 전류가 흐른다.
③ 역상 전류와 영상 전류가 흐른다.
④ 정상 전류와 영상 전류가 흐른다.

해설 각 사고별 대칭 좌표법 해석

1선 지락	정상분	역상분	영상분	$I_0 = I_1 = I_2 \neq 0$
선간 단락	정상분	역상분	×	$I_1 = -I_2 \neq 0,\ I_0 = 0$
3상 단락	정상분	×	×	$I_1 \neq 0,\ I_2 = I_0 = 0$

25 중거리 송전선로의 4단자 정수가 $A=1.0$, $B=j190$, $D=1.0$일 때 C의 값은 얼마인가?

① 0　　② $-j120$
③ j　　④ $j190$

해설 4단자 정수의 관계 $AD - BC = 1$에서
$C = \dfrac{AD-1}{B} = \dfrac{1\times1-1}{j190} = 0$

26 배전 전압을 $\sqrt{2}$ 배로 하였을 때 같은 손실률로 보낼 수 있는 전력은 몇 배가 되는가?

① $\sqrt{2}$　　② $\sqrt{3}$
③ 2　　④ 3

해설 전력 손실률이 일정하면 전력은 전압의 제곱에 비례하므로 $(\sqrt{2})^2 = 2$배

27 다음 중 재점호가 가장 일어나기 쉬운 차단 전류는?

① 동상 전류
② 지상 전류
③ 진상 전류
④ 단락 전류

해설 차단기의 재점호는 선로 등의 충전 전류(진상 전류)에 의해 발생한다.

28 현수 애자에 대한 설명이 아닌 것은?

① 애자를 연결하는 방법에 따라 클레비스(Clevis)형과 볼 소켓형이 있다.
② 애자를 표시하는 기호는 P이며 구조는 2~5층의 갓 모양의 자기편을 시멘트로 접착하고 그 자기를 주철재 base로 지지한다.
③ 애자의 연결 개수를 가감함으로써 임의의 송전 전압에 사용할 수 있다.
④ 큰 하중에 대하여는 2련 또는 3련으로 하여 사용할 수 있다.

해설 ② 핀애자에 대한 설명이다.

정답 23.① 24.② 25.① 26.③ 27.③ 28.②

29 교류 발전기의 전압 조정 장치로 속응 여자 방식을 채택하는 이유로 틀린 것은?

① 전력 계통에 고장이 발생할 때 발전기의 동기 화력을 증가시킨다.
② 송전 계통의 안정도를 높인다.
③ 여자기의 전압 상승률을 크게 한다.
④ 전압조정용 탭의 수동 변환을 원활히 하기 위함이다.

해설 속응 여자 방식은 전력 계통에 고장이 발생할 경우 발전기의 동기 화력을 신속하게 확립하여 계통의 안정도를 높인다.

30 차단기의 정격 차단 시간에 대한 설명으로 옳은 것은?

① 고장 발생부터 소호까지의 시간
② 트립 코일 여자로부터 소호까지의 시간
③ 가동 접촉자의 개극부터 소호까지의 시간
④ 가동 접촉자의 동작 시간부터 소호까지의 시간

해설 차단기의 정격 차단 시간은 트립 코일이 여자하여 가동 접촉자가 시동하는 순간(개극 시간)부터 아크가 소멸하는 시간(소호 시간)으로 약 3~8[Hz] 정도이다.

31 3상 1회선 송전선을 정삼각형으로 배치한 3상 선로의 자기 인덕턴스를 구하는 식은? (단, D는 전선의 선간 거리[m], r은 전선의 반지름[m]이다.)

① $L = 0.5 + 0.4605\log_{10}\dfrac{D}{r}$

② $L = 0.5 + 0.4605\log_{10}\dfrac{D}{r^2}$

③ $L = 0.05 + 0.4605\log_{10}\dfrac{D}{r}$

④ $L = 0.05 + 0.4605\log_{10}\dfrac{D}{r^2}$

해설 정삼각형 배치이며, 등가 선간 거리 $D_e = D$이므로
인덕턴스 $L = 0.05 + 0.4605\log_{10}\dfrac{D}{r}$ [mH/km]

32 불평형 부하에서 역률[%]은?

① $\dfrac{\text{유효 전력}}{\text{각 상의 피상 전력의 산술합}} \times 100$

② $\dfrac{\text{무효 전력}}{\text{각 상의 피상 전력의 산술합}} \times 100$

③ $\dfrac{\text{무효 전력}}{\text{각 상의 피상 전력의 벡터합}} \times 100$

④ $\dfrac{\text{무효 전력}}{\text{각 상의 피상 전력의 벡터합}} \times 100$

해설 불평형 부하의 역률
$\dfrac{\text{유효 전력}}{\text{각 상의 피상 전력의 벡터합}} \times 100[\%]$

33 다음 중 동작 속도가 가장 느린 계전 방식은?

① 전류 차동 보호 계전 방식
② 거리 보호 계전 방식
③ 전류 위상 비교 보호 계전 방식
④ 방향 비교 보호 계전 방식

해설 거리 계전 방식은 송전 계통에서 전압과 전류의 비로 동작하는 임피던스에 의해 작동하므로 임피던스(전기적 거리)가 클수록 동작속도가 느려진다.

34 부하 회로에서 공진 현상으로 발생하는 고조파 장해가 있을 경우 공진 현상을 회피하기 위하여 설치하는 것은?

① 진상용 콘덴서
② 직렬 리액터
③ 방전 코일
④ 진공 차단기

해설 고조파를 제거하기 위해서는 직렬 리액터를 이용하여 제5고조파를 제거한다.

정답 29.④ 30.② 31.③ 32.④ 33.② 34.②

35 경간(지지물 간 거리)이 200[m]인 가공 전선로가 있다. 사용전선의 길이는 경간(지지물 간 거리)보다 몇 [m] 더 길게 하면 되는가? (단, 사용 전선의 1[m]당 무게는 2[kg], 인장 하중은 4,000[kg], 전선의 안전율은 2로 하고 풍압 하중은 무시한다.)

① $\dfrac{1}{2}$　　　　② $\sqrt{2}$

③ $\dfrac{1}{3}$　　　　④ $\sqrt{3}$

해설 이도(처짐 정도) $D=\dfrac{WS^2}{8T}=\dfrac{2\times200^2}{8\times\left(\dfrac{4,000}{2}\right)}=5[\text{m}]$

실제 전선 길이 $L=S+\dfrac{8D^2}{3S}$ 이므로

$$\dfrac{8D^2}{3S}=\dfrac{8\times5^2}{3\times200}=\dfrac{1}{3}$$

36 송전단 전압이 100[V], 수전단 전압이 90[V]인 단거리 배전 선로의 전압 강하율[%]은 약 얼마인가?

① 5　　　　② 11

③ 15　　　　④ 20

해설 전압 강하율 $\varepsilon=\dfrac{V_s-V_r}{V_r}\times100[\%]$

$=\dfrac{100-90}{90}\times100$

$\fallingdotseq11[\%]$

37 다음 중 환상(루프) 방식과 비교할 때 방사상 배전 선로 구성 방식에 해당되는 사항은?

① 전력 수요 증가 시 간선이나 분기선을 연장하여 쉽게 공급이 가능하다.
② 전압 변동 및 전력 손실이 작다.
③ 사고 발생 시 다른 간선으로의 전환이 쉽다.
④ 환상 방식보다 신뢰도가 높은 방식이다.

해설 방사상식(Tree system)
농어촌에 적합하고, 수요 증가에 쉽게 응할 수 있으며 시설비가 저렴하다. 하지만 전압 강하나 전력 손실 등이 많아 공급 신뢰도가 떨어지고 정전 범위가 넓어진다.

38 초호각(Arcing horn)의 역할은?

① 풍압을 조절한다.
② 송전 효율을 높인다.
③ 선로의 섬락(불꽃 방전) 시 애자의 파손을 방지한다.
④ 고주파수의 섬락전압을 높인다.

해설 아킹혼, 소호각(환)의 역할
• 이상 전압으로부터 애자련의 보호
• 애자 전압 분담의 균등화
• 애자의 열적 파괴 방지

39 유효 낙차 90[m], 출력 104,500[kW], 비속도(특유 속도) 210[m·kW]인 수차의 회전 속도는 약 몇 [rpm]인가?

① 150　　　　② 180

③ 210　　　　④ 240

해설
특유 속도 $N_s=N\cdot\dfrac{P^{\frac{1}{2}}}{H^{\frac{5}{4}}}$ 에서 정격 속도

$N=N_s\cdot\dfrac{H^{\frac{5}{4}}}{P^{\frac{1}{2}}}=210\times\dfrac{90^{\frac{5}{4}}}{104,500^{\frac{1}{2}}}\fallingdotseq180[\text{rpm}]$

40 발전기 또는 주변압기의 내부 고장 보호용으로 가장 널리 쓰이는 것은?

① 거리 계전기　　② 과전류 계전기
③ 비율 차동 계전기④ 방향 단락 계전기

해설 비율 차동 계전기는 발전기나 변압기의 내부 고장에 대한 보호용으로 가장 많이 사용한다.

정답 　35.③　36.②　37.①　38.③　39.②　40.③

제3과목 전기기기

41 SCR을 이용한 단상 전파 위상 제어 정류 회로에서 전원 전압은 실효값이 220[V], 60[Hz]인 정현파이며, 부하는 순저항으로 10[Ω]이다. SCR의 점호각 α를 60°라 할 때 출력 전류의 평균값[A]은?

① 7.54 ② 9.73
③ 11.43 ④ 14.86

해설 직류 전압(평균값) $E_{d\alpha}$

$$E_{d\alpha} = E_{do} \cdot \frac{1+\cos\alpha}{2} = \frac{2\sqrt{2}}{\pi}E \cdot \frac{1+\cos 60°}{2}$$

$$= 0.9 \times 220 \times \frac{1+\frac{1}{2}}{2} = 148.6[V]$$

출력 전류(직류 전류) I_d

$$I_d = \frac{E_{d\alpha}}{R} = \frac{148.6}{10} = 14.86[A]$$

42 직류 발전기가 90[%] 부하에서 최대 효율이 된다면 이 발전기의 전부하에 있어서 고정손과 부하손의 비는?

① 0.81 ② 0.9
③ 1.0 ④ 1.1

해설 최대 효율의 조건 $P_i = \left(\frac{1}{m}\right)^2 P_c$에서

$$\frac{P_i}{P_c} = \left(\frac{1}{m}\right)^2 = 0.9^2 = 0.81$$

43 정류기의 직류측 평균 전압이 2,000[V]이고 리플률이 3[%]일 경우, 리플 전압의 실효값[V]은?

① 20 ② 30
③ 50 ④ 60

해설 맥동률(리플률) ν[%]

$$\nu = \frac{출력\ 전압의\ 교류\ 성분\ 실효값}{출력\ 전압의\ 직류\ 성분} \times 100[\%]$$

리플 전압(교류 성분 전압) 실효값 E

$$E = \nu \cdot E_d = 0.03 \times 2,000 = 60[V]$$

44 단상 직권 정류자 전동기에서 보상 권선과 저항 도선의 작용에 대한 설명으로 틀린 것은 어느 것인가?

① 보상 권선은 역률을 좋게 한다.
② 보상 권선은 변압기의 기전력을 크게 한다.
③ 보상 권선은 전기자 반작용을 제거해 준다.
④ 저항 도선은 변압기 기전력에 의한 단락 전류를 작게 한다.

해설 단상 직권 정류자 전동기에서 보상 권선은 전기자 반작용의 방지, 역률 개선 및 변압기 기전력을 작게 하며 저항 도선은 저항이 큰 도체를 선택하여 단락 전류를 경감시킨다.

45 비돌극형 동기 발전기 한 상의 단자 전압을 V, 유도 기전력을 E, 동기 리액턴스를 X_s, 부하각이 δ이고, 전기자 저항을 무시할 때 한 상의 최대 출력[W]은?

① $\dfrac{EV}{X_s}$ ② $\dfrac{3EV}{X_s}$
③ $\dfrac{E^2 V}{X_s}$ ④ $\dfrac{EV^2}{X_s}$

해설 비돌극형 동기 발전기
• 1상 출력 $P_1 = \dfrac{EV}{X_s}\sin\delta$[W]
• 최대 출력 $P_m = \dfrac{EV}{X_s}\sin 90° = \dfrac{EV}{X_s}$[W]

정답 41.④ 42.① 43.④ 44.② 45.①

46 3상 동기 발전기에서 그림과 같이 1상의 권선을 서로 똑같은 2조로 나누어 그 1조의 권선 전압을 E[V], 각 권선의 전류를 I[A]라 하고 지그재그 Y형(Zigzag Star)으로 결선하는 경우 선간 전압[V], 선전류[A] 및 피상 전력[VA]은?

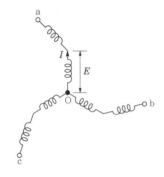

① $3E$, I, $\sqrt{3} \times 3E \times I = 5.2EI$
② $\sqrt{3}\,E$, $2I$, $\sqrt{3} \times \sqrt{3}\,E \times 2I = 6EI$
③ E, $2\sqrt{3}\,I$, $\sqrt{3} \times E \times 2\sqrt{3}\,I = 6EI$
④ $\sqrt{3}\,E$, $\sqrt{3}\,I$,
　　$\sqrt{3} \times \sqrt{3}\,E \times \sqrt{3}\,I = 5.2EI$

 해설 1상의 선간 전압 $V_p = \sqrt{3}\,E$
ab 선간 전압 $V_l = \sqrt{3}\,V_p = \sqrt{3} \times \sqrt{3}\,E = 3E$
선전력 $I_l = I$
피상 전력 $P_a = \sqrt{3}\,V_l I_l = \sqrt{3} \times 3EI = 5.2EI$[VA]

47 다음 중 비례 추이를 하는 전동기는?

① 동기 전동기
② 정류자 전동기
③ 단상 유도 전동기
④ 권선형 유도 전동기

 해설 3상 권선형 유도 전동기의 2차측(회전자)에 외부에서 저항을 접속하고 2차 합성 저항을 변화하면 토크, 입력 및 전류 등이 비례하여 이동하는 데 이것을 비례 추이라 한다.

48 단자 전압 200[V], 계자 저항 50[Ω], 부하 전류 50[A], 전기자 저항 0.15[Ω], 전기자 반작용에 의한 전압 강하 3[V]인 직류 분권 발전기가 정격 속도로 회전하고 있다. 이때 발전기의 유도 기전력은 약 몇 [V]인가?

① 211.1
② 215.1
③ 225.1
④ 230.1

 해설 계자 전류 $I_f = \dfrac{V}{r_f} = \dfrac{200}{50} = 4$[A]

전기자 전류 $I_a = I + I_f = 50 + 4 = 54$[A]
유기 기전력 $E = V + I_a R_a + e_a$
　　　　　　 $= 200 + 54 \times 0.15 + 3 = 211.1$[V]

49 동기기의 권선법 중 기전력의 파형을 좋게 하는 권선법은?

① 전절권, 2층권
② 단절권, 집중권
③ 단절권, 분포권
④ 전절권, 집중권

 해설 동기기의 전기자 권선법은 집중권과 분포권, 전절권과 단절권이 있으며 기전력의 파형을 개선하기 위해 분포권과 단절권을 사용한다.

50 변압기에 임피던스 전압을 인가할 때의 입력은?

① 철손
② 와류손
③ 정격 용량
④ 임피던스 와트

 해설 변압기의 단락 시험에서 임피던스 전압(정격 전류에 의한 변압기 내의 전압 강하)을 인가할 때 변압기의 입력을 임피던스 와트(동손)라 한다.
임피던스 와트 $W_s = I^2 r = P_c$(동손)[W]

51 불꽃 없는 정류를 하기 위해 평균 리액턴스 전압(A)과 브러시 접촉면 전압 강하(B) 사이에 필요한 조건은?

① A > B
② A < B
③ A = B
④ A, B에 관계없다.

정답 46.① 47.④ 48.① 49.③ 50.④ 51.②

해설 평균 리액턴스 전압 $\left(e = L\dfrac{2I_c}{T_c}\right)$이 정류 코일의 전류 (I_c)의 변화를 방해하여 정류 불량의 원인이 되므로 브러시 접촉면 전압 강하보다 작아야 한다.

52 유도 전동기 1극의 자속 Φ, 2차 유효 전류 $I_2\cos\theta_2$, 토크 τ의 관계로 옳은 것은?

① $\tau \propto \Phi \times I_2\cos\theta_2$

② $\tau \propto \Phi \times (I_2\cos\theta_2)^2$

③ $\tau \propto \dfrac{1}{\Phi \times I_2\cos\theta_2}$

④ $\tau \propto \dfrac{1}{\Phi \times (I_2\cos\theta_2)^2}$

해설 2차 유기 기전력 $E_2 = 4.44f_2N_2\Phi_mK_{w_2} \propto \Phi$

2차 입력 $P_2 = E_2I_2\cos\theta_2$

토크 $T = \dfrac{P_2}{2\pi\dfrac{N_s}{60}} \propto \Phi I_2\cos\theta_2$

53 회전자가 슬립 s로 회전하고 있을 때 고정자와 회전자의 실효 권수비를 α라 하면 고정자 기전력 E_1과 회전자 기전력 E_{2s}의 비는?

① $s\alpha$

② $(1-s)\alpha$

③ $\dfrac{\alpha}{s}$

④ $\dfrac{\alpha}{1-s}$

해설 실효 권수비 $\alpha = \dfrac{E_1}{E_2}$

슬립 s로 회전 시 $E_{2s} = sE_2$

회전 시 권수비 $\alpha_s = \dfrac{E_1}{E_{2s}} = \dfrac{E_1}{sE_2} = \dfrac{\alpha}{s}$

54 직류 직권 전동기의 발생 토크는 전기자 전류를 변화시킬 때 어떻게 변하는가? (단, 자기 포화는 무시한다.)

① 전류에 비례한다.

② 전류에 반비례한다.

③ 전류의 제곱에 비례한다.

④ 전류의 제곱에 반비례한다.

해설 직류 전동기의 역기전력 $E = \dfrac{Z}{a}P\phi\dfrac{N}{60}$

토크 $T = \dfrac{P}{2\pi\dfrac{N}{60}} = \dfrac{EI_a}{2\pi\dfrac{N}{60}} = \dfrac{PZ}{2\pi a}\phi I_a$

직류 직권 전동기의 자속 $\phi \propto I_f(=I=I_a)$

직류 직권 전동기의 토크 $T = K\phi I_a \propto I^2$

55 동기 발전기의 병렬 운전 중 유도 기전력의 위상차로 인하여 발생하는 현상으로 옳은 것은?

① 무효 전력이 생긴다.

② 동기화 전류가 흐른다.

③ 고조파 무효 순환 전류가 흐른다.

④ 출력이 요동하고 권선이 가열된다.

해설 동기 발전기의 병렬 운전에서 유기 기전력의 크기가 같지 않으면 무효 순환 전류가 흐르고, 유기 기전력의 위상차가 발생하면 동기화 전류가 흐른다.

56 3상 유도기의 기계적 출력(P_o)에 대한 변환식으로 옳은 것은? (단, 2차 입력은 P_2, 2차 동손은 P_{2c}, 동기 속도는 N_s, 회전자 속도는 N, 슬립은 s이다.)

① $P_o = P_2 + P_{2c} = \dfrac{N}{N_s}P_2 = (2-s)P_2$

② $(1-s)P_2 = \dfrac{N}{N_s}P_2 = P_o - P_{2c} = P_o - sP_2$

③ $P_o = P_2 - P_{2c} = P_2 - sP_2 = \dfrac{N}{N_s}P_2$
$= (1-s)P_2$

④ $P_o = P_2 + P_{2c} = P_2 + sP_2 = \dfrac{N}{N_s}P_2$
$= (1+s)P_2$

정답 52.① 53.③ 54.③ 55.② 56.③

해설 유도 전동기의 2차 입력(P_2), 기계적 출력(P_o) 및 2차 동손(P_{2c})의 비

$P_2 : P_o : P_{2c} = 1 : 1-s : s$ 이므로

기계적 출력 $P_o = P_2 - P_{2c} = P_2 - sP_2$

$$= P_2(1-s) = P_2 \frac{N}{N_s}$$

57 변압기의 등가 회로 구성에 필요한 시험이 아닌 것은?

① 단락 시험

② 부하 시험

③ 무부하 시험

④ 권선 저항 측정

해설 변압기의 등가 회로 작성에 필요한 시험

• 무부하 시험

• 단락 시험

• 권선 저항 측정

58 단권 변압기 두 대를 V결선하여 전압을 2,000 [V]에서 2,200[V]로 승압한 후 200[kVA]의 3상 부하에 전력을 공급하려고 한다. 이때 단권 변압기 1대의 용량은 약 몇 [kVA]인가?

① 4.2

② 10.5

③ 18.2

④ 21

해설 단권 변압기의 V결선에서

$$\frac{\text{자기 용량(단권 변압기 용량) } P}{\text{부하 용량 } W}$$

$$= \frac{1}{\frac{\sqrt{3}}{2}} \cdot \frac{V_h - V_l}{V_h}$$

$(V_h = 2,200, \ V_l = 2,000)$

자기 용량(단권 변압기 2대 용량) P

$$P = W \cdot \frac{2}{\sqrt{3}} \cdot \frac{V_h - V_l}{V_h}$$

$$= 200 \times \frac{2}{\sqrt{3}} \times \frac{2,200 - 2,000}{2,200} = 21[\text{kVA}]$$

단권 변압기 1대의 용량 $P_1 = \frac{P}{2} = \frac{21}{2} = 10.5[\text{kVA}]$

59 권수비 $a = \dfrac{6,600}{220}$, 주파수 60[Hz], 변압기의 철심 단면적 0.02[m²], 최대 자속 밀도 1.2[Wb/m²]일 때 변압기의 1차측 유도 기전력은 약 몇 [V]인가?

① 1,407

② 3,521

③ 42,198

④ 49,814

해설 1차 유기 기전력 E_1

$E_1 = 4.44 f N_1 \phi_m = 4.44 f N_1 B_m S$

$= 4.44 \times 60 \times 6,600 \times 1.2 \times 0.02 = 42,198[\text{V}]$

60 회전형 전동기와 선형 전동기(Linear Motor)를 비교한 설명으로 틀린 것은?

① 선형의 경우 회전형에 비해 공극의 크기가 작다.

② 선형의 경우 직접적으로 직선 운동을 얻을 수 있다.

③ 선형의 경우 회전형에 비해 부하 관성의 영향이 크다.

④ 선형의 경우 전원의 상 순서를 바꾸어 이동 방향을 변경한다.

해설 선형 전동기(Linear Motor)는 회전형 전동기의 고정자와 회전자를 축 방향으로 잘라서 펼쳐 놓은 것으로 직접 직선 운동을 하므로 부하 탄성의 영향이 크고, 회전형에 비해 공극을 크게 할 수 있고 상순을 바꾸어 이동 방향을 변경하는 전동기로 컨베이어 (conveyer), 자기 부상식 철도 등에 이용할 수 있다.

제4과목 | 회로이론 및 제어공학

61 $F(z) = \dfrac{(1 - e^{-aT})z}{(z-1)(z - e^{-aT})}$ 의 역 z변환은?

① $1 - e^{-at}$

② $1 + e^{-at}$

③ $t \cdot e^{-at}$

④ $t \cdot e^{at}$

정답 57.② 58.② 59.③ 60.① 61.①

해설 $\dfrac{F(z)}{z}$ 형태로 부분 분수 전개하면

$$\frac{F(z)}{z} = \frac{(1-e^{-aT})}{(z-1)(z-e^{-aT})}$$

$$= \frac{k_1}{z-1} + \frac{k_2}{z-e^{-aT}}$$

$$k_1 = \lim_{z \to 1} \frac{1-e^{-aT}}{z-e^{-aT}} = 1$$

$$k_2 = \lim_{z \to e^{-aT}} \frac{1-e^{-aT}}{z-1} = -1$$

$$\frac{F(z)}{z} = \frac{1}{z-1} - \frac{1}{z-e^{-aT}}$$

$$F(z) = \frac{z}{z-1} - \frac{z}{z-e^{-aT}}$$

$$\therefore \ r(t) = 1 - e^{-at}$$

62 다음의 특성 방정식 중 안정한 제어 시스템은?

① $s^3 + 3s^2 + 4s + 5 = 0$

② $s^4 + 3s^3 - s^2 + s + 10 = 0$

③ $s^5 + s^3 + 2s^2 + 4s + 3 = 0$

④ $s^4 - 2s^3 - 3s^2 + 4s + 5 = 0$

해설 제어계가 안정될 때 필요 조건

특성 방정식의 모든 차수가 존재하고 각 계수의 부호가 같아야 한다.

63 그림의 신호 흐름 선도에서 전달 함수 $\dfrac{C(s)}{R(s)}$ 는?

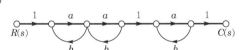

① $\dfrac{a^3}{(1-ab)^3}$

② $\dfrac{a^3}{1-3ab+a^2b^2}$

③ $\dfrac{a^3}{1-3ab}$

④ $\dfrac{a^3}{1-3ab+2a^2b^2}$

해설 전향 경로 $n = 1$

$$G_1 = 1 \times a \times a \times 1 \times a \times 1 = a^3, \quad \Delta_1 = 1$$

$$\Sigma L_{n_1} = ab + ab + ab = 3ab$$

$$\Sigma L_{n_2} = (ab \times ab) + (ab \times ab) = 2a^2b^2$$

$$\Delta = 1 - \Sigma L_{n_1} + \Sigma L_{n_2} = 1 - 3ab + 2a^2b^2$$

$\therefore$ 전달 함수 $\dfrac{C_{(s)}}{R_{(s)}} = \dfrac{G_1 \Delta_1}{\Delta}$

$$= \frac{a^3}{1-3ab+2a^2b^2}$$

64 그림과 같은 블록 선도에서 제어 시스템에 단위 계단 함수가 입력되었을 때 정상 상태 오차가 0.01이 되는 a의 값은?

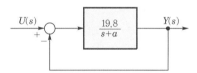

① 0.2

② 0.6

③ 0.8

④ 1.0

해설 정상 위치 편차 $e_{ssp} = \dfrac{1}{1+k_p}$

위치 편차 상수 $k_p = \lim_{s \to 0} G_{(s)} = \lim_{s \to 0} \dfrac{19.8}{s+a} = \dfrac{19.8}{a}$

$\therefore \ 0.01 = \dfrac{1}{1+\dfrac{19.8}{a}}$

$\therefore \ a = 0.2$

65 그림과 같은 보드 선도의 이득 선도를 갖는 제어 시스템의 전달 함수는?

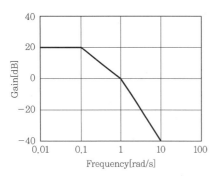

① $G(s) = \dfrac{10}{(s+1)(s+10)}$

② $G(s) = \dfrac{10}{(s+1)(10s+1)}$

③ $G(s) = \dfrac{20}{(s+1)(s+10)}$

④ $G(s) = \dfrac{20}{(s+1)(10s+1)}$

해설 절점 주파수 $\omega_c = \dfrac{1}{T}[\text{rad/s}]$

보드 선도의 절점 주파수 $\omega_1 = 0.1$, $\omega_2 = 1$이므로

$G(j\omega) = \dfrac{K}{(1+j10\omega_1)(1+j\omega_2)}$

$\therefore G(s) = \dfrac{K}{(1+10s)(1+s)} = \dfrac{K}{(s+1)(10s+1)}$

보드 선도 이득 근사값에 의해

$G(s) = \dfrac{10}{(s+1)(10s+1)}$

66 그림과 같은 블록 선도의 전달 함수 $\dfrac{C(s)}{R(s)}$는?

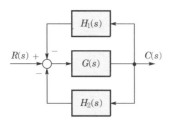

① $\dfrac{G(s)H_1(s)H_2(s)}{1+G(s)H_1(s)H_2(s)}$

② $\dfrac{G(s)}{1+G(s)H_1(s)H_2(s)}$

③ $\dfrac{G(s)}{1-G(s)\left[H_1(s)+H_2(s)\right]}$

④ $\dfrac{G(s)}{1+G(s)\left[H_1(s)+H_2(s)\right]}$

해설 $\{R(s) - C(s)H_1(s) - C(s)H_2(s)\}G(s) = C(s)$

$R(s)G(s) = C(s)(1 + G(s)H_1(s) + G(s)H_2(s))$

$\therefore \dfrac{C(s)}{R(s)} = \dfrac{G(s)}{1 + G(s)H_1(s) + G(s)H_2(s)}$

$= \dfrac{G(s)}{1 + G(s)\left[H_1(s) + H_2(s)\right]}$

67 그림과 같은 논리 회로와 등가인 것은?

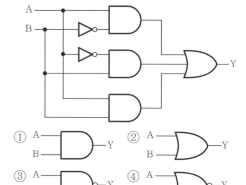

①
A
B
Y

②
A
B
Y

③
A
B
Y

④
A
B
Y

해설 논리식을 간이화하면 다음과 같다.

$Y = A\overline{B} + \overline{A}B + AB$

$= A(\overline{B} + B) + \overline{A}B$

$= A + \overline{A}B$

$= A(1+B) + \overline{A}B$

$= A + AB + \overline{A}B$

$= A + B(A + \overline{A})$

$= A + B$

$\therefore$
A
B
Y

68 다음의 개루프 전달 함수에 대한 근궤적의 점근선이 실수축과 만나는 교차점은?

$$G(s)H(s) = \frac{K(s+3)}{s^2(s+1)(s+3)(s+4)}$$

① $\dfrac{5}{3}$

② $-\dfrac{5}{3}$

③ $\dfrac{5}{4}$

④ $-\dfrac{5}{4}$

해설 점근선의 교차점

$$\sigma = \frac{\Sigma G(s)H(s)의\ 극점 - \Sigma G(s)H(s)의\ 영점}{P-Z}$$

영점의 개수 $Z=1$이고
극점의 개수 $P=5$이므로

$$\therefore\ \sigma = \frac{(0-1-3-4)-(-3)}{5-1} = -\frac{5}{4}$$

69 블록 선도에서 ⓐ에 해당하는 신호는?

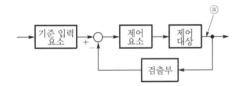

① 조작량

② 제어량

③ 기준 입력

④ 동작 신호

해설 **제어량** : 제어를 받는 제어계의 출력량으로 제어 대상에 속하는 양이다.

70 다음의 미분 방정식과 같이 표현되는 제어 시스템이 있다. 이 제어 시스템을 상태 방정식 $\dot{x} = Ax + Bu$로 나타내었을 때 시스템 행렬 A는?

$$\frac{d^3c(t)}{dt^3} + 5\frac{d^2c(t)}{dt^2} + \frac{dc(t)}{dt} + 2c(t) = r(t)$$

① $\begin{bmatrix} 0 & 1 & 0 \\ 0 & 0 & 1 \\ -2 & -1 & -5 \end{bmatrix}$

② $\begin{bmatrix} 1 & 0 & 0 \\ 0 & 1 & 0 \\ -2 & -1 & -5 \end{bmatrix}$

③ $\begin{bmatrix} 0 & 1 & 0 \\ 0 & 0 & 1 \\ 2 & 1 & 5 \end{bmatrix}$

④ $\begin{bmatrix} 1 & 0 & 0 \\ 0 & 1 & 0 \\ 2 & 1 & 5 \end{bmatrix}$

해설 • 상태 변수

$$x_1(t) = c(t)$$

$$x_2(t) = \frac{dc(t)}{dt} = \frac{dx_1(t)}{dt} = \dot{x}_1(t)$$

$$x_3(t) = \frac{d^2c(t)}{dt^2} = \frac{dx_2(t)}{dt} = \dot{x}_2(t)$$

• 상태 방정식

$$\dot{x}_3(t) = -2x_1(t) - x_2(t) - 5x_3(t) + r(t)$$

$$\begin{bmatrix} \dot{x}_1(t) \\ \dot{x}_2(t) \\ \dot{x}_3(t) \end{bmatrix} = \begin{bmatrix} 0 & 1 & 0 \\ 0 & 0 & 1 \\ -2 & -1 & -5 \end{bmatrix} \begin{bmatrix} x_1(t) \\ x_2(t) \\ x_3(t) \end{bmatrix} + \begin{bmatrix} 0 \\ 0 \\ 1 \end{bmatrix} r(t)$$

71 $f_e(t)$가 우함수이고 $f_o(t)$가 기함수일 때 주기함수 $f(t) = f_e(t) + f_o(t)$에 대한 다음 식 중 틀린 것은?

① $f_e(t) = f_e(-t)$

② $f_o(t) = -f_o(-t)$

③ $f_o(t) = \dfrac{1}{2}[f(t) - f(-t)]$

④ $f_e(t) = \dfrac{1}{2}[f(t) - f(-t)]$

해설 • 우함수 : $f_e(t) = f_e(-t)$
• 기함수 : $f_o(t) = -f_o(-t)$

$f(t) = f_e(t) + f_o(t)$이므로

$$\frac{1}{2}[f(t) - f(-t)]$$

$$= \frac{1}{2}[f_e(t) + f_o(t) - f_e(-t) - f_o(-t)]$$

$$= \frac{1}{2}[f_e(t) + f_o(t) - f_e(t) + f_o(t)]$$

$$= f_o(t)$$

정답 68.④ 69.② 70.① 71.④

72 3상 평형 회로에 Y결선의 부하가 연결되어 있고, 부하에서의 선간 전압이 $V_{ab} = 100\sqrt{3}$ $\underline{/0°}$[V]일 때 선전류가 $I_a = 20\underline{/-60°}$[A]이었다. 이 부하의 한 상의 임피던스[Ω]는? (단, 3상 전압의 상순은 a−b−c이다.)

① $5\underline{/30°}$ ② $5\sqrt{3}\underline{/30°}$

③ $5\underline{/60°}$ ④ $5\sqrt{3}\underline{/60°}$

해설

$$Z = \frac{V_P}{I_P} = \frac{\dfrac{100\sqrt{3}}{\sqrt{3}}\underline{/0°-30°}}{20\underline{/-60°}} = \frac{100\underline{/-30°}}{20\underline{/-60°}}$$

$$= 5\underline{/30°}$$

73 그림의 회로에서 120[V]와 30[V]의 전압원(능동 소자)에서의 전력은 각각 몇 [W]인가? [단, 전압원(능동 소자)에서 공급 또는 발생하는 전력은 양수(+)이고, 소비 또는 흡수하는 전력은 음수(−)이다.]

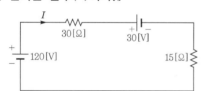

① 240[W], 60[W] ② 240[W], −60[W]

③ −240[W], 60[W] ④ −240[W], −60[W]

해설 전압원의 극성이 반대로 직렬로 연결되어 있으므로

폐회로 전류 $I = \dfrac{120-30}{30+15} = 2$[A]

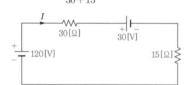

∴ 120[V] 전압원은 전류 방향과 동일하므로
공급 전력 $P = VI = 120 \times 2 = 240$[W]
30[V] 전압원은 전류 방향이 반대이므로
소비 전력 $P = VI = -30 \times 2 = -60$[W]

74 정전 용량이 C[F]인 커패시터에 단위 임펄스의 전류원이 연결되어 있다. 이 커패시터의 전압 $v_C(t)$는? (단, $u(t)$는 단위 계단 함수이다.)

① $v_C(t) = C$ ② $v_C(t) = Cu(t)$

③ $v_C(t) = \dfrac{1}{C}$ ④ $v_C(t) = \dfrac{1}{C}u(t)$

해설 $v_C(t) = \dfrac{1}{C}\displaystyle\int i(t)\,dt$

단위 임펄스 전류원이 연결되어 있으므로

$\therefore v_C(t) = \dfrac{1}{C}\displaystyle\int \delta(t)\,dt$

라플라스 변환하면 $v_C(s) = \dfrac{1}{Cs}$

역라플라스 변환하면 $v_C(t) = \dfrac{1}{C}u(t)$

75 각 상의 전압이 다음과 같을 때 영상분 전압[V]의 순시치는? (단, 3상 전압의 상순은 a−b−c이다.)

$$v_a(t) = 40\sin\omega t[V]$$

$$v_b(t) = 40\sin\left(\omega t - \frac{\pi}{2}\right)[V]$$

$$v_c(t) = 40\sin\left(\omega t + \frac{\pi}{2}\right)[V]$$

① $40\sin\omega t$ ② $\dfrac{40}{3}\sin\omega t$

③ $\dfrac{40}{3}\sin\left(\omega t - \dfrac{\pi}{2}\right)$ ④ $\dfrac{40}{3}\sin\left(\omega t + \dfrac{\pi}{2}\right)$

해설 영상 대칭분 전압

$$V_0 = \frac{1}{3}(v_a + v_b + v_c)$$

$$= \frac{1}{3}\left\{40\sin\omega t + 40\sin\left(\omega t - \frac{\pi}{2}\right) + 40\sin\left(\omega t + \frac{\pi}{2}\right)\right\}$$

$$= \frac{1}{3}\left\{40\sin\omega t - 40\cos\omega t + 40\cos\omega t\right\}$$

$$= \frac{40}{3}\sin\omega t[V]$$

76 그림과 같이 3상 평형의 순저항 부하에 단상 전력계를 연결하였을 때 전력계가 $W[\text{W}]$를 지시하였다. 이 3상 부하에서 소모하는 전체 전력[W]은?

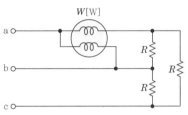

① $2W$ ② $3W$

③ $\sqrt{2}\,W$ ④ $\sqrt{3}\,W$

해설 전력계 W의 전압은 ab의 선간 전압 V_{ab}, 전류는 I_a의 선전류이므로 $V_{ab} = V_a + (-V_b)$

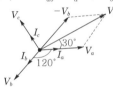

$$\therefore\ W = V_{ab} I_a \cos 30° = \frac{\sqrt{3}}{2} V_{ab} I_a [\text{W}]$$

$\therefore$ 3상 부하 전력 : $P = \sqrt{3}\, V_{ab} I_a = 2W[\text{W}]$

77 그림의 회로에서 $t = 0[\text{s}]$에 스위치(S)를 닫은 후 $t = 1[\text{s}]$일 때 이 회로에 흐르는 전류는 약 몇 [A]인가?

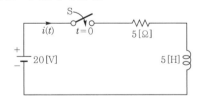

① 2.52   ② 3.16

③ 4.21   ④ 6.32

해설 시정수 $\tau = \dfrac{L}{R} = \dfrac{5}{5} = 1[\text{s}]$

$\therefore\ t = \tau$인 경우이므로

전류 $i(t) = 0.632\dfrac{E}{R} = 0.632 \times \dfrac{20}{5} = 2.52[\text{A}]$

78 순시치 전류 $i(t) = I_m \sin(\omega t + \theta_I)[\text{A}]$의 파고율은 약 얼마인가?

① 0.577   ② 0.707

③ 1.414   ④ 1.732

해설
- 정현파 전류의 평균값 : $I_{av} = \dfrac{2}{\pi} I_m [\text{A}]$

- 정현파 전류의 실효값 : $I = \dfrac{1}{\sqrt{2}} I_m [\text{A}]$

$$\therefore\ \text{파고율} = \frac{\text{최대값}}{\text{실효값}} = \frac{I_m}{\frac{1}{\sqrt{2}} I_m} = \sqrt{2} = 1.414$$

79 그림의 회로가 정저항 회로로 되기 위한 L [mH]은? (단, $R = 10\,[\Omega]$, $C = 1,000\,[\mu\text{F}]$이다.)

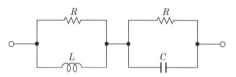

① 1   ② 10

③ 100   ④ 1,000

해설 정저항 조건

$Z_1 \cdot Z_2 = R^2$에서 $sL \cdot \dfrac{1}{sC} = R^2$

$\therefore\ R^2 = \dfrac{L}{C}$

$\therefore\ L = R^2 C = 10^2 \times 1,000 \times 10^{-6}[\text{H}]$
$= 10^2 \times 1,000 \times 10^{-6} \times 10^3 [\text{mH}]$
$= 100[\text{mH}]$

80 분포 정수 회로에 있어서 선로의 단위 길이당 저항이 $100[\Omega/\text{m}]$, 인덕턴스가 $200[\text{mH/m}]$, 누설 컨덕턴스가 $0.5[\mho/\text{m}]$일 때 일그러짐이 없는 조건(무왜형 조건)을 만족하기 위한 단위 길이당 커패시턴스는 몇 $[\mu\text{F/m}]$인가?

① 0.001   ② 0.1

③ 10   ④ 1,000

정답 76.① 77.① 78.③ 79.③ 80.④

해설 무왜형 조건 $RC = LG$

$$\therefore\ C = \frac{LG}{R}$$

$$= \frac{200 \times 10^{-3} \times 0.5}{100}\,[\text{F/m}]$$

$$= \frac{200 \times 10^{-3} \times 0.5 \times 10^{6}}{100}\,[\mu\text{F/m}]$$

$$= 1,000\,[\mu\text{F/m}]$$

제5과목 | 전기설비기술기준

81 저압 가공 전선이 안테나와 접근 상태로 시설될 때 상호 간의 이격 거리(간격)는 몇 [cm] 이상이어야 하는가? (단, 전선이 고압 절연 전선, 특고압 절연 전선 또는 케이블이 아닌 경우이다.)

① 60
② 80
③ 100
④ 120

해설 저압 가공 전선과 안테나의 접근 또는 교차(KEC 222.14)

가공 전선과 안테나 사이의 이격 거리(간격)는 저압은 60[cm] (고압 절연 전선, 특고압 절연 전선 또는 케이블인 경우 30[cm]) 이상

82 고압 가공 전선으로 사용한 경동선은 안전율이 얼마 이상인 이도(처짐 정도)로 시설하여야 하는가?

① 2.0
② 2.2
③ 2.5
④ 3.0

해설 고압 가공 전선의 안전율(KEC 332.4)
- 경동선 또는 내열 동합금선 : 2.2 이상
- 기타 전선(ACSR, 알루미늄 전선 등) : 2.5 이상

83 사용 전압이 22.9[kV]인 특고압 가공 전선과 그 지지물·완금류·지주(지지기둥) 또는 지선(지지선) 사이의 이격 거리(간격)는 몇 [cm] 이상이어야 하는가?

① 15
② 20
③ 25
④ 30

해설 특고압 가공 전선과 지지물 등의 이격 거리(간격)(KEC 333.5)

사용 전압	이격 거리(간격)[cm]
15[kV] 미만	15
15[kV] 이상 25[kV] 미만	20
25[kV] 이상 35[kV] 미만	25
35[kV] 이상 50[kV] 미만	30
50[kV] 이상 60[kV] 미만	35
60[kV] 이상 70[kV] 미만	40
70[kV] 이상 80[kV] 미만	45
이하 생략	이하 생략

84 급전선에 대한 설명으로 틀린 것은?

① 급전선은 비절연 보호 도체, 매설 접지 도체, 레일 등으로 구성하여 단권 변압기 중성점과 공통접지에 접속한다.
② 가공식은 전차선의 높이 이상으로 전차선로 지지물에 병가(병행 설치)하며, 나전선의 접속은 직선 접속을 원칙으로 한다.
③ 선상 승강장, 인도교, 과선교 또는 교량(다리) 하부 등에 설치할 때에는 최소 절연 이격 거리(간격) 이상을 확보하여야 한다.
④ 신설 터널 내 급전선을 가공으로 설계할 경우 지지물의 취부는 C찬넬 또는 매입전을 이용하여 고정하여야 한다.

해설 급전선로(KEC 431.4)
급전선은 나전선을 적용하여 가공식으로 가설을 원칙으로 한다. 다만, 전기적 영향에 대한 최소 간격이 보장되지 않거나 지락, 섬락(불꽃 방전) 등의 우려가 있을 경우에는 급전선을 케이블로 하여 안전하게 시공하여야 한다.

정답 81.① 82.② 83.② 84.①

85
진열장 내의 배선으로 사용 전압 400[V] 이하에 사용하는 코드 또는 캡타이어 케이블의 최소 단면적은 몇 [mm²]인가?

① 1.25　　　　② 1.0
③ 0.75　　　　④ 0.5

해설 진열장 안의 배선(KEC 234.8)
• 건조한 장소에 시설하고 또한 내부를 건조한 상태로 사용하는 진열장 또는 이와 유사한 것의 내부에 사용 전압이 400[V] 이하의 배선을 외부에서 잘 보이는 장소에 한하여 코드 또는 캡타이어 케이블로 직접 조영재에 밀착하여 배선할 수 있다.
• 배선은 단면적이 0.75[mm²] 이상의 코드 또는 캡타이어 케이블일 것

86
최대 사용 전압이 23,000[V]인 중성점 비접지식 전로의 절연 내력 시험 전압은 몇 [V]인가?

① 16,560　　　② 21,160
③ 25,300　　　④ 28,750

해설 기구 등의 전로의 절연 내력(KEC 136)
최대 사용 전압이 7[kV]를 초과하고 60[kV] 이하인 기구 등의 전로의 절연 내력 시험 전압은 최대 사용 전압의 1.25배이므로
$V = 23,000 \times 1.25 = 28,750[V]$

87
지중 전선로를 직접 매설식에 의하여 시설할 때, 차량 기타 중량물의 압력을 받을 우려가 있는 장소인 경우 매설 깊이는 몇 [m] 이상으로 시설하여야 하는가?

① 0.6　　　　② 1.0
③ 1.2　　　　④ 1.5

해설 지중 전선로의 시설(KEC 334.1)
• 케이블을 사용하고 관로식, 암거식, 직접 매설식에 의해 시설
• 매설 깊이
 – 관로식, 직접 매설식 : 1[m] 이상
 – 중량물의 압력을 받을 우려가 없는 곳 : 0.6[m] 이상

88
플로어 덕트 공사에 의한 저압 옥내 배선 공사 시 시설 기준으로 틀린 것은?

① 덕트의 끝부분은 막을 것
② 옥외용 비닐 절연 전선을 사용할 것
③ 덕트 안에는 전선에 접속점이 없도록 할 것
④ 덕트 및 박스 기타의 부속품은 물이 고이는 부분이 없도록 시설하여야 한다.

해설 플로어 덕트 공사(KEC 232.32)
• 전선은 절연 전선(옥외용 비닐 절연 전선 제외)일 것
• 전선은 연선일 것. 다만, 단면적 10[mm²](알루미늄선 16[mm²]) 이하인 것은 그러하지 아니하다.
• 플로어 덕트 안에는 전선에 접속점이 없도록 할 것

89
중앙 급전 전원과 구분되는 것으로서 전력 소비 지역 부근에 분산하여 배치 가능한 신·재생 에너지 발전 설비 등의 전원으로 정의되는 용어는?

① 임시 전력원　　② 분전반 전원
③ 분산형 전원　　④ 계통 연계 전원

해설 용어 정의(KEC 112)
"분산형 전원"이란 중앙 급전 전원과 구분되는 것으로서 전력 소비 지역 부근에 분산하여 배치 가능한 전원을 말한다. 상용 전원의 정전 시에만 사용하는 비상용 예비전원은 제외하며, 신·재생 에너지 발전설비, 전기 저장 장치 등을 포함한다.

90
애자 공사에 의한 저압 옥측 전선로는 사람이 쉽게 접촉될 우려가 없도록 시설하고, 전선의 지지점 간의 거리는 몇 [m] 이하이어야 하는가?

① 1　　　　　② 1.5
③ 2　　　　　④ 3

해설 옥측 전선로(KEC 221.2) – 애자 공사
• 단면적 4[mm²] 이상의 연동 절연 전선
• 전선 지지점 간의 거리 : 2[m] 이하

정답 85.③　86.④　87.②　88.②　89.③　90.③

91 저압 가공 전선로의 지지물이 목주인 경우 풍압 하중의 몇 배의 하중에 견디는 강도를 가지는 것이어야 하는가?

① 1.2   ② 1.5

③ 2   ④ 3

해설 저압 가공 전선로의 지지물의 강도(KEC 222.8)

저압 가공 전선로의 지지물은 목주인 경우에는 풍압 하중의 1.2배의 하중, 기타의 경우에는 풍압 하중에 견디는 강도를 가지는 것이어야 한다.

92 교류 전차선 등 충전부와 식물 사이의 이격 거리(간격)는 몇 [m] 이상이어야 하는가? (단, 현장 여건을 고려한 방호벽 등의 안전 조치를 하지 않은 경우이다.)

① 1   ② 3

③ 5   ④ 10

해설 전차선 등과 식물 사이의 이격 거리(간격)(KEC 431.11)

교류 전차선 등 충전부와 식물 사이의 이격 거리(간격)는 5[m] 이상으로 한다.

93 조상기(무효전력 보상장치)에 내부 고장이 생긴 경우, 조상기(무효전력 보상장치)의 뱅크 용량이 몇 [kVA] 이상일 때 전로로부터 자동 차단하는 장치를 시설하여야 하는가?

① 5,000   ② 10,000

③ 15,000   ④ 20,000

해설 조상 설비의 보호 장치(KEC 351.5)

설비 종별	뱅크 용량의 구분	자동 차단하는 장치
전력용 커패시터 및 분로 리액터	500[kVA] 초과 15,000[kVA] 미만	내부 고장, 과전류
	15,000[kVA] 이상	내부 고장, 과전류, 과전압
조상기 (무효전력 보상장치)	15,000[kVA] 이상	내부 고장

94 고장 보호에 대한 설명으로 틀린 것은?

① 고장 보호는 일반적으로 직접 접촉을 방지하는 것이다.

② 고장 보호는 인축의 몸을 통해 고장 전류가 흐르는 것을 방지하여야 한다.

③ 고장 보호는 인축의 몸에 흐르는 고장 전류를 위험하지 않는 값 이하로 제한 하여야 한다.

④ 고장 보호는 인축의 몸에 흐르는 고장 전류의 지속 시간을 위험하지 않은 시 간까지로 제한하여야 한다.

해설 감전에 대한 보호(KEC 113.2)

• 기본 보호

기본 보호는 일반적으로 직접 접촉을 방지하는 것

– 인축의 몸을 통해 전류가 흐르는 것을 방지

– 인축의 몸에 흐르는 전류를 위험하지 않는 값 이하로 제한

• 고장 보호

고장 보호는 일반적으로 기본 절연의 고장에 의한 간접 접촉을 방지하는 것

– 인축의 몸을 통해 고장 전류가 흐르는 것을 방지

– 인축의 몸에 흐르는 고장 전류를 위험하지 않는 값 이하로 제한

– 인축의 몸에 흐르는 고장 전류의 지속 시간을 위험하지 않은 시간까지로 제한

95 네온 방전등의 관등 회로의 전선을 애자 공 사에 의해 자기 또는 유리제 등의 애자로 견 고하게 지지하여 조영재의 아랫면 또는 옆 면에 부착한 경우 전선 상호 간의 이격 거리 (간격)는 몇 [mm] 이상이어야 하는가?

① 30   ② 60

③ 80   ④ 100

해설 네온 방전등(KEC 234.12)

• 전선 지지점 간의 거리는 1[m] 이하

• 전선 상호 간의 이격 거리(간격)는 60[mm] 이상

정답   91.①   92.③   93.③   94.①   95.②

96 수소 냉각식 발전기에서 사용하는 수소 냉각 장치에 대한 시설기준으로 틀린 것은?

① 수소를 통하는 관으로 동관을 사용할 수 있다.

② 수소를 통하는 관은 이음매가 있는 강판이어야 한다.

③ 발전기 내부의 수소의 온도를 계측하는 장치를 시설하여야 한다.

④ 발전기 내부의 수소의 순도가 85[%] 이하로 저하한 경우에 이를 경보하는 장치를 시설하여야 한다.

해설 수소 냉각식 발전기 등의 시설(KEC 351.10)
수소를 통하는 관은 동관 또는 이음매 없는 강판이어야 하며 또한 수소가 대기압에서 폭발하는 경우에 생기는 압력에 견디는 강도의 것일 것

97 전력 보안 통신 설비인 무선 통신용 안테나 등을 지지하는 철주의 기초 안전율은 얼마 이상이어야 하는가? (단, 무선용 안테나 등이 전선로의 주위 상태를 감시할 목적으로 시설되는 것이 아닌 경우이다.)

① 1.3   ② 1.5
③ 1.8   ④ 2.0

해설 무선용 안테나 등을 지지하는 철탑 등의 시설(KEC 364.1)
• 목주의 풍압 하중에 대한 안전율은 1.5 이상
• 철주 · 철근 콘크리트주 또는 철탑의 기초 안전율은 1.5 이상

98 특고압 가공 전선로의 지지물 양측의 경간(지지물 간 거리)의 차가 큰 곳에 사용하는 철탑의 종류는?

① 내장형   ② 보강형
③ 직선형   ④ 인류(잡아당김)형

해설 특고압 가공 전선로의 철주 · 철근 콘크리트주 또는 철탑의 종류(KEC 333.11)
• 직선형 : 3도 이하
• 각도형 : 3도 초과
• 인류(잡아당김)형 : 잡아당기는 곳
• 내장형 : 경간(지지물 간 거리) 차 큰 곳

99 사무실 건물의 조명 설비에 사용되는 백열 전등 또는 방전등에 전기를 공급하는 옥내 전로의 대지 전압은 몇 [V] 이하인가?

① 250   ② 300
③ 350   ④ 400

해설 옥내 전로의 대지 전압의 제한(KEC 231.6)
백열 전등 또는 방전등에 전기를 공급하는 옥내의 전로의 대지 전압은 300[V] 이하이어야 한다.

100 전기 저장 장치를 전용 건물에 시설하는 경우에 대한 설명이다. 다음 ( )에 들어갈 내용으로 옳은 것은?

> 전기 저장 장치 시설 장소는 주변 시설(도로, 건물, 가연 물질 등)로부터 (㉠)[m] 이상 이격하고 다른 건물의 출입구나 피난 계단 등 이와 유사한 장소로부터는 (㉡)[m] 이상 이격하여야 한다.

① ㉠ 3, ㉡ 1   ② ㉠ 2, ㉡ 1.5
③ ㉠ 1, ㉡ 2   ④ ㉠ 1.5, ㉡ 3

해설 전용 건물에 시설하는 경우(KEC 512.1.5)
전기 저장 장치 시설 장소는 주변 시설(도로, 건물, 가연 물질 등)로부터 1.5[m] 이상 이격하고 다른 건물의 출입구나 피난 계단 등 이와 유사한 장소로부터는 3[m] 이상 이격하여야 한다.

| 제1과목 | 전기자기학 |

01
$\varepsilon_r = 81$, $\mu_r = 1$인 매질의 고유 임피던스는 약 몇 $[\Omega]$인가? (단, ε_r은 비유전율이고, μ_r은 비투자율이다.)

① 13.9   ② 21.9
③ 33.9   ④ 41.9

해설 고유 임피던스 $\eta[\Omega]$

$$\eta = \frac{E}{H} = \sqrt{\frac{\mu}{\varepsilon}} = \sqrt{\frac{\mu_0}{\varepsilon_0}} \cdot \sqrt{\frac{\mu_r}{\varepsilon_r}}$$

$$= 120\pi \frac{1}{\sqrt{81}} = \frac{120\pi}{9} \fallingdotseq 41.9[\Omega]$$

02
강자성체의 $B-H$ 곡선을 자세히 관찰하면 매끈한 곡선이 아니라 자속 밀도가 어느 순간 급격히 계단적으로 증가 또는 감소하는 것을 알 수 있다. 이러한 현상을 무엇이라 하는가?

① 퀴리점(Curie point)
② 자왜 현상(Magneto-Striction)
③ 바크하우젠 효과(Barkhausen effect)
④ 자기여자 효과(Magnetic after effect)

해설 히스테리시스 곡선($B-H$ 곡선)

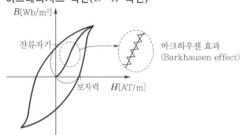

03
진공 중에 무한 평면 도체와 $d[m]$ 만큼 떨어진 곳에 선전하 밀도 $\lambda[C/m]$의 무한 직선 도체가 평행하게 놓여 있는 경우 직선 도체의 단위 길이당 받는 힘은 몇 $[N/m]$인가?

① $\dfrac{\lambda^2}{\pi\varepsilon_0 d}$ ② $\dfrac{\lambda^2}{2\pi\varepsilon_0 d}$

③ $\dfrac{\lambda^2}{4\pi\varepsilon_0 d}$ ④ $\dfrac{\lambda^2}{16\pi\varepsilon_0 d}$

해설 무한 평면 도체와 선전하에서

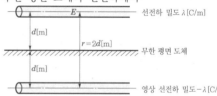

영상 전하 밀도에 의한 직선 도체에서의 전계의 세기 E

$$E = \frac{\lambda}{2\pi\varepsilon_0(2d)}[V/m]$$

직선 도체가 단위 길이당 받는 힘 $f[N/m]$

$$f = -\lambda \cdot E = -\frac{\lambda^2}{4\pi\varepsilon_0 d}[N/m] \quad (-: 흡인력)$$

04
평행 극판 사이에 유전율이 각각 ε_1, ε_2인 유전체를 그림과 같이 채우고, 극판 사이에 일정한 전압을 걸었을 때 두 유전체 사이에 작용하는 힘은? (단, $\varepsilon_1 > \varepsilon_2$)

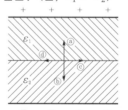

① ⓐ의 방향   ② ⓑ의 방향
③ ⓒ의 방향   ④ ⓓ의 방향

해설 경계면에서 작용하는 힘 $f[\mathrm{N/m^2}]$

$$f = \frac{1}{2}\left(\frac{1}{\varepsilon_2} - \frac{1}{\varepsilon_1}\right)D^2[\mathrm{N/m^2}]\text{이고}$$

힘은 유전율이 큰 쪽에서 작은 쪽으로 작용한다.

05 정전 용량이 $20[\mu\mathrm{F}]$인 공기의 평행판 커패시터에 $0.1[\mathrm{C}]$의 전하량을 충전하였다. 두 평행판 사이에 비유전율이 10인 유전체를 채웠을 때 유전체 표면에 나타나는 분극전하량$[\mathrm{C}]$은?

① 0.009　　　　② 0.01

③ 0.09　　　　④ 0.1

해설 분극의 세기 $P[\mathrm{C/m^2}]$

$$P = \frac{Q'}{S} = \varepsilon_0(\varepsilon_r - 1)E = \varepsilon_0\varepsilon_r E - \varepsilon_0 E[\mathrm{C/m^2}]$$

분극 전하량 $Q'[\mathrm{C}]$

$$Q' = \varepsilon_0\varepsilon_r ES - \varepsilon_0 ES = Q - \frac{Q}{\varepsilon_r}$$

$$= Q\left(1 - \frac{1}{\varepsilon_r}\right) = 0.1 \times \left(1 - \frac{1}{10}\right) = 0.09[\mathrm{C}]$$

06 유전율이 ε_1과 ε_2인 두 유전체가 경계를 이루어 평행하게 접하고 있는 경우 유전율이 ε_1인 영역에 전하 Q가 존재할 때 이 전하와 ε_2인 유전체 사이에 작용하는 힘에 대한 설명으로 옳은 것은?

① $\varepsilon_1 > \varepsilon_2$인 경우 반발력이 작용한다.

② $\varepsilon_1 > \varepsilon_2$인 경우 흡인력이 작용한다.

③ ε_1과 ε_2에 상관없이 반발력이 작용한다.

④ ε_1과 ε_2에 상관없이 흡인력이 작용한다.

해설 전하와 ε_2인 유전체 사이에 작용하는 힘 $F[\mathrm{N}]$

$$F = \frac{1}{4\pi\varepsilon_1}\frac{Q \cdot Q'}{(2d)^2} = \frac{Q \cdot \dfrac{\varepsilon_1 - \varepsilon_2}{\varepsilon_1 + \varepsilon_2}Q}{16\pi\varepsilon_1 d^2}$$

$$= \frac{1}{16\pi\varepsilon_1}\frac{\varepsilon_1 - \varepsilon_2}{\varepsilon_1 + \varepsilon_2}\frac{Q^2}{d^2}[\mathrm{N}]$$

$\varepsilon_1 > \varepsilon_2$일 때 반발력이 작용한다.($+F$: 반발력, $-F$: 흡인력)

07 단면적이 균일한 환상 철심에 권수 100회인 A 코일과 권수 400회인 B 코일이 있을 때 A 코일의 자기 인덕턴스가 $4[\mathrm{H}]$라면 두 코일의 상호 인덕턴스는 몇 $[\mathrm{H}]$인가? (단, 누설자속은 0이다.)

① 4　　　　② 8

③ 12　　　　④ 16

해설 자기 인덕턴스 $L_1 = \dfrac{\mu N_1^{\,2} S}{l}$ $[\mathrm{H}]$

상호 인덕턴스 $M = \dfrac{\mu N_1 N_2 S}{l} = \dfrac{\mu N_1^{\,2} S}{l} \cdot \dfrac{N_2}{N_1}$

$$= L_1 \cdot \frac{N_2}{N_1} = 4 \times \frac{400}{100} = 16[\mathrm{H}]$$

08 평균 자로의 길이가 $10[\mathrm{cm}]$, 평균 단면적이 $2[\mathrm{cm^2}]$인 환상 솔레노이드의 자기 인덕턴스를 $5.4[\mathrm{mH}]$ 정도로 하고자 한다. 이때 필요한 코일의 권선수는 약 몇 회인가? (단, 철심의 비투자율은 $15,000$이다.)

① 6

② 12

③ 24

④ 29

해설 자기 인덕턴스 $L[\mathrm{H}]$

$$L = \frac{\mu_0\mu_r N^2 S}{l}\text{에서}$$

권선수 N

$$= \sqrt{L \cdot \frac{l}{\mu_0\mu_r S}}$$

$$= \sqrt{5.4 \times 10^{-3} \times \frac{10 \times 10^{-2}}{4\pi \times 10^{-7} \times 15,000 \times 2 \times 10^{-4}}}$$

$$= 11.96 = 12[\text{회}]$$

정답 05.③　06.①　07.④　08.②

09 투자율이 μ[H/m], 단면적이 S[m²], 길이가 l[m]인 자성체에 권선을 N회 감아서 I[A]의 전류를 흘렸을 때 이 자성체의 단면적 S[m²]를 통과하는 자속[Wb]은?

① $\mu\dfrac{I}{Nl}S$ ② $\mu\dfrac{NI}{Sl}$

③ $\dfrac{NI}{\mu S}l$ ④ $\mu\dfrac{NI}{l}S$

해설 자속 ϕ[Wb]

$$\phi = \frac{F}{R_m} = \frac{NI}{\dfrac{l}{\mu S}} = \frac{\mu NIS}{l}\,[\text{Wb}]$$

10 그림은 커패시터의 유전체 내에 흐르는 변위 전류를 보여준다. 커패시터의 전극 면적을 S[m²], 전극에 축적된 전하를 q[C], 전극의 표면 전하 밀도를 σ[C/m²], 전극 사이의 전속 밀도를 D[C/m²]라 하면 변위 전류 밀도 i_d[A/m²]는?

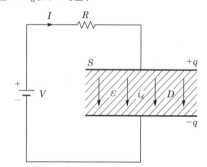

① $\dfrac{\partial D}{\partial t}$ ② $\dfrac{\partial q}{\partial t}$

③ $S\dfrac{\partial D}{\partial t}$ ④ $\dfrac{1}{S}\dfrac{\partial D}{\partial t}$

해설 변위 전류 I_d[A]

$$I_d = \frac{\partial Q}{\partial t} = \frac{\partial \psi}{\partial t} = \frac{\partial D}{\partial t}S \text{ (전속 } \psi = Q = DS)\,[\text{A}]$$

변위 전류 밀도 i_d[A/m²]

$$i_d = \frac{I_d}{S} = \frac{\partial D}{\partial t}\,[\text{A/m}^2]$$

11 진공 중에서 점(1, 3)[m]의 위치에 -2×10^{-9}[C]의 점전하가 있을 때 점(2, 1)[m]에 있는 1[C]의 점전하에 작용하는 힘은 몇 [N]인가? (단, $\hat{x}$, $\hat{y}$는 단위 벡터이다.)

① $-\dfrac{18}{5\sqrt{5}}\hat{x} + \dfrac{36}{5\sqrt{5}}\hat{y}$

② $-\dfrac{36}{5\sqrt{5}}\hat{x} + \dfrac{18}{5\sqrt{5}}\hat{y}$

③ $-\dfrac{36}{5\sqrt{5}}\hat{x} - \dfrac{18}{5\sqrt{5}}\hat{y}$

④ $\dfrac{18}{5\sqrt{5}}\hat{x} + \dfrac{36}{5\sqrt{5}}\hat{y}$

해설 거리 벡터 $\vec{r} = \overrightarrow{P} - \overrightarrow{Q}$

$$= (2-1)\hat{x} + (1-3)\hat{y}$$

$$= \hat{x} - 2\hat{y}\,[\text{m}]$$

$|\vec{r}|$ 단위 벡터 $\overrightarrow{r_0} = \dfrac{\vec{r}}{r} = \dfrac{\hat{x}-2\hat{y}}{\sqrt{1^2+2^2}} = \dfrac{\hat{x}-2\hat{y}}{\sqrt{5}}$

힘 $F = \overrightarrow{r_0}\dfrac{1}{4\pi\varepsilon_0}\dfrac{Q_1 \cdot Q_2}{r^2}$

$$= \frac{\hat{x}-2\hat{y}}{\sqrt{5}}\times9\times10^9\times\frac{-2\times10^{-9}\times1}{(\sqrt{5})^2}$$

$$= -\frac{18}{5\sqrt{5}}\hat{x} + \frac{36}{5\sqrt{5}}\hat{y}\,[\text{N}]$$

12 정전 용량이 C_0[μF]인 평행판의 공기 커패시터가 있다. 두 극판 사이에 극판과 평행하게 절반을 비유전율이 ε_r인 유전체로 채우면 커패시터의 정전 용량[μF]은?

① $\dfrac{C_0}{2\left(1+\dfrac{1}{\varepsilon_r}\right)}$ ② $\dfrac{C_0}{1+\dfrac{1}{\varepsilon_r}}$

③ $\dfrac{2C_0}{1+\dfrac{1}{\varepsilon_r}}$ ④ $\dfrac{4C_0}{1+\dfrac{1}{\varepsilon_r}}$

해설 공기 콘덴서의 정전 용량 $C_0 = \dfrac{\varepsilon_0 S}{d}[\mu F]$

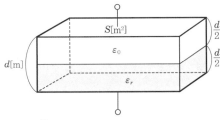

$$C_1 = \frac{\varepsilon_0 S}{\frac{d}{2}} = 2C_0$$

$$C_2 = \frac{\varepsilon_0 \varepsilon_r S}{\frac{d}{2}} = 2\varepsilon_r C_0$$

정전 용량 $C = \dfrac{C_1 \cdot C_2}{C_1 + C_2} = \dfrac{2C_0 \times 2\varepsilon_r C_0}{2C_0 + 2\varepsilon_r C_0}$

$$= \frac{2\varepsilon_r C_0}{1 + \varepsilon_r} = \frac{2C_0}{1 + \dfrac{1}{\varepsilon_r}}[\mu F]$$

13 그림과 같이 점 O를 중심으로 반지름이 a [m]인 구도체 1과 안쪽 반지름이 b[m]이고 바깥쪽 반지름이 c[m]인 구도체 2가 있다. 이 도체계에서 전위 계수 P_{11}[1/F]에 해당 되는 것은?

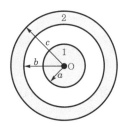

① $\dfrac{1}{4\pi\varepsilon}\dfrac{1}{a}$

② $\dfrac{1}{4\pi\varepsilon}\left(\dfrac{1}{a} - \dfrac{1}{b}\right)$

③ $\dfrac{1}{4\pi\varepsilon}\left(\dfrac{1}{b} - \dfrac{1}{c}\right)$

④ $\dfrac{1}{4\pi\varepsilon}\left(\dfrac{1}{a} - \dfrac{1}{b} + \dfrac{1}{c}\right)$

해설 도체 1의 전위 V_1[V]
$V_1 = P_{11}Q_1 + P_{12}Q_2$에서 $Q_1 = 1, \ Q_2 = 0$일 때
$V_1 = P_{11} = V_{ab} + V_c = \dfrac{1}{4\pi\varepsilon}\left(\dfrac{1}{a} - \dfrac{1}{b}\right) + \dfrac{1}{4\pi\varepsilon c}$
$= \dfrac{1}{4\pi\varepsilon}\left(\dfrac{1}{a} - \dfrac{1}{b} + \dfrac{1}{c}\right)$[1/F]

14 자계의 세기를 나타내는 단위가 아닌 것은?

① [A/m]
② [N/Wb]
③ [(H · A)/m²]
④ [Wb/(H · m)]

해설 자계의 세기 H[A/m]
$$H = \frac{F}{m}\left(\left[\frac{N}{Wb}\right] = \left[\frac{N \cdot m}{Wb} \cdot \frac{1}{m}\right] = \left[\frac{J \cdot 1}{Wb \cdot m}\right]\right.$$
$$\left. = \left[\frac{A}{m}\right] = \left[\frac{A \cdot H}{m \cdot H}\right] = \left[\frac{Wb}{H \cdot m}\right]\right)$$

15 반지름이 2[m]이고 권수가 120회인 원형 코 일 중심에서의 자계의 세기를 30[AT/m]로 하려면 원형 코일에 몇 [A]의 전류를 흘려야 하는가?

① 1
② 2
③ 3
④ 4

해설 원형 코일 중심에서의 자계의 세기 H[A/m]
$H = \dfrac{NI}{2a}$에서
전류 $I = H \cdot \dfrac{2a}{N} = 30 \times \dfrac{2 \times 2}{120} = 1$[A]

16 그림과 같이 평행한 무한장 직선의 두 도선 에 I[A], $4I$[A]인 전류가 각각 흐른다. 두 도선 사이 점 P에서의 자계의 세기가 0이라 면 $\dfrac{a}{b}$는?

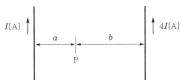

① 2
② 4
③ $\dfrac{1}{2}$
④ $\dfrac{1}{4}$

정답 13.④ 14.③ 15.① 16.④

해설 자계의 세기 $H_1 = \dfrac{I}{2\pi a}$ [A/m], $H_2 = \dfrac{4I}{2\pi b}$ [A/m]

$H_1 = H_2$일 때 P점의 자계의 세기가 0이므로

$\dfrac{I}{2\pi a} = \dfrac{4I}{2\pi b}$

$\therefore \dfrac{a}{b} = \dfrac{1}{4}$

17 내압 및 정전 용량이 각각 1,000[V]−2[μF], 700[V]−3[μF], 600[V]−4[μF], 300[V]−8[μF]인 4개의 커패시터가 있다. 이 커패시터들을 직렬로 연결하여 양단에 전압을 인가한 후 전압을 상승시키면 가장 먼저 절연이 파괴되는 커패시터는? (단, 커패시터의 재질이나 형태는 동일하다.)

① 1,000[V]−2[μF] ② 700[V]−3[μF]
③ 600[V]−4[μF] ④ 300[V]−8[μF]

해설 커패시터를 직렬로 접속하고 전압을 인가하면 각 콘덴서의 전기량은 동일하므로 내압과 정전 용량의 곱한 값이 가장 작은 커패시터가 제일 먼저 파괴된다.

18 내구의 반지름이 $a = 5$[cm], 외구의 반지름이 $b = 10$[cm]이고, 공기로 채워진 동심구형 커패시터의 정전 용량은 약 몇 [pF]인가?

① 11.1 ② 22.2
③ 33.3 ④ 44.4

해설 동심구형 커패시터의 정전 용량 C[F]

$C = \dfrac{4\pi\varepsilon_0}{\dfrac{1}{a} - \dfrac{1}{b}} = 4\pi\varepsilon_0 \dfrac{ab}{b-a} = \dfrac{1}{9\times10^9}\times\dfrac{0.05\times0.1}{0.1-0.05}$

$= 11.1\times10^{-12} = 11.1$[pF]

19 자성체의 종류에 대한 설명으로 옳은 것은? (단, χ_m는 자화율이고, μ_r는 비투자율이다.)

① $\chi_m > 0$이면, 역자성체이다.
② $\chi_m < 0$이면, 상자성체이다.
③ $\mu_r > 1$이면, 비자성체이다.
④ $\mu_r < 1$이면, 역자성체이다.

해설 자성체의 종류에 따른 비투자율과 자화율

$[\chi_m = \mu_0(\mu_r - 1)]$

• 상자성체 : $\mu_r > 1$ $\chi_m > 0$
• 강자성체 : $\mu_r \gg 1$ $\chi_m > 0$
• 역(반)자성체 : $\mu_r < 1$ $\chi_m < 0$
• 비자성체 : $\mu_r = 1$ $\chi_m = 0$

20 구좌표계에서 $\nabla^2 r$의 값은 얼마인가? (단, $r = \sqrt{x^2 + y^2 + z^2}$)

① $\dfrac{1}{r}$ ② $\dfrac{2}{r}$

③ r ④ $2r$

해설 구좌표계의 변수(r, θ, ϕ)

$\nabla^2 r = \dfrac{1}{r^2}\dfrac{\partial}{\partial r}\left(r^2\dfrac{\partial r}{\partial r}\right) + \dfrac{1}{r^2\sin\theta}\dfrac{\partial}{\partial\theta}\left(\sin\theta\dfrac{\partial r}{\partial\theta}\right)$

$\qquad + \dfrac{1}{r^2\sin^2\theta}\dfrac{\partial^2 r}{\partial\phi^2}$

$= \dfrac{1}{r^2}\dfrac{\partial}{\partial r}r^2$

$= \dfrac{1}{r^2}2r$

$= \dfrac{2}{r}$

제2과목 **전력공학**

21 피뢰기의 충격 방전 개시 전압은 무엇으로 표시하는가?

① 직류 전압의 크기
② 충격파의 평균치
③ 충격파의 최대치
④ 충격파의 실효치

해설 피뢰기의 충격 방전 개시 전압은 피뢰기의 단자 간에 충격 전압을 인가하였을 경우 방전을 개시하는 전압으로 파고치(최댓값)로 표시한다.

정답 17.① 18.① 19.④ 20.② 21.③

22 전력용 콘덴서에 비해 동기 조상기의 이점으로 옳은 것은?

① 소음이 적다.
② 진상 전류 이외에 지상 전류를 취할 수 있다.
③ 전력 손실이 적다.
④ 유지 보수가 쉽다.

해설 전력용 콘덴서와 동기 조상기의 비교

동기 조상기	전력용 콘덴서
진상 및 지상용	진상용
연속적 조정	계단적 조정
회전기로 손실이 크다	정지기로 손실이 적다
시충전 가능	시충전 불가
송전 계통에 주로 사용	배전 계통에 주로 사용

23 부하 전류가 흐르는 전로는 개폐할 수 없으나 기기의 점검이나 수리를 위하여 회로를 분리하거나, 계통의 접속을 바꾸는데 사용하는 것은?

① 차단기
② 단로기
③ 전력용 퓨즈
④ 부하 개폐기

해설 단로기는 소호 능력이 없으므로 통전 중의 전로를 개폐할 수 없다. 그러므로 부하 전류의 차단에 사용할 수 없고, 기기의 점검 및 수리 등을 위한 회로 분리 또는 계통의 접속을 바꾸는 데 사용된다.

24 단락 보호 방식에 관한 설명으로 틀린 것은?

① 방사상 선로의 단락 보호 방식에서 전원이 양단에 있을 경우 방향 단락 계전기와 과전류 계전기를 조합시켜서 사용한다.
② 전원이 1단에만 있는 방사상 송전 선로에서의 고장 전류는 모두 발전소로부터 방사상으로 흘러나간다.
③ 환상 선로의 단락 보호 방식에서 전원이 두 군데 이상 있는 경우에는 방향 거리 계전기를 사용한다.

④ 환상 선로의 단락 보호 방식에서 전원이 1단에만 있을 경우 선택 단락 계전기를 사용한다.

해설 환상 선로는 전원이 2단 이상으로 방향 단락 계전 방식, 방향 거리 계전 방식 또는 이들과 과전류 계전 방식의 조합으로 사용한다.

25 밸런서의 설치가 가장 필요한 배전 방식은?

① 단상 2선식
② 단상 3선식
③ 3상 3선식
④ 3상 4선식

해설 단상 3선식에서는 양측 부하의 불평형에 의한 부하, 전압의 불평형이 크기 때문에 일반적으로는 이러한 전압 불평형을 줄이기 위한 대책으로서 저압선의 말단에 밸런서(Balancer)를 설치하고 있다.

26 정전 용량 0.01[μF/km], 길이 173.2[km], 선간 전압 60[kV], 주파수 60[Hz]인 3상 송전 선로의 충전 전류는 약 몇 [A]인가?

① 6.3
② 12.5
③ 22.6
④ 37.2

해설 충전 전류
$$I_c = \omega C \frac{V}{\sqrt{3}}$$
$$= 2\pi \times 60 \times 0.01 \times 10^{-6} \times 173.2 \times \frac{60,000}{\sqrt{3}}$$
$$= 22.6[A]$$

27 보호 계전기의 반한시·정한시 특성은?

① 동작 전류가 커질수록 동작 시간이 짧게 되는 특성
② 최소 동작 전류 이상의 전류가 흐르면 즉시 동작하는 특성
③ 동작 전류의 크기에 관계없이 일정한 시간에 동작하는 특성
④ 동작 전류가 커질수록 동작 시간이 짧아지며, 어떤 전류 이상이 되면 동작 전류의 크기에 관계없이 일정한 시간에서 동작하는 특성

정답 22.② 23.② 24.④ 25.② 26.③ 27.④

⊒해설 반한시 · 정한시 계전기
어느 전류값까지는 반한시성이고, 그 이상이면 정한시 특성을 갖는 계전기

28 전력 계통의 안정도에서 안정도의 종류에 해당하지 않는 것은?

① 정태 안정도　　② 상태 안정도
③ 과도 안정도　　④ 동태 안정도

⊒해설 안정도
계통이 주어진 운전 조건 아래에서 안정하게 운전을 계속할 수 있는가 하는 여부의 능력을 말하는 것으로 정태 안정도, 동태 안정도, 과도 안정도 등으로 구분된다.

29 배전 선로의 역률 개선에 따른 효과로 적합하지 않은 것은?

① 선로의 전력 손실 경감
② 선로의 전압 강하의 감소
③ 전원측 설비의 이용률 향상
④ 선로 절연의 비용 절감

⊒해설 역률 개선 효과
• 전력 손실 감소
• 전압 강하 감소
• 변압기 등 전기 설비 여유 증가
• 전원측 설비 이용률 향상

30 저압 뱅킹 배전 방식에서 캐스케이딩 현상을 방지하기 위하여 인접 변압기를 연락하는 저압선의 중간에 설치하는 것으로 알맞은 것은?

① 구분 퓨즈　　② 리클로저
③ 섹셔널라이저　　④ 구분 개폐기

⊒해설 캐스케이딩(Cascading) 현상
저압 뱅킹 방식에서 변압기 또는 선로의 사고에 의해서 뱅킹 내의 건전한 변압기의 일부 또는 전부가 연쇄적으로 차단되는 현상으로 방지책은 변압기의 1차측에 퓨즈, 저압선의 중간에 구분 퓨즈를 설치한다.

31 승압기에 의하여 전압 V_e에서 V_h로 승압할 때, 2차 정격 전압 e, 자기 용량 W인 단상 승압기가 공급할 수 있는 부하 용량은?

① $\dfrac{V_h}{e} \times W$　　② $\dfrac{V_e}{e} \times W$

③ $\dfrac{V_e}{V_h - V_e} \times W$　　④ $\dfrac{V_h - V_e}{V_e} \times W$

⊒해설 승압기의 자기 용량 $W = \dfrac{W_L}{V_h} \times e\,[\text{VA}]$ 이므로

부하 용량 $W_L = \dfrac{V_h}{e} \times W$

32 배기 가스의 여열을 이용해서 보일러에 공급되는 급수를 예열함으로써 연료 소비량을 줄이거나 증발량을 증가시키기 위해서 설치하는 여열 회수 장치는?

① 과열기
② 공기 예열기
③ 절탄기
④ 재열기

⊒해설 절탄기는 연도 중간에 설치하여 연도로 빠져 나가는 열량으로 보일러용 급수를 데우므로 연료의 소비를 절약할 수 있는 설비이다.

33 직렬 콘덴서를 선로에 삽입할 때의 이점이 아닌 것은?

① 선로의 인덕턴스를 보상한다.
② 수전단의 전압강하를 줄인다.
③ 정태 안정도를 증가한다.
④ 송전단의 역률을 개선한다.

⊒해설 직렬 콘덴서는 선로의 유도 리액턴스를 보상하여 전압 강하를 보상하므로 전압 변동율을 개선하고 안정도를 향상시키며, 부하의 기동 정지에 따른 플리커 방지에 좋지만, 역률 개선용으로는 사용하지 않는다.

👉정답 28.②　29.④　30.①　31.①　32.③　33.④

34 전선의 굵기가 균일하고 부하가 균등하게 분산되어 있는 배전 선로의 전력 손실은 전체 부하가 선로 말단에 집중되어 있는 경우에 비하여 어느 정도가 되는가?

① $\dfrac{1}{2}$
② $\dfrac{1}{3}$
③ $\dfrac{2}{3}$
④ $\dfrac{3}{4}$

 해설

구분	말단에 집중 부하	균등 부하
전압 강하	1	$\dfrac{1}{2}$
전력 손실	1	$\dfrac{1}{3}$

35 송전단 전압 161[kV], 수전단 전압 154[kV], 상차각 35°, 리액턴스 60[Ω]일 때 선로 손실을 무시하면 전송 전력[MW]은 약 얼마인가?

① 356
② 307
③ 237
④ 161

해설 전송 전력
$$P_s = \frac{E_s E_r}{X} \times \sin\delta = \frac{161 \times 154}{60} \times \sin 35° = 237[\text{MW}]$$

36 직접 접지 방식에 대한 설명으로 틀린 것은?

① 1선 지락 사고 시 건전상의 대지 전압이 거의 상승하지 않는다.
② 계통의 절연 수준이 낮아지므로 경제적이다.
③ 변압기의 단절연이 가능하다.
④ 보호 계전기가 신속히 동작하므로 과도 안정도가 좋다.

해설 직접 접지 방식은 1상 지락 사고일 경우 지락 전류가 대단히 크기 때문에 보호 계전기의 동작이 확실하고, 계통에 주는 충격이 커서 과도 안정도가 나쁘다.

37 그림과 같이 지지점 A, B, C에는 고저차가 없으며, 경간(지지물 간 거리) AB와 BC 사이에 전선이 가설되어 그 이도(처짐 정도)가 각각 12[cm]이다. 지지점 B에서 전선이 떨어져 전선의 이도(처짐 정도)가 D로 되었다면 D의 길이[cm]는? (단, 지지점 B는 A와 C의 중점이며 지지점 B에서 전선이 떨어지기 전, 후의 길이는 같다.)

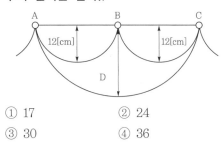

① 17
② 24
③ 30
④ 36

 해설 $D_2 = 2D_1 = 2 \times 12 = 24[\text{cm}]$

38 수차의 캐비테이션 방지책으로 틀린 것은?

① 흡출 수두를 증대시킨다.
② 과부하 운전을 가능한 한 피한다.
③ 수차의 비속도를 너무 크게 잡지 않는다.
④ 침식에 강한 금속 재료로 러너를 제작한다.

해설 흡출 수두는 반동 수차에서 낙차를 증대시킬 목적으로 이용되므로 흡출 수두가 커지면 수차의 난조가 발생하고, 캐비테이션(공동 현상)이 커진다.

39 송전선로에 매설 지선을 설치하는 목적은?

① 철탑 기초의 강도를 보강하기 위하여
② 직격뇌로부터 송전선을 차폐 보호하기 위하여
③ 현수 애자 1연의 전압 분담을 균일화하기 위하여
④ 철탑으로부터 송전 선로로의 역섬락을 방지하기 위하여

정답 34.② 35.③ 36.④ 37.② 38.① 39.④

해설 매설 지선이란 철탑의 탑각 저항이 크면 낙뢰 전류가 흐를 때 철탑의 순간 전위가 상승하여 현수 애자련에 역섬락이 생길 수 있으므로 철탑의 기초에서 방사상 모양의 지선을 설치하여 철탑의 탑각 저항을 감소시켜 역섬락을 방지한다.

40 1회선 송전선과 변압기의 조합에서 변압기의 여자 어드미턴스를 무시하였을 경우 송수전단의 관계를 나타내는 4단자 정수 C_0는?

(단, $A_0 = A + CZ_{ts}$

$B_0 = B + AZ_{tr} + DZ_{ts} + CZ_{tr}Z_{ts}$

$D_0 = D + CZ_{tr}$

여기서 Z_{ts}는 송전단 변압기의 임피던스이며, Z_{tr}은 수전단 변압기의 임피던스이다.)

① C ② $C + DZ_{ts}$

③ $C + AZ_{ts}$ ④ $CD + CA$

해설 $\begin{bmatrix} A_0 & B_0 \\ C_0 & D_0 \end{bmatrix} = \begin{bmatrix} 1 & Z_{ts} \\ 0 & 1 \end{bmatrix}\begin{bmatrix} A & B \\ C & D \end{bmatrix}\begin{bmatrix} 1 & Z_{tr} \\ 0 & 1 \end{bmatrix}$

$= \begin{bmatrix} A + CZ_{ts} & B + DZ_{ts} \\ C & D \end{bmatrix}\begin{bmatrix} 1 & Z_{tr} \\ 0 & 1 \end{bmatrix}$

$= \begin{bmatrix} A + CZ_{ts} & Z_{tr}(A + CZ_{ts}) + B + DZ_{ts} \\ C & D + CZ_{tr} \end{bmatrix}$

제3과목 **전기기기**

41 단상 변압기의 무부하 상태에서 $V_1 = 200\sin(\omega t + 30°)$[V]의 전압이 인가되었을 때 $I_0 = 3\sin(\omega t + 60°) + 0.7\sin(3\omega t + 180°)$[A]의 전류가 흘렀다. 이때 무부하손은 약 몇 [W]인가?

① 150

② 259.8

③ 415.2

④ 512

해설 무부하손 P_i[W]

$P_i = V_1 I_0 \cos\theta$

$= \dfrac{200}{\sqrt{2}} \times \dfrac{3}{\sqrt{2}} \times \dfrac{\sqrt{3}}{2} = 259.8$[W]

42 단상 직권 정류자 전동기의 전기자 권선과 계자 권선에 대한 설명으로 틀린 것은?

① 계자 권선의 권수를 적게 한다.

② 전기자 권선의 권수를 크게 한다.

③ 변압기 기전력을 적게 하여 역률 저하를 방지한다.

④ 브러시로 단락되는 코일 중의 단락 전류를 크게 한다.

해설 단상 직권 정류자 전동기의 구조는 역률과 정류 개선을 위해 약계자 강전기자형으로 하며 변압기 기전력을 적게 하여 단락된 코일의 단락 전류를 작게 한다.

43 전부하 시의 단자 전압이 무부하 시의 단자 전압보다 높은 직류 발전기는?

① 분권 발전기

② 평복권 발전기

③ 과복권 발전기

④ 차동 복권 발전기

해설

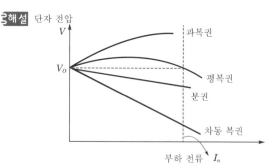

직류 발전기의 외부 특성 곡선에서 전부하 시 전압이 무부하 전압보다 높은 것은 과복권 발전기와 직권 발전기이다.

44 직류기의 다중 중권 권선법에서 전기자 병렬 회로수 a와 극수 P 사이의 관계로 옳은 것은? (단, m은 다중도이다.)

① $a = 2$ ② $a = 2m$

③ $a = P$ ④ $a = mP$

해설 직류 발전기의 권선법에서
· 단중 중권의 병렬 회로수 $a = P$
· 다중 중권의 병렬 회로수 $a = mP$
여기서, m : 다중도

45 슬립 s_t에서 최대 토크를 발생하는 3상 유도 전동기에 2차측 한 상의 저항을 r_2라 하면 최대 토크로 기동하기 위한 2차측 한 상에 외부로부터 가해 주어야 할 저항[Ω]은?

① $\dfrac{1-s_t}{s_t}r_2$ ② $\dfrac{1+s_t}{s_t}r_2$

③ $\dfrac{r_2}{1-s_t}$ ④ $\dfrac{r_2}{s_t}$

해설 유도 전동기의 비례 추이에서 최대 토크와 기동 토크를 같게 하려면 $\dfrac{r_2}{s_t}=\dfrac{r_2+R}{1}$이므로

외부에서의 저항 $R=\dfrac{r_2}{s_t}-r_2=\dfrac{1-s_t}{s_t}r_2\,[\Omega]$

46 단상 변압기를 병렬 운전할 경우 부하 전류의 분담은?

① 용량에 비례하고 누설 임피던스에 비례

② 용량에 비례하고 누설 임피던스에 반비례

③ 용량에 반비례하고 누설 리액턴스에 비례

④ 용량에 반비례하고 누설 리액턴스의 제곱에 비례

해설 부하 전류의 분담비
$\dfrac{I_a}{I_b}=\dfrac{\%Z_b}{\%Z_a}\cdot\dfrac{P_A}{P_B}$이므로 부하 전류 분담비는 누설 임피던스에 반비례하고, 정격 용량에는 비례한다.

47 스텝 모터(step motor)의 장점으로 틀린 것은?

① 회전각과 속도는 펄스수에 비례한다.

② 위치 제어를 할 때 각도 오차가 적고 누적된다.

③ 가속, 감속이 용이하며 정·역전 및 변속이 쉽다.

④ 피드백 없이 오픈 루프로 손쉽게 속도 및 위치 제어를 할 수 있다.

해설 스텝 모터(step moter)는 피드백 회로가 없음에도 속도 및 정확한 위치 제어를 할 수 있으며 가·감속 과정·역 변속이 쉽고 오차의 누적이 없다.

48 380[V], 60[Hz], 4극, 10[kW]인 3상 유도 전동기의 전부하 슬립이 4[%]이다. 전원 전압을 10[%] 낮추는 경우 전부하 슬립은 약 몇 [%]인가?

① 3.3   ② 3.6

③ 4.4   ④ 4.9

해설 전부하 슬립 $s \propto \dfrac{1}{V_1^2}$

$s' = s\dfrac{1}{V'^2}=4\times\dfrac{1}{0.9^2}=4.93[\%]$

49 3상 권선형 유도 전동기의 기동 시 2차측 저항을 2배로 하면 최대 토크값은 어떻게 되는가?

① 3배로 된다.

② 2배로 된다.

③ 1/2로 된다.

④ 변하지 않는다.

해설 최대 토크 T_{sm}

$T_{sm}=\dfrac{V_1^2}{2\{(r_1+r_2')^2+(x_1+x_2')^2\}}\neq r_2$

최대 토크는 2차 저항과 무관하다.

정답   44.④   45.①   46.②   47.②   48.④   49.④

50 직류 분권 전동기에서 정출력 가변 속도의 용도에 적합한 속도 제어법은?

① 계자 제어

② 저항 제어

③ 전압 제어

④ 극수 제어

해설 직류 전동기의 출력 $P \propto TN$이며, 토크 $T \propto \phi$, 속도 $N \propto \dfrac{1}{\phi}$이므로 자속을 변화해도 출력이 일정하므로 계자 제어를 정출력 제어법이라고 한다.

51 권수비가 a인 단상 변압기 3대가 있다. 이 것을 1차에 △, 2차에 Y로 결선하여 3상 교류 평형 회로에 접속할 때 2차측의 단자 전압을 V[V], 전류를 I[A]라고 하면 1차측의 단자 전압 및 선전류는 얼마인가? (단, 변압기의 저항, 누설 리액턴스, 여자 전류는 무시한다.)

① $\dfrac{aV}{\sqrt{3}}$[V], $\dfrac{\sqrt{3}\,I}{a}$[A]

② $\sqrt{3}\,aV$[V], $\dfrac{I}{\sqrt{3}\,a}$[A]

③ $\dfrac{\sqrt{3}\,V}{a}$[V], $\dfrac{aI}{\sqrt{3}}$[A]

④ $\dfrac{V}{\sqrt{3}\,a}$[V], $\sqrt{3}\,aI$[A]

해설 권수비 $a = \dfrac{E_1}{E_2} = \dfrac{V_1}{\dfrac{V}{\sqrt{3}}}$

$\therefore V_1 = \dfrac{aV}{\sqrt{3}}$[V]

$a = \dfrac{I_{2p}}{I_{1p}} = \dfrac{I}{\dfrac{I_1}{\sqrt{3}}}$

$\therefore I_1 = \dfrac{\sqrt{3}\,I}{a}$[A]

52 직류 분권 전동기의 전기자 전류가 10[A] 일 때 5[N·m]의 토크가 발생하였다. 이 전 동기의 계자의 자속이 80[%]로 감소되고, 전기자 전류가 12[A]로 되면 토크는 약 몇 [N·m]인가?

① 3.9

② 4.3

③ 4.8

④ 5.2

해설 토크 $T = \dfrac{PZ}{2\pi a}\phi I_a \propto \phi I_a$이므로

$T' = 5 \times 0.8 \times \dfrac{12}{10} = 4.8$[N·m]

53 3상 전원 전압 220[V]를 3상 반파 정류 회로의 각 상에 SCR을 사용하여 정류 제어할 때 위상 각을 60°로 하면 순저항 부하에서 얻을 수 있는 출력 전압 평균값은 약 몇 [V]인가?

① 128.65

② 148.55

③ 257.3

④ 297.1

해설 출력 전압 평균값 $E_{d\alpha}$

$E_{d\alpha} = E_{do}\dfrac{1+\cos\alpha}{2} = 1.17E \times \dfrac{1+\cos 60°}{2}$

$= 1.17 \times 220 \times \dfrac{1+\dfrac{1}{2}}{2} = 193.05$[V]

54 동기 발전기에서 무부하 정격 전압일 때의 여자 전류를 I_{fo}, 정격 부하 정격 전압일 때의 여자 전류를 I_{f1}, 3상 단락 정격 전류에 대한 여자 전류를 I_{fs}라 하면 정격 속도에서의 단락비 K는?

① $K = \dfrac{I_{fs}}{I_{fo}}$

② $K = \dfrac{I_{fo}}{I_{fs}}$

③ $K = \dfrac{I_{fs}}{I_{f1}}$

④ $K = \dfrac{I_{f1}}{I_{fs}}$

정답 50.① 51.① 52.③ 53.정답 없음 54.②

■해설 단락비 K_s

$$K_s = \frac{\text{무부하 정격 전압을}}{\text{3상 단락 정격 전류를}} \atop \frac{\text{유도하는데 필요한 여자 전류}}{\text{흘리는데 필요한 여자 전류}}$$

$$= \frac{I_{fo}}{I_{fs}} = \frac{1}{Z_s{}^r} = \frac{I_s}{I_n}$$

55 유도자형 동기 발전기의 설명으로 옳은 것은?

① 전기자만 고정되어 있다.
② 계자극만 고정되어 있다.
③ 회전자가 없는 특수 발전기이다.
④ 계자극과 전기자가 고정되어 있다.

■해설 유도자형 발전기는 계자극과 전기자를 고정하고 계자극과 전기자 사이에서 유도자(철심)를 회전하여 수백~20,000[Hz]의 고주파를 발생하는 특수 교류 발전기이다.

56 3상 동기 발전기의 여자 전류 10[A]에 대한 단자 전압이 $1,000\sqrt{3}$ [V], 3상 단락 전류가 50[A]인 경우 동기 임피던스는 몇 [Ω]인가?

① 5
② 11
③ 20
④ 34

■해설 동기 임피던스 Z_s [Ω]

$$Z_s = \frac{E}{I} = \frac{\dfrac{1,000\sqrt{3}}{\sqrt{3}}}{50} = 20[\Omega]$$

57 변압기의 습기는 제거하여 절연을 향상시키는 건조법이 아닌 것은?

① 열풍법
② 단락법
③ 진공법
④ 건식법

■해설 변압기의 건조법
• 열풍법
• 단락법
• 진공법

58 극수 20, 주파수 60[Hz]인 3상 동기 발전기의 전기자 권선이 2층 중권, 전기자 전 슬롯수 180, 각 슬롯 내의 도체수 10, 코일 피치 7 슬롯인 2중 성형 결선으로 되어 있다. 선간 전압 3,300[V]를 유도하는데 필요한 기본파 유효 자속은 약 몇 [Wb]인가? (단, 코일 피치와 자극 피치의 비 $\beta = \dfrac{7}{9}$ 이다.)

① 0.004
② 0.062
③ 0.053
④ 0.07

■해설 분포 계수

$$K_d = \frac{\sin\dfrac{\pi}{2m}}{g\sin\dfrac{\pi}{2mq}} = \frac{\sin\dfrac{180°}{2\times3}}{3\sin\dfrac{180°}{2\times3\times3}} = 0.96$$

단절 계수

$$K_p = \sin\frac{B\pi}{2} = \sin\frac{\dfrac{7}{9}\times180°}{2} = 0.94$$

권선 계수 $K_w = K_d \cdot K_p = 0.96\times0.94 = 0.902$

1상의 권수 $N = \dfrac{180\times10}{3\times2\times2}$

선간 전압 $V = \sqrt{3} \cdot E = \sqrt{3}\times4.44fN\phi K_w$ 에서

자속 $\phi = \dfrac{3,300}{\sqrt{3}\times4.44\times60\times\dfrac{180\times10}{3\times2\times2}\times0.902}$

$= 0.0528[\text{Wb}]$

59 2방향성 3단자 사이리스터는 어느 것인가?

① SCR
② SSS
③ SCS
④ TRIAC

■해설 TRIAC은 SCR 2개를 역 병렬로 접속한 것과 같은 기능을 가지며, 게이트에 전류를 흘리면 전압이 높은 쪽에서 낮은 쪽으로 도통되는 2방향성 3단자 사이리스터이다.

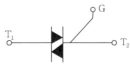

┃ TRIAC 도기호 ┃

60 일반적인 3상 유도 전동기에 대한 설명으로 틀린 것은?

① 불평형 전압으로 운전하는 경우 전류는 증가하나 토크는 감소한다.

② 원선도 작성을 위해서는 무부하 시험, 구속 시험, 1차 권선 저항 측정을 하여야 한다.

③ 농형은 권선형에 비해 구조가 견고하며 권선형에 비해 대형 전동기로 널리 사용된다.

④ 권선형 회전자의 3선 중 1선이 단선되면 동기 속도의 50[%]에서 더 이상 가속되지 못하는 현상을 게르게스 현상이라 한다.

해설 3상 유도 전동기에서 농형은 권선형에 비해 구조가 간결, 견고하며 권선형에 비해 소형 전동기로 널리 사용된다.

제4과목 회로이론 및 제어공학

61 다음 블록 선도의 전달 함수 $\left(\dfrac{C(s)}{R(s)}\right)$는?

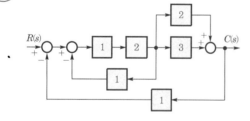

① $\dfrac{10}{9}$

② $\dfrac{10}{13}$

③ $\dfrac{12}{9}$

④ $\dfrac{12}{13}$

해설 전달 함수 $\dfrac{C(s)}{R(s)} = \dfrac{\text{전향 경로 이득의 합}}{1 - \text{loop이득의 합}}$

• 전향 경로 이득의 합 : $\{(1\times2\times3)+(1\times2\times2)\}=10$

• $1-\text{loop}$ 이득의 합 : $1-\{-(1\times2\times1)$
$\qquad\qquad\qquad\qquad -(1\times2\times3\times1)$
$\qquad\qquad\qquad\qquad -(1\times2\times2\times1)\}=13$

∴ 전달 함수 $\dfrac{C(s)}{R(s)}=\dfrac{10}{13}$

62 다음의 논리식과 등가인 것은?

$$Y=(A+B)(\overline{A}+B)$$

① $Y=A$ 　　　② $Y=B$

③ $Y=\overline{A}$ 　　　④ $Y=\overline{B}$

해설 $Y=(A+B)(\overline{A}+B)$
$= A\overline{A}+AB+\overline{A}B+BB$
$= AB+\overline{A}B+B$
$= B(A+\overline{A}+1)$
$= B$

63 전달 함수가 $G(s)=\dfrac{1}{0.1s(0.01s+1)}$과 같은 제어 시스템에서 $\omega=0.1[\text{rad/s}]$일 때의 이득[dB]과 위상각[°]은 약 얼마인가?

① $40[\text{dB}]$, $-90°$ 　　② $-40[\text{dB}]$, $90°$

③ $40[\text{dB}]$, $-180°$ 　④ $-40[\text{dB}]$, $-180°$

해설 $G(j\omega)=\dfrac{1}{j0.1\omega(j0.01\omega+1)}$

$\omega=0.1[\text{rad/s}]$일 때

$G(j\omega)=\dfrac{1}{j0.1\omega(j0.01\omega+1)}\bigg|_{\omega=0.1}$

$\qquad = \dfrac{1}{j0.01(j0.001+1)}$

$|G(j\omega)|=\dfrac{1}{0.01\sqrt{1+(0.001)^2}}\fallingdotseq\dfrac{1}{0.01}\fallingdotseq100$

∴ 이득 $g\fallingdotseq20\log|G(j\omega)|=20\log100$
$\qquad\qquad =20\log10^2=40[\text{dB}]$

위상각 $\theta=-\left(90°+\tan^{-1}\dfrac{0.001}{1}\right)\fallingdotseq-90°$

64 기본 제어 요소인 비례 요소의 전달 함수는? (단, K는 상수이다.)

① $G(s) = K$

② $G(s) = Ks$

③ $G(s) = \dfrac{K}{s}$

④ $G(s) = \dfrac{K}{s+K}$

해설 기본 제어 요소의 전달 함수
- 비례 요소의 전달 함수 $G(s) = K$
- 미분 요소의 전달 함수 $G(s) = Ks$
- 적분 요소의 전달 함수 $G(s) = \dfrac{K}{s}$
- 1차 지연 요소의 전달 함수 $G(s) = \dfrac{K}{Ts+1}$

65 다음의 개루프 전달 함수에 대한 근궤적이 실수축에서 이탈하게 되는 분리점은 약 얼마인가?

$$G(s)H(s) = \frac{K}{s(s+3)(s+8)}, \quad K \geq 0$$

① -0.93

② -5.74

③ -6.0

④ -1.33

해설 특성 방정식

$1 + G(s)H(s) = 1 + \dfrac{K}{s(s+3)(s+8)} = 0$

$s(s+3)(s+8) + K = 0$

$s^3 + 11s^2 + 24s + K = 0$

$\therefore K = -(s^3 + 11s^2 + 24s)$

s에 관하여 미분하면 $\dfrac{dK}{ds} = -(3s^2 + 22s + 24)$

분리점(분지점, 이탈점)은 $\dfrac{dK}{ds}$인 조건을 만족하는 s의 근을 의미하므로

$3s^2 + 22s + 24 = 0$의 근

$s = \dfrac{-11 \pm \sqrt{11^2 - 3 \times 24}}{3} = \dfrac{-11 \pm \sqrt{49}}{3}$

$= \dfrac{-11 \pm 7}{3}$

$\therefore s = -1.33, \ -6$

실수축상의 근궤적 존재 구간

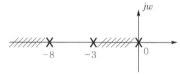

0과 -3, -8과 $-\infty$ 사이의 실수축상에 있으므로 분리점(분지점, 이탈점) $s = -1.33$이 된다.

66 $F(z) = \dfrac{(1 - e^{-aT})z}{(z-1)(z - e^{-aT})}$의 역 z변환은?

① $t \cdot e^{-at}$

② $a^t \cdot e^{-at}$

③ $1 + e^{-at}$

④ $1 - e^{-at}$

해설 $\dfrac{F(z)}{z}$ 형태로 부분 분수 전개하면

$\dfrac{F(z)}{z} = \dfrac{(1 - e^{-aT})}{(z-1)(z - e^{-aT})} = \dfrac{k_1}{z-1} + \dfrac{k_2}{z - e^{-aT}}$

$k_1 = \lim_{z \to 1} \dfrac{1 - e^{-aT}}{z - e^{-aT}} = 1$

$k_2 = \lim_{z \to e^{-aT}} \dfrac{1 - e^{-aT}}{z - 1} = -1$

$\dfrac{F(z)}{z} = \dfrac{1}{z-1} - \dfrac{1}{z - e^{-aT}}$

$F(z) = \dfrac{z}{z-1} - \dfrac{z}{z - e^{-aT}}$

$\therefore f(t) = 1 - e^{-at}$

67 제어 시스템의 전달 함수가 $T(s) = \dfrac{1}{4s^2 + s + 1}$과 같이 표현될 때 이 시스템의 고유 주파수(ω_n[rad/s])와 감쇠율(ζ)은?

① $\omega_n = 0.25, \ \zeta = 1.0$

② $\omega_n = 0.5, \ \zeta = 0.25$

③ $\omega_n = 0.5, \ \zeta = 0.5$

④ $\omega_n = 1.0, \ \zeta = 0.5$

해설 전달 함수

$$T(s) = \frac{1}{4s^2 + s + 1} = \frac{4}{s^2 + \frac{1}{4}s + \frac{1}{4}}$$

$$= \frac{2^2}{s^2 + \frac{1}{4}s + \left(\frac{1}{2}\right)^2}$$

∴ 고유 주파수 $\omega_n = \frac{1}{2} = 0.5[\text{rad/s}]$

$2\zeta\omega_n = \frac{1}{4}$, 감쇠율 $\zeta = \frac{\frac{1}{4}}{2 \times 0.5} = \frac{1}{4} = 0.25$

68 다음의 상태 방정식으로 표현되는 시스템의 상태 천이 행렬은?

$$\begin{bmatrix} \dfrac{d}{dt}x_1 \\ \dfrac{d}{dt}x_2 \end{bmatrix} = \begin{bmatrix} 0 & 1 \\ -3 & -4 \end{bmatrix} \begin{bmatrix} x_1 \\ x_2 \end{bmatrix}$$

① $\begin{bmatrix} 1.5e^{-t} - 0.5e^{-3t} & -1.5e^{-t} + 1.5e^{-3t} \\ 0.5e^{-t} - 0.5e^{-3t} & -0.5e^{-t} + 1.5e^{-3t} \end{bmatrix}$

② $\begin{bmatrix} 1.5e^{-t} - 0.5e^{-3t} & 0.5e^{-t} - 0.5e^{-3t} \\ -1.5e^{-t} + 1.5e^{-3t} & -0.5e^{-t} + 1.5e^{-3t} \end{bmatrix}$

③ $\begin{bmatrix} 1.5e^{-t} - 0.5e^{-4t} & 0.5e^{-t} - 0.5e^{-4t} \\ -1.5e^{-t} + 1.5e^{-4t} & -0.5e^{-t} + 1.5e^{-4t} \end{bmatrix}$

④ $\begin{bmatrix} 1.5e^{-t} - 0.5e^{-4t} & -1.5e^{-t} + 1.5e^{-4t} \\ 0.5e^{-t} - 0.5e^{-4t} & -0.5e^{-t} + 1.5e^{-4t} \end{bmatrix}$

해설 상태 천이 행렬 $\Phi(t) = \mathcal{L}^{-1}[sI - A]^{-1}$

$[sI - A] = \begin{bmatrix} s & 0 \\ 0 & s \end{bmatrix} - \begin{bmatrix} 0 & 1 \\ -3 & -4 \end{bmatrix} = \begin{bmatrix} s & -1 \\ 3 & s+4 \end{bmatrix}$

$[sI - A]^{-1} = \dfrac{1}{\begin{vmatrix} s & -1 \\ 3 & s+4 \end{vmatrix}} \begin{bmatrix} s+4 & 1 \\ -3 & s \end{bmatrix}$

$= \dfrac{1}{s^2 + 4s + 3} \begin{bmatrix} s+4 & 1 \\ -3 & s \end{bmatrix}$

$= \begin{bmatrix} \dfrac{s+4}{(s+1)(s+3)} & \dfrac{1}{(s+1)(s+3)} \\ \dfrac{-3}{(s+1)(s+3)} & \dfrac{s}{(s+1)(s+3)} \end{bmatrix}$

$\mathcal{L}^{-1}[sI - A]^{-1}$

$= \mathcal{L}^{-1} \begin{bmatrix} \dfrac{s+4}{(s+1)(s+3)} & \dfrac{1}{(s+1)(s+3)} \\ \dfrac{-3}{(s+1)(s+3)} & \dfrac{s}{(s+1)(s+3)} \end{bmatrix}$

$= \begin{bmatrix} 1.5e^{-t} - 0.5e^{-3t} & 0.5e^{-t} - 0.5e^{-3t} \\ -1.5e^{-t} + 1.5e^{-3t} & -0.5e^{-t} + 1.5e^{-3t} \end{bmatrix}$

69 제어 시스템의 특성 방정식이 $s^4 + s^3 - 3s^2 - s + 2 = 0$와 같을 때, 이 특성 방정식에서 s평면의 오른쪽에 위치하는 근은 몇 개인가?

① 0

② 1

③ 2

④ 3

해설 라우스의 안정도 판별법에서 제1열의 원소 중 부호 변화의 개수 만큼의 근이 우반평면(s평면의 오른쪽)에 존재하므로
라우스표(수열)

s^4	1	-3	2
s^3	1	-1	0
s^2	-2	2	
s^1	0	0	

보조 방정식 $f(s) = -2s^2 + 2$

보조 방정식을 s에 관해서 미분하면 $\dfrac{df(s)}{ds} = -4s$

라우스의 표에서 0인 행에 $\dfrac{df(s)}{ds}$의 계수로 대치하면

s^4	1	-3	2
s^3	1	-1	0
s^2	-2	2	
s^1	-4	0	
s^0	2	0	

제1열 부호 변화가 2번 있으므로 s평면의 오른쪽에 위치하는 근, 즉 불안정근이 2개 있다.

70 그림의 신호 흐름 선도를 미분 방정식으로 표현한 것으로 옳은 것은? (단, 모든 초기값은 0이다.)

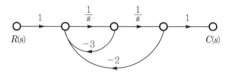

① $\dfrac{d^2c(t)}{dt^2} + 3\dfrac{dc(t)}{dt} + 2c(t) = r(t)$

② $\dfrac{d^2c(t)}{dt^2} + 2\dfrac{dc(t)}{dt} + 3c(t) = r(t)$

③ $\dfrac{d^2c(t)}{dt^2} - 3\dfrac{dc(t)}{dt} - 2c(t) = r(t)$

④ $\dfrac{d^2c(t)}{dt^2} - 2\dfrac{dc(t)}{dt} - 3c(t) = r(t)$

해설

전달 함수 $\dfrac{C(s)}{R(s)} = \dfrac{\sum_{k=1}^{n} G_k \Delta_k}{\Delta} = \dfrac{G_1 \Delta_1}{\Delta}$

전향 경로 $n=1$

$G_1 = 1 \times \dfrac{1}{s} \times \dfrac{1}{s} \times 1 = \dfrac{1}{s^2}$

$\Delta_1 = 1$

$\Delta = 1 - \left(-\dfrac{3}{s} - \dfrac{2}{s^2} \right) = 1 + \dfrac{3}{s} + \dfrac{2}{s^2}$

$\therefore \dfrac{C(s)}{R(s)} = \dfrac{\dfrac{1}{s^2}}{1 + \dfrac{3}{s} + \dfrac{2}{s^2}} = \dfrac{1}{s^2 + 3s + 2}$

$(s^2 + 3s + 2)C(s) = R(s)$

역라플라스 변환으로 미분 방정식을 구하면

$\dfrac{d^2c(t)}{dt^2} + 3\dfrac{dc(t)}{dt} + 2c(t) = r(t)$

71 회로에서 6[Ω]에 흐르는 전류[A]는?

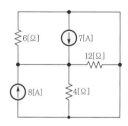

① 2.5   ② 5

③ 7.5   ④ 10

해설 • 8[A] 전류원 존재 시 : 7[A] 전류원은 개방

6[Ω]에 흐르는 전류

$I_1 = \dfrac{\dfrac{4 \times 12}{4+12}}{6 + \dfrac{4 \times 12}{4+12}} \times 8 = \dfrac{3}{6+3} \times 8 \fallingdotseq 2.67[A]$

• 7[A] 전류원 존재 시 : 8[A] 전류원은 개방

6[Ω]에 흐르는 전류

$I_2 = \dfrac{\dfrac{4 \times 12}{4+12}}{6 + \dfrac{4 \times 12}{4+12}} \times 7 = \dfrac{3}{6+3} \times 7 \fallingdotseq 2.33[A]$

∴ 6[Ω]에 흐르는 전류

$I = I_1 + I_2 = 2.67 + 2.33 = 5[A]$

72 RL 직렬 회로에서 시정수가 0.03[s], 저항이 14.7[Ω]일 때 이 회로의 인덕턴스[mH]는?

① 441

② 362

③ 17.6

④ 2.53

해설 시정수 $\tau = \dfrac{L}{R}$[sec]

인덕턴스 $L = \tau \cdot R = 0.03 \times 14.7 \times 10^3 = 441[mH]$

73 상의 순서가 $a-b-c$인 불평형 3상 교류회로에서 각 상의 전류가 $I_a = 7.28\underline{/15.95°}$ [A], $I_b = 12.81\underline{/-128.66°}$ [A], $I_c = 7.21\underline{/123.69°}$[A]일 때 역상분 전류는 약 몇 [A]인가?

① $8.95\underline{/-1.14°}$

② $8.95\underline{/1.14°}$

③ $2.51\underline{/-96.55°}$

④ $2.51\underline{/96.55°}$

정답   70.①   71.②   72.①   73.④

해설 역상 전류 $I_2 = \frac{1}{3}(I_a + a^2 I_b + a I_c)$

$a^2 = 1\underline{/-120°} = -\frac{1}{2} - j\frac{\sqrt{3}}{2}$

$a = 1\underline{/-240°} = 1\underline{/120°} = -\frac{1}{2} + j\frac{\sqrt{3}}{2}$

$\therefore I_2 = \frac{1}{3}(7.28\underline{/15.95°} + 1\underline{/-120°} \times 12.81$

$\underline{/-128.66°} + 1\underline{/120°} \times 7.21\underline{/123.69°})$

$= 2.51\underline{/96.55°}$[A]

74 그림과 같은 T형 4단자 회로의 임피던스 파라미터 Z_{22}는?

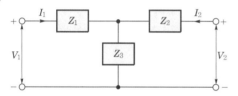

① Z_3 　　　　② $Z_1 + Z_2$

③ $Z_1 + Z_3$ 　　④ $Z_2 + Z_3$

해설 $Z_{22} = \left.\frac{V_2}{I_2}\right|_{I_1 = 0}$: 입력 단자를 개방하고 출력 측에서

본 개방 구동점 임피던스

$\therefore Z_{22} = Z_2 + Z_3$

75 그림과 같은 부하에 선간 전압이 $V_{ab} = 100\underline{/30°}$[V]인 평형 3상 전압을 가했을 때 선전류 I_a[A]는?

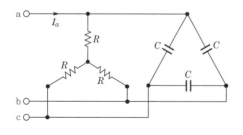

① $\frac{100}{\sqrt{3}}\left(\frac{1}{R} + j3\omega C\right)$

② $100\left(\frac{1}{R} + j\sqrt{3}\,\omega C\right)$

③ $\frac{100}{\sqrt{3}}\left(\frac{1}{R} + j\omega C\right)$

④ $100\left(\frac{1}{R} + j\omega C\right)$

해설 △결선은 Y결선으로 등가 변환하면 $Z_Y = \frac{1}{3}Z_\Delta$ 이므로 한 상의 임피던스는 그림과 같다.

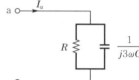

한 상이 $R-C$ 병렬 회로이므로

한 상의 어드미턴스 $Y_P = \frac{1}{R} + j3\omega C$[℧]

$\therefore$ 선전류 $I_a = Y_P V_P = \left(\frac{1}{R} + j3\omega C\right) \cdot \frac{100}{\sqrt{3}}$[A]

76 분포 정수로 표현된 선로의 단위 길이당 저항이 0.5[Ω/km], 인덕턴스가 $1[\mu$H/km], 커패시턴스가 $6[\mu$F/km]일 때 일그러짐이 없는 조건(무왜형 조건)을 만족하기 위한 단위 길이당 컨덕턴스[℧/m]는?

① 1

② 2

③ 3

④ 4

해설 일그러짐이 없는 선로, 즉 무왜형 선로 조건

$\frac{R}{L} = \frac{G}{C}$

$RC = LG$

$\therefore$ 컨덕턴스 $G = \frac{RC}{L} = \frac{0.5 \times 6 \times 10^{-6}}{1 \times 10^{-6}} = 3$[℧/m]

77 그림 (a)의 Y 결선 회로를 그림 (b)의 △ 결선 회로로 등가 변환했을 때 R_{ab}, R_{bc}, R_{ca} 는 각각 몇 [Ω]인가? (단, $R_a = 2[\Omega]$, $R_b = 3[\Omega]$, $R_c = 4[\Omega]$)

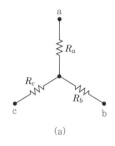

(a)

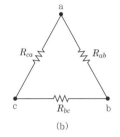

(b)

① $R_{ab} = \dfrac{6}{9}$, $R_{bc} = \dfrac{12}{9}$, $R_{ca} = \dfrac{8}{9}$

② $R_{ab} = \dfrac{1}{3}$, $R_{bc} = 1$, $R_{ca} = \dfrac{1}{2}$

③ $R_{ab} = \dfrac{13}{2}$, $R_{bc} = 13$, $R_{ca} = \dfrac{26}{3}$

④ $R_{ab} = \dfrac{11}{3}$, $R_{bc} = 11$, $R_{ca} = \dfrac{11}{2}$

해설
$$R_{ab} = \frac{R_a R_b + R_b R_c + R_c R_a}{R_c}$$
$$= \frac{2\times3 + 3\times4 + 4\times2}{4} = \frac{13}{2}[\Omega]$$
$$R_{bc} = \frac{R_a R_b + R_b R_c + R_c R_a}{R_a}$$
$$= \frac{2\times3 + 3\times4 + 4\times2}{2} = 13[\Omega]$$
$$R_{ca} = \frac{R_a R_b + R_b R_c + R_c R_a}{R_b}$$
$$= \frac{2\times3 + 3\times4 + 4\times2}{3} = \frac{26}{3}[\Omega]$$

78 다음과 같은 비정현파 교류 전압 $v(t)$와 전류 $i(t)$에 의한 평균 전력은 약 몇 [W]인가?

• $v(t) = 200\sin100\pi t$
$$+ 80\sin\left(300\pi t - \frac{\pi}{2}\right)[V]$$
• $i(t) = \dfrac{1}{5}\sin\left(100\pi t - \dfrac{\pi}{3}\right)$
$$+ \frac{1}{10}\sin\left(300\pi t - \frac{\pi}{4}\right)[A]$$

① 6.414 ② 8.586
③ 12.828 ④ 24.212

해설 $P = V_1 I_1 \cos\theta_1 + V_3 I_3 \cos\theta_3$
$$= \frac{200}{\sqrt{2}} \times \frac{0.2}{\sqrt{2}}\cos60° + \frac{80}{\sqrt{2}} \times \frac{0.1}{\sqrt{2}}\cos45°$$
$$= 12.828[W]$$

79 회로에서 $I_1 = 2e^{-j\frac{\pi}{6}}[A]$, $I_2 = 5e^{j\frac{\pi}{6}}[A]$, $I_3 = 5.0[A]$, $Z_3 = 1.0[\Omega]$일 때 부하(Z_1, Z_2, Z_3) 전체에 대한 복소 전력은 약 몇 [VA]인가?

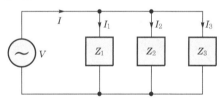

① $55.3 - j7.5$ ② $55.3 + j7.5$
③ $45 - j26$ ④ $45 + j26$

해설 • 전전류 $I = I_1 + I_2 + I_3$
$$= 2\underline{/-30°} + 5\underline{/30°} + 5$$
$$= (\sqrt{3} - j) + (2.5\sqrt{3} + j2.5) + 5$$
$$= 11.06 + j1.5[A]$$
• 전압 $V = Z_3 I_3 = 1.0 \times 5.0 = 5[V]$
• 복소 전력 $P = V\bar{I} = 5(11.06 - j1.5)$
$$= 55.3 - j7.5[VA]$$
$$P = \bar{V} \cdot I = 5(11.06 + j1.5)$$
$$= 55.3 + j7.5[VA]$$

80 $f(t) = \mathcal{L}^{-1}\left[\dfrac{s^2+3s+2}{s^2+2s+5}\right]$ 는?

① $\delta(t) + e^{-t}(\cos 2t - \sin 2t)$

② $\delta(t) + e^{-t}(\cos 2t + 2\sin 2t)$

③ $\delta(t) + e^{-t}(\cos 2t - 2\sin 2t)$

④ $\delta(t) + e^{-t}(\cos 2t + \sin 2t)$

해설

$$F(s) = \frac{s^2+3s+2}{s^2+2s+5} = \frac{(s^2+2s+5)+(s-3)}{s^2+2s+5}$$

$$= 1 + \frac{s-3}{s^2+2s+5} = 1 + \frac{(s+1)-4}{(s+1)^2+2^2}$$

$$= 1 + \frac{s+1}{(s+1)^2+2^2} - 2\frac{2}{(s+1)^2+2^2}$$

$$\therefore\ f(t) = \mathcal{L}^{-1}[F(s)]$$

$$= \delta(t) + e^{-t}\cos 2t - 2e^{-t}\sin 2t$$

$$= \delta(t) + e^{-t}(\cos 2t - 2\sin 2t)$$

제5과목 | 전기설비기술기준

81 풍력 터빈의 피뢰 설비 시설 기준에 대한 설명으로 틀린 것은?

① 풍력 터빈에 설치한 피뢰 설비(리셉터, 인하도선 등)의 기능 저하로 인해 다른 기능에 영향을 미치지 않을 것

② 풍력 터빈 내부의 계측 센서용 케이블은 금속관 또는 차폐 케이블 등을 사용하여 뇌유도 과전압으로부터 보호할 것

③ 풍력 터빈에 설치하는 인하도선은 쉽게 부식되지 않는 금속선으로서 뇌격전류를 안전하게 흘릴 수 있는 충분한 굵기여야 하며, 가능한 직선으로 시설할 것

④ 수뢰부를 풍력 터빈 중앙 부분에 배치하되 뇌격전류에 의한 발열에 의해 녹아서 손상되지 않도록 재질, 크기, 두께 및 형상 등을 고려할 것

해설 풍력 터빈의 피뢰 설비(KEC 532.3.5)

• 수뢰부를 풍력 터빈 선단 부분 및 가장자리 부분에 배치하되 뇌격전류에 의한 발열에 의해 녹아서 손상되지 않도록 재질, 크기, 두께 및 형상 등을 고려할 것

• 풍력 터빈에 설치하는 인하도선은 쉽게 부식되지 않는 금속선으로서 뇌격전류를 안전하게 흘릴 수 있는 충분한 굵기여야 하며, 가능한 직선으로 시설할 것

• 풍력 터빈 내부의 계측 센서용 케이블은 금속관 또는 차폐 케이블 등을 사용하여 뇌유도 과전압으로부터 보호할 것

• 풍력 터빈에 설치한 피뢰 설비(리셉터, 인하도선 등)의 기능 저하로 인해 다른 기능에 영향을 미치지 않을 것

82 샤워 시설이 있는 욕실 등 인체가 물에 젖어있는 상태에서 전기를 사용하는 장소에 콘센트를 시설할 경우 인체 감전 보호용 누전 차단기의 정격 감도 전류는 몇 [mA] 이하인가?

① 5 ② 10

③ 15 ④ 30

해설 콘센트의 시설(KEC 234.5)

욕조나 샤워 시설이 있는 욕실 또는 화장실 등 인체가 물에 젖어 있는 상태에서 전기를 사용하는 장소에 콘센트를 시설하는 경우

• 인체 감전 보호용 누전 차단기(정격 감도 전류 15[mA] 이하, 동작 시간 0.03초 이하의 전류 동작형) 또는 절연 변압기(정격 용량 3[kVA] 이하)로 보호된 전로에 접속하거나, 인체 감전 보호용 누전 차단기가 부착된 콘센트를 시설

• 콘센트는 접지극이 있는 방적형 콘센트를 사용하여 접지

83 강관으로 구성된 철탑의 갑종 풍압 하중은 수직 투영 면적 1[m²]에 대한 풍압을 기초로 하여 계산한 값이 몇 [Pa]인가? (단, 단주는 제외한다.)

① 1,255 ② 1,412

③ 1,627 ④ 2,157

정답 80.③ 81.④ 82.③ 83.①

해설 풍압 하중의 종별과 적용(KEC 331.6)

풍압을 받는 구분(갑종 풍압 하중)			1[m²]에 대한 풍압
목주			588[Pa]
지지물	철주	원형의 것	588[Pa]
		강관 4각형의 것	1,117[Pa]
	철근 콘크리트주	원형의 것	588[Pa]
		기타의 것	882[Pa]
	철탑	강관으로 구성되는 것	1,255[Pa]
		기타의 것	2,157[Pa]

84 한국전기설비규정에 따른 용어의 정의에서 감전에 대한 보호 등 안전을 위해 제공되는 도체를 말하는 것은?

① 접지 도체　　② 보호 도체
③ 수평 도체　　④ 접지극 도체

해설 용어의 정의(KEC 112)
• "보호 도체"란 감전에 대한 보호 등 안전을 위해 제공되는 도체를 말한다.
• "접지 도체"란 계통, 설비 또는 기기의 한 점과 접지극 사이의 도전성 경로 또는 그 경로의 일부가 되는 도체를 말한다.

85 통신상의 유도 장해 방지 시설에 대한 설명이다. 다음 ( )에 들어갈 내용으로 옳은 것은?

> 교류식 전기 철도용 전차 선로는 기설 가공 약전류 전선로에 대하여 ( )에 의한 통신상의 장해가 생기지 않도록 시설하여야 한다.

① 정전 작용　　② 유도 작용
③ 가열 작용　　④ 산화 작용

해설 통신상의 유도 장해 방지 시설(KEC 461.7)
교류식 전기 철도용 전차 선로는 기설 가공 약전류 전선로에 대하여 유도 작용에 의한 통신상의 장해가 생기지 않도록 시설하여야 한다.

86 주택의 전기 저장 장치의 축전지에 접속하는 부하측 옥내 배선을 사람이 접촉할 우려가 없도록 케이블 배선에 의하여 시설하고 전선에 적당한 방호 장치를 시설한 경우 주택의 옥내 전로의 대지 전압은 직류 몇 [V]까지 적용할 수 있는가? (단, 전로에 지락이 생겼을 때 자동적으로 전로를 차단하는 장치를 시설한 경우이다.)

① 150　　　② 300
③ 400　　　④ 600

해설 옥내 전로의 대지 전압 제한(KEC 511.3)
주택의 전기 저장 장치의 축전지에 접속하는 부하측 옥내 배선을 다음에 따라 시설하는 경우에 주택의 옥내 전로의 대지 전압은 직류 600[V]까지 적용할 수 있다.
• 전로에 지락이 생겼을 때 자동적으로 전로를 차단하는 장치를 시설할 것
• 사람이 접촉할 우려가 없는 은폐된 장소에 합성수지관 배선, 금속관 배선 및 케이블 배선에 의하여 시설하거나, 사람이 접촉할 우려가 없도록 케이블 배선에 의하여 시설하고 전선에 적당한 방호 장치를 시설할 것

87 전압의 구분에 대한 설명으로 옳은 것은?

① 직류에서의 저압은 1,000[V] 이하의 전압을 말한다.
② 교류에서의 저압은 1,500[V] 이하의 전압을 말한다.
③ 직류에서의 고압은 3,500[V]를 초과하고 7,000[V] 이하인 전압을 말한다.
④ 특고압은 7,000[V]를 초과하는 전압을 말한다.

해설 적용 범위(KEC 111.1)
전압의 구분은 다음과 같다.
• 저압 : 교류는 1[kV] 이하, 직류는 1.5[kV] 이하인 것
• 고압 : 교류는 1[kV]를, 직류는 1.5[kV]를 초과하고, 7[kV] 이하인 것
• 특고압 : 7[kV]를 초과하는 것

정답 84.② 85.② 86.④ 87.④

88 고압 가공 전선로의 가공 지선으로 나경동선을 사용할 때의 최소 굵기는 지름 몇 [mm] 이상인가?

① 3.2　　　　　② 3.5
③ 4.0　　　　　④ 5.0

▣해설 고압 가공 전선로의 가공 지선(KEC 332.6)
고압 가공 전선로에 사용하는 가공 지선은 인장 강도 5.26[kN] 이상의 것 또는 지름 4[mm] 이상의 나경동선을 사용한다.

89 특고압용 변압기의 내부에 고장이 생겼을 경우에 자동 차단 장치 또는 경보 장치를 하여야 하는 최소 뱅크 용량은 몇 [kVA]인가?

① 1,000　　　　② 3,000
③ 5,000　　　　④ 10,000

▣해설 특고압용 변압기의 보호 장치(KEC 351.4)

뱅크 용량의 구분	동작 조건	장치의 종류
5,000[kVA] 이상 10,000[kVA] 미만	내부 고장	자동 차단 장치 경보 장치
10,000[kVA] 이상	내부 고장	자동 차단 장치
타냉식 변압기	냉각 장치에 고장이 생긴 경우 또는 온도가 현저히 상승한 경우	경보 장치

90 합성 수지관 및 부속품의 시설에 대한 설명으로 틀린 것은?

① 관의 지지점 간의 거리는 1.5[m] 이하로 할 것
② 합성 수지제 가요 전선관 상호 간은 직접 접속할 것
③ 접착제를 사용하여 관 상호 간을 삽입하는 깊이는 관의 바깥 지름의 0.8배 이상으로 할 것
④ 접착제를 사용하지 않고 관 상호 간을 삽입하는 깊이는 관의 바깥 지름의 1.2배 이상으로 할 것

▣해설 합성 수지관 공사(KEC 232.11)
• 전선은 연선(옥외용 제외) 사용, 연동선 10[mm²], 알루미늄선 16[mm²] 이하는 단선 사용
• 전선관 내 전선 접속점이 없도록 함
• 관을 삽입하는 길이 : 관 외경(바깥지름) 1.2배(접착제 사용 0.8배)
• 관 지지점 간 거리 : 1.5[m] 이하

91 사용 전압이 22.9[kV]인 가공 전선이 철도를 횡단하는 경우, 전선의 레일면상의 높이는 몇 [m] 이상인가?

① 5　　　　　　② 5.5
③ 6　　　　　　④ 6.5

▣해설 25[kV] 이하인 특고압 가공 전선로의 시설(KEC 333.32)
특고압 가공 전선로의 다중 접지를 한 중성선은 저압 가공 전선의 규정에 준하여 시설하므로 철도 또는 궤도를 횡단하는 경우에는 레일면상 6.5[m] 이상으로 한다.

92 가공 전선로의 지지물에 시설하는 통신선 또는 이에 직접 접속하는 가공 통신선이 철도 또는 궤도를 횡단하는 경우 그 높이는 레일면상 몇 [m] 이상으로 하여야 하는가?

① 3　　　　　　② 3.5
③ 5　　　　　　④ 6.5

▣해설 전력 보안 통신선의 시설 높이와 이격 거리(간격)(KEC 362.2)
가공 전선로의 지지물에 시설하는 통신선 또는 이에 직접 접속하는 가공 통신선의 높이
• 도로를 횡단하는 경우에는 지표상 6[m] 이상 다만, 저압이나 고압의 가공 전선로의 지지물에 시설하는 통신선 또는 이에 직접 접속하는 가공 통신선을 시설하는 경우에 교통에 지장을 줄 우려가 없을 때에는 지표상 5[m]까지로 감할 수 있다.
• 철도 또는 궤도를 횡단하는 경우에는 레일면상 6.5[m] 이상
• 횡단보도교의 위에 시설하는 경우에는 그 노면상 5[m] 이상

93 전력 보안 통신 설비의 조가선은 단면적 몇 [mm²] 이상의 아연도강연선을 사용하여야 하는가?

① 16   ② 38
③ 50   ④ 55

해설 조가선 시설기준(KEC 362.3)

조가선은 단면적 38[mm²] 이상의 아연도강연선을 사용할 것

94 가요 전선관 및 부속품의 시설에 대한 내용이다. 다음 ( )에 들어갈 내용으로 옳은 것은?

> 1종 금속제 가요 전선관에는 단면적 ( )[mm²] 이상의 나연동선을 전체 길이에 걸쳐 삽입 또는 첨가하여 그 나연동선과 1종 금속제 가요 전선관을 양쪽 끝에서 전기적으로 완전하게 접속할 것. 다만, 관의 길이가 4[m] 이하인 것을 시설하는 경우에는 그러하지 아니하다.

① 0.75
② 1.5
③ 2.5
④ 4

해설 가요 전선관 및 부속품의 시설(KEC 232.13.3)
- 관 상호 간 및 관과 박스 기타의 부속품과는 견고하고 또한 전기적으로 완전하게 접속할 것
- 가요 전선관의 끝부분은 피복을 손상하지 아니하는 구조로 되어 있을 것
- 습기 많은 장소 또는 물기가 있는 장소에 시설하는 때에는 비닐 피복 가요 전선관일 것
- 1종 금속제 가요 전선관에는 단면적 2.5[mm²] 이상의 나연동선을 전체 길이에 걸쳐 삽입 또는 첨가하여 그 나연동선과 1종 금속제 가요 전선관을 양쪽 끝에서 전기적으로 완전하게 접속할 것. 다만, 관의 길이가 4[m] 이하인 것을 시설하는 경우에는 그러하지 아니하다.

95 사용 전압이 154[kV]인 전선로를 제1종 특고압 보안공사로 시설할 경우, 여기에 사용되는 경동 연선의 단면적은 몇 [mm²] 이상이어야 하는가?

① 100   ② 125
③ 150   ④ 200

해설 제1종 특고압 보안 공사 시 전선의 단면적(KEC 333.22)

사용전압	전선
100[kV] 미만	인장 강도 21.67[kN] 이상, 단면적 55[mm²] 이상 경동 연선
100[kV] 이상 300[kV] 미만	인장 강도 58.84[kN] 이상, 단면적 150[mm²] 이상 경동 연선
300[kV] 이상	인장 강도 77.47[kN] 이상, 단면적 200[mm²] 이상 경동 연선

96 사용 전압이 400[V] 이하인 저압 옥측 전선로를 애자 공사에 의해 시설하는 경우 전선 상호 간의 간격은 몇 [m] 이상이어야 하는가? (단, 비나 이슬에 젖지 않는 장소에 사람이 쉽게 접촉될 우려가 없도록 시설한 경우이다.)

① 0.025   ② 0.045
③ 0.06   ④ 0.12

해설 옥측 전선로(KEC 221.2) – 시설 장소별 조영재 사이의 이격 거리(간격)

시설 장소	전선 상호 간의 간격		전선과 조영재 사이의 이격 거리(간격)	
	사용 전압 400[V] 이하	사용 전압 400[V] 초과	사용 전압 400[V] 이하	사용 전압 400[V] 초과
비나 이슬에 젖지 않는 장소	0.06[m]	0.06[m]	0.025[m]	0.025[m]
비나 이슬에 젖는 장소	0.06[m]	0.12[m]	0.025[m]	0.045[m]

정답   93.②   94.③   95.③   96.③

97 지중 전선로는 기설 지중 약전류 전선로에 대하여 통신상의 장해를 주지 않도록 기설 약전류 전선로로부터 충분히 이격시키거나 기타 적당한 방법으로 시설하여야 한다. 이때 통신상의 장해가 발생하는 원인으로 옳은 것은?

① 충전 전류 또는 표피 작용

② 충전 전류 또는 유도 작용

③ 누설 전류 또는 표피 작용

④ 누설 전류 또는 유도 작용

해설 지중 약전류 전선의 유도 장해 방지(KEC 334.5)
지중 전선로는 기설 지중 약전류 전선로에 대하여 누설 전류 또는 유도 작용에 의하여 통신상의 장해를 주지 않도록 기설 약전류 전선로로부터 충분히 이격시키거나 기타 적당한 방법으로 시설하여야 한다.

98 최대 사용 전압이 10.5[kV]를 초과하는 교류의 회전기 절연 내력을 시험하고자 한다. 이때 시험 전압은 최대 사용 전압의 몇 배의 전압으로 하여야 하는가? (단, 회전 변류기는 제외한다.)

① 1

② 1.1

③ 1.25

④ 1.5

해설 회전기 및 정류기의 절연 내력(KEC 133)

회전기 종류		시험 전압
발전기 · 전동기 · 조상기 (무효전력 보상장치)	최대 사용 전압 7[kV] 이하	최대 사용 전압의 1.5배의 전압
	최대 사용 전압 7[kV] 초과	최대 사용 전압의 1.25배의 전압

99 폭연성 분진(먼지) 또는 화약류의 분말에 전기 설비가 발화원이 되어 폭발할 우려가 있는 곳에 시설하는 저압 옥내 배선의 공사 방법으로 옳은 것은? (단, 사용 전압이 400[V] 초과인 방전등을 제외한 경우이다.)

① 금속관 공사

② 애자 사용 공사

③ 합성 수지관 공사

④ 캡타이어 케이블 공사

해설 폭연성 분진(먼지) 위험 장소(KEC 242.2.1)
폭연성 분진(먼지) 또는 화약류의 분말이 전기 설비가 발화원이 되어 폭발할 우려가 있는 곳에 시설하는 저압 옥내 전기 설비는 금속관 공사 또는 케이블 공사(캡타이어 케이블 제외)에 의할 것

100 과전류 차단기로 저압 전로에 사용하는 범용의 퓨즈(「전기 용품 및 생활 용품 안전관리법」에서 규정하는 것을 제외한다)의 정격 전류가 16[A]인 경우 용단 전류는 정격 전류의 몇 배인가? [단, 퓨즈(gG)인 경우이다.]

① 1.25 ② 1.5

③ 1.6 ④ 1.9

해설 보호 장치의 특성(KEC 212.3.4) – 퓨즈의 용단 특성

정격 전류의 구분	시간	정격 전류의 배수	
		불용단 전류	용단 전류
4[A] 이하	60분	1.5배	2.1배
4[A] 초과 16[A] 미만	60분	1.5배	1.9배
16[A] 이상 63[A] 이하	60분	1.25배	1.6배
63[A] 초과 160[A] 이하	120분	1.25배	1.6배
160[A] 초과 400[A] 이하	180분	1.25배	1.6배
400[A] 초과	240분	1.25배	1.6배

정답 97.④ 98.③ 99.① 100.③

제1과목 전기자기학

01 내압이 1[kV]이고 용량이 각각 0.01[μF], 0.02[μF], 0.04[μF]인 콘덴서를 직렬로 연결했을 때 전체 콘덴서의 내압은 몇 [V]인가?

① 1,750
② 2,000
③ 3,500
④ 4,000

해설 각 콘덴서에 가해지는 전압을 V_1, V_2, V_3[V]라 하면

$$V_1 : V_2 : V_3 = \frac{1}{0.01} : \frac{1}{0.02} : \frac{1}{0.04} = 4 : 2 : 1$$

$$\therefore V_1 = 1,000[V]$$

$$V_2 = 1,000 \times \frac{2}{4} = 500[V]$$

$$V_3 = 1,000 \times \frac{1}{4} = 250[V]$$

$$\therefore 전체 내압 : V = V_1 + V_2 + V_3$$
$$= 1,000 + 500 + 250$$
$$= 1,750[V]$$

02 두 개의 길고 직선인 도체가 평행으로 그림과 같이 위치하고 있다. 각 도체에는 10[A]의 전류가 같은 방향으로 흐르고 있으며, 이격 거리는 0.2[m]일 때 오른쪽 도체의 단위 길이당 힘[N/m]은? (단, a_x, a_z는 단위 벡터이다.)

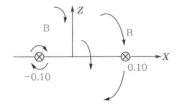

① $10^{-2}(-a_x)$
② $10^{-4}(-a_x)$
③ $10^{-2}(-a_z)$
④ $10^{-4}(-a_z)$

해설
$$F = \frac{2I_1 I_2}{r} \times 10^{-7} [N/m]$$
$$= \frac{2 \times 10 \times 10}{0.2} \times 10^{-7}$$
$$= 10^{-4} [N/m]$$
전류 방향이 같으므로 흡인력 발생은 $-X$축

03 간격에 비해서 충분히 넓은 평행판 콘덴서의 판 사이에 비유전율 ε_s인 유전체를 채우고 외부에서 판에 수직 방향으로 전계 E_0를 가할 때, 분극 전하에 의한 전계의 세기는 몇 [V/m]인가?

① $\dfrac{\varepsilon_s + 1}{\varepsilon_s} \times E_0$
② $\dfrac{\varepsilon_s - 1}{\varepsilon_s} \times E_0$

③ $\dfrac{\varepsilon_s}{\varepsilon_s + 1} \times E_0$
④ $\dfrac{\varepsilon_s}{\varepsilon_s - 1} \times E_0$

해설 유전체 내의 전계 E는 E_0와 분극 전하에 의한 E'와의 합으로 다음과 같다.
$$E = E_0 + E' [V/m]$$
또한, $E = \dfrac{E_0}{\varepsilon_s}$ [V/m]이므로

$$\frac{E_0}{\varepsilon_s} = E_0 + E'$$

$$\therefore E' = E_0 \left(\frac{1}{\varepsilon_s} - 1 \right) = -E_0 \left(\frac{\varepsilon_s - 1}{\varepsilon_s} \right) [V/m]$$

$$\therefore E' = E_0 \left(\frac{\varepsilon_s - 1}{\varepsilon_s} \right) [V/m]$$

정답 01.① 02.② 03.②

04 유전율 ε, 투자율 μ인 매질 내에서 전자파의 속도[m/s]는?

① $\sqrt{\dfrac{\mu}{\varepsilon}}$　　　② $\sqrt{\mu\varepsilon}$

③ $\sqrt{\dfrac{\varepsilon}{\mu}}$　　　④ $\dfrac{3\times10^8}{\sqrt{\varepsilon_s\mu_s}}$

해설
$$v=\frac{1}{\sqrt{\varepsilon\mu}}$$
$$=\frac{1}{\sqrt{\varepsilon_0\,\mu_0}}\cdot\frac{1}{\sqrt{\varepsilon_s\,\mu_s}}$$
$$=C_0\frac{1}{\sqrt{\varepsilon_s\,\mu_s}}=\frac{3\times10^8}{\sqrt{\varepsilon_s\,\mu_s}}\;[\text{m/s}]$$

05 내반경 a[m], 외반경 b[m]인 동축 케이블에서 극간 매질의 도전율이 σ[S/m]일 때, 단위 길이당 이 동축 케이블의 컨덕턴스[S/m]는?

① $\dfrac{4\pi\sigma}{\ln\dfrac{b}{a}}$　　　② $\dfrac{2\pi\sigma}{\ln\dfrac{b}{a}}$

③ $\dfrac{\pi\sigma}{\ln\dfrac{b}{a}}$　　　④ $\dfrac{6\pi\sigma}{\ln\dfrac{b}{a}}$

해설 동축 케이블의 단위 길이당 정전용량
$C=\dfrac{2\pi\varepsilon}{\ln\dfrac{b}{a}}$[F/m]이므로 $RC=\rho\varepsilon$에서

$$R=\frac{\rho\varepsilon}{C}=\frac{\rho\varepsilon}{\dfrac{2\pi}{\ln\dfrac{b}{a}}}=\frac{\rho}{2\pi}\ln\frac{b}{a}=\frac{1}{2\pi\sigma}\ln\frac{b}{a}\;[\Omega/\text{m}]$$

$$\therefore G=\frac{1}{R}=\frac{2\pi\sigma}{\ln\dfrac{b}{a}}\;[\text{S/m}]$$

06 유전율 ε_1, ε_2인 두 유전체 경계면에서 전계가 경계면에 수직일 때, 경계면에 작용하는 힘은 몇 [N/m²]인가? (단, $\varepsilon_1 > \varepsilon_2$이다.)

① $\left(\dfrac{1}{\varepsilon_1}+\dfrac{1}{\varepsilon_2}\right)D$　　② $2\left(\dfrac{1}{\varepsilon_1{}^2}+\dfrac{1}{\varepsilon_2{}^2}\right)D^2$

③ $\dfrac{1}{2}\left(\dfrac{1}{\varepsilon_2}-\dfrac{1}{\varepsilon_1}\right)D$　　④ $\dfrac{1}{2}\left(\dfrac{1}{\varepsilon_2}-\dfrac{1}{\varepsilon_1}\right)D^2$

해설 전계가 수직으로 입사 시 경계면 양측에서 전속 밀도가 같다.
$$D_1=D_2=D$$
$$\therefore f=\frac{1}{2}E_2D_2-\frac{1}{2}E_1D_1\,[\text{N/m}]$$
$$=\frac{1}{2}(E_2-E_1)D$$
$$=\frac{1}{2}\left(\frac{1}{\varepsilon_2}-\frac{1}{\varepsilon_1}\right)D^2\,[\text{N/m}^2]$$

07 벡터 퍼텐셜 $A=3x^2ya_x+2xa_y-z^3a_z$ [Wb/m]일 때의 자계의 세기 H[A/m]는? (단, μ는 투자율이라 한다.)

① $\dfrac{1}{\mu}(2-3x^2)a_y$　　② $\dfrac{1}{\mu}(3-2x^2)a_y$

③ $\dfrac{1}{\mu}(2-3x^2)a_z$　　④ $\dfrac{1}{\mu}(3-2x^2)a_z$

해설 $B=\mu H=\text{rot}A=\nabla\times A$($A$는 벡터 퍼텐셜, H는 자계의 세기)
$$\therefore H=\frac{1}{\mu}(\nabla\times A)$$
$$\nabla\times A=\begin{vmatrix} a_x & a_y & a_z \\ \dfrac{\partial}{\partial x} & \dfrac{\partial}{\partial y} & \dfrac{\partial}{\partial z} \\ 3x^2y & 2x & -z^3 \end{vmatrix}=(2-3x^2)a_z$$
$$\therefore \text{자계의 세기 } H=\frac{1}{\mu}(2-3x^2)a_z$$

08 전위 경도 V와 전계 E의 관계식은?

① $E=\text{grad}\,V$　　② $E=\text{div}\,V$

③ $E=-\text{grad}\,V$　　④ $E=-\text{div}\,V$

해설 전계의 세기 $E=-\text{grad}\,V=-\nabla V$ [V/m]
전위 경도는 전계의 세기와 크기는 같고, 방향은 반대이다.

정답　04.④　05.②　06.④　07.③　08.③

09 2[C]의 점전하가 전계 $E = 2a_x + a_y - 4a_z$ [V/m] 및 자계 $B = -2a_x + 2a_y - a_z$ [Wb/m²] 내에서 $v = 4a_x - a_y - 2a_z$ [m/s]의 속도로 운동하고 있을 때, 점전하에 작용하는 힘 F는 몇 [N]인가?

① $-14a_x + 18a_y + 6a_z$

② $14a_x - 18a_y - 6a_z$

③ $-14a_x + 18a_y + 4a_z$

④ $14a_x + 18a_y + 4a_z$

해설 $F = q\{E + (v \times B)\}$
$$= 2(2a_x + a_y - 4a_z) + 2(4a_x - a_y - 2a_z)$$
$$\times (-2a_x + 2a_y - a_z)$$
$$= 2(2a_x + a_y - 4a_z) + 2\begin{vmatrix} a_x & a_y & a_z \\ 4 & -1 & -2 \\ -2 & 2 & -1 \end{vmatrix}$$
$$= 2(2a_x + a_y - 4a_z) + 2(5a_x + 8a_y + 6a_z)$$
$$= 14a_x + 18a_y + 4a_z \text{ [N]}$$

10 그림과 같이 반지름 10[cm]인 반원과 그 양 단으로부터 직선으로 된 도선에 10[A]의 전 류가 흐를 때, 중심 0에서의 자계의 세기와 방향은?

$R = 10$[cm]

$I = 10$[A]   0

① 2.5[AT/m], 방향 ⊙

② 25[AT/m], 방향 ⊙

③ 2.5[AT/m], 방향 ⊗

④ 25[AT/m], 방향 ⊗

해설 반원의 자계의 세기
$$H = \frac{I}{2R} \times \frac{1}{2} = \frac{I}{4R} \text{ [AT/m]}$$
앙페르의 오른 나사 법칙에 의해 들어가는 방향(⊗) 으로 자계가 형성된다.
$$\therefore H = \frac{10}{4 \times 10 \times 10^{-2}} = 25 \text{ [AT/m]}$$

11 일반적인 전자계에서 성립되는 기본 방정식 이 아닌 것은? (단, i는 전류 밀도, ρ는 공 간 전하 밀도이다.)

① $\nabla \times H = i + \dfrac{\partial D}{\partial t}$

② $\nabla \times E = -\dfrac{\partial B}{\partial t}$

③ $\nabla \cdot D = \rho$

④ $\nabla \cdot B = \mu H$

해설 맥스웰의 전자계 기초 방정식

• $\text{rot } E = \nabla \times E = -\dfrac{\partial B}{\partial t} = -\mu \dfrac{\partial H}{\partial t}$ (패러데이 전자 유 도 법칙의 미분형)

• $\text{rot } H = \nabla \times H = i + \dfrac{\partial D}{\partial t}$ (앙페르 주회 적분 법칙 의 미분형)

• $\text{div } D = \nabla \cdot D = \rho$ (정전계 가우스 정리의 미분형)

• $\text{div } B = \nabla \cdot B = 0$ (정자계 가우스 정리의 미분형)

12 자성체 $3 \times 4 \times 20$[cm³]가 자속 밀도 $B = 130$[mT]로 자화되었을 때 자기 모멘트가 48[A·m²]였다면 자화의 세기(M)는 몇 [A/m]인가?

① 10^4

② 10^5

③ 2×10^4

④ 2×10^5

해설 자화의 세기(M)는 자성체에서 단위 체적당의 자기 모멘트이다.
$$\therefore M = \frac{\text{자기 모멘트}}{\text{단위 체적}}$$
$$= \frac{48}{3 \times 4 \times 20 \times 10^{-6}}$$
$$= 2 \times 10^5 \text{ [A/m]}$$

13 그림과 같은 모양의 자화 곡선을 나타내는 자성체 막대를 충분히 강한 평등 자계 중에서 매분 3,000회 회전시킬 때 자성체는 단위 체적당 매초 약 몇 [kcal/s]의 열이 발생하는가? (단, $B_r = 2[\text{Wb/m}^2]$, $H_c = 500[\text{AT/m}]$, $B = \mu H$에서 μ는 일정하지 않다.)

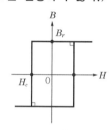

① 11.7
② 47.6
③ 70.2
④ 200

 체적당 전력 = 히스테리시스 곡선의 면적
$P_h = 4H_c B_r = 4 \times 500 \times 2 = 4,000[\text{W/m}^3]$

$\therefore H = 0.24 \times 4,000 \times \dfrac{3,000}{60} \times 10^{-3}$

$= 48[\text{kcal/s}]$

14 접지된 구도체와 점전하 간에 작용하는 힘은?

① 항상 흡인력이다.
② 항상 반발력이다.
③ 조건적 흡인력이다.
④ 조건적 반발력이다.

해설 점전하가 $Q[\text{C}]$일 때

접지 구도체의 영상 전하 $Q' = -\dfrac{a}{d}Q[\text{C}]$이므로 항상 흡인력이 작용한다.

15 자속 밀도 $B[\text{Wb/m}^2]$의 평등 자계 내에서 길이 $l[\text{m}]$인 도체 ab가 속도 $v[\text{m/s}]$로 그림과 같이 도선을 따라서 자계와 수직으로 이동할 때 도체 ab에 의해 유기된 기전력의 크기 $e[\text{V}]$와 폐회로 abcd 내 저항 R에 흐르는 전류의 방향은? (단, 폐회로 abcd 내 도선 및 도체의 저항은 무시한다.)

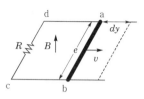

① $e = Blv$, 전류 방향 : c → d
② $e = Blv$, 전류 방향 : d → c
③ $e = Blv^2$, 전류 방향 : c → d
④ $e = Blv^2$, 전류 방향 : d → c

해설 플레밍의 오른손 법칙
유기 기전력 $e = vBl\sin\theta = Blv[\text{V}]$
방향 a → b → c → d

16 질량(m)이 $10^{-10}[\text{kg}]$이고, 전하량(Q)이 $10^{-8}[\text{C}]$인 전하가 전기장에 의해 가속되어 운동하고 있다. 가속도가 $a = 10^2 i + 10^2 j[\text{m/s}^2]$일 때 전기장의 세기 $E[\text{V/m}]$는?

① $E = 10^4 i + 10^5 j$
② $E = i + 10j$
③ $E = i + j$
④ $E = 10^{-6} i + 10^{-4} j$

해설 전기장에 의해 전하량 Q에 작용하는 힘과 가속에 의한 질량 m에 작용하는 힘이 동일하므로
$F = QE = ma$

전기장의 세기 $E = \dfrac{m}{Q}a$

$= \dfrac{10^{-10}}{10^{-8}} \times (10^2 i + 10^2 j)$

$= i + j[\text{V/m}]$

17 유전율 ε, 전계의 세기 E인 유전체의 단위 체적에 축적되는 에너지[J/m³]는?

① $\dfrac{E}{2\varepsilon}$
② $\dfrac{\varepsilon E}{2}$
③ $\dfrac{\varepsilon E^2}{2}$
④ $\dfrac{\varepsilon^2 E^2}{2}$

해설 단위 체적당 에너지 밀도

단위 전위차를 가진 부분을 Δl, 단면적을 ΔS라 하면

$$W = \frac{1}{2}\frac{1}{\Delta l \Delta S}$$

$$= \frac{1}{2}E \cdot D \,(D = \varepsilon E)$$

$$= \frac{1}{2}\frac{D^2}{\varepsilon} = \frac{1}{2}\varepsilon E^2 \ [\text{J/m}^3]$$

여기서, $\dfrac{1}{\Delta l}$: 전위 경도

$\quad\quad\quad \dfrac{1}{\Delta S}$: 패러데이관의 밀도, 즉 전속 밀도

18 다음 그림과 같은 직사각형의 평면 코일이 $B = \dfrac{0.05}{\sqrt{2}}(a_x + a_y)$ [Wb/m²]인 자계에 위치하고 있다. 이 코일에 흐르는 전류가 5[A]일 때 z축에 있는 코일에서의 토크는 약 몇 [N·m]인가?

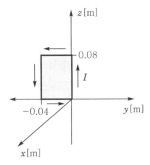

① $2.66 \times 10^{-4} a_x$ ② $5.66 \times 10^{-4} a_x$

③ $2.66 \times 10^{-4} a_z$ ④ $5.66 \times 10^{-4} a_z$

해설 자속 밀도 $B = \dfrac{0.05}{\sqrt{2}}(a_x + a_y)$

$\quad\quad\quad\quad\quad = 0.035a_x + 0.035a_y \,[\text{Wb/m}^2]$

면 벡터 $S = 0.04 \times 0.08 a_x = 0.0032 a_x \,[\text{m}^2]$

토크 $T = (S \times B)I$

$$= 5 \times \begin{vmatrix} a_x & a_y & a_z \\ 0.0032 & 0 & 0 \\ 0.035 & 0.035 & 0 \end{vmatrix}$$

$$= 5 \times (0.035 \times 0.0032)a_z$$

$$= 5.66 \times 10^{-4} a_z \,[\text{N·m}]$$

19 그림과 같이 균일하게 도선을 감은 권수 N, 단면적 S [m²], 평균 길이 l[m]인 공심의 환상 솔레노이드에 I [A]의 전류를 흘렸을 때 자기 인덕턴스 L[H]의 값은?

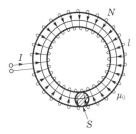

① $L = \dfrac{4\pi N^2 S}{l} \times 10^{-5}$

② $L = \dfrac{4\pi N^2 S}{l} \times 10^{-6}$

③ $L = \dfrac{4\pi N^2 S}{l} \times 10^{-7}$

④ $L = \dfrac{4\pi N^2 S}{l} \times 10^{-8}$

해설 자기 인덕턴스 $L = \dfrac{\mu_0 N^2 S}{l} = \dfrac{4\pi \times 10^{-7} N^2 S}{l}$ [H]

20 간격이 3[cm]이고 면적이 30[cm²]인 평판의 공기 콘덴서에 220[V]의 전압을 가하면 두 판 사이에 작용하는 힘은 약 몇 [N]인가?

① 6.3×10^{-6}

② 7.14×10^{-7}

③ 8×10^{-5}

④ 5.75×10^{-4}

해설 정전 응력 $f = \dfrac{1}{2}\varepsilon_0 E^2 = \dfrac{1}{2}\varepsilon_0 \left(\dfrac{v}{d}\right)^2 \,[\text{N/m}]$

힘 $F = fs$

$$= \frac{1}{2} \times 8.855 \times 10^{-12} \times \left(\frac{220}{3 \times 10^{-2}}\right)^2 \times 30 \times 10^{-4}$$

$$= 7.14 \times 10^{-7} \,[\text{N}]$$

정답   18.④   19.③   20.②

제2과목 전력공학

21 전력 계통의 전압을 조정하는 가장 보편적인 방법은?

① 발전기의 유효 전력 조정
② 부하의 유효 전력 조정
③ 계통의 주파수 조정
④ 계통의 무효 전력 조정

해설 전력 계통의 전압 조정은 계통의 무효 전력을 흡수하는 커패시터나 리액터를 사용하여야 한다.

22 가공 지선의 설치 목적이 아닌 것은?

① 전압 강하의 방지
② 직격뢰에 대한 차폐
③ 유도뢰에 대한 정전 차폐
④ 통신선에 대한 전자 유도 장해 경감

해설 가공 지선의 설치 목적은 뇌격으로부터 전선과 기기 등을 보호하고, 유도 장해를 경감시킨다.

23 수력 발전소에서 사용되고, 횡축에 1년 365일을, 종축에 유량을 표시하는 유황 곡선이란 어떤 것인가?

① 유량이 적은 것부터 순차적으로 배열하여 이들 점을 연결한 것이다.
② 유량이 큰 것부터 순차적으로 배열하여 이들 점을 연결한 것이다.
③ 유량의 월별 평균값을 구하여 선으로 연결한 것이다.
④ 각 월에 가장 큰 유량만을 선으로 연결한 것이다.

해설 유황 곡선

유량도를 기초로 하여 가로축에 일수, 세로축에 유량을 취하여 큰 것부터 차례대로 1년분을 배열한 곡선으로 갈수량, 저수량, 평수량, 풍수량 및 유출량과 특정 유량으로 발전 가능 일수를 알 수 있다.

24 정전 용량이 $0.5[\mu F/km]$, 선로 길이 20[km], 전압 20[kV], 주파수 60[Hz]인 1회선의 3상 송전 선로의 무부하 충전 용량은 약 몇 [kVA]인가?

① 1,412   ② 1,508
③ 1,725   ④ 1,904

해설 충전 용량 $Q_c = \omega C V^2$

$Q_c = 2\pi \times 60 \times 0.5 \times 10^{-6} \times 20 \times (20 \times 10^3)^2 \times 10^{-3}$
$= 1,508[kVA]$

25 154[kV] 송전 계통의 뇌에 대한 보호에서 절연 강도의 순서가 가장 경제적이고 합리적인 것은?

① 피뢰기 → 변압기 코일 → 기기 부싱 → 결합 콘덴서 → 선로 애자
② 변압기 코일 → 결합 콘덴서 → 피뢰기 → 선로 애자 → 기기 부싱
③ 결합 콘덴서 → 기기 부싱 → 선로 애자 → 변압기 코일 → 피뢰기
④ 기기 부싱 → 결합 콘덴서 → 변압기 코일 → 피뢰기 → 선로 애자

해설 절연 협조는 피뢰기의 제1보호 대상을 변압기로 하고, 가장 높은 기준 충격 절연 강도(BIL)는 선로 애자이다. 그러므로 선로 애자 > 기타 설비 > 변압기 > 피뢰기 순으로 한다.

26 송전단 전압을 V_s, 수전단 전압을 V_r, 선로의 리액턴스를 X라 할 때 정상 시의 최대 송전 전력의 개략적인 값은?

① $\dfrac{V_s - V_r}{X}$ ② $\dfrac{V_s^2 - V_r^2}{X}$

③ $\dfrac{V_s(V_s - V_r)}{X}$ ④ $\dfrac{V_s \cdot V_r}{X}$

해설 송전 용량 $P_s = \dfrac{V_s \cdot V_r}{X} \sin\delta[MW]$

최대 송전 전력 $P_s = \dfrac{V_s \cdot V_r}{X}[MW]$

정답 21.④ 22.① 23.② 24.② 25.① 26.④

27 유효 낙차 100[m], 최대 사용 수량 20[m³/s], 수차 효율 70[%]인 수력 발전소의 연간 발전 전력량은 약 몇 [kWh]인가? (단, 발전기의 효율은 85[%]라고 한다.)

① 2.5×10^7

② 5×10^7

③ 10×10^7

④ 20×10^7

해설 연간 발전 전력량 $W = P \cdot T$ [kWh]
$$W = P \cdot T = 9.8HQ\eta \cdot T$$
$$= 9.8 \times 100 \times 20 \times 0.7 \times 0.85 \times 365 \times 24$$
$$= 10.2 \times 10^7 \text{[kWh]}$$

28 동기 조상기에 대한 설명으로 틀린 것은?

① 시송전이 불가능하다.

② 전압조정이 연속적이다.

③ 중부하 시에는 과여자로 운전하여 앞선 전류를 취한다.

④ 경부하 시에는 부족 여자로 운전하여 뒤진 전류를 취한다.

해설 동기 조상기는 경부하 시 부족 여자로 지상을, 중부하 시 과여자로 진상을 취하는 것으로, 연속적 조정 및 시송전이 가능하지만 손실이 크고, 시설비가 고가이므로 송전 계통에서 전압 조정용으로 이용된다.

29 송전 계통의 안정도를 향상시키는 방법이 아닌 것은?

① 직렬 리액턴스를 증가시킨다.

② 전압 변동률을 적게 한다.

③ 고장 시간, 고장 전류를 적게 한다.

④ 동기 기간의 임피던스를 감소시킨다.

해설 계통 안정도 향상 대책 중에서 직렬 리액턴스는 송·수전 전력과 반비례하므로 크게 하면 안 된다.

30 3상용 차단기의 정격 전압은 170[kV]이고, 정격 차단 전류가 50[kA]일 때 차단기의 정격 차단 용량은 약 몇 [MVA]인가?

① 5,000

② 10,000

③ 15,000

④ 20,000

해설 정격 차단 용량
$$P_s \text{[MVA]} = \sqrt{3} \times 170 \times 50 = 14,722 \fallingdotseq 15,000 \text{[MVA]}$$

31 3상 동기 발전기 단자에서의 고장 전류 계산 시 영상 전류 I_0, 정상 전류 I_1과 역상 전류 I_2가 같은 경우는?

① 1선 지락 고장 ② 2선 지락 고장

③ 선간 단락 고장 ④ 3상 단락 고장

해설 영상 전류, 정상 전류, 역상 전류가 같은 경우의 사고는 1선 지락 고장인 경우이다.

32 비접지 계통의 지락 사고 시 계전기에 영상 전류를 공급하기 위하여 설치하는 기기는?

① PT ② CT

③ ZCT ④ GPT

해설
• ZCT : 지락 사고가 발생하면 영상 전류를 검출하여 계전기에 공급한다.
• GPT : 지락 사고가 발생하면 영상 전압을 검출하여 계전기에 공급한다.

33 비접지 방식을 직접 접지 방식과 비교한 것 중 옳지 않은 것은?

① 전자 유도 장해가 경감된다.

② 지락 전류가 작다.

③ 보호 계전기의 동작이 확실하다.

④ △결선을 하여 영상 전류를 흘릴 수 있다.

해설 비접지 방식은 직접 접지 방식에 비해 보호 계전기 동작이 확실하지 않다.

34 송전 선로에서 역섬락을 방지하기 위하여 가장 필요한 것은?

① 피뢰기를 설치한다.
② 소호각을 설치한다.
③ 가공 지선을 설치한다.
④ 탑각 접지 저항을 적게 한다.

해설 철탑의 전위=탑각 접지 저항×뇌전류이므로 역섬락을 방지하려면 탑각 접지 저항을 줄여 뇌전류에 의한 철탑의 전위를 낮추어야 한다.

35 전력 원선도에서 알 수 없는 것은?

① 전력
② 손실
③ 역률
④ 코로나 손실

해설 사고 시의 과도 안정 극한 전력, 코로나 손실은 전력 원선도에서는 알 수 없다.

36 가공 전선로에 사용되는 애자련 중 전압 부담이 최소인 것은?

① 철탑에 가까운 곳
② 전선에 가까운 곳
③ 철탑으로부터 $\frac{1}{3}$ 길이에 있는 것
④ 중앙에 있는 것

해설 철탑에 사용하는 현수 애자의 전압 부담은 전선 쪽에 가까운 것이 제일 크고, 철탑 쪽에서 $\frac{1}{3}$ 정도 길이에 있는 현수 애자의 전압 부담이 제일 작다.

37 파동 임피던스가 300[Ω]인 가공 송전선 1[km]당의 인덕턴스는 몇 [mH/km]인가? (단, 저항과 누설 컨덕턴스는 무시한다.)

① 0.5
② 1
③ 1.5
④ 2

해설 파동 임피던스

$$Z_0 = \sqrt{\frac{L}{C}} = 138\log\frac{D}{r}\text{이므로}$$

$$\log\frac{D}{r} = \frac{Z_0}{138} = \frac{300}{138}$$

$$\therefore \; L = 0.4605\log\frac{D}{r}\,[\text{mH/km}] = 0.4605 \times \frac{300}{138}$$

$$\fallingdotseq 1[\text{mH/km}]$$

38 1선 지락 시에 지락 전류가 가장 작은 송전 계통은?

① 비접지식
② 직접 접지식
③ 저항 접지식
④ 소호 리액터 접지식

해설 소호 리액터 접지식은 $L-C$ 병렬 공진을 이용하므로 지락 전류가 최소로 되어 유도 장해가 적고, 고장 중에도 계속적인 송전이 가능하고, 고장이 스스로 복구될 수 있어 과도 안정도가 좋지만 보호 장치의 동작이 불확실하다.

39 일반적으로 화력 발전소에서 적용하고 있는 열 사이클 중 가장 열효율이 좋은 것은?

① 재생 사이클
② 랭킨 사이클
③ 재열 사이클
④ 재생·재열 사이클

해설 화력 발전소에서 열 사이클 중 재생·재열 사이클이 가장 효율이 좋다.

40 SF_6 가스 차단기에 대한 설명으로 옳지 않은 것은?

① 공기에 비하여 소호 능력이 약 100배 정도 된다.
② 절연 거리를 적게 할 수 있어 차단기 전체를 소형, 경량화할 수 있다.
③ SF_6 가스를 이용한 것으로서 독성이 있으므로 취급에 유의하여야 한다.
④ SF_6 가스 자체는 불활성 기체이다.

해설 SF_6 가스는 유독 가스가 발생하지 않는다.

제3과목 전기기기

41 일정 전압 및 일정 파형에서 주파수가 상승하면 변압기 철손은 어떻게 변하는가?

① 증가한다.
② 감소한다.
③ 불변이다.
④ 증가와 감소를 반복한다.

해설 공급 전압이 일정한 상태에서 와전류손은 주파수와 관계없이 일정하고, 히스테리시스손은 주파수에 반비례하므로 철손의 80[%]가 히스테리시스손인 관계로 철손은 주파수에 반비례한다.

42 3상 동기기에서 단자 전압 V, 내부 유기 전압 E, 부하각이 δ일 때, 한 상의 출력은 어떻게 표시하는가? (단, 전기자 저항은 무시하며, 누설 리액턴스는 x_s 이다.)

① $\dfrac{EV}{x_s^2}\sin\delta$ ② $\dfrac{EV}{x_s}\cos\delta$

③ $\dfrac{EV}{x_s}\sin\delta$ ④ $\dfrac{EV^2}{x_s}\cos\delta$

해설

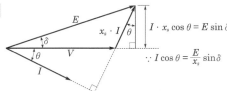

$$x_s\cdot I\cos\theta = E\sin\delta$$
$$\therefore I\cos\theta = \dfrac{E}{x_s}\sin\delta$$

1상 출력 $P_1 = VI\cos\theta = \dfrac{EV}{x_s}\sin\delta\,[\text{W}]$

43 30[kVA], 3,300/200[V], 60[Hz]의 3상 변압기 2차측에 3상 단락이 생겼을 경우 단락 전류는 약 몇 [A]인가? (단, %임피던스 전압은 3[%]이다.)

① 2,250   ② 2,620
③ 2,730   ④ 2,886

해설 퍼센트 임피던스 강하 $\%Z = \dfrac{I_{1n}}{I_{1s}}\times100 = \dfrac{I_{2n}}{I_{2s}}\times100$

단락 2차 전류 $I_{2s} = \dfrac{100}{\%Z}\cdot I_{2n} = \dfrac{100}{3}\times\dfrac{30\times10^3}{\sqrt{3}\times200}$
$$= 2,886.8\,[\text{A}]$$

44 자극수 p, 파권, 전기자 도체수가 Z인 직류 발전기를 N[rpm]의 회전 속도로 무부하 운전할 때 기전력이 E[V]이다. 1극당 주자속[Wb]은?

① $\dfrac{120E}{pZN}$ ② $\dfrac{120Z}{pEN}$

③ $\dfrac{120ZN}{pE}$ ④ $\dfrac{120pZ}{EN}$

해설 직류 발전기의 유기 기전력 $E = \dfrac{Z}{a}p\phi\dfrac{N}{60}$ [V]

병렬 회로수 $a = 2$(파권)이므로
극당 자속 $\phi = \dfrac{120E}{ZpN}$ [Wb]

45 슬립 s_t에서 최대 토크를 발생하는 3상 유도 전동기에 2차측 한 상의 저항을 r_2라 하면 최대 토크로 기동하기 위한 2차측 한 상에 외부로부터 가해 주어야 할 저항[Ω]은?

① $\dfrac{1-s_t}{s_t}r_2$ ② $\dfrac{1+s_t}{s_t}r_2$

③ $\dfrac{r_2}{1-s_t}$ ④ $\dfrac{r_2}{s_t}$

해설 최대 토크를 발생할 때의 슬립과 2차 저항을 s_t, r_2, 기동 시의 슬립과 외부에서 연결 저항을 s_s, R 이라 하면
$$\dfrac{r_2}{s_t} = \dfrac{r_2+R}{s_s}$$

기동 시 $s_s = 1$ 이므로 $\dfrac{r_2}{s_t} = \dfrac{r_2+R}{1}$

$\therefore R = \dfrac{r_2}{s_t} - r_2 = \left(\dfrac{1}{s_t}-1\right)r_2 = \left(\dfrac{1-s_t}{s_t}\right)r_2$ [Ω]

정답   41.②   42.③   43.④   44.①   45.①

46 단상 변압기에 정현파 유기 기전력을 유기하기 위한 여자 전류의 파형은?

① 정현파   ② 삼각파

③ 왜형파   ④ 구형파

해설 전압을 유기하는 자속은 정현파이지만 자속을 만드는 여자 전류는 자로를 구성하는 철심의 포화와 히스테리시스 현상 때문에 일그러져 첨두파(=왜형파)가 된다.

47 10,000[kVA], 6,000[V], 60[Hz], 24극, 단락비 1.2인 3상 동기 발전기의 동기 임피던스[Ω]는?

① 1   ② 3

③ 10   ④ 30

해설 동기 발전기의 단위법 % 동기 임피던스

$$Z_s' = \frac{PZ_s}{10^3 V^2}$$

단락비 $K_s = \frac{1}{Z_s'} = \frac{10^3 V^2}{PZ_s}$ 에서

동기 임피던스 $Z_s = \frac{10^3 V^2}{PK_s}$

$$= \frac{10^3 \times 6^2}{10,000 \times 1.2} = 3 \,[\Omega]$$

48 권선형 유도 전동기의 전부하 운전 시 슬립이 4[%]이고 2차 정격 전압이 150[V]이면 2차 유도 기전력은 몇 [V]인가?

① 9   ② 8

③ 7   ④ 6

해설 유도 전동기의 슬립 s로 운전 시 2차 유도 기전력
$E_{2s} = sE_2 = 0.04 \times 150 = 6[V]$

49 스테핑 모터에 대한 설명 중 틀린 것은?

① 회전 속도는 스테핑 주파수에 반비례한다.

② 총 회전 각도는 스텝각과 스텝수의 곱이다.

③ 분해능은 스텝각에 반비례한다.

④ 펄스 구동 방식의 전동기이다.

해설 스테핑 모터(stepping motor)
아주 정밀한 펄스 구동 방식의 전동기

• 분해능(resolution) : $\dfrac{360°}{\beta}$

• 총 회전 각도 : $\theta = \beta \times$스텝수

• 회전 속도(축속도) : $n = \dfrac{\beta \times f_p}{360°}$

여기서, β : 스텝각(deg/pulse)
f_p : 스테핑 주파수(pulse/s)

50 극수 6, 회전수 1,200[rpm]의 교류 발전기와 병렬 운전하는 극수 8의 교류 발전기의 회전수[rpm]는?

① 600   ② 750

③ 900   ④ 1,200

해설 동기 속도$(N_s) = \dfrac{120f}{P}$ [rpm]

$$f = \frac{N_s \cdot P}{120} = \frac{6 \times 1,200}{120} = 60[Hz]$$

$$\therefore N_s = \frac{120 \times 60}{8} = 900$$

51 그림과 같은 단상 브리지 정류 회로(혼합 브리지)에서 직류 평균 전압[V]은? (단, E는 교류측 실효치 전압, α는 점호 제어각이다.)

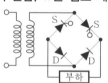

① $\dfrac{2\sqrt{2}\,E}{\pi}\left(\dfrac{1+\cos\alpha}{2}\right)$

② $\dfrac{\sqrt{2}\,E}{\pi}\left(\dfrac{1+\cos\alpha}{2}\right)$

③ $\dfrac{2\sqrt{2}\,E}{\pi}\left(\dfrac{1-\cos\alpha}{2}\right)$

④ $\dfrac{\sqrt{2}\,E}{\pi}\left(\dfrac{1-\cos\alpha}{2}\right)$

정답   46.③   47.②   48.④   49.①   50.③   51.①

해설 SCR을 사용한 단상 브리지 정류에서 점호 제어각이 α일 때 직류 평균 전압($E_{d\alpha}$)

$$E_{d\alpha} = \frac{1}{\pi} \int_{\alpha}^{\pi} \sqrt{2}\, E\sin\theta \cdot d\theta = \frac{\sqrt{2}\,E}{\pi}(1+\cos\alpha)$$

$$= \frac{2\sqrt{2}\,E}{\pi}\left(\frac{1+\cos\alpha}{2}\right)\,[\text{V}]$$

52 3상 유도 전동기의 출력 15[kW], 60[Hz], 4극, 전부하 운전 시 슬립(slip)이 4[%]라면 이때의 2차(회전자)측 동손[kW] 및 2차 입력[kW]은?

① 0.4, 136

② 0.625, 15.6

③ 0.06, 156

④ 0.8, 13.6

해설 2차 입력 $P_2 = \dfrac{P}{1-s}$ [kW], 2차 동손 $P_{2c} = sP_2$ [kW]

$P_2 : P_o : P_{c2} = 1 : 1-s : s$에서 $P_o = (1-s)P_2$

$\therefore\ P_2 = \dfrac{P_o}{1-s} = \dfrac{15}{1-0.04} = 15.625$ [kW]

[기계적 출력 $P_o = P$(정격 출력)$+$기계손$\fallingdotseq P$]

$\therefore\ P_{2c} = s \cdot P_2$

$\qquad = 0.04 \times 15.625 = 0.625$ [kW]

53 변압기의 3상 전원에서 2상 전원을 얻고자 할 때 사용하는 결선은?

① 스코트 결선

② 포크 결선

③ 2중 델타 결선

④ 대각 결선

해설 변압기의 상(phase)수 변환에서 3상을 2상으로 변환하는 방법은 다음과 같다.

• 스코트(scott) 결선

• 메이어(meyer) 결선

• 우드 브리지(wood bridge) 결선

54 다음 직류 전동기 중에서 속도 변동률이 가장 큰 것은?

① 직권 전동기

② 분권 전동기

③ 차동 복권 전동기

④ 가동 복권 전동기

해설 직류 직권 전동기 $I = I_f = I_a$

회전 속도 $N = K\dfrac{V-I_a(R_a+r_f)}{\phi} \propto \dfrac{1}{\phi} \propto \dfrac{1}{I}$이므로 부하가 변화하면 속도 변동률이 가장 크다.

55 2방향성 3단자 사이리스터는 어느 것인가?

① SCR

② SSS

③ SCS

④ TRIAC

해설 사이리스터(thyristor)의 SCR은 단일 방향 3단자 소자, SSS는 쌍방향(2방향성) 2단자 소자, SCS는 단일 방향 4단자 소자이며 TRIAC은 2방향성 3단자 소자이다.

56 직류 발전기의 병렬 운전에서 부하 분담의 방법은?

① 계자 전류와 무관하다.

② 계자 전류를 증가시키면 부하 분담은 증가한다.

③ 계자 전류를 감소시키면 부하 분담은 증가한다.

④ 계자 전류를 증가시키면 부하 분담은 감소한다.

해설 단자 전압 $V = E - I_a R_a$가 일정하여야 하므로 계자 전류를 증가시키면 기전력이 증가하게 되고, 따라서 부하 분담 전류(I)도 증가하게 된다.

정답 52.② 53.① 54.① 55.④ 56.②

57 주파수가 일정한 3상 유도 전동기의 전원 전압이 80[%]로 감소하였다면 토크는? (단, 회전수는 일정하다고 가정한다.)

① 64[%]로 감소

② 80[%]로 감소

③ 89[%]로 감소

④ 변화 없음

해설 유도 전동기 토크 $T \propto V_1^2$이므로

$T' = 0.8^2 T = 0.64 T$

즉, 64[%]로 감소한다.

58 3상 직권 정류자 전동기에 중간(직렬) 변압기가 쓰이고 있는 이유가 아닌 것은?

① 정류자 전압의 조정

② 회전자 상수의 감소

③ 경부하 때 속도의 이상 상승 방지

④ 실효 권수비 선정 조정

해설 3상 직권 정류자 전동기의 중간 변압기(또는 직렬 변압기)는 고정자 권선과 회전자 권선 사이에 직렬로 접속된다. 중간 변압기의 사용 목적은 다음과 같다.
- 정류자 전압의 조정
- 회전자 상수의 증가
- 경부하시 속도 이상 상승의 방지
- 실효 권수비의 조정

59 정격 출력이 7.5[kW]의 3상 유도 전동기가 전부하 운전에서 2차 저항손이 300[W]이다. 슬립은 약 몇 [%]인가?

① 3.85

② 4.61

③ 7.51

④ 9.42

해설 $P = 7.5$ [kW], $P_{2c} = 300$ [W] $= 0.3$[kW]이므로

$P_2 = P + P_{2c} = 7.5 + 0.3 = 7.8$[kW]

$\therefore s = \dfrac{P_{2c}}{P_2} = \dfrac{0.3}{7.8} \fallingdotseq 0.0385 = 3.85$[%]

60 직류 분권 전동기의 정격 전압이 300[V], 전부하 전기자 전류가 50[A], 전기자 저항이 0.2[Ω]이다. 이 전동기의 기동 전류를 전부하 전류의 120[%]로 제한시키기 위한 기동 저항값은 몇 [Ω]인가?

① 3.5

② 4.8

③ 5.0

④ 5.5

해설 $V = 300$[V], $I_a = 50$ [A], $R_a = 0.2$[Ω]이므로

$V = E + I_a R_a$ [V]

$R = \dfrac{V - E}{I_a} = \dfrac{300 - 0}{50 \times 1.2} = 5$[Ω]

$\therefore R_{st} = R - R_a = 5 - 0.2 = 4.8$[Ω]

제4과목	회로이론 및 제어공학

61 다음 그림과 같은 제어계가 안정하기 위한 K의 범위는?

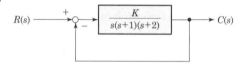

① $K > 0$

② $K > 6$

③ $0 < K < 6$

④ $1 < K < 8$

해설 특성 방정식은

$1 + G(s)H(s) = 1 + \dfrac{K}{s(s+1)(s+2)} = 0$

$s(s+1)(s+2) + K = s^3 + 3s^2 + 2s + K = 0$

라우스의 표

s^3	1	2
s^2	3	K
s^1	$\dfrac{6-K}{3}$	0
s^0	K	

제1열의 부호 변화가 없어야 안정

$\dfrac{6-K}{3} > 0$, $K > 0$

$\therefore 0 < K < 6$

정답 57.① 58.② 59.① 60.② 61.③

62 다음 블록 선도의 전체 전달 함수가 1이 되기 위한 조건은?

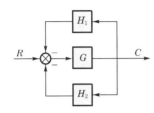

① $G = \dfrac{1}{1 - H_1 - H_2}$

② $G = \dfrac{1}{1 + H_1 + H_2}$

③ $G = \dfrac{-1}{1 - H_1 - H_2}$

④ $G = \dfrac{-1}{1 + H_1 + H_2}$

해설 $(R - CH_1 - CH_2)G = C$

$RG = C(1 + H_1 G + H_2 G)$

전체 전달 함수 $\dfrac{C}{R} = \dfrac{G}{1 + H_1 G + H_2 G}$

$\therefore 1 = \dfrac{G}{1 + H_1 G + H_2 G}$

$G = 1 + H_1 G + H_2 G$

$G(1 - H_1 - H_2) = 1$

$G = \dfrac{1}{1 - H_1 - H_2}$

63 다음 계통의 상태 천이 행렬 $\Phi(t)$를 구하면?

$$\begin{bmatrix} \dot{x_1} \\ \dot{x_2} \end{bmatrix} = \begin{bmatrix} 0 & 1 \\ -2 & -3 \end{bmatrix} \begin{bmatrix} x_1 \\ x_2 \end{bmatrix}$$

① $\begin{bmatrix} 2e^{-t} - e^{2t} & -e^{-t} - e^{-2t} \\ -2e^{-t} + 2e^{2t} & -e^{t} + 2e^{2t} \end{bmatrix}$

② $\begin{bmatrix} 2e^{-t} - e^{2t} & -e^{-t} + e^{-2t} \\ 2e^{t} - 2e^{2t} & e^{-t} + 2e^{-2t} \end{bmatrix}$

③ $\begin{bmatrix} -2e^{-t} - e^{-2t} & -e^{-t} - e^{-2t} \\ -2e^{-t} + 2e^{-2t} & -e^{-t} + 2e^{-2t} \end{bmatrix}$

④ $\begin{bmatrix} 2e^{-t} - e^{2t} & e^{-t} - e^{-2t} \\ -2e^{-t} + 2e^{-2t} & -e^{-t} + 2e^{-2t} \end{bmatrix}$

해설 $\Phi(t) = \mathcal{L}^{-1}[sI - A]^{-1}$

$[sI - A] = \begin{bmatrix} s & 0 \\ 0 & s \end{bmatrix} - \begin{bmatrix} 0 & 1 \\ -2 & -3 \end{bmatrix} = \begin{bmatrix} s & -1 \\ 2 & (s+3) \end{bmatrix}$

$[sI - A]^{-1} = \dfrac{1}{\begin{vmatrix} s & -1 \\ 2 & s+3 \end{vmatrix}} \begin{bmatrix} s+3 & 1 \\ -2 & s \end{bmatrix}$

$= \dfrac{1}{s^2 + 3s + 2} \begin{bmatrix} s+3 & 1 \\ -2 & s \end{bmatrix}$

$= \begin{bmatrix} \dfrac{s+3}{(s+1)(s+2)} & \dfrac{1}{(s+1)(s+2)} \\ \dfrac{-2}{(s+1)(s+2)} & \dfrac{s}{(s+1)(s+2)} \end{bmatrix}$

$\therefore \Phi(t) = \mathcal{L}^{-1}\{[sI - A]^{-1}\}$

$= \begin{bmatrix} 2e^{-t} - e^{-2t} & e^{-t} - e^{-2t} \\ -2e^{-t} + 2e^{-2t} & -e^{-t} + 2e^{-2t} \end{bmatrix}$

64 $G(s)H(s) = \dfrac{K(s+1)}{s(s+2)(s+3)}$ 에서 근궤적의 수는?

① 1 ② 2

③ 3 ④ 4

해설 영점의 개수 $z = 1$이고, 극점의 개수 $p = 3$이므로 근궤적의 개수는 3개가 된다.

65 $\overline{A}BC + \overline{A}B\overline{C} + A\overline{B}\overline{C} + AB\overline{C} + \overline{A}\,\overline{B}C + \overline{A}\,\overline{B}\,\overline{C}$ 의 논리식을 간략화하면?

① $A + AC$ ② $A + C$

③ $\overline{A} + A\overline{B}$ ④ $\overline{A} + A\overline{C}$

해설 $\overline{A}BC + \overline{A}B\overline{C} + A\overline{B}\overline{C} + AB\overline{C} + \overline{A}\,\overline{B}C + \overline{A}\,\overline{B}\,\overline{C}$

$= \overline{A}B(C + \overline{C}) + A\overline{C}(\overline{B} + B) + \overline{A}\,\overline{B}(C + \overline{C})$

$= \overline{A}B + A\overline{C} + \overline{A}\,\overline{B}$

$= \overline{A}(B + \overline{B}) + A\overline{C}$

$= \overline{A} + A\overline{C}$

정답 62.① 63.④ 64.③ 65.④

66 다음과 같은 시스템에 단위 계단 입력 신호가 가해졌을 때 지연 시간에 가장 가까운 값[sec]은?

$$\frac{C(s)}{R(s)} = \frac{1}{s+1}$$

① 0.5 ② 0.7

③ 0.9 ④ 1.2

해설 $C(s) = \dfrac{1}{s+1} \cdot R(s) = \dfrac{1}{s(s+1)}$

$\therefore c(t) = \mathcal{L}^{-1} C(s)$

$= \mathcal{L}^{-1}\left(\dfrac{1}{s} - \dfrac{1}{s+1}\right) = 1 - e^{-t}$

지연 시간 T_d는 응답이 최종값의 50[%]에 도달하는 데 요하는 시간

$0.5 = 1 - e^{-T_d}$, $\dfrac{1}{2} = e^{-T_d}$

$\ln 1 - \ln 2 = -T_d$

$\therefore$ 지연 시간 $T_d = \ln 2 = 0.693 ≒ 0.7[\text{sec}]$

67 $G_{c1}(s) = K$, $G_{c2}(s) = \dfrac{1+0.1s}{1+0.2s}$, $G_p(s)$ $= \dfrac{200}{s(s+1)(s+2)}$인 그림과 같은 제어계에 단위 램프 입력을 가할 때, 정상 편차가 0.01이라면 K의 값은?

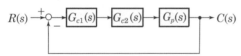

① 0.1 ② 1

③ 10 ④ 100

해설 $e_{ssv} = \dfrac{1}{\lim\limits_{s \to 0} s\,G(s)} = \dfrac{1}{K_v}$

$K_v = \lim\limits_{s \to 0} s\,G(s)$

$= \lim\limits_{s \to 0} s \cdot \dfrac{200K(1+0.1s)}{s(1+0.2s)(s+1)(s+2)} = 100K$

정상 편차가 0.01인 경우 K의 값은

$\dfrac{1}{100K} = 0.01$

$\therefore K = 1$

68 그림과 같은 $R-L-C$ 회로망에서 입력 전압을 $e_i(t)$, 출력량을 $i(t)$로 할 때, 이 요소의 전달 함수는 어느 것인가?

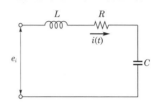

① $\dfrac{Rs}{LCs^2 + RCs + 1}$ ② $\dfrac{RLs}{LCs^2 + RCs + 1}$

③ $\dfrac{Ls}{LCs^2 + RCs + 1}$ ④ $\dfrac{Cs}{LCs^2 + RCs + 1}$

해설 $\dfrac{I(s)}{E(s)} = Y(s) = \dfrac{1}{Z(s)} = \dfrac{1}{R + Ls + \dfrac{1}{Cs}}$

$= \dfrac{Cs}{LCs^2 + RCs + 1}$

(전압에 대한 전류의 비이므로 어드미턴스를 구한다.)

69 다음 신호 흐름 선도에서 특성 방정식의 근은 얼마인가? (단, $G_1 = s+2$, $G_2 = 1$, $H_1 = H_2 = -(s+1)$이다.)

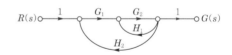

① −2, −2 ② −1, −2

③ −1, 2 ④ 1, 2

해설

메이슨 공식 $\dfrac{C(s)}{R(s)} = \dfrac{\sum\limits_{k=1}^{n} G_k \Delta k}{\Delta}$

전향 경로 $n = 1$

전향 경로 이득 $G_1 = G_1 G_2 = s+2$, $\Delta_1 = 1$

$\Delta = 1 - \sum L_{n_2} = 1 - G_2 H_1 - G_1 G_2 H_2$

$= 1 + (s+1) + (s+2)(s+1) = s^2 + 4s + 4$

$\therefore$ 전달 함수 $\dfrac{C(s)}{R(s)} = \dfrac{s+2}{s^2 + 4s + 4}$

특성 방정식은 $s^2 + 4s + 4 = 0$, $(s+2)(s+2) = 0$

$\therefore$ 특성 방정식의 근 $s = -2, -2$

정답 66.② 67.② 68.④ 69.①

70 다음 그림에 대한 논리 게이트는?

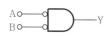

① NOT ② NAND
③ OR ④ NOR

해설 주어진 회로의 논리식 $Y = \overline{A} \cdot \overline{B}$이다.
드모르간의 정리에서 $\overline{A + B} = \overline{A} \cdot \overline{B}$이므로 논리합 부정 회로인 NOR GATE가 된다.

71 다음과 같은 비정현파 기전력 및 전류에 의한 평균 전력을 구하면 몇 [W]인가?

- $v = 100\sin\omega t - 50\sin(3\omega t + 30°)$
  $+ 20\sin(5\omega t + 45°)\,[V]$
- $i = 20\sin\omega t + 10\sin(3\omega t - 30°)$
  $+ 5\sin(5\omega t - 45°)\,[A]$

① 825
② 875
③ 925
④ 1,175

해설 평균 전력
$$P = V_1 I_1 \cos\theta_1 + V_3 I_3 \cos\theta_3 + V_5 I_5 \cos\theta_5$$
$$= \frac{100}{\sqrt{2}} \cdot \frac{20}{\sqrt{2}}\cos 0° - \frac{50}{\sqrt{2}} \cdot \frac{10}{\sqrt{2}}\cos 60°$$
$$+ \frac{20}{\sqrt{2}} \cdot \frac{5}{\sqrt{2}}\cos 90°$$
$$= 875[W]$$

72 불평형 전류 $I_a = 400 - j650[A]$, $I_b = -230 - j700[A]$, $I_c = -150 + j600[A]$일 때 정상분 $I_1[A]$은?

① $6.66 - j250$
② $-179 - j177$
③ $572 - j223$
④ $223 - j572$

해설 정상 전류
$$I_1 = \frac{1}{3}(I_a + aI_b + a^2 I_c)$$
$$= \frac{1}{3}\left\{(400 - j650) + \left(-\frac{1}{2} + j\frac{\sqrt{3}}{2}\right)\right.$$
$$(-230 - j700) + \left(-\frac{1}{2} - j\frac{\sqrt{3}}{2}\right)$$
$$\left.(-150 + j600)\right\}$$
$$= 572 - j223\,[A]$$

73 특성 임피던스 400[Ω]의 회로 말단에 1,200[Ω]의 부하가 연결되어 있다. 전원측에 100[kV]의 전압을 인가할 때 전압 반사파의 크기 [kV]는? (단, 선로에서의 전압 감쇠는 없는 것으로 간주한다.)

① 50 ② 1
③ 10 ④ 5

해설 반사 전압 $e_2 = \beta e_1$
전압 반사 계수 $\beta = \dfrac{Z_L - Z_0}{Z_L + Z_0} = \dfrac{1,200 - 400}{1,200 + 400} = \dfrac{1}{2}$
$$= 0.5$$
$\therefore e_2 = 0.5 \times 100 = 50[kV]$

74 그림과 같은 평형 3상 회로에서 전원 전압이 $V_{ab} = 200[V]$이고 부하 한 상의 임피던스가 $Z = 4 + j3[\Omega]$인 경우 전원과 부하 사이의 선전류 I_a는 약 몇 [A]인가?

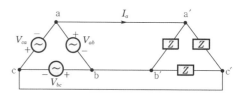

① $40\sqrt{3}\underline{/36.87°}$
② $40\sqrt{3}\underline{/-36.87°}$
③ $40\sqrt{3}\underline{/66.87°}$
④ $40\sqrt{3}\underline{/-66.87°}$

해설 △결선이므로 선전류 $I_l = \sqrt{3}\,I_p\underline{/-30°}$,

선간 전압(V_l)=상전압(V_p)

$$\therefore I_l = I_a = \sqrt{3}\,I_p\underline{/-30°}$$

$$= \sqrt{3}\,\frac{V_p}{Z}\underline{/-30°}$$

$$= \sqrt{3}\,\frac{200}{\sqrt{4^2+3^2}}\underline{\left/-30°-\tan^{-1}\frac{3}{4}\right.}$$

$$= 40\sqrt{3}\underline{/-66.87°}\,[\text{A}]$$

75 $e^{-2t}\cos 3t$ 의 라플라스 변환은?

① $\dfrac{s+2}{(s+2)^2+3^2}$

② $\dfrac{s-2}{(s-2)^2+3^2}$

③ $\dfrac{s}{(s+2)^2+3^2}$

④ $\dfrac{s}{(s-2)^2+3^2}$

해설 $\mathcal{L}\left[e^{-2t}\cos 3t\right] = \mathcal{L}\left[\cos 3t\right]\Big|_{s=s+2}$

$$= \frac{s}{s^2+3^2}\Big|_{s=s+2} = \frac{s+2}{(s+2)^2+3^2}$$

76 그림과 같은 평형 3상 회로에서 선간 전압 $V_{ab} = 300\underline{/0°}\,[\text{V}]$일 때 $I_a = 20\underline{/-60°}\,[\text{A}]$ 이었다. 부하 한 상의 임피던스는 몇 [Ω]인가?

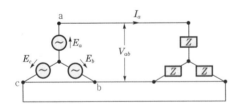

① $5\sqrt{3}\underline{/30°}$ ② $5\underline{/30°}$

③ $5\sqrt{3}\underline{/60°}$ ④ $5\underline{/60°}$

해설 $Z = \dfrac{V_p}{I_p}$

Y결선이므로 선간 전압(V_l)=$\sqrt{3}$ 상전압(V_p)$\underline{/30°}$,

선전류(I_l)=상전류(I_p)

$$\therefore Z = \frac{\dfrac{300}{\sqrt{3}}\underline{/-30°}}{20\underline{/-60°}} = \frac{15}{\sqrt{3}}\underline{/30°} = 5\sqrt{3}\underline{/30°}\,[\Omega]$$

77 다음 왜형파 전류의 왜형률을 구하면 얼마인가?

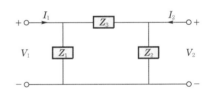

$$i = 30\sin\omega t + 10\cos 3\omega t + 5\sin 5\omega t\,[\text{A}]$$

① 약 0.46 ② 약 0.26

③ 약 0.53 ④ 약 0.37

해설 왜형률 $D = \dfrac{\sqrt{\left(\dfrac{10}{\sqrt{2}}\right)^2+\left(\dfrac{5}{\sqrt{2}}\right)^2}}{\dfrac{30}{\sqrt{2}}} ≒ 0.37$

78 그림과 같은 4단자 회로망에서 하이브리드 파라미터 H_{11}은?

① $\dfrac{Z_1}{Z_1+Z_3}$ ② $\dfrac{Z_1}{Z_1+Z_2}$

③ $\dfrac{Z_1 Z_3}{Z_1+Z_3}$ ④ $\dfrac{Z_1 Z_2}{Z_1+Z_2}$

해설 $H_{11} = \dfrac{V_1}{I_1}\Big|_{V_2=0}$: 출력 단자를 단락하고 입력측에서

본 단락 구동점 임피던스

$$\therefore H_{11} = \frac{Z_1 Z_3}{Z_1+Z_3}$$

79 그림과 같은 회로에서 스위치 S를 닫았을 때 과도분을 포함하지 않기 위한 R의 값 [Ω]은?

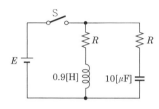

① 100　　　　② 200

③ 300　　　　④ 400

해설 과도분을 포함하지 않기 위해서는 정저항 회로가 되면 된다.

$$\therefore R = \sqrt{\frac{L}{C}} = \sqrt{\frac{0.9}{10 \times 10^{-6}}} = 300[\Omega]$$

80 $F(s) = \dfrac{2s+3}{s^2+3s+2}$ 의 시간 함수는?

① $e^{-t} - e^{-2t}$

② $e^{-t} + e^{-2t}$

③ $e^{-t} + 2e^{-2t}$

④ $e^{-t} - 2e^{-2t}$

해설 $F(s) = \dfrac{2s+3}{s^2+3s+2} = \dfrac{2s+3}{(s+2)(s+1)}$

$$= \frac{K_1}{s+2} + \frac{K_2}{s+1}$$

유수 정리를 적용하면

$$K_1 = \frac{2s+3}{s+1}\bigg|_{s=-2} = 1$$

$$K_2 = \frac{2s+3}{s+2}\bigg|_{s=-1} = 1$$

$$\therefore F(s) = \frac{1}{s+2} + \frac{1}{s+1}$$

$$\therefore f(t) = e^{-2t} + e^{-t}$$

제5과목 **전기설비기술기준**

81 전로에 대한 설명 중 옳은 것은?

① 통상의 사용 상태에서 전기를 절연한 곳

② 통상의 사용 상태에서 전기를 접지한 곳

③ 통상의 사용 상태에서 전기가 통하고 있는 곳

④ 통상의 사용 상태에서 전기가 통하고 있지 않은 곳

해설 정의(기술기준 제3조)

• 전선 : 강전류 전기의 전송에 사용하는 전기 도체, 절연물로 피복한 전기 도체 또는 절연물로 피복한 전기 도체를 다시 보호 피복한 전기 도체

• 전로 : 통상의 사용 상태에서 전기가 통하고 있는 곳

• 전선로 : 발전소·변전소·개폐소, 이에 준하는 곳, 전기 사용 장소 상호 간의 전선(전차선을 제외) 및 이를 지지하거나 수용하는 시설물

82 가공 공동 지선과 대지 사이의 합성 전기저항 값은 몇 [km]를 지름으로 하는 지역 안마다 규정의 합성 접지 저항값을 가지는 것으로 하여야 하는가?

① 0.4

② 0.6

③ 0.8

④ 1.0

해설 고압 또는 특고압과 저압의 혼촉에 의한 위험 방지 (KEC 322.1) – 가공 공동 지선

가공 공동 지선과 대지 사이의 합성 전기 저항값은 1[km]를 지름으로 하는 지역 안마다 합성 접지 저항 값을 가지는 것으로 하고 또한 각 접지 도체를 가공 공동 지선으로부터 분리하였을 경우의 각 접지 도체와 대지 사이의 전기 저항값은 300[Ω] 이하로 할 것

83 저압으로 수전하는 경우 수용가 설비의 인입구로부터 조명까지의 전압 강하는 몇 [%] 이하이어야 하는가?

① 3 ② 5
③ 6 ④ 7

해설 배선 설비 적용 시 고려 사항(KEC 232.3)−수용가 설비에서의 전압 강하

설비의 유형	조명[%]	기타[%]
A − 저압으로 수전하는 경우	3	5
B − 고압 이상으로 수전하는 경우	6	8

84 고·저압 혼촉 사고 시에 1초를 초과하고 2초 이내에 자동 차단되는 6.6[kV] 전로에 결합된 변압기 저압측의 전압이 150[V]를 넘는 경우 저압측의 중성점 접지 저항값은 몇 [Ω] 이하로 유지하여야 하는가? (단, 고압측 1선 지락전류는 30[A]라 한다.)

① 10 ② 50
③ 100 ④ 200

해설 고압 또는 특고압과 저압의 혼촉에 의한 위험 방지 시설(KEC 322.1)
$$R = \frac{300}{I} = \frac{300}{30} = 10[\Omega]$$

85 무대, 무대마루 밑, 오케스트라 박스, 영사실, 기타 사람이나 무대 도구가 접촉할 우려가 있는 곳에 시설하는 저압 옥내 배선·전구선 또는 이동 전선은 사용 전압이 몇 [V] 이하이어야 하는가?

① 60 ② 110
③ 220 ④ 400

해설 전시회, 쇼 및 공연장의 전기 설비(KEC 242.6)
저압 옥내 배선·전구선 또는 이동 전선은 사용 전압이 400[V] 이하일 것

86 고압 보안 공사에서 지지물이 A종 철주인 경우 경간(지지물 간 거리)은 몇 [m] 이하인가?

① 100
② 150
③ 250
④ 400

해설 고압 보안 공사(KEC 332.10)−경간(지지물 간 거리) 제한

지지물의 종류	경간(지지물 간 거리)
목주·A종	100[m]
B종	150[m]
철탑	400[m]

87 시가지 또는 그 밖에 인가가 밀집한 지역에 154[kV] 가공 전선로의 전선을 케이블로 시설하고자 한다. 이때, 가공 전선을 지지하는 애자 장치의 50[%] 충격 섬락(불꽃 방전) 전압값이 그 전선의 근접한 다른 부분을 지지하는 애자 장치값의 몇 [%] 이상이어야 하는가?

① 75 ② 100
③ 105 ④ 110

해설 시가지 등에서 특고압 가공 전선로의 시설(KEC 333.1)
50[%] 충격 섬락(불꽃 방전) 전압값이 그 전선의 근접한 다른 부분을 지지하는 애자 장치값의 110[%] (사용 전압이 130[kV]를 초과하는 경우는 105[%]) 이상인 것

88 분산형 전원 설비 사업자의 한 사업장의 설비 용량 합계가 몇 [kVA] 이상일 경우에는 송·배전 계통과 연계 지점의 연결 상태를 감시 또는 유효 전력, 무효 전력 및 전압을 측정할 수 있는 장치를 시설하여야 하는가?

① 100 ② 150
③ 200 ④ 250

정답 83.① 84.① 85.④ 86.① 87.③ 88.④

해설 전기 공급 방식 등(KEC 503.2.1)

분산형 전원 설비의 전기 공급 방식, 측정 장치 등은 다음에 따른다.

- 분산형 전원 설비의 전기 공급 방식은 전력 계통과 연계되는 전기 공급 방식과 동일할 것
- 분산형 전원 설비 사업자의 한 사업장의 설비 용량 합계가 250[kVA] 이상일 경우에는 송·배전 계통과 연계 지점의 연결 상태를 감시 또는 유효 전력, 무효 전력 및 전압을 측정할 수 있는 장치를 시설할 것

89 특별 저압 SELV와 PELV에서 특별 저압 계통의 전압 한계는 KS C IEC 60449(건축 전기 설비의 전압 밴드)에 의한 전압 밴드 I의 상한값인 공칭 전압의 얼마 이하이어야 하는가?

① 교류 30[V], 직류 80[V] 이하
② 교류 40[V], 직류 100[V] 이하
③ 교류 50[V], 직류 120[V] 이하
④ 교류 75[V], 직류 150[V] 이하

해설 SELV와 PELV를 적용한 특별 저압에 의한 보호 (KEC 211.5)

특별 저압 계통의 전압 한계는 건축 전기 설비의 전압 밴드에 의한 전압 밴드 I의 상한값인 교류 50[V] 이하, 직류 120[V] 이하이어야 한다.

90 시스템 종류는 단상 교류이고, 전차선과 급전선이 동적일 경우 최소 높이는 몇 [mm] 이상이어야 하는가?

① 4,100
② 4,300
③ 4,500
④ 4,800

해설 전차선 및 급전선의 높이(KEC 431.6)

시스템 종류	공칭 전압[V]	동적[mm]	정적[mm]
직류	750	4,800	4,400
	1,500	4,800	4,400
단상 교류	25,000	4,800	4,570

91 지중 전선로에 있어서 폭발성 가스가 침입할 우려가 있는 장소에 시설하는 지중함은 크기가 몇 [m^3] 이상일 때 가스를 방산시키기 위한 장치를 시설하여야 하는가?

① 0.25
② 0.5
③ 0.75
④ 1.0

해설 지중함의 시설(KEC 334.2)

폭발성 또는 연소성의 가스가 침입할 우려가 있는 것에 시설하는 지중함으로서 그 크기가 1[m^3] 이상인 것에는 통풍 장치, 기타 가스를 방산시키기 위한 적당한 장치를 시설할 것

92 매설 금속체측의 누설 전류에 의한 전식(전기 부식)의 피해가 예상되는 곳에서 고려하여야 하는 방법으로 틀린 것은?

① 배류 장치 설치
② 절연 코팅
③ 변전소 간 간격 축소
④ 저준위 금속체를 접속

해설 전식(전기 부식) 방지(KEC 461.4)

- 전기 철도측의 전기 부식 방지를 위해서는 다음 방법을 고려하여야 한다.
  − 변전소 간 간격 축소
  − 레일본드의 양호한 시공
  − 장대 레일 채택
  − 절연도상 및 레일과 침목 사이에 절연층의 설치
- 매설 금속체측의 누설전류에 의한 전식(전기 부식)의 피해가 예상되는 곳은 다음 방법을 고려하여야 한다.
  − 배류 장치 설치
  − 절연 코팅
  − 매설 금속체 접속부 절연
  − 저준위 금속체를 접속
  − 궤도와의 이격 거리 증대
  − 금속판 등의 도체로 차폐

▶ **정답** ◀ 89.③ 90.④ 91.④ 92.③

93 사용 전압이 400[V] 이하인 저압 옥측 전선로를 애자 공사에 의해 시설하는 경우 전선 상호 간의 간격은 몇 [m] 이상이어야 하는가? (단, 비나 이슬에 젖지 않는 장소에 사람이 쉽게 접촉할 우려가 없도록 시설한 경우이다.)

① 0.025 ② 0.045
③ 0.06 ④ 0.12

해설 옥측 전선로(KEC 221.2) - 시설 장소별 조영재 사이의 이격 거리(간격)

시설 장소	전선 상호 간의 간격		전선과 조영재 사이의 이격 거리(간격)	
	사용 전압 400[V] 이하	사용 전압 400[V] 초과	사용 전압 400[V] 이하	사용 전압 400[V] 초과
비나 이슬에 젖지 않는 장소	0.06[m]	0.06[m]	0.025[m]	0.025[m]
비나 이슬에 젖는 장소	0.06[m]	0.12[m]	0.025[m]	0.045[m]

94 금속 덕트 공사에 의한 저압 옥내 배선에서 절연 피복을 포함한 전선의 총 단면적은 덕트 내부 단면적의 몇 [%]까지 할 수 있는가?

① 20 ② 30
③ 40 ④ 50

해설 금속 덕트 공사(KEC 232.31)
전선 단면적의 총합은 덕트의 내부 단면적의 20[%](제어회로 배선 50[%]) 이하

95 고압 가공 전선로의 지지물에 시설하는 통신선의 높이는 도로를 횡단하는 경우 교통에 지장을 줄 우려가 없다면 지표상 몇 [m]까지로 감할 수 있는가?

① 4 ② 4.5
③ 5 ④ 6

해설 전력 보안 통신선의 시설 높이와 이격 거리(간격)(KEC 362.2)
• 도로를 횡단하는 경우 6[m] 이상, 교통에 지장을 줄 우려가 없는 경우 5[m]
• 철도 또는 궤도를 횡단하는 경우에는 레일면상 6.5[m] 이상

96 애자 공사에 의한 저압 옥내 배선 시설 중 틀린 것은?

① 전선은 인입용 비닐 절연 전선일 것
② 전선 상호 간의 간격은 6[cm] 이상일 것
③ 전선의 지지점 간의 거리는 전선을 조영재의 윗면에 따라 붙일 경우에는 2[m] 이하일 것
④ 전선과 조영재 사이의 이격 거리(간격)는 사용전압이 400[V] 이하인 경우에는 2.5[cm] 이상일 것

해설 애자 공사(KEC 232.56)
전선은 절연 전선(옥외용 및 인입용 절연 전선을 제외)을 사용할 것

97 특고압용 타냉식 변압기의 냉각 장치에 고장이 생긴 경우를 대비하여 어떤 보호 장치를 하여야 하는가?

① 경보 장치 ② 속도 조정 장치
③ 온도 시험 장치 ④ 냉매 흐름 장치

해설 특고압용 변압기의 보호 장치(KEC 351.4)
타냉식 변압기의 냉각 장치에 고장이 생겨 온도가 현저히 상승할 경우 경보 장치를 하여야 한다.

98 조상 설비의 조상기(무효전력 보상장치) 내부에 고장이 생긴 경우에 자동적으로 전로로부터 차단하는 장치를 시설해야 하는 뱅크 용량[kVA]으로 옳은 것은?

① 1,000 ② 1,500
③ 10,000 ④ 15,000

해설 조상 설비의 보호 장치(KEC 351.5)

설비 종별	뱅크 용량	자동 차단 장치
조상기 (무효전력 보상장치)	15,000[kVA] 이상	내부에 고장이 생긴 경우

99 전력 보안 통신 설비인 무선통신용 안테나를 지지하는 철탑의 풍압 하중에 대한 기초 안전율은 얼마 이상으로 해야 하는가?

① 1.0
② 1.5
③ 2.0
④ 2.5

해설 무선용 안테나 등을 지지하는 철탑 등의 시설(KEC 364.1)
• 목주의 풍압 하중에 대한 안전율은 1.5 이상
• 철주 · 철근 콘크리트주 또는 철탑의 기초 안전율은 1.5 이상

100 가공 전선로의 지지물에 시설하는 지선(지지선)의 시설기준으로 옳은 것은?

① 지선(지지선)의 안전율은 2.2 이상이어야 한다.
② 연선을 사용할 경우에는 소선(素線) 3가닥 이상이어야 한다.
③ 도로를 횡단하여 시설하는 지선(지지선)의 높이는 지표상 4[m] 이상으로 하여야 한다.
④ 지중 부분 및 지표상 20[cm]까지의 부분에는 내식성이 있는 것 또는 아연도금을 한다.

해설 지선(지지선)의 시설(KEC 331.11)
• 지선(지지선)의 안전율은 2.5 이상. 이 경우에 허용 인장 하중의 최저는 4.31[kN]
• 지선(지지선)에 연선을 사용할 경우
  – 소선(素線) 3가닥 이상의 연선일 것
  – 소선의 지름이 2.6[mm] 이상의 금속선을 사용한 것일 것
• 지중 부분 및 지표상 30[cm]까지의 부분에는 내식성이 있는 것 또는 아연도금을 한 철봉을 사용하고 쉽게 부식되지 아니하는 근가(전주 버팀대)에 견고하게 붙일 것
• 철탑은 지선(지지선)을 사용하여 그 강도를 분담시켜서는 아니 된다.
• 도로를 횡단하여 시설하는 지선(지지선)의 높이는 지표상 5[m] 이상으로 하여야 한다.

memo

제1과목 전기자기학

01 $Ql = \pm 200\pi\varepsilon_0 \times 10^3 [\text{C} \cdot \text{m}]$인 전기 쌍극자에서 l과 r의 사이각이 $\frac{\pi}{3}$이고, $r = 1$인 점의 전위[V]는?

① $50\pi \times 10^4$
② 50×10^3
③ 25×10^3
④ $5\pi \times 10^4$

해설 전기 쌍극자의 전위

$$V = \frac{M\cos\theta}{4\pi\varepsilon_0 r^2} = 9 \times 10^9 \frac{Q \cdot l\cos\theta}{r^2} [\text{V}]$$

$$\therefore \ V = \frac{1}{4\pi\varepsilon_0} \times \frac{200\pi\varepsilon_0 \times 10^3}{1^2} \times \cos 60° = 25 \times 10^3 [\text{V}]$$

02 비투자율 $\mu_s = 800$, 원형 단면적 $S = 10[\text{cm}^2]$, 평균 자로 길이 $l = 8\pi \times 10^{-2}[\text{m}]$의 환상 철심에 600회의 코일을 감고 이것에 1[A]의 전류를 흘리면 내부의 자속은 몇 [Wb]인가?

① 1.2×10^{-3}
② 1.2×10^{-5}
③ 2.4×10^{-3}
④ 2.4×10^{-5}

해설 자속

$$\phi = BS = \mu HS = \mu_0 \mu_s \frac{NI}{l} S$$

$$= \frac{4\pi \times 10^{-7} \times 800 \times 10 \times 10^{-4} \times 600 \times 1}{8\pi \times 10^{-2}}$$

$$= 2.4 \times 10^{-3} [\text{Wb}]$$

03 다음의 관계식 중 성립할 수 없는 것은? (단, μ는 투자율, μ_0는 진공의 투자율, χ는 자화율, J는 자화의 세기이다.)

① $\mu = \mu_0 + \chi$
② $J = \chi B$
③ $\mu_s = 1 + \frac{\chi}{\mu_0}$
④ $B = \mu H$

해설 $J = \chi H [\text{Wb/m}^2]$

$B = \mu_0 H + J = \mu_0 H + \chi H = (\mu_0 + \chi)H$
$\quad = \mu_0 \mu_s H [\text{Wb/m}^2]$

$\mu = \mu_0 + \chi [\text{H/m}], \ \mu_s = \frac{\mu}{\mu_0} = 1 + \chi$

$B = \mu H [\text{Wb/m}^2], \ \mu_s = \frac{\mu}{\mu_0} = \frac{\mu_0 + \chi}{\mu_0} = 1 + \frac{\chi}{\mu_0}$

04 전자파에서 전계 E와 자계 H의 비$\left(\frac{E}{H}\right)$는? (단, μ_s, ε_s는 각각 공간의 비투자율, 비유전율이다.)

① $377\sqrt{\frac{\varepsilon_s}{\mu_s}}$
② $377\sqrt{\frac{\mu_s}{\varepsilon_s}}$
③ $\frac{1}{377}\sqrt{\frac{\varepsilon_s}{\mu_s}}$
④ $\frac{1}{377}\sqrt{\frac{\mu_s}{\varepsilon_s}}$

해설 고유 임피던스

$$\eta = \frac{E}{H} = \sqrt{\frac{\mu}{\varepsilon}} = \sqrt{\frac{\mu_0}{\varepsilon_0}} \cdot \sqrt{\frac{\mu_s}{\varepsilon_s}}$$

$$= 377\sqrt{\frac{\mu_s}{\varepsilon_s}} [\Omega]$$

정답 01.③ 02.③ 03.② 04.②

05 정상 전류계에서 J는 전류 밀도, σ는 도전율, ρ는 고유 저항, E는 전계의 세기일 때, 옴의 법칙의 미분형은?

① $J = \sigma E$ ② $J = \dfrac{E}{\sigma}$

③ $J = \rho E$ ④ $J = \rho \sigma E$

해설 전류 $I = \dfrac{V}{R} = \dfrac{El}{\rho \dfrac{l}{S}} = \dfrac{E}{\rho} S \,[\text{A}]$

전류 밀도 $J = \dfrac{I}{S} = \dfrac{E}{\rho} = \sigma E \,[\text{A/m}^2]$

06 도전율 σ인 도체에서 전장 E에 의해 전류 밀도 J가 흘렀을 때 이 도체에서 소비되는 전력을 표시한 식은?

① $\displaystyle \int_v E \cdot J dv$ ② $\displaystyle \int_v E \times J dv$

③ $\dfrac{1}{\sigma} \displaystyle \int_v E \cdot J dv$ ④ $\dfrac{1}{\sigma} \displaystyle \int_v E \times J dv$

해설 전위 $V = \displaystyle \int_l E dl$, 전류 $I = \displaystyle \int_s J n dS$

전력 $P = VI = \displaystyle \int_l E dl \cdot \int_s J n dS$

$= \displaystyle \int_v E \cdot J dv \,[\text{W}]$

07 비투자율 350인 환상 철심 중의 평균 자계의 세기가 280[AT/m]일 때, 자화의 세기는 약 몇 [Wb/m²]인가?

① 0.12 ② 0.15

③ 0.18 ④ 0.21

해설 자화의 세기

$J = \mu_0 (\mu_s - 1) H$

$= 4\pi \times 10^{-7} (350 - 1) \times 280$

$= 0.12 \,[\text{Wb/m}^2]$

08 자속 밀도 B[Wb/m²]의 평등 자계 내에서 길이 l [m]인 도체 ab가 속도 v[m/s]로 그림과 같이 도선을 따라서 자계와 수직으로 이동할 때 도체 ab에 의해 유기된 기전력의 크기 e [V]와 폐회로 abcd 내 저항 R에 흐르는 전류의 방향은? (단, 폐회로 abcd 내 도선 및 도체의 저항은 무시한다.)

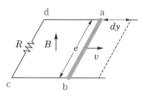

① $e = Blv$, 전류 방향 : c → d

② $e = Blv$, 전류 방향 : d → c

③ $e = Blv^2$, 전류 방향 : c → d

④ $e = Blv^2$, 전류 방향 : d → c

해설 플레밍의 오른손 법칙

유기 기전력 $e = vBl \sin\theta = Blv \,[\text{V}]$

방향 a → b → c → d

09 유전율이 ε_1, ε_2인 유전체 경계면에 수직으로 전계가 작용할 때 단위 면적당에 작용하는 수직력은?

① $2\left(\dfrac{1}{\varepsilon_2} - \dfrac{1}{\varepsilon_1} \right) E^2$

② $2\left(\dfrac{1}{\varepsilon_2} - \dfrac{1}{\varepsilon_1} \right) D^2$

③ $\dfrac{1}{2}\left(\dfrac{1}{\varepsilon_2} - \dfrac{1}{\varepsilon_1} \right) E^2$

④ $\dfrac{1}{2}\left(\dfrac{1}{\varepsilon_2} - \dfrac{1}{\varepsilon_1} \right) D^2$

해설 전계가 경계면에 수직이므로

$f = \dfrac{1}{2}(E_2 - E_1) D^2 = \dfrac{1}{2}\left(\dfrac{1}{\varepsilon_2} - \dfrac{1}{\varepsilon_1} \right) D^2 \,[\text{N/m}^2]$

정답 05.① 06.① 07.① 08.① 09.④

10 환상 철심에 권선수 20인 A 코일과 권선수 80인 B 코일이 감겨있을 때, A 코일의 자기 인덕턴스가 5[mH]라면 두 코일의 상호 인덕턴스는 몇 [mH]인가? (단, 누설 자속은 없는 것으로 본다.)

① 20
② 1.25
③ 0.8
④ 0.05

해설 $M = \dfrac{N_A N_B}{R_m} = L_A \dfrac{N_B}{N_A} = 5 \times \dfrac{80}{20} = 20 \text{[mH]}$

11 0.2[C]의 점전하가 전계 $E = 5a_y + a_z$[V/m] 및 자속 밀도 $B = 2a_y + 5a_z$[Wb/m²] 내로 속도 $v = 2a_x + 3a_y$[m/s]로 이동할 때, 점전하에 작용하는 힘 F[N]은? (단, a_x, a_y, a_z는 단위 벡터이다.)

① $2a_x - a_y + 3a_z$
② $3a_x - a_y + a_z$
③ $a_x + a_y - 2a_z$
④ $5a_x + a_y - 3a_z$

해설 $F = q(E + v \times B)$
$= 0.2(5a_y + a_z) + 0.2(2a_x + 3a_y) \times (2a_y + 5a_z)$
$= 0.2(5a_y + a_z) + 0.2 \begin{vmatrix} a_x & a_y & a_z \\ 2 & 3 & 0 \\ 0 & 2 & 5 \end{vmatrix}$
$= 0.2(5a_y + a_z) + 0.2(15a_x + 4a_z - 10a_y)$
$= 0.2(15a_x - 5a_y + 5a_z) = 3a_x - a_y + a_z \text{[N]}$

12 그림과 같이 평행한 무한장 직선 도선에 I[A], $4I$[A]인 전류가 흐른다. 두 선 사이의 점 P에서 자계의 세기가 0이라고 하면 $\dfrac{a}{b}$는?

① 2
② 4
③ $\dfrac{1}{2}$
④ $\dfrac{1}{4}$

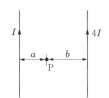

해설 $H_1 = \dfrac{I}{2\pi a}$, $H_2 = \dfrac{4I}{2\pi b}$

자계의 세기가 0일 때 $H_1 = H_2$

$\dfrac{I}{2\pi a} = \dfrac{4I}{2\pi b}$

$\dfrac{1}{a} = \dfrac{4}{b}$

$\therefore \dfrac{a}{b} = \dfrac{1}{4}$

13 반지름이 0.01[m]인 구도체를 접지시키고 중심으로부터 0.1[m]의 거리에 10[μC]의 점전하를 놓았다. 구도체에 유도된 총 전하량은 몇 [μC]인가?

① 0
② −1
③ −10
④ 10

해설 영상 전하의 크기 $Q' = -\dfrac{a}{d} Q$[C]

$\therefore Q' = -\dfrac{0.01}{0.1} \times 10 = -1 \text{[μC]}$

14 두 개의 자극판이 놓여 있을 때, 자계의 세기 H[AT/m], 자속 밀도 B[Wb/m²], 투자율 μ[H/m]인 곳의 자계의 에너지 밀도 [J/m³]는?

① $\dfrac{H^2}{2\mu}$

② $\dfrac{1}{2}\mu H^2$

③ $\dfrac{\mu H}{2}$

④ $\dfrac{1}{2}B^2 H$

해설 $\omega_m = \dfrac{1}{2}\mu H^2 = \dfrac{1}{2}BH = \dfrac{B^2}{2\mu} \text{[J/m³]}$

정답 10.① 11.② 12.④ 13.② 14.②

15 진공 중에서 점 $(0, 1)$[m]되는 곳에 -2×10^{-9}[C] 점전하가 있을 때 점 $(2, 0)$[m]에 있는 1[C]에 작용하는 힘[N]은?

① $-\dfrac{36}{5\sqrt{5}}\boldsymbol{a}_x + \dfrac{18}{5\sqrt{5}}\boldsymbol{a}_y$

② $-\dfrac{18}{5\sqrt{5}}\boldsymbol{a}_x + \dfrac{36}{5\sqrt{5}}\boldsymbol{a}_y$

③ $-\dfrac{36}{3\sqrt{5}}\boldsymbol{a}_x + \dfrac{18}{3\sqrt{5}}\boldsymbol{a}_y$

④ $\dfrac{36}{5\sqrt{5}}\boldsymbol{a}_x + \dfrac{18}{5\sqrt{5}}\boldsymbol{a}_y$

해설 $r = (2-0)\boldsymbol{a}_x + (0-1)\boldsymbol{a}_y$
$\quad = 2\boldsymbol{a}_x - \boldsymbol{a}_y$ [m]
$r = \sqrt{2^2 + (-1)^2} = \sqrt{5}$ [m]
$\therefore \; \boldsymbol{r}_0 = \dfrac{1}{\sqrt{5}}(2\boldsymbol{a}_x - \boldsymbol{a}_y)$ [m]
$\therefore \; \boldsymbol{F} = 9 \times 10^9 \times \dfrac{-2 \times 10^{-9} \times 1}{(\sqrt{5})^2} \times \dfrac{1}{\sqrt{5}}(2\boldsymbol{a}_x - \boldsymbol{a}_y)$
$\quad = -\dfrac{36}{5\sqrt{5}}\boldsymbol{a}_x + \dfrac{18}{5\sqrt{5}}\boldsymbol{a}_y$ [N]

16 유전율 ε_1, ε_2인 두 유전체 경계면에서 전계가 경계면에 수직일 때, 경계면에 작용하는 힘은 몇 [N/m²]인가? (단, $\varepsilon_1 > \varepsilon_2$이다.)

① $\left(\dfrac{1}{\varepsilon_1} + \dfrac{1}{\varepsilon_2}\right)\boldsymbol{D}$ ② $2\left(\dfrac{1}{\varepsilon_1^{\,2}} + \dfrac{1}{\varepsilon_2^{\,2}}\right)\boldsymbol{D}^2$

③ $\dfrac{1}{2}\left(\dfrac{1}{\varepsilon_2} - \dfrac{1}{\varepsilon_1}\right)\boldsymbol{D}$ ④ $\dfrac{1}{2}\left(\dfrac{1}{\varepsilon_2} - \dfrac{1}{\varepsilon_1}\right)\boldsymbol{D}^2$

해설 전계가 수직으로 입사시 경계면 양측에서 전속 밀도가 같다.
$\boldsymbol{D}_1 = \boldsymbol{D}_2 = \boldsymbol{D}$
$\therefore f = \dfrac{1}{2}E_2\boldsymbol{D}_2 - \dfrac{1}{2}E_1\boldsymbol{D}_1$ [N/m]
$\quad = \dfrac{1}{2}(E_2 - E_1)\boldsymbol{D}$
$\quad = \dfrac{1}{2}\left(\dfrac{1}{\varepsilon_2} - \dfrac{1}{\varepsilon_1}\right)\boldsymbol{D}^2$ [N/m²]

17 q[C]의 전하가 진공 중에서 v[m/s]의 속도로 운동하고 있을 때, 이 운동 방향과 θ의 각으로 r[m] 떨어진 점의 자계의 세기[AT/m]는?

① $\dfrac{q\sin\theta}{4\pi r^2 v}$

② $\dfrac{v\sin\theta}{4\pi r^2 q}$

③ $\dfrac{qv\sin\theta}{4\pi r^2}$

④ $\dfrac{v\sin\theta}{4\pi r^2 q^2}$

해설 비오-사바르의 법칙(Biot-Savart's law)

자계의 세기 $H = \dfrac{Il}{4\pi r^2}\sin\theta$

전류 $I = \dfrac{q}{t}$, 속도 $v = \dfrac{l}{t}$, $l = v \cdot t$이므로

$Il = \dfrac{q}{t} \cdot vt = qv$

따라서, 자계의 세기 $H = \dfrac{qv}{4\pi r^2}\sin\theta$[AT/m]

18 내압이 1[kV]이고 용량이 각각 $0.01[\mu F]$, $0.02[\mu F]$, $0.04[\mu F]$인 콘덴서를 직렬로 연결했을 때 전체 콘덴서의 내압은 몇 [V]인가?

① 1,750 ② 2,000

③ 3,500 ④ 4,000

해설 각 콘덴서에 가해지는 전압을 V_1, V_2, V_3[V]라 하면

$V_1 : V_2 : V_3 = \dfrac{1}{0.01} : \dfrac{1}{0.02} : \dfrac{1}{0.04} = 4 : 2 : 1$

$\therefore \; V_1 = 1{,}000$ [V]

$\quad V_2 = 1{,}000 \times \dfrac{2}{4} = 500$ [V]

$\quad V_3 = 1{,}000 \times \dfrac{1}{4} = 250$ [V]

$\therefore$ 전체 내압 : $V = V_1 + V_2 + V_3$
$\qquad\qquad = 1{,}000 + 500 + 250$
$\qquad\qquad = 1{,}750$ [V]

정답 15.① 16.④ 17.③ 18.①

19 정전계와 정자계의 대응 관계가 성립되는 것은?

① $\operatorname{div}\boldsymbol{D}=\rho_v \rightarrow \operatorname{div}\boldsymbol{B}=\rho_m$

② $\nabla^2 V=-\dfrac{\rho_v}{\varepsilon_0} \rightarrow \nabla^2 \boldsymbol{A}=-\dfrac{i}{\mu_0}$

③ $W=\dfrac{1}{2}CV^2 \rightarrow W=\dfrac{1}{2}LI^2$

④ $\boldsymbol{F}=9\times10^9\dfrac{Q_1 Q_2}{r^2}a_r$

$\rightarrow \boldsymbol{F}=6.33\times10^{-4}\dfrac{m_1 m_2}{r^2}a_r$

해설 정전계와 정자계의 대응 관계
- $\operatorname{div}\boldsymbol{D}=\rho_v \rightarrow \operatorname{div}\boldsymbol{B}=0$
- $\nabla^2 V=-\dfrac{\rho_v}{\varepsilon_0} \rightarrow \nabla^2\boldsymbol{A}=-\mu_0 i$
- $\boldsymbol{F}=9\times10^9\dfrac{Q_1 Q_2}{r^2}a_r \rightarrow \boldsymbol{F}=6.33\times10^4\dfrac{m_1 m_2}{r^2}a_r$

∴ 정전 에너지 $W=\dfrac{1}{2}CV^2$

$\rightarrow$ 자계 에너지 $W=\dfrac{1}{2}LI^2$

20 유전율 ε, 투자율 μ인 매질 내에서 전자파의 속도[m/s]는?

① $\sqrt{\dfrac{\mu}{\varepsilon}}$ ② $\sqrt{\mu\varepsilon}$

③ $\sqrt{\dfrac{\varepsilon}{\mu}}$ ④ $\dfrac{3\times10^8}{\sqrt{\varepsilon_s \mu_s}}$

해설 $v=\dfrac{1}{\sqrt{\varepsilon\mu}}=\dfrac{1}{\sqrt{\varepsilon_0 \mu_0}}\cdot\dfrac{1}{\sqrt{\varepsilon_s \mu_s}}$

$=C_0\dfrac{1}{\sqrt{\varepsilon_s \mu_s}}=\dfrac{3\times10^8}{\sqrt{\varepsilon_s \mu_s}}$ [m/s]

제2과목 전력공학

21 다음 중 켈빈(Kelvin) 법칙이 적용되는 것은?

① 경제적인 송전 전압을 결정하고자 할 때
② 일정한 부하에 대한 계통 손실을 최소화하고자 할 때
③ 경제적 송전선의 전선의 굵기를 결정하고자 할 때
④ 화력발전소군의 총 연료비가 최소가 되도록 각 발전기의 경제 부하 배분을 하고자 할 때

해설 전선 단위 길이의 시설비에 대한 1년간 이자와 감가상각비 등을 계산한 값과 단위 길이의 1년간 손실 전력량을 요금으로 환산한 금액이 같아질 때 전선의 굵기가 가장 경제적이다.

$\sigma=\sqrt{\dfrac{WMP}{\rho N}}=\sqrt{\dfrac{8.89\times55MP}{N}}$ [A/mm²]

여기서, σ : 경제적인 전류 밀도[A/mm²]
W : 전선 중량 8.89×10^{-3}[kg/mm²·m]
M : 전선 가격[원/kg]
P : 전선비에 대한 연경비 비율
ρ : 저항률 $\dfrac{1}{55}$[Ω·mm²/m]
N : 전력량의 가격[원/kW/년]

22 송·배전 선로는 저항 R, 인덕턴스 L, 정전 용량(커패시턴스) C, 누설 컨덕턴스 G라는 4개의 정수로 이루어진 연속된 전기 회로이다. 이들 정수를 선로 정수(line constant)라고 부르는 데 이것은 (㉠), (㉡) 등에 따라 정해진다. 다음 중 (㉠), (㉡)에 알맞은 내용은?

① ㉠ 전압·전선의 종류, ㉡ 역률
② ㉠ 전선의 굵기·전압, ㉡ 전류
③ ㉠ 전선의 배치·전선의 종류, ㉡ 전류
④ ㉠ 전선의 종류·전선의 굵기, ㉡ 전선의 배치

해설 선로 정수는 전선의 배치, 종류, 굵기 등에 따라 정해지고 전선의 배치에 가장 많은 영향을 받는다.

23
정전 용량 $0.01[\mu F/km]$, 길이 $173.2[km]$, 선간 전압 $60,000[V]$, 주파수 $60[Hz]$인 송전 선로의 충전 전류[A]는 얼마인가?

① 6.3

② 12.5

③ 22.6

④ 37.2

해설 충전 전류

$$I_c = \frac{E}{Z} = \omega CE = 2\pi f CE$$

$$= 2\pi \times 60 \times 0.01 \times 10^{-6} \times 173.2 \times \frac{60,000}{\sqrt{3}}$$

$$= 22.6[A]$$

24
송전선 중간에 전원이 없을 경우에 송전단의 전압 $E_s = AE_r + BI_r$이 된다. 수전단의 전압 E_r의 식으로 옳은 것은? (단, I_s, I_r은 송전단 및 수전단의 전류이다.)

① $E_r = AE_s + CI_s$

② $E_r = BE_s + AI_s$

③ $E_r = DE_s - BI_s$

④ $E_r = CE_s - DI_s$

해설 $\begin{bmatrix} E_s \\ I_s \end{bmatrix} = \begin{bmatrix} A & B \\ C & D \end{bmatrix}\begin{bmatrix} E_r \\ I_r \end{bmatrix}$에서

$$\begin{bmatrix} E_r \\ I_r \end{bmatrix} = \begin{bmatrix} A & B \\ C & D \end{bmatrix}\begin{bmatrix} E_s \\ I_s \end{bmatrix}$$

$$= \frac{1}{AD-BC}\begin{bmatrix} D & -B \\ -C & A \end{bmatrix}\begin{bmatrix} E_s \\ I_s \end{bmatrix}$$

$AD-BC=1$이므로 $\begin{bmatrix} E_r \\ I_r \end{bmatrix} = \begin{bmatrix} D & -B \\ -C & A \end{bmatrix}\begin{bmatrix} E_s \\ I_s \end{bmatrix}$

수전단 전압 $E_r = DE_s - BI_s$
수전단 전류 $I_r = -CE_s + AI_s$

25
그림과 같이 정수가 서로 같은 평행 2회선 송전 선로의 4단자 정수 중 B에 해당되는 것은?

① $4B_1$

② $2B_1$

③ $\frac{1}{2}B_1$

④ $\frac{1}{4}B_1$

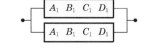

해설 평행 2회선 4단자 정수

$$\begin{bmatrix} A & B \\ C & D \end{bmatrix} = \begin{bmatrix} A_1 & \frac{1}{2}B_1 \\ 2C_1 & D_1 \end{bmatrix}$$

26
어떤 공장의 소모 전력이 $100[kW]$이며, 이 부하의 역률이 0.6일 때, 역률을 0.9로 개선하기 위한 전력용 콘덴서의 용량은 약 몇 $[kVA]$인가?

① 75

② 80

③ 85

④ 90

해설 역률 개선용 콘덴서 용량 $Q_c[kVA]$

$$Q_c = P(\tan\theta_1 - \tan\theta_2)$$

$$= P\left(\frac{\sqrt{1-\cos^2\theta_1}}{\cos\theta_1} - \frac{\sqrt{1-\cos^2\theta_2}}{\cos\theta_2}\right)$$

$$= 100\left(\frac{0.8}{0.6} - \frac{\sqrt{1-0.9^2}}{0.9}\right)$$

$$\fallingdotseq 85[kVA]$$

정답 23.③ 24.③ 25.③ 26.③

27 송전 계통의 접지에 대하여 기술하였다. 다음 중 옳은 것은?

① 소호 리액터 접지 방식은 선로의 정전 용량과 직렬 공진을 이용한 것으로 지락 전류가 타 방식에 비해 좀 큰 편이다.

② 고저항 접지 방식은 이중 고장을 발생시킬 확률이 거의 없으며 비접지 방식보다는 많은 편이다.

③ 직접 접지 방식을 채용하는 경우 이상 전압이 낮기 때문에 변압기 선정 시 단절연이 가능하다.

④ 비접지 방식을 택하는 경우 지락 전류 차단이 용이하고 장거리 송전을 할 경우 이중 고장의 발생을 예방하기 좋다.

◉해설 직접 접지 방식은 중성점 전위가 낮아 변압기 단절연에 유리하다. 그러나 사고 시 큰 전류에 의한 통신선에 대한 유도 장해가 발생한다.

28 그림과 같은 3상 송전 계통에서 송전단 전압은 3,300[V]이다. 점 P에서 3상 단락 사고가 발생했다면 발전기에 흐르는 단락 전류는 약 몇 [A]인가?

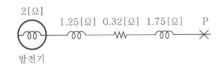

① 320
② 330
③ 380
④ 410

◉해설 $I_s = \dfrac{E}{Z}$

$$= \dfrac{\dfrac{3,300}{\sqrt{3}}}{\sqrt{0.32^2 + (2+1.25+1.75)^2}}$$

$$= 380.2[A]$$

29 그림에서 A점의 차단기 용량으로 가장 적당한 것은?

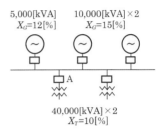

① 50[MVA]
② 100[MVA]
③ 150[MVA]
④ 200[MVA]

◉해설 기준 용량을 10,000[kVA]로 설정하면

5,000[kVA] 발전기 $\%X_G \times \dfrac{10,000}{5,000} \times 12 = 24[\%]$

A 차단기 전원측에는 발전기가 병렬 접속이므로 합성

$$\%Z_g = \dfrac{1}{\dfrac{1}{24} + \dfrac{1}{15} + \dfrac{1}{15}} = 5.71[\%]$$

$$\therefore \ P_s = \dfrac{100}{5.71} \times 10,000 \times 10^{-3} = 175[MVA]$$

차단기 용량은 단락 용량을 기준 이상으로 한 값으로 200[MVA]이다.

30 송전 계통의 한 부분이 그림과 같이 3상 변압기로 1차측은 △로, 2차측은 Y로 중성점이 접지되어 있을 경우, 1차측에 흐르는 영상전류는?

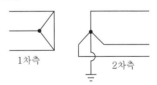

① 1차측 선로에서 ∞이다.
② 1차측 선로에서 반드시 0이다.
③ 1차측 변압기 내부에서는 반드시 0이다.
④ 1차측 변압기 내부와 1차측 선로에서 반드시 0이다.

정답   27.③   28.③   29.④   30.②

해설 영상 전류는 중성점이 접지되어 있는 2차측에는 선로와 변압기 내부 및 중성선과 비접지인 1차측 내부에는 흐르지만 1차측 선로에는 흐르지 않는다.

31 피뢰기의 구조는?

① 특성 요소와 소호 리액터
② 특성 요소와 콘덴서
③ 소호 리액터와 콘덴서
④ 특성 요소와 직렬 갭

해설
• 직렬 갭 : 평상시에는 개방 상태이고, 과전압(이상 충격파)이 인가되면 도통된다.
• 특성 요소 : 비직선 전압 전류 특성에 따라 방전 시에는 대전류를 통과시키고, 방전 후에는 속류를 저지 또는 직렬 갭으로 차단할 수 있는 정도로 제한하는 특성을 가진다.

32 발전기 또는 주변압기의 내부 고장 보호용으로 가장 널리 쓰이는 것은?

① 거리 계전기
② 과전류 계전기
③ 비율 차동 계전기
④ 방향 단락 계전기

해설 비율 차동 계전기는 발전기나 변압기의 내부 고장 보호에 적용한다.

33 다음 차단기 중 투입과 차단을 다같이 압축 공기의 힘으로 하는 것은?

① 유입 차단기   ② 팽창 차단기
③ 제호 차단기   ④ 임펄스 차단기

해설 차단기 소호 매질
유입 차단기(OCB) – 절연유, 공기 차단기(ABB) – 압축 공기, 자기 차단기(MBB) – 차단 전류에 의한 자계, 진공 차단기(VCB) – 고진공 상태, 가스 차단기(GCB) – SF6(육불화황)
공기 차단기를 임펄스 차단기라고도 한다.

34 저압 배전 계통을 구성하는 방식 중 캐스케이딩(cascading)을 일으킬 우려가 있는 방식은?

① 방사상 방식
② 저압 뱅킹 방식
③ 저압 네트워크 방식
④ 스포트 네트워크 방식

해설 캐스케이딩(cascading) 현상은 저압 뱅킹 방식에서 변압기 또는 선로의 사고에 의해서 뱅킹 내의 건전한 변압기의 일부 또는 전부가 연쇄적으로 차단되는 현상으로, 방지책은 변압기의 1차측에 퓨즈, 저압선의 중간에 구분 퓨즈를 설치한다.

35 3상 3선식의 전선 소요량에 대한 3상 4선식의 전선 소요량의 비는 얼마인가? (단, 배전 거리, 배전 전력 및 전력 손실은 같고, 4선식의 중성선의 굵기는 외선의 굵기와 같으며, 외선과 중성선 간의 전압은 3선식의 선간 전압과 같다.)

① $\dfrac{4}{9}$　　　　② $\dfrac{2}{3}$

③ $\dfrac{3}{4}$　　　　④ $\dfrac{1}{3}$

해설

$$전선 \ 소요량비 = \frac{3\phi 4W}{3\phi 3W} = \frac{\frac{1}{3}}{\frac{3}{4}} = \frac{4}{9}$$

36 연간 전력량이 E[kWh]이고, 연간 최대 전력이 W[kW]인 연부하율은 몇 [%]인가?

① $\dfrac{E}{W} \times 100$　　　② $\dfrac{\sqrt{3}\,W}{E} \times 100$

③ $\dfrac{8,760\,W}{E} \times 100$　　④ $\dfrac{E}{8,760\,W} \times 100$

해설

$$연부하율 = \frac{\frac{E}{365 \times 24}}{W} \times 100 = \frac{E}{8,760\,W} \times 100 \, [\%]$$

정답 31.④ 32.③ 33.④ 34.② 35.① 36.④

37 배전 선로의 주상 변압기에서 고압측-저압측에 주로 사용되는 보호 장치의 조합으로 적합한 것은?

① 고압측 : 컷 아웃 스위치, 저압측 : 캐치 홀더

② 고압측 : 캐치 홀더, 저압측 : 컷 아웃 스위치

③ 고압측 : 리클로저, 저압측 : 라인 퓨즈

④ 고압측 : 라인 퓨즈, 저압측 : 리클로저

해설 주상 변압기 보호 장치
- 1차(고압)측 : 피뢰기, 컷 아웃 스위치
- 2차(저압)측 : 캐치 홀더, 중성점 접지

38 전력 계통의 경부하 시나 또는 다른 발전소의 발전 전력에 여유가 있을 때 이 잉여 전력을 이용하여 전동기로 펌프를 돌려서 물을 상부의 저수지에 저장하였다가 필요에 따라 이 물을 이용해서 발전하는 발전소는?

① 조력 발전소

② 양수식 발전소

③ 유역 변경식 발전소

④ 수로식 발전소

해설 양수식 발전소

잉여 전력을 이용하여 하부 저수지의 물을 상부 저수지로 양수하여 저장하였다가 첨두 부하 등에 이용하는 발전소이다.

39 수력 발전소에서 흡출관을 사용하는 목적은?

① 압력을 줄인다.

② 유효 낙차를 늘린다.

③ 속도 변동률을 작게 한다.

④ 물의 유선을 일정하게 한다.

해설 흡출관은 중낙차 또는 저낙차용으로 적용되는 반동 수차에서 낙차를 증대시킬 목적으로 사용된다.

40 어느 화력 발전소에서 $40,000[kWh]$를 발전하는 데 발열량 $860[kcal/kg]$의 석탄이 60톤 사용된다. 이 발전소의 열효율[%]은 약 얼마인가?

① 56.7

② 66.7

③ 76.7

④ 86.7

해설 열효율 $\eta = \dfrac{860\,W}{mH} \times 100 = \dfrac{860 \times 40,000}{60 \times 10^3 \times 860} \times 100$

$= 66.7[\%]$

제3과목 전기기기

41 정격 전압, 정격 주파수가 $6,600/220[V]$, $60[Hz]$, 와류손이 $720[W]$인 단상 변압기가 있다. 이 변압기를 $3,300[V]$, $50[Hz]$의 전원에 사용하는 경우 와류손은 약 몇 $[W]$인가?

① 120

② 150

③ 180

④ 200

해설 $V = 4.44fN\phi_m$ 에서 자속 밀도 $B_m \propto \dfrac{V}{f}$ $(B_m \propto \phi_m)$

와전류손 $P_e = \sigma_e\,(tk_f \cdot fB_m)^2 \propto \left(f \cdot \dfrac{V}{f}\right)^2 \propto V^2$

$\therefore P_e{}' = 720 \times \left(\dfrac{3,300}{6,600}\right)^2 = 180[W]$

42 4극, $60[Hz]$인 3상 유도 전동기가 있다. $1,725[rpm]$으로 회전하고 있을 때, 2차 기전력의 주파수$[Hz]$는?

① 10

② 7.5

③ 5

④ 2.5

해설 $N_s = \dfrac{120f}{P} = \dfrac{120 \times 60}{4} = 1,800[rpm]$

$s = \dfrac{N_s - N}{N_s} = \dfrac{1,800 - 1,725}{1,800} = 0.0417$

$\therefore f_2{}' = sf_1 = 0.0417 \times 60 = 2.5[Hz]$

43 다음 직류 전동기 중에서 속도 변동률이 가장 큰 것은?

① 직권 전동기
② 분권 전동기
③ 차동 복권 전동기
④ 가동 복권 전동기

해설 직류 직권 전동기 $I = I_f = I_a$

회전 속도 $N = K \dfrac{V - I_a(R_a + r_f)}{\phi} \propto \dfrac{1}{\phi} \propto \dfrac{1}{I}$ 이므로 부하가 변화하면 속도 변동률이 가장 크다.

44 돌극(凸極)형 동기 발전기의 특성이 아닌 것은?

① 직축 리액턴스 및 횡축 리액턴스의 값이 다르다.
② 내부 유기 기전력과 관계없는 토크가 존재한다.
③ 최대 출력의 출력각이 90°이다.
④ 리액션 토크가 존재한다.

해설 돌극형 발전기의 출력식

$$P = \frac{EV}{x_d}\sin\delta + \frac{V^2(x_d - x_q)}{2x_d \cdot x_q}\sin 2\delta \,[\text{W}]$$

돌극형 동기 발전기의 최대 출력은 그래프(graph)에서와 같이 부하각(δ)이 60°에서 발생한다.

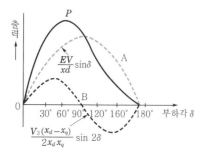

45 동기기의 안정도를 증진시키는 방법이 아닌 것은?

① 단락비를 크게 할 것
② 속응 여자 방식을 채용할 것
③ 정상 리액턴스를 크게 할 것
④ 영상 및 역상 임피던스를 크게 할 것

해설 동기기의 안정도 향상책
• 단락비가 클 것
• 동기 임피던스(리액턴스)가 작을 것
• 속응 여자 방식을 채택할 것
• 관성 모멘트가 클 것
• 조속기 동작이 신속할 것
• 영상 및 역상 임피던스가 클 것

46 브러시리스 DC 서보 모터의 특징으로 틀린 것은?

① 단위 전류당 발생 토크가 크고 효율이 좋다.
② 토크 맥동이 작고, 안정된 제어가 용이하다.
③ 기계적 시간 상수가 크고 응답이 느리다.
④ 기계적 접점이 없고 신뢰성이 높다.

해설 DC 서보 모터는 기계적 시간 상수(시정수)가 작고 응답이 빠른 특성을 갖고 있다.

47 상전압 200[V]의 3상 반파 정류 회로의 각 상에 SCR을 사용하여 정류 제어할 때 위상각을 $\dfrac{\pi}{6}$로 하면 순저항 부하에서 얻을 수 있는 직류 전압[V]은?

① 90
② 180
③ 203
④ 234

해설 3상 반파 정류에서 위상각 $\alpha = 0°$일 때 직류 전압(평균값)

$$E_{d0} = \frac{3\sqrt{3}}{\sqrt{2}\pi} E = 1.17E$$

위상각 $\alpha = \frac{\pi}{6}$일 때

직류 전압 $E_{d\alpha} = E_{d0} \cdot \cos\alpha = 1.17 \times 200 \times \cos\frac{\pi}{6}$
$$= 202.6[\text{V}]$$

48 유도 전동기의 안정 운전의 조건은? (단, T_m : 전동기 토크, T_L : 부하 토크, n : 회전수)

① $\dfrac{dT_m}{dn} < \dfrac{dT_L}{dn}$ 　② $\dfrac{dT_m}{dn} = \dfrac{dT_L^2}{dn}$

③ $\dfrac{dT_m}{dn} > \dfrac{dT_L}{dn}$ 　④ $\dfrac{dT_m}{dn} \neq \dfrac{dT_L^2}{dn}$

해설

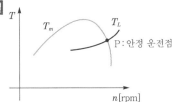

여기서, T_m : 전동기 토크, T_L : 부하의 반항 토크
안정된 운전을 위해서는 $\dfrac{dT_m}{dn} < \dfrac{dT_L}{dn}$ 이어야 한다.
즉, 부하의 반항 토크 기울기가 전동기 토크 기울기보다 큰 점에서 안정 운전을 한다.

49 동기 각속도 ω_0, 회전자 각속도 ω인 유도 전동기의 2차 효율은?

① $\dfrac{\omega_0}{\omega}$ 　② $\dfrac{\omega}{\omega_0}$

③ $\dfrac{\omega_0 - \omega}{\omega_0}$ 　④ $\dfrac{\omega_0 - \omega}{\omega}$

해설 $\eta_2 = \dfrac{P}{P_2} = (1-s) = \dfrac{N}{N_s} = \dfrac{2\pi\omega}{2\pi\omega_0} = \dfrac{\omega}{\omega_0}$

50 직류기에 관련된 사항으로 잘못 짝지어진 것은?

① 보극 – 리액턴스 전압 감소
② 보상 권선 – 전기자 반작용 감소
③ 전기자 반작용 – 직류 전동기 속도 감소
④ 정류 기간 – 전기자 코일이 단락되는 기간

해설 전기자 반작용으로 주자속이 감소하면 직류 발전기는 유기 기전력이 감소하고, 직류 전동기는 회전 속도가 상승한다.

51 동기 발전기의 단락비를 계산하는 데 필요한 시험은?

① 부하 시험과 돌발 단락 시험
② 단상 단락 시험과 3상 단락 시험
③ 무부하 포화 시험과 3상 단락 시험
④ 정상, 역상, 영상 리액턴스의 측정 시험

해설 동기 발전기의 단락비를 산출
• 무부하 포화 특성 시험
• 3상 단락 시험
∴ 단락비 $K_s = \dfrac{I_{f0}}{I_{fs}}$

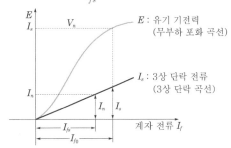

52 단상 직권 전동기의 종류가 아닌 것은?

① 직권형 　② 아트킨손형
③ 보상 직권형 　④ 유도 보상 직권형

정답　48.①　49.②　50.③　51.③　52.②

해설 단상 직권 정류자 전동기의 종류

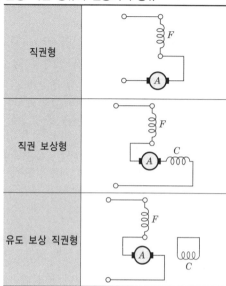

직권형	
직권 보상형	
유도 보상 직권형	

53 60[Hz]인 3상 8극 및 2극의 유도 전동기를 차동 종속으로 접속하여 운전할 때의 무부하 속도[rpm]는?

① 720　　　　② 900

③ 1,000　　　④ 1,200

해설 2대의 권선형 유도 전동기를 차동 종속으로 접속하여 운전할 때

무부하 속도 $N = \dfrac{120f}{P_1 - P_2} = \dfrac{120 \times 60}{8 - 2}$

$= 1,200 [\text{rpm}]$

54 철심의 단면적이 0.085[m²], 최대 자속 밀도가 1.5[Wb/m²]인 변압기가 60[Hz]에서 동작하고 있다. 이 변압기의 1차 및 2차 권수는 120, 60이다. 이 변압기의 1차측에 발생하는 전압의 실효값은 약 몇 [V]인가?

① 4,076　　　② 2,037

③ 918　　　　④ 496

해설 1차 유기 기전력(1차 발생 전압)

$E_1 = 4.44f\, N_1 \phi_m$

$= 4.44 \times 60 \times 120 \times 1.5 \times 0.085$

$= 4,075.9 [\text{V}]$

55 그림과 같은 단상 브리지 정류 회로(혼합 브리지)에서 직류 평균 전압[V]은? (단, E는 교류측 실효치 전압, α는 점호 제어각이다.)

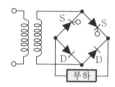

① $\dfrac{2\sqrt{2}\,E}{\pi}\left(\dfrac{1 + \cos\alpha}{2}\right)$

② $\dfrac{\sqrt{2}\,E}{\pi}\left(\dfrac{1 + \cos\alpha}{2}\right)$

③ $\dfrac{2\sqrt{2}\,E}{\pi}\left(\dfrac{1 - \cos\alpha}{2}\right)$

④ $\dfrac{\sqrt{2}\,E}{\pi}\left(\dfrac{1 - \cos\alpha}{2}\right)$

해설 SCR을 사용한 단상 브리지 정류에서 점호 제어각 α일 때 직류 평균 전압($E_{d\alpha}$)

$E_{d\alpha} = \dfrac{1}{\pi}\displaystyle\int_{\alpha}^{\pi} \sqrt{2}\,E\sin\theta \cdot d\theta = \dfrac{\sqrt{2}\,E}{\pi}(1 + \cos\alpha)$

$= \dfrac{2\sqrt{2}\,E}{\pi}\left(\dfrac{1 + \cos\alpha}{2}\right)[\text{V}]$

56 직류기에서 기계각의 극수가 P인 경우 전기각과의 관계는 어떻게 되는가?

① 전기각 $\times 2P$　　　② 전기각 $\times 3P$

③ 전기각 $\times \dfrac{2}{P}$　　　④ 전기각 $\times \dfrac{3}{P}$

해설 직류기에서 전기각 $\alpha = \dfrac{P}{2} \times$기계각

예 4극의 경우 360°(기계각), 회전 시 전기각은 720°이다.

기계각 $\theta = $전기각$\times \dfrac{2}{P}$

정답 53.④　54.①　55.①　56.③

57 단상 변압기의 병렬 운전 조건에 대한 설명 중 잘못된 것은? (단, r과 x는 각 변압기의 저항과 리액턴스를 나타낸다.)

① 각 변압기의 극성이 일치할 것

② 각 변압기의 권수비가 같고 1차 및 2차 정격 전압이 같을 것

③ 각 변압기의 백분율 임피던스 강하가 같을 것

④ 각 변압기의 저항과 임피던스의 비는 $\dfrac{x}{r}$ 일 것

해설 단상 변압기의 병렬 운전 조건
- 변압기의 극성이 같을 것
- 1·2차 정격 전압 및 권수비가 같을 것
- 각 변압기의 저항과 리액턴스의 비가 같고 퍼센트 임피던스 강하가 같을 것

58 변압기 단락 시험에서 변압기의 임피던스 전압이란?

① 1차 전류가 여자 전류에 도달했을 때의 2차측 단자 전압

② 1차 전류가 정격 전류에 도달했을 때의 2차측 단자 전압

③ 1차 전류가 정격 전류에 도달했을 때의 변압기 내의 전압 강하

④ 1차 전류가 2차 단락 전류에 도달했을 때의 변압기 내의 전압 강하

해설 변압기의 임피던스 전압이란, 변압기 2차측을 단락하고 1차 공급 전압을 서서히 증가시켜 단락 전류가 1차 정격 전류에 도달했을 때의 변압기 내의 전압 강하이다.

59 3상 동기 발전기의 매극 매상의 슬롯수를 3이라 할 때 분포권 계수는?

① $6\sin\dfrac{\pi}{18}$

② $3\sin\dfrac{\pi}{36}$

③ $\dfrac{1}{6\sin\dfrac{\pi}{18}}$

④ $\dfrac{1}{12\sin\dfrac{\pi}{36}}$

해설 분포권 계수는 전기자 권선법에 따른 집중권과 분포권의 기전력의 비(ratio)로서

$$k_d = \frac{e_r\,(\text{분포권})}{e_r{}'\,(\text{집중권})} = \frac{\sin\dfrac{\pi}{2m}}{q\sin\dfrac{\pi}{2mq}}$$

$$= \frac{\sin\dfrac{180°}{2\times3}}{3\cdot\sin\dfrac{\pi}{2\times3\times3}} = \frac{1}{6\sin\dfrac{\pi}{18}}$$

60 다음 중 4극, 중권 직류 전동기의 전기자 전도체수 160, 1극당 자속수 0.01[Wb], 부하 전류 100[A]일 때 발생 토크[N·m]는?

① 36.2　　② 34.8

③ 25.5　　④ 23.4

해설

$$\text{토크 } T = \frac{P}{2\pi\dfrac{N}{60}} = \frac{EI_a}{2\pi\dfrac{N}{60}} = \frac{\dfrac{Z}{a}P\phi\dfrac{N}{60}I_a}{2\pi\dfrac{N}{60}}$$

$$= \frac{ZP}{2\pi a}\phi I_a = \frac{160\times4}{2\pi\times4}\times0.01\times100$$

$$\fallingdotseq 25.47[\text{N}\cdot\text{m}]$$

제4과목 회로이론 및 제어공학

61 다음 상태 방정식 $\dot{x} = Ax + Bu$에서 $A = \begin{bmatrix} 0 & 1 \\ -2 & -3 \end{bmatrix}$일 때, 특성 방정식의 근은?

① $-2,\ -3$ ② $-1,\ -2$

③ $-1,\ -3$ ④ $1,\ -3$

해설 특성 방정식 $|sI - A| = 0$

$|sI - A| = \begin{vmatrix} s & -1 \\ 2 & s+3 \end{vmatrix} = s(s+3) + 2 = s^2 + 3s + 2 = 0$

$(s+1)(s+2) = 0$

$\therefore\ s = -1,\ -2$

62 개루프 전달 함수 $G(s)$가 다음과 같이 주어지는 단위 부궤환계가 있다. 단위 계단 입력이 주어졌을 때, 정상 상태 편차가 0.05가 되기 위해서는 K의 값은 얼마인가?

$$G(s) = \frac{6K(s+1)}{(s+2)(s+3)}$$

① 19   ② 20

③ 0.95   ④ 0.05

해설
- 정상 위치 편차 $e_{ssp} = \dfrac{1}{1+K_p}$
- 정상 위치 편차 상수 $K_p = \lim_{s \to 0} G(s)$

$0.05 = \dfrac{1}{1 + K_p}$

$K_p = \lim_{s \to 0} \dfrac{6K(s+1)}{(s+2)(s+3)} = K$

$0.05 = \dfrac{1}{1 + K}$

$\therefore\ K = 19$

63 전달 함수가 $G_c(s) = \dfrac{2s+5}{7s}$인 제어기가 있다. 이 제어기는 어떤 제어기인가?

① 비례 미분 제어기

② 적분 제어기

③ 비례 적분 제어기

④ 비례 적분 미분 제어기

해설 $G_c(s) = \dfrac{2s+5}{7s} = \dfrac{2}{7} + \dfrac{5}{7s} = \dfrac{2}{7}\left(1 + \dfrac{1}{\dfrac{2}{5}s}\right)$

비례 감도 $K_p = \dfrac{2}{7}$

적분 시간 $T_i = \dfrac{2}{5}s$인 비례 적분 제어기이다.

64 단위 궤환 제어 시스템의 전향 경로 전달 함수가 $G(s) = \dfrac{K}{s(s^2 + 5s + 4)}$일 때, 이 시스템이 안정하기 위한 K의 범위는?

① $K < -20$ ② $-20 < K < 0$

③ $0 < K < 20$ ④ $20 < K$

해설 단위 궤환 제어이므로 $H(s) = 1$이므로

특성 방정식은 $1 + \dfrac{K}{s(s^2 + 5s + 4)} = 0$

$s(s^2 + 5s + 4) + K = 0$

$s^3 + 5s^2 + 4s + K = 0$

라우스의 표

s^3	1	4
s^2	5	K
s^1	$\dfrac{20-K}{5}$	0
s^0	K	

제1열의 부호 변화가 없어야 안정하므로

$\dfrac{20 - K}{5} > 0,\ K > 0$

$\therefore\ 0 < K < 20$

65 $\overline{A} + \overline{B} \cdot \overline{C}$와 동일한 것은?

① $\overline{A + BC}$ ② $\overline{A(B+C)}$

③ $\overline{A \cdot B + C}$ ④ $\overline{A \cdot B} + C$

해설 $\overline{A(B+C)} = \overline{A} + \overline{(B+C)} = \overline{A} + \overline{B} \cdot \overline{C}$

66 $G(s)H(s) = \dfrac{K(s+1)}{s^2(s+2)(s+3)}$ 에서 점근

선의 교차점을 구하면?

① $-\dfrac{5}{6}$ ② $-\dfrac{1}{5}$

③ $-\dfrac{4}{3}$ ④ $-\dfrac{1}{3}$

해설 $\sigma = \dfrac{\sum G(s)H(s)\text{의 극점} - \sum G(s)H(s)\text{의 영점}}{p-z}$

$= \dfrac{(0-2-3)-(-1)}{4-1} = -\dfrac{4}{3}$

67 $G(s) = \dfrac{1}{1+5s}$ 일 때, 절점에서 절점주파

수 ω_c[rad/s]를 구하면?

① 0.1 ② 0.5

③ 0.2 ④ 5

해설 $G(j\omega) = \dfrac{1}{1+j5\omega}$

$5\omega_c = 1$

$\therefore \omega_c = \dfrac{1}{5} = 0.2[\text{rad/s}]$

68 개루프 전달 함수가 $\dfrac{(s+2)}{(s+1)(s+3)}$ 인 부귀

환 제어계의 특성 방정식은?

① $s^2+5s+5=0$ ② $s^2+5s+6=0$

③ $s^2+6s+5=0$ ④ $s^2+4s-3=0$

해설 부귀환 제어계의 폐루프 전달 함수는

$\dfrac{C(s)}{R(s)} = \dfrac{G(s)}{1+G(s)H(s)}$

여기서, $G(s)$: 전향 전달 함수

$H(s)$: 피드백 전달 함수

전달 함수의 분모 $1+G(s)H(s)=0$: 특성 방정식

$1 + \dfrac{(s+2)}{(s+1)(s+3)} = 0$

$(s+1)(s+3) + (s+2) = 0$

$\therefore s^2+5s+5 = 0$

69 그림과 같은 블록 선도에 대한 등가 전달 함수를 구하면?

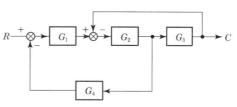

① $\dfrac{G_1 G_2 G_3}{1+G_2 G_3 + G_1 G_2 G_4}$

② $\dfrac{G_1 G_2 G_3}{1+G_1 G_2 + G_1 G_2 G_3}$

③ $\dfrac{G_1 G_2 G_3}{1+G_1 G_2 + G_1 G_2 G_4}$

④ $\dfrac{G_1 G_2 G_3}{1+G_2 G_3 + G_1 G_2 G_3}$

해설 G_3 앞의 인출점을 G_3 뒤로 이동하면 다음과 같다.

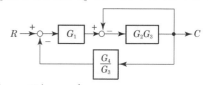

$\left\{ \left(R - C\dfrac{G_4}{G_3} \right) G_1 - C \right\} G_2 G_3 = C$

$RG_1 G_2 G_3 - CG_1 G_2 G_4 - C(G_2 G_3) = C$

$RG_1 G_2 G_3 = C(1+G_2 G_3 + G_1 G_2 G_4)$

$\therefore G(s) = \dfrac{C}{R} = \dfrac{G_1 G_2 G_3}{1+G_2 G_3 + G_1 G_2 G_4}$

70 $G(s)H(s) = \dfrac{2}{(s+1)(s+2)}$ 의 이득 여유

[dB]를 구하면?

① 20

② -20

③ 0

④ 무한대

정답 66.③ 67.③ 68.① 69.① 70.③

해설

$$G(j\omega)H(j\omega) = \frac{2}{(j\omega+1)(j\omega+2)} = \frac{2}{-\omega^2+2+j3\omega}$$

$$|G(j\omega)H(j\omega)|_{\omega_c=0} = \left|\frac{2}{-\omega^2+2}\right|_{\omega_c=0} = \frac{2}{2} = 1$$

$$\therefore GM = 20\log\frac{1}{|GH_c|} = 20\log\frac{1}{1} = 0[\text{dB}]$$

71 그림에서 $t=0$일 때 S를 닫았다. 전류 $i(t)$를 구하면?

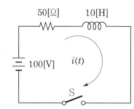

① $2(1+e^{-5t})$ ② $2(1-e^{5t})$

③ $2(1-e^{-5t})$ ④ $2(1+e^{5t})$

해설

$$i(t) = \frac{E}{R}\left(1-e^{-\frac{R}{L}t}\right) = \frac{100}{50}\left(1-e^{-\frac{50}{10}t}\right)$$

$$= 2(1-e^{-5t})$$

72 각 상전압이 $V_a = 40\sin\omega t$, $V_b = 40\sin(\omega t + 90°)$, $V_c = 40\sin(\omega t - 90°)$라 하면 영상 대칭분의 전압[V]은?

① $40\sin\omega t$

② $\dfrac{40}{3}\sin\omega t$

③ $\dfrac{40}{3}\sin(\omega t - 90°)$

④ $\dfrac{40}{3}\sin(\omega t + 90°)$

해설

$$V_o = \frac{1}{3}(V_a + V_b + V_c)$$

$$= \frac{1}{3}\{40\sin\omega t + 40\sin(\omega t + 90°) + 40\sin(\omega t - 90°)\}$$

$$= \frac{40}{3}\sin\omega t \,[\text{V}]$$

73 다음에서 $f_e(t)$는 우함수, $f_o(t)$는 기함수를 나타낸다. 주기 함수 $f(t) = f_e(t) + f_o(t)$에 대한 다음의 서술 중 바르지 못한 것은?

① $f_e(t) = f_e(-t)$

② $f_o(t) = \dfrac{1}{2}[f(t) - f(-t)]$

③ $f_o(t) = -f_o(-t)$

④ $f_e(t) = \dfrac{1}{2}[f(t) - f(-t)]$

해설 $f_e(t) = f_e(-t)$, $f_o(t) = -f_o(-t)$는 옳고 $f(t) = f_e(t) + f_o(t)$이므로

$$\frac{1}{2}[f(t) + f(-t)]$$

$$= \frac{1}{2}[f_e(t) + f_o(t) + f_e(-t) + f_o(-t)]$$

$$= \frac{1}{2}[f_e(t) + f_o(t) + f_e(t) - f_o(t)]$$

$$= f_e(t)$$

$$\frac{1}{2}[f(t) - f(-t)]$$

$$= \frac{1}{2}[f_e(t) + f_o(t) - f_e(-t) - f_o(-t)]$$

$$= \frac{1}{2}[f_e(t) + f_o(t) - f_e(t) + f_o(t)]$$

$$= f_o(t)$$

74 그림이 정저항 회로로 되려면 $C[\mu\text{F}]$는?

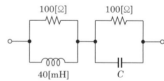

① 4   ② 6

③ 8   ④ 10

해설 정저항 조건 $Z_1 \cdot Z_2 = R^2$, $sL \cdot \dfrac{1}{sC} = R^2$

$$\therefore R^2 = \frac{L}{C}$$

$$\therefore C = \frac{L}{R^2} = \frac{40\times10^{-3}}{100^2} = 4\times10^{-6} = 4[\mu\text{F}]$$

정답   71.③   72.②   73.④   74.①

75 평형 3상 3선식 회로가 있다. 부하는 Y결선이고 $V_{ab} = 100\sqrt{3}\underline{/0°}$[V]일 때 $I_a = 20\underline{/-120°}$[A]이었다. Y결선된 부하 한 상의 임피던스는 몇 [Ω]인가?

① $5\underline{/60°}$ ② $5\sqrt{3}\underline{/60°}$

③ $5\underline{/90°}$ ④ $5\sqrt{3}\underline{/90°}$

해설
$$Z = \frac{V_p}{I_p}$$
$$= \frac{\dfrac{100\sqrt{3}}{\sqrt{3}}\underline{/0°-30°}}{20\underline{/-120°}} = \frac{100\underline{/-30°}}{20\underline{/-120°}}$$
$$= 5\underline{/90°}\,[\Omega]$$

76 분포 정수 회로에서 선로 정수가 R, L, C, G이고 무왜 조건이 $RC = GL$과 같은 관계가 성립될 때 선로의 특성 임피던스 Z_0[Ω]는?

① $\sqrt{CL}$ ② $\dfrac{1}{\sqrt{CL}}$

③ $\sqrt{RG}$ ④ $\sqrt{\dfrac{L}{C}}$

해설 $Z_0 = \sqrt{\dfrac{Z}{Y}} = \sqrt{\dfrac{R+j\omega L}{G+j\omega C}} = \sqrt{\dfrac{L}{C}}\,[\Omega]$

77 그림과 같은 파형의 파고율은?

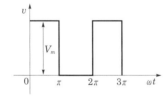

① $\sqrt{2}$ ② $\sqrt{3}$

③ 2 ④ 3

해설 파고율 $= \dfrac{최대값}{실효값} = \dfrac{V_m}{\dfrac{V_m}{\sqrt{2}}} = \sqrt{2}$

78 길이에 따라 비례하는 저항값을 가진 어떤 전열선에 E_0[V]의 전압을 인가하면 P_0[W]의 전력이 소비된다. 이 전열선을 잘라 원래 길이의 $\dfrac{2}{3}$로 만들고 E[V]의 전압을 가한다면 소비 전력 P[W]는?

① $P = \dfrac{P_0}{2}\left(\dfrac{E}{E_0}\right)^2$

② $P = \dfrac{3P_0}{2}\left(\dfrac{E}{E_0}\right)^2$

③ $P = \dfrac{2P_0}{3}\left(\dfrac{E}{E_0}\right)^2$

④ $P = \dfrac{\sqrt{3}P_0}{2}\left(\dfrac{E}{E_0}\right)^2$

해설 전기저항 $R = \rho\dfrac{l}{s}$로 전선의 길이에 비례하므로

$$\frac{P}{P_0} = \frac{\dfrac{E^2}{\dfrac{2}{3}R}}{\dfrac{E_0^2}{R}} \quad \therefore P = \frac{3P_0}{2}\left(\frac{E}{E_0}\right)^2$$

79 선간 전압 V_l[V]의 3상 평형 전원에 대칭 3상 저항 부하 R[Ω]이 그림과 같이 접속되었을 때 a, b 두 상 간에 접속된 전력계의 지시값이 W[W]라 하면 c상의 전류[A]는?

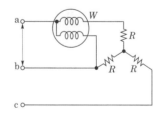

① $\dfrac{\sqrt{3}\,W}{V_l}$ ② $\dfrac{3\,W}{V_l}$

③ $\dfrac{W}{\sqrt{3}\,V_l}$ ④ $\dfrac{2\,W}{\sqrt{3}\,V_l}$

해설 3상 전력 : $P = 2W[W]$

대칭 3상이므로 $I_a = I_b = I_c$ 이다.

따라서 $2W = \sqrt{3}\,V_l I_l \cos\theta$ 에서 R 만의 부하이므로

역률 $\cos\theta = 1$

$\therefore I = \dfrac{2W}{\sqrt{3}\,V_l}$ [A]

80 콘덴서 C[F]에 단위 임펄스의 전류원을 접속하여 동작시키면 콘덴서의 전압 $V_C(t)$는? (단, $u(t)$는 단위 계단 함수이다.)

① $V_C(t) = C$

② $V_C(t) = Cu(t)$

③ $V_C(t) = \dfrac{1}{C}$

④ $V_C(t) = \dfrac{1}{C}u(t)$

해설 콘덴서의 전압 $V_C(t) = \dfrac{1}{C}\displaystyle\int i(t)\,dt$

라플라스 변환하면 $V_C(s) = \dfrac{1}{Cs}I(s)$

단위 임펄스 전류원 $i(t) = \delta(t)$

$\therefore I(s) = 1$

$\therefore V_C(s) = \dfrac{1}{Cs}$

역라플라스 변환하면 $V_C(t) = \dfrac{1}{C}u(t)$가 된다.

제5과목 **전기설비기술기준**

81 "리플 프리(ripple−free) 직류"란 교류를 직류로 변환할 때 리플 성분의 실효값이 몇 [%] 이하로 포함된 직류를 말하는가?

① 3 　　　　② 5

③ 10 　　　　④ 15

해설 용어 정의(KEC 112)

"리플 프리(ripple−free) 직류"란 교류를 직류로 변환할 때 리플 성분의 실효값이 10[%] 이하로 포함된 직류를 말한다.

82 사용 전압이 저압인 전로에서 정전이 어려운 경우 등 절연 저항 측정이 곤란한 경우에 누설 전류는 몇 [mA] 이하로 유지하여야 하는가?

① 1 　　　　② 2

③ 3 　　　　④ 4

해설 전로의 절연 저항 및 절연 내력(KEC 132)

저압 전로에서 정전이 어려운 경우 등 절연 저항 측정이 곤란한 경우 저항 성분의 누설 전류를 1[mA] 이하로 유지한다.

83 최대 사용 전압 22.9[kV]인 3상 4선식 다중 접지 방식의 지중 전선로의 절연 내력 시험을 직류로 할 경우 시험 전압은 몇 [V]인가?

① 16,448 　　　② 21,068

③ 32,796 　　　④ 42,136

해설 전로의 절연 저항 및 절연 내력(KEC 132)

중성점 다중 접지 방식이고, 직류로 시험하므로 $22,900 \times 0.92 \times 2 = 42,136[V]$이다.

84 특고압 · 고압 전기 설비 및 변압기 다중 중성점 접지 시스템의 경우 접지 도체가 사람이 접촉할 우려가 있는 곳에 시설되는 고정 설비인 경우, 접지 도체는 단면적 몇 [mm²] 이상의 연동선 또는 동등 이상의 단면적 및 강도를 가져야 하는가?

① 2.5 　　　　② 6

③ 10 　　　　④ 16

정답 80.④ 81.③ 82.① 83.④ 84.②

⑤해설 접지 도체(KEC 142.3.1)
특고압·고압 전기 설비용 접지 도체는 단면적 6[mm²] 이상의 연동선 또는 동등 이상의 단면적 및 강도를 가져야 한다.

85 혼촉 방지판이 설치된 변압기로써 고압 전로 또는 특고압 전로와 저압 전로를 결합하는 변압기 2차측 저압 전로를 옥외에 시설하는 경우 기술 규정에 부합되지 않는 것은 다음 중 어느 것인가?

① 저압선 가공 전선로 또는 저압 옥상 전선로의 전선은 케이블일 것
② 저압 전선은 1구내에만 시설할 것
③ 저압 전선의 구외로의 연장 범위는 200[m] 이하일 것
④ 저압 가공 전선과 또는 특고압의 가공 전선은 동일 지지물에 시설하지 말 것

⑤해설 혼촉 방지판이 있는 변압기에 접속하는 저압 옥외 전선의 시설 등(KEC 322.2)
저압 전선은 1구내에만 시설하므로 구외로 연장할 수 없다.

86 애자 공사에 의한 저압 옥내 배선 시설 중 틀린 것은?

① 전선은 인입용 비닐 절연 전선일 것
② 전선 상호 간의 간격은 6[cm] 이상일 것
③ 전선의 지지점 간의 거리는 전선을 조영재의 윗면에 따라 붙일 경우에는 2[m] 이하일 것
④ 전선과 조영재 사이의 이격 거리(간격)는 사용전압이 400[V] 이하인 경우에는 2.5[cm] 이상일 것

⑤해설 애자 공사의 시설 조건(KEC 232.56.1)
전선은 절연 전선(옥외용 및 인입용 절연 전선을 제외)을 사용할 것

87 풀용 수중 조명등에 전기를 공급하기 위하여 사용되는 절연 변압기에 대한 설명으로 틀린 것은?

① 절연 변압기 2차측 전로의 사용 전압은 150[V] 이하이어야 한다.
② 절연 변압기의 2차측 전로에는 반드시 접지 공사를 하며, 그 저항값은 5[Ω] 이하가 되도록 하여야 한다.
③ 절연 변압기 2차측 전로의 사용 전압이 30[V] 이하인 경우에는 1차 권선과 2차 권선 사이에 금속제의 혼촉 방지판이 있어야 한다.
④ 절연 변압기 2차측 전로의 사용 전압이 30[V]를 초과하는 경우에는 그 전로에 지락이 생겼을 때 자동적으로 전로를 차단하는 장치가 있어야 한다.

⑤해설 수중 조명등(KEC 234.14)
절연 변압기의 2차측 전로는 접지하지 아니할 것

88 특고압 전선로에 사용되는 애자 장치에 대한 갑종 풍압 하중은 그 구성재의 수직 투영 면적 1[m²]에 대한 풍압 하중을 몇 [Pa]을 기초로 하여 계산한 것인가?

① 588   ② 666
③ 946   ④ 1,039

⑤해설 풍압 하중의 종별과 적용(KEC 331.6)

풍압을 받는 구분		갑종 풍압 하중
지지물	원형	588[Pa]
	강관 철주	1,117[Pa]
	강관 철탑	1,255[Pa]
전선 가섭선	다도체	666[Pa]
	기타의 것(단도체 등)	745[Pa]
애자 장치(특고압 전선용)		1,039[Pa]
완금류		1,196[Pa]

▶정답◀ 85.③   86.①   87.②   88.④

89 다음 ( ) 안에 들어갈 내용으로 옳은 것은?

> 유희용(놀이용) 전차에 전기를 공급하는 전원 장치의 2차측 단자의 최대 사용 전압은 직류의 경우는 (㉠)[V] 이하, 교류의 경우는 (㉡)[V] 이하이어야 한다.

① ㉠ 60, ㉡ 40   ② ㉠ 40, ㉡ 60
③ ㉠ 30, ㉡ 60   ④ ㉠ 60, ㉡ 30

해설 유희용(놀이용) 전차(KEC 241.8)
사용 전압 직류 60[V] 이하, 교류 40[V] 이하

90 시가지에 시설하는 440[V] 가공 전선으로 경동선을 사용하려면 그 지름은 최소 몇 [mm]이어야 하는가?

① 2.6   ② 3.2
③ 4.0   ④ 5.0

해설 저압 가공 전선의 굵기 및 종류(KEC 222.5)
• 사용 전압이 400[V] 이하는 인장 강도 3.43[kN] 이상의 것 또는 지름 3.2[mm](절연 전선은 인장 강도 2.3[kN] 이상의 것 또는 지름 2.6[mm] 이상의 경동선) 이상
• 사용 전압이 400[V] 초과인 저압 가공 전선
 – 시가지 : 인장 강도 8.01[kN] 이상의 것 또는 지름 5[mm] 이상의 경동선
 – 시가지 외 : 인장 강도 5.26[kN] 이상의 것 또는 지름 4[mm] 이상의 경동선

91 단면적 55[mm²]인 경동 연선을 사용하는 특고압 가공 전선로의 지지물로 장력에 견디는 형태의 B종 철근 콘크리트주를 사용하는 경우, 허용 최대 경간(지지물 간 거리)은 몇 [m]인가?

① 150   ② 250
③ 300   ④ 500

해설 특고압 가공 전선로 경간(지지물 간 거리)의 제한(KEC 333.21)
특고압 가공 전선로의 전선에 인장 강도 21.67[kN] 이상의 것 또는 단면적이 50[mm²] 이상인 경동 연선

을 사용하는 경우 전선로의 경간(지지물 간 거리)은 목주 · A종은 300[m] 이하, B종은 500[m] 이하이어야 한다.

92 고압 가공 전선이 상호 간의 접근 또는 교차하여 시설되는 경우, 고압 가공 전선 상호 간의 이격 거리(간격)는 몇 [cm] 이상이어야 하는가? (단, 고압 가공 전선은 모두 케이블이 아니라고 한다.)

① 50   ② 60
③ 70   ④ 80

해설 고압 가공 전선 상호 간의 접근 또는 교차(KEC 332.17)
• 위쪽 또는 옆쪽에 시설되는 고압 가공 전선로는 고압 보안 공사에 의할 것
• 고압 가공 전선 상호 간의 이격 거리(간격)는 80[cm] (어느 한 쪽의 전선이 케이블인 경우에는 40[cm]) 이상일 것

93 특고압 가공 전선과 약전류 전선 사이에 시설하는 보호망에서 보호망을 구성하는 금속선 상호 간의 간격은 가로 및 세로 각각 몇 [m] 이하이어야 하는가?

① 0.5   ② 1
③ 1.5   ④ 2

해설 특고압 가공 전선과 도로 등의 접근 또는 교차(KEC 333.24)
보호망을 구성하는 금속선 상호의 간격은 가로, 세로 각 1.5[m] 이하이다.

94 시가지 또는 그 밖에 인가가 밀집한 지역에 154[kV] 가공 전선로의 전선을 케이블로 시설하고자 한다. 이때, 가공 전선을 지지하는 애자 장치의 50[%] 충격 섬락(불꽃 방전) 전압값이 그 전선의 근접한 다른 부분을 지지하는 애자 장치값의 몇 [%] 이상이어야 하는가?

① 75   ② 100
③ 105   ④ 110

해설 특고압 보안 공사(KEC 333.22)

특고압 가공 전선을 지지하는 애자 장치는 다음 중 어느 하나에 의할 것

- 50[%] 충격 섬락(불꽃 방전) 전압값이 그 전선의 근접한 다른 부분을 지지하는 애자 장치값의 110[%](사용 전압이 130[kV]를 초과하는 경우는 105[%]) 이상인 것
- 아킹혼을 붙인 현수 애자·장간(긴) 애자 또는 라인 포스트 애자를 사용하는 것
- 2련 이상의 현수 애자 또는 장간(긴) 애자를 사용하는 것
- 2개 이상의 핀 애자 또는 라인 포스트 애자를 사용하는 것

95 지중 전선로를 직접 매설식에 의하여 시설할 때 중량물의 압력을 받을 우려가 있는 장소에 저압 또는 고압의 지중 전선을 견고한 트로프, 기타 방호물에 넣지 않고도 부설할 수 있는 케이블은?

① PVC 외장 케이블
② 콤바인덕트 케이블
③ 염화비닐 절연 케이블
④ 폴리에틸렌 외장 케이블

해설 지중 전선로(KEC 334.1)

지중 전선을 견고한 트로프, 기타 방호물에 넣어 시설하여야 한다. 단, 다음의 어느 하나에 해당하는 경우에는 지중 전선을 견고한 트로프, 기타 방호물에 넣지 아니하여도 된다.

- 저압 또는 고압의 지중 전선을 차량, 기타 중량물의 압력을 받을 우려가 없는 경우에 그 위를 견고한 판 또는 몰드로 덮어 시설하는 경우
- 저압 또는 고압의 지중 전선에 콤바인덕트 케이블 또는 개장(鎧裝)한 케이블을 사용해 시설하는 경우
- 파이프형 압력 케이블, 연피 케이블, 알루미늄피 케이블을 사용하여 시설하는 경우

96 고압용의 개폐기, 차단기, 피뢰기, 기타 이와 유사한 기구로서 동작 시에 아크가 생기는 것은 목재의 벽 또는 천장 기타의 가연성 물체로부터 몇 [m] 이상 떼어 놓아야 하는가?

① 1
② 0.8
③ 0.5
④ 0.3

해설 아크를 발생하는 기구의 시설(KEC 341.7) – 이격 거리(간격)

- 고압용의 것 : 1[m] 이상
- 특고압용의 것 : 2[m] 이상

97 다음 ( ) 안에 들어가는 내용으로 옳은 것은?

> 고압 또는 특고압의 기계 기구·모선 등을 옥외에 시설하는 발전소, 변전소, 개폐소 또는 이에 준하는 곳에 시설하는 울타리, 담 등의 높이는 (㉠)[m] 이상으로 하고, 지표면과 울타리, 담 등의 하단 사이의 간격은 (㉡)[cm] 이하로 하여야 한다.

① ㉠ 3, ㉡ 15
② ㉠ 2, ㉡ 15
③ ㉠ 3, ㉡ 25
④ ㉠ 2, ㉡ 25

해설 발전소 등의 울타리·담 등의 시설(KEC 351.1)

- 울타리·담 등의 높이는 2[m] 이상
- 담 등의 하단 사이의 간격은 0.15[m] 이하

98 특고압 가공 전선로의 지지물에 첨가하는 통신선 보안 장치에 사용되는 피뢰기의 동작 전압은 교류 몇 [V] 이하인가?

① 300
② 600
③ 1,000
④ 1,500

해설 특고압 가공 전선로 첨가 설치 통신선의 시가지 인입제한(KEC 362.5)

통신선 보안 장치에는 교류 1[kV] 이하에서 동작하는 피뢰기를 설치한다.

정답 95.② 96.① 97.② 98.③

99 사용 전압이 22.9[kV]인 가공 전선로의 다중 접지한 중성선과 첨가 통신선의 이격 거리(간격)는 몇 [cm] 이상이어야 하는가? (단, 특고압 가공 전선로는 중성선 다중 접지식의 것으로 전로에 지락이 생긴 경우 2초 이내에 자동적으로 이를 전로로부터 차단하는 장치가 되어 있는 것으로 한다.)

① 60   ② 75
③ 100   ④ 120

해설 전력 보안 통신선의 시설 높이와 이격 거리(간격) (KEC 362.2)

통신선과 저압 가공 전선 또는 25[kV] 이하 특고압 가공 전선로의 다중 접지를 한 중성선 사이의 이격 거리(간격)는 0.6[m] 이상이어야 한다.

100 전기 철도 차량이 전차 선로와 접촉한 상태에서 견인력을 끄고 보조 전력을 가동한 상태로 정지해 있는 경우, 가공 전차 선로의 유효 전력이 200[kW] 이상일 경우 총 역률은 몇 보다는 작아서는 안 되는가?

① 0.9   ② 0.8
③ 0.7   ④ 0.6

해설 전기 철도 차량의 역률(KEC 441.4)

규정된 최저 비영구 전압에서 최고 비영구 전압까지의 전압 범위에서 유도성 역률 및 전력 소비에 대해서만 적용되며, 회생 제동 중에는 전압을 제한범위 내로 유지시키기 위하여 유도성 역률을 낮출 수 있다. 다만, 전기 철도 차량이 전차 선로와 접촉한 상태에서 견인력을 끄고 보조 전력을 가동한 상태로 정지해 있는 경우, 가공 전차 선로의 유효 전력이 200[kW] 이상일 경우 총 역률은 0.8보다는 작아서는 안 된다.

제1과목 전기자기학

01 그림과 같은 환상 솔레노이드 내의 철심 중심에서의 자계의 세기 H[AT/m]는? (단, 환상 철심의 평균 반지름은 r[m], 코일의 권수는 N회, 코일에 흐르는 전류는 I[A]이다.)

① $\dfrac{NI}{\pi r}$

② $\dfrac{NI}{2\pi r}$

③ $\dfrac{NI}{4\pi r}$

④ $\dfrac{NI}{2r}$

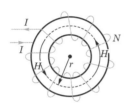

해설 앙페르의 주회 적분 법칙

$NI = \oint_c H \cdot dl$ 에서 $NI = H \cdot l = H \cdot 2\pi r$ [AT]

자계의 세기 $H = \dfrac{NI}{2\pi r}$ [AT/m]

02 그림과 같이 비투자율이 μ_{s1}, μ_{s2}인 각각 다른 자성체를 접하여 놓고 θ_1을 입사각이라 하고, θ_2를 굴절각이라 한다. 경계면에 자하가 없는 경우, 미소 폐곡면을 취하여 이곳에 출입하는 자속수를 구하면?

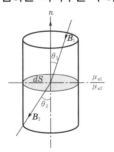

① $\displaystyle\int_l B \cdot n dl = 0$

② $\displaystyle\int_S B \cdot n dS = 0$

③ $\displaystyle\int_S B \cdot dS = 0$

④ $\displaystyle\int_S B \cdot n \sin\theta dS = 0$

해설 경계면에는 자하가 없으므로 경계면에서의 자속은 연속한다.

$\text{div} A = \nabla \cdot A = 0$

$\therefore \text{div} B = \nabla \cdot B = 0$

즉, $\displaystyle\int_S B \cdot n dS = 0$

03 다음 식 중에서 틀린 것은?

① 가우스의 정리 : $\text{div} D = \rho$

② 푸아송의 방정식 : $\nabla^2 V = \dfrac{\rho}{\varepsilon}$

③ 라플라스의 방정식 : $\nabla^2 V = 0$

④ 발산의 정리 : $\displaystyle\oint_s A \cdot ds = \int_v \text{div} A dv$

해설 맥스웰의 전자계 기초 방정식

- $\text{rot} E = \nabla \times E = -\dfrac{\partial B}{\partial t} = -\mu \dfrac{\partial H}{\partial t}$
  (패러데이 전자 유도 법칙의 미분형)
- $\text{rot} H = \nabla \times H = i + \dfrac{\partial D}{\partial t}$
  (앙페르 주회 적분 법칙의 미분형)
- $\text{div} D = \nabla \cdot D = \rho$ (가우스 정리의 미분형)
- $\text{div} B = \nabla \cdot B = 0$ (가우스 정리의 미분형)
- $\nabla^2 V = -\dfrac{\rho}{\varepsilon_0}$ (푸아송의 방정식)
- $\nabla^2 V = 0$ (라플라스 방정식)

04 자속 밀도가 10[Wb/m²]인 자계 내에 길이 4[cm]의 도체를 자계와 직각으로 놓고 이 도체를 0.4초 동안 1[m]씩 균일하게 이동하였을 때 발생하는 기전력은 몇 [V]인가?

① 1   ② 2

③ 3   ④ 4

로해설 기전력

$e = Blv\sin\theta$

여기서 $v = \dfrac{1}{0.4} = 2.5$[m/s], $\theta = 90°$이므로

$\therefore e = 10 \times 4 \times 10^{-2} \times 2.5 \times \sin 90° = 1$[V]

05 패러데이관(Faraday tube)의 성질에 대한 설명으로 틀린 것은?

① 패러데이관 중에 있는 전속수는 그 관 속에 진전하가 없으면 일정하며 연속적이다.

② 패러데이관의 양단에는 양 또는 음의 단위 진전하가 존재하고 있다.

③ 패러데이관 한 개의 단위 전위차당 보유 에너지는 $\dfrac{1}{2}$[J]이다.

④ 패러데이관의 밀도는 전속 밀도와 같지 않다.

로해설 패러데이관(Faraday tube)은 단위 정·부하 전하를 연결한 전기력 관으로 진전하가 없는 곳에서 연속이며, 보유 에너지는 $\dfrac{1}{2}$[J]이고 전속수와 같다.

06 간격 d [m]의 평행판 도체에 V [kV]의 전위차를 주었을 때 음극 도체판을 초속도 0으로 출발한 전자 e [C]이 양극 도체판에 도달할 때의 속도는 몇 [m/s]인가? (단, m[kg]은 전자의 질량이다.)

① $\sqrt{\dfrac{eV}{m}}$ ② $\sqrt{\dfrac{2eV}{m}}$

③ $\sqrt{\dfrac{eV}{2m}}$ ④ $\dfrac{2eV}{m}$

로해설 전자 볼트(eV)를 운동 에너지로 나타내면 $\dfrac{1}{2}mv^2$[J]이므로

$eV = \dfrac{1}{2}mv^2$

$\therefore v = \sqrt{\dfrac{2eV}{m}}$ [m/s]

07 반경 r_1, r_2인 동심구가 있다. 반경 r_1, r_2인 구껍질에 각각 $+Q_1$, $+Q_2$의 전하가 분포되어 있는 경우 $r_1 \leq r \leq r_2$에서의 전위는?

① $\dfrac{1}{4\pi\varepsilon_0}\left(\dfrac{Q_1 + Q_2}{r}\right)$

② $\dfrac{1}{4\pi\varepsilon_0}\left(\dfrac{Q_1}{r_1} + \dfrac{Q_2}{r_2}\right)$

③ $\dfrac{1}{4\pi\varepsilon_0}\left(\dfrac{Q_2}{r} + \dfrac{Q_1}{r_2}\right)$

④ $\dfrac{1}{4\pi\varepsilon_0}\left(\dfrac{Q_1}{r} + \dfrac{Q_2}{r_2}\right)$

로해설 반경 r의 전위는 외구 표면 전위(V_2) $r \sim r_2$의 사이의 전위차(Vr_2)의 합이므로

$\therefore V = V_2 + Vr_2 = \dfrac{Q_1 + Q_2}{4\pi\varepsilon_0 r_2} + \dfrac{Q_1}{4\pi\varepsilon_0}\left(\dfrac{1}{r} - \dfrac{1}{r_2}\right)$

$\qquad = \dfrac{1}{4\pi\varepsilon_0}\left(\dfrac{Q_1}{r} + \dfrac{Q_2}{r_2}\right)$[V]

08 길이가 l[m], 단면적의 반지름이 a[m]인 원통이 길이 방향으로 균일하게 자화되어 자화의 세기가 J[Wb/m²]인 경우 원통 양단에서의 자극의 세기 m[Wb]은?

① alJ ② $2\pi alJ$

③ $\pi a^2 J$ ④ $\dfrac{J}{\pi a^2}$

로해설 자화의 세기 $J = \dfrac{m}{s}$ [Wb/m²]

자성체 양단 자극의 세기 $m = sJ = \pi a^2 J$[Wb]

정답   04.①   05.④   06.②   07.④   08.③

09 맥스웰의 방정식과 연관이 없는 것은?

① 패러데이의 법칙
② 쿨롱의 법칙
③ 스토크스의 법칙
④ 가우스의 정리

해설 맥스웰의 전자계 기초 방정식

- $\mathrm{rot}\,E = \nabla \times E = -\dfrac{\partial B}{\partial t} = -\mu \dfrac{\partial H}{\partial t}$

  (패러데이 전자 유도 법칙의 미분형)

- $\mathrm{rot}\,H = \nabla \times H = i + \dfrac{\partial D}{\partial t}$

  (앙페르 주회 적분 법칙의 미분형)
- $\mathrm{div}\,D = \nabla \cdot D = \rho$ (가우스 정리의 미분형)
- $\mathrm{div}\,B = \nabla \cdot B = 0$ (가우스 정리의 미분형)

∴ 맥스웰 방정식은 패러데이 법칙, 앙페르 주회 적분 법칙에서 $\oint A dl = \int_s \mathrm{rot} A ds$, 즉 선적분을 면적분으로 변환하기 위한 스토크스의 정리, 가우스의 정리가 연관된다.

10 자화의 세기 단위로 옳은 것은?

① $[\mathrm{AT/Wb}]$ ② $[\mathrm{AT/m^2}]$
③ $[\mathrm{Wb \cdot m}]$ ④ $[\mathrm{Wb/m^2}]$

해설

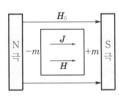

자성체를 자계 내에 놓았을 때 물질이 자화되는 경우 이것을 양적으로 표시하면 단위 체적당 자기 모멘트를 그 점의 자화의 세기라 한다.
이를 식으로 나타내면

$J = B - \mu_0 H = \mu_0 \mu_s H - \mu_0 H = \mu_0 (\mu_s - 1) H$

$\quad = \chi_m H\,[\mathrm{Wb/m^2}]$

11 두 종류의 유전율(ε_1, ε_2)을 가진 유전체가 서로 접하고 있는 경계면에 진전하가 존재하지 않을 때 성립하는 경계 조건으로 옳은

것은? (단, E_1, E_2는 각 유전체에서의 전계이고, D_1, D_2는 각 유전체에서의 전속 밀도이고, θ_1, θ_2는 각각 경계면의 법선 벡터와 E_1, E_2가 이루는 각이다.)

① $E_1 \cos\theta_1 = E_2 \cos\theta_2$,

$D_1 \sin\theta_1 = D_2 \sin\theta_2$, $\dfrac{\tan\theta_1}{\tan\theta_2} = \dfrac{\varepsilon_2}{\varepsilon_1}$

② $E_1 \cos\theta_1 = E_2 \cos\theta_2$,

$D_1 \sin\theta_1 = D_2 \sin\theta_2$, $\dfrac{\tan\theta_1}{\tan\theta_2} = \dfrac{\varepsilon_1}{\varepsilon_2}$

③ $E_1 \sin\theta_1 = E_2 \sin\theta_2$,

$D_1 \cos\theta_1 = D_2 \cos\theta_2$, $\dfrac{\tan\theta_1}{\tan\theta_2} = \dfrac{\varepsilon_2}{\varepsilon_1}$

④ $E_1 \sin\theta_1 = E_2 \sin\theta_2$,

$D_1 \cos\theta_1 = D_2 \cos\theta_2$, $\dfrac{\tan\theta_1}{\tan\theta_2} = \dfrac{\varepsilon_1}{\varepsilon_2}$

해설 유전체의 경계면에서 경계 조건

- 전계 E의 접선 성분은 경계면의 양측에서 같다.
  $E_1 \sin\theta_1 = E_2 \sin\theta_2$
- 전속 밀도 D의 법선 성분은 경계면 양측에서 같다.
  $D_1 \cos\theta_1 = D_2 \cos\theta_2$
- 굴절각은 유전율에 비례한다.

  $\dfrac{\tan\theta_1}{\tan\theta_2} = \dfrac{\varepsilon_1}{\varepsilon_2} \propto \dfrac{\theta_1}{\theta_2}$

12 자극의 세기가 $8 \times 10^{-6}[\mathrm{Wb}]$, 길이가 3[cm]인 막대 자석을 120[AT/m]의 평등 자계 내에 자력선과 30°의 각도로 놓으면 이 막대 자석이 받는 회전력은 몇 [N·m]인가?

① 3.02×10^{-5} ② 3.02×10^{-4}
③ 1.44×10^{-5} ④ 1.44×10^{-4}

해설 $T = MH\sin\theta = mlH\sin\theta$

$\quad = 8 \times 10^{-6} \times 3 \times 10^{-2} \times 120 \times \sin30°$

$\quad = 1.44 \times 10^{-5}[\mathrm{N \cdot m}]$

정답 09.② 10.④ 11.④ 12.③

13 전자파의 특성에 대한 설명으로 틀린 것은?

① 전자파의 속도는 주파수와 무관하다.

② 전파 E_x를 고유 임피던스로 나누면 자파 H_y가 된다.

③ 전파 E_x와 자파 H_y의 진동 방향은 진행 방향에 수평인 종파이다.

④ 매질이 도전성을 갖지 않으면 전파 E_x와 자파 H_y는 동위상이 된다.

해설 전자파

• 전자파의 속도

$$v = \frac{1}{\sqrt{\varepsilon\mu}} \, [\text{m/s}]$$

매질의 유전율, 투자율과 관계가 있다.

• 고유 임피던스

$$\eta = \frac{E_x}{H_y} = \sqrt{\frac{\mu}{\varepsilon}}$$

• 전파 E_x와 자파 H_y의 진동 방향은 진행 방향에 수직인 횡파이다.

14 균일하게 원형 단면을 흐르는 전류 $I[\text{A}]$에 의한 반지름 $a[\text{m}]$, 길이 $l[\text{m}]$, 비투자율 μ_s인 원통 도체의 내부 인덕턴스는 몇 $[\text{H}]$인가?

① $10^{-7}\mu_s l$

② $3 \times 10^{-7}\mu_s l$

③ $\dfrac{1}{4a} \times 10^{-7}\mu_s l$

④ $\dfrac{1}{2} \times 10^{-7}\mu_s l$

해설 원통 내부 인덕턴스

$$L = \frac{\mu}{8\pi} \cdot l = \frac{\mu_0}{8\pi}\mu_s l = \frac{4\pi \times 10^{-7}}{8\pi}\mu_s l$$

$$= \frac{1}{2} \times 10^{-7}\mu_s l \, [\text{H}]$$

 15 다음 식 중 옳지 않은 것은?

① $V_p = \displaystyle\int_p^\infty \boldsymbol{E} \cdot dr$

② $\boldsymbol{E} = -\operatorname{grad} V$

③ $\operatorname{grad} V = i\dfrac{\partial V}{\partial x} + j\dfrac{\partial V}{\partial y} + k\dfrac{\partial V}{\partial z}$

④ $\displaystyle\oint_s \boldsymbol{E} \cdot ds = Q$

해설

• 전위 $V_p = -\displaystyle\int_\infty^p \boldsymbol{E} \cdot dr = \int_p^\infty \boldsymbol{E} \cdot dr \, [\text{V}]$

• 전계의 세기와 전위와의 관계식

$$\boldsymbol{E} = -\operatorname{grad} V = -\nabla V$$

$$\operatorname{grad} V = \triangle \cdot V = \left(i\frac{\partial}{\partial x} + j\frac{\partial}{\partial y} + k\frac{\partial}{\partial z}\right)V$$

• 가우스의 법칙

전기력선의 총수는

$$N = \int_s \boldsymbol{E} \cdot ds = \frac{Q}{\varepsilon_0} \, [\text{lines}]$$

16 회로에서 단자 a−b 간에 V의 전위차를 인가할 때 C_1의 에너지는?

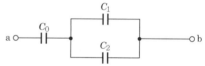

① $\dfrac{C_1{}^2 V^2}{2}\left(\dfrac{C_1 + C_2}{C_0 + C_1 + C_2}\right)^2$

② $\dfrac{C_1 V^2}{2}\left(\dfrac{C_0}{C_0 + C_1 + C_2}\right)^2$

③ $\dfrac{C_1 V^2}{2} \dfrac{C_0(C_1 + C_2)}{(C_0 + C_1 + C_2)^2}$

④ $\dfrac{C_1 V^2}{2} \dfrac{C_0{}^2 C_2}{(C_0 + C_1 + C_2)}$

해설

$$W = \frac{1}{2}C_1 V_1^2 \, [\text{J}] = \frac{1}{2}C_1\left(\frac{C_0}{C_0 + C_1 + C_2} \times V\right)^2$$

$$= \frac{1}{2}C_1 V^2\left(\frac{C_0}{C_0 + C_1 + C_2}\right)^2$$

정답 　13.③　14.④　15.④　16.②

17 압전기 현상에서 전기 분극이 기계적 응력에 수직한 방향으로 발생하는 현상은?

① 종효과   ② 횡효과

③ 역효과   ④ 직접 효과

해설 전기석이나 티탄산바륨($BaTiO_3$)의 결정에 응력을 가하면 전기 분극이 일어나고 그 단면에 분극 전하가 나타나는 현상을 압전 효과라 하며 응력과 동일 방향으로 분극이 일어나는 압전 효과를 종효과, 분극이 응력에 수직 방향일 때 횡효과라 한다.

18 그림과 같이 전류가 흐르는 반원형 도선이 평면 $Z = 0$상에 놓여 있다. 이 도선이 자속 밀도 $B = 0.6a_x - 0.5a_y + a_z$[Wb/m²]인 균일 자계 내에 놓여 있을 때 도선의 직선 부분에 작용하는 힘[N]은?

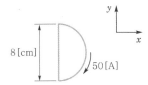

① $4a_x + 2.4a_z$ ② $4a_x - 2.4a_z$

③ $5a_x - 3.5a_z$ ④ $-5a_x + 3.5a_z$

해설 플레밍의 왼손 법칙

힘 $F = IBl\sin\theta$

$$F = (I \times B)l = \begin{vmatrix} a_x & a_y & a_z \\ 0 & 50 & 0 \\ 0.6 & -0.5 & 1 \end{vmatrix} \times 0.08$$

$$= (50a_x - 30a_z) \times 0.08$$

$$= 4a_x - 2.4a_z\,[\text{N}]$$

19 진공 중에 서로 떨어져 있는 두 도체 A, B가 있다. 도체 A에만 1[C]의 전하를 줄 때, 도체 A, B의 전위가 각각 3[V], 2[V]이었다. 지금 도체 A, B에 각각 1[C]과 2[C]의 전하를 주면 도체 A의 전위는 몇 [V]인가?

① 6   ② 7

③ 8   ④ 9

해설 각 도체의 전위

$V_1 = P_{11}Q_1 + P_{12}Q_2, \quad V_2 = P_{21}Q_1 + P_{22}Q_2$에서

A 도체에만 1[C]의 전하를 주면

$V_1 = P_{11} \times 1 + P_{12} \times 0 = 3$

$\therefore P_{11} = 3$

$V_2 = P_{21} \times 1 + P_{22} \times 0 = 2$

$\therefore P_{21}(=P_{12}) = 2$

A, B에 각각 1[C], 2[C]을 주면 A 도체의 전위는

$V_1 = 3 \times 1 + 2 \times 2 = 7$[V]

20 2[C]의 점전하가 전계 $E = 2a_x + a_y - 4a_z$[V/m] 및 자계 $B = -2a_x + 2a_y - a_z$[Wb/m²] 내에서 $v = 4a_x - a_y - 2a_z$[m/s]의 속도로 운동하고 있을 때, 점전하에 작용하는 힘 F는 몇 [N]인가?

① $-14a_x + 18a_y + 6a_z$

② $14a_x - 18a_y - 6a_z$

③ $-14a_x + 18a_y + 4a_z$

④ $14a_x + 18a_y + 4a_z$

해설
$$F = q\{E + (v \times B)\}$$
$$= 2(2a_x + a_y - 4a_z) + 2(4a_x - a_y - 2a_z)$$
$$\times (-2a_x + 2a_y - a_z)$$
$$= 2(2a_x + a_y - 4a_z) + 2\begin{vmatrix} a_x & a_y & a_z \\ 4 & -1 & -2 \\ -2 & 2 & -1 \end{vmatrix}$$
$$= 2(2a_x + a_y - 4a_z) + 2(5a_x + 8a_y + 6a_z)$$
$$= 14a_x + 18a_y + 4a_z\,[\text{N}]$$

제2과목   **전력공학**

21 ACSR은 동일한 길이에서 동일한 전기 저항을 갖는 경동 연선에 비하여 어떠한가?

① 바깥 지름은 크고, 중량은 크다.

② 바깥 지름은 크고, 중량은 작다.

③ 바깥 지름은 작고, 중량은 크다.

④ 바깥 지름은 작고, 중량은 작다.

정답   17.②   18.②   19.②   20.④   21.②

해설 강심 알루미늄 연선(ACSR)은 경동 연선에 비해 직경은 1.4~1.6배, 비중은 0.8배, 기계적 강도는 1.5~2배 정도이다. 그러므로 ACSR은 동일한 길이, 동일한 저항을 갖는 경동 연선에 비해 바깥 지름은 크고 중량은 작다.

22 케이블의 전력 손실과 관계가 없는 것은?

① 철손
② 유전체손
③ 시스손
④ 도체의 저항손

해설 전력 케이블의 손실은 저항손, 유전체손, 연피손(시스손)이 있다.

23 초고압 송전 선로에 단도체 대신 복도체를 사용할 경우 틀린 것은?

① 전선의 작용 인덕턴스를 감소시킨다.
② 선로의 작용 정전 용량을 증가시킨다.
③ 전선 표면의 전위 경도를 저감시킨다.
④ 전선의 코로나 임계 전압을 저감시킨다.

해설 복도체 및 다도체의 특징

- 동일한 단면적의 단도체보다 인덕턴스와 리액턴스가 감소하고 정전 용량이 증가하여 송전 용량을 크게 할 수 있다.
- 전선 표면의 전위 경도를 저감시켜 코로나 임계 전압을 증가시키고, 코로나손을 줄일 수 있다.
- 전력 계통의 안정도를 증대시키고, 초고압 송전 선로에 채용한다.
- 페란티 효과에 의한 수전단 전압 상승 우려가 있다.
- 강풍, 빙설 등에 의한 전선의 진동 또는 동요가 발생할 수 있고, 단락 사고 시 소도체가 충돌할 수 있다.

24 중거리 송전 선로의 π형 회로에서 송전단 전류 I_s는? (단, Z, Y는 선로의 직렬 임피던스와 병렬 어드미턴스이고, E_r, I_r은 수전단 전압과 전류이다.)

① $\left(1 + \dfrac{ZY}{2}\right)E_r + Z\,I_r$

② $\left(1 + \dfrac{ZY}{2}\right)E_r + Z\left(1 + \dfrac{ZY}{4}\right)I_r$

③ $\left(1 + \dfrac{ZY}{2}\right)I_r + Y\,E_r$

④ $\left(1 + \dfrac{ZY}{2}\right)I_r + Y\left(1 + \dfrac{ZY}{4}\right)E_r$

해설 π형 회로의 4단자 정수

$$\begin{bmatrix} A & B \\ C & D \end{bmatrix} = \begin{bmatrix} 1 + \dfrac{ZY}{2} & Z \\ Y\left(1 + \dfrac{ZY}{4}\right) & 1 + \dfrac{ZY}{2} \end{bmatrix}$$

송전단 전류

$$I_s = CE_r + DI_r = Y\left(1 + \dfrac{ZY}{4}\right)E_r + \left(1 + \dfrac{ZY}{2}\right)I_r$$

25 송전단 전압 161[kV], 수전단 전압 154[kV], 상차각 60°, 리액턴스 65[Ω]일 때 선로 손실을 무시하면 전력은 약 몇 [MW]인가?

① 330
② 322
③ 279
④ 161

해설 $P = \dfrac{161 \times 154}{65} \times \sin 60° = 330[\text{MW}]$

26 송전 계통의 안정도를 향상시키는 방법이 아닌 것은?

① 직렬 리액턴스를 증가시킨다.
② 전압 변동률을 적게 한다.
③ 고장 시간, 고장 전류를 적게 한다.
④ 동기기 간의 임피던스를 감소시킨다.

해설 계통 안정도 향상 대책 중에서 직렬 리액턴스는 송·수전 전력과 반비례하므로 크게 하면 안 된다.

정답 22.① 23.④ 24.④ 25.① 26.①

27 소호 리액터 접지 계통에서 리액터의 탭을 완전 공진 상태에서 약간 벗어나도록 조설하는 이유는?

① 접지 계전기의 동작을 확실하게 하기 위하여
② 전력 손실을 줄이기 위하여
③ 통신선에 대한 유도 장해를 줄이기 위하여
④ 직렬 공진에 의한 이상 전압의 발생을 방지하기 위하여

해설 유도 장해가 적고, 1선 지락 시 계속적인 송전이 가능하고, 고장이 스스로 복구될 수 있으나, 보호 장치의 동작이 불확실하고, 단선 고장 시에는 직렬 공진 상태가 되어 이상 전압을 발생시킬 수 있으므로 완전 공진을 시키지 않고 소호 리액터에 탭을 설치하여 공진에서 약간 벗어난 상태(과보상)로 한다.

28 3상 송전 선로의 선간 전압을 100[kV], 3상 기준 용량을 10,000[kVA]로 할 때, 선로 리액턴스(1선당) 100[Ω]을 %임피던스로 환산하면 얼마인가?

① 1 ② 10
③ 0.33 ④ 3.33

해설 $\%Z=\dfrac{P\cdot Z}{10V^2}=\dfrac{10,000\times100}{10\times100^2}=10[\%]$

29 1선 접지 고장을 대칭 좌표법으로 해석할 경우 필요한 것은?

① 정상 임피던스도(Diagram) 및 역상 임피던스도
② 정상 임피던스도
③ 정상 임피던스도 및 역상 임피던스도
④ 정상 임피던스도, 역상 임피던스도 및 영상 임피던스도

해설 지락전류 $I_g=\dfrac{3E_a}{Z_0+Z_1+Z_2}$[A]이므로 영상·정상·역상 임피던스가 모두 필요하다.

30 파동 임피던스 $Z_1=400[\Omega]$인 선로 종단에 파동 임피던스 $Z_2=1,200[\Omega]$의 변압기가 접속되어 있다. 지금 선로에서 파고 $e_1=800$[kV]인 전압이 입사했다면, 접속점에서 전압의 반사파의 파고값[kV]은?

① 400 ② 800
③ 1,200 ④ 1,600

해설 $e_2=\dfrac{1,200-400}{1,200+400}\times800=400[kV]$

31 접지봉으로 탑각의 접지 저항값을 희망하는 접지 저항값까지 줄일 수 없을 때 사용하는 것은?

① 가공 지선 ② 매설 지선
③ 크로스 본드선 ④ 차폐선

해설 뇌전류가 철탑으로부터 대지로 흐를 경우, 철탑 전위의 파고값이 전선을 절연하고 있는 애자련의 절연 파괴 전압 이상으로 될 경우 철탑으로부터 전선을 향해 역섬락이 발생하므로 이것을 방지하기 위해서는 매설 지선을 시설하여 철탑의 탑각 접지 저항을 작게 하여야 한다.

32 송전 계통의 절연 협조에 있어 절연 레벨을 가장 낮게 잡고 있는 기기는?

① 차단기 ② 피뢰기
③ 단로기 ④ 변압기

해설 절연 협조는 계통 기기에서 경제성을 유지하고 운용에 지장이 없도록 기준 충격 절연 강도(BIL; Basic-impulse Insulation Level)를 만들어 기기 절연을 표준화하고 통일된 절연 체계를 구성할 목적으로 선로 애자가 가장 높고, 피뢰기를 가장 낮게 한다.

정답 27.④ 28.② 29.④ 30.① 31.② 32.②

33 송·배전 선로에서 선택 지락 계전기(SGR)의 용도는?

① 다회선에서 접지 고장 회선의 선택

② 단일 회선에서 접지 전류의 대·소 선택

③ 단일 회선에서 접지 전류의 방향 선택

④ 단일 회선에서 접지 사고의 지속 시간 선택

해설 동일 모선에 2개 이상의 다회선을 가진 비접지 배전 계통에서 지락(접지) 사고의 보호에는 선택 지락 계전기(SGR)가 사용된다.

34 인터록(interlock)의 기능에 대한 설명으로 옳은 것은?

① 조작자의 의중에 따라 개폐되어야 한다.

② 차단기가 열려 있어야 단로기를 닫을 수 있다.

③ 차단기가 닫혀 있어야 단로기를 닫을 수 있다.

④ 차단기와 단로기를 별도로 닫고, 열 수 있어야 한다.

해설 단로기는 소호 능력이 없으므로 조작할 때에는 다음과 같이 하여야 한다.

• 회로를 개방시킬 때 : 차단기를 먼저 열고, 단로기를 열어야 한다.

• 회로를 투입시킬 때 : 단로기를 먼저 투입하고, 차단기를 투입하여야 한다.

35 직류 송전 방식이 교류 송전 방식에 비하여 유리한 점이 아닌 것은?

① 표피 효과에 의한 송전 손실이 없다.

② 통신선에 대한 유도 잡음이 적다.

③ 선로의 절연이 용이하다.

④ 정류가 필요없고 승압 및 강압이 쉽다.

해설 부하와 발전 부분은 교류 방식이고, 송전 부분에서만 직류 방식이기 때문에 정류 장치가 필요하고, 직류에서는 직접 승압, 강압이 불가능하므로 교류로 변환 후 변압을 할 수 있다.

36 전선의 굵기가 균일하고 부하가 송전단에서 말단까지 균일하게 분포되어 있을 때 배전선 말단에서 전압 강하는? (단, 배전선 전체 저항 R, 송전단의 부하 전류는 I이다.)

① $\dfrac{1}{2}RI$

② $\dfrac{1}{\sqrt{2}}RI$

③ $\dfrac{1}{\sqrt{3}}RI$

④ $\dfrac{1}{3}RI$

해설

구분	말단에 집중 부하	균등 부하 분포
전압 강하	IR	$\dfrac{1}{2}IR$
전력 손실	I^2R	$\dfrac{1}{3}I^2R$

37 정격 10[kVA]의 주상 변압기가 있다. 이것의 2차측 일부하 곡선이 다음 그림과 같을 때 1일의 부하율은 몇 [%]인가?

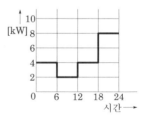

① 52.3

② 54.3

③ 56.3

④ 58.3

해설 부하율 $= \dfrac{평균수용전력}{최대수용전력} \times 100$

$= \dfrac{(4 \times 12 + 2 \times 6 + 8 \times 6) \div 24}{8} \times 100$

$= 56.25[\%]$

38 단상 승압기 1대를 사용하여 승압할 경우 승압 전의 전압을 E_1이라 하면, 승압 후의 전압 E_2는 어떻게 되는가? (단, 승압기의 변압비는 $\dfrac{전원측\ 전압}{부하측\ 전압} = \dfrac{e_1}{e_2}$이다.)

① $E_2 = E_1 + e_1$

② $E_2 = E_1 + e_2$

③ $E_2 = E_1 + \dfrac{e_2}{e_1}E_1$

④ $E_2 = E_1 + \dfrac{e_1}{e_2}E_1$

해설 승압 후 전압

$$E_2 = E_1\left(1 + \frac{e_2}{e_1}\right) = E_1 + \frac{e_2}{e_1}E_1$$

39 총 낙차 300[m], 사용 수량 20[m³/s]인 수력 발전소의 발전기 출력은 약 몇 [kW]인가? (단, 수차 및 발전기 효율은 각각 90[%], 98[%]라 하고, 손실 낙차는 총 낙차의 6[%]라고 한다.)

① 48,750　　② 51,860

③ 54,170　　④ 54,970

해설 발전기 출력 $P = 9.8HQ\eta$[kW]

$P = 9.8 \times 300 \times (1-0.06) \times 20 \times 0.9 \times 0.98$

$\quad = 48,750$[kW]

40 캐비테이션(Cavitation) 현상에 의한 결과로 적당하지 않은 것은?

① 수차 러너의 부식

② 수차 레버 부분의 진동

③ 흡출관의 진동

④ 수차 효율의 증가

해설 공동 현상(캐비테이션) 장해

• 수차의 효율, 출력 등 저하
• 유수에 접한 러너나 버킷 등에 침식 작용 발생
• 소음 발생
• 흡출관 입구에서 수압의 변동이 심함

제3과목　전기기기

41 유도 전동기의 기동 시 공급하는 전압을 단권 변압기에 의해서 일시 강하시켜서 기동 전류를 제한하는 기동 방법은?

① Y-△ 기동

② 저항 기동

③ 직접 기동

④ 기동 보상기에 의한 기동

해설 농형 유도 전동기의 기동에서 소형은 전전압 기동, 중형은 Y-△ 기동, 대용량은 강압용 단권 변압기를 이용한 기동 보상기법을 사용한다.

42 직류 발전기의 단자 전압을 조정하려면 어느 것을 조정하여야 하는가?

① 기동 저항　　② 계자 저항

③ 방전 저항　　④ 전기자 저항

해설 단자 전압 $V = E - I_a R_a$

유기 기전력 $E = \dfrac{Z}{a}p\phi\dfrac{N}{60} = K\phi N$

유기 기전력이 자속(ϕ)에 비례하므로 단자 전압은 계자 권선에 저항을 연결하여 조정한다.

43 변압기 1차측 사용 탭이 6,300[V]인 경우, 2차측 전압이 110[V]였다면 2차측 전압을 약 120[V]로 하기 위해서는 1차측의 탭을 몇 [V]로 선택해야 하는가?

① 5,700　　② 6,000

③ 6,600　　④ 6,900

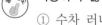

해설 변압기의 2차 전압을 높이려면 권수비는 낮추어야 하므로 탭 전압 $V_T = 6,300 \times \dfrac{110}{120} = 5,775$

$\therefore \ V_T = 5,700[\text{V}]$

정격 탭 전압은 5,700, 6,000, 6,300, 6,600, 6,900[V]이다.

44 6극 유도 전동기 토크가 τ이다. 극수를 12극으로 변환했다면 변환한 후의 토크는?

① τ ② 2τ

③ $\dfrac{\tau}{2}$ ④ $\dfrac{\tau}{4}$

해설 동기 속도 $N_s = \dfrac{120f}{P}$ (여기서, P : 극수)

유도 전동기의 토크

$\tau = \dfrac{P_2}{2\pi \dfrac{N_s}{60}} = \dfrac{P_2}{2\pi \dfrac{120f}{P} \times \dfrac{1}{60}} = \dfrac{P \cdot P_2}{4\pi f}$

유도 전동기의 토크는 극수에 비례하므로 2배로 증가한다.

45 2방향성 3단자 사이리스터는 어느 것인가?

① SCR   ② SSS

③ SCS   ④ TRIAC

해설 사이리스터(thyristor)의 SCR은 단일 방향 2단자 소자, SSS는 쌍방향(2방향성) 2단자 소자, SCS는 단일 방향 4단자 소자이며 TRIAC은 2방향성 3단자 소자이다.

46 3상 3,300[V], 100[kVA]의 동기 발전기의 정격 전류는 약 몇 [A]인가?

① 17.5   ② 25

③ 30.3   ④ 33.3

해설 정격 전류 $I_m = \dfrac{P \times 10^3}{\sqrt{3} \ V_m} = \dfrac{100 \times 10^3}{\sqrt{3} \times 3,300}$

$= 17.5[\text{A}]$

47 단상 변압기 3대를 이용하여 3상 △ – Y 결선을 했을 때 1차와 2차 전압의 각 변위(위상차)는?

① 0°   ② 60°

③ 150°   ④ 180°

해설 변압기에서 각 변위는 1차, 2차 유기 전압 벡터의 각각의 중성점과 동일 부호(U, u)를 연결한 두 직선 사이의 각도이며 △–Y 결선의 경우 330°와 150° 두 경우가 있다.

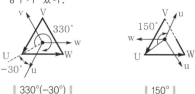

| 330°(–30°) | | 150° |

48 직류 전동기의 워드레오나드 속도 제어 방식으로 옳은 것은?

① 전압 제어   ② 저항 제어

③ 계자 제어   ④ 직 · 병렬 제어

해설 직류 전동기의 속도 제어 방식
· 계자 제어
· 저항 제어
· 직 · 병렬 제어
· 전압 제어
  – 워드레오나드(Ward leonard) 방식
  – 일그너(Illgner) 방식

49 1차 전압 V_1, 2차 전압 V_2인 단권 변압기를 Y결선을 했을 때, 등가 용량과 부하 용량의 비는? (단, $V_1 > V_2$이다.)

① $\dfrac{V_1 - V_2}{\sqrt{3} \ V_1}$ ② $\dfrac{V_1 - V_2}{V_1}$

③ $\dfrac{\sqrt{3}\,(V_1 - V_2)}{2\,V_1}$ ④ $\dfrac{V_1{}^2 - V_2{}^2}{\sqrt{3} \ V_1 V_2}$

정답   **44.**②   **45.**④   **46.**①   **47.**③   **48.**①   **49.**②

해설

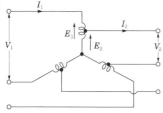

그림의 결선에서

부하 용량 $= \sqrt{3}\,V_1 I_1 = \sqrt{3}\,V_2 I_2$

등가 용량 $= \dfrac{3(V_1 - V_2)I_1}{\sqrt{3}} = \sqrt{3}\,(V_1 - V_2)I_1$

$\therefore \dfrac{\text{등가 용량}}{\text{부하 용량}} = \dfrac{3(V_1 - V_2)I_1}{\sqrt{3} \times \sqrt{3}\,V_1 I_1} = \dfrac{V_1 - V_2}{V_1}$

$\qquad\qquad = 1 - \dfrac{V_2}{V_1}$

50 풍력 발전기로 이용되는 유도 발전기의 단점이 아닌 것은?

① 병렬로 접속되는 동기기에서 여자 전류를 취해야 한다.
② 공극의 치수가 작기 때문에 운전시 주의해야 한다.
③ 효율이 낮다.
④ 역률이 높다.

해설 유도 발전기는 단락 전류가 작고, 구조가 간결하며 동기화할 필요가 없으나, 동기 발전기를 이용하여 여자하며, 공급이 작고 취급이 곤란하며 역률과 효율이 낮은 단점이 있다.

51 직류를 다른 전압의 직류로 변환하는 전력 변환 기기는?

① 초퍼 　　　　② 인버터
③ 사이클로 컨버터 ④ 브리지형 인버터

해설 초퍼(chopper)는 ON·OFF를 고속으로 반복할 수 있는 스위치로 직류를 다른 전압의 직류로 변환하는 전력 변환 기기이다.

52 다음은 스텝 모터(step motor)의 장점을 나열한 것이다. 틀린 것은?

① 피드백 루프가 필요 없이 오픈 루프로 손쉽게 속도 및 위치 제어를 할 수 있다.
② 디지털 신호를 직접 제어할 수 있으므로 컴퓨터 등 다른 디지털 기기와 인터페이스가 쉽다.
③ 가속, 감속이 용이하며 정·역전 및 변속이 쉽다.
④ 위치 제어를 할 때 각도 오차가 크고 누적된다.

해설 스테핑 모터는 아주 정밀한 디지털 펄스 구동 방식의 전동기로서 정·역 및 변속이 용이하고 제어 범위가 넓으며 각도의 오차가 적고 축적되지 않으며 정지 위치를 유지하는 힘이 크다. 적용 분야는 타이프 라이터나 프린터의 캐리지(carriage), 리본(ribbon) 프린터 헤드, 용지 공급의 위치 정렬, 로봇 등이 있다.

53 기전력(1상)이 E_0이고 동기 임피던스(1상)가 Z_s인 2대의 3상 동기 발전기를 무부하로 병렬 운전시킬 때 각 발전기의 기전력 사이에 δ_s의 위상차가 있으면 한쪽 발전기에서 다른 쪽 발전기로 공급되는 1상당의 전력[W]은?

① $\dfrac{E_0}{Z_s}\sin\delta_s$
② $\dfrac{E_0}{Z_s}\cos\delta_s$
③ $\dfrac{E_0^{\,2}}{2Z_s}\sin\delta_s$
④ $\dfrac{E_0^{\,2}}{2Z_s}\cos\delta_s$

정답 50.④ 51.① 52.④ 53.③

해설 동기화 전류 $I_s = \dfrac{2E_0}{2Z_s}\sin\dfrac{\delta_s}{2}$ [A]

수수 전력 $P = E_0 I_s \cos\dfrac{\delta_s}{2}$

$\qquad = \dfrac{2E_0^{\,2}}{2Z_s}\sin\dfrac{\delta_s}{2}\cdot\cos\dfrac{\delta_s}{2}$

$\qquad = \dfrac{E_0^{\,2}}{2Z_s}\sin\delta_s$ [W]

가법 정리 $\sin\left(\dfrac{\delta_s}{2}+\dfrac{\delta_s}{2}\right) = 2\sin\dfrac{\delta_s}{2}\cdot\cos\dfrac{\delta_s}{2}$

54 4극, 3상 유도 전동기가 있다. 총 슬롯수는 48이고 매극 매상 슬롯에 분포하며 코일 간격은 극간격의 75[%]인 단절권으로 하면 권선 계수는 얼마인가?

① 약 0.986 　　② 약 0.960

③ 약 0.924 　　④ 약 0.884

해설 매극 매상 홈수 $q = \dfrac{s}{p\times m} = \dfrac{48}{4\times 3} = 4$

분포 계수 $K_d = \dfrac{\sin\dfrac{\pi}{2m}}{q\sin\dfrac{\pi}{2mq}} = \dfrac{1}{q\sin 7.5°} = 0.957$

단절 계수 $K_p = \sin\dfrac{\beta\pi}{2} = \sin\dfrac{0.75\times 180°}{2} = 0.9238$

권선 계수 $K_w = K_d\cdot K_p = 0.957\times 0.9238 = 0.884$

55 직류 복권 발전기의 병렬 운전에 있어 균압선을 붙이는 목적은 무엇인가?

① 손실을 경감한다.

② 운전을 안정하게 한다.

③ 고조파의 발생을 방지한다.

④ 직권 계자 간의 전류 증가를 방지한다.

해설 직류 발전기의 병렬 운전 시 직권 계자 권선이 있는 발전기(직권 발전기, 복권 발전기)의 안정된(한쪽 발전기로 부하가 집중되는 현상을 방지) 병렬 운전을 하기 위해 균압선을 설치한다.

56 직류 분권 전동기의 정격 전압이 300[V], 전부하 전기자 전류 50[A], 전기자 저항 0.2[Ω]이다. 이 전동기의 기동 전류를 전부하 전류의 120[%]로 제한시키기 위한 기동 저항값은 몇 [Ω]인가?

① 3.5 　　② 4.8

③ 5.0 　　④ 5.5

해설 기동 전류 $I_s = \dfrac{V-E}{R_a + R_s}$

$\qquad = 1.2 I_a = 1.2\times 50$

$\qquad = 60$ [A]

기동시 역기전력 $E = 0$이므로

기동 저항 $R_s = \dfrac{V}{1.2 I_a} - R_a = \dfrac{300}{1.2\times 50} - 0.2$

$\qquad\qquad = 4.8$ [Ω]

57 단상 직권 정류자 전동기에서 주자속의 최대치를 ϕ_m, 자극수를 P, 전기자 병렬 회로수를 a, 전기자 전 도체수를 Z, 전기자의 속도를 N[rpm]이라 하면 속도 기전력의 실효값 E_r[V]은? (단, 주자속은 정현파이다.)

① $E_r = \sqrt{2}\,\dfrac{P}{a}Z\dfrac{N}{60}\phi_m$

② $E_r = \dfrac{1}{\sqrt{2}}\dfrac{P}{a}ZN\phi_m$

③ $E_r = \dfrac{P}{a}Z\dfrac{N}{60}\phi_m$

④ $E_r = \dfrac{1}{\sqrt{2}}\dfrac{P}{a}Z\dfrac{N}{60}\phi_m$

해설 단상 직권 정류자 전동기는 직·교 양용 전동기로 속도 기전력의 실효값

$E_r = \dfrac{1}{\sqrt{2}}\dfrac{P}{a}Z\dfrac{N}{60}\phi_m$ [V]

$\left(\text{직류 전동기의 역기전력 } E = \dfrac{P}{a}Z\dfrac{N}{60}\phi \text{[V]}\right)$

58 단상 유도 전압 조정기에서 단락 권선의 역할은?

① 철손 경감
② 절연 보호
③ 전압 강하 경감
④ 전압 조정 용이

해설 단상 유도 전압 조정기의 단락 권선은 누설 리액턴스를 감소하여 전압 강하를 적게 한다.

59 전기자 저항 $r_a = 0.2[\Omega]$, 동기 리액턴스 $X_s = 20[\Omega]$인 Y결선의 3상 동기 발전기가 있다. 3상 중 1상의 단자 전압 $V = 4,400[V]$, 유도 기전력 $E = 6,600[V]$이다. 부하각 $\delta = 30°$라고 하면 발전기의 출력은 약 몇 [kW]인가?

① 2,178
② 3,251
③ 4,253
④ 5,532

해설 3상 동기 발전기의 출력

$$P = 3\frac{EV}{X_s}\sin\delta$$
$$= 3 \times \frac{6,600 \times 4,400}{20} \times \frac{1}{2} \times 10^{-3}$$
$$= 2,178[\text{kW}]$$

60 전류계를 교체하기 위해 우선 변류기 2차측을 단락시켜야 하는 이유는?

① 측정 오차 방지
② 2차측 절연 보호
③ 2차측 과전류 보호
④ 1차측 과전류 방지

해설 변류기 2차측을 개방하면 1차측의 부하 전류가 모두 여자 전류가 되어 큰 자속의 변화로 고전압이 유도되며 2차측 절연 파괴의 위험이 있다.

제4과목 회로이론 및 제어공학

61 다음 운동 방정식으로 표시되는 계의 계수 행렬 A는 어떻게 표시되는가?

$$\frac{d^2c(t)}{dt^2} + 3\frac{dc(t)}{dt} + 2c(t) = r(t)$$

① $\begin{bmatrix} -2 & -3 \\ 0 & 1 \end{bmatrix}$
② $\begin{bmatrix} 1 & 0 \\ -3 & -2 \end{bmatrix}$
③ $\begin{bmatrix} 0 & 1 \\ -2 & -3 \end{bmatrix}$
④ $\begin{bmatrix} -3 & -2 \\ 1 & 0 \end{bmatrix}$

해설 상태 변수 $x_1(t) = c(t)$
$$x_2(t) = \frac{dc(t)}{dt}$$
상태 방정식 $\dot{x_1}(t) = x_2(t)$
$$\dot{x_2}(t) = -2x_1(t) - 3x_2(t) + r(t)$$
$$\begin{bmatrix} \dot{x_1}(t) \\ \dot{x_2}(t) \end{bmatrix} = \begin{bmatrix} 0 & 1 \\ -2 & -3 \end{bmatrix}\begin{bmatrix} x_1(t) \\ x_2(t) \end{bmatrix} + \begin{bmatrix} 0 \\ 1 \end{bmatrix}r(t)$$
∴ 계수 행렬(시스템 매트릭스)
$$A = \begin{bmatrix} 0 & 1 \\ -2 & -3 \end{bmatrix}$$

62 그림과 같이 2중 입력으로 된 블록 선도의 출력 C는?

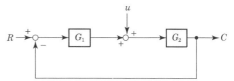

① $\left(\dfrac{G_2}{1 - G_1 G_2}\right)(G_1 R + u)$

② $\left(\dfrac{G_2}{1 + G_1 G_2}\right)(G_1 R + u)$

③ $\left(\dfrac{G_2}{1 - G_1 G_2}\right)(G_1 R - u)$

④ $\left(\dfrac{G_2}{1 + G_1 G_2}\right)(G_1 R - u)$

해설 외란이 있는 경우이므로 입력에서부터 해석해 간다.

$$\{(R-C)G_1+u\}G_2 = C$$
$$RG_1G_2 - CG_1G_2 + uG_2 = C$$
$$RG_1G_2 + uG_2 = C(1+G_1G_2)$$
$$\therefore \ C = \frac{G_1G_2}{1+G_1G_2}R + \frac{G_2}{1+G_1G_2}u$$
$$= \frac{G_2}{1+G_1G_2}(G_1R+u)$$

63 자동 제어의 추치 제어 3종이 아닌 것은?

① 프로세스 제어　② 추종 제어
③ 비율 제어　④ 프로그램 제어

해설 추치 제어에는 추종 제어, 프로그램 제어, 비율 제어가 있다.

64 그림에서 블록 선도로 보인 안정한 제어계의 단위 경사 입력에 대한 정상 상태 오차는?

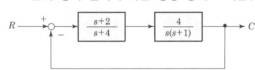

① 0　② $\dfrac{1}{4}$

③ $\dfrac{1}{2}$　④ ∞

해설 $K_v = \lim_{s \to 0} s\, G(s) = \lim_{s \to 0} s \cdot \dfrac{4(s+2)}{s(s+1)(s+4)} = 2$

$\therefore$ 정상 속도 편차 $e_{ssv} = \dfrac{1}{K_v} = \dfrac{1}{2}$

65 $G(j\omega) = \dfrac{1}{1+j\omega T}$ 인 제어계에서 절점 주파수일 때의 이득[dB]은?

① 약 -1　② 약 -2
③ 약 -3　④ 약 -4

해설 절점 주파수 $\omega_o = \dfrac{1}{T}$

$\therefore \ G(j\omega) = \dfrac{1}{1+j}$

이득 $g = 20\log_{10}\left|\dfrac{1}{1+j}\right| = 20\log_{10}\dfrac{1}{\sqrt{2}} = -3\text{[dB]}$

66 어떤 제어계의 전달 함수가 다음과 같이 표시될 때, 이 계에 입력 $x(t)$를 가했을 경우 출력 $y(t)$를 구하는 미분 방정식은?

$$G(s) = \frac{2s+1}{s^2+s+1}$$

① $\dfrac{d^2y}{dt^2} + \dfrac{dy}{dt} + y = 2\dfrac{dx}{dt} + x$

② $\dfrac{d^2y}{dt^2} - 2\dfrac{dy}{dt} + y = \dfrac{dx}{dt} + x$

③ $\dfrac{d^2y}{dt^2} + 2\dfrac{dy}{dt} + y = -\dfrac{dx}{dt} + x$

④ $\dfrac{d^2y}{dt^2} + \dfrac{dy}{dt} + y^2 = \dfrac{dx}{dt} + x$

해설 $G(s) = \dfrac{Y(s)}{X(s)} = \dfrac{2s+1}{s^2+s+1}$

$(s^2+s+1)Y(s) = (2s+1)X(s)$

$\therefore \ \dfrac{d^2}{dt^2}y(t) + \dfrac{d}{dt}y(t) + y(t) = 2\dfrac{d}{dt}x(t) + x(t)$

67 $G(s)H(s) = \dfrac{K}{s^2(s+1)^2}$ 에서 근궤적의 수는 몇 개인가?

① 4　② 2
③ 1　④ 없다.

해설 근궤적의 개수는 z와 p 중 큰 것과 일치한다.
여기서, z : $G(s)H(s)$의 유한 영점(finite zero)의 개수
p : $G(s)H(s)$의 유한 극점(finite pole)의 개수
영점의 개수 $z=0$, 극점의 개수 $p=4$이므로 근궤적의 수는 4개이다.

정답 63.①　64.③　65.③　66.①　67.①

68 단위 부궤환 계통에서 $G(s)$가 다음과 같을 때, $K=2$이면 무슨 제동인가?

$$G(s) = \frac{K}{s(s+2)}$$

① 무제동   ② 임계 제동

③ 과제동   ④ 부족 제동

해설 $K=2$일 때, 특성 방정식은

$1+G(s)=0$

$1+\dfrac{K}{s(s+2)}=0$

$s(s+2)+K = s^2+2s+2=0$

2차계의 특성 방정식 $s^2+2\delta\omega_n s+\omega_n^2=0$

$\omega_n = \sqrt{2}$

$2\delta\omega_n = 2$

∴ 제동비 $\delta = \dfrac{2}{2\sqrt{2}} = \dfrac{1}{\sqrt{2}} = 0.707$

∴ $0 < \delta < 1$인 경우이므로 부족 제동, 감쇠 진동한다.

69 그림과 같은 신호 흐름 선도에서 $\dfrac{C}{R}$값은?

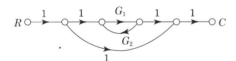

① $\dfrac{1+G_1+G_1G_2}{1+G_1G_2}$

② $\dfrac{1+G_1-G_1G_2}{1-G_1G_2}$

③ $\dfrac{1+G_1G_2}{1+G_1+G_1G_2}$

④ $\dfrac{1-G_1G_2}{1+G_1-G_1G_2}$

해설 $G_1 = G_1,\ \Delta_1 = 1$

$G_2 = 1,\ \Delta_2 = 1-G_1G_2$

$\Delta = 1-L_{11} = 1-G_1G_2$

∴ 전달 함수 $\dfrac{C}{R} = \dfrac{G_1\Delta_1 + G_2\Delta_2}{\Delta}$

$= \dfrac{G_1 + (1-G_1G_2)}{1-G_1G_2}$

$= \dfrac{1+G_1 - G_1G_2}{1-G_1G_2}$

70 다음 그림과 같은 회로는 어떤 논리 회로인가?

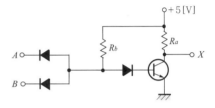

① AND 회로   ② NAND 회로

③ OR 회로   ④ NOR 회로

해설 그림은 NAND 회로이며, 논리 기호와 진리값 표는 다음과 같다.

$$X = \overline{A \cdot B}$$

A	B	X
0	0	1
0	1	1
1	0	1
1	1	0

71 2단자 임피던스 함수 $Z(s)$가 다음과 같을 때 영점은?

$$Z(s) = \frac{s+3}{(s+4)(s+5)}$$

① 4, 5   ② -4, -5

③ 3   ④ -3

해설 영점은 $Z(s)$의 분자 $=0$의 근

$s+3=0,\ s=-3$

72 비정현파 전류 $i(t) = 56\sin\omega t + 25\sin 2\omega t$ $+ 30\sin(3\omega t + 30°) + 40\sin(4\omega t + 60°)$ 로 주어질 때 왜형률은 어느 것으로 표시되는가?

① 약 0.8
② 약 1
③ 약 0.5
④ 약 1.414

⊐해설 왜형률

$$D = \frac{\sqrt{\left(\frac{25}{\sqrt{2}}\right)^2 + \left(\frac{30}{\sqrt{2}}\right)^2 + \left(\frac{40}{\sqrt{2}}\right)^2}}{\frac{56}{\sqrt{2}}} \fallingdotseq 1$$

73 3상 불평형 전압에서 역상 전압이 50[V]이고, 정상 전압이 250[V], 영상 전압이 20[V]이면 전압의 불평형률은 몇 [%]인가?

① 10
② 15
③ 20
④ 25

⊐해설 불평형률 $= \dfrac{\text{역상 전압}}{\text{정상 전압}} \times 100[\%]$

$$\therefore \frac{50}{250} \times 100 = 20[\%]$$

74 그림과 같은 회로에서 입력을 $v(t)$, 출력을 $i(t)$로 했을 때의 입·출력 전달 함수는?

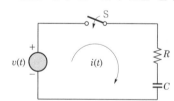

① $\dfrac{s}{R\left(s + \dfrac{1}{RC}\right)}$

② $\dfrac{1}{RC\left(s + \dfrac{1}{RC}\right)}$

③ $\dfrac{s}{RCs + 1}$

④ $\dfrac{RCs}{RCs + 1}$

⊐해설

$$\frac{I(s)}{V(s)} = Y(s) = \frac{1}{Z(s)}$$

$$= \frac{1}{R + \dfrac{1}{Cs}}$$

$$= \frac{s}{Rs + \dfrac{1}{C}}$$

$$= \frac{s}{R\left(s + \dfrac{1}{RC}\right)}$$

75 2전력계법을 이용한 평형 3상 회로의 전력이 각각 500[W] 및 300[W]로 측정되었을 때, 부하의 역률은 약 몇 [%]인가?

① 70.7
② 87.7
③ 89.2
④ 91.8

⊐해설 역률

$$\cos\theta = \frac{P}{P_a} = \frac{P_1 + P_2}{2\sqrt{P_1^2 + P_2^2 - P_1 P_2}}$$

$$= \frac{500 + 300}{2\sqrt{500^2 + 300^2 - 500 \times 300}} \times 100[\%]$$

$$\fallingdotseq 91.8[\%]$$

76 대칭 n상에서 선전류와 상전류 사이의 위상차[rad]는?

① $\dfrac{\pi}{2}\left(1 - \dfrac{2}{n}\right)$

② $2\left(1 - \dfrac{2}{n}\right)$

③ $\dfrac{n}{2}\left(1 - \dfrac{2}{\pi}\right)$

④ $\dfrac{\pi}{2}\left(1 - \dfrac{n}{2}\right)$

⊐해설 대칭 n상 선전류와 상전류와의 위상차

$$\theta = -\frac{\pi}{2}\left(1 - \frac{2}{n}\right)$$

정답 72.② 73.③ 74.① 75.④ 76.①

77 선로의 저항 R 과 컨덕턴스 G 가 동시에 0이 되었을 때 전파 정수 γ 와 관계 있는 것은?

① $\gamma = j\omega \sqrt{LC}$ ② $\gamma = j\omega \sqrt{\dfrac{C}{L}}$

③ $C = \dfrac{Y^2}{(j\omega)^2 L}$ ④ $\beta = j\omega Y \sqrt{LC}$

해설 $\gamma = \sqrt{Z \cdot Y} = \sqrt{(R+j\omega L)(G+j\omega C)} = j\omega\sqrt{LC}$

감쇠 정수 $\alpha = 0$, 위상 정수 $\beta = \omega\sqrt{LC}$

78 $R-L$ 직렬 회로가 있어서 직류 전압 5[V]를 $t=0$ 에서 인가하였더니 $i(t) = 50(1-e^{-20 \times 10^{-3}t})$[mA] $(t \geq 0)$이었다. 이 회로의 저항을 처음 값의 2배로 하면 시정수는 얼마가 되겠는가?

① 10[msec] ② 40[msec]
③ 5[sec] ④ 25[sec]

해설 시정수 $\tau = \dfrac{L}{R} = \dfrac{1}{20 \times 10^{-2}} = 50$[sec]

저항을 2배하면 시정수는 $\dfrac{1}{2}$배로 감소된다.

∴ 시정수 $\tau = 50 \times \dfrac{1}{2} = 25$[sec]

79 그림과 같은 회로에서 저항 15[Ω]에 흐르는 전류[A]는?

① 8
② 5.5
③ 2
④ 0.5

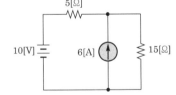

해설 10[V]에 의한 전류 $I_1 = \dfrac{10}{5+15} = 0.5$[A]

6[A]에 의한 전류 $I_2 = \dfrac{5}{5+15} \times 6 = 1.5$[A]

∴ $I = I_1 + I_2 = 0.5 + 1.5 = 2$[A]

80 그림과 같은 회로의 역률은 얼마인가?

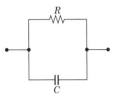

① $1+(\omega RC)^2$ ② $\sqrt{1+(\omega RC)^2}$
③ $\dfrac{1}{\sqrt{1+(\omega RC)^2}}$ ④ $\dfrac{1}{1+(\omega RC)^2}$

해설 역률

$$\cos\theta = \frac{G}{Y} = \frac{\dfrac{1}{R}}{\sqrt{\dfrac{1}{R^2}+\dfrac{1}{X_C^2}}} = \frac{X_C}{\sqrt{R^2+X_C^2}}$$

$$\therefore \frac{\dfrac{1}{\omega C}}{\sqrt{R^2+\dfrac{1}{\omega^2 C^2}}} = \frac{1}{\sqrt{1+\omega^2 C^2 R^2}}$$

제5과목 전기설비기술기준

81 발전소 또는 변전소로부터 다른 발전소 또는 변전소를 거치지 아니하고 전차 선로에 이르는 전선을 무엇이라 하는가?

① 급전선
② 전기 철도용 급전선
③ 급전선로
④ 전기 철도용 급전선로

해설 용어 정의(KEC 112)
• "전기 철도용 급전선"이란 전기 철도용 변전소로부터 다른 전기 철도용 변전소 또는 전차선에 이르는 전선을 말한다.
• "전기 철도용 급전선로"란 전기 철도용 급전선 및 이를 지지하거나 수용하는 시설물을 말한다.

82 최대 사용 전압 7[kV] 이하 전로의 절연 내력을 시험할 때 시험 전압을 연속하여 몇 분간 가하였을 때 이에 견디어야 하는가?

① 5분　　　　② 10분
③ 15분　　　　④ 30분

해설 전로의 절연 저항 및 절연 내력(KEC 132)
고압 및 특고압의 전로는 시험 전압을 전로와 대지 간에 연속하여 10분간 가하여 절연 내력을 시험하였을 때에 이에 견디어야 한다.

83 접지극을 시설할 때 동결 깊이를 감안하여 지하 몇 [cm] 이상의 깊이로 매설하여야 하는가?

① 60　　　　② 75
③ 90　　　　④ 100

해설 접지극의 시설 및 접지 저항(KEC 142.2)
접지극은 지표면으로부터 지하 0.75[m] 이상, 동결 깊이를 감안하여 매설 깊이를 정해야 한다.

84 변압기의 고압측 전로와의 혼촉에 의하여 저압측 전로의 대지 전압이 150[V]를 넘는 경우에 2초 이내에 고압 전로를 자동 차단하는 장치가 되어 있는 6,600/220[V] 배전 선로에 있어서 1선 지락 전류가 2[A]이면 접지 저항값의 최대는 몇 [Ω]인가?

① 50　　　　② 75
③ 150　　　　④ 300

해설 고압 또는 특고압과 저압의 혼촉에 의한 위험 방지 시설(KEC 322.1)
1선 지락 전류가 2[A]이고, 150[V]를 넘고, 2초 이내에 차단하는 장치가 있으므로
접지 저항 $R = \dfrac{300}{I} = \dfrac{300}{2} = 150[\Omega]$

85 피뢰 시스템은 전기 전자 설비가 설치된 건축물, 구조물로서 낙뢰로부터 보호가 필요한 곳 또는 지상으로부터 높이가 몇 [m] 이상인 곳에 설치해야 하는가?

① 10　　　　② 20
③ 30　　　　④ 45

해설 피뢰 시스템의 적용 범위(KEC 151.1)
• 전기 전자 설비가 설치된 건축물·구조물로서 낙뢰로부터 보호가 필요한 것 또는 지상으로부터 높이가 20[m] 이상인 것
• 전기 설비 및 전자 설비 중 낙뢰로부터 보호가 필요한 설비

86 금속관 공사에 의한 저압 옥내 배선 시설에 대한 설명으로 틀린 것은?

① 인입용 비닐 절연 전선을 사용했다.
② 옥외용 비닐 절연 전선을 사용했다.
③ 짧고 가는 금속관에 연선을 사용했다.
④ 단면적 10[mm²] 이하의 단선을 사용했다.

해설 금속관 공사(KEC 232.12)
• 전선은 절연 전선(옥외용 비닐 절연 전선 제외)일 것
• 전선은 연선일 것(다음의 것은 적용하지 않음)
 – 짧고 가는 금속관에 넣은 것
 – 단면적 10[mm²] 이하의 것
• 금속관 안에는 전선에 접속점이 없도록 할 것
• 콘크리트에 매설하는 것은 두께 1.2[mm] 이상을 사용할 것

87 교통 신호등 회로의 사용 전압이 몇 [V]를 넘는 경우는 전로에 지락이 생겼을 경우 자동적으로 전로를 차단하는 누전 차단기를 시설하는가?

① 60　　　　② 150
③ 300　　　　④ 450

해설 누전 차단기(KEC 234.15.6)
교통 신호등 회로의 사용 전압이 150[V]를 넘는 경우는 전로에 지락이 생겼을 경우 자동적으로 전로를 차단하는 누전 차단기를 시설할 것

88 사람이 상시 통행하는 터널 안의 배선(전기 기계 기구 안의 배선, 관등 회로의 배선, 소세력 회로의 전선은 제외)의 시설 기준에 적합하지 않은 것은? (단, 사용 전압이 저압의 것에 한한다.)

① 애자 공사로 시설하였다.
② 공칭 단면적 2.5[mm²]의 연동선을 사용하였다.
③ 애자 공사 시 전선의 높이는 노면상 2[m]로 시설하였다.
④ 전로에는 터널의 입구 가까운 곳에 전용 개폐기를 시설하였다.

해설 사람이 상시 통행하는 터널 안의 배선 시설(KEC 242.7.1)
• 전선은 공칭 단면적 2.5[mm²]의 연동선과 동등 이상의 세기 및 굵기의 절연 전선(옥외용 제외)을 사용하여 애자 공사에 의하여 시설하고 또한 이를 노면상 2.5[m] 이상의 높이로 할 것
• 전로에는 터널의 입구에 가까운 곳에 전용 개폐기를 시설할 것

89 가공 전선로 지지물 기초의 안전율은 일반적으로 얼마 이상인가?

① 1.5　　② 2
③ 2.2　　④ 2.5

해설 가공 전선로 지지물의 기초의 안전율(KEC 331.7)
지지물의 하중에 대한 기초의 안전율은 2 이상(이상 시 상정 하중에 대한 철탑의 기초에 대하여서는 1.33 이상)

90 저압 가공 전선의 높이에 대한 기준으로 틀린 것은?

① 철도를 횡단하는 경우는 레일면상 6.5[m] 이상이다.
② 횡단 보도교 위에 시설하는 경우 저압 가공 전선은 노면상에서 3[m] 이상이다.
③ 횡단 보도교 위에 시설하는 경우 고압 가공 전선은 그 노면상에서 3.5[m] 이상이다.
④ 다리의 하부, 기타 이와 유사한 장소에 시설하는 저압의 전기 철도용 급전선은 지표상 3.5[m]까지로 감할 수 있다.

해설 저압 가공 전선의 높이(KEC 222.7)
횡단 보도교의 위에 시설하는 경우 저압 가공 전선은 그 노면상 3.5[m](전선이 절연 전선·다심형 전선·케이블인 경우 3[m]) 이상, 고압 가공 전선은 그 노면상 3.5[m] 이상으로 하여야 한다.

91 사용 전압이 35[kV] 이하인 특고압 가공 전선과 가공 약전류 전선 등을 동일 지지물에 시설하는 경우, 특고압 가공 전선로는 어떤 종류의 보안 공사로 하여야 하는가?

① 고압 보안 공사
② 제1종 특고압 보안 공사
③ 제2종 특고압 보안 공사
④ 제3종 특고압 보안 공사

해설 특고압 가공 전선과 가공 약전류 전선 등의 공용 설치(KEC 333.19)
35[kV] 이하인 특고압 가공 전선과 가공 약전류 전선 등을 동일 지지물에 시설하는 경우에는 다음에 따라야 한다.
• 특고압 가공 전선로는 제2종 특고압 보안 공사에 의할 것
• 특고압 가공 전선은 가공 약전류 전선 등의 위로 하고 별개의 완금류에 시설할 것
• 특고압 가공 전선은 케이블인 경우 이외에는 인장 강도 21.67[kN] 이상의 연선 또는 단면적이 50[mm²] 이상인 경동 연선일 것
• 특고압 가공 전선과 가공 약전류 전선 등 사이의 이격 거리(간격)는 2[m] 이상으로 할 것

정답 88.③　89.②　90.②　91.③

92 어떤 공장에서 케이블을 사용하는 사용 전압이 22[kV]인 가공 전선을 건물 옆쪽에서 1차 접근 상태로 시설하는 경우, 케이블과 건물의 조영재 이격 거리(간격)는 몇 [cm] 이상이어야 하는가?

① 50   ② 80
③ 100   ④ 120

해설 특고압 가공 전선과 건조물과 접근(KEC 333.23)
사용 전압이 35[kV] 이하인 특고압 가공 전선과 건조물의 조영재 이격 거리(간격)

건조물과 조영재의 구분	전선 종류	접근 형태	이격 거리 (간격)
상부 조영재	특고압 절연 전선	위쪽	2.5[m]
		옆쪽 또는 아래쪽	1.5[m]
	케이블	위쪽	1.2[m]
		옆쪽 또는 아래쪽	0.5[m]

93 특고압 가공 전선이 도로 등과 교차하는 경우에 특고압 가공 전선이 도로 등의 위에 시설되는 때에 설치하는 보호망에 대한 설명으로 옳은 것은?

① 보호망은 접지 공사를 하지 않아도 된다.
② 보호망을 구성하는 금속선의 인장 강도는 6[kN] 이상으로 한다.
③ 보호망을 구성하는 금속선은 지름 1.0[mm] 이상의 경동선을 사용한다.
④ 보호망을 구성하는 금속선 상호의 간격은 가로, 세로 각 1.5[m] 이하로 한다.

해설 특고압 가공 전선과 도로 등의 접근 또는 교차(KEC 333.24)
• 특고압 가공 전선로는 제2종 특고압 보안 공사에 의할 것
• 보호망은 접지 공사를 한 금속제의 망상(그물형) 장치로 하고 견고하게 지지할 것

• 보호망은 특고압 가공 전선의 바로 아래에 시설하는 금속선에는 인장 강도 8.01[kN] 이상의 것 또는 지름 5[mm] 이상의 경동선을 사용하고 그 밖의 부분에 시설하는 금속선에는 인장 강도 5.26[kN] 이상의 것 또는 지름 4[mm] 이상의 경동선을 사용할 것
• 보호망을 구성하는 금속선 상호의 간격은 가로, 세로 각 1.5[m] 이하일 것

94 22.9[kV] 특고압 가공 전선로의 중성선은 다중 접지를 하여야 한다. 1[km]마다 중성선과 대지 사이의 합성 전기 저항값은 몇 [Ω] 이하인가? (단, 전로에 지락이 생겼을 때에 2초 이내에 자동적으로 이를 전로로부터 차단하는 장치가 되어 있다.)

① 5   ② 10
③ 15   ④ 20

해설 25[kV] 이하인 특고압 가공 전선로의 시설(KEC 333.32)

구 분	각 접지점의 대지 전기 저항치	1[km]마다의 합성 전기 저항치
15[kV] 이하	300[Ω]	30[Ω]
15[kV] 초과 25[kV] 이하	300[Ω]	15[Ω]

95 다음 (   )에 들어갈 내용으로 옳은 것은?

지중 전선로는 기설 지중 약전류 전선로에 대하여 (㉠) 또는 (㉡)에 의하여 통신상의 장해를 주지 않도록 기설 약전류 전선로로부터 이격시키거나 기타 보호장치를 시설하여야 한다.

① ㉠ 누설 전류, ㉡ 유도 작용
② ㉠ 단락 전류, ㉡ 유도 작용
③ ㉠ 단락 전류, ㉡ 정전 작용
④ ㉠ 누설 전류, ㉡ 정전 작용

해설 지중 약전류 전선의 유도 장해 방지(KEC 334.5)
지중 전선로는 기설 지중 약전류 전선로에 대하여 누설 전류 또는 유도 작용에 의하여 통신상의 장해를 주지 않도록 기설 약전류 전선로로부터 이격시키거나 기타 보호장치를 시설하여야 한다.

96 고압 옥내 배선의 공사 방법으로 틀린 것은?

① 케이블 공사
② 합성 수지관 공사
③ 케이블 트레이 공사
④ 애자 공사(건조한 장소로서 전개된 장소에 한함)

해설 고압 옥내 배선 등의 시설(KEC 342.1)
• 애자 공사(건조한 장소로서 전개된 장소에 한함)
• 케이블 공사
• 케이블 트레이 공사

97 고압 또는 특고압 가공 전선과 금속제의 울타리가 교차하는 경우 교차점과 좌우로 몇 [m] 이내의 개소에 접지 공사를 하여야 하는가? (단, 전선에 케이블을 사용하는 경우는 제외한다.)

① 25
② 35
③ 45
④ 55

해설 발전소 등의 울타리·담 등의 시설(KEC 351.1)
고압 또는 특고압 가공 전선(전선에 케이블을 사용하는 경우는 제외함)과 금속제의 울타리·담 등이 교차하는 경우에 금속제의 울타리·담 등에는 교차점과 좌·우로 45[m] 이내의 개소에 접지 공사를 해야 한다.

98 고압 가공 전선로의 지지물에 시설하는 통신선의 높이는 도로를 횡단하는 경우 교통에 지장을 줄 우려가 없다면 지표상 몇 [m] 까지로 감할 수 있는가?

① 4
② 4.5
③ 5
④ 6

해설 전력 보안 통신선의 시설 높이와 이격 거리(간격)(KEC 362.2)
• 도로를 횡단하는 경우 6[m] 이상. 교통에 지장을 줄 우려가 없는 경우 5[m]
• 철도 또는 궤도를 횡단하는 경우에는 레일면상 6.5[m] 이상

99 다음 급전선로에 대한 설명으로 옳지 않은 것은?

① 급전선은 나전선을 적용하여 가공식으로 가설을 원칙으로 한다.
② 가공식은 전차선의 높이 이상으로 전차선로 지지물에 병가(병행 설치)하며, 나전선의 접속은 직선 접속을 사용할 수 없다.
③ 신설 터널 내 급전선을 가공으로 설계할 경우 지지물의 취부는 C찬넬 또는 매입전을 이용하여 고정하여야 한다.
④ 교량(다리) 하부 등에 설치할 때에는 최소 절연 이격 거리(간격) 이상을 확보하여야 한다.

해설 급전선로(KEC 431.4)
• 급전선은 나전선을 적용하여 가공식으로 가설을 원칙으로 한다. 다만, 전기적 영향에 대한 최소 간격이 보장되지 않거나 지락, 섬락(불꽃 방전) 등의 우려가 있을 경우에는 급전선을 케이블로 하여 안전하게 시공하여야 한다.
• 가공식은 전차선의 높이 이상으로 전차 선로 지지물에 병가(병행 설치)하며, 나전선의 접속은 직선 접속을 원칙으로 한다.
• 신설 터널 내 급전선을 가공으로 설계할 경우 지지물의 취부는 C찬넬 또는 매입전을 이용하여 고정하여야 한다.
• 선상 승강장, 인도교, 과선교 또는 교량(다리) 하부 등에 설치할 때에는 최소 절연 이격 거리(간격) 이상을 확보하여야 한다.

100 전기 저장 장치에 자동으로 전로로부터 차단하는 보호장치를 시설하여야 하는 경우로 틀린 것은?

① 과저항이 발생한 경우
② 과전압이 발생한 경우
③ 제어 장치에 이상이 발생한 경우
④ 이차 전지 모듈의 내부 온도가 상승할 경우

해설 제어 및 보호 장치(KEC 512.2.2) – 전기 저장 장치에 자동 차단 장치 설치하는 경우
• 과전압, 저전압, 과전류가 발생한 경우
• 제어 장치에 이상이 발생한 경우
• 이차 전지 모듈의 내부 온도가 상승할 경우

정답 100.①

제1과목 전기자기학

01 대지의 고유 저항이 $\rho\,[\Omega\cdot\mathrm{m}]$일 때 반지름 이 $a\,[\mathrm{m}]$인 그림과 같은 반구 접지극의 접지 저항$[\Omega]$은?

① $\dfrac{\rho}{4\pi a}$

② $\dfrac{\rho}{2\pi a}$

③ $\dfrac{2\pi\rho}{a}$

④ $2\pi\rho a$

해설 • 저항과 정전 용량 $RC=\rho\varepsilon$
• 반구도체의 정전 용량 $C=2\pi\varepsilon a\,[\mathrm{F}]$
• 접지 저항 $R=\dfrac{\rho\varepsilon}{C}=\dfrac{\rho\varepsilon}{2\pi\varepsilon a}=\dfrac{\rho}{2\pi a}\,[\Omega]$

02 자기 유도 계수 L의 계산 방법이 아닌 것은? (단, N : 권수, ϕ : 자속, I : 전류, A : 벡터 퍼텐셜, i : 전류 밀도, B : 자속 밀도, H : 자계의 세기이다.)

① $L=\dfrac{N\phi}{I}$

② $L=\dfrac{\displaystyle\int_v Aidv}{I^2}$

③ $L=\dfrac{\displaystyle\int_v BHdv}{I^2}$

④ $L=\dfrac{\displaystyle\int_v Aidv}{I}$

해설 자기 유도 계수 $L=\dfrac{2w}{I^2}$

자계 에너지 $w=\dfrac{1}{2}\displaystyle\int_v BHdv=\dfrac{1}{2}\displaystyle\int_v Aidv$

$\therefore L=\dfrac{\displaystyle\int_v BHdv}{I^2}=\dfrac{\displaystyle\int_v Aidv}{I^2}$

03 내부 도체의 반지름이 $a\,[\mathrm{m}]$이고, 외부 도체 의 내반지름이 $b\,[\mathrm{m}]$, 외반지름이 $c\,[\mathrm{m}]$인 동축 케이블의 단위 길이당 자기 인덕턴스 는 몇 $[\mathrm{H/m}]$인가?

① $\dfrac{\mu_0}{2\pi}\ln\dfrac{b}{a}$

② $\dfrac{\mu_0}{\pi}\ln\dfrac{b}{a}$

③ $\dfrac{2\pi}{\mu_0}\ln\dfrac{b}{a}$

④ $\dfrac{\pi}{\mu_0}\ln\dfrac{b}{a}$

해설

단위 길이당 미소 자속

$d\phi=B\cdot ds=\mu_0 Hdr=\dfrac{\mu_0 I}{2\pi r}dr$

$\therefore \phi=\displaystyle\int_a^b d\phi=\dfrac{\mu_0 I}{2\pi}\ln\dfrac{b}{a}\,[\mathrm{Wb}]$

$\therefore$ 단위 길이당 인덕턴스

$L=\dfrac{\phi}{I}=\dfrac{\mu_0}{2\pi}\ln\dfrac{b}{a}\,[\mathrm{H/m}]$

04 $V = x^2$ [V]로 주어지는 전위 분포일 때 $x = 20$[cm]인 점의 전계는?

① $+x$방향으로 40[V/m]

② $-x$방향으로 40[V/m]

③ $+x$방향으로 0.4[V/m]

④ $-x$방향으로 0.4[V/m]

해설 $E = -\operatorname{grad} V = -\nabla V = -\left(\frac{\partial}{\partial x}i + \frac{\partial}{\partial y}j + \frac{\partial}{\partial z}k \right) \cdot x^2$

$\qquad = -2x\,i$[V/m]

$\qquad \therefore \ [E]_{x=0.2} = 0.4i$ [V/m]

$\qquad \therefore$ 전계는 $-x$방향으로 0.4[V/m]이다.

05 비투자율 μ_s는 역자성체에서 다음 중 어느 값을 갖는가?

① $\mu_s = 1$

② $\mu_s < 1$

③ $\mu_s > 1$

④ $\mu_s = 0$

해설 비투자율 $\mu_s = \dfrac{\mu}{\mu_0} = 1 + \dfrac{\chi_m}{\mu_0}$ 에서

$\mu_s > 1$, 즉 $\chi_m > 0$이면 상자성체

$\mu_s < 1$, 즉 $\chi_m < 0$이면 역자성체

06 자속 밀도가 10[Wb/m^2]인 자계 내에 길이 4[cm]의 도체를 자계와 직각으로 놓고 이 도체를 0.4초 동안 1[m]씩 균일하게 이동하였을 때 발생하는 기전력은 몇 [V]인가?

① 1

② 2

③ 3

④ 4

해설 기전력 $e = vBl\sin\theta = \dfrac{x}{t}Bl\sin\theta$

$\qquad = \dfrac{1}{0.4} \times 10 \times 0.04 \times 1 = 1$[V]

07 전위 경도 V와 전계 E의 관계식은?

① $E = \operatorname{grad} V$

② $E = \operatorname{div} V$

③ $E = -\operatorname{grad} V$

④ $E = -\operatorname{div} V$

해설 전계의 세기 $E = -\operatorname{grad} V = -\nabla V$[V/m]

전위 경도는 전계의 세기와 크기는 같고, 방향은 반대이다.

08 평면 전자파에서 전계의 세기가 $E = 5\sin\omega\left(t - \dfrac{x}{v}\right)$[$\mu$V/m]인 공기 중에서의 자계의 세기는 몇 [μA/m]인가?

① $-\dfrac{5\omega}{v}\cos\omega\left(t - \dfrac{x}{v}\right)$

② $5\omega\cos\omega\left(t - \dfrac{x}{v}\right)$

③ $4.8 \times 10^2 \sin\omega\left(t - \dfrac{x}{v}\right)$

④ $1.3 \times 10^{-2} \sin\omega\left(t - \dfrac{x}{v}\right)$

해설 $H = \sqrt{\dfrac{\varepsilon_0}{\mu_0}}\,E$

$\qquad = \sqrt{\dfrac{8.854 \times 10^{-12}}{4\pi \times 10^{-7}}}\,E$

$\qquad = 2.65 \times 10^{-3} E$

$\qquad = 2.65 \times 10^{-3} \times 5 \sin\omega\left(t - \dfrac{x}{v}\right)$

$\qquad = 1.3 \times 10^{-2} \sin\omega\left(t - \dfrac{x}{v}\right)$[$\mu$A/m]

09 정전 용량 0.06[μF]의 평행판 공기 콘덴서가 있다. 전극판 간격의 $\dfrac{1}{2}$ 두께의 유리판을 전극에 평행하게 넣으면 공기 부분의 정전 용량과 유리판 부분의 정전 용량을 직렬로 접속한 콘덴서가 된다. 유리의 비유전율을 $\varepsilon_s = 5$라 할 때 새로운 콘덴서의 정전 용량은 몇 [μF]인가?

① 0.01

② 0.05

③ 0.1

④ 0.5

해설 공기 콘덴서의 정전 용량 $C_0 = \dfrac{\varepsilon_0 S}{d}[\mu F]$

$$C_1 = \dfrac{\varepsilon_0 S}{\frac{d}{2}} = 2C_0[\mu F]$$

$$C_2 = \dfrac{\varepsilon_0 \varepsilon_s S}{\frac{d}{2}} = 2\varepsilon_s C_0 = 10C_0[\mu F]$$

∴ 새로운 콘덴서의 정전 용량

$$C = \dfrac{1}{\dfrac{1}{C_1}+\dfrac{1}{C_2}} = \dfrac{C_1 C_2}{C_1+C_2} = \dfrac{2C_0 \times 10C_0}{2C_0+10C_0}$$

$$= \dfrac{20}{12}C_0 = \dfrac{20}{12} \times 0.06 = 0.1[\mu F]$$

10 환상 솔레노이드 철심 내부에서 자계의 세기[AT/m]는? (단, N은 코일 권선수, r은 환상 철심의 평균 반지름, I는 코일에 흐르는 전류이다.)

① NI ② $\dfrac{NI}{2\pi r}$

③ $\dfrac{NI}{2r}$ ④ $\dfrac{NI}{4\pi r}$

해설 • 앙페르의 주회 적분 법칙 $NI = \oint_c Hdl = Hl$

• 자계의 세기 $H = \dfrac{NI}{l} = \dfrac{NI}{2\pi r}[AT/m]$

11 그림과 같이 공기 중에서 무한 평면 도체의 표면으로부터 2[m]인 곳에 점전하 4[C]이 있다. 전하가 받는 힘은 몇 [N]인가?

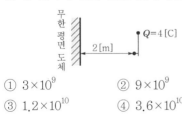

① 3×10^9 ② 9×10^9
③ 1.2×10^{10} ④ 3.6×10^{10}

해설 $F = \dfrac{-Q^2}{16\pi\varepsilon_0 a^2} = -\dfrac{4^2}{16\pi\varepsilon_0 \times 2^2} = -\dfrac{1}{4\pi\varepsilon_0}$

$= -9 \times 10^9[N]$ (흡인력)

12 자기 인덕턴스(self inductance) L[H]을 나타낸 식은? (단, N은 권선수, I는 전류[A], ϕ는 자속[Wb], B는 자속 밀도[Wb/m²], H는 자계의 세기[AT/m], A는 벡터 퍼텐셜 [Wb/m], J는 전류 밀도[A/m²]이다.)

① $L = \dfrac{N\phi}{I^2}$

② $L = \dfrac{1}{2I^2}\int B \cdot Hdv$

③ $L = \dfrac{1}{I^2}\int A \cdot Jdv$

④ $L = \dfrac{1}{I}\int B \cdot Hdv$

해설 • 쇄교 자속 $N\phi = LI$

• 자기 인덕턴스 $L = \dfrac{N\phi}{I}$

• 자속 $N\phi = \int_s \vec{B}nds = \int_s \mathrm{rot}\vec{A}nds$

$= \oint_c Adl[Wb]$

• 전류 $I = \int_s \vec{J}nds[A]$

• 인덕턴스 $L = \dfrac{N\phi I}{I^2} = \dfrac{1}{I^2}\oint_c Adl\int_s \vec{J}nds$

$= \dfrac{1}{I^2}\int_v A \cdot Jdv[H]$

13 극판 간격 d[m], 면적 S[m²], 유전율 ε[F/m]이고, 정전 용량이 C[F]인 평행판 콘덴서에 $v = V_m \sin\omega t$[V]의 전압을 가할 때의 변위 전류[A]는?

① $\omega C V_m \cos\omega t$ ② $C V_m \sin\omega t$
③ $-C V_m \sin\omega t$ ④ $-\omega C V_m \cos\omega t$

해설 $C = \dfrac{\varepsilon S}{d}$, $E = \dfrac{v}{d}$, $D = \varepsilon E$이므로

$$i_d = \dfrac{\partial D}{\partial t} = \varepsilon \dfrac{\partial E}{\partial t} = \varepsilon \dfrac{\partial}{\partial t}\left(\dfrac{v}{d}\right)$$

$$= \dfrac{\varepsilon}{d}\dfrac{\partial}{\partial t}(V_m \sin\omega t) = \dfrac{\varepsilon \omega V_m \cos\omega t}{d}[A/m^2]$$

∴ $I_D = i_d \cdot S = \dfrac{\varepsilon \omega V_m \cos\omega t}{d} \cdot \dfrac{Cd}{\varepsilon} = \omega C V_m \cos\omega t$

정답 10.② 11.② 12.③ 13.①

14 $x = 0$인 무한 평면을 경계면으로 하여 $x < 0$인 영역에는 비유전율 $\varepsilon_{r1} = 2$, $x > 0$인 영역에는 $\varepsilon_{r2} = 4$인 유전체가 있다. ε_{r1}인 유전체 내에서 전계 $E_1 = 20a_x - 10a_y + 5a_z$[V/m]일 때 $x > 0$인 영역에 있는 ε_{r2}인 유전체 내에서 전속 밀도 D_2[C/m²]는? (단, 경계면상에는 자유 전하가 없다고 한다.)

① $D_2 = \varepsilon_0(20a_x - 40a_y + 5a_z)$

② $D_2 = \varepsilon_0(40a_x - 40a_y + 20a_z)$

③ $D_2 = \varepsilon_0(80a_x - 20a_y + 10a_z)$

④ $D_2 = \varepsilon_0(40a_x - 20a_y + 20a_z)$

해설 전계는 경계면에서 수평 성분(=접선 부분)이 서로 같다.

$E_1t = E_2t$

전속 밀도는 경계면에서 수직 성분(법선 성분)이 서로 같다.

$D_{1n} = D_{2n}$

즉, $D_{1x} = D_{2x}\varepsilon_0\varepsilon_{r1}E_{1x} = \varepsilon_0\varepsilon_{r2}E_{2x}$

유전체 ε_2영역의 전계 E_2의 각 축성분 $E_{2x} \cdot E_{2y}$

$\cdot E_{2z}$는 $E_{2x} = \dfrac{\varepsilon_0\varepsilon_{r1}}{\varepsilon_0\varepsilon_{r2}}E_{1x}$, $E_{2y} = E_{1y}$, $E_{2z} = E_{1z}$

$\therefore E_2 = \dfrac{\varepsilon_0\varepsilon_{r1}}{\varepsilon_0\varepsilon_{r2}}E_{1x} + E_{1y} + E_{1z}$

$= \dfrac{2}{4} \times 20a_x - 10a_y + 5a_z$

$= 10a_x - 10a_y + 5a_z$

$\therefore D_2 = \varepsilon_2 E_2 = \varepsilon_0\varepsilon_{r2}E_2$

$= 4\varepsilon_0(10a_x - 10a_y + 5a_z)$

$= \varepsilon_0(40a_x - 40a_y + 20a_z)$[C/m²]

15 전류 I[A]가 흐르고 있는 무한 직선 도체로부터 r[m]만큼 떨어진 점의 자계의 크기는 $2r$[m]만큼 떨어진 점의 자계의 크기의 몇 배인가?

① 0.5 ② 1

③ 2 ④ 4

해설 r[m], $2r$[m]되는 점의 자계의 세기를 H_1, H_2라 하면

$H_1 = \dfrac{I}{2\pi r}$[AT/m]

$H_2 = \dfrac{I}{2\pi \cdot 2r}$[AT/m]

$\dfrac{H_1}{H_2} = \dfrac{\dfrac{I}{2\pi r}}{\dfrac{I}{2\pi \cdot 2r}} = 2$

$\therefore H_1 = 2H_2$[AT/m]

16 반지름이 r[m]인 반원형 전류 I[A]에 의한 반원의 중심(O)에서 자계의 세기[AT/m]는?

① $\dfrac{2I}{r}$ ② $\dfrac{I}{r}$

③ $\dfrac{I}{2r}$ ④ $\dfrac{I}{4r}$

해설 원형 코일 중심점의 자계의 세기

$H = \dfrac{NI}{2a} = \dfrac{\dfrac{1}{2}I}{2r} = \dfrac{I}{4r}$[AT/m]

17 규소 강판과 같은 자심 재료의 히스테리시스 곡선의 특징은?

① 히스테리시스 곡선의 면적이 작은 것이 좋다.

② 보자력이 큰 것이 좋다.

③ 보자력과 잔류 자기가 모두 큰 것이 좋다.

④ 히스테리시스 곡선의 면적이 큰 것이 좋다.

정답 14.② 15.③ 16.④ 17.①

해설 규소 강판은 철에 소량의 규소(Si)를 첨가하여 제조한 강판으로 여러 가지 자기 특성이 뛰어나 전력 기기의 철심에 대량으로 사용된다. 이런 전자석의 재료는 히스테리시스 곡선의 면적이 작고 잔류 자기는 크며 보자력은 작다.

18 전속 밀도 $D = X^2 i + Y^2 j + Z^2 k [\text{C/m}^2]$를 발생시키는 점 (1, 2, 3)에서의 체적 전하 밀도는 몇 $[\text{C/m}^3]$인가?

① 12
② 13
③ 14
④ 15

해설 전속 $\psi = \int_s Dn\,dS = \int_v \text{div}D\,dv = Q[\text{C}]$

$\psi = Q = \int_v \rho\,dv$

∴ 체적 전하 밀도 $\rho = \text{div}D = \nabla \cdot D$

$= \left(i\frac{\partial}{\partial x} + j\frac{\partial}{\partial y} + k\frac{\partial}{\partial z}\right)$
$\quad \cdot (iD_x + jD_y + kD_z)$

$= \frac{\partial D_x}{\partial x} + \frac{\partial D_y}{\partial y} + \frac{\partial D_z}{\partial z}$

$= 2x + 2y + 2z$

$= 2 + 4 + 6 = 12[\text{C/m}^3]$

19 전속 밀도 D, 전계의 세기 E, 분극의 세기 P 사이의 관계식은?

① $P = D + \varepsilon_0 E$
② $P = D - \varepsilon_0 E$
③ $P = D(1 - \varepsilon_0)E$
④ $P = \varepsilon_0 (D - E)$

해설 전속 밀도 $D = \varepsilon_0 E + P$에서
분극의 세기 $P = D - \varepsilon_0 E$
$= \varepsilon_0 \varepsilon_s E - \varepsilon_0 E$
$= \varepsilon_0 (\varepsilon_s - 1)E [\text{C/m}^2]$

20 유전율이 ε_1, ε_2인 유전체 경계면에 수직으로 전계가 작용할 때 단위 면적당 수직으로 작용하는 힘$[\text{N/m}^2]$은? (단, E는 전계$[\text{V/m}]$이고, D는 전속 밀도$[\text{C/m}^2]$이다.)

① $2\left(\frac{1}{\varepsilon_2} - \frac{1}{\varepsilon_1}\right)E^2$
② $2\left(\frac{1}{\varepsilon_2} - \frac{1}{\varepsilon_1}\right)D^2$
③ $\frac{1}{2}\left(\frac{1}{\varepsilon_2} - \frac{1}{\varepsilon_1}\right)E^2$
④ $\frac{1}{2}\left(\frac{1}{\varepsilon_2} - \frac{1}{\varepsilon_1}\right)D^2$

해설 유전체 경계면에 전계가 수직으로 입사하면 전속 밀도 $D_1 = D_2$이고, 인장 응력이 작용한다.

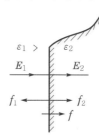

‖ 경계면 ‖

$f_1 = \frac{D_1^2}{2\varepsilon_1}$, $f_2 = \frac{D_2^2}{2\varepsilon_2} [\text{N/m}^2]$

$\varepsilon_1 > \varepsilon_2$일 때

$f = f_2 - f_1 = \frac{1}{2}\left(\frac{1}{\varepsilon_2} - \frac{1}{\varepsilon_1}\right)D^2 [\text{N/m}^2]$

힘은 유전율이 큰 쪽에서 작은 쪽으로 작용한다.

제2과목 전력공학

21 빙설이 많은 지방에서 특고압 가공 전선의 이도(dip)를 계산할 때 전선 주위에 부착하는 빙설의 두께와 비중은 일반적인 경우 각각 얼마로 상정하는가?

① 두께 : 10[mm], 비중 : 0.9
② 두께 : 6[mm], 비중 : 0.9
③ 두께 : 10[mm], 비중 : 1
④ 두께 : 6[mm], 비중 : 1

해설 빙설(눈과 얼음)은 전선이나 가섭선에 온도가 낮은 저온계인 경우 부착하게 되는데 두께를 6[mm], 비중을 0.9로 하여 빙설 하중이나 풍압 하중 등을 계산하도록 되어 있다.

22 복도체 선로가 있다. 소도체의 지름이 8[mm], 소도체 사이의 간격이 40[cm]일 때, 등가 반지름[cm]은?

① 2.8 ② 3.6
③ 4.0 ④ 5.7

해설 복도체의 등가 반지름 $r_e = \sqrt[n]{r \cdot s^{n-1}}$ 이므로
복도체인 경우 $r_e = \sqrt{r \cdot s}$

∴ 등가 반지름 $r_e = \sqrt{\dfrac{8}{2} \times 10^{-1} \times 40} = 4[\text{cm}]$

23 다음 중 송전 선로의 코로나 임계 전압이 높아지는 경우가 아닌 것은?

① 날씨가 맑다.
② 기압이 높다.
③ 상대 공기 밀도가 낮다.
④ 전선의 반지름과 선간 거리가 크다.

해설 코로나 임계 전압 $E_0 = 24.3\, m_0 m_1 \delta d \log_{10} \dfrac{D}{r}$ [kV]이므로 상대 공기 밀도(δ)가 높아야 한다.
코로나를 방지하려면 임계 전압을 높여야 하므로 전선 굵기를 크게 하고, 전선 간 거리를 증가시켜야 한다.

24 중거리 송전 선로의 특성은 무슨 회로로 다루어야 하는가?

① RL 집중 정수 회로
② RLC 집중 정수 회로
③ 분포 정수 회로
④ 특성 임피던스 회로

해설
• 단거리 송전 선로 : RL 집중 정수 회로
• 중거리 송전 선로 : RLC 집중 정수 회로
• 장거리 송전 선로 : $RLCG$ 분포 정수 회로

25 파동 임피던스가 500[Ω]인 가공 송전선 1[km]당의 인덕턴스 L과 정전용량 C는 얼마인가?

① $L = 1.67$[mH/km], $C = 0.0067$[μF/km]
② $L = 2.12$[mH/km], $C = 0.167$[μF/km]
③ $L = 1.67$[mH/km], $C = 0.0167$[μF/km]
④ $L = 0.0067$[mH/km], $C = 1.67$[μF/km]

해설 특성 임피던스 $Z_0 = \sqrt{\dfrac{L}{C}} ≒ 138 \log_{10} \dfrac{D}{r}$ [Ω]이므로

$Z_0 = 138 \log_{10} \dfrac{D}{r} = 500$[Ω]에서 $\log_{10} \dfrac{D}{r} = \dfrac{500}{138}$ 이다.

∴ $L = 0.05 + 0.4605 \log_{10} \dfrac{D}{r}$

$= 0.05 + 0.4605 \times \dfrac{500}{138} = 1.67$[mH/km]

∴ $C = \dfrac{0.02413}{\log_{10} \dfrac{D}{r}} = \dfrac{0.02413}{\dfrac{500}{138}} = 6.67 \times 10^{-3}$[μF/km]

26 조상 설비가 아닌 것은?

① 정지형 무효 전력 보상 장치
② 자동 고장 구간 개폐기
③ 전력용 콘덴서
④ 분로 리액터

해설 자동 고장 구간 개폐기는 선로의 고장 구간을 자동으로 분리하는 장치로 조상 설비가 아니다.

27 비접지식 송전 선로에 있어서 1선 지락 고장이 생겼을 경우 지락점에 흐르는 전류는?

① 직류 전류
② 고장상의 영상 전압과 동상의 전류
③ 고장상의 영상 전압보다 90° 빠른 전류
④ 고장상의 영상 전압보다 90° 늦은 전류

정답 22.③ 23.③ 24.② 25.① 26.② 27.③

해설 비접지식 송전 선로에서 1선 지락 사고 시 고장 전류는 대지 정전 용량에 흐르는 충전 전류 $I = j\omega CE$[A]이므로 고장점의 영상 전압보다 90° 앞선 전류이다.

28 통신선과 평행인 주파수 60[Hz]의 3상 1회선 송전선에서 1선 지락으로(영상 전류가 100[A] 흐르고) 있을 때 통신선에 유기되는 전자 유도 전압[V]은? (단, 영상 전류는 송전선 전체에 걸쳐 같으며, 통신선과 송전선의 상호 인덕턴스는 0.05[mH/km]이고, 그 평행 길이는 50[km]이다.)

① 162 ② 192
③ 242 ④ 283

해설 $E_m = j\omega M \cdot 3I_0$
50[km]의 상호 인덕턴스$=0.05 \times 50$
$\therefore E_m = 2\pi \times 60 \times 0.05 \times 10^{-3} \times 50 \times 3 \times 100$
$= 282.7$[V]

29 10,000[kVA] 기준으로 등가 임피던스가 0.4[%]인 발전소에 설치될 차단기의 차단 용량은 몇 [MVA]인가?

① 1,000 ② 1,500
③ 2,000 ④ 2,500

해설 차단 용량
$P_s = \dfrac{100}{\%Z}P_n = \dfrac{100}{0.4} \times 10,000 \times 10^{-3} = 2,500$[MVA]

30 임피던스 Z_1, Z_2 및 Z_3를 그림과 같이 접속한 선로의 A쪽에서 전압파 E가 진행해 왔을 때, 접속점 B에서 무반사로 되기 위한 조건은?

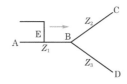

① $Z_1 = Z_2 + Z_3$

② $\dfrac{1}{Z_3} = \dfrac{1}{Z_1} + \dfrac{1}{Z_2}$

③ $\dfrac{1}{Z_1} = \dfrac{1}{Z_2} + \dfrac{1}{Z_3}$

④ $\dfrac{1}{Z_2} = \dfrac{1}{Z_1} + \dfrac{1}{Z_3}$

해설 무반사 조건은 변이점 B에서 입사쪽과 투과쪽의 특성 임피던스가 동일하여야 한다.
즉, $\dfrac{1}{Z_1} = \dfrac{1}{Z_2} + \dfrac{1}{Z_3}$로 한다.

31 피뢰기의 제한 전압이란?

① 충격파의 방전 개시 전압
② 상용 주파수의 방전 개시 전압
③ 전류가 흐르고 있을 때의 단자 전압
④ 피뢰기 동작 중 단자 전압의 파고값

해설 피뢰기 시 동작하여 방전 전류가 흐르고 있을 때 피뢰기 양단자 간 전압의 파고값을 제한 전압이라 한다.

32 최소 동작 전류 이상의 전류가 흐르면 한도를 넘는 양(量)과는 상관없이 즉시 동작하는 계전기는?

① 순한시 계전기
② 반한시 계전기
③ 정한시 계전기
④ 반한시성 정한시 계전기

해설 순한시 계전기
정정값 이상의 전류는 크기에 관계없이 바로 동작하는 고속도 계전기이다.

33 차단기의 차단 시간은?

① 개극 시간을 말하며 대개 3~8사이클이다.

② 개극 시간과 아크 시간을 합친 것을 말하며 3~8사이클이다.

③ 아크 시간을 말하며 8사이클 이하이다.

④ 개극과 아크 시간에 따라 3사이클 이하이다.

해설 차단 시간은 트립 코일의 여자 순간부터 아크가 접촉자에서 완전 소멸하여 절연을 회복할 때까지의 시간으로 3~8사이클이지만 특고압설비에는 3~5사이클이다.

34 전력용 퓨즈는 주로 어떤 전류의 차단을 목적으로 사용하는가?

① 충전 전류   ② 과부하 전류

③ 단락 전류   ④ 과도 전류

해설 전력 퓨즈(Power fuse)는 변압기, 전동기, PT 및 배전 선로 등의 보호 차단기로 사용되고 동작 원리에 따라 한류형(current limiting fuse)과 방출 퓨즈(expulsion)로 구별한다.
전력 퓨즈는 차단기와 같이 회로 및 기기의 단락 보호용으로 사용한다.

35 같은 선로와 같은 부하에서 교류 단상 3선식은 단상 2선식에 비하여 전압 강하와 배전효율은 어떻게 되는가?

① 전압 강하는 적고, 배전 효율은 높다.

② 전압 강하는 크고, 배전 효율은 낮다.

③ 전압 강하는 적고, 배전 효율은 낮다.

④ 전압 강하는 크고, 배전 효율은 높다.

해설 단상 3선식은 단상 2선식에 비하여 동일 전력일 경우 전류가 $\frac{1}{2}$이므로 전압 강하는 적어지고, 1선당 전력은 1.33배이므로 배전 효율은 높다.

36 최대 수용 전력이 3[kW]인 수용가가 3세대, 5[kW]인 수용가가 6세대라고 할 때, 이 수용가군에 전력을 공급할 수 있는 주상 변압기의 최소 용량[kVA]은? (단, 역률은 1, 수용가 간의 부등률은 1.3이다.)

① 25   ② 30

③ 35   ④ 40

해설 변압기의 용량 $P_t = \dfrac{3 \times 3 + 5 \times 6}{1.3 \times 1} = 30[\text{kVA}]$

37 3상 배전 선로의 말단에 역률 80[%](뒤짐), 160[kW]의 평형 3상 부하가 있다. 부하점에 부하와 병렬로 전력용 콘덴서를 접속하여 선로 손실을 최소로 하기 위해 필요한 콘덴서 용량[kVA]은? (단, 여기서 부하단 전압은 변하지 않는 것으로 한다.)

① 96   ② 120

③ 128   ④ 200

해설 선로 손실을 최소로 하려면 역률을 1로 개선해야 한다.

$\therefore \ Q_c = P(\tan\theta_1 - \tan\theta_2)$

$= P(\tan\theta - 0) = P\dfrac{\sin\theta}{\cos\theta}$

$= 160 \times \dfrac{0.6}{0.8} = 120[\text{kVA}]$

38 수전용 변전 설비의 1차측 차단기의 차단 용량은 주로 어느 것에 의하여 정해지는가?

① 수전 계약 용량

② 부하 설비의 단락 용량

③ 공급측 전원의 단락 용량

④ 수전 전력의 역률과 부하율

해설 차단기의 차단 용량은 공급측 전원의 단락 용량을 기준으로 정해진다.

39 갈수량이란 어떤 유량을 말하는가?

① 1년 365일 중 95일간은 이보다 낮아지지 않는 유량

② 1년 365일 중 185일간은 이보다 낮아지지 않는 유량

③ 1년 365일 중 275일간은 이보다 낮아지지 않는 유량

④ 1년 365일 중 355일간은 이보다 낮아지지 않는 유량

해설 갈수량

1년 365일 중 355일은 이것보다 내려가지 않는 유량과 수위

40 원자로의 감속재에 대한 설명으로 틀린 것은?

① 감속 능력이 클 것

② 원자 질량이 클 것

③ 사용 재료로 경수를 사용

④ 고속 중성자를 열 중성자로 바꾸는 작용

해설 감속재는 고속 중성자를 열 중성자까지 감속시키기 위한 것으로, 중성자 흡수가 적고 탄성 산란에 의해 감속이 크다. 중수, 경수, 베릴륨, 흑연 등이 사용된다.

제3과목 **전기기기**

41 50[Ω]의 계자 저항을 갖는 직류 분권 발전기가 있다. 이 발전기의 출력이 5.4[kW]일 때 단자 전압은 100[V], 유기 기전력은 115[V]이다. 이 발전기의 출력이 2[kW]일 때 단자 전압이 125[V]라면 유기 기전력은 약 몇 [V]인가?

① 130 ② 145

③ 152 ④ 159

해설 $P = VI$

$I = \dfrac{P}{V} = \dfrac{5,400}{100} = 54[A]$

$I_f = \dfrac{V}{r_f} = \dfrac{100}{50} = 2[A]$

$I_a = I + I_f = 54 + 2 = 56[A]$

$R_a = \dfrac{E - V}{I} = \dfrac{115 - 100}{56} = 0.267[\Omega]$

$I' = \dfrac{P}{V} = \dfrac{2,000}{125} = 16[A]$

$I_f' = \dfrac{125}{50} = 2.5[A]$

$I_a' = I' + I_f' = 16 + 2.5 = 18.5[A]$

$E' = V' + I_a' R_a$

$= 125 + 18.5 \times 0.267$

$= 129.9 \fallingdotseq 130[V]$

42 1차 전압 100[V], 2차 전압 200[V], 선로 출력 50[kVA]인 단권 변압기의 자기 용량은 몇 [kVA]인가?

① 25 ② 50

③ 250 ④ 500

해설 단권 변압기의 $\dfrac{P(\text{자기 용량, 등가 용량})}{W(\text{선로 용량, 부하 용량})} = \dfrac{V_h - V_l}{V_h}$ 이므로

자기 용량 $P = \dfrac{V_h - V_l}{V_h} W$

$= \dfrac{200 - 100}{200} \times 50$

$= 25[kVA]$

43 동기 발전기를 병렬 운전하는 데 필요하지 않은 조건은?

① 기전력의 용량이 같을 것

② 기전력의 파형이 같을 것

③ 기전력의 크기가 같을 것

④ 기전력의 주파수가 같을 것

해설 동기 발전기의 병렬 운전 조건
- 기전력의 크기가 같을 것
- 기전력의 위상이 같을 것
- 기전력의 주파수가 같을 것
- 기전력의 파형이 같을 것

44 반도체 사이리스터에 의한 제어는 어느 것을 변화시키는 것인가?

① 전류   ② 주파수

③ 토크   ④ 위상각

해설 반도체 사이리스터(thyristor)에 의한 전압을 제어하는 경우 위상각 또는 점호각을 변화시킨다.

45 권선형 유도 전동기의 2차 여자법 중 2차 단자에서 나오는 전력을 동력으로 바꿔서 직류 전동기에 가하는 방식은?

① 회생 방식   ② 크레머 방식

③ 플러깅 방식   ④ 세르비우스 방식

해설 권선형 유도 전동기의 속도 제어에서 2차 여자 제어법은 크레머 방식과 세르비우스 방식이 있으며, 크레머 방식은 2차 단자에서 나오는 전력을 동력으로 바꾸어 제어하는 방식이고, 세르비우스 방식은 2차 전력을 전원측에 반환하여 제어하는 방식이다.

46 출력 P_o, 2차 동손 P_{2c}, 2차 입력 P_2 및 슬립 s인 유도 전동기에서의 관계는?

① $P_2 : P_{2c} : P_o = 1 : s : (1-s)$

② $P_2 : P_{2c} : P_o = 1 : (1-s) : s$

③ $P_2 : P_{2c} : P_o = 1 : s^2 : (1-s)$

④ $P_2 : P_{2c} : P_o = 1 : (1-s) : s^2$

해설
- 2차 입력 : $P_2 = I_2^2 \cdot \dfrac{r_2}{s}$
- 2차 동손 : $P_{2c} = I_2^2 \cdot r_2$
- 출력 : $P_o = I_2^2 \cdot R = I_2^2 \dfrac{1-s}{s}$

∴ $P_2 : P_{2c} : P_o = \dfrac{1}{s} : 1 : \dfrac{1-s}{s} = 1 : s : 1-s$

47 변압기의 규약 효율 산출에 필요한 기본 요건이 아닌 것은?

① 파형은 정현파를 기준으로 한다.

② 별도의 지정이 없는 경우 역률은 100[%] 기준이다.

③ 부하손은 40[℃]를 기준으로 보정한 값을 사용한다.

④ 손실은 각 권선에 대한 부하손의 합과 무부하손의 합이다.

해설 변압기의 손실이란 각 권선에 대한 부하손의 합과 무부하손의 합계를 말한다. 지정이 없을 때는 역률은 100[%], 파형은 정현파를 기준으로 하고 부하손은 75[℃]로 보정한 값을 사용한다.

48 3상 직권 정류자 전동기에 중간(직렬) 변압기가 쓰이고 있는 이유가 아닌 것은?

① 정류자 전압의 조정

② 회전자 상수의 감소

③ 경부하 때 속도의 이상 상승 방지

④ 실효 권수비 선정 조정

해설 3상 직권 정류자 전동기의 중간 변압기(또는 직렬 변압기)는 고정자 권선과 회전자 권선 사이에 직렬로 접속된다. 중간 변압기의 사용 목적은 다음과 같다.
- 정류자 전압의 조정
- 회전자 상수의 증가
- 경부하 시 속도 이상 상승의 방지
- 실효 권수비의 조정

49 정격이 5[kW], 100[V], 50[A], 1,500[rpm]인 타여자 직류 발전기가 있다. 계자 전압 50[V], 계자 전류 5[A], 전기자 저항 0.2[Ω]이고 브러시에서 전압 강하는 2[V]이다. 무부하 시와 정격 부하 시의 전압차는 몇 [V]인가?

① 12   ② 10

③ 8   ④ 6

정답   44.④   45.②   46.①   47.③   48.②   49.①

해설 무부하 전압 $V_0 = E = V + I_a R_a + e_b$
$$= 100 + 50 \times 0.2 + 2 = 112[\text{V}]$$
정격 전압 $V_n = 100[\text{V}]$
전압차 $e = V_0 - V_n = 112 - 100 = 12[\text{V}]$

50
정격 출력 5,000[kVA], 정격 전압 3.3[kV], 동기 임피던스가 매상 1.8[Ω]인 3상 동기 발전기의 단락비는 약 얼마인가?

① 1.1　　　　② 1.2
③ 1.3　　　　④ 1.4

해설 퍼센트 동기 임피던스 $\%Z_s = \dfrac{P_n Z_s}{10 V^2}$ [%]

단위법 동기 임피던스 $Z_s' = \dfrac{\%Z}{100} = \dfrac{P_n Z_s}{10^3 V^2}$ [p.u]

단락비 $K_s = \dfrac{1}{Z_s'} = \dfrac{10^3 V^2}{P_n Z_s} = \dfrac{10^3 \times 3.3^2}{5,000 \times 1.8} = 1.21$

51
3상 유도 전동기의 기계적 출력 P [kW], 회전수 N [rpm]인 전동기의 토크[kg·m]는?

① $716 \dfrac{P}{N}$　　　② $956 \dfrac{P}{N}$

③ $975 \dfrac{P}{N}$　　　④ $0.01625 \dfrac{P}{N}$

해설 3상 유도 전동기의 토크 $T = \dfrac{P}{2\pi \dfrac{N}{60}}$ [N·m]

토크 $\tau = \dfrac{T}{9.8} = \dfrac{1}{9.8} \times \dfrac{P}{2\pi \dfrac{N}{60}} = 0.975 \dfrac{P[\text{W}]}{N}$

$$= 975 \dfrac{P[\text{kW}]}{N} [\text{kg·m}]$$

52
직류 전동기를 교류용으로 사용하기 위한 대책이 아닌 것은?

① 자계는 성층 철심, 원통형 고정자 적용
② 계자 권선수 감소, 전기자 권선수 증대
③ 보상 권선 설치, 브러시 접촉 저항 증대
④ 정류자편 감소, 전기자 크기 감소

해설 직류 전동기를 교류용으로 사용 시 여러 가지 단점이 있다. 그 중에서 역률이 대단히 낮아지므로 계자 권선의 권수를 적게 하고 전기자 권수를 크게 해야 한다. 그러므로 전기자가 커지고 정류자 편수 또한 많아지게 된다.

53
2상 교류 서보 모터를 구동하는 데 필요한 2상 전압을 얻는 방법으로 널리 쓰이는 방법은?

① 2상 전원을 직접 이용하는 방법
② 환상 결선 변압기를 이용하는 방법
③ 여자 권선에 리액터를 삽입하는 방법
④ 증폭기 내에서 위상을 조정하는 방법

해설 제어용 서보 모터(servo motor)는 2상 교류 서보 모터 또는 직류 서보 모터가 있으며 2상 교류 서보 모터의 주권선에는 상용 주파의 교류 전압 E_r, 제어 권선에는 증폭기 내에서 위상을 조정하는 입력 신호 E_c가 공급된다.

54
Y결선 한 변압기의 2차측에 다이오드 6개로 3상 전파의 정류 회로를 구성하고 저항 R을 걸었을 때의 3상 전파 직류 전류의 평균치 I[A]는? (단, E는 교류측의 선간 전압이다.)

① $\dfrac{6\sqrt{2}}{2\pi} \dfrac{E}{R}$　　　② $\dfrac{3\sqrt{6}}{2\pi} \dfrac{E}{R}$

③ $\dfrac{3\sqrt{6}}{\pi} \dfrac{E}{R}$　　　④ $\dfrac{6\sqrt{2}}{\pi} \dfrac{E}{R}$

해설 직류 전압 $E_d = \dfrac{\sqrt{2} \sin \dfrac{\pi}{m}}{\dfrac{\pi}{m}} E$

$$= \dfrac{\sqrt{2} \sin \dfrac{\pi}{6}}{\dfrac{\pi}{6}} E = \dfrac{6\sqrt{2}}{2\pi} E [\text{V}]$$

직류 전류 평균값 $I_d = \dfrac{E_d}{R} = \dfrac{6\sqrt{2} E}{2\pi R}$ [A]

[단, m은 상(phase)수로 3상 전파 정류는 6상 반파 정류에 해당하여 $m = 6$이다.]

정답 50.② 51.③ 52.④ 53.④ 54.①

55 단상 변압기에서 전부하의 2차 전압은 100[V]이고, 전압 변동률은 4[%]이다. 1차 단자 전압 [V]은? (단, 1차와 2차 권선비는 20 : 1이다.)

① 1,920
② 2,080
③ 2,160
④ 2,260

해설

$$V_{10} = V_{1n}\left(1 + \frac{\varepsilon}{100}\right) = ar_{2n}\left(1 + \frac{\varepsilon}{100}\right)$$
$$= 20 \times 100 \times \left(1 + \frac{4}{100}\right)$$
$$= 2,080[\text{V}]$$

56 동기 전동기의 공급 전압과 부하를 일정하게 유지하면서 역률을 1로 운전하고 있는 상태에서 여자 전류를 증가시키면 전기자 전류는?

① 앞선 무효 전류가 증가
② 앞선 무효 전류가 감소
③ 뒤진 무효 전류가 증가
④ 뒤진 무효 전류가 감소

해설 동기 전동기를 역률 1인 상태에서 여자 전류를 감소(부족 여자)하면 전기자 전류는 뒤진 무효 전류가 증가하고, 여자 전류를 증가(과여자)하면 앞선 무효 전류가 증가한다.

57 직류 발전기의 정류 초기에 전류 변화가 크며 이때 발생되는 불꽃 정류로 옳은 것은?

① 과정류
② 직선 정류
③ 부족 정류
④ 정현파 정류

해설 직류 발전기의 정류 곡선에서 정류 초기에 전류 변화가 큰 곡선을 과정류라 하며 초기에 불꽃이 발생한다.

58 정격 출력 10,000[kVA], 정격 전압 6,600[V], 정격 역률 0.6인 3상 동기 발전기가 있다. 동기 리액턴스 0.6[p.u]인 경우의 전압 변동률[%]은?

① 21
② 31
③ 40
④ 52

해설

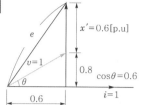

단위법으로 산출한 기전력 e
$$e = \sqrt{0.6^2 + (0.6 + 0.8)^2} = 1.52[\text{p.u}]$$
전압 변동률 $\varepsilon = \dfrac{V_0 - V_n}{V_n} \times 100 = \dfrac{e - v}{v} \times 100$
$$= \frac{1.52 - 1}{1} \times 100 = 52[\%]$$

59 이상적인 변압기의 무부하에서 위상 관계로 옳은 것은?

① 자속과 여자 전류는 동위상이다.
② 자속은 인가 전압보다 90° 앞선다.
③ 인가 전압은 1차 유기 기전력보다 90° 앞선다.
④ 1차 유기 기전력과 2차 유기 기전력의 위상은 반대이다.

해설 이상적인 변압기는 철손, 동손 및 누설 자속이 없는 변압기로서, 자화 전류와 여자 전류가 같아져 자속과 여자 전류는 동위상이다.

60 유도 전동기의 회전 속도를 N[rpm], 동기 속도를 N_s[rpm]이라 하고 순방향 회전 자계의 슬립은 s라고 하면, 역방향 회전 자계에 대한 회전자 슬립은?

① $s - 1$
② $1 - s$
③ $s - 2$
④ $2 - s$

해설

역회전 시 슬립 $s' = \dfrac{N_s - (-N)}{N_s} = \dfrac{N_s + N}{N_s}$
$$= \frac{N_s + N_s}{N_s} - \frac{N_s - N}{N_s}$$
$$= 2 - s$$

제4과목 회로이론 및 제어공학

61 다음 시퀀스 회로는 어떤 회로의 동작을 하는가?

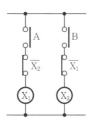

① 자기 유지 회로　② 인터록 회로
③ 순차 제어 회로　④ 단안정 회로

해설 인터록 회로는 한쪽 기기가 동작하면 다른 쪽 기기는 동작할 수 없는 회로로 X_1 여자 시 X_2는 여자될 수 없고, X_2 여자 시 X_1은 여자될 수 없다.

62 자동 제어계가 미분 동작을 하는 경우 보상 회로는 어떤 보상 회로에 속하는가?

① 진지상 보상　② 진상 보상
③ 지상 보상　④ 동상 보상

해설 진상 보상법은 출력 위상이 입력 위상보다 앞서도록 제어 신호의 위상을 조정하는 보상법으로 미분 회로는 진상 보상 회로이다.

63 $G(s) = \dfrac{\omega_n^2}{s^2 + 2\delta\omega_n s + \omega_n^2}$ 인 제어계에서 $\omega_n = 2$, $\delta = 0$으로 할 때의 단위 임펄스 응답은?

① $2\sin 2t$　② $2\cos 2t$
③ $\sin 4t$　④ $\cos \dfrac{1}{4}t$

해설 임펄스 응답이므로 입력
$R(s) = \mathcal{L}[r(t)] = \mathcal{L}[\delta(t)] = 1$

전달 함수 $G(s) = \dfrac{C(s)}{R(s)}$

$$= \dfrac{\omega_n^2}{s^2 + 2\delta\omega_n s + \omega_n^2} = \dfrac{2^2}{s^2 + 2^2}$$

$C(s) = \dfrac{2^2}{s^2 + 2^2}R(s) = \dfrac{2^2}{s^2 + 2^2} \cdot 1 = 2 \cdot \dfrac{2}{s^2 + 2^2}$

단위 임펄스 응답 $c(t) = \mathcal{L}^{-1}[C(s)] = 2\sin 2t$

64 다음 상태 방정식 $\dot{x} = Ax + Bu$에서 $A = \begin{bmatrix} 0 & 1 \\ -2 & -3 \end{bmatrix}$일 때, 특성 방정식의 근은?

① $-2, -3$　② $-1, -2$
③ $-1, -3$　④ $1, -3$

해설 특성 방정식 $|sI - A| = 0$
$|sI - A| = \begin{vmatrix} s & -1 \\ 2 & s+3 \end{vmatrix} = s(s+3) + 2 = s^2 + 3s + 2 = 0$
$(s+1)(s+2) = 0$
$\therefore s = -1, -2$

65 다음 특성 방정식 중에서 안정된 시스템인 것은?

① $2s^3 + 3s^2 + 4s + 5 = 0$
② $s^4 + 3s^3 - s^2 + s + 10 = 0$
③ $s^5 + s^3 + 2s^2 + 4s + 3 = 0$
④ $s^4 - 2s^3 - 3s^2 + 4s + 5 = 0$

해설 제어계가 안정될 때 필요 조건
특성 방정식의 모든 차수가 존재하고 각 계수의 부호가 같아야 한다.

66 일정 입력에 대해 잔류 편차가 있는 제어계는 무엇인가?

① 비례 제어계
② 적분 제어계
③ 비례 적분 제어계
④ 비례 적분 미분 제어계

해설 잔류 편차(offset)는 정상 상태에서의 오차를 뜻하며 비례 제어(P동작)의 경우에 발생한다.

정답 61.② 62.② 63.① 64.② 65.① 66.①

67 그림의 두 블록 선도가 등가인 경우, A요소의 전달 함수는?

$$R \longrightarrow \boxed{\dfrac{s+3}{s+4}} \longrightarrow C$$

(a)

$$R \longrightarrow \boxed{A} \xrightarrow{+} \bigcirc \xrightarrow{+} C$$

(b)

① $\dfrac{-1}{s+4}$ 　② $\dfrac{-2}{s+4}$

③ $\dfrac{-3}{s+4}$ 　④ $\dfrac{-4}{s+4}$

해설 그림 (a)에서 $R \cdot \dfrac{s+3}{s+4} = C$

$\therefore \dfrac{C}{R} = \dfrac{s+3}{s+4}$

그림 (b)에서 $RA + R = C$, $R(A+1) = C$

$\therefore \dfrac{C}{R} = A+1$

$\dfrac{s+3}{s+4} = A+1$

$\therefore A = \dfrac{s+3}{s+4} - 1 = \dfrac{-1}{s+4}$

68 과도 응답이 소멸되는 정도를 나타내는 감쇠비(decay ratio)는?

① $\dfrac{\text{최대 오버 슈트}}{\text{제2오버 슈트}}$

② $\dfrac{\text{제3오버 슈트}}{\text{제2오버 슈트}}$

③ $\dfrac{\text{제2오버 슈트}}{\text{최대 오버 슈트}}$

④ $\dfrac{\text{제2오버 슈트}}{\text{제3오버 슈트}}$

해설 감쇠비는 과도 응답이 소멸되는 속도를 나타내는 양으로 최대 오버 슈트와 다음 주기에 오는 오버 슈트의 비이다.

69 그림의 블록 선도에서 등가 전달 함수는?

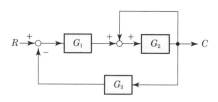

① $\dfrac{G_1 G_2}{1 + G_2 + G_1 G_2 G_3}$

② $\dfrac{G_1 G_2}{1 - G_2 + G_1 G_2 G_3}$

③ $\dfrac{G_1 G_3}{1 - G_2 + G_1 G_2 G_3}$

④ $\dfrac{G_1 G_3}{1 + G_2 + G_1 G_2 G_3}$

해설 $\{(R - CG_3)G_1 + C\}G_2 = C$

$RG_1 G_2 - CG_1 G_2 G_3 + CG_2 = C$

$RG_1 G_2 = C(1 - G_2 + G_1 G_2 G_3)$

$\therefore$ 전달 함수 $G(s) = \dfrac{C}{R} = \dfrac{G_1 G_2}{1 - G_2 + G_1 G_2 G_3}$

70 다음 그림에 있는 폐루프 샘플값 제어계의 전달 함수는?

① $\dfrac{1}{1 + G(z)}$ 　② $\dfrac{1}{1 - G(z)}$

③ $\dfrac{G(z)}{1 + G(z)}$ 　④ $\dfrac{G(z)}{1 - G(z)}$

해설 연속치를 샘플링한 것은 이산치로 볼 수 있으며 따라서 Z변환에서의 전달 함수는 다음과 같다.

$$T(z) = \dfrac{C(z)}{R(z)} = \dfrac{G(z)}{1 + G(z)}$$

정답 　67.①　68.③　69.②　70.③

71 그림의 대칭 T회로의 일반 4단자 정수가 다음과 같다. $A = D = 1.2$, $B = 44[\Omega]$, $C = 0.01[\mho]$일 때 임피던스 $Z[\Omega]$의 값은?

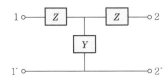

① 1.2　　② 12
③ 20　　④ 44

해설 T형 대칭 회로이므로
$A = D = 1 + ZY$, $C = Y$
$\therefore 1.2 = 1 + 0.01Z$
$Z = \dfrac{0.2}{0.01} = 20[\Omega]$

72 1상의 임피던스가 $14 + j48[\Omega]$인 △부하에 대칭 선간 전압 200[V]를 가한 경우의 3상 전력은 몇 [W]인가?

① 672　　② 692
③ 712　　④ 732

해설 $P = 3I_p^2 \cdot R$
$= 3\left(\dfrac{200}{50}\right)^2 \times 14$
$= 672[\text{W}]$

73 RL 직렬 회로에서 시정수가 0.03[s], 저항이 14.7[Ω]일 때, 코일의 인덕턴스[mH]는?

① 441　　② 362
③ 17.6　　④ 2.53

해설 시정수 $\tau = \dfrac{L}{R}[\text{s}]$
$\therefore L = \tau \cdot R$
$= 0.03 \times 14.7$
$= 0.441[\text{H}]$
$= 441[\text{mH}]$

74 선간 전압 V_l[V]의 3상 평형 전원에 대칭 3상 저항 부하 $R[\Omega]$이 그림과 같이 접속되었을 때 a, b 두 상 간에 접속된 전력계의 지시값이 W[W]라 하면 c상의 전류[A]는?

① $\dfrac{\sqrt{3}\,W}{V_l}$

② $\dfrac{3W}{V_l}$

③ $\dfrac{W}{\sqrt{3}\,V_l}$

④ $\dfrac{2W}{\sqrt{3}\,V_l}$

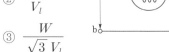

해설 3상 전력 : $P = 2W[\text{W}]$
대칭 3상이므로 $I_a = I_b = I_c$이다.
따라서 $2W = \sqrt{3}\,V_l I_l \cos\theta$에서 R만의 부하이므로
역률 $\cos\theta = 1$
$\therefore I = \dfrac{2W}{\sqrt{3}\,V_l}[\text{A}]$

75 $e_s(t) = 3e^{-5t}$인 경우 그림과 같은 회로의 임피던스는?

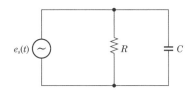

① $\dfrac{j\omega RC}{1 + j\omega RC}$　② $\dfrac{1}{1 + RC}$

③ $\dfrac{R}{1 - 5RC}$　④ $\dfrac{1 + j\omega RC}{R}$

해설 임피던스 $Z = \dfrac{1}{Y}$, $e_s(t) = 3e^{-5t}$인 경우이므로 $j\omega = -5$이다.
임피던스 $Z = \dfrac{1}{Y} = \dfrac{1}{\dfrac{1}{R} + j\omega C} = \dfrac{R}{1 + j\omega CR}$
여기서, $j\omega = -5$이므로 $Z = \dfrac{R}{1 - 5CR}$

76 그림과 같은 회로에서 2[Ω]의 단자 전압[V]은?

① 3
② 4
③ 6
④ 8

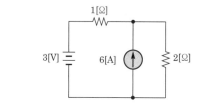

해설 3[V]에 의한 전류 $I_1 = \dfrac{3}{1+2} = 1$[A]

6[A]에 의한 전류 $I_2 = \dfrac{1}{1+2} \times 6 = 2$[A]

2[Ω]에 흐르는 전전류 $I = I_1 + I_2 = 1 + 2 = 3$[A]

$\therefore V = IR = 3 \times 2 = 6$[V]

77 4단자 정수 A, B, C, D로 출력측을 개방시켰을 때 입력측에서 본 구동점 임피던스 $Z_{11} = \left.\dfrac{V_1}{I_1}\right|_{I_2 = 0}$ 을 표시한 것 중 옳은 것은?

① $Z_{11} = \dfrac{A}{C}$ ② $Z_{11} = \dfrac{B}{D}$

③ $Z_{11} = \dfrac{A}{B}$ ④ $Z_{11} = \dfrac{B}{C}$

해설 임피던스 파라미터와 4단자 정수와의 관계

$Z_{11} = \dfrac{A}{C}$

$Z_{12} = Z_{21} = \dfrac{1}{C}$

$Z_{22} = \dfrac{D}{C}$

78 위상 정수가 $\dfrac{\pi}{8}$[rad/m]인 선로의 1[MHz]에 대한 전파 속도[m/s]는?

① 1.6×10^7 ② 9×10^7

③ 10×10^7 ④ 11×10^7

해설 전파 속도 $v = \dfrac{\omega}{\beta} = \dfrac{2 \times \pi \times 1 \times 10^6}{\dfrac{\pi}{8}} = 1.6 \times 10^7$ [m/s]

79 a, b 2개의 코일이 있다. a, b 코일의 저항과 유도 리액턴스는 각각 3[Ω], 5[Ω]과 5[Ω], 1[Ω]이다. 두 코일을 직렬 접속하고 100[V]의 교류 전압을 인가할 때 흐르는 전류[A]는?

① $10 \underline{/37°}$ ② $10 \underline{/-37°}$

③ $10 \underline{/53°}$ ④ $10 \underline{/-53°}$

해설 $I = \dfrac{100}{8+j6} = \dfrac{100(8-j6)}{(8+j6)(8-j6)} = \dfrac{800-j600}{100} = 8 - j6$

$\therefore I = 10 \underline{/\tan^{-1}\dfrac{3}{4}} = 10 \underline{/-37°}$ [A]

80 3상 회로에서 각 상의 전류는 다음과 같다. 전류의 영상분 I_0는 얼마인가? (단, b상을 기준으로 한다.)

| $I_a = 400 - j650$[A] |
| $I_b = -230 - j700$[A] |
| $I_c = -150 + j600$[A] |

① $20 - j750$ ② $6.66 - j250$
③ $572 - j223$ ④ $-179 - j177$

해설 영상 전류는 a상을 기준으로 하는 경우와 b상을 기준으로 하는 경우가 같으므로

$I_0 = \dfrac{1}{3}(I_a + I_b + I_c) = 6.66 - j250$

제5과목 **전기설비기술기준**

81 전로를 대지로부터 반드시 절연하여야 하는 것은?

① 전로의 중성점에 접지 공사를 하는 경우의 접지점

② 계기용 변성기 2차측 전로에 접지 공사를 하는 경우의 접지점

③ 시험용 변압기

④ 저압 가공 전선로 접지측 전선

해설 절연을 생략하는 경우(KEC 131)
- 접지 공사의 접지점
- 시험용 변압기 등
- 전기로 등

82 최대 사용 전압이 22,900[V]인 3상 4선식 중성선 다중 접지식 전로와 대지 사이의 절연 내력 시험 전압은 몇 [V]인가?

① 32,510　　　　② 28,752
③ 25,229　　　　④ 21,068

해설 전로의 절연 저항 및 절연 내력(KEC 132)
중성점 다중 접지 방식이므로 $22,900 \times 0.92 = 21,068$[V]이다.

83 이동하여 사용하는 저압 설비에 1개의 접지 도체로 연동 연선을 사용할 때 최소 단면적은 몇 [mm²]인가?

① 0.75　　　　② 1.5
③ 6　　　　④ 10

해설 이동하여 사용하는 전기 기계 기구의 금속제 외함 등의 접지 시스템의 경우(KEC 142.3.1)
- 특고압·고압 전기 설비용 접지 도체 및 중성점 접지용 접지 도체 : 단면적 10[mm²] 이상
- 저압 전기 설비용 접지 도체
  - 다심 코드 또는 캡타이어 케이블의 1개 도체의 단면적이 0.75[mm²] 이상
  - 연동 연선은 1개 도체의 단면적이 1.5[mm²] 이상

84 접지 공사를 가공 공동 지선으로 하여 4개소에서 접지하여 1선 지락 전류는 5[A]로 되었다. 이 경우에 각 접지선을 가공 공동 지선으로부터 분리하였다면 각 접지선과 대지 사이의 전기 저항은 몇 [Ω] 이하로 하여야 하는가?

① 37.5　　　　② 75
③ 120　　　　④ 300

해설 $R = \dfrac{150}{I} \times n = \dfrac{150}{5} \times 4 = 120$[Ω]

85 저압 전로의 보호 도체 및 중성선의 접속 방식에 따른 접지 계통의 분류가 아닌 것은?

① IT 계통
② TN 계통
③ TT 계통
④ TC 계통

해설 계통 접지 구성(KEC 203.1)
저압 전로의 보호 도체 및 중성선의 접속 방식에 따라 접지 계통은 다음과 같이 분류한다.
- TN 계통
- TT 계통
- IT 계통

86 라이팅 덕트 공사에 의한 저압 옥내 배선 공사 시설 기준으로 틀린 것은?

① 덕트의 끝부분은 막을 것
② 덕트는 조영재에 견고하게 붙일 것
③ 덕트는 조영재를 관통하여 시설할 것
④ 덕트의 지지점 간의 거리는 2[m] 이하로 할 것

해설 라이팅 덕트 공사(KEC 232.71)
- 덕트의 개구부(開口部)는 아래로 향하여 시설할 것
- 덕트는 조영재를 관통하여 시설하지 아니할 것

87 전기 울타리용 전원 장치에 전기를 공급하는 전로의 사용 전압은 몇 [V] 이하이어야 하는가?

① 150　　　　② 200
③ 250　　　　④ 300

해설 전기 울타리의 시설(KEC 241.1)
사용 전압은 250[V] 이하이며, 전선은 인장 강도 1.38[kN] 이상의 것 또는 지름 2[mm] 이상 경동선을 사용하고, 지지하는 기둥과의 이격 거리(간격)는 2.5[cm] 이상, 수목과의 이격 거리(간격)는 30[cm] 이상으로 한다.

정답 82.④　83.②　84.③　85.④　86.③　87.③

88 의료 장소의 안전을 위한 비단락 보증 절연 변압기에 대한 설명으로 옳은 것은?

① 정격 출력은 5[kVA] 이하로 할 것
② 정격 출력은 10[kVA] 이하로 할 것
③ 2차측 정격 전압은 직류 25[V] 이하이다.
④ 2차측 정격 전압은 교류 300[V] 이하이다.

3해설 의료 장소의 안전을 위한 보호 설비(KEC 242.10.3)
비단락 보증 절연 변압기의 2차측 정격 전압은 교류 250[V] 이하로 하며 공급 방식은 단상 2선식, 정격 출력은 10[kVA] 이하로 할 것

89 고압 가공 전선로의 지지물로서 사용하는 목주의 풍압 하중에 대한 안전율은 얼마 이상이어야 하는가?

① 1.2 　　　　② 1.3
③ 2.2 　　　　④ 2.5

3해설 저 · 고압 가공 전선로의 지지물의 강도(KEC 222.8, 332.7)
• 저압 가공 전선로의 지지물은 목주인 경우에는 풍압 하중의 1.2배의 하중, 기타의 경우에는 풍압 하중에 견디는 강도를 가지는 것이어야 한다.
• 고압 가공 전선로의 지지물로서 사용하는 목주의 풍압 하중에 대한 안전율은 1.3 이상인 것이어야 한다.

90 특고압 345[kV]의 가공 송전 선로를 평지에 건설하는 경우 전선의 지표상 높이는 최소 몇 [m] 이상이어야 하는가?

① 7.5
② 7.95
③ 8.28
④ 8.85

3해설 $h = 6 + 0.12 \times \dfrac{345 - 160}{10} \fallingdotseq 8.28[\text{m}]$

91 특고압 가공 전선이 도로, 횡단 보도교, 철도 또는 궤도와 제1차 접근 상태로 시설되는 경우 특고압 가공 전선로는 제 몇 종 보안 공사에 의하여야 하는가?

① 제1종 특고압 보안 공사
② 제2종 특고압 보안 공사
③ 제3종 특고압 보안 공사
④ 제4종 특고압 보안 공사

3해설 특고압 가공 전선과 도로 등의 접근 또는 교차(KEC 333.24)
특고압 가공 전선이 도로 · 횡단 보도교 · 철도 또는 궤도와 제1차 접근 상태로 시설되는 경우 특고압 가공 전선로는 제3종 특고압 보안 공사에 의할 것

92 특고압 가공 전선이 가공 약전류 전선 등 저압 또는 고압의 가공 전선이나 저압 또는 고압의 전차선과 제1차 접근상태로 시설되는 경우 60[kV] 이하 가공 전선과 저 · 고압 가공 전선 등 또는 이들의 지지물이나 지주 사이의 이격 거리(간격)는 몇 [m] 이상인가?

① 1.2 　　　　② 2
③ 2.6 　　　　④ 3.2

3해설 특고압 가공 전선과 저 · 고압 가공 전선 등의 접근 또는 교차(KEC 333.26)

사용 전압의 구분	이격 거리(간격)
60[kV] 이하	2[m]
60[kV] 초과	2[m]에 사용 전압이 60[kV]를 초과하는 10[kV] 또는 그 단수마다 0.12[m]를 더한 값

93 사용 전압이 66[kV]인 특고압 가공 전선로를 시가지에 위험의 우려가 없도록 시설한다면 전선의 단면적은 몇 [mm²] 이상의 경동 연선 및 알루미늄 전선이나 절연 전선을 사용하여야 하는가?

① 38[mm²] 　　　　② 55[mm²]
③ 80[mm²] 　　　　④ 100[mm²]

해설 시가지 등에서 170[kV] 이하 특고압 가공 전선로 전선의 단면적(KEC 333.1-2)

사용 전압의 구분	전선의 단면적
100[kV] 미만	인장 강도 21.67[kN] 이상, 단면적 55[mm²] 이상의 경동 연선 및 알루미늄 전선이나 절연 전선
100[kV] 이상	인장 강도 58.84[kN] 이상, 단면적 150[mm²] 이상의 경동 연선 및 알루미늄 전선이나 절연 전선

94 특고압 지중 전선이 지중 약전류 전선 등과 접근하거나 교차하는 경우에 상호 간의 이격 거리(간격)가 몇 [cm] 이하인 때에는 두 전선이 직접 접촉하지 아니하도록 하여야 하는가?

① 15 　　　　　② 20
③ 30 　　　　　④ 60

해설 지중 전선과 지중 약전류 전선 등 또는 관과의 접근 또는 교차(KEC 223.6)
저압 또는 고압의 지중 전선은 30[cm] 이하, 특고압 지중 전선은 60[cm] 이하이어야 한다.

95 사용 전압이 22.9[kV]인 특고압 가공 전선로(중성선 다중 접지식의 것으로서 전로에 지락이 생겼을 때에 2초 이내에 자동적으로 이를 전로로부터 차단하는 장치가 되어 있는 것에 한한다.)가 상호 간 접근 또는 교차하는 경우 사용 전선이 양쪽 모두 케이블인 경우 이격 거리(간격)는 몇 [m] 이상인가?

① 0.25 　　　　② 0.5
③ 0.75 　　　　④ 1.0

해설 25[kV] 이하인 특고압 가공 전선로의 시설(KEC 333.32)
15[kV] 초과 25[kV] 이하 특고압 가공전선로 간격

사용 전선의 종류	이격 거리(간격)
어느 한쪽 또는 양쪽이 나전선인 경우	1.5[m]
양쪽이 특고압 절연 전선인 경우	1.0[m]
한쪽이 케이블이고 다른 한쪽이 케이블이거나 특고압 절연 전선인 경우	0.5[m]

96 고압 옥내 배선이 수관과 접근하여 시설되는 경우에는 몇 [cm] 이상 이격시켜야 하는가?

① 15 　　　　　② 30
③ 45 　　　　　④ 60

해설 고압 옥내 배선 등의 시설(KEC 342.1)
고압 옥내 배선이 다른 고압 옥내 배선·저압 옥내 전선·관등 회로의 배선·약전류 전선 등 또는 수관·가스관이나 이와 유사한 것과 접근하거나 교차하는 경우에 이격 거리(간격)는 15[cm] 이상이어야 한다.

97 특고압용 타냉식 변압기의 냉각 장치에 고장이 생긴 경우를 대비하여 어떤 보호 장치를 하여야 하는가?

① 경보 장치 　　② 속도 조정 장치
③ 온도 시험 장치 ④ 냉매 흐름 장치

해설 특고압용 변압기의 보호 장치(KEC 351.4)
타냉식 변압기의 냉각 장치에 고장이 생긴 경우 또는 변압기의 온도가 현저히 상승한 경우 동작하는 경보 장치를 시설하여야 한다.

98 다음 그림에서 L₁은 어떤 크기로 동작하는 기기의 명칭인가?

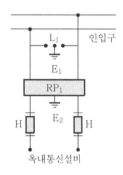

옥내통신설비

① 교류 1,000[V] 이하에서 동작하는 단로기
② 교류 1,000[V] 이하에서 동작하는 피뢰기
③ 교류 1,500[V] 이하에서 동작하는 단로기
④ 교류 1,500[V] 이하에서 동작하는 피뢰기

해설 저압용 보안 장치(KEC 362.5-2)
- RP$_1$: 교류 300[V] 이하에서 동작하고, 최소 감도 전류가 3[A] 이하로서 최소 감도 전류 때의 응동 시간이 1사이클 이하이고 또한 전류 용량이 50[A], 20초 이상인 자동복구성이 있는 릴레이 보안기
- L$_1$: 교류 1[kV] 이하에서 동작하는 피뢰기
- E$_1$ 및 E$_2$: 접지

99 직류 750[V]의 전차선과 차량 간의 최소 절연 이격 거리(간격)는 동적일 경우 몇 [mm]인가?

① 25
② 100
③ 150
④ 170

해설 전차 선로의 충전부와 차량 간의 절연 이격 거리(간격)(KEC 431.3)

시스템 종류	공칭 전압[V]	동적[mm]	정적[mm]
직류	750	25	25
	1,500	100	150
단상 교류	25,000	170	270

100 태양 전지 모듈의 직렬군 최대 개방 전압이 직류 750[V] 초과 1,500[V] 이하인 시설 장소에서 하여야 할 울타리 등의 안전 조치로 알맞지 않은 것은?

① 태양 전지 모듈을 지상에 설치하는 경우 울타리·담 등을 시설하여야 한다.
② 태양 전지 모듈을 일반인이 쉽게 출입할 수 있는 옥상 등에 시설하는 경우는 식별이 가능하도록 위험 표시를 하여야 한다.
③ 태양 전지 모듈을 일반인이 쉽게 출입할 수 없는 옥상·지붕에 설치하는 경우는 모듈 프레임 등 쉽게 식별할 수 있는 위치에 위험 표시를 하여야 한다.
④ 태양 전지 모듈을 주차장 상부에 시설하는 경우는 위험 표시를 하지 않아도 된다.

해설 설치 장소의 요구 사항(KEC 521.1)
태양 전지 모듈의 직렬군 최대 개방 전압이 직류 750[V] 초과 1,500[V] 이하인 시설 장소는 다음에 따라 울타리 등의 안전 조치를 하여야 한다.
- 태양 전지 모듈을 지상에 설치하는 경우는 울타리·담 등을 시설하여야 한다.
- 태양 전지 모듈을 일반인이 쉽게 출입할 수 있는 옥상 등에 시설하는 경우는 충전 부분이 노출하지 아니하는 기계 기구를 사람이 쉽게 접촉할 우려가 없도록 시설하여야 하고 식별이 가능하도록 위험 표시를 하여야 한다.
- 태양 전지 모듈을 일반인이 쉽게 출입할 수 없는 옥상·지붕에 설치하는 경우는 모듈 프레임 등 쉽게 식별할 수 있는 위치에 위험 표시를 하여야 한다.
- 태양 전지 모듈을 주차장 상부에 시설하는 경우는 차량의 출입 등에 의한 구조물, 모듈 등의 손상이 없도록 하여야 한다.

정답 99.① 100.④

제1과목 **전기자기학**

01 어느 철심에 도선을 250회 감고 여기에 4[A]의 전류를 흘릴 때 발생하는 자속이 0.02[Wb]이었다. 이 코일의 자기 인덕턴스는 몇 [H]인가?

① 1.05   ② 1.25

③ 2.5   ④ $\sqrt{2}\pi$

해설 $N\phi = LI$, $L = \dfrac{N\phi}{I} = \dfrac{250 \times 0.02}{4} = 1.25[\mathrm{H}]$

02 도전율 σ, 투자율 μ인 도체에 교류 전류가 흐를 때 표피효과의 영향에 대한 설명으로 옳은 것은?

① σ가 클수록 작아진다.

② μ가 클수록 작아진다.

③ μ_s가 클수록 작아진다.

④ 주파수가 높을수록 커진다.

해설 표피효과 침투깊이 $\delta = \sqrt{\dfrac{1}{\pi f \mu \sigma}}\,[\mathrm{m}] = \sqrt{\dfrac{\rho}{\pi f \mu}}$

즉, 주파수 f, 도전율 σ, 투자율 μ가 클수록 δ가 작아지므로 표피효과가 커진다.

03 벡터 퍼텐셜 $A = 3x^2 y a_x + 2x a_y - z^3 a_z$ [Wb/m]일 때의 자계의 세기 H[A/m]는? (단, μ는 투자율이라 한다.)

① $\dfrac{1}{\mu}(2 - 3x^2)a_y$ ② $\dfrac{1}{\mu}(3 - 2x^2)a_y$

③ $\dfrac{1}{\mu}(2 - 3x^2)a_z$ ④ $\dfrac{1}{\mu}(3 - 2x^2)a_z$

해설 $B = \mu H = \mathrm{rot}\,A = \nabla \times A$ (A는 벡터 퍼텐셜, H는 자계의 세기)

$\therefore\ H = \dfrac{1}{\mu}(\nabla \times A)$

$$\nabla \times A = \begin{vmatrix} a_x & a_y & a_z \\ \dfrac{\partial}{\partial x} & \dfrac{\partial}{\partial y} & \dfrac{\partial}{\partial z} \\ 3x^2 y & 2x & -z^3 \end{vmatrix} = (2 - 3x^2)a_z$$

$\therefore$ 자계의 세기 $H = \dfrac{1}{\mu}(2 - 3x^2)a_z$

04 그림과 같이 단면적 $S = 10[\mathrm{cm}^2]$, 자로의 길이 $l = 20\pi[\mathrm{cm}]$, 비유전율 $\mu_s = 1{,}000$인 철심에 $N_1 = N_2 = 100$인 두 코일을 감았다. 두 코일 사이의 상호 인덕턴스는 몇 [mH]인가?

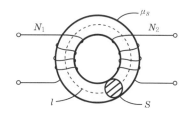

① 0.1   ② 1

③ 2   ④ 20

해설 상호 인덕턴스

$M = \dfrac{\mu S N_1 N_2}{l}$

$= \dfrac{\mu_0 \mu_s S N_1 N_2}{l}$

$= \dfrac{4\pi \times 10^{-7} \times 1{,}000 \times (10 \times 10^{-2})^2 \times 100 \times 100}{20\pi \times 10^{-2}}$

$= 20[\mathrm{mH}]$

정답   01.②   02.④   03.③   04.④

05 한 변이 $L[m]$ 되는 정사각형의 도선 회로에 전류 $I[A]$가 흐르고 있을 때 회로 중심에서의 자속밀도는 몇 $[Wb/m^2]$인가?

① $\dfrac{2\sqrt{2}}{\pi}\mu_0\dfrac{L}{I}$ ② $\dfrac{\sqrt{2}}{\pi}\mu_0\dfrac{I}{L}$

③ $\dfrac{2\sqrt{2}}{\pi}\mu_0\dfrac{I}{L}$ ④ $\dfrac{4\sqrt{2}}{\pi}\mu_0\dfrac{L}{I}$

해설 한 변의 길이가 $L[m]$인 경우
- 한 변의 자계의 세기
$$H_1 = \frac{I}{\pi L \sqrt{2}}[AT/m]$$
- 정사각형 중심 자계의 세기
$$H = 4H_1$$
$$= 4 \cdot \frac{I}{\pi L \sqrt{2}}$$
$$= \frac{2\sqrt{2}I}{\pi L}[AT/m]$$
$$\therefore \text{자속밀도 } B = \mu_0 H$$
$$= \mu_0 \frac{2\sqrt{2}I}{\pi L}$$
$$= \frac{2\sqrt{2}}{\pi}\mu_0\frac{I}{L}[Wb/m^2]$$

06 진공 중 한 변의 길이가 0.1[m]인 정삼각형의 3정점 A, B, C에 각각 $2.0 \times 10^{-6}[C]$의 점전하가 있을 때, 점 A의 전하에 작용하는 힘은 몇 [N]인가?

① $1.8\sqrt{2}$ ② $1.8\sqrt{3}$

③ $3.6\sqrt{2}$ ④ $3.6\sqrt{3}$

해설

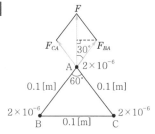

$$F_{BA} = F_{CA} = \frac{1}{4\pi\varepsilon_0} \cdot \frac{Q_1 Q_2}{r^2}$$
$$= 9 \times 10^9 \cdot \frac{(2.0 \times 10^{-6})^2}{(0.1)^2}$$
$$= 3.6[N]$$
$$F = 2F_{BA} \cdot \cos 30°$$
$$= 2 \times 3.6 \times \frac{\sqrt{3}}{2}$$
$$= 3.6\sqrt{3}[N]$$

07 자기회로에서 키르히호프의 법칙으로 알맞은 것은? (단, R : 자기저항, ϕ : 자속, N : 코일 권수, I : 전류이다.)

① $\displaystyle\sum_{i=1}^{n}\phi_i = \infty$

② $\displaystyle\sum_{i=1}^{n}N_i\phi_i = 0$

③ $\displaystyle\sum_{i=1}^{n}R_i\phi_i = \sum_{i=1}^{n}N_iI_i$

④ $\displaystyle\sum_{i=1}^{n}R_i\phi_i = \sum_{i=1}^{n}N_iL_i$

해설 임의의 폐자기 회로망에서 기자력의 총화는 자기저항과 자속의 곱의 총화와 같다.
$$\sum_{i=1}^{n}N_iI_i = \sum_{i=1}^{n}R_i\phi_i$$

08 반지름이 $a[m]$인 접지된 구도체와 구도체의 중심에서 거리 $d[m]$ 떨어진 곳에 점전하가 존재할 때, 점전하에 의한 접지된 구도체에서의 영상전하에 대한 설명으로 틀린 것은?

① 영상전하는 구도체 내부에 존재한다.
② 영상전하는 점전하와 구도체 중심을 이은 직선상에 존재한다.
③ 영상전하의 전하량과 점전하의 전하량은 크기는 같고 부호는 반대이다.
④ 영상전하의 위치는 구도체의 중심과 점전하 사이 거리($d[m]$)와 구도체의 반지름($a[m]$)에 의해 결정된다.

해설 구도체의 영상전하는 점전하와 구도체 중심을 이은 직선상의 구도체 내부에 존재하며

영상전하 $Q' = -\dfrac{a}{d}Q[\text{C}]$

위치는 구도체 중심에서 $x = \dfrac{a^2}{d}[\text{m}]$에 존재한다.

09 내압이 1[kV]이고 용량이 각각 0.01[μF], 0.02[μF], 0.04[μF]인 콘덴서를 직렬로 연결했을 때의 전체 내압[V]은?

① 3,000 　　　② 1,750

③ 1,700 　　　④ 1,500

해설 각 콘덴서에 가해지는 전압을 V_1, V_2, V_3[V]라 하면

$V_1 : V_2 : V_3 = \dfrac{1}{0.01} : \dfrac{1}{0.02} : \dfrac{1}{0.04} = 4 : 2 : 1$

$\therefore\ V_1 = 1,000[\text{V}]$

$\quad V_2 = 1,000 \times \dfrac{2}{4} = 500[\text{V}]$

$\quad V_3 = 1,000 \times \dfrac{1}{4} = 250[\text{V}]$

$\therefore$ 전체 내압 : $V = V_1 + V_2 + V_3$
$= 1,000 + 500 + 250$
$= 1,750[\text{V}]$

10 투자율을 μ라 하고, 공기 중의 투자율 μ_0와 비투자율 μ_s의 관계에서 $\mu_s = \dfrac{\mu}{\mu_0} = 1 + \dfrac{\chi}{\mu_0}$로 표현된다. 이에 대한 설명으로 알맞은 것은? (단, χ는 자화율이다.)

① $\chi > 0$인 경우 역자성체
② $\chi < 0$인 경우 상자성체
③ $\mu_s > 1$인 경우 비자성체
④ $\mu_s < 1$인 경우 역자성체

해설 비투자율 $\mu_s = \dfrac{\mu}{\mu_0} = 1 + \dfrac{\chi}{\mu_0}$에서
• $\mu_s > 1$, 즉 $\chi > 0$이면 상자성체
• $\mu_s < 1$, 즉 $\chi < 0$이면 역자성체

11 베이클라이트 중의 전속밀도가 $D[\text{C/m}^2]$일 때의 분극의 세기는 몇 $[\text{C/m}^2]$인가? (단, 베이클라이트의 비유전율은 ε_r이다.)

① $D(\varepsilon_r - 1)$ 　　　② $D\left(1 + \dfrac{1}{\varepsilon_r}\right)$

③ $D\left(1 - \dfrac{1}{\varepsilon_r}\right)$ 　　　④ $D(\varepsilon_r + 1)$

해설 분극의 세기

$P = D - \varepsilon_0 E = D\left(1 - \dfrac{1}{\varepsilon_r}\right)[\text{C/m}^2]$

12 한 변의 길이가 3[m]인 정삼각형의 회로에 2[A]의 전류가 흐를 때 정삼각형 중심에서의 자계의 크기는 몇 [AT/m]인가?

① $\dfrac{1}{\pi}$ 　　　② $\dfrac{2}{\pi}$

③ $\dfrac{3}{\pi}$ 　　　④ $\dfrac{4}{\pi}$

해설 정삼각형 중심 자계의 세기

$H = \dfrac{9I}{2\pi l} = \dfrac{9 \times 2}{2\pi \times 3} = \dfrac{3}{\pi}[\text{AT/m}]$

13 2개의 도체를 $+Q[\text{C}]$과 $-Q[\text{C}]$으로 대전했을 때, 이 두 도체 간의 정전용량을 전위계수로 표시하면 어떻게 되는가?

① $\dfrac{p_{11}p_{22} - p_{12}{}^2}{p_{11} + 2p_{12} + p_{22}}$

② $\dfrac{p_{11}p_{22} + p_{12}{}^2}{p_{11} + 2p_{12} + p_{22}}$

③ $\dfrac{1}{p_{11} + 2p_{12} + p_{22}}$

④ $\dfrac{1}{p_{11} - 2p_{12} + p_{22}}$

정답 09.② 10.④ 11.③ 12.③ 13.④

해설 $Q_1 = Q[\mathrm{C}]$, $Q_2 = -Q[\mathrm{C}]$이므로

$V_1 = p_{11}Q_1 + p_{12}Q_2 = p_{11}Q - p_{12}Q[\mathrm{V}]$

$V_2 = p_{21}Q_1 + p_{22}Q_2 = p_{21}Q - p_{22}Q[\mathrm{V}]$

$\therefore V = V_1 - V_2 = (p_{11} - 2p_{12} + p_{22})Q[\mathrm{V}]$

전위계수로 표시한 정전용량 C

$\therefore C = \dfrac{Q}{V} = \dfrac{Q}{V_1 - V_2} = \dfrac{1}{p_{11} - 2p_{12} + p_{22}}[\mathrm{F}]$

14 다음 설명 중 옳은 것은?

① 무한 직선 도선에 흐르는 전류에 의한 도선 내부에서 자계의 크기는 도선의 반경에 비례한다.

② 무한 직선 도선에 흐르는 전류에 의한 도선 외부에서 자계의 크기는 도선의 중심과의 거리에 무관하다.

③ 무한장 솔레노이드 내부 자계의 크기는 코일에 흐르는 전류의 크기에 비례한다.

④ 무한장 솔레노이드 내부 자계의 크기는 단위길이당 권수의 제곱에 비례한다.

해설 **무한장 솔레노이드**

• 외부 자계의 세기 : $H_o = 0[\mathrm{AT/m}]$

• 내부 자계의 세기 : $H_i = nI[\mathrm{AT/m}]$

여기서, n : 단위길이당 권수

즉, 내부 자계의 세기는 평등자계이며, 코일의 전류에 비례한다.

15 $\varepsilon_1 > \varepsilon_2$의 유전체 경계면에 전계가 수직으로 입사할 때, 경계면에 작용하는 힘과 방향에 대한 설명이 옳은 것은?

① $f = \dfrac{1}{2}\left(\dfrac{1}{\varepsilon_2} - \dfrac{1}{\varepsilon_1}\right)D^2$의 힘이 ε_1에서 ε_2로 작용

② $f = \dfrac{1}{2}\left(\dfrac{1}{\varepsilon_1} - \dfrac{1}{\varepsilon_2}\right)E^2$의 힘이 ε_2에서 ε_1으로 작용

③ $f = \dfrac{1}{2}(\varepsilon_2 - \varepsilon_1)D^2$의 힘이 ε_1에서 ε_2로 작용

④ $f = \dfrac{1}{2}(\varepsilon_1 - \varepsilon_2)D^2$의 힘이 ε_2에서 ε_1으로 작용

해설 전계가 경계면에 수직이므로 $f = \dfrac{1}{2}(E_2 - E_1)D = \dfrac{1}{2}\left(\dfrac{1}{\varepsilon_2} - \dfrac{1}{\varepsilon_1}\right)D^2[\mathrm{N/m^2}]$인 인장응력이 작용한다.

$\varepsilon_1 > \varepsilon_2$이므로 ε_1에서 ε_2로 작용한다.

16 다음 (㉠), (㉡)에 대한 법칙으로 알맞은 것은?

> 전자유도에 의하여 회로에 발생되는 기전력은 쇄교 자속수의 시간에 대한 감소 비율에 비례한다는 (㉠)에 따르고 특히, 유도된 기전력의 방향은 (㉡)에 따른다.

① ㉠ 패러데이의 법칙, ㉡ 렌츠의 법칙

② ㉠ 렌츠의 법칙, ㉡ 패러데이의 법칙

③ ㉠ 플레밍의 왼손법칙, ㉡ 패러데이의 법칙

④ ㉠ 패러데이의 법칙, ㉡ 플레밍의 왼손법칙

해설 • 패러데이의 법칙 – 유도기전력의 크기

$e = -N\dfrac{d\phi}{dt}[\mathrm{V}]$

• 렌츠의 법칙 – 유도기전력의 방향

전자유도에 의해 발생하는 기전력은 자속의 증감을 방해하는 방향으로 발생된다.

정답 14.③ 15.① 16.①

17 다음 식들 중에 옳지 못한 것은?

① 라플라스(Laplace)의 방정식 : $\nabla^2 V = 0$

② 발산(divergence) 정리 :

$$\int_s \boldsymbol{E} \cdot n dS = \int_v \operatorname{div} \boldsymbol{E} dv$$

③ 푸아송(Poisson)의 방정식 : $\nabla^2 V = \dfrac{\rho}{\varepsilon_0}$

④ 가우스(Gauss)의 정리 : $\operatorname{div} \boldsymbol{D} = \rho$

해설 푸아송의 방정식

$$\operatorname{div} \boldsymbol{E} = \nabla \cdot \boldsymbol{E} = \nabla \cdot (-\nabla V) = -\nabla^2 V = \frac{\rho}{\varepsilon_0}$$

$$\therefore \ \nabla^2 V = -\frac{\rho}{\varepsilon_0}$$

18 압전기 현상에서 분극이 응력과 같은 방향으로 발생하는 현상을 무슨 효과라 하는가?

① 종효과 　　　 ② 횡효과

③ 역효과 　　　 ④ 간접 효과

해설 압전효과에서 분극 현상이 응력과 같은 방향으로 발생하면 종효과, 수직 방향으로 나타나면 횡효과라 한다.

19 $\varepsilon_r = 80$, $\mu_r = 1$인 매질의 전자파의 고유 임피던스(intrinsic impedance)[Ω]는 얼마인가?

① 41.9

② 33.9

③ 21.9

④ 13.9

해설

$$\eta = \frac{E}{H} = \sqrt{\frac{\mu}{\varepsilon}} = \sqrt{\frac{\mu_0}{\varepsilon_0}} \cdot \sqrt{\frac{\mu_r}{\varepsilon_r}}$$

$$= 120\pi \sqrt{\frac{\mu_r}{\varepsilon_r}} = 377 \sqrt{\frac{\mu_r}{\varepsilon_r}} = 377 \times \sqrt{\frac{1}{80}}$$

$$= 41.9 [\Omega]$$

20 평행 극판 사이 간격이 d[m]이고 정전용량이 0.3[μF]인 공기 커패시터가 있다. 그림과 같이 두 극판 사이에 비유전율이 5인 유전체를 절반 두께 만큼 넣었을 때 이 커패시터의 정전용량은 몇 [μF]이 되는가?

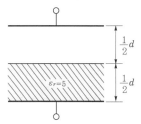

① 0.01 　　　 ② 0.05

③ 0.1 　　　 ④ 0.5

해설 유전체를 절반만 평행하게 채운 경우

정전용량 : $C = \dfrac{2C_0}{1 + \dfrac{1}{\varepsilon_r}} = \dfrac{2 \times 0.3}{1 + \dfrac{1}{5}} = 0.5[\mu F]$

제2과목 전력공학

21 다음은 누구의 법칙인가?

> 전선의 단위길이 내에서 연간에 손실되는 전력량에 대한 전기요금과 단위길이의 전선값에 대한 금리, 감가상각비 등의 연간경비의 합계가 같게 되는 전선 단면적이 가장 경제적인 전선의 단면적이다.

① 뉴크의 법칙 　　 ② 켈빈의 법칙

③ 플레밍의 법칙 　 ④ 스틸의 법칙

해설 경제적인 전선 단면적을 구하는 데에는 켈빈의 법칙(Kelvin's law)이 있다. 즉, 전선의 단위길이 내에서 연간 손실 전력량에 대한 요금과 단위길이의 전선비에 대한 금리(interest) 및 감가상각비가 같게 되는 전선의 굵기가 가장 경제적이라는 법칙이다.

22 송전선에 댐퍼(damper)를 다는 이유는?

① 전선의 진동 방지

② 전선의 이탈 방지

③ 코로나의 방지

④ 현수애자의 경사 방지

해설 진동 방지대책으로 댐퍼(damper), 아머로드를 설치한다.

23 지중 케이블의 사고점 탐색법이 아닌 것은?

① 머레이 루프법(muray loop method)

② 펄스로 하는 방법

③ 탐색 코일로 하는 방법

④ 등면적법

해설 등면적법은 안정도를 계산하는 데 사용하는 방법이다.

24 반지름 r[m]이고 소도체 간격 s인 4복도체 송전선로에서 전선 A, B, C가 수평으로 배열되어 있다. 등가선간거리가 D[m]로 배치되고 완전 연가(전선 위치 바꿈)된 경우 송전선로의 인덕턴스는 몇 [mH/km]인가?

① $0.4605\log_{10}\dfrac{D}{\sqrt{rs^2}} + 0.0125$

② $0.4605\log_{10}\dfrac{D}{\sqrt[2]{rs}} + 0.025$

③ $0.4605\log_{10}\dfrac{D}{\sqrt[3]{rs^2}} + 0.0167$

④ $0.4605\log_{10}\dfrac{D}{\sqrt[4]{rs^3}} + 0.0125$

해설 ・4도체의 등가 반지름

$$r' = \sqrt[n]{rs^{n-1}} = \sqrt[4]{rs^{4-1}} = \sqrt[4]{rs^3}$$

・인덕턴스

$$L = \frac{0.05}{n} + 0.4605\log_{10}\frac{D}{r'}$$

$$= \frac{0.05}{4} + 0.4605\log_{10}\frac{D}{\sqrt[4]{rs^3}}$$

$$= 0.0125 + 0.4605\log_{10}\frac{D}{\sqrt[4]{rs^3}}\ [\text{mH/km}]$$

25 송・배전 계통에 발생하는 이상전압의 내부적 원인이 아닌 것은?

① 선로의 개폐   ② 직격뢰

③ 아크 접지   ④ 선로의 이상상태

해설 이상전압 발생 원인

・내부적 원인 : 개폐 서지, 아크 지락, 연가 불충분 등

・외부적 원인 : 뇌(직격뢰 및 유도뢰)

26 공통 중성선 다중접지 3상 4선식 배전선로에서 고압측(1차측) 중성선과 저압측(2차측) 중성선을 전기적으로 연결하는 목적은?

① 저압측의 단락사고를 검출하기 위함

② 저압측의 접지사고를 검출하기 위함

③ 주상 변압기의 중성선측 부싱(bushing)을 생략하기 위함

④ 고・저압 혼촉 시 수용가에 침입하는 상승 전압을 억제하기 위함

해설 3상 4선식 중성선 다중접지식 선로에서 1차(고압)측 중성선과 2차(저압)측 중성선을 전기적으로 연결하는 이유는 저・고압 혼촉사고가 발생할 경우 저압 수용가에 침입하는 상승 전압을 억제하기 위함이다.

27 송전선의 특성 임피던스와 전파정수는 어떤 시험으로 구할 수 있는가?

① 뇌파시험

② 정격 부하시험

③ 절연강도 측정시험

④ 무부하 시험과 단락시험

정답 22.① 23.④ 24.④ 25.② 26.④ 27.④

해설 특성 임피던스 $Z_0 = \sqrt{\dfrac{Z}{Y}}$ [Ω]

전파정수 $\dot{\gamma} = \sqrt{ZY}$ [rad]

단락 임피던스와 개방 어드미턴스가 필요하므로 단락시험과 무부하 시험을 한다.

28 150[kVA] 단상 변압기 3대를 △ − △ 결선으로 사용하다가 1대의 고장으로 V − V 결선하여 사용하면 약 몇 [kVA] 부하까지 걸 수 있겠는가?

① 200   ② 220

③ 240   ④ 260

해설 $P_{\rm V} = \sqrt{3}\,P_1 = \sqrt{3} \times 150 = 260[{\rm kVA}]$

29 유효낙차 75[m], 최대사용수량 200[m³/s], 수차 및 발전기의 합성 효율이 70[%]인 수력발전소의 최대 출력은 약 몇 [MW]인가?

① 102.9   ② 157.3

③ 167.5   ④ 177.8

해설 출력

$P = 9.8 HQ\eta$

$= 9.8 \times 75 \times 200 \times 0.7 \times 10^{-3}$

$= 102.9[{\rm MW}]$

30 전력선에 의한 통신선로의 전자유도장해의 발생 요인은 주로 무엇 때문인가?

① 영상전류가 흘러서

② 부하전류가 크므로

③ 상호정전용량이 크므로

④ 전력선의 교차가 불충분하여

해설 전자유도전압

$E_m = j\omega Ml(I_a + I_b + I_c) = j\omega Ml \times 3I_0$

여기서, $3I_0$: 3×영상전류=지락전류=기유도전류

31 A, B 및 C상 전류를 각각 I_a, I_b 및 I_c라 할 때, $I_x = \dfrac{1}{3}(I_a + a^2 I_b + a I_c)$, $a = -\dfrac{1}{2} + j\dfrac{\sqrt{3}}{2}$ 으로 표시되는 I_x는 어떤 전류인가?

① 정상전류

② 역상전류

③ 영상전류

④ 역상전류와 영상전류의 합계

해설 역상전류 $I_2 = \dfrac{1}{3}(I_a + a^2 I_b + a I_c)$

$= \dfrac{1}{3}(I_a + I_b\,\underline{/-120°} + I_c\,\underline{/-240°})$

32 연가(전선 위치 바꿈)의 효과로 볼 수 없는 것은?

① 선로정수의 평형

② 대지정전용량의 감소

③ 통신선의 유도장해의 감소

④ 직렬 공진의 방지

해설 연가(전선 위치 바꿈)는 전선로 각 상의 선로정수를 평형이 되도록 선로 전체의 길이를 3의 배수 등분하여 각 상의 전선 위치를 바꾸어 주는 것으로 통신선에 대한 유도장해 방지 및 직렬 공진에 의한 이상전압 발생을 방지한다.

33 가공지선에 대한 다음 설명 중 옳은 것은?

① 차폐각은 보통 15~30° 정도로 하고 있다.

② 차폐각이 클수록 벼락에 대한 차폐효과가 크다.

③ 가공지선을 2선으로 하면 차폐각이 작아진다.

④ 가공지선으로는 연동선을 주로 사용한다.

해설 가공지선의 차폐각은 30~45° 정도이고, 차폐각은 작을수록 보호효율이 크며, 사용 전선은 주로 ACSR을 사용한다.

정답 28.④ 29.① 30.① 31.② 32.② 33.③

34 고장 즉시 동작하는 특성을 갖는 계전기는?

① 순한시 계전기
② 정한시 계전기
③ 반한시 계전기
④ 반한시성 정한시 계전기

해설 순한시 계전기(instantaneous time-limit relay)
정정값 이상의 전류는 크기에 관계없이 바로 동작하는 고속도 계전기이다.
• **정한시 계전기** : 정정값 이상의 전류가 흐르면 정해진 일정 시간 후에 동작하는 계전기
• **반한시 계전기** : 정정값 이상의 전류가 흐를 때 전류값이 크면 동작시간이 짧아지고, 전류값이 작으면 동작시간이 길어지는 계전기

35 그림과 같은 배전선이 있다. 부하에 급전 및 정전할 때 조작방법으로 옳은 것은?

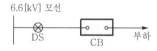

6.6[kV] 모선

DS   CB   부하

① 급전 및 정전할 때는 항상 DS, CB 순으로 한다.
② 급전 및 정전할 때는 항상 CB, DS 순으로 한다.
③ 급전 시는 DS, CB 순이고, 정전 시는 CB, DS 순이다.
④ 급전 시는 CB, DS 순이고, 정전 시는 DS, CB 순이다.

해설 단로기(DS)는 통전 중의 전로를 개폐할 수 없으므로 차단기(CB)가 열려 있을 때만 조작할 수 있다. 그러므로 급전 시에는 DS, CB 순으로 하고, 차단 시에는 CB, DS 순으로 하여야 한다.

36 고압 배전선로 구성방식 중 고장 시 자동적으로 고장 개소의 분리 및 건전선로에 폐로하여 전력을 공급하는 개폐기를 가지며, 수요분포에 따라 임의의 분기선으로부터 전력을 공급하는 방식은?

① 환상식
② 망상식
③ 뱅킹식
④ 가지식(수지식)

해설 환상식(loop system)
배전 간선을 환상(loop)선으로 구성하고, 분기선을 연결하는 방식으로 한쪽의 공급선에 이상이 생기더라도, 다른 한쪽에 의해 공급이 가능하고 손실과 전압강하가 적고, 수요분포에 따라 임의의 분기선을 내어 전력을 공급하는 방식으로 부하가 밀집된 도시에서 적합하다.

37 3상 3선식 송전선이 있다. 1선당의 저항은 8[Ω], 리액턴스는 12[Ω]이며, 수전단의 전력이 1,000[kW], 전압이 10[kV], 역률이 0.8일 때, 이 송전선의 전압강하율[%]은?

① 14
② 15
③ 17
④ 19

해설 부하전력 $P = \sqrt{3}\,VI\cos\theta$에서

$$I = \frac{P}{\sqrt{3}\,V\cos\theta} = \frac{10^6}{\sqrt{3}\times 10^4 \times 0.8} = 72.17[\text{A}]$$

전압강하율 $\varepsilon = \dfrac{\sqrt{3}\,I(R\cos\theta + X\sin\theta)}{V_R}\times 100$

$$= \frac{\sqrt{3}\times 72.17\times(8\times 0.8 + 12\times 0.6)}{10\times 10^3}\times 100$$

$$= 17[\%]$$

38 선로에 따라 균일하게 부하가 분포된 선로의 전력손실은 이들 부하가 선로의 말단에 집중적으로 접속되어 있을 때보다 어떻게 되는가?

① 2배로 된다.
② 3배로 된다.
③ $\dfrac{1}{2}$로 된다.
④ $\dfrac{1}{3}$로 된다.

해설

구 분	말단에 집중부하	균등부하분포
전압강하	IR	$\dfrac{1}{2}IR$
전력손실	I^2R	$\dfrac{1}{3}I^2R$

39 1상의 대지정전용량 $0.53[\mu F]$, 주파수 60[Hz]인 3상 송전선의 소호 리액터의 공진 탭[Ω]은 얼마인가? (단, 소호 리액터를 접속시키는 변압기의 1상당의 리액턴스는 9[Ω]이다.)

① 1,665   ② 1,668
③ 1,671   ④ 1,674

해설 소호 리액터

$$\omega L = \frac{1}{3\omega C} - \frac{X_t}{3}$$

$$= \frac{1}{3 \times 2\pi \times 60 \times 0.53 \times 10^{-6}} - \frac{9}{3}$$

$$= 1,665.2[\Omega]$$

40 화력발전소에서 가장 큰 손실은?

① 소내용 동력
② 송풍기 손실
③ 복수기에서의 손실
④ 연돌 배출가스 손실

해설 화력발전소의 가장 큰 손실은 복수기의 냉각 손실로 전열량의 약 50[%] 정도가 소비된다.

제3과목 | 전기기기

41 직류 발전기에 $P[\text{N} \cdot \text{m/s}]$의 기계적 동력을 주면 전력은 몇 [W]로 변환되는가? (단, 손실은 없으며, i_a는 전기자 도체의 전류, e는 전기자 도체의 유도기전력, Z는 총 도체수이다.)

① $P = i_a e Z$ ② $P = \dfrac{i_a e}{Z}$

③ $P = \dfrac{i_a Z}{e}$ ④ $P = \dfrac{eZ}{i_a}$

해설 유기기전력 $E = e\dfrac{Z}{a}[\text{V}]$

여기서, a : 병렬 회로수

전기자 전류 $I_a = i_a \cdot a[\text{A}]$

전력 $P = E \cdot I_a = e\dfrac{Z}{a} \cdot i_a \cdot a = eZi_a[\text{W}]$

42 1차 전압 6,600[V], 권수비 30인 단상 변압기로 전등 부하에 30[A]를 공급할 때의 입력 [kW]은? (단, 변압기의 손실은 무시한다.)

① 4.4   ② 5.5
③ 6.6   ④ 7.7

해설 권수비 $a = \dfrac{I_2}{I_1}$ 에서 $I_1 = \dfrac{I_2}{a} = \dfrac{30}{30} = 1[\text{A}]$

전등 부하의 역률 $\cos\theta = 1$이므로
입력 $P_1 = V_1 I_1 \cos\theta$

$$= 6,600 \times 1 \times 1 \times 10^{-3}$$

$$= 6.6[\text{kW}]$$

43 돌극(凸極)형 동기 발전기의 특성이 아닌 것은?

① 직축 리액턴스 및 횡축 리액턴스의 값이 다르다.
② 내부 유기기전력과 관계없는 토크가 존재한다.
③ 최대 출력의 출력각이 90°이다.
④ 리액션 토크가 존재한다.

해설 돌극형 발전기의 출력식

$$P = \frac{EV}{x_d}\sin\delta + \frac{V^2(x_d - x_q)}{2x_d \cdot x_q}\sin 2\delta[\text{W}]$$

돌극형 동기 발전기의 최대 출력은 그래프(graph)에서와 같이 부하각(δ)이 60°에서 발생한다.

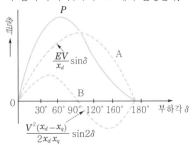

44 3상 유도 전동기에서 회전자가 슬립 s로 회전하고 있을 때 2차 유기 전압 E_{2s} 및 2차 주파수 f_{2s}와 s와의 관계는? (단, E_2는 회전자가 정지하고 있을 때 2차 유기기전력이며 f_1은 1차 주파수이다.)

① $E_{2s} = sE_2,\ f_{2s} = sf_1$

② $E_{2s} = sE_2,\ f_{2s} = \dfrac{f_1}{s}$

③ $E_{2s} = \dfrac{E_2}{s},\ f_{2s} = \dfrac{f_1}{s}$

④ $E_{2s} = (1-s)E_2,\ f_{2s} = (1-s)f_1$

해설 3상 유도 전동기가 슬립 s로 회전 시
2차 유기 전압 $E_{2s} = sE_2\,[V]$
2차 주파수 $f_{2s} = sf_1\,[Hz]$

45 직류 직권 전동기에서 위험한 상태로 놓인 것은?

① 정격전압, 무여자

② 저전압, 과여자

③ 전기자에 고저항이 접속

④ 계자에 저저항 접속

해설 직권 전동기의 회전 속도 $N = K\dfrac{V - I_a(R_a + r_f)}{\phi}$

$\propto \dfrac{1}{\phi} \propto \dfrac{1}{I_f}$ 이고 정격전압, 무부하(무여자) 상태에서

$I = I_f \fallingdotseq 0$ 이므로 $N \propto \dfrac{1}{0} = \infty$로 되어 위험 속도에 도달한다.
직류 직권 전동기는 부하가 변화하면 속도가 현저하게 변하는 특성(직권 특성)을 가지므로 무부하에 가까워지면 속도가 급격하게 상승하여 원심력으로 파괴될 우려가 있다.

46 3상 권선형 유도 전동기 기동 시 2차측에 외부 가변 저항을 넣는 이유는?

① 회전수 감소

② 기동 전류 증가

③ 기동 토크 감소

④ 기동 전류 감소와 기동 토크 증가

해설 3상 권선형 유도 전동기의 기동 시 2차측의 외부에서 가변 저항을 연결하는 목적은 비례 추이 원리를 이용하여 기동 전류를 감소하고 기동 토크를 증가시키기 위해서이다.

47 일반적인 DC 서보 모터의 제어에 속하지 않는 것은?

① 역률 제어   ② 토크 제어

③ 속도 제어   ④ 위치 제어

해설 DC 서보 모터(servo motor)는 위치 제어, 속도 제어 및 토크 제어에 광범위하게 사용된다.

48 역률 100[%]일 때의 전압변동률 ε은 어떻게 표시되는가?

① %저항 강하   ② %리액턴스 강하

③ %서셉턴스 강하   ④ %임피던스 강하

해설 전압변동률 $\varepsilon = p\cos\theta + q\sin\theta$
$\cos\theta = 1,\ \sin\theta = 0$이므로
$\varepsilon = p$: %저항 강하

49 게이트 조작에 의해 부하 전류 이상으로 유지 전류를 높일 수 있어 게이트 턴온, 턴오프가 가능한 사이리스터는?

① SCR   ② GTO

③ LASCR   ④ TRIAC

해설 SCR, LASCR, TRIAC의 게이트는 턴온(turn on)을 하고, GTO는 게이트에 흐르는 전류를 점호할 때와 반대로 흐르게 함으로써 소자를 소호시킬 수 있다.

정답 44.① 45.① 46.④ 47.① 48.① 49.②

50 유도기전력의 크기가 서로 같은 A, B 2대의 동기 발전기를 병렬 운전할 때, A 발전기의 유기기전력 위상이 B보다 앞설 때 발생하는 현상이 아닌 것은?

① 동기화력이 발생한다.
② 고조파 무효 순환 전류가 발생된다.
③ 유효 전류인 동기화 전류가 발생된다.
④ 전기자 동손을 증가시키며 과열의 원인이 된다.

해설 동기 발전기의 병렬 운전 시 유기기전력의 위상차가 생기면 동기화 전류(유효 순환 전류)가 흘러 동손이 증가하여 과열의 원인이 되고, 수수 전력과 동기화력이 발생하여 기전력의 위상이 일치하게 된다.

51 동기 조상기의 계자를 과여자로 해서 운전할 경우 틀린 것은?

① 콘덴서로 작용한다.
② 위상이 뒤진 전류가 흐른다.
③ 송전선의 역률을 좋게 한다.
④ 송전선의 전압강하를 감소시킨다.

해설 동기 조상기를 송전 선로에 연결하고 계자 전류를 증가하여 과여자로 운전하면 진상 전류가 흘러 콘덴서 작용을 하며 선로의 역률 개선 및 전압강하를 경감시킨다.

52 3대의 단상 변압기를 $\triangle - Y$로 결선하고 1차 단자 전압 V_1, 1차 전류 I_1이라 하면 2차 단자 전압 V_2와 2차 전류 I_2의 값은? (단, 권수비는 a이고, 저항, 리액턴스, 여자 전류는 무시한다.)

① $V_2 = \sqrt{3}\,\dfrac{V_1}{a}$, $I_2 = \sqrt{3}\,aI_1$

② $V_2 = V_1$, $I_2 = \dfrac{a}{\sqrt{3}}I_1$

③ $V_2 = \sqrt{3}\,\dfrac{V_1}{a}$, $I_2 = \dfrac{a}{\sqrt{3}}I_1$

④ $V_2 = \dfrac{V_1}{a}$, $I_2 = I_1$

해설
• 2차 단자 전압(선간전압) $V_2 = \sqrt{3}\,V_{2p} = \sqrt{3}\,\dfrac{V_1}{a}$

• 2차 전류 $I_2 = aI_{1p} = a\dfrac{I_1}{\sqrt{3}}$

53 Y결선 한 변압기의 2차측에 다이오드 6개로 3상 전파의 정류 회로를 구성하고 저항 R을 걸었을 때의 3상 전파 직류 전류의 평균치 I[A]는? (단, E는 교류측의 선간전압이다.)

① $\dfrac{6\sqrt{2}}{2\pi}\dfrac{E}{R}$

② $\dfrac{3\sqrt{6}}{2\pi}\dfrac{E}{R}$

③ $\dfrac{3\sqrt{6}}{\pi}\dfrac{E}{R}$

④ $\dfrac{6\sqrt{2}}{\pi}\dfrac{E}{R}$

해설
직류 전압 $E_d = \dfrac{\sqrt{2}\sin\dfrac{\pi}{m}}{\dfrac{\pi}{m}}E$

$= \dfrac{\sqrt{2}\sin\dfrac{\pi}{6}}{\dfrac{\pi}{6}}E = \dfrac{6\sqrt{2}}{2\pi}E\,[\text{V}]$

직류 전류 평균값 $I_d = \dfrac{E_d}{R} = \dfrac{6\sqrt{2}\,E}{2\pi R}\,[\text{A}]$

[단, m은 상(phase)수로 3상 전파 정류는 6상 반파 정류에 해당하여 $m = 6$이다.]

54 전체 도체수는 100, 단중 중권이며 자극수는 4, 자속수는 극당 0.628[Wb]인 직류 분권 전동기가 있다. 이 전동기의 부하 시 전기자에 5[A]가 흐르고 있었다면 이때의 토크[N·m]는?

① 12.5
② 25
③ 50
④ 100

해설 단중 중권이므로 $a = p = 4$이다.

$Z = 100$, $\phi = 0.628[\text{Wb}]$, $I_a = 5[\text{A}]$이므로

$$\therefore \ \tau = \frac{pZ}{2\pi a}\phi I_a$$

$$= \frac{4 \times 100}{2\pi \times 4} \times 0.628 \times 5$$

$$= 50[\text{N} \cdot \text{m}]$$

55 3상 유도 전동기의 특성에서 비례 추이하지 않는 것은?

① 출력　　　　　② 1차 전류

③ 역률　　　　　④ 2차 전류

해설

2차 전류 $I_2 = \dfrac{E_2}{\sqrt{\left(\dfrac{r_2}{s}\right)^2 + {x_2}^2}}$

1차 전류 $I_1 = I_1' + I_0 \fallingdotseq I_1'$

$I_1 = \dfrac{1}{\alpha\beta}I_2 = \dfrac{1}{\alpha\beta} \cdot \dfrac{E_2}{\sqrt{\left(\dfrac{r_2}{s}\right)^2 + {x_2}^2}}$

동기 와트(2차 입력) $P_2 = {I_2}^2 \cdot \dfrac{r_2}{s}$

2차 역률 $\cos\theta_2 = \dfrac{r_2}{Z_2} = \dfrac{r_2}{\sqrt{{r_2}^2 + (sx_2)^2}}$

$$= \dfrac{\dfrac{r_2}{s}}{\sqrt{\left(\dfrac{r_2}{s}\right)^2 + {x_2}^2}}$$

$\left(\dfrac{r_2}{s}\right)$가 들어 있는 함수는 비례 추이를 할 수 있다. 따라서 출력, 효율, 2차 동손 등은 비례 추이가 불가능하다.

56 동기 발전기의 단락비가 1.2이면 이 발전기의 %동기 임피던스[p.u]는?

① 0.12　　　　　② 0.25

③ 0.52　　　　　④ 0.83

해설 단락비 $K_s = \dfrac{1}{Z_s'[\text{p.u}]}$ (단위법 퍼센트 동기 임피던스)

단위법 $\%Z_s = \dfrac{1}{K_s} = \dfrac{1}{1.2} = 0.83[\text{p.u}]$

57 3상 직권 정류자 전동기에 중간 변압기를 사용하는 이유로 적당하지 않은 것은?

① 중간 변압기를 이용하여 속도 상승을 억제할 수 있다.

② 회전자 전압을 정류 작용에 맞는 값으로 선정할 수 있다.

③ 중간 변압기를 사용하여 누설 리액턴스를 감소할 수 있다.

④ 중간 변압기의 권수비를 바꾸어 전동기 특성을 조정할 수 있다.

해설 3상 직권 정류자 전동기의 중간 변압기를 사용하는 목적은 다음과 같다.

• 전원 전압을 정류 작용에 맞는 값으로 선정할 수 있다.
• 중간 변압기의 권수비를 바꾸어 전동기의 특성을 조정할 수 있다.
• 중간 변압기를 사용하여 철심을 포화하여 두면 속도 상승을 억제할 수 있다.

58 유도 전동기로 동기 전동기를 기동하는 경우, 유도 전동기의 극수는 동기기의 그것보다 2극 적은 것을 사용하는데 그 이유로 옳은 것은? (단, s는 슬립이며 N_s는 동기 속도이다.)

① 같은 극수로는 유도기는 동기 속도보다 sN_s만큼 느리므로

② 같은 극수로는 유도기는 동기 속도보다 $(1-s)N_s$만큼 느리므로

③ 같은 극수로는 유도기는 동기 속도보다 sN_s만큼 빠르므로

④ 같은 극수로는 유도기는 동기 속도보다 $(1-s)N_s$만큼 빠르므로

해설 극수가 같은 경우 유도 전동기의 회전 속도 $N = N_s(1-s) = N_s - sN_s$이므로 sN_s만큼 느리다.

정답 　55.①　56.④　57.③　58.①

59 직류기의 정류 작용에 관한 설명으로 틀린 것은?

① 리액턴스 전압을 상쇄시키기 위해 보극을 둔다.

② 정류 작용은 직선 정류가 되도록 한다.

③ 보상 권선은 정류 작용에 큰 도움이 된다.

④ 보상 권선이 있으면 보극은 필요 없다.

해설 보상 권선은 정류 작용에 도움이 되나 전기자 반작용을 방지하는 것이 주 목적이며 양호한 정류(전압 정류)를 위해서는 보극을 설치하여야 한다.

60 5[kVA] 3,300/210[V], 단상 변압기의 단락 시험에서 임피던스 전압 120[V], 동손 150[W]라 하면 퍼센트 저항 강하는 몇 [%]인가?

① 2   ② 3

③ 4   ④ 5

해설 퍼센트 저항 강하(p)

$$p = \frac{I_{1n} \cdot r_{12}}{V_{1n}} \times 100 = \frac{동손(P_c)}{정격용량(P_n)} \times 100$$

$$\therefore p = \frac{150}{5 \times 10^3} \times 100 = 3[\%]$$

제4과목 **회로이론 및 제어공학**

61 다음 운동방정식으로 표시되는 계의 계수 행렬 A는 어떻게 표시되는가?

$$\frac{d^2 c(t)}{dt^2} + 3\frac{dc(t)}{dt} + 2c(t) = r(t)$$

① $\begin{bmatrix} -2 & -3 \\ 0 & 1 \end{bmatrix}$ ② $\begin{bmatrix} 1 & 0 \\ -3 & -2 \end{bmatrix}$

③ $\begin{bmatrix} 0 & 1 \\ -2 & -3 \end{bmatrix}$ ④ $\begin{bmatrix} -3 & -2 \\ 1 & 0 \end{bmatrix}$

해설 상태변수 $x_1(t) = c(t)$

$$x_2(t) = \frac{dc(t)}{dt}$$

상태방정식 $\dot{x}_1(t) = x_2(t)$

$$\dot{x}_2(t) = -2x_1(t) - 3x_2(t) + r(t)$$

$$\begin{bmatrix} \dot{x}_1(t) \\ \dot{x}_2(t) \end{bmatrix} = \begin{bmatrix} 0 & 1 \\ -2 & -3 \end{bmatrix} \begin{bmatrix} x_1(t) \\ x_2(t) \end{bmatrix} + \begin{bmatrix} 0 \\ 1 \end{bmatrix} r(t)$$

$\therefore$ 계수 행렬(시스템 매트릭스) $A = \begin{bmatrix} 0 & 1 \\ -2 & -3 \end{bmatrix}$

62 그림의 전체 전달함수는?

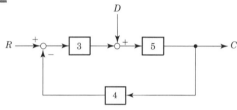

① 0.22   ② 0.33

③ 1.22   ④ 3.1

해설 그림에서 $3 = G_1$, $5 = G_2$, $4 = H_1$이라 하면

$$\{(R - CH_1)G_1 + D\}G_2 = C$$

$$RG_1 G_2 - CH_1 G_2 G_1 + DG_2 = C$$

$$RG_1 G_2 + DG_2 = C(1 + H_1 G_1 G_2)$$

$\therefore$ 출력 $C = \dfrac{G_1 G_2 + G_2}{1 + H_1 G_1 G_2} R$

$G_1 = 3$, $G_2 = 5$, $H_1 = 4$를 대입하면

$\therefore$ 출력 $C = \dfrac{3 \cdot 5 + 5}{1 + 4 \cdot 3 \cdot 5} = \dfrac{20}{61} = 0.33$

63 그림에서 블록선도로 보인 안정한 제어계의 단위 경사 입력에 대한 정상상태오차는?

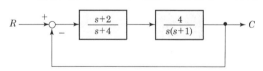

① 0   ② $\dfrac{1}{4}$

③ $\dfrac{1}{2}$ ④ ∞

정답 59.④   60.②   61.③   62.②   63.③

해설 $K_v = \lim_{s \to 0} G(s) = \lim_{s \to 0} s \cdot \dfrac{4(s+2)}{s(s+1)(s+4)} = 2$

∴ 정상속도편차 $e_{ssv} = \dfrac{1}{K_v} = \dfrac{1}{2}$

64 적분시간이 2분, 비례감도가 5인 PI 조절계의 전달함수는?

① $\dfrac{1+5s}{0.4s}$　　② $\dfrac{1+2s}{0.4s}$

③ $\dfrac{1+5s}{2s}$　　④ $\dfrac{1+0.4s}{2s}$

해설 PI동작이므로

∴ $G(s) = K_P\left(1 + \dfrac{1}{T_I s}\right) = 5\left(1 + \dfrac{1}{2s}\right) = \dfrac{1+2s}{0.4s}$

65 다음 중 z변환함수 $\dfrac{3z}{(z - e^{-3T})}$ 에 대응되는 라플라스 변환함수는?

① $\dfrac{1}{(s+3)}$　　② $\dfrac{3}{(s-3)}$

③ $\dfrac{1}{(s-3)}$　　④ $\dfrac{3}{(s+3)}$

해설 $3e^{-3t}$의 z변환: $z[3e^{-3t}] = \dfrac{3z}{z - e^{-3T}}$

∴ $\mathcal{L}[3e^{-3t}] = \dfrac{3}{s+3}$

66 과도응답이 소멸되는 정도를 나타내는 감쇠비(decay ratio)는?

① $\dfrac{\text{최대 오버슈트}}{\text{제2오버슈트}}$　　② $\dfrac{\text{제3오버슈트}}{\text{제2오버슈트}}$

③ $\dfrac{\text{제2오버슈트}}{\text{최대 오버슈트}}$　　④ $\dfrac{\text{제2오버슈트}}{\text{제3오버슈트}}$

해설 감쇠비는 과도응답이 소멸되는 속도를 나타내는 양으로 최대 오버슈트와 다음 주기에 오는 오버슈트의 비이다.

67 피드백제어에서 반드시 필요한 장치는 어느 것인가?

① 구동장치
② 응답속도를 빠르게 하는 장치
③ 안정도를 좋게 하는 장치
④ 입력과 출력을 비교하는 장치

해설 피드백제어에서는 입력(목표값)과 출력(제어량)을 비교하여 제어동작을 일으키는 데 필요한 신호를 만드는 비교부가 반드시 필요하다.

68 $G(s)H(s) = \dfrac{K}{s^2(s+1)^2}$ 에서 근궤적의 수는 몇 개인가?

① 4　　② 2

③ 1　　④ 없다.

해설 근궤적의 개수는 z와 p 중 큰 것과 일치한다.
여기서, z : $G(s)H(s)$의 유한 영점(finite zero)의 개수
p : $G(s)H(s)$의 유한 극점(finite pole)의 개수
영점의 개수 $z = 0$, 극점의 개수 $p = 4$이므로 근궤적의 수는 4개이다.

69 다음 신호흐름선도의 전달함수는?

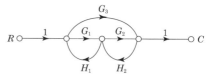

① $\dfrac{G_1 G_2 + G_3}{1 - (G_1 H_1 + G_2 H_2) - (G_3 H_1 H_2)}$

② $\dfrac{G_1 G_2 + G_3}{1 - (G_2 H_1 - G_2 H_2)}$

③ $\dfrac{G_1 G_2 - G_3}{1 - (G_2 H_1 - G_2 H_2)}$

④ $\dfrac{G_1 G_2 - G_3}{1 - (G_2 H_1 + G_2 H_2)}$

해설
$$G_1 = G_1 G_2, \quad \Delta_1 = 1$$
$$G_2 = G_3, \quad \Delta_2 = 1$$
$$L_{11} = G_1 H_1, \quad L_{21} = G_2 H_2, \quad L_{31} = G_3 H_1 H_2$$
$$\Delta = 1 - (L_{11} + L_{21} + L_{31})$$
$$= 1 - (G_1 H_1 + G_2 H_2 + G_3 H_1 H_2)$$
$$\therefore \text{전달함수 } G = \frac{C}{R} = \frac{G_1 \Delta_1 + G_2 \Delta_2}{\Delta}$$
$$= \frac{G_1 G_2 + G_3}{1 - (G_1 H_1 + G_2 H_2 + G_3 H_1 H_2)}$$
$$= \frac{G_1 G_2 + G_3}{1 - (G_1 H_1 + G_2 H_2) - (G_3 H_1 H_2)}$$

70 특성방정식이 $s^4 + s^3 + 2s^2 + 3s + 2 = 0$인 경우 불안정한 근의 수는?

① 0개　　　　② 1개
③ 2개　　　　④ 3개

해설 라우스(Routh)의 표

s^4	1	2	2
s^3	1	3	0
s^2	$\dfrac{2-3}{1}$	$\dfrac{2-0}{1}$	
s^1	$\dfrac{-3-2}{-1}$	0	
s^0	2		

∴ 제1열의 부호 변화가 2번 있으므로 불안정한 근의 수가 2개 있다.

71 그림과 같은 회로에서 $t=0$인 순간에 전압 E를 인가한 경우 인덕턴스 L에 걸리는 전압[V]은?

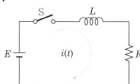

① 0　　　　　② E
③ $\dfrac{LE}{R}$　　　④ $\dfrac{E}{R}$

해설
$$e_L = L\frac{di}{dt} = L\frac{d}{dt}\frac{E}{R}(1 - e^{-\frac{R}{L}t}) = Ee^{-\frac{R}{L}t}\Big|_{t=0}$$
$$= E\,[\text{V}]$$

72 어떤 회로의 단자 전압 $v = 100\sin\omega t + 40\sin 2\omega t + 30\sin(3\omega t + 60°)$[V]이고 전압 강하의 방향으로 흐르는 전류가 $i = 10\sin(\omega t - 60°) + 2\sin(3\omega t + 105°)$[A]일 때 회로에 공급되는 평균 전력[W]은?

① 530　　　　② 630
③ 371.2　　　④ 271.2

해설
$$P = V_1 I_1 \cos\theta_1 + V_3 I_3 \cos\theta^3$$
$$= \frac{100}{\sqrt{2}} \times \frac{10}{\sqrt{2}} \cos 60° + \frac{30}{\sqrt{2}} \times \frac{2}{\sqrt{2}} \cos 45°$$
$$= 271.2\,[\text{W}]$$

73 각 상의 임피던스가 $Z = 16 + j12[\Omega]$인 평형 3상 Y부하에 정현파 상전류 10[A]가 흐를 때 이 부하의 선간전압의 크기[V]는?

① 200
② 600
③ 220
④ 346

해설 선간전압 $V_l = \sqrt{3}\,V_p = \sqrt{3}\,I_p Z$
$$= \sqrt{3} \times 10 \times \sqrt{16^2 + 12^2} = 346\,[\text{V}]$$

74 서로 결합하고 있는 두 코일 A와 B를 같은 방향으로 감아서 직렬로 접속하면 합성 인덕턴스가 10[mH]가 되고, 반대로 연결하면 합성 인덕턴스가 40[%] 감소한다. A코일의 자기 인덕턴스가 5[mH]라면 B코일의 자기 인덕턴스는 몇 [mH]인가?

① 10　　　　② 8
③ 5　　　　　④ 3

해설 인덕턴스 직렬접속의 합성 인덕턴스

① 가동결합(가극성) : $L_o = L_1 + L_2 + 2M$[H]

② 차동결합(감극성) : $L_o = L_1 + L_2 - 2M$[H]

합성 인덕턴스 10[mH]는 직렬 가동결합이므로

$10 = L_A + L_B + 2M$[H] ⋯⋯⋯⋯⋯⋯ ㉠

반대로 연결하면 차동결합이 되고 합성 인덕턴스가 40[%] 감소하면 6[mH]가 된다.

$6 = L_A + L_B - 2M$[H] ⋯⋯⋯⋯⋯⋯ ㉡

㉠ - ㉡ 식에서

$M = 1$[mH]

∴ $L_B = 10 - L_A - 2M = 10 - 5 - 2 = 3$[mH]

75 4단자망의 파라미터 정수에 관한 설명 중 옳지 않은 것은?

① A, B, C, D 파라미터 중 A 및 D는 차원(dimension)이 없다.

② h 파라미터 중 h_{12} 및 h_{21}은 차원이 없다.

③ A, B, C, D 파라미터 중 B는 어드미턴스, C는 임피던스의 차원을 갖는다.

④ h 파라미터 중 h_{11}은 임피던스, h_{22}는 어드미턴스의 차원을 갖는다.

해설 B는 전달 임피던스, C는 전달 어드미턴스의 차원을 갖는다.

76 1상의 임피던스가 $14 + j48$[Ω]인 △부하에 대칭 선간전압 200[V]를 가한 경우의 3상 전력은 몇 [W]인가?

① 672 ② 692

③ 712 ④ 732

해설 $P = 3I_p^2 \cdot R = 3\left(\dfrac{200}{50}\right)^2 \times 14 = 672$[W]

77 그림과 같이 높이가 1인 펄스의 라플라스 변환은?

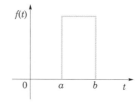

① $\dfrac{1}{s}(e^{-as} + e^{-bs})$

② $\dfrac{1}{s}(e^{-as} - e^{-bs})$

③ $\dfrac{1}{a-b}\left(\dfrac{e^{-as} + e^{-bs}}{s}\right)$

④ $\dfrac{1}{a-b}\left(\dfrac{e^{-as} - e^{-bs}}{s}\right)$

해설 $f(t) = u(t-a) - u(t-b)$

시간추이 정리를 적용하면

$F(s) = \dfrac{e^{-as}}{s} - \dfrac{e^{-bs}}{s} = \dfrac{1}{s}(e^{-as} - e^{-bs})$

78 12상 Y결선 상전압이 100[V]일 때 단자 전압[V]은?

① 75.88 ② 25.88

③ 100 ④ 51.76

해설 단자 전압 $V_l = 2\sin\dfrac{\pi}{n} \cdot V_p$

$= 2\sin\dfrac{\pi}{12} \times 100 = 51.76$[V]

79 위상정수가 $\dfrac{\pi}{8}$[rad/m]인 선로의 1[MHz]에 대한 전파속도[m/s]는?

① 1.6×10^7 ② 9×10^7

③ 10×10^7 ④ 11×10^7

해설 전파속도 $v = \dfrac{\omega}{\beta}$

$$= \dfrac{2 \times \pi \times 1 \times 10^6}{\dfrac{\pi}{8}}$$

$$= 1.6 \times 10^7 \,[\text{m/s}]$$

80 대칭 좌표법에 관한 설명 중 잘못된 것은?

① 불평형 3상 회로의 비접지식 회로에서는 영상분이 존재한다.

② 대칭 3상 전압에서 영상분은 0이 된다.

③ 대칭 3상 전압은 정상분만 존재한다.

④ 불평형 3상 회로의 접지식 회로에서는 영상분이 존재한다.

해설 비접지식 회로에서는 영상분이 존재하지 않는다. 대칭 3상 전압의 대칭분은 영상분·역상분은 0이고, 정상분만 V_a로 존재한다.

제5과목 **전기설비기술기준**

81 전기설비기술기준에서 정하는 안전원칙에 대한 내용으로 틀린 것은?

① 전기설비는 감전, 화재 그 밖에 사람에게 위해를 주거나 물건에 손상을 줄 우려가 없도록 시설하여야 한다.

② 전기설비는 다른 전기설비, 그 밖의 물건의 기능에 전기적 또는 자기적인 장해를 주지 않도록 시설하여야 한다.

③ 전기설비는 경쟁과 새로운 기술 및 사업의 도입을 촉진함으로써 전기사업의 건전한 발전을 도모하도록 시설하여야 한다.

④ 전기설비는 사용목적에 적절하고 안전하게 작동하여야 하며, 그 손상으로 인하여 전기공급에 지장을 주지 않도록 시설하여야 한다.

해설 ③ "경쟁과 새로운 기술 및 사업의 도입을 촉진함으로써 전기사업의 건전한 발전을 도모하도록 시설하여야 한다."의 내용은 안전원칙이 아니고 전기사업법의 목적에 관한 내용이다.

82 1차 전압 22.9[kV], 2차 전압 100[V], 용량 15[kVA]인 변압기에서 저압측의 허용누설전류는 몇 [mA]를 넘지 않도록 유지하여야 하는가?

① 35

② 50

③ 75

④ 100

해설 $I_g = \dfrac{15 \times 10^3}{100} \times \dfrac{1}{2,000} \times 10^3$

$$= 75 \,[\text{mA}]$$

83 최대사용전압이 7[kV]를 초과하는 회전기의 절연내력시험은 최대사용전압의 몇 배의 전압(10,500[V] 미만으로 되는 경우에는 10,500[V])에서 10분간 견디어야 하는가?

① 0.92   ② 1

③ 1.1   ④ 1.25

해설 회전기 및 정류기의 절연내력(KEC 133)

종 류		시험전압	시험방법
발전기, 전동기, 조상기 (무효전력 보상장치)	7[kV] 이하	1.5배 (최저 500[V])	권선과 대지 사이 10분간
	7[kV] 초과	1.25배 (최저 10,500[V])	

84 전로의 중성점을 접지하는 목적에 해당되지 않는 것은?

① 보호장치의 확실한 동작의 확보
② 이상전압의 억제
③ 대지전압의 저하
④ 부하전류의 일부를 대지로 흐르게 함으로써 전선을 절약

해설 전로의 중성점의 접지(KEC 322.5)
전로의 중성점의 접지는 전로의 보호장치의 확실한 동작의 확보, 이상전압의 억제 및 대지전압의 저하를 위하여 시설한다.

85 돌침, 수평도체, 메시(그물망)도체의 요소 중에 한 가지 또는 이를 조합한 형식으로 시설하는 것은?

① 접지극시스템
② 수뢰부시스템
③ 내부 피뢰시스템
④ 인하도선시스템

해설 수뢰부시스템(KEC 152.1)
수뢰부시스템의 선정은 돌침, 수평도체, 메시(그물망)도체의 요소 중에 한 가지 또는 이를 조합한 형식으로 시설하여야 한다.

86 백열전등 또는 방전등에 전기를 공급하는 옥내전로의 대지전압은 몇 [V] 이하이어야 하는가? (단, 백열전등 또는 방전등 및 이에 부속하는 전선은 사람이 접촉할 우려가 없도록 시설한 경우이다.)

① 60
② 110
③ 220
④ 300

해설 옥내전로의 대지전압의 제한(KEC 231.6)
백열전등 또는 방전등에 전기를 공급하는 옥내의 전로의 대지전압은 300[V] 이하이어야 한다.

87 케이블트레이공사에 사용하는 케이블트레이에 대한 기준으로 틀린 것은?

① 안전율은 1.5 이상으로 하여야 한다.
② 비금속제 케이블트레이는 수밀(수분침투방지)성 재료의 것이어야 한다.
③ 금속제 케이블트레이계통은 기계적 및 전기적으로 완전하게 접속하여야 한다.
④ 금속제 트레이는 접지공사를 하여야 한다.

해설 케이블트레이공사(KEC 232.41)
• 금속제의 것은 적절한 방식처리를 한 것이거나 내식성 재료의 것이어야 한다.
• 비금속제 케이블트레이는 난연성 재료의 것이어야 한다.

88 터널 안의 전선로의 저압 전선이 그 터널 안의 다른 저압 전선(관등회로의 배선은 제외) · 약전류전선 등 또는 수관 · 가스관이나 이와 유사한 것과 접근하거나 교차하는 경우, 저압 전선을 애자공사에 의하여 시설하는 때에는 이격 거리(간격)가 몇 [cm] 이상이어야 하는가? (단, 전선이 나전선이 아닌 경우이다.)

① 10
② 15
③ 20
④ 25

해설 • 터널 안 전선로의 전선과 약전류전선 등 또는 관 사이의 이격 거리(간격)(KEC 335.2)
터널 안의 전선로의 저압 전선이 그 터널 안의 다른 저압 전선 · 약전류전선 등 또는 수관 ·가스관이나 이와 유사한 것과 접근하거나 교차하는 경우에는 배선설비와 다른 공급설비와의 접근규정에 준하여 시설하여야 한다.
• 배선설비와 다른 공급설비와의 접근(KEC 232.3.7)
저압 옥내배선이 다른 저압 옥내배선 또는 관등회로의 배선과 접근하거나 교차하는 경우에 애자공사에 의하여 시설하는 저압 옥내배선과 다른 저압 옥내배선 또는 관등회로의 배선 사이의 이격 거리(간격)는 0.1[m](나전선인 경우에는 0.3[m]) 이상이어야 한다.

89 고·저압 가공전선로의 지지물을 인가가 많이 연접(이웃 연결)된 장소에 시설할 때 적용하는 적합한 풍압하중은?

① 갑종 풍압하중값의 30[%]
② 을종 풍압하중값의 1.1배
③ 갑종 풍압하중값의 50[%]
④ 병종 풍압하중값의 1.13배

해설 병종 풍압하중
• 갑종 풍압의 $\frac{1}{2}$을 기초로 하여 계산한 것
• 인가가 많이 연접(이웃 연결)되어 있는 장소

90 전력보안통신설비는 가공전선로로부터의 어떤 작용에 의하여 사람에게 위험을 줄 우려가 없도록 시설하여야 하는가?

① 정전유도작용 또는 전자유도작용
② 표피작용 또는 부식작용
③ 부식작용 또는 정전유도작용
④ 전압강하작용 또는 전자유도작용

해설 전력유도의 방지(KEC 362.4)
전력보안통신설비는 가공전선로로부터의 정전유도작용 또는 전자유도작용에 의하여 사람에게 위험을 줄 우려가 없도록 시설하여야 한다.

91 66[kV] 가공전선로에 6[kV] 가공전선을 동일 지지물에 시설하는 경우 특고압 가공전선은 케이블인 경우를 제외하고 인장강도가 몇 [kN] 이상의 연선이어야 하는가?

① 5.26
② 8.31
③ 14.5
④ 21.67

해설 특고압 가공전선과 저고압 가공전선 등의 병행설치 (KEC 333.17) – 사용전압이 35[kV] 초과 100[kV] 미만인 경우
• 제2종 특고압 보안공사에 의할 것
• 특고압선과 고·저압선 사이의 이격 거리(간격)는 2[m](케이블인 경우 1[m]) 이상으로 할 것
• 특고압 가공전선의 굵기 : 인장강도 21.67[kN] 이상 연선 또는 단면적 50[mm²] 이상 경동연선으로 할 것

92 가섭선에 의하여 시설하는 안테나가 있다. 이 안테나 주위에 경동연선을 사용한 고압 가공전선이 지나가고 있다면 수평 이격 거리(간격)는 몇 [cm] 이상이어야 하는가?

① 40
② 60
③ 80
④ 100

해설 고압 가공전선과 안테나의 접근 또는 교차(KEC 332.14)
• 고압 가공전선로는 고압 보안공사에 의할 것
• 가공전선과 안테나 사이의 이격 거리(간격)는 저압은 60[cm](고압 절연전선, 특고압 절연전선 또는 케이블인 경우 30[cm]) 이상, 고압은 80[cm](케이블인 경우 40[cm]) 이상

93 시가지에 시설하는 154[kV] 가공전선로를 도로와 제1차 접근상태로 시설하는 경우, 전선과 도로 사이의 이격 거리(간격)는 몇 [m] 이상이어야 하는가?

① 4.4
② 4.8
③ 5.2
④ 5.6

해설 특고압 가공전선과 도로 등의 접근 또는 교차(KEC 333.24)
35[kV]를 초과하는 경우 3[m]에 10[kV] 단수마다 15[cm]를 가산하므로
10[kV] 단수는 (154-35)÷10=11.9=12
∴ 3 + (0.15×12)=4.8[m]

94 특고압 가공전선로 중 지지물로서 직선형의 철탑을 연속하여 10기 이상 사용하는 부분에는 몇 기 이하마다 내장(장력에 견디는) 애자장치가 되어 있는 철탑 또는 이와 동등 이상의 강도를 가지는 철탑 1기를 시설하여야 하는가?

① 3 　　　　　　 ② 5
③ 7 　　　　　　 ④ 10

로해설 특고압 가공전선로의 내장형 등의 지지물 시설(KEC 333.16)

특고압 가공전선로 중 지지물로서 직선형의 철탑을 연속하여 10기 이상 사용하는 부분에는 10기 이하마다 내장(장력에 견디는) 애자장치가 되어 있는 철탑 또는 이와 동등 이상의 강도를 가지는 철탑 1기를 시설하여야 한다.

95 지중전선로에 사용하는 지중함의 시설기준으로 틀린 것은?

① 조명 및 세척이 가능한 적당한 장치를 시설할 것
② 견고하고 차량, 기타 중량물의 압력에 견디는 구조일 것
③ 그 안의 고인 물을 제거할 수 있는 구조로 되어 있을 것
④ 뚜껑은 시설자 이외의 자가 쉽게 열 수 없도록 시설할 것

로해설 지중함의 시설(KEC 334.2)

• 지중함은 견고하고 차량, 기타 중량물의 압력에 견디는 구조일 것
• 지중함은 그 안의 고인 물을 제거할 수 있는 구조로 되어 있을 것
• 폭발성 또는 연소성의 가스가 침입할 우려가 있는 것에 시설하는 지중함으로서 그 크기가 1$[m^3]$ 이상인 것에는 통풍장치 기타 가스를 방산시키기 위한 장치를 시설할 것
• 지중함의 뚜껑은 시설자 이외의 자가 쉽게 열 수 없도록 시설할 것

96 발전소의 개폐기 또는 차단기에 사용하는 압축공기장치의 주공기탱크에 시설하는 압력계의 최고눈금의 범위로 옳은 것은?

① 사용압력의 1배 이상 2배 이하
② 사용압력의 1.15배 이상 2배 이하
③ 사용압력의 1.5배 이상 3배 이하
④ 사용압력의 2배 이상 3배 이하

로해설 압축공기계통(KEC 341.15)

주공기탱크 또는 이에 근접한 곳에는 사용압력의 1.5배 이상 3배 이하의 최고눈금이 있는 압력계를 시설하여야 한다.

97 특고압을 옥내에 시설하는 경우 그 사용전압의 최대 한도는 몇 [kV] 이하인가? (단, 케이블트레이공사는 제외)

① 25
② 80
③ 100
④ 160

로해설 특고압 옥내전기설비의 시설(KEC 342.4)

사용전압은 100[kV] 이하일 것(케이블트레이공사 35[kV] 이하)

98 변전소의 주요 변압기에 계측장치를 시설하여 측정하여야 하는 것이 아닌 것은?

① 역률
② 전압
③ 전력
④ 전류

로해설 계측장치(KEC 351.6) – 변전소에 계측장치를 시설하여 측정하는 사항

• 주요 변압기의 전압 및 전류 또는 전력
• 특고압용 변압기의 온도

정답 　94.④　 95.①　 96.③　 97.③　 98.①

99 특고압 가공전선로의 지지물에 시설하는 통신선 또는 이에 직접 접속하는 통신선이 도로·횡단보도교·철도의 레일·삭도·가공전선·다른 가공약전류전선 등 또는 교류전차선 등과 교차하는 경우에는 통신선은 지름 몇 [mm]의 경동선이나 이와 동등 이상의 세기의 것이어야 하는가?

① 4   ② 4.5
③ 5   ④ 5.5

해설 전력보안통신선의 시설높이와 이격 거리(간격) (KEC 362.2)

특고압 가공전선로의 지지물에 시설하는 통신선 또는 이에 직접 접속하는 통신선이 도로·횡단보도교·철도의 레일 또는 삭도와 교차하는 경우 통신선
- 절연전선 : 연선의 경우 단면적 16[mm²](단선의 경우 지름 4[mm])
- 경동선 : 인장강도 8.01[kN] 이상의 것 또는 연선의 경우 단면적 25[mm²](단선의 경우 지름 5[mm])

100 급전용 변압기는 교류 전기철도의 경우 어떤 변압기의 적용을 원칙으로 하고, 급전계통에 적합하게 선정하여야 하는가?

① 3상 정류기용 변압기
② 단상 정류기용 변압기
③ 3상 스코트결선 변압기
④ 단상 스코트결선 변압기

해설 변전소의 설비(KEC 421.4)

급전용 변압기는 직류 전기철도의 경우 3상 정류기용 변압기, 교류 전기철도의 경우 3상 스코트결선 변압기의 적용을 원칙으로 하고, 급전계통에 적합하게 선정하여야 한다.

제1과목 전기자기학

01 단면적이 $S[\text{m}^2]$, 단위길이에 대한 권수가 $n[\text{회}/\text{m}]$인 무한히 긴 솔레노이드의 단위길이당 자기 인덕턴스[H/m]는?

① $\mu \cdot S \cdot n$

② $\mu \cdot S \cdot n^2$

③ $\mu \cdot S^2 \cdot n$

④ $\mu \cdot S^2 \cdot n^2$

해설 • 내부 자계의 세기 : $H = nI\,[\text{AT/m}]$

• 내부 자속 : $\phi = B \cdot S = \mu HS = \mu nIS\,[\text{Wb}]$

• 자기 인덕턴스 : $L = \dfrac{n\phi}{I} = \mu Sn^2\,[\text{H/m}]$

투자율 μ, 단위 [m]당 권수 n^2, 면적 S에 비례한다.

02 반지름 $a[\text{m}]$의 반구형 도체를 대지 표면에 그림과 같이 묻었을 때 접지저항 $R[\Omega]$은? (단, $\rho[\Omega \cdot \text{m}]$는 대지의 고유저항이다.)

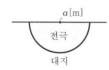

① $\dfrac{\rho}{2\pi a}$

② $\dfrac{\rho}{4\pi a}$

③ $2\pi a\rho$

④ $4\pi a\rho$

해설 반지름 $a[\text{m}]$인 구의 정전용량은 $4\pi\varepsilon a\,[\text{F}]$이므로 반구의 정전용량 C는 $C = 2\pi\varepsilon a\,[\text{F}]$이다.

$RC = \rho\varepsilon$

$R = \dfrac{\rho\varepsilon}{C} = \dfrac{\rho\varepsilon}{2\pi\varepsilon a} = \dfrac{\rho}{2\pi a}\,[\Omega]$

03 그림과 같이 $d[\text{m}]$ 떨어진 두 평형 도선에 $I[\text{A}]$의 전류가 흐를 때, 도선 단위길이당 작용하는 힘 $F[\text{N/m}]$는?

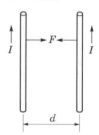

① $\dfrac{\mu_0 I}{2\pi d}$

② $\dfrac{\mu_0 I^2}{2\pi d^2}$

③ $\dfrac{\mu_0 I^2}{2\pi d}$

④ $\dfrac{\mu_0 I^2}{2d}$

해설 $I_1 = I_2 = I$이므로 단위길이당 작용하는 힘

$F = \dfrac{\mu_0 I_1 I_2}{2\pi d} = \dfrac{\mu_0 I^2}{2\pi d}\,[\text{N/m}]$

같은 방향의 전류이므로 흡인력이 작용한다.

04 전위함수가 $V = 2x + 5yz + 3$일 때, 점 $(2,\ 1,\ 0)$에서의 전계 세기[V/m]는?

① $-i - j5 - k3$

② $i - j2 + k3$

③ $-i2 - k5$

④ $j4 + k3$

해설 전위 경도

$\boldsymbol{E} = -\operatorname{grad}V$

$= -\nabla V = -\left(i\dfrac{\partial}{\partial x} + j\dfrac{\partial}{\partial y} + k\dfrac{\partial}{\partial z}\right) \cdot V$

$= -\left(\dfrac{\partial}{\partial x}i + \dfrac{\partial}{\partial y}j + \dfrac{\partial}{\partial z}k\right)(2x + 5yz + 3)$

$= -(2i + 5zj + 5yk)\,[\text{V/m}]$

$\therefore\ [\boldsymbol{E}]_{x=2,\,y=1,\,z=0} = -2i - 5k\,[\text{V/m}]$

정답 01.② 02.① 03.③ 04.③

05 전류 I[A]가 흐르는 반지름 a[m]인 원형 코일의 중심선상 x[m]인 점 P의 자계 세기 [AT/m]는?

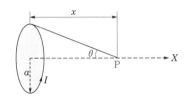

① $\dfrac{a^2 I}{2(a^2+x^2)}$

② $\dfrac{a^2 I}{2(a^2+x^2)^{1/2}}$

③ $\dfrac{a^2 I}{2(a^2+x^2)^2}$

④ $\dfrac{a^2 I}{2(a^2+x^2)^{3/2}}$

◘해설 • 원형 전류 중심축상 자계의 세기

$$H = \frac{a^2 I}{2(a^2+x^2)^{\frac{3}{2}}}\,[\text{AT/m}]$$

• 원형 전류 중심에서의 자계의 세기

$$H_0 = \frac{I}{2a}\,[\text{AT/m}]$$

06 스토크스(Stokes) 정리를 표시하는 식은?

① $\displaystyle\int_s \boldsymbol{A} \cdot ds = \int_v \operatorname{div} \boldsymbol{A} \cdot dv$

② $\displaystyle\oint_c \boldsymbol{A} \cdot dl = \int_v \operatorname{div} \boldsymbol{A}\, dv$

③ $\displaystyle\oint_c \boldsymbol{A} \cdot dl = \int_s (\operatorname{rot} \boldsymbol{A})_n \cdot ds$

④ $\displaystyle\int_s \boldsymbol{A} \cdot ds = \int_s \operatorname{rot} \boldsymbol{A} \cdot ds$

◘해설 스토크스의 정리는 선적분을 면적분으로 변환하는 정리로 선적분을 면적분으로 변환 시 rot를 붙여 간다.

$$\oint_c \boldsymbol{A} \cdot dl = \int_s \operatorname{rot} \boldsymbol{A} \cdot ds$$
$$= \int_s \operatorname{curl} \boldsymbol{A} \cdot ds$$
$$= \int_s \nabla \times \boldsymbol{A} \cdot ds$$

07 권선수가 N회인 코일에 전류 I[A]를 흘릴 경우, 코일에 ϕ[Wb]의 자속이 지나간다면 이 코일에 저장된 자계에너지[J]는?

① $\dfrac{1}{2}N\phi^2 I$

② $\dfrac{1}{2}N\phi I$

③ $\dfrac{1}{2}N^2\phi I$

④ $\dfrac{1}{2}N\phi I^2$

◘해설 코일에 저장되는 에너지는 인덕턴스의 축적에너지 이므로 $N\phi = LI$에서 $L = \dfrac{N\phi}{I}$이다.

$$\therefore\ W_L = \frac{1}{2}LI^2 = \frac{1}{2}\frac{N\phi}{I}I^2 = \frac{1}{2}N\phi I\,[\text{J}]$$

08 그림과 같이 평행한 무한장 직선 도선에 I[A], $4I$[A]인 전류가 흐른다. 두 선 사이의 점 P에서 자계의 세기가 0이라고 하면 $\dfrac{a}{b}$는?

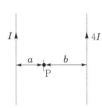

① 2

② 4

③ $\dfrac{1}{2}$

④ $\dfrac{1}{4}$

◘해설 $H_1 = \dfrac{I}{2\pi a}$, $H_2 = \dfrac{4I}{2\pi b}$

자계의 세기가 0일 때 $H_1 = H_2$

$$\frac{I}{2\pi a} = \frac{4I}{2\pi b}$$
$$\frac{1}{a} = \frac{4}{b}$$
$$\therefore\ \frac{a}{b} = \frac{1}{4}$$

09 두 종류의 유전율(ε_1, ε_2)을 가진 유전체 경계면에 진전하가 존재하지 않을 때 성립하는 경계조건을 옳게 나타낸 것은? (단, θ_1, θ_2는 각각 유전체 경계면의 법선 벡터와 E_1, E_2가 이루는 각이다.)

① $E_1\sin\theta_1 = E_2\sin\theta_2$,

$\quad D_1\sin\theta_1 = D_2\sin\theta_2$, $\dfrac{\tan\theta_1}{\tan\theta_2} = \dfrac{\varepsilon_2}{\varepsilon_1}$

② $E_1\cos\theta_1 = E_2\cos\theta_2$,

$\quad D_1\sin\theta_1 = D_2\sin\theta_2$, $\dfrac{\tan\theta_1}{\tan\theta_2} = \dfrac{\varepsilon_2}{\varepsilon_1}$

③ $E_1\sin\theta_1 = E_2\sin\theta_2$,

$\quad D_1\cos\theta_1 = D_2\cos\theta_2$, $\dfrac{\tan\theta_1}{\tan\theta_2} = \dfrac{\varepsilon_1}{\varepsilon_2}$

④ $E_1\cos\theta_1 = E_2\cos\theta_2$,

$\quad D_1\cos\theta_1 = D_2\cos\theta_2$, $\dfrac{\tan\theta_1}{\tan\theta_2} = \dfrac{\varepsilon_2}{\varepsilon_1}$

해설 유전체의 경계면 조건
- 전계는 경계면에서 수평성분이 서로 같다.
  $E_1\sin\theta_1 = E_2\sin\theta_2$
- 전속밀도는 경계면에서 수직성분이 서로 같다.
  $D_1\cos\theta_1 = D_2\cos\theta_2$
- 위의 비를 취하면
  $\dfrac{E_1\sin\theta_1}{D_1\cos\theta_1} = \dfrac{E_2\sin\theta_2}{D_2\cos\theta_2}$
  여기서, $D_1 = \varepsilon_1 E_1$, $D_2 = \varepsilon_2 E_2$
  $\therefore \dfrac{\tan\theta_1}{\tan\theta_2} = \dfrac{\varepsilon_1}{\varepsilon_2}$

10 자기회로와 전기회로의 대응으로 틀린 것은?

① 자속 ↔ 전류
② 기자력 ↔ 기전력
③ 투자율 ↔ 유전율
④ 자계의 세기 ↔ 전계의 세기

해설 자기회로와 전기회로의 대응

자기회로	전기회로
기자력 $F = NI$	기전력 E
자기저항 $R_m = \dfrac{l}{\mu S}$	전기저항 $R = \dfrac{l}{kS}$
자속 $\phi = \dfrac{F}{R_m}$	전류 $I = \dfrac{E}{R}$
투자율 μ	도전율 k
자계의 세기 H	전계의 세기 E

11 동심구형 콘덴서의 내외 반지름을 각각 5배로 증가시키면 정전용량은 몇 배로 증가하는가?

① 5   ② 10
③ 15   ④ 20

해설 동심구형 콘덴서의 정전용량 $C = \dfrac{4\pi\varepsilon_0 ab}{b-a}$ [F]

내외구의 반지름을 5배로 증가한 후의 정전용량을 C라 하면

$C' = \dfrac{4\pi\varepsilon_0(5a \times 5b)}{5b - 5a} = \dfrac{25 \times 4\pi\varepsilon_0 ab}{5(b-a)} = 5C$ [F]

12 다음의 관계식 중 성립할 수 없는 것은? (단, μ는 투자율, χ는 자화율, μ_0는 진공의 투자율, J는 자화의 세기이다.)

① $J = \chi B$
② $B = \mu H$
③ $\mu = \mu_0 + \chi$
④ $\mu_s = 1 + \dfrac{\chi}{\mu_0}$

해설
- 자화의 세기 : $J = \mu_0(\mu_s - 1)H = \chi H$
- 자속밀도 :
  $B = \mu_0 H + J = (\mu_0 + \chi)H = \mu_0\mu_s H = \mu H$
- 비투자율 : $\mu_s = 1 + \dfrac{\chi}{\mu_0}$

정답   09.③   10.③   11.①   12.①

13 환상 솔레노이드(solenoid) 내의 자계 세기 [AT/m]는? (단, N은 코일의 감긴 수, a는 환상 솔레노이드의 평균 반지름이다.)

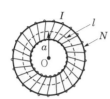

① $\dfrac{2\pi a}{NI}$ ② $\dfrac{NI}{2\pi a}$

③ $\dfrac{NI}{\pi a}$ ④ $\dfrac{NI}{4\pi a}$

해설 위 그림과 같이 반지름 a[m]인 적분으로 잡고 앙페르의 주회적분법칙을 적용하면

$$\oint \boldsymbol{H} \cdot d\boldsymbol{l} = H \cdot 2\pi a = NI$$

$$\therefore H = \frac{NI}{2\pi a} = \frac{NI}{l} = n_0 I \text{ [AT/m]}$$

여기서, N은 환상 솔레노이드의 권수이고, n_0는 단위길이당의 권수이다.

14 정전용량이 6[μF]인 평행 평판 콘덴서의 극판 면적의 $\dfrac{2}{3}$에 비유전율 3인 운모를 그림과 같이 삽입했을 때, 콘덴서의 정전용량은 몇 [μF]가 되는가?

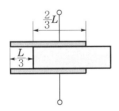

① 14   ② 45

③ $\dfrac{10}{3}$ ④ $\dfrac{12}{7}$

해설 $C = C_1 + C_2$

$$= \frac{1}{3} C_0 + \frac{2}{3} \varepsilon_s C_0$$

$$= \frac{(1 + 2\varepsilon_s)}{3} C_0 = \frac{(1 + 2 \times 3)}{3} \times 6$$

$$= 14 [\mu\text{F}]$$

15 정현파 자속으로 하여 기전력이 유기될 때 자속의 주파수가 3배로 증가하면 유기기전력은 어떻게 되는가?

① 3배 증가   ② 3배 감소

③ 9배 증가   ④ 9배 감소

해설 $\phi = \phi_m \sin 2\pi f t$ [Wb]라 하면 유기기전력 e는

$$e = -N\frac{d\phi}{dt} = -N\frac{d}{dt}(\phi_m \sin 2\pi f t)$$

$$= -2\pi f N \phi_m \cos 2\pi f t$$

$$= 2\pi f N \phi_m \sin\left(2\pi f t - \frac{\pi}{2}\right) [\text{V}]$$

$$\therefore e \propto f$$

따라서, 주파수가 3배로 증가하면 유기기전력도 3배로 증가한다.

16 반지름 a[m]인 접지 도체구 중심으로부터 d[m]$(> a)$인 곳에 점전하 Q[C]이 있으면 구도체에 유기되는 전하량[C]은?

① $-\dfrac{a}{d} Q$ ② $\dfrac{a}{d} Q$

③ $-\dfrac{d}{a} Q$ ④ $\dfrac{d}{a} Q$

해설

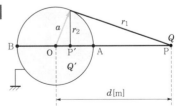

영상점 P'의 위치는 $\text{OP}' = \dfrac{a^2}{d}$[m]

영상전하의 크기는 $\therefore Q' = -\dfrac{a}{d} Q$[C]

17 전위함수 $V = x^2 + y^2$[V]일 때 점 $(3, 4)$[m]에서의 등전위선의 반지름은 몇 [m]이며 전기력선 방정식은 어떻게 되는가?

① 등전위선의 반지름 : 3

　전기력선 방정식 : $y = \dfrac{3}{4}x$

② 등전위선의 반지름 : 4

　전기력선 방정식 : $y = \dfrac{4}{3}x$

③ 등전위선의 반지름 : 5

　전기력선 방정식 : $x = \dfrac{4}{3}y$

④ 등전위선의 반지름 : 5

　전기력선 방정식 : $x = \dfrac{3}{4}y$

해설 • 등전위선의 반지름

$r = \sqrt{x^2 + y^2} = \sqrt{3^2 + 4^2} = 5$[m]

• 전기력선 방정식 $E = -\operatorname{grad} V = -2x\boldsymbol{i} - 2y\boldsymbol{j}$[V/m]

$\dfrac{dx}{Ex} = \dfrac{dy}{Ey}$ 에서 $\dfrac{1}{-2x}dx = \dfrac{1}{-2y}dy$

$1nx = 1ny + 1nc$, $x = cy$

$c = \dfrac{x}{y} = \dfrac{3}{4}$ ∴ $x = \dfrac{3}{4}y$

18 자기 쌍극자에 의한 자위 U[A]에 해당되는 것은? (단, 자기 쌍극자의 자기 모멘트는 M[Wb · m], 쌍극자의 중심으로부터의 거리는 r[m], 쌍극자의 정방향과의 각도는 θ라 한다.)

① $6.33 \times 10^4 \times \dfrac{M\sin\theta}{r^3}$

② $6.33 \times 10^4 \times \dfrac{M\sin\theta}{r^2}$

③ $6.33 \times 10^4 \times \dfrac{M\cos\theta}{r^3}$

④ $6.33 \times 10^4 \times \dfrac{M\cos\theta}{r^2}$

해설 자위 $U = \dfrac{M}{4\pi\mu_0 r^2}\cos\theta = 6.33 \times 10^4 \dfrac{M\cos\theta}{r^2}$[A]

19 일반적인 전자계에서 성립되는 기본 방정식이 아닌 것은? (단, i는 전류밀도, ρ는 공간전하밀도이다.)

① $\nabla \times \boldsymbol{H} = i + \dfrac{\partial \boldsymbol{D}}{\partial t}$

② $\nabla \times \boldsymbol{E} = -\dfrac{\partial \boldsymbol{B}}{\partial t}$

③ $\nabla \cdot \boldsymbol{D} = \rho$

④ $\nabla \cdot \boldsymbol{B} = \mu \boldsymbol{H}$

해설 맥스웰의 전자계 기초 방정식

• $\operatorname{rot} \boldsymbol{E} = \nabla \times \boldsymbol{E} = -\dfrac{\partial \boldsymbol{B}}{\partial t} = -\mu\dfrac{\partial \boldsymbol{H}}{\partial t}$

　(패러데이 전자유도법칙의 미분형)

• $\operatorname{rot} \boldsymbol{H} = \nabla \times \boldsymbol{H} = i + \dfrac{\partial \boldsymbol{D}}{\partial t}$

　(앙페르 주회적분법칙의 미분형)

• $\operatorname{div} \boldsymbol{D} = \nabla \cdot \boldsymbol{D} = \rho$

　(정전계 가우스 정리의 미분형)

• $\operatorname{div} \boldsymbol{B} = \nabla \cdot \boldsymbol{B} = 0$

　(정자계 가우스 정리의 미분형)

20 공기 중 무한 평면 도체의 표면으로부터 2[m] 떨어진 곳에 4[C]의 점전하가 있다. 이 점전하가 받는 힘은 몇 [N]인가?

① $\dfrac{1}{\pi\varepsilon_0}$

② $\dfrac{1}{4\pi\varepsilon_0}$

③ $\dfrac{1}{8\pi\varepsilon_0}$

④ $\dfrac{1}{16\pi\varepsilon_0}$

해설 전기 영상법에 의한 힘

$F = \dfrac{1}{4\pi\varepsilon_0}\dfrac{Q_1 Q_2}{(2r)^2} = \dfrac{Q^2}{16\pi\varepsilon_0 r^2}$

$= \dfrac{4^2}{16\pi\varepsilon_0 \cdot 2^2} = \dfrac{1}{4\pi\varepsilon_0}$[N]

제2과목 | 전력공학

21 옥내 배선의 전선 굵기를 결정할 때 고려해야 할 사항으로 틀린 것은?

① 허용전류   ② 전압강하
③ 배선방식   ④ 기계적 강도

로해설 전선 굵기 결정 시 고려사항은 허용전류, 전압강하, 기계적 강도이다.

22 코로나 현상에 대한 설명이 아닌 것은?

① 전선을 부식시킨다.
② 코로나 현상은 전력의 손실을 일으킨다.
③ 코로나 방전에 의하여 전파 장해가 일어난다.
④ 코로나 손실은 전원 주파수의 $\left(\dfrac{2}{3}\right)^2$에 비례한다.

로해설 코로나 손실

$$P_l = \frac{241}{\delta}(f+25)\sqrt{\frac{d}{2D}}\,(E-E_0)^2 \times 10^{-5}$$

[kW/km/선]

코로나 손실은 전원 주파수에 비례한다.

23 그림과 같은 회로의 일반 회로정수로서 옳지 않은 것은?

$$\dot{E}_S \quad \dot{Z} \quad \dot{E}_R$$

① $\dot{A} = 1$
② $\dot{B} = Z+1$
③ $\dot{C} = 0$
④ $\dot{D} = 1$

로해설 직렬 임피던스 회로의 4단자 정수

$$\begin{bmatrix} A & B \\ C & D \end{bmatrix} = \begin{bmatrix} 1 & Z \\ 0 & 1 \end{bmatrix}$$

24 그림과 같이 송전선이 4도체인 경우 소선 상호 간의 등가 평균거리는?

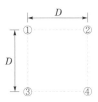

① $\sqrt[3]{2}\,D$ ② $\sqrt[4]{2}\,D$
③ $\sqrt[6]{2}\,D$ ④ $\sqrt[8]{2}\,D$

로해설 등가 평균거리 $D_o = \sqrt[n]{D_1 \cdot D_2 \cdot D_3 \cdots D_n}$

대각선의 길이는 $\sqrt{2}D$이므로

$$D_o = \sqrt[6]{D_{12} \cdot D_{24} \cdot D_{34} \cdot D_{13} \cdot D_{23} \cdot D_{14}}$$
$$= \sqrt[6]{D \cdot D \cdot D \cdot D \cdot \sqrt{2}D \cdot \sqrt{2}D}$$
$$= D \cdot \sqrt[6]{2}$$

25 송전선로에 사용되는 애자의 특성이 나빠지는 원인으로 볼 수 없는 것은?

① 애자 각 부분의 열팽창 상이
② 전선 상호 간의 유도장해
③ 누설전류에 의한 편열
④ 시멘트의 화학 팽창 및 동결 팽창

로해설 애자의 열화 원인
• 제조상의 결함
• 애자 각 부분의 열팽창 및 온도 상이
• 시멘트의 화학 팽창 및 동결 팽창
• 전기적인 스트레스
• 누설전류에 의한 편열
• 코로나

26 전선에서 전류의 밀도가 도선의 중심으로 들어갈수록 작아지는 현상은?

① 페란티 효과   ② 접지효과
③ 표피효과   ④ 근접효과

로해설 표피효과란 전류의 밀도가 도선 중심으로 들어갈수록 줄어드는 현상으로, 전선이 굵을수록, 주파수가 높을수록 커진다.

정답   21.③   22.④   23.②   24.③   25.②   26.③

27 송수 양단의 전압을 E_S, E_R라 하고 4단자 정수를 A, B, C, D라 할 때 전력원선도의 반지름은?

① $\dfrac{E_S E_R}{A}$ ② $\dfrac{E_S E_R}{B}$

③ $\dfrac{E_S E_R}{C}$ ④ $\dfrac{E_S E_R}{D}$

해설 전력원선도의 가로축에는 유효전력, 세로축에는 무효전력을 나타내고, 그 반지름은 다음과 같다.

$r = \dfrac{E_S E_R}{B}$

28 송전선의 안정도를 증진시키는 방법으로 맞는 것은?

① 발전기의 단락비를 작게 한다.
② 선로의 회선수를 감소시킨다.
③ 전압 변동을 작게 한다.
④ 리액턴스가 큰 변압기를 사용한다.

해설 안정도 증진방법으로는 발전기의 단락비를 크게 하여야 하고, 선로 회선수는 다회선 방식을 채용하거나 복도체 방식을 사용하고, 선로의 리액턴스를 작게 하여야 한다.

29 중성점 직접접지방식에 대한 설명으로 틀린 것은?

① 계통의 과도 안정도가 나쁘다.
② 변압기의 단절연(段絕緣)이 가능하다.
③ 1선 지락 시 건전상의 전압은 거의 상승하지 않는다.
④ 1선 지락전류가 적어 차단기의 차단 능력이 감소된다.

해설 중성점 직접접지방식은 1상 지락사고일 경우 지락전류가 대단히 크기 때문에 보호계전기의 동작이 확실하고, 계통에 주는 충격이 커서 과도 안정도가 나쁘다. 또한 중성점의 전위는 대지전위이므로 저감 절연 및 변압기 단절연이 가능하다.

30 배전선로의 손실을 경감하기 위한 대책으로 적절하지 않은 것은?

① 누전차단기 설치
② 배전전압의 승압
③ 전력용 콘덴서 설치
④ 전류밀도의 감소와 평형

해설 전력손실 감소대책
• 가능한 높은 전압 사용
• 굵은 전선 사용으로 전류밀도 감소
• 높은 도전율을 가진 전선 사용
• 송전거리 단축
• 전력용 콘덴서 설치
• 노후설비 신속 교체

31 송전선로의 고장전류 계산에 영상 임피던스가 필요한 경우는?

① 1선 지락   ② 3상 단락
③ 3선 단선   ④ 선간단락

해설 각 사고별 대칭좌표법 해석

1선 지락	정상분	역상분	영상분
선간단락	정상분	역상분	×
3상 단락	정상분	×	×

그러므로 영상 임피던스가 필요한 경우는 1선 지락이다.

32 전력 계통에서 내부 이상전압의 크기가 가장 큰 경우는?

① 유도성 소전류 차단 시
② 수차 발전기의 부하 차단 시
③ 무부하 선로 충전전류 차단 시
④ 송전선로의 부하 차단기 투입 시

해설 전력 계통에서 가장 큰 내부 이상전압은 개폐 서지로 무부하일 때 선로의 충전전류를 차단할 때이다.

정답 27.② 28.③ 29.④ 30.① 31.① 32.③

33 피뢰기를 가장 적절하게 설명한 것은?

① 동요 전압의 파두, 파미의 파형의 준도를 저감하는 것
② 이상전압이 내습하였을 때 방전하고 기류를 차단하는 것
③ 뇌동요 전압의 파고를 저감하는 것
④ 1선이 지락할 때 아크를 소멸시키는 것

3해설 충격파 전압의 파고치를 저감시키고 속류를 차단한다.

34 단상 2선식의 교류 배전선이 있다. 전선 한 줄의 저항은 0.15[Ω], 리액턴스는 0.25[Ω]이다. 부하는 무유도성으로 100[V], 3[kW]일 때 급전점의 전압은 약 몇 [V]인가?

① 100
② 110
③ 120
④ 130

3해설 급전점 전압 $V_s = V_r + I(R\cos\theta_r + X\sin\theta_r)$

$$= 100 + \frac{3,000}{100} \times 0.15 \times 2$$

$$= 109 \fallingdotseq 110[V]$$

35 배전 계통에서 사용하는 고압용 차단기의 종류가 아닌 것은?

① 기중차단기(ACB)
② 공기차단기(ABB)
③ 진공차단기(VCB)
④ 유입차단기(OCB)

3해설 기중차단기(ACB)는 대기압에서 소호하고, 교류 저압 차단기이다.

36 선택지락계전기의 용도를 옳게 설명한 것은?

① 단일 회선에서 지락 고장 회선의 선택 차단

② 단일 회선에서 지락전류의 방향 선택 차단
③ 병행 2회선에서 지락 고장 회선의 선택 차단
④ 병행 2회선에서 지락 고장의 지속시간 선택 차단

3해설 병행 2회선 송전선로의 지락사고 차단에 사용하는 계전기는 고장난 회선을 선택하는 선택지락계전기를 사용한다.

37 망상(network) 배전방식에 대한 설명으로 옳은 것은?

① 전압 변동이 대체로 크다.
② 부하 증가에 대한 융통성이 적다.
③ 방사상 방식보다 무정전 공급의 신뢰도가 더 높다.
④ 인축에 대한 감전사고가 적어서 농촌에 적합하다.

3해설 망상식(network system) 배전방식은 무정전 공급이 가능하며 전압 변동이 적고 손실이 감소되며, 부하 증가에 대한 적응성이 좋으나, 건설비가 비싸고, 인축에 대한 사고가 증가하고, 보호장치인 네트워크 변압기와 네트워크 변압기의 2차측에 설치하는 계전기와 기중차단기로 구성되는 역류개폐장치(network protector)가 필요하다.

38 %임피던스와 관련된 설명으로 틀린 것은?

① 정격전류가 증가하면 %임피던스는 감소한다.
② 직렬 리액터가 감소하면 %임피던스도 감소한다.
③ 전기 기계의 %임피던스가 크면 차단기의 용량은 작아진다.
④ 송전 계통에서는 임피던스의 크기를 [Ω]값 대신에 [%]값으로 나타내는 경우가 많다.

해설 %임피던스는 정격전류 및 정격용량에는 비례하고, 차단전류 및 차단용량에는 반비례하므로 정격전류가 증가하면 %임피던스는 증가한다.

39 그림과 같은 유황 곡선을 가진 수력 지점에서 최대 사용수량 OC로 1년간 계속 발전하는 데 필요한 저수지의 용량은?

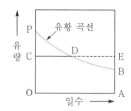

① 면적 OCPBA   ② 면적 OCDBA
③ 면적 DEB   ④ 면적 PCD

해설 그림에서 유황 곡선이 PDB이고 1년간 OC의 유량으로 발전하면, D점 이후의 일수는 유량이 DEB에 해당하는 만큼 부족하므로 저수지를 이용하여 필요한 유량을 확보하여야 한다.

40 다음 (㉠), (㉡), (㉢)에 들어갈 내용으로 옳은 것은?

> 원자력이란 일반적으로 무거운 원자핵이 핵분열하여 가벼운 핵으로 바뀌면서 발생하는 핵분열에너지를 이용하는 것이고, (㉠) 발전은 가벼운 원자핵을(과) (㉡)하여 무거운 핵으로 바꾸면서 (㉢) 전·후의 질량 결손에 해당하는 방출에너지를 이용하는 방식이다.

① ㉠ 원자핵 융합, ㉡ 융합, ㉢ 결합
② ㉠ 핵결합, ㉡ 반응, ㉢ 융합
③ ㉠ 핵융합, ㉡ 융합, ㉢ 핵반응
④ ㉠ 핵반응, ㉡ 반응, ㉢ 결합

해설 핵융합 발전은 가벼운 원자핵을 융합하여 무거운 핵으로 바꾸면서 핵반응 전·후의 질량 결손에 해당하는 방출에너지를 이용한다.

제3과목 전기기기

41 동기 전동기의 기동법 중 자기동법(self-starting method)에서 계자 권선을 저항을 통해서 단락시키는 이유는?

① 기동이 쉽다.
② 기동 권선으로 이용한다.
③ 고전압의 유도를 방지한다.
④ 전기자 반작용을 방지한다.

해설 기동기에 계자 회로를 연 채로 고정자에 전압을 가하면 권수가 많은 계자 권선이 고정자 회전 자계를 끊으므로 계자 회로에 매우 높은 전압이 유기될 염려가 있으므로 계자 권선을 여러 개로 분할하여 열어 놓거나 또는 저항을 통하여 단락시켜 놓아야 한다.

42 전력용 변압기에서 1차에 정현파 전압을 인가하였을 때, 2차에 정현파 전압이 유기되기 위해서는 1차에 흘러들어가는 여자 전류는 기본파 전류 외에 주로 몇 고조파 전류가 포함되는가?

① 제2고조파   ② 제3고조파
③ 제4고조파   ④ 제5고조파

해설 변압기의 철심에는 자속이 변화하는 경우 히스테리시스 현상이 있으므로 정현파 전압을 유도하려면 여자 전류에는 기본파 전류 외에 제3고조파 전류가 포함된 첨두파가 되어야 한다.

43 직류 전동기에서 정출력 가변 속도의 용도에 적합한 속도 제어법은?

① 일그너 제어   ② 계자 제어
③ 저항 제어   ④ 전압 제어

해설 회전 속도 $N = k\dfrac{V - I_a R_a}{\phi} \propto \dfrac{1}{\phi}$

출력 $P = E \cdot I_a = \dfrac{Z}{a} P \phi \dfrac{N}{60} I_a \propto \phi N$에서 자속을 변화하여 속도 제어를 하면 출력이 일정하므로 계자 제어를 정출력 제어라 한다.

정답 39.③ 40.③ 41.③ 42.② 43.②

44 다이오드 2개를 이용하여 전파 정류를 하고, 순저항 부하에 전력을 공급하는 회로가 있다. 저항에 걸리는 직류분 전압이 90[V]라면 다이오드에 걸리는 최대 역전압[V]의 크기는?

① 90 ② 242.8

③ 254.5 ④ 282.8

해설 직류 전압 $E_d = \dfrac{2\sqrt{2}}{\pi}E = 0.9E$

교류 전압 $E = \dfrac{E_d}{0.9} = \dfrac{90}{0.9} = 100[\text{V}]$

최대 역전압(PIV) $V_∈ = 2 \cdot E_m = 2\sqrt{2}\,E$
$$= 2\sqrt{2} \times 100$$
$$= 282.8[\text{V}]$$

45 동기 발전기의 자기 여자 현상 방지법이 아닌 것은?

① 수전단에 리액턴스를 병렬로 접속한다.

② 발전기 2대 또는 3대를 병렬로 모선에 접속한다.

③ 송전 선로의 수전단에 변압기를 접속한다.

④ 단락비가 작은 발전기로 충전한다.

해설 자기 여자 현상의 방지책
• 발전기 2대 또는 3대를 병렬로 모선에 접속한다.
• 수전단에 동기 조상기를 접속하고 이것을 부족 여자로 운전한다.
• 송전 선로의 수전단에 변압기를 접속한다.
• 수전단에 리액턴스를 병렬로 접속한다.
• 전기자 반작용은 적고, 단락비를 크게 한다.

46 극수 8, 중권 직류기의 전기자 총 도체수 960, 매극 자속 0.04[Wb], 회전수 400[rpm]이라면 유기기전력은 몇 [V]인가?

① 256 ② 327

③ 425 ④ 625

해설 유기기전력 $E = \dfrac{Z}{a}p\phi\dfrac{N}{60}$
$$= \dfrac{960}{8} \times 8 \times 0.04 \times \dfrac{400}{60}$$
$$= 256[\text{V}]$$

47 출력 P_o, 2차 동손 P_{2c}, 2차 입력 P_2 및 슬립 s인 유도 전동기에서의 관계는?

① $P_2 : P_{2c} : P_o = 1 : s : (1-s)$

② $P_2 : P_{2c} : P_o = 1 : (1-s) : s$

③ $P_2 : P_{2c} : P_o = 1 : s^2 : (1-s)$

④ $P_2 : P_{2c} : P_o = 1 : (1-s) : s^2$

해설
• 2차 입력 : $P_2 = I_2^2 \cdot \dfrac{r_2}{s}$
• 2차 동손 : $P_{2c} = I_2^2 \cdot r_2$
• 출력 : $P_o = I_2^2 \cdot R = I_2^2\dfrac{1-s}{s}$

$\therefore P_2 : P_{2c} : P_o = \dfrac{1}{s} : 1 : \dfrac{1-s}{s} = 1 : s : 1-s$

48 스텝각이 2°, 스테핑 주파수(pulse rate)가 1,800[pps]인 스테핑 모터의 축속도[rps]는?

① 8 ② 10

③ 12 ④ 14

해설 스테핑 모터의 축속도 $n = \dfrac{\beta \times f_p}{360} = \dfrac{2 \times 1,800}{360°}$
$$= 10[\text{rps}]$$

49 동기기의 안정도를 증진시키는 방법이 아닌 것은?

① 단락비를 크게 할 것

② 속응 여자 방식을 채용할 것

③ 정상 리액턴스를 크게 할 것

④ 영상 및 역상 임피던스를 크게 할 것

정답 44.④ 45.④ 46.① 47.① 48.② 49.③

해설 동기기의 안정도 향상책
- 단락비가 클 것
- 동기 임피던스(리액턴스)가 작을 것
- 속응 여자 방식을 채택할 것
- 관성 모멘트가 클 것
- 조속기 동작이 신속할 것
- 영상 및 역상 임피던스가 클 것

50 유도 전동기의 최대 토크를 발생하는 슬립을 s_t, 최대 출력을 발생하는 슬립을 s_p라 하면 대소 관계는?

① $s_p = s_t$ 　　　② $s_p > s_t$

③ $s_p < s_t$ 　　　④ 일정치 않다.

해설
$$s_t = \frac{r_2{}'}{\sqrt{r_1{}^2 + (x_1 + x_2{}')^2}} \fallingdotseq \frac{r_2{}'}{x_2{}'} = \frac{r_2}{x_2}$$

$$s_p = \frac{r_2{}'}{r_2{}' + \sqrt{(r_1 + r_2{}')^2 + (x_1 + x_2{}')^2}}$$

$$\fallingdotseq \frac{r_2{}'}{r_2{}' + Z}$$

$$\frac{r_2{}'}{x_2{}'} > \frac{r_2{}'}{r_2{}' + Z}$$

$$\therefore s_t > s_p$$

51 3상 동기 발전기에서 그림과 같이 1상의 권선을 서로 똑같은 2조로 나누어서 그 1조의 권선 전압을 E[V], 각 권선의 전류를 I[A]라 하고, 지그재그 Y형(zigzag star)으로 결선하는 경우 선간전압, 선전류 및 피상 전력은?

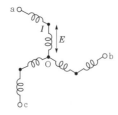

① $3E$, I, $\sqrt{3} \times 3E \times I = 5.2EI$

② $\sqrt{3}\,E$, $2I$, $\sqrt{3} \times \sqrt{3}\,E \times 2I = 6EI$

③ E, $2\sqrt{3}\,I$, $\sqrt{3} \times E \times 2\sqrt{3}\,I = 6EI$

④ $\sqrt{3}\,E$, $\sqrt{3}\,I$,
$\sqrt{3} \times \sqrt{3}\,E \times \sqrt{3}\,I = 5.2EI$

해설 선간전압 $V_l = \sqrt{3}\,V_p = \sqrt{3} \times \sqrt{3}\,E_p = 3E$[V]
선전류 $I_l = I_p = I$[A]
피상 전력 $P_a = \sqrt{3}\,V_l I_l$
$$= \sqrt{3} \times 3E \times I$$
$$= 5.2EI \text{ [VA]}$$

52 사이리스터(thyristor) 단상 전파 정류 파형에서의 저항 부하 시 맥동률[%]은?

① 17 　　　② 48

③ 52 　　　④ 83

해설
$$\nu = \frac{\sqrt{E^2 - E_d{}^2}}{E_d} \times 100 = \sqrt{\left(\frac{E}{E_d}\right)^2 - 1} \times 100$$

$$= \sqrt{\left(\frac{\dfrac{E_m}{\sqrt{2}}}{\dfrac{2E_m}{\pi}}\right)^2 - 1} \times 100$$

$$= \sqrt{\left(\frac{\pi}{2\sqrt{2}}\right)^2 - 1} \times 100$$

$$= \sqrt{\frac{\pi^2}{8} - 1} \times 100$$

$$\fallingdotseq 0.48 \times 100 = 48[\%]$$

53 3상 유도 전동기의 기동법 중 Y−△ 기동법으로 기동 시 1차 권선의 각 상에 가해지는 전압은 기동 시 및 운전 시 각각 정격전압의 몇 배가 가해지는가?

① 1, $\dfrac{1}{\sqrt{3}}$ 　　　② $\dfrac{1}{\sqrt{3}}$, 1

③ $\sqrt{3}$, $\dfrac{1}{\sqrt{3}}$ 　　　④ $\dfrac{1}{\sqrt{3}}$, $\sqrt{3}$

해설 기동 시 고정자 권선의 결선이 Y결선이므로 상전압은 $\dfrac{1}{\sqrt{3}} V_0$이고, 운전 시 △결선이 되어 상전압과 선간전압은 동일하다.

54 분권 발전기의 회전 방향을 반대로 하면 일어나는 현상은?

① 전압이 유기된다.
② 발전기가 소손된다.
③ 잔류 자기가 소멸된다.
④ 높은 전압이 발생한다.

해설 직류 분권 발전기의 회전 방향이 반대로 되면 전기자의 유기기전력 극성이 반대로 되고, 분권 회로의 여자 전류가 반대로 흘러서 잔류 자기를 소멸시키기 때문에 전압이 유기되지 않으므로 발전되지 않는다.

55 다이오드를 사용하는 정류 회로에서 과대한 부하 전류로 인하여 다이오드가 소손될 우려가 있을 때 가장 적절한 조치는 어느 것인가?

① 다이오드를 병렬로 추가한다.
② 다이오드를 직렬로 추가한다.
③ 다이오드 양단에 적당한 값의 저항을 추가한다.
④ 다이오드 양단에 적당한 값의 콘덴서를 추가한다.

해설 다이오드를 병렬로 접속하면 과전류로부터 보호할 수 있다. 즉, 부하 전류가 증가하면 다이오드를 여러 개 병렬로 접속한다.

56 변압기 단락 시험에서 변압기의 임피던스 전압이란?

① 1차 전류가 여자 전류에 도달했을 때의 2차측 단자 전압
② 1차 전류가 정격전류에 도달했을 때의 2차측 단자 전압
③ 1차 전류가 정격전류에 도달했을 때의 변압기 내의 전압강하
④ 1차 전류가 2차 단락 전류에 도달했을 때의 변압기 내의 전압강하

해설 변압기의 임피던스 전압이란, 변압기 2차측을 단락하고 1차 공급 전압을 서서히 증가시켜 단락 전류가 1차 정격전류에 도달했을 때의 변압기 내의 전압강하이다.

57 슬립 5[%]인 유도 전동기의 등가 부하 저항은 2차 저항의 몇 배인가?

① 19 ② 20
③ 29 ④ 40

해설 등가 저항(기계적 출력 정수) R

$$R = \frac{r_2}{s} - r_2 = \left(\frac{1}{s} - 1\right) r_2 = \frac{1-s}{s} r_2$$
$$= \frac{1 - 0.05}{0.05} \cdot r_2 = 19 r_2$$

58 권수비 60인 단상 변압기의 전부하 2차 전압 200[V], 전압변동률 3[%]일 때 1차 단자 전압[V]은?

① 12,180 ② 12,360
③ 12,720 ④ 12,930

해설 전압변동률 $\varepsilon = \frac{V_{20} - V_{2n}}{V_{2n}} \times 100$, $\acute{\varepsilon} = \frac{\varepsilon}{100} = 0.03$

$V_{20} = V_{2n}(1 + \acute{\varepsilon})$

1차 단자 전압 $V_1 = a \cdot V_{20} = a \cdot V_{2n}(1 + \acute{\varepsilon})$
$= 60 \times 200 \times (1 + 0.03)$
$= 12,360[V]$

59 단상 변압기를 병렬 운전할 경우 부하 전류의 분담은?

① 용량에 비례하고 누설 임피던스에 비례
② 용량에 비례하고 누설 임피던스에 반비례
③ 용량에 반비례하고 누설 리액턴스에 비례
④ 용량에 반비례하고 누설 리액턴스의 제곱에 비례

정답 54.③ 55.① 56.③ 57.① 58.② 59.②

해설 단상 변압기의 부하 분담은 A, B 2대의 변압기 정격전류를 I_A, I_B 라 하고 정격전압을 V_n이라 하고 %임피던스를 $z_a = \%I_A Z_a$, $z_b = \%I_B Z_b$로 표시하면

$$z_a = \frac{Z_A I_A}{V_n} \times 100, \quad z_b = \frac{Z_b I_B}{V_n} \times 100$$

단, $I_a Z_a = I_b Z_b$ 이므로

$$\therefore \frac{I_a}{I_b} = \frac{z_b}{z_a} = \frac{Z_b V_n}{I_B} \times \frac{I_A}{Z_a V_n} = \frac{P_A Z_b}{P_B Z_a}$$

여기서, P_A : A변압기의 정격용량
P_B : B변압기의 정격용량
I_a : A변압기의 부하 전류
I_b : B변압기의 부하 전류

60 직류 분권 전동기의 정격전압이 300[V], 전부하 전기자 전류 50[A], 전기자 저항 0.2[Ω]이다. 이 전동기의 기동 전류를 전부하 전류의 120[%]로 제한시키기 위한 기동 저항값은 몇 [Ω]인가?

① 3.5   ② 4.8
③ 5.0   ④ 5.5

해설 기동 전류 $I_s = \dfrac{V-E}{R_a + R_s}$
$$= 1.2 I_a = 1.2 \times 50 = 60[A]$$

기동시 역기전력 $E = 0$이므로

기동 저항 $R_s = \dfrac{V}{1.2 I_a} - R_a$
$$= \frac{300}{1.2 \times 50} - 0.2$$
$$= 4.8[\Omega]$$

제4과목   회로이론 및 제어공학

61 다음의 논리회로를 간단히 하면?

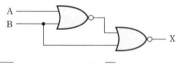

① $\overline{AB}$ ② $\overline{A}B$
③ $A\overline{B}$ ④ AB

해설 $X = \overline{\overline{A+B}+B} = \overline{\overline{A+B}} \cdot \overline{B} = (A+B)\overline{B}$
$$= A\overline{B} + B\overline{B} = A\overline{B}$$

62 그림과 같은 블록선도에서 등가합성전달함수 $\dfrac{C}{R}$ 는?

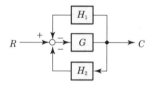

① $\dfrac{H_1 + H_2}{1 + G}$ ② $\dfrac{H_1}{1 + H_1 H_2 G}$

③ $\dfrac{G}{1 + H_1 + H_2}$ ④ $\dfrac{G}{1 + H_1 G + H_2 G}$

해설 $(R - CH_1 - CH_2)G = C$
$RG = C(1 + H_1 G + H_2 G)$

합성전달함수 $G(s) = \dfrac{C}{R} = \dfrac{G}{1 + H_1 G + H_2 G}$

63 $R(z) = \dfrac{(1-e^{-aT})z}{(z-1)(z-e^{-aT})}$ 의 역변환은?

① te^{at} ② te^{-at}
③ $1 - e^{-at}$ ④ $1 + e^{-at}$

해설 $\dfrac{R(z)}{z}$ 형태로 부분 분수 전개하면

$$\frac{R(z)}{z} = \frac{(1-e^{-aT})}{(z-1)(z-e^{-aT})} = \frac{k_1}{z-1} + \frac{k_2}{z-e^{-aT}}$$

$$k_1 = \lim_{z \to 1} \frac{1-e^{-aT}}{z-e^{-aT}} = 1$$

$$k_2 = \lim_{z \to e^{-aT}} \frac{1-e^{-aT}}{z-1} = -1$$

$$\frac{R(z)}{z} = \frac{1}{z-1} - \frac{1}{z-e^{-aT}}$$

$$R(z) = \frac{z}{z-1} - \frac{z}{z-e^{-aT}}$$

$$\therefore r(t) = 1 - e^{-at}$$

64 단위부궤환 계통에서 $G(s)$가 다음과 같을 때, $K=2$이면 무슨 제동인가?

$$G(s) = \frac{K}{s(s+2)}$$

① 무제동
② 임계제동
③ 과제동
④ 부족제동

해설 $K=2$일 때, 특성방정식은 $1+G(s)=0$,

$1+\dfrac{K}{s(s+2)}=0$

$s(s+2)+K = s^2+2s+2 = 0$

2차계의 특성방정식 $s^2+2\delta\omega_n s+\omega_n^2=0$

$\omega_n=\sqrt{2}$, $2\delta\omega_n=2$

∴ 제동비 $\delta=\dfrac{2}{2\sqrt{2}}=\dfrac{1}{\sqrt{2}}=0.707$

∴ $0<\delta<1$인 경우이므로 부족제동 감쇠진동한다.

65 제어장치가 제어대상에 가하는 제어신호로 제어장치의 출력인 동시에 제어대상의 입력인 신호는?

① 목표값
② 조작량
③ 제어량
④ 동작신호

해설 궤환제어계

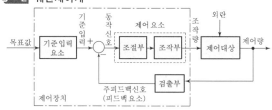

66 $G(s)H(s)=\dfrac{K(s+1)}{s^2(s+2)(s+3)}$ 에서 점근선의 교차점을 구하면?

① $-\dfrac{5}{6}$
② $-\dfrac{1}{5}$
③ $-\dfrac{4}{3}$
④ $-\dfrac{1}{3}$

해설 $\sigma = \dfrac{\sum G(s)H(s)\text{의 극점}-\sum G(s)H(s)\text{의 영점}}{p-z}$

$= \dfrac{(0-2-3)-(-1)}{4-1}$

$= -\dfrac{4}{3}$

67 $G(j\omega)=K(j\omega)^2$의 보드선도는?

① $-40[\text{dB/dec}]$의 경사를 가지며 위상각 $-180°$

② $40[\text{dB/dec}]$의 경사를 가지며 위상각 $180°$

③ $-20[\text{dB/dec}]$의 경사를 가지며 위상각 $-90°$

④ $20[\text{dB/dec}]$의 경사를 가지며 위상각 $90°$

해설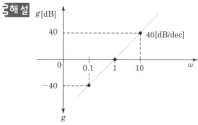

이득 $g = 20\log|G(j\omega)| = 20\log|K(j\omega)^2|$

$= 20\log K\omega^2 = 20\log K + 40\log\omega[\text{dB}]$

- $\omega=0.1$일 때 $g=20\log K-40[\text{dB}]$
- $\omega=1$일 때 $g=20\log K[\text{dB}]$
- $\omega=10$일 때 $g=20\log K+40[\text{dB}]$

∴ 이득 $40[\text{dB/dec}]$의 경사를 가지며,

위상각 $\underline{/\theta} = \underline{/G(j\omega)} = \underline{/(j\omega)^2} = 180°$

68 제어오차가 검출될 때 오차가 변화하는 속도에 비례하여 조작량을 조절하는 동작으로 오차가 커지는 것을 사전에 방지하는 제어동작은?

① 미분동작제어
② 비례동작제어
③ 적분동작제어
④ 온-오프(on-off)제어

정답 64.④ 65.② 66.③ 67.② 68.①

해설 미분동작제어

레이트동작 또는 단순히 D동작이라 하며 단독으로 쓰이지 않고 비례 또는 비례+적분동작과 함께 쓰인다.

미분동작은 오차(편차)의 증가속도에 비례하여 제어신호를 만들어 오차가 커지는 것을 미리 방지하는 효과를 가지고 있다.

69 다음과 같은 단위궤환제어계가 안정하기 위한 K의 범위를 구하면?

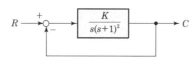

① $K > 0$ ② $K < 1$

③ $0 < K < 1$ ④ $0 < K < 2$

해설 특성방정식 $1 + G(s)H(s) = 1 + \dfrac{K}{s(s+1)^2} = 0$

$s(s+1)^2 + K = s^3 + 2s^2 + s + K = 0$

라우스의 표

$$
\begin{array}{c|ccc}
s^3 & 11 & 1 & 0 \\
s^2 & 2 & K & \\
s^1 & \dfrac{2-K}{2} & 0 & \\
s^0 & K & &
\end{array}
$$

제1열의 부호 변화가 없어야 안정하므로

$\dfrac{2-K}{2} > 0, \ K > 0$

$\therefore \ 0 < K < 2$

70 그림의 신호흐름선도에서 $\dfrac{y_2}{y_1}$의 값은?

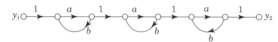

① $\dfrac{a^3}{(1-ab)^3}$ ② $\dfrac{a^3}{(1-3ab+a^2b^2)}$

③ $\dfrac{a^3}{1-3ab}$ ④ $\dfrac{a^3}{1-3ab+2a^2b^2}$

해설 $G_1 = a \cdot a \cdot a = a^3, \ \Delta_1 = 1$

$\sum L_{n1} = ab + ab + ab = 3ab$

$\sum L_{n2} = ab \times ab + ab \times ab + ab \times ab = 3a^2b^2$

$\sum L_{n3} = ab \times ab \times ab = a^3b^3$

$\Delta = 1 - 3ab + 3a^2b^2 - a^3b^3 = (1-ab)^3$

$\therefore$ 전달함수 $G(s) = \dfrac{y_2}{y_1} = \dfrac{G_1\Delta_1}{\Delta} = \dfrac{a^3}{(1-ab)^3}$

71 각 상의 임피던스 $Z = 6 + j8[\Omega]$인 평형 △부하에 선간전압이 220[V]인 대칭 3상 전압을 가할 때의 선전류[A]를 구하면?

① 22   ② 13

③ 11   ④ 38

해설 △결선이므로 $I_l = \sqrt{3}\,I_p$

$\qquad\qquad = \sqrt{3}\,\dfrac{220}{\sqrt{6^2+8^2}} \fallingdotseq 38[A]$

72 어떤 회로에 흐르는 전류가 $i = 5 + 10\sqrt{2}\sin\omega t + 5\sqrt{2}\sin\left(3\omega t + \dfrac{\pi}{3}\right)$[A]인 경우 실효값[A]은?

① 10.25   ② 11.25

③ 12.25   ④ 13.25

해설 실효값 $I = \sqrt{I_0{}^2 + I_1{}^2 + I_2{}^2}$

$\qquad\qquad = \sqrt{5^2 + 10^2 + 5^2} = 12.25[A]$

73 무손실 선로의 분포정수회로에서 감쇠정수 α와 위상정수 β의 값은?

① $\alpha = \sqrt{RG}, \ \beta = \omega\sqrt{LC}$

② $\alpha = 0, \ \beta = \omega\sqrt{LC}$

③ $\alpha = \sqrt{RG}, \ \beta = 0$

④ $\alpha = 0, \ \beta = \dfrac{1}{\sqrt{LC}}$

정답   69.④   70.①   71.④   72.③   73.②

해설 $\gamma = \sqrt{(R+ j\omega L)(G+ j\omega C)}$
$= j\omega \sqrt{LC}$
$\therefore$ 감쇠정수 $\alpha = 0$
위상정수 $\beta = \omega \sqrt{LC}$

74 대칭 3상 전압 V_a, V_b, V_c를 a상을 기준으로 한 대칭분은?

① $V_0 = 0$, $V_1 = V_a$, $V_2 = a V_a$

② $V_0 = V_a$, $V_1 = V_a$, $V_2 = V_a$

③ $V_0 = 0$, $V_1 = 0$, $V_2 = a^2 V_a$

④ $V_0 = 0$, $V_1 = V_a$, $V_2 = 0$

해설 대칭 3상 전압을 a상 기준으로 한 대칭분
$V_0 = \frac{1}{3}(V_a + V_b + V_c)$
$= \frac{1}{3}(V_a + a^2 V_a + a V_a)$
$= \frac{V_a}{3}(1 + a^2 + a) = 0$
$V_1 = \frac{1}{3}(V_a + a V_b + a^2 V_c)$
$= \frac{1}{3}(V_a + a^3 V_a + a^3 V_a)$
$= \frac{V_a}{3}(1 + a^3 + a^3) = V_a$
$V_2 = \frac{1}{3}(V_a + a^2 V_b + a V_c)$
$= \frac{1}{3}(V_a + a^4 V_a + a^2 V_a)$
$= \frac{V_a}{3}(1 + a^4 + a^2) = 0$

75 $R-L$ 직렬회로에 $v = 100\sin(120\pi t)$[V]의 전원을 연결하여 $i = 2\sin(120\pi t - 45°)$[A]의 전류가 흐르도록 하려면 저항 R[Ω]의 값은?

① 50

② $\dfrac{50}{\sqrt{2}}$

③ $50\sqrt{2}$

④ 100

해설 임피던스 $Z = \dfrac{V_m}{I_m} = \dfrac{100}{2} = 50$[Ω], 전압 전류의 위

상차 45°이므로

따라서 임피던스 삼각형에서

$\therefore R = 50\cos 45° = \dfrac{50}{\sqrt{2}}$ [Ω]

76 그림과 같은 회로의 단자 a, b, c에 대칭 3상 전압을 가하여 각 선전류를 같게 하려면 R의 값[Ω]을 얼마로 하면 되는가?

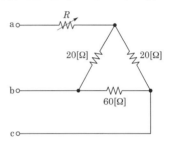

① 2

② 8

③ 16

④ 24

해설 △ → Y로 등가 변환하면

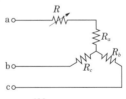

$R_a = \dfrac{400}{100} = 4$[Ω]

$R_b = \dfrac{1,200}{100} = 12$[Ω]

$R_c = \dfrac{1,200}{100} = 12$[Ω]

$\therefore$ 각 선에 흐르는 전류가 같으려면 각 상의 저항이 같아야 하므로 $R = 8$[Ω]

정답 74.④ 75.② 76.②

77 $R-L$ 직렬회로에서 스위치 S를 닫아 직류 전압 E[V]를 회로 양단에 급히 가한 다음 $\dfrac{L}{R}$[s] 후의 전류 I[A]값은?

① $0.632\dfrac{E}{R}$

② $0.5\dfrac{E}{R}$

③ $0.368\dfrac{E}{R}$

④ $\dfrac{E}{R}$

해설

$$i = \frac{E}{R}\left(1 - e^{-\frac{R}{L}t}\right) = \frac{E}{R}\left(1 - e^{-\frac{R}{L}\frac{L}{R}t}\right)$$

$$= \frac{E}{R}(1 - e^{-1}) = 0.632\frac{E}{R}\,[A]$$

78 그림과 같은 회로가 정저항 회로가 되기 위한 저항 R[Ω]의 값은? (단, $L=2$[mH], $C=10$[μF]이다.)

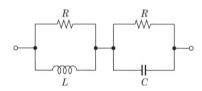

① 8

② 14

③ 20

④ 28

해설 $Z_1 \cdot Z_2 = R^2$ 에서 $sL \cdot \dfrac{1}{sC} = R^2$, $R^2 = \dfrac{L}{C}$

$$\therefore R = \sqrt{\frac{L}{C}} = \sqrt{\frac{2 \times 10^{-3}}{10 \times 10^{-6}}} = 14.14\,[\Omega]$$

79 그림과 같은 H형 회로의 4단자 정수 중 A의 값은?

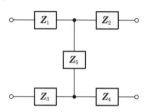

① Z_5

② $\dfrac{Z_5}{Z_2 + Z_4 + Z_5}$

③ $\dfrac{1}{Z_5}$

④ $\dfrac{Z_1 + Z_3 + Z_5}{Z_5}$

해설

$$\begin{bmatrix} A & B \\ C & D \end{bmatrix} = \begin{bmatrix} 1 & Z_1 + Z_3 \\ 0 & 1 \end{bmatrix} \begin{bmatrix} 1 & 0 \\ \dfrac{1}{Z_5} & 1 \end{bmatrix} \begin{bmatrix} 1 & Z_2 + Z_4 \\ 0 & 1 \end{bmatrix}$$

$$= \begin{bmatrix} \dfrac{Z_1 + Z_3 + Z_5}{Z_5} & Z_1 + Z_3 + \dfrac{(Z_2 + Z_4)(Z_1 + Z_3 + Z_5)}{Z_5} \\ \dfrac{1}{Z_5} & \dfrac{Z_2 + Z_4 + Z_5}{Z_5} \end{bmatrix}$$

80 대칭 3상 전압을 공급한 유도 전동기가 있다. 전동기에 그림과 같이 2개의 전력계 W_1 및 W_2, 전압계 V, 전류계 A 를 접속하니 각 계기의 지시가 $W_1 = 5.96$[kW], $W_2 = 1.31$[kW], $V = 200$[V], $A = 30$[A]이었다. 이 전동기의 역률은 몇 [%]인가?

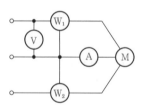

① 60

② 70

③ 80

④ 90

해설 역률 $\cos\theta = \dfrac{P}{P_a} = \dfrac{P}{\sqrt{P^2 + P_r^{\,2}}} = \dfrac{P}{\sqrt{3}\,VI}$

전력계의 지시값이 W_1, W_2이므로

역률 $\cos\theta = \dfrac{W_1 + W_2}{\sqrt{3}\,VI}$

$\quad = \dfrac{5,960 + 1,310}{\sqrt{3} \times 200 \times 30} = 0.7$

$\therefore \ 70[\%]$

제5과목 전기설비기술기준

81 직류회로에서 선도체 겸용 보호도체를 말하는 것은?

① PEM ② PEL
③ PEN ④ PET

해설 용어정의(KEC 112)
- "PEN 도체"란 교류회로에서 중성선 겸용 보호도체를 말한다.
- "PEM 도체"란 직류회로에서 중간도체 겸용 보호도체를 말한다.
- "PEL 도체"란 직류회로에서 선도체 겸용 보호도체를 말한다.

82 최대사용전압 440[V]인 전동기의 절연내력 시험전압은 몇 [V]인가?

① 330 ② 440
③ 500 ④ 660

해설 회전기 및 정류기의 절연내력(KEC 133)

종 류		시험전압	시험방법
발전기, 전동기, 조상기 (무효전력 보상장치)	7[kV] 이하	1.5배 (최저 500[V])	권선과 대지 사이 10분간
	7[kV] 초과	1.25배 (최저 10,500[V])	

$\therefore \ 440 \times 1.5 = 660[V]$

83 접지공사에 사용하는 접지도체를 시설하는 경우 접지극을 그 금속체로부터 지중에서 몇 [m] 이상 이격시켜야 하는가? (단, 접지극을 철주의 밑면으로부터 30[cm] 이상의 깊이에 매설하는 경우는 제외한다.)

① 1 ② 2
③ 3 ④ 4

해설 접지극의 시설 및 접지저항(KEC 142.2)
- 접지극은 지하 75[cm] 이상으로 하되 동결깊이를 감안하여 매설할 것
- 접지극을 철주의 밑면으로부터 30[cm] 이상의 깊이에 매설하는 경우 이외에는 접지극을 지중에서 금속체로부터 1[m] 이상 떼어 매설할 것

84 혼촉사고 시에 1초를 초과하고 2초 이내에 자동 차단되는 6.6[kV] 전로에 결합된 변압기 저압측의 전압이 220[V]인 경우 접지저항값 [Ω]은? (단, 고압측 1선 지락전류는 30[A]라 한다.)

① 5 ② 10
③ 20 ④ 30

해설 변압기 중성점 접지저항값(KEC 142.5)
- 일반적으로 변압기의 고압·특고압측 전로 1선 지락전류로 150을 나눈 값과 같은 저항값 이하
- 변압기의 고압·특고압 전로 또는 사용전압이 35[kV] 이하의 특고압 전로가 저압측 전로와 혼촉하고 저압전로의 대지전압이 150[V]를 초과하는 경우는 저항값은 다음에 의한다.
  - 1초 초과 2초 이내에 고압·특고압 전로를 자동으로 차단하는 장치를 설치할 때는 300을 나눈 값 이하
  - 1초 이내에 고압·특고압 전로를 자동으로 차단하는 장치를 설치할 때는 600을 나눈 값 이하

$\therefore \ R = \dfrac{300}{I} = \dfrac{300}{30} = 10[\Omega]$

정답 81.② 82.④ 83.① 84.②

85 피뢰설비 중 인하도선시스템의 건축물·구조물과 분리되지 않은 수뢰부시스템인 경우에 대한 설명으로 틀린 것은?

① 인하도선의 수는 1가닥 이상으로 한다.
② 벽이 불연성 재료로 된 경우에는 벽의 표면 또는 내부에 시설할 수 있다.
③ 병렬인하도선의 최대간격은 피뢰시스템등급에 따라 Ⅳ 등급은 20[m]로 한다.
④ 벽이 가연성 재료인 경우에는 0.1[m] 이상 이격하고, 이격이 불가능한 경우에는 도체의 단면적을 100[mm²] 이상으로 한다.

해설 인하도선시스템(KEC 152.2)
• 건축물·구조물과 분리되는 피뢰시스템인 경우 : 인하도선의 수는 1가닥 이상
• 건축물·구조물과 분리되지 않은 피뢰시스템인 경우 : 인하도선의 수는 2가닥 이상

86 일반주택의 저압 옥내배선을 점검하였더니 다음과 같이 시설되어 있었을 경우 시설기준에 적합하지 않은 것은?

① 합성수지관의 지지점 간의 거리를 2[m]로 하였다.
② 합성수지관 안에서 전선의 접속점이 없도록 하였다.
③ 금속관공사에 옥외용 비닐절연전선을 제외한 절연전선을 사용하였다.
④ 인입구에 가까운 곳으로서 쉽게 개폐할 수 있는 곳에 개폐기를 각 극에 시설하였다.

해설 합성수지관공사(KEC 232.11)
• 전선은 연선(옥외용 제외) 사용. 연동선 10[mm²], 알루미늄선 16[mm²] 이하 단선 사용할 것
• 전선관 내 전선 접속점이 없도록 할 것
• 관을 삽입하는 깊이 : 관 외경(바깥지름)의 1.2배 (접착제 사용 0.8배) 이상
• 관 지지점 간 거리 : 1.5[m] 이하

87 욕탕의 양단에 판상의 전극을 설치하고 그 전극 상호 간에 교류전압을 가하는 전기욕기의 전원변압기 2차 전압은 몇 [V] 이하인 것을 사용하여야 하는가?

① 5   ② 10
③ 12   ④ 15

해설 전기욕기(KEC 241.2)
1차 대지전압 300[V] 이하, 2차 사용전압 10[V] 이하인 것을 사용해야 한다.

88 무대, 무대마루 밑, 오케스트라 박스, 영사실, 기타 사람이나 무대 도구가 접촉할 우려가 있는 곳에 시설하는 저압 옥내배선·전구선 또는 이동전선은 사용전압이 몇 [V] 이하이어야 하는가?

① 60   ② 110
③ 220   ④ 400

해설 전시회, 쇼 및 공연장의 전기설비(KEC 242.6)
저압 옥내배선·전구선 또는 이동전선은 사용전압이 400[V] 이하일 것

89 전체의 길이가 18[m]이고, 설계하중이 6.8 [kN]인 철근콘크리트주를 지반이 튼튼한 곳에 시설하려고 한다. 기초 안전율을 고려하지 않기 위해서는 묻히는 깊이를 몇 [m] 이상으로 시설하여야 하는가?

① 2.5   ② 2.8
③ 3   ④ 3.2

해설 가공전선로 지지물의 기초의 안전율(KEC 331.7)
철근콘크리트주로서 그 전체의 길이가 16[m] 초과 20[m] 이하이고, 설계하중이 6.8[kN] 이하의 것을 논이나 그 밖의 지반이 연약한 곳 이외에 그 묻히는 깊이는 2.8[m] 이상

정답 85.① 86.① 87.② 88.④ 89.②

90 345[kV] 송전선을 사람이 쉽게 들어가지 않는 산지에 시설할 때 전선의 지표상 높이는 몇 [m] 이상으로 하여야 하는가?

① 7.28

② 7.56

③ 8.28

④ 8.56

해설 특고압 가공전선의 높이(KEC 333.7)

(345−160)÷10＝18.5이므로 10[kV] 단수는 19이다. 산지(山地) 등에서 사람이 쉽게 들어갈 수 없는 장소에 시설하는 경우이므로 전선의 지표상 높이는 5+0.12×19＝7.28[m]이다.

91 고압 가공전선로의 지지물로 철탑을 사용한 경우 최대 경간(지지물 간 거리)은 몇 [m] 이하이어야 하는가?

① 300

② 400

③ 500

④ 600

해설 고압 가공전선로 경간(지지물 간 거리)의 제한(KEC 332.9)

지지물의 종류	경간(지지물 간 거리)
목주·A종	150[m] 이하
B종	250[m] 이하
철탑	600[m] 이하

92 345[kV] 가공전선이 건조물과 제1차 접근상태로 시설되는 경우 양자 간의 최소 이격거리(간격)는 얼마이어야 하는가?

① 6.75[m]

② 7.65[m]

③ 7.8[m]

④ 9.48[m]

해설 $L = 3 + 0.15 \times \dfrac{345 - 35}{10} = 7.65[\text{m}]$

93 사용전압이 22.9[kV]인 가공전선로를 시가지에 시설하는 경우 전선의 지표상 높이는 몇 [m] 이상인가? (단, 전선은 특고압 절연전선을 사용한다.)

① 6

② 7

③ 8

④ 10

해설 시가지 등에서 170[kV] 이하 특고압 가공전선로 높이(KEC 333.1−3)

사용전압의 구분	지표상의 높이
35[kV] 이하	10[m](전선이 특고압 절연전선인 경우에는 8[m])
35[kV] 초과	10[m]에 35[kV]를 초과하는 10[kV] 또는 그 단수마다 0.12[m]를 더한 값

94 사용전압이 15[kV] 초과 25[kV] 이하인 특고압 가공전선로가 상호 간 접근 또는 교차하는 경우 사용전선이 양쪽 모두 나전선이라면 이격거리(간격)는 몇 [m] 이상이어야 하는가? (단, 중성선 다중 접지방식의 것으로서 전로에 지락이 생겼을 때에 2초 이내에 자동적으로 이를 전로로부터 차단하는 장치가 되어 있다.)

① 1.0

② 1.2

③ 1.5

④ 1.75

해설 25[kV] 이하인 특고압 가공전선로의 시설(KEC 333.32)

특고압 가공전선로가 상호 간 접근 또는 교차하는 경우

사용 전선의 종류	이격거리(간격)
어느 한쪽 또는 양쪽이 나전선인 경우	1.5[m]
양쪽이 특고압 절연 전선인 경우	1.0[m]
한쪽이 케이블이고 다른 한쪽이 케이블이거나 특고압 절연 전선인 경우	0.5[m]

정답 90.① 91.④ 92.② 93.③ 94.③

95 교량(다리)의 윗면에 시설하는 고압 전선로는 전선의 높이를 교량(다리)의 노면상 몇 [m] 이상으로 하여야 하는가?

① 3   ② 4

③ 5   ④ 6

해설 교량(다리)에 시설하는 전선로(KEC 335.6) –고압 전선로
- 교량(다리)의 윗면에 시설하는 전선의 높이를 교량(다리)의 노면상 5[m] 이상으로 할 것
- 전선은 케이블일 것. 단, 철도 또는 궤도 전용의 교량(다리)에는 인장강도 5.26[kN] 이상의 것 또는 지름 4[mm] 이상의 경동선을 사용
- 전선과 조영재 사이의 이격거리(간격)는 30[cm] 이상일 것

96 수소냉각식 발전기 및 이에 부속하는 수소 냉각장치에 대한 시설기준으로 틀린 것은?

① 발전기 내부의 수소의 온도를 계측하는 장치를 시설할 것

② 발전기 내부의 수소의 순도가 70[%] 이하로 저하한 경우에 경보를 하는 장치를 시설할 것

③ 발전기는 기밀구조의 것이고 또한 수소가 대기압에서 폭발하는 경우에 생기는 압력에 견디는 강도를 가지는 것일 것

④ 발전기 내부의 수소의 압력을 계측하는 장치 및 그 압력이 현저히 변동한 경우에 이를 경보하는 장치를 시설할 것

해설 수소냉각식 발전기 등의 시설(KEC 351.10)
- 수소의 순도가 85[%] 이하로 저하한 경우에 이를 경보하는 장치를 시설할 것
- 수소의 압력을 계측하는 장치 및 그 압력이 현저히 변동한 경우에 이를 경보하는 장치를 시설할 것
- 수소의 온도를 계측하는 장치를 시설할 것

97 발전기의 용량에 관계없이 자동적으로 이를 전로로부터 차단하는 장치를 시설하여야 하는 경우는?

① 베어링 과열   ② 과전류 인입

③ 유압의 과팽창   ④ 발전기 내부고장

해설 발전기 등의 보호장치(KEC 351.3)
발전기의 용량에 관계없이 자동적으로 이를 전로로부터 차단하는 장치를 시설하는 경우는 발전기에 과전류나 과전압이 생긴 경우이다.

98 사용전압이 170[kV] 이하의 변압기를 시설하는 변전소로서 기술원이 상주하여 감시하지는 않으나 수시로 순회하는 경우, 기술원이 상주하는 장소에 경보장치를 시설하지 않아도 되는 경우는?

① 옥내변전소에 화재가 발생한 경우

② 제어회로의 전압이 현저히 저하한 경우

③ 운전조작에 필요한 차단기가 자동적으로 차단한 후 재폐로한 경우

④ 수소냉각식 조상기(무효전력 보상장치)는 그 조상기(무효전력 보상장치) 안의 수소의 순도가 90[%] 이하로 저하한 경우

해설 상주 감시를 하지 아니하는 변전소의 시설(KEC 351.9)
- 사용전압이 170[kV] 이하의 변압기를 시설하는 변전소
- 경보장치 시설
  - 운전조작에 필요한 차단기가 자동적으로 차단한 경우
  - 주요 변압기의 전원측 전로가 무전압으로 된 경우
  - 제어회로의 전압이 현저히 저하한 경우
  - 옥내변전소에 화재가 발생한 경우
  - 출력 3,000[kVA]를 초과하는 특고압용 변압기는 그 온도가 현저히 상승한 경우
  - 특고압용 타냉식 변압기는 그 냉각장치가 고장난 경우
  - 조상기(무효전력 보상장치)는 내부에 고장이 생긴 경우

- 수소냉각식 조상기(무효전력 보상장치)는 그 조상기(무효전력 보상장치) 안의 수소의 순도가 90[%] 이하로 저하한 경우, 수소의 압력이 현저히 변동한 경우 또는 수소의 온도가 현저히 상승한 경우
- 가스절연기기의 절연가스의 압력이 현저히 저하한 경우

99 특고압 가공전선로의 지지물에 시설하는 통신선 또는 이에 직접 접속하는 통신선 중 옥내에 시설하는 부분은 몇 [V] 초과의 저압 옥내배선의 규정에 준하여 시설하도록 하고 있는가?

① 150　　　　② 300
③ 380　　　　④ 400

해설 특고압 가공전선로 전선 첨가 설치 통신선에 직접 접속하는 옥내통신선의 시설(KEC 362.7)
400[V] 초과의 저압 옥내배선의 규정에 준하여 시설하여야 한다.

100 순시조건($t \leq 0.5$초)에서 교류 전기철도 급전시스템에서의 레일 전위의 최대 허용 접촉전압(실효값)으로 옳은 것은?

① 60[V]　　　　② 65[V]
③ 440[V]　　　　④ 670[V]

해설 레일 전위의 위험에 대한 보호(KEC 461.2) – 교류 전기철도 급전시스템의 최대 허용 접촉전압

시간조건	최대 허용 접촉전압(실효값)
순시조건($t \leq 0.5$초)	670[V]
일시적 조건(0.5초 $< t \leq 300$초)	65[V]
영구적 조건($t > 300$초)	60[V]

제1과목 전기자기학

01 액체 유전체를 포함한 콘덴서 용량이 C[F]인 것에 V[V]의 전압을 가했을 경우에 흐르는 누설전류[A]는? (단, 유전체의 유전율은 ε[F/m], 고유저항은 ρ[$\Omega \cdot$ m]이다.)

① $\dfrac{\rho\varepsilon}{CV}$ 　　② $\dfrac{C}{\rho\varepsilon V}$

③ $\dfrac{CV}{\rho\varepsilon}$ 　　④ $\dfrac{\rho\varepsilon V}{C}$

해설 $RC = \rho\varepsilon$에서 $R = \dfrac{\rho\varepsilon}{C}$ 이므로

$I = \dfrac{V}{R} = \dfrac{CV}{\rho\varepsilon} = \dfrac{CV}{\rho\varepsilon_0\varepsilon_s}$ [A]

02 다음의 관계식 중 성립할 수 없는 것은? (단, μ는 투자율, χ는 자화율, μ_0는 진공의 투자율, J는 자화의 세기이다.)

① $J = \chi B$ 　　② $B = \mu H$

③ $\mu = \mu_0 + \chi$ 　　④ $\mu_s = 1 + \dfrac{\chi}{\mu_0}$

해설
- 자화의 세기 : $J = \mu_0(\mu_s - 1)H = \chi H$
- 자속밀도 : $B = \mu_0 H + J = (\mu_0 + \chi)H$
  $= \mu_0\mu_s H = \mu H$
- 비투자율 : $\mu_s = 1 + \dfrac{\chi}{\mu_0}$

03 2[C]의 점전하가 전계 $E = 2a_x + a_y - 4a_z$ [V/m] 및 자계 $B = -2a_x + 2a_y - a_z$[Wb/m^2] 내에서 $v = 4a_x - a_y - 2a_z$ [m/s]의 속도로 운동하고 있을 때, 점전하에 작용하는 힘 F는 몇 [N]인가?

① $-14a_x + 18a_y + 6a_z$

② $14a_x - 18a_y - 6a_z$

③ $-14a_x + 18a_y + 4a_z$

④ $14a_x + 18a_y + 4a_z$

해설 로렌츠의 힘
$F = q(E + v \times B)$
$= 2(2a_x + a_y - 4a_z) + 2\{(4a_x - a_y - 2a_z) \times (-2a_x + 2a_y - a_z)\}$
$= 2(2a_x + a_y - 4a_z) + 2\begin{vmatrix} a_x & a_y & a_z \\ 4 & -1 & -2 \\ -2 & 2 & -1 \end{vmatrix}$
$= 2(2a_x + a_y - 4a_z) + 2(5a_x + 8a_y + 6a_z)$
$= 14a_x + 18a_y + 4a_z$ [N]

04 자속밀도 10[Wb/m^2] 자계 중에 10[cm] 도체를 자계와 30°의 각도로 30[m/s]로 움직일 때, 도체에 유기되는 기전력은 몇 [V]인가?

① 15 　　② $15\sqrt{3}$

③ 1,500 　　④ $1,500\sqrt{3}$

해설 $e = vBl\sin\theta$
$= 30 \times 10 \times 0.1\sin30°$
$= 15$[V]

정답 ◀ 01.③ 02.① 03.④ 04.①

05 5,000[μF]의 콘덴서를 60[V]로 충전시켰을 때, 콘덴서에 축적되는 에너지는 몇 [J]인가?

① 5   ② 9

③ 45   ④ 90

해설 $W = \dfrac{1}{2}CV^2 = \dfrac{1}{2} \times 5,000 \times 10^{-6} \times 60^2 = 9[\text{J}]$

06 원형 단면의 비자성 재료에 권수 $N_1 = 1,000$의 코일이 균일하게 감긴 환상 솔레노이드의 자기 인덕턴스가 $L_1 = 1[\text{mH}]$이다. 그 위에 권수 $N_2 = 1,200$의 코일이 감겨져 있다면 이때의 상호 인덕턴스는 몇 [mH]인가? (단, 결합계수 $k = 1$이다.)

① 1.20   ② 1.44

③ 1.62   ④ 1.82

해설
$$\therefore\ M = \frac{N_1 N_2}{R_m}$$
$$= L_1 \frac{N_2}{N_1} = 1 \times 10^{-3} \times \frac{1,200}{1,000}$$
$$= 1.2 \times 10^{-3}[\text{H}]$$
$$= 1.2[\text{mH}]$$

07 전류 I[A]가 흐르는 반지름 a[m]인 원형 코일의 중심선상 x[m]인 점 P의 자계 세기 [AT/m]는?

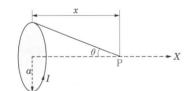

① $\dfrac{a^2 I}{2(a^2 + x^2)}$ ② $\dfrac{a^2 I}{2(a^2 + x^2)^{1/2}}$

③ $\dfrac{a^2 I}{2(a^2 + x^2)^2}$ ④ $\dfrac{a^2 I}{2(a^2 + x^2)^{3/2}}$

해설 • 원형 전류 중심축상 자계의 세기 :
$$H = \frac{a^2 I}{2(a^2 + x^2)^{\frac{3}{2}}} [\text{AT/m}]$$

• 원형 전류 중심에서의 자계의 세기 :
$$H_0 = \frac{I}{2a} [\text{AT/m}]$$

08 진공 중 한 변의 길이가 0.1[m]인 정삼각형의 3정점 A, B, C에 각각 2.0×10^{-6}[C]의 점전하가 있을 때, 점 A의 전하에 작용하는 힘은 몇 [N]인가?

① $1.8\sqrt{2}$ ② $1.8\sqrt{3}$

③ $3.6\sqrt{2}$ ④ $3.6\sqrt{3}$

해설

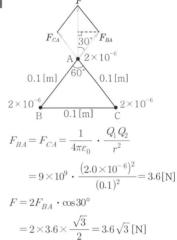

$$F_{BA} = F_{CA} = \frac{1}{4\pi\varepsilon_0} \cdot \frac{Q_1 Q_2}{r^2}$$
$$= 9 \times 10^9 \cdot \frac{(2.0 \times 10^{-6})^2}{(0.1)^2} = 3.6[\text{N}]$$
$$F = 2F_{BA} \cdot \cos 30°$$
$$= 2 \times 3.6 \times \frac{\sqrt{3}}{2} = 3.6\sqrt{3}[\text{N}]$$

09 자성체의 자화의 세기 $J = 8$[kA/m], 자화율 $\chi = 0.02$일 때 자속밀도는 약 몇 [T]인가?

① 7,000

② 7,500

③ 8,000

④ 8,500

해설 $B = \mu_0 H + J$

자화의 세기 $J = B - \mu_0 H = \chi H [\text{Wb/m}^2]$

$H = \dfrac{J}{\chi} [\text{A/m}]$

$\therefore B = \mu_0 \dfrac{J}{\chi} + J = J\left(1 + \dfrac{\mu_0}{\chi}\right)$

$= 8 \times 10^3 \left(1 + \dfrac{4\pi \times 10^{-7}}{0.02}\right)$

$\fallingdotseq 8,000 [\text{Wb/m}^2]$

$= 8,000 [\text{T}]$

10 그림과 같이 반지름 $a[\text{m}]$인 원형 도선에 전하가 선밀도 $\lambda[\text{C/m}]$로 균일하게 분포되어 있다. 그 중심에 수직인 z축상에 있는 점 P의 전계 세기[V/m]는?

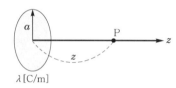

① $\dfrac{\pi z a}{2\varepsilon_0 (a^2 + z^2)^{\frac{3}{2}}}$

② $\dfrac{\lambda z a}{2\varepsilon_0 (a^2 + z^2)^{\frac{3}{2}}}$

③ $\dfrac{\lambda z a}{4\pi\varepsilon_0 (a^2 + z^2)^{\frac{3}{2}}}$

④ $\dfrac{\lambda z a}{4\varepsilon_0 (a^2 + z^2)^{\frac{3}{2}}}$

해설 $E = E_z = -\dfrac{\partial V}{\partial z}$

$= -\dfrac{\partial}{\partial z}\left(\dfrac{a\lambda}{2\varepsilon_0 \sqrt{a^2 + z^2}}\right)$

$= \dfrac{a\lambda z}{2\varepsilon_0 (a^2 + z^2)^{\frac{3}{2}}} [\text{V/m}]$

11 평행판 콘덴서에 어떤 유전체를 넣었을 때 전속밀도가 $4.8 \times 10^{-7}[\text{C/m}^2]$이고, 단위체적당 정전에너지가 $5.3 \times 10^{-3}[\text{J/m}^3]$이었다. 이 유전체의 유전율은 몇 $[\text{F/m}]$인가?

① 1.15×10^{-11}

② 2.17×10^{-11}

③ 3.19×10^{-11}

④ 4.21×10^{-11}

해설 정전에너지

$W = \dfrac{D^2}{2\varepsilon} [\text{J/m}^3]$

$\therefore \varepsilon = \dfrac{D^2}{2W}$

$= \dfrac{(4.8 \times 10^{-7})^2}{2 \times 5.3 \times 10^{-3}}$

$= 2.17 \times 10^{-11} [\text{F/m}]$

12 유전율이 각각 다른 두 유전체가 서로 경계를 이루며 접해 있다. 다음 중 옳지 않은 것은? (단, 이 경계면에는 진전하 분포가 없다고 한다.)

① 경계면에서 전계의 접선 성분은 연속이다.

② 경계면에서 전속 밀도의 법선 성분은 연속이다.

③ 경계면에서 전계와 전속 밀도는 굴절한다.

④ 경계면에서 전계와 전속 밀도는 불변이다.

해설 경계면에서 전계의 접선 성분과 전속 밀도의 법선 성분은 불연속이다.

13 그림과 같은 평행판 콘덴서의 극판 사이에 유전율이 각각 ε_1, ε_2인 두 유전체를 반반씩 채우고 극판 사이에 일정한 전압을 걸어 준다. 이때 매질 (Ⅰ), (Ⅱ) 내의 전계 세기 E_1, E_2 사이에 어떤 관계가 성립하는가?

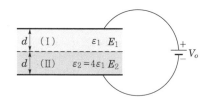

① $E_2 = 4E_1$ 　　② $E_2 = 2E_1$

③ $E_2 = \dfrac{1}{4}E_1$ 　　④ $E_2 = E_1$

해설

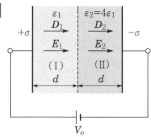

유전체의 경계면 조건은
$D_1 \cos\theta_1 = D_2 \cos\theta_2$, $E_1 \sin\theta_1 = E_2 \sin\theta_2$
여기서, E_1, E_2, D_1, D_2는 경계면에 수직이므로
$\theta_1 = \theta_2 = 0$이다.
$\therefore D_1 = D_2 = D\,[\mathrm{C/m^2}]$
또한 $D_1 = D_2 = D = \sigma$ 이므로
$D = \varepsilon_1 E_1 = \varepsilon_2 E_2 = \sigma$ 이다.
$\therefore E_2 = \dfrac{\varepsilon_1}{\varepsilon_2}E_1 = \dfrac{\varepsilon_1}{4\varepsilon_1}E_1 = \dfrac{1}{4}E_1\,[\mathrm{V/m}]$

14 진공 중에서 2[m] 떨어진 2개의 무한 평행 도선에 단위길이당 10^{-7}[N]의 반발력이 작용할 때, 그 도선들에 흐르는 전류는?

① 각 도선에 2[A]가 반대 방향으로 흐른다.

② 각 도선에 2[A]가 같은 방향으로 흐른다.

③ 각 도선에 1[A]가 반대 방향으로 흐른다.

④ 각 도선에 1[A]가 같은 방향으로 흐른다.

해설 $F = \dfrac{\mu_0 I_1 I_2}{2\pi r} = \dfrac{2I^2}{r} \times 10^{-7}\,[\mathrm{N/m}]$에서

$F = 10^{-7}\,[\mathrm{N/m}]$, $r = 2[\mathrm{m}]$이므로

$I = \sqrt{\dfrac{Fr}{2 \times 10^{-7}}} = \sqrt{\dfrac{10^{-7} \times 2}{2 \times 10^{-7}}} = \sqrt{1} = 1[\mathrm{A}]$

반발력이므로 각 도선에 전류는 반대 방향으로 흐른다.

15 단위길이당 권수가 n인 무한장 솔레노이드에 I[A]의 전류가 흐를 때, 다음 설명 중 옳은 것은?

① 솔레노이드 내부는 평등 자계이다.

② 외부와 내부의 자계 세기는 같다.

③ 외부 자계의 세기는 nI[AT/m]이다.

④ 내부 자계의 세기는 nI^2[AT/m]이다.

해설 무한장 솔레노이드 내부 자계는 평등 자계이며, 그 크기는 $H_i = n_0 I\,[\mathrm{AT/m}]$이다.

16 내압과 용량이 각각 200[V] 5[μF], 300[V] 4[μF], 500[V] 3[μF]인 3개의 콘덴서를 직렬 연결하고 양단에 직류 전압을 가하여 서서히 상승시키면 최초로 파괴되는 콘덴서는 어느 것이며, 이때 양단에 가해진 전압은 몇 [V]인가? (단, 3개의 콘덴서의 재질이나 형태는 동일한 것으로 간주한다. $C_1 = 5[\mu$F], $C_2 = 4[\mu$F], $C_3 = 3[\mu$F]이다.)

① C_2, 468 　　② C_3, 533

③ C_1, 783 　　④ C_2, 1,050

해설 각 콘덴서의 전하량은
$Q_{1\max} = C_1 V_{1\max}$
$\quad = 5 \times 10^{-6} \times 200 = 1 \times 10^{-3}\,[\mathrm{C}]$
$Q_{2\max} = C_2 V_{2\max}$
$\quad = 4 \times 10^{-6} \times 300 = 1.2 \times 10^{-3}\,[\mathrm{C}]$

정답 13.③ 14.③ 15.① 16.③

$$Q_{3\max} = C_3 V_{3\max}$$
$$= 3 \times 10^{-6} \times 500 = 1.5 \times 10^{-3}[\text{C}]$$

따라서, $Q_{1\max}$이 제일 작으므로 $C_1(5[\mu\text{F}])$이 최초로 파괴된다.

$$V_1 = 200[\text{V}]$$
$$V_2 = \frac{Q_{1\max}}{C_2} = \frac{1 \times 10^{-3}}{4 \times 10^{-6}} = 250[\text{V}]$$
$$V_3 = \frac{Q_{1\max}}{C_3} = \frac{1 \times 10^{-3}}{3 \times 10^{-6}} = 333[\text{V}]$$
$$\therefore V = V_1 + V_2 + V_3$$
$$= 200 + 250 + 333 \fallingdotseq 783[\text{V}]$$

17 철심이 든 환상 솔레노이드에서 1,000[AT]의 기자력에 의해서 철심 내에 5×10^{-5}[Wb]의 자속이 통하면 이 철심 내의 자기 저항은 몇 [AT/Wb]인가?

① 5×10^2 ② 2×10^7
③ 5×10^{-2} ④ 2×10^{-7}

해설 $\phi = \dfrac{F}{R_m}[\text{Wb}]$

$$\therefore R_m = \frac{F}{\phi} = \frac{1,000}{5 \times 10^{-5}} = 2 \times 10^7[\text{AT/Wb}]$$

18 공기 중에서 1[V/m]의 전계의 세기에 의한 변위전류밀도의 크기를 2[A/m²]로 흐르게 하려면 전계의 주파수는 몇 [MHz]가 되어야 하는가?

① 900   ② 18,000
③ 36,000   ④ 72,000

해설 변위전류 $i_D = \omega \varepsilon_0 E = 2\pi f \varepsilon_0 E [\text{A/m}^2]$

$$\therefore f = \frac{i_D}{2\pi \varepsilon_0 E}[\text{Hz}]$$
$$= \frac{2}{2\pi \times 8.855 \times 10^{-12} \times 1} \times 10^{-6}[\text{MHz}]$$
$$= 36,000[\text{MHz}]$$

19 극판 간격 d[m], 면적 S[m²], 유전율 ε [F/m]이고, 정전용량이 C[F]인 평행판 콘덴서에 $v = V_m \sin\omega t$[V]의 전압을 가할 때의 변위전류[A]는?

① $\omega C V_m \cos\omega t$

② $C V_m \sin\omega t$

③ $-C V_m \sin\omega t$

④ $-\omega C V_m \cos\omega t$

해설 변위전류밀도 $i_d = \dfrac{\partial \boldsymbol{D}}{\partial t}$

$$= \varepsilon \frac{\partial \boldsymbol{E}}{\partial t} = \varepsilon \frac{\partial}{\partial t}\left(\frac{v}{d}\right)$$
$$= \frac{\varepsilon}{d} \frac{\partial}{\partial t}(V_m \sin\omega t)$$
$$= \frac{\varepsilon \omega V_m \cos\omega t}{d}[\text{A/m}^2]$$

변위전류 $I_d = i_d \cdot S$

$$= \frac{\varepsilon \omega V_m \cos\omega t}{d} \cdot \frac{Cd}{\varepsilon}$$
$$= \omega C V_m \cos\omega t[\text{A}]$$

20 투자율을 μ라 하고, 공기 중의 투자율 μ_0와 비투자율 μ_s의 관계에서 $\mu_s = \dfrac{\mu}{\mu_0} = 1 + \dfrac{\chi}{\mu_0}$로 표현된다. 이에 대한 설명으로 알맞은 것은? (단, χ는 자화율이다.)

① $\chi > 0$인 경우 역자성체

② $\chi < 0$인 경우 상자성체

③ $\mu_s > 1$인 경우 비자성체

④ $\mu_s < 1$인 경우 역자성체

해설 비투자율 $\mu_s = \dfrac{\mu}{\mu_0} = 1 + \dfrac{\chi}{\mu_0}$에서

• $\mu_s > 1$, 즉 $\chi > 0$이면 상자성체
• $\mu_s < 1$, 즉 $\chi < 0$이면 역자성체

정답 17.② 18.③ 19.① 20.④

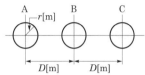

제2과목 전력공학

21 그림과 같이 지지점 A, B, C에는 고저차가 없으며, 경간(지지물 간 거리) AB와 BC 사이에 전선이 가설되어 그 이도(처짐 정도)가 12[cm]이었다고 한다. 지금 지지점 B에서 전선이 떨어져 전선의 이도(처짐 정도)가 D로 되었다면 D는 몇 [cm]가 되겠는가?

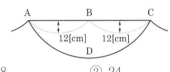

① 18 ② 24
③ 30 ④ 36

해설 전선의 실제 길이는 같으므로 떨어지기 전의 실제 길이와 떨어진 후의 실제 길이를 계산한다.
즉, 경간(지지물 간 거리) AB와 BC를 S라 하면,
$$L = \left(S + \frac{8D_1{}^2}{3S}\right) \times 2 = 2S + \frac{8D_2{}^2}{3 \times 2S} \text{에서}$$
$$4D_1{}^2 = D_2{}^2 \quad \therefore \ D_2 = 2D_1$$
$$D_2 = 2D_1 = 2 \times 12 = 24[\text{cm}]$$

22 비접지방식을 직접접지방식과 비교한 것 중 옳지 않은 것은?

① 전자유도장해가 경감된다.
② 지락전류가 작다.
③ 보호계전기의 동작이 확실하다.
④ △결선을 하여 영상전류를 흘릴 수 있다.

해설 비접지방식은 직접접지방식에 비해 보호계전기 동작이 확실하지 않다.

23 반지름 r[m]인 전선 A, B, C가 그림과 같이 수평으로 D[m] 간격으로 배치되고 3선이 완전 연가(전선위치 바꿈)된 경우 각 선의 인덕턴스는?

① $L = 0.05 + 0.4605 \log_{10} \dfrac{D}{r}$

② $L = 0.05 + 0.4605 \log_{10} \dfrac{\sqrt{2}\,D}{r}$

③ $L = 0.05 + 0.4605 \log_{10} \dfrac{\sqrt{3}\,D}{r}$

④ $L = 0.05 + 0.4605 \log_{10} \dfrac{\sqrt[3]{2}\,D}{r}$

해설 등가선간거리 $D_e = \sqrt[3]{D \cdot D \cdot 2D} = \sqrt[3]{2} \cdot D$
∴ 인덕턴스 L
$$= 0.05 + 0.4605 \log_{10} \frac{\sqrt[3]{2} \cdot D}{r}[\text{mH/km}]$$

24 가공 송전선로에서 선간거리를 도체 반지름으로 나눈 값$(D \div r)$이 클수록 어떠한가?

① 인덕턴스 L과 정전용량 C는 둘 다 커진다.
② 인덕턴스는 커지나 정전용량은 작아진다.
③ 인덕턴스와 정전용량은 둘 다 작아진다.
④ 인덕턴스는 작아지나 정전용량은 커진다.

해설 $L = 0.05 + 0.4605 \log_{10} \dfrac{D}{r} \quad \therefore \ L \propto \log_{10} \dfrac{D}{r}$

$C = \dfrac{0.02413}{\log_{10} \dfrac{D}{r}} \quad \therefore \ C \propto \dfrac{1}{\log_{10} \dfrac{D}{r}}$

25 피뢰기에서 속류를 끊을 수 있는 최고의 교류전압은?

① 정격전압
② 제한전압
③ 차단전압
④ 방전개시전압

정답 21.② 22.③ 23.④ 24.② 25.①

해설 제한전압은 충격방전전류를 통하고 있을 때의 단자 전압이고, 정격전압은 속류를 차단하는 최고의 전압이다.

26 장거리 송전선로의 특성을 표현한 회로로 옳은 것은?

① 분산부하회로
② 분포정수회로
③ 집중정수회로
④ 특성 임피던스 회로

해설 장거리 송전선로의 송전 특성은 분포정수회로로 해석한다.

27 선간전압, 배전거리, 선로 손실 및 전력 공급을 같게 할 경우 단상 2선식과 3상 3선식에서 전선 한 가닥의 저항비(단상/3상)는?

① $\dfrac{1}{\sqrt{2}}$ ② $\dfrac{1}{\sqrt{3}}$

③ $\dfrac{1}{3}$ ④ $\dfrac{1}{2}$

해설 $\sqrt{3}\,VI_3\cos\theta = VI_1\cos\theta$ 에서 $\sqrt{3}\,I_3 = I_1$
동일한 손실이므로 $3I_3^{\,2}R_3 = 2I_1^{\,2}R_1$
$\therefore\ 3I_3^{\,2}R_3 = 2(\sqrt{3}\,I_3)^2 R_1$ 이므로 $R_3 = 2R_1$,
즉 $\dfrac{R_1}{R_3} = \dfrac{1}{2}$ 이다.

28 초호각(arcing horn)의 역할은?

① 풍압을 조절한다.
② 송전효율을 높인다.
③ 애자의 파손을 방지한다.
④ 고주파수의 섬락전압을 높인다.

해설 초호환, 차폐환 등은 송전선로 애자의 전압 분포를 균등화하고, 섬락(불꽃방전)이 발생할 때 애자의 파손을 방지한다.

29 소호 리액터를 송전 계통에 사용하면 리액터의 인덕턴스와 선로의 정전용량이 어떤 상태로 되어 지락전류를 소멸시키는가?

① 병렬 공진   ② 직렬 공진
③ 고임피던스   ④ 저임피던스

해설 소호 리액터 접지방식은 L, C 병렬 공진을 이용하여 지락전류를 소멸시킨다.

30 3상 송전선로의 각 상의 대지정전용량을 C_a, C_b 및 C_c라 할 때, 중성점 비접지 시의 중성점과 대지 간의 전압은? (단, E는 상전압이다.)

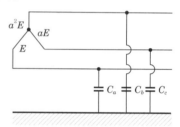

① $(C_a + C_b + C_c)E$

② $\dfrac{\sqrt{C_aC_b + C_bC_c + C_cC_a}}{C_a + C_b + C_c}E$

③ $\dfrac{\sqrt{\begin{array}{c}C_a(C_a - C_b) + C_b(C_b - C_c)\\ + C_c(C_c - C_a)\end{array}}}{C_a + C_b + C_c}E$

④ $\dfrac{\sqrt{\begin{array}{c}C_a(C_b - C_c) + C_b(C_c - C_a)\\ + C_c(C_a - C_b)\end{array}}}{C_a + C_b + C_c}E$

해설 3상 대칭 송전선에서는 정상운전 상태에서 중성점의 전위가 항상 0이어야 하지만 실제에 있어서는 선로 각 선의 대지정전용량이 차이가 있으므로 중성점에는 전위가 나타나게 되며 이것을 중성점 잔류전압이라고 한다.

$$E_n = \frac{\sqrt{\begin{array}{c}C_a(C_a - C_b) + C_b(C_b - C_c)\\ + C_c(C_c - C_a)\end{array}}}{C_a + C_b + C_c}\cdot E[\mathrm{V}]$$

정답   26.②   27.④   28.③   29.①   30.③

31 송전선로의 정상, 역상 및 영상 임피던스를 각각 Z_1, Z_2 및 Z_0라 하면, 다음 어떤 관계가 성립되는가?

① $Z_1 = Z_2 = Z_0$

② $Z_1 = Z_2 > Z_0$

③ $Z_1 > Z_2 = Z_0$

④ $Z_1 = Z_2 < Z_0$

해설 송전선로는 $Z_1 = Z_2$이고, Z_0는 Z_1보다 크다.

32 직격뢰에 대한 방호설비로 가장 적당한 것은?

① 복도체   ② 가공지선

③ 서지 흡수기   ④ 정전 방전기

해설 가공지선은 직격뢰로부터 전선로를 보호한다.

33 복도체에서 2본의 전선이 서로 충돌하는 것을 방지하기 위하여 2본의 전선 사이에 적당한 간격을 두어 설치하는 것은?

① 아머로드   ② 댐퍼

③ 아킹 혼   ④ 스페이서

해설 복도체에서 도체 간 흡인력에 의한 충돌 발생을 방지하기 위해 스페이서를 설치한다.

34 보호계전기의 보호방식 중 표시선 계전방식이 아닌 것은?

① 방향비교방식   ② 위상비교방식

③ 전압반향방식   ④ 전류순환방식

해설 표시선(pilot wire) 계전방식은 송전선 보호범위 내의 사고에 대하여 고장점의 위치에 관계없이 선로 양단을 신속하게 차단하는 계전방식으로 방향비교방식, 전압반향방식, 전류순환방식 등이 있다.

35 변전소의 가스차단기에 대한 설명으로 틀린 것은?

① 근거리 차단에 유리하지 못하다.

② 불연성이므로 화재의 위험성이 적다.

③ 특고압 계통의 차단기로 많이 사용된다.

④ 이상전압의 발생이 적고, 절연 회복이 우수하다.

해설 가스차단기(GCB)는 공기차단기(ABB)에 비교하면 밀폐된 구조로 소음이 없고, 공기보다 절연내력(2~3배) 및 소호능력(100~200배)이 우수하고, 근거리(전류가 흐르는 거리, 즉 임피던스[Ω]가 작아 고장전류가 크다는 의미) 전류에도 안정적으로 차단되고, 과전압 발생이 적고, 아크 소멸 후 절연 회복이 신속한 특성이 있다.

36 비접지 계통의 지락사고 시 계전기에 영상전류를 공급하기 위하여 설치하는 기기는?

① PT   ② CT

③ ZCT   ④ GPT

해설
• ZCT : 지락사고가 발생하면 영상전류를 검출하여 계전기에 공급한다.
• GPT : 지락사고가 발생하면 영상전압을 검출하여 계전기에 공급한다.

37 ㉠ 동기조상기와 ㉡ 전력용 콘덴서를 비교한 것으로 옳은 것은?

① 시송전 : ㉠ 불가능, ㉡ 가능

② 전력손실 : ㉠ 작다, ㉡ 크다

③ 무효전력 조정 : ㉠ 계단적, ㉡ 연속적

④ 무효전력 : ㉠ 진상·지상용, ㉡ 진상용

해설 전력용 콘덴서와 동기조상기의 비교

동기조상기	전력용 콘덴서
진상 및 지상용	진상용
연속적 조정	계단적 조정
회전기로 손실이 큼	정지기로 손실이 작음
시송전 가능	시송전 불가
송전 계통 주로 사용	배전 계통 주로 사용

정답 31.④ 32.② 33.④ 34.② 35.① 36.③ 37.④

38 수전단의 전력원 방정식이 $P_r^2 + (Q_r + 400)^2$ $= 250,000$으로 표현되는 전력 계통에서 가능한 최대로 공급할 수 있는 부하전력(P_r)과 이때 전압을 일정하게 유기하는 데 필요한 무효전력(Q_r)은 각각 얼마인가?

① $P_r = 500$, $Q_r = -400$

② $P_r = 400$, $Q_r = 500$

③ $P_r = 300$, $Q_r = 100$

④ $P_r = 200$, $Q_r = -300$

해설 전압을 일정하게 유지하려면 전부하 상태이므로 무효전력을 조정하기 위해서는 조상설비용량이 -400으로 되어야 한다. 그러므로 부하전력 $P_r = 500$, 무효전력 $Q_r = -400$이 되어야 한다.

39 수차 발전기에 제동권선을 설치하는 주된 목적은?

① 정지시간 단축

② 회전력의 증가

③ 과부하 내량의 증대

④ 발전기 안정도의 증진

해설 제동권선은 조속기의 난조를 방지하여 발전기의 안정도를 향상시킨다.

40 원자력발전소에서 비등수형 원자로에 대한 설명으로 틀린 것은?

① 연료로 농축 우라늄을 사용한다.

② 냉각재로 경수를 사용한다.

③ 물을 원자로 내에서 직접 비등시킨다.

④ 가압수형 원자로에 비해 노심의 출력밀도가 높다.

해설 비등수형 원자로의 특징
• 원자로의 내부 증기를 직접 터빈에서 이용하기 때문에 증기발생기(열교환기)가 필요 없다.

• 증기가 직접 터빈으로 들어가기 때문에 증기 누출을 철저히 방지해야 한다.
• 순환 펌프로 급수 펌프만 있으면 되므로 소내용 동력이 작다.
• 노심의 출력밀도가 낮기 때문에 같은 노출력의 원자로에서는 노심 및 압력용기가 커진다.
• 원자력 용기 내에 기수분리기와 증기건조기가 설치되므로 용기의 높이가 커진다.
• 연료는 저농축 우라늄($2 \sim 3[\%]$)을 사용한다.

제3과목 | 전기기기

41 원통형 회전자를 가진 동기 발전기는 부하각 δ가 몇 도일 때 최대 출력을 낼 수 있는가?

① $0°$

② $30°$

③ $60°$

④ $90°$

해설 돌극형은 부하각 $\delta = 60°$ 부근에서 최대 출력을 내고, 비돌극기(원통형 회전자)는 $\delta = 90°$에서 최대가 된다.

돌극기 출력 $P = \dfrac{E \cdot V}{x_d \sin\delta} + \dfrac{V^2(x_d - x_q)}{2x_d \cdot x_q}\sin 2\delta [\mathrm{W}]$

비돌극기 출력 $P = \dfrac{EV}{x_s}\sin\delta [\mathrm{W}]$

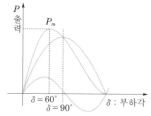

‖ 돌극기 출력 그래프 ‖

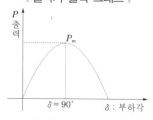

‖ 비돌극기 출력 그래프 ‖

정답 38.① 39.④ 40.④ 41.④

42 정격이 5[kW], 100[V], 50[A], 1,800[rpm]인 타여자 직류 발전기가 있다. 무부하 시의 단자 전압[V]은? (단, 계자 전압 50[V], 계자 전류 5[A], 전기자 저항 0.2[Ω], 브러시의 전압강하는 2[V]이다.)

① 100 　　　　　② 112
③ 115 　　　　　④ 120

해설 직류 발전기의 무부하 단자 전압
$V_0(E) = V + I_a R_a + e_b = 100 + 50 \times 0.2 + 2 = 112[V]$

43 유도 전동기의 2차 여자 제어법에 대한 설명으로 틀린 것은?

① 역률을 개선할 수 있다.
② 권선형 전동기에 한하여 이용된다.
③ 동기 속도 이하로 광범위하게 제어할 수 있다.
④ 2차 저항손이 매우 커지며 효율이 저하된다.

해설 유도 전동기의 2차 여자 제어법은 2차(회전자)에 슬립 주파수 전압을 외부에서 공급하여 속도를 제어하는 방법으로 권선형에서만 사용이 가능하며 역률을 개선할 수 있고, 광범위로 원활하게 제어할 수 있으며 효율도 양호하다.

44 3상 유도 전동기의 기계적 출력 P[kW], 회전수 N[rpm]인 전동기의 토크[N·m]는?

① $0.46\dfrac{P}{N}$ 　　　② $0.855\dfrac{P}{N}$
③ $975\dfrac{P}{N}$ 　　　④ $9,549.3\dfrac{P}{N}$

해설 전동기의 토크 $T = \dfrac{P}{\omega} = \dfrac{P}{2\pi\dfrac{N}{60}}$
$$= \dfrac{60 \times 10^3}{2\pi}\dfrac{P}{N}$$
$$= 9,549.3\dfrac{P}{N}[\text{N·m}]$$

45 일정 전압 및 일정 파형에서 주파수가 상승하면 변압기 철손은 어떻게 변하는가?

① 증가한다.
② 감소한다.
③ 불변이다.
④ 증가와 감소를 반복한다.

해설 공급 전압이 일정한 상태에서 와전류손은 주파수와 관계없이 일정하며, 히스테리시스손은 주파수에 반비례하고 철손의 80[%]가 히스테리시스손인 관계로 철손은 주파수에 반비례한다.

46 변압기 여자 회로의 어드미턴스 Y_0[℧]를 구하면? (단, I_0는 여자 전류, I_i는 철손 전류, I_ϕ는 자화 전류, g_0는 컨덕턴스, V_1는 인가 전압이다.)

① $\dfrac{I_0}{V_1}$ 　　　　　② $\dfrac{I_i}{V_1}$
③ $\dfrac{I_\phi}{V_1}$ 　　　　　④ $\dfrac{g_0}{V_1}$

해설 여자 어드미턴스$(Y_0) = \sqrt{g_0{}^2 + b_0{}^2} = \dfrac{I_0}{V_1}[℧]$

47 부스트(boost) 컨버터의 입력 전압이 45[V]로 일정하고, 스위칭 주기가 20[kHz], 듀티비(duty ratio)가 0.6, 부하 저항이 10[Ω]일 때 출력 전압은 몇 [V]인가? (단, 인덕터에는 일정한 전류가 흐르고 커패시터 출력 전압의 리플 성분은 무시한다.)

① 27 　　　　　② 67.5
③ 75 　　　　　④ 112.5

해설 부스트(boost) 컨버터의 출력 전압 V_o
$$V_o = \dfrac{1}{1-D}V_i = \dfrac{1}{1-0.6} \times 45 = 112.5[V]$$
여기서, D : 듀티비(Duty ratio)
　　　부스트 컨버터 : 직류 → 직류로 승압하는 변환기

정답 ◄ 42.② 43.④ 44.④ 45.② 46.① 47.④

48 무부하의 장거리 송전 선로에 동기 발전기를 접속하는 경우, 송전 선로의 자기 여자 현상을 방지하기 위해서 동기 조상기를 사용하였다. 이때 동기 조상기의 계자 전류를 어떻게 하여야 하는가?

① 계자 전류를 0으로 한다.
② 부족 여자로 한다.
③ 과여자로 한다.
④ 역률이 1인 상태에서 일정하게 한다.

해설 동기 발전기의 자기 여자 현상은 진상(충전) 전류에 의해 무부하 단자 전압이 상승하는 작용으로 동기 조상기가 리액터 작용을 할 수 있도록 부족 여자로 운전하여야 한다.

49 직류 직권 전동기에서 위험한 상태로 놓인 것은?

① 정격전압, 무여자
② 저전압, 과여자
③ 전기자에 고저항이 접속
④ 계자에 저저항 접속

해설 직권 전동기의 회전 속도 $N = K \dfrac{V - I_a(R_a + r_f)}{\phi}$

$\propto \dfrac{1}{\phi} \propto \dfrac{1}{I_f}$ 이고 정격전압, 무부하(무여자) 상태에서

$I = I_f ≒ 0$ 이므로 $N \propto \dfrac{1}{0} = \infty$ 로 되어 위험 속도에 도달한다.
직류 직권 전동기는 부하가 변화하면 속도가 현저하게 변하는 특성(직권 특성)을 가지므로 무부하에 가까워지면 속도가 급격하게 상승하여 원심력으로 파괴될 우려가 있다.

50 3상 유도 전동기의 2차 입력 P_2, 슬립이 s 일 때의 2차 동손 P_{2c}는?

① $P_{2c} = \dfrac{P_2}{s}$

② $P_{2c} = s P_2$

③ $P_{2c} = s^2 P_2$

④ $P_{2c} = (1 - s) P_2$

해설 $P_2 : P_{2c} = 1 : s$
∴ $P_{2c} = s P_2$

51 일반적인 DC 서보 모터의 제어에 속하지 않는 것은?

① 역률 제어
② 토크 제어
③ 속도 제어
④ 위치 제어

해설 DC 서보 모터(servo motor)는 위치 제어, 속도 제어 및 토크 제어에 광범위하게 사용된다.

52 3상 유도 전동기의 원선도를 그리려면 등가회로의 상수를 구할 때에 몇 가지 실험이 필요하다. 시험이 아닌 것은?

① 무부하 시험
② 구속 시험
③ 고정자 권선의 저항 측정
④ 슬립 측정

해설 원선도 작성 시 필요한 시험
• 무부하 시험
• 구속 시험
• 권선의 저항 측정

53 부하의 역률이 0.6일 때 전압변동률이 최대로 되는 변압기가 있다. 역률 1.0일 때의 전압변동률이 3[%]라고 하면 역률 0.8에서의 전압변동률은 몇 [%]인가?

① 4.4
② 4.6
③ 4.8
④ 5.0

해설 부하 역률 100[%]일 때 $\varepsilon_{100} = p = 3[\%]$

최대 전압변동률 $\varepsilon_{\max}$ 은 부하 역률 $\cos\phi_m$ 일 때이므로

$$\cos\phi_m = \frac{p}{\sqrt{p^2 + q^2}} = 0.6$$

$$\frac{3}{\sqrt{3^2 + q^2}} = 0.6$$

$$\therefore q = 4[\%]$$

부하 역률이 80[%]일 때

$$\therefore \varepsilon_{80} = p\cos\phi + q\sin\phi$$

$$= 3 \times 0.8 + 4 \times 0.6 = 4.8[\%]$$

또한 최대 전압변동률($\varepsilon_{\max}$)

$$\therefore \varepsilon_{\max} = \sqrt{p^2 + q^2} = \sqrt{3^2 + 4^2} = 5[\%]$$

54 동기 전동기에서 전기자 반작용을 설명한 것 중 옳은 것은?

① 공급 전압보다 앞선 전류는 감자 작용을 한다.

② 공급 전압보다 뒤진 전류는 감자 작용을 한다.

③ 공급 전압보다 앞선 전류는 교차 자화 작용을 한다.

④ 공급 전압보다 뒤진 전류는 교차 자화 작용을 한다.

해설 동기 전동기의 전기자 반작용
- 횡축 반작용 : 전기자 전류와 전압이 동위상일 때
- 직축 반작용 : 직축 반작용은 동기 발전기와 반대 현상
  - 증자 작용 : 전류가 전압보다 뒤질 때
  - 감자 작용 : 전류가 전압보다 앞설 때

55 어느 분권 전동기의 정격 회전수가 1,500 [rpm]이다. 속도 변동률이 5[%]라 하면 공급 전압과 계자 저항의 값을 변화시키지 않고 이것을 무부하로 하였을 때의 회전수 [rpm]는?

① 1,265   ② 1,365

③ 1,436   ④ 1,575

해설 $\varepsilon = 5[\%]$, $N = 1,500[\text{rpm}]$이므로

$$\varepsilon = \frac{N_0 - N}{N} \times 100$$

$$\therefore N = N_n \left(1 + \frac{\varepsilon}{100}\right)$$

$$= 1,500 \times \left(1 + \frac{5}{100}\right) = 1,575[\text{rpm}]$$

56 변압기의 보호 방식 중 비율 차동 계전기를 사용하는 경우는?

① 고조파 발생을 억제하기 위하여

② 과여자 전류를 억제하기 위하여

③ 과전압 발생을 억제하기 위하여

④ 변압기 상간 단락 보호를 위하여

해설 비율 차동 계전기는 입력 전류와 출력 전류 관계비에 의해 동작하는 계전기로서 변압기의 내부 고장(상간 단락, 권선 지락 등)으로부터 보호를 위해 사용한다.

57 실리콘 정류 소자(SCR)와 관계없는 것은?

① 교류 부하에서만 제어가 가능하다.

② 아크가 생기지 않으므로 열의 발생이 적다.

③ 턴온(turn on)시키기 위해서 필요한 최소의 순전류를 래칭(latching) 전류라 한다.

④ 게이트 신호를 인가할 때부터 도통할 때까지의 시간이 짧다.

해설 실리콘 정류 소자(SCR)는 직류와 교류를 모두 제어할 수 있다.

정답   54.①   55.④   56.④   57.①

58 직류 발전기의 단자 전압을 조정하려면 어느 것을 조정하여야 하는가?

① 기동 저항
② 계자 저항
③ 방전 저항
④ 전기자 저항

해설 단자 전압 $V = E - I_a R_a$

유기기전력 $E = \dfrac{Z}{a} p\phi \dfrac{N}{60} = K\phi N$

유기기전력이 자속(ϕ)에 비례하므로 단자 전압은 계자 권선에 저항을 연결하여 조정한다.

59 동기 발전기의 병렬 운전 중 여자 전류를 증가시키면 그 발전기는?

① 전압이 높아진다.
② 출력이 커진다.
③ 역률이 좋아진다.
④ 역률이 나빠진다.

해설 동기 발전기의 병렬 운전 중 여자 전류를 증가시키면 그 발전기는 무효 전력이 증가하여 역률이 나빠지고, 상대 발전기는 무효 전력이 감소하여 역률이 좋아진다.

60 단상 정류자 전동기의 일종인 단상 반발 전동기에 해당되는 것은?

① 시라게 전동기
② 반발 유도 전동기
③ 아트킨손형 전동기
④ 단상 직권 정류자 전동기

해설 직권 정류자 전동기에서 분화된 단상 반발 전동기의 종류는 아트킨손형(Atkinson type), 톰슨형(Thomson type) 및 데리형(Deri type)이 있다.

61 단위부궤환 계통에서 $G(s)$가 다음과 같을 때, $K = 2$이면 무슨 제동인가?

$$G(s) = \frac{K}{s(s+2)}$$

① 무제동
② 임계제동
③ 과제동
④ 부족제동

해설 $K = 2$일 때, 특성방정식은 $1 + G(s) = 0$,

$1 + \dfrac{K}{s(s+2)} = 0$

$s(s+2) + K = s^2 + 2s + 2 = 0$

2차계의 특성방정식 $s^2 + 2\delta\omega_n s + \omega_n^2 = 0$

$\omega_n = \sqrt{2}$, $2\delta\omega_n = 2$

$\therefore$ 제동비 $\delta = \dfrac{2}{2\sqrt{2}} = \dfrac{1}{\sqrt{2}} = 0.707$

$\therefore$ $0 < \delta < 1$인 경우이므로 부족제동 감쇠진동한다.

62 그림의 신호흐름선도에서 전달함수 $\dfrac{C(s)}{R(s)}$는?

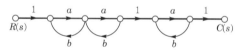

① $\dfrac{a^3}{(1-ab)^3}$

② $\dfrac{a^3}{1-3ab+a^2b^2}$

③ $\dfrac{a^3}{1-3ab}$

④ $\dfrac{a^3}{1-3ab+2a^2b^2}$

해설 전향경로 $n = 1$

$G_1 = 1 \times a \times a \times 1 \times a \times 1 = a^3$, $\Delta_1 = 1$

$\Sigma L_{n_1} = ab + ab + ab = 3ab$

$\Sigma L_{n_2} = (ab \times ab) + (ab \times ab) = 2a^2b^2$

$\Delta = 1 - \Sigma L_{n_1} + \Sigma L_{n_2} = 1 - 3ab + 2a^2b^2$

$\therefore$ 전달함수 $\dfrac{C_{(s)}}{R_{(s)}} = \dfrac{G_1 \Delta_1}{\Delta} = \dfrac{a^3}{1-3ab+2a^2b^2}$

정답 58.② 59.④ 60.③ 61.④ 62.④

63 $s^3 + 11s^2 + 2s + 40 = 0$에는 양의 실수부를 갖는 근은 몇 개 있는가?

① 1 　　② 2
③ 3 　　④ 없다.

해설 라우스의 표

$$
\begin{array}{c|cc}
s^3 & 1 & 2 \\
s^2 & 11 & 40 \\
s^1 & \dfrac{22-40}{11} & 0 \\
s^0 & 40 &
\end{array}
$$

제1열의 부호 변화가 2번 있으므로 양의 실수부를 갖는 불안정근이 2개가 있다.

64 다음 블록선도의 전달함수는?

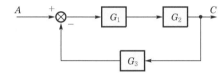

① $\dfrac{G_1 G_2}{1 - G_1 G_2 G_3}$ 　　② $\dfrac{G_1 G_2}{1 + G_1 G_2 G_3}$

③ $\dfrac{G_1}{1 - G_1 G_2 G_3}$ 　　④ $\dfrac{G_2}{1 + G_1 G_2 G_3}$

해설 $(A - CG_3)G_1 G_2 = C$

$AG_1 G_2 = C(1 + G_1 G_2 G_3)$

∴ 전달함수 $G(s) = \dfrac{C}{A} = \dfrac{G_1 G_2}{1 + G_1 G_2 G_3}$

65 어떤 계의 단위 임펄스 입력이 가하여질 경우, 출력이 te^{-3t}로 나타났다. 이 계의 전달함수는?

① $\dfrac{t}{(s+1)(s+2)}$ 　　② $t(s+2)$

③ $\dfrac{1}{(s+3)^2}$ 　　④ $\dfrac{1}{(s-3)^2}$

해설 입력 라플라스 변환

$R(s) = \mathcal{L}\left[r(t)\right] = \mathcal{L}\left[\delta(t)\right] = 1$

출력 라플라스 변환

$C(s) = \mathcal{L}\left[c(t)\right] = \mathcal{L}\left[e^{-3t}\right] = \dfrac{1}{(s+3)^2}$

전달함수 $G(s) = \dfrac{C(s)}{R(s)} = C(s) = \dfrac{1}{(s+3)^2}$

66 개루프 전달함수가 $G(s) = \dfrac{s+2}{s(s+1)}$일 때, 폐루프 전달함수는?

① $\dfrac{s+2}{s^2 + s}$

② $\dfrac{s+2}{s^2 + 2s + 2}$

③ $\dfrac{s+2}{s^2 + s + 2}$

④ $\dfrac{s+2}{s^2 + 2s + 4}$

해설 폐루프 전달함수

$$
G(s) = \dfrac{C(s)}{R(s)} = \dfrac{G(s)}{1 + G(s)} = \dfrac{\dfrac{s+2}{s(s+1)}}{1 + \dfrac{s+2}{s(s+1)}}
$$

$$
= \dfrac{\dfrac{s+2}{s(s+1)}}{\dfrac{s(s+1) + s + 2}{s(s+1)}} = \dfrac{s+2}{s^2 + 2s + 2}
$$

67 다음 운동방정식으로 표시되는 계의 계수 행렬 A는 어떻게 표시되는가?

$$
\dfrac{d^2 c(t)}{dt^2} + 3\dfrac{dc(t)}{dt} + 2c(t) = r(t)
$$

① $\begin{bmatrix} -2 & -3 \\ 0 & 1 \end{bmatrix}$ 　　② $\begin{bmatrix} 1 & 0 \\ -3 & -2 \end{bmatrix}$

③ $\begin{bmatrix} 0 & 1 \\ -2 & -3 \end{bmatrix}$ 　　④ $\begin{bmatrix} -3 & -2 \\ 1 & 0 \end{bmatrix}$

□해설 상태변수 $x_1(t) = c(t)$

$$x_2(t) = \frac{dc(t)}{dt}$$

상태방정식 $\dot{x_1}(t) = x_2(t)$

$$\dot{x_2}(t) = -2x_1(t) - 3x_2(t) + r(t)$$

$$\begin{bmatrix} \dot{x_1}(t) \\ \dot{x_2}(t) \end{bmatrix} = \begin{bmatrix} 0 & 1 \\ -2 & -3 \end{bmatrix} \begin{bmatrix} x_1(t) \\ x_2(t) \end{bmatrix} + \begin{bmatrix} 0 \\ 1 \end{bmatrix} r(t)$$

$\therefore$ 계수 행렬(시스템 매트릭스) $A = \begin{bmatrix} 0 & 1 \\ -2 & -3 \end{bmatrix}$

68 $\overline{A} + \overline{B} \cdot \overline{C}$ 와 동일한 것은?

① $\overline{A + BC}$ ② $\overline{A(B+C)}$

③ $\overline{A \cdot B + C}$ ④ $\overline{A \cdot B} + C$

□해설 $\overline{A(B+C)} = \overline{A} + \overline{(B+C)} = \overline{A} + \overline{B} \cdot \overline{C}$

69 특성방정식이 다음과 같다. 이를 z 변환하여 z 평면에 도시할 때 단위원 밖에 놓일 근은 몇 개인가?

$$(s+1)(s+2)(s-3) = 0$$

① 0   ② 1

③ 2   ④ 3

□해설 특성방정식

$(s+1)(s+2)(s-3) = 0$

$s^3 - 7s - 6 = 0$

라우스의 표

s^3	1	-7
s^2	$(0)\varepsilon$	-6
	0을 미소 양의 실수 ε으로 대치	
s^1	$\dfrac{-7\varepsilon + 6}{\varepsilon}$	
s^0	-6	

제1열의 부호 변화가 한 번 있으므로 불안정근이 1개 있다.

z 평면에 도시할 때 단위원 밖에 놓일 근이 s 평면의 우반평면, 즉 불안정근이다.

70 $G(s)H(s) = \dfrac{K(s+1)}{s^2(s+2)(s+3)}$ 에서 근궤적의 수는?

① 1   ② 2

③ 3   ④ 4

□해설
- 근궤적의 개수는 z와 p 중 큰 것과 일치한다.
- 영점의 개수 $z=1$, 극점의 개수 $p=4$

$\therefore$ 근궤적의 개수는 극점의 개수인 4개이다.

71 입력신호 $x(t)$와 출력신호 $y(t)$의 관계가 다음과 같을 때 전달함수는?

$$\frac{d^2}{dt^2}y(t) + 5\frac{d}{dt}y(t) + 6y(t) = x(t)$$

① $\dfrac{1}{(s+2)(s+3)}$ ② $\dfrac{s+1}{(s+2)(s+3)}$

③ $\dfrac{s+4}{(s+2)(s+3)}$ ④ $\dfrac{s}{(s+2)(s+3)}$

□해설 $\dfrac{d^2}{dt^2}y(t) + 5\dfrac{dy(t)}{dt} + 6y(t) = x(t)$

라플라스 변환하면

$s^2 Y(s) + 5sY(s) + 6Y(s) = X(s)$

$\therefore G(s) = \dfrac{Y(s)}{X(s)} = \dfrac{1}{s^2 + 5s^2 + 6}$

$\qquad = \dfrac{1}{(s+2)(s+3)}$

72 4단자 정수 A, B, C, D로 출력측을 개방시켰을 때 입력측에서 본 구동점 임피던스 $Z_{11} = \dfrac{V_1}{I_1}\bigg|_{I_2 = 0}$ 을 표시한 것 중 옳은 것은?

① $Z_{11} = \dfrac{A}{C}$ ② $Z_{11} = \dfrac{B}{D}$

③ $Z_{11} = \dfrac{A}{B}$ ④ $Z_{11} = \dfrac{B}{C}$

해설 임피던스 파라미터와 4단자 정수와의 관계

$$Z_{11} = \frac{A}{C}$$

$$Z_{12} = Z_{21} = \frac{1}{C}$$

$$Z_{22} = \frac{D}{C}$$

73
불평형 전류 $I_a = 400 - j650[\text{A}]$, $I_b = -230 - j700[\text{A}]$, $I_c = -150 + j600[\text{A}]$일 때 정상분 $I_1[\text{A}]$은?

① $6.66 - j250$
② $-179 - j177$
③ $572 - j223$
④ $223 - j572$

해설 정상 전류 $I_1 = \frac{1}{3}(I_a + aI_b + a^2 I_c)$

$$= \frac{1}{3}\Big\{(400 - j650) + \Big(-\frac{1}{2} + (-230 - j700)\Big) + \Big(-\frac{1}{2} - j\frac{\sqrt{3}}{2}\Big)(-150 + j600)\Big\}$$

$$= 572 - j223[\text{A}]$$

74
다음 회로의 단자 a, b에 나타나는 전압[V]은 얼마인가?

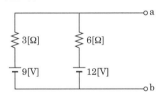

① 9
② 10
③ 12
④ 3

해설 밀만의 정리

$$V_{ab} = \frac{\displaystyle\sum_{k=1}^{n} I_k}{\displaystyle\sum_{k=1}^{n} Y_k}[\text{V}]$$

$$V_{ab} = \frac{\dfrac{9}{3} + \dfrac{12}{6}}{\dfrac{1}{3} + \dfrac{1}{6}} = 10[\text{V}]$$

75
$e^{j\omega t}$ 의 라플라스 변환은?

① $\dfrac{1}{s - j\omega}$

② $\dfrac{1}{s + j\omega}$

③ $\dfrac{1}{s^2 + \omega^2}$

④ $\dfrac{\omega}{s^2 + \omega^2}$

해설 $F(s) = \mathcal{L}[e^{j\omega t}] = \dfrac{1}{s - j\omega}$

76
두 대의 전력계를 사용하여 평형 부하의 3상 부하의 3상 회로의 역률을 측정하려고 한다. 전력계의 지시가 각각 P_1, P_2라 할 때 이 회로의 역률은?

① $\dfrac{\sqrt{P_1 + P_2}}{P_1 + P_2}$

② $\dfrac{P_1 + P_2}{P_1^2 + P_2^2 - 2P_1 P_2}$

③ $\dfrac{P_1 + P_2}{2\sqrt{P_1^2 + P_2^2 - P_1 P_2}}$

④ $\dfrac{2P_1 P_2}{\sqrt{P_1^2 + P_2^2 - P_1 P_2}}$

해설 역률 $\cos\theta = \dfrac{P}{P_a}$

$$= \frac{P}{\sqrt{P^2 + P_r^2}}$$

$$= \frac{P_1 + P_2}{2\sqrt{P_1^2 + P_2^2 - P_1 P_2}}$$

정답 73.③ 74.② 75.① 76.③

77 $v = 100\sin(\omega t + 30°) - 50\sin(3\omega t + 60°)$
$+ 25\sin 5\omega t[V]$, $i = 20\sin(\omega t - 30°) +$
$15\sin(3\omega t + 30°) + 10\cos(5\omega t - 60°)[A]$
인 식의 비정현파 전압 전류로부터 전력[W]과
피상전력[VA]은 얼마인가?

① $P = 283.5$, $P_a = 1,542$

② $P = 385.2$, $P_a = 2,021$

③ $P = 404.9$, $P_a = 3,284$

④ $P = 491.3$, $P_a = 4,141$

해설 $P = V_1 I_1 \cos\theta_1 + V_3 I_3 \cos\theta_3 + V_5 I_5 \cos\theta_5$
$= \dfrac{100}{\sqrt{2}} \cdot \dfrac{20}{\sqrt{2}} \cos 60° - \dfrac{50}{\sqrt{2}} \cdot \dfrac{15}{\sqrt{2}} \cos 30°$
$+ \dfrac{25}{\sqrt{2}} \cdot \dfrac{10}{\sqrt{2}} \cos 30° \fallingdotseq 283.5[W]$
$P_a = V \cdot I$
$= \sqrt{\dfrac{100^2 + 50^2 + 25^2}{2}} \times \sqrt{\dfrac{20^2 + 15^2 + 10^2}{2}}$
$= 1,542[VA]$

78 2단자 임피던스 함수 $Z(s)$가 $Z(s) = \dfrac{(s+1)(s+2)}{(s+3)(s+4)}$일 때 영점(zero)과 극점을
옳게 표시한 것은?

	영점	극점
①	$-1, -2$	$-3, -4$
②	$1, 2$	$3, 4$
③	없다.	$-1, -2, -3, -4$
④	$-1, -2, -3, -4$	없다.

해설 극점은 $Z(s)$의 분모$=0$의 근
$(s+3)(s+4) = 0$ ∴ $s = -3, -4$
영점은 $Z(s)$의 분자$=0$의 근
$(s+1)(s+2) = 0$ ∴ $s = -1, -2$

79 $R = 20[\Omega]$, $L = 0.1[H]$의 직렬회로에 60
[Hz], 115[V]의 교류전압이 인가되어 있다.
인덕턴스에 축적되는 자기 에너지의 평균값
은 몇 [J]인가?

① 0.364　　　② 3.64

③ 0.752　　　④ 4.52

해설 자기 에너지 W
$= \dfrac{1}{2}LI^2$
$= \dfrac{1}{2} \times 0.1 \times \left(\dfrac{115}{\sqrt{20^2 + (2\times 3.14\times 60\times 0.1)^2}}\right)^2$
$= 0.364[J]$

80 그림과 같은 회로의 단자 a, b, c에 대칭 3
상 전압을 가하여 각 선전류를 같게 하려면
R의 값[Ω]을 얼마로 하면 되는가?

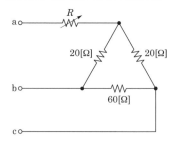

① 2　　　　　② 8

③ 16　　　　④ 24

해설 △ → Y로 등가 변환하면

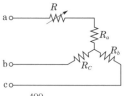

$R_a = \dfrac{400}{100} = 4[\Omega]$

$R_b = \dfrac{1,200}{100} = 12[\Omega]$

$R_c = \dfrac{1,200}{100} = 12[\Omega]$

∴ 각 선에 흐르는 전류가 같으려면 각 상의 저항이
같아야 하므로 $R = 8[\Omega]$

정답 77.① 78.① 79.① 80.②

제5과목　전기설비기술기준

81 전선을 접속하는 경우 전선의 세기(인장하중)는 몇 [%] 이상 감소되지 않아야 하는가?

① 10
② 15
③ 20
④ 25

해설 전선의 접속(KEC 123)
• 전기저항을 증가시키지 말 것
• 전선의 세기는 20[%] 이상 감소시키지 아니할 것
• 전선절연물과 동등 이상 절연효력이 있는 것으로 충분히 피복
• 코드 상호, 캡타이어 케이블 상호, 케이블 상호는 코드 접속기·접속함 사용

82 6.6[kV] 지중전선로의 케이블을 직류전원으로 절연내력시험을 하자면 시험전압은 직류 몇 [V]인가?

① 9,900
② 14,420
③ 16,500
④ 19,800

해설 전로의 절연저항 및 절연내력(KEC 132)
7[kV] 이하이고, 직류로 시험하므로 6,600×1.5×2＝19,800[V]이다.

83 주택 등 저압 수용장소에서 고정 전기설비에 TN-C-S 접지방식으로 접지공사 시 중성선 겸용 보호도체(PEN)를 알루미늄으로 사용할 경우 단면적은 몇 [mm²] 이상이어야 하는가?

① 2.5
② 6
③ 10
④ 16

해설 보호도체와 계통도체 겸용(KEC 142.3.4)
겸용도체는 고정된 전기설비에서만 사용할 수 있고, 단면적은 구리 10[mm²] 또는 알루미늄 16[mm²] 이상이어야 한다.

84 가공공동지선에 의한 접지공사에 있어 가공공동지선과 대지 간의 합성 전기저항값은 몇 [m]를 지름으로 하는 지역마다 규정하는 접지저항값을 가지는 것으로 하여야 하는가?

① 400
② 600
③ 800
④ 1,000

해설 고압 또는 특고압과 저압의 혼촉에 의한 위험방지시설(KEC 322.1)
가공공동지선과 대지 사이의 합성 전기저항값은 1[km]를 지름으로 하는 지역 이내마다 규정의 접지저항값 이하로 한다.

85 금속제외함을 가진 저압의 기계기구로서, 사람이 쉽게 접촉될 우려가 있는 곳에 시설하는 경우 전기를 공급받는 전로에 지락이 생겼을 때 자동적으로 전로를 차단하는 장치를 설치하여야 하는 기계기구의 사용전압은 몇 [V]를 초과하는 경우인가?

① 30
② 50
③ 100
④ 150

해설 누전차단기의 시설(KEC 211.2.4)
금속제외함을 가지는 사용전압이 50[V]를 초과하는 저압의 기계기구로서, 사람이 쉽게 접촉할 우려가 있는 곳에 시설하는 것에 전기를 공급하는 전로에는 전로에 지락이 생겼을 때에 자동적으로 전로를 차단하는 장치를 하여야 한다.

86 케이블공사에 의한 저압 옥내배선의 시설방법에 대한 설명으로 틀린 것은?

① 전선은 케이블 및 캡타이어 케이블로 한다.
② 콘크리트 안에는 전선에 접속점을 만들지 아니한다.
③ 전선을 넣는 방호장치의 금속제 부분에는 접지공사를 한다.
④ 전선을 조영재의 옆면에 따라 붙이는 경우 전선의 지지점 간의 거리를 케이블은 3[m] 이하로 한다.

정답 81.③ 82.④ 83.④ 84.④ 85.② 86.④

해설 케이블공사(KEC 232.51)
- 전선은 케이블 및 캡타이어 케이블일 것
- 조영재의 아랫면 또는 옆면에 따라 붙이는 경우 지지점 간의 거리를 케이블은 2[m](수직 6[m]) 이하, 캡타이어 케이블은 1[m] 이하로 할 것

87 발열선을 도로, 주차장 또는 조영물의 조영재에 고정시켜 신설하는 경우 발열선에 전기를 공급하는 전로의 대지전압은 몇 [V] 이하이어야 하는가?

① 100
② 150
③ 200
④ 300

해설 도로 등의 전열장치(KEC 241.12)
- 발열선에 전기를 공급하는 전로의 대지전압은 300[V] 이하
- 발열선은 미네랄 인슐레이션 케이블 또는 제2종 발열선을 사용
- 발열선 온도 80[℃] 이하

88 가공전선로의 지지물에 취급자가 오르고 내리는 데 사용하는 발판 볼트 등은 지표상 몇 [m] 미만에 시설하여서는 아니 되는가?

① 1.2
② 1.8
③ 2.2
④ 2.5

해설 가공전선로 지지물의 철탑오름 및 전주오름 방지 (KEC 331.4)
가공전선로의 지지물에 취급자가 오르고 내리는 데 사용하는 발판 볼트 등을 지표상 1.8[m] 미만에 시설하여서는 아니 된다.

89 저압 가공인입선 시설 시 도로를 횡단하여 시설하는 경우 노면상 높이는 몇 [m] 이상으로 하여야 하는가?

① 4
② 4.5
③ 5
④ 5.5

해설 저압 인입선의 시설(KEC 221.1.1)
저압 가공인입선의 높이는 다음과 같다.
- 도로를 횡단하는 경우에는 노면상 5[m] 이상
- 철도 또는 궤도를 횡단하는 경우에는 레일면상 6.5[m] 이상
- 횡단보도교의 위에 시설하는 경우에는 노면상 3[m] 이상

90 특고압 가공전선로에 사용하는 가공지선에는 지름 몇 [mm] 이상의 나경동선을 사용하여야 하는가?

① 2.6
② 3.5
③ 4
④ 5

해설 특고압 가공전선로의 가공지선(KEC 333.8)
가공지선에는 인장강도 8.01[kN] 이상의 나선 또는 지름 5[mm] 이상의 나경동선을 사용할 것

91 154[kV] 가공 송전선로를 제1종 특고압 보안공사로 할 때 사용되는 경동연선의 굵기는 몇 $[mm^2]$ 이상이어야 하는가?

① 100
② 150
③ 200
④ 250

해설 특고압 보안공사(KEC 333.22) – 제1종 특고압 보안공사 시 전선의 단면적

사용전압	전 선
100[kV] 미만	인장강도 21.67[kN] 이상, 단면적 55$[mm^2]$ 이상 경동연선
100[kV] 이상 300[kV] 미만	인장강도 58.84[kN] 이상, 단면적 150$[mm^2]$ 이상 경동연선
300[kV] 이상	인장강도 77.47[kN] 이상, 단면적 200$[mm^2]$ 이상 경동연선

정답 87.④ 88.② 89.③ 90.④ 91.②

92 60[kV] 이하의 특고압 가공전선과 식물과의 간격은 몇 [m] 이상이어야 하는가?

① 2
② 2.12
③ 2.24
④ 2.36

해설 특고압 가공전선과 식물의 간격(KEC 333.30)
- 60[kV] 이하 : 2[m] 이상
- 60[kV] 초과 : 2[m]에 10[kV] 단수마다 12[cm]씩 가산

93 특고압 가공전선로의 지지물로 사용하는 B종 철주에서 각도형은 전선로 중 몇 도를 넘는 수평 각도를 이루는 곳에 사용되는가?

① 1
② 2
③ 3
④ 5

해설 특고압 가공전선로의 철주·철근콘크리트주 또는 철탑의 종류(KEC 333.11)
- 직선형 : 3도 이하인 수평 각도
- 각도형 : 3도를 초과하는 수평 각도를 이루는 곳
- 인류(잡아당김)형 : 전가섭선을 잡아당기는 곳에 사용하는 것
- 내장형 : 전선로의 지지물 양쪽의 경간(지지물 간 거리)의 차가 큰 곳
- 보강형 : 전선로의 직선부분에 그 보강을 위해 사용하는 것

94 3상 4선식 22.9[kV] 중성점 다중 접지식 가공전선로에 저압 가공전선을 병가(병행 설치)하는 경우 상호 간의 간격은 몇 [m]이어야 하는가? (단, 특고압 가공전선으로 케이블을 사용하지 않는 것으로 한다.)

① 1.0
② 1.3
③ 1.7
④ 2.0

해설 25[kV] 이하인 특고압 가공전선로의 시설(KEC 333.32)

특고압 가공전선과 저압 또는 고압의 가공전선 사이의 간격은 1[m] 이상일 것. 케이블인 때에는 50[cm]까지 감할 수 있다.

95 피뢰기를 반드시 시설하지 않아도 되는 곳은?

① 발전소·변전소의 가공전선의 인출구
② 가공전선로와 지중전선로가 접속되는 곳
③ 고압 가공전선로로부터 수전하는 차단기 2차측
④ 특고압 가공전선로로부터 공급을 받는 수용장소의 인입구

해설 피뢰기의 시설(KEC 341.13)
- 발·변전소 혹은 이것에 준하는 장소의 가공전선 인입구 및 인출구
- 특고압 가공전선로에 접속하는 배전용 변압기의 고압측 및 특고압측
- 고압 및 특고압 가공전선로에서 공급을 받는 수용장소의 인입구
- 가공전선로와 지중전선로가 접속되는 곳

96 변전소에 울타리·담 등을 시설할 때, 사용전압이 345[kV]이면 울타리·담 등의 높이와 울타리·담 등으로부터 충전부분까지의 거리의 합계는 몇 [m] 이상으로 하여야 하는가?

① 8.16
② 8.28
③ 8.40
④ 9.72

해설 발전소 등의 울타리·담 등의 시설(KEC 351.1)

160[kV]를 초과하는 경우 6[m]에 160[kV]를 초과하는 10[kV] 또는 그 단수마다 0.12[m]를 더한 값으로 간격을 구하므로 단수는 $(345-160) \div 10 = 18.5$ 이므로 19이다.

그러므로 울타리까지의 거리와 높이의 합계는 다음과 같다.

$6 + 0.12 \times 19 = 8.28$[m]

정답 92.① 93.③ 94.① 95.③ 96.②

97 내부에 고장이 생긴 경우에 자동적으로 전로로부터 차단하는 장치가 반드시 필요한 것은?

① 뱅크용량 1,000[kVA]인 변압기
② 뱅크용량 10,000[kVA]인 조상기
③ 뱅크용량 300[kVA]인 분로리액터
④ 뱅크용량 1,000[kVA]인 전력용 커패시터

해설 조상설비의 보호장치(KEC 351.5)

설비종별	뱅크용량의 구분	자동차단하는 장치
전력용 커패시터 및 분로리액터	500[kVA] 초과 15,000[kVA] 미만	내부에 고장, 과전류
	15,000[kVA] 이상	내부에 고장, 과전류, 과전압
조상기 (무효전력 보상장치)	15,000[kVA] 이상	내부에 고장

전력용 커패시터는 뱅크용량 500[kVA]를 초과하여야 내부 고장 시 차단장치를 한다.

98 특고압 가공전선로의 지지물에 시설하는 통신선 또는 이에 직접 접속하는 통신선이 도로·횡단보도교·철도의 레일 등 또는 교류 전차선 등과 교차하는 경우의 시설기준으로 옳은 것은?

① 인장강도 8.01[kN] 이상의 것 또는 지름 5[mm] 경동선일 것
② 통신선이 케이블 또는 광섬유케이블일 때는 이격 거리(간격)의 제한이 없다.
③ 통신선과 삭도 또는 다른 가공약전류전선 등 사이의 간격은 20[cm] 이상으로 할 것
④ 통신선이 도로·횡단보도교·철도의 레일과 교차하는 경우에는 통신선은 지름 4[mm]의 절연전선과 동등 이상의 절연효력이 있을 것

해설 전력보안통신선의 시설높이와 간격(KEC 362.2)
• 절연전선 : 연선은 단면적 16[mm²], 단선은 지름 4[mm]
• 경동선 : 연선은 단면적 25[mm²], 단선은 지름 5[mm]
• 인장강도 8.01[kN] 이상의 것

99 전력보안통신설비인 무선통신용 안테나를 지지하는 목주의 풍압하중에 대한 안전율은 얼마 이상으로 해야 하는가?

① 0.5   ② 0.9
③ 1.2   ④ 1.5

해설 무선용 안테나 등을 지지하는 철탑 등의 시설(KEC 364.1)
• 목주의 풍압하중에 대한 안전율은 1.5 이상
• 철주·철근콘크리트주 또는 철탑의 기초안전율은 1.5 이상

100 태양전지발전소에 태양전지 모듈 등을 시설할 경우 사용전선(연동선)의 공칭단면적은 몇 [mm²] 이상인가?

① 1.6   ② 2.5
③ 5   ④ 10

해설 전기저장장치의 시설(KEC 512.1.1)
전선은 공칭단면적 2.5[mm²] 이상의 연동선으로 하고, 배선은 합성수지관공사, 금속관공사, 가요전선관공사 또는 케이블공사로 시설할 것

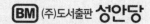

7개년 과년도 전기기사 필기

2025. 1. 8. 초 판 1쇄 인쇄
2025. 1. 15. 초 판 1쇄 발행

지은이 | 전수기, 임한규, 정종연
펴낸이 | 이종춘
펴낸곳 | **BM** ㈜도서출판 **성안당**

주소 | 04032 서울시 마포구 양화로 127 첨단빌딩 3층(출판기획 R&D 센터)
      | 10881 경기도 파주시 문발로 112 파주 출판 문화도시(제작 및 물류)

전화 | 02) 3142-0036
     | 031) 950-6300

팩스 | 031) 955-0510
등록 | 1973. 2. 1. 제406-2005-000046호
출판사 홈페이지 | www.cyber.co.kr
ISBN | 978-89-315-1350-9 (13560)
정가 | 28,000원

저자와의
협의하에
검인생략

이 책을 만든 사람들

기획 | 최옥현
진행 | 박경희
교정·교열 | 김원갑
전산편집 | 이다은
표지 디자인 | 박현정
홍보 | 김계향, 임진성, 김주승, 최정민
국제부 | 이선민, 조혜란
마케팅 | 구본철, 차정욱, 오영일, 나진호, 강호묵
마케팅 지원 | 장상범
제작 | 김유석